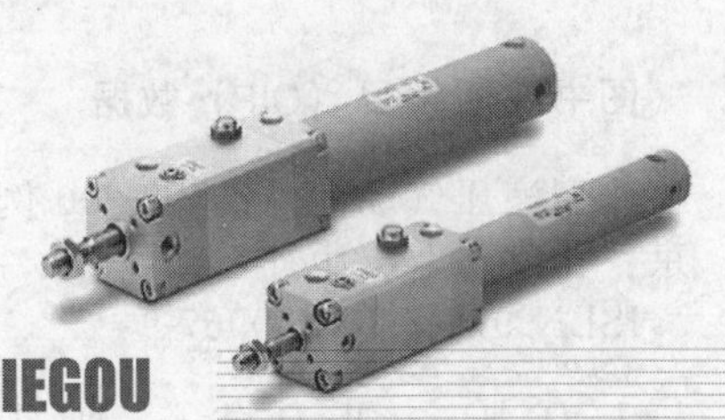

典型液压气动元件结构1200例

DIANXING YEYA QIDONG YUANJIAN JIEGOU 1200LI

陆望龙　编著

化学工业出版社

·北京·

图书在版编目（CIP）数据

典型液压气动元件结构1200例/陆望龙编著.—北京：化学工业出版社，2018.2

ISBN 978-7-122-30967-9

Ⅰ.①典… Ⅱ.①陆… Ⅲ.①液压元件-结构②气动元件-结构 Ⅳ.①TH137.5②TH138.5

中国版本图书馆CIP数据核字（2017）第276598号

责任编辑：黄 滢　　文字编辑：张燕文

责任校对：王素芹　　装帧设计：王晓宇

出版发行：化学工业出版社（北京市东城区青年湖南街13号 邮政编码100011）

印　　刷：大厂聚鑫印刷有限责任公司

装　　订：三河市宇新装订厂

880mm×1230mm 1/16 印张40½ 字数1326千字 2018年3月北京第1版第1次印刷

购书咨询：010-64518888（传真：010-64519686） 售后服务：010-64518899

网　　址：http://www.cip.com.cn

凡购买本书，如有缺损质量问题，本社销售中心负责调换。

定　　价：188.00元

前 言

液压元件与气动元件种类繁多，而且绝大多数元件的结构都比较复杂。但是迄今为止，详细介绍液压元件与气动元件结构的书籍极少，设计手册中一般也很少涉及元件的结构图，这给元件与系统的设计、使用与维修工作带来了诸多不便。鉴于此，笔者从多年搜集的产品目录中选出1200种具有代表性的液压元件与气动元件结构，整理成册，以方便读者分析、学习、查阅和选用。

本书在编写过程中，特别注重介绍一些新颖的液压元件与气动元件结构。同时，从维修角度出发，也少量介绍了20世纪70年代国产的一些量大面广的还在设备上使用着的元件结构。

本书选择结构图例的基本原则如下。

① 所收录的元件一般都是世界著名液压元件制造商的产品，例如美国派克（Parker）、伊顿-威格士（Eaton-Vickers）、穆格（Moog）、萨澳-丹佛斯（Sauer-Danfoss）公司，德国博世-力士乐（Bosch-Rexroth）公司，意大利阿托斯（Atos）公司，日本大京、油研、SMC、CKD、川崎公司等。

② 产品在中国有较高的市场占有率，且国内大部分已引进生产。

③ 元件制造公司与中国交往密切，或在中国有生产基地或有众多的销售网点。

④ 元件在引进的主机设备上有较普遍的使用。

⑤ 收录的液压元件结构能反映当前国内外最新液压元件的先进水平。

为方便读者分析、学习、查阅和选用，本书在给出各种液压元件与气动元件结构图的同时，还给出了许多元件的外观图和图形符号，有的还给出了原理简图和立体分解图以及产品型号说明。

通过外观图可认识元件的外貌特征；通过结构图可了解元件的内部结构、组成以及元件的结构特点，并了解国内外各公司所生产的同类液压元件在结构上的细微差别和独具匠心之处。

限于篇幅，本书没有列出元件的外形尺寸和详细安装尺寸，仅对型号中各符号及参数的含义作了简要说明，并在书末给出了ISO相关标准，有需要的读者可以查阅。

本书适合企业、科研院所从事液压元件研发设计、加工制造、使用维护、管理等工作的工程技术人员和中高级技术工人，以及工科高校和高等与中等职业技术院校液压气动、机械、自动化相关专业师生使用。

本书由陆望龙编著。在编写过程中得到了中外液压元件生产厂商和专家同行的鼎力帮助，特别要感谢湖北（金力）液压件厂张和平、周幼海以及葛玉麟、甘汉祥等专家和同行对本书所做的各项工作！并向陆桦、陈黎明、谭平华、朱皖英、李刚、罗文果、马文科、朱兰英、陆泓宇等表示衷心的感谢！

限于编者水平，书中恐有不足之处，敬请广大读者批评指正。

陆望龙

目录

第1章 液压泵

第2章 液压缸与液压马达

第3章 液压阀

第4章 液压辅助元件

第5章 气动元件

附录

参考文献

第1章 液压泵

1-1 齿轮泵

1-1-1 外啮合齿轮泵

［例 1-1-1］ CB-B※型低压齿轮泵［湖北（金力）液压件厂］（图 1-1-1）

结构特点为泵体、前盖与后盖的三片式结构。额定压力为 2.5MPa，型号中※号为 2.5、4、6、10、16、20、25、32、40、50、63、80、100、125 等数字，表示额定流量为※L/min。

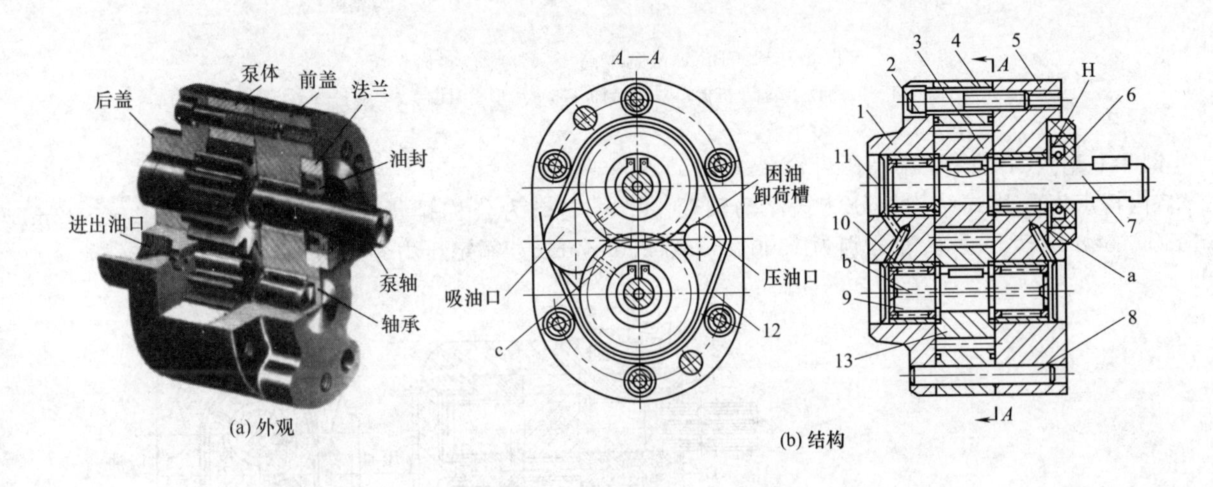

图 1-1-1 CB-B※型低压（外啮合）齿轮泵

1—后盖；2—螺钉；3—主动齿轮；4—泵体；5—前盖；6—油封；7—长轴；8—销；9—短轴；10—滚针轴承；11—压盖；12—泄油通槽；13—从动齿轮

［例 1-1-2］ CBF-E 系列中高压齿轮泵（阜新液压件厂）（图 1-1-2）

结构特点为三片式结构、浮动侧板。额定压力为 16MPa，额定流量有多种规格。型号含义如下：

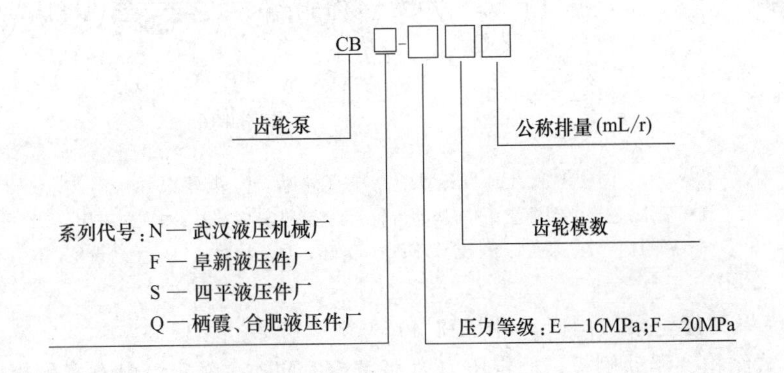

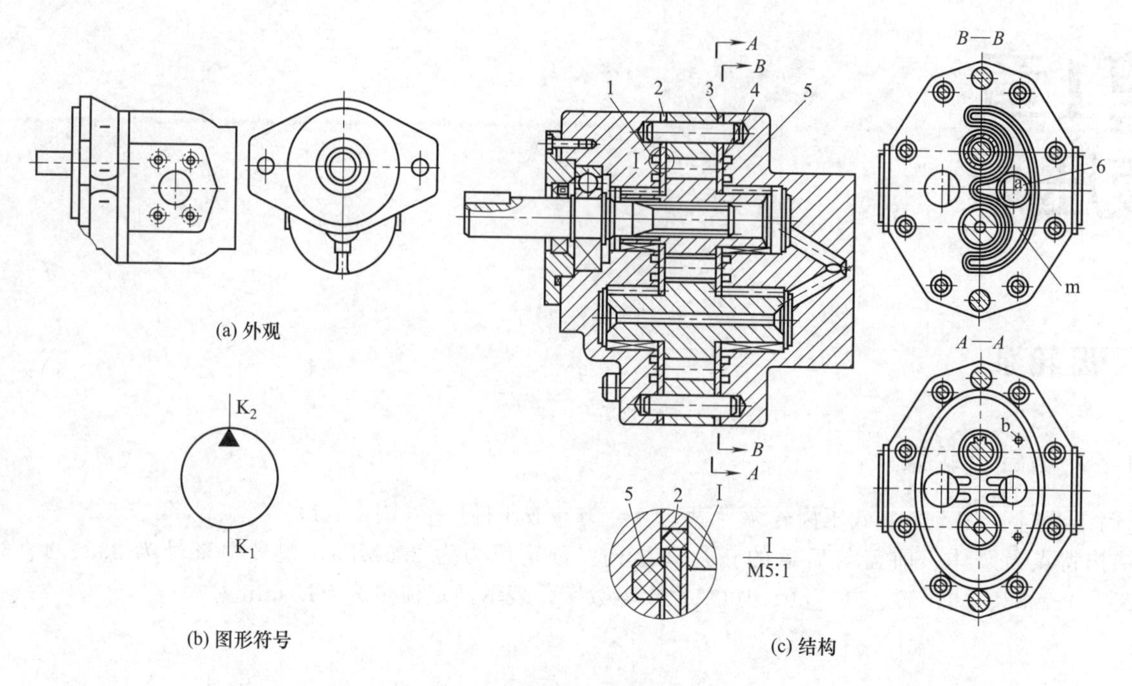

图 1-1-2 CBF-E 系列中高压（外啮合）齿轮泵

1—前侧板；2,3—垫板；4—后侧板；5—弓形密封圈；6—密封圈

［例 1-1-3］ CB-D※型中高压齿轮泵（国产）（图 1-1-3）

结构特点为两片式结构、分体式浮动轴套。型号中※为公称排量代号，分别为 25mL/r、32mL/r、46mL/r、50mL/r，公称转速分别为 1500r/min、2000r/min；额定压力分别为 10MPa、16MPa。

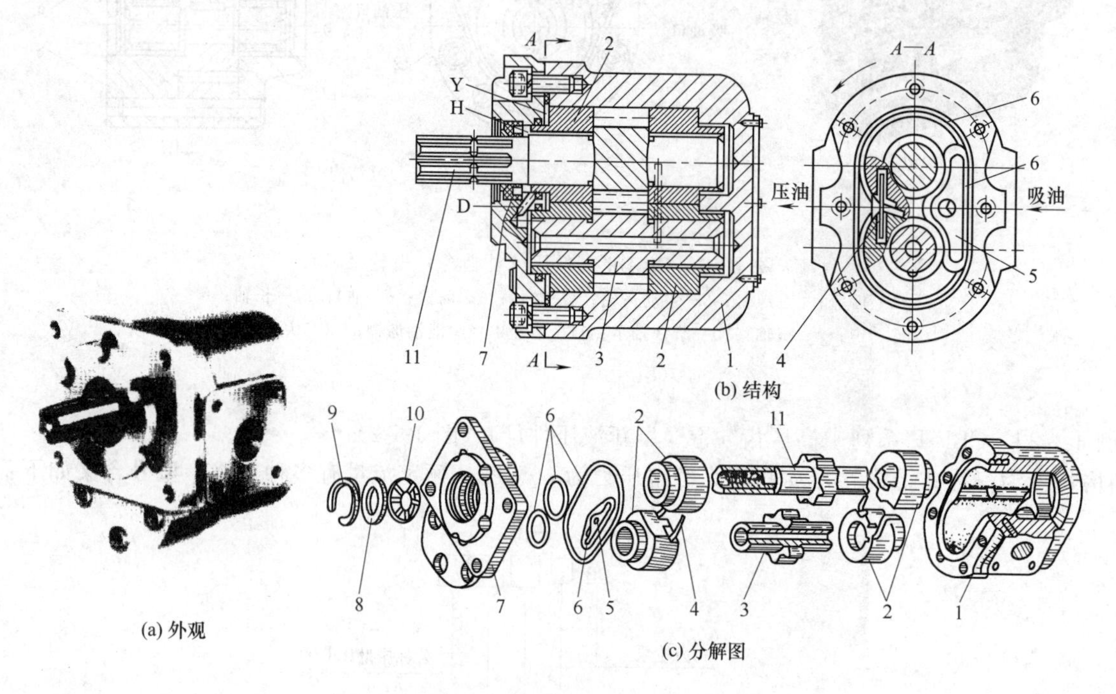

图 1-1-3 CB-D※型中高压（外啮合）齿轮泵

1—泵体；2—浮动轴套；3—从动齿轮；4—弹性导向钢丝；5—卸压片；6—密封圈；7—泵盖；8—支承环；9—卡环；10—油封；11—主动齿轮

［例 1-1-4］ CBG 系列齿轮泵（国产）（图 1-1-4）

结构特点为三片式结构、浮动侧板。额定压力为 12.5～20MPa，额定流量有多种规格。型号含义如下：

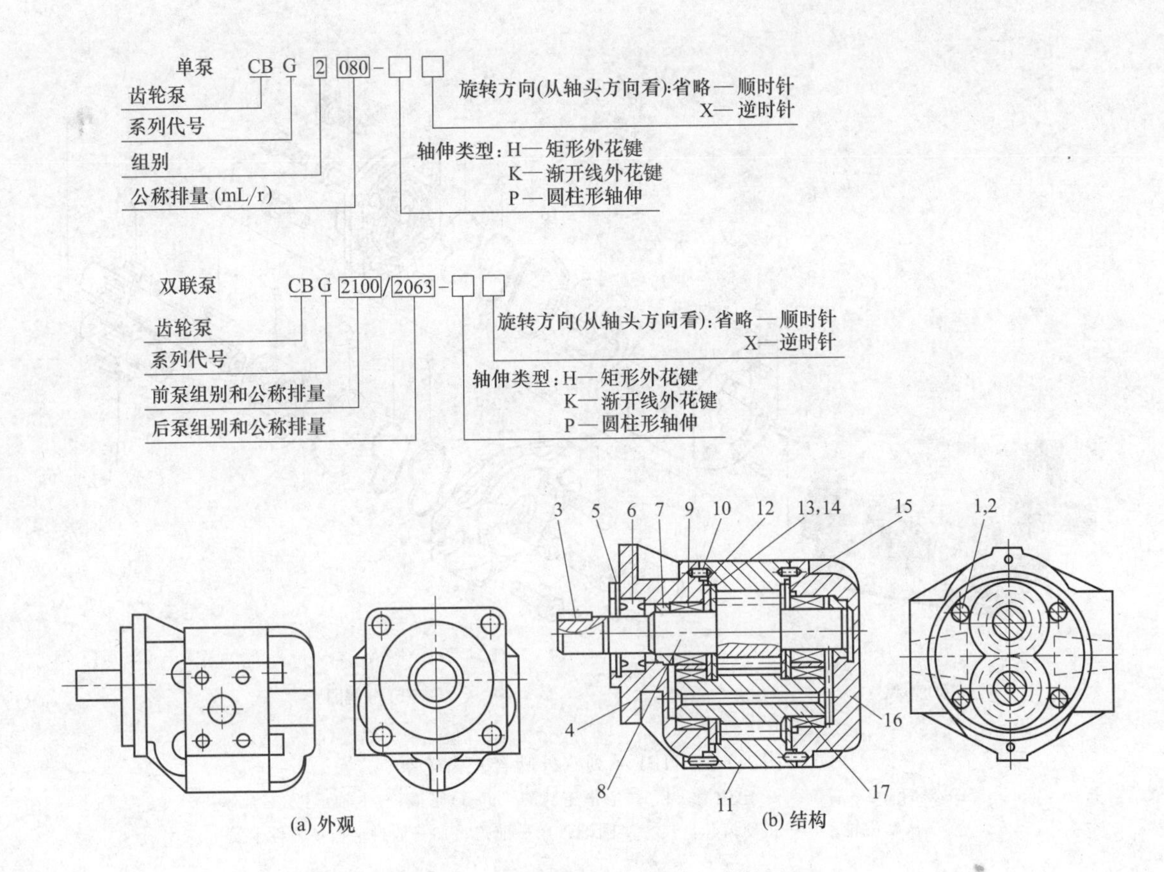

(a) 外观　(b) 结构

图 1-1-4　CBG 系列（外啮合）齿轮泵

1—螺栓；2—垫圈；3—平键；4—前泵盖；5—挡圈；6—油封；7—密封环；8—主动齿轮轴；9—滚动轴承；10—圆柱销；11—泵体；12—O 形圈；13—密封圈；14—挡圈；15—侧板；16—后泵盖；17—从动齿轮轴

[例 1-1-5]　CBN 系列齿轮泵（国产）（图 1-1-5）

结构特点为三片式结构、浮动轴套等。额定压力为 20MPa，额定流量有多种规格。

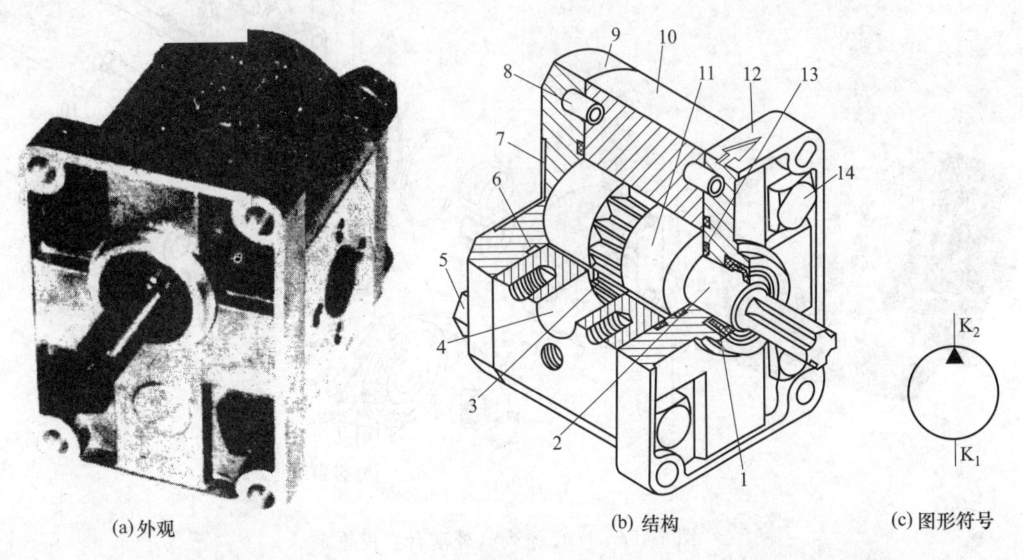

(a) 外观　(b) 结构　(c) 图形符号

图 1-1-5　CBN 系列（外啮合）齿轮泵

1—油封；2—主动齿轮轴；3—从动齿轮；4—进出油口；5—螺母；6—密封圈；7—标牌；8—定位销；9—后盖；10—泵体；11—轴套；12—前盖；13—挡片；14—方头螺栓

[例 1-1-6]　HP1 系列齿轮泵（中国台湾朝田等公司）（图 1-1-6）

结构特点为三片式结构、整体式浮动轴套等。额定压力为 21MPa，额定流量有多种规格。

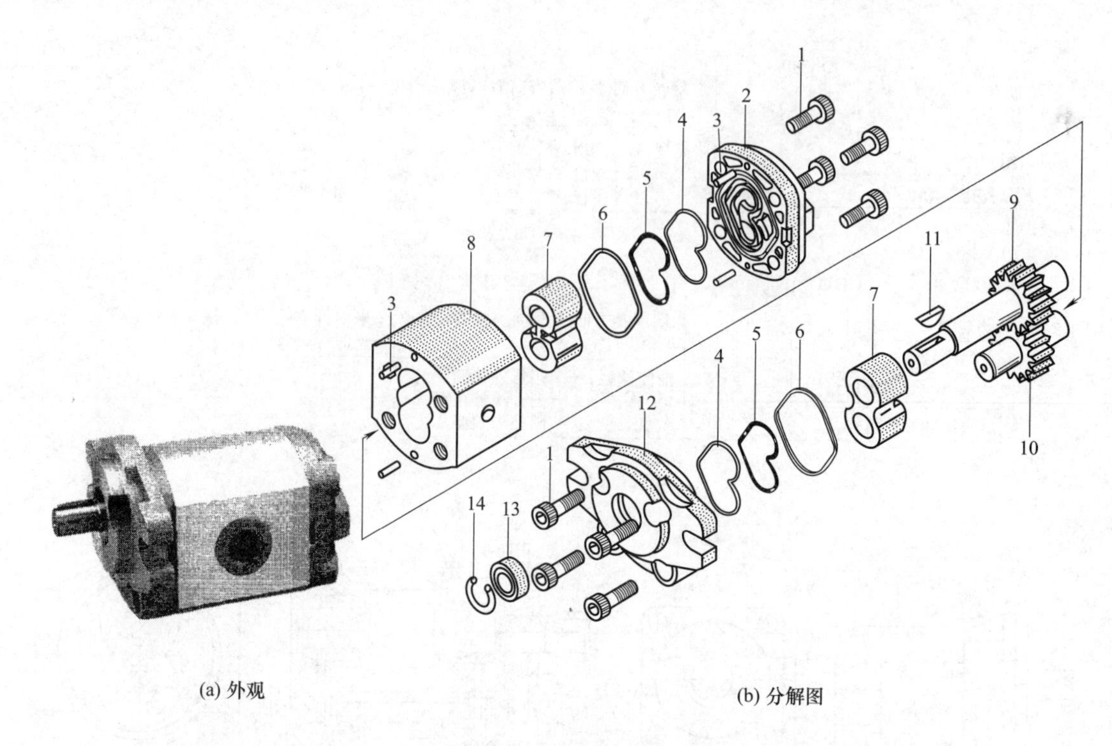

图 1-1-6　HP1 系列（外啮合）齿轮泵

1—螺钉；2—后盖；3—定位销；4,5—心形密封圈；6—O 形圈；7—轴承；8—泵体；
9—从动齿轮；10—主动齿轮；11—半圆键；12—前盖；13—油封；14—弹性卡簧

［例 1-1-7］　HP2 系列齿轮泵（中国台湾朝田等公司）（图 1-1-7）

结构特点为三片式结构、整体式浮动轴套等。额定压力为 21MPa，额定流量有多种规格。

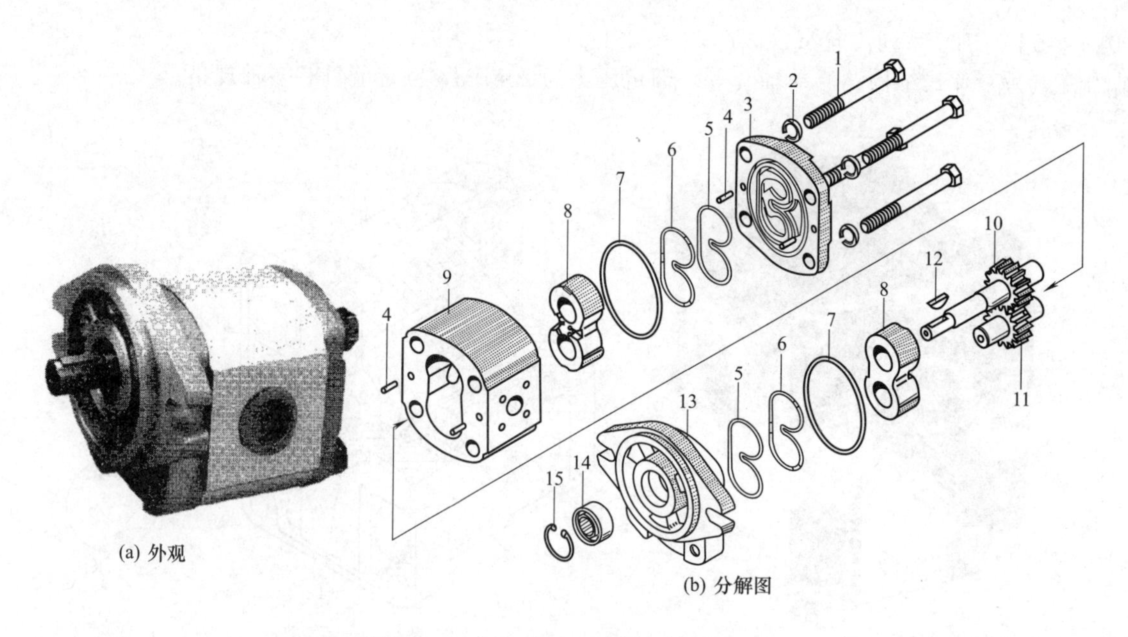

图 1-1-7　HP2 系列（外啮合）齿轮泵

1—螺钉；2—弹性卡簧；3—后盖；4—定位销；5,6—心形密封圈；7— O 形圈；8—轴承；
9—泵体；10—从动齿轮；11—主动齿轮；12—半圆键；13—前盖；14—油封；15—弹性卡簧

［例 1-1-8］　液压挖掘机用齿轮泵（日本小松公司）（图 1-1-8）

结构特点为三片式结构、剖分式浮动轴套等。额定压力为 21MPa。

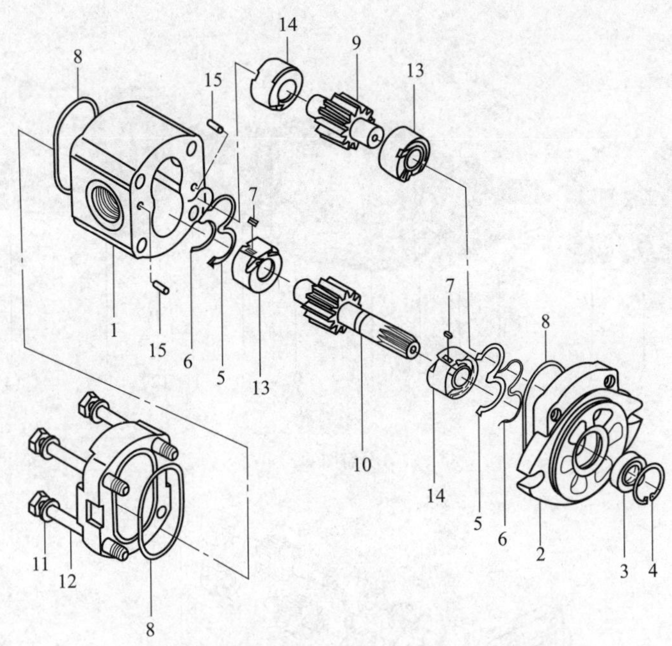

图 1-1-8　液压挖掘机用（外啮合）齿轮泵

1—泵体；2—前盖；3—油封；4—卡环；5,6,8—密封圈；7—定位键；9—从动齿轮轴；
10—主动齿轮轴；11—垫圈；12—螺钉；13,14—轴承套；15—定位销

［例 1-1-9］　AZPF 型（外啮合）齿轮泵（德国博世-力士乐公司）（图 1-1-9）

外啮合齿轮泵主要由轴承支撑的一对齿轮以及外壳及前盖和后盖构成。驱动轴伸出前盖，由轴封密封。轴承力被具有足够弹性的特殊轴承衬垫吸收，从而产生面接触而非线接触。它们还可确保良好的抗磨损性能，尤其是在低速时。齿轮有 12 个齿，可将流量脉动和噪声减至最低。

利用与油压力成比例的压紧力，可实现内部密封，从而确保最佳效率。在输送压力油的轮齿之间的间隙，由轴承实现密封。通过将工作压力引入轴承后部，可控制轮齿和轴承之间的密封区。特殊密封为该区域的边界。齿轮齿尖的径向间隙由内力密封，此内力将齿尖紧压在外壳上。

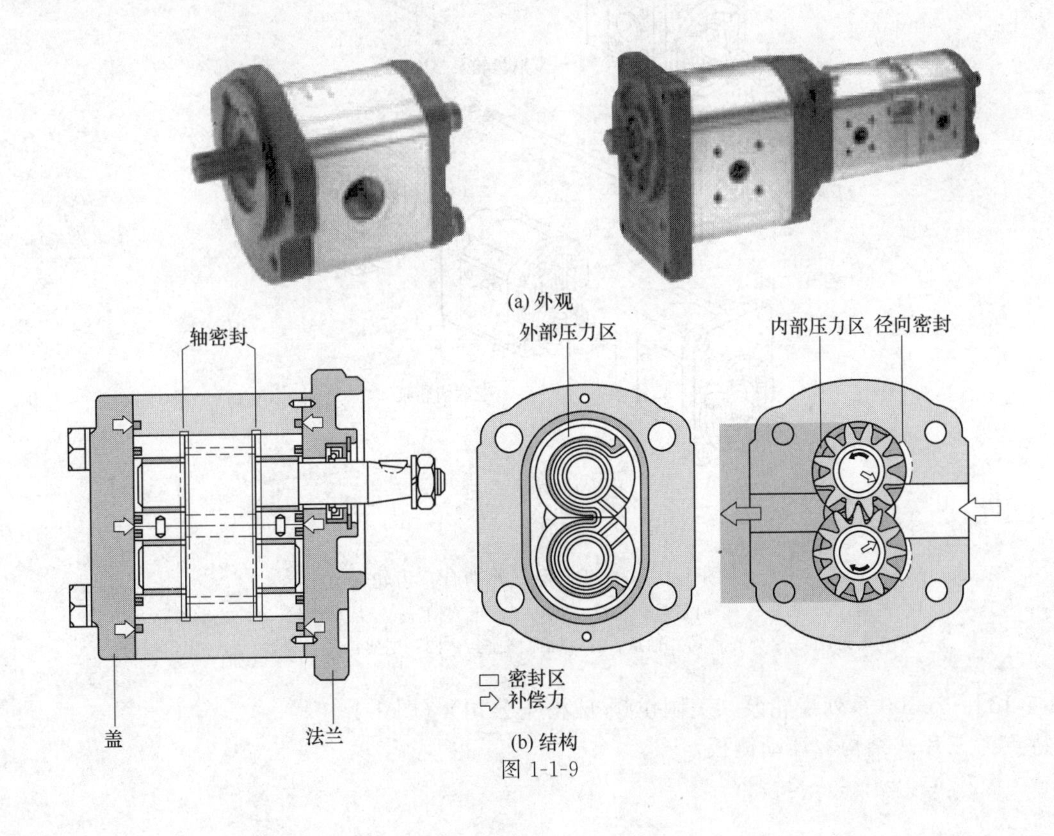

图 1-1-9

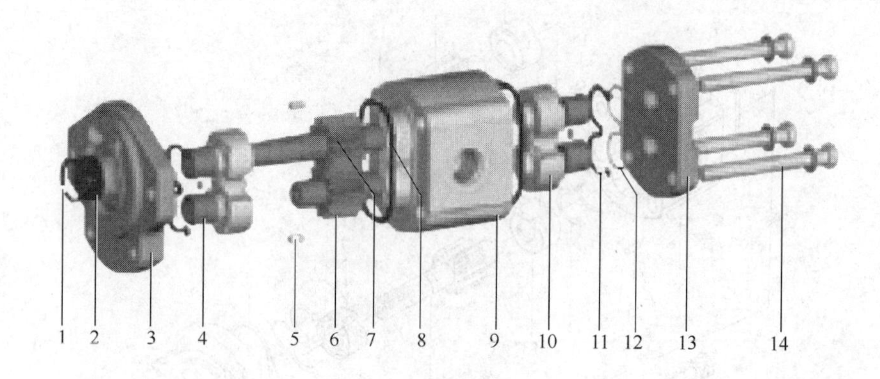

(c) 分解图

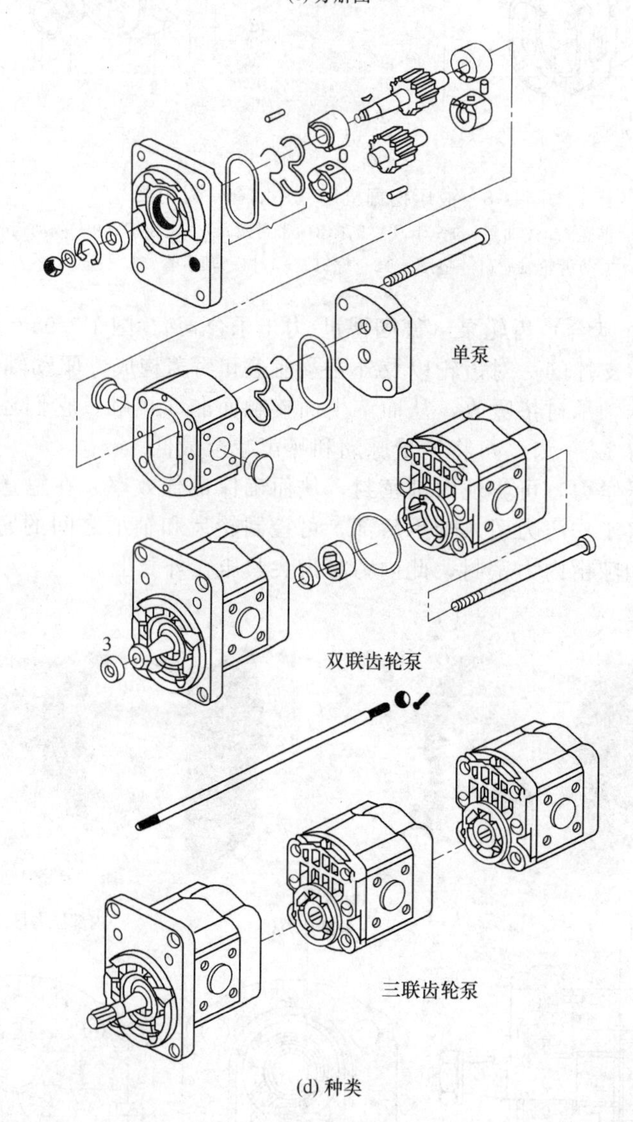

(d) 种类

图 1-1-9 AZPF 型（外啮合）齿轮泵

1—挡圈；2—轴封；3—前盖；4—滑动轴承；5—定心销；6—从动齿轮；7—主动齿轮；8—外壳密封；9—泵外壳；10—轴承；11—轴向区密封；12—支架；13—端盖；14—固定螺钉

[例 1-1-10] 25300 系列齿轮泵（美国伊顿-威格士公司）（图 1-1-10）

结构特点为三片式结构、浮动侧板。

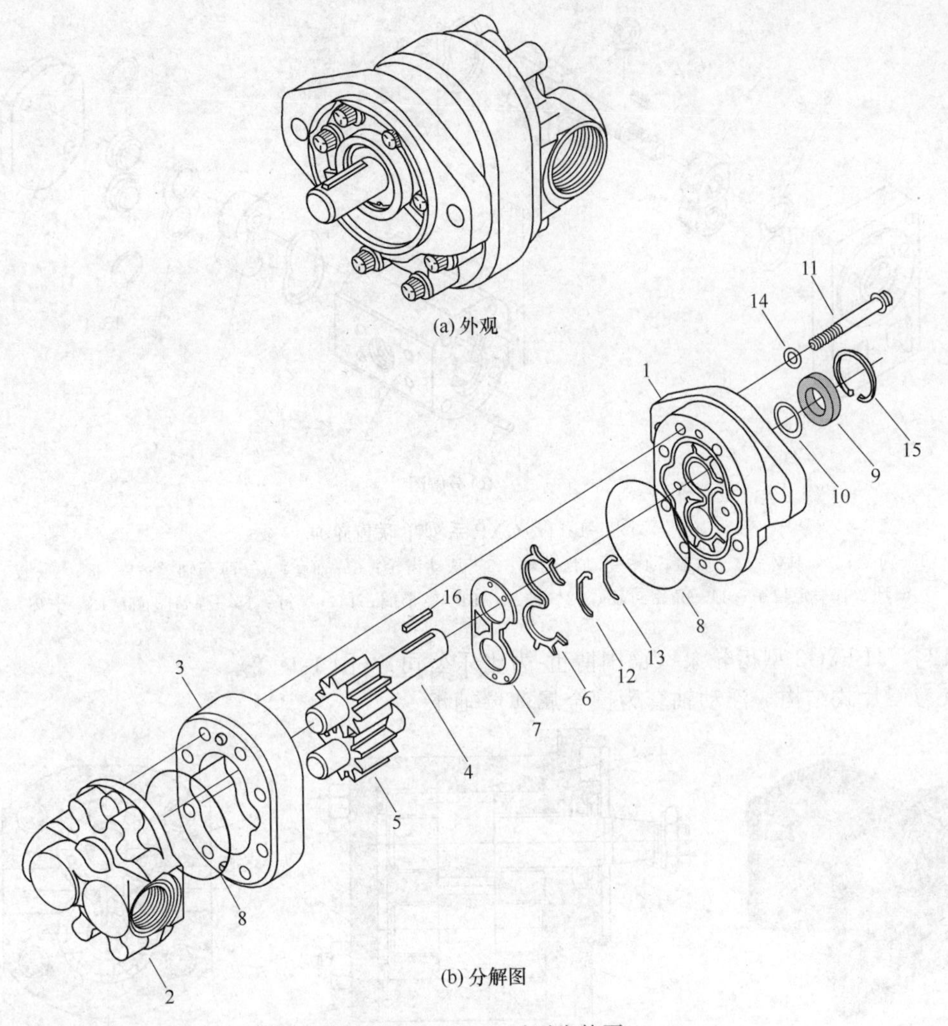

图 1-1-10　25300 系列齿轮泵

1—前泵盖；2—后泵盖；3—泵体；4—主动齿轮轴；5—从动齿轮轴；6—“3”字形密封；7—浮动侧板；8—O 形圈；9—轴承；10,14—垫；11—螺钉；12—密封挡环；13—密封；15—卡环；16—键

［例 1-1-11］　GXP 系列单联齿轮泵（德国博世-力士乐公司）（图 1-1-11）

结构特点为三片式结构，浮动轴套为镶金属薄壁轴承。额定压力为 16～23MPa，排量为 16～22.5L/min。

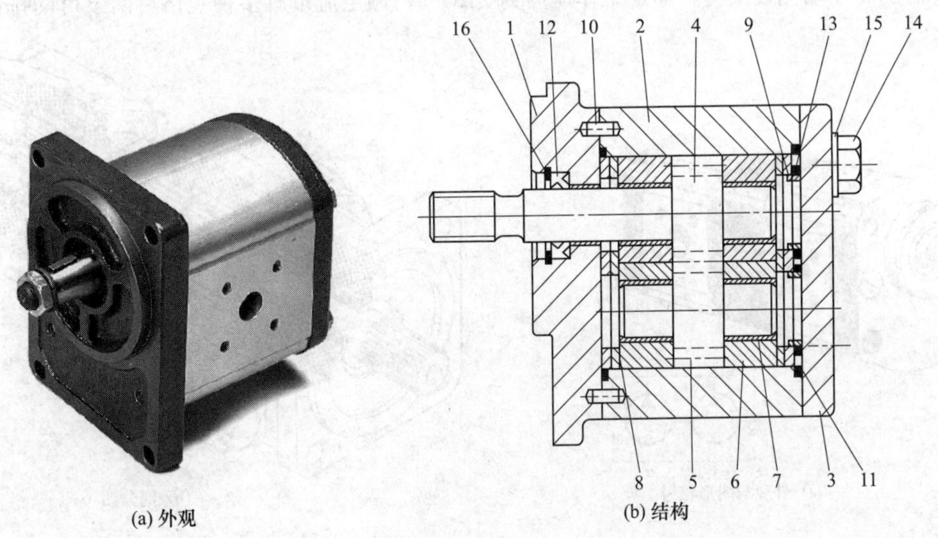

图 1-1-11

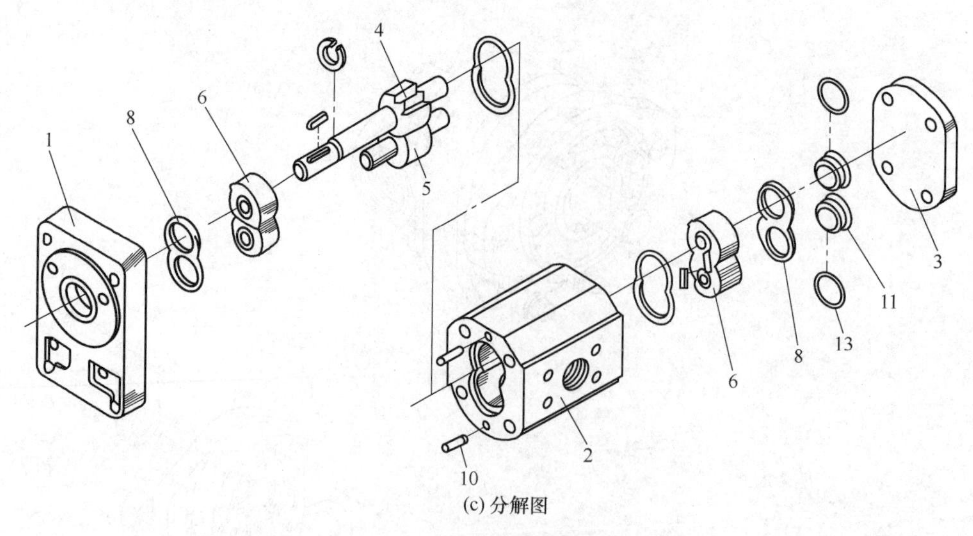

(c) 分解图

图 1-1-11 GXP 系列单联齿轮泵

1—前盖；2—泵体；3—后盖；4—主动齿轮轴；5—从动齿轮；6—轴套；7—薄壁轴承；8—板；9—反馈环；10—定位销；11—角密封环；12—油封；13—O 形圈；14—螺钉；15—弹簧垫圈；16—卡环

［例 1-1-12］ 1PF2G2 型齿轮泵（德国博世-力士乐公司）（图 1-1-12）

结构特点为三片式结构，浮动轴套为镶金属薄壁轴承。

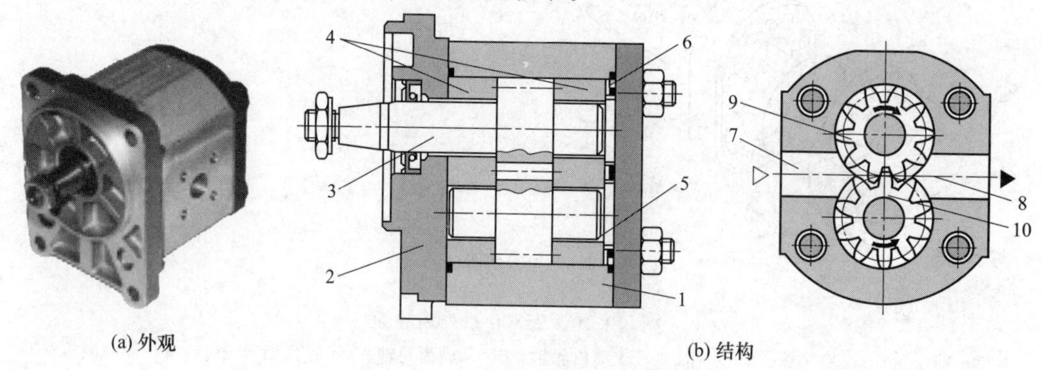

(a) 外观　　(b) 结构

图 1-1-12 1PF2G2 型齿轮泵

1—壳体；2—安装法兰；3—驱动轴（两个）；4—轴承座；5—轴套；6—补偿的侧板；7—吸油侧；8—压油侧；9—主动齿轮；10—从动齿轮

［例 1-1-13］ GXP 系列双联齿轮泵（德国博世-力士乐公司）（图 1-1-13）

采用滚针轴承＋浮动侧板结构，额定工作压力为 21MPa，额定流量有多种规格，两泵可同排量或不同排量。

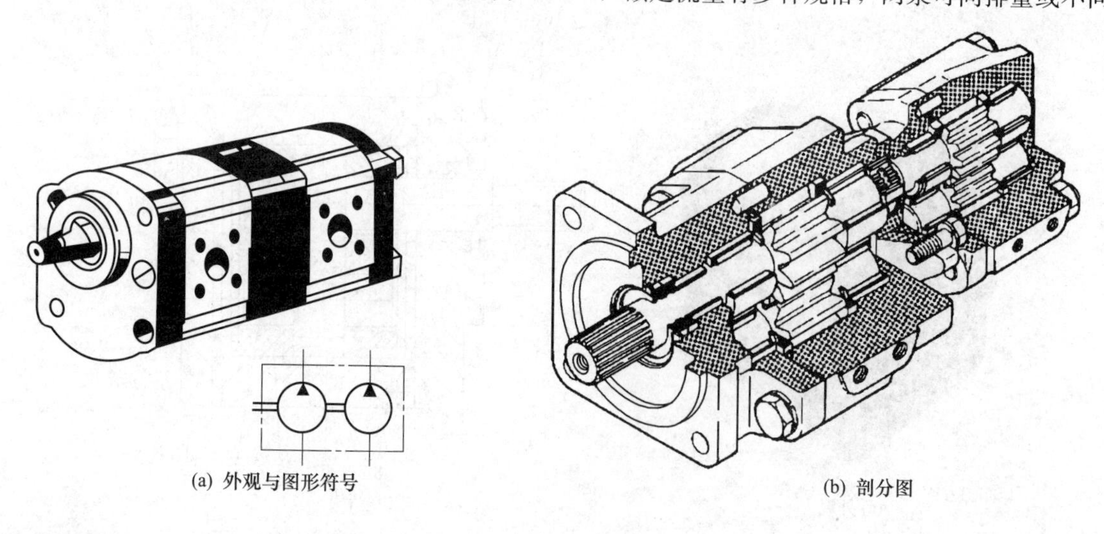

(a) 外观与图形符号　　(b) 剖分图

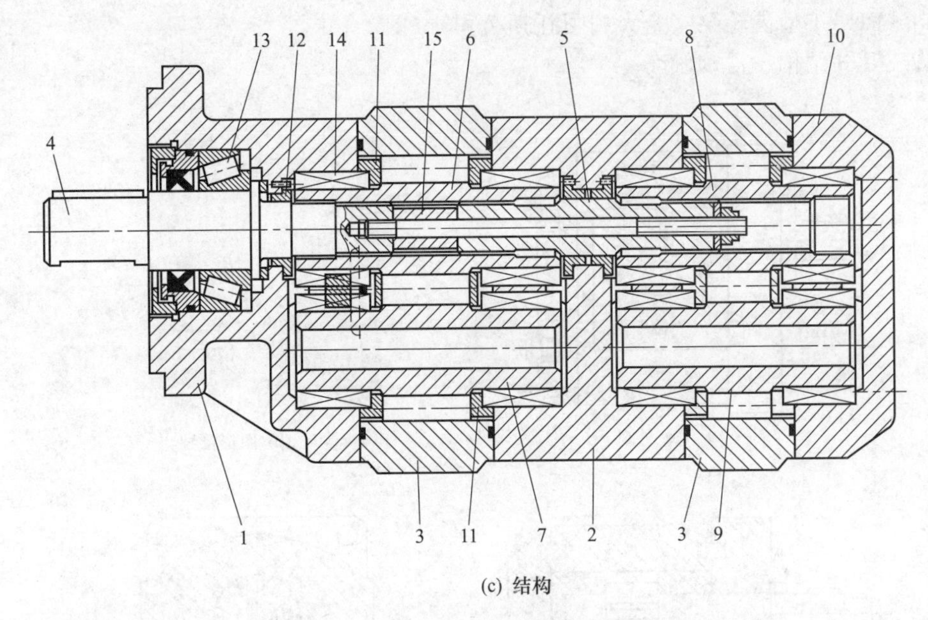

(c) 结构

图 1-1-13 GXP 系列双联齿轮泵

1—泵前盖；2—过渡体；3—泵体；4—泵轴；5—连轴；6—前齿轮轴；7—前从动齿轮；8—后齿轮轴；9—后从动齿轮；10—后泵盖；11—浮动侧板；12—前套；13—滚柱轴承；14—滚针轴承；15—套

［例 1-1-14］ GXP 系列三联齿轮泵（德国博世-力士乐公司）（图 1-1-14）

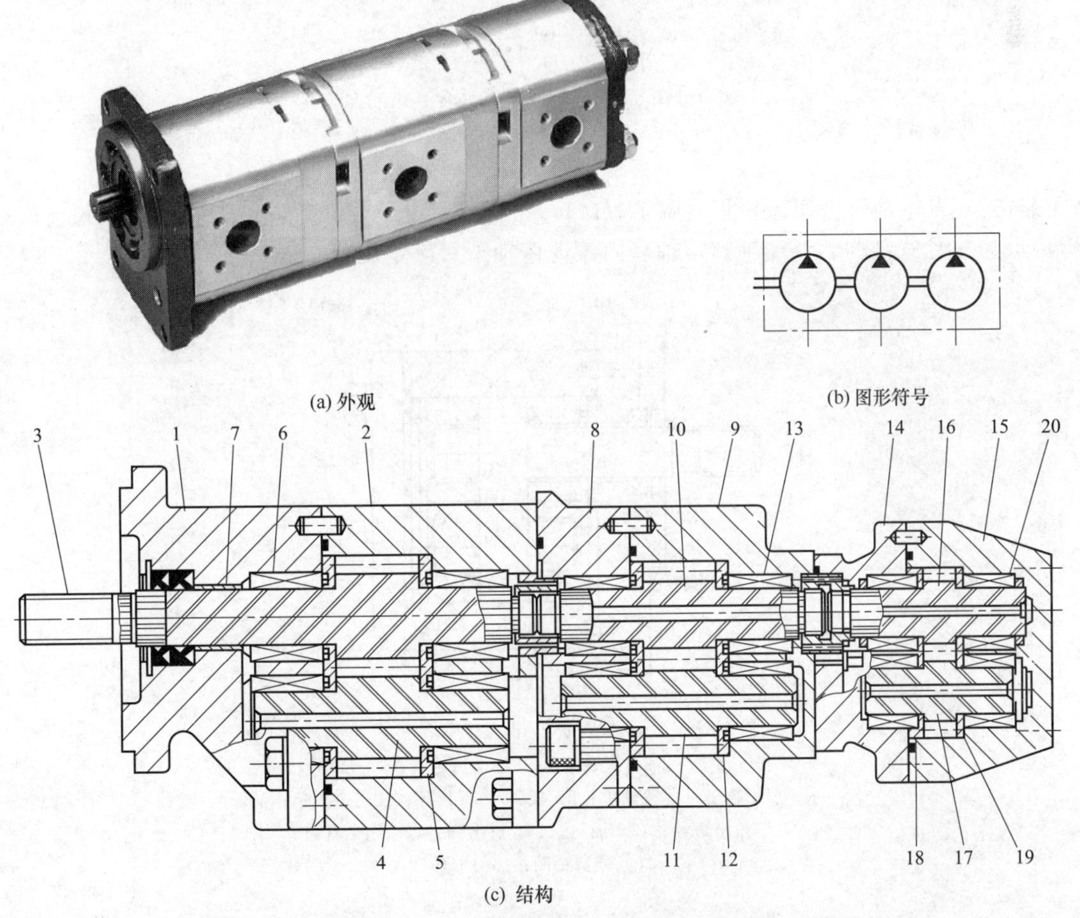

(a) 外观 (b) 图形符号

(c) 结构

图 1-1-14 GXP 系列三联（外啮合）齿轮泵

1—泵盖 A；2—泵体 A；3—输入轴（主动齿轮轴 A）；4—从动齿轮轴 A；5,12,18,19—侧板；6,13,20—轴承；7—轴套；8—泵盖 B；9—泵体 B；10—主动齿轮轴 B；11—从动齿轮轴 B；14—泵盖 C；15—泵体 C；16—主动齿轮轴 C；17—从动齿轮轴 C

［例 1-1-15］ PFG-1 型齿轮泵（意大利阿托斯公司）（图 1-1-15）

结构特点为三片式结构、浮动轴套。

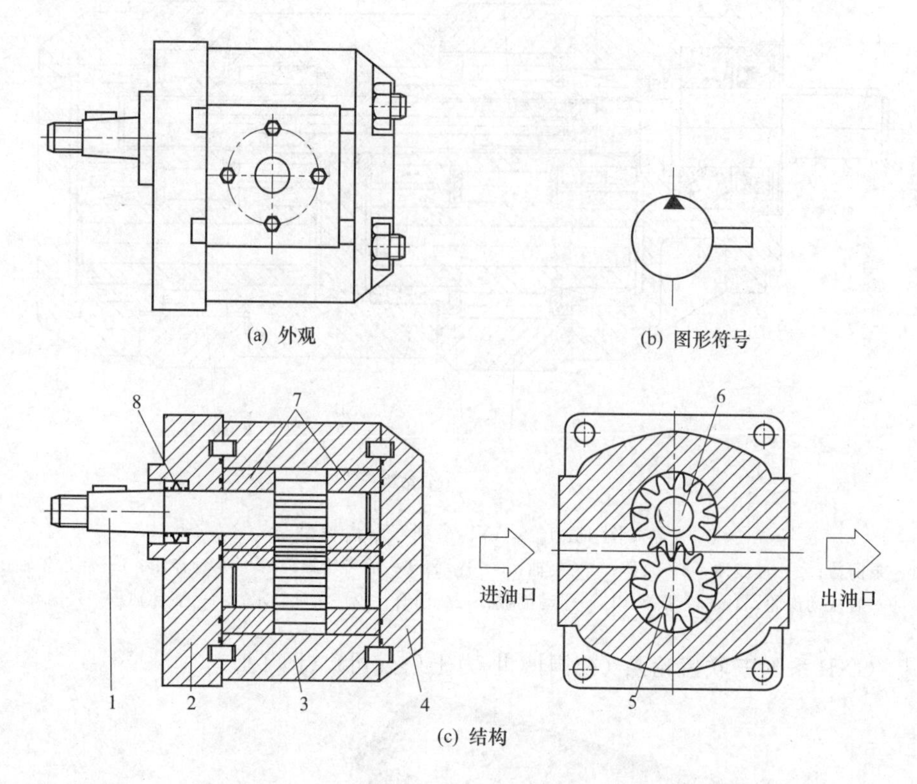

图 1-1-15 PFG-1 型（外啮合）齿轮泵

1—泵轴；2—前泵盖；3—泵体；4—后泵盖；5—从动齿轮；6—主动齿轮；7—浮动轴套；8—油封

［例 1-1-16］ 日本油研公司齿轮泵（图 1-1-16）

结构特点为三片式结构、浮动轴套，轴套内镶薄壁轴承。额定压力 21MPa。

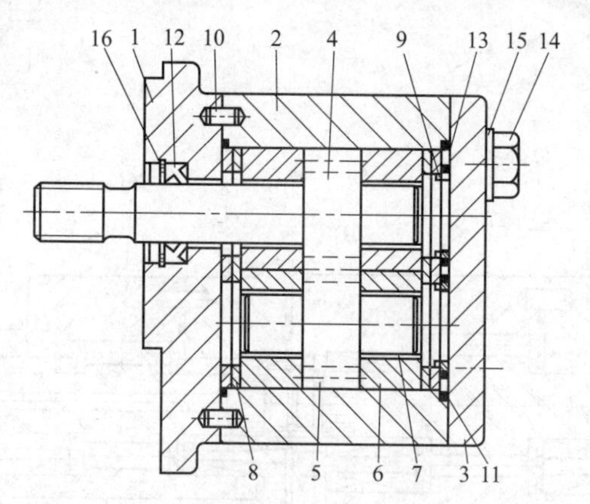

图 1-1-16 日本油研公司（外啮合）齿轮泵

1—前盖；2—泵体；3—后盖；4—主动齿轮轴；5—从动齿轮；
6—轴套；7—薄壁轴承；8—板；9—反馈环；10—定位销；
11—角密封环；12—油封；13—O 形圈；14—六角螺钉；
15—弹簧垫圈；16—卡环

［例 1-1-17］ KA3 系列外啮合齿轮泵（日本川崎公司）（图 1-1-17）

结构特点为三片式结构。排量为 3.6～7.6mL/r；转速为 10～150r/min；流量为 0.03～1.1L/min；出口压力为 6.9MPa。

(a) 外观

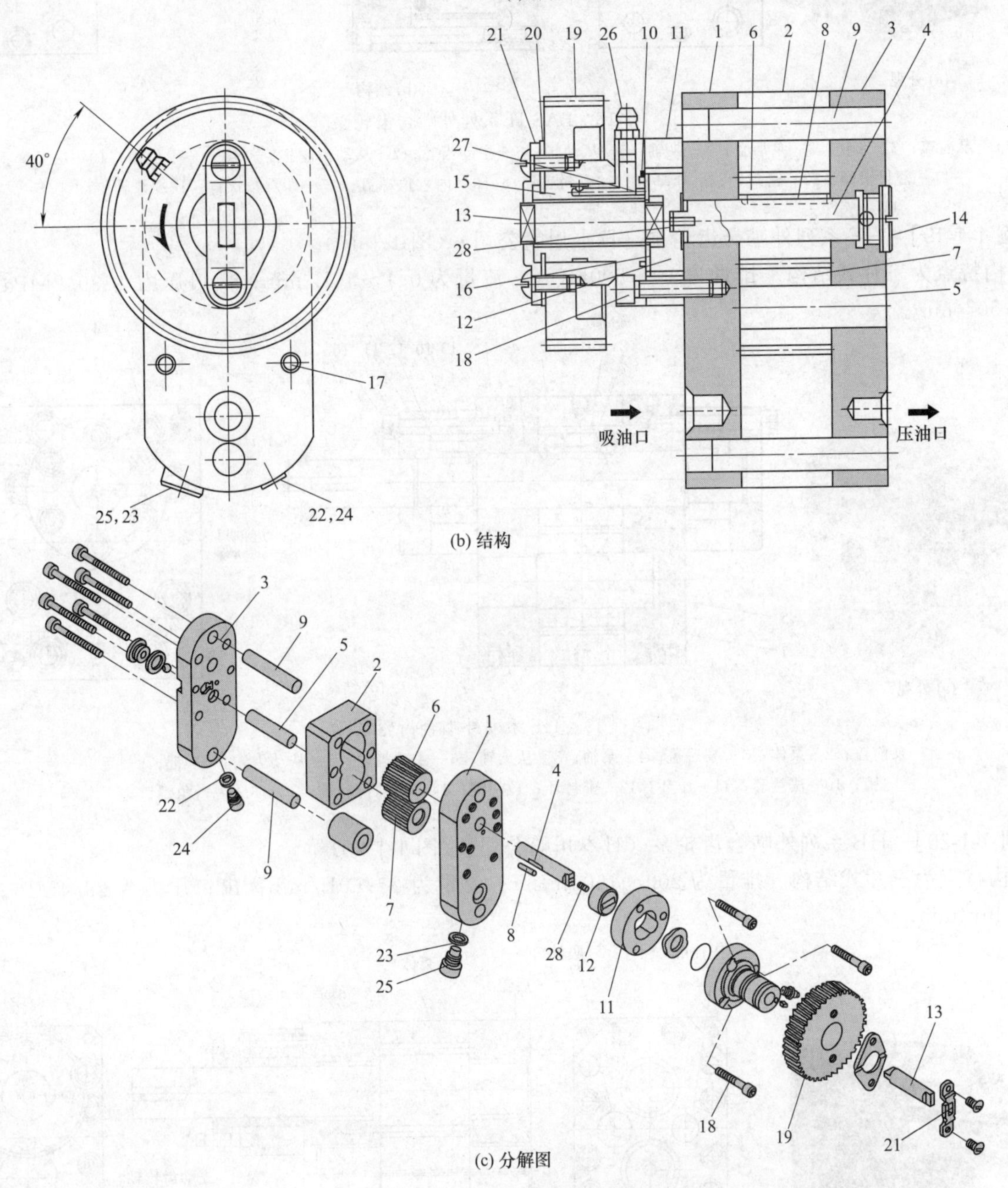

(b) 结构

(c) 分解图

图 1-1-17 KA3 系列外啮合齿轮泵

1—泵前盖；2—泵体；3—泵后盖；4—泵轴；5—从动轴；6—主动齿轮；7—从动齿轮；8—键；9—定位销；10—O 形圈；11—法兰套；12—联轴器；13—外轴；14—螺塞；15—轴套；16—密封板；17—紧固螺钉；18—内六角螺钉；19—传动齿轮；20—垫圈；21—压板盖；22,23—密封垫圈；24,25—塞子；26—润滑加油嘴；27—销；28—弹簧

［例 1-1-18］ BAS-H 系列外啮合齿轮泵（日本川崎公司）（图 1-1-18）

排量为 6～20mL/r；转速为 10～100r/min；流量为 0.06～2L/min；出口压力为 49MPa。

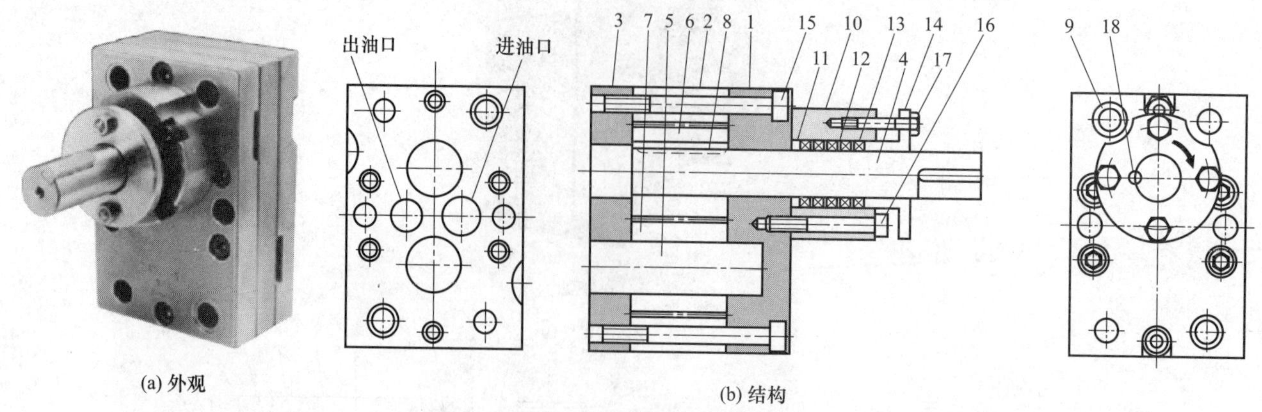

(a) 外观 (b) 结构

图 1-1-18 BAS-H 系列外啮合齿轮泵

1—泵前盖；2—泵体；3—泵后盖；4—泵轴；5—从动轴；6—主动齿轮；7—从动齿轮；8—键；9—定位销；10—法兰套；11—密封垫圈；12—密封；13—压环；14—密封盖；15,16—内六角螺钉；17—外六角螺钉；18—泵轴传动键

［例 1-1-19］ HF 系列外啮合齿轮泵（日本川崎公司）（图 1-1-19）

结构特点为三片式结构。排量为 10～800mL/r；流量为 0.1～40L/min；出口压力为 39.2MPa；转速为 10～50r/min。

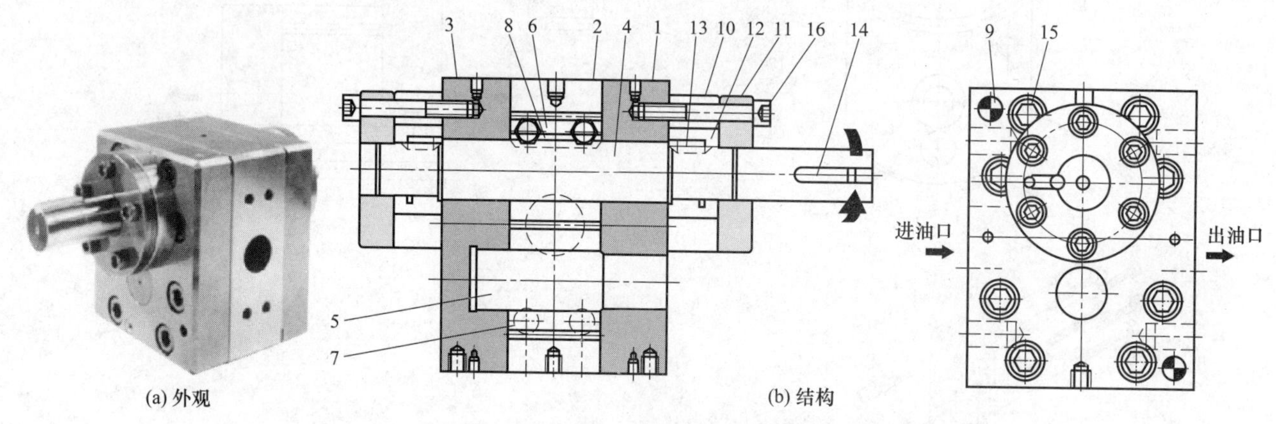

(a) 外观 (b) 结构

图 1-1-19 HF 系列外啮合齿轮泵

1—泵前盖；2—泵体；3—泵后盖；4—泵轴；5—从动轴；6—主动齿轮；7—从动齿轮；8—键；9—定位销；10—法兰套；11—压环；12—密封环；13—键；14—泵轴传动键；15,16—内六角螺钉

［例 1-1-20］ HB 系列外啮合齿轮泵（日本川崎公司）（图 1-1-20）

结构特点为三片式结构。排量为 200～1500mL/r；流量为 2～60L/min；出口压力为 29.4MPa；转速为 10～40r/min。

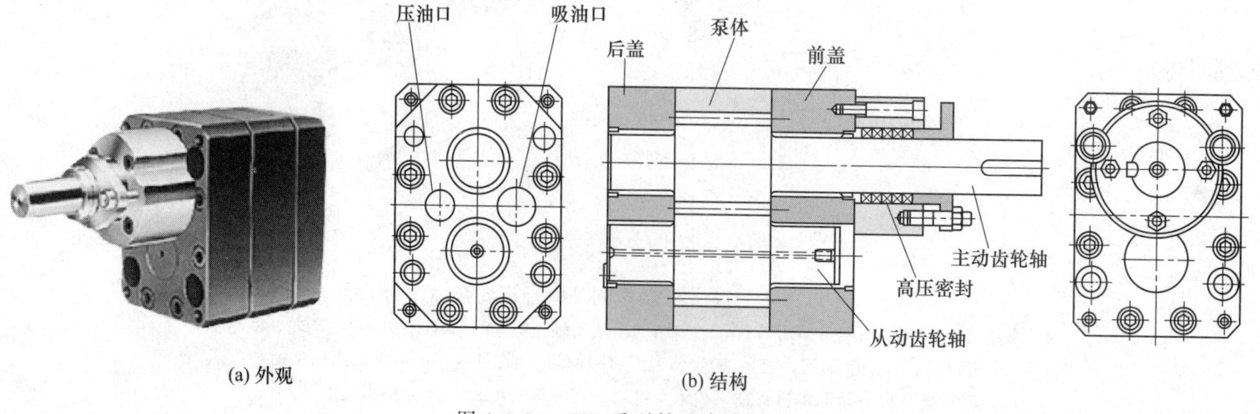

(a) 外观 (b) 结构

图 1-1-20 HB 系列外啮合齿轮泵

［例 1-1-21］ HBTD系列外啮合齿轮泵（日本川崎公司）（图 1-1-21）

结构特点为三片式结构。排量为10～1800mL/r；流量为0.1～72L/min；出口压力为29.4MPa；转速为10～40r/min。

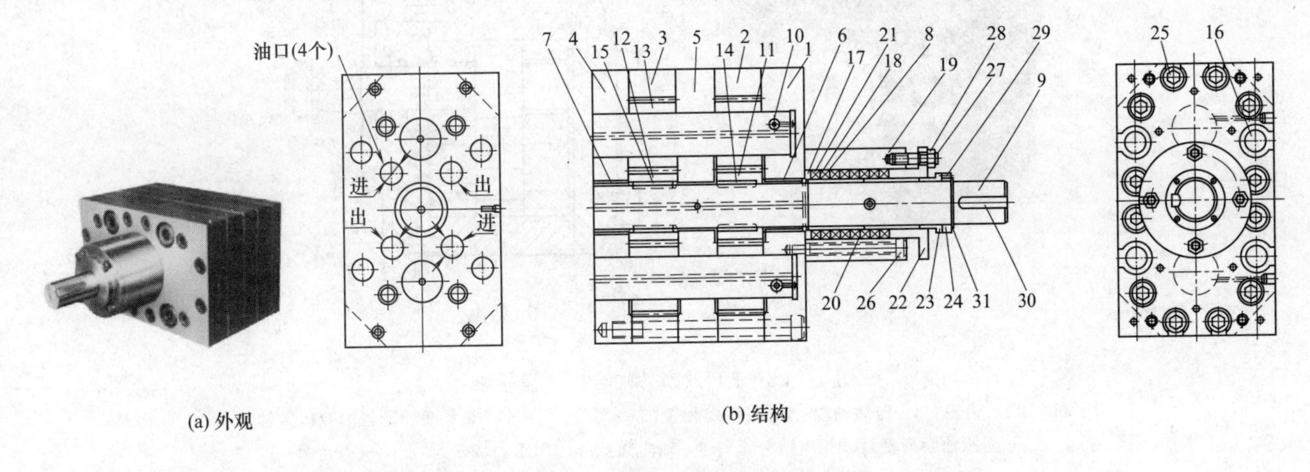

图 1-1-21 HBTD系列外啮合齿轮泵

1—泵前盖；2,3—泵体；4—泵后盖；5—中间板；6,7—轴承；8—键；9—泵轴；10—柱状螺栓；11,12—齿轮 A；13—齿轮 B；14,15—键；16—定位销；17—衬垫；18—密封环；19—外套；20—内套；21—密封支承环；22—压盖；23—间隔圈；24—压圈；25—压紧螺钉；26—内六角螺钉；27—开槽螺栓；28—螺母；29—螺钉；30—泵轴传动键；31—卡环

［例 1-1-22］ SG P2-※ 型齿轮泵（日本岛津制作所）（图 1-1-22）

型号中※为公称排量（※用数字20、23、25、27、32、36、40、44、48、52表示，单位为mL/r）；额定工作压力为24.5MPa；转速为400～2800r/min；吸油口真空度为－0.02～0.2bar。

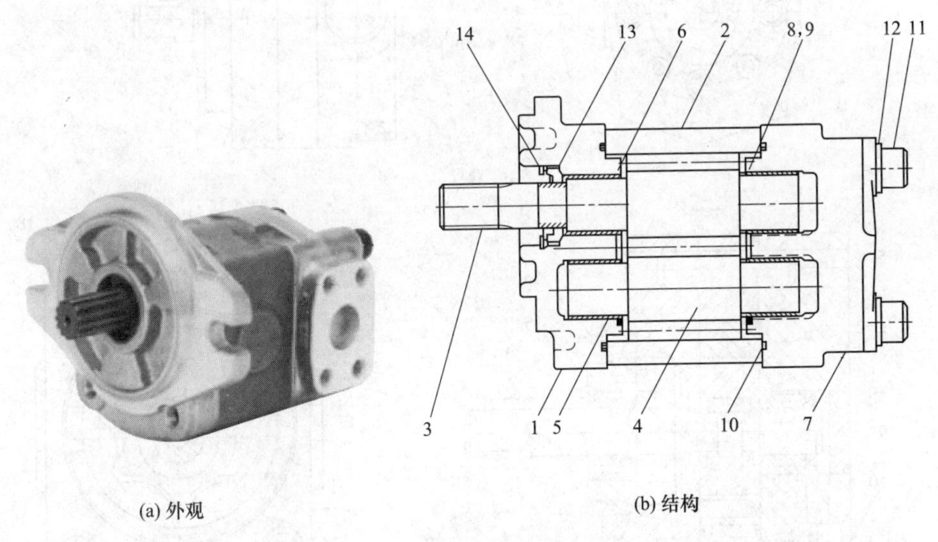

图 1-1-22 SG P2-※ 型齿轮泵

1—泵前盖；2—泵体；3—泵齿轮轴；4—从动齿轮；5—薄壁轴承；6—侧板；7—泵后盖；8,9—“3”字形密封圈；10—O形圈；11—螺钉；12—垫圈；13—油封；14—卡环

［例 1-1-23］ KP系列外啮合高压齿轮泵（德国西德福公司）

基于采用大齿数（$z=13$）和特殊形状的齿，明显减少了容积流量与型号有关的偏差和伴随它而来的压力波动。位于齿轮传动装置两侧的浮动轴承在压力的作用下，可补偿轴向间隙。最大工作压力为28MPa。

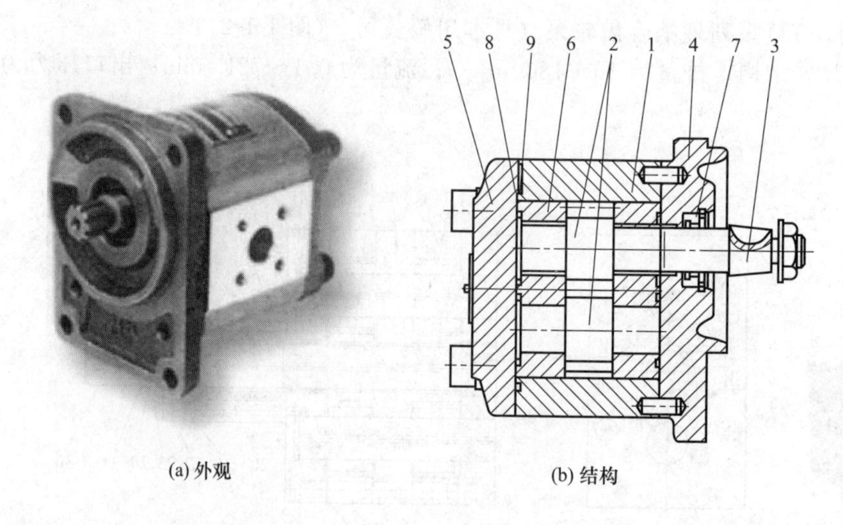

(a) 外观 (b) 结构

图 1-1-23 KP 系列外啮合高压齿轮泵

1—机壳；2—齿轮；3—传动轴端；4—法兰安装盖；5—端盖；6—带特殊平面轴承衬的双压盖轴承；7—旋转轴唇形密封（径向轴密封）；8—轴向间隙补偿用压力场密封；9—机壳密封

1-1-2 内啮合齿轮泵

［例 1-1-24］ BB-B 型摆线内啮合齿轮泵（国产）（图 1-1-24）

结构特点为三片式结构。额定压力为 2.5MPa。

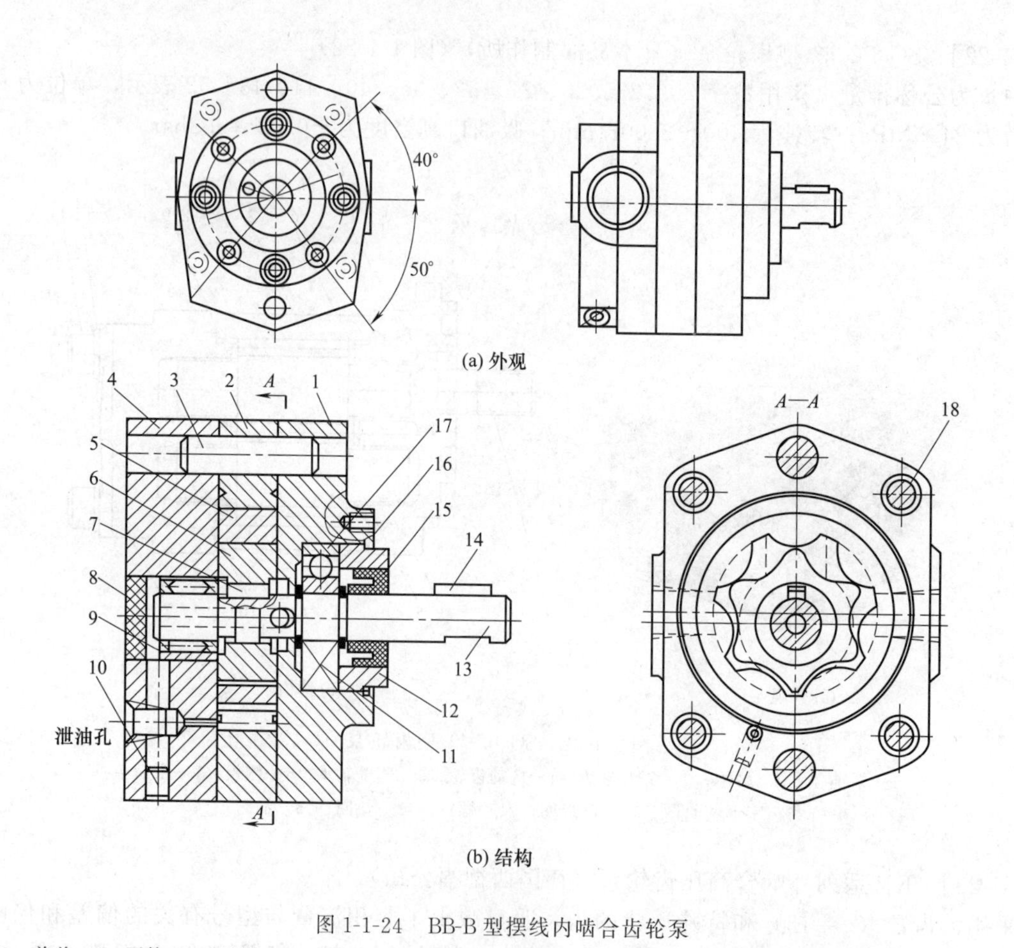

(a) 外观

(b) 结构

图 1-1-24 BB-B 型摆线内啮合齿轮泵

1—前盖；2—泵体；3—圆销；4—后盖；5—外转子；6—内转子；7—平键；8—压盖；9—滚针轴承；10—堵头；11—卡圈；12—法兰；13—泵轴；14—平键；15—油封；16—弹簧挡圈；17—轴承；18—螺钉

[例 1-1-25] IP 型渐开线内啮合齿轮泵（国产）(图 1-1-25)

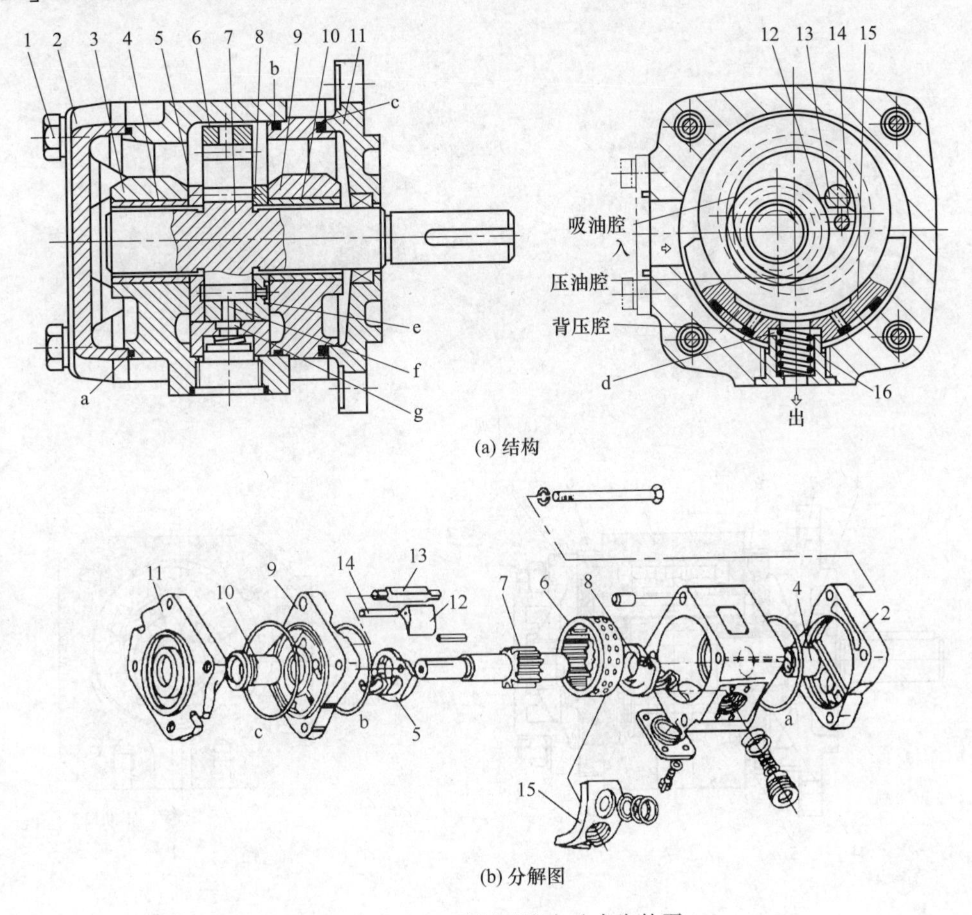

图 1-1-25 IP 型渐开线内啮合齿轮泵

1—压紧螺钉；2—后盖；3—轴承支座；4,10—双金属滑动轴承；5—浮动侧板；6,8—内齿环；7—小齿轮；9—轴承支座；11—前盖；12—填隙片；13—止动销；14—导销；15—半圆支承块（浮动支座）；16—弹簧

[例 1-1-26] 内啮合齿轮泵（德国福伊特公司）(图 1-1-26)

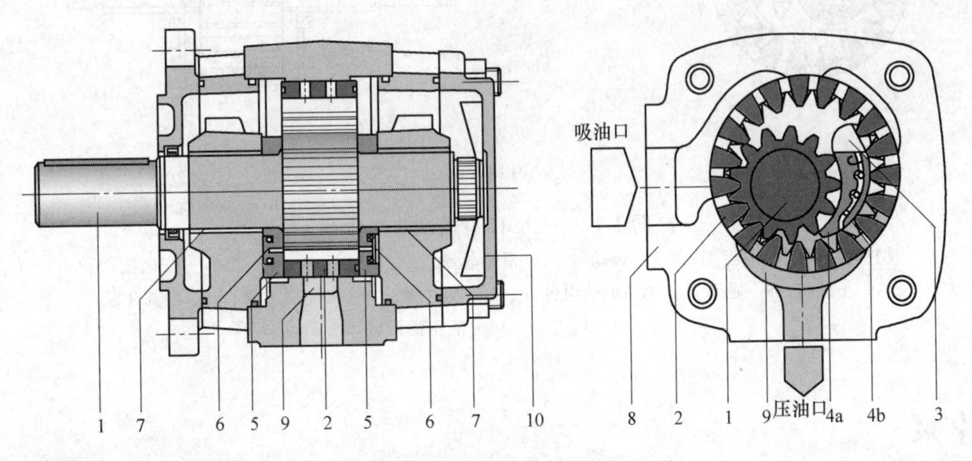

图 1-1-26 内啮合齿轮泵

1—小齿轮轴；2,4b—内齿环；3—止动件；4a—填隙片；5,6—浮动侧板；7—双金属滑动轴承；8—泵体；9—压油腔；10—后盖

[例 1-1-27] PGH 型内啮合齿轮泵（德国博世-力士乐公司）(图 1-1-27)

轴向补偿力 F_A 在压油区起作用，并且通过压力区 11 作用于轴向板 5 起轴向补偿作用；径向补偿力 F_R 作用在配油盘（10a）和配油盘架（10b）上起径向补偿作用。

作用在小齿轮轴 3 上的力由液压动压润滑的径向滑动轴承 4 承接；作用在内齿圈 2 上的力由液压静压轴承 12 承接。

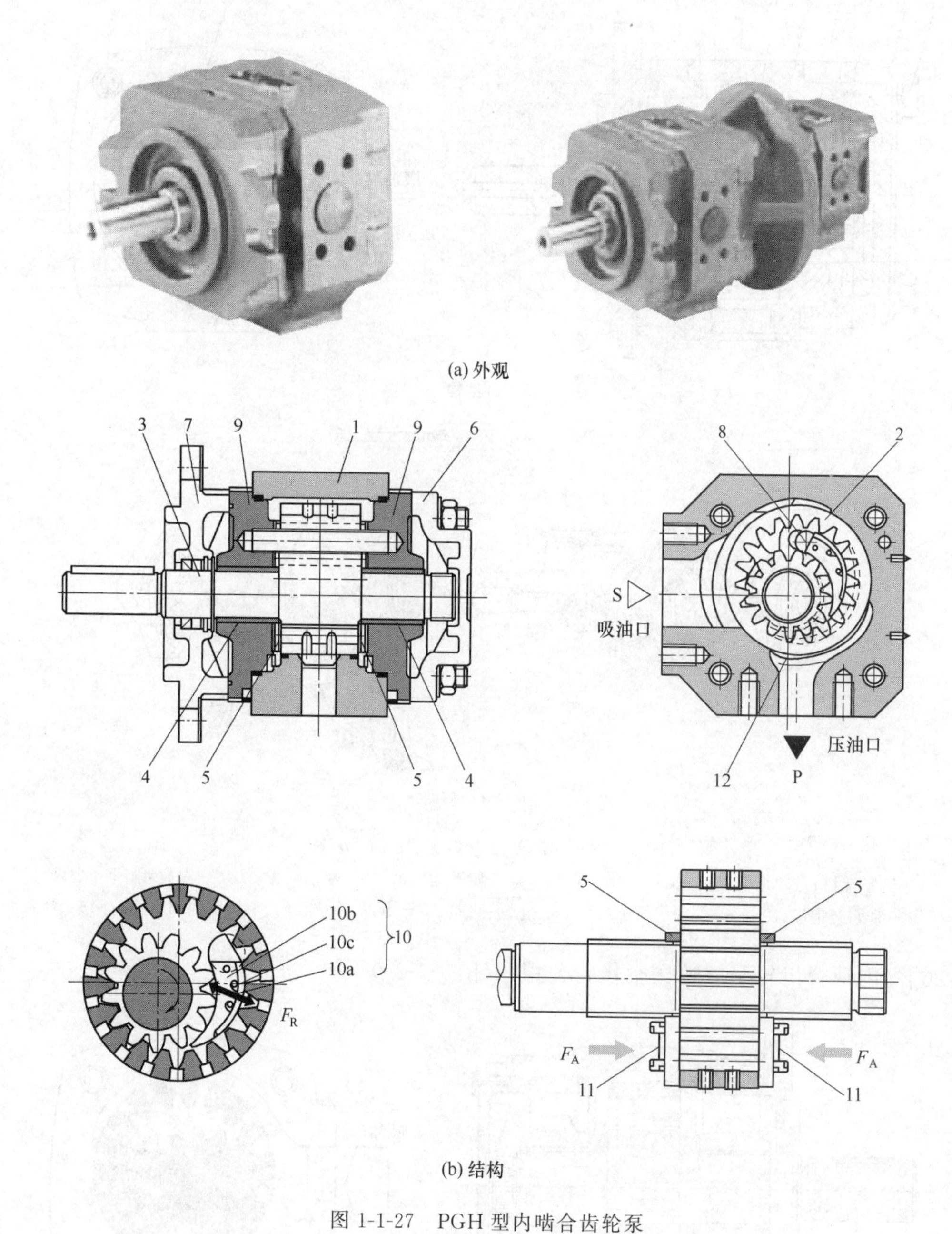

图 1-1-27 PGH 型内啮合齿轮泵

1—泵体；2—内齿圈；3—小齿轮轴；4—滑动轴承；5—轴向板；6—端盖；7—安装法兰；8—止挡销；9—轴承盖；10—配油组件（10a 为配油盘、10b 为配油盘架、10c 为密封辊）；11—压力区；12—液压静压轴承

1-2 叶片泵

1-2-1 定量叶片泵

［例 1-2-1］ YB-※型定量叶片泵（国产）（图 1-2-1）

额定压力为 6.3MPa，※为公称流量［2.5、4、6.3、10、16、20、25、32、40、50、63、80、100(L/min)］。

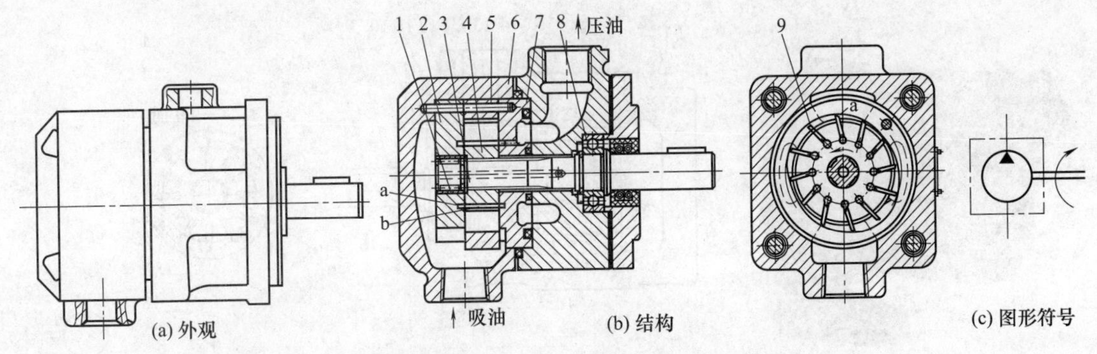

图 1-2-1 YB-※型定量叶片泵

1—滚针轴承；2,7—配油盘；3—传动轴；4—转子；5—定子；6—泵体；8—球轴承；9—叶片

［例 1-2-2］ YB1-※型定量叶片泵（国产）（图 1-2-2）

额定压力为 6.3MPa，※为公称流量［2.5、4、6.3、10、16、20、25、32、40、50、63、80、100（L/min）］。

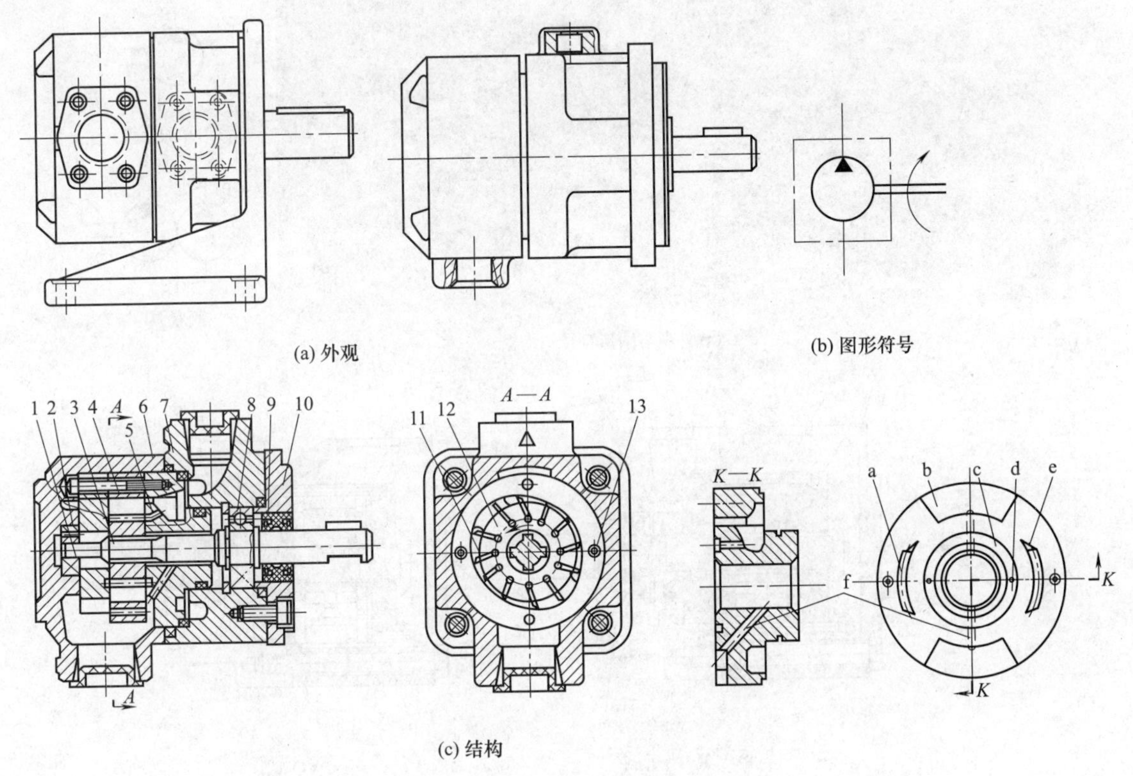

图 1-2-2 YB1-※型定量叶片泵

1,5—配油盘；2—滚针轴承；3—传动轴；4—定子；6—后泵体；7—前泵体；8—球轴承；9—油封；10—泵盖；11—叶片；12—转子；13—定位销

［例 1-2-3］ PV 型定量叶片泵（国内已引进生产）（图 1-2-3）

额定压力为 16MPa，排量有多种。

［例 1-2-4］ PVV 型和 PVQ 型定量叶片泵（德国博世-力士乐公司）（图 1-2-4）

采用子母叶片结构，排量为 18～193mL/r，最大工作压力为 210bar。由于 PVQ 泵配油盘的特殊结构，能够补偿转子体的热膨胀和能够对突然的压力变化起到抵抗作用，通过将配油盘分成挠性配油盘 9 和刚性配油盘 5 而形成反向压力腔 10，使压力得到平衡。这就保证了转子和挠性配油盘之间的最佳间隙，因而保证泵拥有最好的容积效率。

将第二个泵芯装到它们共同的轴上，便组成 PVV＋PVQ 双联泵。中间泵体 11 的公区吸油口是泵的进油口。出油则分别通过各泵芯-前泵芯的压油口（在泵体法兰上），而后泵芯的压油口在端盖上。

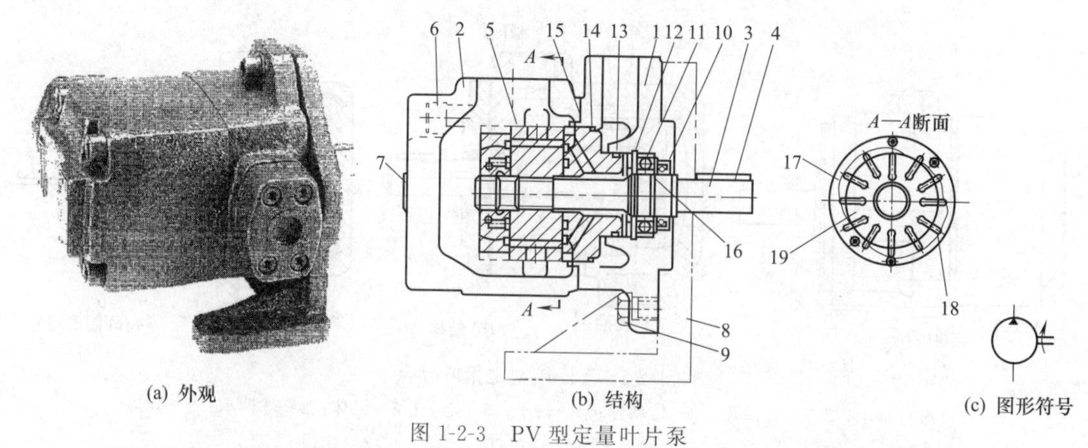

图 1-2-3　PV 型定量叶片泵

1—后盖；2—泵体；3—泵轴；4—平键；5—泵芯组件；6—内六角螺钉；7—标牌；8—支座；9—螺栓；10—油封；11—轴承；12—垫片；13～15—O 形圈；16—卡环；17—定子；18—叶片；19—转子

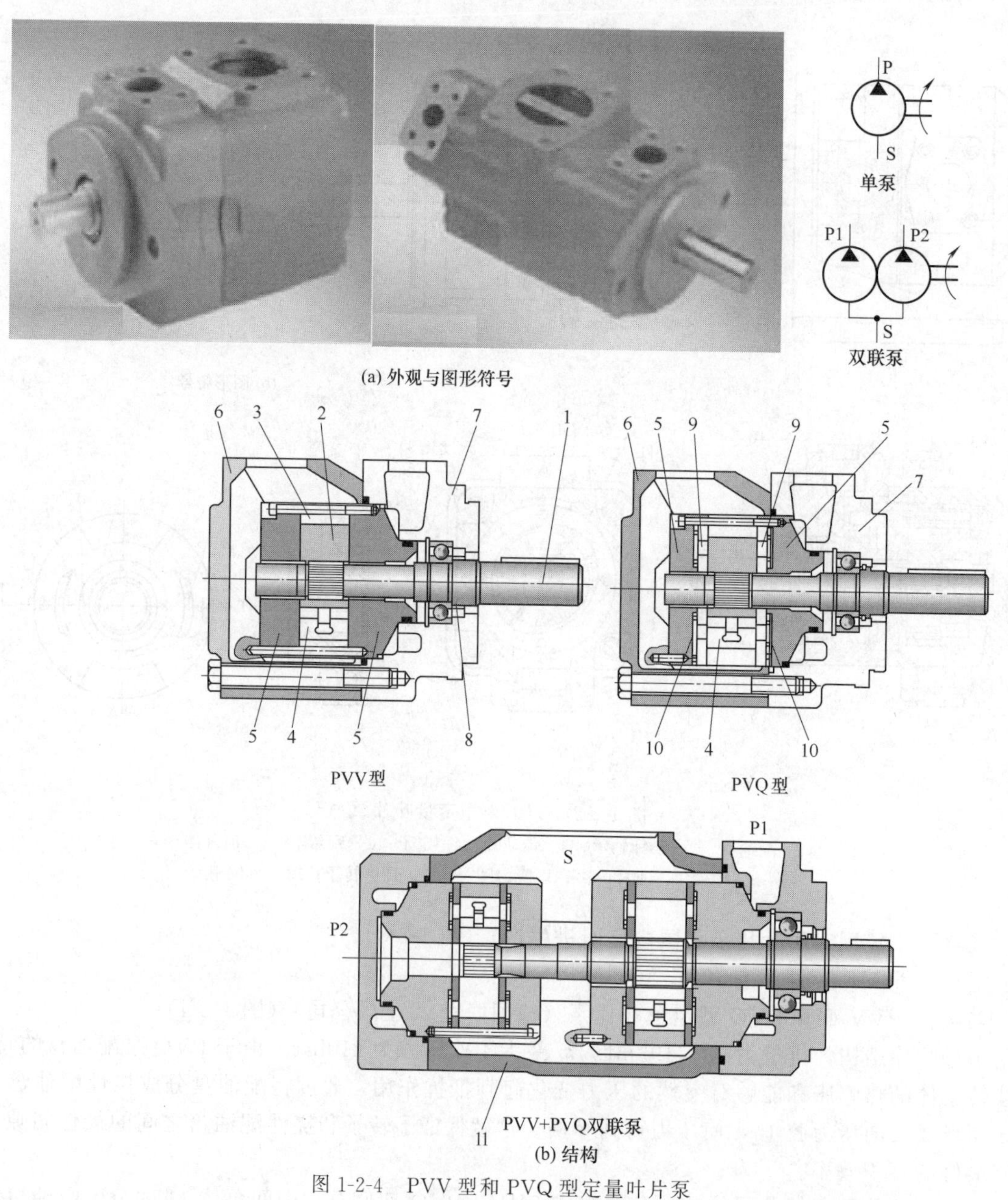

图 1-2-4　PVV 型和 PVQ 型定量叶片泵

1—泵轴；2—转子；3—定子；4—子母叶片；5—刚性配油盘；6—泵体；7—泵盖；8—轴封；9—挠性配油盘；10—反向压力腔；11—中间泵体

［例 1-2-5］　VMQ※型定量叶片泵（美国伊顿-威格士公司）（图 1-2-5）

VMQ※型定量叶片泵型号中，※为 1、2、3 对应单联泵、通轴驱动单泵及双联泵和三联泵，机芯可以互换。VMQ 系列泵提供连续压力，额定值达 29.3MPa，单联泵排量从 10mL/r 至 215mL/r 甚至达到 463mL/r，双联泵排量从 20mL/r 至 373mL/r，三联泵排量从 110mL/r 至 463mL/r。

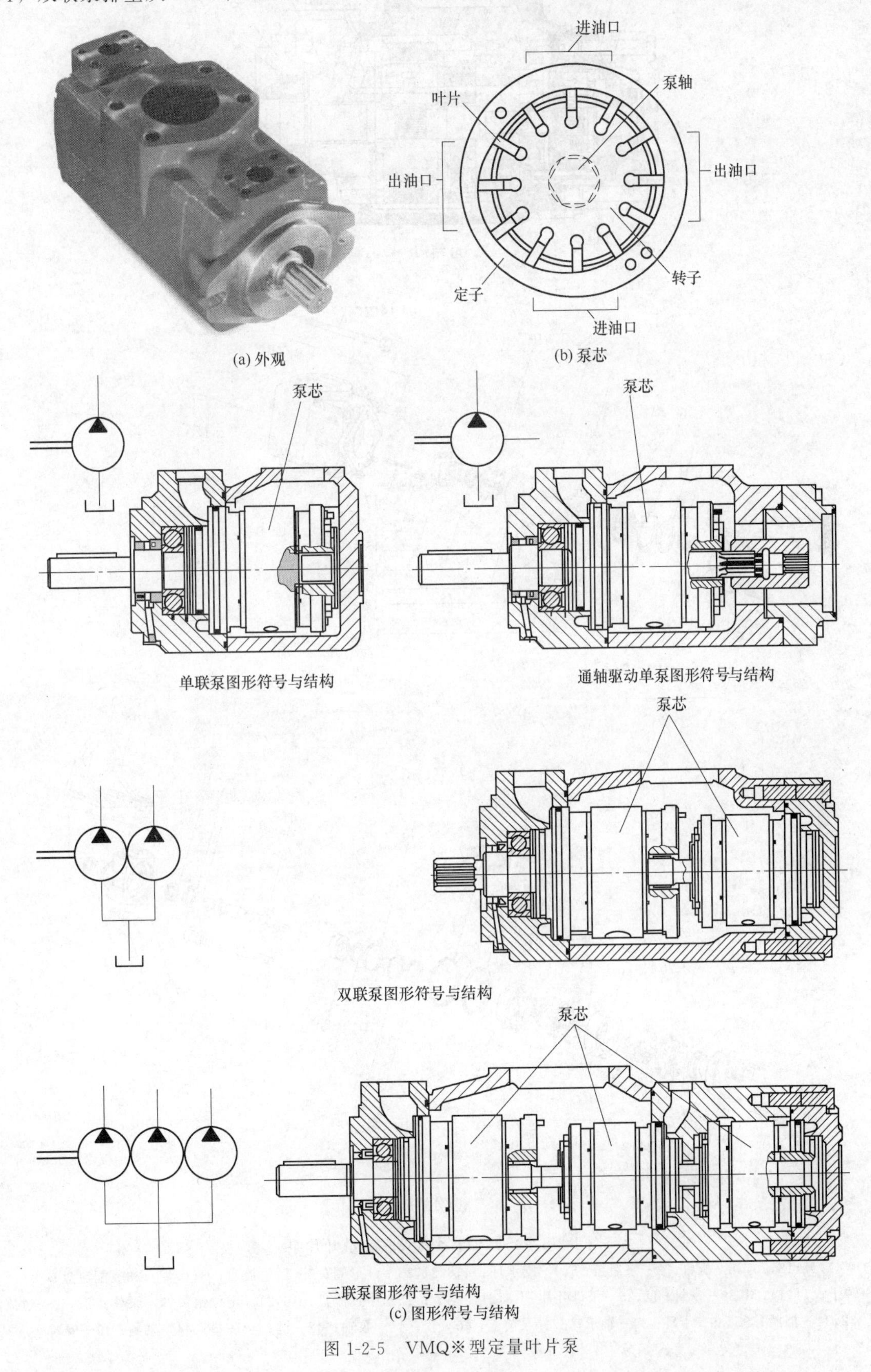

(c) 图形符号与结构

图 1-2-5　VMQ※型定量叶片泵

［例 1-2-6］ 4525VQ 系列双联定量叶片泵（美国伊顿-威格士公司）（图 1-2-6）

结构特点为子母叶片。

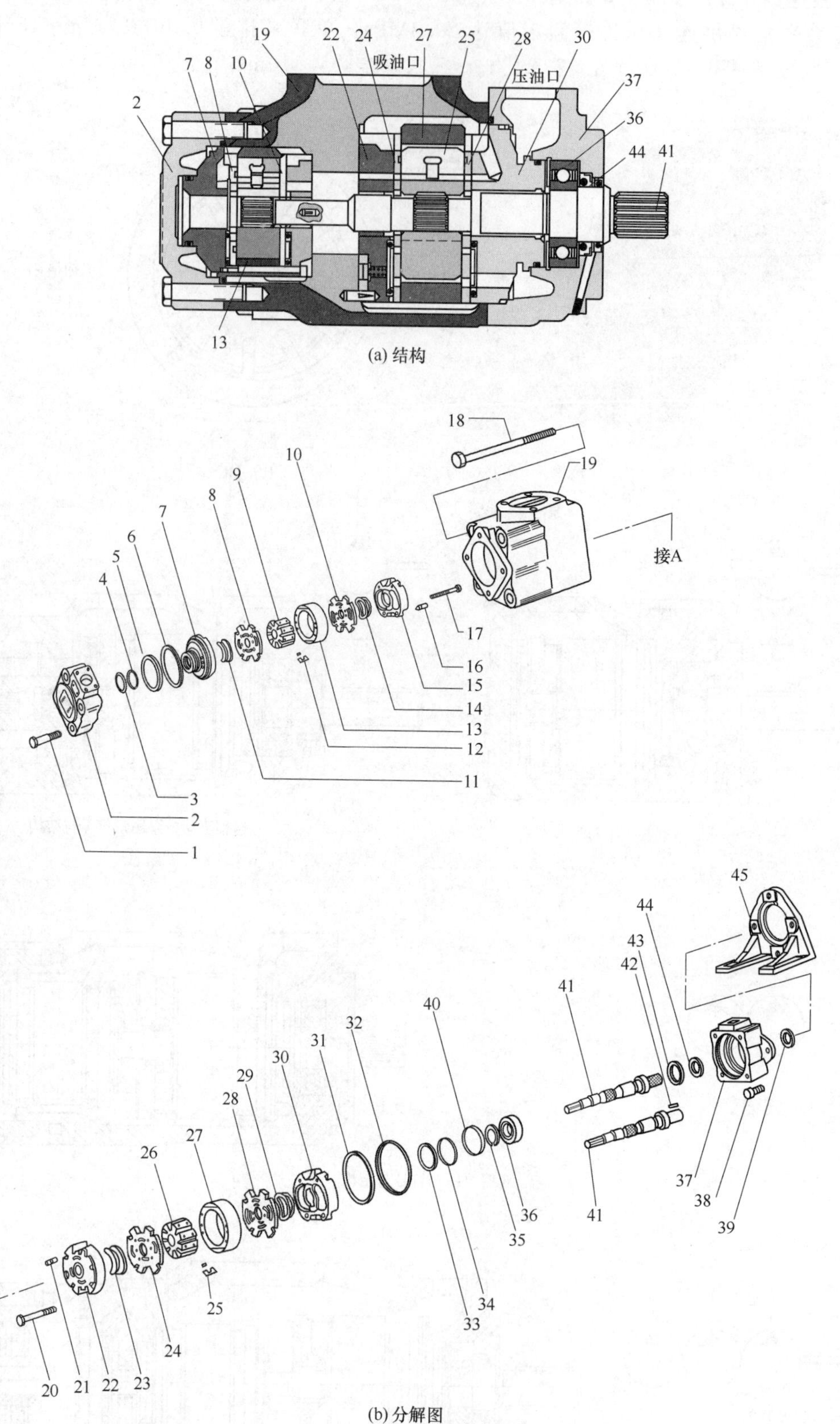

(a) 结构

(b) 分解图

图 1-2-6 4525VQ 系列双联定量叶片泵

1，17，18，20，38—螺钉；2—泵后盖；3，5—支承环；4，6，31，33—O 形圈；7—后过流盘；8，10，24，28—配流盘；9，26—转子；11，14，23，29—密封；12，25—子母叶片；13，27—定子；15—中过流盘；16，21—定位销；19—泵体；22，30—过流盘；32，34—挡圈；35，39—卡环；36—轴承；37—泵前盖；40—套；41—泵轴；42—键；43—垫；44—轴封；45—安装座

[例 1-2-7] 50V 型定量叶片泵（美国伊顿-威格士公司）(图 1-2-7)

结构特点为子母叶片。

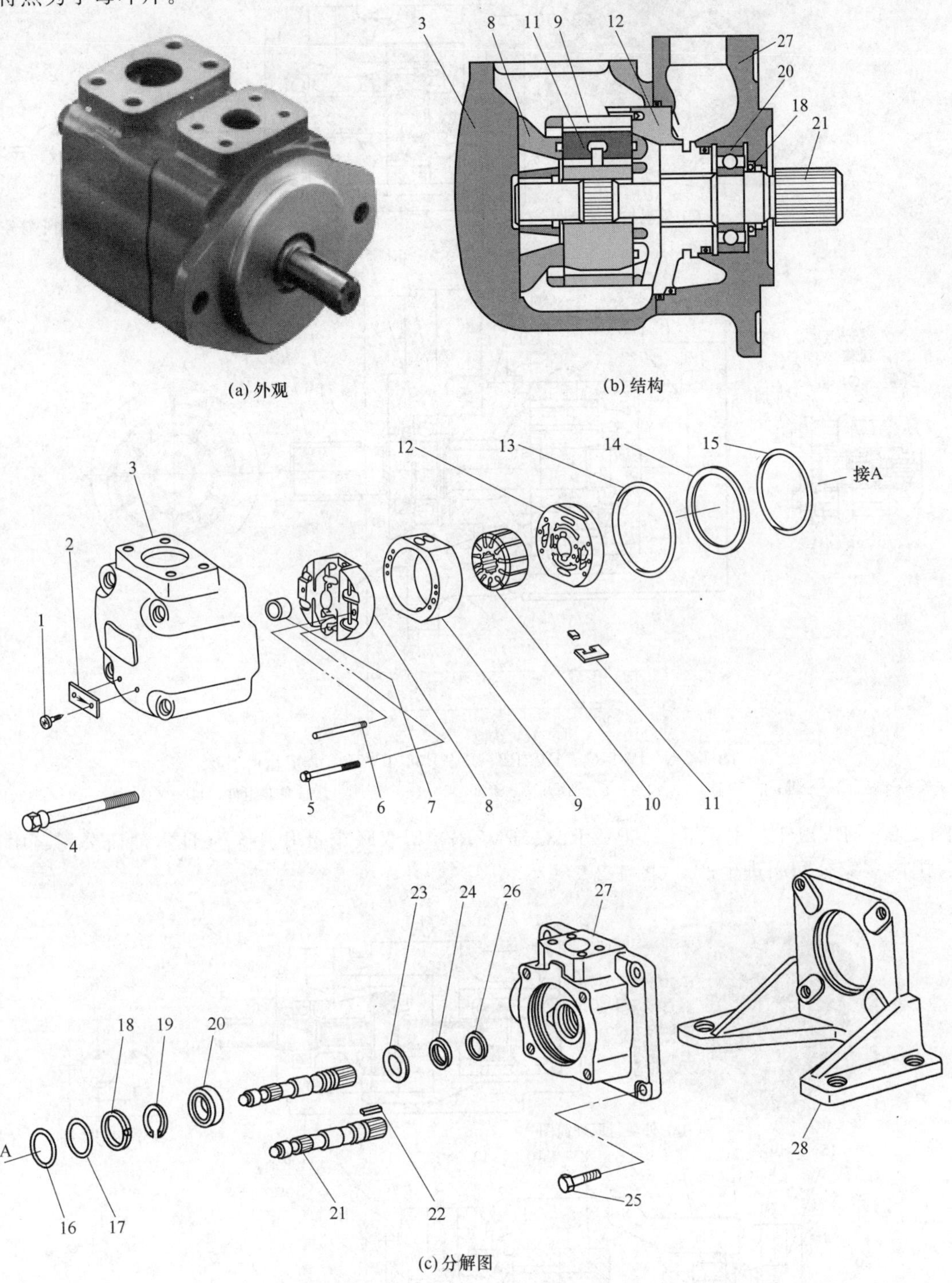

图 1-2-7 50V 型定量叶片泵

1—转向标牌螺钉；2—转向标牌；3—泵后盖；4,5,25—螺钉；6—定位销；7,20—轴承；8—后配流盘；9—定子；10—转子；11—子母叶片；12—前配流盘；13,15,26—O 形圈；14,16—密封环；17—垫；18—轴封；19—卡环；21—泵轴；22—键；23—垫；24—环；27—泵前盖；28—安装座

[例 1-2-8] PV2R1、PV2R2、PV2R3、PV2R4 型定量叶片泵（日本油研公司）(图 1-2-8)

国内已引进生产。结构上叶片底部通经减压阀减压后的压力油。最高使用压力矿物油时为 21MPa，其他工作介质要降级使用；排量有从 5.8mL/r 至 237mL/r 多种规格；转速允许从 750r/min 至 1800r/min。

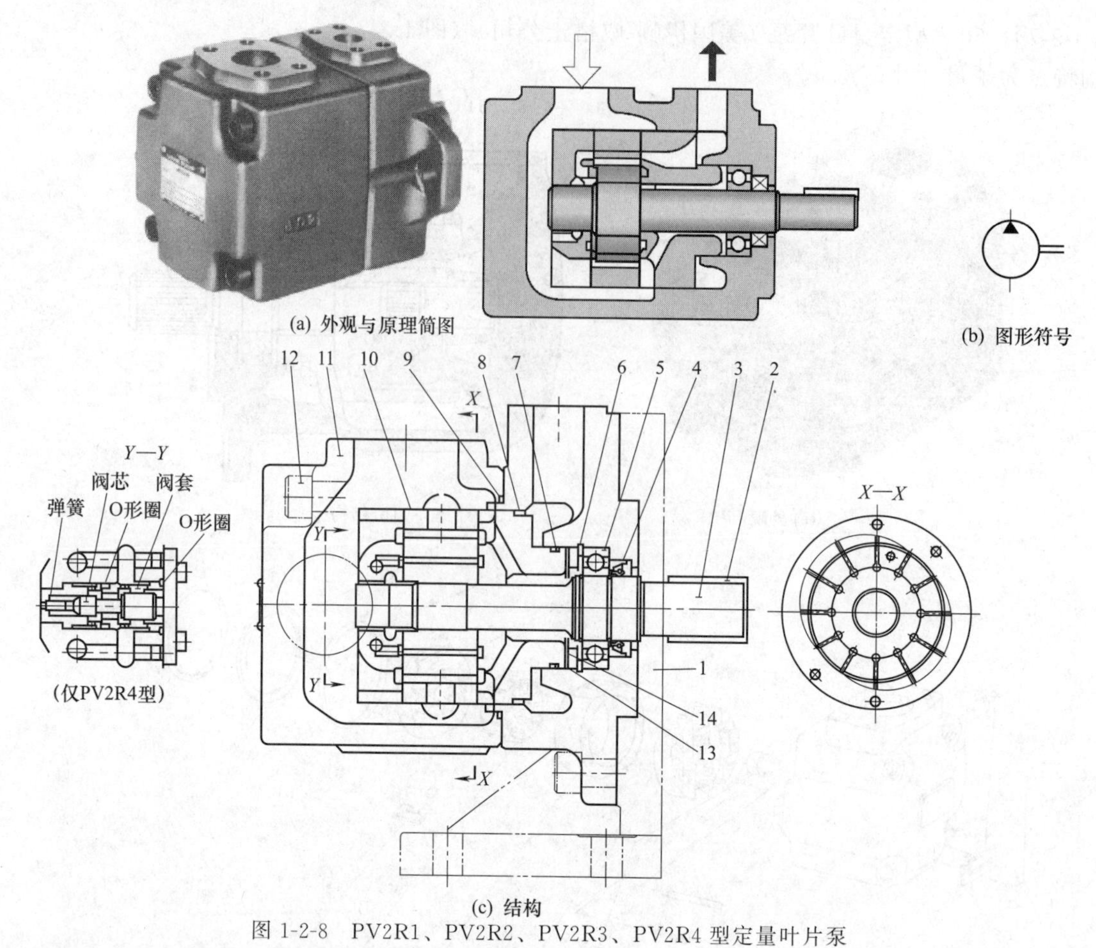

图 1-2-8 PV2R1、PV2R2、PV2R3、PV2R4 型定量叶片泵

1—泵安装支座；2—平键；3—泵轴；4—油封；5—轴承；6—卡环；7～9—O 形圈；10—泵芯组件；11—泵体；12—螺栓；13,14—垫

［例 1-2-9］ PV2R12、PV2R13、PV2R23、PV2R33 型双联定量叶片泵（日本油研公司、中国台湾朝田公司、国内多家公司引进生产）（图 1-2-9）

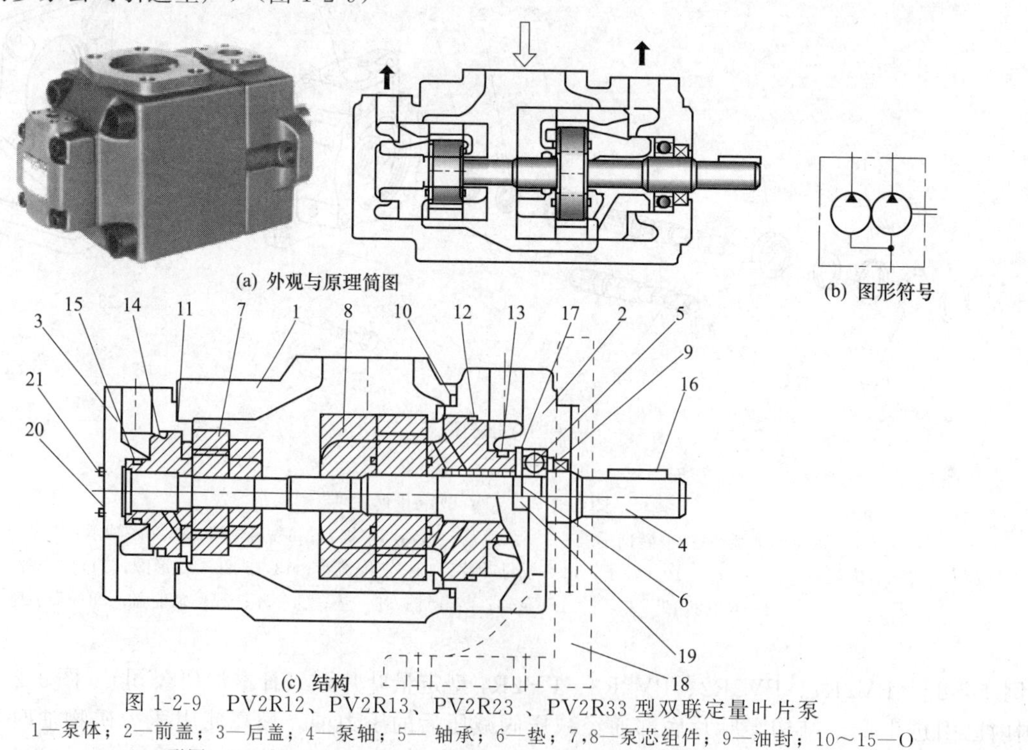

图 1-2-9 PV2R12、PV2R13、PV2R23 、PV2R33 型双联定量叶片泵

1—泵体；2—前盖；3—后盖；4—泵轴；5— 轴承；6—垫；7,8—泵芯组件；9—油封；10～15—O 形圈；16—键；17—卡环；18—支座；19—垫；20—标牌；21—铆钉

结构上叶片底部通经减压阀减压后的压力油。最高使用压力矿物油时为21MPa，其他工作介质要降级使用；排量是上述单联叶片泵的各种规格不同的组合；转速允许从750r/min至1800r/min。

［例 1-2-10］ PVNR系列高压定量叶片泵（日本油研公司）（图1-2-10）

叶片底部通经减压阀减压后的压力油。最高使用压力为21MPa。

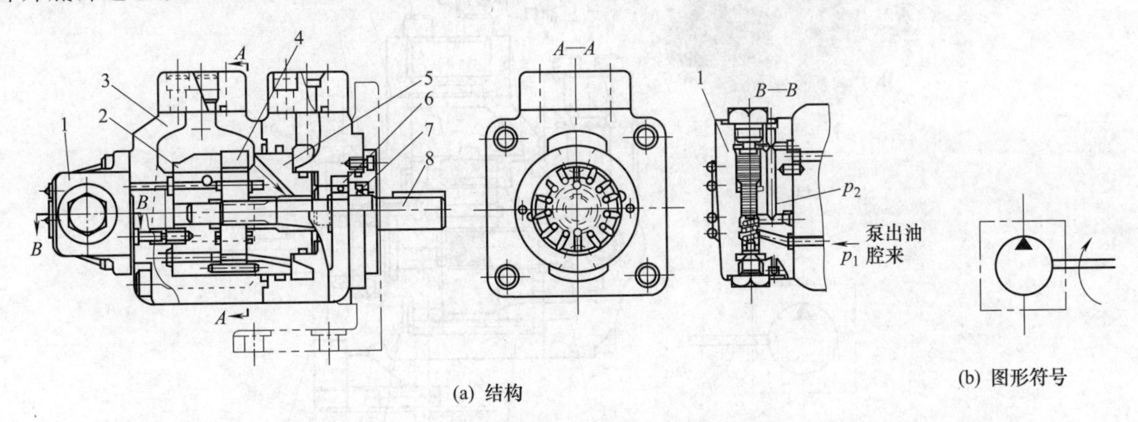

图1-2-10 PVNR系列高压定量叶片泵

1—减压阀；2,5—配油盘；3—泵体；4—组件（定子、转子、叶片）；6—轴承；7—油封；8—泵轴

［例 1-2-11］ PV11R型定量叶片泵（日本油研公司）（图1-2-11）

叶片底部通经减压阀减压后的压力油。最高使用压力矿物油时可大于31.5MPa；排量多种。

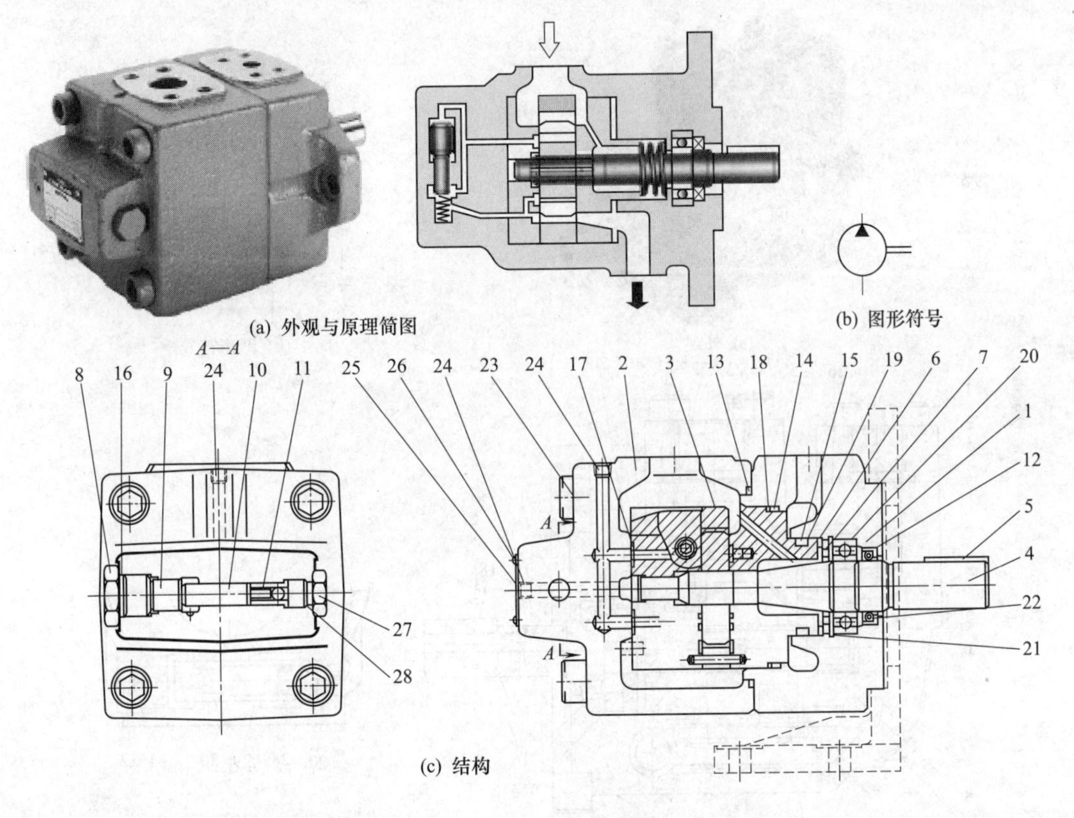

图1-2-11 PV11R型定量叶片泵

1—泵盖；2—泵体；3—泵芯组件；4—泵轴；5—键；6,7—垫；8—螺塞；9～11—减压阀组件；12—油封；13～17,28—O形圈；18,19—挡环；20—轴承；21,22—卡环；23,27—螺钉；24—堵头；25—标牌；26—铆钉

［例 1-2-12］ DP2※型高压单联定量叶片泵（日本大京公司）（图1-2-12）

叶片底部通经减压阀减压后的压力油，采用浮动配油盘。最高使用压力为17.5MPa，※分别为06、08、10、12，表示四种排量。

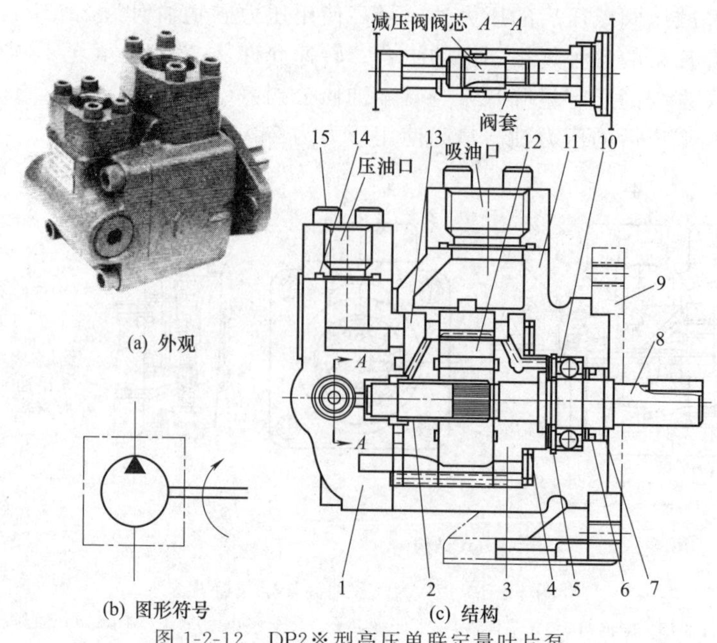

(a) 外观

(b) 图形符号

(c) 结构

图 1-2-12 DP2※型高压单联定量叶片泵

1—泵盖；2—薄壁套；3,13—配油盘；4—垫；5,6—密封；7—卡簧；8—泵轴；9—支座；10—滚珠轴承；11—泵体；12—泵芯；14—O形圈；15—螺钉

［例 1-2-13］ DP1※型高压单联定量叶片泵（日本大京公司）（图 1-2-13）

(a) 外观

(b) 图形符号

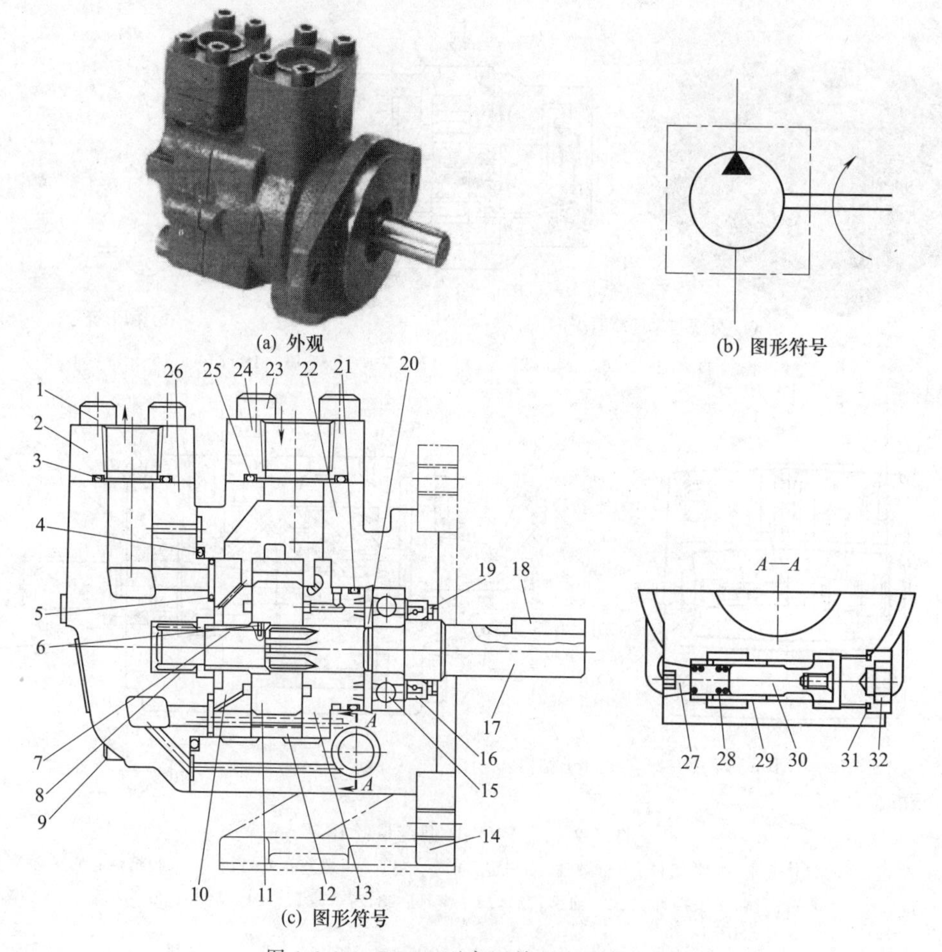

(c) 图形符号

图 1-2-13 DP1※型高压单联定量叶片泵

1,9,23—螺钉；2,24—法兰；3～5,21,25,31—O形圈；6—紧固螺钉；7—薄壁套；8—滚针轴承；10,13—配油盘；11—转子；12—定子；14—支座；15—滚珠轴承；16—油封；17—泵轴；18—键；19—卡簧；20—垫；22—泵体；26—泵盖；27—螺堵；28—弹簧；29—阀套；30—减压阀阀芯；32—堵头

叶片底部通经减压阀减压后的压力油，采用浮动配油盘。最高使用压力为 17.5MPa，※分别为 2、3、4、5，表示四种排量。

［例 1-2-14］ 50T-※型和 150T-※型中压定量叶片泵（日本油研公司、中国台湾朝田公司）（图1-2-14）

额定压力为 7MPa，※为排量代号，排量有从 6.8mL/r 至 115.2mL/r 多种。

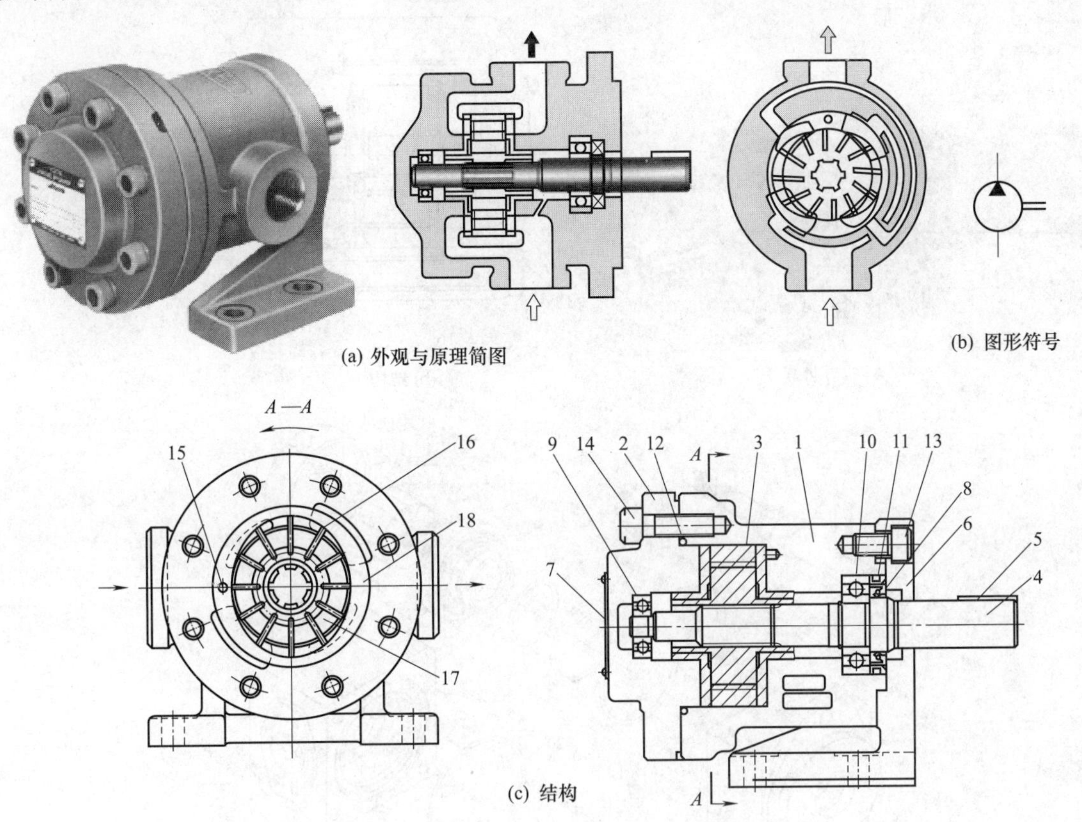

(a) 外观与原理简图　(b) 图形符号

(c) 结构

图 1-2-14　50T-※型和 150T-※型中压定量叶片泵

1—泵体；2—后盖；3—泵芯；4—泵轴；5—键；6—支座；7—标牌；8—油封；9,10— 轴承；11,12—O 形圈；13,14—螺钉；15—定位销；16—叶片；17—转子；18—定子

［例 1-2-15］ HVP-FA1 系列定量叶片泵（中国台湾朝田公司）（图 1-2-15）

结构特点为浮动配油盘。额定压力为 7MPa；排量有 2mL/r、5mL/r、8mL/r、11mL/r 四种规格；转速为 900～1800r/min。

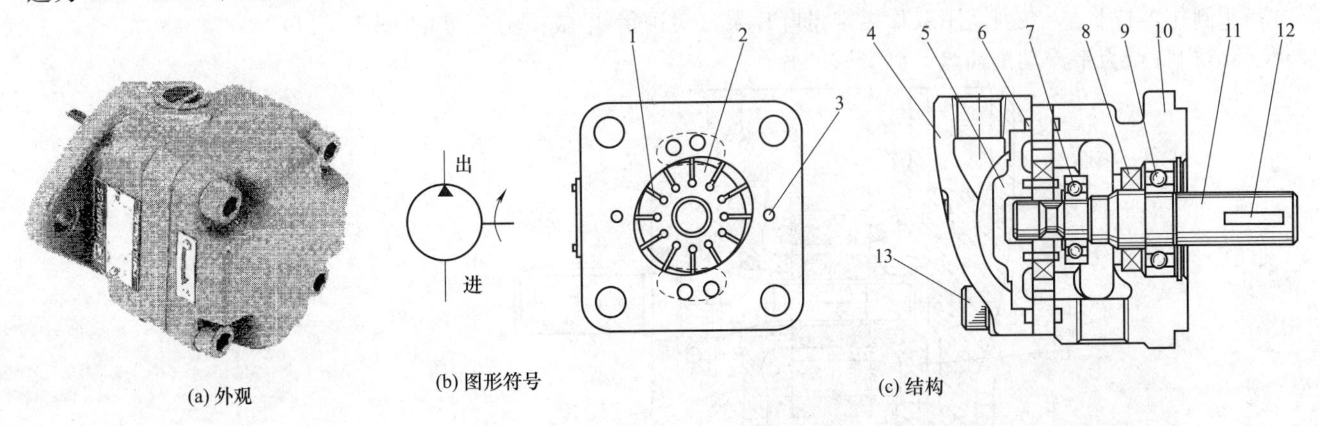

(a) 外观　(b) 图形符号　(c) 结构

图 1-2-15　HVP-FA1 系列定量叶片泵

1—叶片；2—转子；3—定位销；4—后盖；5—配油盘；6—O 形圈；7,9—轴承；8—油封；10—泵体；11—泵轴；12—键；13—螺钉

［例 1-2-16］ VQ 型定量叶片泵（日本东京计器公司、中国台湾朝田公司）（图 1-2-16）

额定压力为 17.5MPa～21MPa；流量为 38.3～189L/min。其中日本东京计器产的结构特点是子母叶片、带浮动侧板。

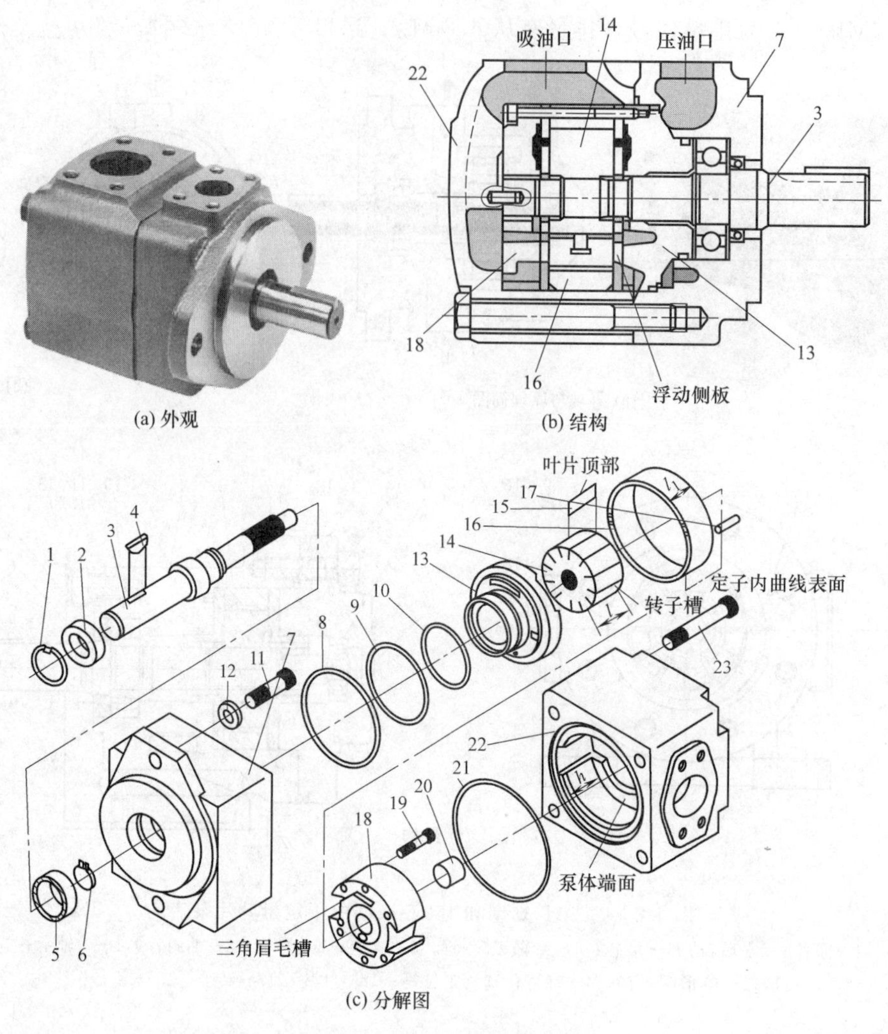

图 1-2-16 VQ 型定量叶片泵

1，6—卡簧；2—油封；3—泵轴；4—键；5—轴承；7—泵盖；8～10，21—O 形圈；11—安装螺钉；12—弹簧垫圈；13—配油盘（前侧板）；14—转子；15—叶片；16—定子；17—定位销；18—配油盘（后侧板）；19，23—螺栓；20—自润滑轴承；22—泵体

［例 1-2-17］ V 系列高压双作用定量叶片泵（美国伊顿-威格士公司）（图 1-2-17）

结构特点为带浮动配油盘，弹簧式叶片。

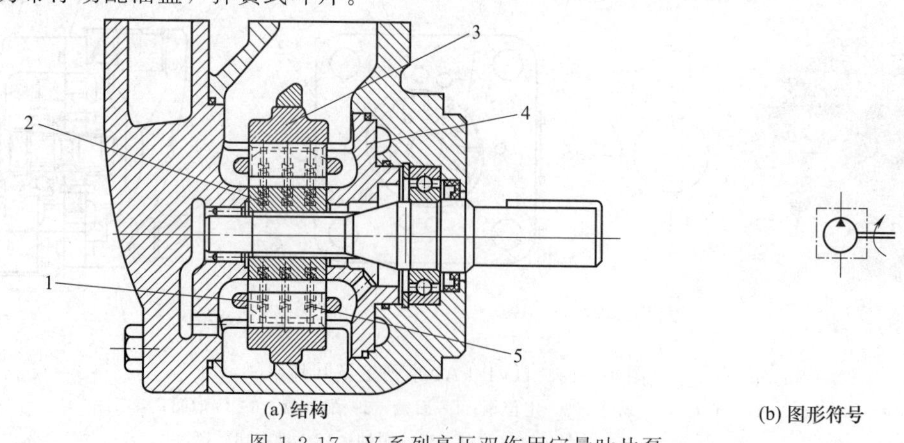

图 1-2-17 V 系列高压双作用定量叶片泵

1—叶片；2—转子；3—定子；4—浮动配油盘；5—叶片预紧弹簧

[例 1-2-18] SQP（S）□-※型定量叶片泵（日本东京计器公司）（图 1-2-18）

结构特点为子母叶片。□为系列号（1、2、3、4）；※为排量代号（2～60）；最高使用压力为 14～17.5MPa；最高转速为 1200r/min；流量有从 7.5L/min 至 189L/min 多种规格。

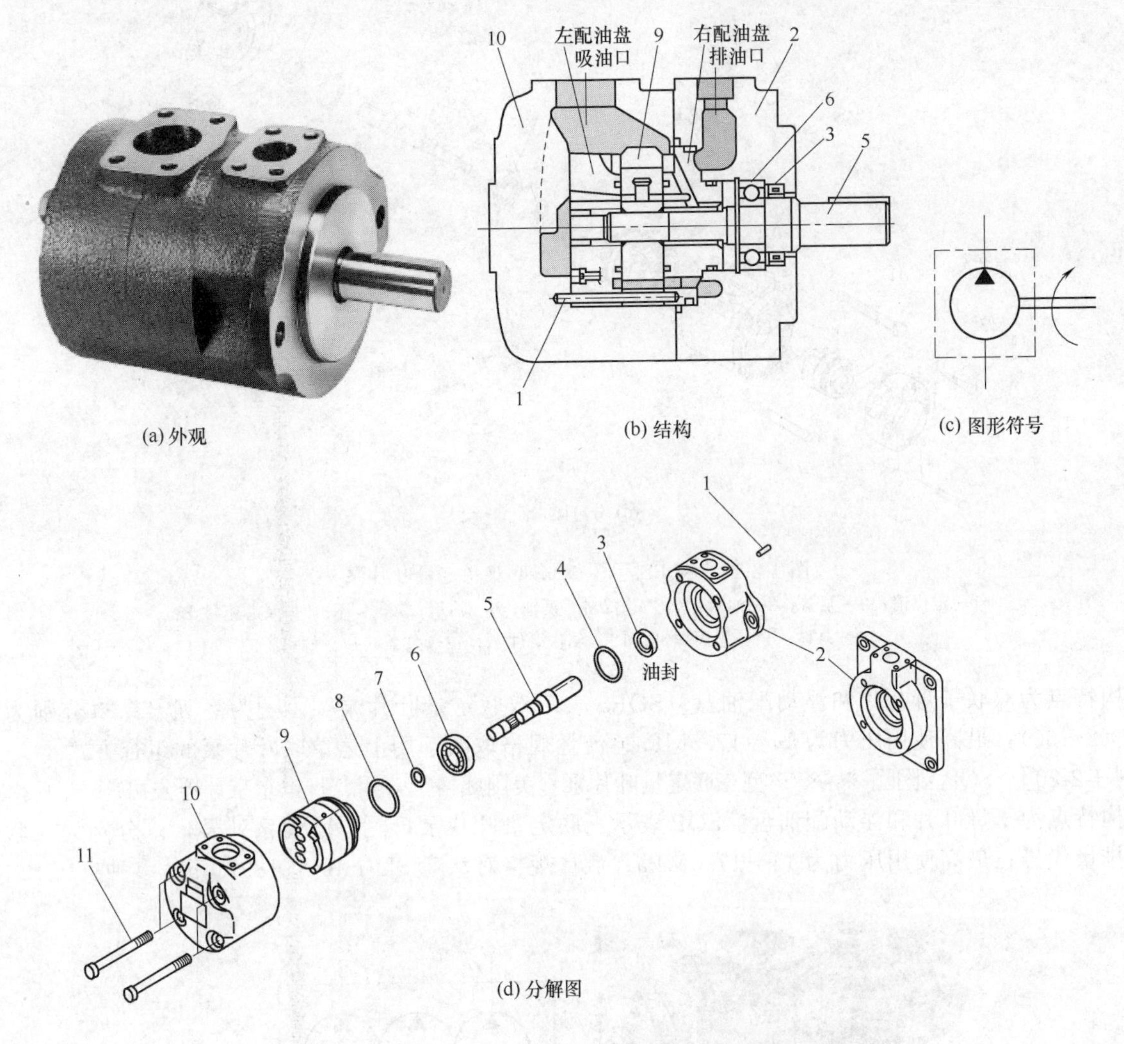

图 1-2-18 SQP（S）□-※型定量叶片泵

1—定位销；2—泵盖；3—油封；4,8—垫；5—泵轴；6—轴承；7—卡环；9—泵芯组件；10—泵体；11—紧固螺钉

[例 1-2-19] SQPS□□-※-※型双联定量叶片泵（日本东京计器公司）（图 1-2-19）

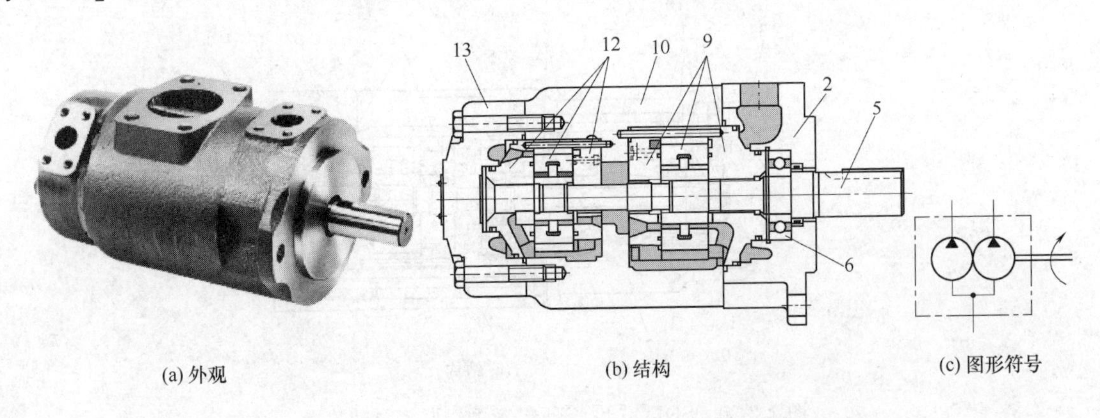

图 1-2-19

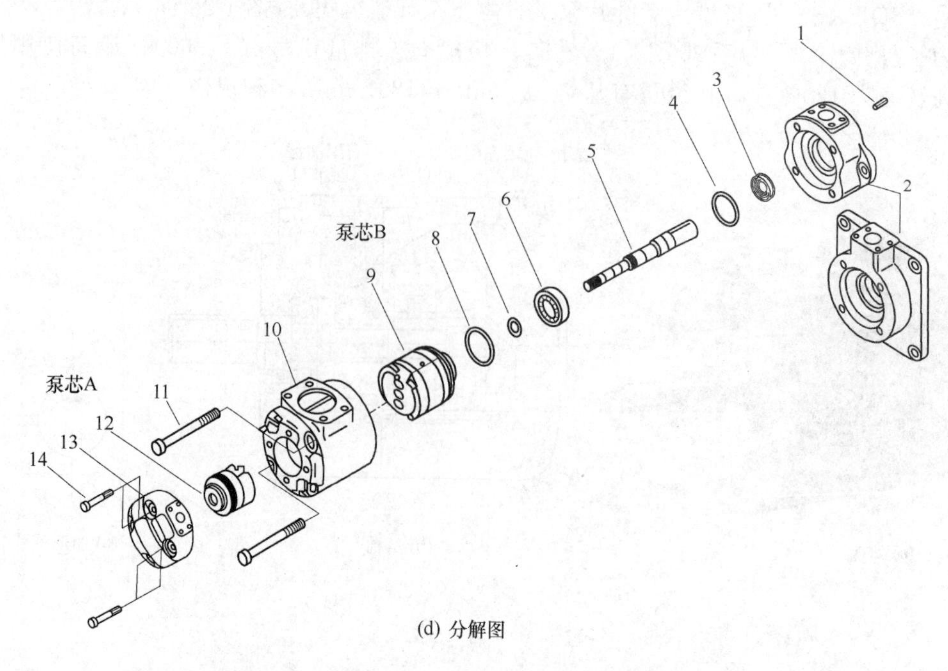

(d) 分解图

图 1-2-19 SQPS□□-※-※型双联定量叶片泵

1—定位销；2—泵盖；3—油封；4,8—垫；5—泵轴；6—轴承；7—卡环；9—泵芯组件 B；10—泵体；11—紧固螺钉；12—泵芯组件 A；13—泵盖；14—螺钉

结构特点为双联子母叶片和浮动配油盘。SQPS 表示双联定量叶片泵：□□为系列号；※分别为两排量代号（2～60）；最高使用压力为 14～17.5MPa；流量规格取决于用上述单联叶片泵的组合方式。

［例 1-2-20］ SQP□□□-※-※-※型三联定量叶片泵（美国威格士公司、日本东京计器公司）（图 1-2-20）

结构特点为子母叶片和浮动配油盘。SQP 表示三联定量叶片泵；□□□为系列号，※分别为三联泵各分泵的排量代号；最高使用压力为 14～17.5MPa；流量规格有从 7.5L/min 至 189L/min 多种。

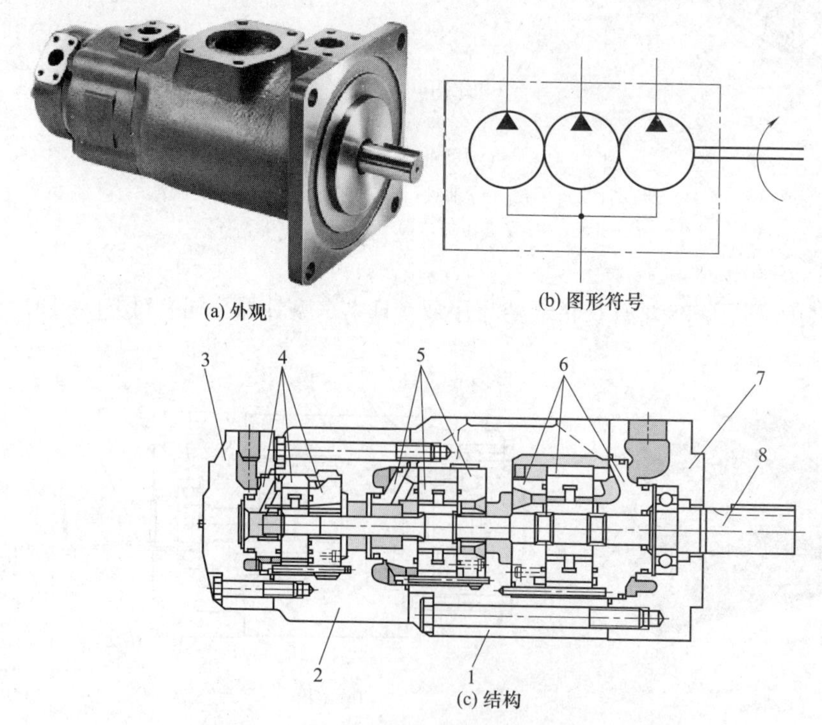

图 1-2-20 SQP□□□-※-※-※型三联定量叶片泵

1—泵体 A；2—泵体 B；3—后泵盖；4—泵芯组件 3；5—泵芯组件 2；6—泵芯组件 1；7—前泵盖；8—泵轴

［例 1-2-21］ ※VQ□型车辆用高性能定量叶片泵（美国威格士公司、日本东京计器公司）（图 1-2-21）结构特点为子母叶片和浮动侧板。※为系列代号，有 25、35、45；□为排量代号；最高使用压力 21MPa。

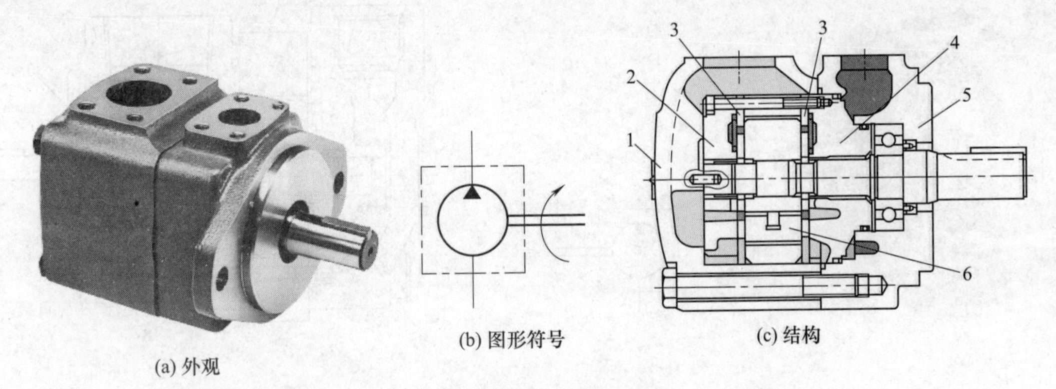

图 1-2-21 ※VQ□型车辆用高性能定量叶片泵

1—泵体；2—配油盘；3—侧板；4—配油盘；5—泵盖；6—泵芯

［例 1-2-22］ V-※-□-20-LH 型定量叶片泵（美国伊顿-威格士公司、日本东京计器公司）（图 1-2-22）结构特点为子母叶片和浮动配油盘。※为系列号，有 104、124、134、144 四个系列（双联泵有 108、128、138、148 四个系列）；□为排量代号（Y、E、G、A、C、D、U、X 等）；20 为设计号；LH 为反转（逆时针）泵，不标注为正转（顺时针）泵。

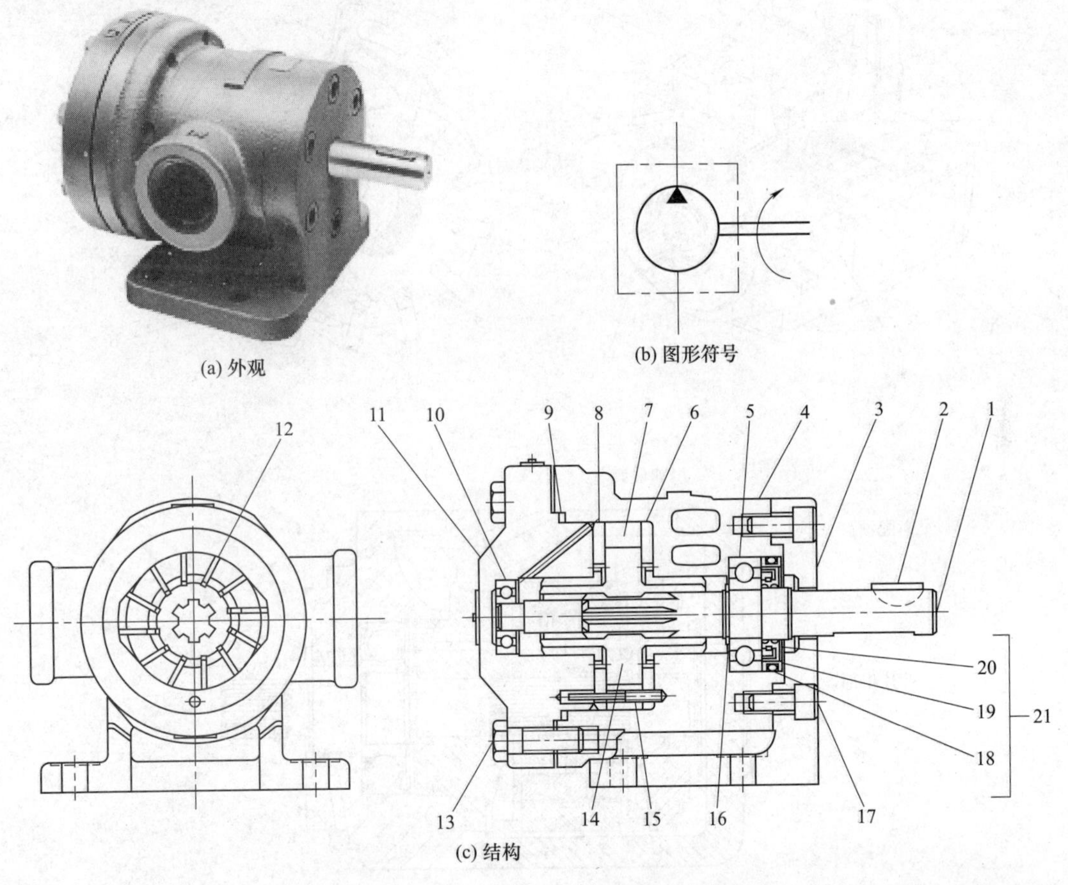

图 1-2-22 V-※-□-20-LH 型定量叶片泵

1—泵轴；2—半圆键；3—泵前盖；4—泵体；5,10—轴承；6—右配油盘；7—定子；8—左配油盘；9,18—O 形圈；11—泵盖；12—叶片；13,17—螺钉；14—转子；15—定位销；16—卡环；19—密封；20—骨架；21—泵轴轴封组件

［例 1-2-23］ V20、V30 系列定量叶片泵（美国伊顿-威格士公司、日本东京计器公司）（图 1-2-23）结构特点为浮动配油盘，弹簧预紧。额定压力为 15.4～17.5MPa；最高转速为 1800r/min。

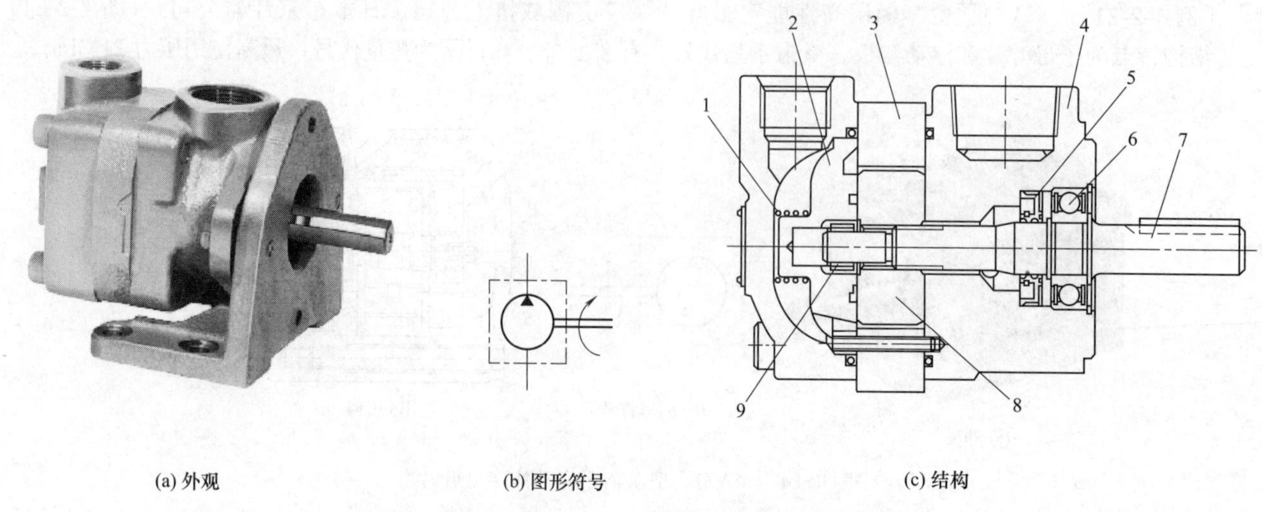

(a) 外观　　(b) 图形符号　　(c) 结构

图 1-2-23　V20、V30 系列定量叶片泵

1—弹簧；2—配油盘；3—泵体；4—前盖；5—油封；6—轴承；7—泵轴；8—泵芯组件；9—滚针轴承

［例 1-2-24］　VMQ 系列柱销式定量叶片泵（美国伊顿-威格士公司）（图 1-2-24）

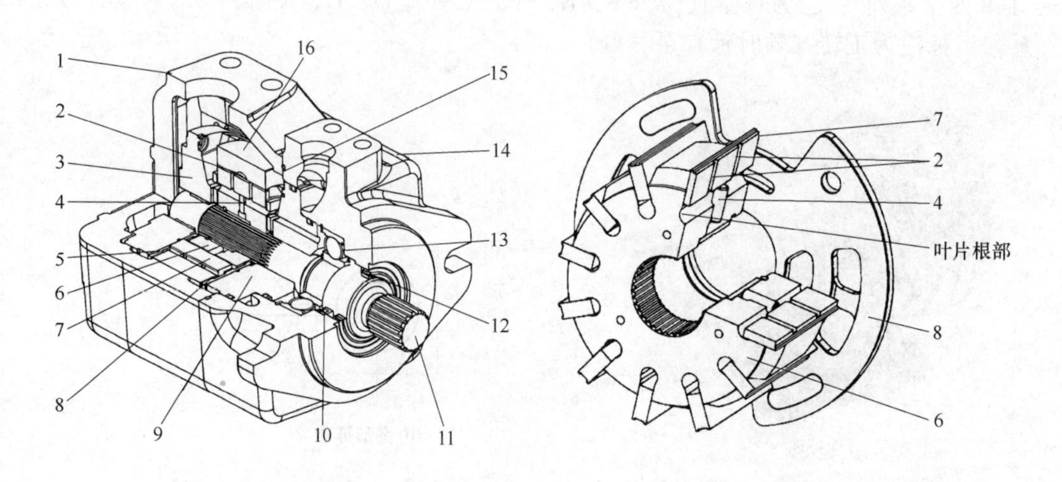

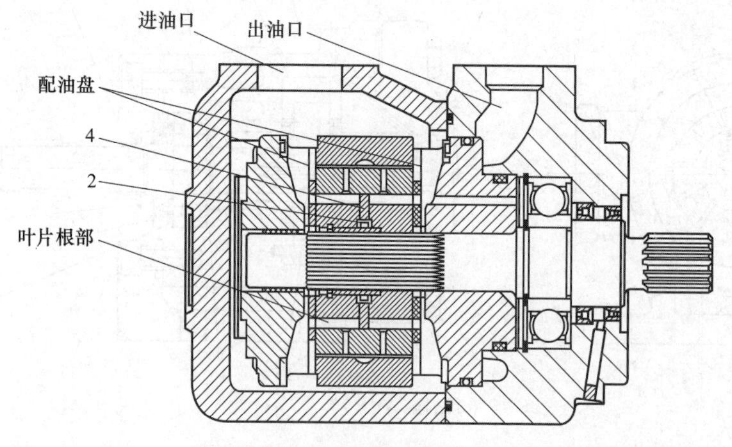

图 1-2-24　VMQ 系列柱销式定量叶片泵

1—泵后盖；2—油槽；3,5—进油口配油盘组件；4—柱销；6—转子；7—叶片；8,9—出油口配油盘组件；10—油封；11—泵轴；12—防尘密封；13—轴承；14—泵前盖；15—O 形圈；16—定子

［例 1-2-25］　PFE-X◇-※型柱销式定量叶片泵（意大利阿托斯公司）（图 1-2-25）

结构特点为柱销式叶片和浮动配油盘，带整体液压平衡。◇为多联泵代号（2 为双联，3 为三联）；※

为尺寸和排量代号（例如 31016，31 为泵芯尺寸代号，016 为排量代号）；额定压力为 21MPa；排量为 16.5～150.2mL/r；转速为 700～2000r/min。

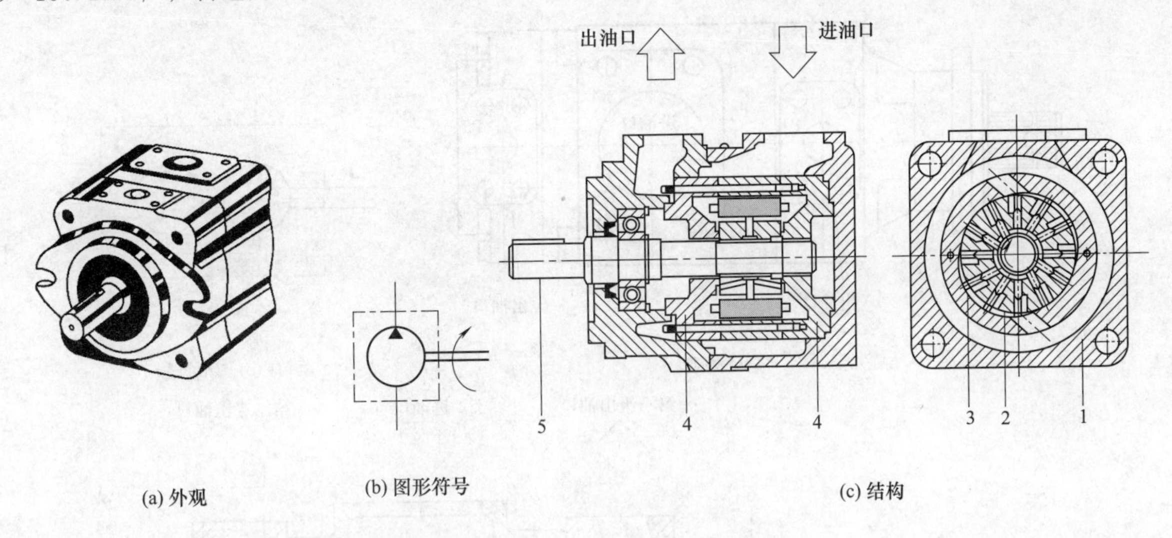

图 1-2-25　PFE-X◇-※型柱销式定量叶片泵

1—泵体；2—转子；3—叶片；4—配油盘；5—轴

［例 1-2-26］ PFED 型柱销式定量双联叶片泵（意大利阿托斯公司）（图 1-2-26）

基本同 PFE-X◇-※型柱销式定量叶片泵。

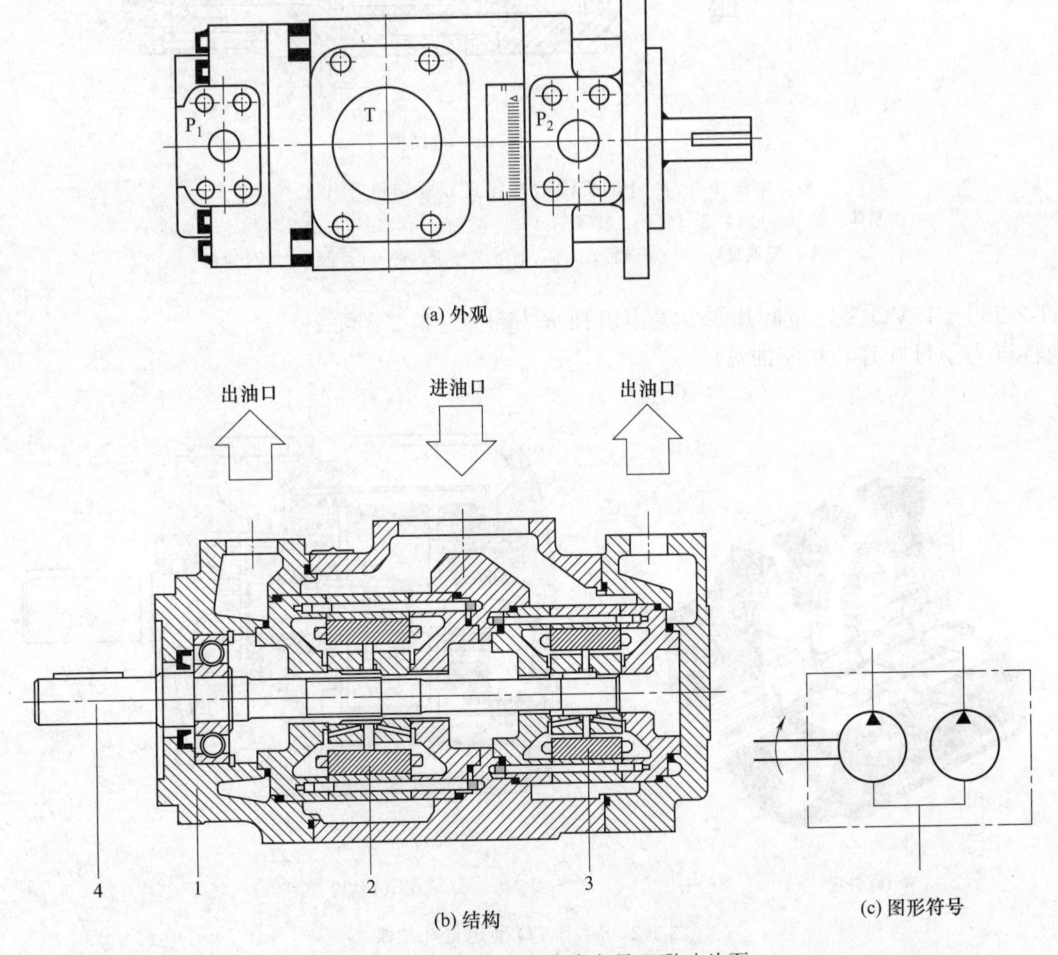

图 1-2-26　PFED 型柱销式定量双联叶片泵

1—前泵盖；2,3—泵芯组件；4—泵轴

[例 1-2-27] PFEDO 型柱销式双联定量叶片泵（意大利阿托斯公司）（图 1-2-27）

同 PFED 型柱销式双联定量叶片泵。

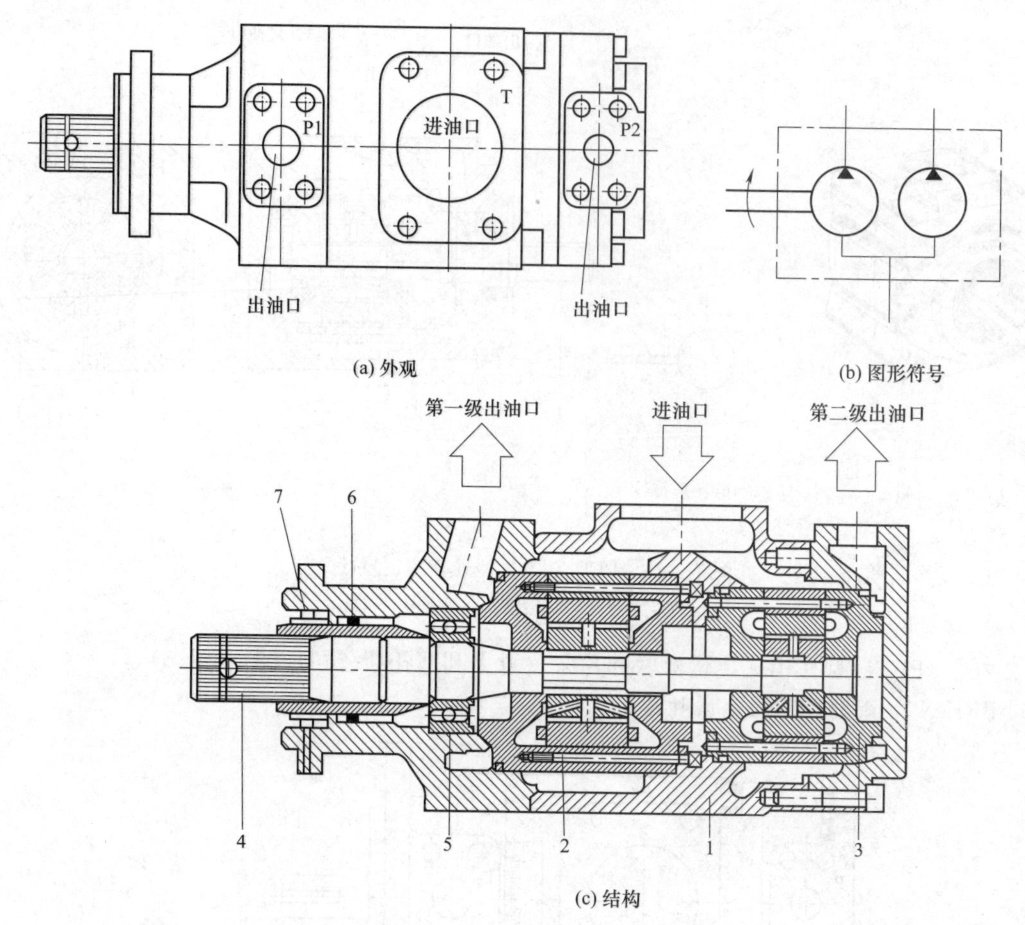

图 1-2-27 PFEDO 型柱销式双联定量叶片泵

1—泵体；2—第一级泵芯（定子、转子、叶片、配油盘）；3—第二级泵芯（定子、转子、叶片、配油盘）；4—加强轴；5—双列滚珠轴承；6—O 形圈；7—双油封

[例 1-2-28] 45VQ 型定量叶片泵（美国伊顿-威格士公司）（图 1-2-28）

结构特点为子母叶片和双配油盘。

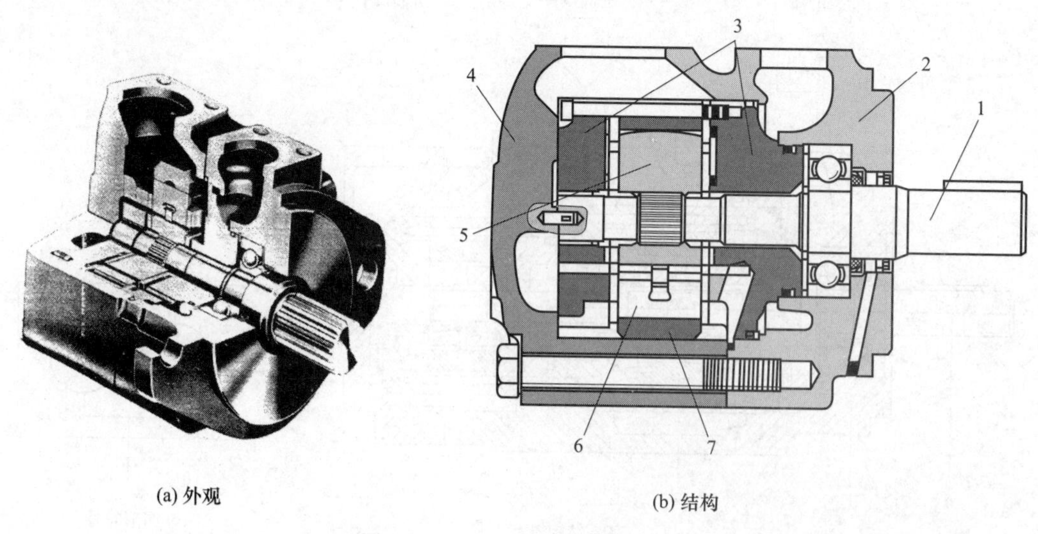

图 1-2-28 45VQ 型定量叶片泵

1—泵轴；2—前盖；3—配油盘；4—泵体；5—转子；6—子母叶片；7—定子

［例 1-2-29］ T7B-B○-1※型单联定量叶片泵（美国派克-丹尼逊公司）（图 1-2-29）

T7B 为系列号；B○为排量代号（B02 表示 5.8mL/r，……，B085 表示 269.0mL/r）；1 为轴伸形式；※为转向（R 表示顺时针转向泵，L 表示逆时针转向泵）。

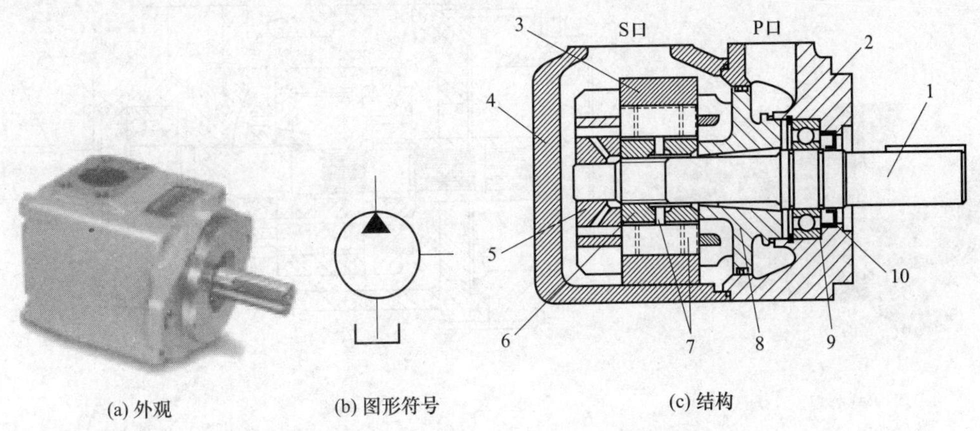

(a) 外观　(b) 图形符号　(c) 结构

图 1-2-29 T7B-B○-1※型单联定量叶片泵

1—泵轴；2—泵盖；3—定子；4—泵体；5—后配油盘；6—转子；7—柱销式叶片组件；8—前配油盘；9—轴承；10— 油封

［例 1-2-30］ T7BB、T67CB、T6CC、T6DDS 等系列双联定量叶片泵（美国派克-丹尼逊公司）（图 1-2-30）

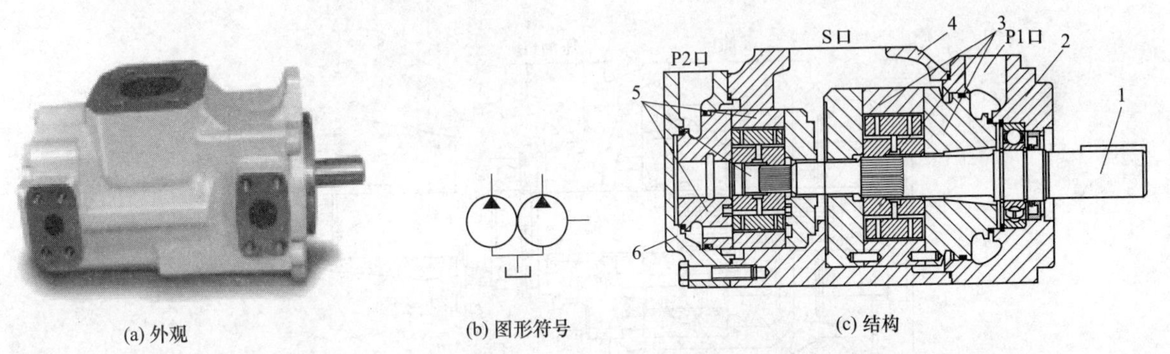

(a) 外观　(b) 图形符号　(c) 结构

图 1-2-30 T7BB、T67CB、T6CC、T6DDS 等系列双联定量叶片泵

1—泵轴；2—前泵盖；3—大柱销式叶片泵组件；4—泵体；5—小柱销式叶片泵组件；6—后泵盖

［例 1-2-31］ T67DBB、T67DCB、T6DCC 等系列三联定量叶片泵（美国派克-丹尼逊公司）（图 1-2-31）

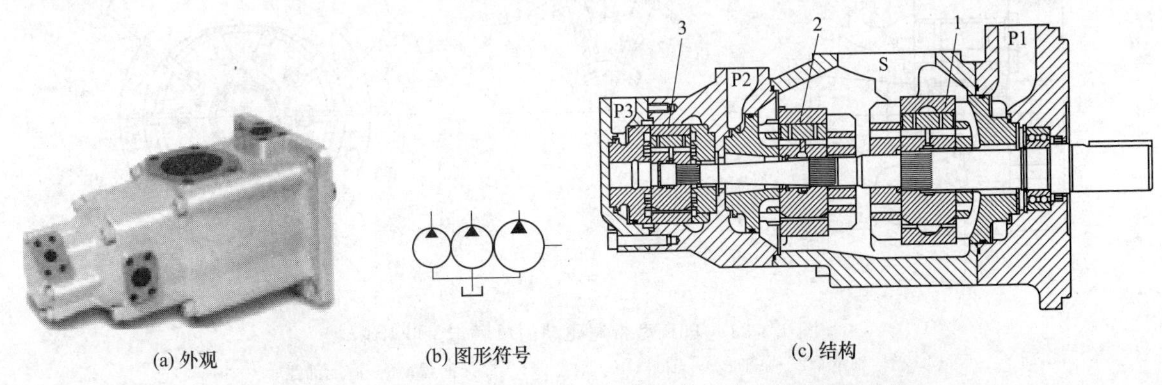

(a) 外观　(b) 图形符号　(c) 结构

图 1-2-31 T67DBB、T67DCB、T6DCC 等系列三联定量叶片泵

1—大柱销式叶片泵组件；2—中柱销式叶片泵组件；3—小柱销式叶片泵组件

［例 1-2-32］ T6CR、T7DR、T7ER 系列带尾驱动的单联定量叶片泵（美国派克-丹尼逊公司）（图 1-2-32）

转速范围为600～2600r/min；最高工作压力为320bar；最低吸油口压力为0.8bar。

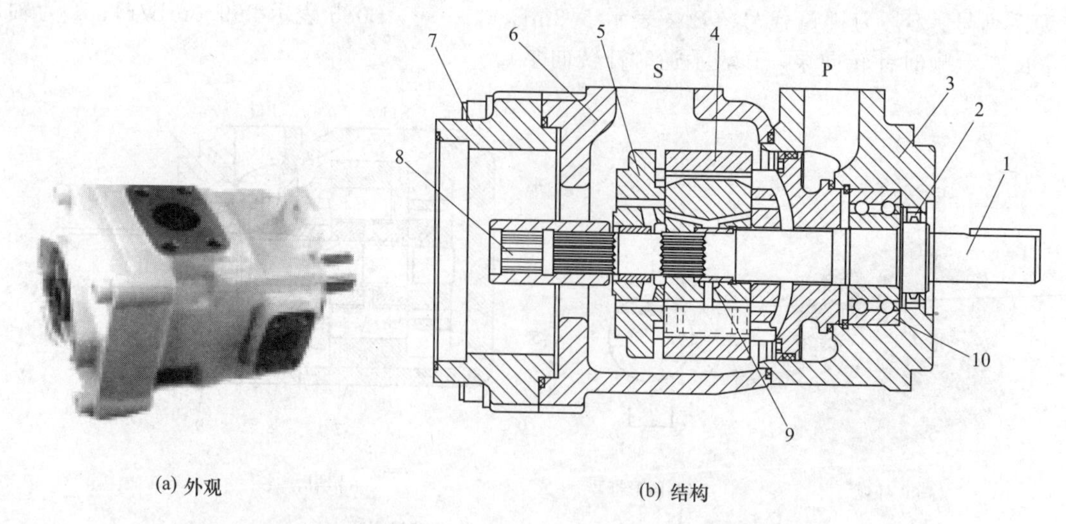

图 1-2-32　T6CR、T7DR、T7ER 系列带尾驱动的单联定量叶片泵

1—泵轴；2—油封；3—泵盖；4—定子；5—后配油盘；6—泵体；
7—后泵盖；8—尾驱动轴套；9—转子；10—轴承

［例 1-2-33］ T6R 型带尾驱动的单联定量叶片泵（美国派克-丹尼逊公司）（图 1-2-33）

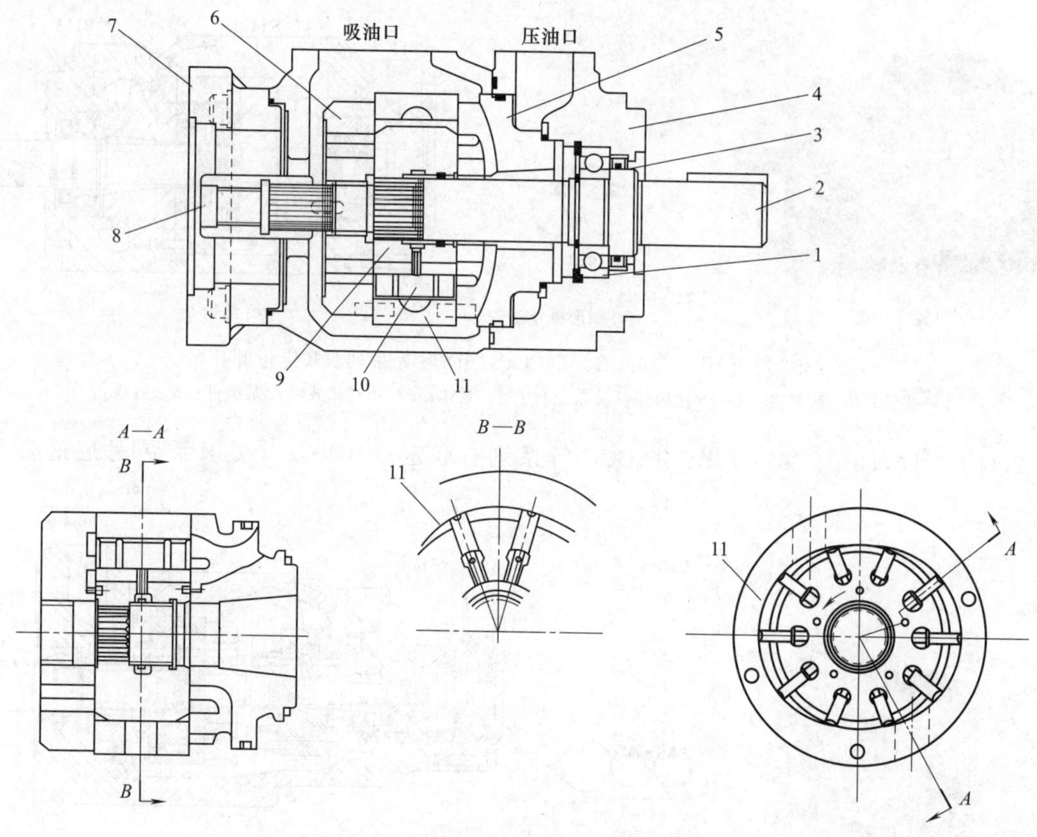

图 1-2-33　T6R 型带尾驱动的单联定量叶片泵

1—轴承；2—泵轴；3—轴封；4—前泵盖；5—配油盘；6—后配油盘；
7—后泵盖；8—尾驱动轴套；9—转子；10—叶片；11—定子

1-2-2　变量叶片泵

［例 1-2-34］ VVS 型限压式外反馈变量叶片泵（美国伊顿-威格士公司）（图 1-2-34）

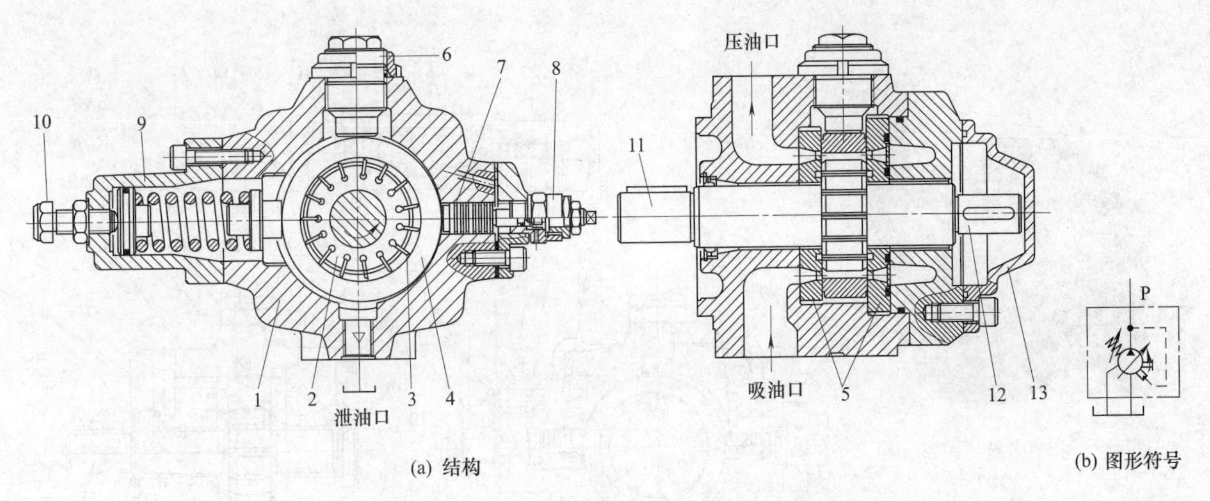

图 1-2-34 VVS 型限压式外反馈变量叶片泵

1—泵体；2—转子；3—叶片；4—定子；5—配油盘；6—噪声调节螺钉；7—小变量柱塞；8—流量调节螺钉；9—限压阀；10—调压螺钉；11—泵轴；12—连接轴伸（用于连接另一泵）；13—罩壳

[例 1-2-35] VVP 型恒压式变量叶片泵（美国伊顿-威格士公司）（图 1-2-35）

结构特点为单叶片，双配油盘，大小变量柱塞。属恒压泵，除 PC 阀外，增加了调压阀 10。

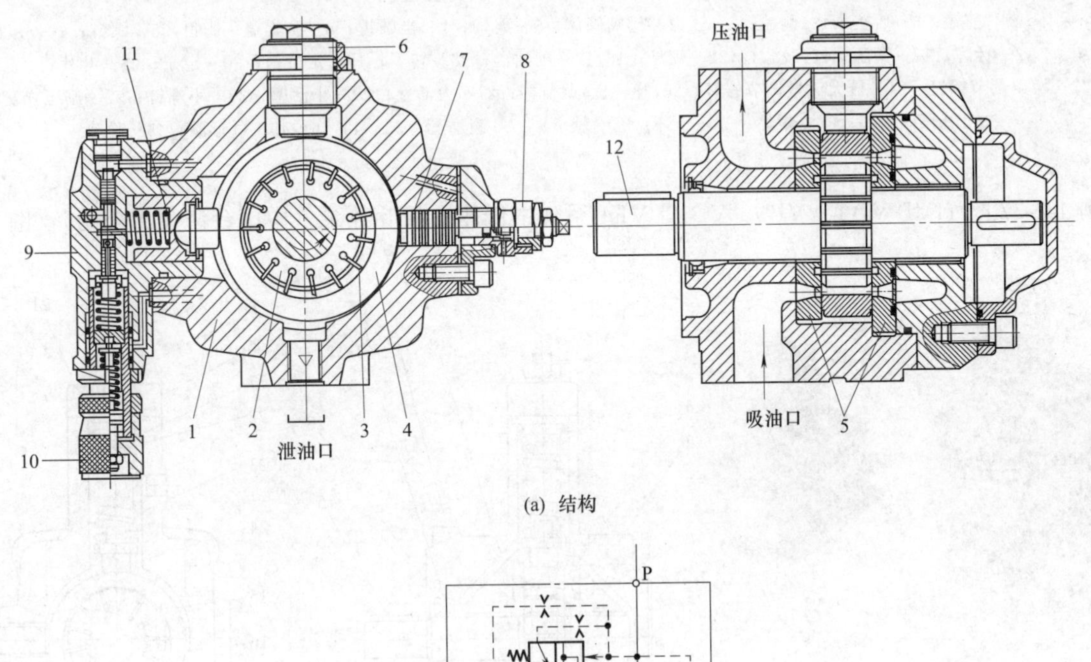

(b) 图形符号

图 1-2-35 VVP 型恒压式变量叶片泵

1—泵体；2—转子；3—叶片；4—定子；5—配油盘；6—噪声调节螺钉；7—小变量柱塞；8—流量调节螺钉；9—PC 阀；10—调压阀；11—大变量柱塞；12—泵轴

[例 1-2-36] HVP-VD2 型中高压变量叶片泵（中国台湾朝田公司等）（图 1-2-36）

最高使用压力为 7MPa；排量为 6.7～22.2mL/r；转速为 800～1800r/min。

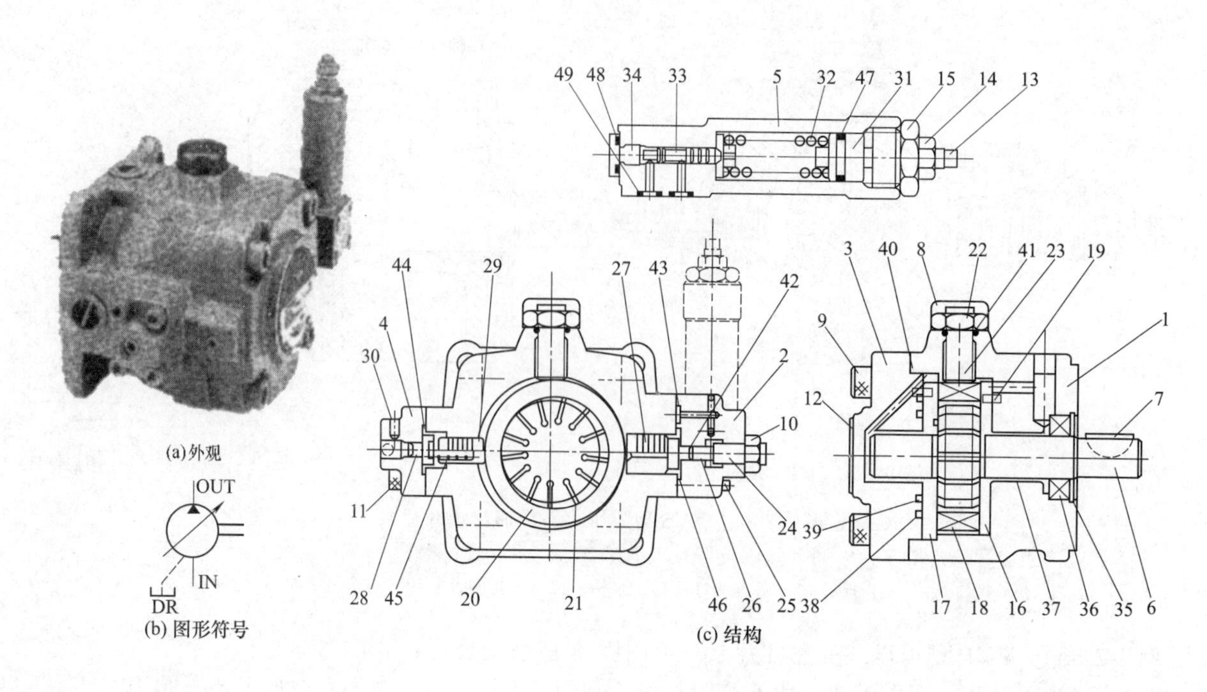

图 1-2-36　HVP-VD2 型中高压变量叶片泵

1—泵体；2—前盖；3—后盖；4—侧盖；5—压力补偿阀阀体；6—泵轴；7—半圆键；8—防尘盖；9,11,25—螺钉；10—螺母；12—标牌；13—调压螺钉；14,15,22—锁母；16,17—配油盘；18—转子；19—定位销；20—定子；21—叶片；23—噪声调节螺钉；24—最大流量调节螺钉；26,28,31—调节杆；27—大活塞；29—小活塞；30—小螺钉；32—调压弹簧；33—补偿阀阀芯；34—螺堵；35—卡环；36—轴承；37—耐磨套；38～44,46～49—O 形圈；45—弹簧

［例 1-2-37］　HVP-VA1、VB1、VD1、VE1 系列中低压变量叶片泵（中国台湾朝田公司）（图 1-2-37）

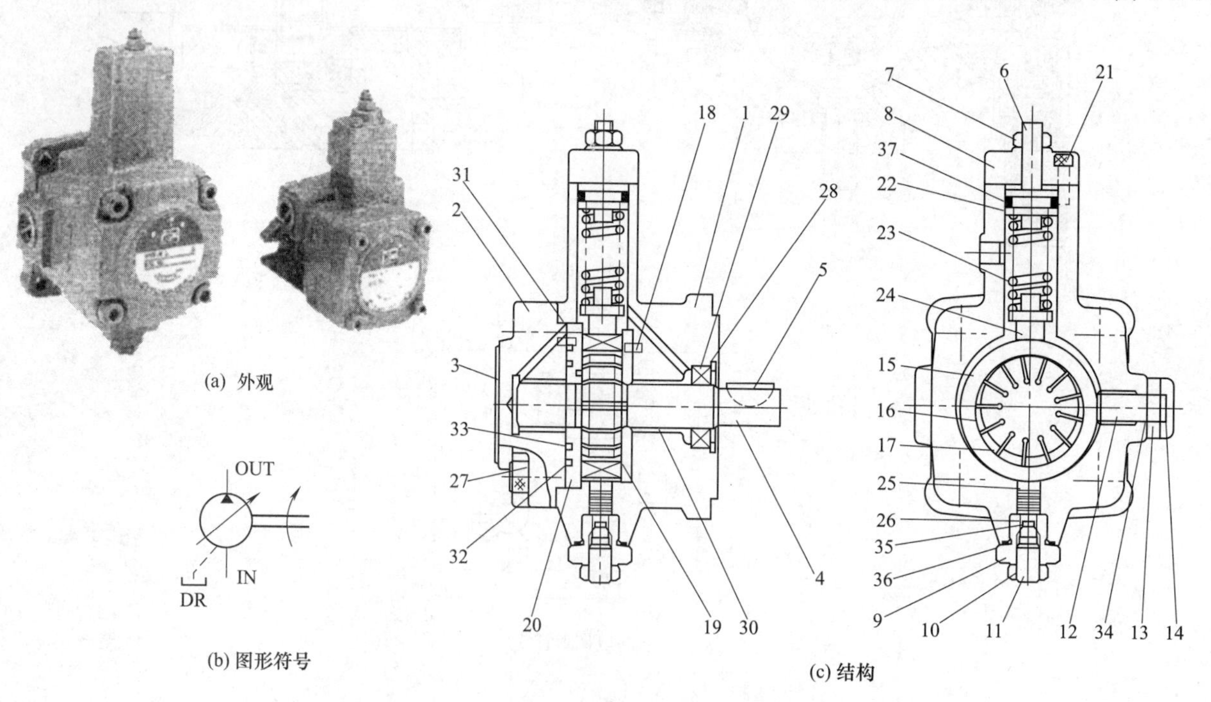

图 1-2-37　HVP-VA1、VB1、VD1、VE1 系列中低压变量叶片泵

1—泵体；2—后盖；3—标牌；4—泵轴；5—半圆键；6—调压螺钉；7,13—锁母；8—盖；9—螺套；10—螺母；11—最大流量调节螺钉；12—噪声调节螺钉；14—防尘盖；15—定子；16—转子；17—叶片；18—定位销；19—上盖；20—下盖；21,27—螺钉；22—垫；23—弹簧；24—大活塞；25—小活塞；26—小活塞调节杆；28—卡环；29—轴承；30—耐磨套；31～37—O 形圈

[例 1-2-38] HVP-VD1D1 型变量叶片泵（中国台湾朝田公司）（图 1-2-38）

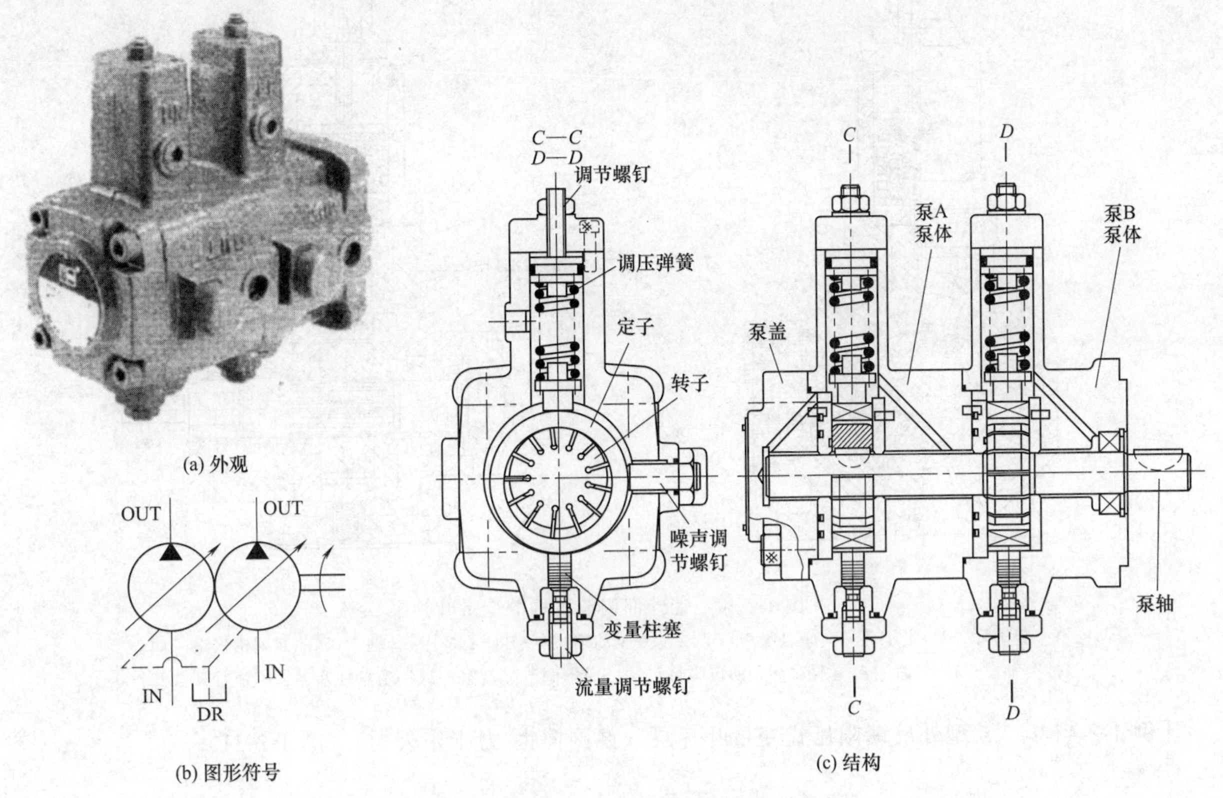

图 1-2-38 HVP-VD1D1 型变量叶片泵

[例 1-2-39] YBX 型外反馈限压式变量叶片泵（国产）（图 1-2-39）

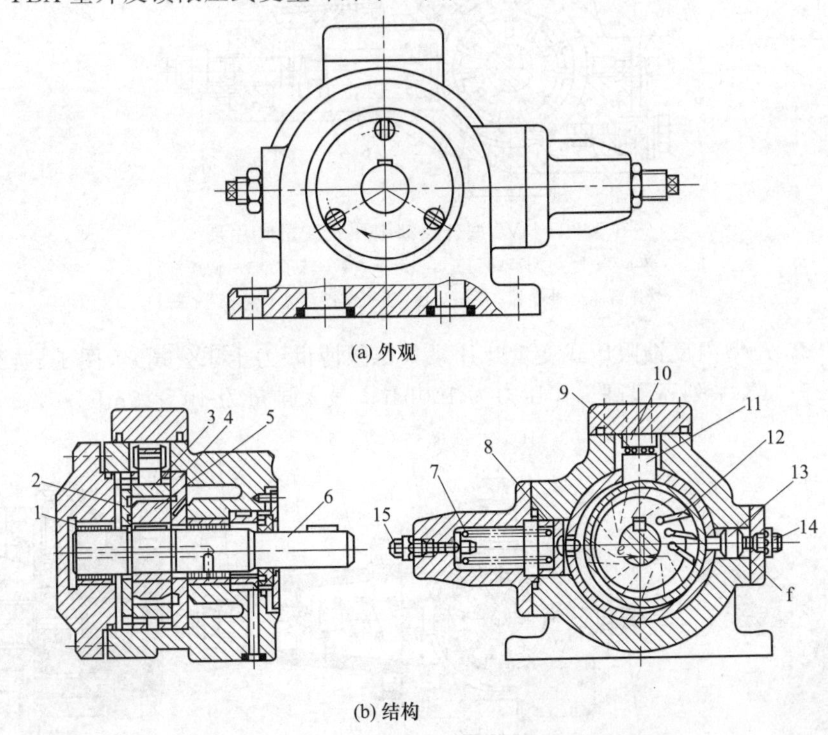

图 1-2-39 YBX 型外反馈限压式变量叶片泵

1—轴承；2—侧板；3—定子；4—配油盘；5—转子；6—轴；7—调压弹簧；8—弹簧座（柱塞）；9—滚针；10—支承块；11—滑块；12—叶片；13—反馈活塞；14—流量调节螺钉；15—压力调节螺钉

[例 1-2-40] 带外部调节机构的变量叶片泵（美国凯斯公司）（图 1-2-40）

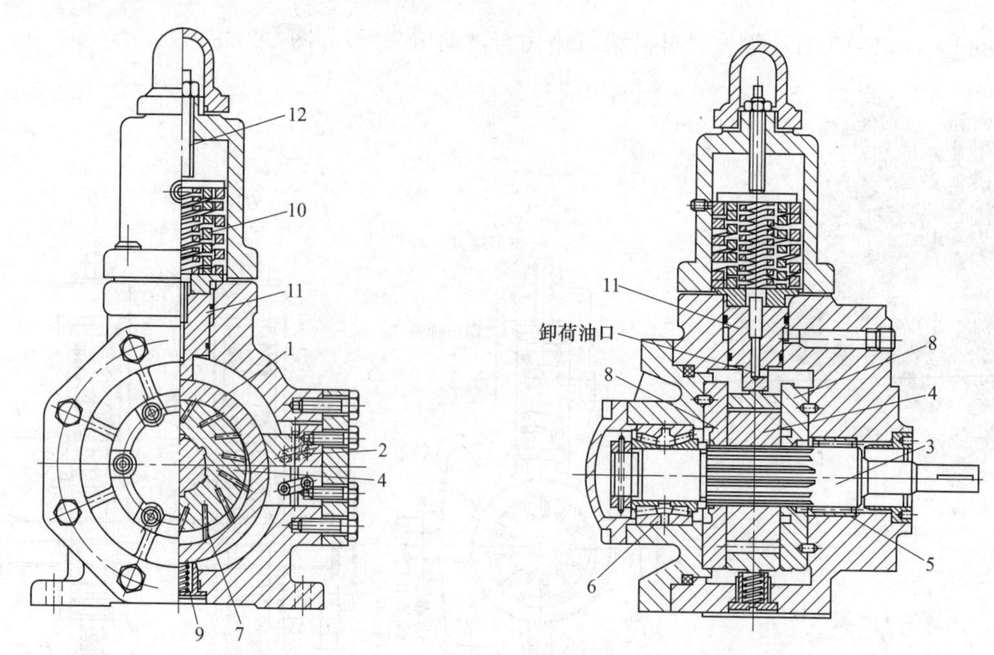

图 1-2-40 带外部调节机构的变量叶片泵

1—定子环；2—定子环导向座（噪声调节）；3—驱动轴；4—转子；5—滚针轴承；6—双列锥形滚子向心推力轴承；7—叶片；8—侧板；9—回位弹簧；10—变量调节弹簧组；11—变量柱塞；12—流量调节螺钉

［例 1-2-41］ V5 型外反馈限压式变量叶片泵（德国博世-力士乐公司）（图 1-2-41）

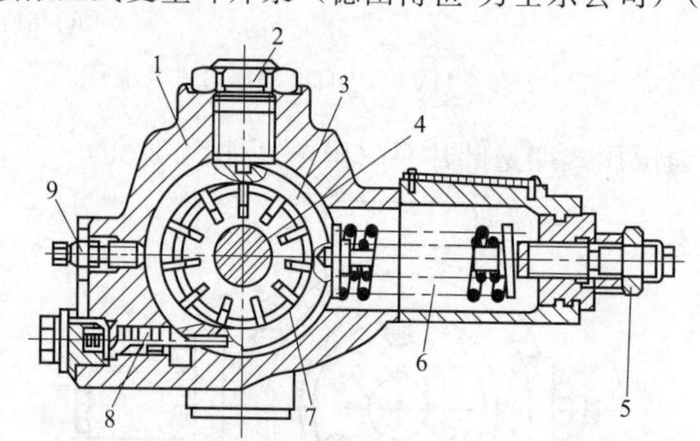

图 1-2-41 V5 型外反馈限压式变量叶片泵

1—泵体；2—噪声调节螺钉；3—定子；4—转子；5—调压螺钉；6—双弹簧压力补偿器；7—叶片；8—反馈活塞；9—调节螺钉

［例 1-2-42］ PV7-A 型内反馈限压式变量叶片泵（德国博世-力士乐公司）（图 1-2-42）公称规格 10～25；1X 系列；最高工作压力为 100bar；最大排量为 10～25mL/r。

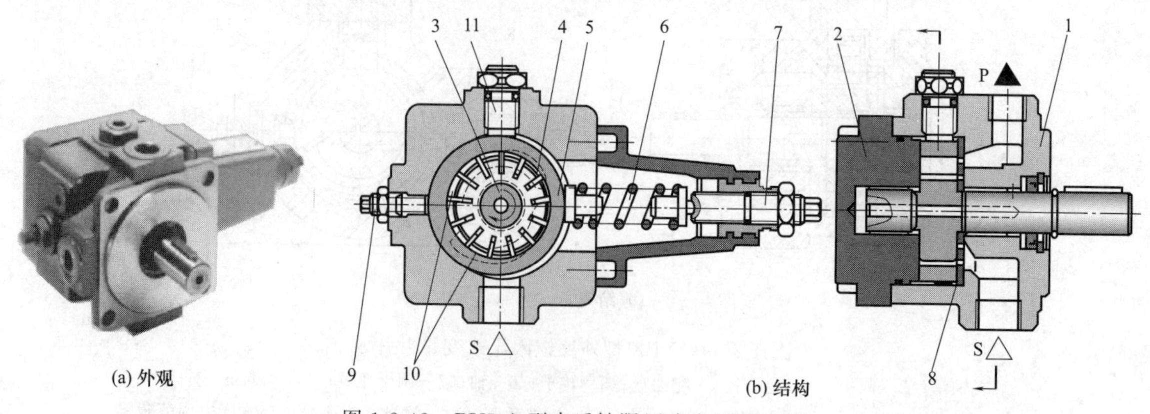

图 1-2-42 PV7-A 型内反馈限压式变量叶片泵

1—泵体；2—泵盖；3—泵轴（转子）；4—叶片；5—定子；6—调压弹簧；7—调压螺钉；8—配油盘；9—流量调节螺钉；10—配油盘上配流窗口；11—噪声调节螺钉

［例 1-2-43］ PV7-1X/※ 型变量叶片泵（德国博世-力士乐公司）（图 1-2-43）

※为排量代号（14～150mL/r）；转速为 900～1800r/min；最大工作压力为 160bar；最大流量为 270L/min。

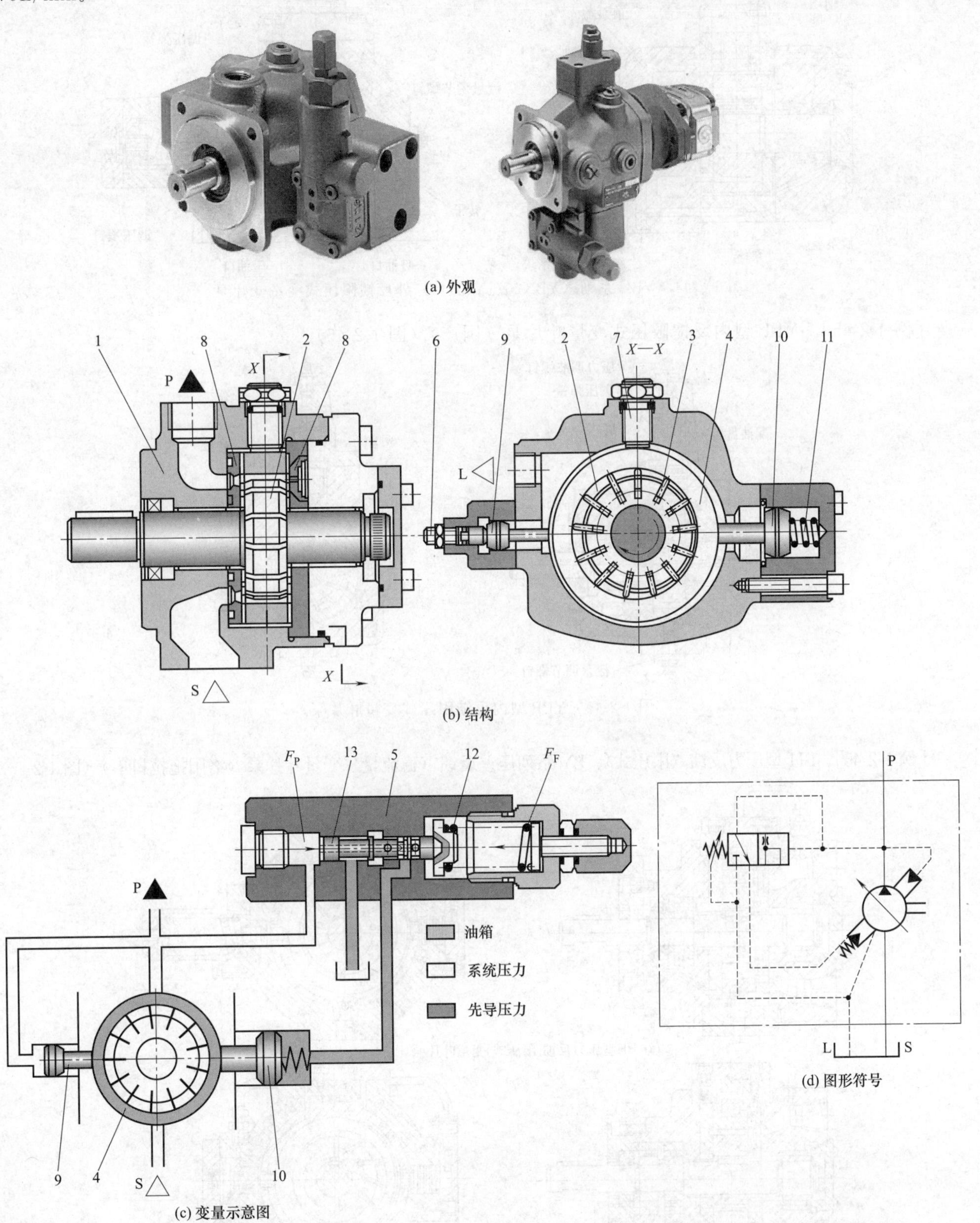

图 1-2-43 PV7-1X/※型变量叶片泵

1—泵体；2—转子；3—叶片；4—定子环；5—压力控制器（调压阀）；6—流量调节螺栓；7—噪声调节螺栓；8—配油盘；9—小变量控制活塞；10—大变量控制活塞；11—弹簧；12—调压弹簧；13—变量阀控制阀芯

［例 1-2-44］ YBN 系列（YBN20、YBN40）外反馈限压式变量叶片泵（榆次液压件厂）（图 1-2-44）

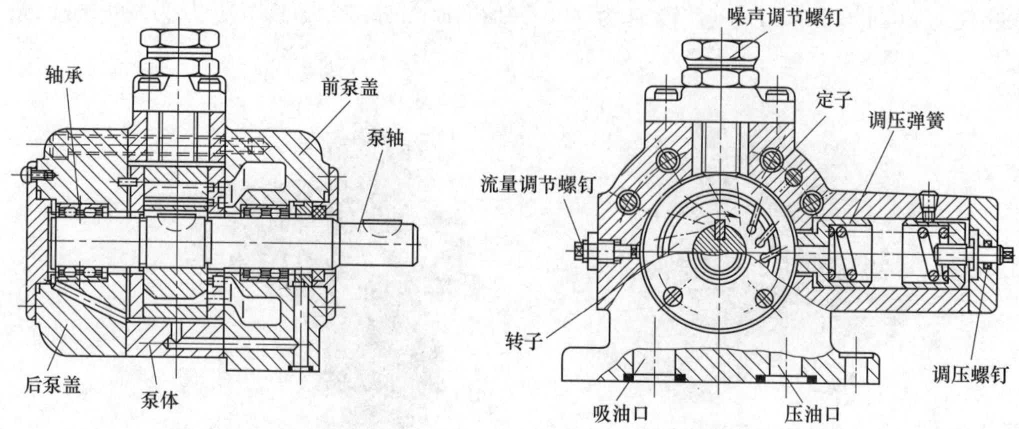

图 1-2-44　YBN 系列（YBN20、YBN40）外反馈限压式变量叶片泵

［例 1-2-45］ YBP 型内反馈限压式变量叶片泵（国产）（图 1-2-45）

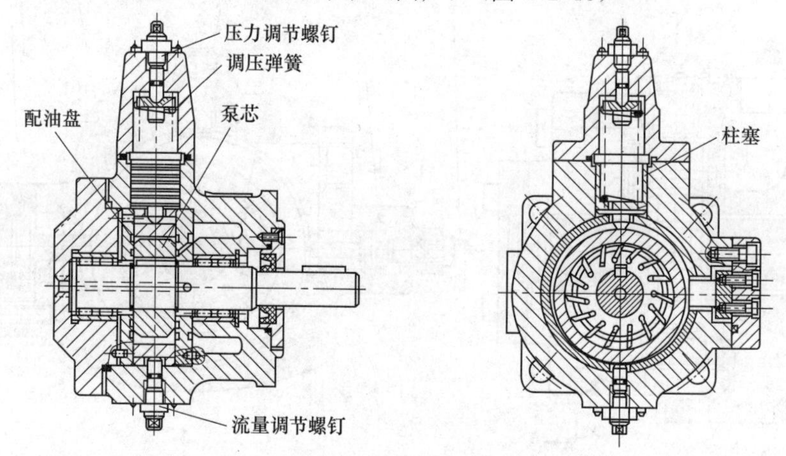

图 1-2-45　YBP 型内反馈限压式变量叶片泵

［例 1-2-46］ BH 型压力反馈（限压式）、BY 系列压差反馈（稳流量）变量叶片泵（洛阳拖拉机厂）（图 1-2-46）

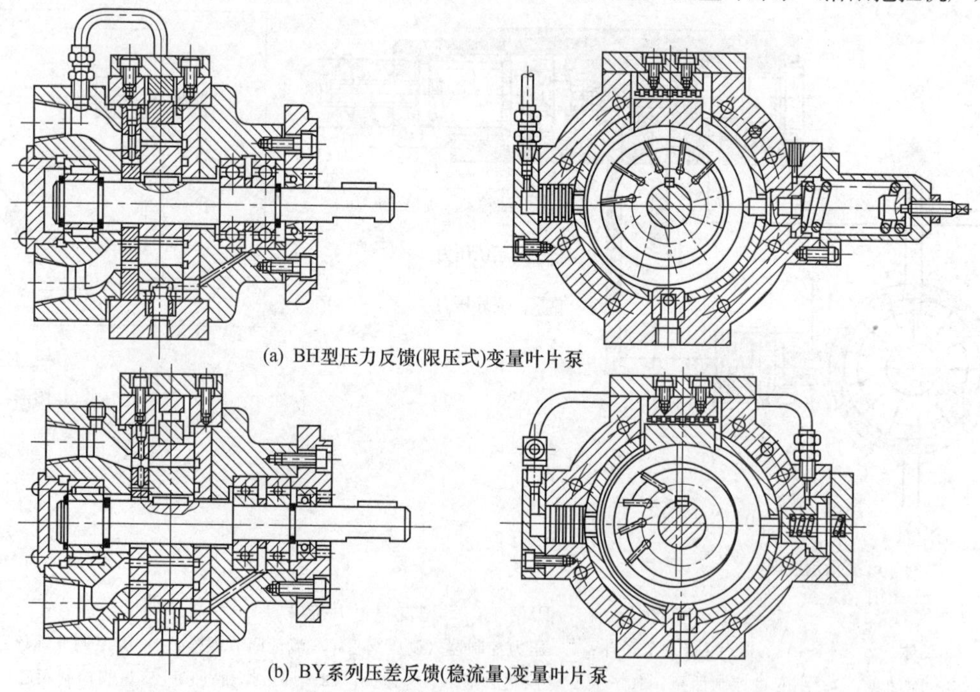
(a) BH型压力反馈(限压式)变量叶片泵

(b) BY系列压差反馈(稳流量)变量叶片泵

图 1-2-46　BH 型压力反馈（限压式）、BY 系列压差反馈（稳流量）变量叶片泵

［例 1-2-47］ DYBP 系列内反馈限压式变量叶片泵（大连机床厂）（图 1-2-47）

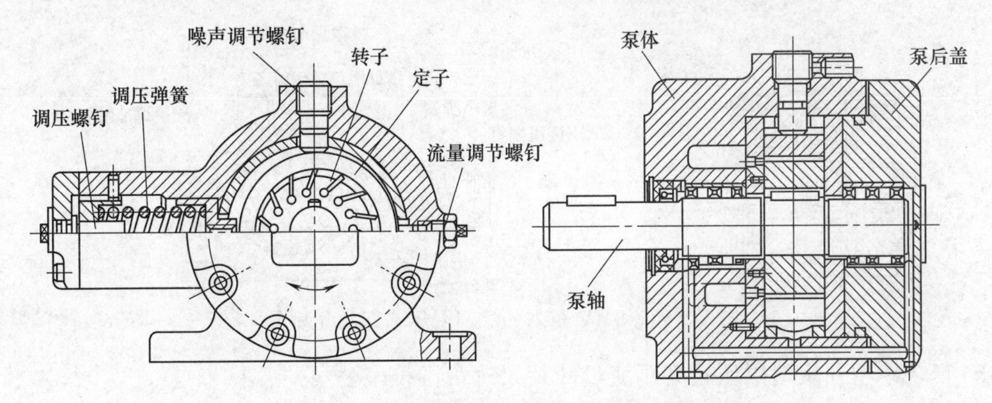

图 1-2-47 DYBP 系列内反馈限压式变量叶片泵

［例 1-2-48］ PVL-4 型内反馈限压式变量叶片泵（意大利阿托斯公司）（图 1-2-48）

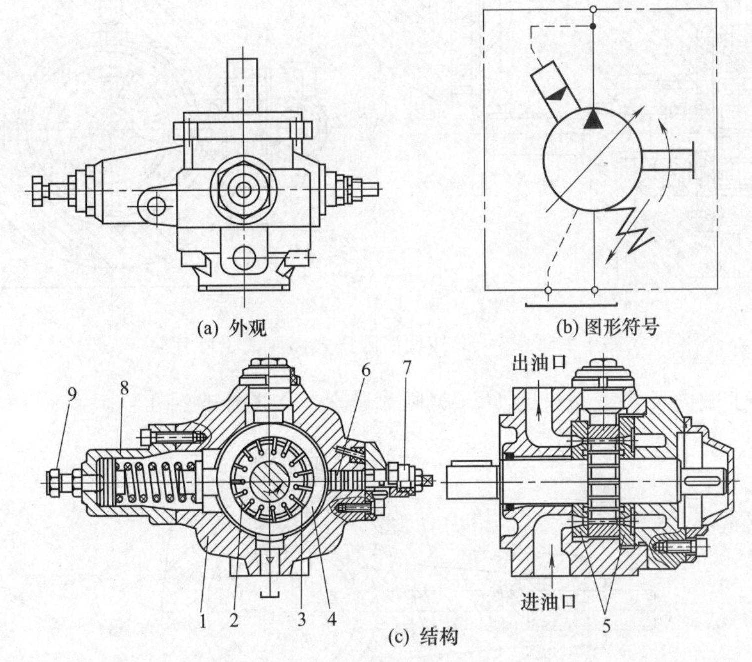

图 1-2-48 PVL-4 型内反馈限压式变量叶片泵

1—泵体；2—转子；3—叶片；4—摆动凸轮环（定子）；5—侧板（配油盘）；
6—限位柱塞；7—最大排量调节螺杆；8—盖；9—调节压力补偿的弹簧螺杆

［例 1-2-49］ YBP 系列内反馈变量叶片泵（上海液压件厂）（图 1-2-49）

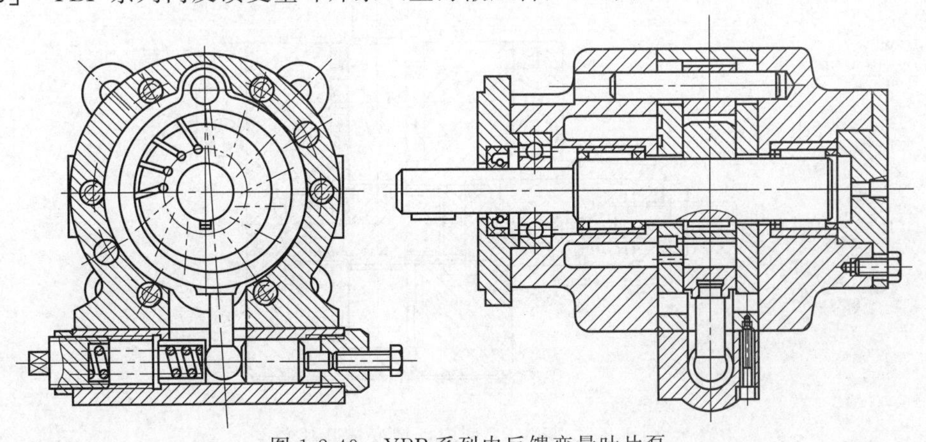

图 1-2-49 YBP 系列内反馈变量叶片泵

［例 1-2-50］ PVV 系列外反馈限压式变量叶片泵（美国双 A 公司）（图 1-2-50）

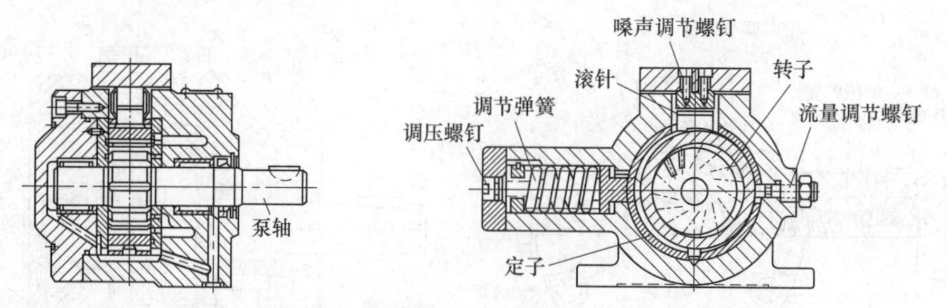

图 1-2-50 PVV 系列外反馈限压式变量叶片泵

［例 1-2-51］ SV 型外反馈限压式高压变量叶片泵（美国拉辛公司）（图 1-2-51）

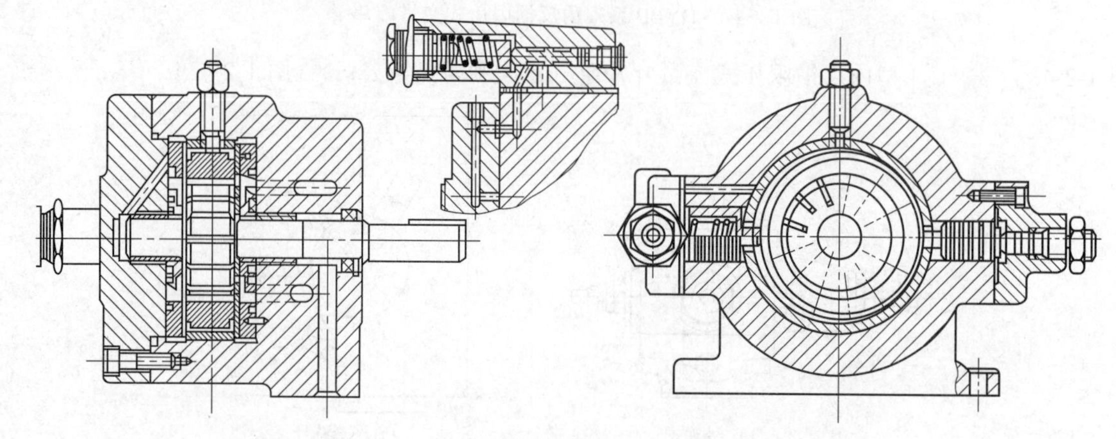

图 1-2-51 SV 型外反馈限压式高压变量叶片泵

［例 1-2-52］ PVR1 型内反馈变量叶片泵（美国大陆公司）（图 1-2-52）

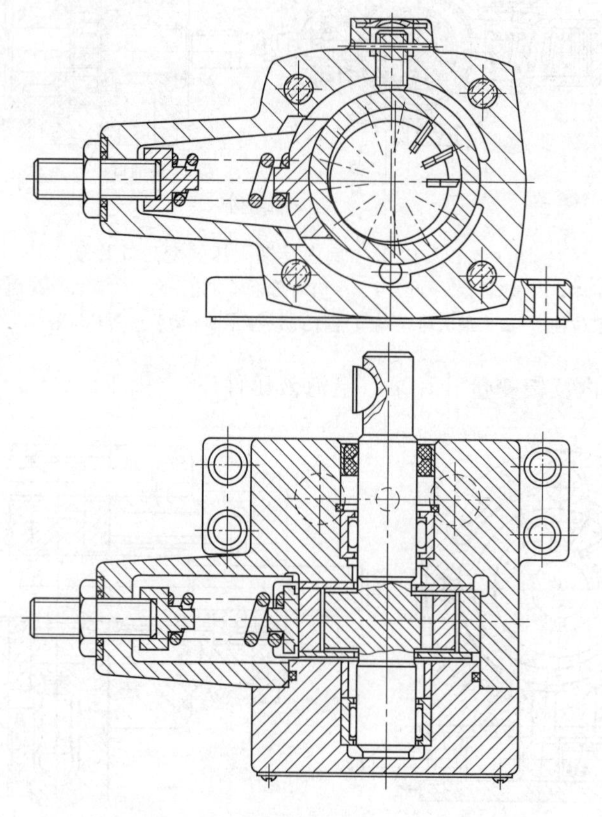

图 1-2-52 PVR1 型内反馈变量叶片泵

［例 1-2-53］ T6H 型混合泵（美国派克公司）（图 1-2-53）

包括 T6H20B、T6H20C、T6H29B、T6H29C、T6H29D 等系列，是由定量叶片泵与变量柱塞泵组成的混合泵。

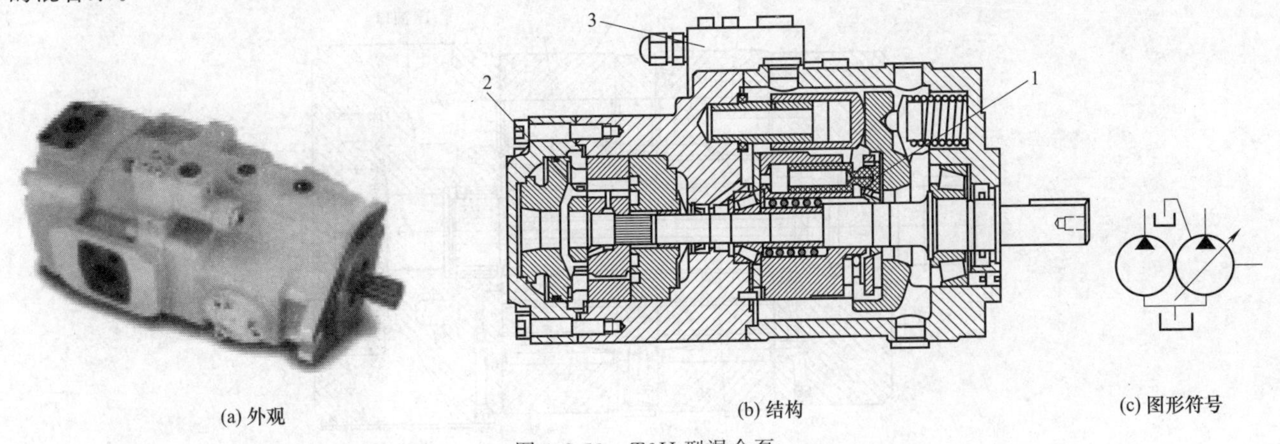

图 1-2-53 T6H 型混合泵

1—PV 型变量柱塞泵；2—T6 型定量叶片泵；3—变量控制阀

1-2-3 其他类型叶片泵

［例 1-2-54］ 双凸轮转子叶片泵（国产）（图 1-2-54）

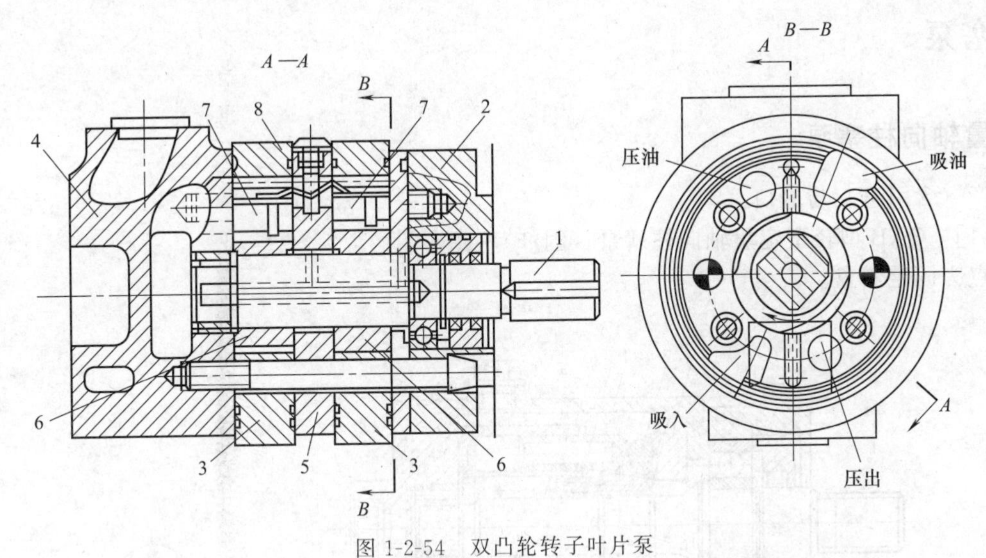

图 1-2-54 双凸轮转子叶片泵

1—泵轴；2—泵前盖；3—定子环；4—泵后盖；5—隔板；6—泵芯；7—叶片；8—弹簧

［例 1-2-55］ 单凸轮转子叶片泵（国产）（图 1-2-55）

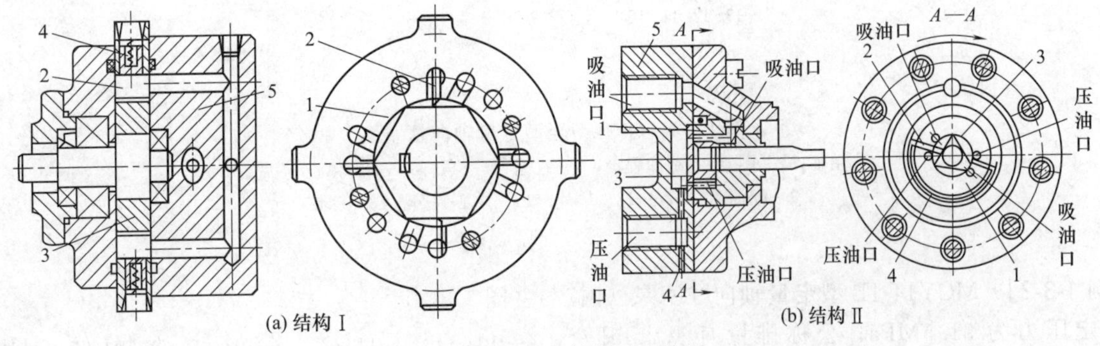

图 1-2-55 单凸轮转子叶片泵

1—定子环（泵体）；2—叶片；3—凸轮转子；4—弹簧；5—泵盖

[例 1-2-56] 凸轮转子泵（Sauer Sundstrand 公司）（图 1-2-56）

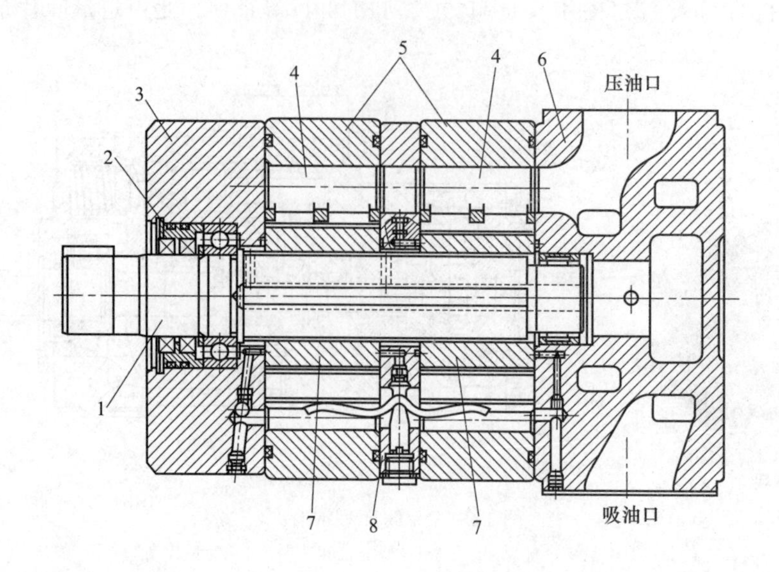

图 1-2-56 凸轮转子泵

1—泵轴；2—轴封；3—泵前盖；4—叶片；5—定子环；6—泵后盖；7—泵芯；8—隔板

1-3 柱塞泵

1-3-1 定量轴向柱塞泵

包括国产（含引进）与进口。

[例 1-3-1] QXB 型轻型定量轴向柱塞泵（国产）（图 1-3-1）

结构特点为固定斜盘。

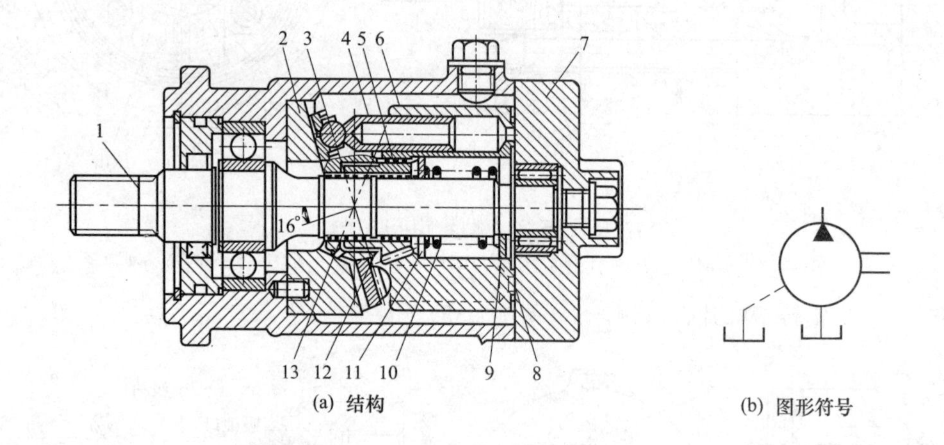

图 1-3-1 QXB 型轻型定量轴向柱塞泵

1—主轴；2—斜盘；3—回程盘；4—柱塞；5—顶杆；6—缸体；7—后盖；
8—配油盘；9,11,12—垫片；10—中心弹簧；13—球铰

[例 1-3-2] MCY14-1B 型定量轴向柱塞泵（国产）（图 1-3-2）

额定压力为 31.5MPa；公称排量有 1.25mL/r、2.5mL/r、10mL/r、25mL/r、63mL/r、160mL/r、250mL/r 等；转速为 1000r/min、1500r/min。

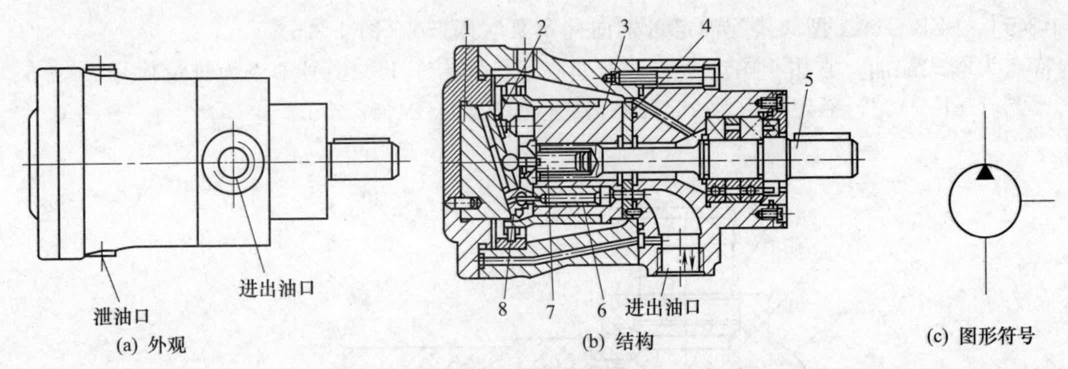

图 1-3-2 MCY14-1B 型定量轴向柱塞泵

1—斜盘；2—回程盘；3—缸体；4—配油盘；5—传动轴；6—柱塞；7—弹簧；8—滑靴

[例 1-3-3] ZDB 型斜轴式定量轴向柱塞泵（国产）（图 1-3-3）

额定压力为 16MPa，有多种排量。

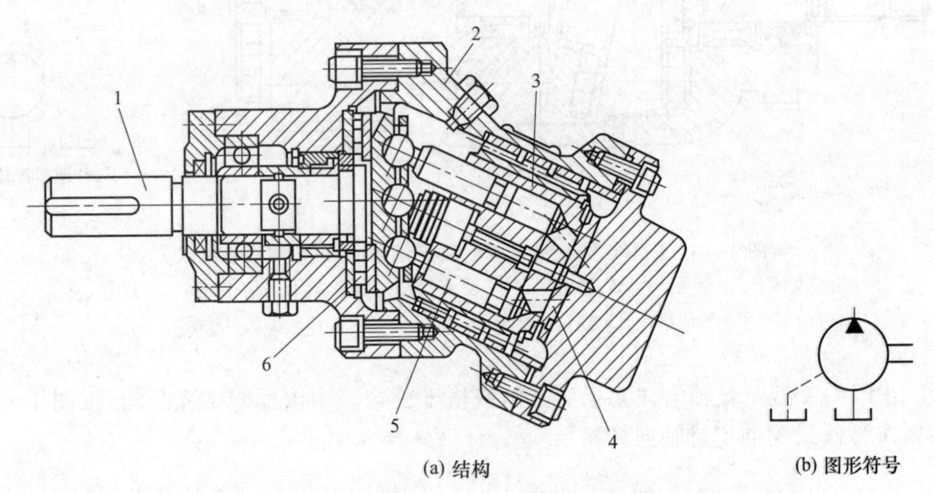

图 1-3-3 ZDB 型斜轴式定量轴向柱塞泵

1—泵轴；2—泵壳；3—缸体；4—配油盘；5—柱塞；6—止推轴承

[例 1-3-4] Z※B 型斜轴式轴向柱塞泵（太原矿山机器厂）（图 1-3-4）

※为 D 时为定量泵，※为 K、X 时为变量泵；额定压力为 16～25MPa；排量为 106.7～481.4mL/r；转速为 970～1450r/min。

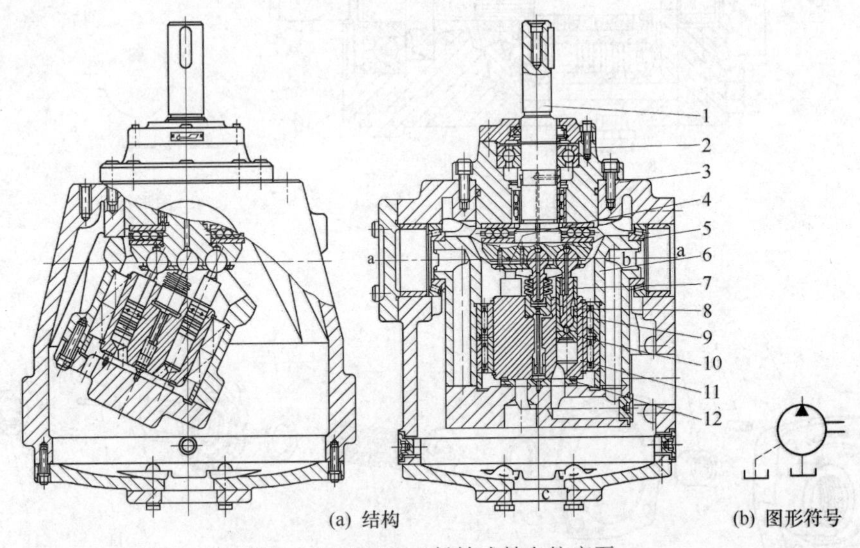

图 1-3-4 Z※B 型斜轴式轴向柱塞泵

1—传动轴；2—前泵体；3—外壳；4—压板；5—轴承；6—后泵体；7—连杆；8—卡瓦；9—销子；10—柱塞；11—缸体；12—配油盘

［例 1-3-5］ FZB-G※A 型阀式配油定量轴向柱塞泵（国产）（图 1-3-5）

结构特点为阀式配油，常用于国产斯太尔重型汽车自卸卡车上。型号中※为排量代号［12.5、25、50、80、100、125（mL/r）］；额定压力为 25MPa；转速为 1200～2400r/min。

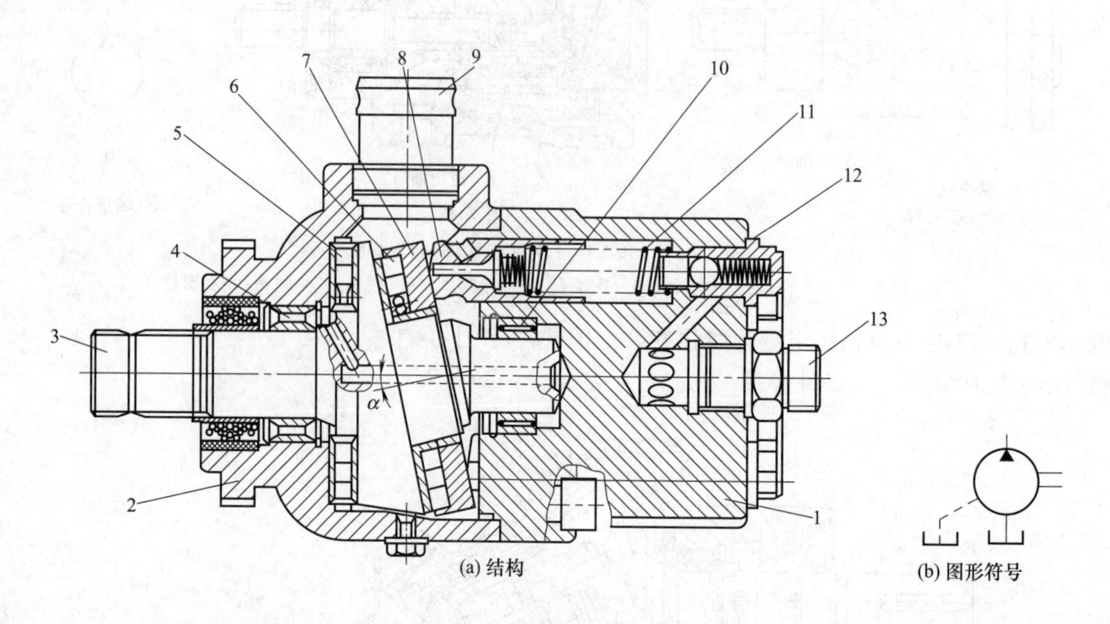

图 1-3-5 FZB-G※A 型阀式配油定量轴向柱塞泵（图 1-3-5）

1—泵体；2—泵壳；3—传动轴；4,10—轴承；5,6—止推轴承；7—斜盘；8—柱塞；9—吸油口接头；11—回程弹簧；12—压出阀；13—压油口接头

［例 1-3-6］ PFBQA 型定量轴向柱塞泵（美国威格士公司、中国邵阳维克公司）（图 1-3-6）

同 FZB-G※A 型阀式配油定量轴向柱塞泵

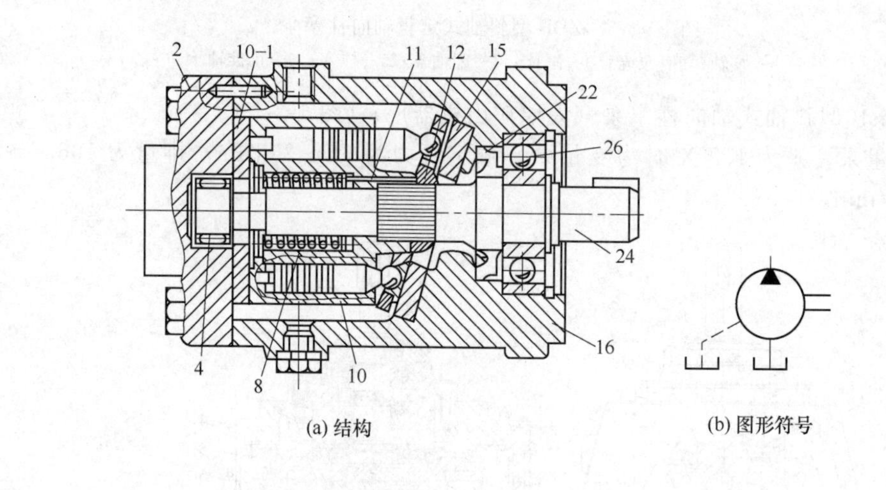

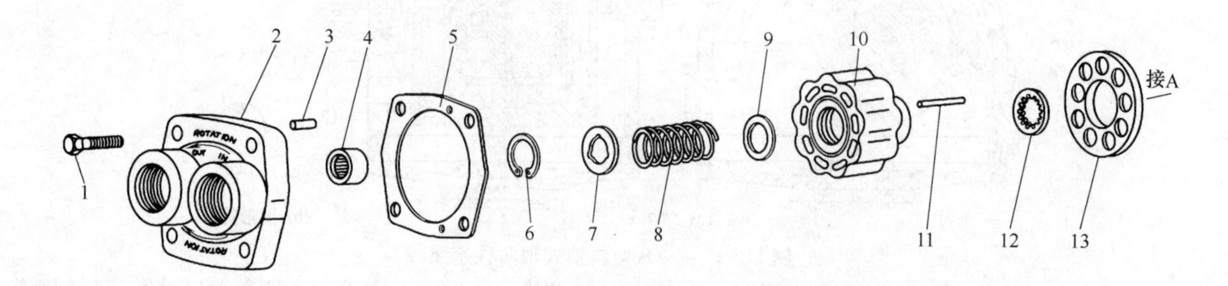

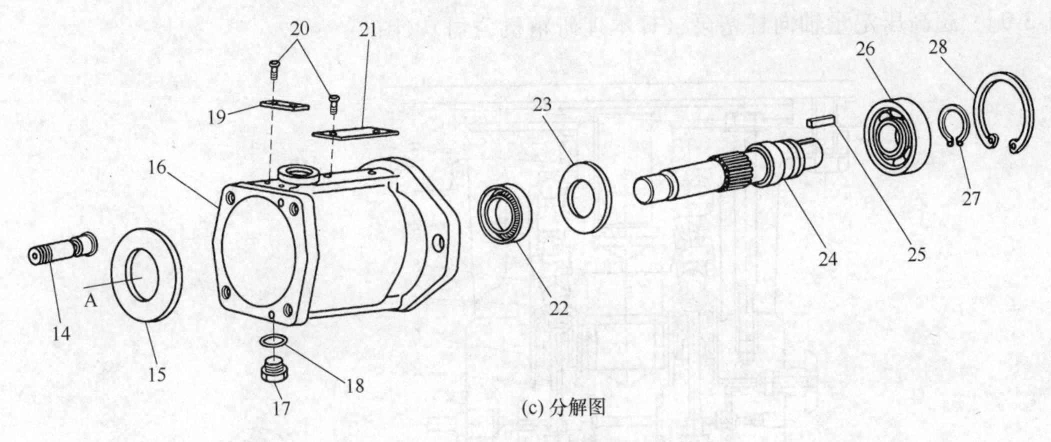

(c) 分解图

图 1-3-6 PFBQA 型定量轴向柱塞泵

1—螺钉；2—泵盖（兼配油盘）；3—定位销；4,26—轴承；5,7,9,18,23—垫；6,27,28—卡环；8—中心弹簧；10—缸体；10-1—配油盘；11—顶针；12—半球套；13—回程盘；14—柱塞组件；15—斜盘；16—壳体；17—螺堵；19～21—标牌组件；22—油封；24—传动轴；25—键

[例 1-3-7] A2F 型斜轴式定量轴向柱塞泵（德国博世-力士乐公司、北京华德公司）（图 1-3-7）

结构特点为球面配油盘。额定压力为 35MPa；排量为 9.4～500mL/r；转速为 1200～5000r/min。

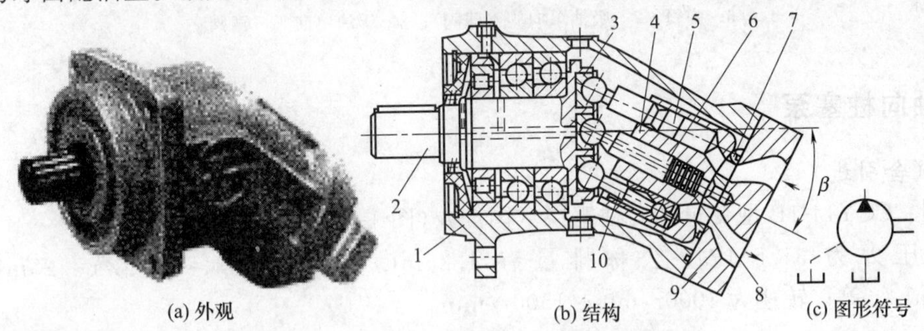

(a) 外观　(b) 结构　(c) 图形符号

图 1-3-7 A2F 型斜轴式定量轴向柱塞泵

1—外壳；2—传动轴（泵轴）；3—带球窝的驱动盘；4—缸体；5—柱塞；6—球头中心连杆；7—配油盘；8—弹簧；9—后盖；10—连杆

[例 1-3-8] PM 型手动定量轴向柱塞泵（意大利阿托斯公司）（图 1-3-8）

结构特点为双柱塞，柱塞底部装有配油单向阀。

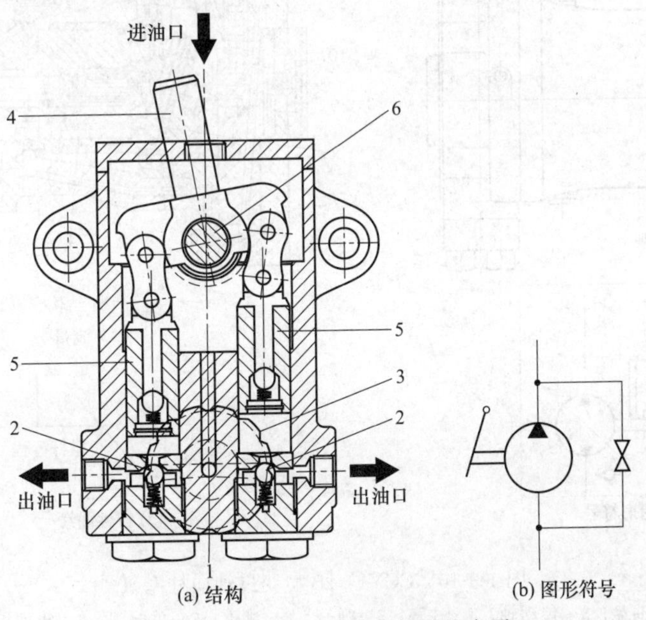

(a) 结构　(b) 图形符号

图 1-3-8 PM 型手动定量轴向柱塞泵

1—分流阀；2—射流阀；3—手轮；4—摇动手柄；5—柱塞；6—花键轴

［例 1-3-9］ 超高压定量轴向柱塞泵（日本理研精机公司）（图 1-3-9）

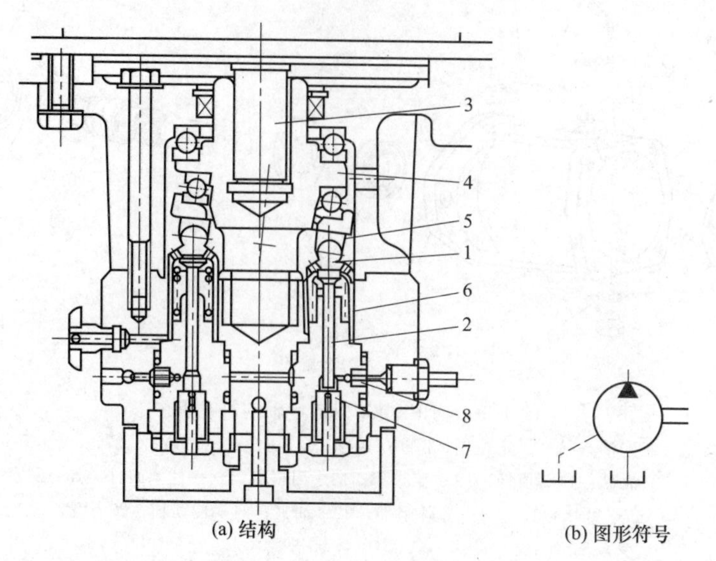

图 1-3-9 超高压定量轴向柱塞泵

1—导向柱塞；2—超高压柱塞；3—传动轴；4—回转斜盘；5—滑靴；6—弹簧；7—吸油单向阀（球阀）；8—压油单向阀（球阀）

1-3-2 变量轴向柱塞泵

1-3-2-1 国产（含引进）

［例 1-3-10］ CCY14-1B 型变量轴向柱塞泵（国产）（图 1-3-10）

最高工作压力为 31.5MPa；公称排量有 1.25mL/r、2.5mL/r、10mL/r、25mL/r、63mL/r、160mL/r、250mL/r 等；转速为 1000r/min、1500r/min。

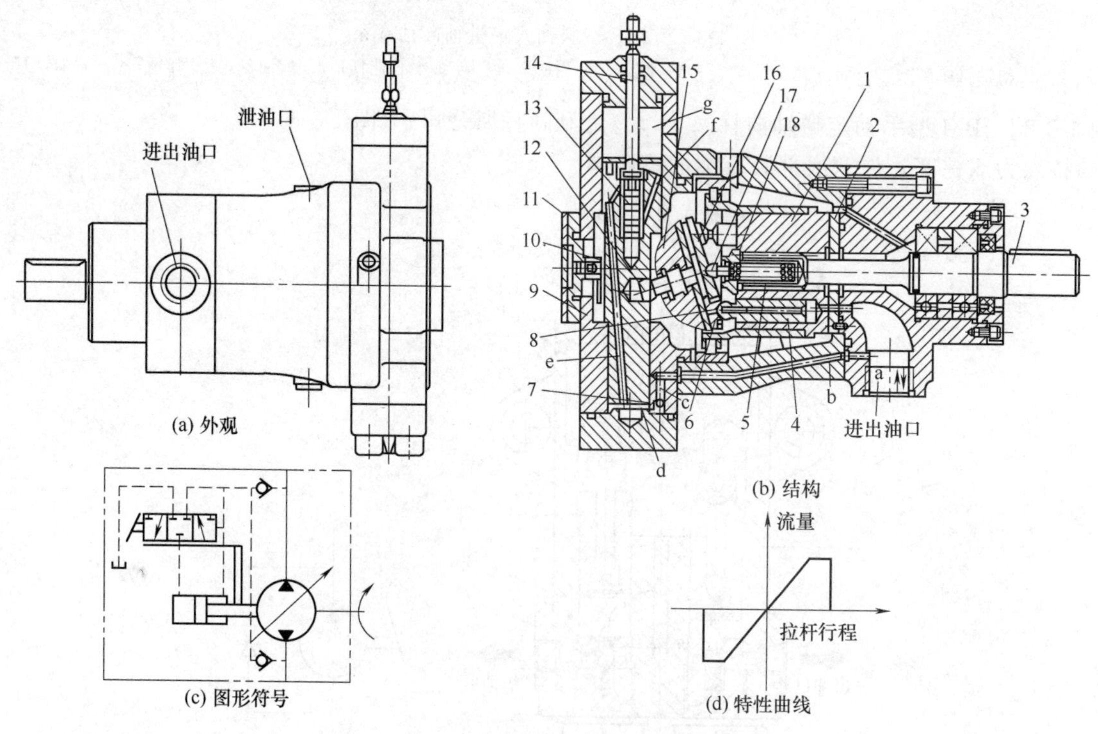

图 1-3-10 CCY14-1B 型变量轴向柱塞泵

1—缸体；2—配油盘；3—传动轴；4—柱塞；5—弹簧；6—滑靴；7—单向阀；8—止推板；9—变量壳体；10—变量活塞；11—刻度盘；12—销轴；13—伺服活塞；14—拉杆；15—变量头；16—回程盘；17—定心球头；18—外套

[例 1-3-11] YCY14-1B 型变量轴向柱塞泵（国产）（图 1-3-11）

最高工作压力为 31.5MPa；公称排量有 1.25mL/r、2.5mL/r、10mL/r、25mL/r、63mL/r、160mL/r、250mL/r 等；转速为 1000r/min、1500r/min。

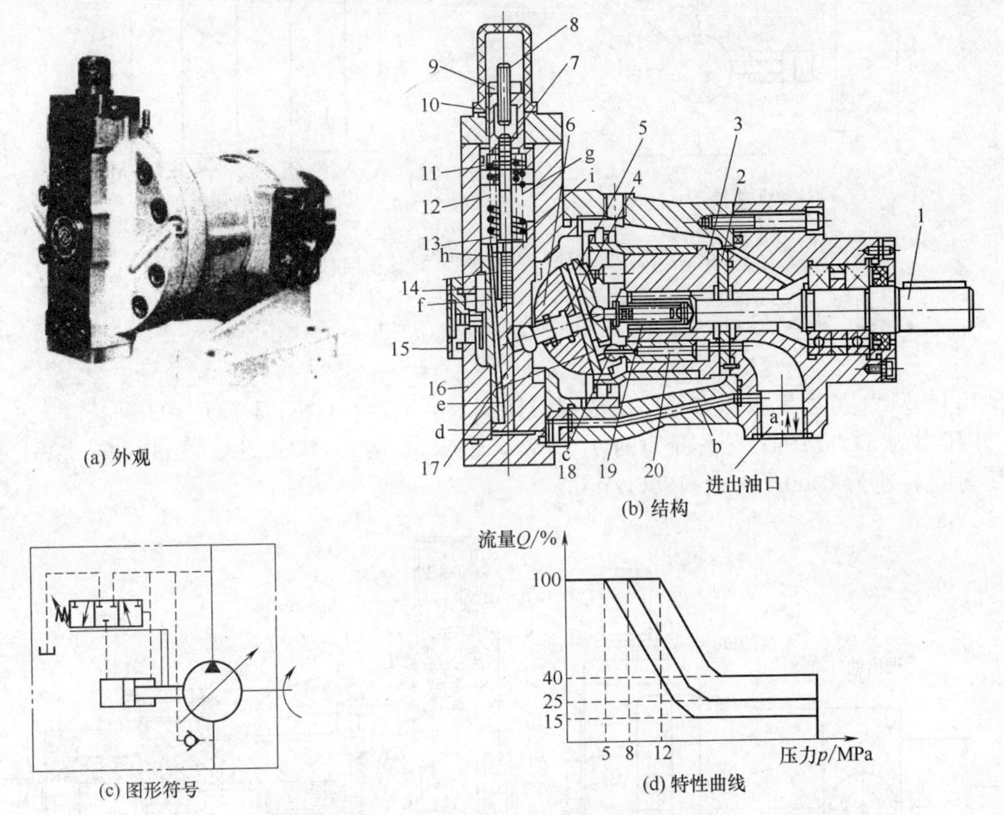

(a) 外观 (b) 结构 (c) 图形符号 (d) 特性曲线

图 1-3-11 YCY14-1B 型变量轴向柱塞泵

1—传动轴；2—配油盘；3—缸体；4—止推板；5—回程盘；6—变量头；7—弹簧芯轴；8—限位螺杆；9—锁紧螺母；10—封头帽；11—调节套；12—外弹簧；13—内弹簧；14—伺服活塞；15—刻度盘；16—变量壳体；17—销轴；18—滑靴；19—弹簧；20—柱塞

[例 1-3-12] PCY14-1B 型恒压变量轴向柱塞泵（国产）（图 1-3-12）

最高工作压力为 31.5MPa；公称排量有 1.25mL/r、2.5mL/r、10mL/r、25mL/r、63mL/r、160mL/r、250mL/r 等；转速为 1000r/min、1500r/min

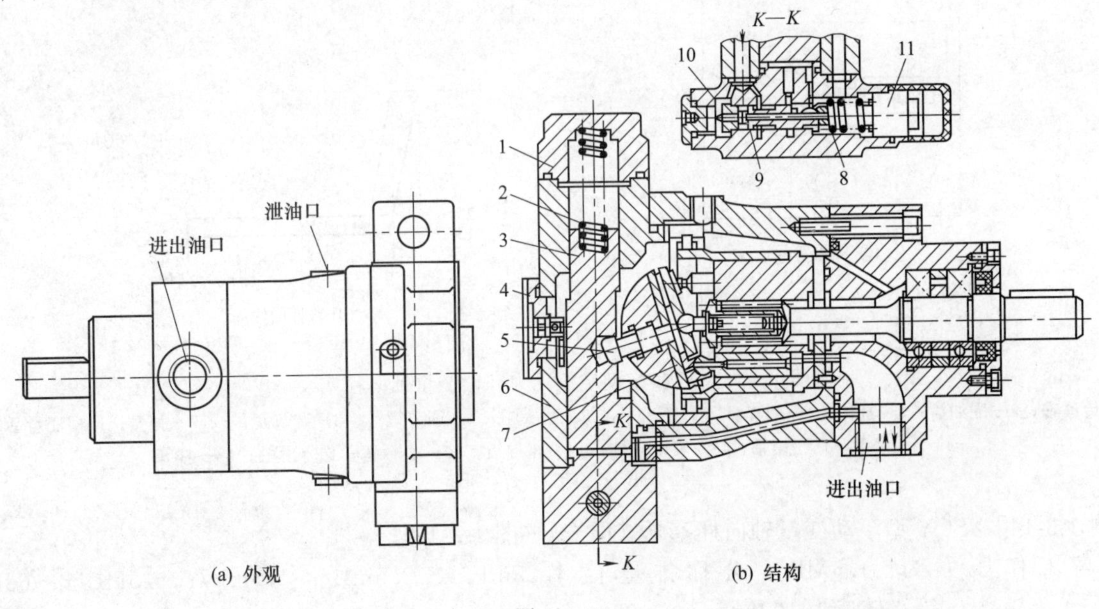

(a) 外观 (b) 结构

图 1-3-12

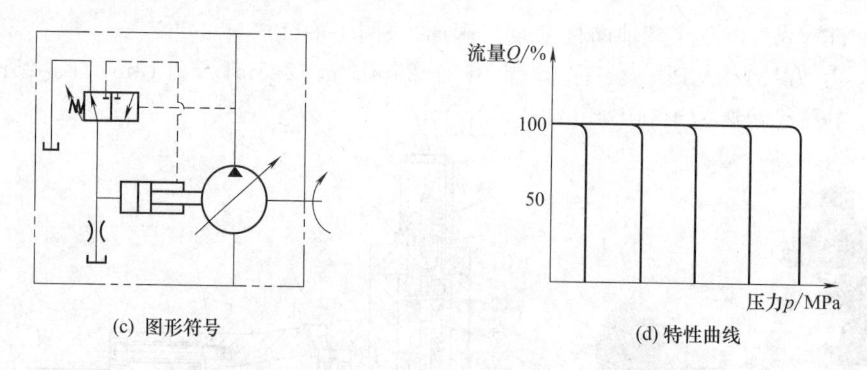

(c) 图形符号　　(d) 特性曲线

图 1-3-12　PCY14-1B 型恒压变量轴向柱塞泵

1—上法兰；2—弹簧；3—变量活塞；4—刻度盘；5—销轴；6—变量壳体；7—止推板；8—调节弹簧；9—恒压阀芯；10—恒压阀体；11—调节杆

［例 1-3-13］ MYCY 型定级压力补偿变量轴向柱塞泵（国产）（图 1-3-13）

最高工作压力为 31.5MPa；公称排量有 1.25mL/r、2.5mL/r、10mL/r、25mL/r、63mL/r、160mL/r、250mL/r 等；转速为 1000r/min、1500r/min。

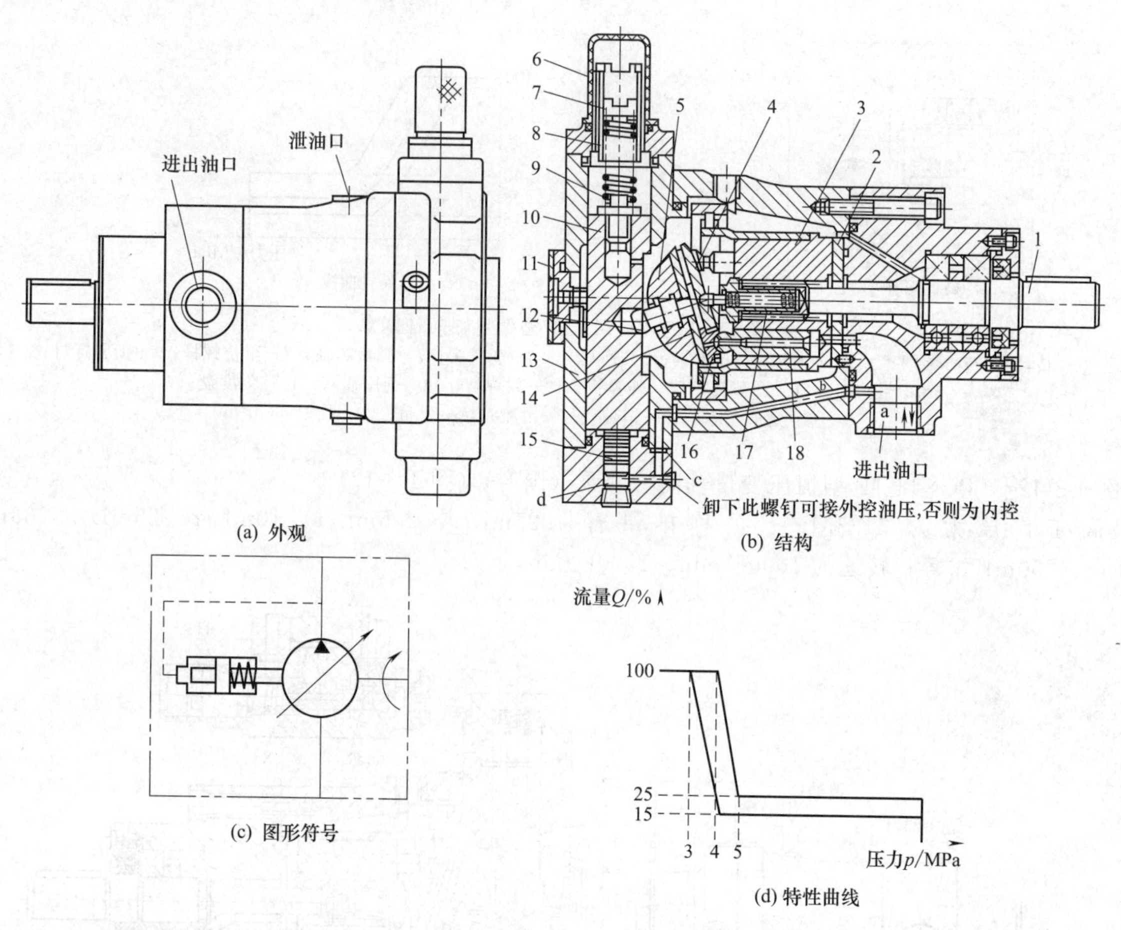

(a) 外观　　(b) 结构

(c) 图形符号　　(d) 特性曲线

图 1-3-13　MYCY 型定级压力补偿变量轴向柱塞泵

1—传动轴；2—配油盘；3—缸体；4—回程盘；5—变量头；6—封头帽；7—调节螺钉；8—调节套；9,17—弹簧；10—变量活塞；11—刻度盘；12—销轴；13—变量壳体；14—止推板；15—小活塞；16—滑靴；18—柱塞

［例 1-3-14］ SCY 型手动变量轴向柱塞泵（国产）（图 1-3-14）

最高工作压力为 31.5MPa；公称排量有 1.25mL/r、2.5mL/r、10mL/r、25mL/r、63mL/r、160mL/r、250mL/r 等；转速为 1000r/min、1500r/min。

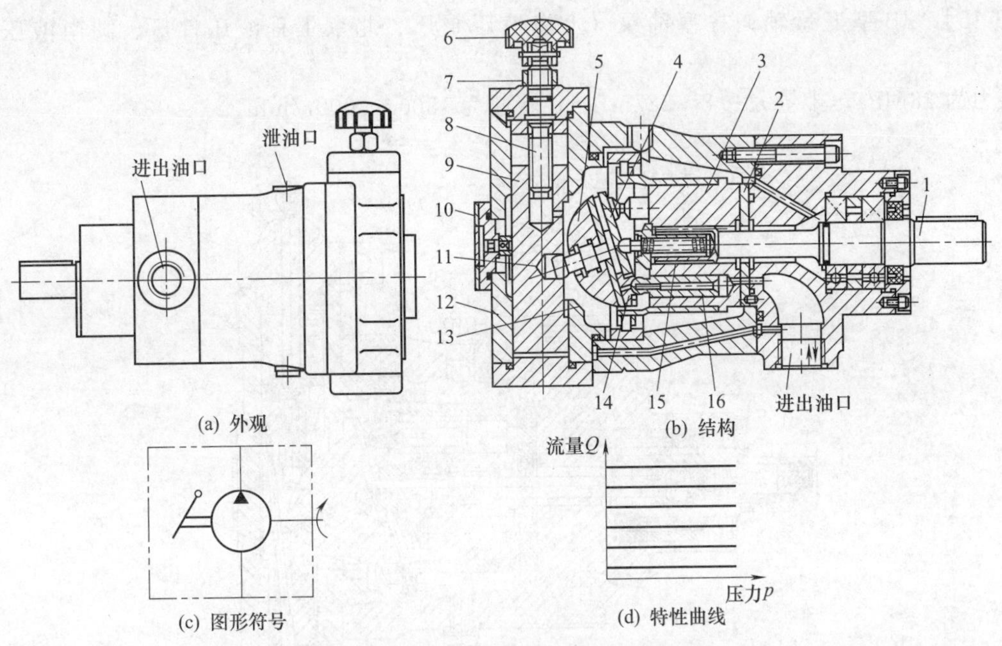

图 1-3-14 SCY 型手动变量轴向柱塞泵

1—传动轴；2—配油盘；3—缸体；4—回程盘；5—变量头；6—手轮；7—锁紧螺母；8—调节杆；9—变量活塞；10—刻度盘；11—销轴；12—变量壳体；13—止推板；14—滑靴；15—弹簧；16—柱塞

[例 1-3-15] DCY14-1B 型变量轴向柱塞泵（国产）（图 1-3-15）

最高工作压力为 31.5MPa；公称排量有 1.25mL/r、2.5mL/r、10mL/r、25mL/r、63mL/r、160mL/r、250mL/r 等；转速为 1000r/min、1500r/min。

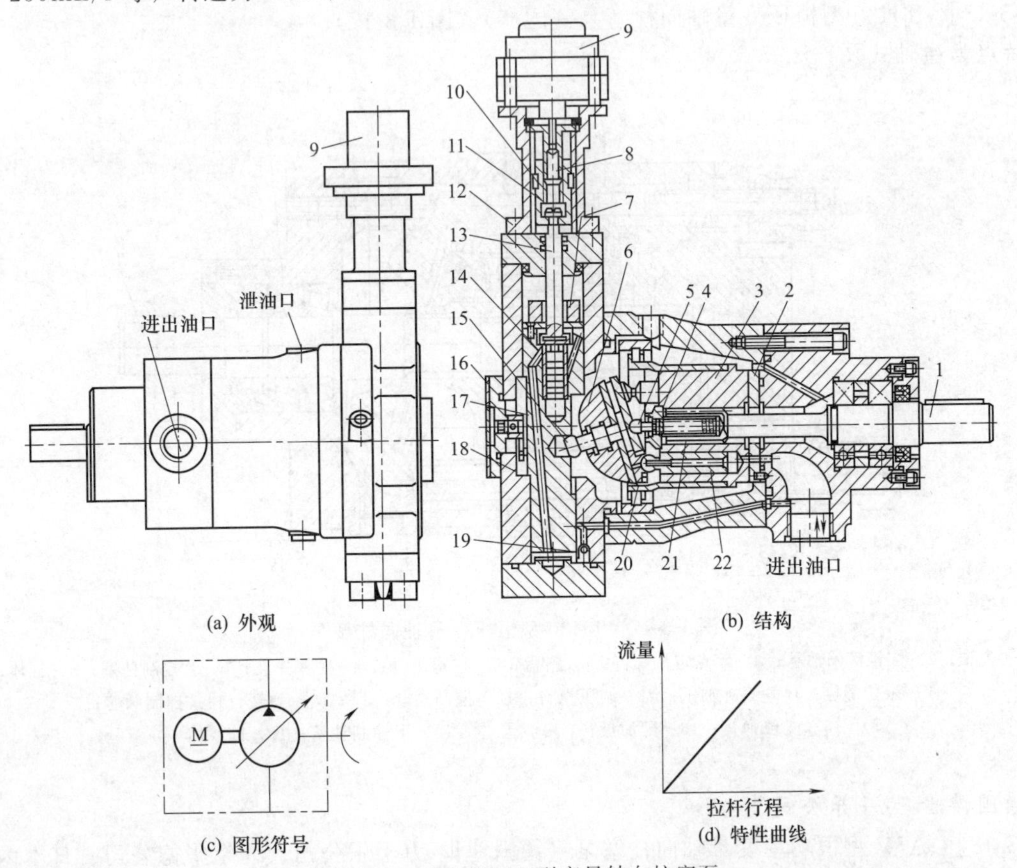

图 1-3-15 DCYI4-1B 型变量轴向柱塞泵

1—传动轴；2—配油盘；3—缸体；4—外套；5—回程盘定心球头；6—变量头；7—挡块；8—螺杆；9—伺服电机；10—平键；11—螺母；12—电机座；13—拉杆；14—伺服活塞；15—销轴；16—刻度盘；17—变量活塞；18—变量壳体；19—单向阀；20—滑靴；21—弹簧；22—柱塞

［例 1-3-16］ ZB 型变量轴向柱塞油泵（上海液压泵厂、北京工程液压件厂、湖南液压件厂）（图 1-3-16）

额定压力为 28MPa；排量为 9.8～227mL/r；转速为 1500～3000r/min。

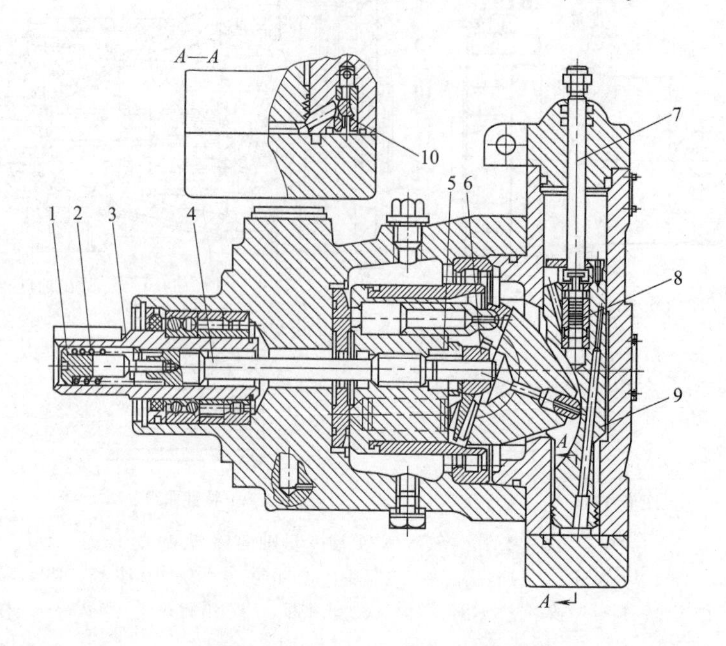

图 1-3-16 ZB 型变量轴向柱塞泵

1—螺钉；2—弹簧；3—空心传动轴；4—芯轴；5—弹簧；6—球铰；7—拉杆；8—伺服变量阀；9—活塞；10—单向阀

［例 1-3-17］ TH30 型恒压变量轴向柱塞泵（国产）（图 1-3-17）

结构特点为通轴式泵。

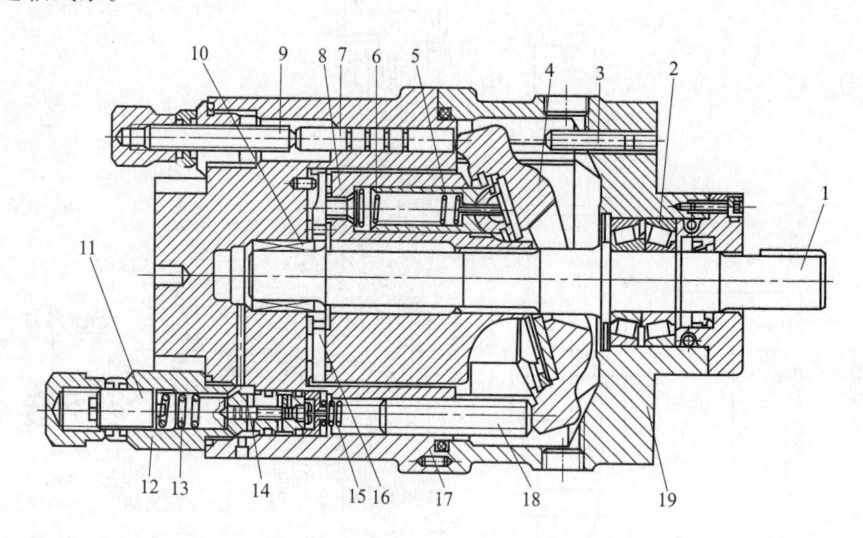

图 1-3-17 TH30 型恒压变量轴向柱塞泵

1—主轴；2—圆锥滚子轴承；3—零点定位螺钉；4—斜盘；5—柱塞组件；6—柱塞弹簧；7—上控制柱塞；8—缸体；9—限位螺栓；10—滚针轴承；11—调压螺钉；12—控制阀套；13—调压弹簧；14—控制阀芯；15—复位弹簧；16—配油盘；17—后泵体；18—下控制柱塞；19—前泵体

1-3-2-2 德国博世-力士乐公司

［例 1-3-18］ A7V 型恒功率变量轴向柱塞泵（德国博世-力士乐公司、北京华德公司、日本内田油压机器公司）（图 1-3-18）

额定压力为 35MPa；排量为 20～500mL/r；转速为 1200～4100r/min。

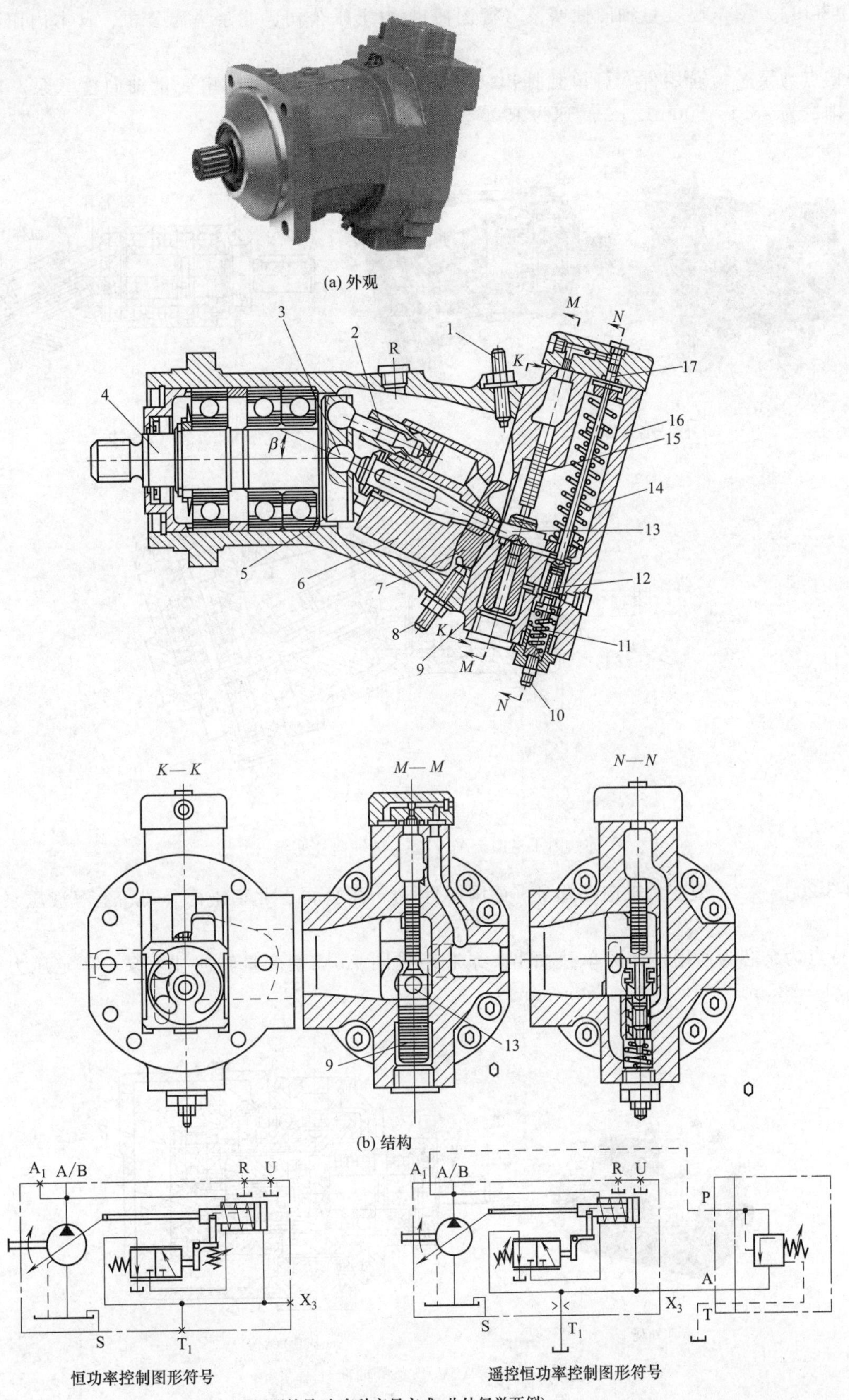

图 1-3-18　A7V 型恒功率变量轴向柱塞泵

1—限位螺钉；2—柱塞；3—中心球头连杆；4—驱动轴（泵轴）；5—驱动盘；6—缸体；7—配油盘；8—限位螺钉；9—变量活塞；10—调整螺钉；11—调节弹簧；12—伺服滑阀；13—栓销（拨销）；14—内、外弹簧；15—变量液压缸活塞；16—变量缸；17—先导控制活塞

［例 1-3-19］ A6V 型变量轴向柱塞泵（德国博世-力士乐公司、北京华德公司、日本内田油压机器公司）（图 1-3-19）

结构特点为泵芯为通用件，可单独抽出。变量部分同 A7V 型恒功率变量轴向柱塞泵。额定压力为 35MPa；排量为 28.1～500mL/r；转速为 1900～4750r/min。

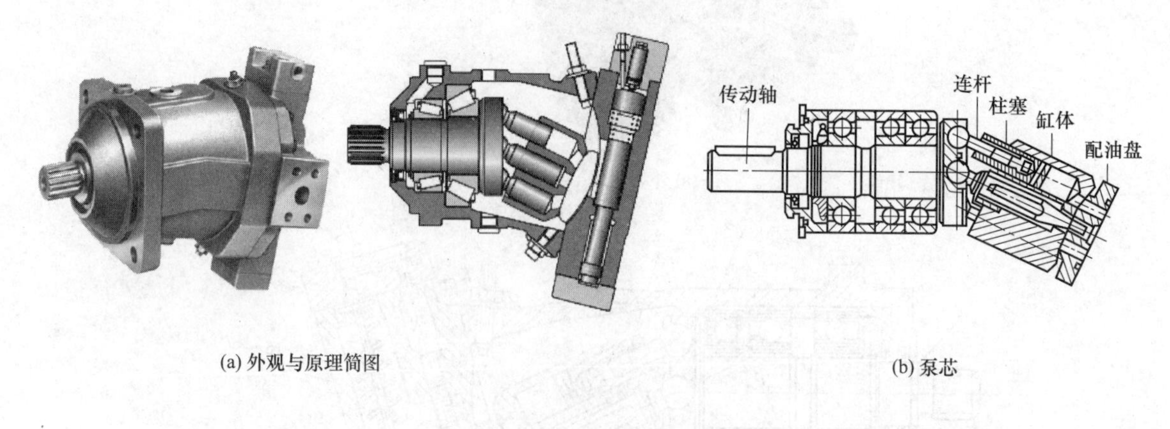

(a) 外观与原理简图　　(b) 泵芯

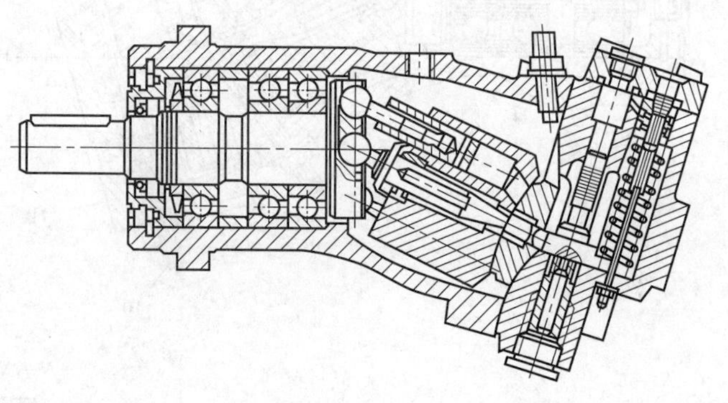

(c) 结构

图 1-3-19　A6V 型变量轴向柱塞泵

［例 1-3-20］ A2V 型变量轴向柱塞泵（德国博世-力士乐公司、北京华德公司、上海液压泵厂）（图 1-3-20）

结构特点为泵芯为通用件，可单独抽出。泵芯结构同 A6V 型变量轴向柱塞泵。额定压力为 35MPa；排量为 28.1～225mL/r；转速为 4750r/min。

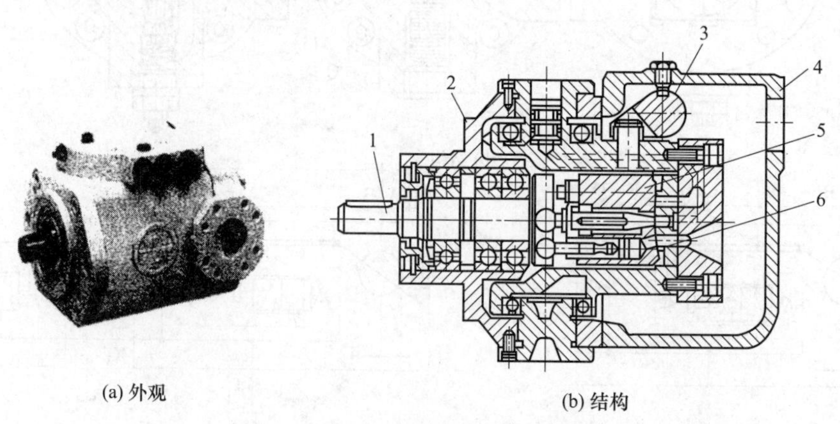

(a) 外观　　(b) 结构

图 1-3-20　A2V 型变量轴向柱塞泵

1—泵轴；2—泵盖；3—变量机构；4—泵体；5—泵芯；6—配油盘

［例 1-3-21］ A8V 型斜轴式变量柱塞双泵（德国博世-力士乐公司）（图 1-3-21）

结构特点为球面配油盘；泵芯为通用件，可单独抽出；通过一对斜齿轮驱动两泵。泵芯结构同 A6V 型变量轴向柱塞泵。额定压力为 35MPa；排量为 28～160mL/r；转速为 4750r/min。

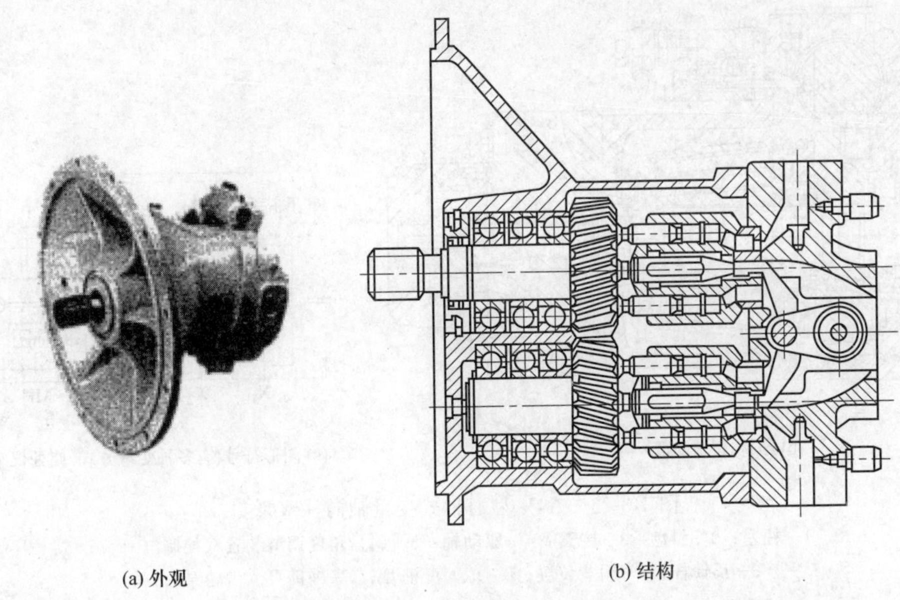

(a) 外观 (b) 结构

图 1-3-21 A8V 型斜轴式变量柱塞双泵

[例 1-3-22] A3V 型斜轴式变量柱塞双泵（德国博世-力士乐公司）（图 1-3-22）

结构特点为球面配油盘，双泵斜轴式；泵芯为通用件，可单独抽出。泵芯结构同 A6V 型变量轴向柱塞泵。额定压力为 35MPa，排量有多种。

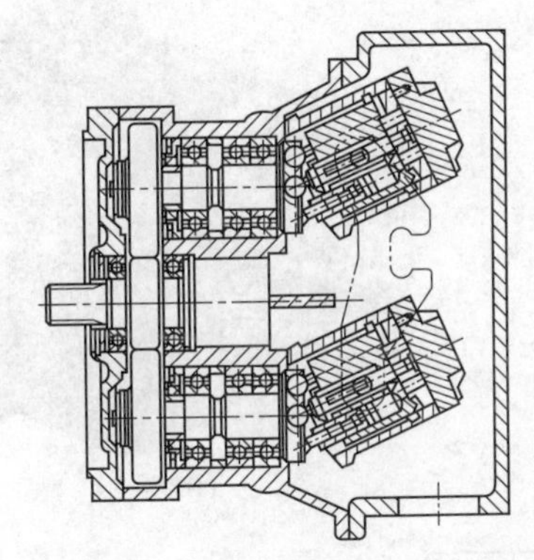

图 1-3-22 A3V 型斜轴式变量柱塞双泵

[例 1-3-23] A4V 型通轴式变量轴向柱塞泵（德国博世-力士乐公司）（图 1-3-23）

结构特点为球面配油盘，通轴式。额定压力为 40MPa；排量有 28mL/r、40mL/r、56mL/r、71mL/r、90mL/r、125mL/r、180mL/r、250mL/r 等几种。

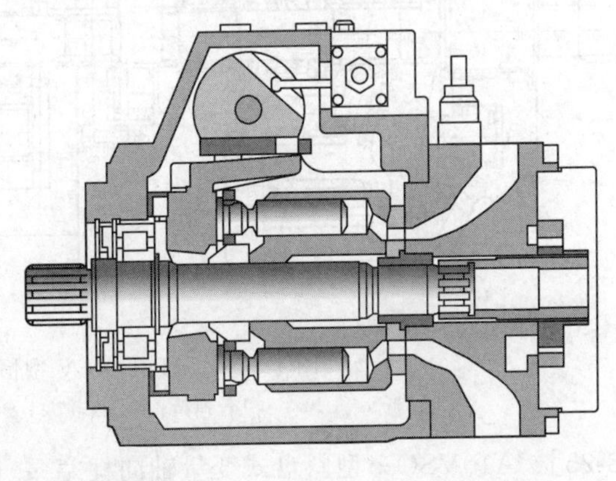

(a) 外观与原理简图

图 1-3-23

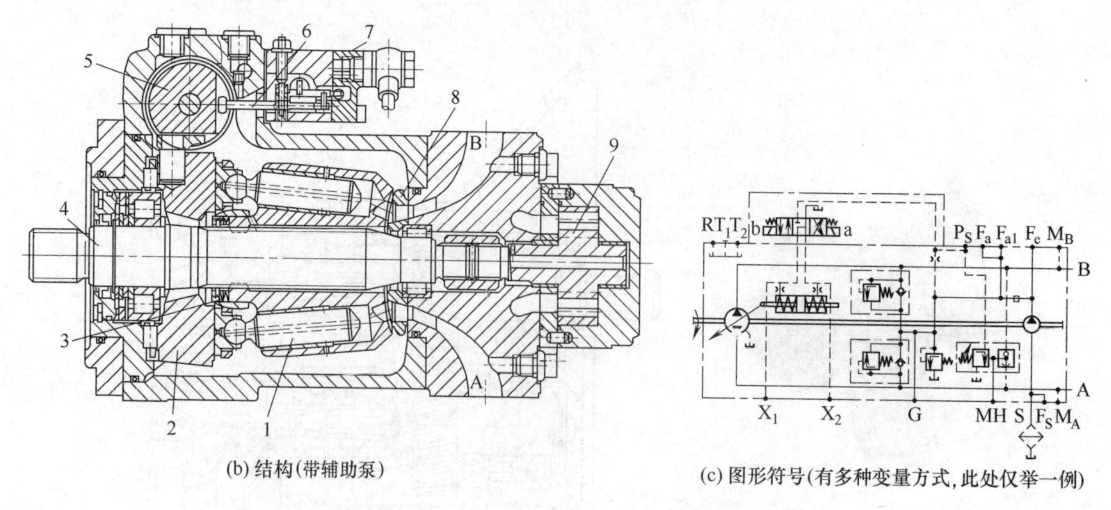

(b) 结构(带辅助泵)

(c) 图形符号(有多种变量方式,此处仅举一例)

图 1-3-23 A4V 型通轴式变量轴向柱塞泵

1—柱塞；2—斜盘；3—弹簧；4—驱动轴；5—斜盘角度调节装置（控制缸）；6—反馈杆；7—调节装置；8—球面配油盘；9—辅助泵（齿轮泵）

［例 1-3-24］ AP2D※LV 型恒功率变量轴向柱塞泵（德国博世-力士乐公司）（图 1-3-24）

结构特点为变量缸与斜盘复位弹簧 180°对称布置。※为排量代号（12、18、25、36 等）；额定压力为 24.5MPa；转速为 2400r/min；流量为（12.2～38.4）×2L/min。

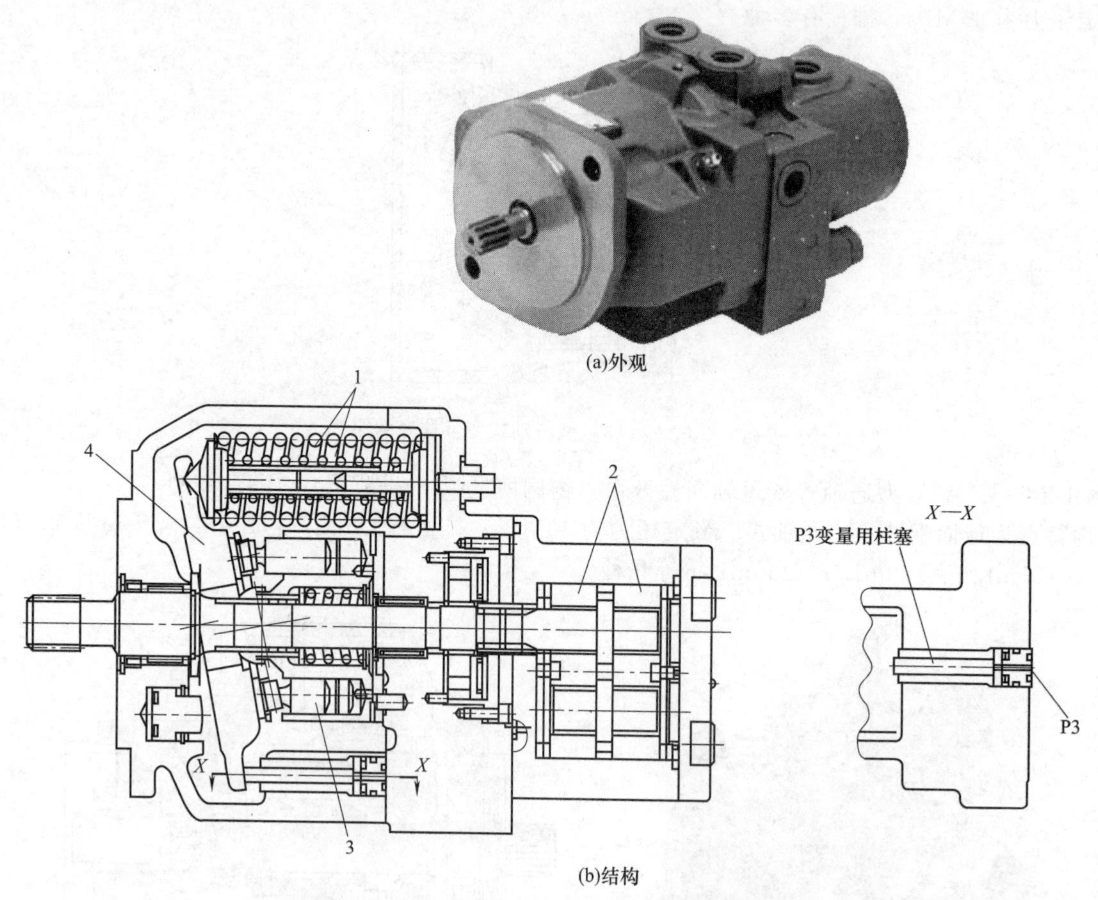

(a)外观

(b)结构

图 1-3-24 AP2D※LV 型恒功率变量轴向柱塞泵

1—弹簧；2—齿轮泵；3—柱塞；4—斜盘

［例 1-3-25］ A10VSO※型斜盘式变量轴向柱塞泵（德国博世-力士乐公司）（图 1-3-25）

结构特点为通轴式。A10VS 表示斜盘式柱塞变量泵；O 表示用于开式回路；※为数字代号，表示排量；额定压力为 28MPa；排量为 140mL/r；转速为 1800～2200r/min。

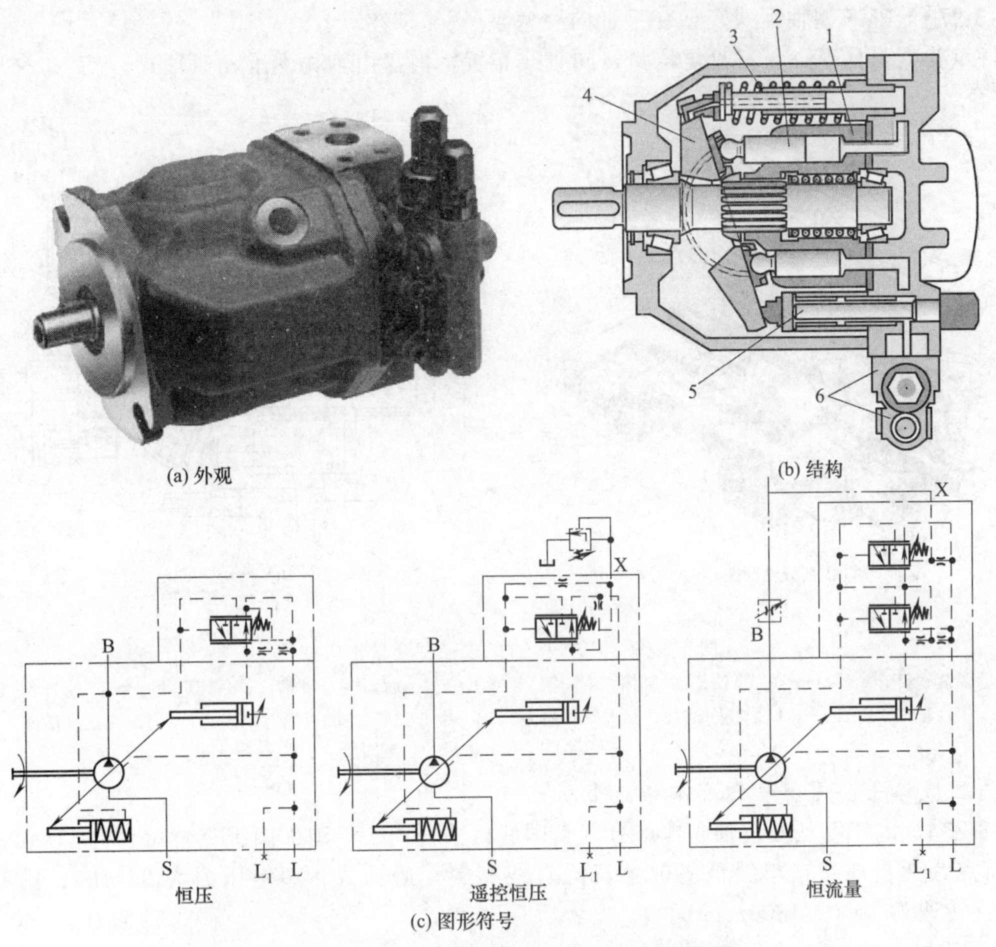

图 1-3-25 A10VSO※型斜盘式变量轴向柱塞泵

1—缸体；2—柱塞；3—复位弹簧；4—斜盘；5—变量缸；6—控制阀

［例 1-3-26］ SYDF1C-2X/PP 型闭环控制变量轴向柱塞泵（德国博世-力士乐公司）（图 1-3-26）

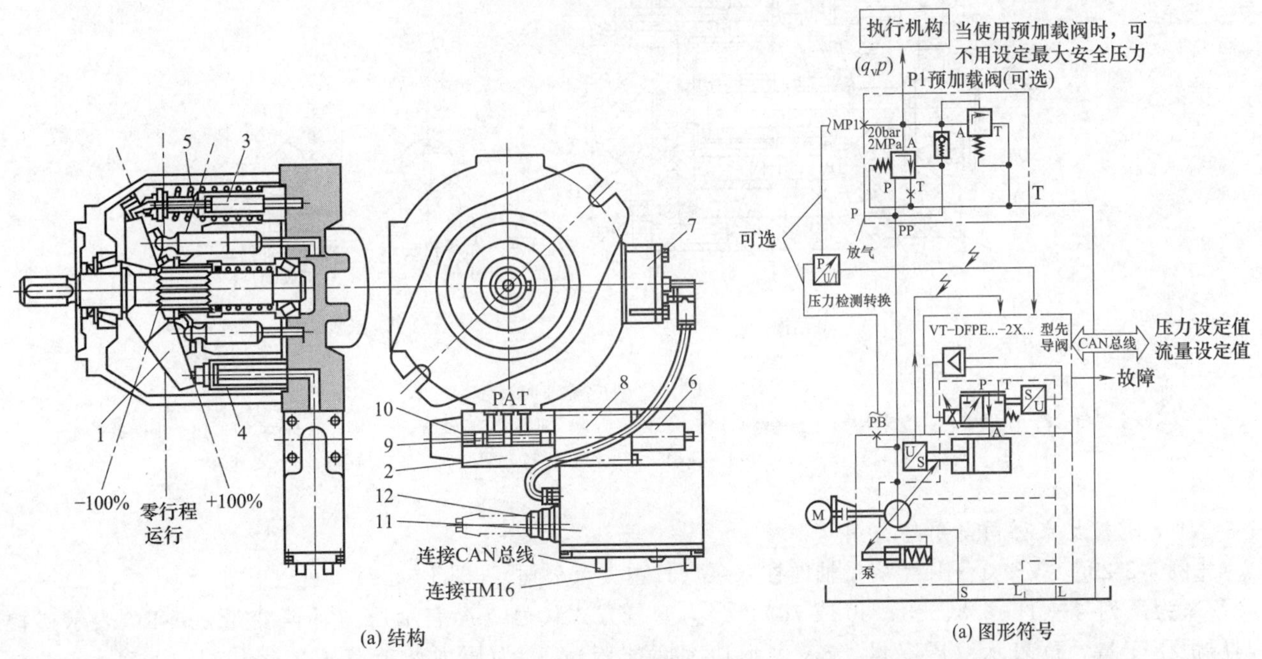

图 1-3-26 SYDF1C-2X/PP 型闭环控制变量轴向柱塞泵

1—斜盘；2—比例阀阀体；3,4—控制活塞；5—弹簧；6—位移传感器；7—调节阀；8—比例电磁铁；9—阀芯；10—弹簧；11—数字电路；12—接线端子

［例 1-3-27］ PVS 型轴瓦式轻型变量轴向柱塞泵(图 1-3-27)

结构特点为变量柱塞缸与斜盘复位弹簧同直线布置，斜盘由轴瓦支承，通轴式。

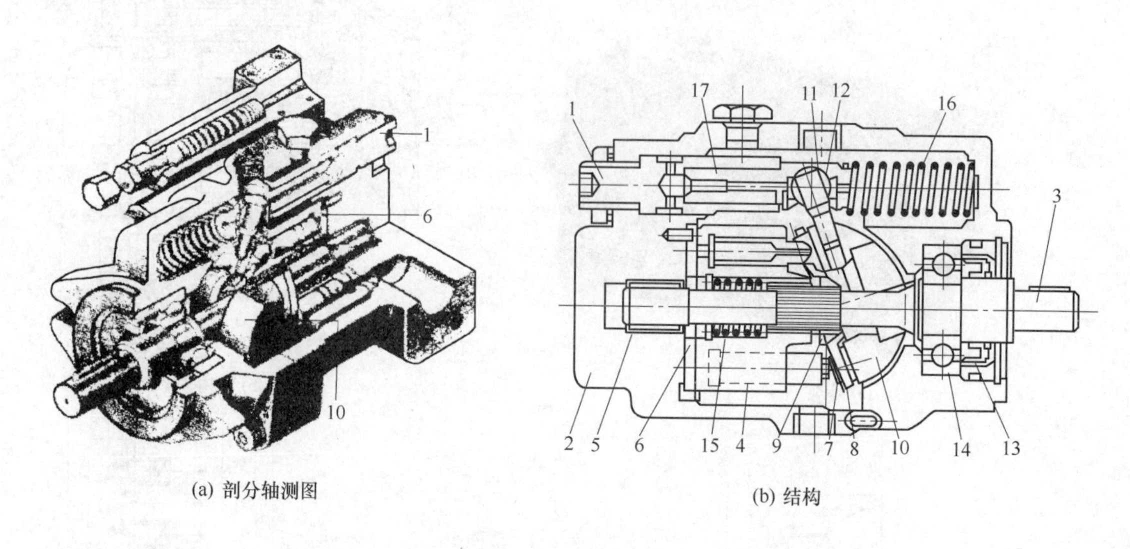

(a) 剖分轴测图　(b) 结构

图 1-3-27 PVS 型轴瓦式轻型变量轴向柱塞泵

1—流量调节螺钉；2—泵体；3—泵轴；4—缸体；5—滚针轴承；6—配油盘；7—滑靴；8—斜盘；9—半球套；10—半圆轴瓦；11—拨杆；12—球铰；13—油封；14—滚珠轴承；15—中心弹簧；16—偏置弹簧；17—伺服变量缸活塞

1-3-2-3 美国威格士公司、中国邵阳维克公司

［例 1-3-28］ PVBQ 型变量轴向柱塞泵（美国威格士公司、中国邵阳维克公司）(图 1-3-28)

结构特点为变量柱塞缸与斜盘复位弹簧同直线布置，通轴式。额定压力为 35MPa；排量为 10.55～61.6mL/r；转速为 1000～1800r/min。

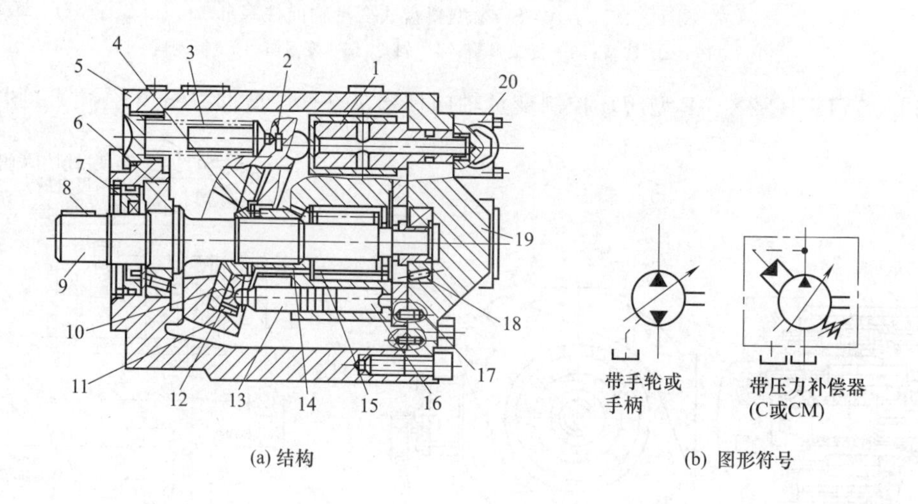

(a) 结构　(b) 图形符号

图 1-3-28 PVBQ 型变量轴向柱塞泵

1—变量缸；2—回程盘；3,15—弹簧；4—半球头；5—壳体；6,18—轴承；7—轴封；8—键；9—传动轴；10—止推板；11—摇架；12—滑靴；13—柱塞；14—顶销；16—缸体；17—配油盘；19—顶盖；20—变量阀

1-3-2-4 日本大京公司与川崎公司

［例 1-3-29］ V※◇□R 型变量轴向柱塞泵（日本大京公司）(图 1-3-29)

※为系列号（15、23、38、50 或 70)；◇为变量方式代号（A 表示压力补偿变量，A-RC 表示遥控调压恒压变量，D 表示双压变量，SA 表示功率匹配等)；□为压力调节范围数字代号（1 表示 0.8～7MPa，2 表示 1.5～14MPa，3 表示 3.5～21MPa，4 表示 3.5～25MPa)；R 表示正转泵，R 换为 L 时表示反转泵。

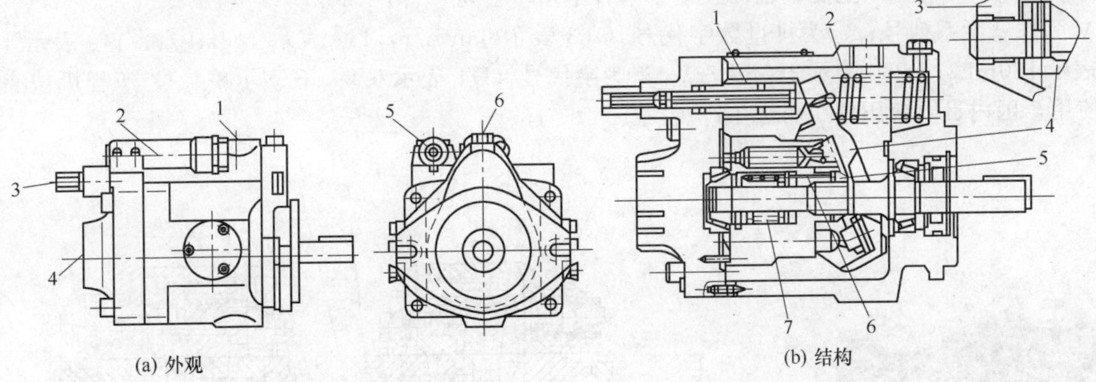

(a) 外观

1—泄油口；2—标牌；3—流量调节螺钉；4—进出油口；5—压力调节螺钉；6—泵壳注油口

(b) 结构

1—变量缸；2—斜盘复位弹簧；3—耳轴；4—斜盘；5—半球头；6—三顶针；7—弹簧

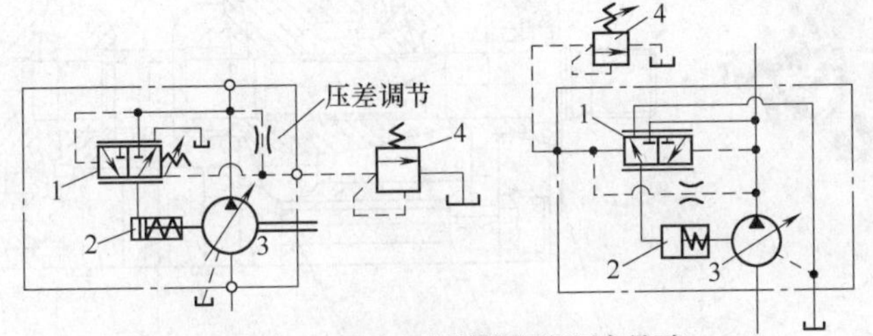

(c) 图形符号(V38A-RC型遥控调压恒压变量泵)

1—PC 阀；2—控制缸；3—主泵；4—远程调压阀

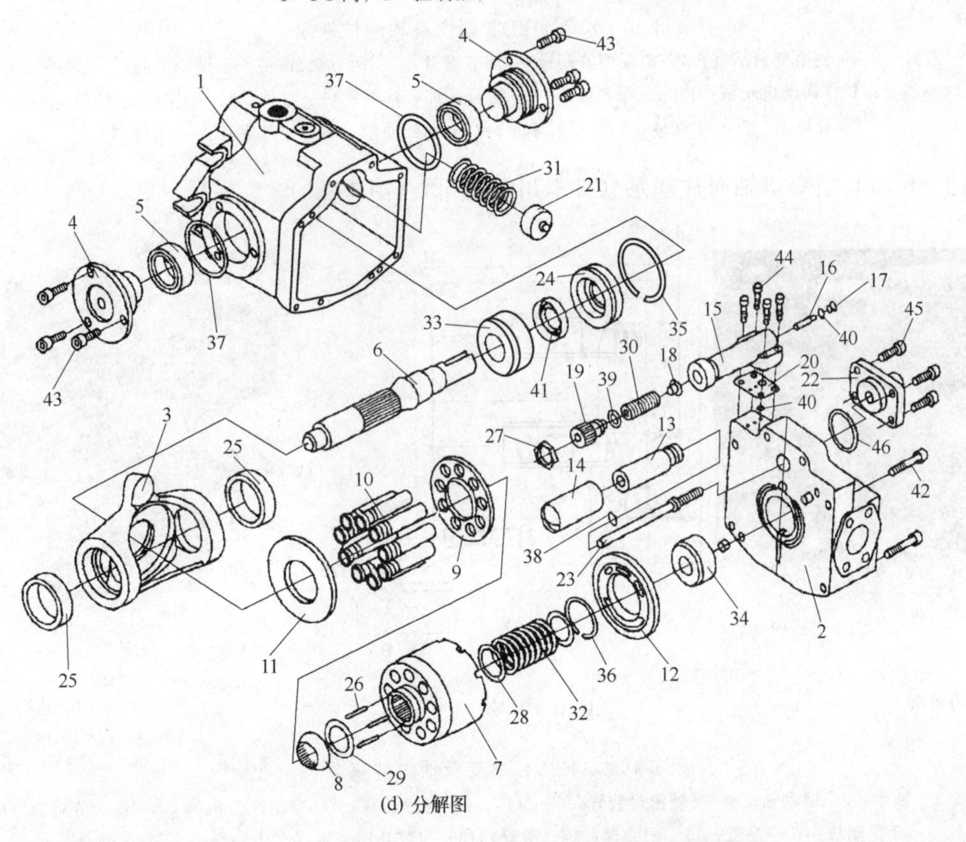

(d) 分解图

1—泵体；2 泵盖；3—斜盘座；4—耳轴；5—耳轴轴衬；6—泵轴；7—缸体（九孔）；8—半球套；9—九孔盘；10—柱塞；11—止推板；12—配油盘；13—控制柱塞；14—套；15—调压阀阀芯；16—调压阀阀芯；17—堵头；18—弹簧座；19—调压螺钉；20—纸垫；21—斜盘球顶；22—盖；23，42～45—螺栓；24—油封盖；25—铜套；26—钢针；27—螺母；28—垫；29—钢片；30—弹簧；31—复位弹簧；32—中心弹簧；33，34—轴承；35，36—卡簧；37～40，46—O 形圈；41—油封

图 1-3-29 V※◇□R 型变量轴向柱塞泵

［例 1-3-30］ K3V○※型变量轴向柱塞泵（日本川崎公司）（图 1-3-30）

K3V 为柱塞泵系列号；○为排量数字代号（63 表示 63mL/r，112 表示 112mL/r，140 表示 140mL/r：180 表示 180mL/r，280 表示 280mL/r）；※为泵代号（DT 表示双泵，S 表示单泵）。工程机械液压挖掘机普遍使用，国内贵阳液压件厂引进生产。

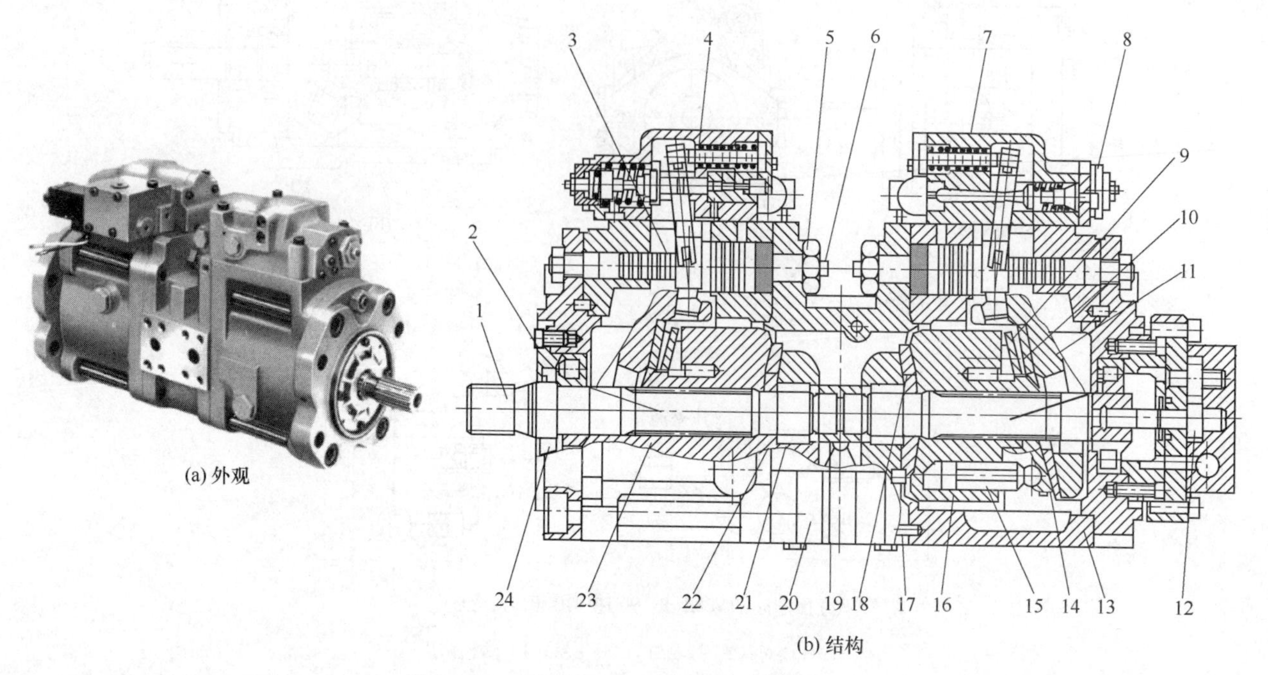

图 1-3-30 K3V112DT 型变量轴向柱塞泵

1—驱动轴；2—密封盖；3—伺服变量活塞；4—前泵调节阀；5—调节螺母；6—调节螺钉；7—后泵调节阀；8—螺母；9—九孔板；10—回程盘；11—斜盘；12—辅助齿轮泵；13—后泵壳体；14—滑靴；15—柱塞；16—缸体；17—配油盘定位销；18—后配油盘；19—花键套；20—中壳体；21—滚针轴承；22—前配油盘；23—半球套；24—油封

［例 1-3-31］ K3VL 型变量轴向柱塞泵（日本川崎公司）（图 1-3-31）

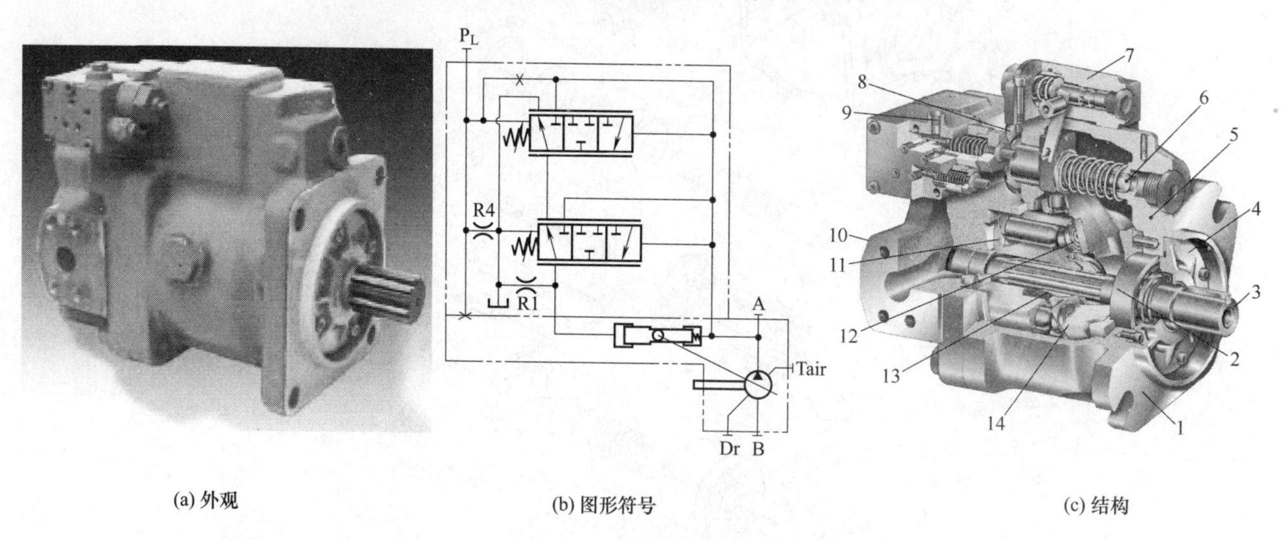

图 1-3-31 K3VL 型变量轴向柱塞泵

1—法兰盖；2—轴承；3—驱动轴；4—泵轴密封装置；5—泵体；6—变量活塞；7—变量调节机构；8—最大流量调节机构；9—变量阀块；10—泵盖；11—配油盘；12—滑靴；13—间隙补偿装置（含中心弹簧）；14—斜盘

1-3-2-5 美国 KLINE 公司、林德公司、Sund-strand 公司

［例 1-3-32］ PV65 型恒压变量轴向柱塞泵（KLINE 公司）（图 1-3-32）

结构特点为通轴式。

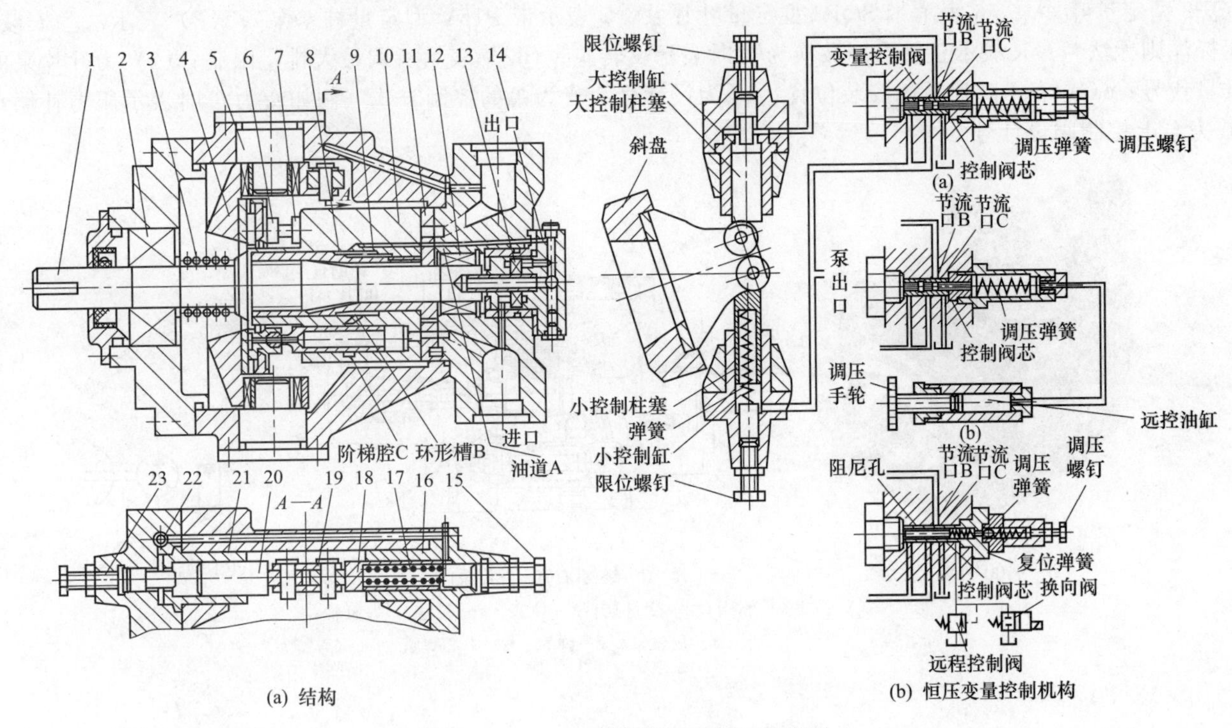

图 1-3-32　PV65 型恒压变量轴向柱塞泵

1—主轴；2—双列滚珠轴承；3—压力弹簧；4—斜盘；5—斜盘支承组件；6—滑靴；7—柱塞；8—分隔套；9—传动套；10—缸体；11—配油盘；12—滚针轴承；13—辅助泵；14—溢流阀；15,23—限位螺钉；16—小控制缸；17—弹簧；18—小控制柱塞；19—滚轮；20—大控制柱塞；21—大控制缸；22—控制阀芯

［例 1-3-33］　HPV 型变量斜盘柱塞泵（林德公司）（图 1-3-33）

带过滤器电控变量泵，结构特点为带预紧锥面轴承和通轴式。

［例 1-3-34］　通轴式变量轴向柱塞泵（Sund-strand 公司）（图 1-3-34）

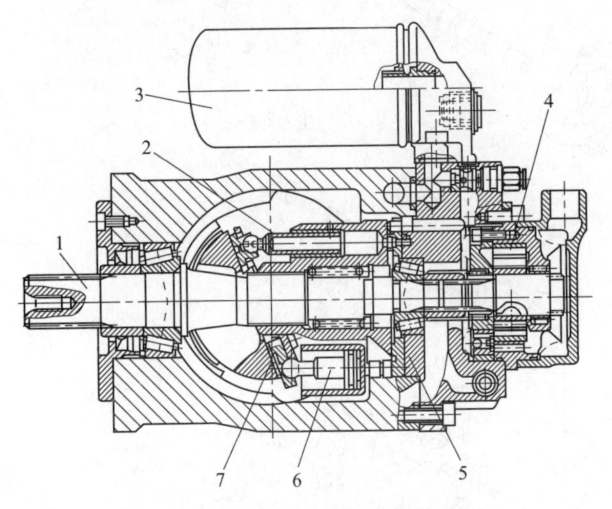

图 1-3-33　HPV 型变量斜盘柱塞泵

1—泵轴；2—缸体组件；3—过滤器；4—辅助泵；5—配油盘；6—变量柱塞；7—斜盘

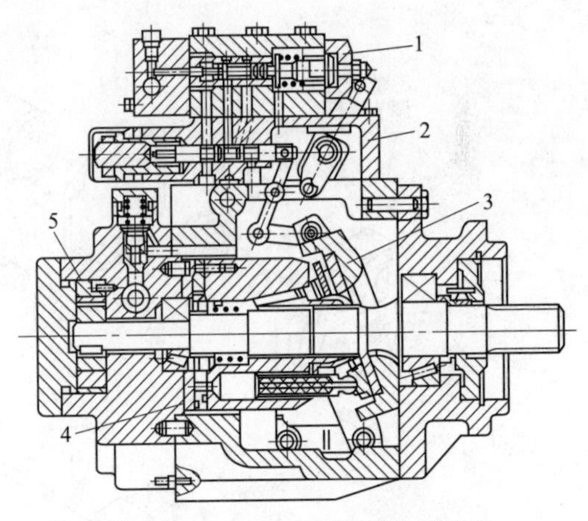

图 1-3-34　通轴式变量轴向柱塞泵

1—变量控制阀部分；2—控制部分；3—主体部分；4—耐磨铜衬板；5—辅助泵

1-3-2-6　美国伊顿-威格士公司、日本东京计器公司

［例 1-3-35］　(F11)-P※V(3)(F)R(62)-(2)(C)11-☆-10 型变量轴向柱塞泵（美国伊顿-威格士、日本东京计器）（图 1-3-35）

F11 表示使用水-乙二醇工作液，无标记为矿物油；※为系列号（16、21、31、40、70、100、130）；(3) 为双泵代码（不标注表示单泵，3 表示主泵带定量叶片泵，4 表示带 SQP1 型定量叶片泵，5 表示带

SQP2 型定量叶片泵，6 表示带 SQP3 型定量叶片泵，7 表示带 P16V 型定量柱塞泵）；（F）表示法兰安装，无标注则无法兰；R 表示正转泵，R 换为 L 时表示反转泵；（62）表示所调最大排量限制；（2）为叶片泵的排量代号；（C）表示叶片泵的安装位置；11 为设计号；☆为泵的控制方式（例如☆为 C 时表示压力补偿）；10 为泵上控制阀设计号。

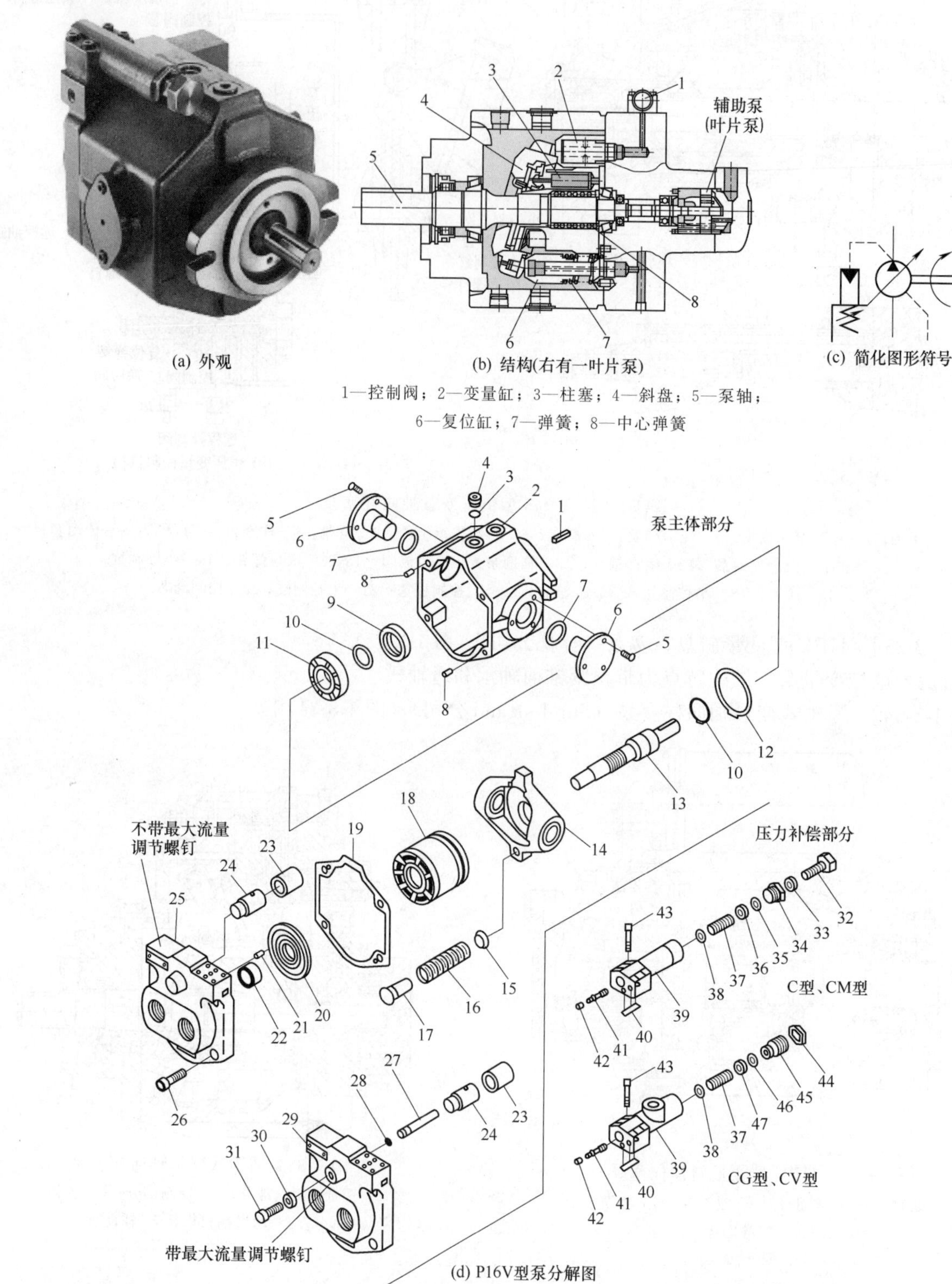

(a) 外观 (b) 结构(右有一叶片泵) (c) 简化图形符号

1—控制阀；2—变量缸；3—柱塞；4—斜盘；5—泵轴；6—复位缸；7—弹簧；8—中心弹簧

(d) P16V型泵分解图

1—键；2—泵体；3,7,28,35,47—O 形圈；4,42—螺塞；5,43—螺钉；6—耳轴；8—定位销；9,22—套；10,12—弹性卡圈；11—轴承；13—泵轴；14—斜盘；15,36—弹簧座；16—弹簧；17—顶柱；18—泵芯；19,38,46—垫；20—配油盘；21—销；23—控制缸缸体；24—控制缸活塞；25,29—泵盖；26—内六角螺钉；27—顶杆；30,33,44—螺母；31—流量调节螺钉；32,45—调压螺钉；34—螺套；37—调压弹簧；39—阀体；40—密封圈；41—阀芯

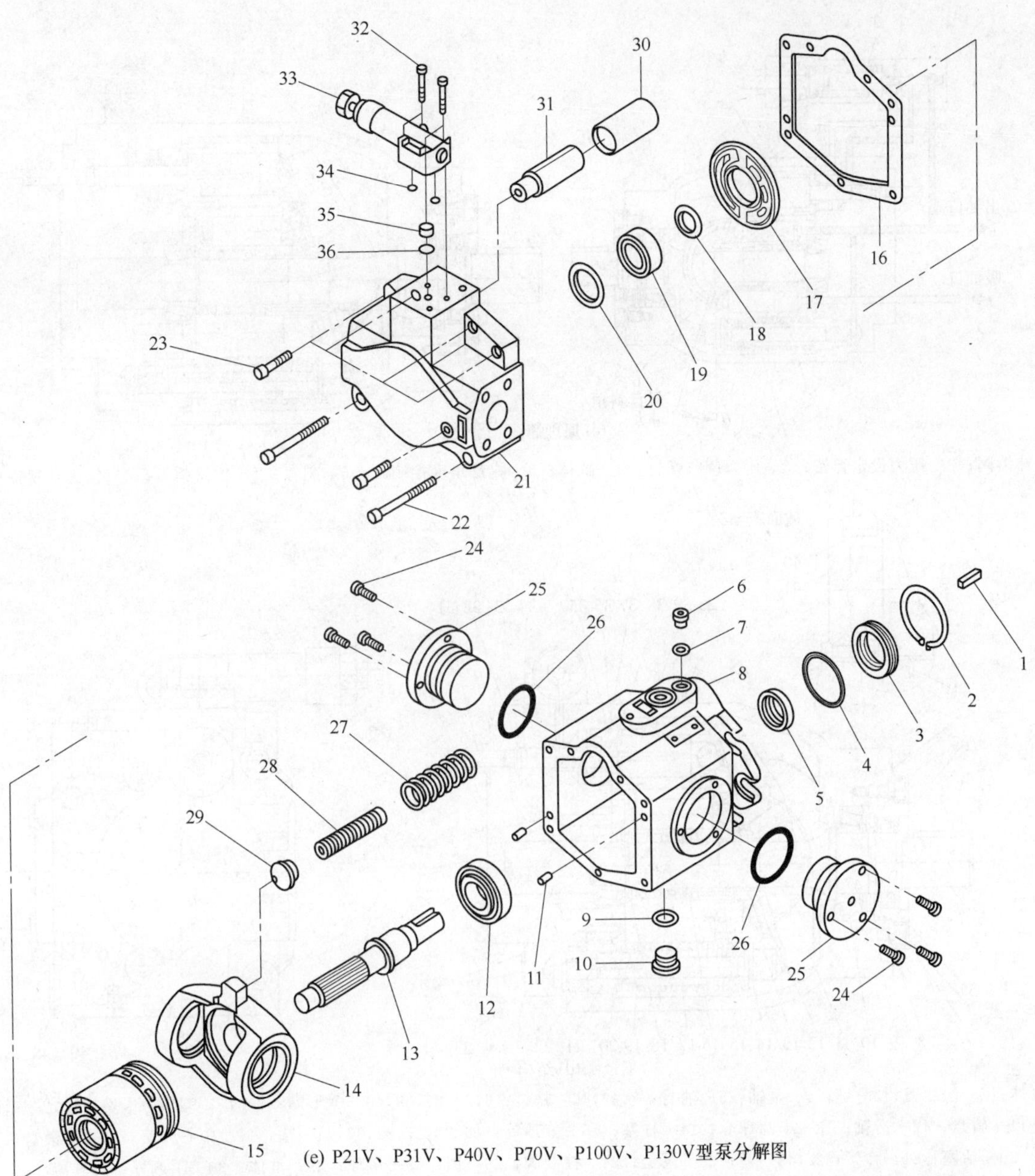

(e) P21V、P31V、P40V、P70V、P100V、P130V型泵分解图

1—销；2—弹性卡圈；3,12,19—轴承；4,16,18,20—垫；5—套；6,10—螺塞；7,9,26,34,36—O形圈；8—泵体；11—定位销；13—泵轴；14—斜盘；15—泵芯；17—配油盘；21—泵盖；22～24，32—内六角螺钉；25—耳轴；27,28—弹簧；29—顶柱；30—控制缸缸体；31—控制缸活塞；33—调压螺钉；35—塞

图 1-3-35　P※V 型变量轴向柱塞泵

[例 1-3-36]　PH80 型、PH100 型、PH130 型低噪声变量轴向柱塞泵（美国伊顿威格士公司、日本东京计器公司）（图 1-3-36）

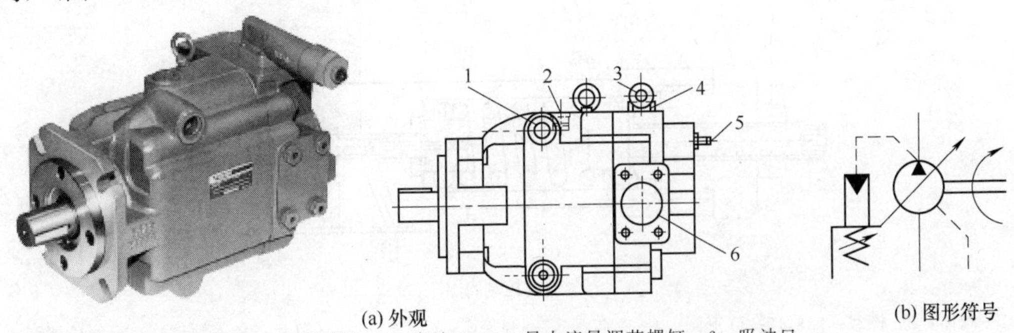

(a) 外观　　(b) 图形符号

1—泄油口；2—注油口；3—控制阀；4—出油口；5—最大流量调节螺钉；6—吸油口

图 1-3-36

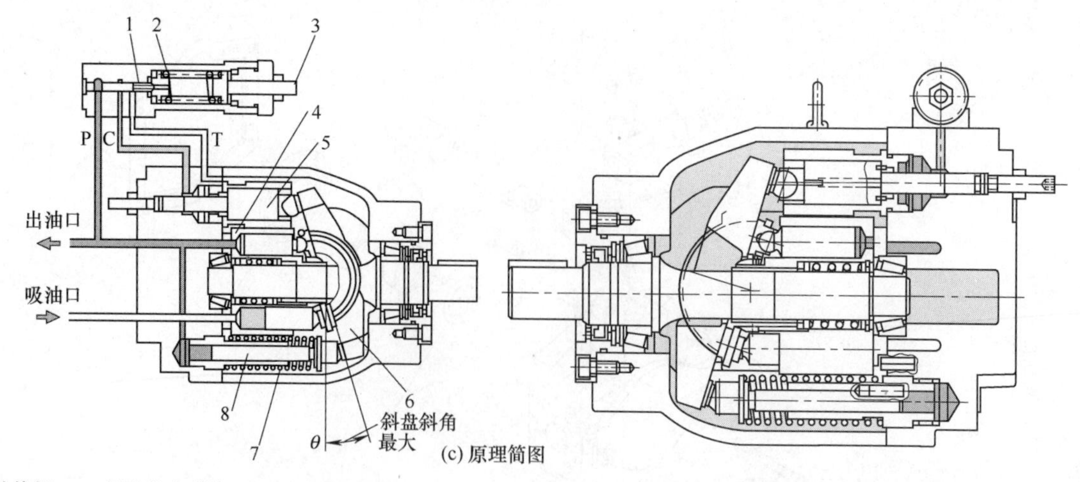

(c) 原理简图

1—压力补偿阀；2—压力设定弹簧；3—压力调节螺钉；4—缸体；5—斜盘角度控制缸；6—斜盘；7—偏置弹簧；8—偏置（复位）柱塞缸

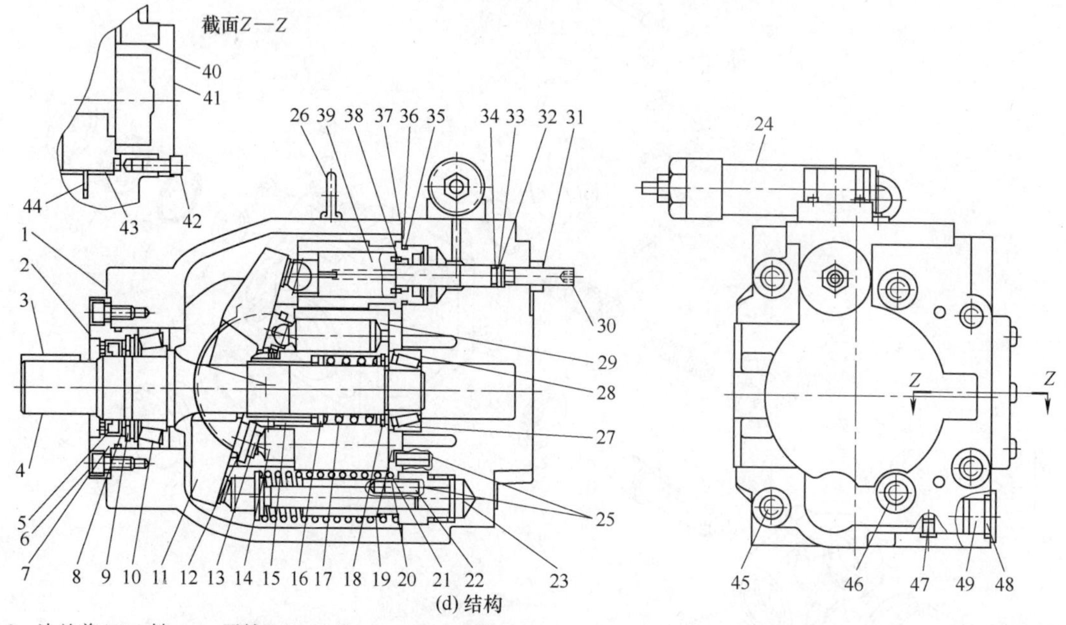

(d) 结构

1—泵体；2—法兰盖；3—键；4—泵轴；5—油封；7,42,46—螺钉；6,34,37,38,40—O形圈；8—垫；9,18—卡簧；10,28—轴承；11—斜盘；12—滑靴；13—半圆球套；14—柱塞；15—三顶针；16,23,27,33,36,44—垫；17—中心弹簧；19—配油盘；20—活塞；21—弹簧；22,43—套；23—泵盖；24—控制阀；25—销；26—吊环；29—缸体；30—手调杆；31—锁母；32—调节杆；35—缸套；39—变量活塞；41—盖；45,47—小螺塞；48—密封圈；49—螺塞

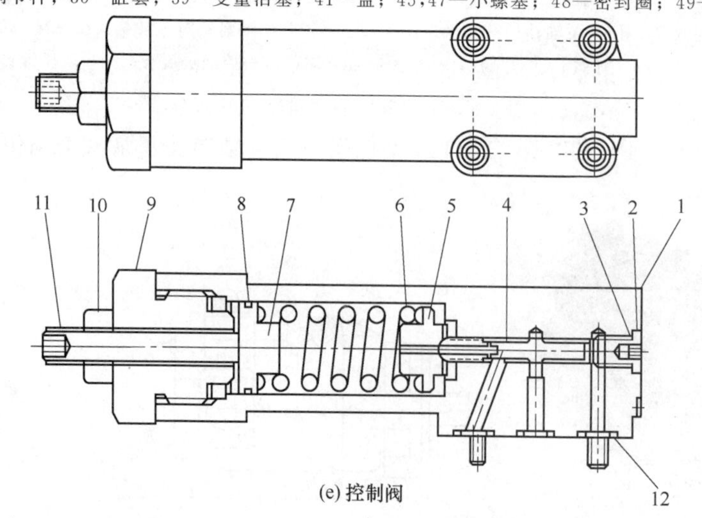

(e) 控制阀

1—阀体；2—螺塞；3,8,12—O形圈；4—阀芯；5,7—弹簧座；6—弹簧；9—螺套；10—锁母；11—调压螺钉

图 1-3-36　PH80、PH100、PH130 型低噪声变量轴向柱塞泵

［例 1-3-37］ ADV 型（70160 系列）手动控制变量轴向柱塞泵（美国伊顿-威格士公司）（图 1-3-37）

中等负载变量柱塞泵（要求有外部补油泵），最大排量为 20.3mL/r，最高额定转速为 3600r/min 连续额定压力为 210bar，最高间歇压力为 345bar，允许的连续壳体压力为 2bar，最大泄漏时壳体温度应低于 107℃。

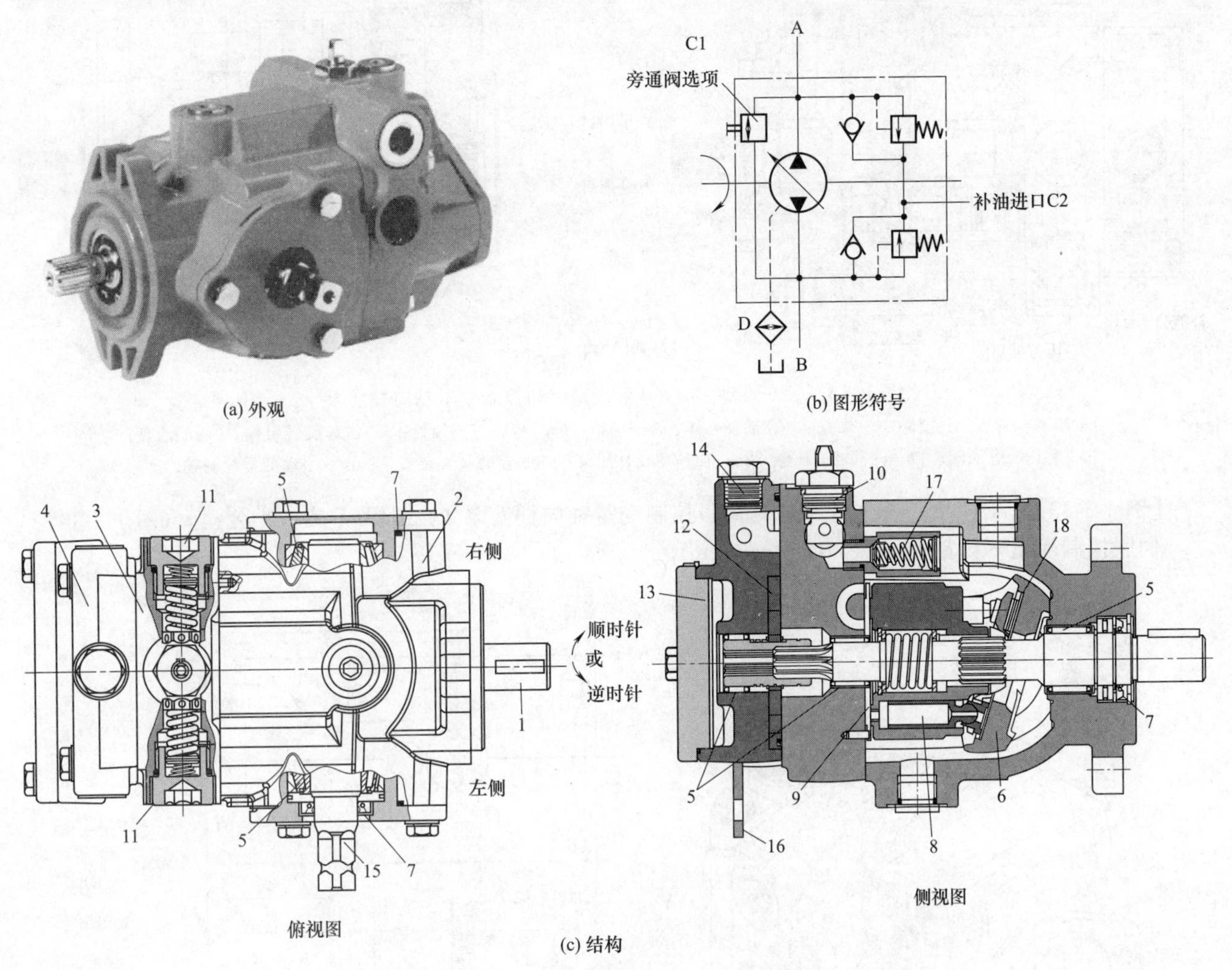

图 1-3-37 ADV 型（70160 系列）手动控制变量轴向柱塞泵

1—输入轴伸；2—壳体；3—端盖；4—补油泵壳体；5—轴承；6—斜盘；7—轴封；8—缸体旋转组件；9—配油盘；10—旁通阀；11—内部的高压溢流阀；12—摆线补油泵；13—辅助泵安装法兰；14—辅助油口螺塞；15—控制轴；16—法兰后盖；17—弹簧；18—斜盘插件

［例 1-3-38］ ACV 型（70360 系列）手动控制变量轴向柱塞泵（美国伊顿-威格士公司）（图 1-3-38）

中等负载变量柱塞泵，手动控制变量，内部有补油泵。最大排量为 40.6mL/r、49.2mL/r。其余同 ADV 型（70160）手动控制变量轴向柱塞泵。

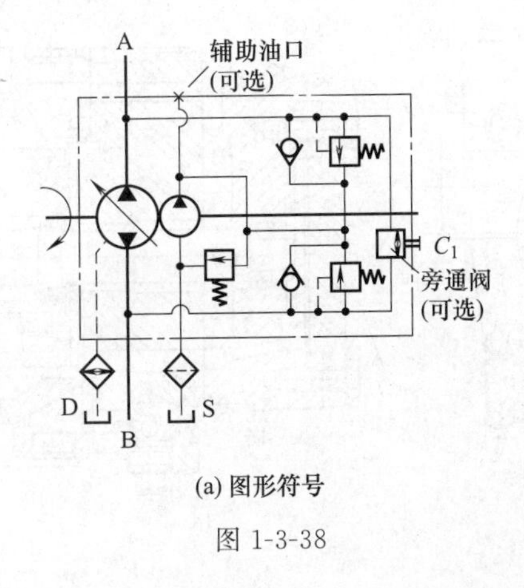

(a) 图形符号

图 1-3-38

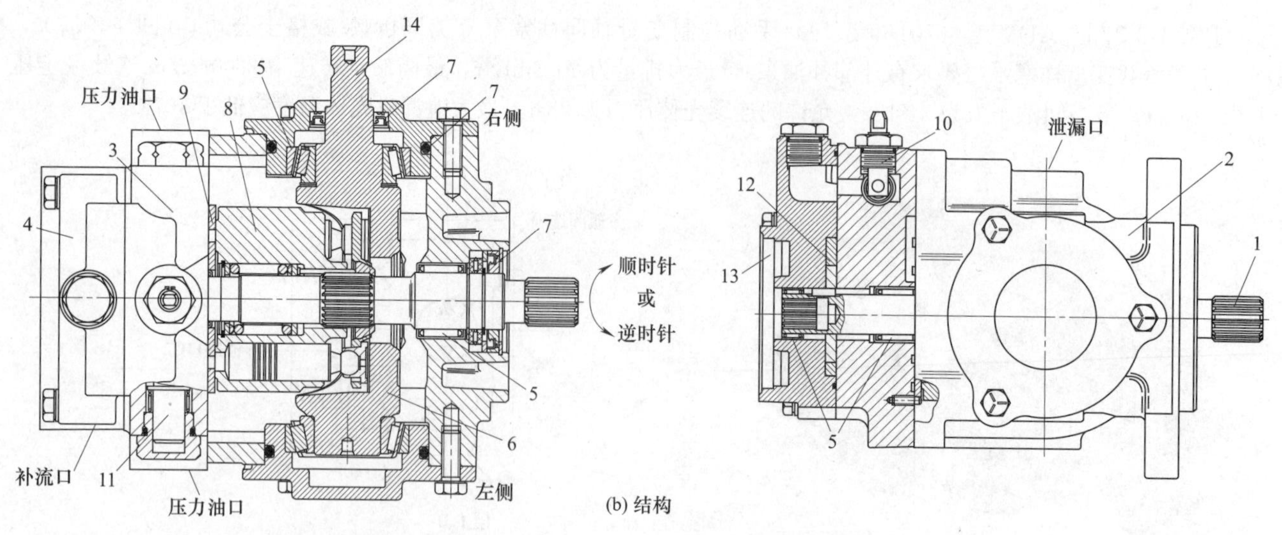

图 1-3-38 ACV 型（70360 系列）手动控制变量轴向柱塞泵

1—输入轴伸；2—壳体；3—端盖 4—补油泵壳体；5— 轴承；6—斜盘；7—轴封；8—缸体旋转组件；9—配油盘；10—旁通阀；11—内部的高压溢流阀；12—摆线补油泵；13—辅助泵安装法兰；14—手动变量控制轴

［例 1-3-39］ AAD 型（72400 系列）伺服控制变量轴向柱塞泵（美国伊顿-威格士公司）（图 1-3-39）伺服控制变量，排量为 40.6mL/r、49.2mL/r。

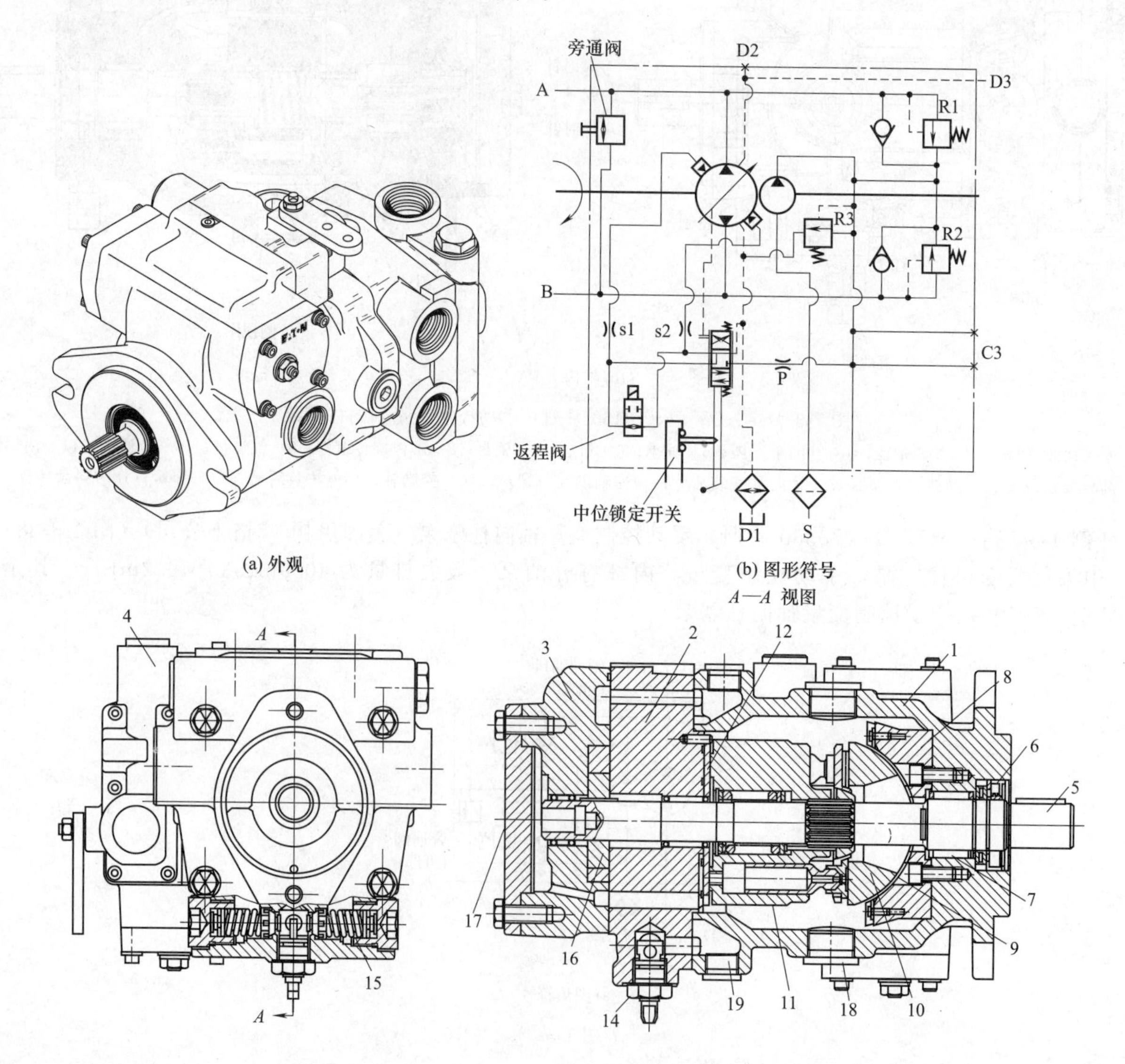

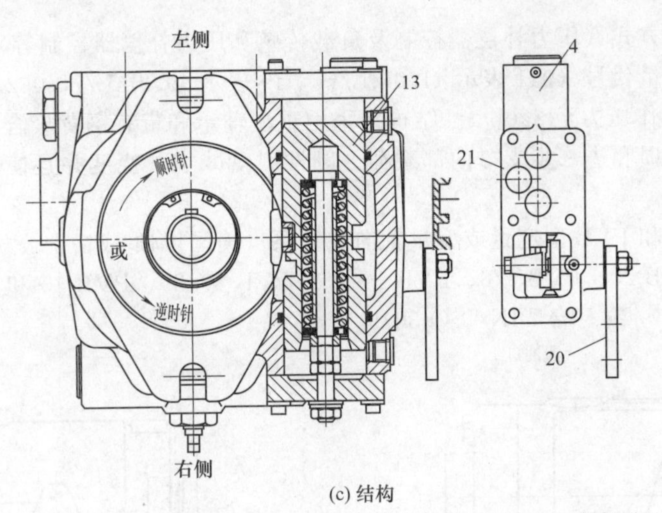

(c) 结构

图 1-3-39 AAD 型（72400 系列）伺服控制变量轴向柱塞泵

1—壳体；2—端盖；3—补油泵过渡板；4—手动排量伺服控制阀；5—输入轴伸；6—轴封；7—轴承；8—斜盘支架；9—斜盘衬瓦；10—斜盘；11—旋转组件；12—配油盘；13—伺服活塞组件；14—旁通阀；15—内部的高压溢流阀；16—摆线补油泵；17—辅助泵安装法兰（后）；18—壳体泄漏口螺塞；19—辅助油口螺塞；20—控制杆；21—主系统油口

［例 1-3-40］ ADU※R 型（420 系列）变量轴向柱塞泵（美国伊顿-威格士公司）（图 1-3-40）

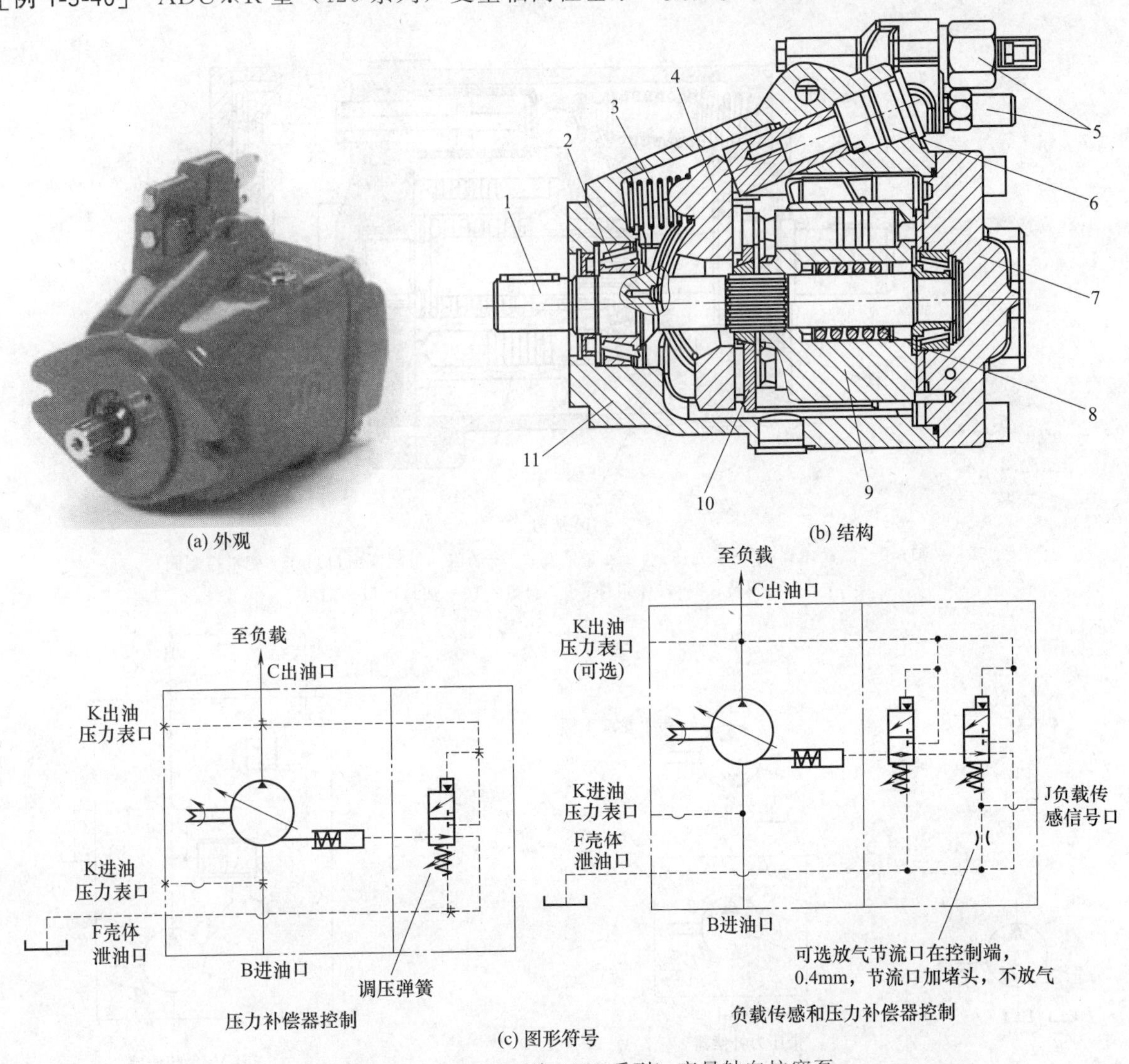

(c) 图形符号

图 1-3-40 ADU※R 型（420 系列）变量轴向柱塞泵

1—泵轴；2—重型轴承；3—偏置弹簧；4—斜盘；5—变量伺服控制阀；6—变量伺服活塞组件；7—端盖；8—中心弹簧；9—缸体组件；10—配油盘；11—泵壳体

能提供多种变量控制方式（压力补偿器控制及负载传感和压力补偿器控制等），使泵具有和每一种用途相匹配的能力。※为泵排量代号（041 表示 41.0mL/r，049 表示 49.2mL/r，062 表示 62.3mL/r）；连续工作压力至 280bar，间歇工作压力至 320bar。结构上采用重型轴承和带有钢背聚合物轴承的鞍形斜盘，并采用压力润滑通道来减少磨损和进一步支撑内部载荷。刚性斜盘减小了挠度并且使轴承载荷均匀，延长了寿命。多用于工程机械。

［例 1-3-41］ PFB 型和 PVB 型定量或变量轴向柱塞泵（美国伊顿-威格士公司）（图 1-3-41）

PFB 5、PFB 10、PFB 20、PVB 5/6、PVB 10/15、PVB 20/29、PVB 45 和 PVB 90 符合 SAE，PVB 5/6、PVB 10/15、PVB 20/29 符合 DIN/ISO 3019。

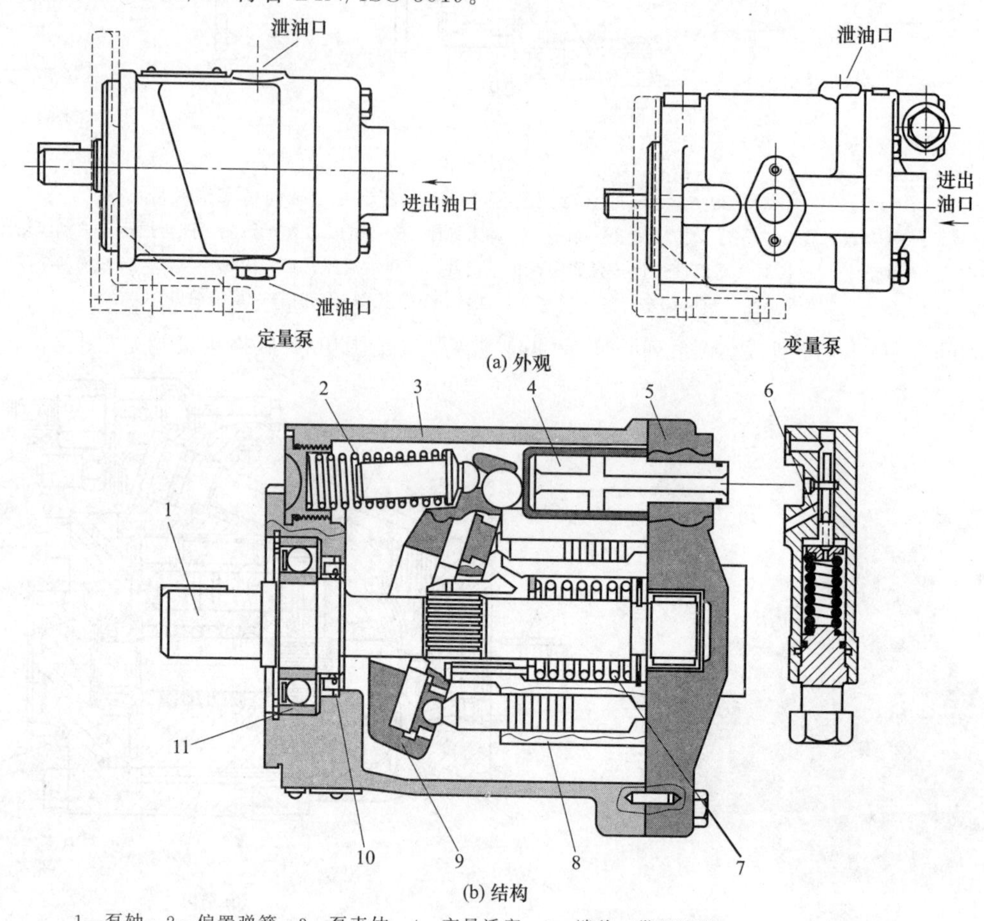

(a) 外观

(b) 结构

1—泵轴；2—偏置弹簧；3—泵壳体；4—变量活塞；5—端盖（带配流窗口）；6—变量控制阀；7—中心弹簧；8—缸体组件；9—斜盘；10—轴封；11—轴承

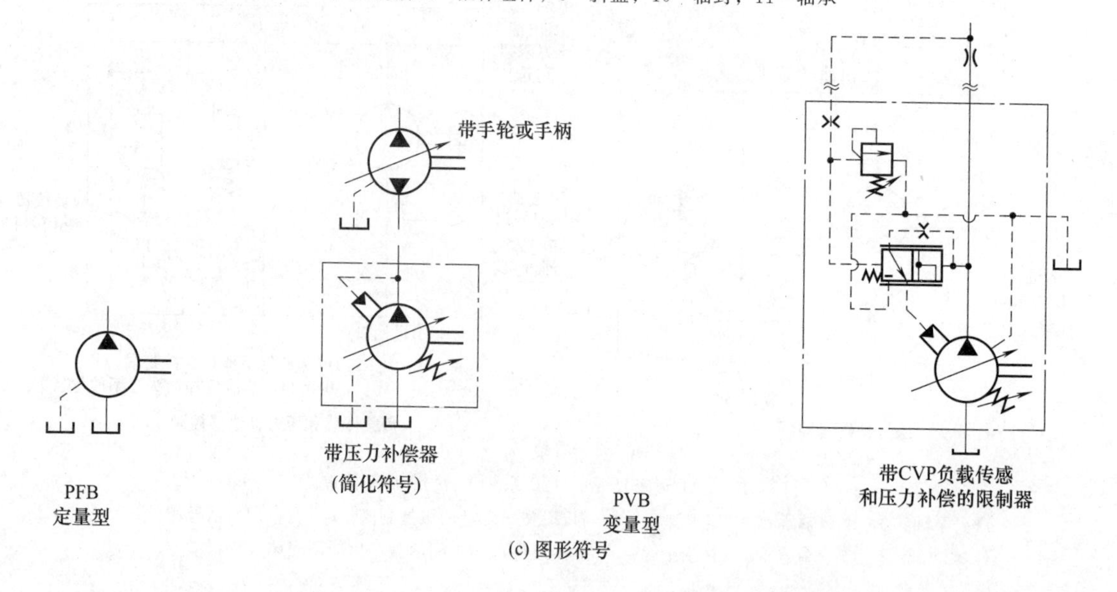

(c) 图形符号

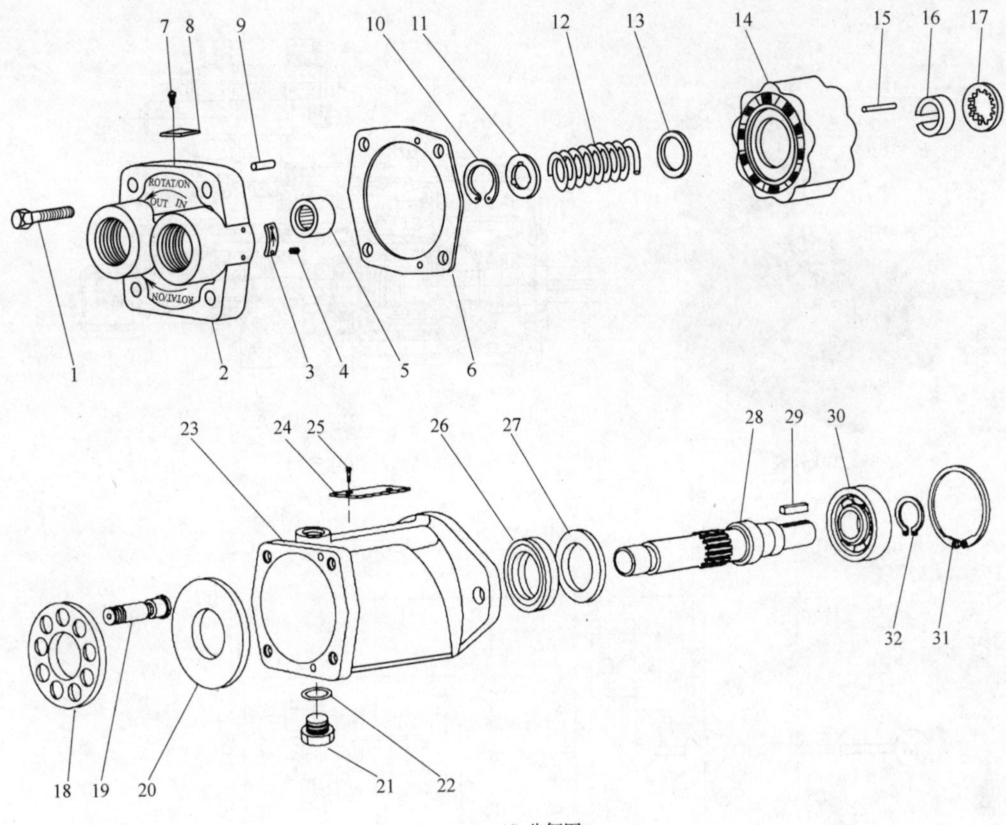

(d) 分解图

1—螺钉；2—泵盖；3,8,24—标牌；4,7,25—铆钉；5—轴承；6,11,13,16,27—垫；9—定位销；10—卡环；12—中心弹簧；14—缸体；15—顶针；17—半球套；18—回程盘；19—柱塞滑靴组件；20—斜盘；21—螺塞；22—密封垫；23—缸体；26—轴封；28—泵轴；29—键；30—球轴承；31,32—卡环

图 1-3-41 PFB 型和 PVB 型定量或变量轴向柱塞泵

［例 1-3-42］ PVE012◇型（E 系列）变量轴向柱塞泵（美国伊顿-威格士公司）（图 1-3-42）

PV 表示变量轴向柱塞泵；E012 表示通径代号；◇表示输入轴旋转方向（◇为 R 表示顺时针旋转，◇为 L 表示顺时针旋转）。

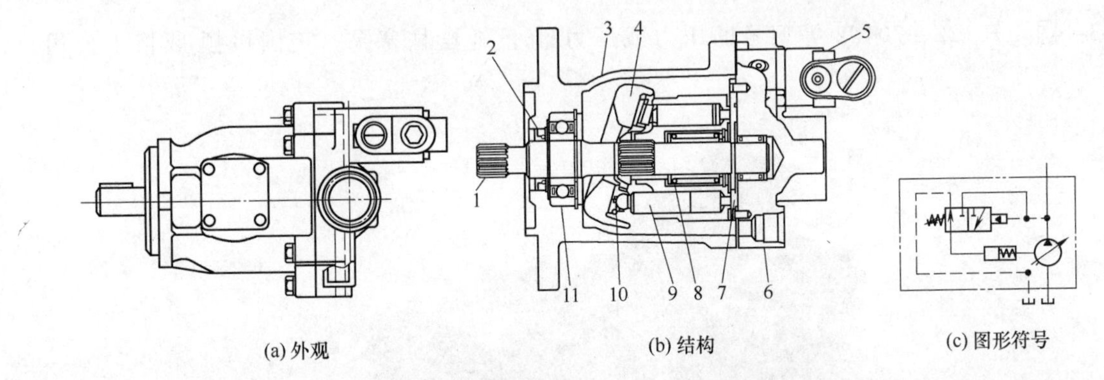

(a) 外观 (b) 结构 (c) 图形符号

图 1-3-42 PVE012◇型（E 系列）变量轴向柱塞泵

1—泵轴；2—轴封；3—泵壳体；4—斜盘；5—变量控制阀；6—端盖；7—配油盘；8—中心弹簧；9—柱塞；10—滑靴；11—轴承

［例 1-3-43］ TVS 型（E 系列）变量轴向柱塞泵（美国伊顿-威格士公司）（图 1-3-43）

例如 TVS★N ※※※ 型泵：T 表示传动泵；V 表示变量泵；S 表示泵系列；★表示泵配置方式（S 为单泵，R 为后泵）；N 表示两泵联轴器连接；※※※为排量规格代号（066 表示 66mL/r，090 表示90mL/r，130 表示 130mL/r，80 表示 180mL/r，250 表示 250mL/r，750 表示 750mL/r）。用于闭式回路。

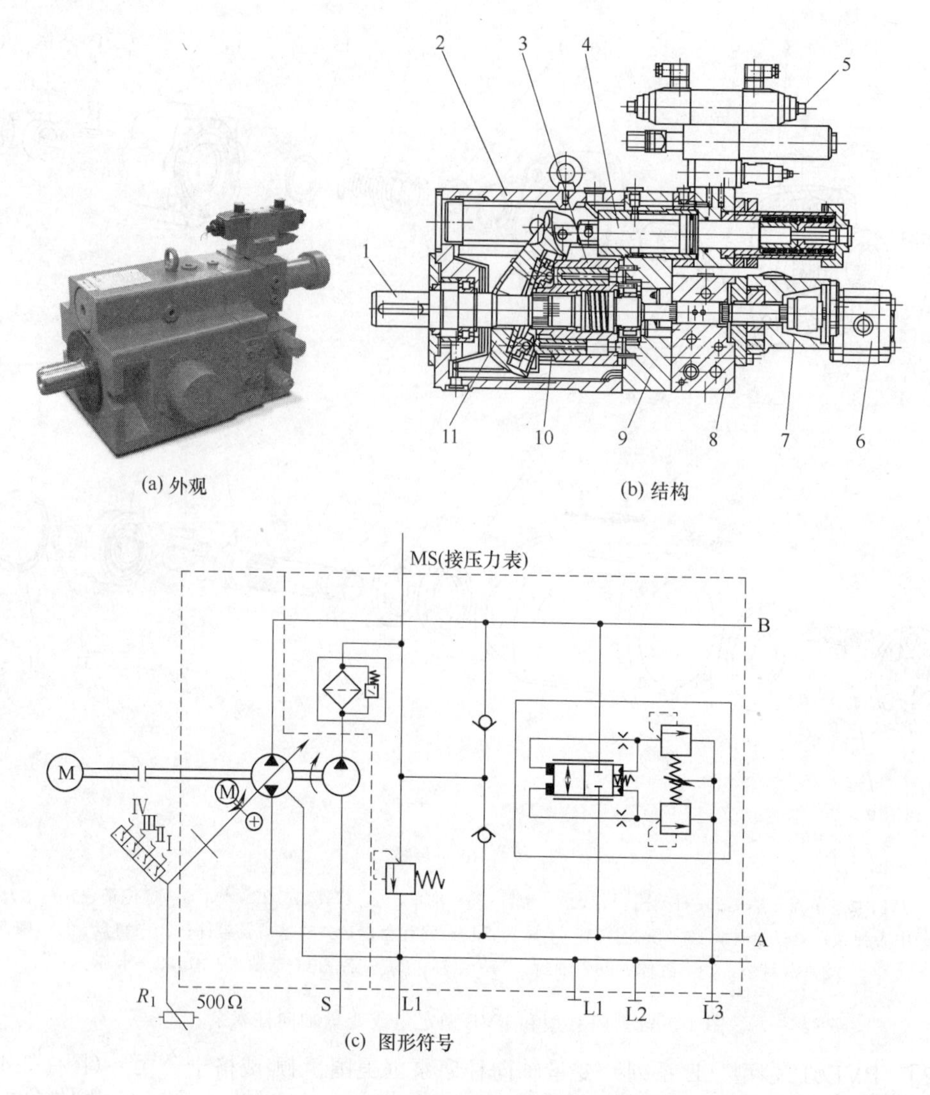

(a) 外观　　(b) 结构

(c) 图形符号

图 1-3-43　TVS 型（E 系列）变量轴向柱塞泵

1—泵轴；2—泵壳体；3—缸体组件；4—变量柱塞；5—变量控制阀组；6—辅助泵；7—联轴器；8—阀板；9—泵隔板；10—柱塞；11—斜盘

［例 1-3-44］　70122、70422 等型号的压力或压力-流量补偿柱塞泵（美国伊顿-威格士公司）（图 1-3-44）

(a) 外观

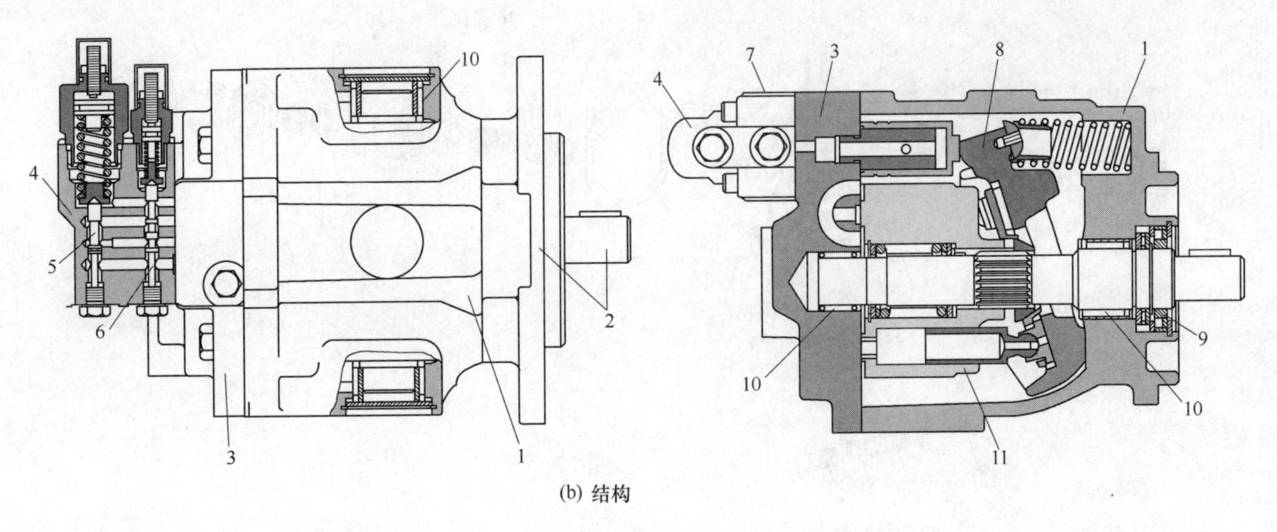

(b) 结构

图 1-3-44 70122、70422 等型号的压力或压力-流量补偿柱塞泵

1—壳体；2—输入轴伸；3—泵盖板；4—变量阀组件；5—压力补偿器阀芯（PC 阀）；6—流量补偿器阀芯（LS 阀）；7—负载传感油口（仅流量器补偿）；8—斜盘；9—轴封；10—轴承；11—缸体旋转组件（泵芯）

［例 1-3-45］ PVQ10 型变量轴向柱塞泵（美国伊顿-威格士公司）（图 1-3-45）

10 表示排量为 10.5mL/r 。

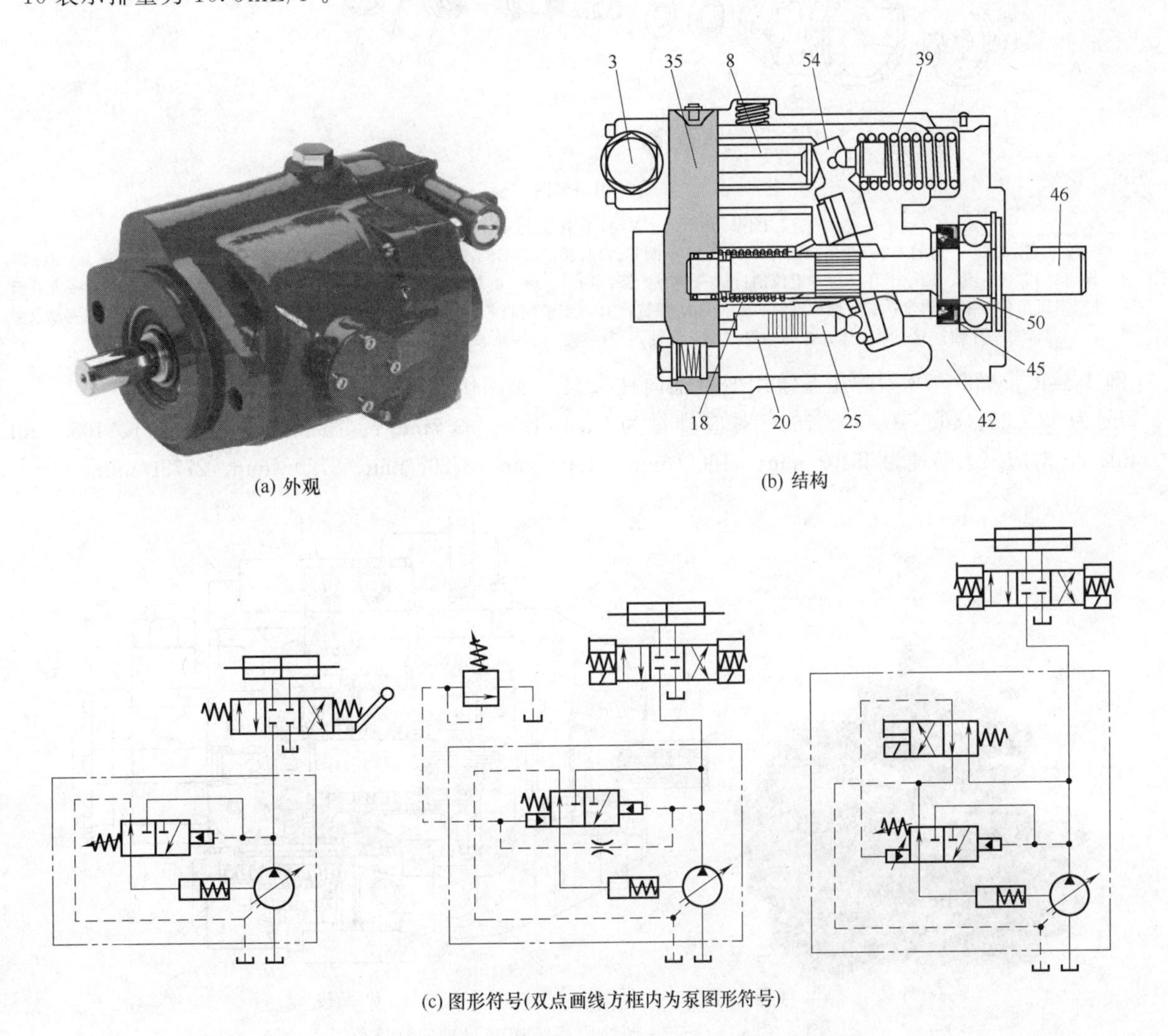

(a) 外观

(b) 结构

(c) 图形符号(双点画线方框内为泵图形符号)

图 1-3-45

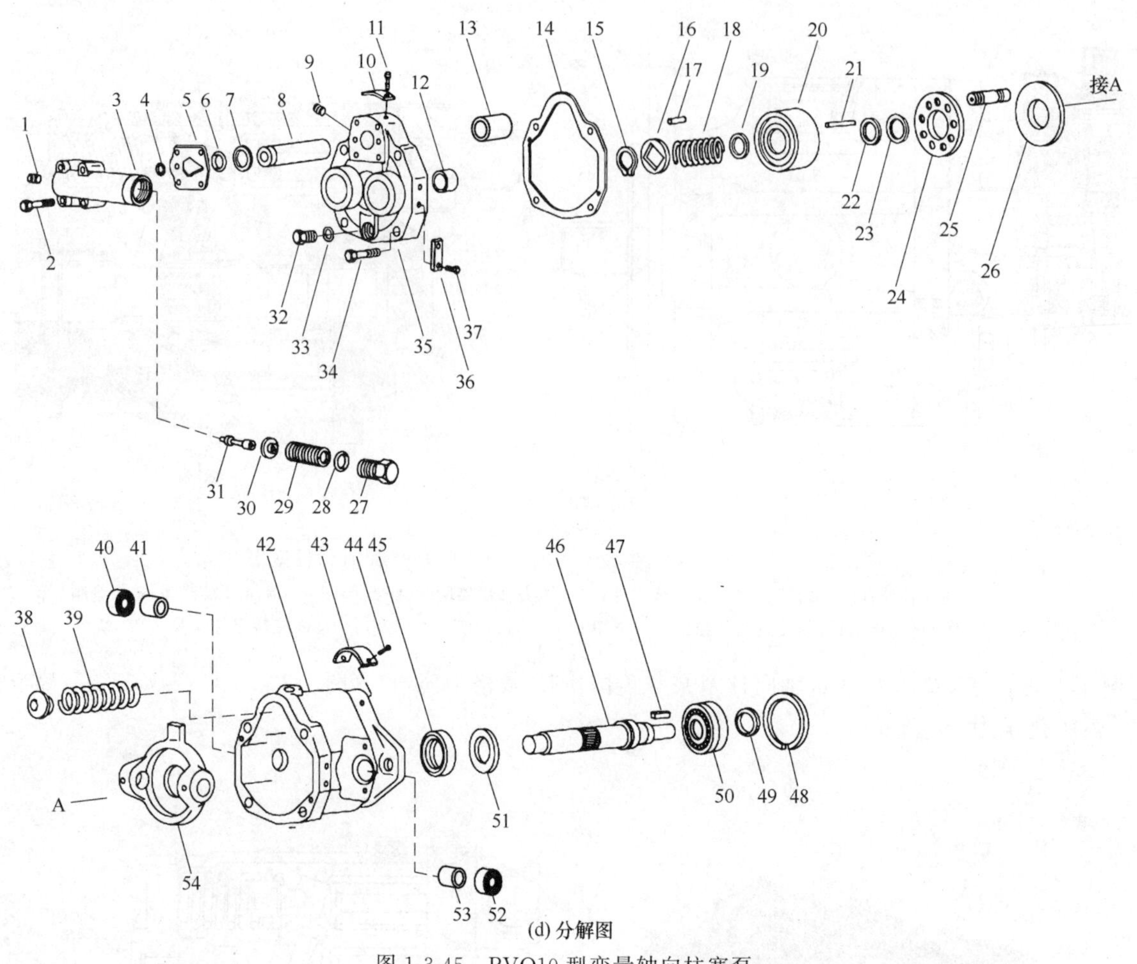

(d) 分解图

图 1-3-45 PVQ10 型变量轴向柱塞泵

1,9—螺塞；2,32,34,37—螺钉；3—变量阀阀体；4,6—O 形圈；5,14,16,22,28,33,51—垫；7—挡圈；8—变量控制柱塞；10,36,43—标牌；11,44—铆钉；12,13—套；15—卡环；17—定位销；18—中心弹簧；19,30,38—弹簧垫；20—缸体；21—三顶针；23—半球套；24—九孔盘；25—柱塞滑靴组件；26—斜盘；27—调压螺钉；29—调压弹簧；31—变量阀阀芯；35—泵盖（兼配油盘）；39—偏置弹簧；40,52—堵头；41,53—耳轴；42—泵壳体；45—轴封；46—泵轴；47—键；48—外卡环；49—内卡环；50—轴承；54—斜盘摆盘

［例 1-3-46］ 33～76 型静压系统用变量轴向柱塞泵（美国伊顿-威格士公司）（图 1-3-46）

型号为 33、39、46、54、64、76，对应排量为 54.4mL/r、63.7mL/r、75.3mL/r、89mL/r、105.5 mL/r、124.8mL/r，对应最大转速为 4510r/min、4160r/min、4160r/min、3720r/min、3720r/min、2775r/min。

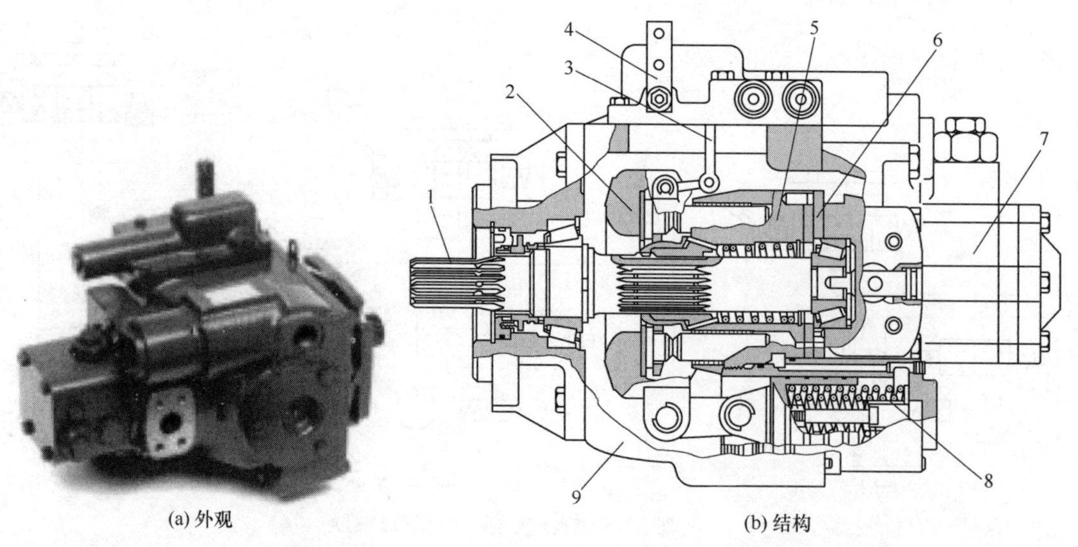

(a) 外观　(b) 结构

图 1-3-46 33～76 型静压系统用变量轴向柱塞泵

1—泵轴；2—斜盘；3—连杆；4—手动变量操作杆；5—缸体组件；6—配油盘；7—辅助泵；8—偏置弹簧；9—泵壳体

1-3-2-7 意大利阿托斯公司

[例 1-3-47] PVPC-X2E-※-BC-◇□/☆型电液比例变量轴向柱塞泵（意大利阿托斯公司）（图 1-3-47）

X2E 表示双联泵连接一个 PFE 定量叶片泵；※为控制形式［CZ 表示比例压力补偿，LQZ 表示比例流量控制（负载敏感），LZQZ 表示比例压力流量控制（负载敏感），LZQZR 同 LZQZ，加上顺序阀块，PES 表示闭环集成数字 P/Q 控制器，PERS 同 PES，加上顺序阀块］；BC 表示数据接口；◇为尺寸代号（3、4、5）；□为轴向柱塞泵的最大排量（029、046、073、090，分别对应 29mL/r、46mL/r、73mL/r、88mL/r）；☆为叶片泵的排量代号。

PES 型数字 P/Q 控制不包括压力传感器，PERS 型数字 P/Q 控制才包括压力传感器。

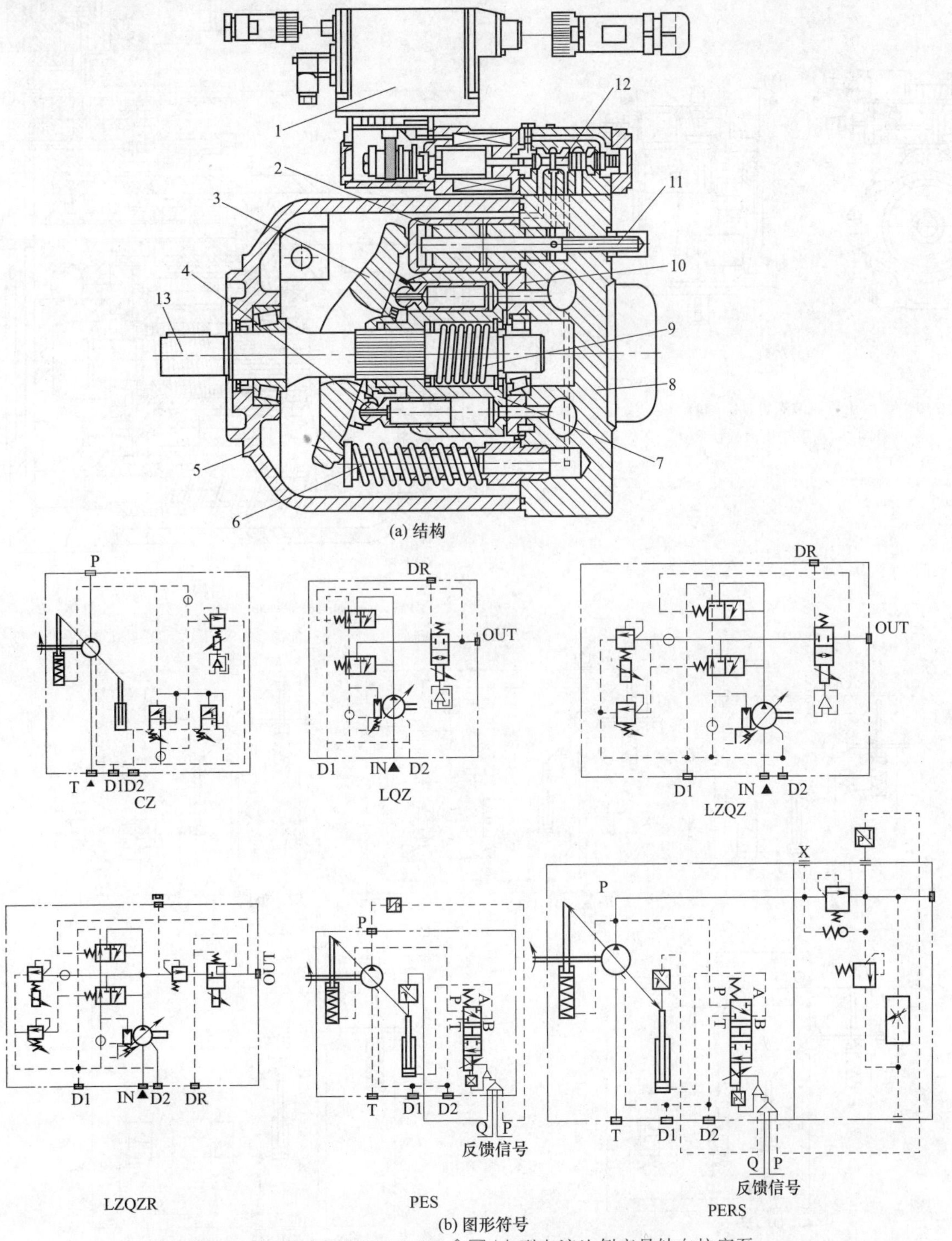

图 1-3-47 PVPC-X2E-※-BC-◇□/☆型电液比例变量轴向柱塞泵

1—比例放大器；2—伺服缸；3—斜盘；4—柱塞；5—泵体；6—斜盘回程顶杆；7—缸体；8—泵盖；9—中心弹簧；10—配油盘；11—手调螺钉；12—比例阀；13—泵轴

［例 1-3-48］ PVPC-X2E-※◇□☆型双联变量轴向泵（意大利阿托斯公司）（图 1-3-48）

X2E 表示双联泵，连接一个 PFE 定量叶片泵；※为控制形式［C 表示手动压力补偿，CH 表示手动压力补偿与带电磁卸荷，R 表示遥控压力补偿，L 表示负载敏感（压力和流量），LW 表示恒功率液压控制，其余同 PVPC-X2E-※-BC-◇□/☆型电液比例变量轴向柱塞泵］；◇为尺寸代号（3、4、5）；□为轴向柱塞泵的最大排量（029、046、073、090，分别对应 29mL/r、46mL/r、73mL/r、88mL/r）；☆为叶片泵的排量代号。

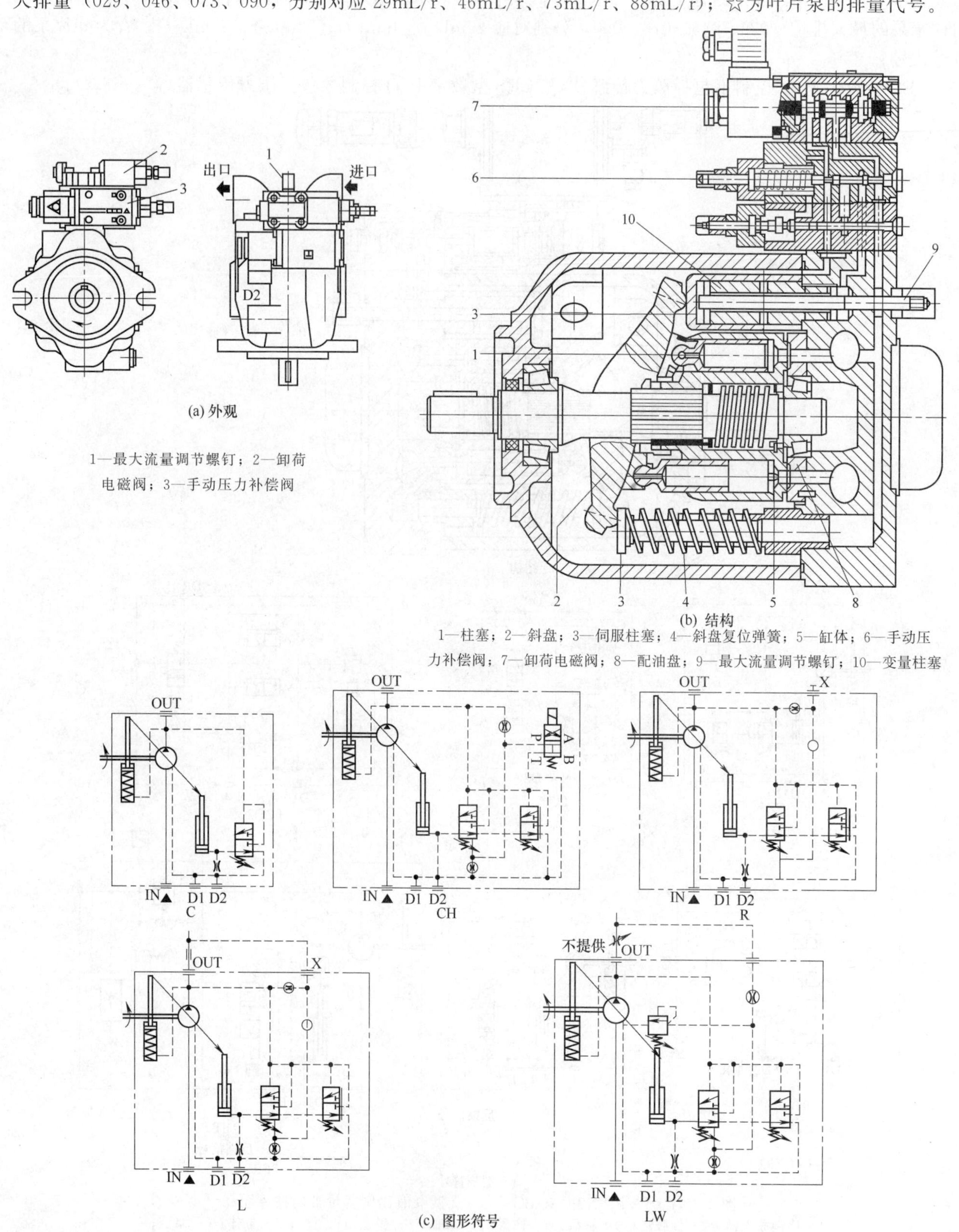

(a) 外观

1—最大流量调节螺钉；2—卸荷电磁阀；3—手动压力补偿阀

(b) 结构

1—柱塞；2—斜盘；3—伺服柱塞；4—斜盘复位弹簧；5—缸体；6—手动压力补偿阀；7—卸荷电磁阀；8—配油盘；9—最大流量调节螺钉；10—变量柱塞

(c) 图形符号

图 1-3-48 PVPC-X2E-※◇口☆型双联变量轴向柱塞泵

1-3-2-8 日本油研公司

［例 1-3-49］ A□FR01△型压力补偿变量轴向柱塞泵（日本油研公司）（图 1-3-49）

□为系列代号（16、22、37、56、70、90、145）；F 表示法兰安装形式；R 表示泵为正转泵，R 换为 L 时为反转泵；01 表示压力补偿变量；△为压力调节范围代号（B 表示 1.2～7MPa，C 表示 1.2～16 MPa，H 表示 1.2～21MPa，K 表示 2.0～28MPa）；最大使用压力至 16～28MPa；转速范围为 600～1800r/min。

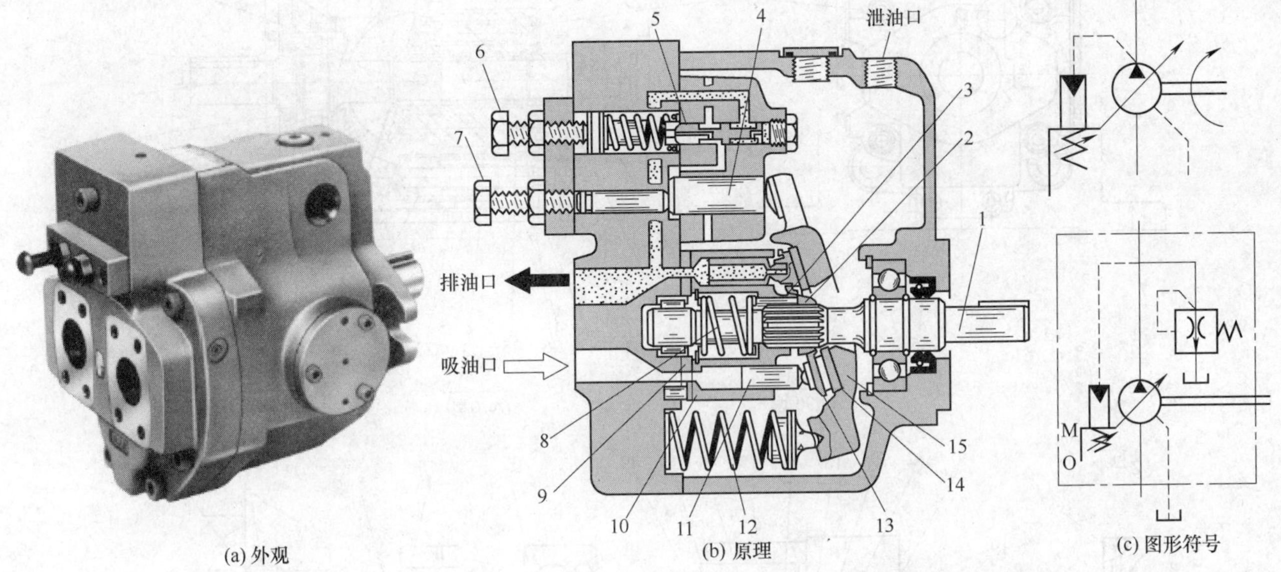

(a) 外观 (b) 原理 (c) 图形符号

1—泵轴；2—半球套；3—顶针；4—斜盘控制活塞；5—压力补偿阀；6—压力调节螺钉；7—流量调节螺钉；8—中心弹簧；9—配油盘；10—缸体；11—柱塞；12—斜盘复位弹簧；13—滑靴；14—回程盘；15—斜盘

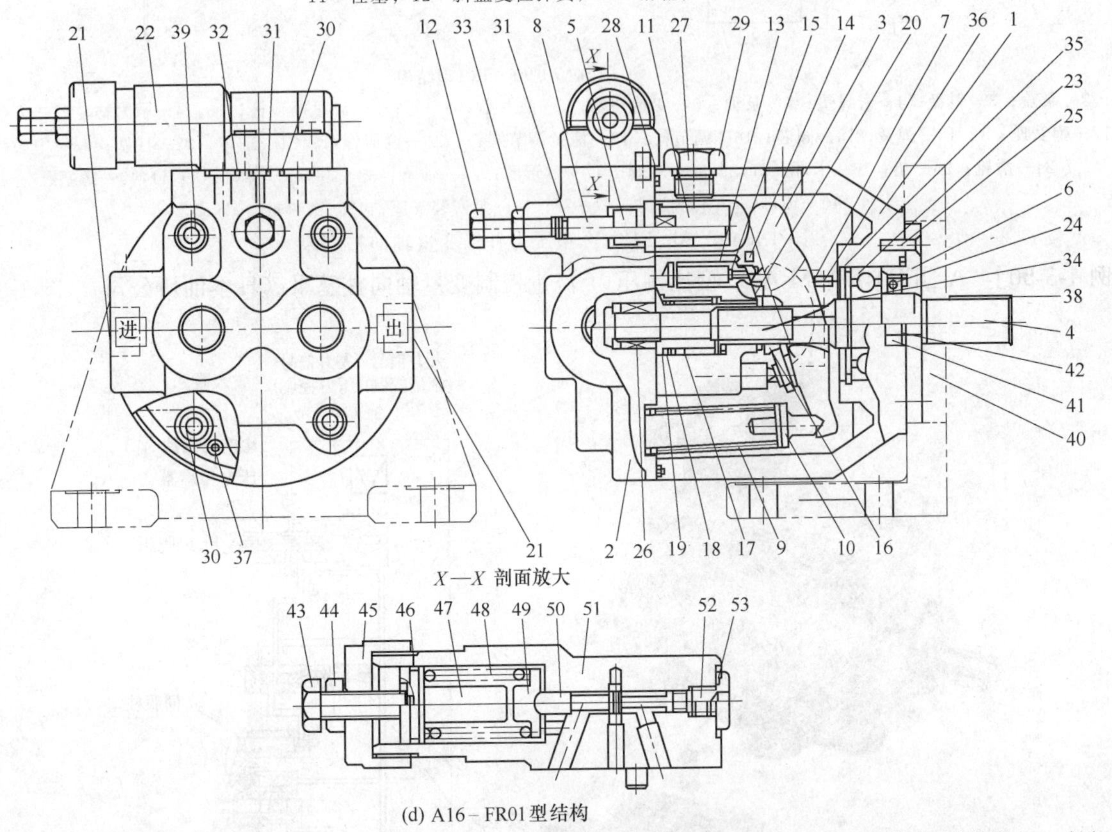

X—X 剖面放大

(d) A16－FR01型结构

1—泵壳；2—泵盖；3—斜盘；4—泵轴；5—变量柱塞；6—法兰盖；7—凹球面块；8—流量调节杆；8—斜盘复位弹簧；10—斜盘复位顶杆；11—缸套；12—流量调节螺钉；13—缸体；14—九孔盘；15—柱塞；16—半球套；17—中心弹簧；18,42—垫；19—卡簧；20—三顶针；21—油口；22—控制阀；23,26—轴承；25,39—螺钉；24,28～32,46,53—O 形圈；27—螺塞；33—锁母；34—卡环；35—挡圈；36,37—销；38—键；40—安装支座；41—油封；43—调压螺钉；44—锁母；45—螺套盖；47—调节杆；48—调压弹簧；49—弹簧座；50—补偿阀芯；51—控制阀体；52—螺塞

图 1-3-49

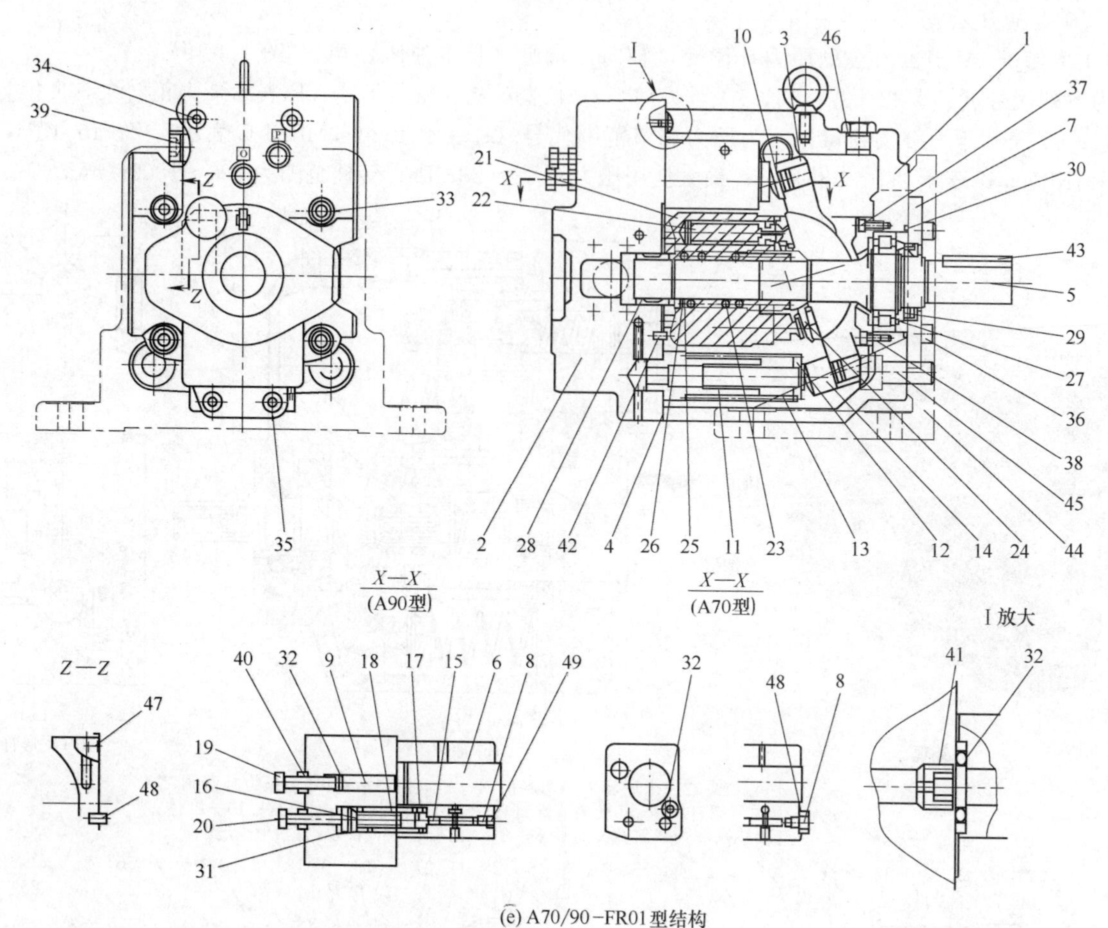

(e) A70/90-FR01型结构

1—泵壳；2—泵盖；3—斜盘；4—密封垫；5—泵轴；6—变量柱塞；7—法兰盖；8—塞；9—流量调节杆；10,14—承力柱；11—复位缸缸体；12,17—弹簧座；13,18—弹簧；15—阀芯；16—调节杆；19—流量调节螺钉；20—调压螺钉；21—缸体；22—柱塞；23—中心弹簧；24—滑靴；25—垫；26—卡环；27,29,30～32,46,47—O形圈；28—轴承；33～38,45—螺钉；39,41,49—螺塞；40—锁母；42—定位销；43—键；44—泵安装支座；48—密封衬

图 1-3-49 A□FR01△型压力补偿变量轴向柱塞泵

［例 1-3-50］ A□FR04E-16M-A-60 型比例压力-流量控制变量轴向柱塞泵（日本油研公司）（图 1-3-50）

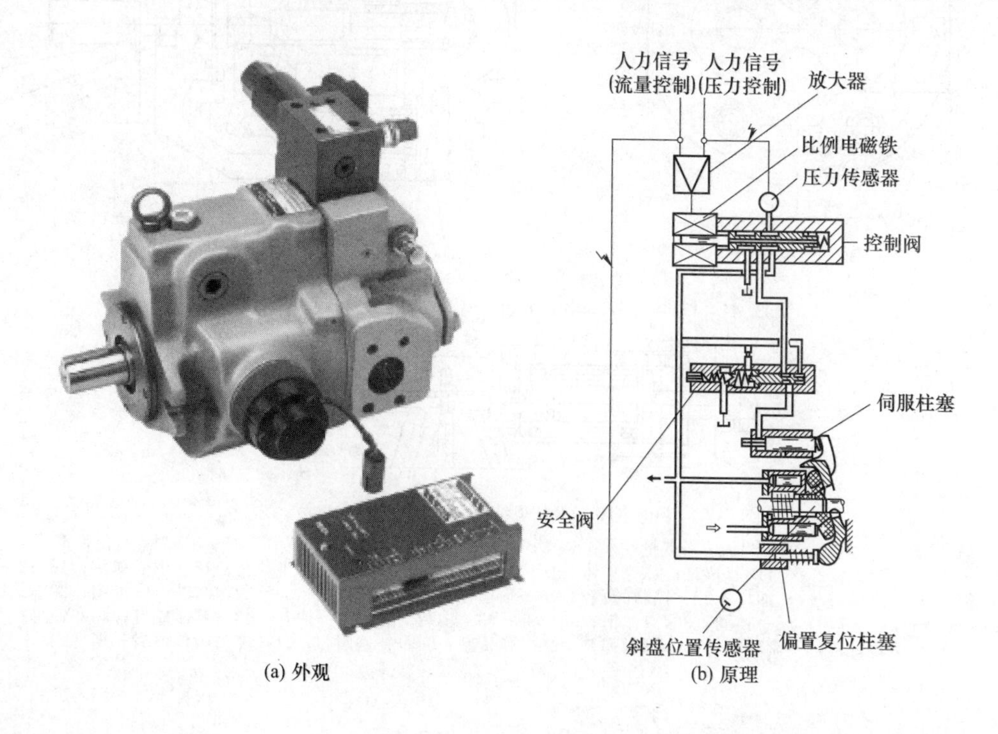

(a) 外观

(b) 原理

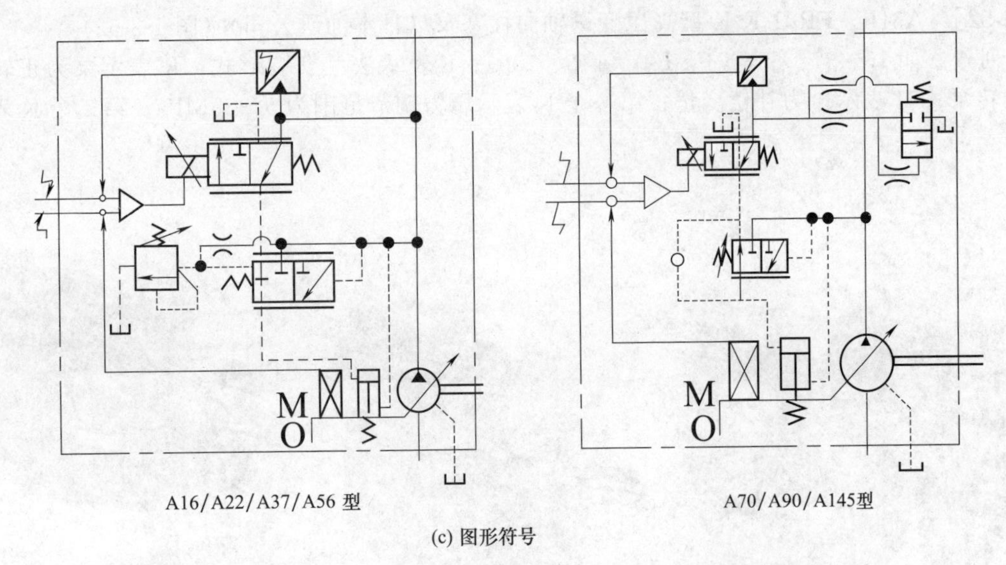

(c) 图形符号

图 1-3-50 A□FR04E-16M-A-60 型比例压力-流量控制变量轴向柱塞泵

□为系列号（16、22、37、56、70、90、145）；F 表示法兰安装形式；R 表示泵为正转泵，R 换为 L 时为反转泵；04E 表示比例放大器外 P/Q 变量；16M 表示输入电信号 5V 时的最高使用压力为 16MPa；A 表示第二泵的安装符号；60 表示比例放大常数；额定压力为 16～25MPa；转速范围为 600～1800r/min。

［例 1-3-51］ AR□-FR01△型压力补偿变量轴向柱塞泵（日本油研公司）（图 1-3-51）

□为系列号（如 16、22）；F 表示法兰安装形式；R 表示泵为正转泵，R 换为 L 时为反转泵；01 表示压力补偿变量；△表示压力调节范围（B 表示 1.2～7MPa，C 表示 2.0～16MPa）；最大使用压力为 16MPa，转速范围为 600～1800r/min。

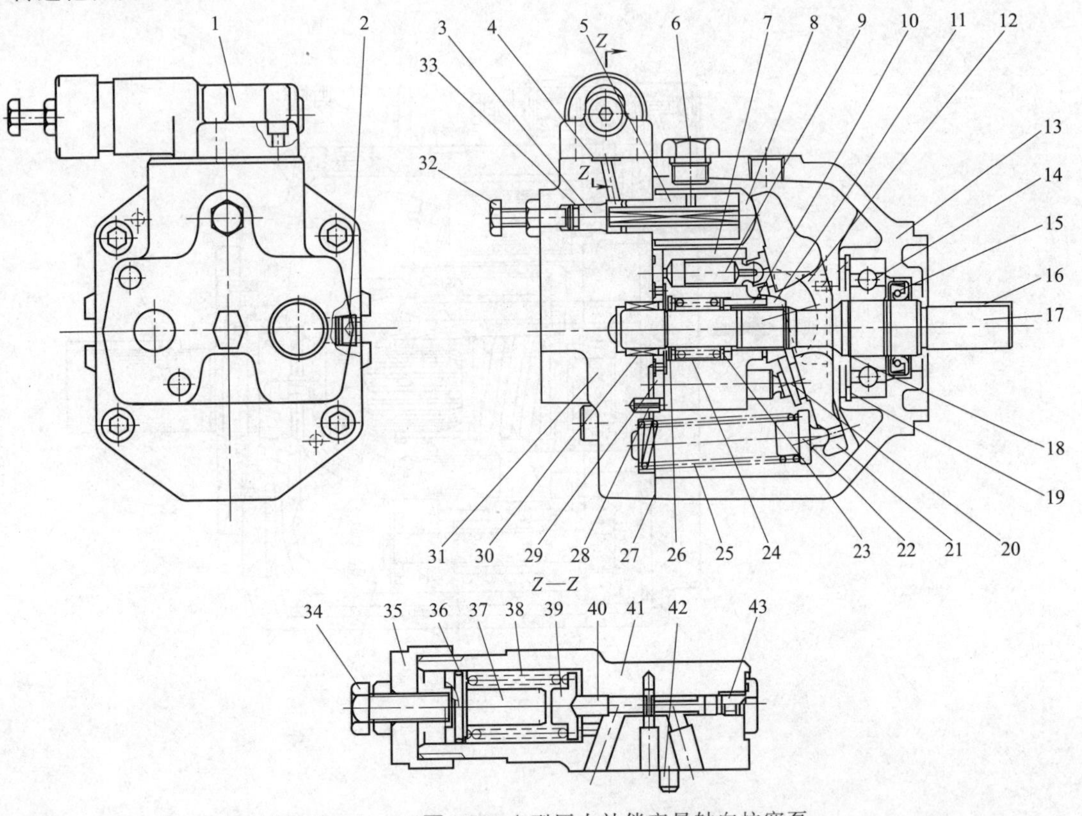

图 1-3-51 AR□-FR01△型压力补偿变量轴向柱塞泵

1—压力补偿阀；2,43—螺塞；3—推杆；4,36—O 形圈；5—伺服缸；6—泄油塞；7—缸体；8—伺服缸体；9—柱塞；10—三顶针；11—半球套；12—变量头；13—泵体；14—轴承；15—油封；16—键；17—泵轴；18,26—卡簧；19—挡圈；20—滑靴；21—斜盘；22—复位顶杆；23—垫；24—中心弹簧；25—斜盘复位弹簧；27—密封垫；28,42—定位销；29—配油盘；30—滚针轴承；31—泵盖；32—流量手调螺钉；33,37—调节杆；34—调压螺钉；35—螺盖；38—调压弹簧；39—弹簧座；40—阀芯；41—阀体

［例 1-3-52］ A3H□-FR01-K-K 型高压变量轴向柱塞泵（日本油研公司）（图 1-3-52）

□为系列号（如 16、37、56、71、100、145、180）；F 表示法兰安装形式；R 表示泵为正转泵，R 换为 L 时为反转泵；01 表示压力补偿变量；第一个 K 表示压力调节范围为 5～35MPa；第二个 K 表示泵轴上为平键。

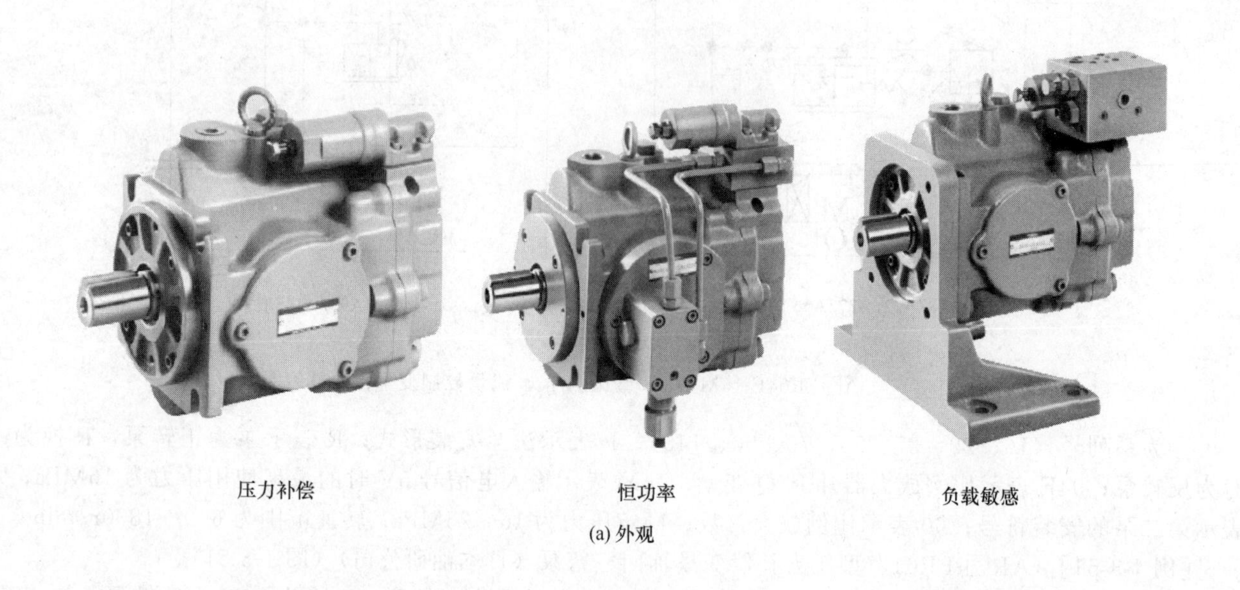

(a) 外观

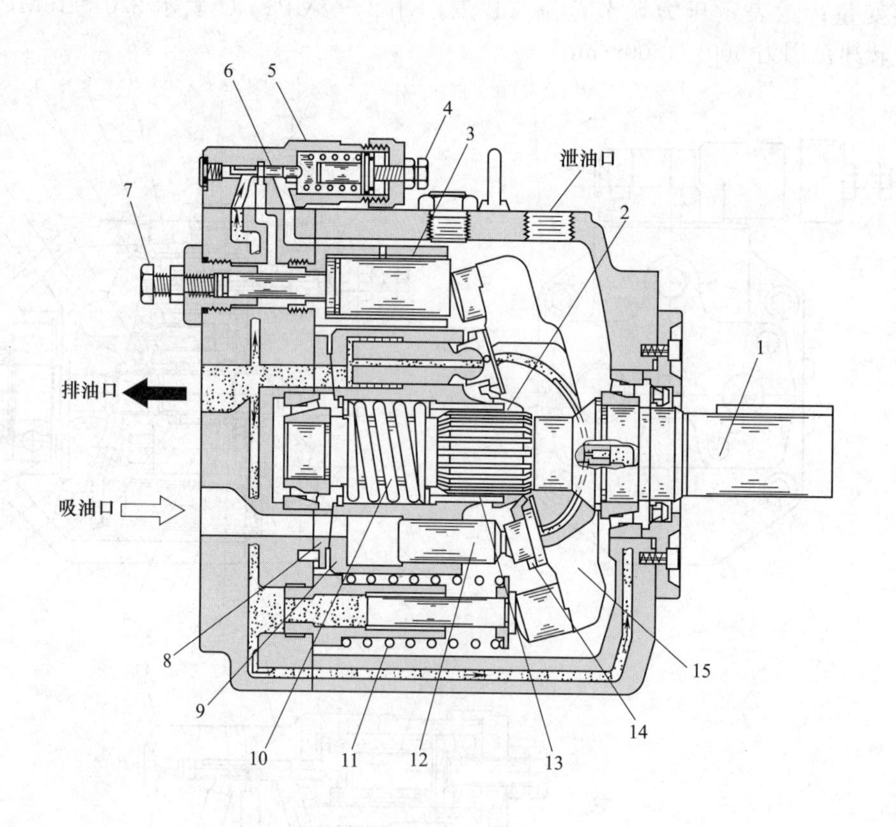

(b) 原理

1—泵轴；2—半球套；3—控制活塞；4—压力调节螺钉；5—压力反馈控制阀；6—阀芯；7—流量调节螺钉；8—配油盘；9—缸体；10—中心弹簧；11—弹簧；12—柱塞；13—三顶针；14—滑靴；15—斜盘

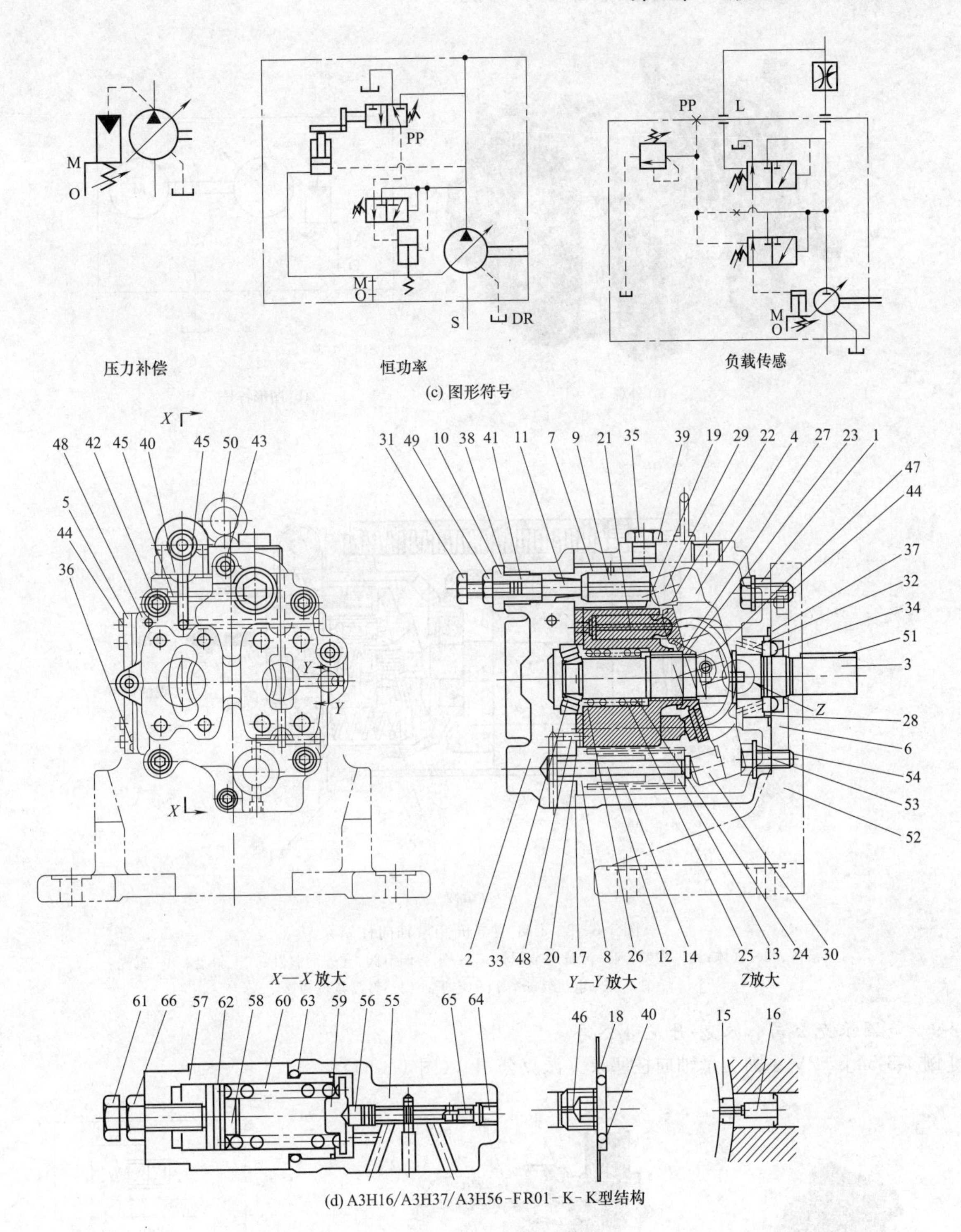

1—泵壳；2—泵盖；3—泵轴；4—斜盘；5—侧盖；6—法兰盖；7—变量缸缸体；8—复位缸缸体；9—变量柱塞；10,57—螺套；11—调节杆；12—斜盘复位顶杆；13,58,59—弹簧座；14—斜盘复位弹簧；15—套；16—顶销；17—垫；18—支承环；19—缸体；20—配油盘；21—柱塞；22—滑靴；23—半球套；24—挡圈；25—中心弹簧；26—卡环；27,28—垫；29,30—承力柱；31—流量调节螺钉；32,33—轴承；34—油封；35—泄油塞；36～41,62,63—O形圈；42～44,53—螺钉；45—塞；46,64—螺塞；47—轴瓦；48—定位销；49,66—锁母；50—吊环；51—键；52—泵安装支座；54—垫圈；55—补偿阀阀体；56—阀芯；60,65—弹簧；61—调压螺钉

图 1-3-52　A3H□-FR01-K-K 型高压变量轴向柱塞泵

［例 1-3-53］ PM 型电机变量轴向柱塞泵（日本油研公司）（图 1-3-53）为专用电机与柱塞泵连成一体的结构。

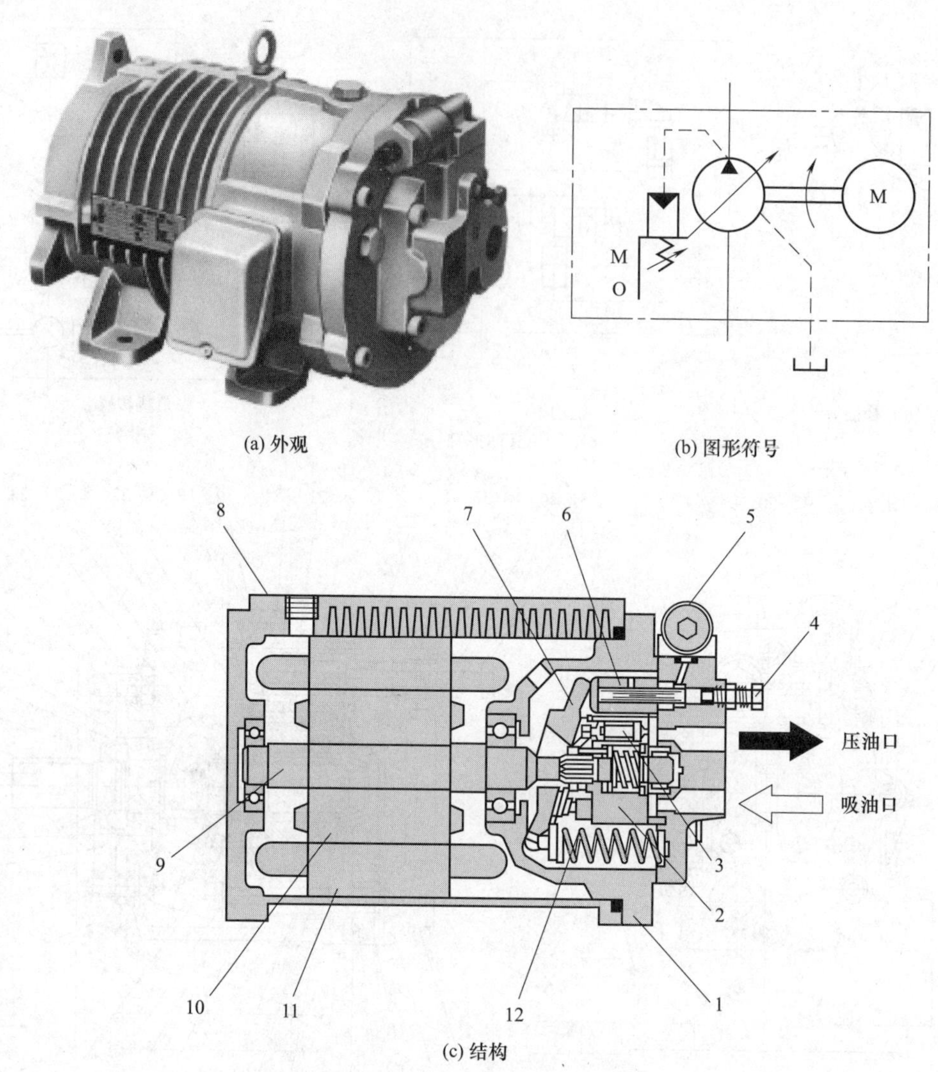

(a) 外观　(b) 图形符号

(c) 结构

图 1-3-53　PM 型电机变量轴向柱塞泵

1—泵体；2—缸体；3—柱塞；4—流量调节螺钉；5—压力调节阀；6—伺服缸；7—斜盘；8—罩壳；9—轴；10—电机转子；11—定子；12—斜盘复位弹簧

1-3-2-9　美国派克公司、派克-丹尼逊公司

［例 1-3-54］ PV 系列变量轴向柱塞泵（派克公司）（图 1-3-54）

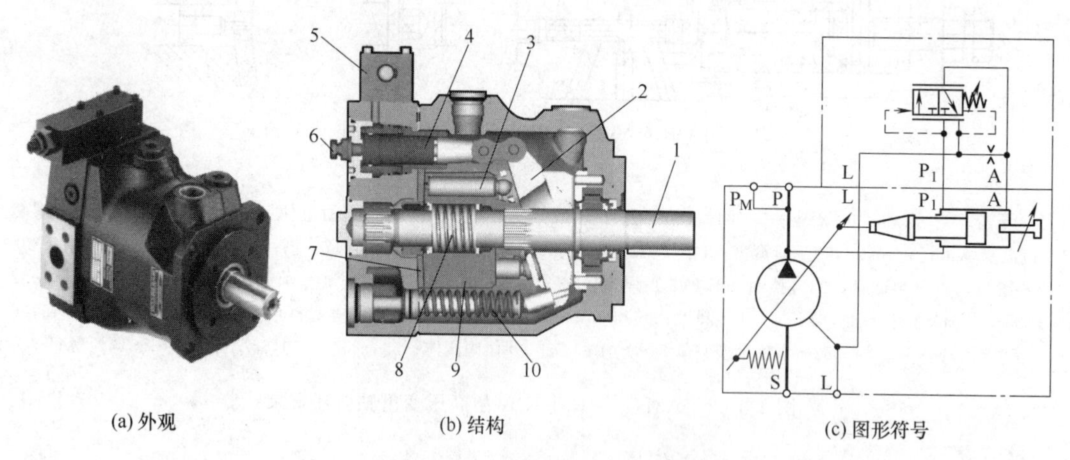

(a) 外观　(b) 结构　(c) 图形符号

图 1-3-54　PV 系列变量轴向柱塞泵

1—泵轴；2—斜盘；3—柱塞；4—伺服变量缸；5—压力调节阀；6—流量调节螺钉；7—配油盘；8—中心弹簧；9—缸体；10—斜盘复位弹簧

［例 1-3-55］ PV 系列一开式回路用变量轴向柱塞泵（派克-丹尼逊公司）（图 1-3-55）

排量与最高工作压力分别为：PV6 型 14.4mL/r，310bar ；PV10 型 20.6mL/r，310bar ；PV15 型 34.2mL/r，310bar；PV20 型 42.9mL/r，310bar；PV29 型 61.9mL/r，275bar 。

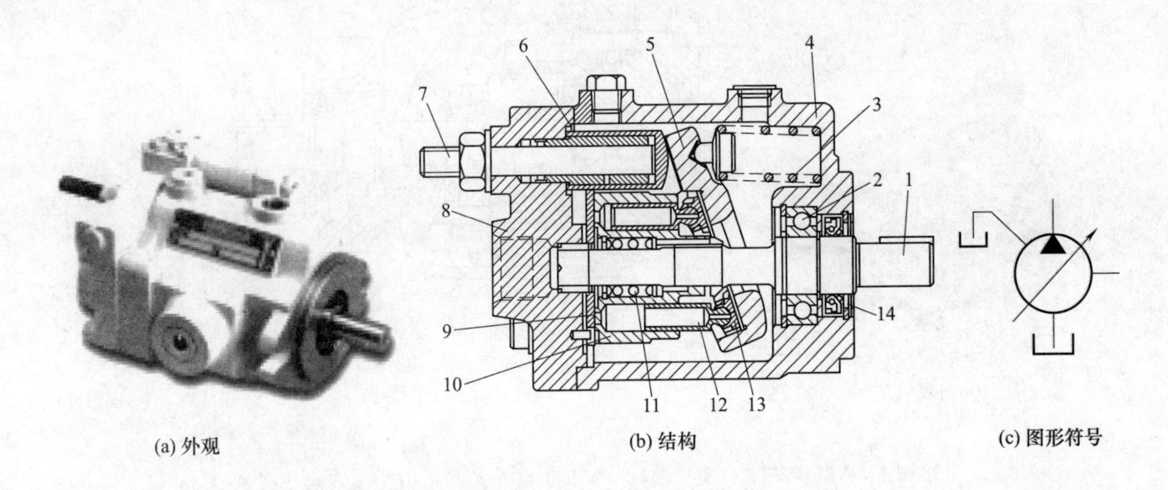

图 1-3-55 PV 系列一开式回路用变量轴向柱塞泵

1—泵轴；2—轴承；3—偏置弹簧；4—泵体；5—斜盘；6—变量柱塞；7—流量调节螺钉；8—泵盖；9—配油盘；10—缸体；11—中心弹簧；12—柱塞；13—滑靴；14—油封

［例 1-3-56］ PVT6、PVT10、PVT15、PVT20、PVT29 型开式回路用变量轴向柱塞泵（派克-丹尼逊公司）（图 1-3-56）

数字为排量代号：PVT6 型排量为 14.4mL/r；PVT10 型排量为 20.6mL/r；PV15 型排量为 34.2 mL/r；PVT20 型排量为 42.9mL/r；PVT29 型排量为 61.9mL/r。带尾驱动。

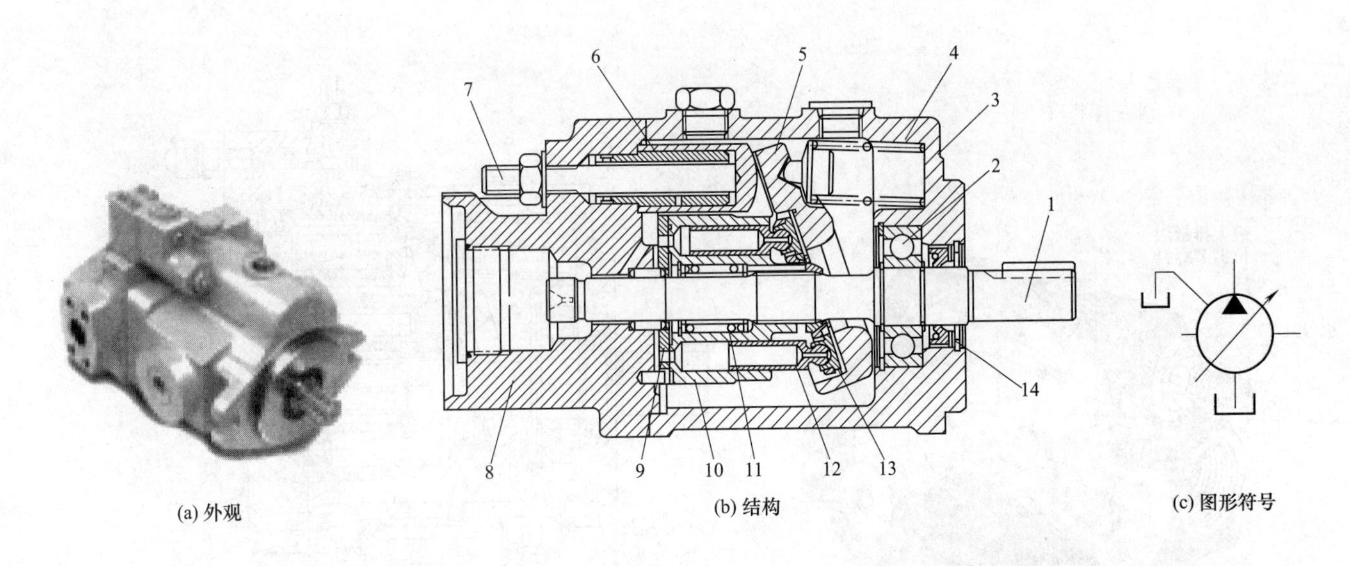

图 1-3-56 PVT6 、PVT10、PVT15、PVT20、PVT29 型开式回路用变量轴向柱塞泵

1—泵轴；2—轴承；3—泵体；4—偏置弹簧；5—斜盘；6—变量柱塞；7—流量调节螺钉；8—泵盖；9—配油盘；10—缸体；11—中心弹簧；12—柱塞；13—滑靴；14—油封

［例 1-3-57］ PVT38、PVT47、PVT64 型开式回路用变量轴向柱塞泵（派克-丹尼逊公司）（图 1-3-57）

数字为排量代号：PVT38 型排量为 80mL/r；PVT47 型排量为 100mL/r；PVT64 型排量为 130mL/r。带尾驱动。

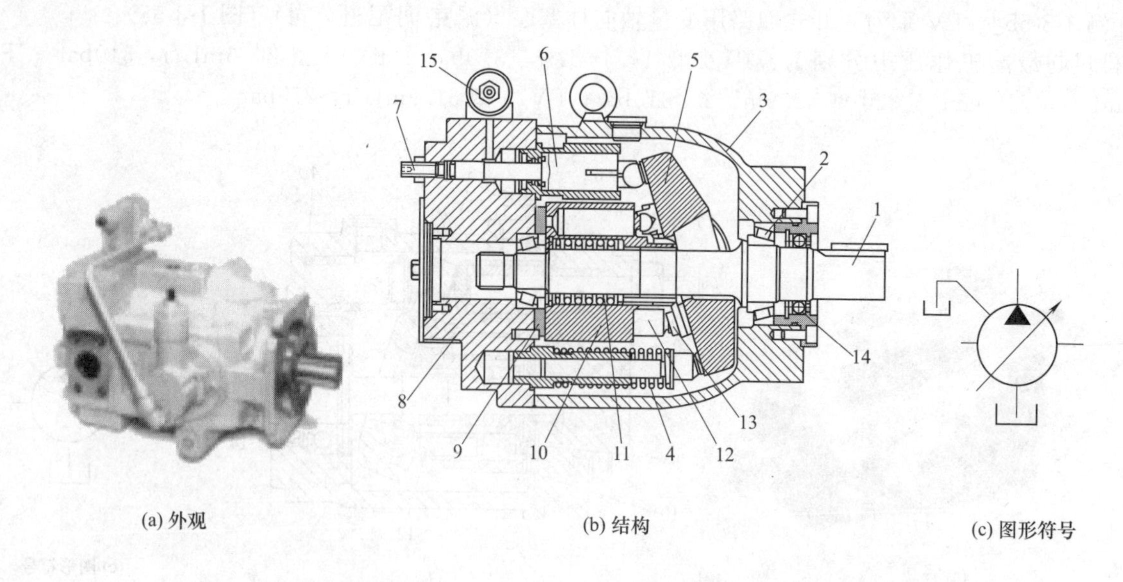

图 1-3-57 PVT38、PVT47、PVT64 型开式回路用变量轴向柱塞泵

1—泵轴；2—轴承；3—泵体；4—偏置弹簧；5—斜盘；6—变量柱塞；7—流量调节螺钉；8—泵盖；9—配油盘；10—缸体；11—中心弹簧；12—柱塞；13—滑靴；14—油封；15—变量控制阀

［例 1-3-58］ PV/PVT 系列开式回路用变量轴向柱塞泵（派克-丹尼逊公司）（图 1-3-58）

PV/PVT 系列液压泵是以压力补偿（恒压）变量为基本控制功能的变量轴向柱塞泵，适用于开式回路。PVT 系列是 PV 系列液压泵带后驱动及侧面油口配置的派生系列。PV/PVT 系列液压泵的排量范围为 14.4～130.0mL/r；连续工作压力至 280bar 。变量形式有压力补偿（恒压）变量、带遥控口的压力补偿变量、负载传感变量以及转矩限定（相当于恒功率）变量。

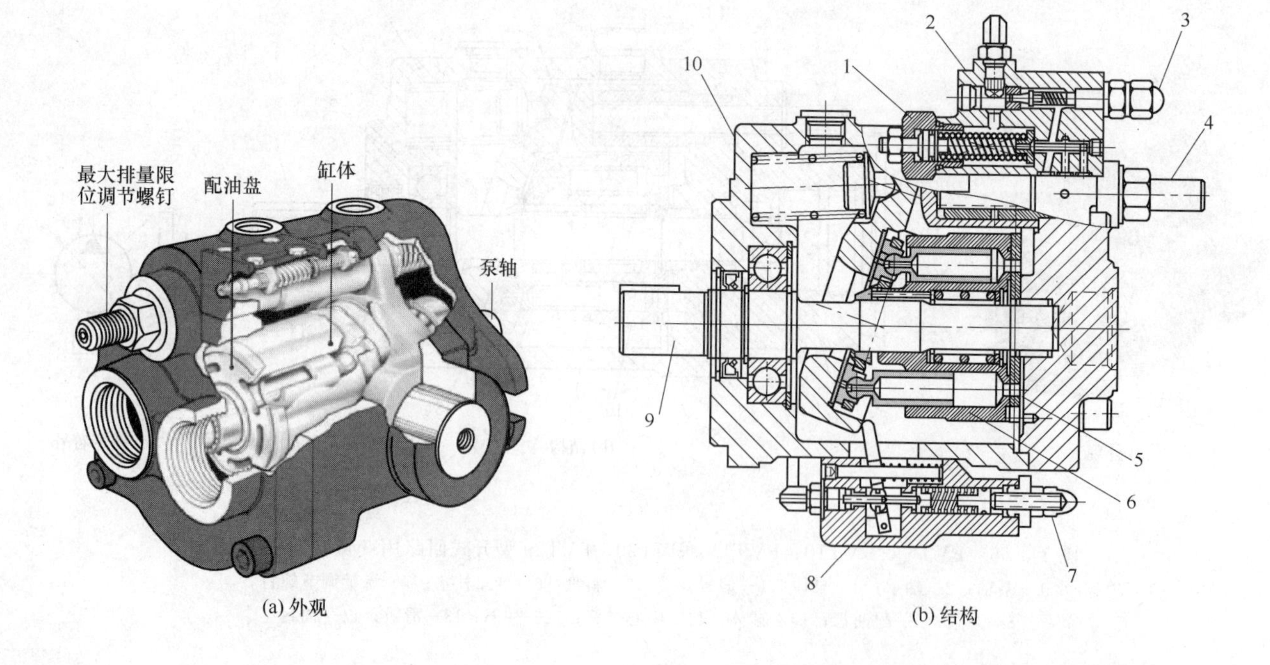

1—PC 控制阀；2—最高压力控制阀；3—调压螺钉；4—最大排量限位调节螺钉；5—配油盘；6—缸体；7—最大转矩调节器；8—转矩限定变转矩控制器；9—泵轴；10—泵体

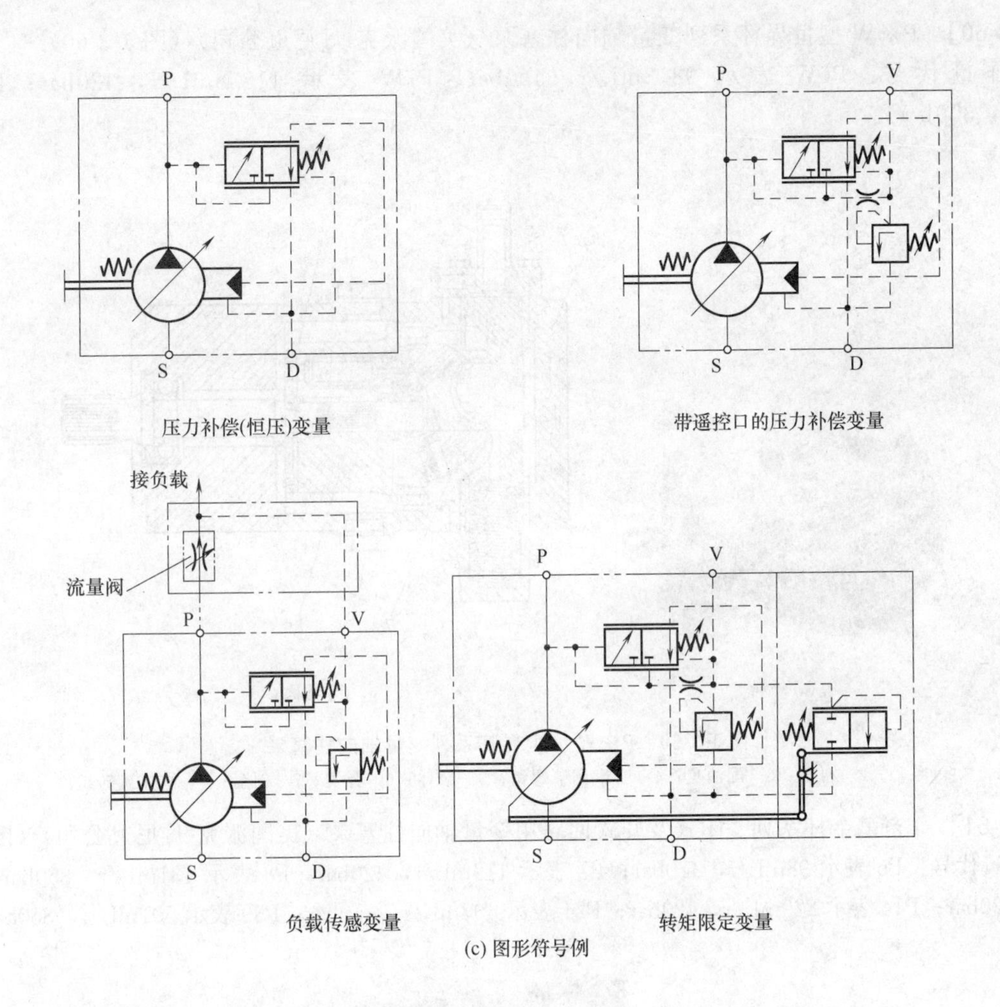

(c) 图形符号例

图 1-3-58　PV/PVT 系列开式回路用变量轴向柱塞泵

S—吸油口；P—压油口；D—壳体泄油口；V—遥控口

[例 1-3-59]　P○★型首相系列变量轴向柱塞泵（派克-丹尼逊公司）(图 1-3-59)

P 表示首相系列轴向柱塞式液压泵，开式回路用；○为排量代号（080～80.3mL/r，110 表示 109.8mL/r；140 表示 140.9mL/r；P200 表示 200.0mL/r；260 表示 262.2mL/r）；★ 为转速类型（H 表示高速型，转速不低于 1800r/min；Q 表示低噪声型，转速低于 1800r/min）；额定工作压力为 42MPa。

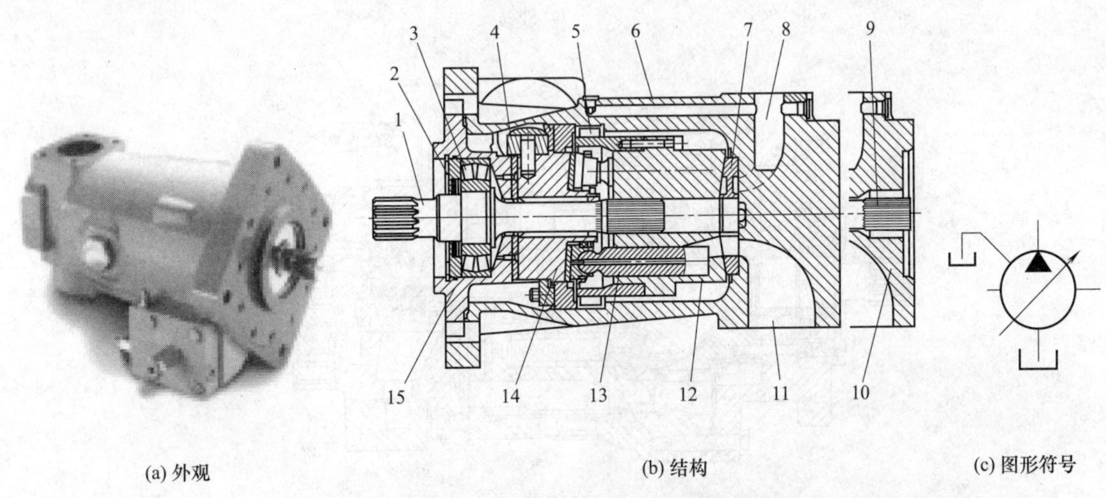

(a) 外观　(b) 结构　(c) 图形符号

图 1-3-59　P○★ 型首相系列变量轴向柱塞泵

1—泵轴；2—轴封；3—传动轴轴承；4—变量活塞；5—缸体大轴承；6—壳体；7—球面配油盘；8—压力（出）油口；9—后驱动输出轴；10—后驱动安装法兰；11—吸油口；12—转子缸体；13—柱塞；14—变量斜盘；15—前端盖

［例 1-3-60］ P※W 型世界杯系列变量轴向柱塞泵（美国派克-丹尼逊公司）（图 1-3-60）

※为排量代号：P6W 表示 98.3mL/r，420bar；P7W 表示 118.8mL/r，420bar；P8W 表示 131.1mL/r，350bar。

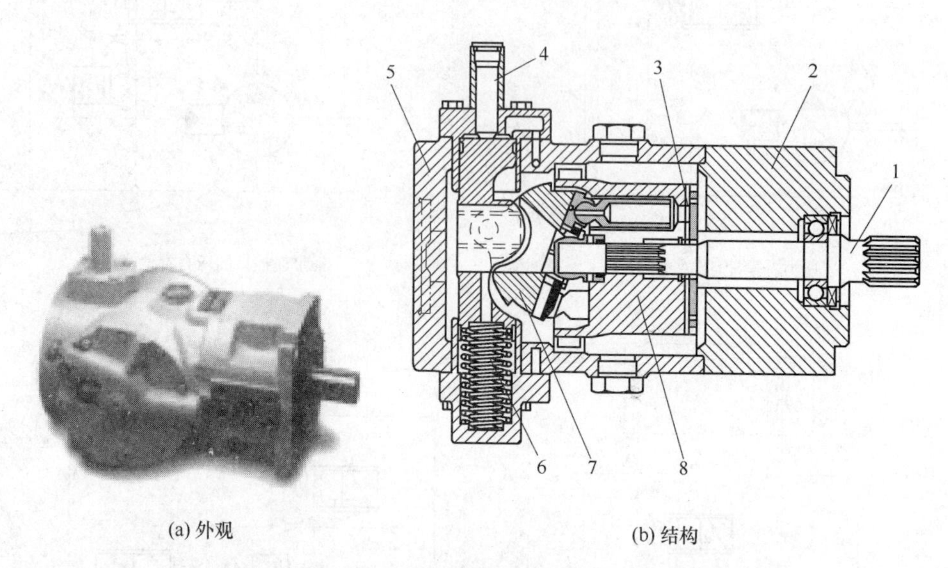

(a) 外观　　(b) 结构

图 1-3-60 P※W 型世界杯系列变量轴向柱塞泵

1—泵轴；2—泵盖；3—配油盘；4—变量调节螺钉；5—泵体；6—弹簧；7—斜盘；8—缸体旋转组件

［例 1-3-61］ P※型金杯系列—闭式及开式回路用变量轴向柱塞泵（美国派克-丹尼逊公司）（图 1-3-61）

※为排量代号：P6 表示 98mL/r，420bar；P7 表示 119mL/r，420bar；P8 表示 131mL/r，350bar；P11 表示 180mL/r，420bar；P14 表示 229mL/r，420bar；P24 表示 403mL/r，350bar；P30 表示 501mL/r，350bar。

(a) 外观

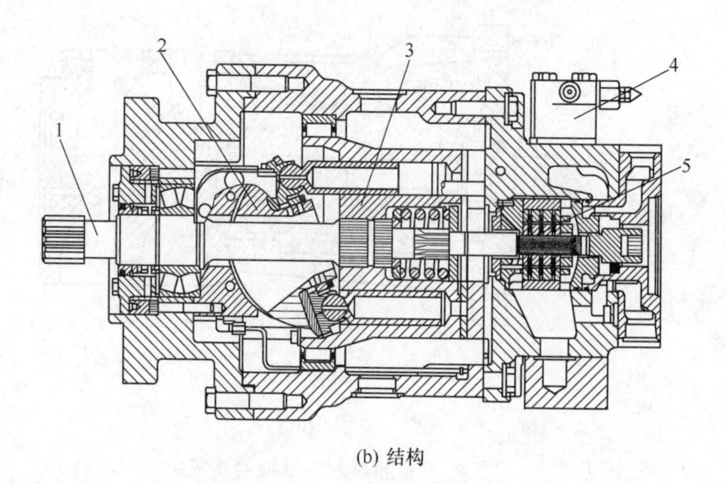

(b) 结构

1—泵轴；2—斜盘；3—缸体旋转组件；4—变量阀；5—辅助泵（叶片泵）

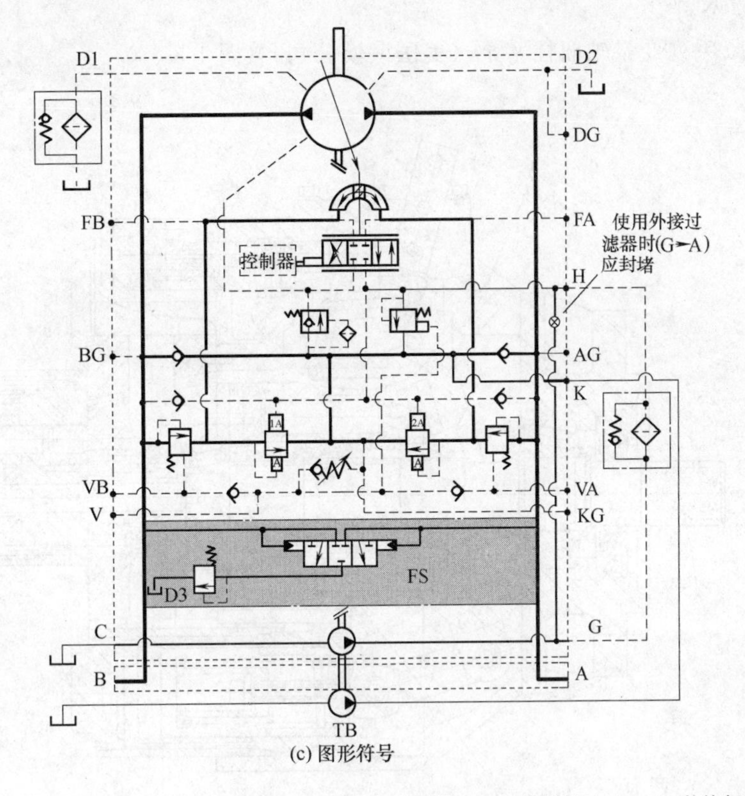

(c) 图形符号

A,B—主油口；C—辅助泵吸油口；G—辅助泵出油口（接外部滤油器）；K—外接补油口；H—外接伺服控制油口；D1,D2—泄油口；D3—更油梭阀泄油口；V,VA,VB—遥控及压力表口；AG,BG,DG,KG—压力表口；FS—更油梭阀；TB—补油辅泵（叶片泵）

图 1-3-61 P※型金杯系列一闭式及开式回路用变量轴向柱塞泵

［例 1-3-62］ P6 型变量轴向柱塞泵（美国派克-丹尼逊公司）（图 1-3-62）

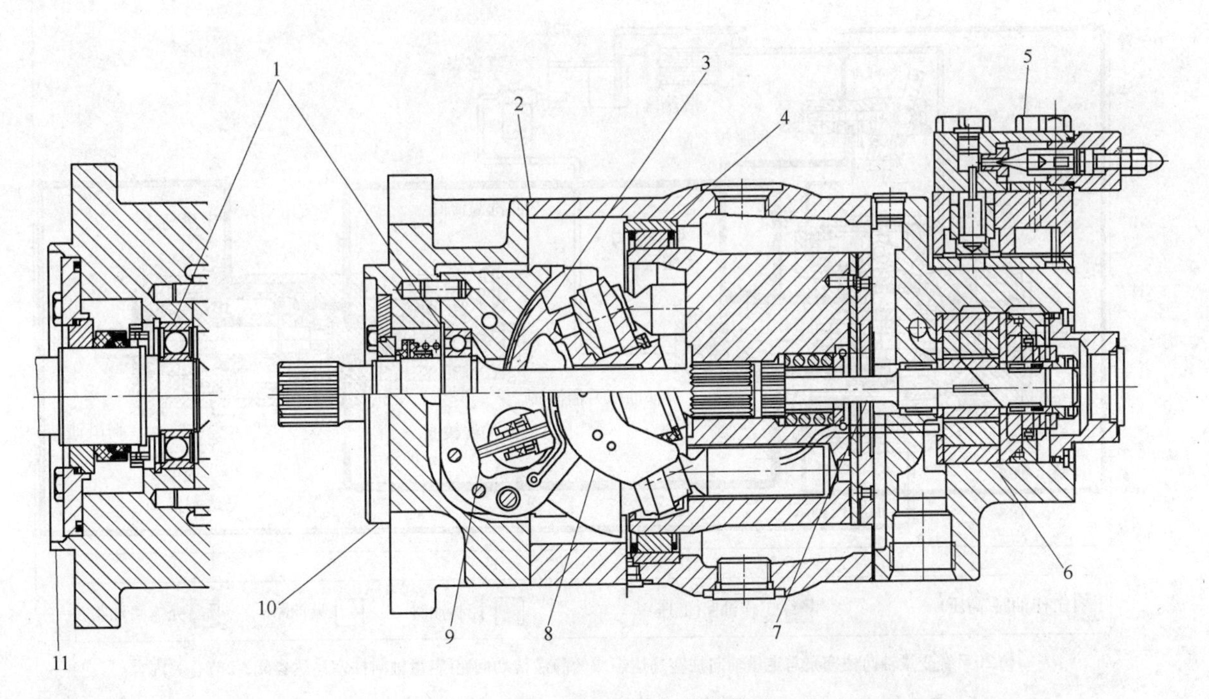

图 1-3-62 P6 型变量轴向柱塞泵

1—传动轴轴承；2—定位榫销及密封垫结构；3—凸轮式斜盘组件；4—缸体大轴承；5—集成控制阀块［包含有伺服压力控制阀、补油压力控制阀以及压力补偿（恒压）变量控制阀］；6—辅助泵；7—辅助泵传动轴；8—变量伺服板；9—变量叶片；10—安装法兰与花键泵轴方式 1；11—安装法兰与花键泵轴方式 2

1-3-2-10 美国萨澳公司

［例 1-3-63］ 20 系列变量轴向柱塞泵（美国萨澳公司）（图 1-3-63）

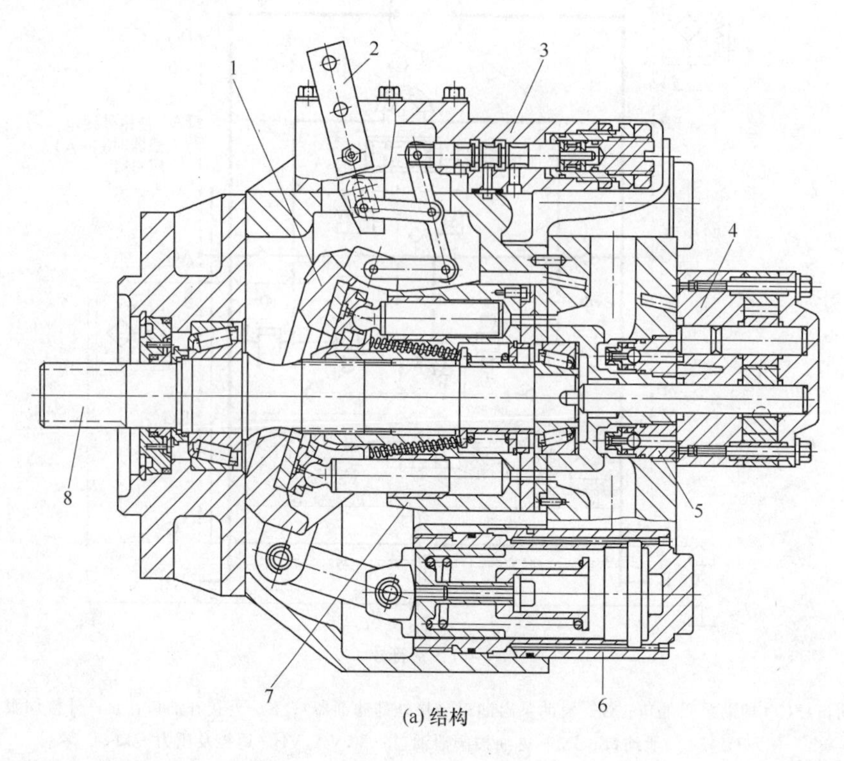

(a) 结构

1—斜盘；2—控制手柄；3—伺服控制阀；4—补油泵；5—补油单向阀；6—伺服变量油缸；7—缸体组件；8—输入轴

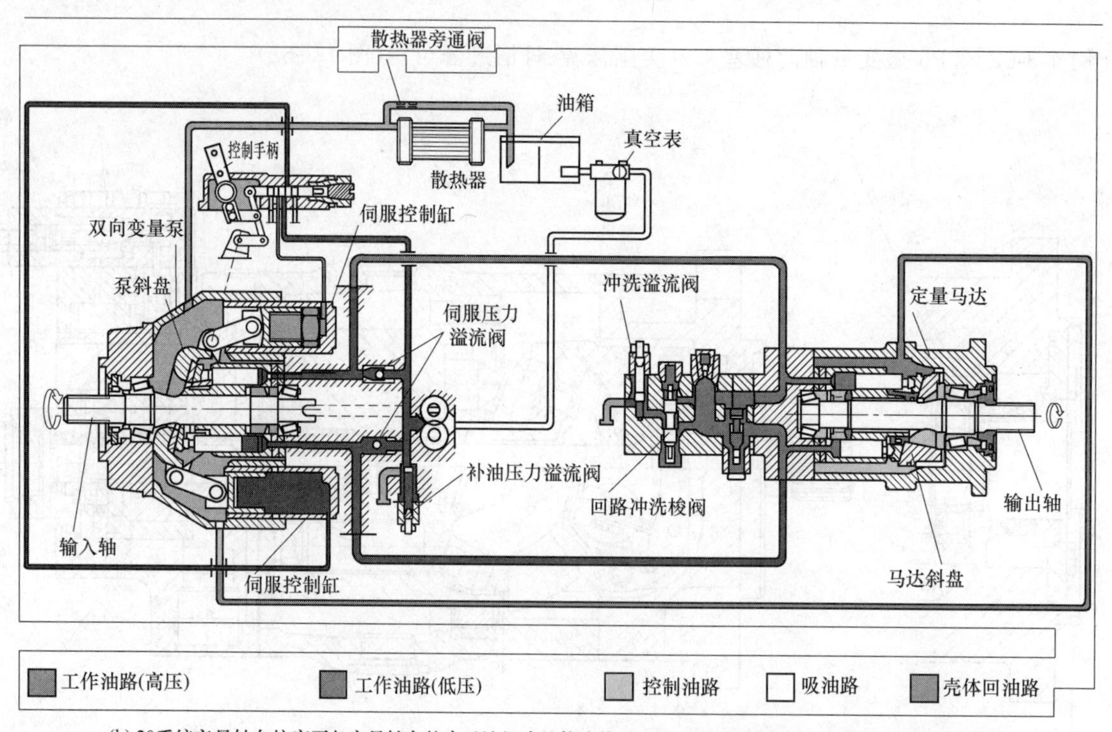

(b) 20系统变量轴向柱塞泵与定量轴向柱塞马达组成的静液传动回路(定量轴向柱塞马达参阅2-2节有关内容)

图 1-3-63 20 系列变量轴向柱塞泵

［例 1-3-64］ MPV025 型（40 系列 M25）变量轴向柱塞泵（美国萨澳公司）（图 1-3-64）

不带辅助泵（摆线泵），直接排量控制（DDC）。

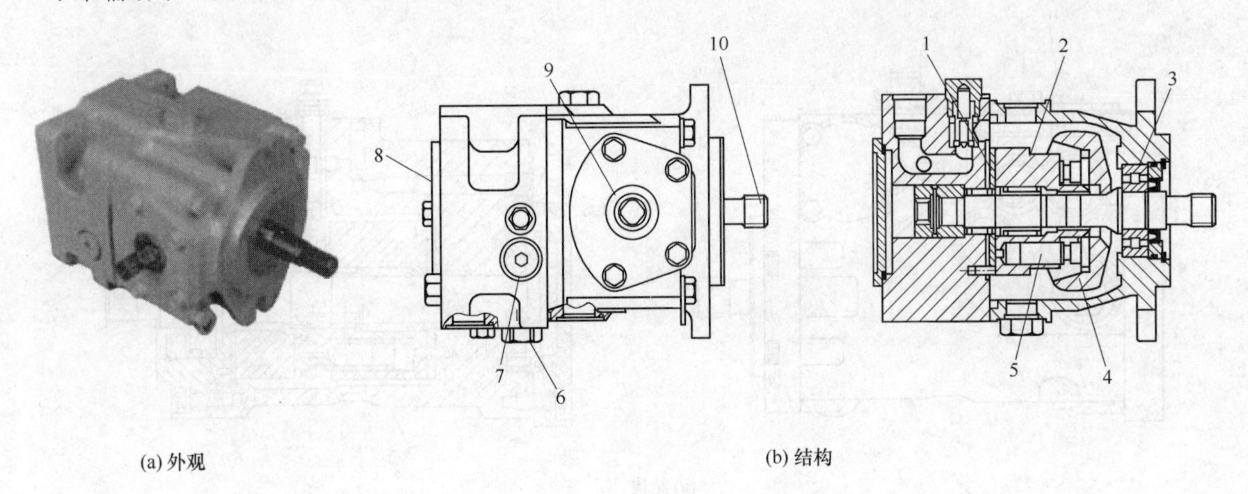

图 1-3-64 MPV025 型变量轴向柱塞泵

1—配油盘；2—缸体；3—轴承；4—斜盘；5—柱塞；6—补油溢流阀；7—补油单向阀、高压溢流阀、旁通阀组合阀；8—法兰盖；9—斜盘支承耳轴；10—泵轴

[例 1-3-65] MPV035 型与 MPT035 型变量轴向柱塞泵（美国萨澳公司）（图 1-3-65）

可带辅助泵（摆线泵），直接排量控制（DDC）。

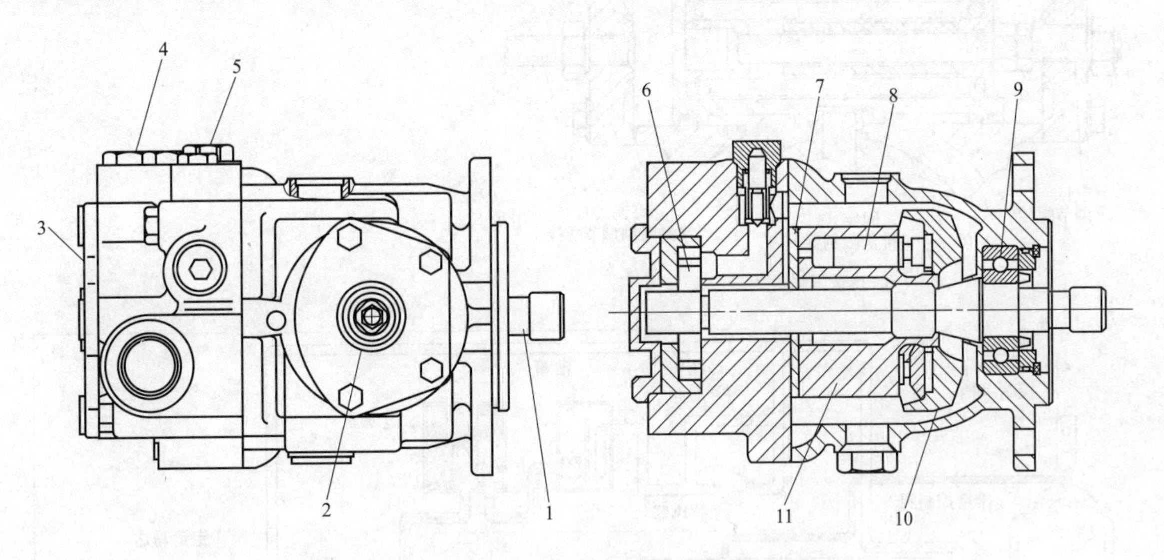

图 1-3-65 MPV035 型与 MPT035 型变量轴向柱塞泵

1—泵轴；2—斜盘支承耳轴；3—法兰盖；4—补油单向阀、高压溢流阀、旁通阀组合阀；5—补油溢流阀；6—辅助泵；7—配油盘；8—柱塞；9—轴承；10—斜盘；11—缸体

[例 1-3-66] MPT046 型变量轴向柱塞泵（美国萨澳公司）（图 1-3-66）

可带辅助泵（摆线泵）；可手动排量控制（MDC）、液压排量控制（HDC）、电气排量控制（EDC）、三位电控（FNR）；单泵或串泵可在伺服变量活塞两侧选配机械式排量（冲程）限制器。可通过排量限制器来限定泵双侧最大排量于泵可达到最大排量与零排量之间任一设定值。

此泵与液压马达组成的回路如图 1-3-66（c）所示，对应的马达见 2-2 节有关内容。

[例 1-3-67] 90 系列变量轴向柱塞泵（美国萨澳公司）（图 1-3-67）

结构上采用平行布置轴向柱塞及滑靴并通过一可倾斜式斜盘改变柱塞行程进而实现泵排量改变。泵出口油液方向随斜盘方向变化而改变，从而实现马达输出轴正/反转向切换。补油泵为系统提供补充液压油、冷却油液及控制所需压力油。

图 1-3-67（c）为此泵与马达组成的液压回路，对应的马达见 2-2 节有关内容。

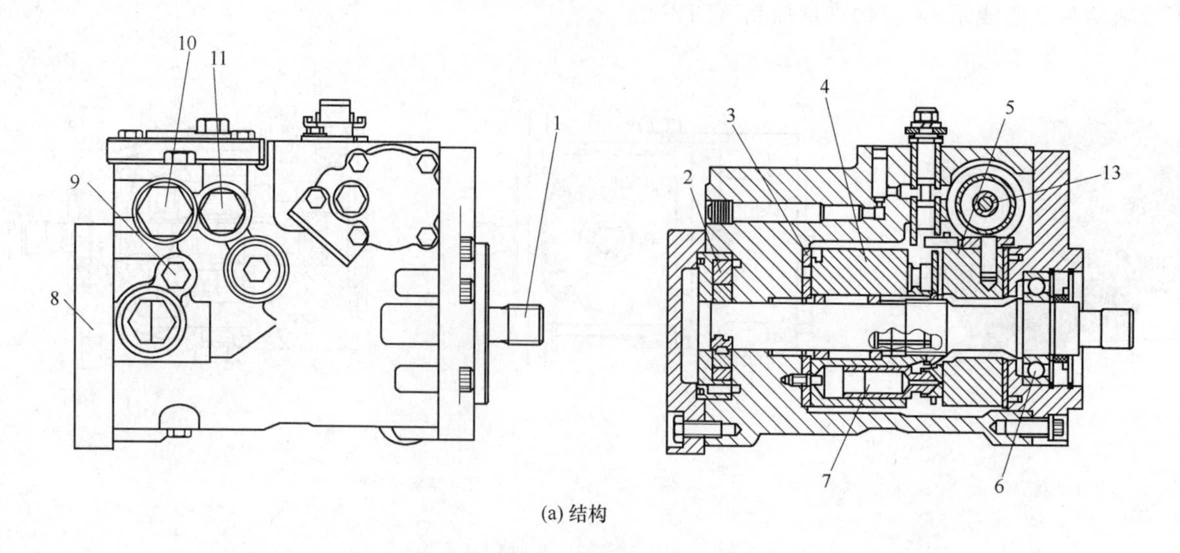

(a) 结构

1—泵轴；2—辅助泵；3—配油盘；4—缸体；5—斜盘；6—轴承；7—柱塞；8—法兰盖；9—旁通阀；
10—补油单向阀、高压溢流阀组合阀；11—补油溢流阀；12—排量限制器

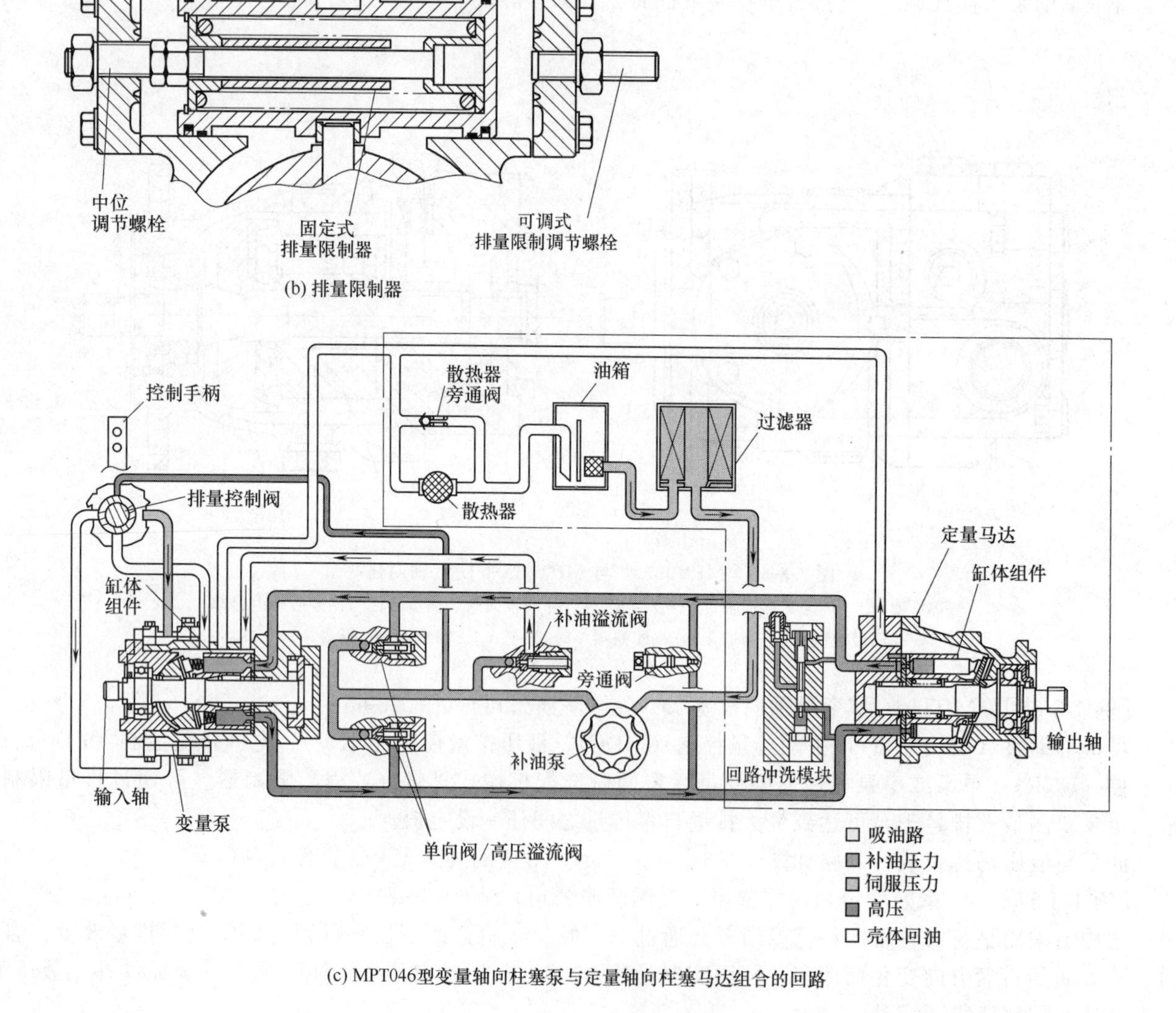

(b) 排量限制器

(c) MPT046型变量轴向柱塞泵与定量轴向柱塞马达组合的回路

图 1-3-66　MPT046 型变量轴向柱塞泵

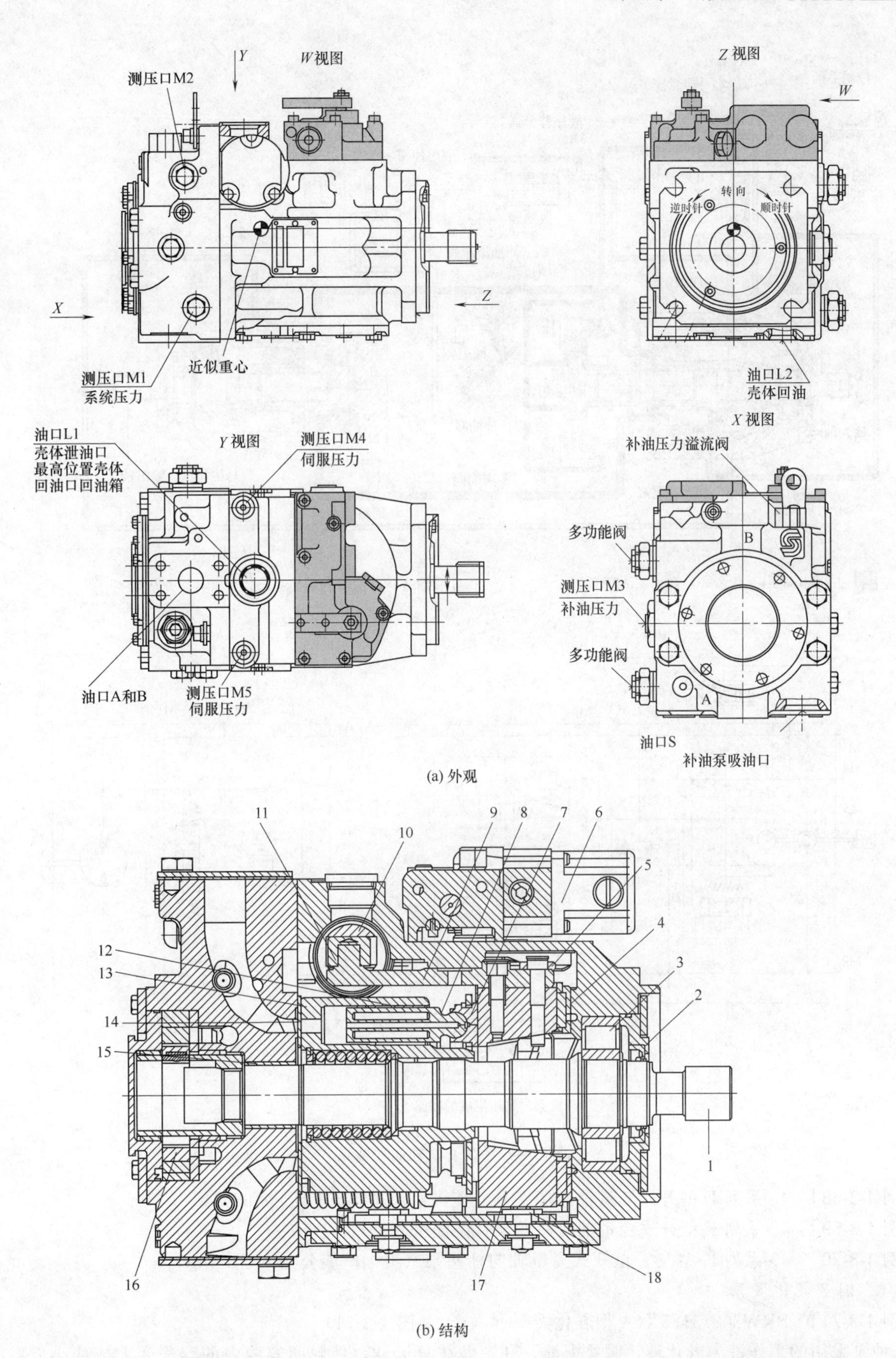

(a) 外观

(b) 结构

1—泵轴；2—轴封；3—滚柱轴承；4—斜盘轴承；5—反馈连杆；6—排量控制模块；7—滑靴；8—柱塞；9—伺服连杆；10—伺服活塞；11—滑动块；12—轴衬；13—缸体组件；14—配油盘；15—后部滑动轴承；16—补油泵；17—斜盘；18—斜盘导轨

图 1-3-67

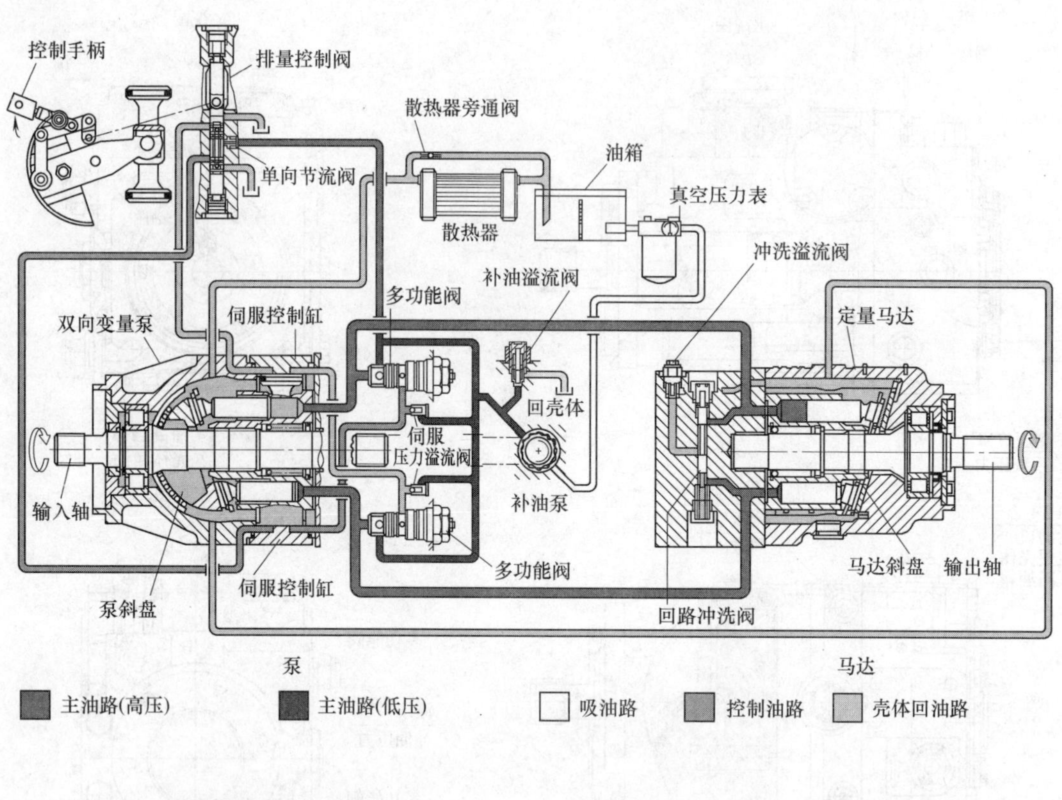

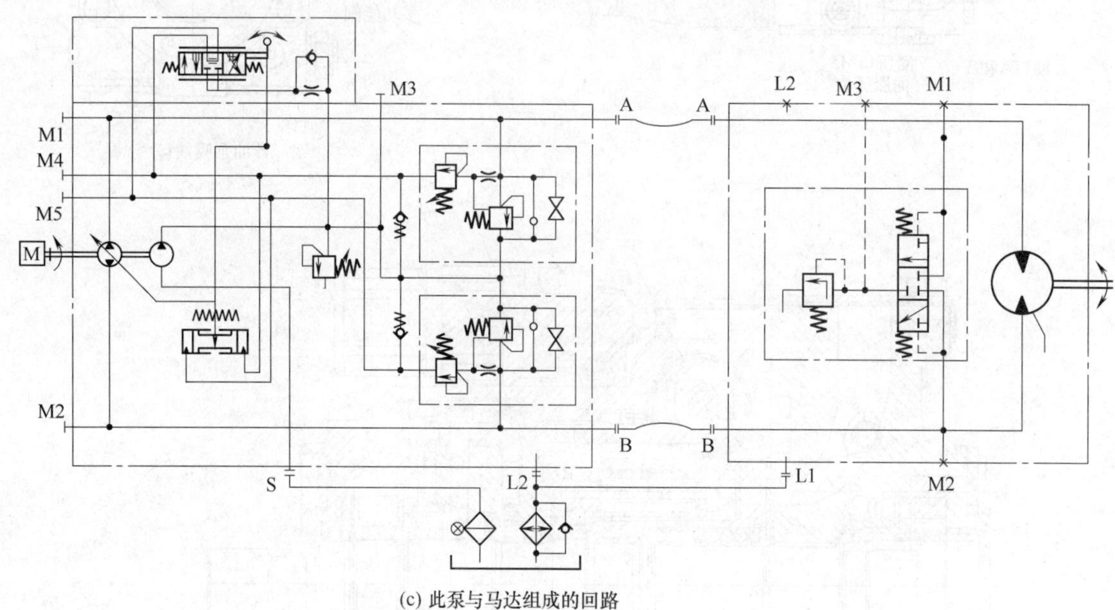

(c) 此泵与马达组成的回路

图 1-3-67　90 系列变量轴向柱塞泵

［例 1-3-68］ 45 系列 E 型开式变量轴向柱塞泵（美国萨澳公司）（图 1-3-68）

［例 1-3-69］ 45 系列 F 型开式变量轴向柱塞泵（萨澳公司）（图 1-3-69）

［例 1-3-70］ 45 系列 K 型及 L 型开式变量轴向柱塞泵（美国萨澳公司）（图 1-3-70）

1-3-2-11　国产乳化液泵

［例 1-3-71］ BRW200/31.5X4A 型乳化液泵（国产）（图 1-3-71）

这种泵采用的工作液为乳化液，阀式配油，柱塞做往复运动，使封闭容腔内的容积变大或变小，形成泵功能，油液从吸液阀吸入，从排液阀排出。例如煤炭行业的液压支架的液压系统，钢铁行业的一部分液压系统已广泛使用这种泵。

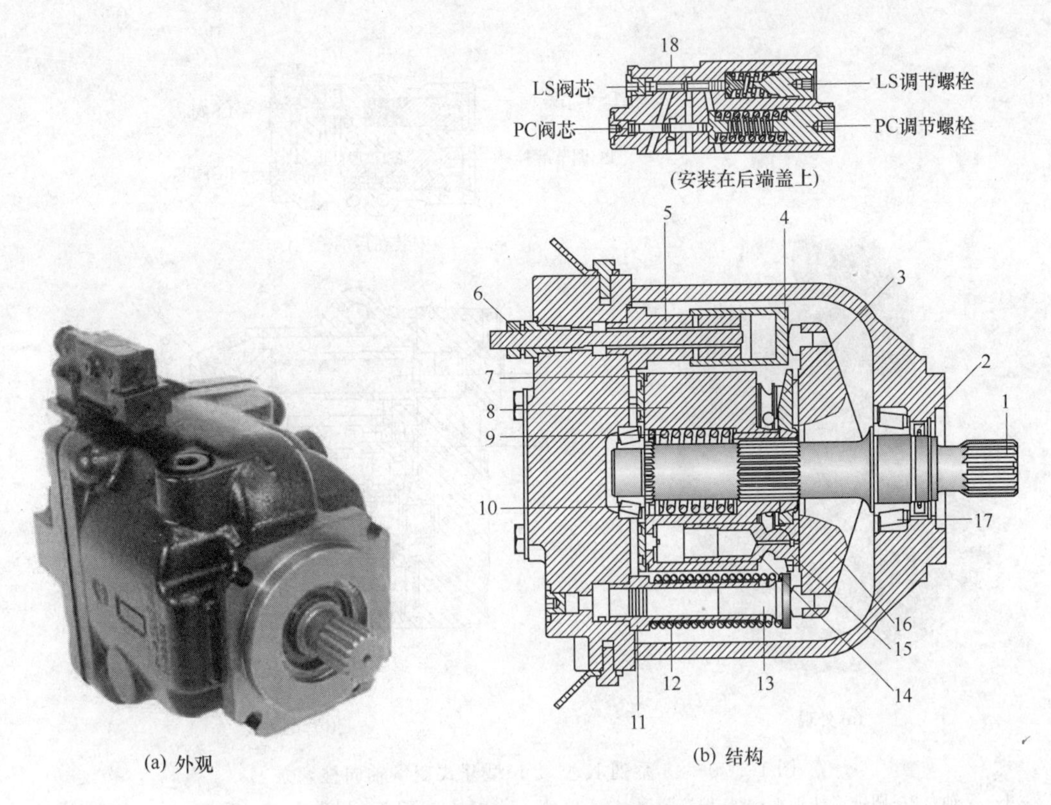

图 1-3-68 45 系列 E 型开式变量轴向柱塞泵

1—泵轴；2—轴封；3—回程盘；4—伺服变量活塞；5—伺服活塞导向套筒；6—可调排量限制器；7—配油盘；8—缸体；9—中心弹簧；10,17—圆锥滚柱轴承；11—偏置弹簧导向套；12—偏置弹簧；13—偏置活塞；14—柱塞；15—滑靴；16—斜盘；18—变量阀组件

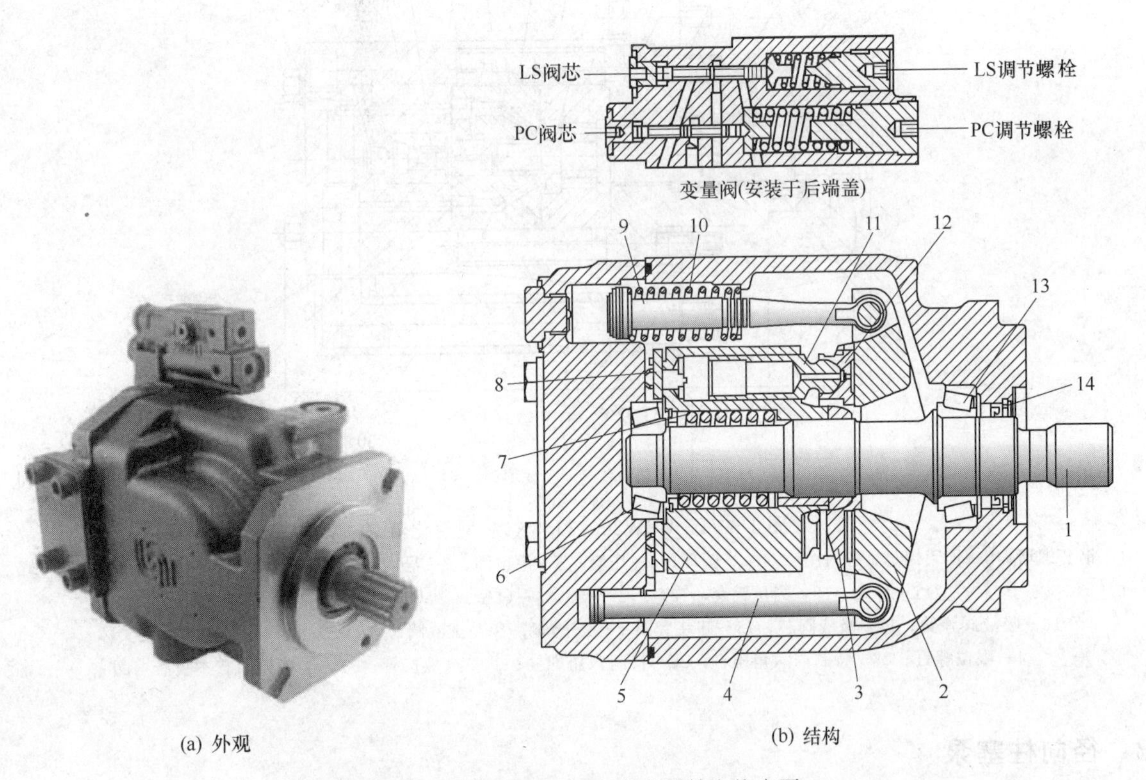

图 1-3-69 45 系列 F 型开式变量轴向柱塞泵

1—泵轴；2—斜盘；3—回程盘；4—偏置活塞；5—缸体；6,13—圆锥滚柱轴承；7—中心弹簧；8—配油盘；9—偏置活塞；10—偏置弹簧；11—柱塞；12—滑靴；14—轴封

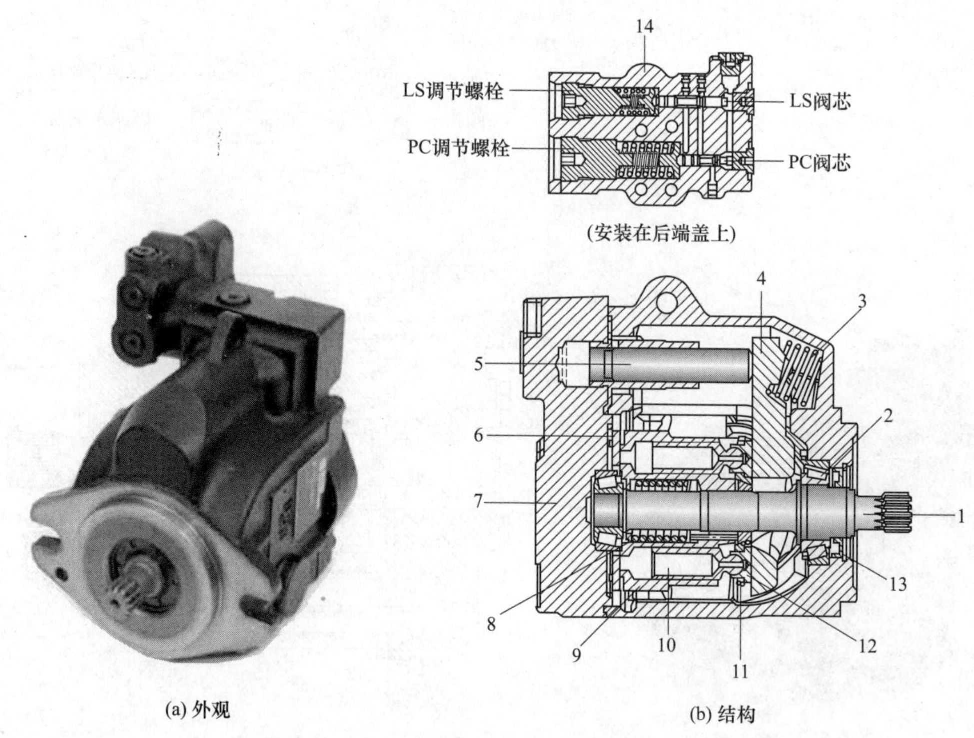

图 1-3-70 45 系列 K 型及 L 型开式变量轴向柱塞泵

1—泵轴；2—圆锥滚柱轴承；3—偏置弹簧；4—斜盘；5—变量柱塞；6—配油盘；7—后盖；8—中心弹簧；9—缸体组件；10—柱塞；11—回程盘；12—滑靴；13—轴封

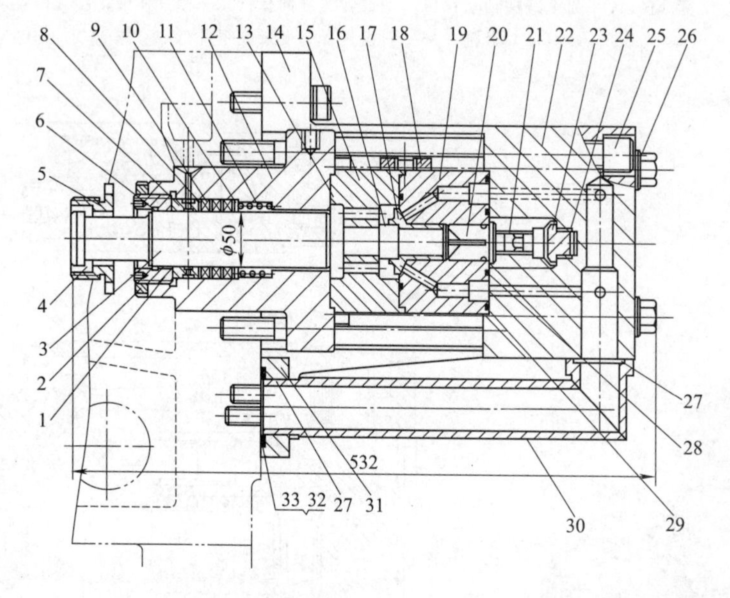

图 1-3-71 BRW200/31.5X4A 型乳化液泵

1—钢套螺堵；2—锁紧螺母；3—柱塞；4—半圆环；5—压套；6—毛毡圈；7—导向铜套；8—密封圈；9—垫片；10—衬垫；11—弹簧；12—高压钢套；13,23,27～29,33—O 密封圈；14—支架；15—阀套；16—吸液阀弹簧；17—吸液阀芯；18—卸装套圈；19—阀座；20—排液阀芯；21—排液阀弹簧；22—泵头体；24—限位螺钉；25—特制内六角螺钉；26—特制六角螺栓；30—进液接管；31—连接板；32—吸液挡圈

1-3-3 径向柱塞泵

[例 1-3-72] PR4 型定量径向柱塞泵（德国博世-力士乐公司）（图 1-3-72）

此泵为阀控、自吸式定量径向柱塞泵，排量为 0.40～2.00mL/r，最大工作压力为 700bar。

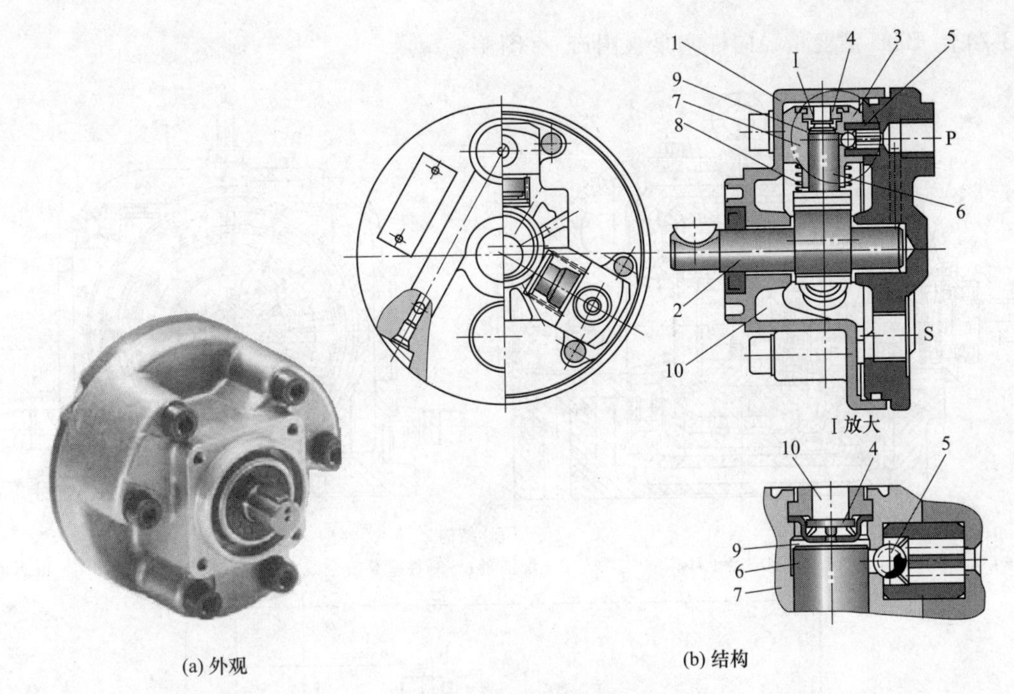

(a) 外观　　(b) 结构

图 1-3-72　PR4 型定量径向柱塞泵

1—泵体；2—偏心轴；3—泵组件；4—吸油阀；5—压油阀；6—柱塞；7—柱塞孔；8—弹簧；9 工作腔；10—吸油腔

[例 1-3-73]　RPV 系列变量径向柱塞泵（德国博世-力士乐公司）（图 1-3-73）最大使用压力为 28MPa。

(a) 外观

1—泵体；2—柱塞；3—滑靴；4—轴承；5—压力补偿器；6—偏心行程定子；7—油口；8—泄油口

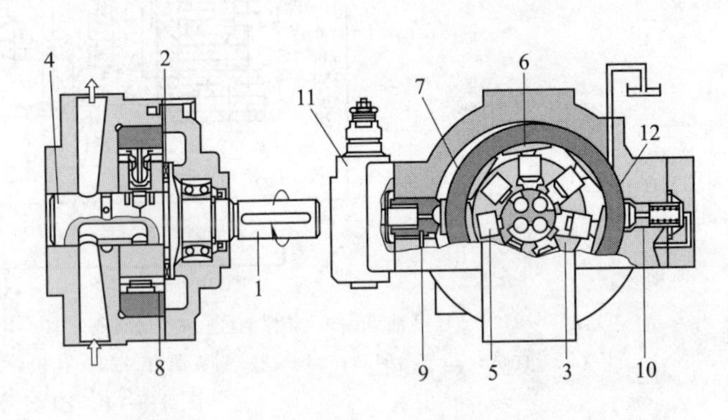

(b) 原理

1—泵轴；2—十字联轴器；3—转子；4—配油轴；5—柱塞；6—滑靴；7—定子；8—挡环；9—大控制柱塞；10—小控制柱塞；11—控制阀；12—泵体

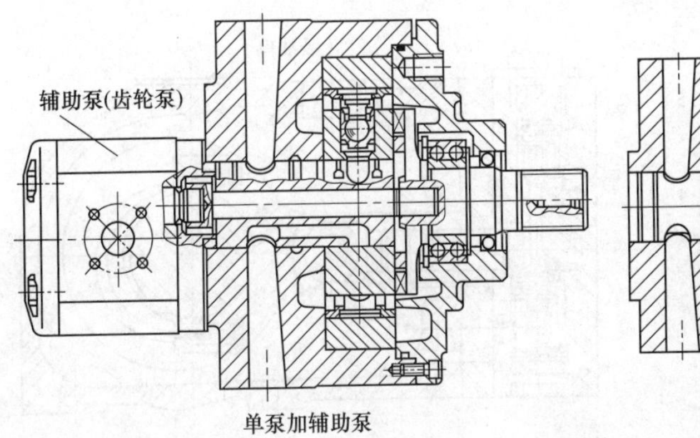

(c) 结构

图 1-3-73　RPV 系列变量径向柱塞泵

［例 1-3-74］ BDC 型变量径向柱塞泵（国产）（图 1-3-74）

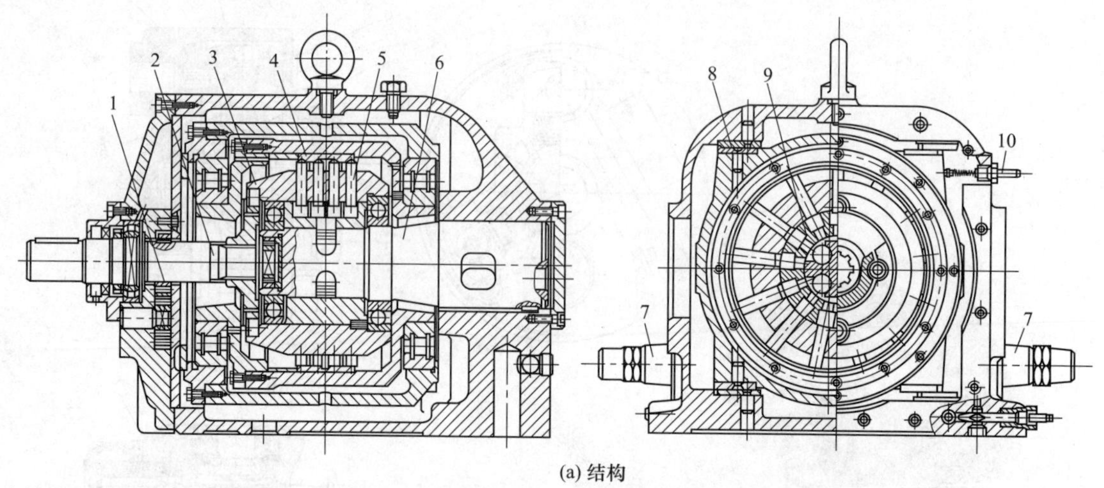

(a) 结构

1—齿轮泵；2—传动轴；3—转子；4—定子环；5—柱塞；6—配油轴；7—柱塞泵安全线；8—导轨；9—衬套；10—偏心率指示器

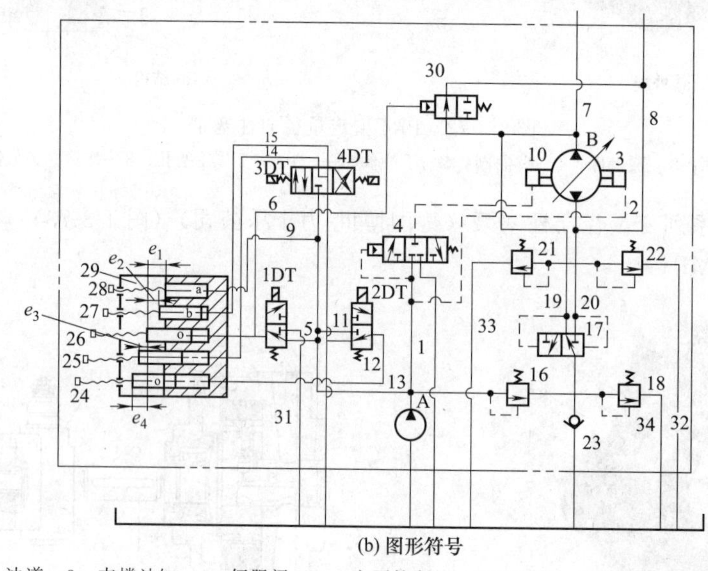

(b) 图形符号

1,2,5～9,11～15—油道；3—支撑油缸；4—伺服阀；10—主泵控制缸；16,21,22—安全阀；17—液动阀；18—背压阀；19,20—管路；23—单向阀；24～28—调节螺钉；29—孔板；30—二位二通液动阀；31～34—油路；A—辅助泵；B—主泵

图 1-3-74 BDC 型变量径向柱塞泵

［例 1-3-75］ BFW-01 型与 BFW-01A 型曲柄连杆式（偏心直列式）径向柱塞泵（天津高压泵阀厂）（图 1-3-75）额定压力分别为 20MPa、40MPa；排量分别为 26.6mL/r、16.7mL/r；转速为 1500r/min。

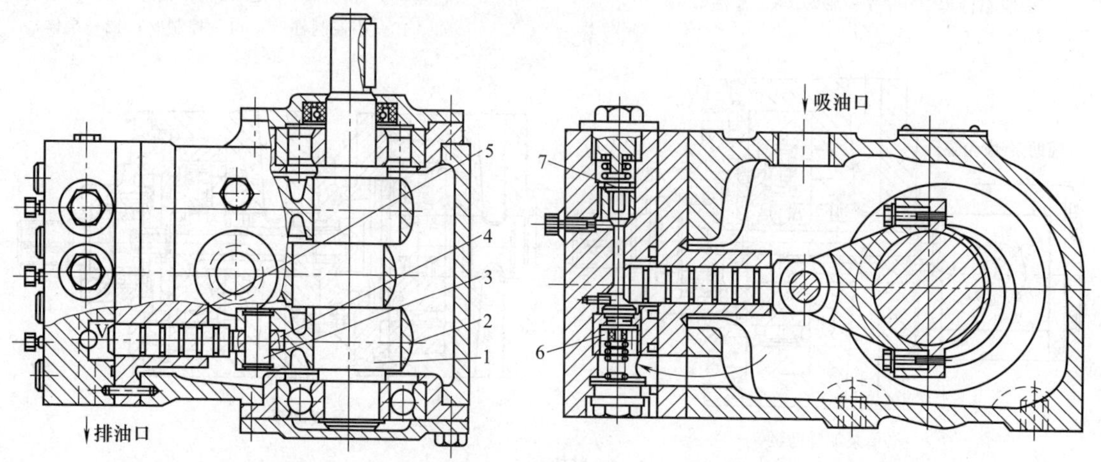

图 1-3-75 BFW-01 型与 BFW-01A 型曲柄连杆式（偏心直列式）径向柱塞泵

1—曲轴；2—偏心套；3—轴销；4—柱塞；5—缸体；6—进油阀；7—排油阀

[例 1-3-76] JBZ 型径向柱塞泵（上海液压泵厂）（图 1-3-76）

额定压力为 25MPa，排量为 57～121mL/r，转速为 1000r/min。

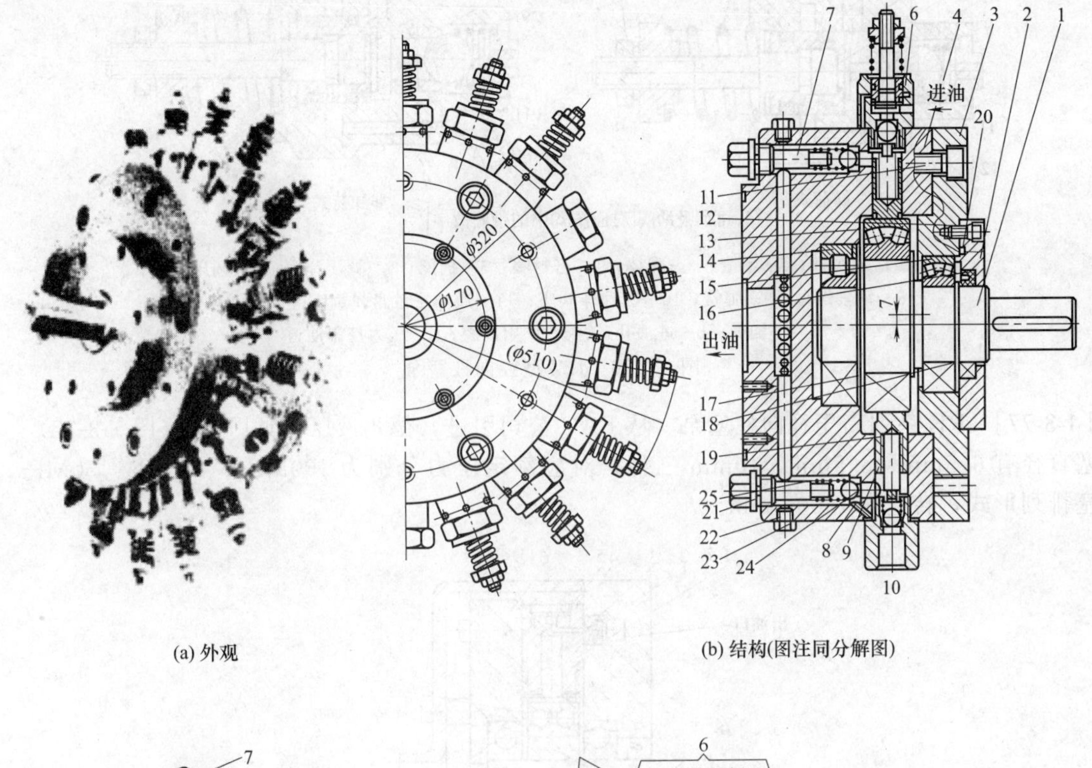

(a) 外观　　(b) 结构(图注同分解图)

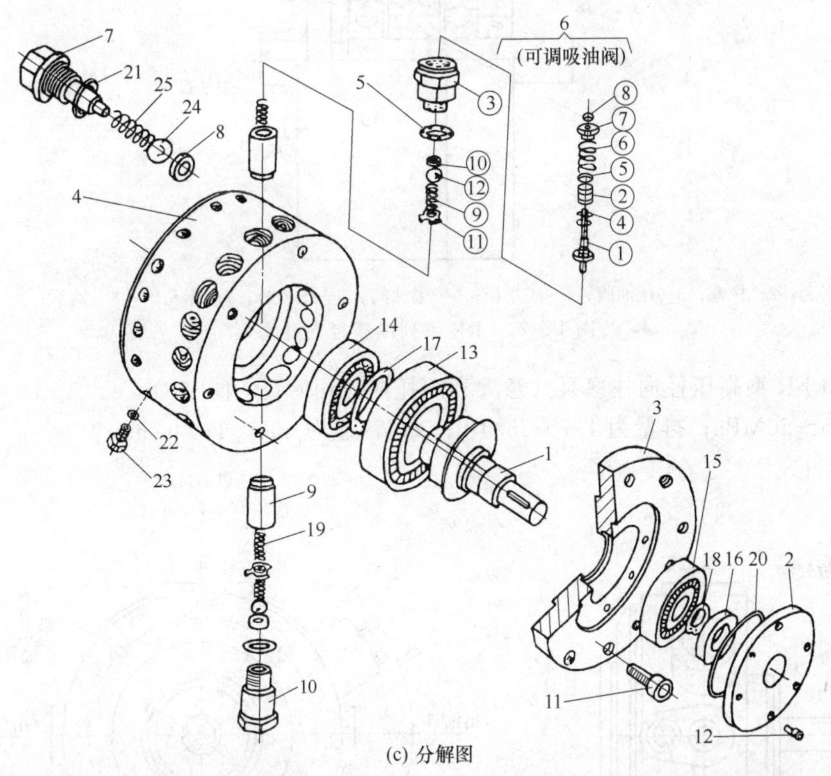

(c) 分解图

1—传动轴；2—油封盖板；3—压盖板；4—泵体；5—垫片（有孔）；6—可调吸油阀总成；7—限位螺钉；8—阀座；9—柱塞；10—常开吸油阀；11—压盖板紧固螺钉；12—油封盖板压紧螺钉；13,15—双列调心球面滚子轴承；14—单列短滚柱轴承；16—旋转密封用油封；17,18—轴用弹性挡圈；19—柱塞回程弹簧；20—O 形密封圈；21—限位螺钉垫片；22—油塞垫片；23—油塞；24—钢球；25—压油阀用弹簧

图 1-3-76

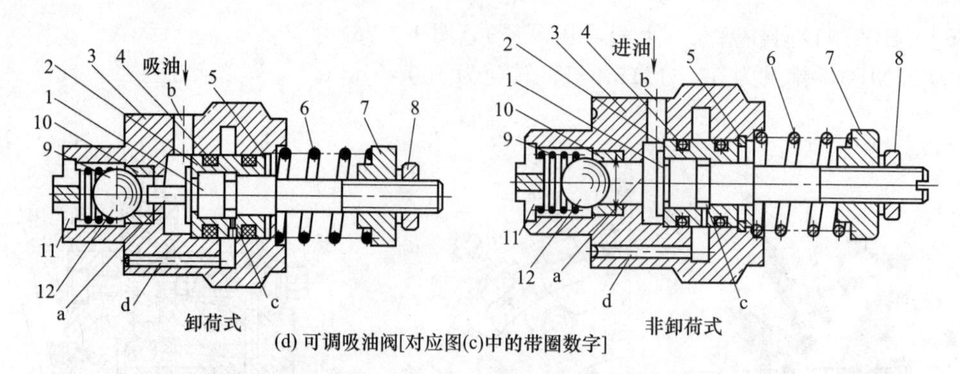

(d) 可调吸油阀[对应图(c)中的带圈数字]

1—伺服滑动阀杆；2—滑套；3—阀体；4—密封圈；5—挡圈；6—调压弹簧；7—调压螺母；8—锁紧螺母；9—弹簧；10—吸油球阀座；11—通油法兰盘弹簧座；12—钢球；a—进油道；b—进油孔道；c—作用油腔；d—压力控制油道

图 1-3-76 JBZ 型径向柱塞泵

[例 1-3-77] RK 系列高压径向柱塞泵（从 FAG 公司引进，德州液压机具厂产）（图 1-3-77）

柱塞直径有 6.5mm、8.5mm、10mm 三种，对应额定压力分别为 100MPa、63MPa、50MPa；分单、双排柱塞排列形式，转速为 1500r/min。

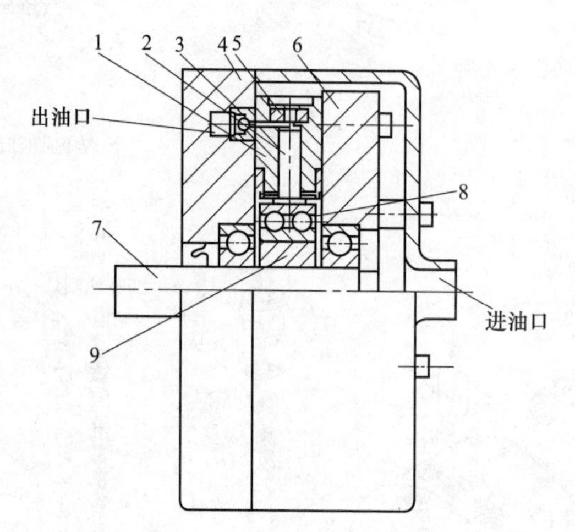

1—柱塞套；2—柱塞；3—压油阀；4—法兰板；5—吸油阀；6—压力板；7—驱动轴；8—轴承；9—偏心轮

图 1-3-77 RK 系列高压径向柱塞泵

[例 1-3-78] PFR 型高压径向柱塞泵（意大利阿托斯公司）（图 1-3-78）

额定压力为 35～50MPa；排量为 1.7～25.4mL/r；转速为 600～1800r/min。

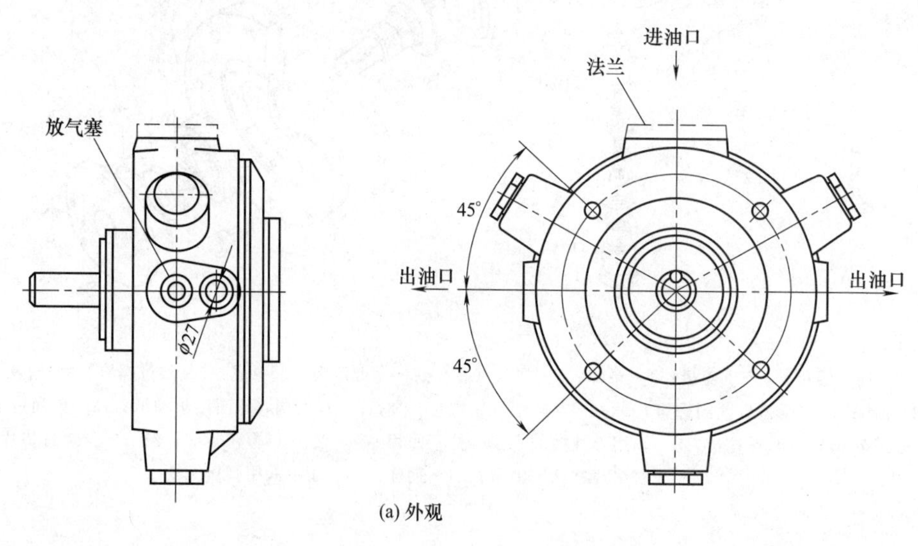

(a) 外观

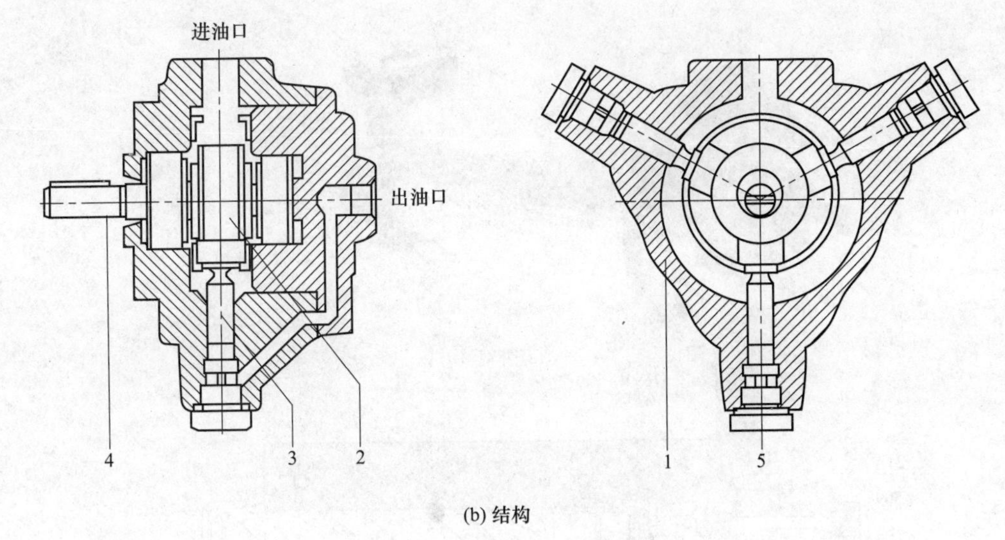

(b) 结构

图 1-3-78 PFR 型高压径向柱塞泵

1—泵体；2—轴承和返回板；3—径向柱塞；4—轴；5—阀座

1-4 螺杆泵

[例 1-4-1] LB 型三螺杆泵（原上海机床厂）（图 1-4-1）

额定压力为 2.5MPa。

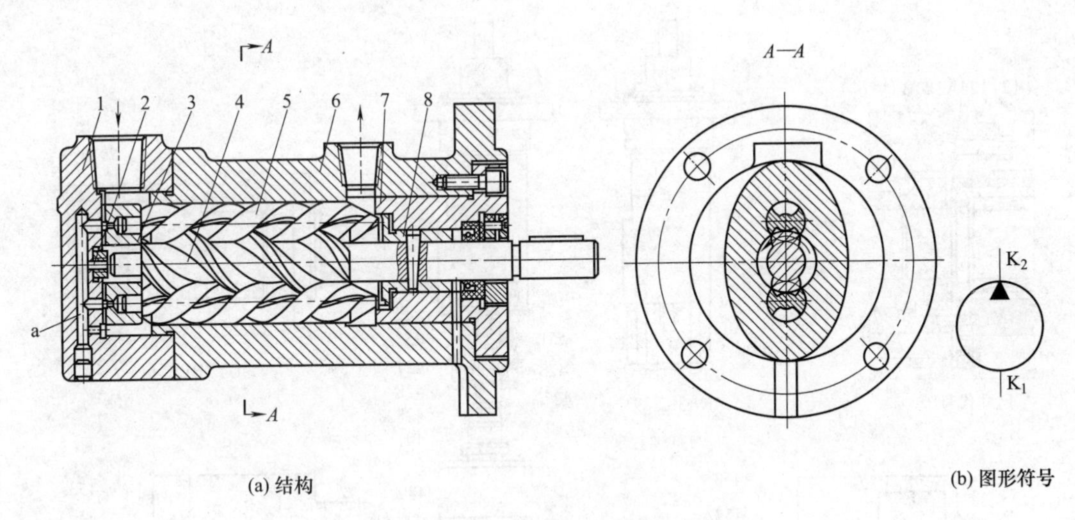

(a) 结构 (b) 图形符号

图 1-4-1 LB 型三螺杆泵

1—左泵盖；2—铜垫；3—铜套；4—主动螺杆；5—从动螺杆；6—泵体；7—压盖；8—铜套

[例 1-4-2] D4※TE/BE/JE/BP 型螺杆泵（IMO 公司）（图 1-4-2）

※为尺寸系列代号；额定压力有 2MPa、10MPa 两种；转速为 1450～3500r/min；流量有多种规格。

[例 1-4-3] D6※型三螺杆泵（IMO 公司）（图 1-4-3）

※为尺寸代号；额定压力有 12MPa、25MPa 两种，流量大小取决于排量大小和转速。

[例 1-4-4] ACD※型螺杆泵（IMO 公司）（图 1-4-4）

结构特点为三螺杆结构带安全阀，※为尺寸系列代号。

[例 1-4-5] ACE※型螺杆泵（IMO 公司）（图 1-4-5）

结构特点为三螺杆结构带安全阀，※为尺寸系列代号。

[例 1-4-6] ACF4 型螺杆泵（IMO 公司）（图 1-4-6）

结构特点为三螺杆结构带安全阀。

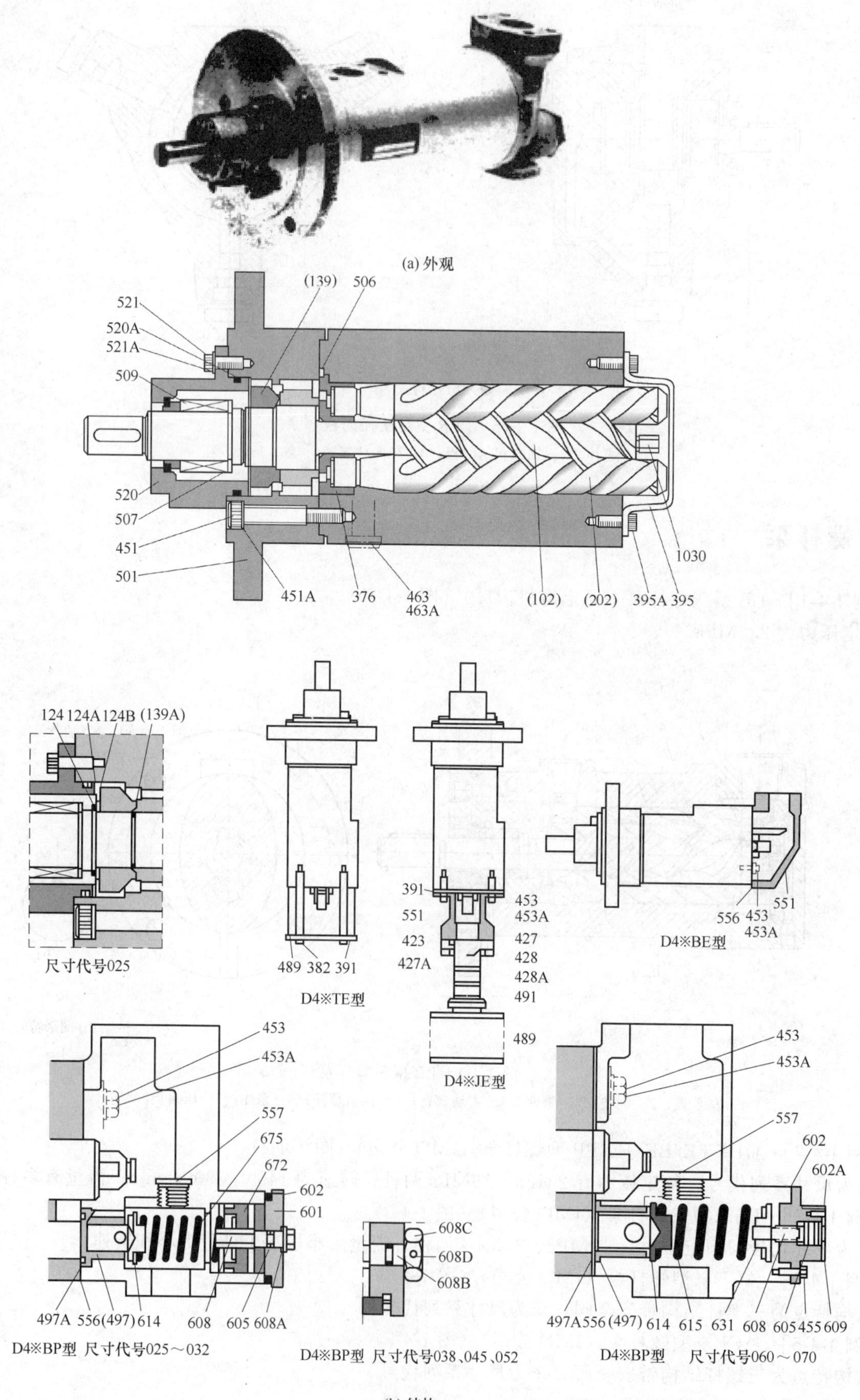
521
520A
521A
509
520
507
451
501
451A
376
463
463A
(139)
506
(102)
(202)
395A
395
1030
124 124A 124B (139A)
尺寸代号025
489 382 391
D4※TE型
391
551
423
427A
453
453A
427
428
428A
491
489
D4※JE型
556 453 453A 551
D4※BE型
453
453A
557
675
672
602
601
497A 556(497) 614 608 605 608A
D4※BP型 尺寸代号025～032
608C
608D
608B
D4※BP型 尺寸代号038、045、052
453
453A
557
602
602A
497A 556 (497) 614 615 631 608 605 455 609
D4※BP型 尺寸代号060～070

(a) 外观

(b) 结构

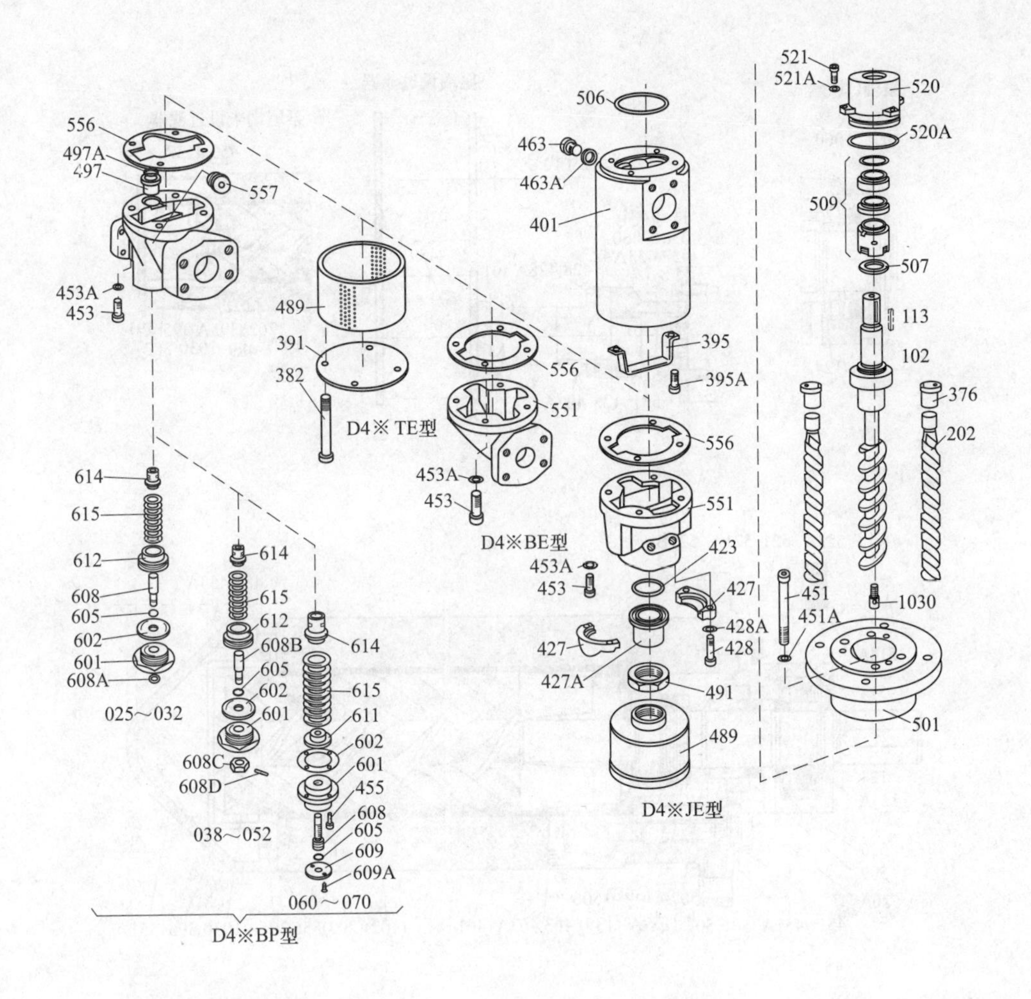

(c) 分解图

图 1-4-2　D4※TE/BE/JE/BP 型螺杆泵

102—主动螺杆；113—键；124,139A—卡簧；124A,507,609—垫；124B,428A,451A,453A,463A,521A,602—垫圈；139—平衡垫；202—从动螺杆；376—平衡套；382,395A,428,451,453,455,521,609A,1030—螺钉；391—垫板；395—支板；401—泵体；423,497A,506,520A,605—O 形圈；427—剖分法兰；427A—焊接接头体；463,601—塞；489—滤网；491—锁母；497—阀座；501—泵前盖；509—泵轴封组件；520—盖；551—密封室；556—密封垫；557—螺塞；608,614—阀芯；608A—密封环；608B—阀芯；608C—螺母；608D—销；611—弹簧座；612—螺套；615—弹簧

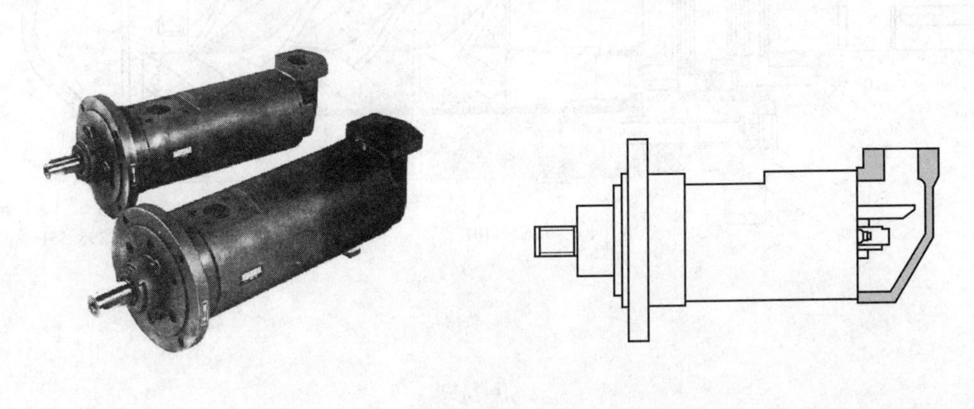

(a) 外观

图 1-4-3

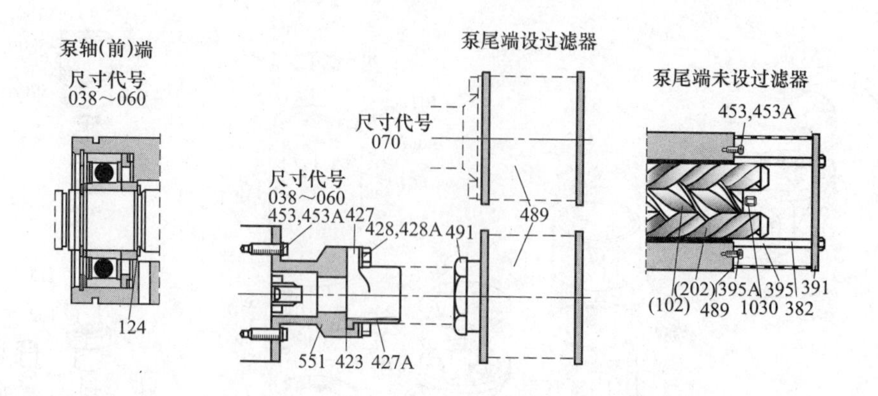

泵轴(前)端
尺寸代号
038～060
124
泵尾端设过滤器
尺寸代号
070
尺寸代号
038～060
453,453A
427
428,428A
491
489
551
423
427A
泵尾端未设过滤器
453,453A
(202)
395A
395
391
(102)
489
1030
382

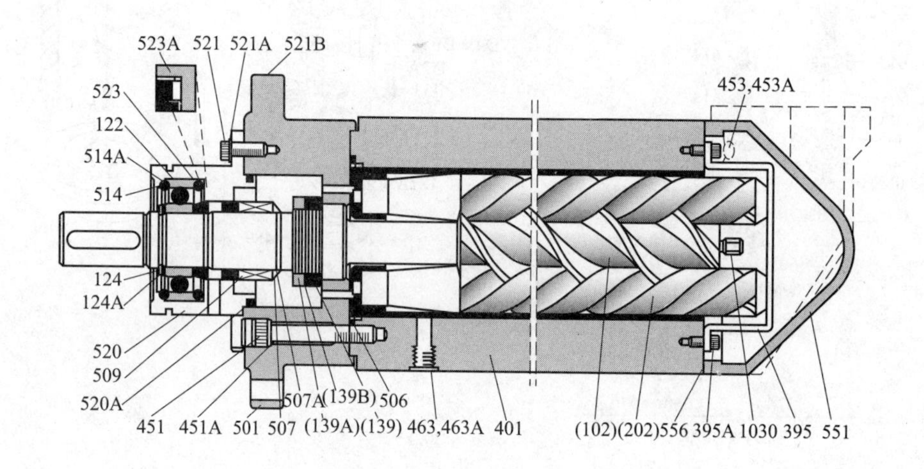

523A
521
521A
521B
523
122
514A
514
124
124A
520
509
520A
451
451A
501
507
507A
(139B)
506
(139A)
(139)
463,463A
401
453,453A
(102)
(202)
556
395A
1030
395
551

结构1

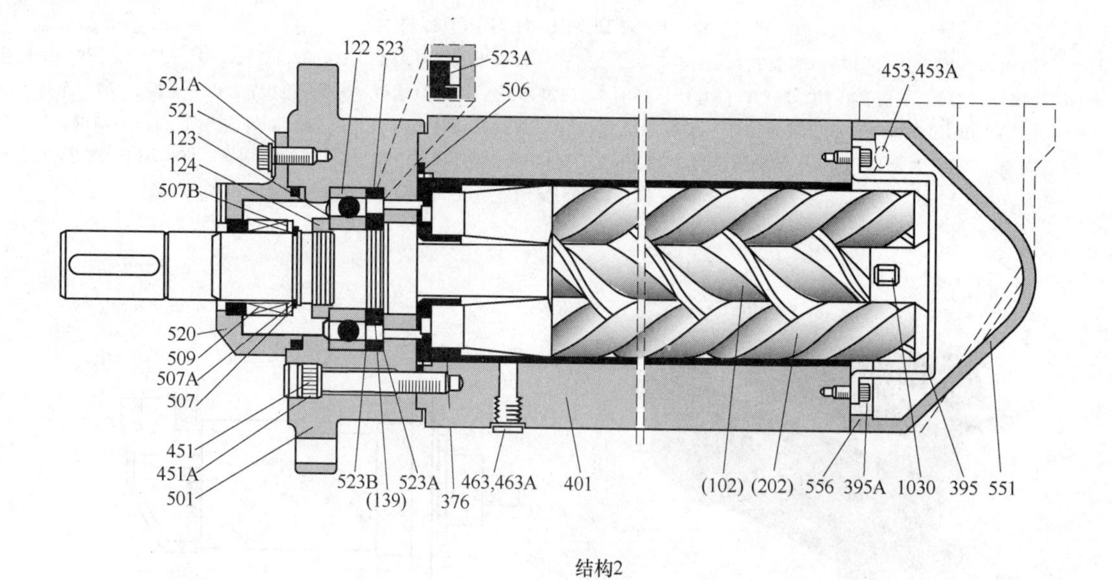

122
523
523A
506
521A
521
123
124
507B
520
509
507A
507
451
451A
501
523B
(139)
523A
376
463,463A
401
453,453A
(102)
(202)
556
395A
1030
395
551

结构2

(b) 结构

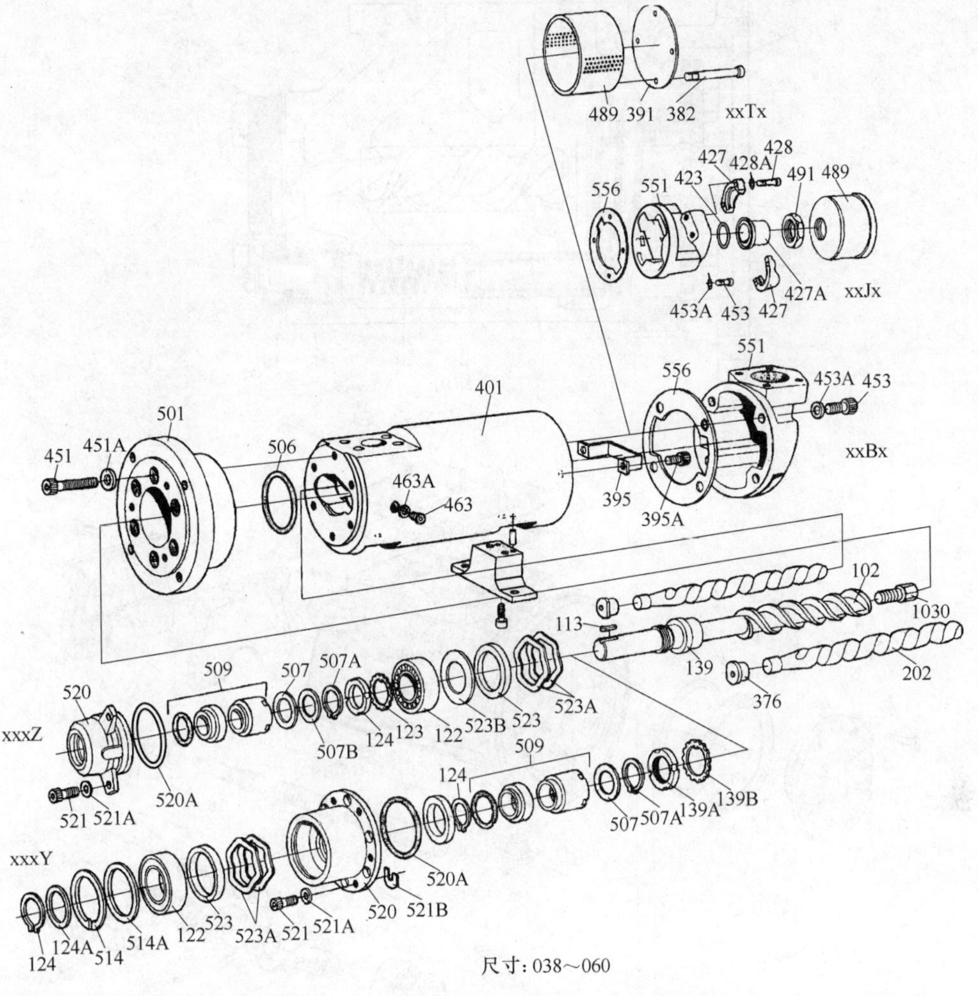

(c) 分解图

图 1-4-3 D6※型三螺杆泵

102—主动螺杆；113—键；122—球轴承；123—防松圈；124—锁母或卡簧；124A,507—垫；139—平衡垫；139A,514—卡簧；139B,428A,451A,453A,463A,507B,514A,521A,523—垫圈；202—从动螺杆；376—平衡套；382,395A,428,451,453,521,1030—螺钉；391—垫板；395—支板；401—泵体；423,506,520A—O形圈；427—剖分法兰；427A—焊接接头体；463—塞；489—滤网；491—锁母；501—泵前盖；507A—卡环；509—泵轴封组件；520—盖；521B—卡子；523A—弹簧垫；523B—填隙片；551—密封室；556—密封垫

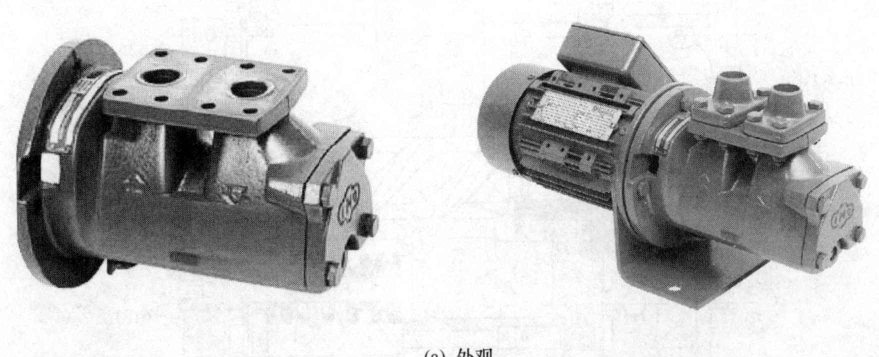

(a) 外观

图 1-4-4

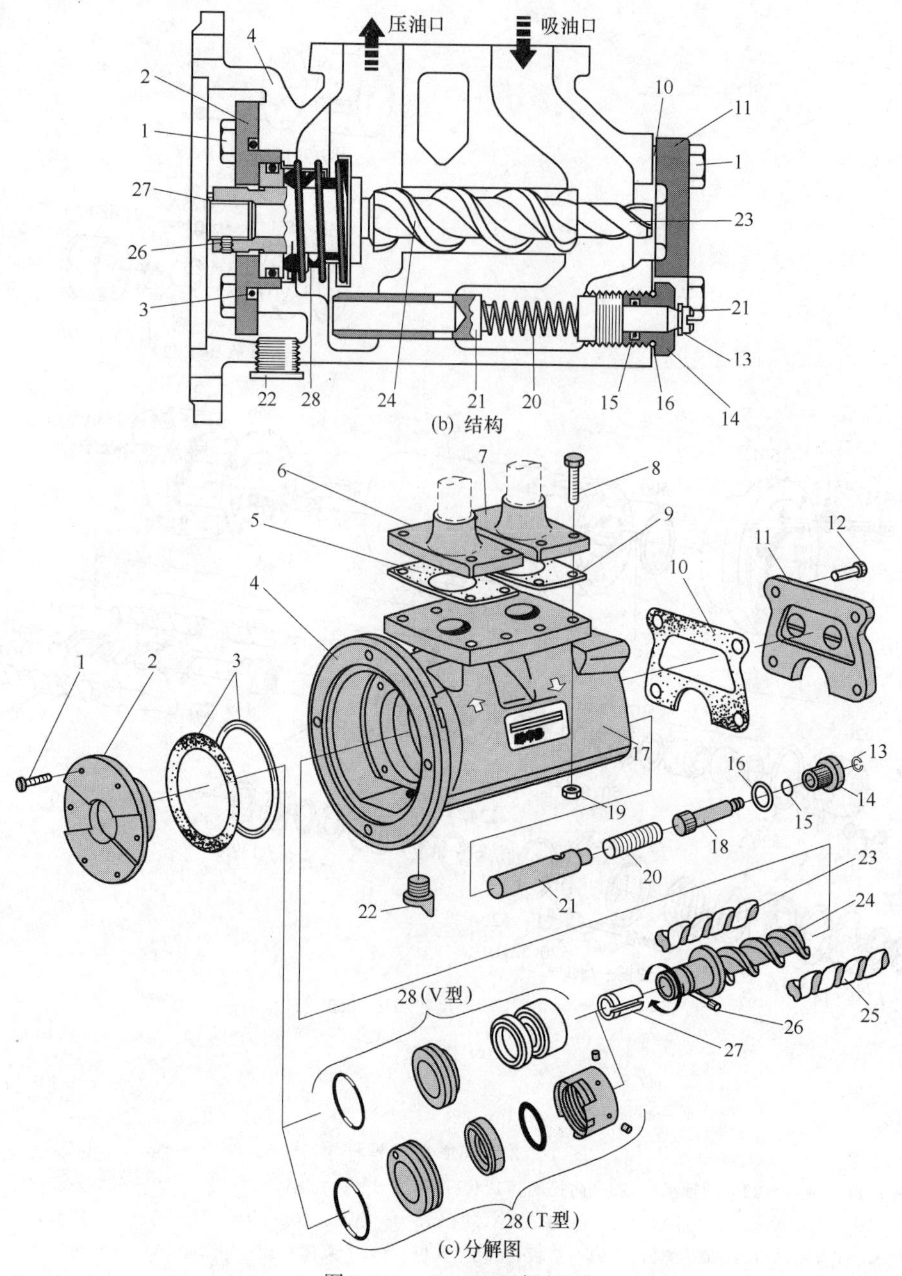

(b) 结构

(c)分解图

图 1-4-4 ACD※型螺杆泵

1,8,12—螺钉；2—前法兰；3,15—O 形圈；4—泵体；5,9—垫；6,7—法兰连接板；10,16—密封垫；11—后盖；13—卡簧；14,22—螺塞；17—标牌；18—调节杆；19—螺母；20—弹簧；21—滑阀芯；23,25—从动螺杆；24—主动螺杆；26—定位螺钉；27—堵套；28—轴封组件

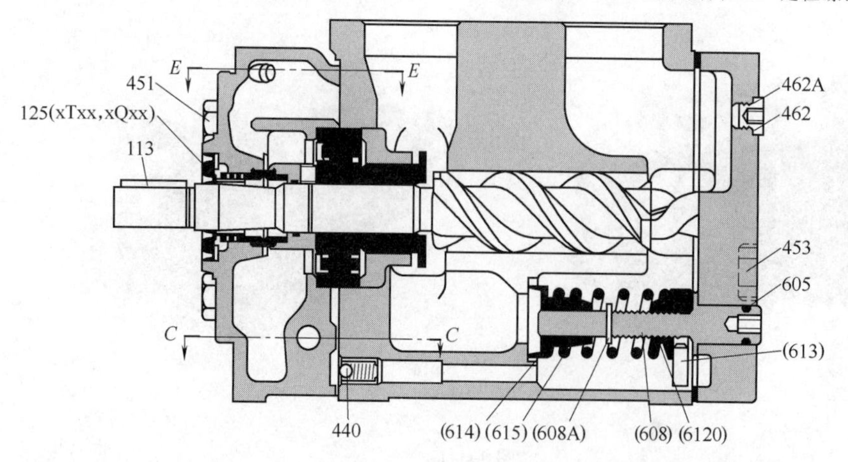

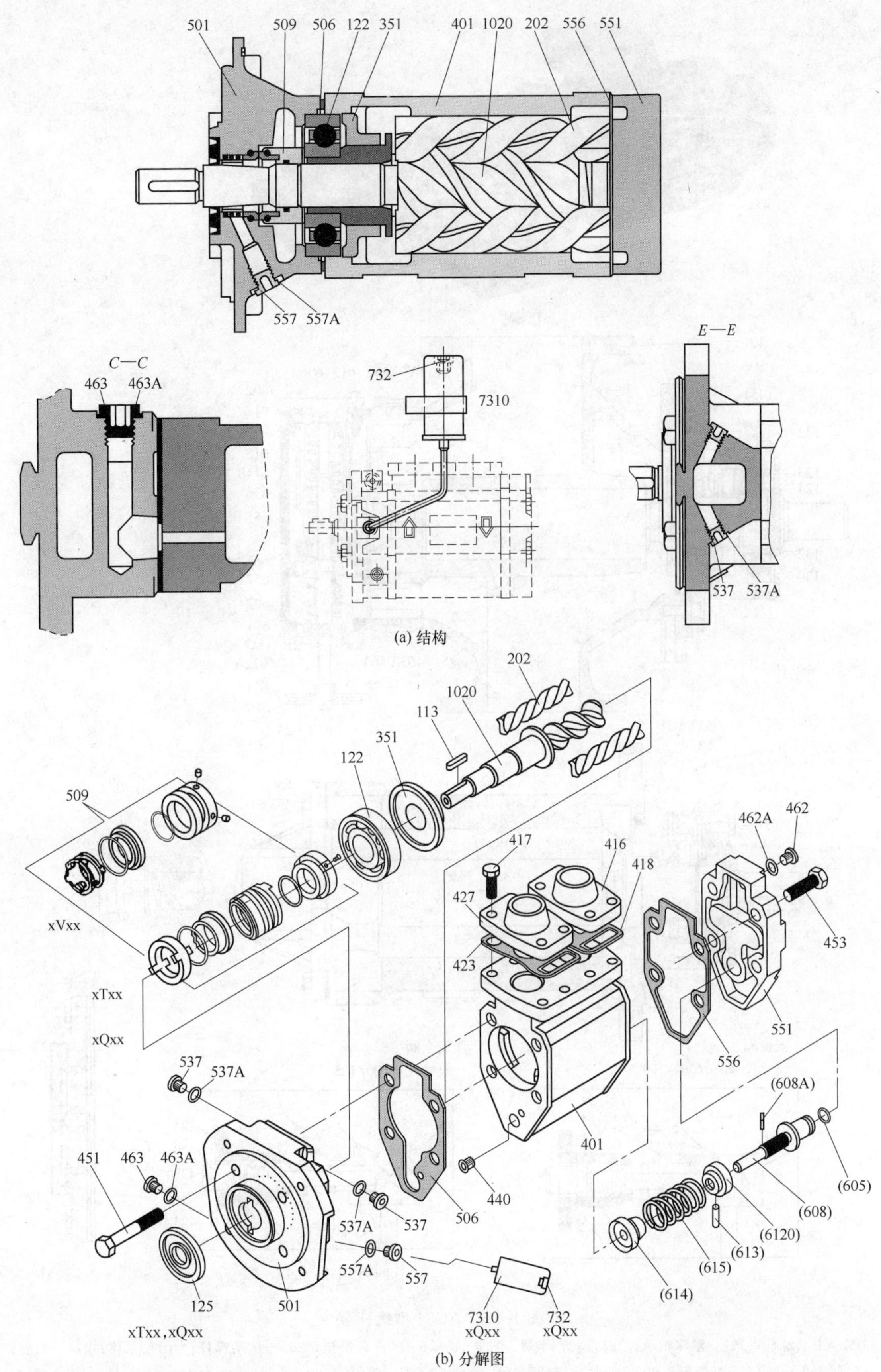

图 1-4-5 ACE※型螺杆泵

113—键；122—滚珠轴承；125—防尘密封；202—从动螺杆；351—平衡套；401—泵体；416,427—连接法兰；417,451,453—螺钉；418,423,462A,463A,506,537A,556,557A—密封垫；440—回油阀；462,463—螺塞；501—泵前盖；509—轴封组件；537—塞；551—后盖；605—O形圈；608—阀塞；608A,613—销；614—阀芯；615—阀弹簧；732—放气塞；1020—主动螺杆；6120—弹簧座套；7310—密封防护组件

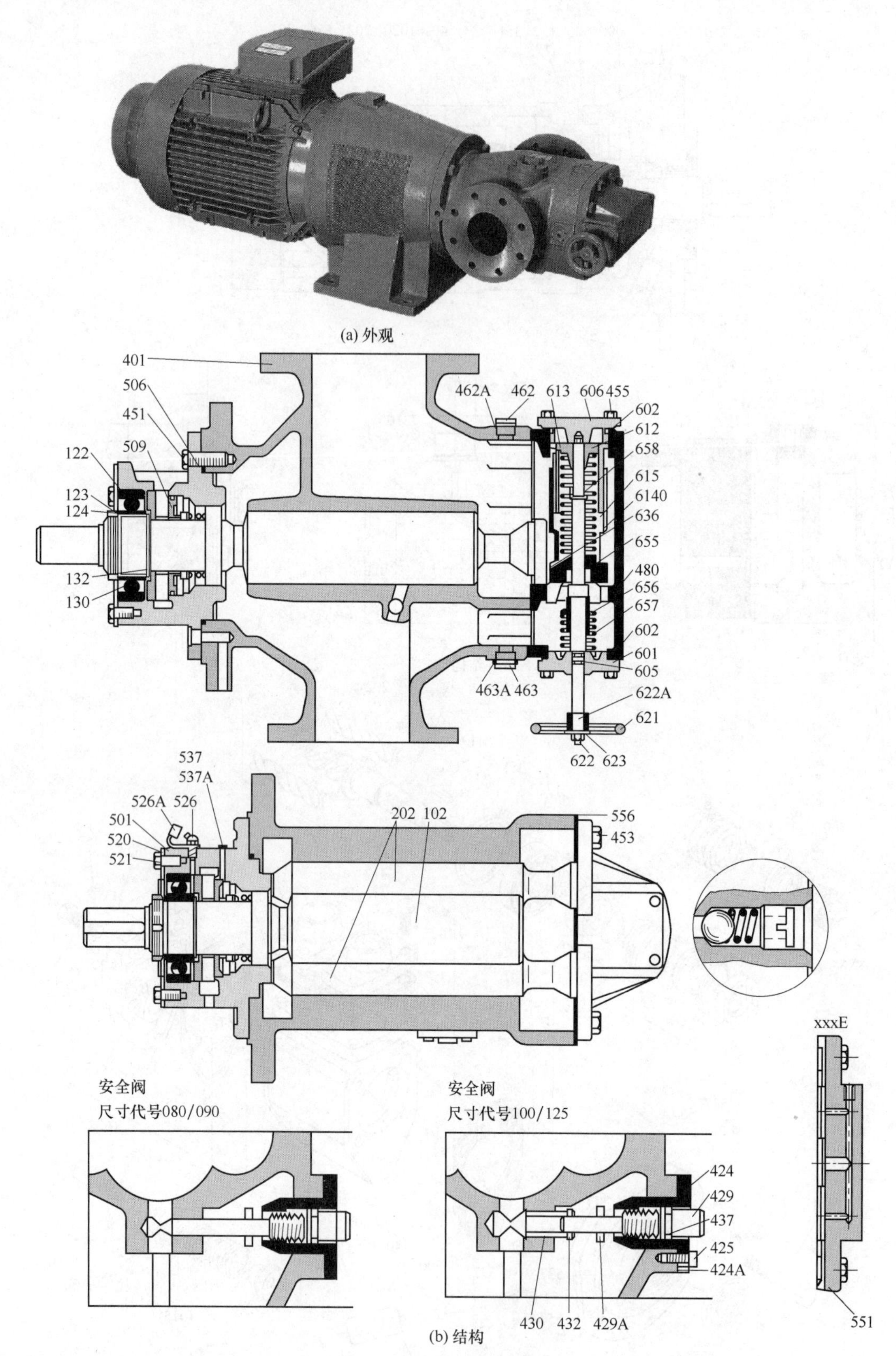

(b) 结构

图 1-4-6　ACF4 型螺杆泵

102—主动螺杆；122—滚珠轴承；123,132—卡簧；124—锁母；130—调整垫；202—从动螺杆；401—泵体；424—塞套；424A,462A,463A,537A,556,602—密封垫；425,451,453,455,521—螺钉；429—小轴；429A,432,613—销；430—柱塞；462,463—螺堵；480—阀体；501—泵前盖；506,605—O 形圈；509—轴封组件；520—法兰盖；526—油嘴；526A—油嘴盖；537—螺塞；551,606—盖；601—盖扳；612—螺纹套；615—阀弹簧；621—手轮；622—螺母；622A—键；623—垫片；636—安全阀；655—垫圈；656—套筒；657—弹簧；658—间隔套；6140—阀芯

［例 1-4-7］ ACG/UCG※BE/BP/BG 型螺杆泵（IMO 公司）（图 1-4-7）

结构特点为三螺杆结构带安全阀，※为尺寸系列代号。

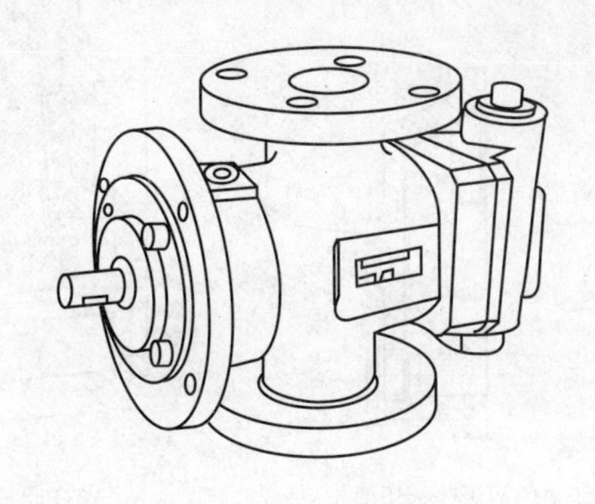

(a) 外观

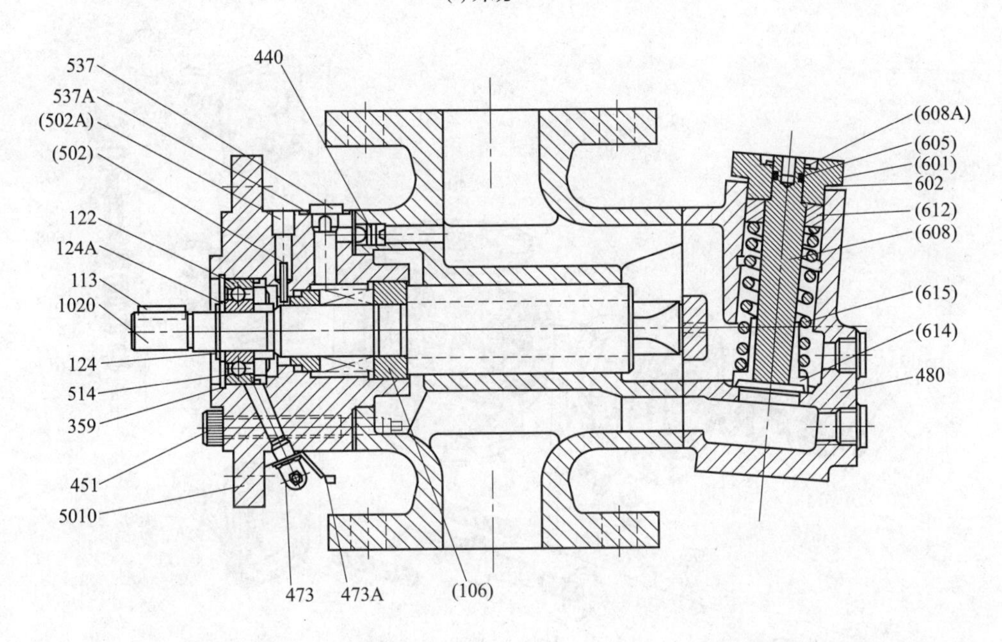

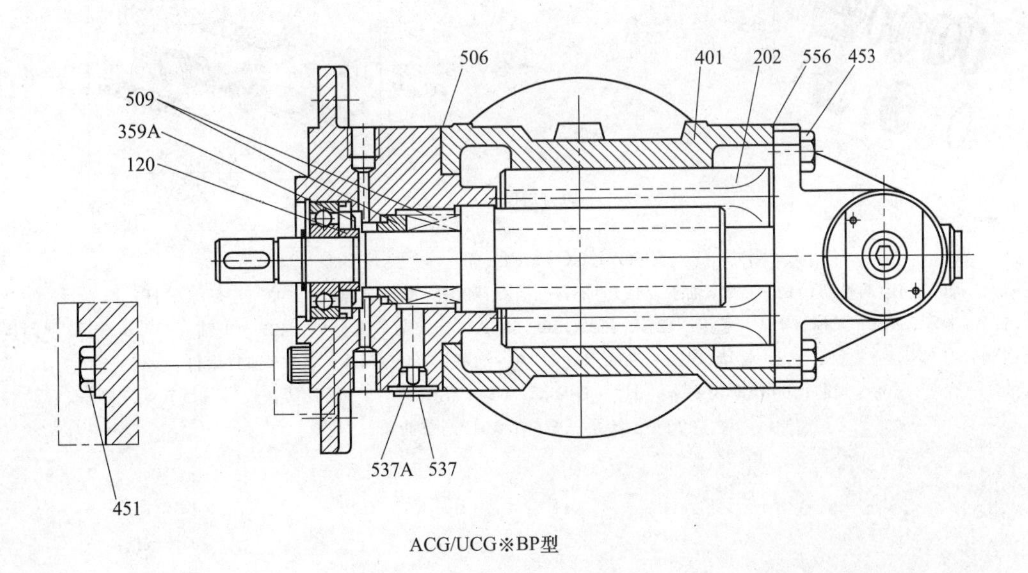

ACG/UCG※BP型

图 1-4-7

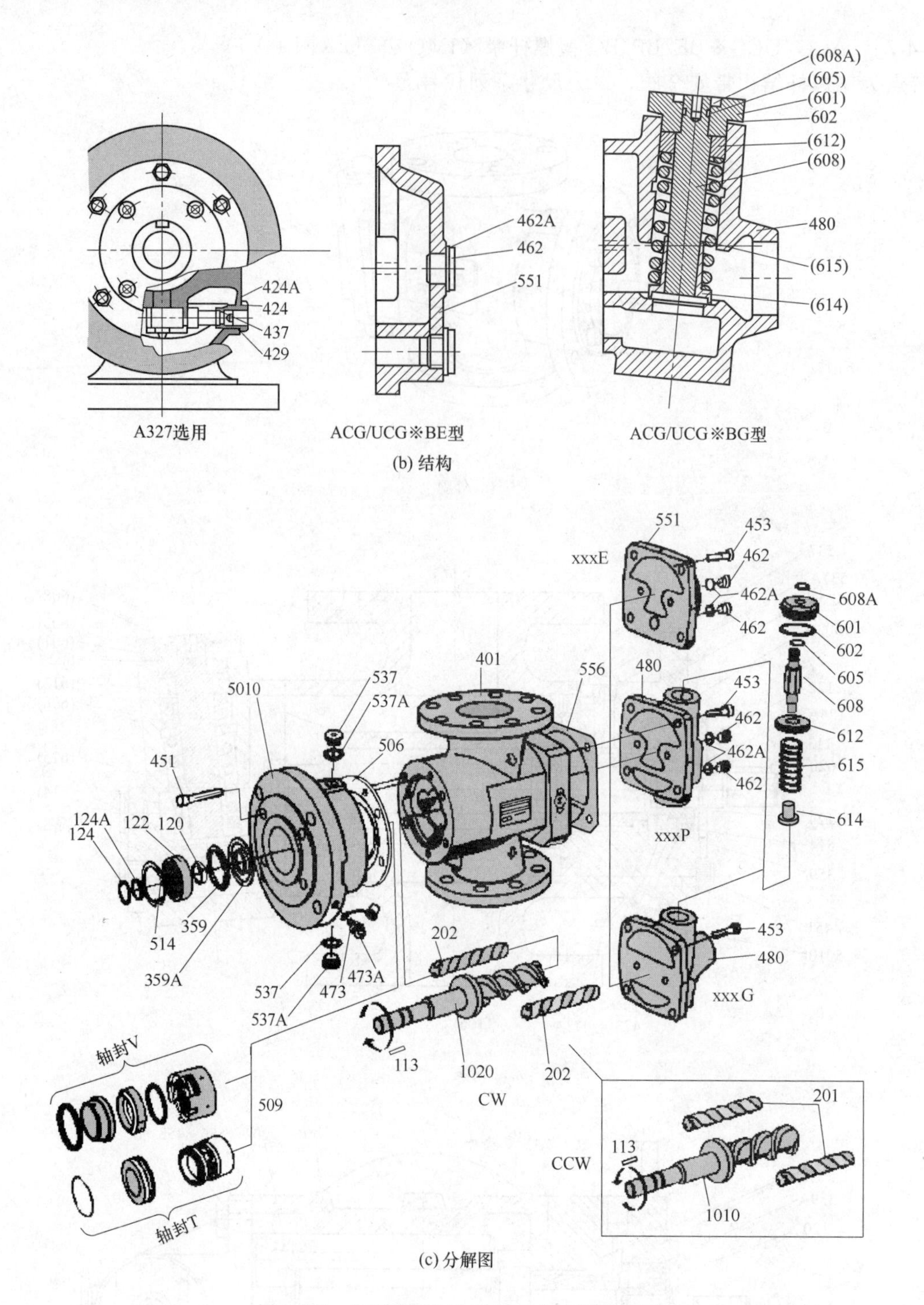

图 1-4-7 ACG/UCG※ BE/BP/BG 型螺杆泵

113—键；120—间隙调整圈；122—滚珠轴承；124,124A—挡圈；201—反转泵螺杆；202—正转泵螺杆；359—衬垫；359A,514—卡环；401—泵体；424—塞套；424A,462A,506,537A,556,602—密封垫；429—小轴；437,605—O 形圈；440—止回阀；451,453—螺钉；462—螺堵；473—油嘴盖；473A—油嘴；480—阀体；509—轴封组件；537—塞；551—盖；601—螺塞；608—阀芯；608A—密封环；612—螺纹套；614—活塞；615—阀弹簧；1010—反转泵三螺杆；1020—正转泵三螺杆；5010—泵前盖

第2章 液压缸与液压马达

2-1 液压缸

2-1-1 国产机床、注塑机等用液压缸

［例 2-1-1］ M7120A 平面磨床 HYY62/1-70×1500 型工作台液压缸（空心双杆活塞式油缸）（图 2-1-1）

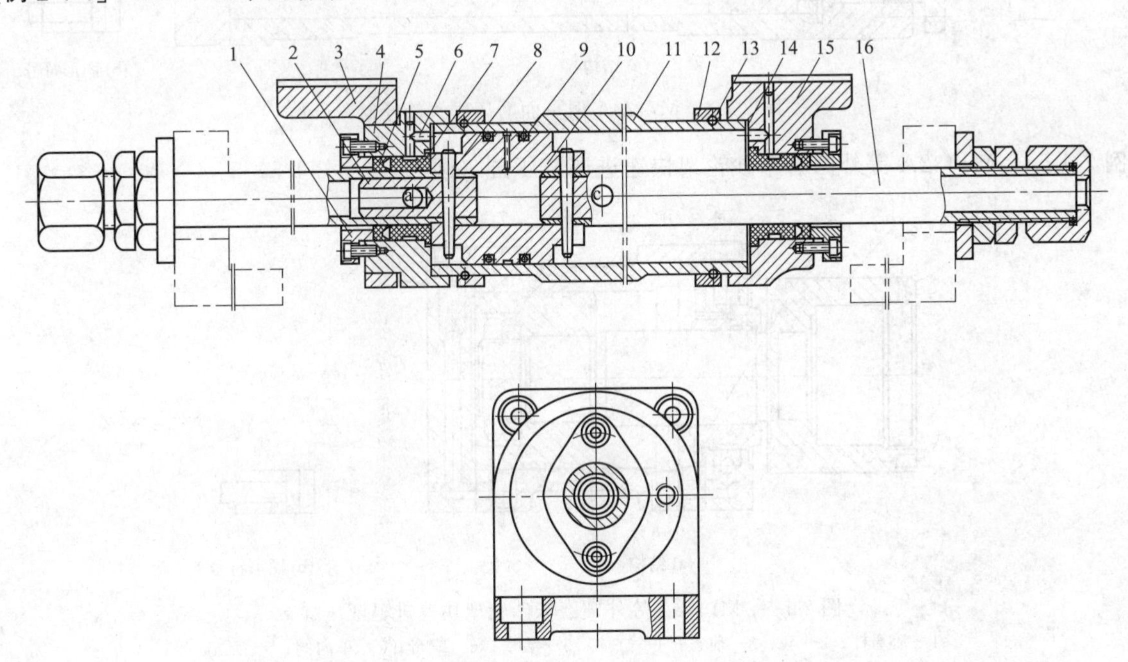

图 2-1-1 HYY62/1-70×1500 型工作台液压缸

1—压盖；2,16—空心活塞杆；3,15—托架；4,15—端盖；5,9—密封圈；6—小孔；7—导向套；8—锥销；10—活塞；11—缸体；12—压板；13—卡环；14—纸垫

［例 2-1-2］ HYY62/1-90×2000 型空心双杆双活塞式液压缸（国产）（图 2-1-2）

主要用于国产机床——内外圆磨床，使用压力为 2.5MPa。

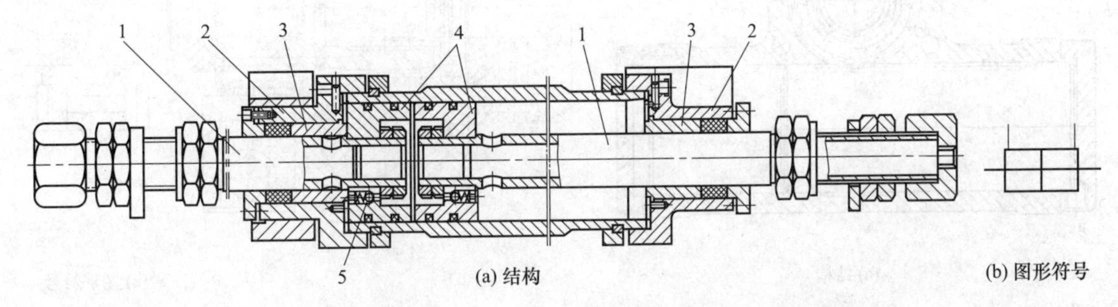

图 2-1-2 HYY62/1-90×2000 型空心双杆双活塞式液压缸

1—空心活塞杆；2—缸盖；3—导向套；4—活塞；5—单向阀

[例 2-1-3] 大型机床用工作台液压缸（国产）（图 2-1-3）

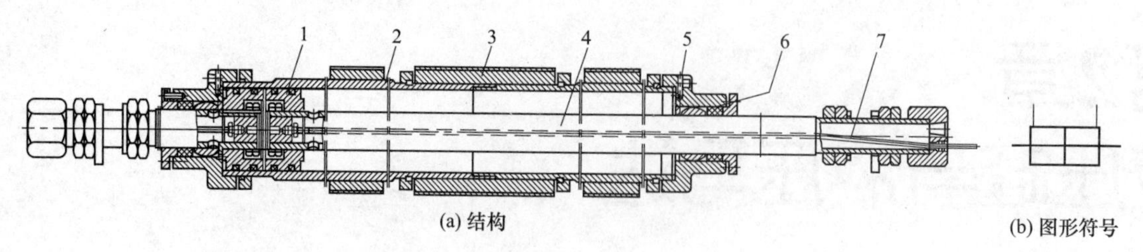

图 2-1-3 大型机床用工作台液压缸

1—活塞；2—缸体；3—护套；4—活塞杆；5—销；6—螺套；7—油道

[例 2-1-4] M7120A 型平面磨床磨头液压缸（国产）（图 2-1-4）

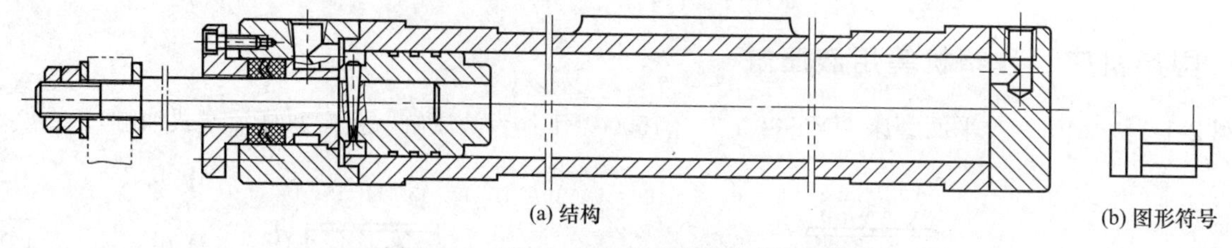

图 2-1-4 M7120A 型平面磨床磨头液压缸

[例 2-1-5] M1432A 等外圆磨床砂轮架快速进退液压缸（国产）（图 2-1-5）

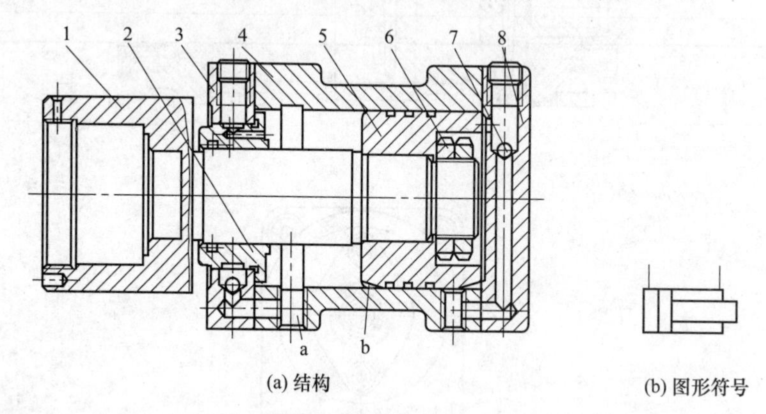

图 2-1-5 M1432A 等外圆磨床砂轮架快速进退液压缸

1—活塞杆；2—套；3—前盖；4—缸体；5—活塞；6—螺母；7—单向阀；8—后盖

[例 2-1-6] 外圆磨头切入进给液压缸（国产）（图 2-1-6）

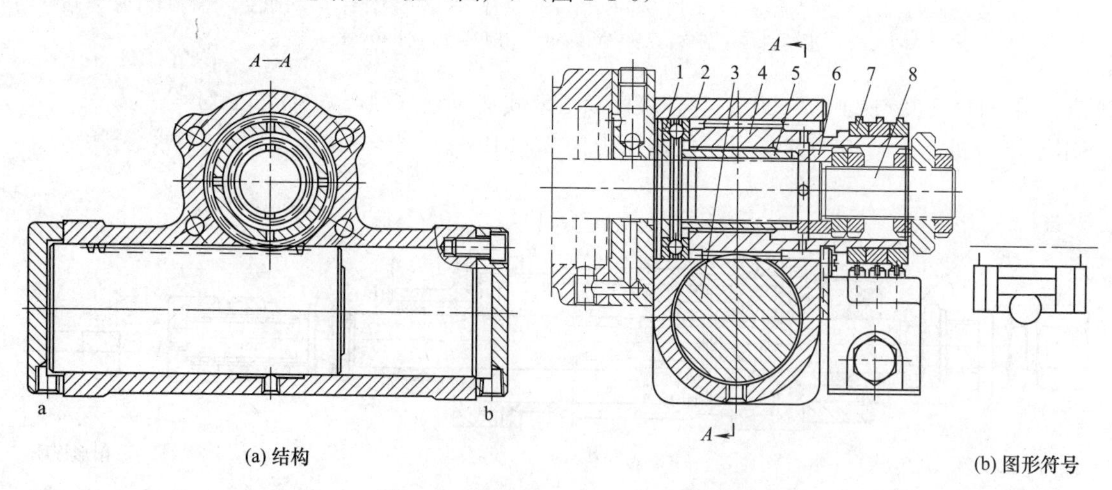

图 2-1-6 外圆磨头切入进给液压缸

1—止推轴承；2—缸体；3—齿条活塞；4—螺母齿轮；5—螺套；6—挡块；7—凸轮；8—活塞杆

[例 2-1-7] 磨床砂轮架断续进给液压缸（国产）（图 2-1-7）

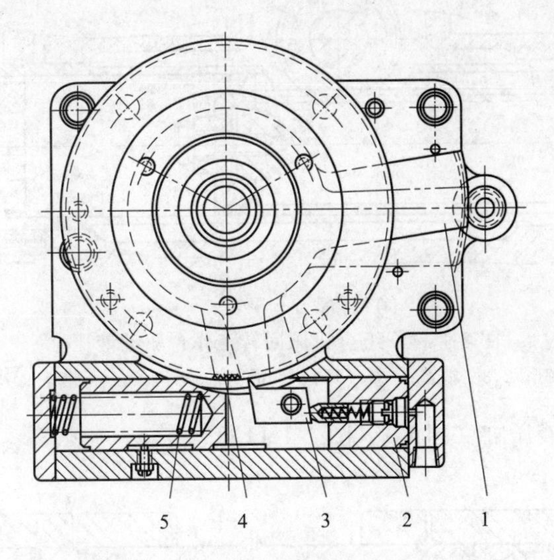

图 2-1-7 磨床砂轮架断续进给液压缸

1—调节挡板；2—活塞；3—棘爪；4—棘轮；5—复位弹簧

[例 2-1-8] 柱塞式闸缸（国产）（图 2-1-8）

消除磨床进给丝杠螺母间隙用。

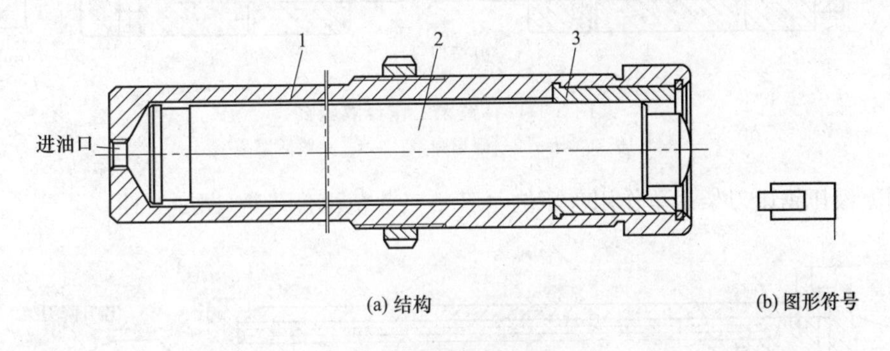

(a) 结构 (b) 图形符号

图 2-1-8 柱塞式闸缸

1—缸体；2—柱塞；3—导向套

[例 2-1-9] 组合机床动力滑台液压缸（国产）（图 2-1-9）

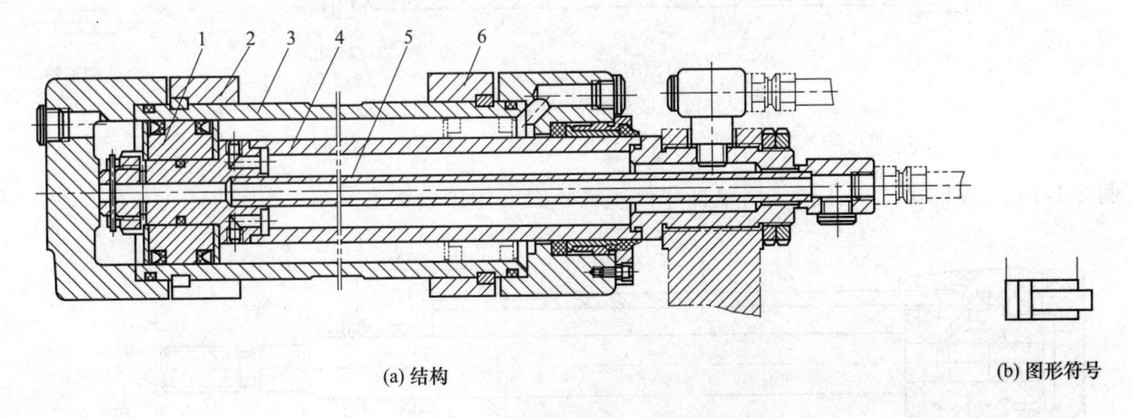

(a) 结构 (b) 图形符号

图 2-1-9 组合机床动力滑台液压缸

1—活塞；2,6—支架；3—缸体；4—空心活塞杆；5—油管

[例 2-1-10] 组合机床回转工作台驱动液压缸（国产）（图 2-1-10）

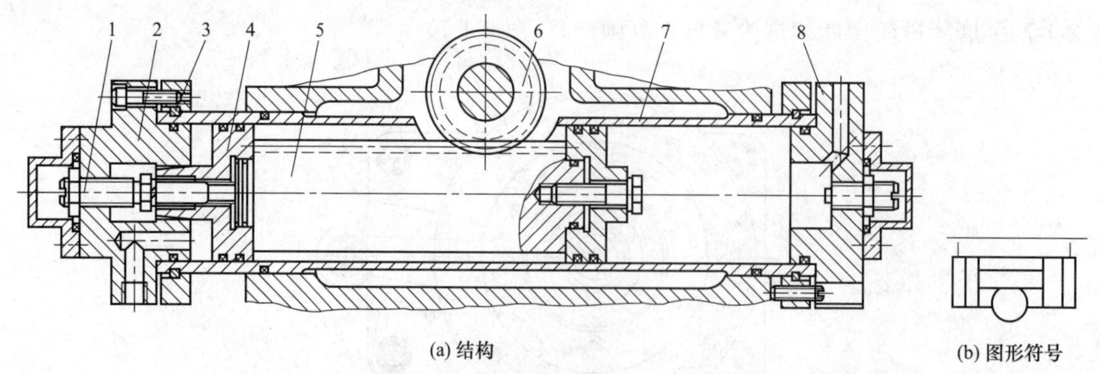

图 2-1-10 组合机床回转工作台驱动液压缸

1—螺钉；2,8—端盖；3—半环；4—活塞；5—齿条；6—齿轮；7—缸体

［例 2-1-11］ 镗床工作台液压缸（国产）（图 2-1-11）

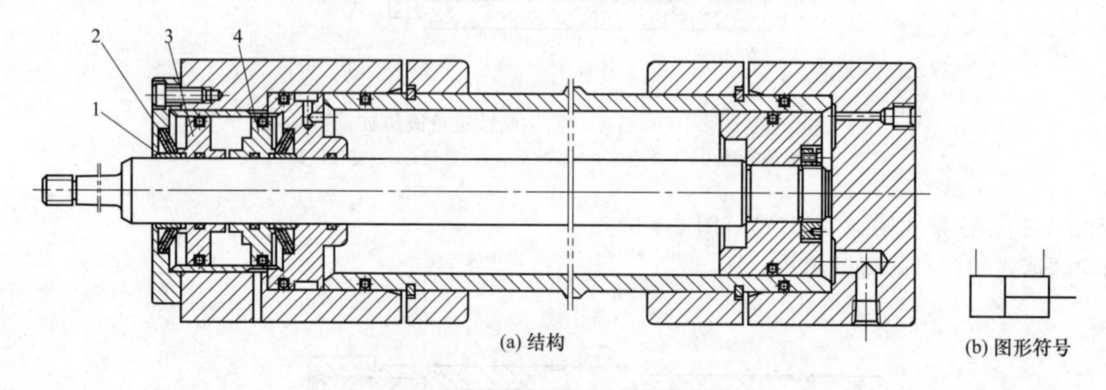

图 2-1-11 镗床工作台液压缸

1—夹紧套；2—碟形弹簧；3,4—夹紧活塞

［例 2-1-12］ 液压锯床刀架用单作用液压缸（日本三井精机公司）（图 2-1-12）

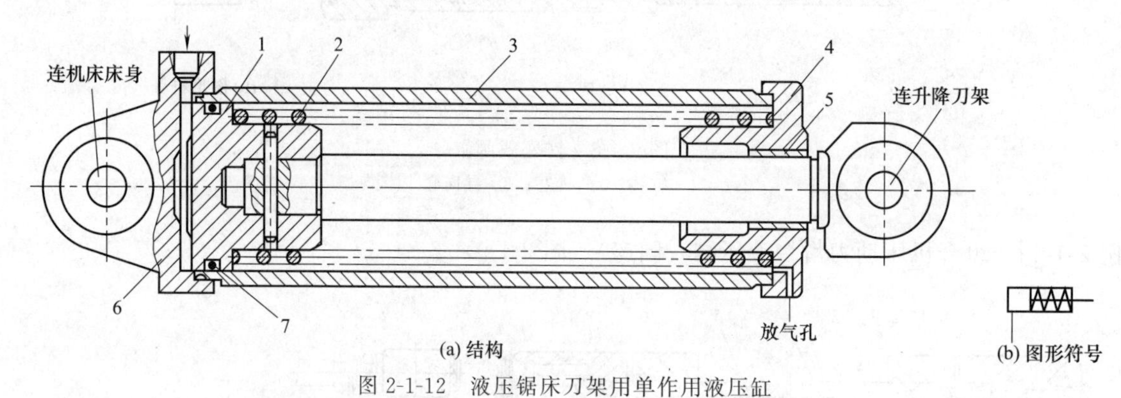

图 2-1-12 液压锯床刀架用单作用液压缸

1—液压缸活塞；2—弹簧；3—缸体；4—顶盖；5—衬套；6—底座；7—O 形圈

［例 2-1-13］ YH 型立式注塑机用单杆双作用液压缸（中国台湾产）（图 2-1-13）

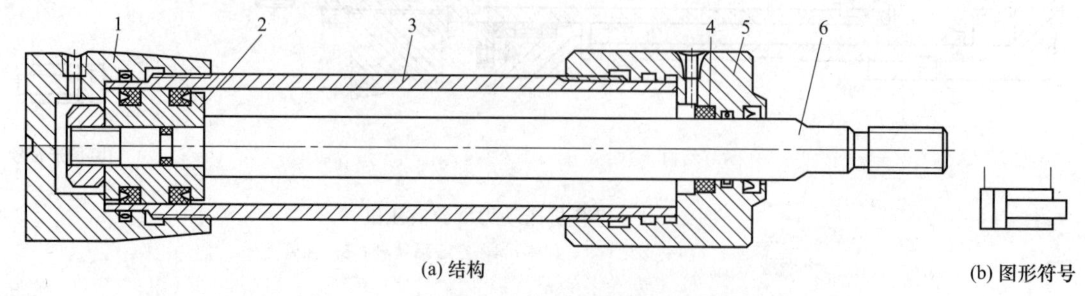

图 2-1-13 YH 型立式注塑机用单杆双作用液压缸

1—端盖；2—活塞；3—缸体；4—导向套；5—缸盖；6—活塞杆

［例 2-1-14］　可回转液压缸（图 2-1-4）。

常用于机床主轴后端夹紧工件用。

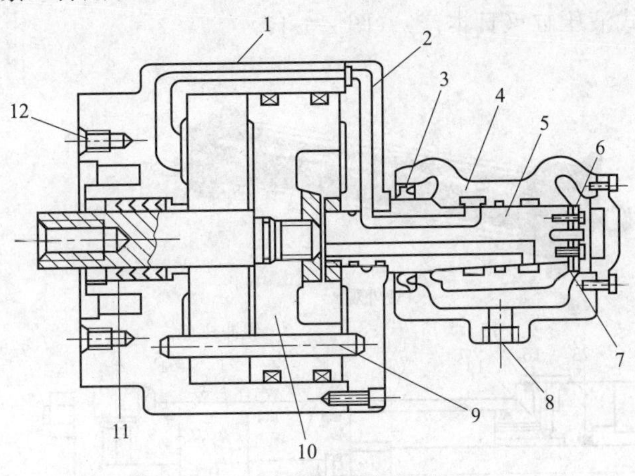

图 2-1-14　可回转液压缸

1—缸体；2—端盖；3—密封；4—分流器；5—分流轴；6—压板；7—调整垫片；8—泄油口；9—销；10—活塞；11—V 形密封；12—螺孔（与法兰连接）

［例 2-1-15］　单叶片回转液压缸（国产）（图 2-1-15）

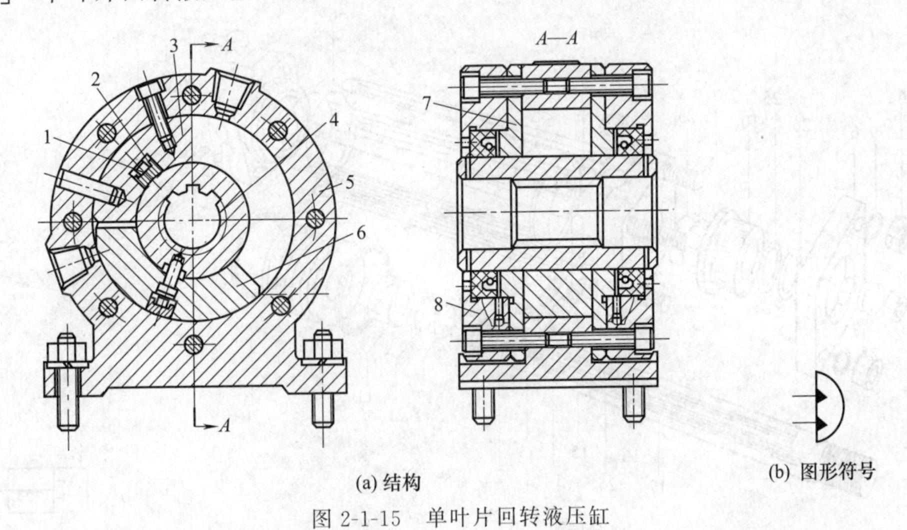

(a) 结构　　(b) 图形符号

图 2-1-15　单叶片回转液压缸

1—弹簧片；2—密封叶片；3—定子；4—轴套；5—缸体；6—转子；7—支承盘；8—盖板

［例 2-1-16］　双叶片回转液压缸（国产）（图 2-1-16）

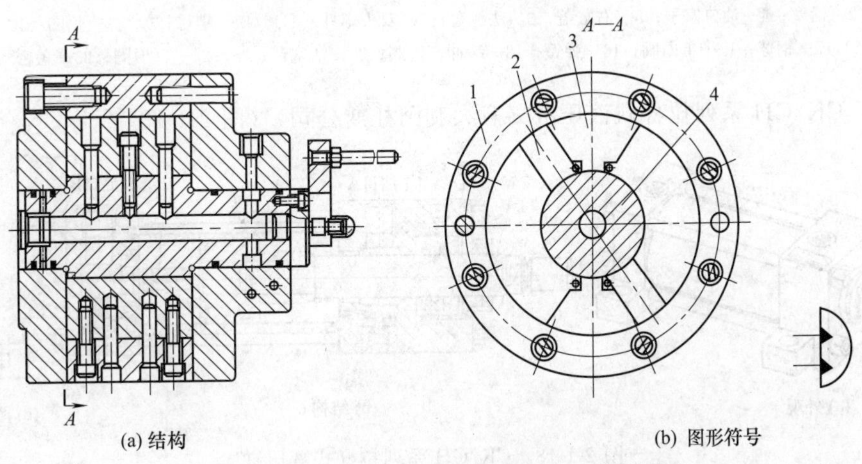

(a) 结构　　(b) 图形符号

图 2-1-16　双叶片回转液压缸

1—缸体；2—动片；3—定子；4—轴

2-1-2 拉杆式液压缸

［例 2-1-17］ 单杆拉杆式液压缸（日本产）（图 2-1-17）

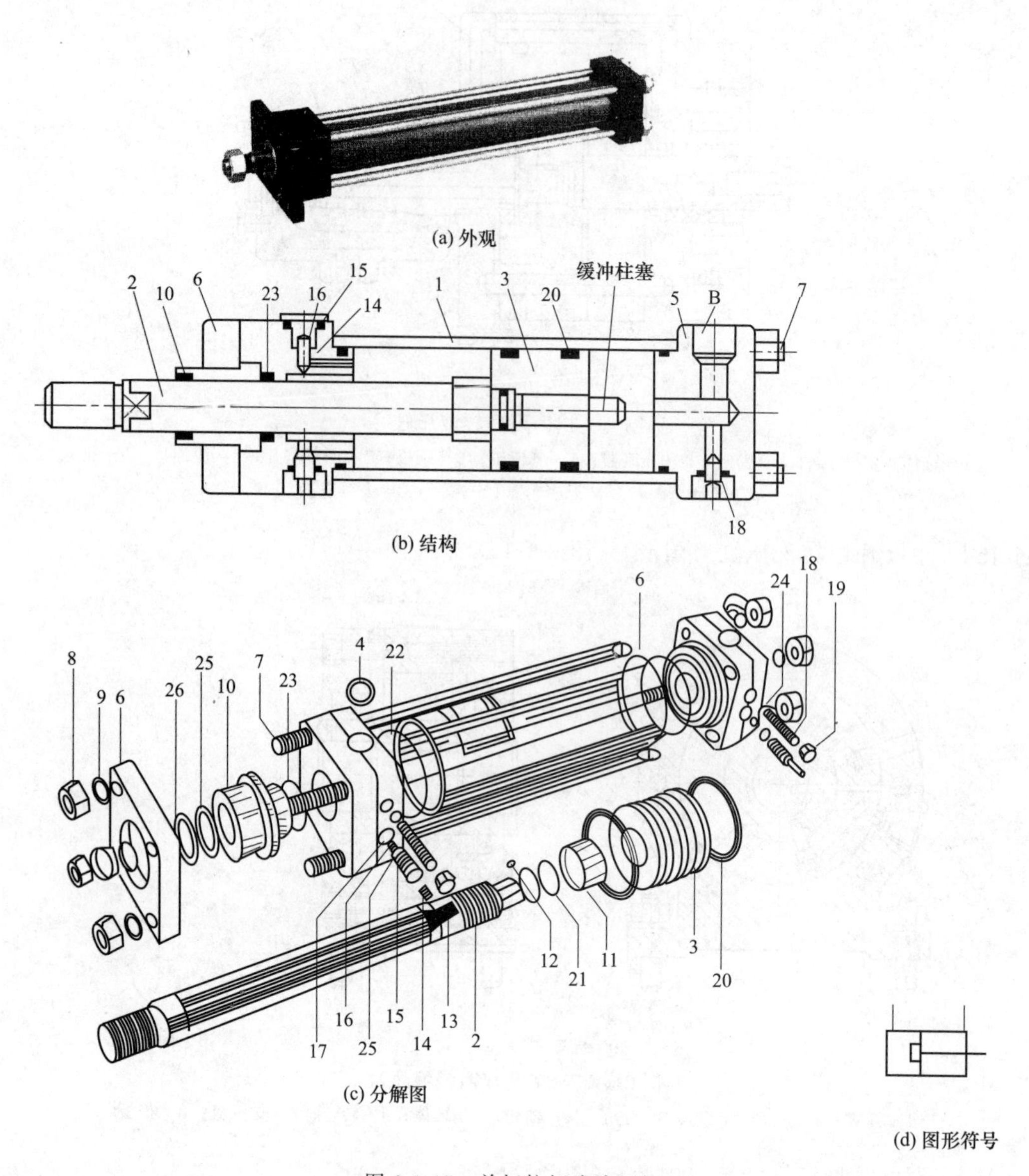

图 2-1-17 单杆拉杆式液压缸

1—缸筒；2—活塞杆；3—活塞；4—油口塞子；5—右缸盖；6—法兰盖；7—双头螺杆；8,13,19—螺母；9—弹簧垫圈；10—导向套；11—缓冲套；12—止动螺钉；14,17—钢球；15—单向阀；16—弹簧；18—缓冲节流阀；20—活塞环；21～24—O 形圈；25—盖密封；26—防尘密封

［例 2-1-18］ CK/CH 系列拉杆式液压缸（意大利阿托斯公司）（图 2-1-18）

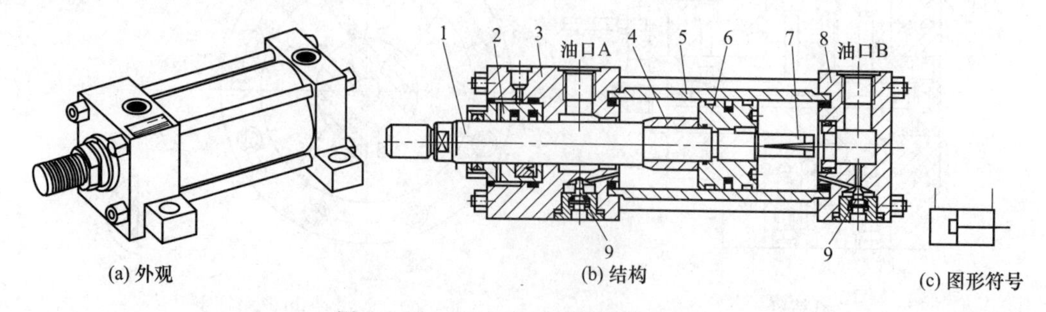

图 2-1-18 CK/CH 系列拉杆式液压缸

1—活塞杆；2—导向套；3—前缸盖；4—级冲套；5—缸筒；6—活塞；7—级冲柱塞；8—后缸盖；9—缓冲调节螺钉

2-1-3 工程机械用液压缸

［例 2-1-19］ HSGK 系列耳环式工程液压缸（湖北金力液压件厂）（图 2-1-19）

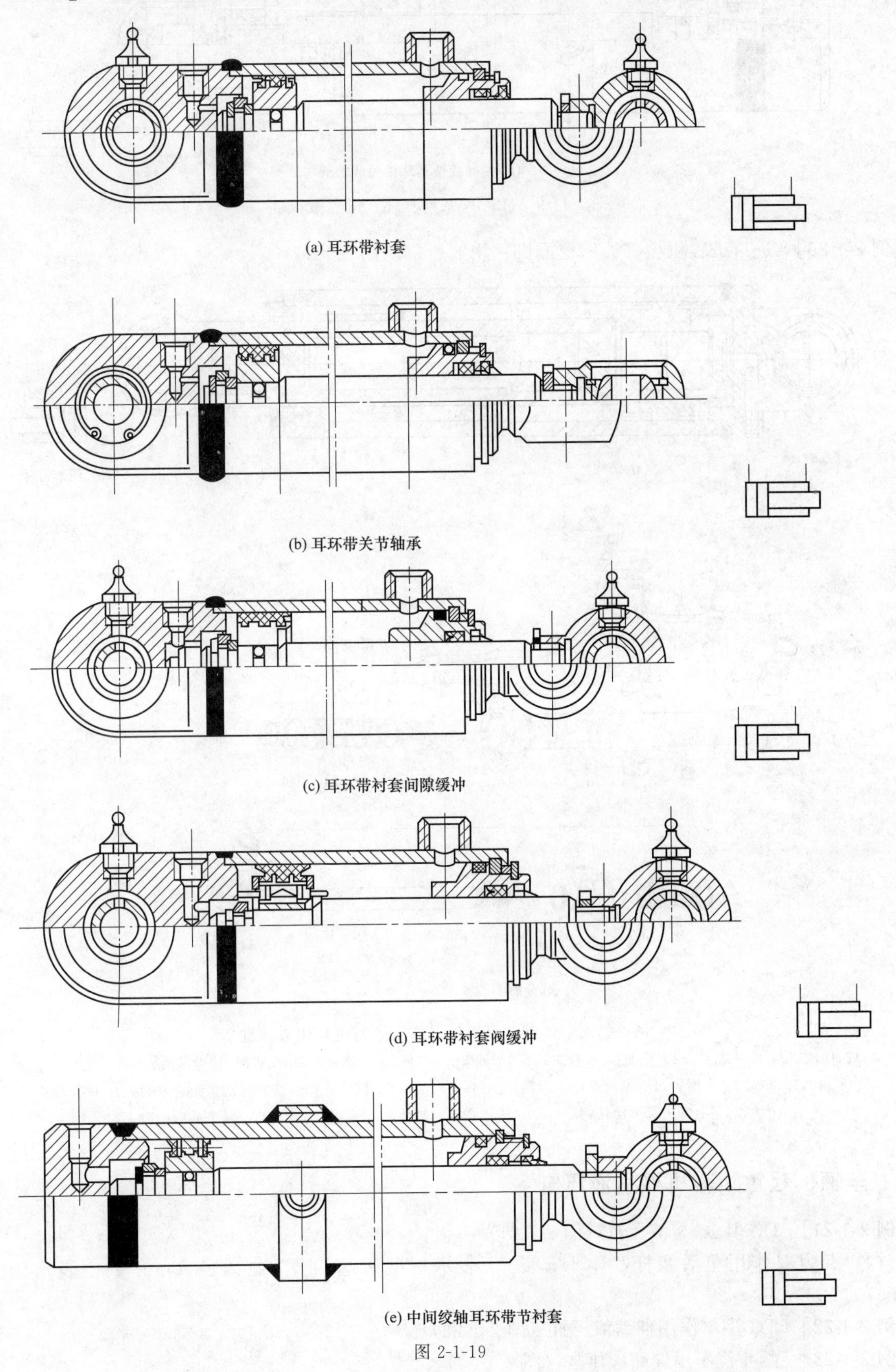

(a) 耳环带衬套

(b) 耳环带关节轴承

(c) 耳环带衬套间隙缓冲

(d) 耳环带衬套阀缓冲

(e) 中间绞轴耳环带节衬套

图 2-1-19

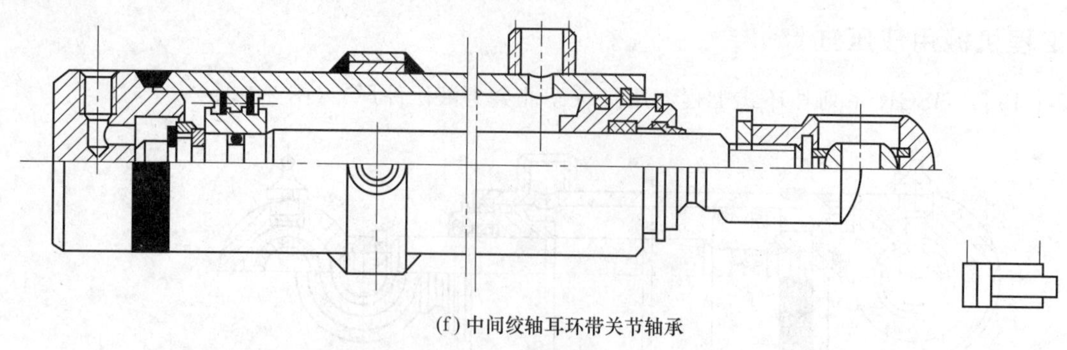

(f) 中间绞轴耳环带关节轴承

图 2-1-19 HSGK 系列耳环式工程液压缸

［例 2-1-20］ 进口工程机械（液压挖掘机）用液压缸（图 2-1-20）

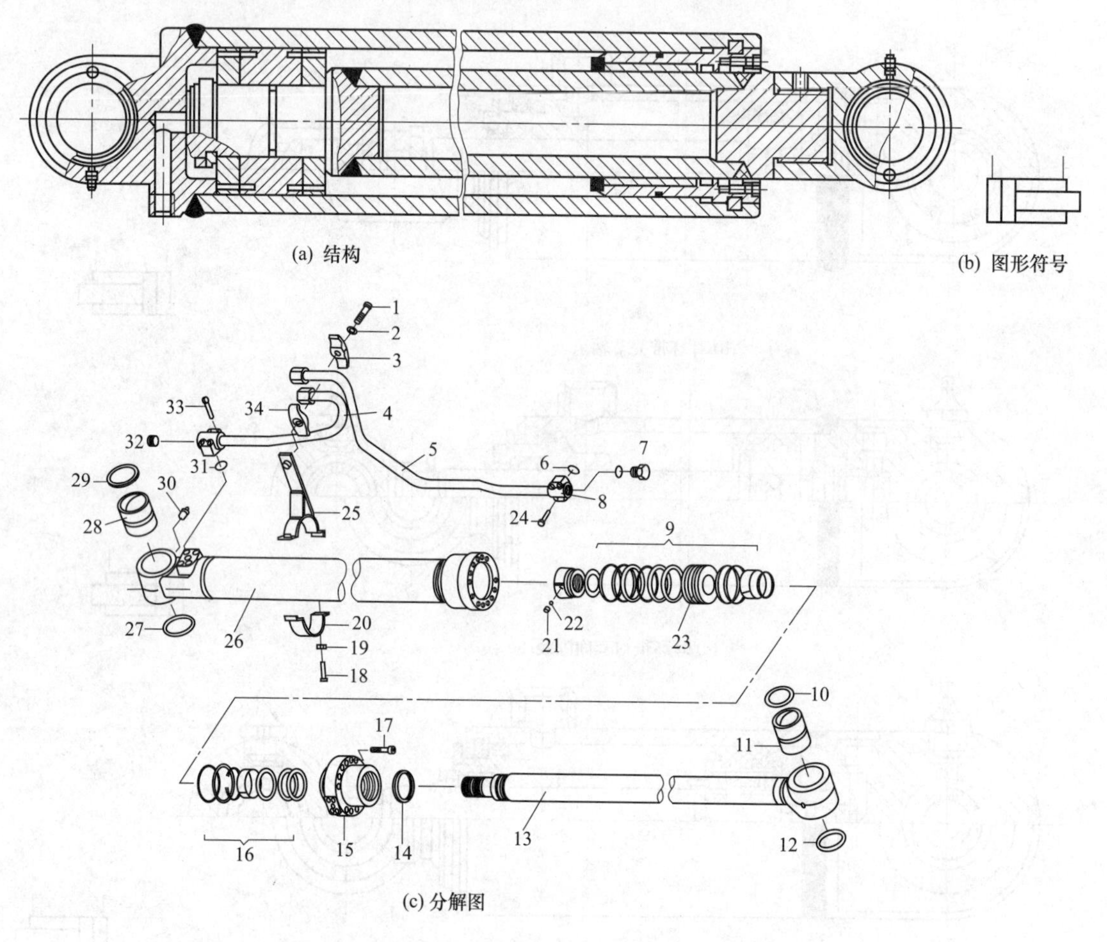

(a) 结构

(b) 图形符号

(c) 分解图

图 2-1-20 进口工程机械（液压挖掘机）用液压缸

1,17,18,21,24,33—螺钉；2—垫圈；3—管夹；4,5—油管；6,31—O 形圈；7—堵头；8—法兰接头；9—活塞组合密封；10,12,27,29—卡圈；11—铜套；13—活塞杆；14—环；15—上缸盖；16—活塞杆缸盖组合密封；19—垫；20,25—卡箍；22—防松钢球；23—活塞；26—缸体；28—铜套；30,32—堵头；34—管夹

2-1-4 车辆、起重运输机械用液压缸

［例 2-1-21］ DG-J□C 型液压缸（图 2-1-21）

结构特点为双作用单活塞杆，耳环安装。J 表示重型活塞；□为缸内径（mm）；C 表示压力等级（16MPa）。

［例 2-1-22］ TG 型单作用伸缩液压缸（图 2-1-22）

［例 2-1-23］ 翻斗汽车用伸缩液压缸（图 2-1-23）

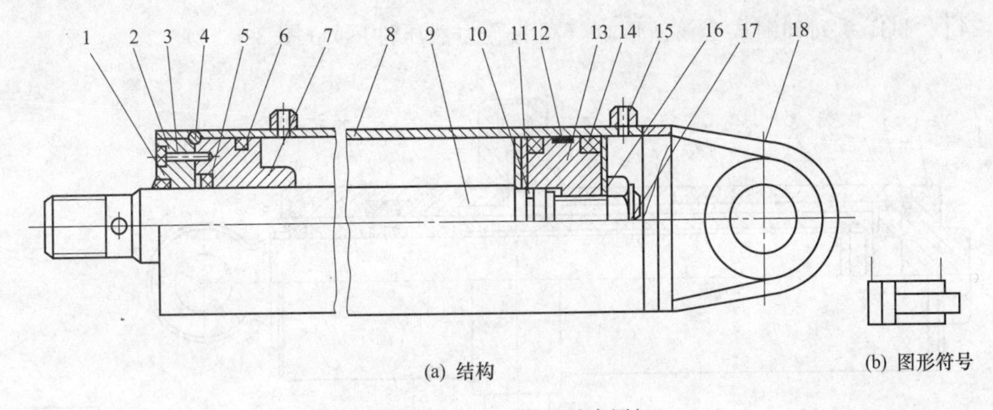

图 2-1-21 DG-J□C 型液压缸

1—防尘圈；2—压盖；3—内六角螺钉；4—弹簧卡圈；5—Y 形密封圈；6,11,14—密封圈；7—导向套；8—缸筒；9—活塞杆；10—挡圈；12—支承环；13—活塞；15—焊接油口接头；16—垫；17—卡环；18—耳环座

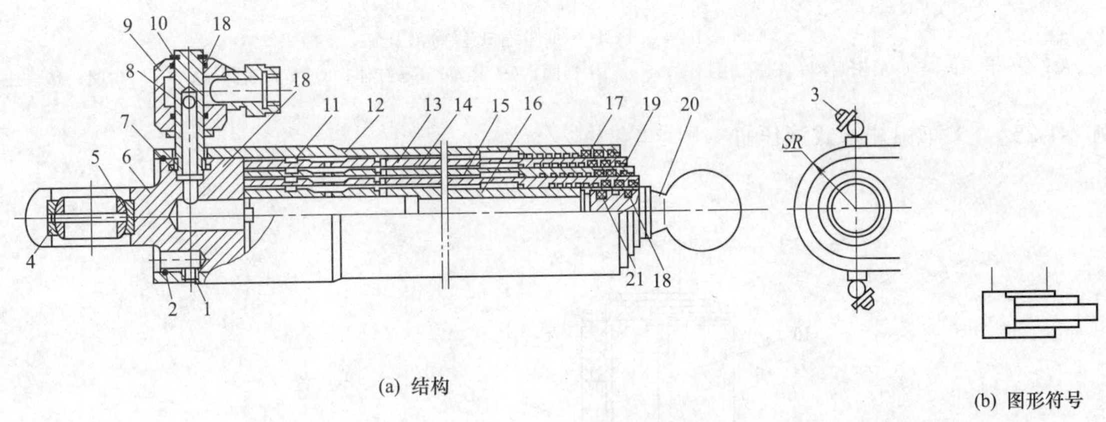

图 2-1-22 TG 型单作用伸缩液压缸

1—弹性圆柱销；2—卡环；3—接头式压注油环；4—孔用弹性挡圈；5—球铰轴承；6—下连接头；7—密封垫；8—管接头铰轴用螺栓；9—铰接管接头体；10—轴用弹性挡圈；11—导向环；12—外缸；13～15—1～3 级套筒；16—柱塞；17—O 形密封圈加挡圈；18—O 形密封圈；19—防尘圈；20—上连接头；21—防松塞

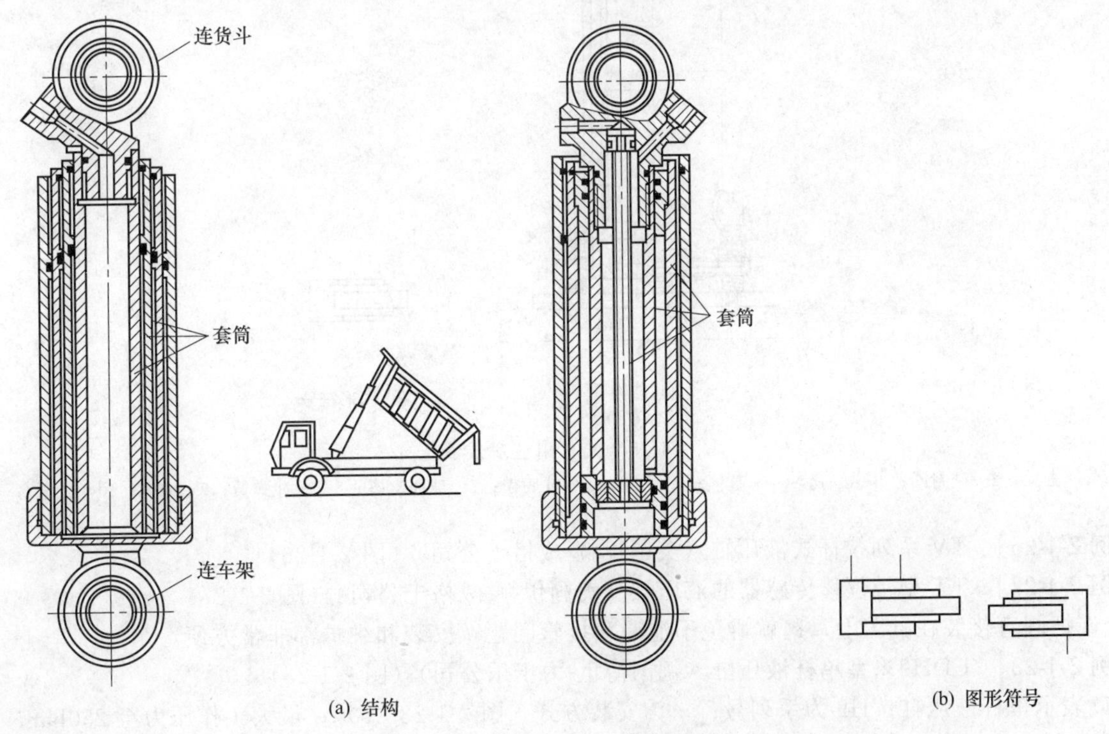

图 2-1-23 翻斗汽车用伸缩液压缸

［例 2-1-24］ TGI 系列伸缩式套筒液压缸（湖北金力液压件厂）（图 2-1-24）

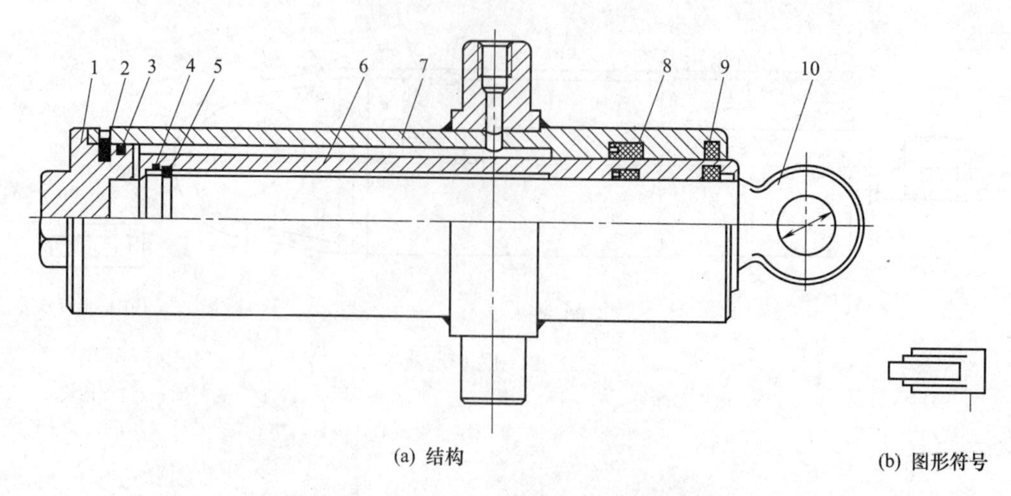

(a) 结构 (b) 图形符号

图 2-1-24 TGI 系列伸缩式套筒液压缸

1—缸盖；2—卡环；3—O 形密封圈；4—孔用挡圈；5—轴用挡圈；6—套筒；7—缸体；8—Y 形密封圈；9—防尘圈；10—柱塞

［例 2-1-25］ 叉车用柱塞式液压缸（图 2-1-25）

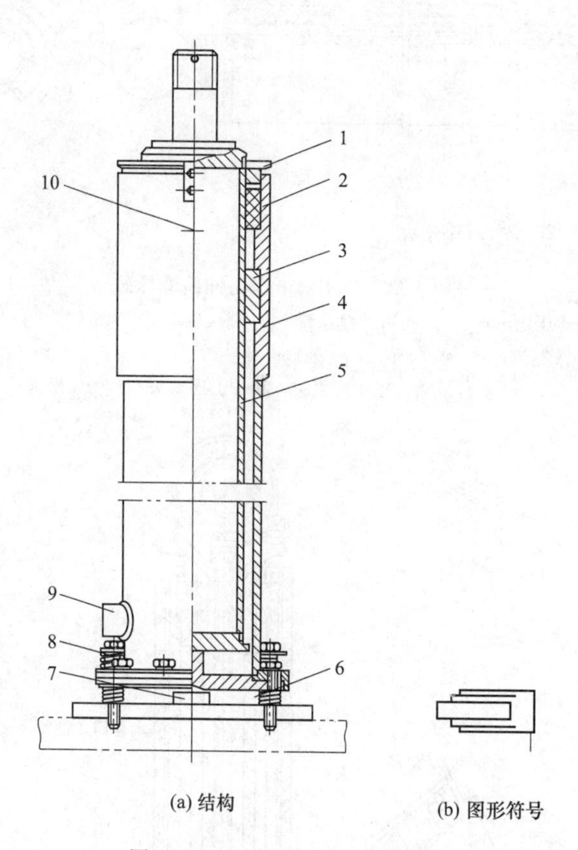

(a) 结构 (b) 图形符号

图 2-1-25 叉车用柱塞式液压缸

1—缸盖；2—密封圈；3—导向套；4—缸体；5—柱塞；6—缸底盖；7—球面支座；8—缓冲弹簧；9—油口；10—放气塞

［例 2-1-26］ TV 系列拉杆式液压缸（美国伊顿-威格士公司）（图 2-1-26）

［例 2-1-27］ TT 型带位移传感器的液压缸（美国伊顿-威格士公司）（图 2-1-27）

允许把阀直接装在缸盖上，这就避免了泄漏和接管问题，安装和维护都非常方便。

［例 2-1-28］ CDH2※型单杆液压缸（德国博世-力士乐公司）（图 2-1-28）

CD 表示单杆液压缸；H2 为系列号；※为安装方式［图 2-1-28（a）］；最大工作压力至 250bar。

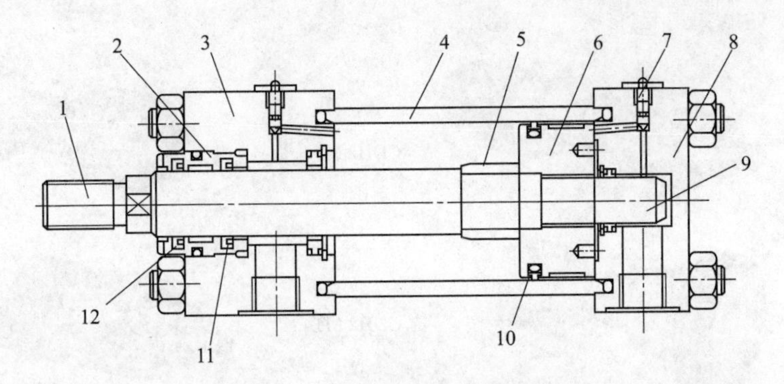

图 2-1-26　TV 系列拉杆式液压缸

1—活塞杆；2—导向套；3—缸前盖；4—缸筒；5—缓冲套；6—活塞；7—缓冲调节螺钉；8—缸后盖；9—缓冲柱塞；10—活塞密封圈；11—活塞杆密封；12—防尘圈

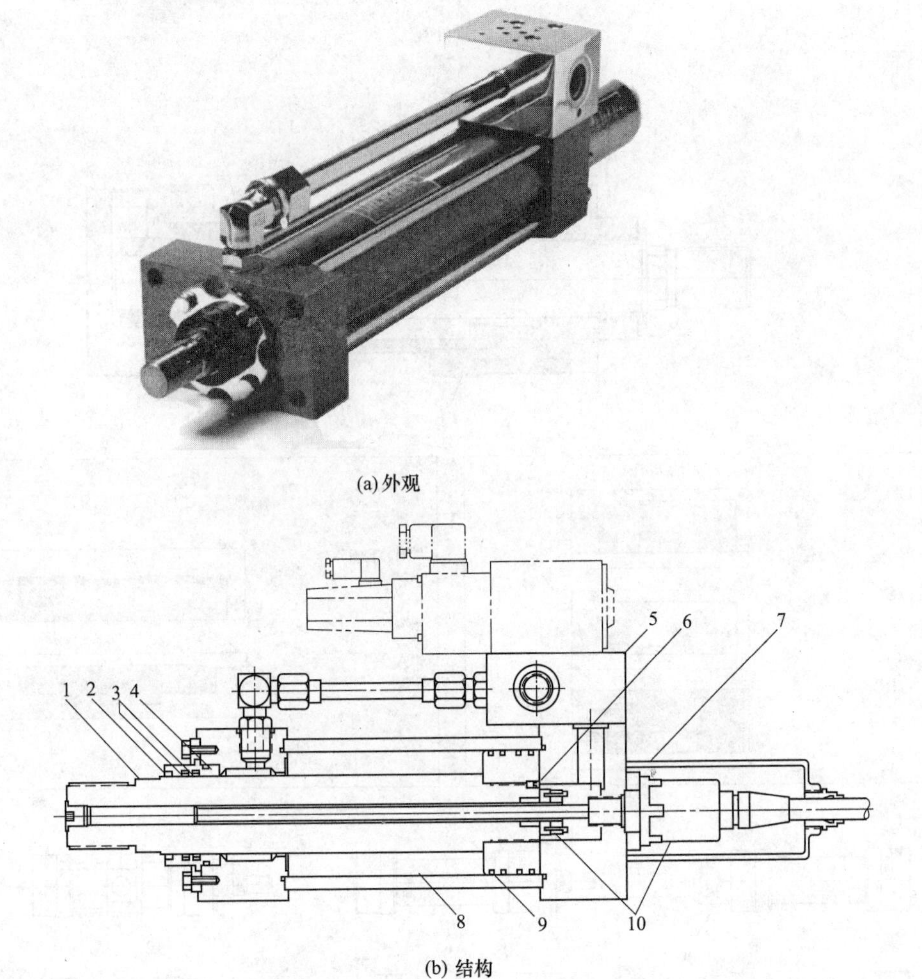

(a) 外观

(b) 结构

图 2-1-27　TT 型带位移传感器的液压缸

1—执行器活塞杆；2—活塞杆拭尘圈；3—加增能剂的聚四氟乙烯活塞杆密封件；4—活塞杆导向套；5—机加工的集成块；6—活塞安装螺钉；7—铸铝罩；8—缸筒；9—玻璃填充的聚四氟乙烯活塞密封；10—固态位移传感器

［例 2-1-29］　CGH2※型双杆液压缸（德国博世-力士乐公司）（图 2-1-29）

CG 表示双杆液压缸；H2 为系列号；※为安装方式［MP3 表示缸底摆动吊环头，MP5 表示缸底铰接吊环头，MF3 表示缸头圆法兰，MF4 表示缸底圆法兰，MT4 表示中间耳轴，MS2 表示底座安装，图 2-1-29（a）、(b)］；最大工作压力至 250bar。

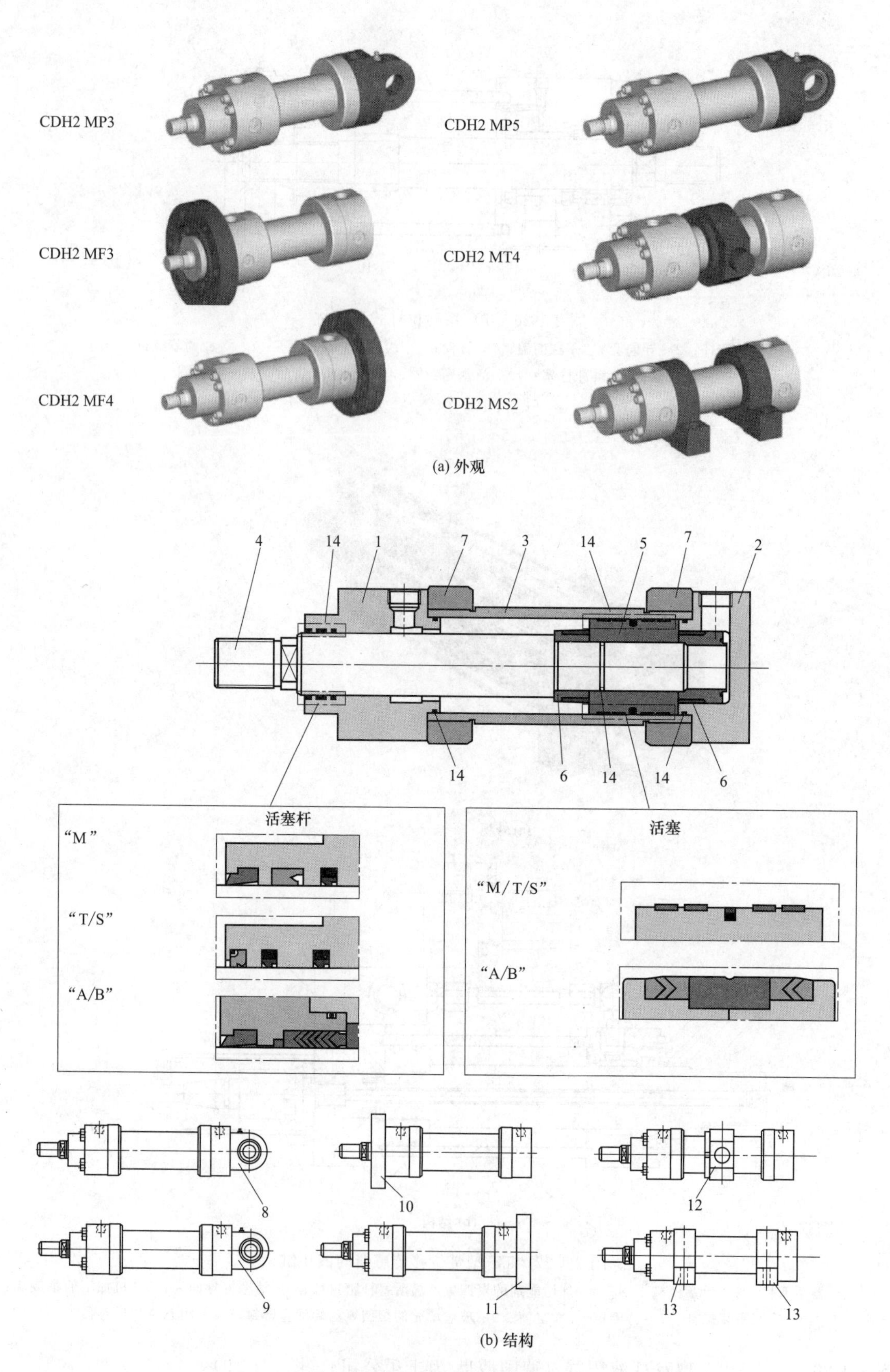

图 2-1-28 CDH2※型单杆液压缸

1—缸头；2—缸底；3—缸筒；4—活塞杆；5—活塞；6—缓冲套；7—法兰；8—缸底 MP3；9—缸底 MP5；10—圆法兰 MF3；11—圆法兰 MF4；12—中间耳轴 MT4；13—底座 MS2；14—成套密封（防尘圈、活塞杆密封、活塞密封、O 形圈、导向环）

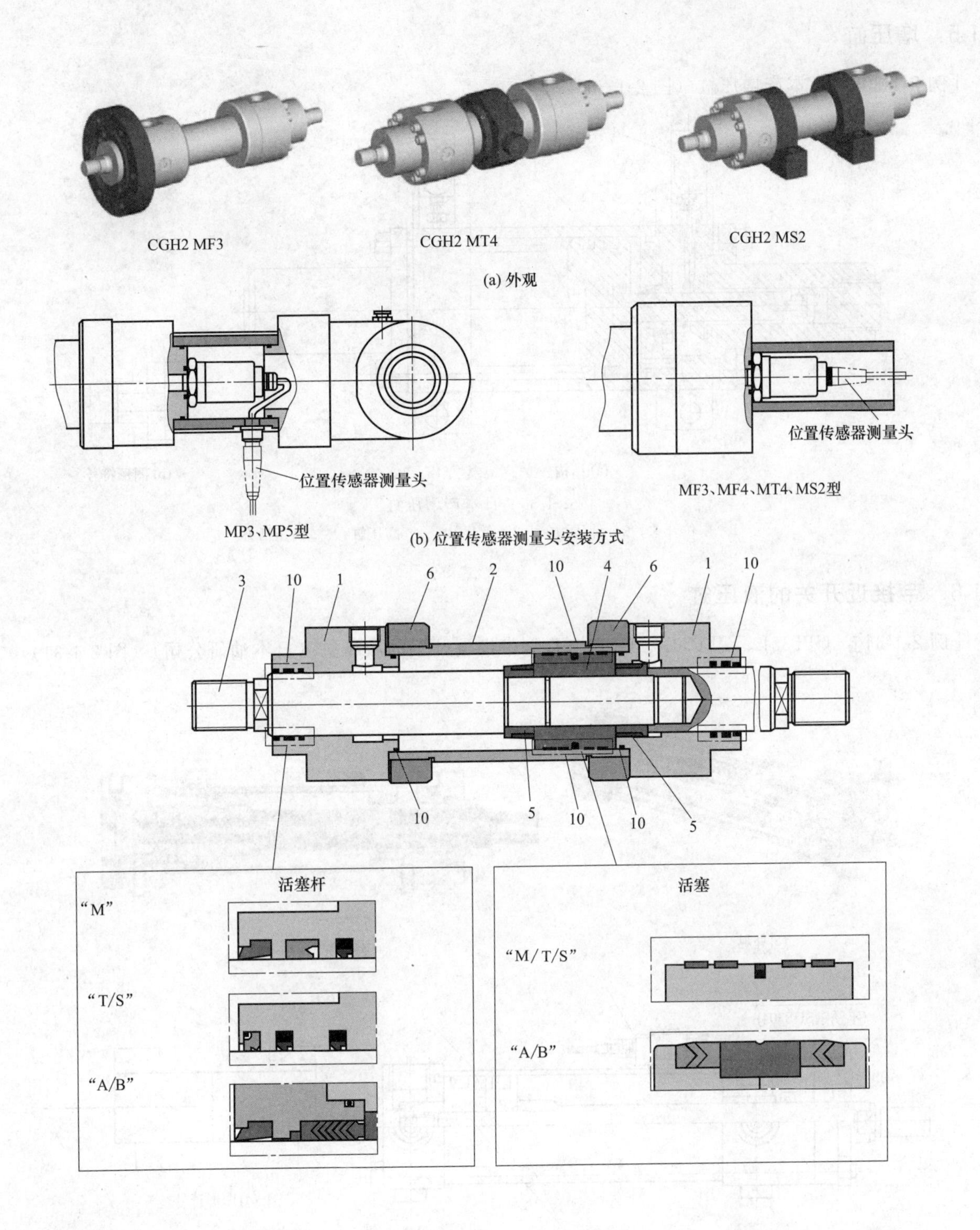

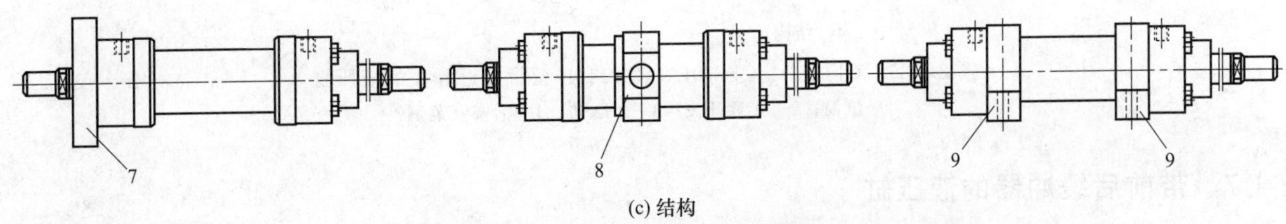

(c) 结构

图 2-1-29 CGH2※型双杆液压缸

1—缸头；2—缸筒；3—活塞杆；4—活塞；5—缓冲套；6—法兰；7—圆法兰 MF3；8—中间耳轴 MT4；9—底座 MS2；10—成套密封（防尘圈、活塞杆密封、活塞密封、O形圈、导向环）

2-1-5 增压缸

［例 2-1-30］ 日本产增压缸（图 2-1-30）

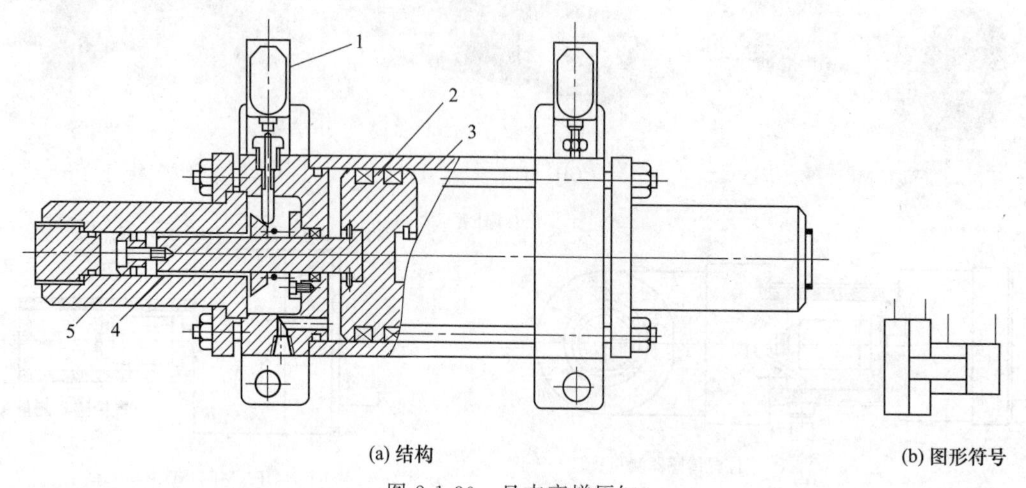

图 2-1-30 日本产增压缸

1—限位开关；2—低压活塞；3—低压缸；4—高压缸；5—高压活塞

2-1-6 带接近开关的液压缸

［例 2-1-31］ CJT35L、CJT70L、CJT140L 型带接近开关的液压缸（日本油研公司）（图 2-1-31）

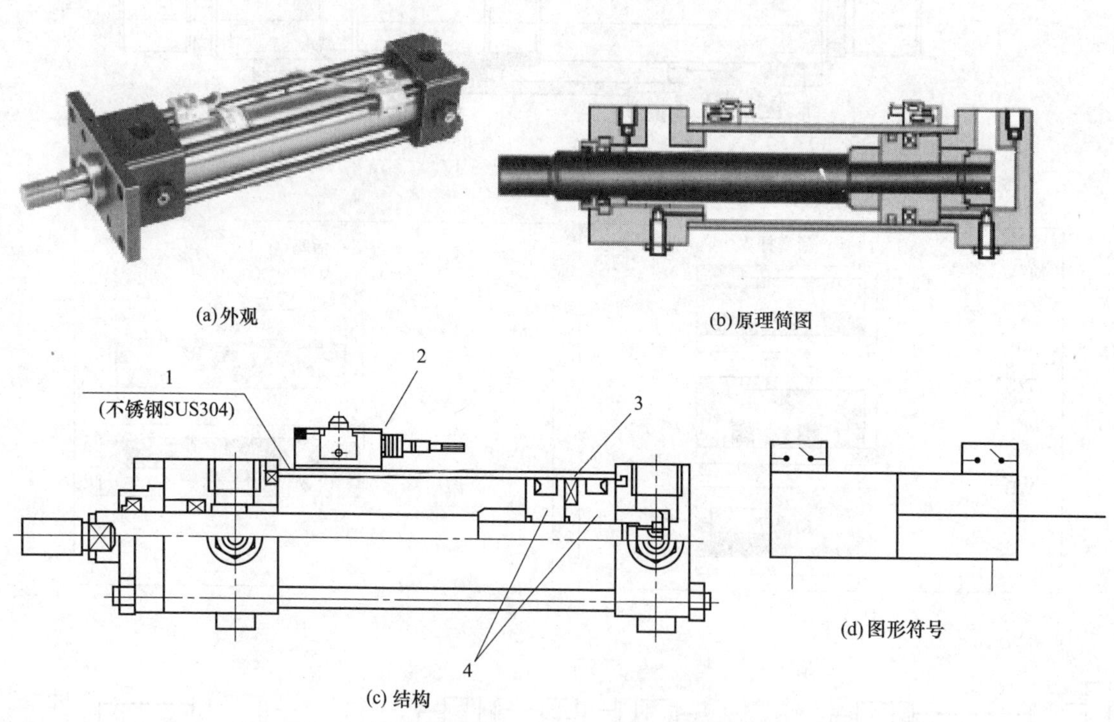

图 2-1-31 CJT35L、CJT70L、CJT140L 型带接近开关的液压缸

1—缸筒；2—接近开关；3—永磁铁；4—活塞（黄铜）

2-1-7 带前后缓冲器的液压缸

［例 2-1-32］ CC 系列带前后缓冲器的液压缸（意大利阿托斯公司）（图 2-1-32）

符合 1S06022、D1N24333、AFNOR NFE 48-025 标准，双作用缸，额定压力为 250bar，最高压力为 320har。

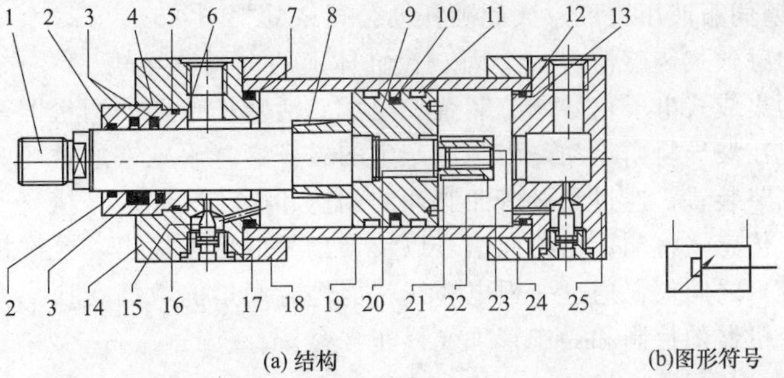

(a) 结构　　(b)图形符号

图 2-1-32　CC 系列带前后缓冲的液压缸

1—活塞杆；2—防尘圈；3—活塞杆密封；4—活塞杆导向环；5,13—防挤压环；6,7,12,16,20—O 形圈；8—前缓冲活塞；9—活塞；10—活塞密封；11,17—密封圈；14—前液压缸头；15—计量杆；23—螺杆止动销；18,24—法兰；19—缸体；21—后缓冲套；22—螺母；25—后缸头

［例 2-1-33］　CNX 型带缓冲液压缸（意大利阿托斯公司）（图 2-1-33）

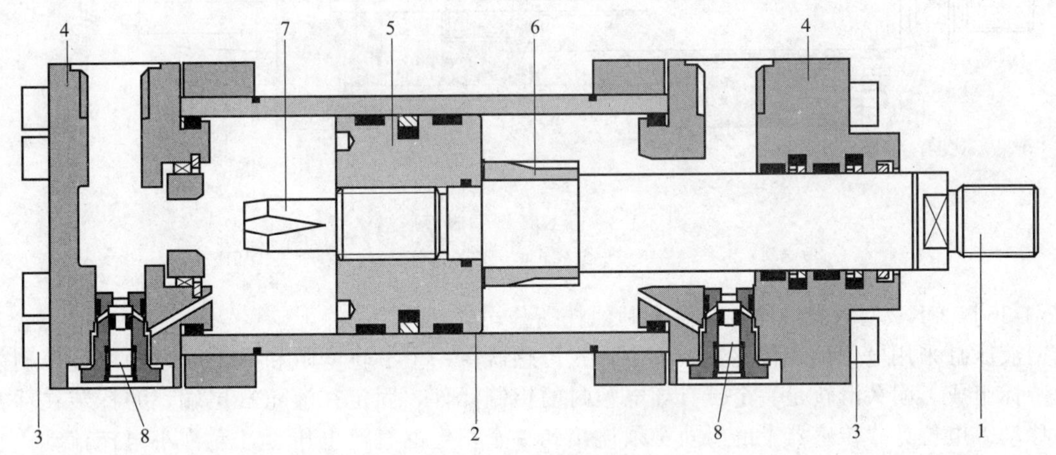

图 2-1-33　CNX 型带缓冲液压缸

1—活塞杆；2—缸筒；3—螺钉；4—缸盖；5—活塞；6—缓冲套；7—缓冲柱塞；8—缓冲调节阀

2-1-8　伺服液压缸

［例 2-1-34］　CK※型带内置传感器的伺服液压缸（意大利阿托斯公司）（图 2-1-34）符合 ISO 6020-2 标准，额定压力为 16MPa，最高压力为 25MPa。

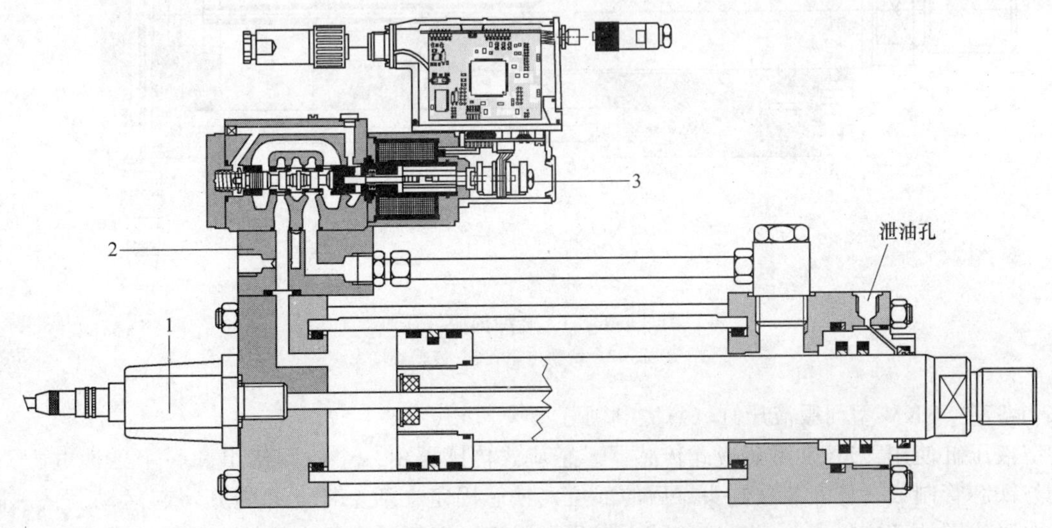

图 2-1-34　CK※型带内置传感器的伺服液压缸

1—活塞杆位移传感器；2—安装板；3—比例阀

［例 2-1-35］ CKM 型伺服液压缸（意大利阿托斯公司）（图 2-1-35）

该类型液压缸采用的磁致式传感器由一个固定在缸体上的金属波导轨 1，一个固定在活塞杆上的永磁铁 2 和一个安装在后端的集成式电子信号调节装置 3 组成。活塞杆位置的测量即基于磁力现象：电子信号调节装置的电脉冲以常速在波导轨内运动，当脉冲产生的磁场穿越永磁铁的磁场时，在波导轨中产生弯曲脉冲并反馈到电子信号调节装置，通过测量弯曲脉冲的到达和电流脉冲信号执行所用的时间，可以精确地计算出磁铁移动的位置。传感器将测量出的此信号以反馈信号的形式输出，允许机器和工业设备（如伺服液压缸、阀、泵、马达等）之间仅仅通过一根电缆线就能进行大量的数据交换，并将这些数据传到控制器或从控制器传回，使整个机器的控制和操作管理变得非常容易。

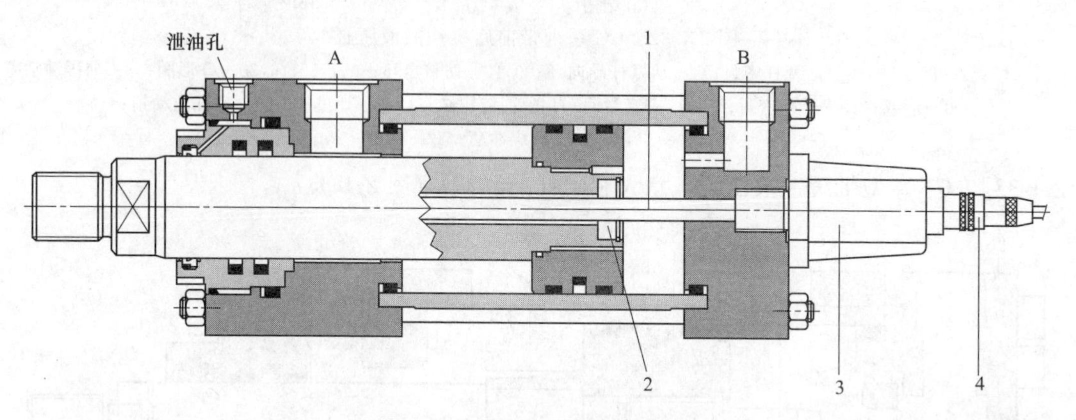

图 2-1-35 CKM 型伺服液压缸

1—波导轨；2—永磁铁；3—集成式电子信号调节装置；4—直通式插座

［例 2-1-36］ CKP 型伺服液压缸（意大利阿托斯公司）（图 2-1-36）

该类型液压缸采用电位计式传感器。电位计式传感器由一个滑轨电阻和一个通过两个金属刷能实现滑动接触的游标组成。耐久滑轨是一个带有导电塑封的铝制元件，固定在液压缸尾端，游标装在活塞杆上并和其一起移动。电位计式传感器上的滑轨必须连接到一个稳定的直流电压上，允许小电流流动。它的两个电刷与滑轨一起形成闭合回路，通过改变传感器的电阻，输出电压与液压缸位移成正比地变化（电位计分压原理）。其传感器结构紧凑，可以方便地使用在伺服液压缸上。

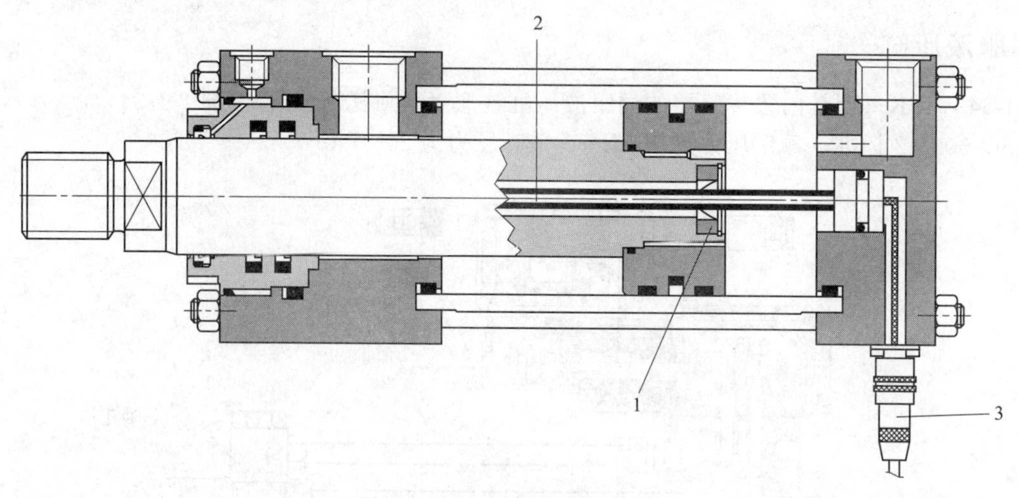

图 2-1-36 CKP 型伺服液压缸

1—游标；2—滑轨电阻；3—传感器接头

［例 2-1-37］ CKV 型伺服液压缸（意大利阿托斯公司）（图 2-1-37）

该类型液压缸使用 VRVT 型感应式传感器。感应式传感器由一个线圈绕组和一个磁性电磁铁芯组成。线圈绕组与铁芯管制成一体安装在缸头靠后的部位，铁芯固定在活塞杆上并随其一起运动。铁芯随活塞杆移动时，次级线圈的感应电流会成正比地随之变化，因而可以测量出活塞杆的实际位置。

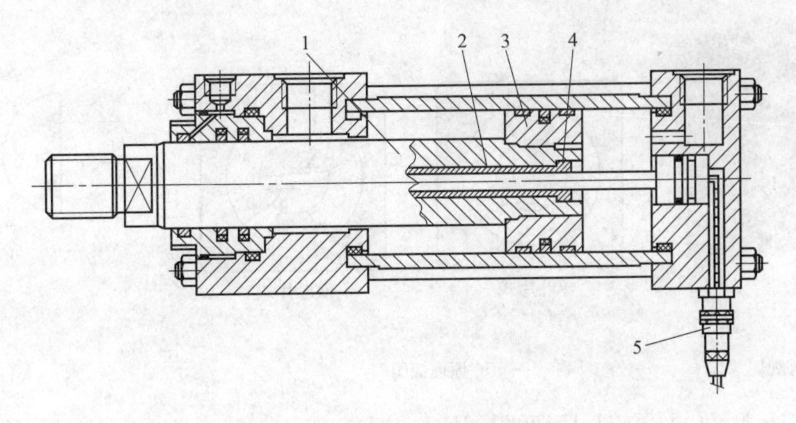

图 2-1-37 CKV 型伺服液压缸

1—活塞杆；2—磁性铁芯；3—活塞；4—线圈；5—传感器接头

2-1-9 磁致式伺服油缸

［例 2-1-38］ CKF 型模拟和 SSI 型数字磁致式伺服液压缸（意大利阿托斯公司）（图 2-1-38）

此类型液压缸采用磁致式传感器。磁致式传感器由一个固定在缸体上的金属波导轨 1、一个固定在活塞杆上的永磁铁 2 和一个安装在后端的集成式电子信号调节装置 3 组成。活塞杆位置的测量即基于磁力现象：电子信号调节装置的电脉冲以常速在波导轨内运动。当脉冲产生的磁场穿越永磁铁的磁场时，在波导轨中产生弯曲脉冲并反馈到电子信号调节装置，通过测量弯曲脉冲的到达和电流脉冲信号执行所用的时间，可以精确地计算出磁铁移动的位置。电子接线盒外面有一金属罩，固定在油缸的后部，这样可以避免振动和机械损伤。

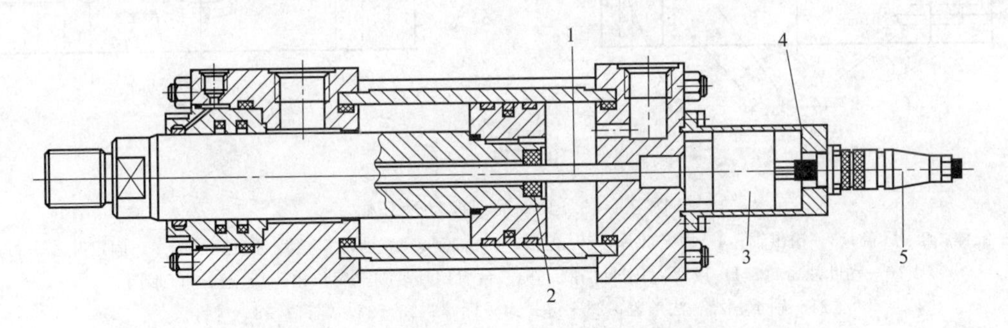

图 2-1-38 CKF 型模拟和 SSI 型数字磁致式伺服液压缸

1—波导轨；2—永磁铁；3—集成式电子信号调节装置；4—金属罩；5—直通式插座

［例 2-1-39］ 双出杆 CKF 型磁致式伺服液压缸（意大利阿托斯公司）（图 2-1-39）

基本同上。

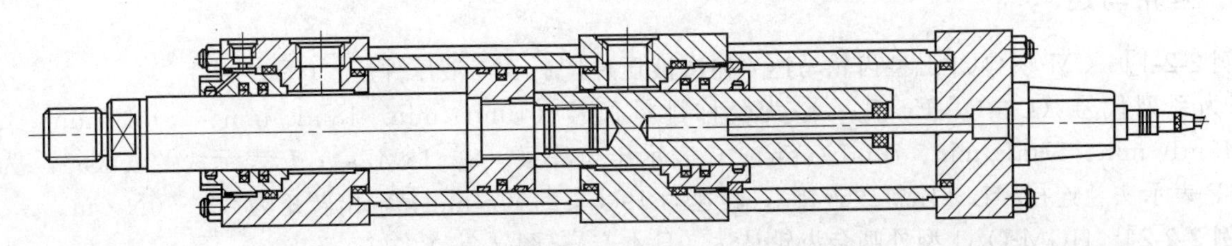

图 2-1-39 双出杆 CKF 型磁致式伺服液压缸

2-1-10 摆动液压缸

［例 2-1-40］ RN 系列摆动液压缸（日本油研公司）（图 2-1-40）

又称摆动马达，额定压力为 7MPa，最大摆角单叶时为 280°，双叶片时为 100°。

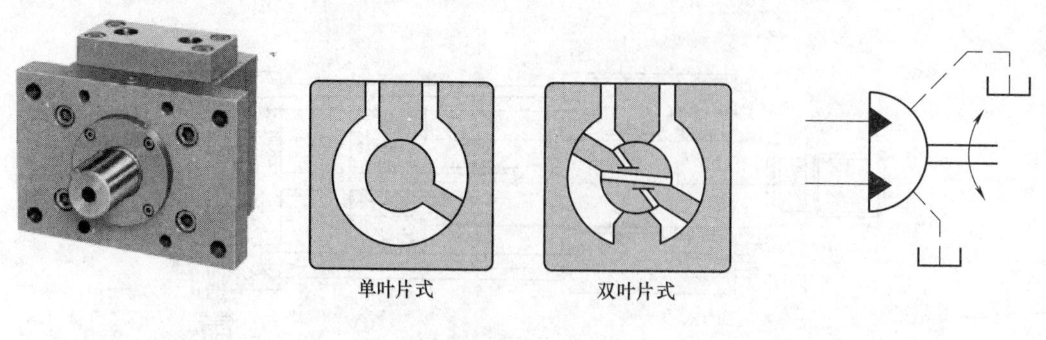

(a) 外观　(b) 原理简图　(c) 图形符号

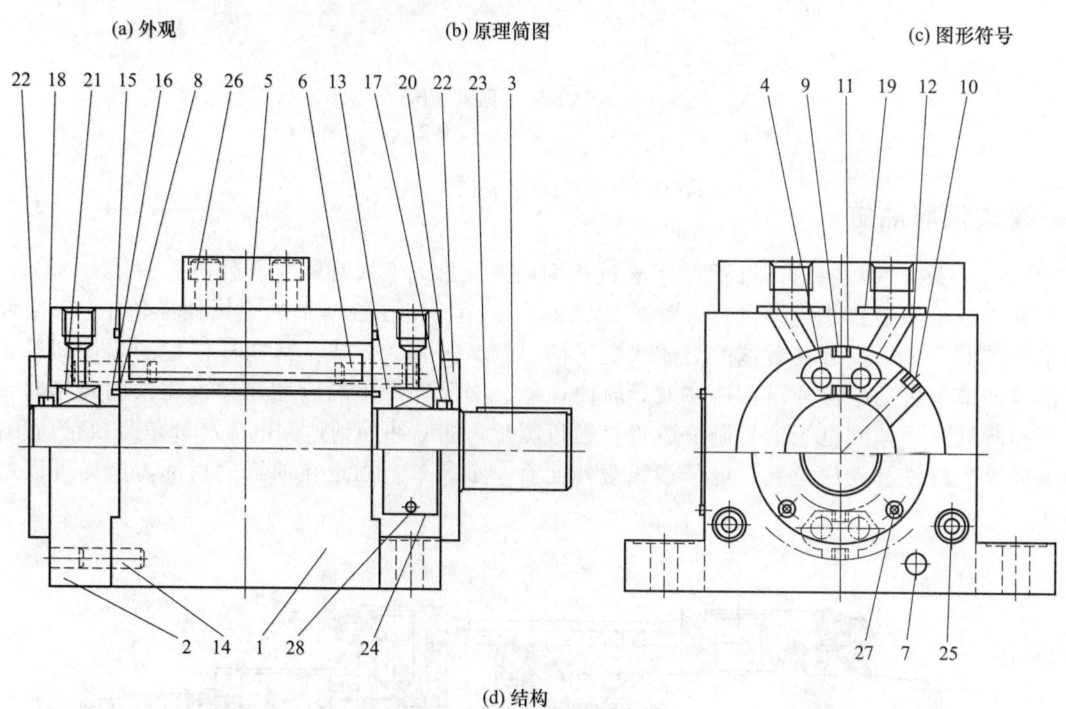

(d) 结构

图 2-1-40　RN 系列摆动液压缸

1—缸体；2—后盖；3—输出轴；4—固定叶片；5—盖板；6—油道；7—泄油口；8—台肩密封；9—固定叶片密封；10—动叶片密封；11,12,20—密封挡圈；13—台肩挡环；14—定位销；15～19—O 形圈；21—轴承；22—法兰盖；23—键；24—标牌；25～27—螺钉；28—铆钉

2-2　液压马达

2-2-1　齿轮马达

［例 2-2-1］　CM-※◇CF△型齿轮马达（榆次液压件厂、长江液压件厂）（图 2-2-1）

※为系列代号（C、D、E、F）；◇为公称排量代号（10mL/min、18mL/min、25mL/min、32mL/min、45mL/min、57mL/min、70mL/min）；C 表示压力等级（8～16MPa）；F 表示法兰安装；△为连接形式（F 表示法兰连接，L 表示螺纹连接）；转速为 1900～2400r/min；输出转矩为 20～70N・m。

［例 2-2-2］　HGM-OA1 型外啮合齿轮马达（日本产）（图 2-2-2）

额定压力为 7MPa，可正、反转。

［例 2-2-3］　GPM 系列齿轮马达（德国博世—力士乐公司）（图 2-2-3）

额定压力为 17.2MPa，排量为 31.2～202.7mL/r；最大转矩为 85.4～442.1N・m。

［例 2-2-4］　GXMO 系列齿轮马达（德国博世—力士乐公司）（图 2-2-4）

额定压力为 21MPa；转矩系数为 1.7～6.3N・m/MPa；有多种排量；转速为 400～3000r/min。

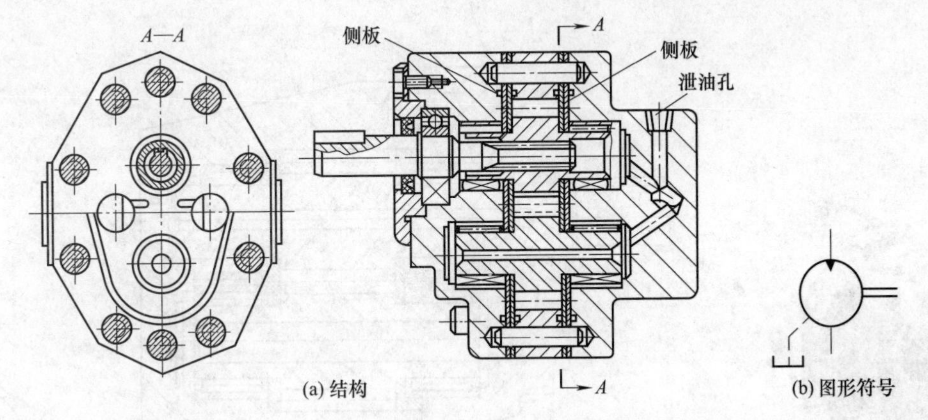

图 2-2-1　CM-※◇CFL 型齿轮马达

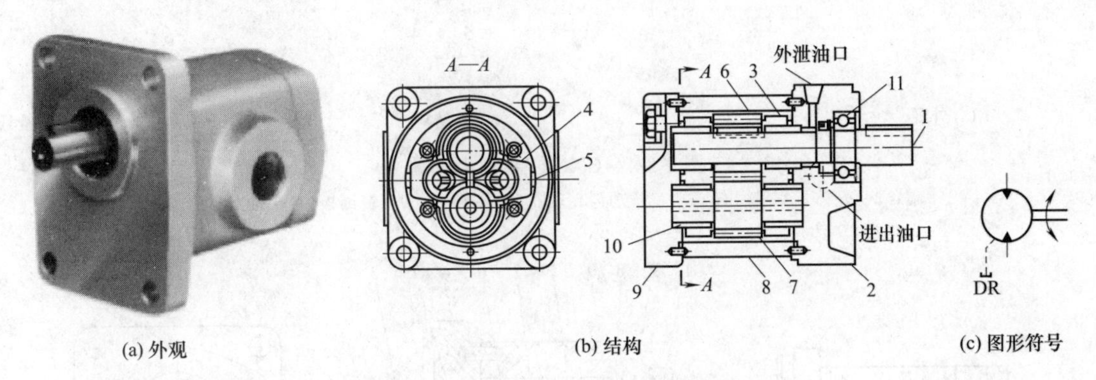

图 2-2-2　HGM-OA1 型外啮合齿轮马达

1—输出轴；2—前盖；3—侧板兼轴承；4—密封块；5—弹簧；6,7—齿轮；8—圆柱形壳体；9—后盖；10—主轴承；11—辅助轴承

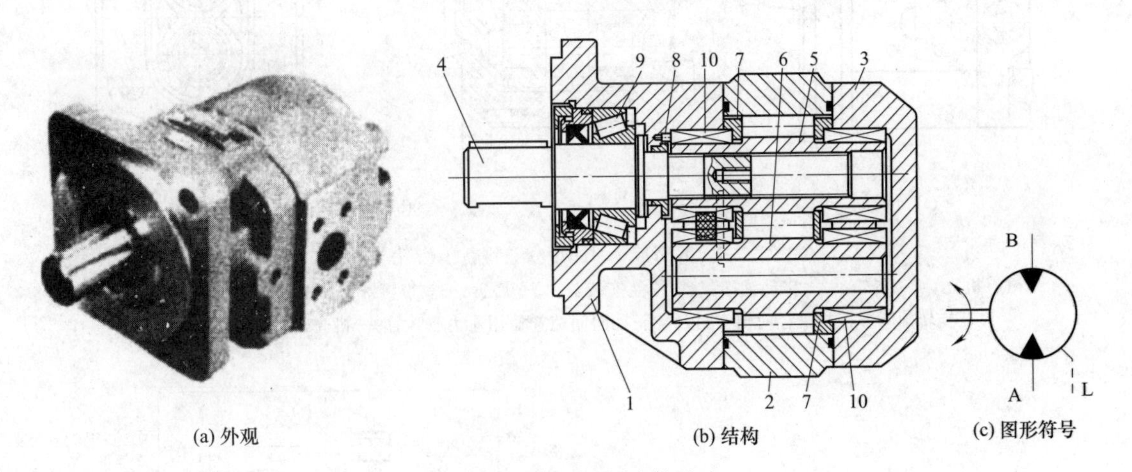

图 2-2-3　GPM 系列齿轮马达

1—前盖；2—体壳；3—后盖；4—输出轴；5—主动齿轮轴；6—从动齿轮轴；7—侧板；8—轴封；9—滚柱向心推力轴承；10—滚针轴承

[例 2-2-5]　KM1/※-KM1/22 型高压齿轮马达（德国西德福公司）(图 2-2-5)

※为排量数字代号（如 5.5 和 22 分别为 5.5mL/r 和 22mL/r)；连续工作压力为 15～25MPa；最高转速为 3000～4000r/min。

基于采用大齿数（$z=13$）和特殊形状的齿，明显减少了容积流量与型号有关的偏差和压力波动。位于齿轮两侧的浮动轴承在压力作用下补偿轴向间隙。

[例 2-2-6]　KM1/-L-LA FOO 4NL-/型带前置轴承和热敏阀的齿轮马达（德国西德福公司）(图 2-2-6)

热敏阀是一种先导控制限压阀，带有取决于温度变化的压力控制结构。其基本原理是，通过一个内装的膨胀材料制作的工作元件，阀的压力可随着温度的变化而自动调节，从而实现对转速的控制。

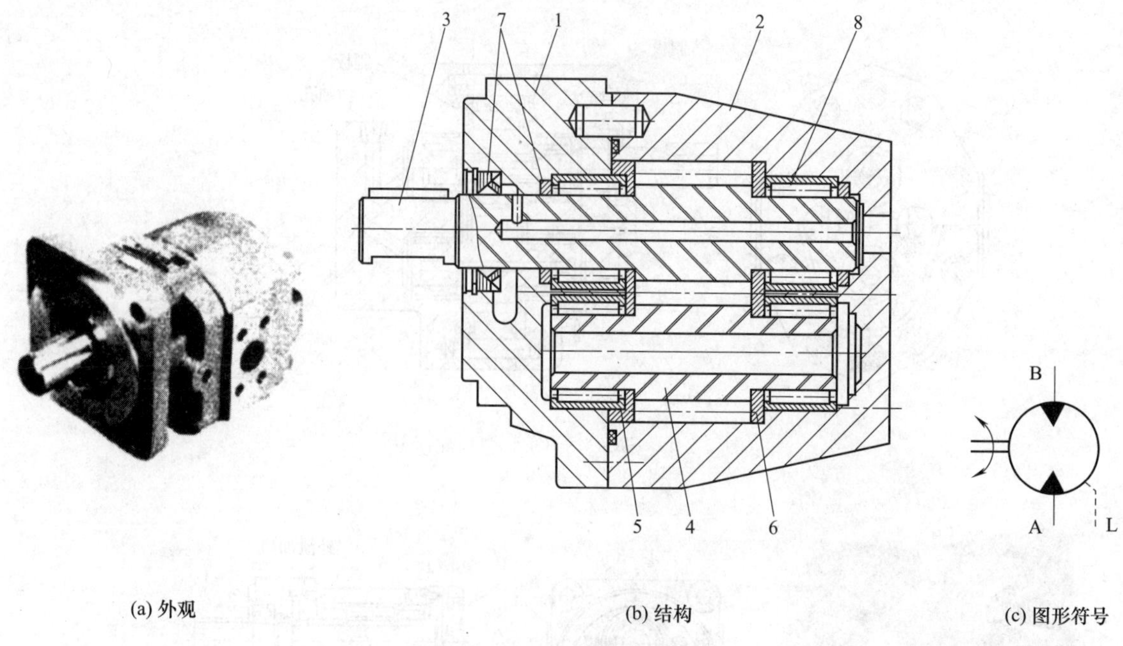

(a) 外观　(b) 结构　(c) 图形符号

图 2-2-4　GXMO 系列齿轮马达

1—盖；2—壳体；3—输出轴；4—从动齿轮轴；5—左侧板；6—右侧板；7—轴封；8—轴承

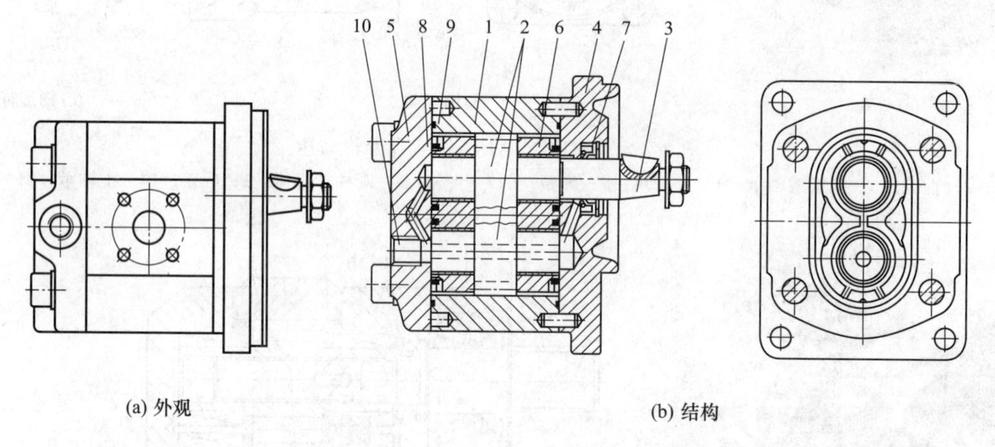

(a) 外观　(b) 结构

图 2-2-5　KM1/※-KM1/22 型高压齿轮马达

1—机壳；2—齿轮；3—传动轴端；4—法兰安装盖；5—后盖；6—带特殊平面轴承衬的双压盖轴承；7—旋转轴唇形密封（径向轴密封）；8—轴向间隙补偿用压力密封；9—机壳密封；10—卸荷口

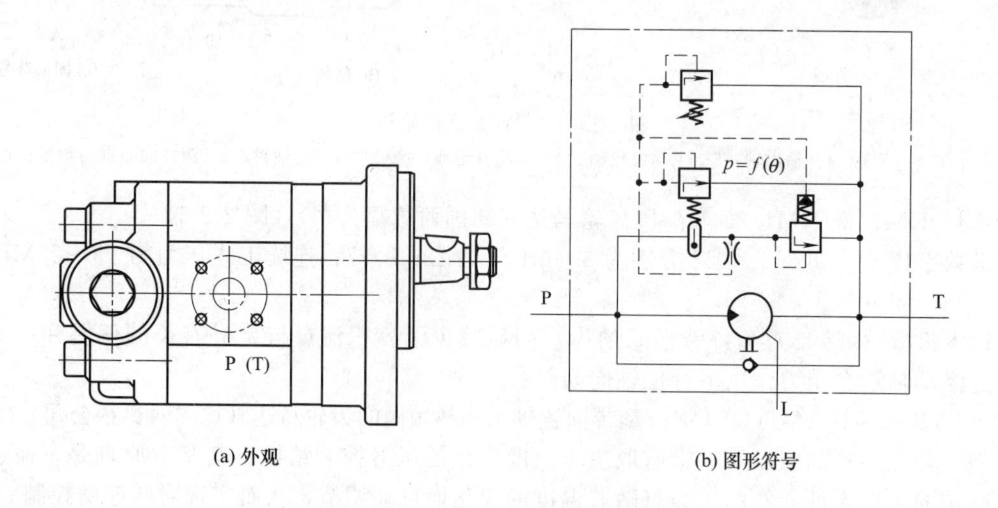

(a) 外观　(b) 图形符号

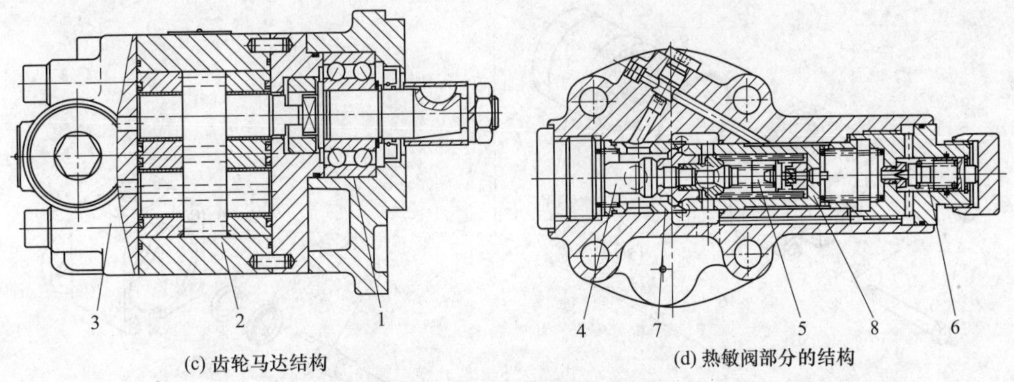

(c) 齿轮马达结构　　(d) 热敏阀部分的结构

图 2-2-6　KM1/-L-LA FOO 4NL-/型带前置轴承和热敏阀的齿轮马达

1—前置轴承；2—马达；3—热敏阀；4—伸缩材料（膨胀材料）工作元件；5—先导控制（温度控制）；6—先导控制；7—阀体（盖头）；8—辅助活塞

2-2-2　叶片马达

［例 2-2-7］　YMF-E※型叶片式高速低转矩液压马达（阜新液压件厂）（图 2-2-7）

E 表示压力等级（16MPa）；※为排量代号（125mL/min、160mL/min、200mL/min）；转速为 100～1200r/min；最大转矩为 284～461N・m。

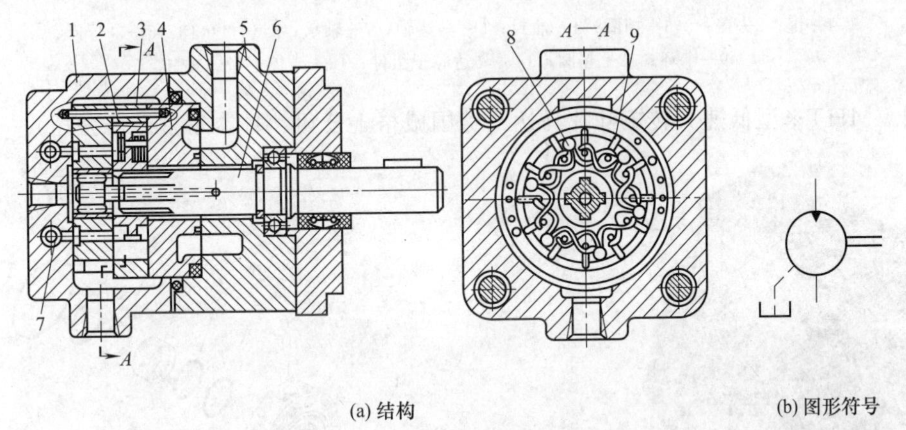

(a) 结构　　(b) 图形符号

图 2-2-7　YMF-E※型叶片式高速低转矩液压马达

1—壳体；2—转子；3—定子；4—配油盘；5—盖；6—输出轴；7—单向阀；8—销；9—燕式弹簧

［例 2-2-8］　M 系列叶片马达（美国威格士公司、大连液压件厂）（图 2-2-8）

型号举例——51M300 型：51 为系列号，300 表示定子环排量为 315mL/r；额定压力连续为 15.5MPa，间歇为 17.5MPa；最高转速为 2200～2400r/min。M 系列叶片马达结构特点为弹簧叶片。转矩系数为 0.5～5.05N・m/bar；排量为 31.5～315mL/r。

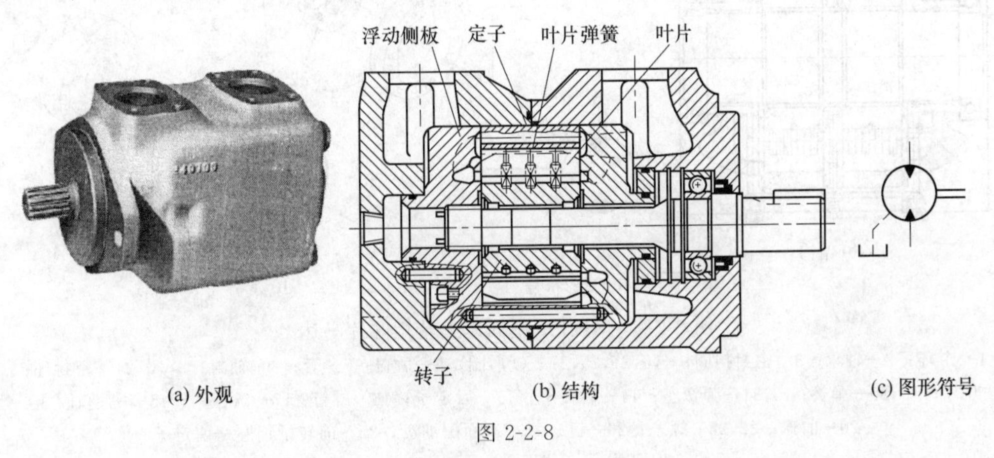

(a) 外观　　(b) 结构　　(c) 图形符号

图 2-2-8

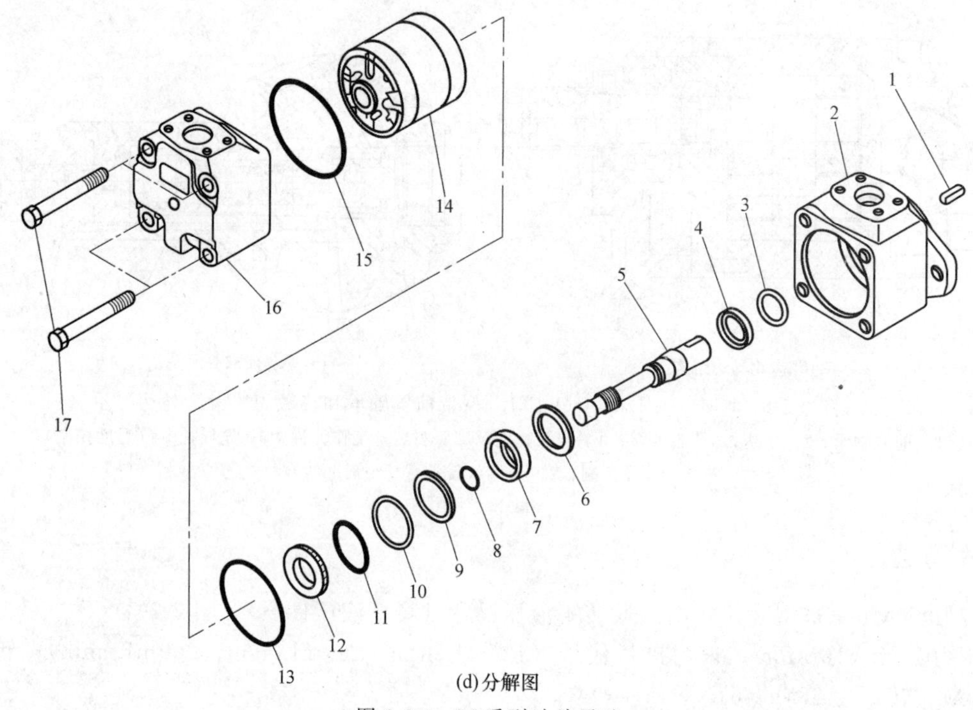

(d)分解图

图 2-2-8 M系列叶片马达

1—键；2—盖；3,6—挡圈；4—油封；5—马达轴；7—轴承；8,10,11,13,15—O形圈；9—卡环；12—垫圈；14—马达芯子组件；16—壳体；17—螺钉

［例 2-2-9］ MHT※型低速大转矩叶片马达（美国威格士公司、日本东京计器公司）（图 2-2-9）

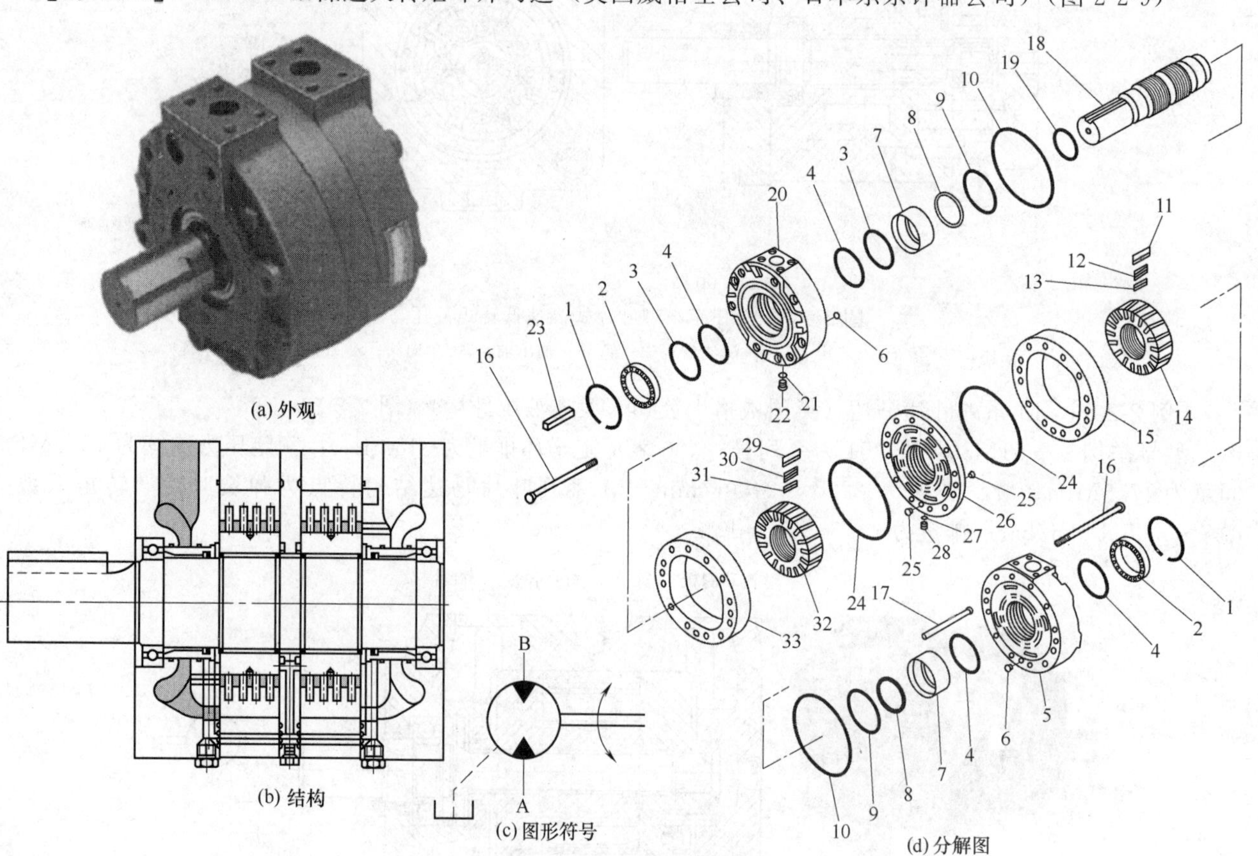

(a) 外观 (b) 结构 (c) 图形符号 (d) 分解图

图 2-2-9 MHT※型低速大转矩叶片马达

1—卡环；2—轴承；3—密封挡圈；4,6,21,25,27—O形圈；5—后盖；7—套；8—轴封；9,10,24—密封环；11,29—叶片；12,30—弹簧；13,31—弹簧座；14—后转子；15—后定子；16—螺钉；17—定位销；18—马达轴；19—挡圈；20—前盖；22,28—螺塞；23—键；26—双面配油盘；32—前转子；33—前定子

结构特点为弹簧叶片，可组合为双联泵。MHT表示低速大转矩叶片马达；※为排量代号，有4、32、1000等，分别表示排量为298mL/r、398mL/r、12400mL/r等；最高使用压力为14MPa；最高转速为75～400r/min，最低转速为10r/min；转矩为33～1381N·m。

[例2-2-10] HVK型和HVL型低速大转矩叶片马达（日本产）（图2-2-10）

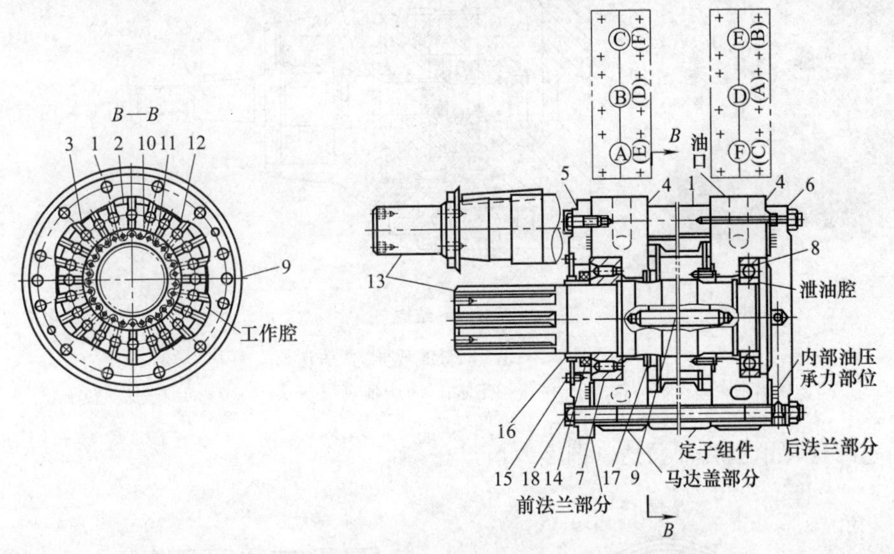

图2-2-10 HVK型和HVL型低速大转矩叶片马达

1—定子；2—转子；3—叶片；4—盖；5—前法兰；6—后法兰；7,8—轴承；9—销；10—摆铰；11—推杆；12—弹簧；13—输出轴；14—轴封；15—J型防尘密封；16—隔套；17—侧面密封；18—安装螺钉

[例2-2-11] M4系列叶片马达（美国派克公司）（图2-2-11）

M4C排量为80.1mL/r，压力为230bar；M4D排量为144.4mL/r，压力为210bar；M4E排量为222.0mL/r，压力为190bar。

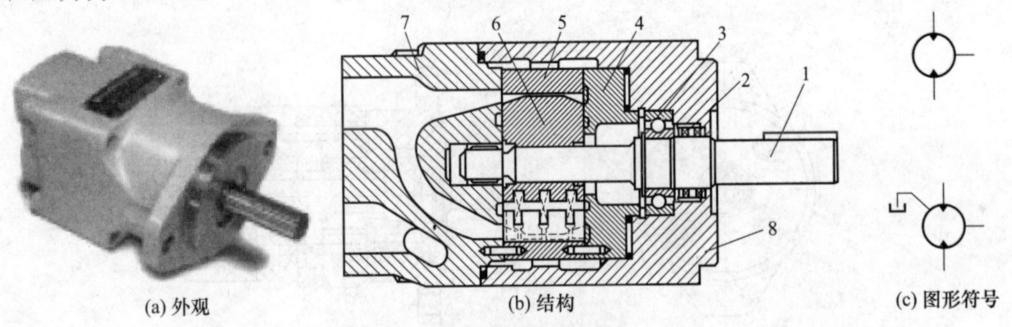

图2-2-11 M4系列叶片马达

1—输出轴；2—轴封；3—轴承；4—配油盘；5—定子；6—转子；7—后盖；8—壳体

[例2-2-12] M5B型叶片马达（美国派克公司）（图2-2-12）

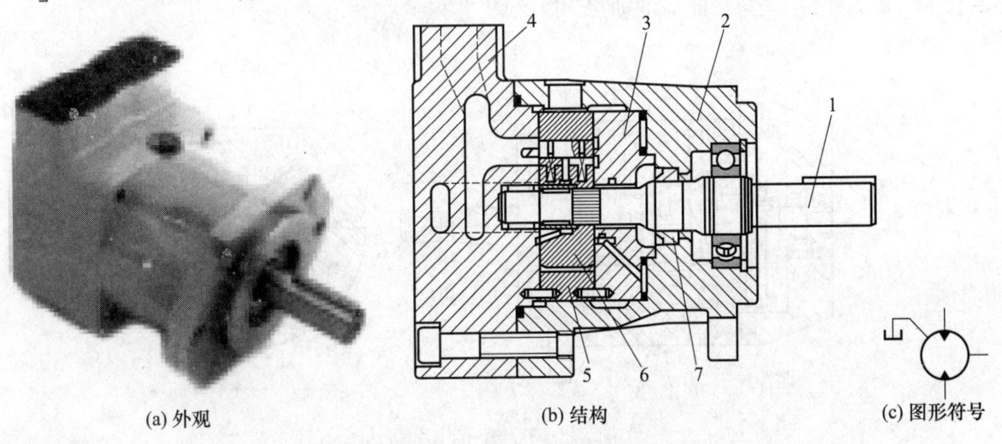

图2-2-12 M5B型叶片马达

1—输出轴；2—壳体；3—配油盘；4—端盖；5—定子；6—转子；7—轴封

［例 2-2-13］ M5BF 型叶片马达（美国派克公司）（图 2-2-13）

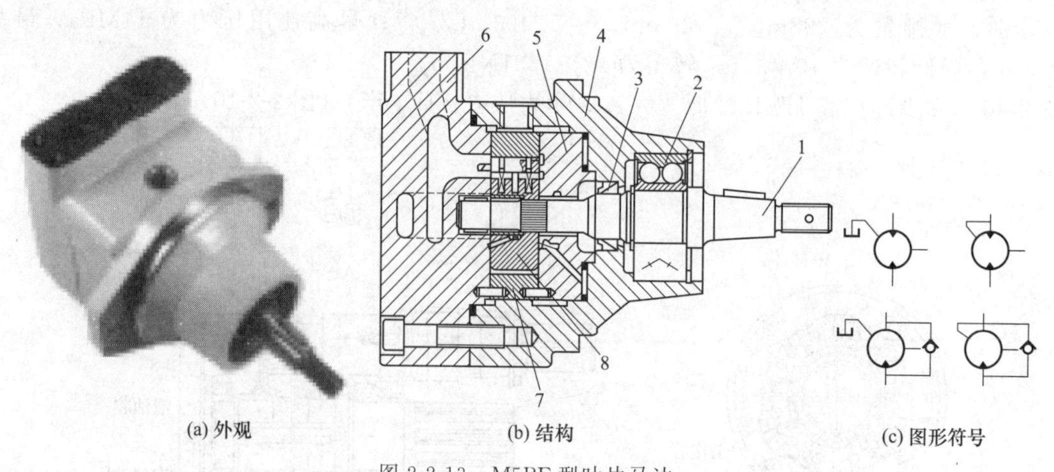

(a) 外观　(b) 结构　(c) 图形符号

图 2-2-13　M5BF 型叶片马达

1—输出轴；2—轴承；3—轴封；4—壳体；5—配油盘；6—端盖；7—定子；8—转子

［例 2-2-14］ 凸轮转子型叶片马达（图 2-2-14）

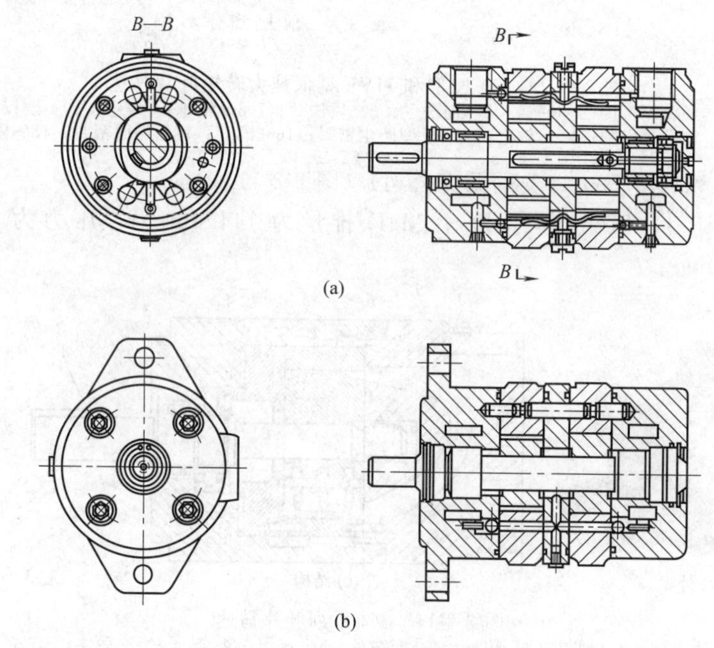

图 2-2-14　凸轮转子型叶片马达

［例 2-2-15］ 滚子叶片马达（日本油研公司）（图 2-2-15）

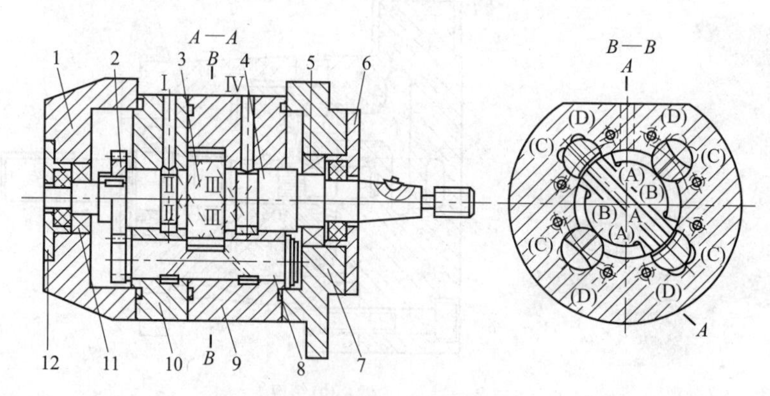

图 2-2-15　滚子叶片马达

1,7—端盖；2—大齿轮；3—叶片；4—叶片轴；5,11—轴承；6,12—密封盖；8—滚子（铣有小齿轮）；9—厚壳体；10—薄壳体

2-2-3　轴向柱塞马达

［例 2-2-16］　Y15-1 型定量轴向柱塞马达（国产）（图 2-2-16）

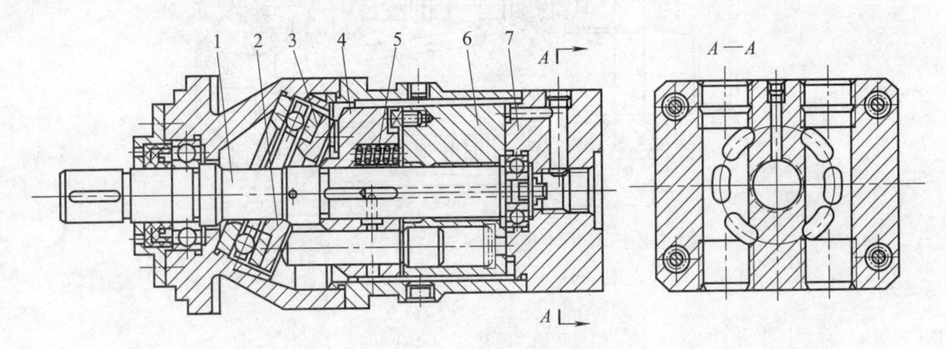

图 2-2-16　Y15-1 型定量轴向柱塞马达

1—输出轴；2—斜盘；3—止推轴承；4—鼓轮；5—弹簧；6—缸体；7—配油盘

［例 2-2-17］　ZM 型定量轴向柱塞马达（国产）（图 2-2-17）

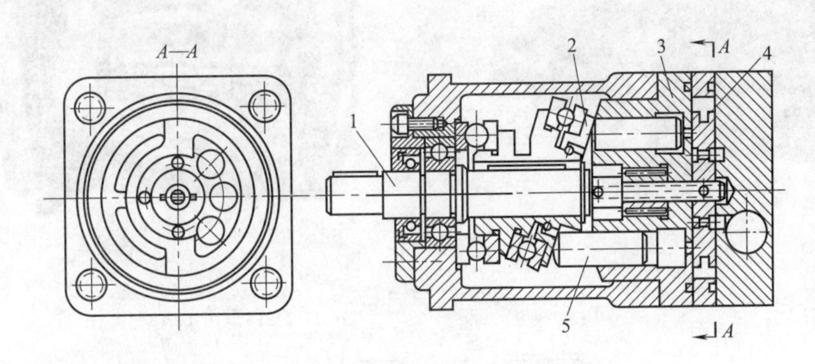

图 2-2-17　ZM 型定量轴向柱塞马达

1—输出轴；2—斜盘；3—缸体；4—配油盘

［例 2-2-18］　TZM80-S/MP 型变量轴向柱塞马达（国产）（图 2-2-18）

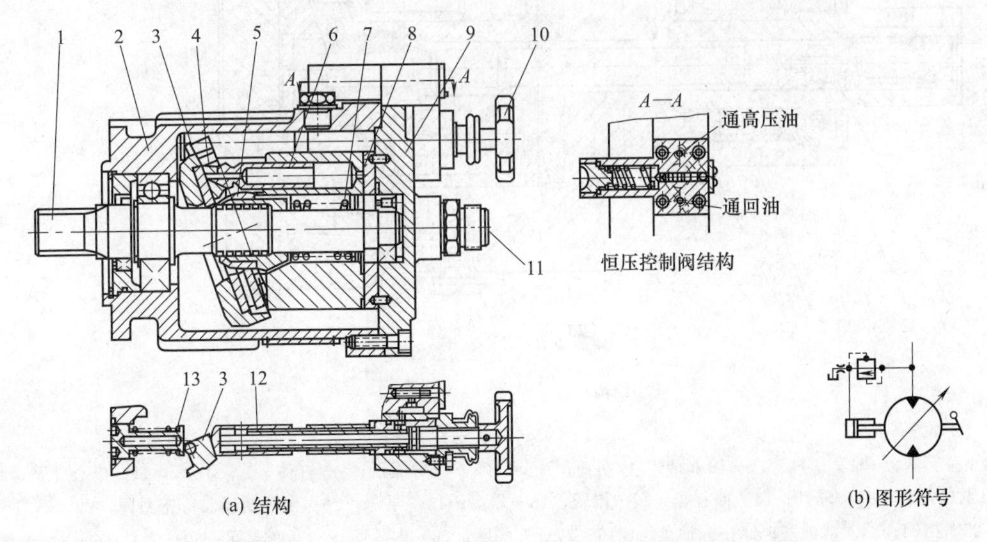

图 2-2-18　TZM80-S/MP 型变量轴向柱塞马达

1—传动轴；2—壳体；3—斜盘；4—柱塞滑靴组件；5—球铰；6—缸体；7—压紧弹簧；

8—配油盘；9—后盖；10—手轮；11—进出油口；12—顶套；13—弹簧

［例 2-2-19］　XM-F900 型双斜盘轴向柱塞马达（国产）（图 2-2-19）

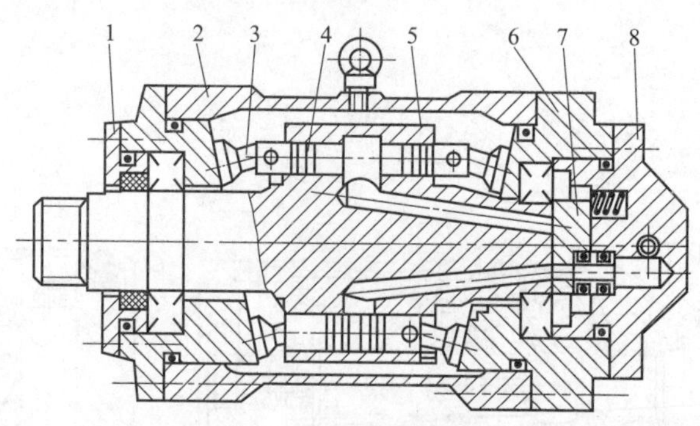

图 2-2-19　XM-F900 型双斜盘轴向柱塞马达

1—前泵盖；2—泵壳；3—连杆；4—柱塞；5—转子轴；6—斜盘；7—配油盘；8—配油盖

［例 2-2-20］　XM 系列定量柱塞马达（国产）（图 2-2-20）

(a) 外观

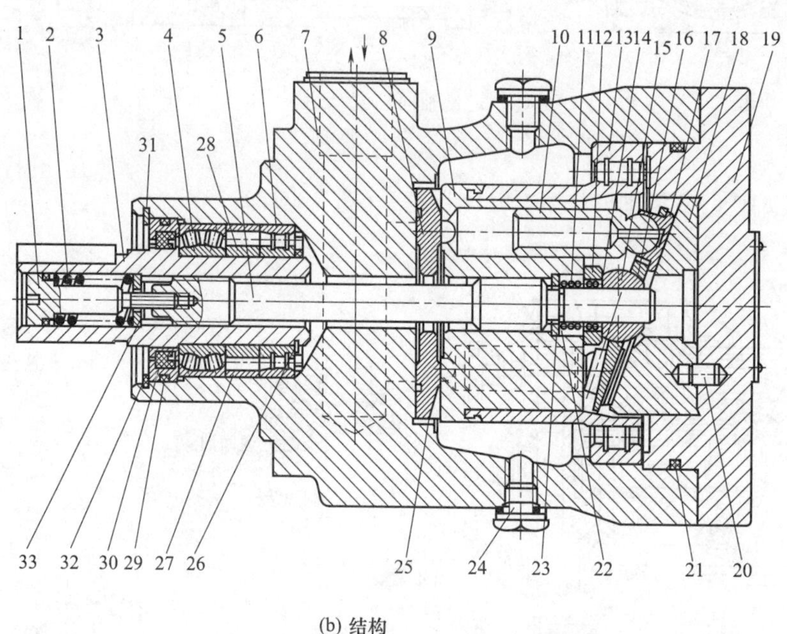

(b) 结构

图 2-2-20　XM40 系列定量柱塞马达

1—螺钉；2—弹簧；3—轴套；4,6,13—轴承；5—传动轴；7—壳体；8—配油盘；9—缸体；10—柱塞；11—中心弹簧；12—弹簧柱；14—可调整垫片；15—球铰；16—回程盘；17—滑靴；18—斜盘；19—泵盖；20—定位销；21—密封圈；22,26,31—卡环；23—挡圈；24—泄油塞；25—配油盘定位销；27—外隔圈；28—内隔圈；29—密封圈；30—油封；32—油封盖

［例 2-2-21］　TXM 系列液压马达（国产）（图 2-2-21）

［例 2-2-22］　SCM14-1B 型轴向柱塞液压马达（国产）（图 2-2-22）

［例 2-2-23］　M6G 型金杯系列定量柱塞马达（美国派克公司）（图 2-2-23）

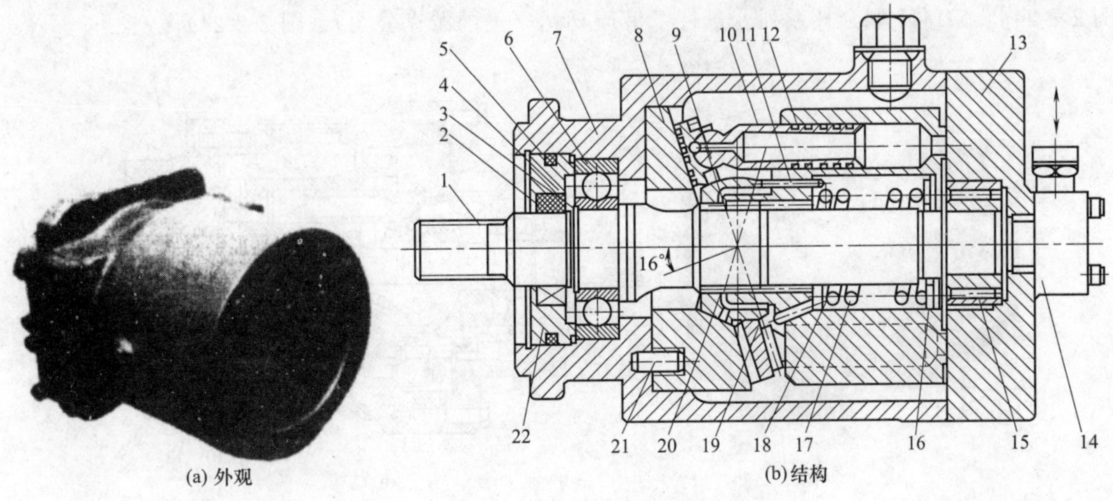

(a) 外观　(b) 结构

图 2-2-21　TXM 系列液压马达

1—输出轴；2—油封；3—轴用挡圈；4—孔用挡圈；5—O 形圈；6，15—轴承；7—壳体；8—斜盘；9—滑履；10—柱塞；11—滚针；12—缸体；13—端盖（兼配油盘）；14—进出油接头块；16—垫片；17—弹簧；18—弹簧座；19—压盘；20—球铰；21—定位销；22—挡盖

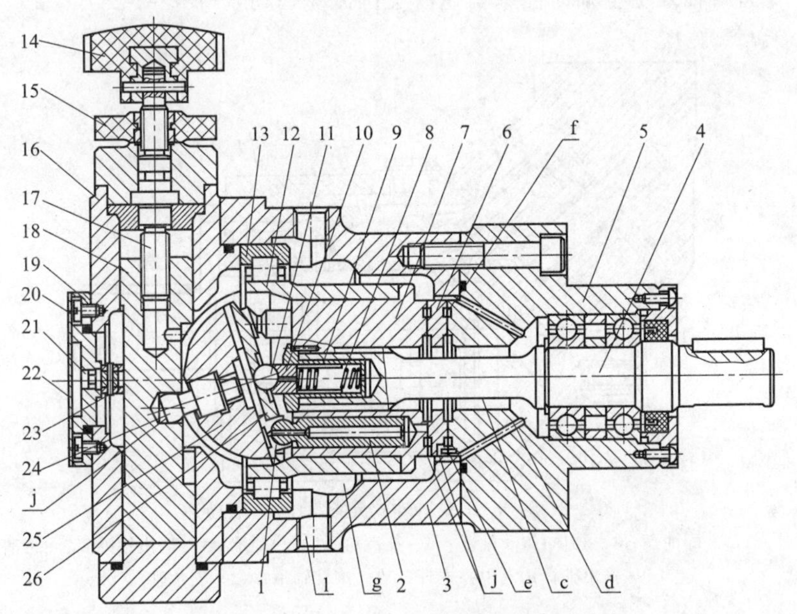

图 2-2-22　SCM14-1B 型轴向柱塞液压马达

1—滑靴；2—柱塞；3—中壳；4—主轴；5—外壳体；6—配油盘；7—缸体；8—中心弹簧；9—中心外套；10—中心内套；11—钢球；12—缸体套圈；13—轴承；14—调节手轮；15—锁紧螺母；16—变量壳体；17—螺杆；18—变量活塞；19—盖板；20—刻度盘板；21—刻度盘；22—标牌；23—拨叉；24—球头轴；25—斜盘；26—回程盘

c，g—空腔；d—通孔；e—腔道；f—卸荷槽；l—槽口；j—球头孔

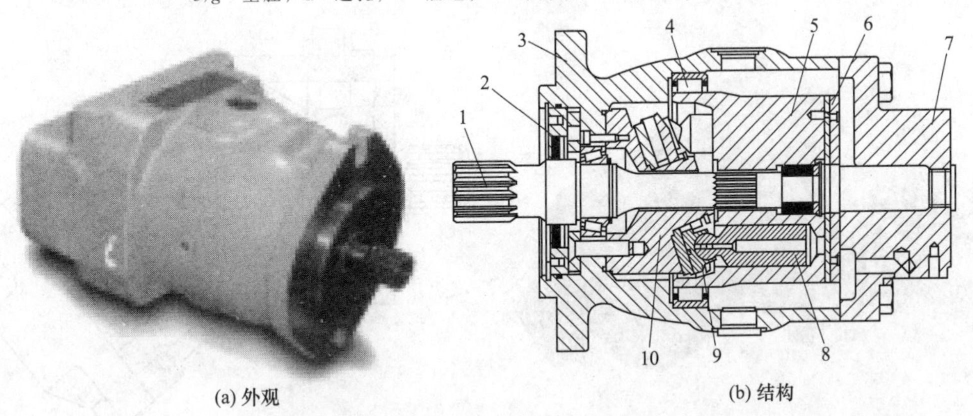

(a) 外观　(b) 结构

图 2-2-23　M6G 型金杯系列定量柱塞马达

1—输出轴；2—轴封；3—壳体；4—轴承；5—缸体；6—配油盘；7—盖；8—柱塞；9—滑履；10—斜盘

［例 2-2-24］ M14H 型金杯系列变量柱塞液压马达（美国派克公司）（图 2-2-24）

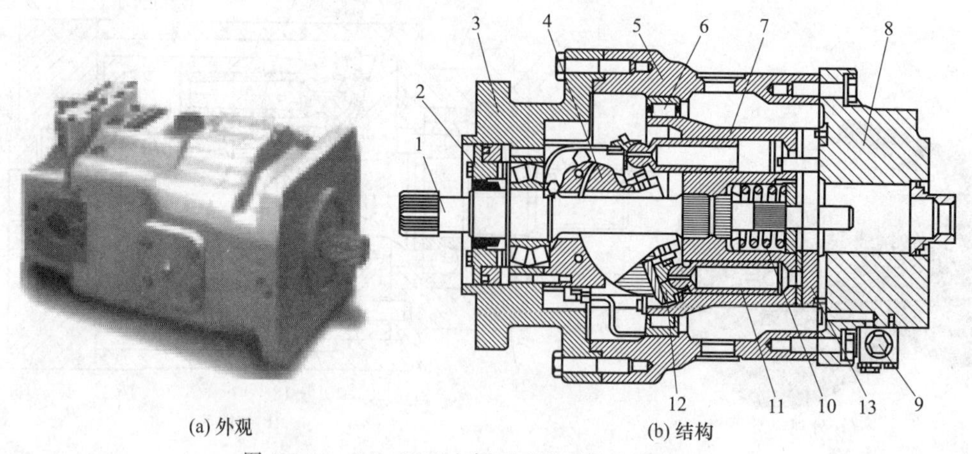

(a) 外观　　(b) 结构

图 2-2-24　M14H 型金杯系列变量柱塞液压马达

1—输出轴；2—轴封；3—前盖；4—斜盘；5—壳体；6—轴承；7—缸体；8—盖；9—变量阀；10—弹簧；11—柱塞；12—滑履；13—配油盘

［例 2-2-25］ F12 型斜轴式定量轴向柱塞马达（美国派克公司）（图 2-2-25）

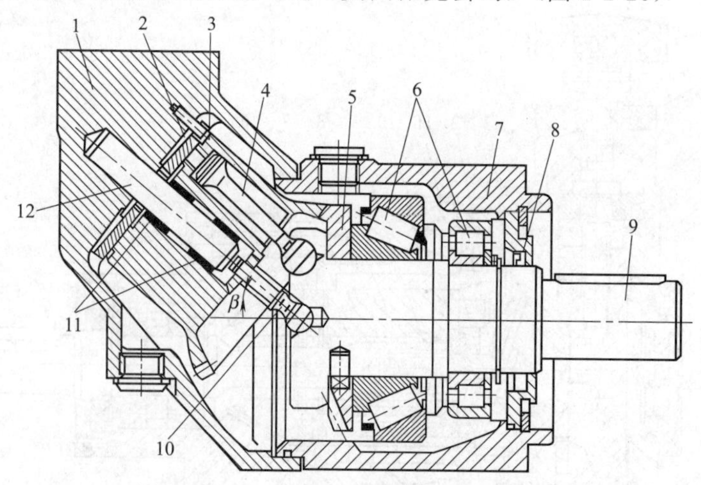

图 2-2-25　F12 型斜轴式定量轴向柱塞马达

1—外壳；2—配油盘；3—缸体；4—柱塞；5—锥齿轮副；6—轴承；7—输出轴外壳；8—油封；9—输出轴；10—中心连杆；11—滚针轴承；12—支承轴

［例 2-2-26］ A2FM 型定量锥形斜轴柱塞马达（德国博世-力士乐公司）（图 2-2-26）

额定压力为 40MPa，最高转速从小排量到大排量的转速范围为 10000～1600r/min，转矩系数为0.76～12.7N · m/MPa。

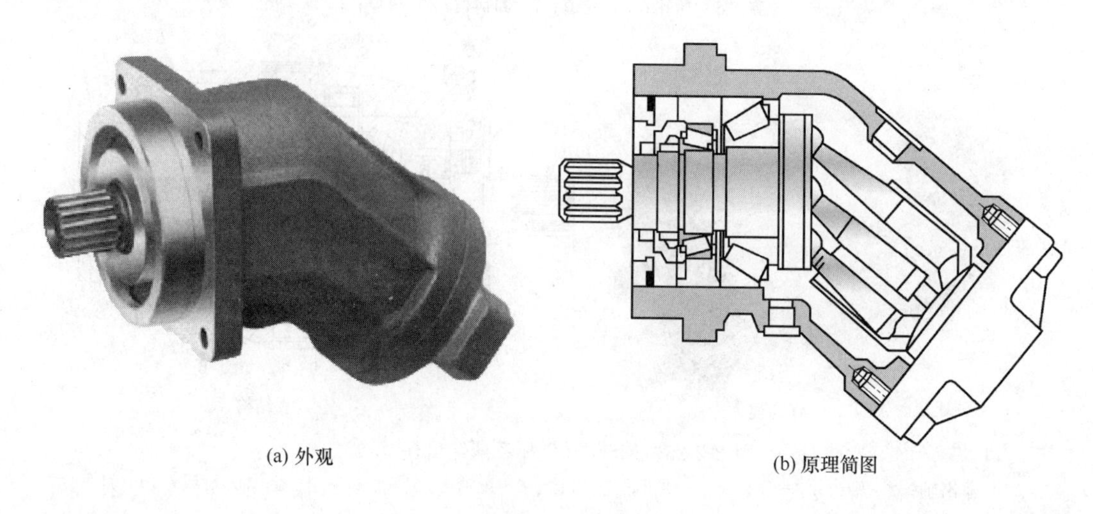

(a) 外观　　(b) 原理简图

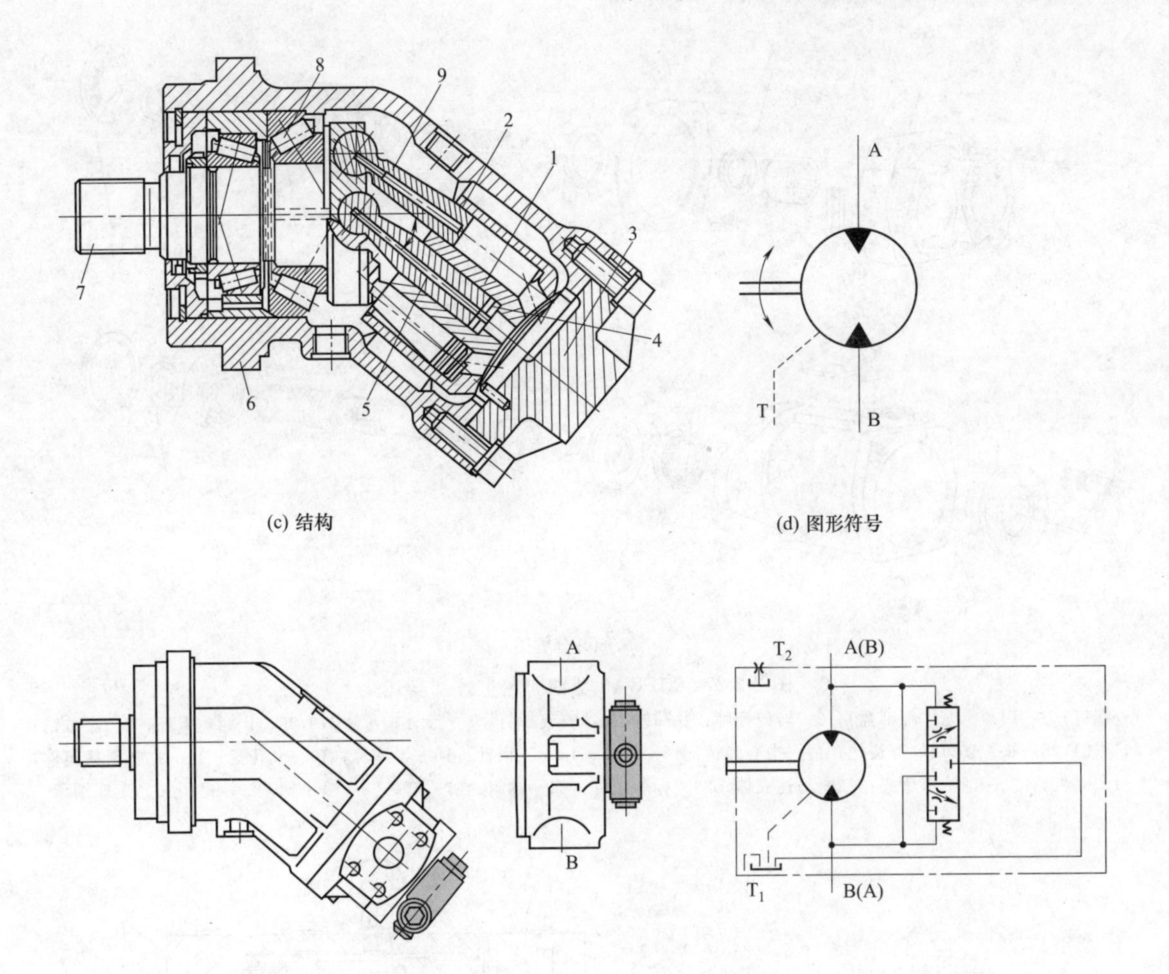

(c) 结构

(d) 图形符号

(e) 带梭阀(清洗阀)的A2FM型马达外形与图形符号

图 2-2-26　A2FM 型定量锥形斜轴柱塞马达

1—缸体；2—柱塞密封环；3—后盖；4—弹簧；5—中心连杆；6—马达壳体；7—输出轴；8—圆锥滚子轴承；9—柱塞

[例 2-2-27]　MFB-45 型轴向定量柱塞马达（美国伊顿-威格士公司）（图 2-2-27）

[例 2-2-28]　MFXS-※型轴向定量柱塞马达（美国伊顿-威格士公司）（图 2-2-28）

M 表示马达；F 表示定量（为 V 时表示变量）；X 表示系列号；S 表示单泵；※为排量数字代号（如代号 130 表示排量为 130mL/r）。

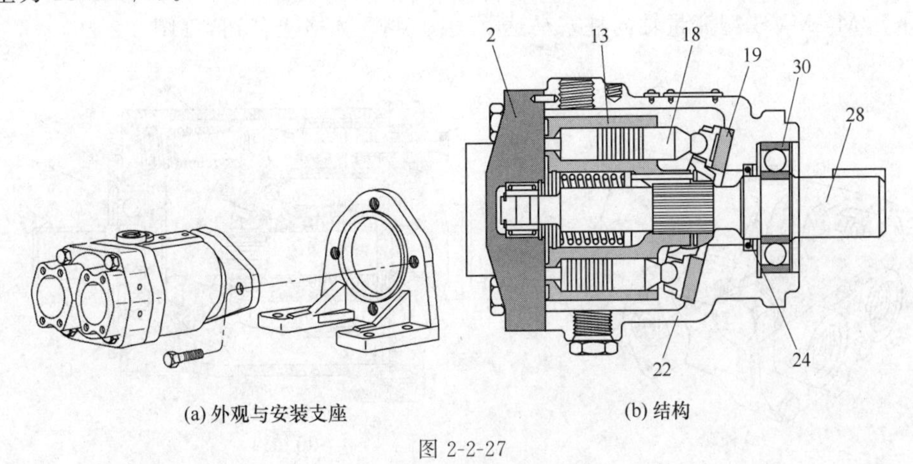

(a) 外观与安装支座

(b) 结构

图 2-2-27

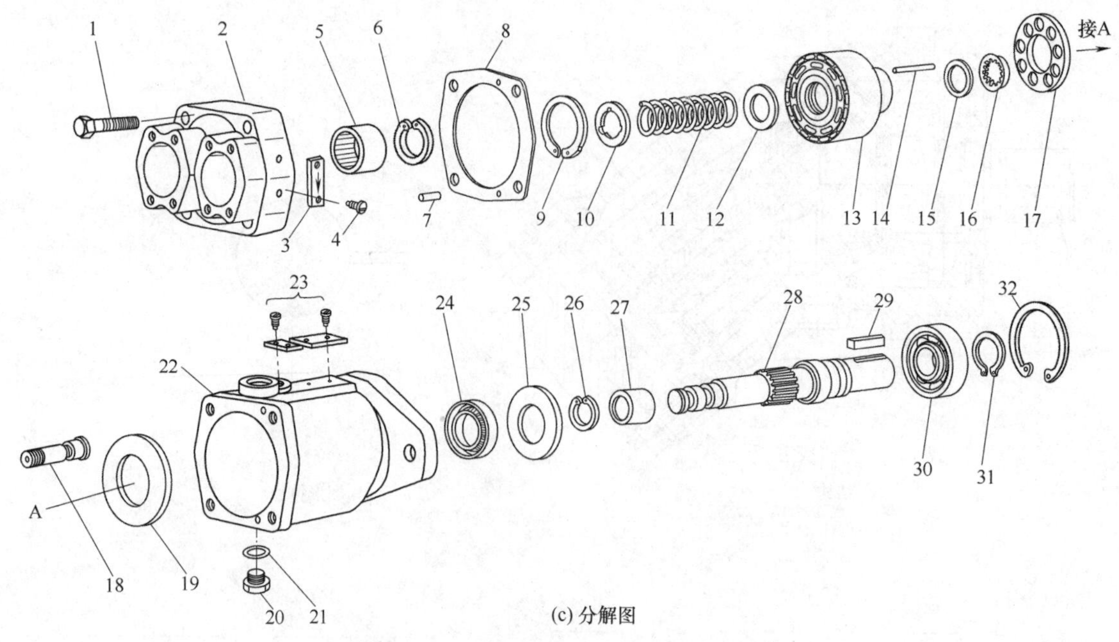

(c) 分解图

图 2-2-27 MFB-45 型轴向定量柱塞马达

1—螺钉；2—后盖（兼作配油盘）；3—转向标牌；4—转向标牌安装螺钉；5—滚针轴承；6,9,26,31,32—卡环；7—定位销；8,15,21,25—垫；10,12—弹簧垫；11—中心弹簧；13—缸体；14—三顶针；16—半球套；17—九孔盘；18—柱塞滑靴组件；19—斜盘；20—泄油口堵头；22—马达壳体；23—标牌组件；24—轴封；27—套；28—输出轴；29—键；30—滚珠轴承

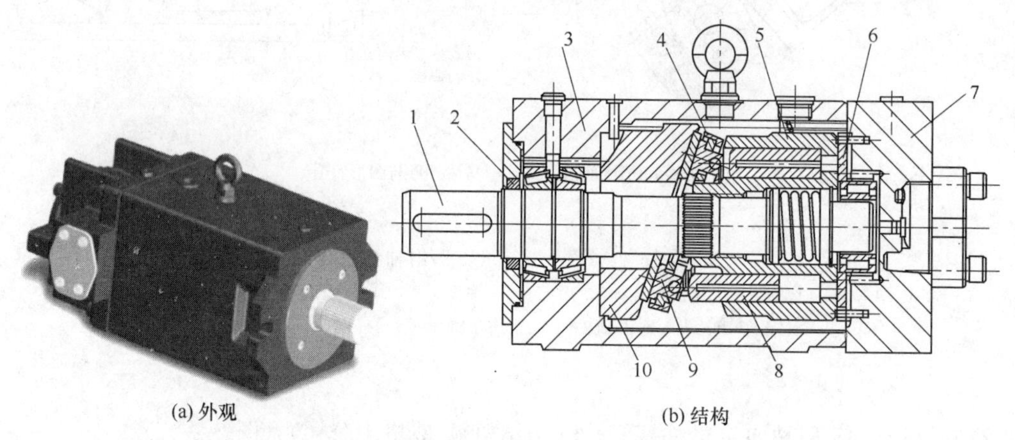

(a) 外观　　(b) 结构

图 2-2-28 MFXS-※型轴向定量柱塞马达

1—输出轴；2—轴封；3—马达壳体；4—止回盘；5—缸体；6—配油盘；7—后盖；8—柱塞；9—滑靴；10—斜盘

［例 2-2-29］（M)-MVB 型变量轴向柱塞马达（美国伊顿-威格士公司）（图 2-2-29）

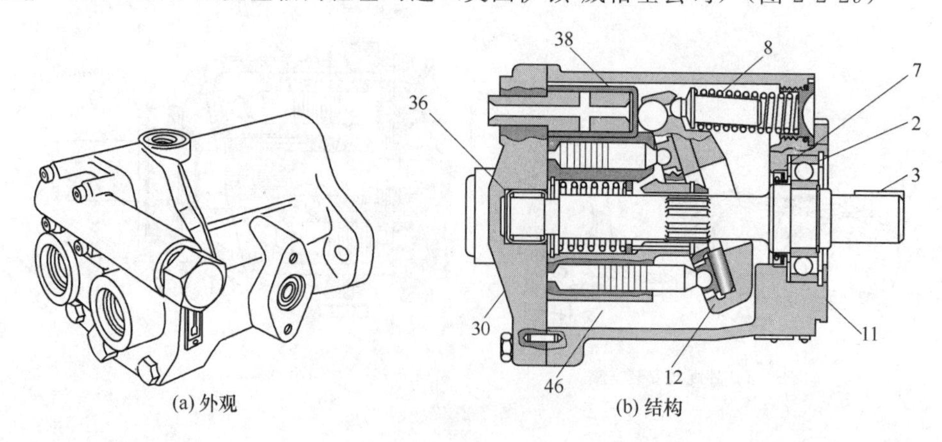

(a) 外观　　(b) 结构

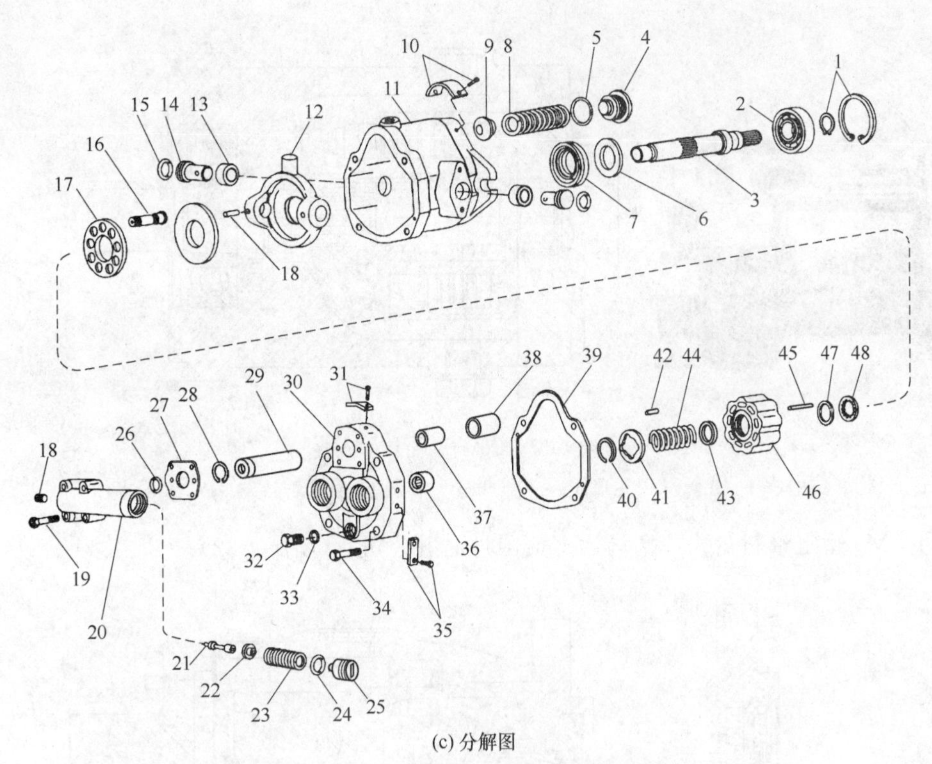

(c) 分解图

图 2-2-29 (M)-MVB 型变量轴向柱塞马达

1,15,28,40—卡环；2—滚珠轴承；3—输出轴；4—堵头；5,26—O 形圈；6,22,24,27,33,39,47—垫；7—轴封；8—偏置弹簧；9—顶球组件；10,35—标牌与安装螺钉；11—马达壳体；12—变量斜盘摆动座；13—滚针轴承；14—耳轴；16—柱塞滑靴组件；17—九孔盘（止回盘）；18—堵头；19—变量阀安装螺钉；20—变量阀阀体；21—变量阀阀芯；23—调压弹簧；25—调压螺钉；29—变量柱塞；30—盖；31—转向标牌与安装螺钉；32—螺钉；34—安装螺钉；36—滚针轴承；37,38—变量柱塞套；41,43—弹簧垫；42—定位销；44—中心弹簧；45—三顶针；46—缸体；48—半球套

［例 2-2-30］ 33～76 型静压系统用变量轴向柱塞马达（美国伊顿-威格士公司）（图 2-2-30）

型号为 33、39、46、54、64、76；对应排量为 54.4mL/r、63.7mL/r、75.3mL/r、89mL/r、105.5mL/r、124.8mL/r、对应最大转速 4510r/min、4160r/min、4160 r/min、3720r/min、3720r/min、2775r/min；对应最大输出转矩为 334N·m、397N·m、469N·m、556N·m、656N·m、781N·m。

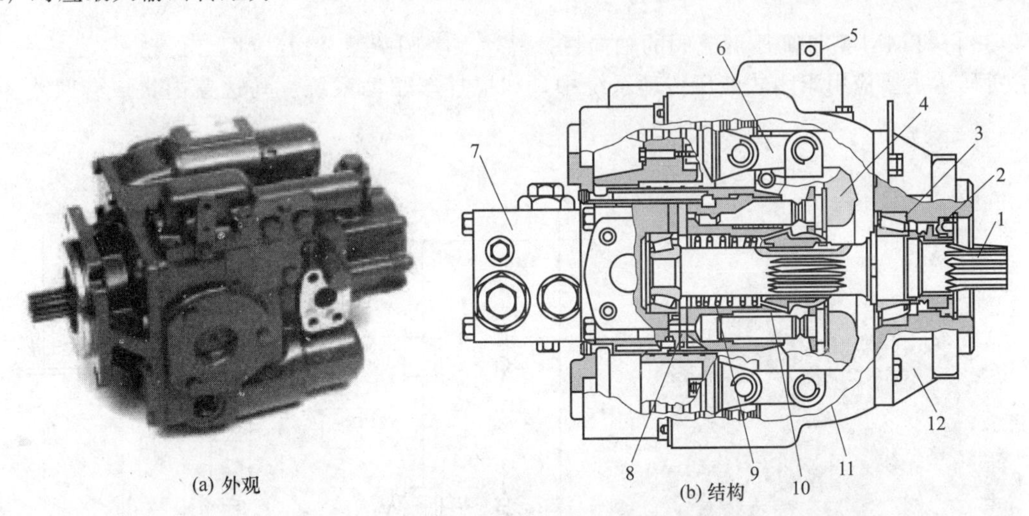

(a) 外观　　(b) 结构

图 2-2-30 33～76 型静压系统用变量轴向柱塞马达

1—输出轴；2—轴封；3—轴承；4—斜盘；5—手动变量操作杆；6—连杆；7—辅助阀；8—配油盘；9—中心弹簧；10—顶针；11—马达体壳；12—盖

［例 2-2-31］ MFB 型轴向柱塞马达（美国伊顿-威格士公司、邵阳液压件厂）（图 2-2-31）

额定压力为 21MPa；最高转速为 3600r/min；几何转矩为 0.16～0.786N·m/bar。

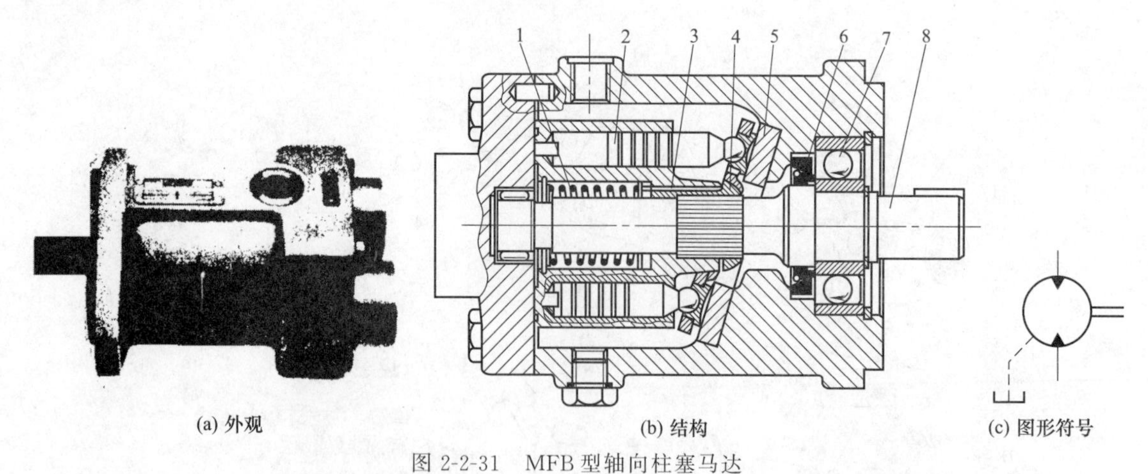

(a) 外观　(b) 结构　(c) 图形符号

图 2-2-31　MFB 型轴向柱塞马达

1—中心弹簧；2—柱塞；3—三顶针；4—半球套；5—斜盘；6—油封；7—轴承；8—输出轴

［例 2-2-32］　M6 型定量斜盘式柱塞马达（美国丹尼逊公司）（图 2-2-32）

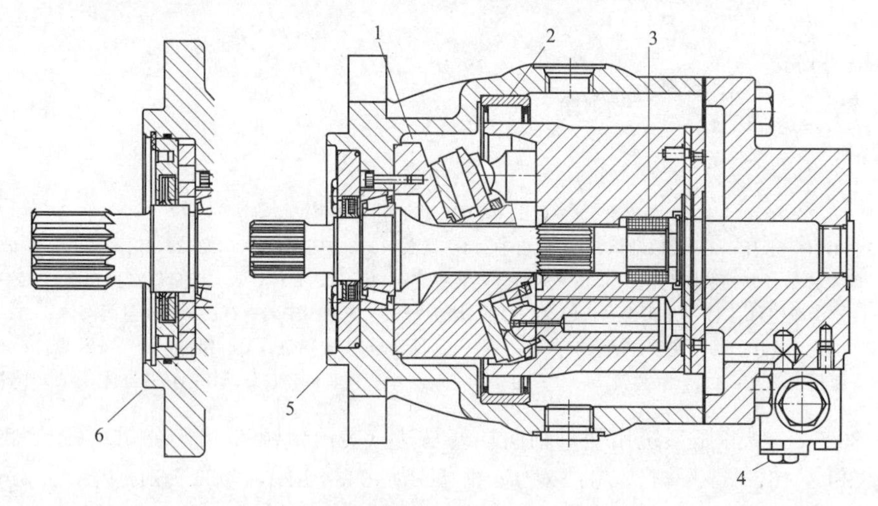

图 2-2-32　M6 型定量斜盘式柱塞马达

1—固定斜盘；2—缸体大轴承；3—缸体压紧弹簧；4—梭阀（冷却与换油）；5—安装法兰与花键泵轴方式 1；6—安装法兰与花键泵轴方式 2

［例 2-2-33］　TMM 型带高压溢流阀的轴向柱塞马达（美国萨澳公司）（图 2-2-33）

TM 系列马达主要应用于闭式液压传动系统中，如搅拌车驱动系统。马达盖内集成有回路冲洗阀与高压溢流阀。

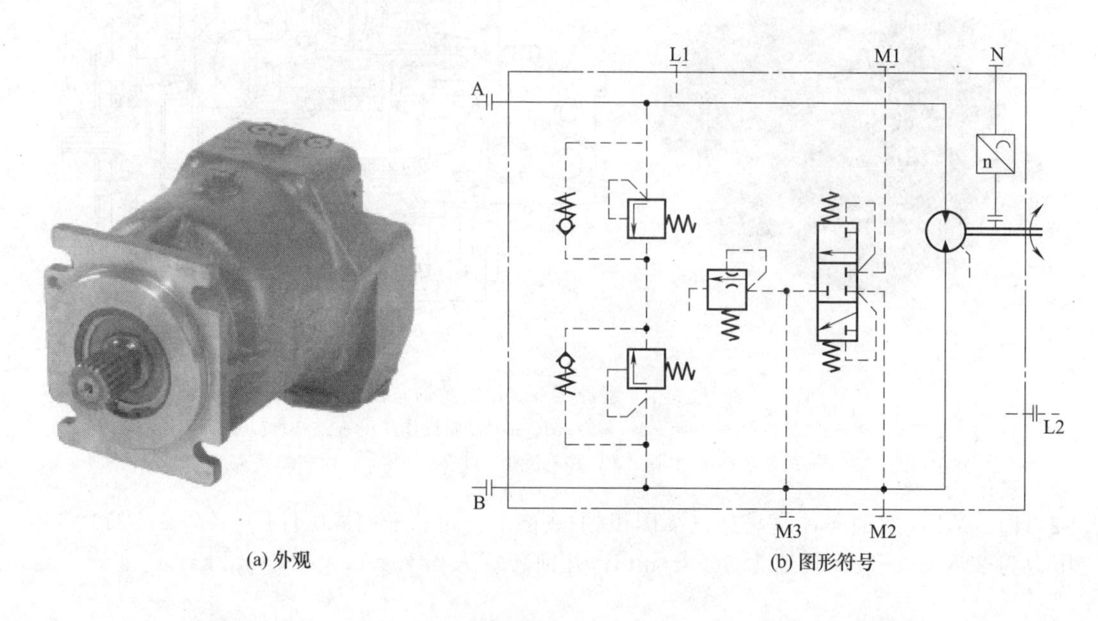

(a) 外观　(b) 图形符号

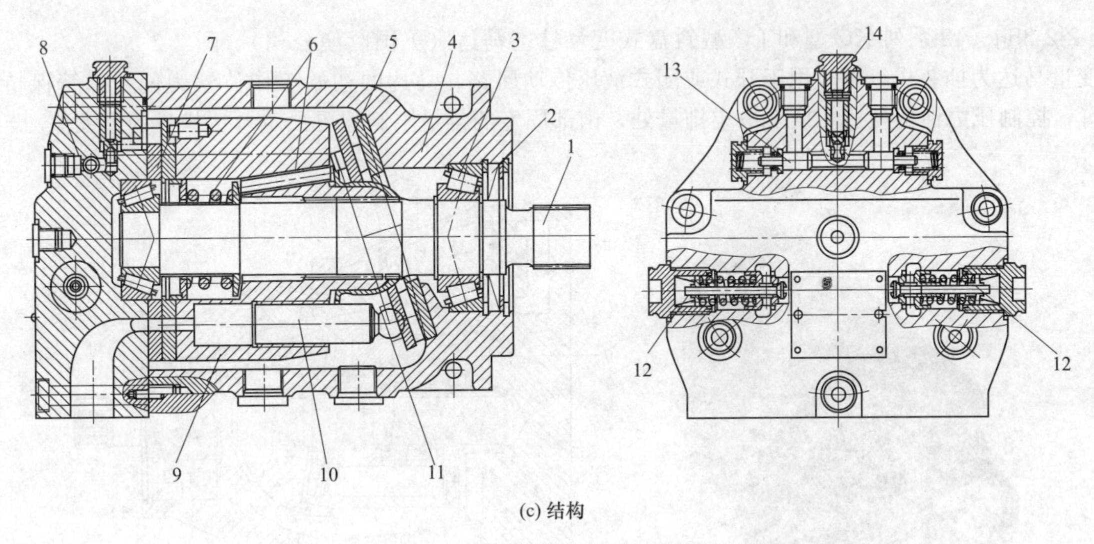

(c) 结构

图 2-2-33　TMM 型带高压溢流阀的轴向柱塞马达

1—输出轴；2—轴封；3—轴承；4—壳体；5—斜盘；6—中心弹簧与顶紧弹簧；7—配油盘；8—马达盖；9—缸体；10—柱塞；11—滑靴；12—高压溢流阀；13—梭阀；14—低压溢流阀

[例 2-2-34]　TMM 型不带高压溢流阀的轴向柱塞马达（美国萨澳公司）（图 2-2-34）

TM 系列马达主要应用于闭式液压传动系统中，如搅拌车驱动系统。马达盖内集成有回路冲洗阀。

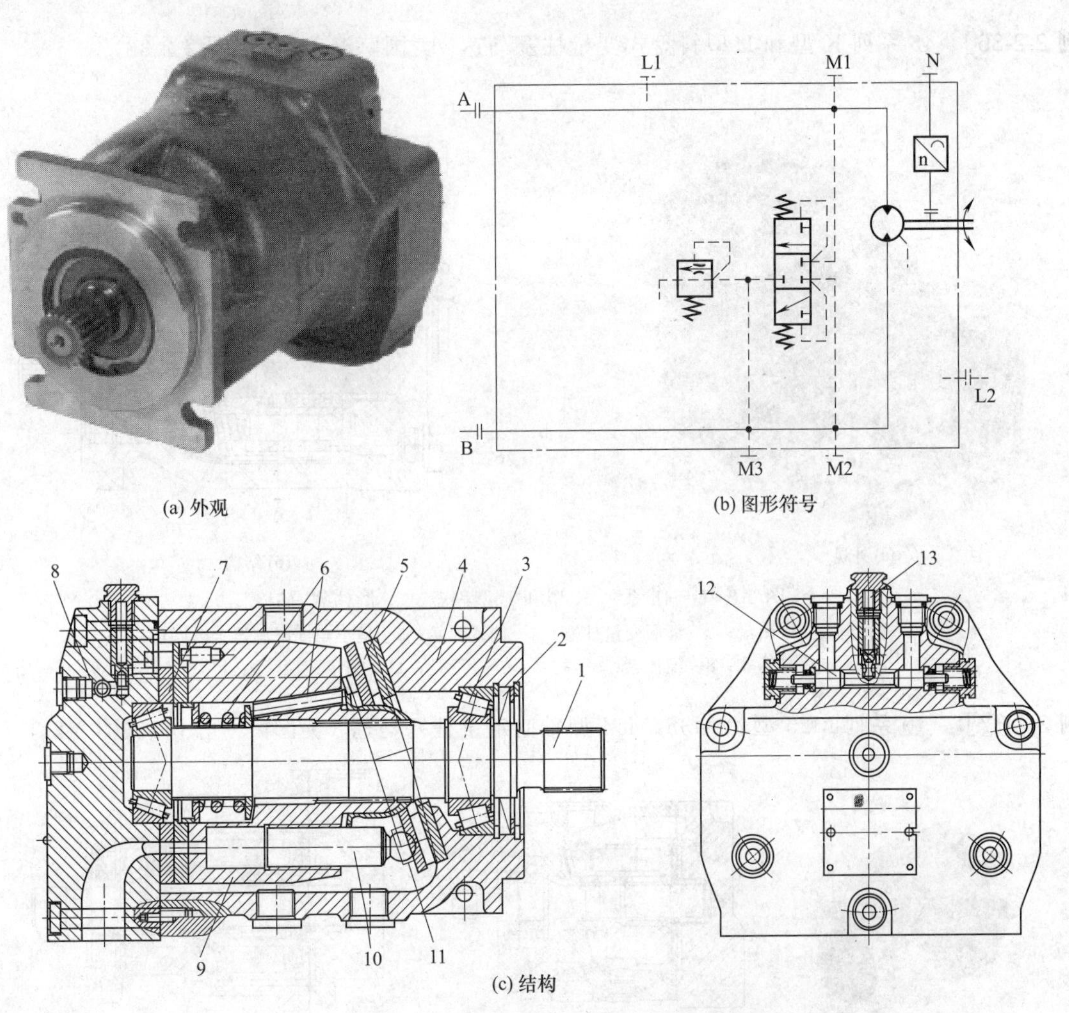

(a) 外观　(b) 图形符号

(c) 结构

图 2-2-34　TMM 型不带高压溢流阀的轴向柱塞马达

1—输出轴 ；2—轴封；3—轴承；4—壳体；5—斜盘；6—中心弹簧与顶紧弹簧；7—配油盘；8—马达盖；9—缸体；10—柱塞；11—滑靴；12—梭阀；13—低压溢流阀

[例 2-2-35] 42 系列 KC 型和 LC 型斜盘式变量柱塞马达（美国萨澳公司）（图 2-2-35）

此变量马达为插装式，可应用于开式或闭式液压传动回路。马达的初始工作位置为偏置弹簧保持的最大排量位置，控制压力油将马达切换至最小排量处，内部固定的排量限制器可设定马达排量的最大值/最小值。

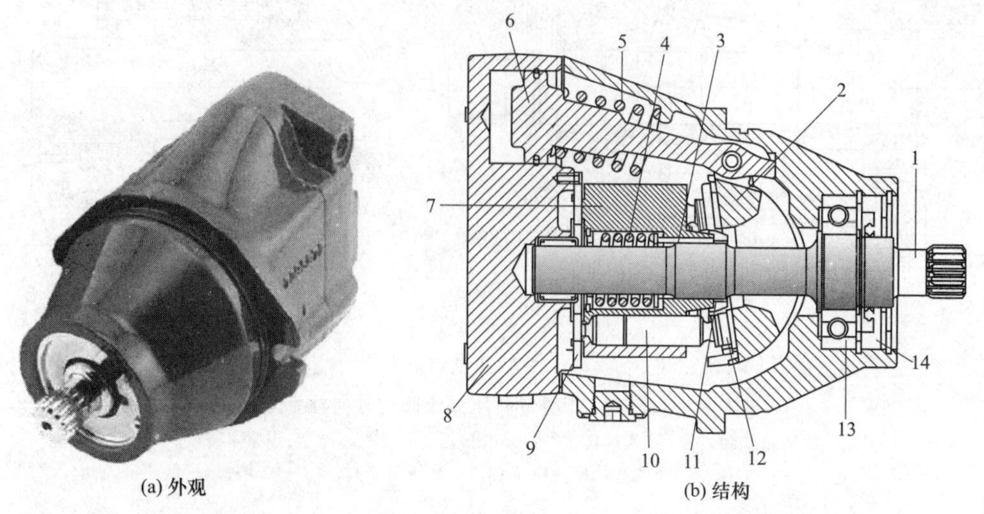

图 2-2-35 42 系列 KC 型和 LC 型斜盘式变量柱塞马达

1—输出轴；2—斜盘；3—顶针；4—中心弹簧；5—偏置弹簧；6—伺服变量柱塞；7—缸体；8—马达盖；9—配油盘；10—柱塞；11—半球套；12—滑靴；13—轴承；14—轴封

[例 2-2-36] 45 系列 K 型和 L 型斜盘式变量柱塞马达（美国萨澳公司）（图 2-2-36）

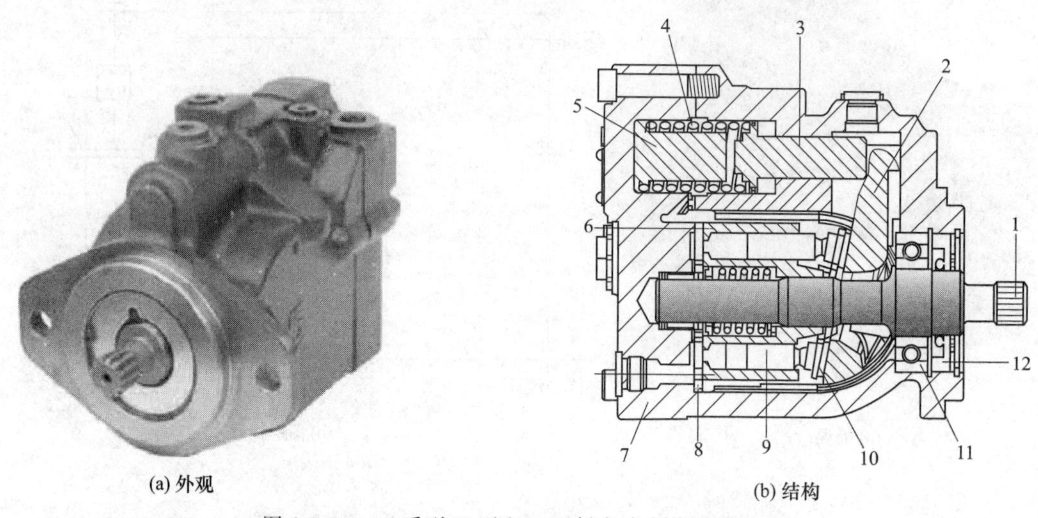

图 2-2-36 45 系列 K 型和 L 型斜盘式变量柱塞马达

1—输出轴；2—斜盘；3—伺服变量柱塞；4—偏置弹簧；5—最小角度限制器；6—缸体；7—马达盖；8—配油盘；9—柱塞；10—滑靴；11—轴承；12—轴封

[例 2-2-37] 40 系列 M25 型和 M35/M44 型轴向定量柱塞马达（美国萨澳公司）（图 2-2-37）

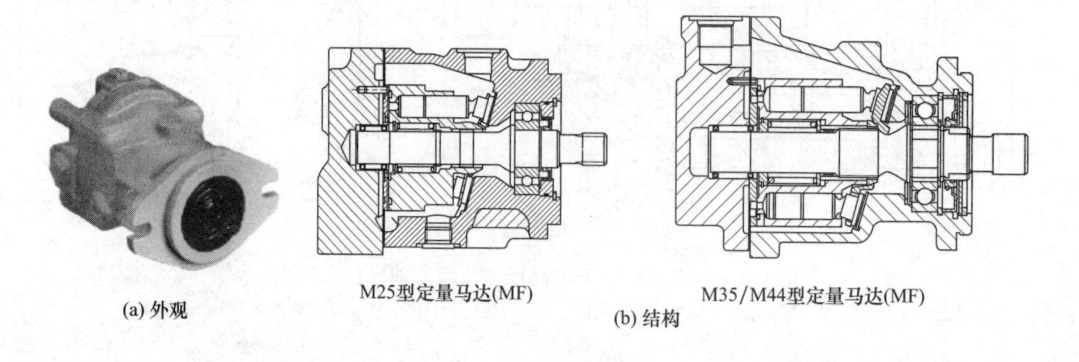

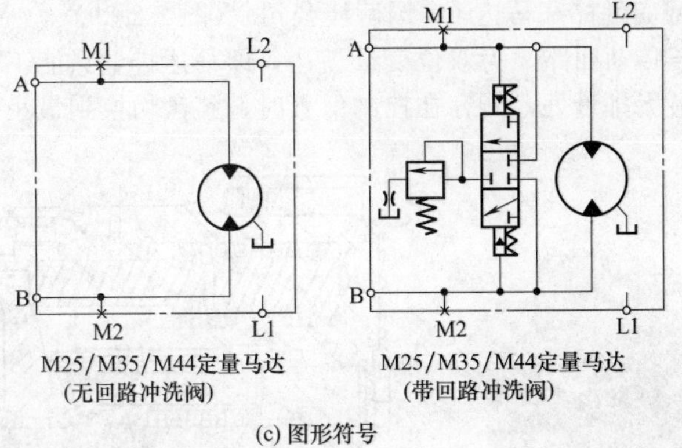

(c) 图形符号

图 2-2-37 40 系列 M25 型和 M35/M44 型轴向定量柱塞马达

［例 2-2-38］ 40 系列 M35/M44 型和 M46 型轴向变量柱塞马达（图 2-2-38）

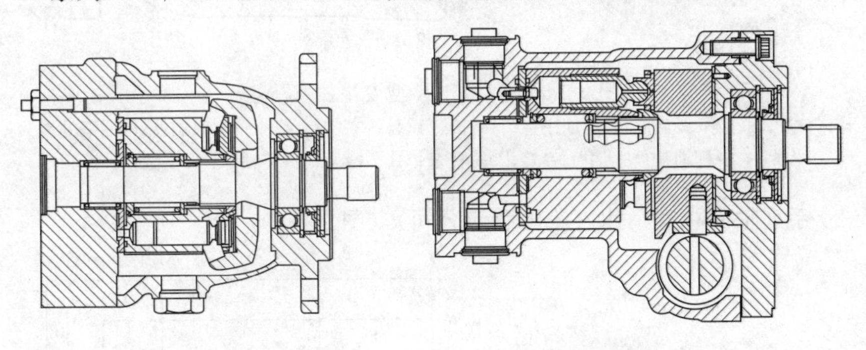

(a) 结构

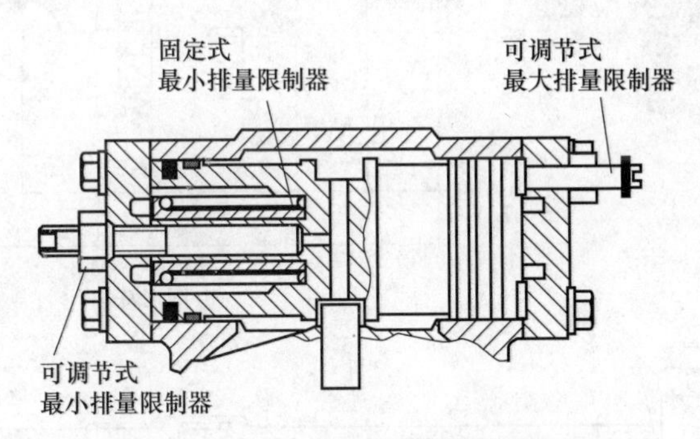

(b) 排量限制器M46 MV

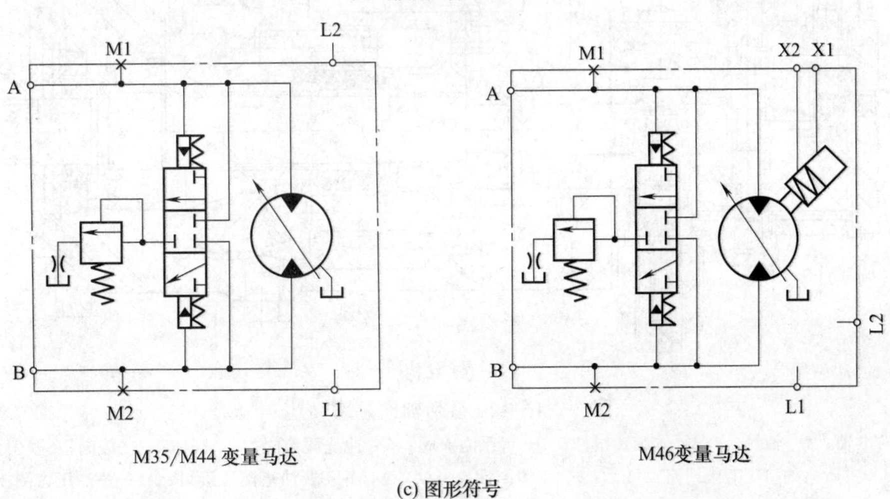

(c) 图形符号

图 2-2-38 40 系列 M35/M44 型和 M46 型轴向变量柱塞马达

[例 2-2-39] L 型和 K 型变量柱塞马达(美国萨澳公司)(图 2-2-39)

可应用于开式或闭式液压传动回路，为双位变量马达，即马达排量只能工作在最大排量或最小排量处。马达斜盘被偏置弹簧保持在最大排量处，当存在控制信号时，斜盘切换到最小排量处。

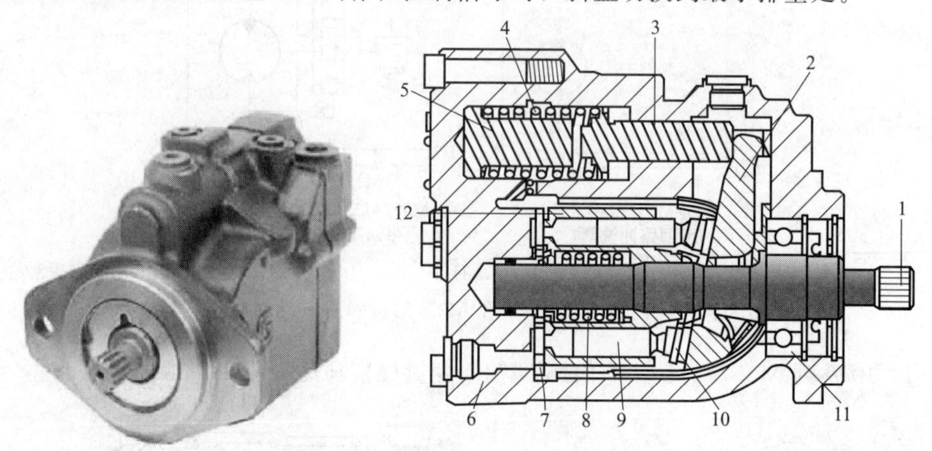

图 2-2-39 L 型和 K 型变量柱塞马达

1—输出轴；2—斜盘；3—变量柱塞；4—偏置弹簧；5—斜盘最小角度限制器；6—马达盖；7—配油盘；8—中心弹簧；9—柱塞；10—滑靴；11—轴承；12—缸体

[例 2-2-40] 20 系列轴向柱塞马达(美国萨澳公司)(图 2-2-40)

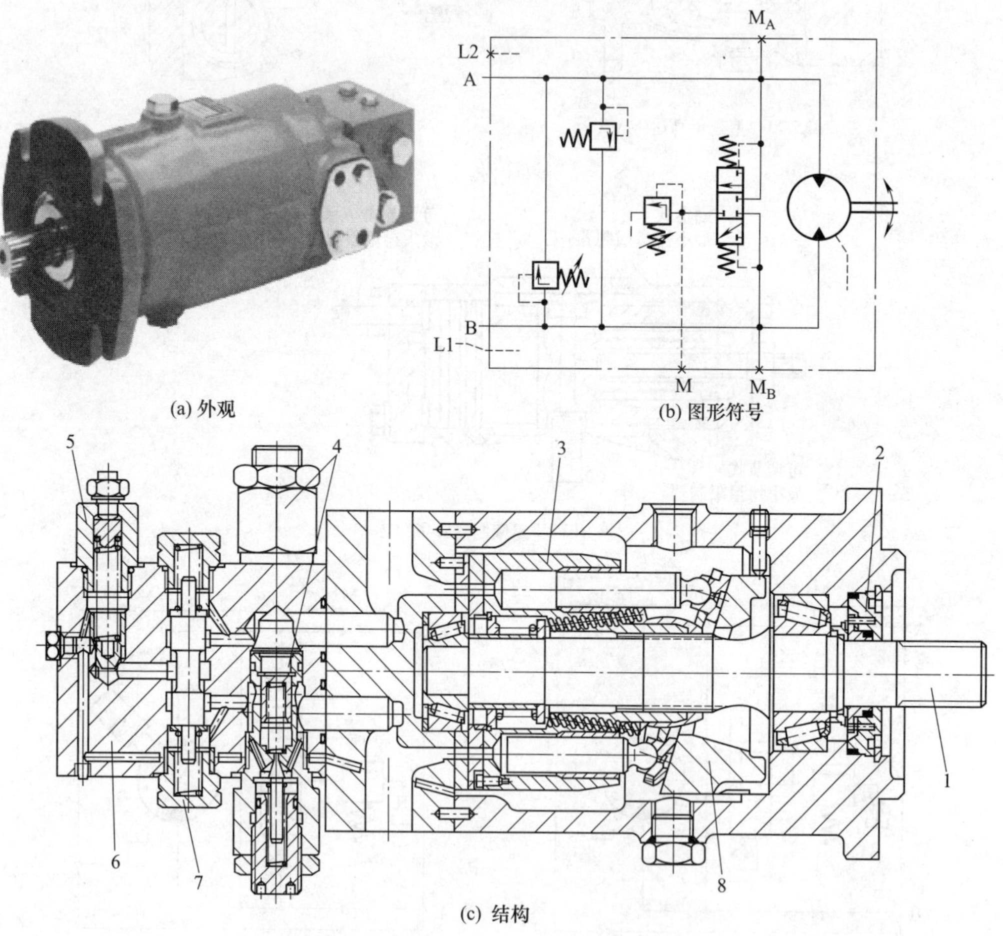

(a) 外观　(b) 图形符号

(c) 结构

图 2-2-40 20 系列轴向柱塞马达

1—输出轴；2—轴封；3—缸体旋转组件；4—高压溢流阀；5—冲洗溢流阀；6—阀体；7—梭阀；8—斜盘；A,B—主压力油口(工作回路)；L1,L2—壳体回油口；M_A-A,M_B-B—油道测压接口；M—补油压力测压口

[例 2-2-41] 90 系列 M100 型定量轴向柱塞马达(美国萨澳公司)(图 2-2-41)

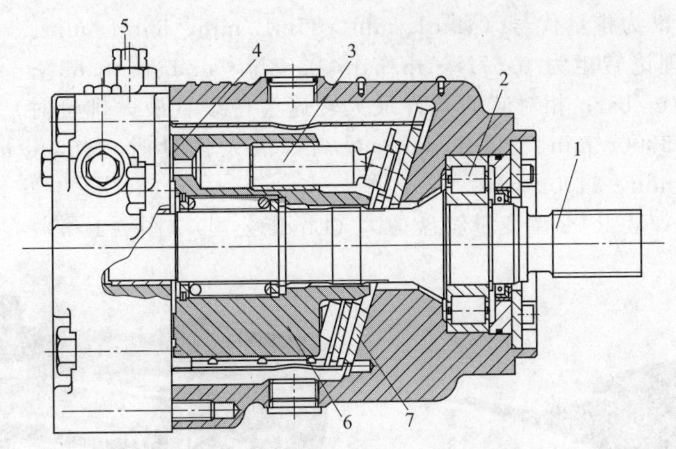

图 2-2-41　90 系列 M100 型定量轴向柱塞马达

1—输出轴；2—滚子轴承；3—柱塞；4—配油盘；5—冲洗溢流阀；6—缸体旋转组件；7—斜盘

［例 2-2-42］　90 系列 M100 型变量轴向柱塞马达（美国萨澳公司）（图 2-2-42）

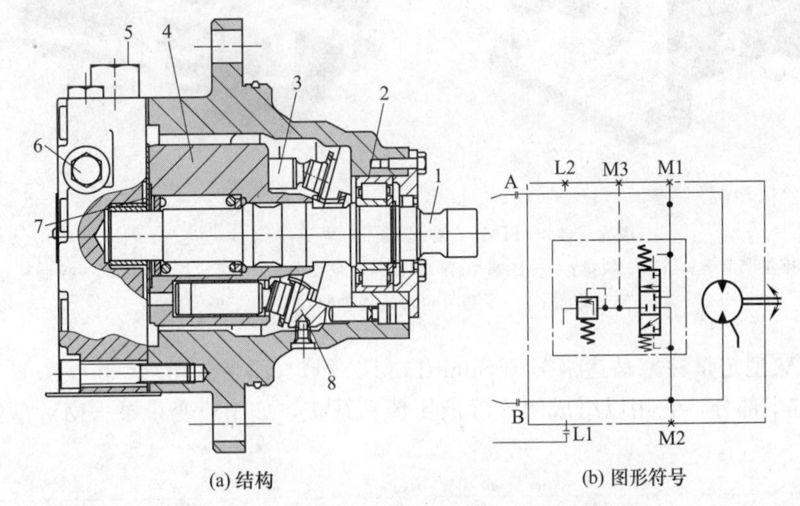

(a) 结构　(b) 图形符号

图 2-2-42　90 系列 M100 型变量轴向柱塞马达

1—输出轴；2—滚子轴承；3—柱塞；4—缸体旋转组件；5—冲洗溢流阀；6—回路冲洗梭阀；7—配油盘；8—斜盘

［例 2-2-43］　90V55 变量柱塞马达（美国萨澳公司）（图 2-2-43）

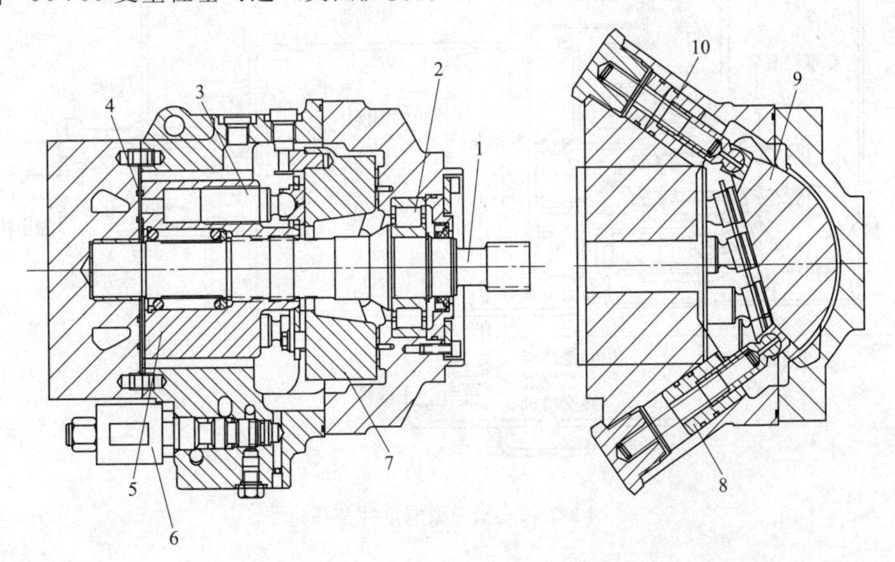

图 2-2-43　90V55 变量柱塞马达

1—输出轴；2—滚子轴承；3—柱塞；4—配油盘；5—缸体；6—控制阀；7，9—变量斜盘；8—最大排量控制活塞；10—最小排量控制活塞

斜盘斜角为可变式；※为排量代号（42mL/min、55mL/min、55mL/min、75mL/min、100mL/min、130mL/min）；相对应的理论转矩为 0.67N·m/bar、0.88N·m/bar、0.88N·m/bar、1.19N·m/bar、1.59N·m/bar、2.07N·m/bar；相对应的允许最大转速为持续（最大排量时）4200r/min、3900r/min、3900r/min、3600r/min、3300r/min、3100r/min，最高（最大排量时）4600r/min、4250r/min、4250r/min、3950r/min、3650r/min、3400r/min。

［例 2-2-44］ HMF/A/V/R-02 型变量斜盘马达（Linde 公司）（图 2-2-44）

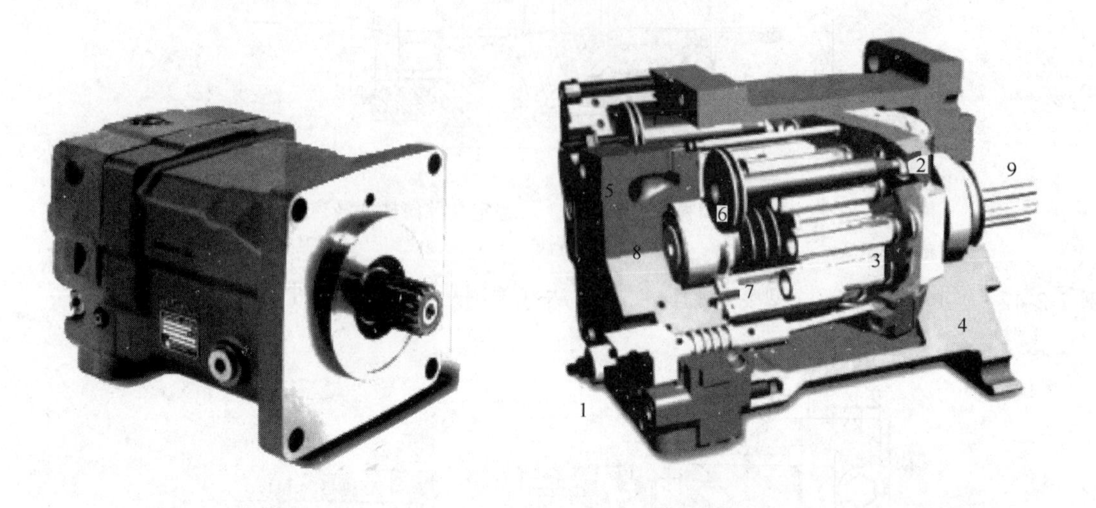

图 2-2-44 HMF/A/V/R-02 型变量斜盘马达

1—排量调节螺钉；2—斜盘；3—柱塞-滑靴组件；4—泵壳体；5—集成控制阀；6—控制柱塞；7—缸体组件；8—泵盖（也可选通轴驱动方式）；9—泵轴

［例 2-2-45］ MV 型定量柱塞马达（美国 Sundtrand 公司）（图 2-2-45）

见图 2-2-45 中右半部分，它用以组成闭式静液压传动系统，如 PV 变量泵＋MV 型定量马达。

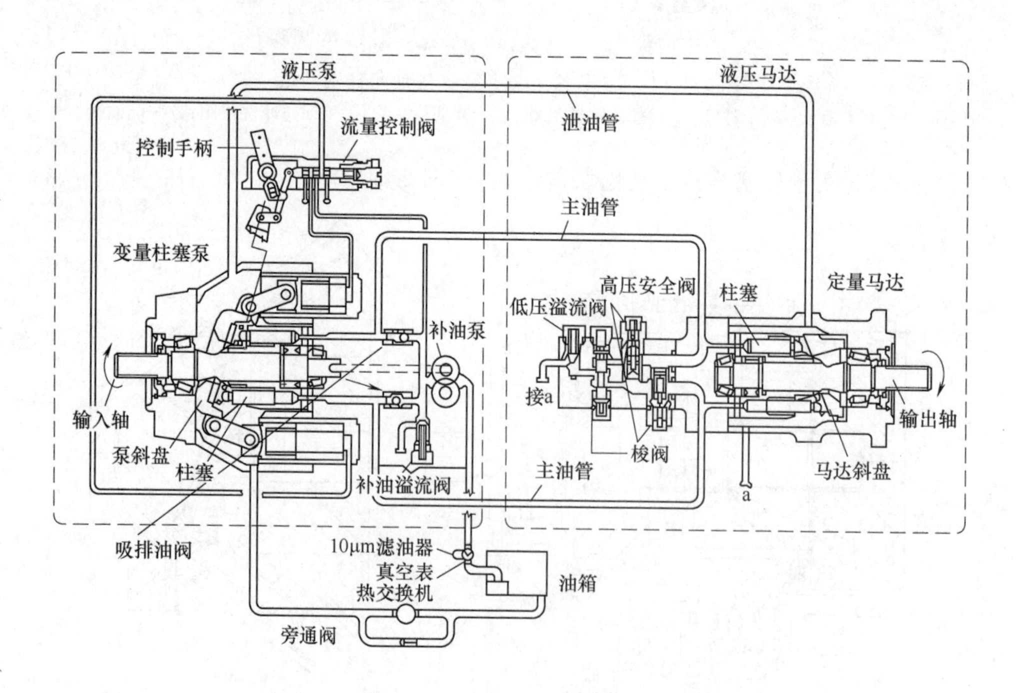

图 2-2-45 MV 型定量柱塞马达

［例 2-2-46］ MF 型变量柱塞马达（美国 Sundstrand 公司）（图 2-2-46）

见图 2-2-46 中右半部分，它用以组成闭式静液压传动系统，如 PV 变量泵＋MF 型变量马达。

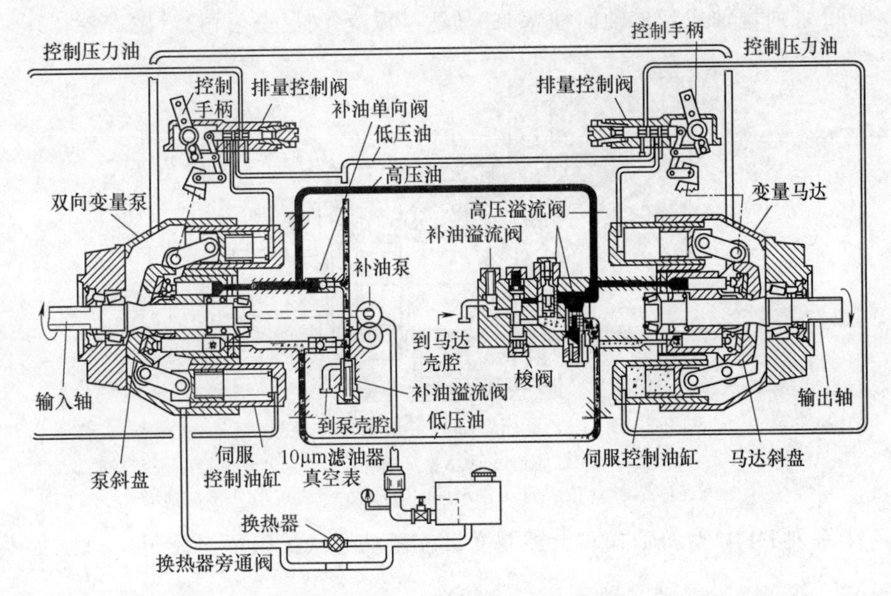

图 2-2-46　MF 型变量柱塞马达

[例 2-2-47]　F11 系列弯轴式定量轴向柱塞泵/马达（派克-汉尼汾公司）（图 2-2-47）

Fl1 和 Fl2 是弯轴式重型柱塞式定量液压马达及泵系列，可用于开式和闭式回路的许多应用场合。工作压力可达 480 bar，具有极强的输出功率能力。

结构上，传动轴与缸体轴心线成 40°夹角，这种设计使该型马达与泵结构十分紧凑，重量很轻。层叠式的活塞环具有很多优点，如内泄漏量小、耐热、抗冲击。

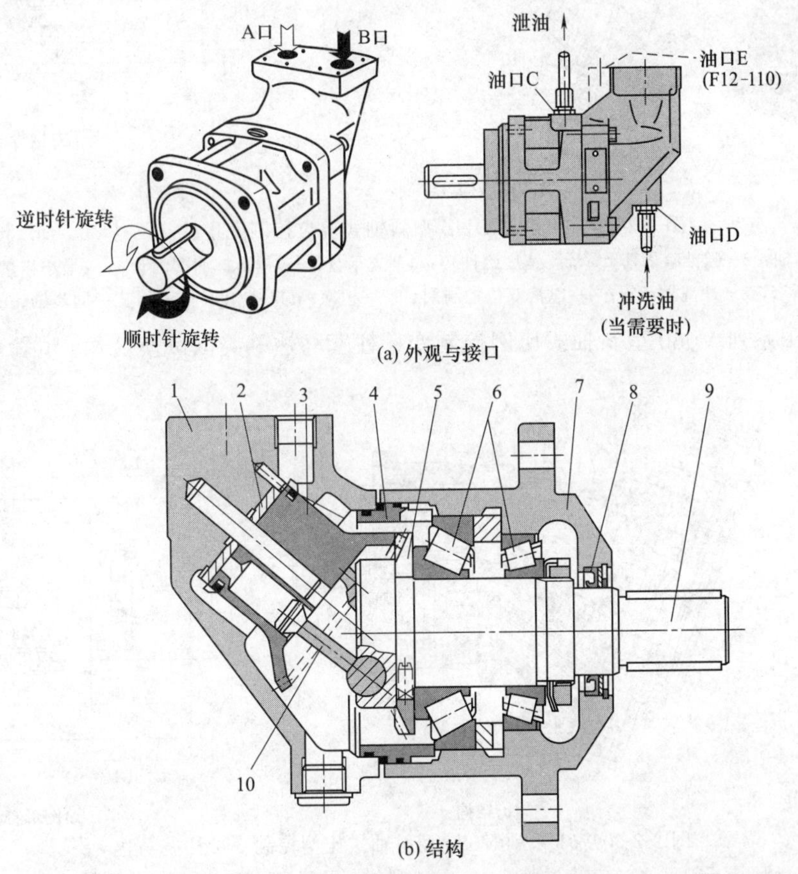

图 2-2-47　F11 系列弯轴式定量轴向柱塞泵/马达

1—转子壳体；2—配油盘；3—缸体；4—带 O 形圈的导向隔套；5—分时齿轮；6—滚子轴承；7—轴承壳体；8—轴封；9—输入/输出轴；10—带层叠式活塞环的柱塞

［例 2-2-48］ F12 系列弯轴式定量轴向柱塞泵/马达（派克-汉尼汾公司）（图 2-2-48）

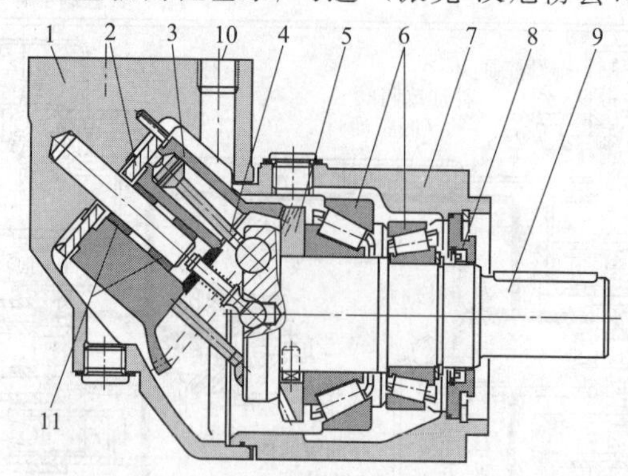

图 2-2-48 F12 系列弯轴式定量轴向柱塞泵/马达

1—转子壳体；2—配油盘；3—缸体；4—带活塞环的柱塞；5—分时齿轮；6—滚锥轴承；7—轴承壳体；8—轴封；9—输入/输出轴；10—油口；11—滚针轴承

［例 2-2-49］ 51 系列 D110 型斜轴式双位控制变量柱塞马达（美国萨澳公司）（图 2-2-49）

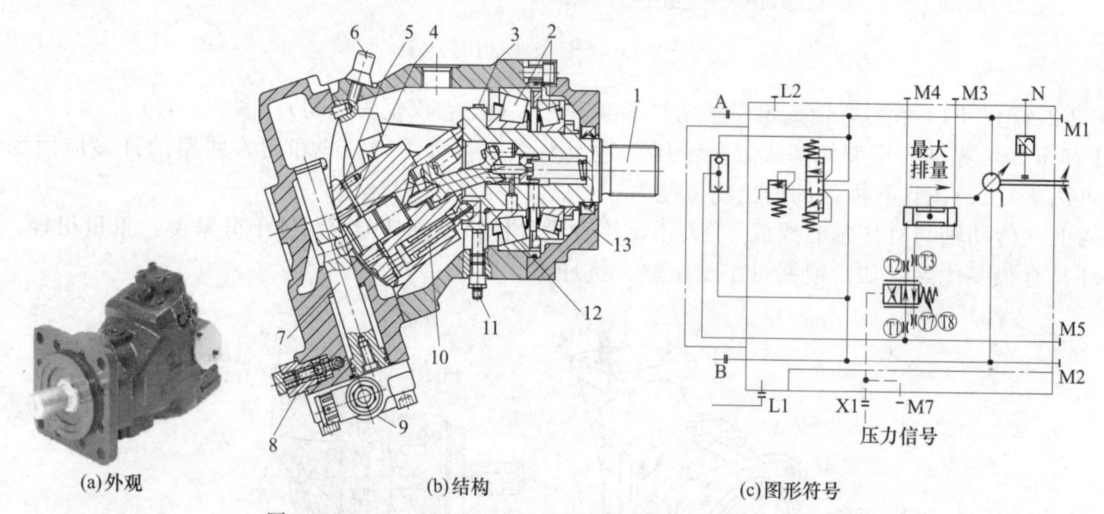

图 2-2-49 51 系列 D110 型斜轴式双位控制变量柱塞马达

1—输出轴；2—圆锥滚子轴承；3—速度磁性环；4—支承盘；5—扇形球面配油盘；6—最小排量限制器；7—伺服活塞；8—冲洗溢流阀；9—电液双位控制阀；10—柱塞；11—速度传感器；12—同步轴；13—法兰盖

［例 2-2-50］ 51 系列 V080 型斜轴式比例控制变量柱塞马达（美国萨澳公司）（图 2-2-50）

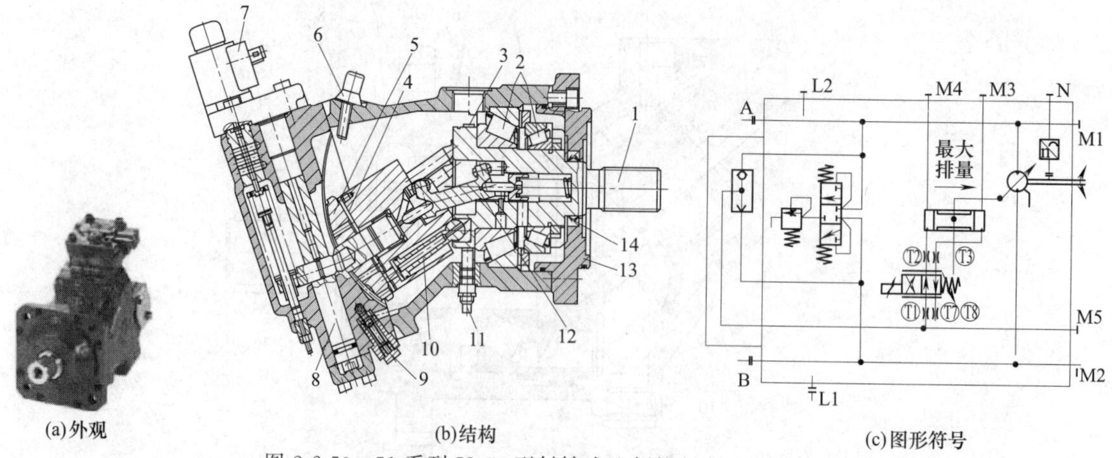

图 2-2-50 51 系列 V080 型斜轴式比例控制变量柱塞马达

1—输出轴；2—圆锥滚子轴承；3—速度磁性环；4—支承盘；5—扇形配油盘；6—最小排量限制器；7—比例电磁阀；8—伺服变量活塞；9—冲洗溢流阀；10—柱塞；11—速度传感器；12—同步轴；13—法兰盖；14—轴封；A，B—主压力油口；L1，L2—壳体泄油口；M1，M2—A/B 测压口；M3，M4—伺服压力测压口；M5—内部伺服供油压力测压口；Ⓣ3，Ⓣ7，Ⓣ8—可选阻尼孔；N—速度传感器

[例 2-2-51] H1B系列弯轴变量柱塞马达（美国萨澳公司）（图 2-2-51）

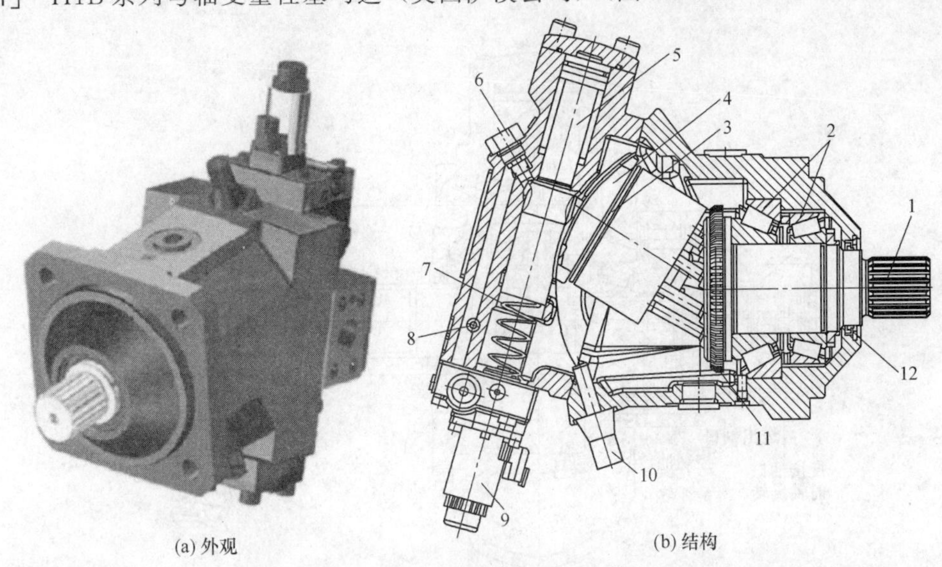

图 2-2-51 H1B系列弯轴变量柱塞马达

1—输出轴；2—圆锥滚子轴承；3—支承盘；4—扇形配油盘；5—差动伺服变量活塞；6—回路冲洗溢流阀；7—斜坡反馈弹簧；8—回路冲洗梭阀；9—比例电磁铁；10—最小排量限制器；11—速度环；12—轴封

2-2-4 径向柱塞马达

[例 2-2-52] CLJM系列斯达法式低速大转矩定量径向柱塞马达（国产）（图 2-2-52）

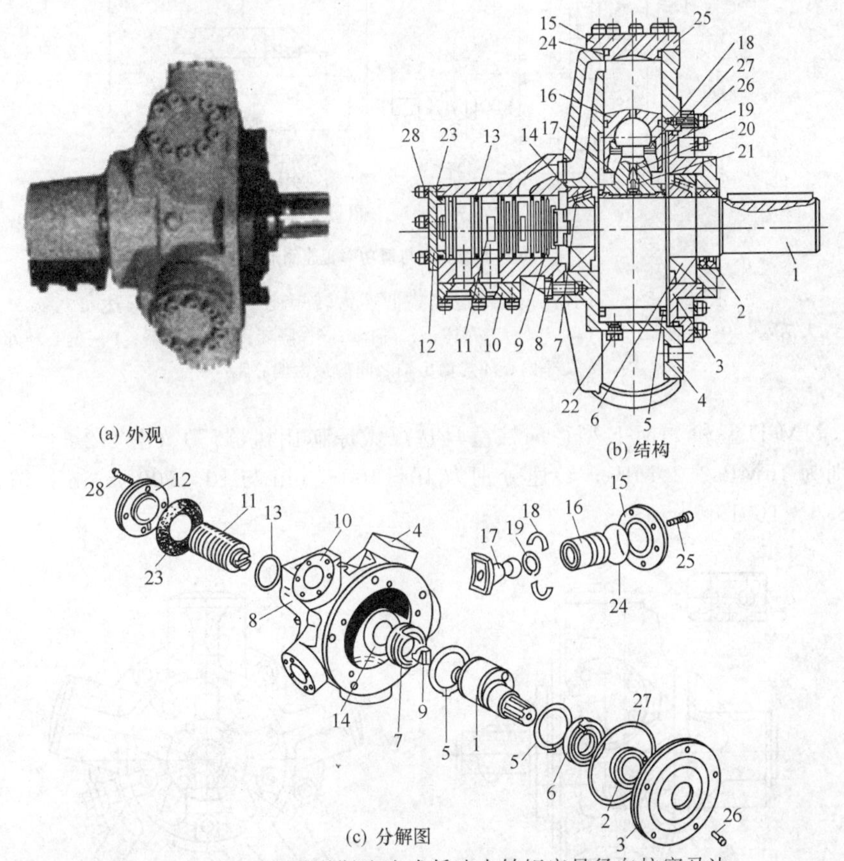

图 2-2-52 CLJM系列斯达法式低速大转矩定量径向柱塞马达

1—曲轴；2—骨架油封；3—本体盖；4—壳体；5—抱环；6,7—轴承；8—配油体；9—十字滑块；10—法兰连接板；11—配油轴；12—端盖；13—密封环；14—调整环垫；15—液压缸盖；16—活塞；17—连杆；18—轴承座；19—孔用弹性挡圈；20—过滤帽；21—节流器；22—泄油螺塞；23—调整垫片；24,27—密封圈；25,26,28—螺钉

［例 2-2-53］ CIJM 系列斯达法式低速大转矩变量径向柱塞马达（国产）（图 2-2-53）

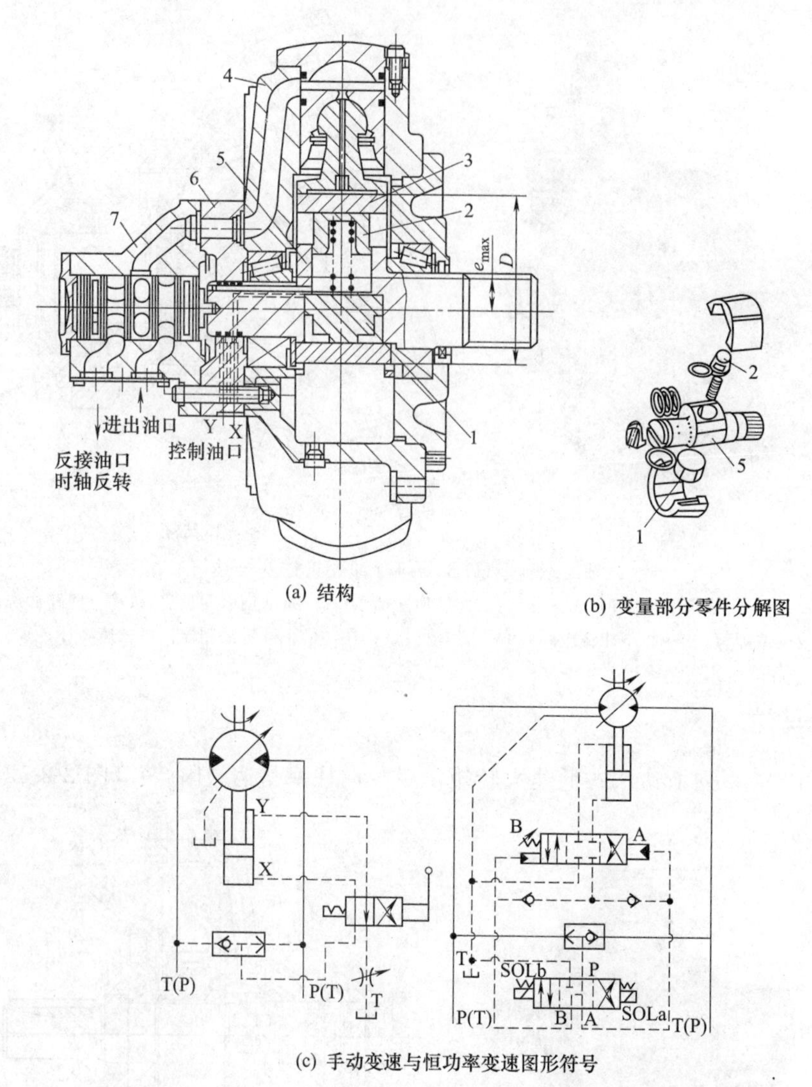

(a) 结构

(b) 变量部分零件分解图

(c) 手动变速与恒功率变速图形符号

图 2-2-53 CLJM 系列斯达法式低速大转矩变量径向柱塞马达

1—大活塞；2—小活塞；3—偏心环；4—壳体；5—曲轴；6—隔套；7—配油器；D—偏心环外径；

e_{max}—偏心环与输出轴之间的最大偏心距

［例 2-2-54］ 1JM-D 型和 1JM-F 型径向柱塞马达（太原矿山机器厂）（图 2-2-54）

额定压力分别为 16MPa、20MPa；转速分别为 10～400r/min 与 10～500r/min；输出转矩分别为 47～14300N·m 和 68.6～16010N·m。

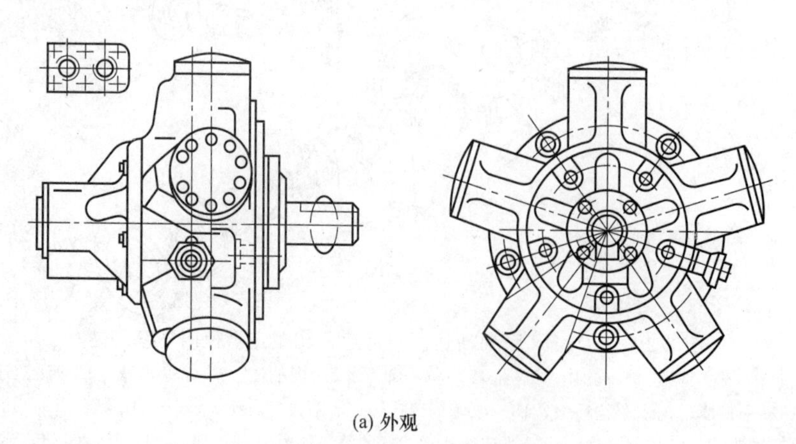

(a) 外观

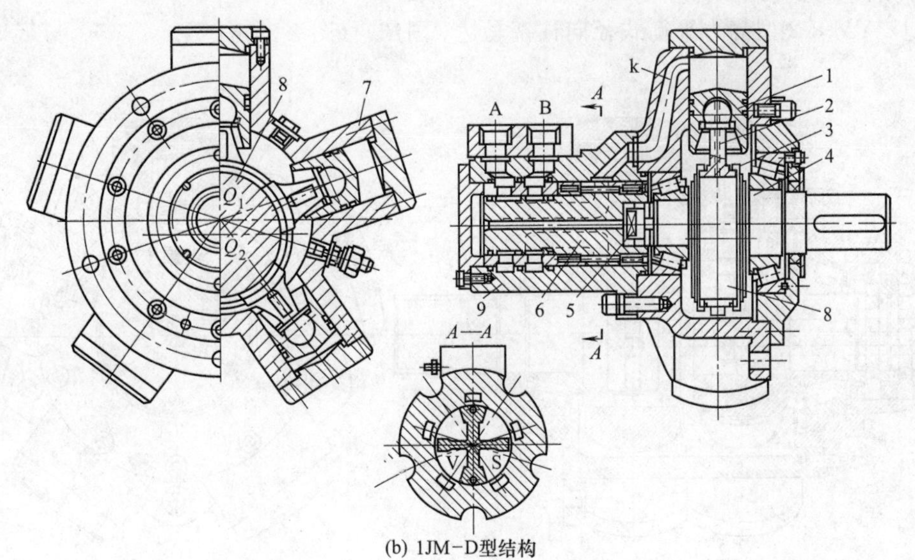

(b) 1JM-D型结构

1—柱塞；2—连杆；3—挡圈；4—输出轴（曲轴）；5—联轴器；6—配油轴（配油阀）；7—星形壳体；8—偏心轮；9—阀体

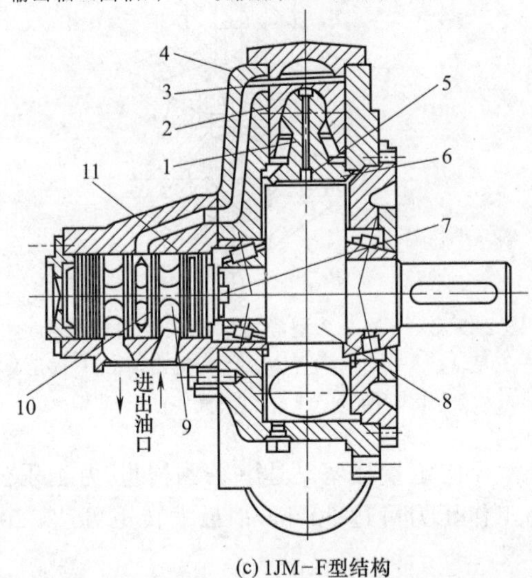

(c) 1JM-F型结构

1—连杆；2—柱塞；3—柱塞缸；4—壳体；5—阻尼器；6—油腔；7—十字接头；8—曲轴；9—转阀；10—腰形油槽；11—平衡油槽

图 2-2-54　1JM-D 型和 1JM-F 型径向柱塞马达

［例 2-2-55］ JY-85 型静力平衡式径向柱塞马达（国产）（图 2-2-55）

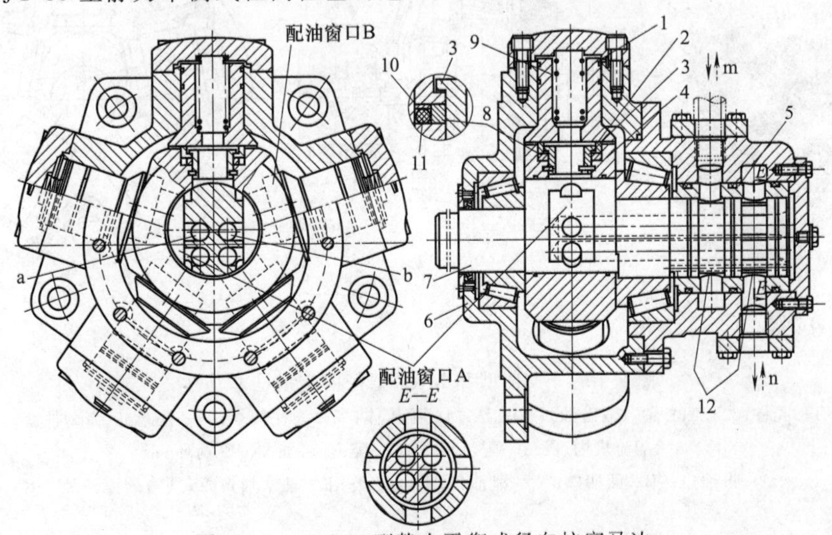

图 2-2-55　JY-85 型静力平衡式径向柱塞马达

1—柱塞；2—压力环；3—定位套；4—五星轮；5—衬套；6—壳体；7—曲轴；8—内套；9—弹簧；10—尼龙挡圈；11—O 形圈；12—环形槽；a,b—轴向油孔

[例 2-2-56] YM-3-2 型静力平衡式径向柱塞马达（国产）（图 2-2-56）

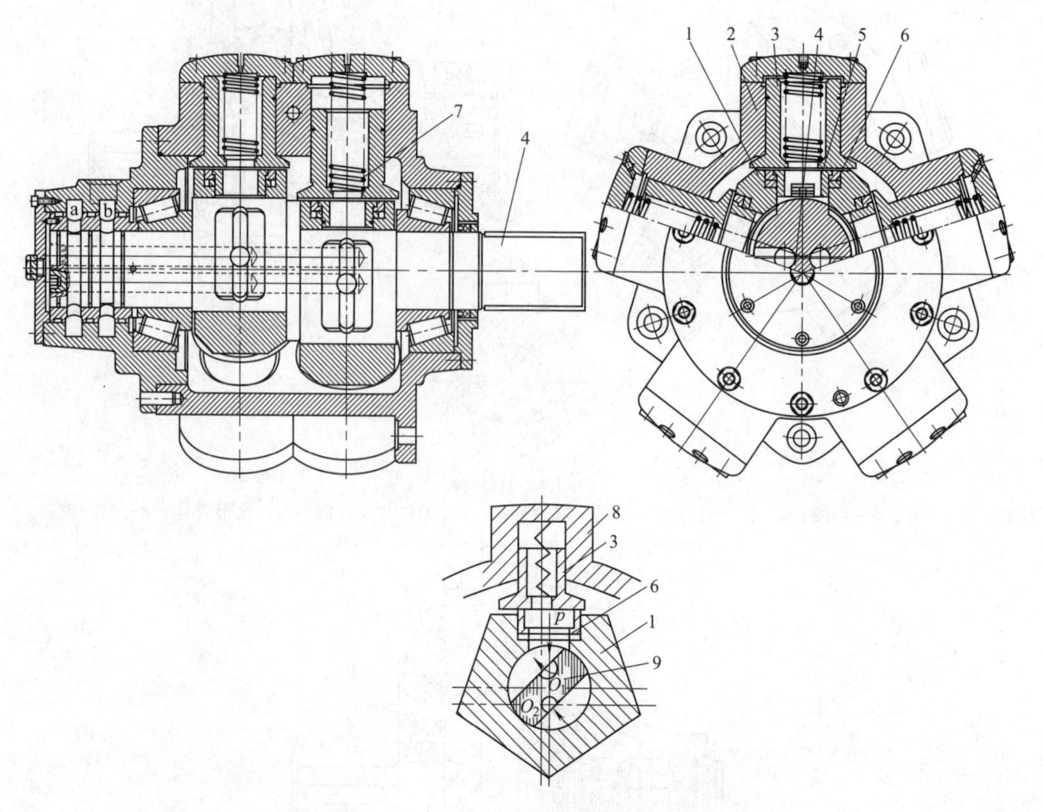

图 2-2-56 YM-3-2 型静力平衡式径向柱塞马达

1—五星轮；2—缸体；3—柱塞；4—输出轴；5—固定套；
6—压力环；7—弹簧；8—壳体；9—曲轴

[例 2-2-57] MR 型和 MRE 型径向定量柱塞马达（德国博世-力士乐公司）（图 2-2-57）

排量为 33～8200mL/r；最高工作压力可达 300bar；最大转矩可达 32000N·m 。

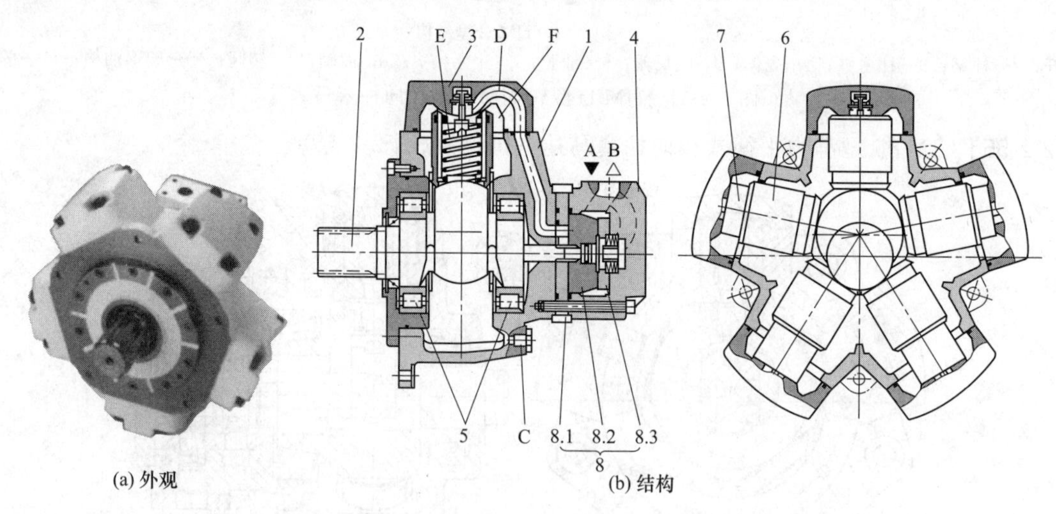

(a) 外观 (b) 结构

图 2-2-57 MR 型和 MRE 型径向定量柱塞马达

1—壳件；2—偏心轴（输出轴）；3—盖；4—配流体；5—滚柱轴承；6—柱塞缸；7—柱塞；
8—配流机构（8.1—配流板；8.2—配流阀；8.3—平衡环）；
A—进油口；B—回油口；C—泄油口；D—流道；E—柱塞弹簧腔；F—配流油腔

[例 2-2-58] MRT 型和 MRTE 型定量径向柱塞马达（德国博世-力士乐公司）（图 2-2-58）

排量为 710～1080mL/r；最高工作压力为 420bar；最大转矩为 43000N·m。

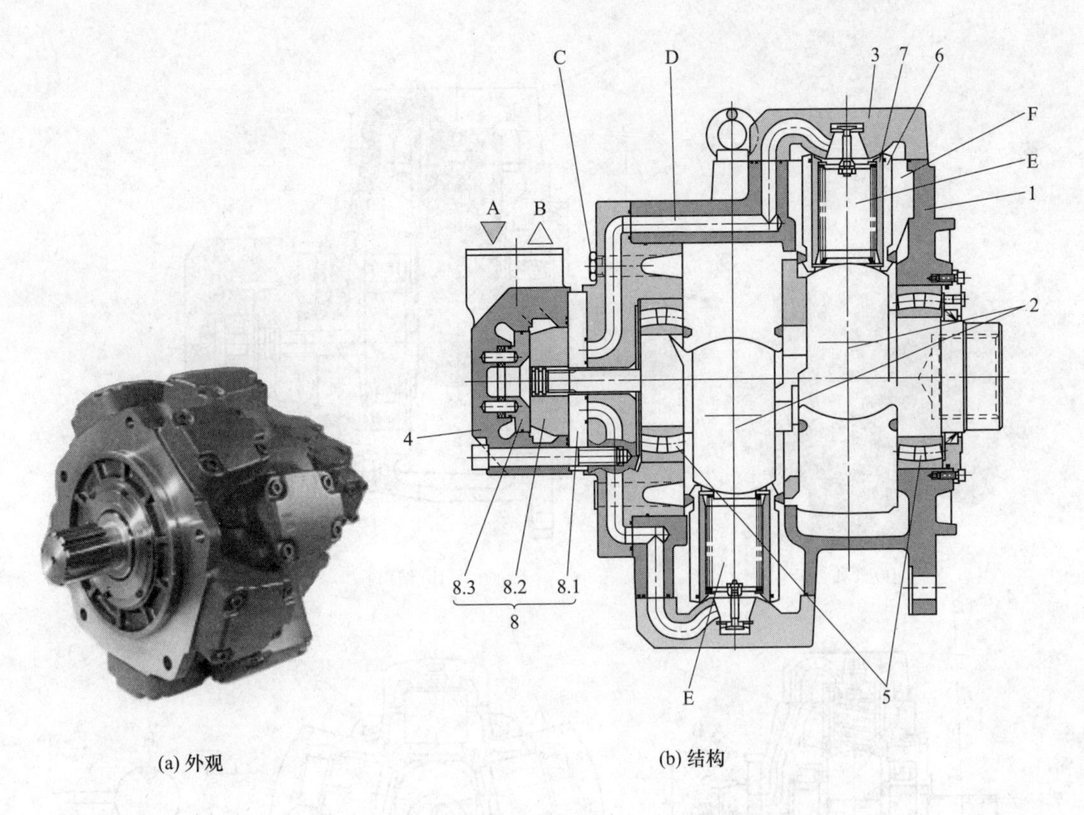

图 2-2-58 MRT 型和 MRTE 型定量径向柱塞马达

1—壳件；2—偏心轴；3—盖；4—配流体；5—滚动轴承；6—柱塞缸；7—柱塞；8—配流机构（8.1—配流板；8.2—配流阀；8.3—平衡环）；A—进油口；B—回油口；C—泄油口；D—流道；E—柱塞弹簧腔；F—配流油腔

[例 2-2-59] 伸缩式径向柱塞马达（卡桑尼公司）（图 2-2-59）

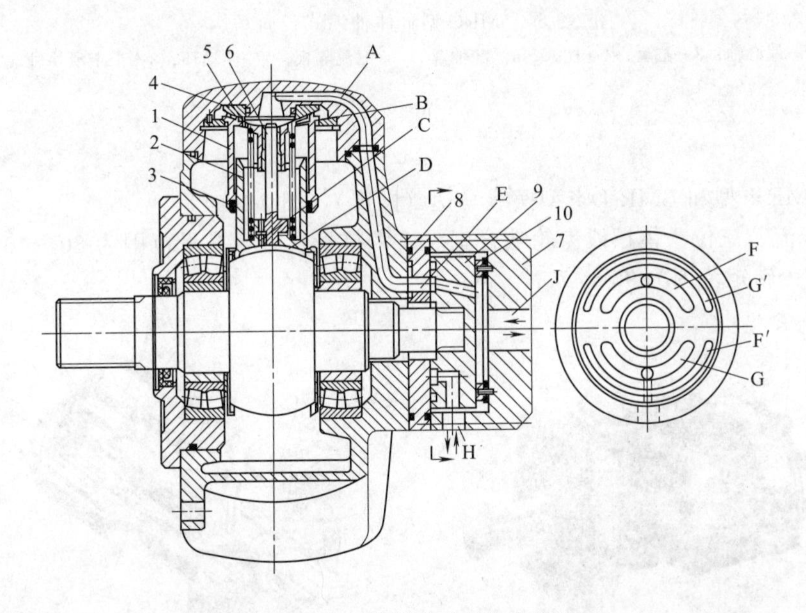

图 2-2-59 伸缩式径向柱塞马达

1—缸套；2—柱塞；3—密封圈；4—球面座；5—弹簧；6—导向杆；7—端盖；8—配流隔板；9—配油盘；10—浮动环

[例 2-2-60] MRC 型缸体伸缩式径向马达（卡桑尼公司）（图 2-2-60）

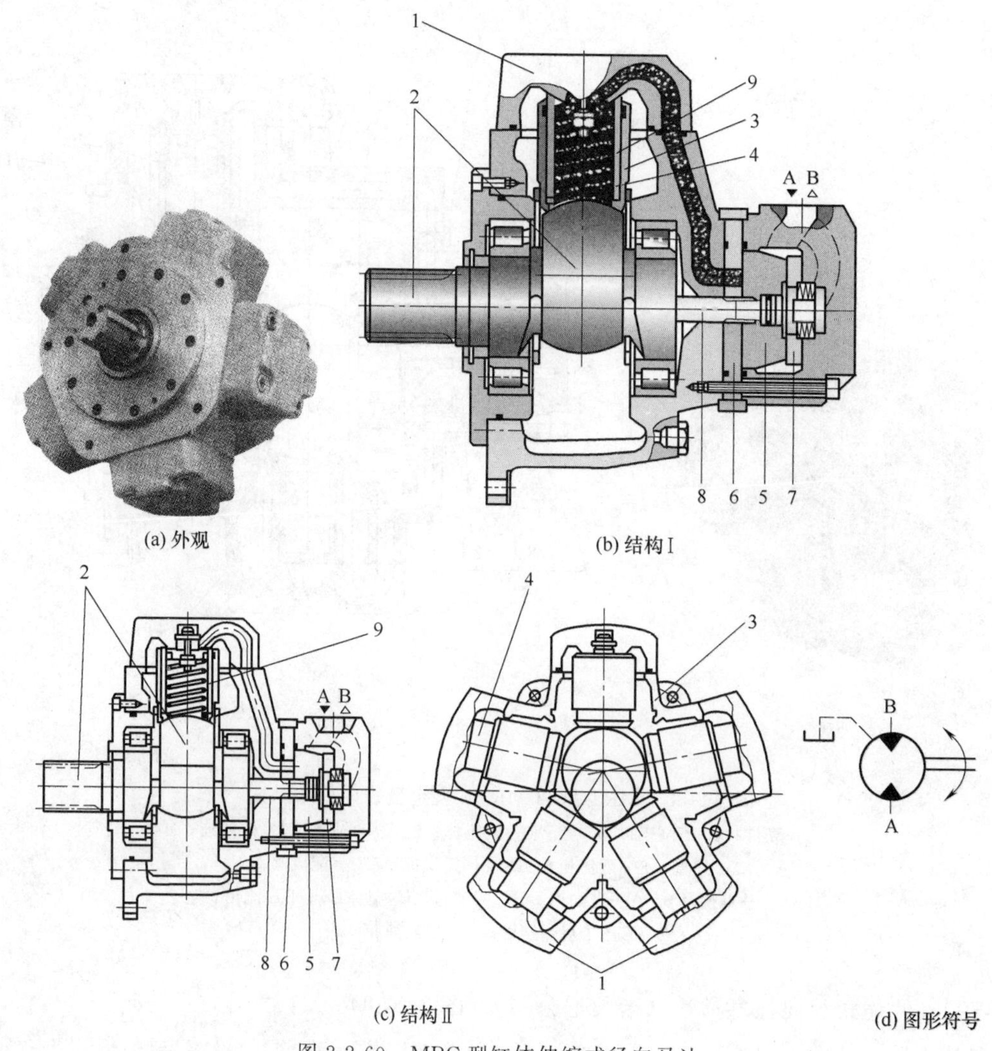

(a) 外观 (b) 结构Ⅰ

(c) 结构Ⅱ (d) 图形符号

图 2-2-60 MRC 型缸体伸缩式径向马达

1—缸盖；2—偏心轴；3—缸套；4—柱塞；5—配油盘；6—配流隔板；7—浮动环；8—十字滑块轴端；9—弹簧

2-2-5 摆线马达

［例 2-2-61］ BMR※型和 BMR-D※型摆线马达（国产）（图 2-2-61）

结构特点为轴配流、三位一体摆线齿轮啮合副。※为排量代号，排量范围为 80～400mL/min，额定压力范围为 6～10MPa；转矩范围为 95～477N·m。

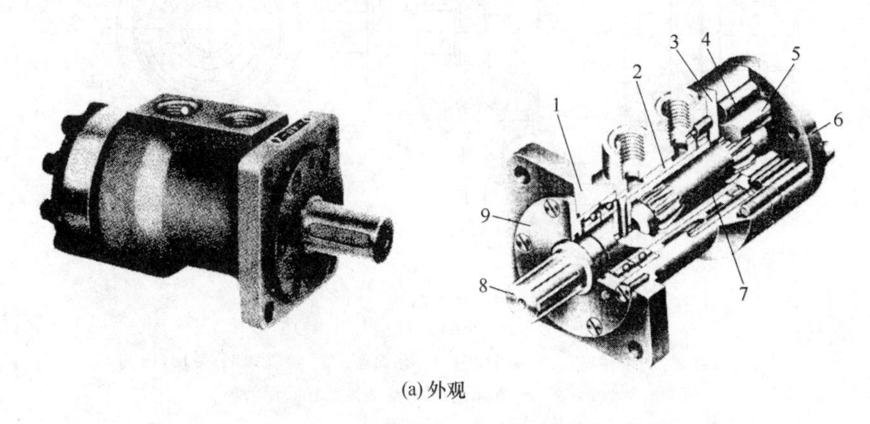

(a) 外观

1—壳体；2—配油套；3—辅助配油板；4—针柱定子；5—摆线转子；
6—后侧板；7—鼓形花键轴；8—输出轴；9—前盖

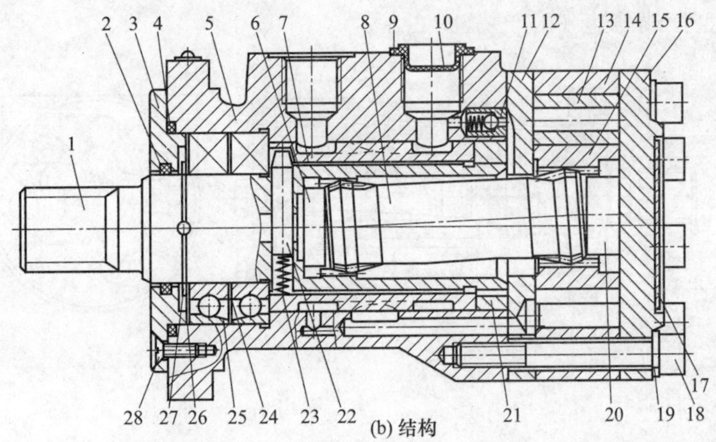

1—输出（配流）轴；2—油封；3—前盖板；4,9—密封圈；5—壳体；6—限位块；7—配流套；8—鼓形花键物；10—护帽；11—单向阀；12—辅助配油板；13—针轮；14—定子齿圈体；15—转子摆线轮；16—后盖；17—标牌；18,28—螺钉；19—弹性垫圈；20—限位块；21—垫圈；22—销；23—弹簧；24,26—垫片；25—滚动轴承；27—轴用挡圈

图 2-2-61　BMR※型和 BMR-D※型摆线马达

［例 2-2-62］　BMP※-E 型摆线马达（国产）（图 2-2-62）

结构特点为采用盘配油的镶针齿结构。※为 D 或 E。BMPD-E 型公称排量为 160～400mL/r，公称压力为 12.5～17.5MPa，输出转矩为 35～73N · m，转速为 310～500r/mim；BMPE-E 型公称排量为 400～800mL/r，公称压力为 12.5～17.5MPa，输出转矩为 68～152N · m，转速为 155～320r/min。

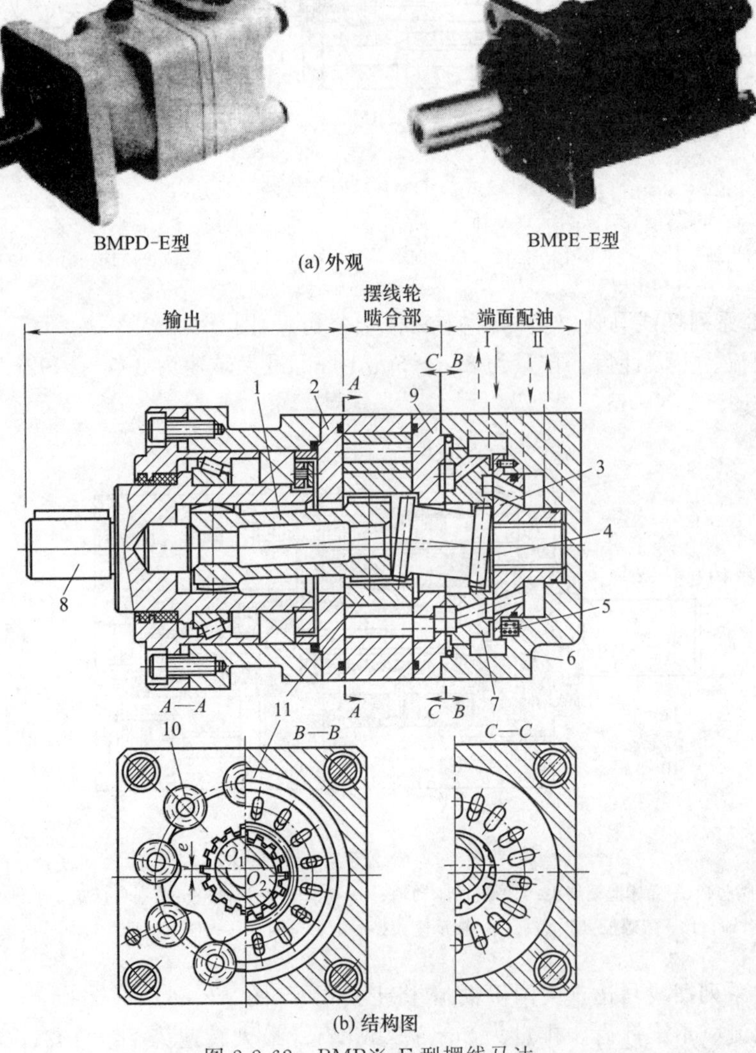

图 2-2-62　BMP※-E 型摆线马达

1—花键轴；2—前侧板；3—补偿盘；4—短花键轴；5—弹簧；6—后壳体；7—配油盘；8—输出轴；9—后侧板；10—滚子；11—转子

[例 2-2-63]　BM3 型摆线马达（国产）（图 2-2-63）

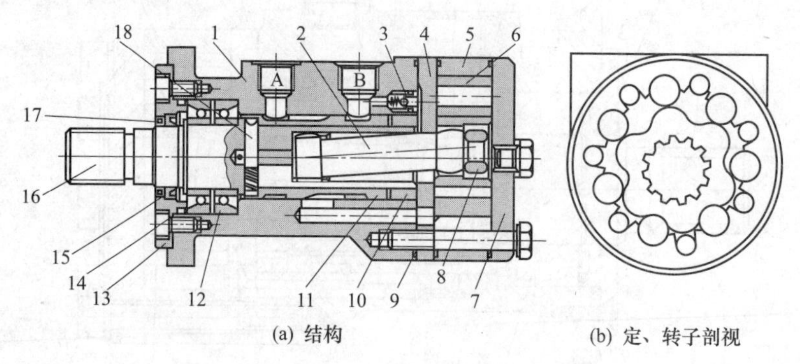

(a) 结构　　(b) 定、转子剖视

图 2-2-63　BM3 型摆线马达

1—壳体；2—传动轴；3—单向阀；4—隔板；5—定、转子（镶针齿）；6—针轮；7—后盖；8—限位块；9,14,15—密封圈；10,12—轴承；11—配油套；13—前盖；16—输出轴；17—防尘圈；18—拨销

[例 2-2-64]　DM1 系列摆线马达（国产）（图 2-2-64）

结构特点为轴配油、不镶针齿。

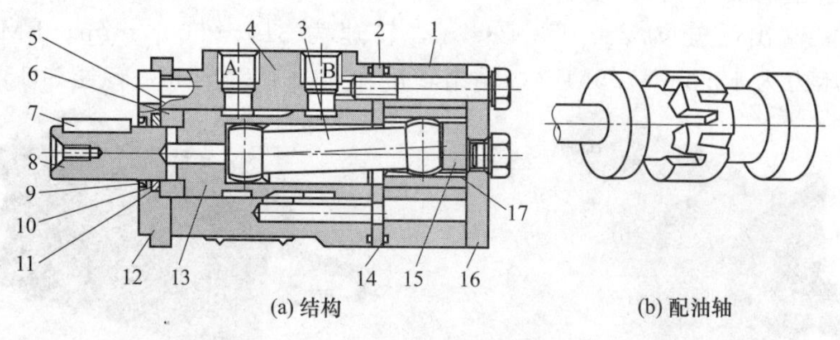

(a) 结构　　(b) 配油轴

图 2-2-64　DM1 系列摆线液压马达

1—定子；2—隔板；3—联动轴；4—壳体；5,11,14—密封圈；6—轴承挡环；7—键；8—输出轴；9—防尘圈；10—挡圈；12—前盖；13—配油轴；15—限位块；16—后盖；17—转子

[例 2-2-65]　J-2 系列摆线马达（美国伊顿-威格士公司）（图 2-2-65）

结构特点为轴配流、不镶针齿。排量为 8.2～50mL/r；最大转速为 393～1992r/min；最大转矩为连续 16～62N・m，间歇 19～84N・m。

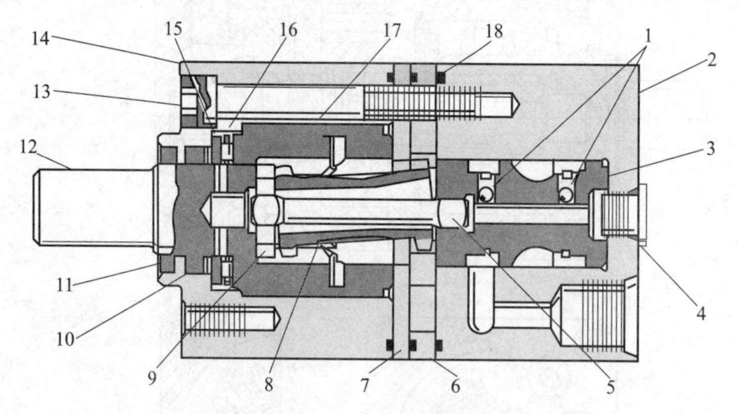

图 2-2-65　J-2 系列摆线马达

1—单向阀；2—阀体；3—阀芯；4—壳体泄漏堵头；5—配油驱动轴；6—芯子；7—衬垫板；8—马达驱动轴；9—轴衬垫；10—压力密封件；11—防尘密封件；12—输出轴；13—盖螺栓（5 个）；14—轴承座；15—推力垫圈；16—推力轴承；17—导向套；18—O 形圈密封件（3 个）

[例 2-2-66]　H 系列摆线马达（美国伊顿-威格士公司）（图 2-2-66）

结构特点为轴配流、不镶针齿。排量为 36～739mL/r；最大转速为 74～1021r/min；最大转矩为连续 56～389N・m，间歇 75～520N・m。

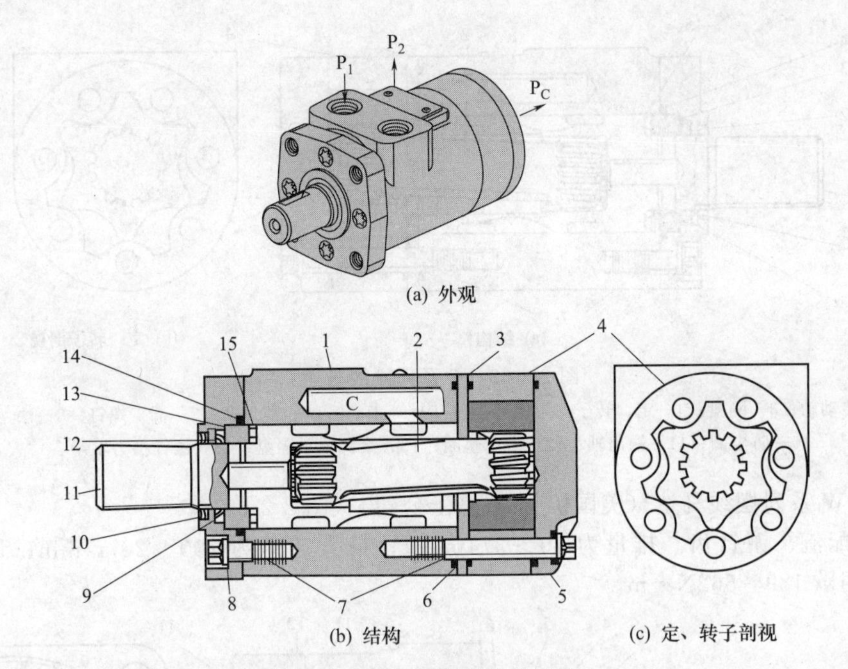

图 2-2-66　H 系列摆线液压马达

1—壳体；2—传动轴；3—隔板；4—定、转子（不镶针齿）；5—后盖；6,14—密封圈；7—端盖螺钉；8—法兰；9—轴封；10—防尘圈；11—输出轴；12—支撑垫圈；13—滚针轴承隔盘；15—滚针止推轴承

［例 2-2-67］　T 系列摆线马达（美国伊顿-威格士公司）（图 2-2-67）

结构特点为轴配流、镶针齿。排量为 36～370mL/r；最大转速为 152～1021r/min；最大转矩为连续 76～430N·m，间歇 93～486N·m。

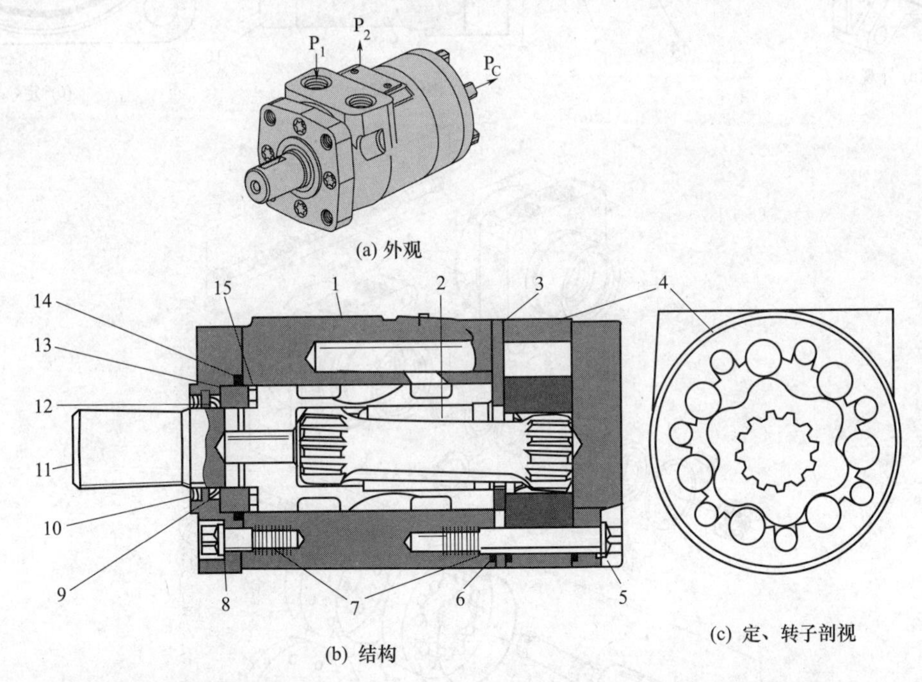

图 2-2-67　T 系列摆线马达

1—壳体；2—传动轴；3—隔盘；4—定、转子（镶针齿）；5—后盖；6,14—密封圈；7—端盖螺钉；8—法兰；9—轴封；10—防尘圈；11—输出轴；12—支撑垫圈；13—滚针轴承隔盘；15—滚针止推轴承

［例 2-2-68］　A 系列摆线马达（美国伊顿-威格士公司）（图 2-2-68）

结构特点为轴配流、不镶针齿。排量为 36～293mL/r；最大转速为 153～1021r/min；最大转矩为连续 33～173N·m，间歇 48～298N·m。

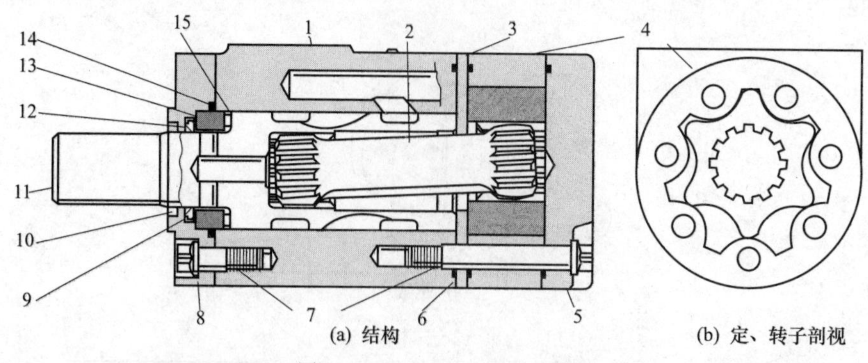

图 2-2-68 A系列摆线马达

1—壳体；2—传动轴；3—隔盘；4—定、转子（不镶针齿）；5—端盖；6,14—密封圈；7—端盖螺钉；8—法兰；9—轴封；10—防尘圈；11—输出轴；12—支撑垫圈；13—滚针轴承隔盘；15—滚针推力轴承

［例 2-2-69］ W系列摆线马达（美国伊顿-威格士公司）（图 2-2-69）

结构特点为轴配流、镶针齿。排量为 80～374mL/r；最大转速为 200～267r/min；最大转矩为连续 176～410N·m，间歇 189～562N·m。

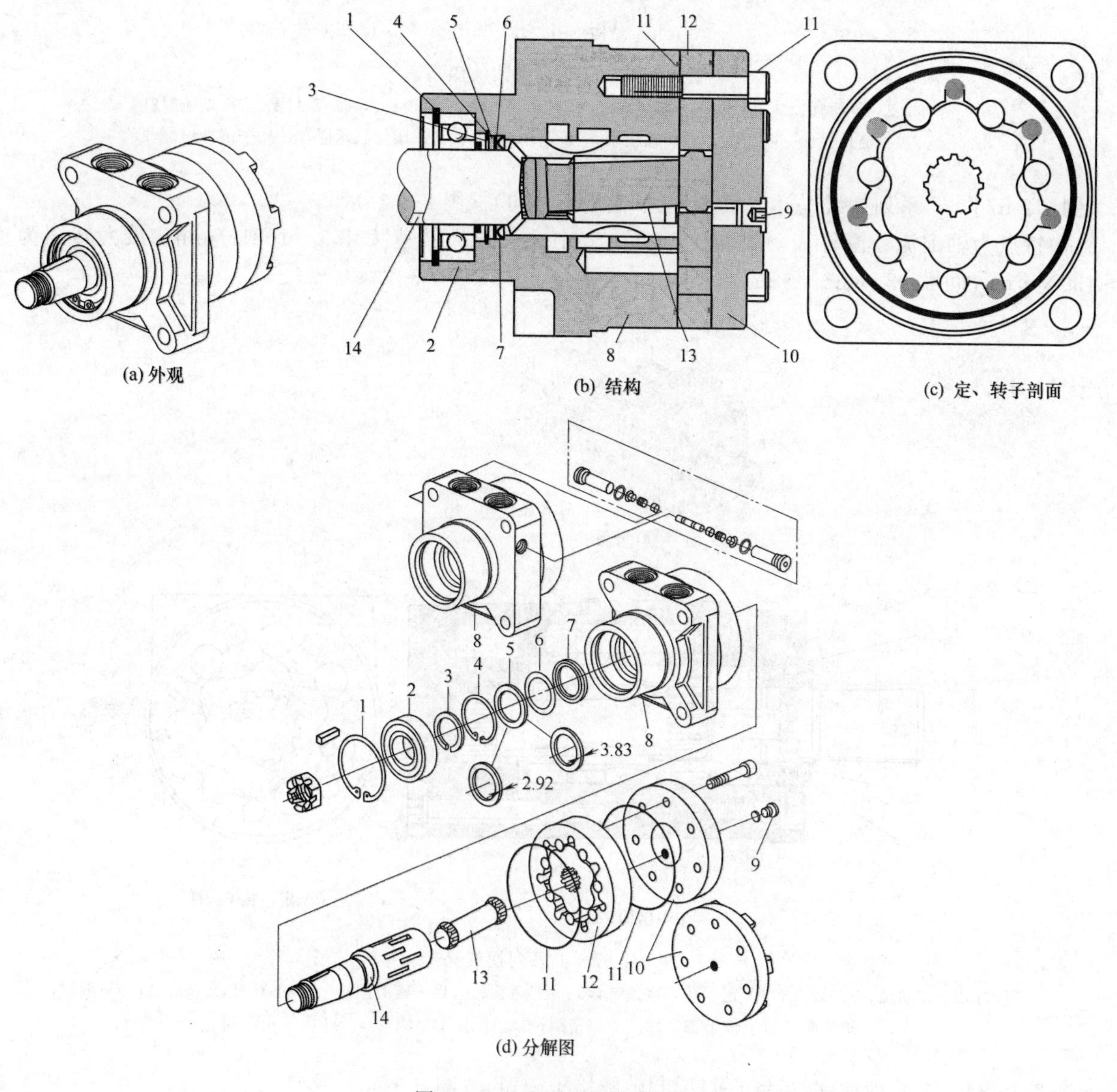

图 2-2-69 W系列摆线马达

1,4—卡环；2—轴承；3,6—挡圈；5—垫；7—轴封；8—壳体；9—泄油口堵头；10—端盖；11—O形圈；12—定、转子（镶针齿）；13—传动轴；14—输出轴兼配油轴

[例 2-2-70] VIS系列带梭阀的低速大转矩摆线马达及开环系统（美国伊顿公司）（图 2-2-70）

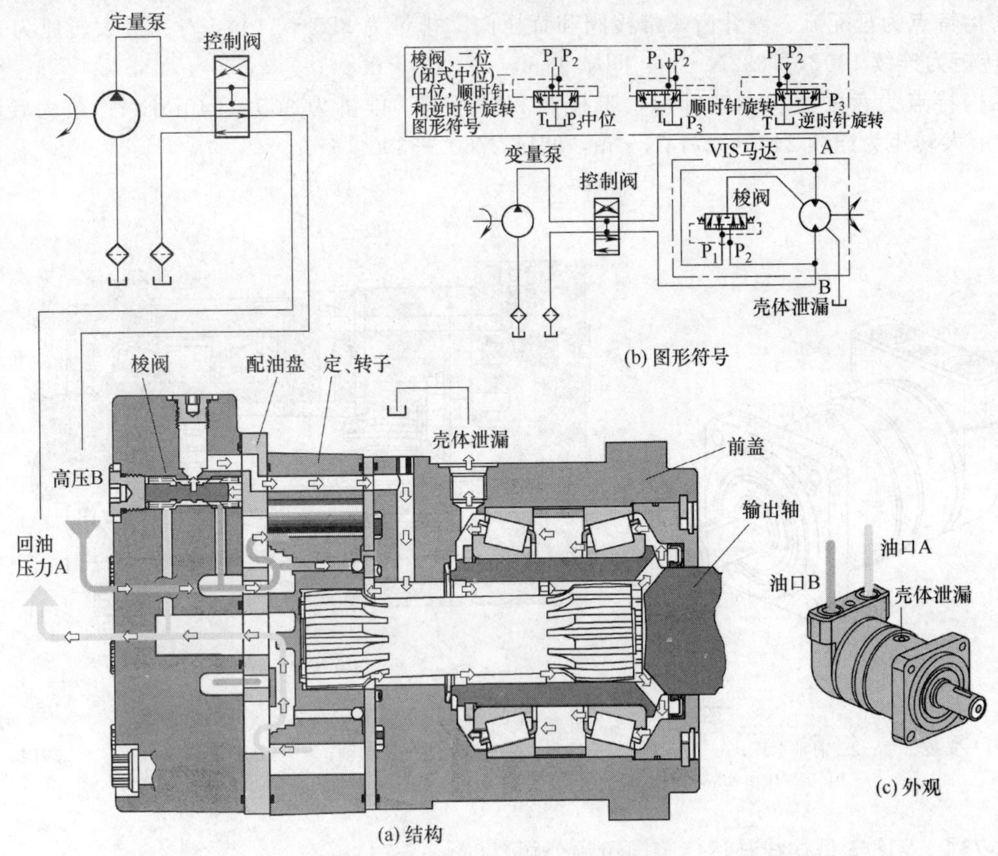

图 2-2-70 VIS系列带梭阀的低速大转矩摆线马达及开环系统

[例 2-2-71] VIS系列带梭阀的低速大转矩摆线马达及闭环系统（美国伊顿公司）（图 2-2-71）

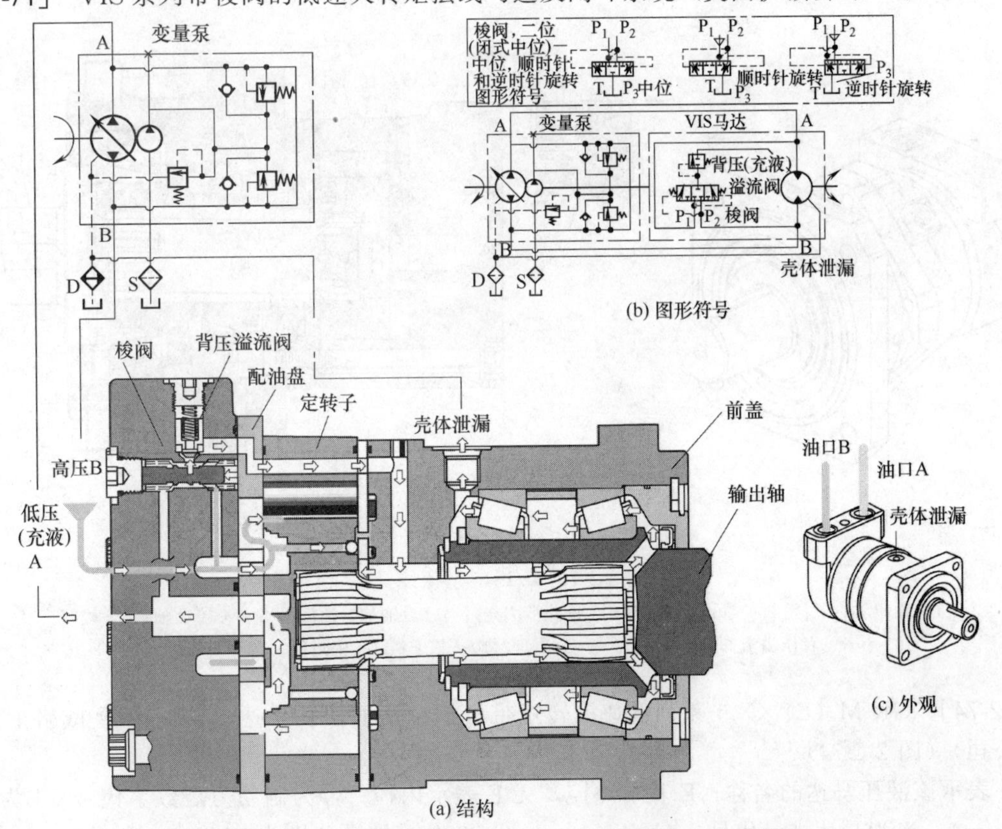

图 2-2-71 VIS系列带梭阀的低速大转矩摆线马达及闭环系统

[例 2-2-72] VIS系列30型和40型摆线马达（美国伊顿公司）（图 2-2-72）

30型结构特点为盘配流、镶针齿，带梭阀和背压阀。排量为325～570mL/r；最大转速为199～350r/min；最大转矩为连续1602～1632N·m，间歇1780～2034N·m。

40型结构特点为盘配流、不镶针齿，带梭阀和背压阀。排量为505～940mL/r；最大转速为120～225r/min；最大转矩为连续2485～2714N·m，间歇2760～3390N·m。

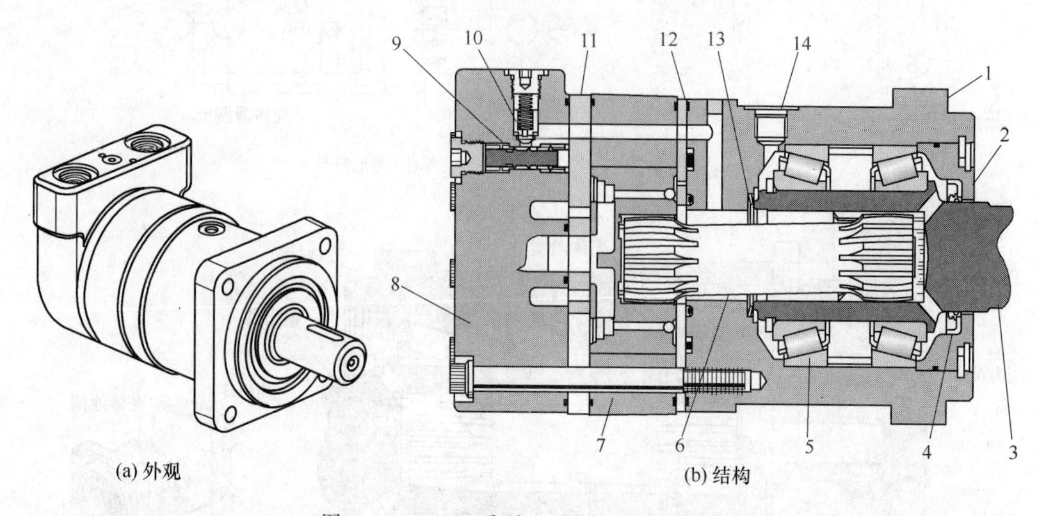

图 2-2-72 VIS系列30型和40型摆线马达

1—安装法兰；2—前轴承座；3—输出轴；4—轴封；5—轴承；6—驱动轴；7—马达芯子；8—端盖；9—梭阀；10—背压溢流阀；11—配油盘；12—平衡板；13—面密封；14—壳体泄油口

[例 2-2-73] VIS45型摆线马达（美国伊顿公司）（图 2-2-73）

结构特点为盘配流、镶针齿，带梭阀和背压阀。排量为630～1560mL/r；最大转速为269～109r/min；最大转矩为连续3123～4065N·m，间歇3470～5082N·m。

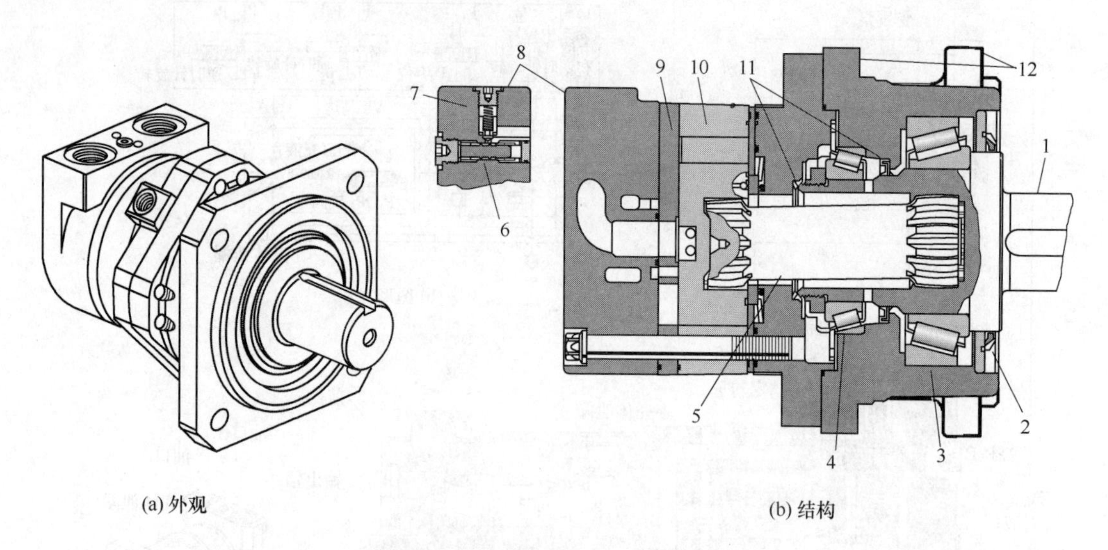

图 2-2-73 VIS45型摆线马达

1—输出轴；2—密封护罩；3—前轴承（润滑脂填充）；4—后轴承（油润滑）；5—传动轴；6—梭阀；7—背压溢流阀；8—端盖；9—配油盘；10—芯子；11—密封件；12—安装法兰

[例 2-2-74] GR-M（E）◇-※系列低速大转矩带机械制动的摆线马达（美国伊顿-威格士公司、日本东京计器公司）（图 2-2-74）

GR-M表示该液压马达的名称；E表示外控，无E表示内控；◇为制动力矩数字代号（1为100N·m；2为200N·m）；※为马达排量代号［有04、06、…、23等，排量分别为62、95、…、383（mL/r）］；额定压力为 8～21MPa；额定流量为 80L/min；额定转矩为 185～665N·m；转速为 135～790r/min。

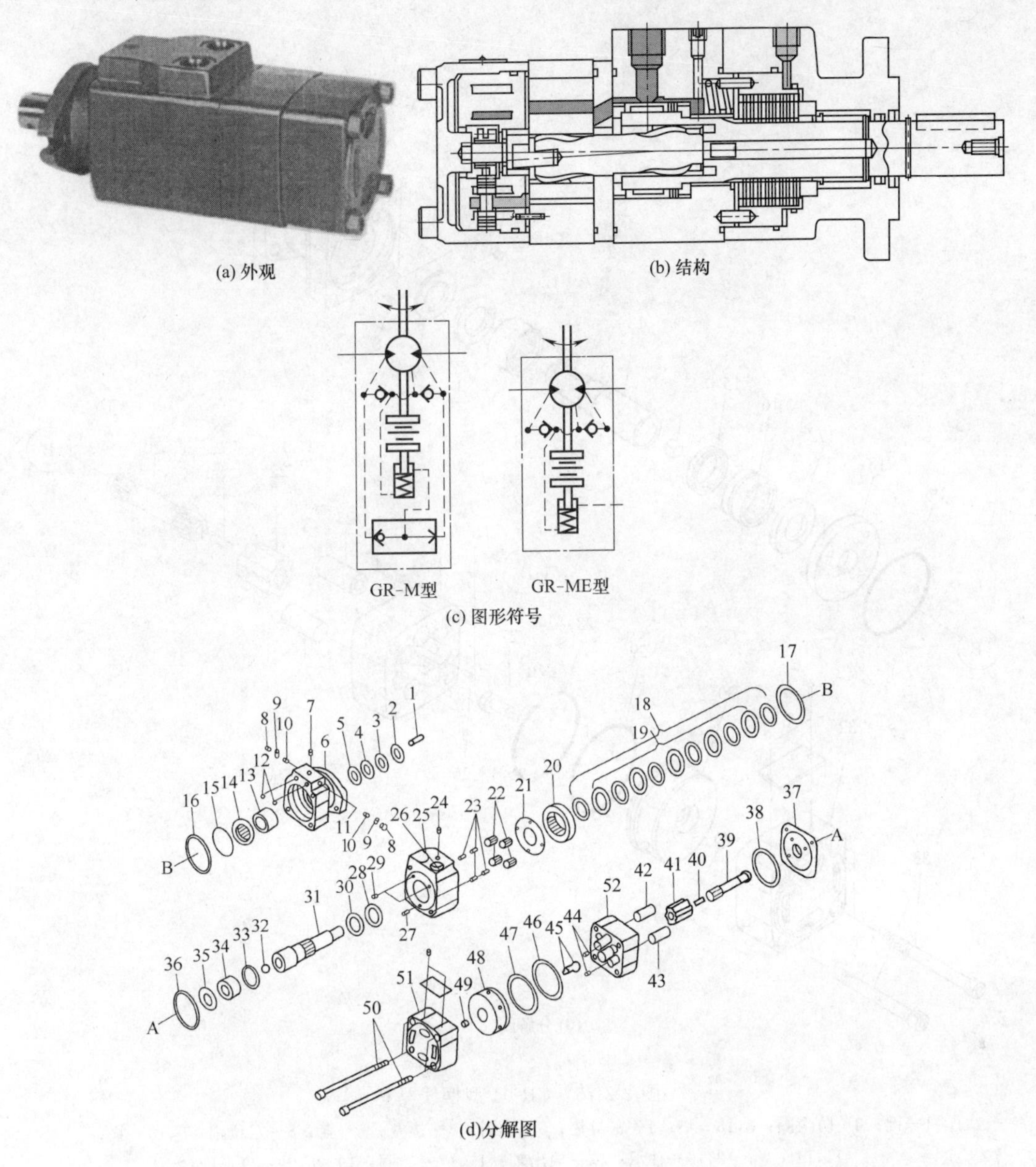

图 2-2-74 GR-M（E）◇-※系列低速大转矩带机械制动的摆线马达

1—键；2—防尘圈；3,4,28,35—垫；5—油封；6,21—盖；7,8,24—螺堵；9,12,15～17,36,38,46,47—O 形圈；10—梭阀阀座；11—钢球；13,34—轴承；14—挡圈；18,19—摩擦片刹车组件；20—刹车缸活塞；22—弹簧；23,29—销；25—壳体；26—塞；27,44—定位销；30,33—垫圈；31—输出轴；32—定位块；37—辅助配油板；39—鼓形花键轴；40,49—塞销；41—摆线转子；42,43—滚子；45—偏心拨销；48—配油盘；50—螺钉；51—盖（内装控制阀等组件）；52—定子

［例 2-2-75］ CR-04 型摆线马达（美国伊顿-威格士公司、日本东京计器公司）（图 2-2-75）

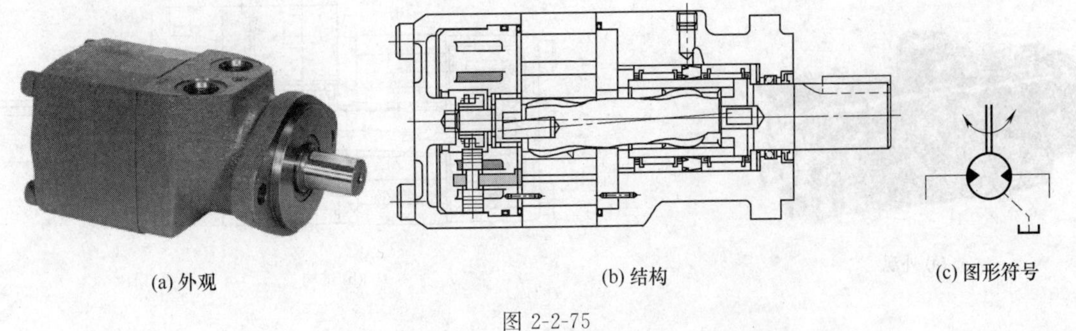

图 2-2-75

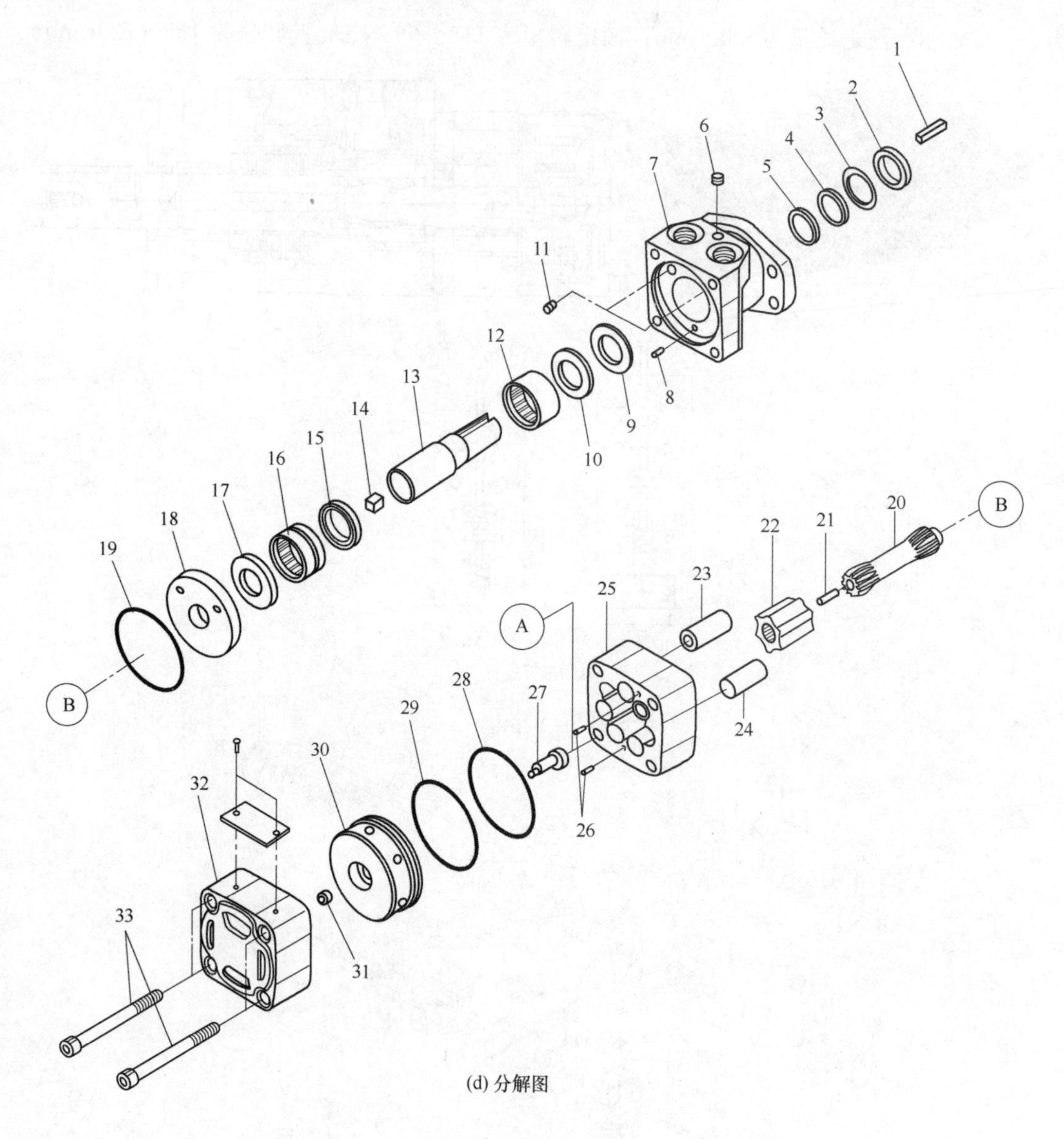

(d) 分解图

图 2-2-75 CR-04 型摆线马达

1—键；2—防尘圈；3,18—垫；4—密封垫；5—油封；6—螺塞；7—盖；8—定位销；9,10—垫；11,14—塞；12,16—轴承；13—输出轴；15,17—挡圈；19,28,29—O 形圈；20—鼓形花键轴（传动轴）；21—阻尼塞；22—摆线转子；23,24—镶针齿；25—定子；26—小销；27—偏心拨销；30—配油盘；31—塞销；32—盖（内装控制阀等组件）；33—螺钉

[例 2-2-76] GR-MC 型摆线马达（美国伊顿-威格士公司、日本东京计器公司）（图 2-2-76）结构特点为盘配流、镶针齿，带梭阀和制动缸。

(a) 外观

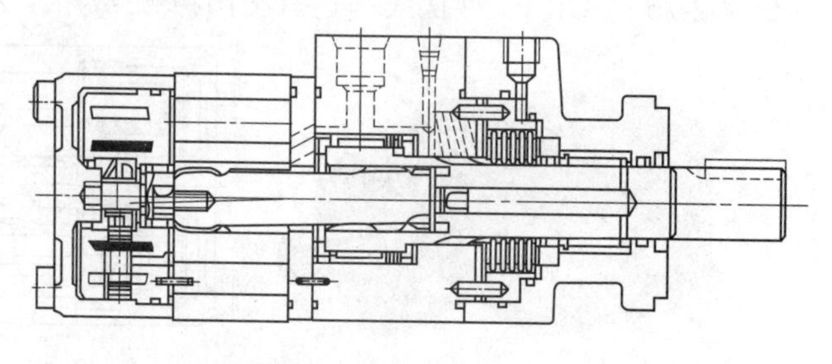

(b) 结构

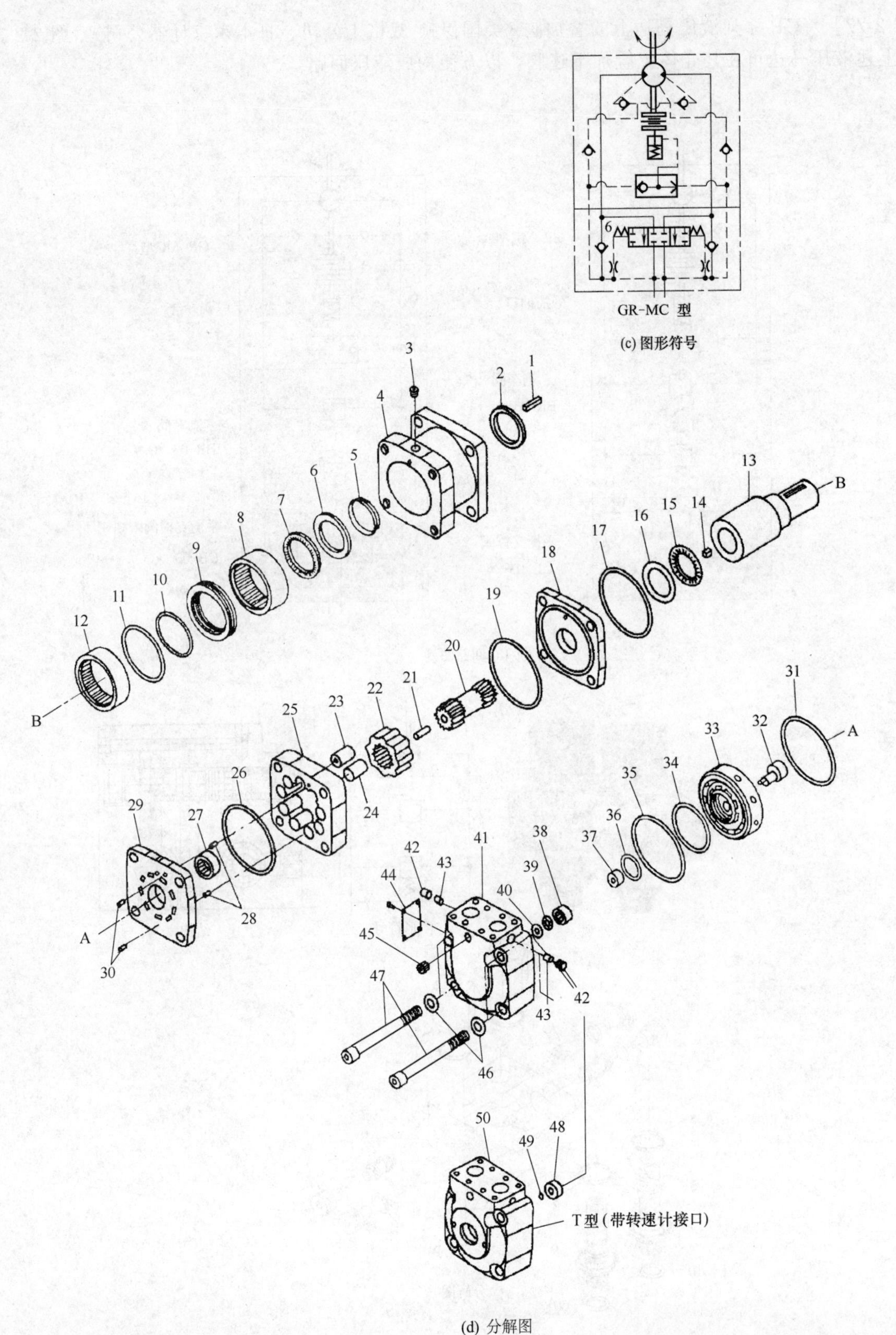

图 2-2-76　GR-MC 型摆线马达

1,14—键；2—油封；3—螺塞；4,18—隔板；5～7—片弹簧组件；8～12—轴承组件；13—马达输出轴；15,16—摩擦片；17,19,26,31,34～36—O 形圈；20—花键轴；21—销；22—转子；23,24—针齿；25—定子；27—轴承；28,30—定位销；29—垫板；32—偏心拨销；33—配油盘；37—塞销；38～50—热油梭阀、单向阀等组合件

［例 2-2-77］ GR 系列液压马达上的叠加阀（美国伊顿-威格士公司、日本东京计器公司）（图 2-2-77）

上述液压马达可在其壳体上叠加下述阀，以方便构成液压回路。

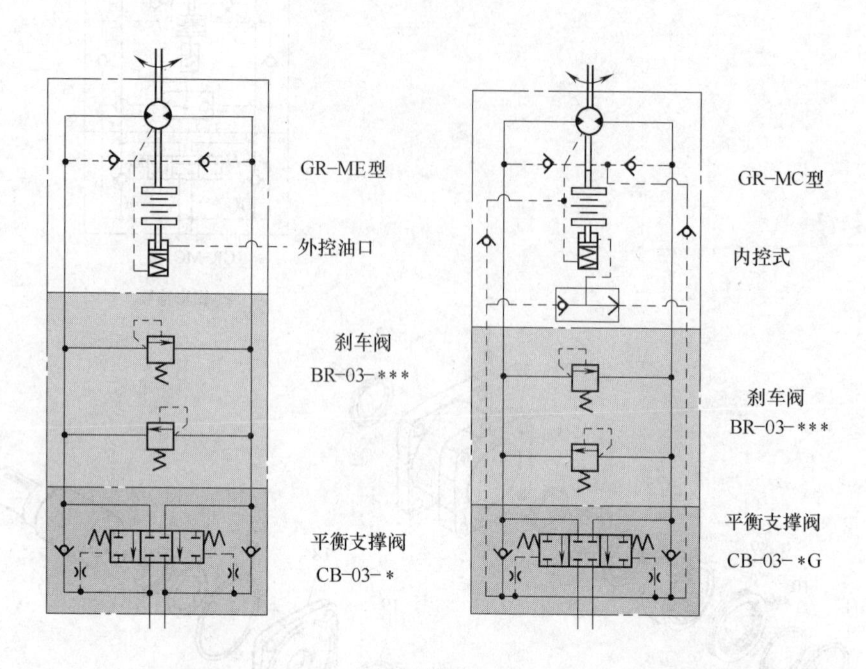

(a) 回路图例

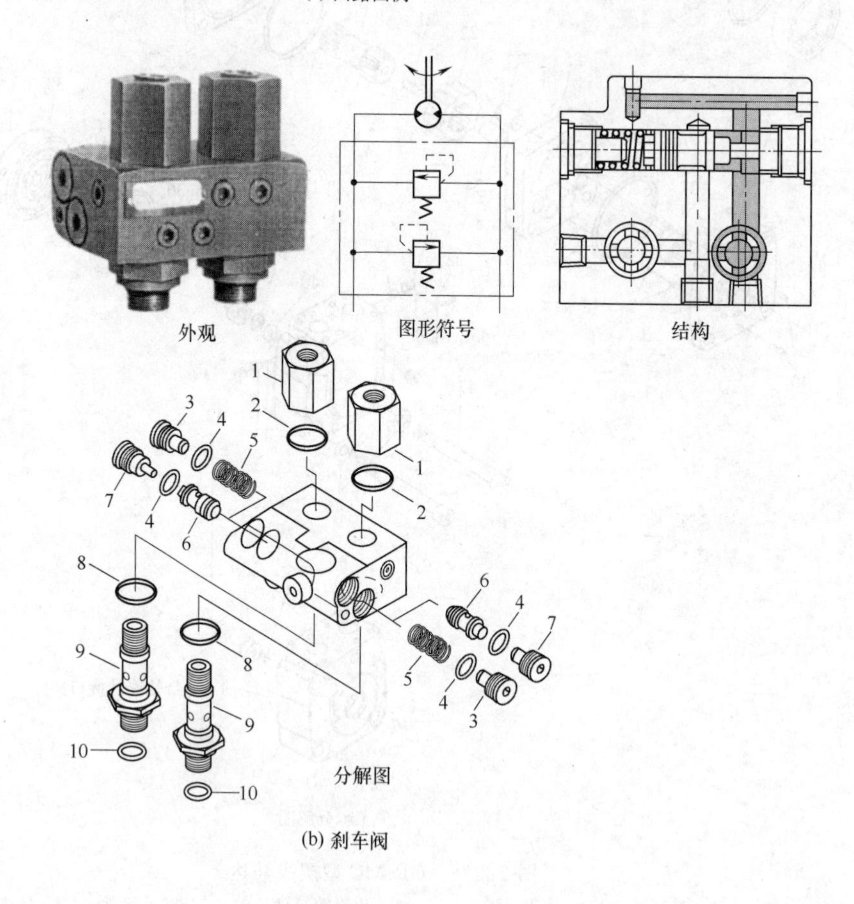

(b) 刹车阀

1—螺母套；2,4,8,10—O 形圈；3,7—螺堵；5—弹簧；6—阀芯；9—管接头

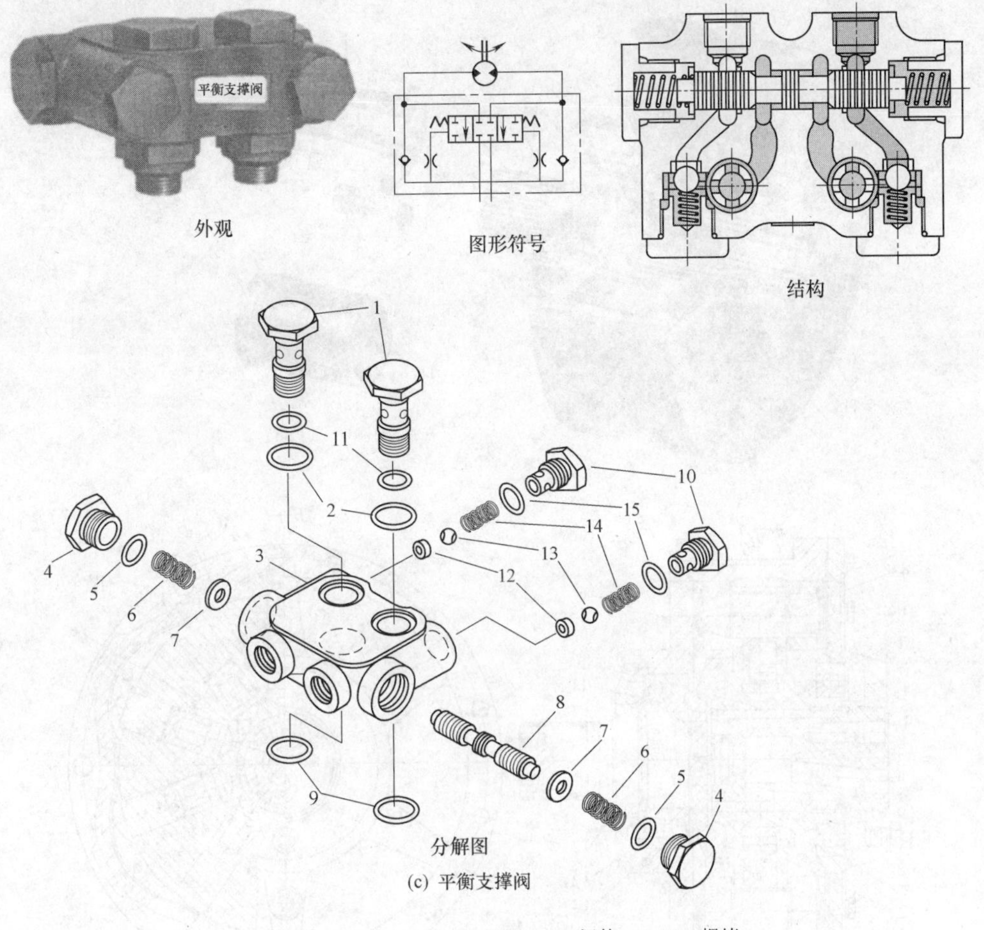

(c) 平衡支撑阀

1—管塞；2,5,9,11,15—O 形圈；3—阀体；4,10—螺堵；

6,14—弹簧；7—垫；8—阀芯；12—阀座；13—钢球

图 2-2-77 GR 系列液压马达上的叠加阀

［例 2-2-78］ GMT 型摆线马达（德国博世-力士乐公司）（图 2-2-78）

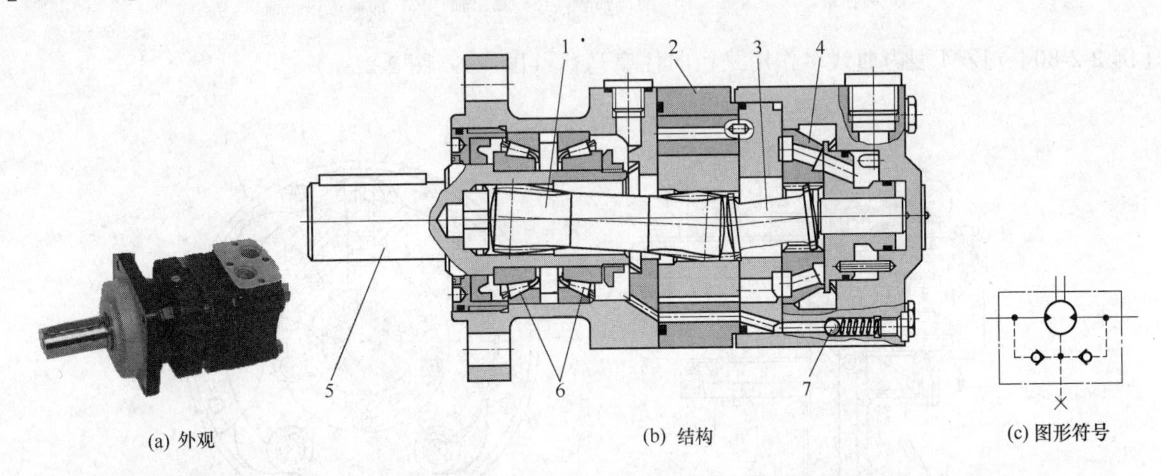

图 2-2-78 GMT 型摆线马达

1—万向传动轴；2—摆线轮部分（马达主体）；3—转向轴；4—碟形阀；

5—输出轴；6—圆锥滚柱轴承；7—单向阀

2-2-6 内曲线多作用径向柱塞马达

［例 2-2-79］ NJM 型横梁传力式内曲线径向柱塞马达（国产）（图 2-2-79）

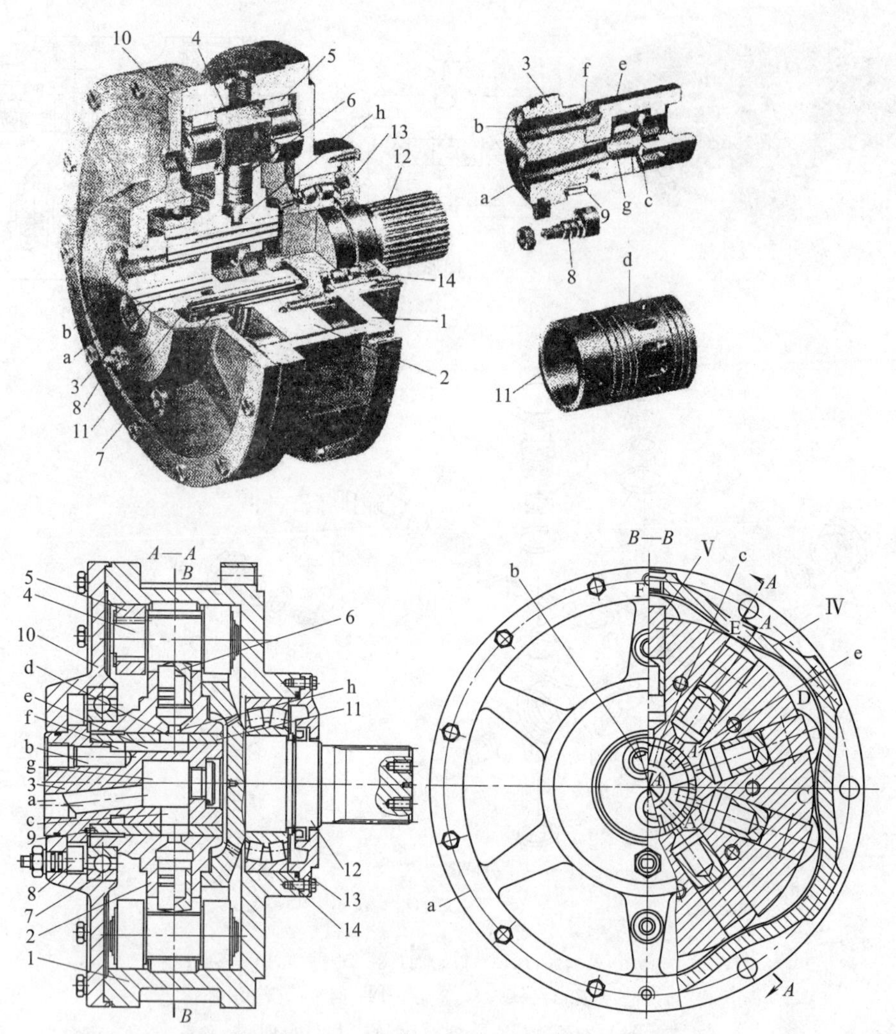

图 2-2-79 NJM 型横梁传力式内曲线径向柱塞马达

1—定子；2—转子；3—配流轴；4—横梁；5—滚轮；6—柱塞；7—滚动轴承；8—微调螺钉；9—圆柱销；10—盖板；11—配流轴套；12—输出轴；13—前盖；14—轴承

［例 2-2-80］ JZM 型内曲线多作用式径向柱塞马达（国产）（图 2-2-80）

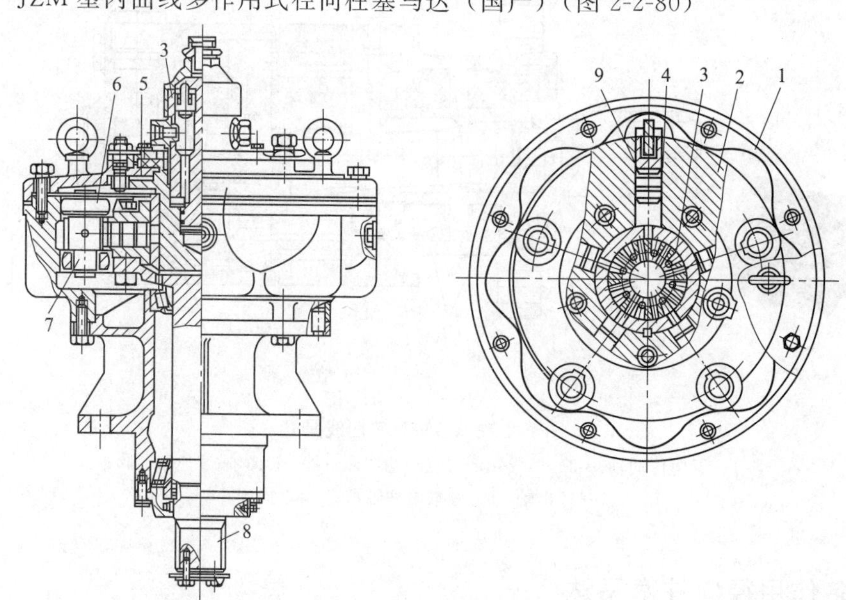

图 2-2-80 JZM 型内曲线多作用式径向柱塞马达

1—定子；2—转子（缸体）；3—配油轴（芯轴）；4—转子轴套；5—配油轴套；6—滚轮；7—横梁；8—输出轴；9—柱塞

[例 2-2-81]　90 系列 DCM※型径向柱塞马达（美国萨澳公司）（图 2-2-81）

※为基本排量代号（如代号 0280 表示排量为 280cm³/r）。DCM 系列马达为内曲线径向柱塞马达。马达旋转缸体带 8 个柱塞，内曲线环由 6 个作用段组成。

最高工作压力为 37.8～44.6MPa；最高峰值压力 41.2～48.1MPa；最高输出转速为 220～260r/min；最低持续输出转速为 5～10r/min；最大输出转矩为 1650～2540N・m。

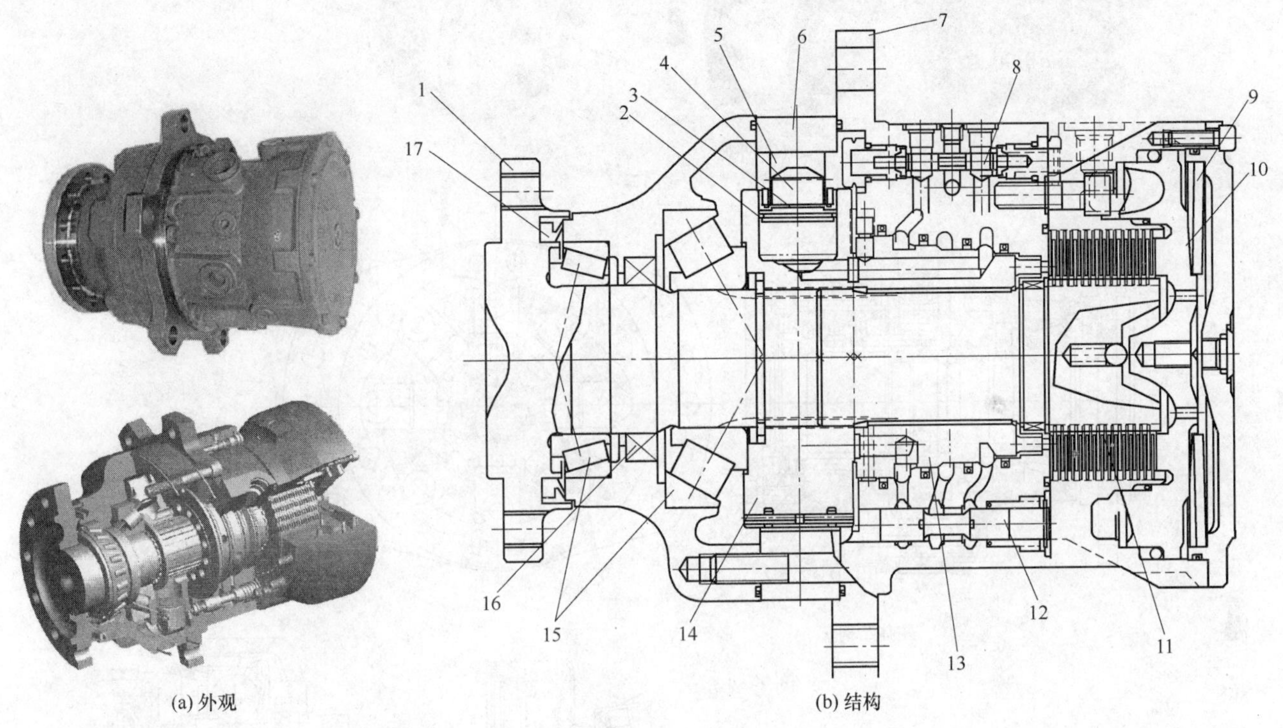

(a) 外观　　(b) 结构

1—输出法兰盘；2—活塞环；3—滑动轴承；4—活塞；5—滚轮；6—多作用内曲线环（定子）；7—安装法兰盘；8—回路冲洗阀；9—制动弹簧盘；10—制动活塞；11—制动片；12—双速切换阀；13—配油轴；14—缸体；15—圆锥滚子轴承；16—油封；17—防尘圈

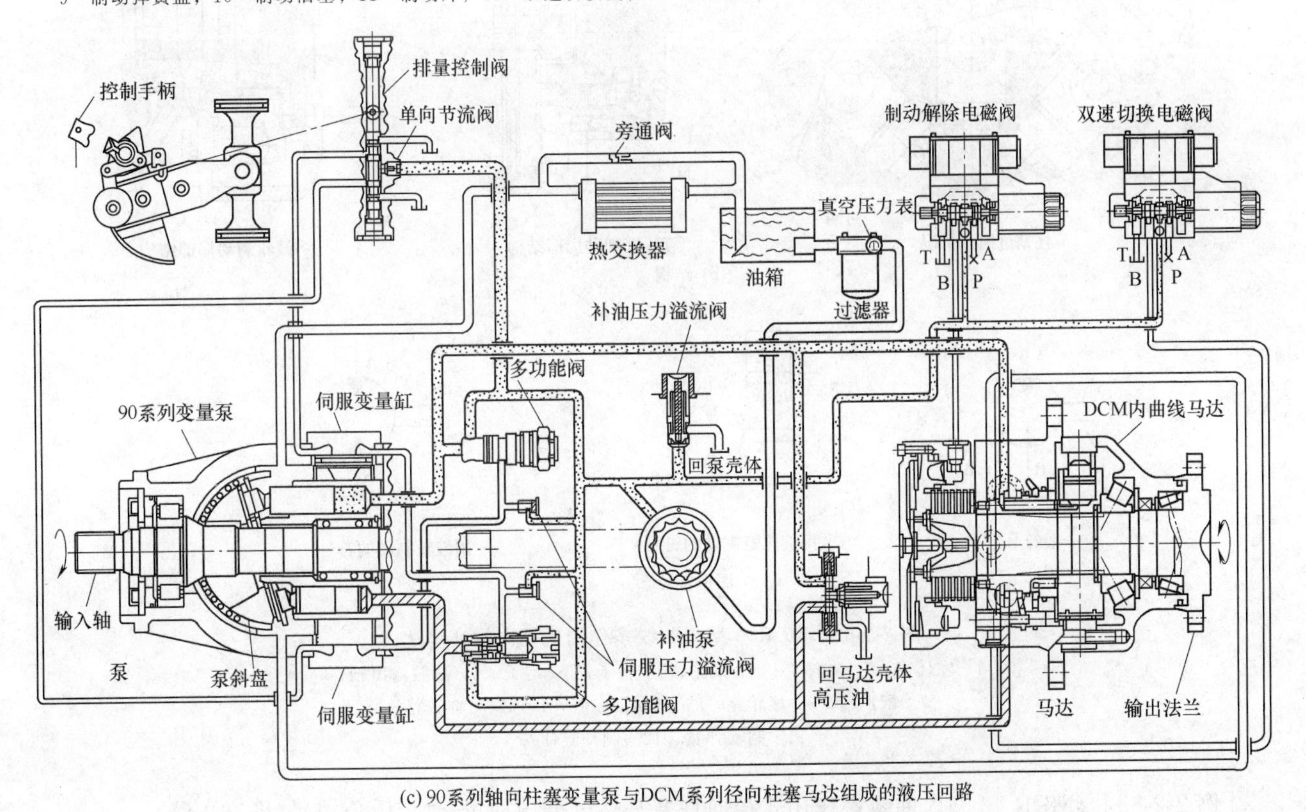

(c) 90系列轴向柱塞变量泵与DCM系列径向柱塞马达组成的液压回路

图 2-2-81　90 系列 DCM※型径向柱塞马达

［例 2-2-82］ MCR10 型内曲线多作用式径向柱塞马达（德国博世-力士乐公司）（图 2-2-82）

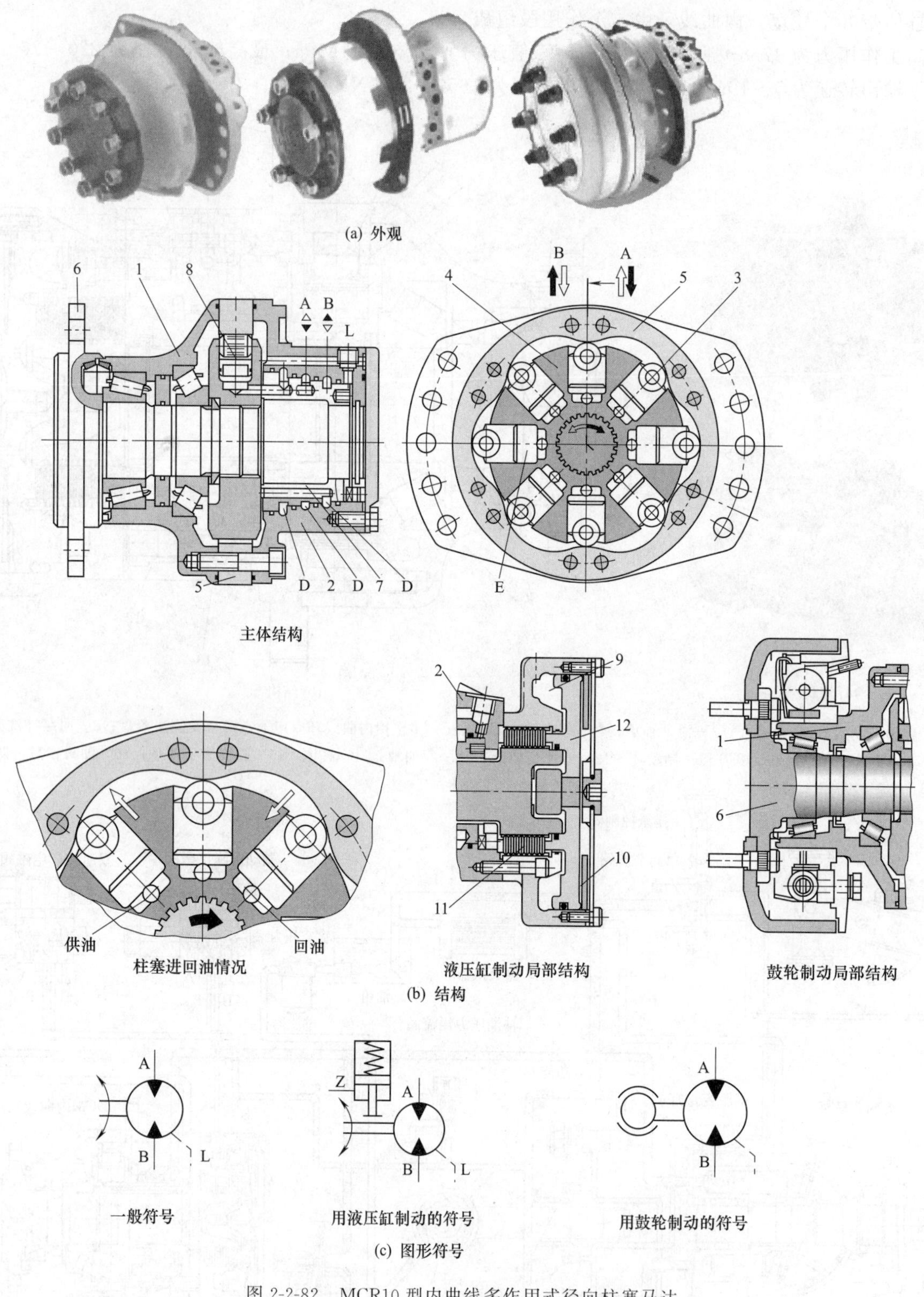

图 2-2-82 MCR10 型内曲线多作用式径向柱塞马达

1—左体壳；2—右体壳；3—滚轮；4—转子；5—定子；6—法兰输出轴；7—配油轴；8—滚轮座；9—制动缸左腔；10—制动缸右腔；11—制动弹簧；12—制动缸活塞

［例 2-2-83］ MCR 40 型内曲线多作用式径向柱塞马达（德国博世-力士乐公司）（图 2-2-83）

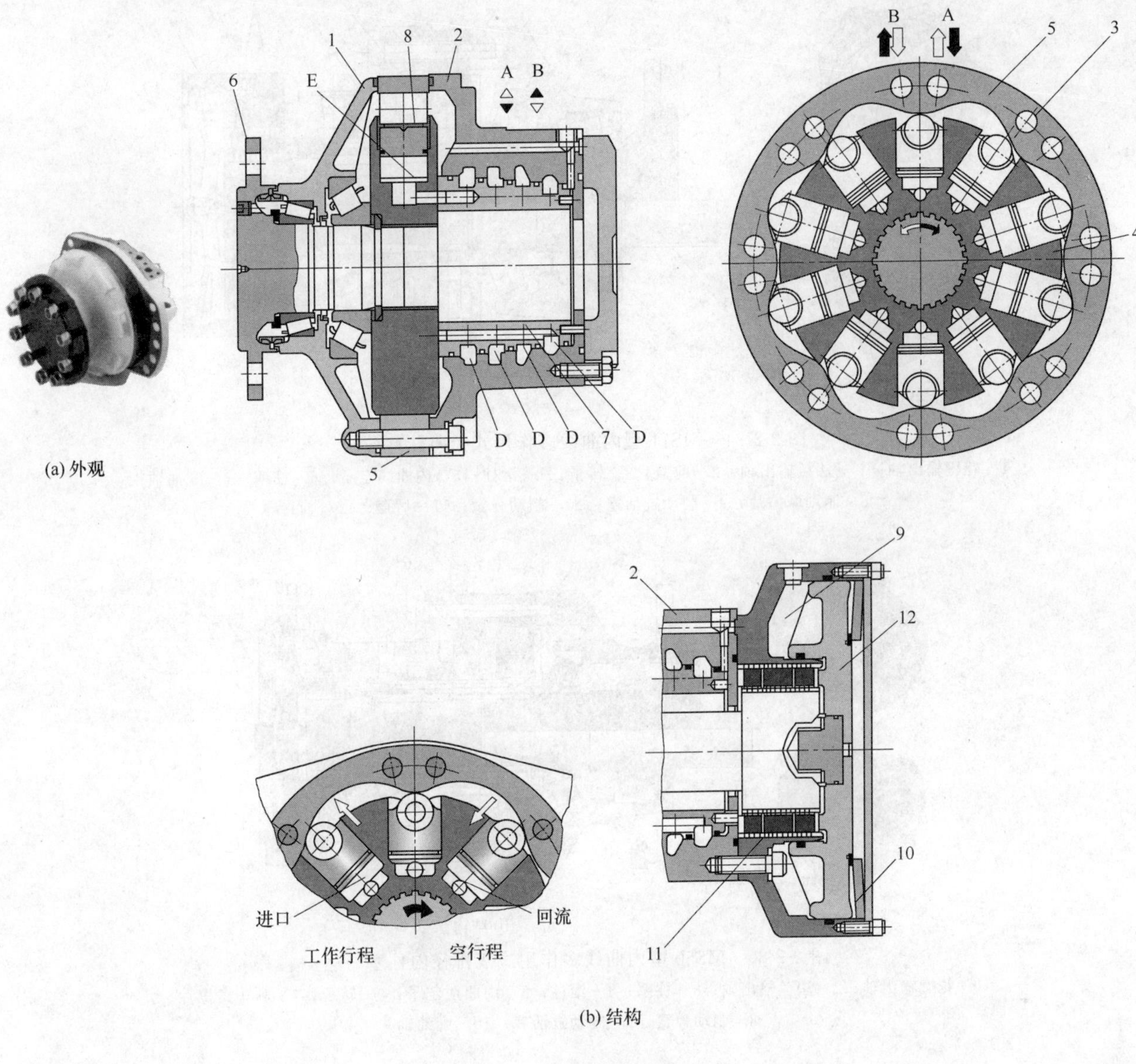

(a) 外观

(b) 结构

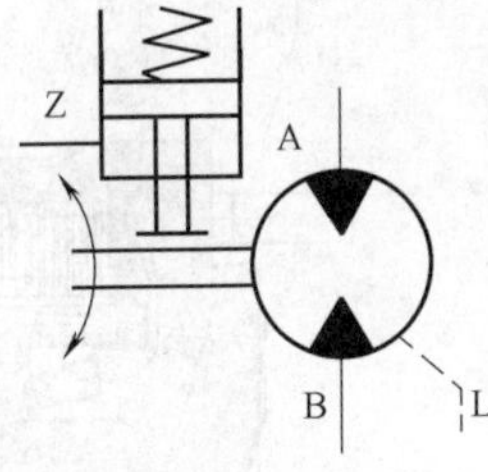

(c) 图形符号

图 2-2-83 MCR 40 型内曲线多作用式径向柱塞马达

1—盖壳；2—壳体部分；3—柱塞组件；4—转子；5—内曲线凸轮（定子）；6—法兰输出轴；7—配油轴套；8—滚轮；9—环形区（制动缸左腔）；10—碟形弹簧；11—多内外摩擦片组件；12—制动缸活塞

［例 2-2-84］ MS11 型内曲线多作用式径向柱塞马达（波克兰公司）（图 2-2-84）

［例 2-2-85］ MS50 型内曲线多作用式双排径向柱塞马达（波克兰公司）（图 2-2-85）

此马达为输出轴转带制动的结构。

［例 2-2-86］ MW14 型内曲线多作用式径向柱塞马达（波克兰公司）（图 2-2-86）

此马达为壳转带制动的结构。

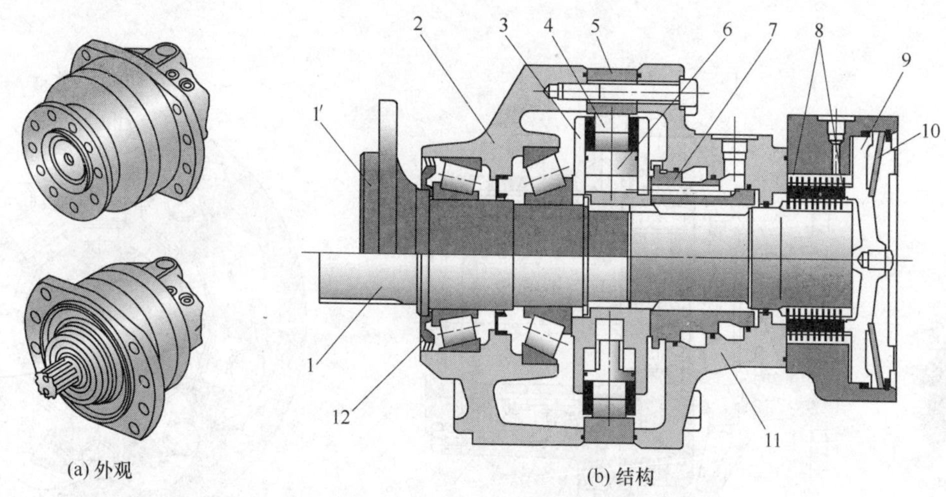

图 2-2-84　MS11 型内曲线多作用式径向柱塞马达

1—花键输出轴；1′—法兰输出轴；2—前盖；3—转子；4—滚柱；5—内曲线定子；6—柱塞；7—配油轴；8—制动摩擦片；9—制动缸活塞；10—制动弹簧；11—后盖；12—轴封

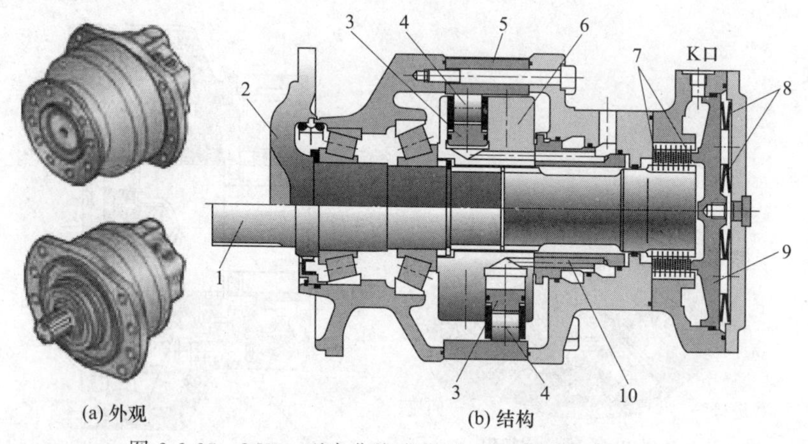

图 2-2-85　MS50 型内曲线多作用式双排径向柱塞马达

1—花键输出轴；2—法兰输出轴；3—柱塞；4—滚柱；5—内曲线定子；6—转子；7—刹车摩擦片；8—制动弹簧；9—制动缸活塞；10—配油轴

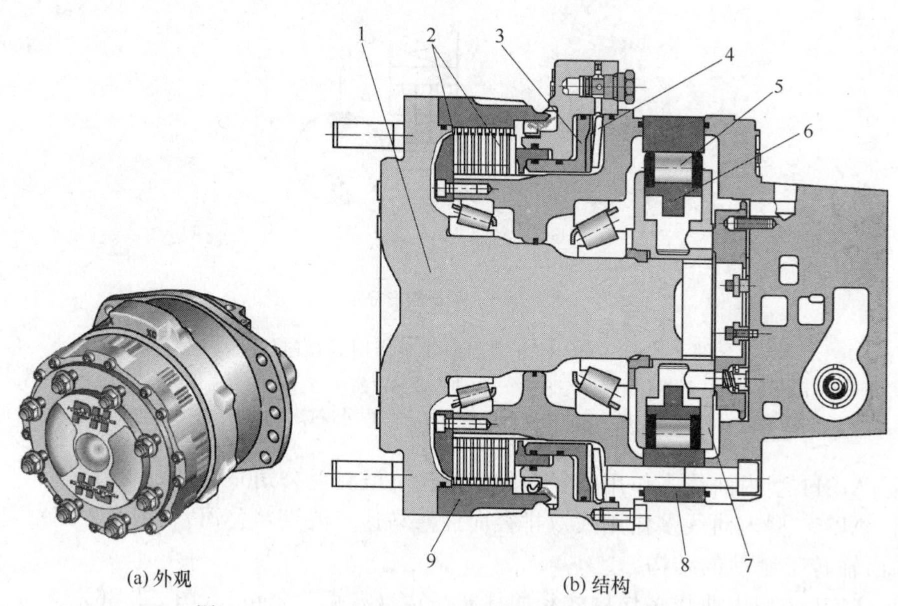

图 2-2-86　MW14 型内曲线多作用式径向柱塞马达

1—轴；2—制动摩擦片；3—制动缸活塞；4—制动弹簧；5—滚柱；6—柱塞；7—转子；8—内曲线定子；9—转动壳体

2-2-7　其他形式液压马达

［例 2-2-87］ QJM 型球塞式内曲线多作用径自柱塞马达（国产）（图 2-2-87）

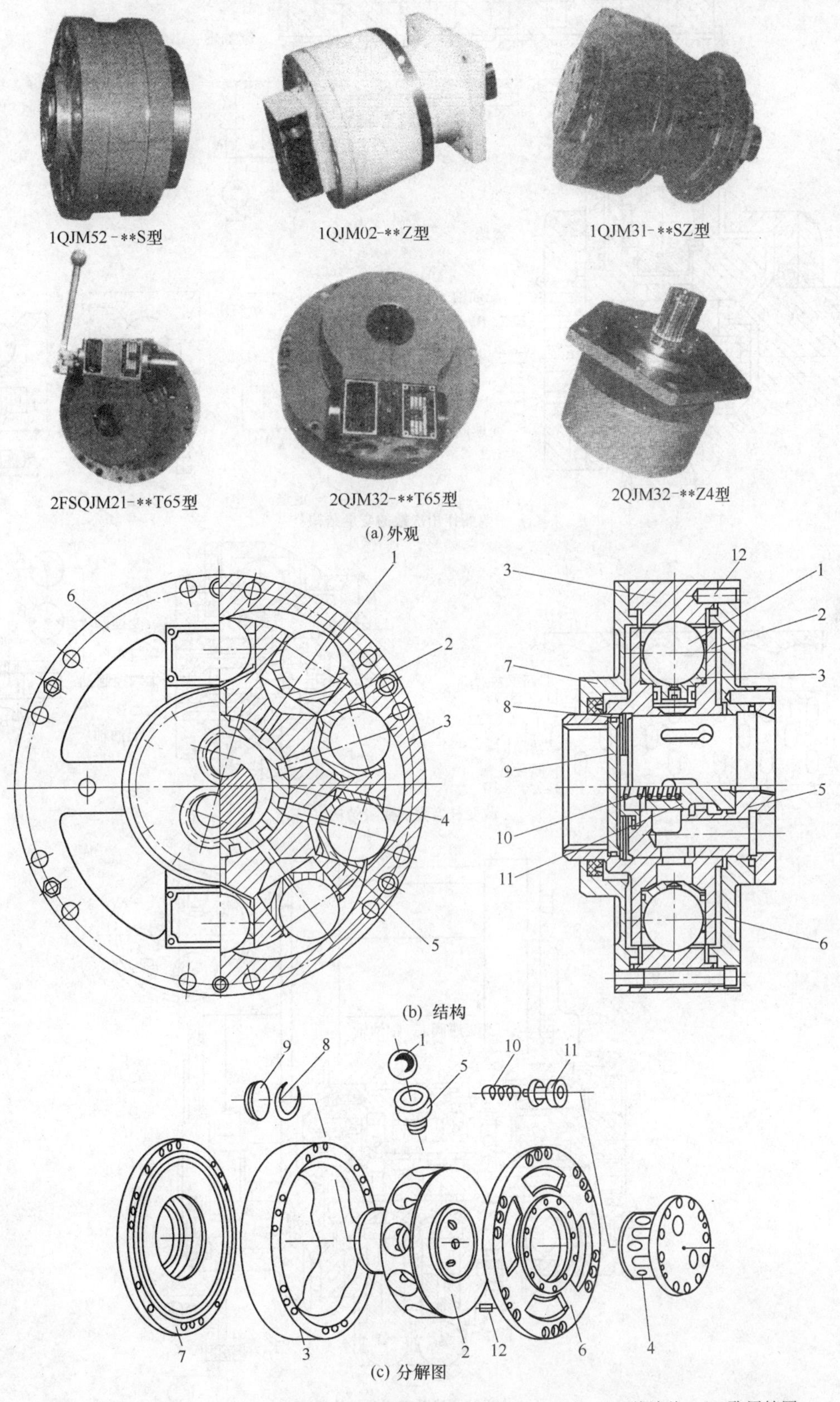

(a) 外观

(b) 结构

(c) 分解图

1—钢球；2—带输出轴的缸体；3—导轨；4—配油轴；5—柱塞；6—后盖；7—前端盖；8—孔用挡圈；9—封油闷头；10—弹簧；11—变速阀；12—定位销

图 2-2-87

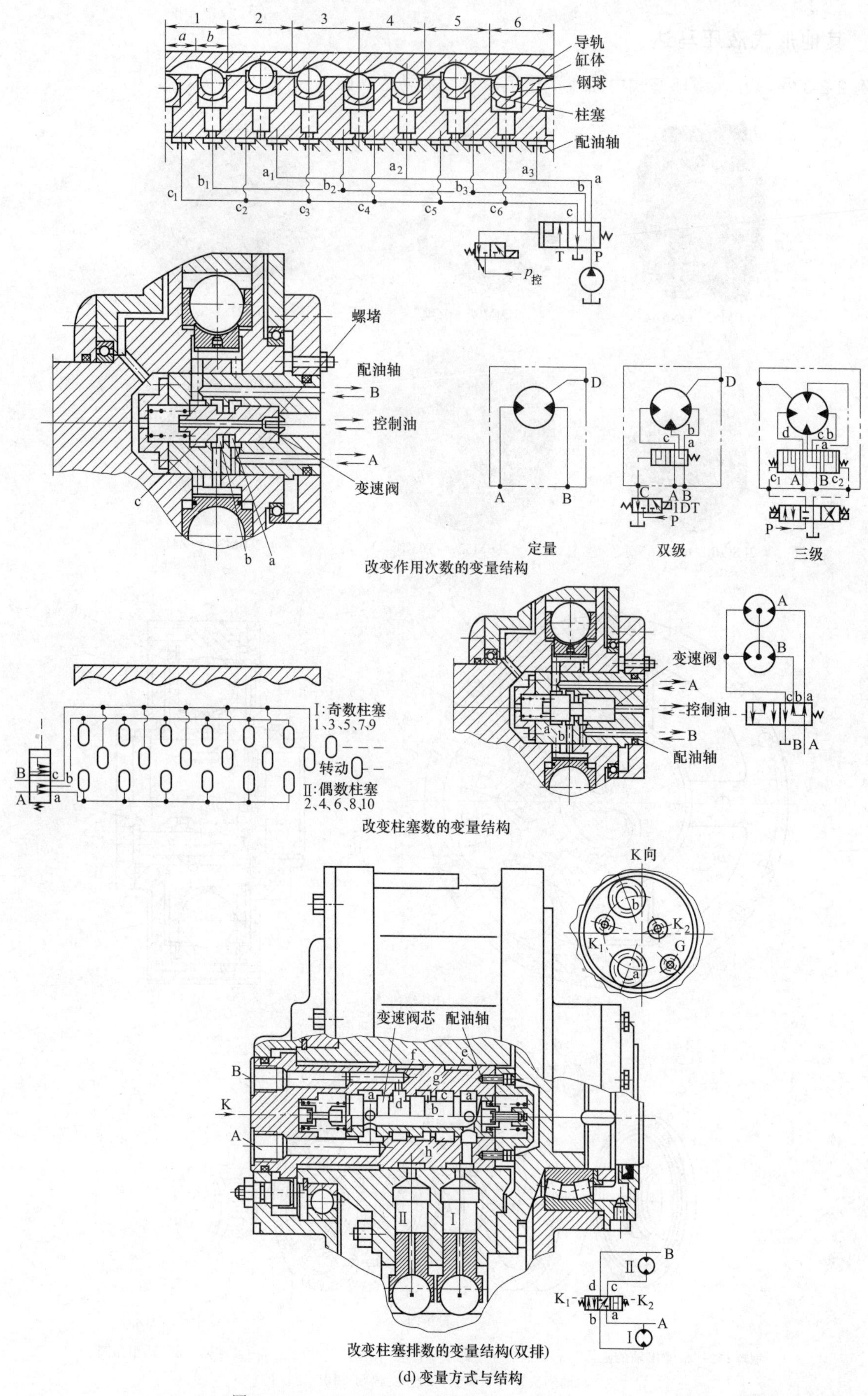

图 2-2-87 QJM 型球塞式内曲线多作用径向柱塞马达

[例 2-2-88] QKM 型内曲线壳转式内曲线多作用球塞马达（国产）（图 2-2-88）

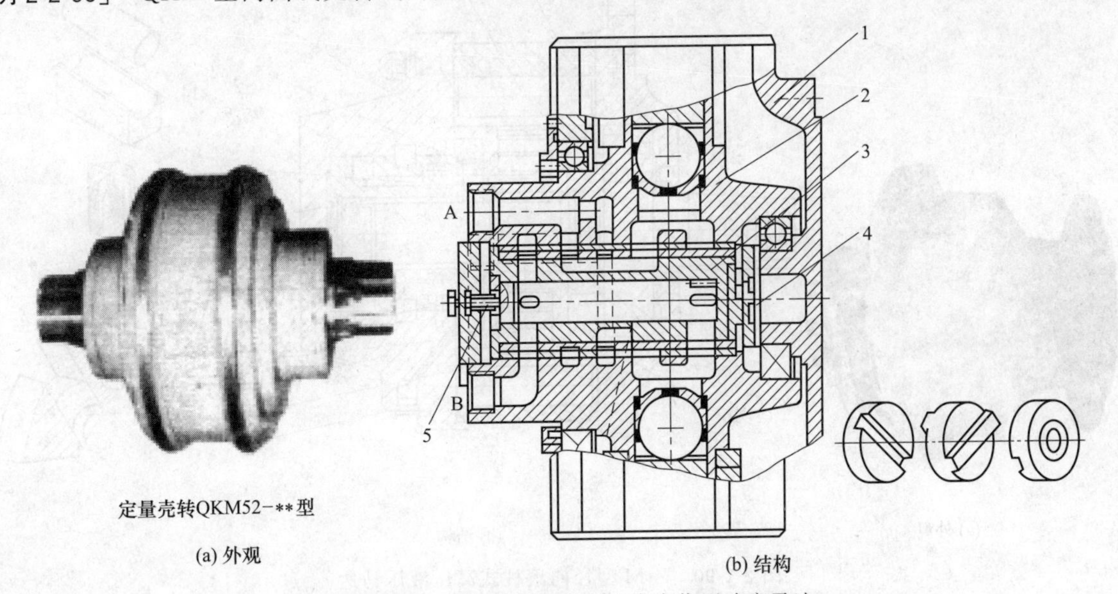

图 2-2-88 QKM 型内曲线壳转式多作用球塞马达

1—壳体（导轨连接体）；2—缸体；3—配油轴；4—十字联轴器；5—弹簧

[例 2-2-89] HMA50L 型内曲线多作用式径向柱塞马达（日本日立公司）（图 2-2-89）多用于工程机械。

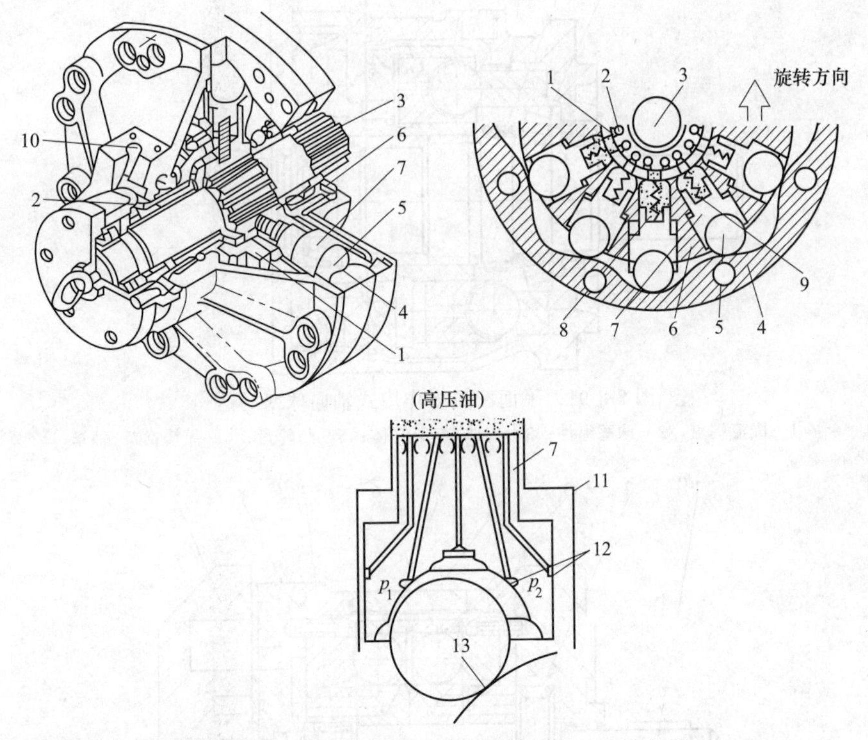

图 2-2-89 HMA50L 型内曲线多作用式径向柱塞马达

1—外阀；2—内阀；3—轴；4—定子（壳体）；5,13—钢球；6—转子（缸体）；7—柱塞；8—弹簧；9—压油腔；10—进出油口；11—缸孔；12—沟槽

[例 2-2-90] ZJM 型径向滚柱式高压液压马达（国产）（图 2-2-90）

[例 2-2-91] 平面配流多作用式轴向球塞马达（图 2-2-91）

[例 2-2-92] 凸轮盘式多作用液压马达［美国纽特隆（Nutron）公司］（图 2-2-92）为端面配油的结构。

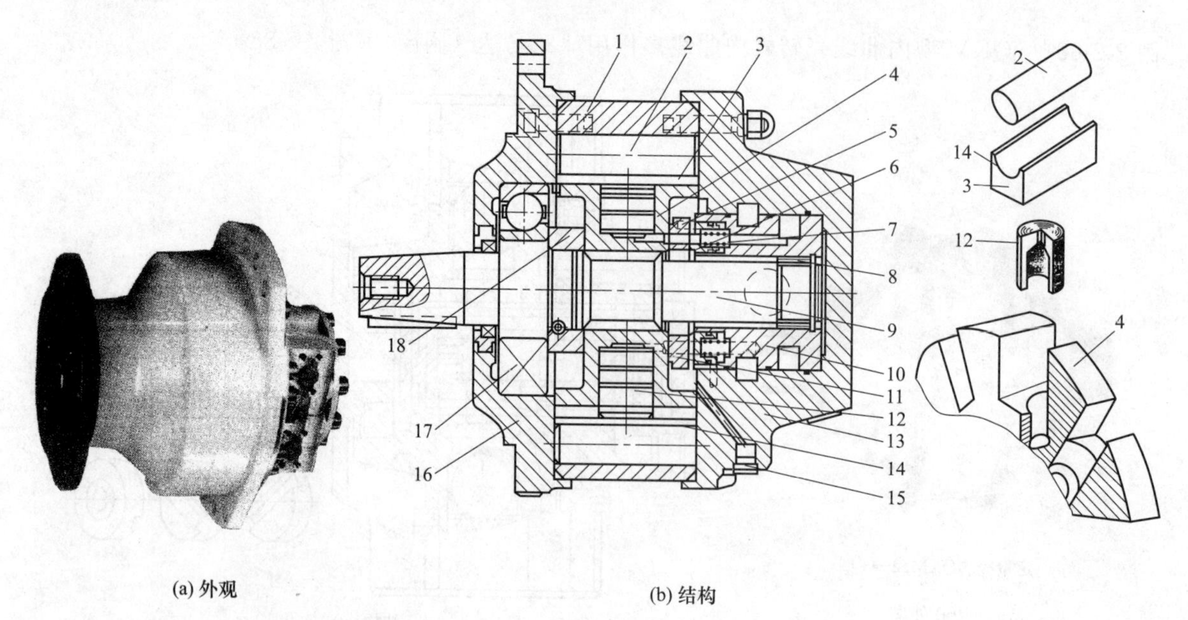

图 2-2-90 ZJM 型径向滚柱式高压液压马达

1—导轨；2—滚柱；3—滚柱架；4—缸体；5—定位销；6—穿孔压套；7—弹簧；8,17—轴承；9—输出轴；10—配流套；11—配油盘；12—柱塞；13—后盖；14—滚柱衬瓦；15—泄油塞；16—前盖；18—垫圈

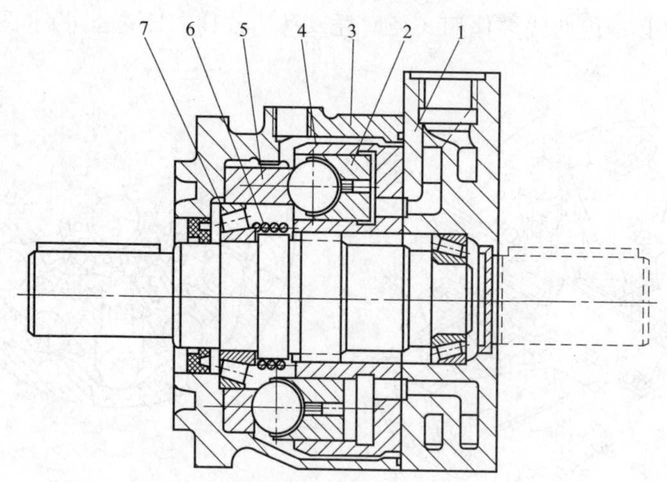

图 2-2-91 平面配流多作用式轴向球塞马达

1—配流端盖；2—球塞组件；3—壳体；4—缸体；5—凸轮盘；6—弹簧；7—轴承

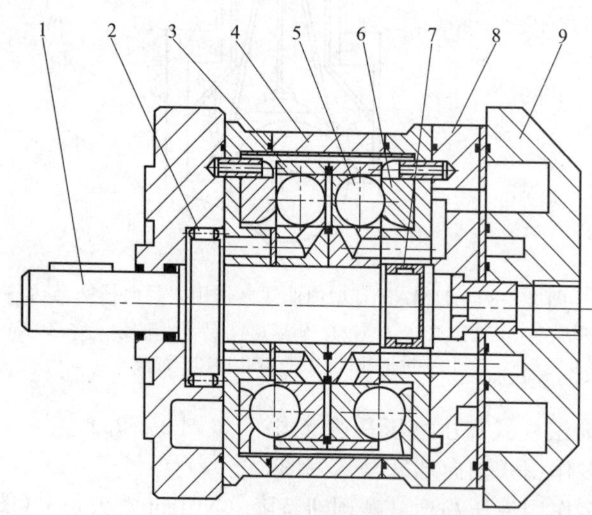

图 2-2-92 凸轮盘式多作用液压马达

1—转矩输出轴；2—轴承；3—缸体；4—壳体；5—钢球；6—凸轮盘；7—轴承；8—平面配油盘；9—端盖

［例 2-2-93］ 多作用轴配流壳转式液压马达［英国卡隆（Carron）公司］（图 2-2-93）

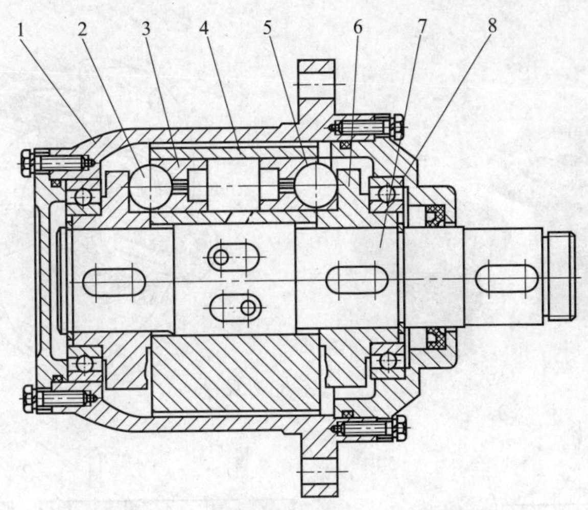

图 2-2-93 多作用轴配流壳转式液压马达

1—壳体；2—钢球；3—球垫；4—缸体；5—钢球；6—凸轮盘；7—配油轴；8—轴承

［例 2-2-94］ INM 型摆缸式径向低速大转矩液压马达［意大利塞阿（SAL）公司、浙江省宁波市镇新液压机械有限公司］（图 2-2-94）

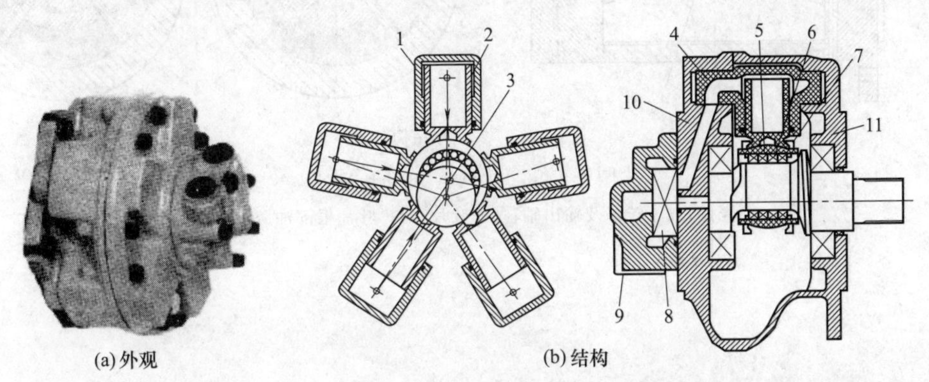

(a) 外观　　(b) 结构

图 2-2-94 INM 型摆缸式径向低速大转矩液压马达

1—摆动缸体；2—柱塞；3—曲轴；4—摆缸耳环轴；5—球面轴承套；6—滚柱；7—卡环；8—配油盘；9—配流器（通油盘）；10—后壳体；11—前壳体

［例 2-2-95］ DMY-2-5 型电液脉冲马达（国产）（图 2-2-95）

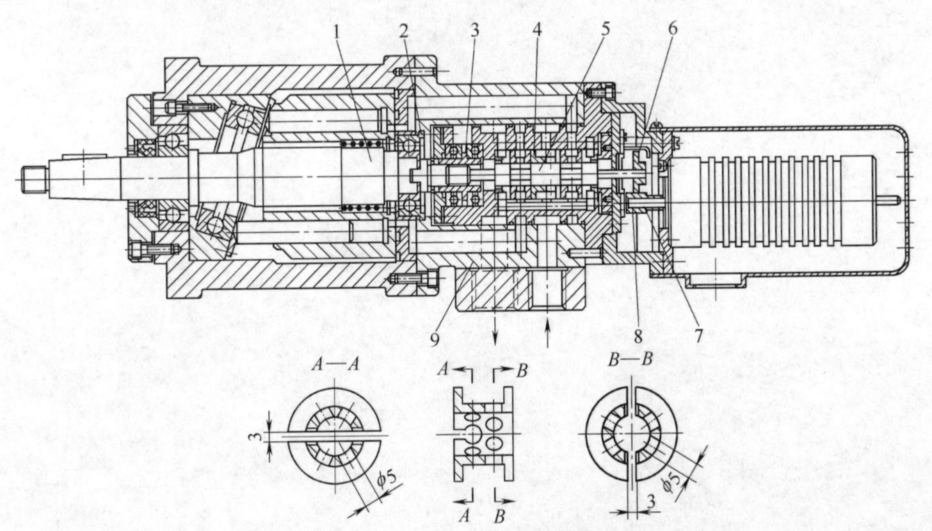

图 2-2-95 DMY-2-5 型电液脉冲马达

1—输出轴；2—十字联轴器；3—螺母；4—阀套；5—阀芯；6,8—减速齿轮副；7—输出轴；9—壳体

［例 2-2-96］ P-1VA 型叶片马达（美国派克公司）（图 2-2-96）

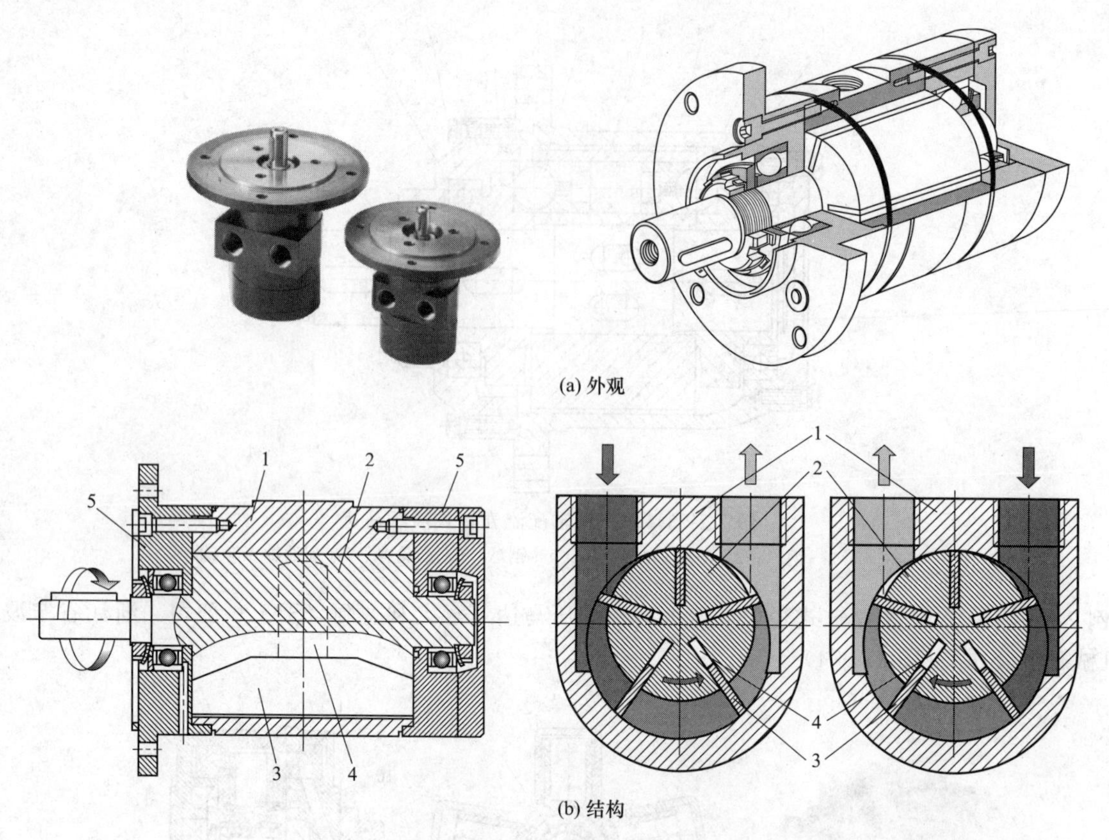

(a) 外观

(b) 结构

图 2-2-96 P-1VA 型叶片马达

1—壳体；2—转子及输出轴；3—叶片；4—叶片根部油腔；5—端盖

第3章 液压阀

3-1 单向阀

［例 3-1-1］ I-10 型和 I-25 型管式单向阀（广研型）（图 3-1-1）

最高工作压力为 6.3MPa；流量分别为 10L/min、25L/min；阀芯为钢球结构。

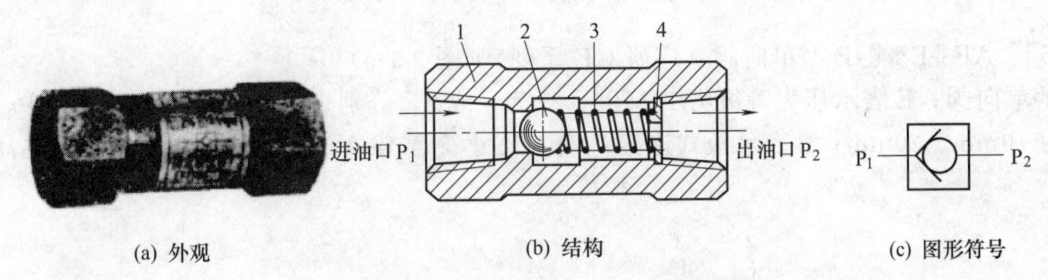

(a) 外观　(b) 结构　(c) 图形符号

图 3-1-1 I-10 型和 I-25 型管式单向阀

1—阀体；2—阀芯；3—弹簧；4—挡圈

［例 3-1-2］ I-10B 型和 I-25B 型板式单向阀（广研型）（图 3-1-2）

最高工作压力为 6.3MPa；流量分别为 10L/min、25L/min；阀芯为钢球结构；安装尺寸不符合国际标准。

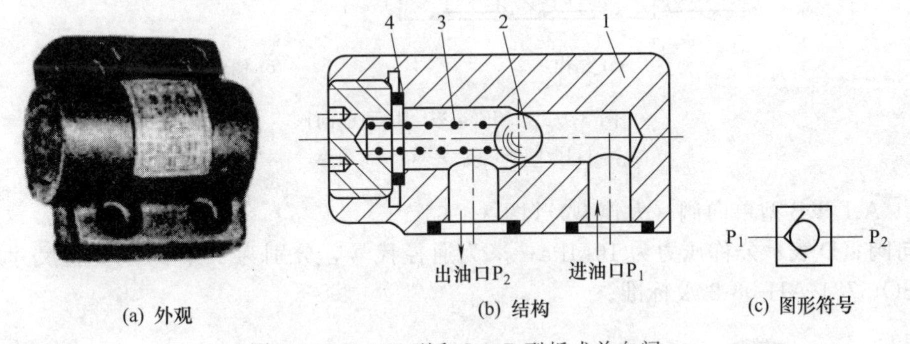

(a) 外观　(b) 结构　(c) 图形符号

图 3-1-2 I-10B 型和 I-25B 型板式单向阀

1—阀体；2—钢球阀芯；3—弹簧；4—挡圈

［例 3-1-3］ I-40、I-63、I-100、I-160、I-250 型管式单向阀（广研型）（图 3-1-3）

最高工作压力为 6.3MPa；流量分别为 40L/min、63L/min、100L/min、160L/min、250L/min；阀芯为锥阀结构。

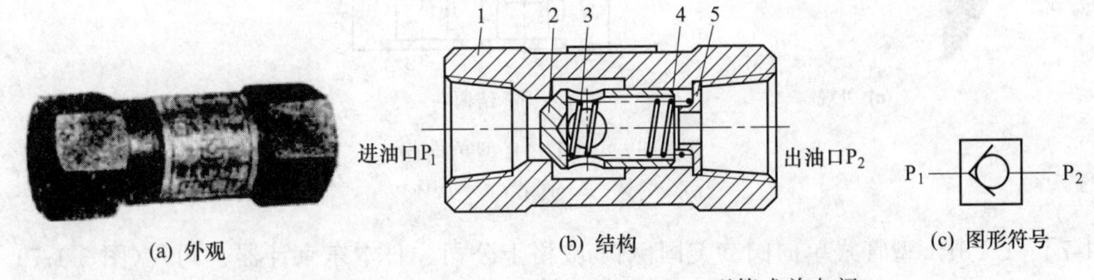

(a) 外观　(b) 结构　(c) 图形符号

图 3-1-3 I-40、I-63、I-100、I-160、I-250 型管式单向阀

1—阀体；2—阀芯；3—锥阀芯；4—弹簧；5—挡圈

［例 3-1-4］ I-63B 型和 I-100B 型板式单向阀（广研型）（图 3-1-4）

最高工作压力为 6.3MPa；流量分别为 63L/min、100L/min；阀芯为锥阀结构；安装尺寸不符合国际标准。

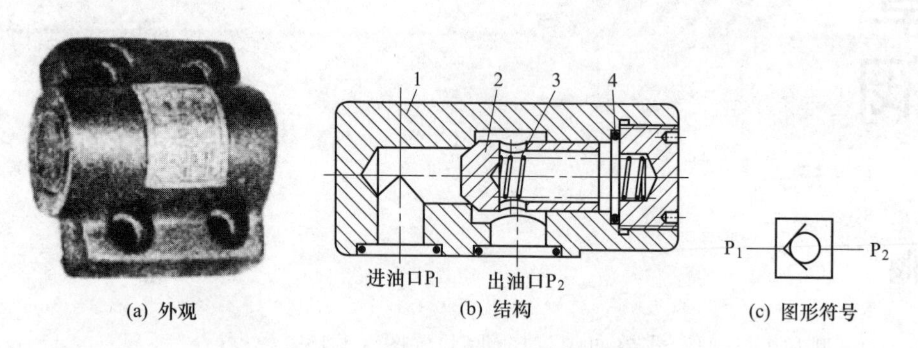

图 3-1-4 I-63 型和 I-100 型板式单向阀

1—阀体；2—阀芯；3—弹簧；4—挡圈

［例 3-1-5］ AF3-E※□B 型单向阀（广研 GE 系列）（图 3-1-5）

AF3 表示单向阀；E 表示压力等级为 16MPa；※为 a 或 b，分别表示开启压力为 0.05MPa、0.45MPa；□表示通径为 10mm、20mm；B 表示板式连接；安装尺寸符合 ISO 5781-AG-06-2-A、ISO 5781-AH-08-2-A 标准。

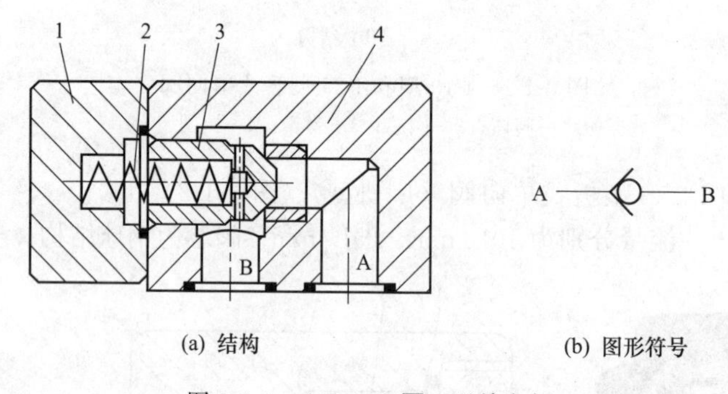

图 3-1-5 AF3-E※□B 型单向阀

1，4—阀体；2—弹簧；3—阀芯

［例 3-1-6］ A-D※B 型单向阀（大连型）（图 3-1-6）

A 表示单向阀；D 表示公称压力为 10MPa；※为通径代号，分别为 10、20；安装尺寸符合 ISO 5781-AG-06-2-A、ISO 5781-AH-08-2-A 标准。

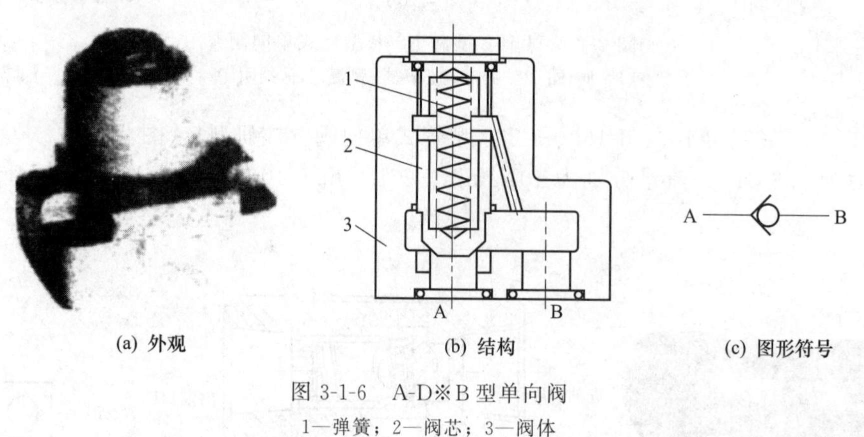

图 3-1-6 A-D※B 型单向阀

1—弹簧；2—阀芯；3—阀体

［例 3-1-7］ DT8P1 型管式单向阀（美国伊顿-威格士公司、日本东京计器公司）（图 3-1-7）

最高使用压力为 21MPa，开启压力为 0.035～0.88MPa。

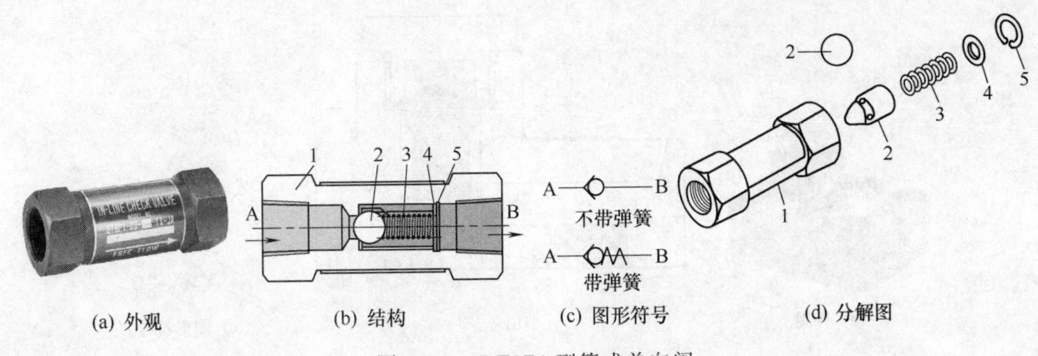

(a) 外观　(b) 结构　(c) 图形符号　(d) 分解图

图 3-1-7　DT8P1 型管式单向阀

1—阀体；2—阀芯（钢球或锥阀芯）；3—弹簧；4—垫；5—卡簧

［例 3-1-8］ C2-※-(S3) JA-(S26)-JC2 型直角式单向阀（美国伊顿-威格士公司、日本东京计器公司）（图 3-1-8）

※为尺寸代号；S3 表示开启压力大小，开启压力为 0.035～1.05MPa；S26 或 S16 为特殊结构代号；最高使用压力为 21MPa。

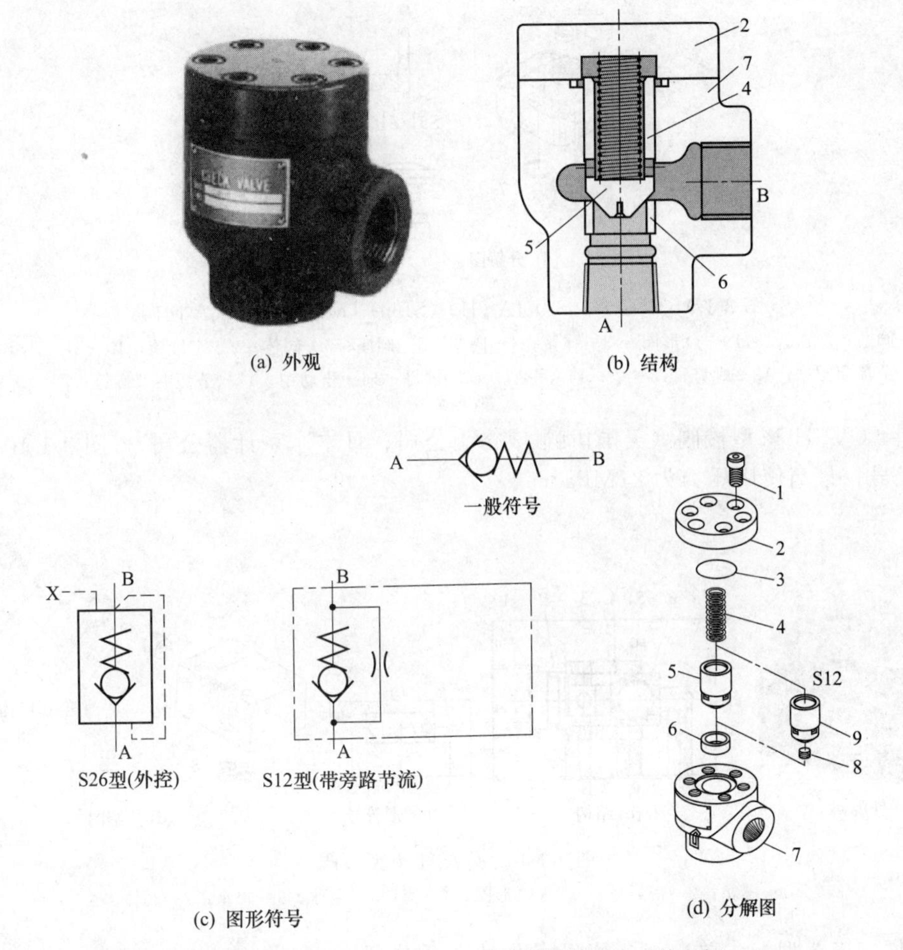

(a) 外观　(b) 结构

(c) 图形符号　(d) 分解图

图 3-1-8　C2-※-(S3) JA-(S26)-JC2 型直角式单向阀

1—螺钉；2—盖；3—O 形圈；4—弹簧；5,9—阀芯；6—阀座；7—阀体；8—S12 型阀芯

［例 3-1-9］ C5G-※-(S3)-JA-(J1)-(S160)-(M) 型直角式单向阀（美国伊顿-威格士公司、日本东京计器公司）（图 3-1-9）

※为尺寸代号；S3 表示开启压力大小（0.35～1.05MPa）；S160 或 S51 为带阀芯开度调节机构的特殊结构代号；最高使用压力为 21MPa。

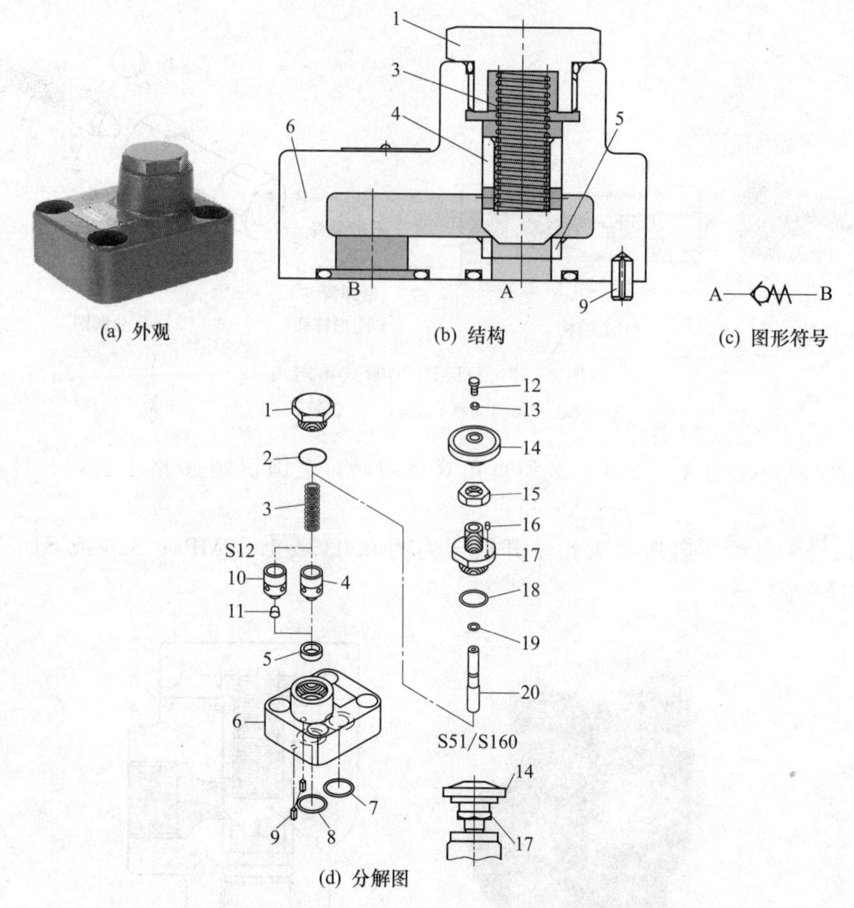

(a) 外观　(b) 结构　(c) 图形符号

(d) 分解图

图 3-1-9　C5G-※-(S3)-JA-(J1)-(S160)-(M) 型直角式单向阀

1—阀盖；2,7,8,18,19—O 形圈；3—弹簧；4—阀芯；5—阀座；6—阀体；9—定位销；10—S12 型阀芯；11—节流阻尼塞；12—螺钉；13—垫；14—手柄；15—锁母；16—止动销；17—节流调节螺钉；20—调节杆

[例 3-1-10]　CVSH-※型梭阀（美国伊顿-威格士公司、日本东京计器公司）（图 3-1-10）

※为尺寸代号；最高使用压力为 21MPa。

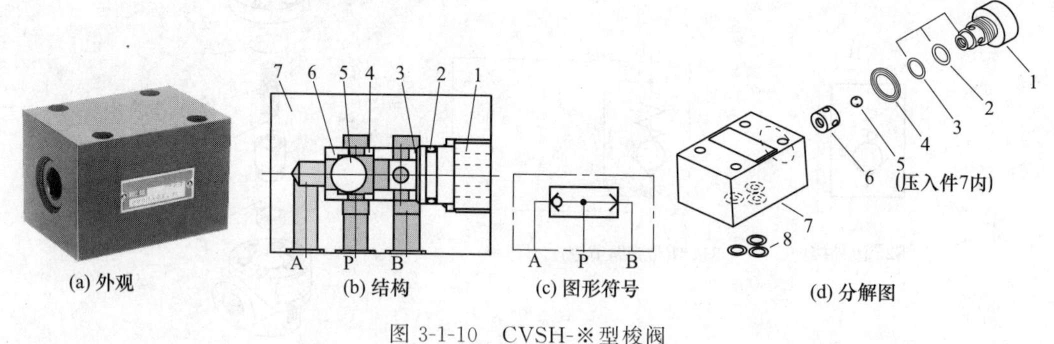

(a) 外观　(b) 结构　(c) 图形符号　(d) 分解图

图 3-1-10　CVSH-※型梭阀

1—螺塞；2—密封环；3,8—O 形圈；4—套；5—钢球；6—阀座；7—阀体

[例 3-1-11]　S※A 型管式单向阀（德国博世-力士乐公司、北京华德公司）（图 3-1-11）

额定压力为 31.5MPa；流量至 400L/min；开启压力有 0.05MPa、0.15MPa、0.3MPa、0.5MPa 等几种。

[例 3-1-12]　S※P 型板式单向阀（德国博世-力士乐公司、北京华德公司）（图 3-1-12）

额定压力为 31.5MPa；流量至 400L/min；开启压力有 0.05MPa、0.15MPa、0.3MPa、0.5MPa 等几种。

[例 3-1-13]　S□P※-1 型板式单向阀（德国博世-力士乐公司、北京华德公司）（图 3-1-13）

□分别为 10、20、30，表示通径；※分别为 1、2、3、4、5，表示开启压力为 0.02MPa、0.05MPa、0.15MPa、0.3MPa、0.5MPa；额定压力为 31.5MPa；流量至 400L/min。

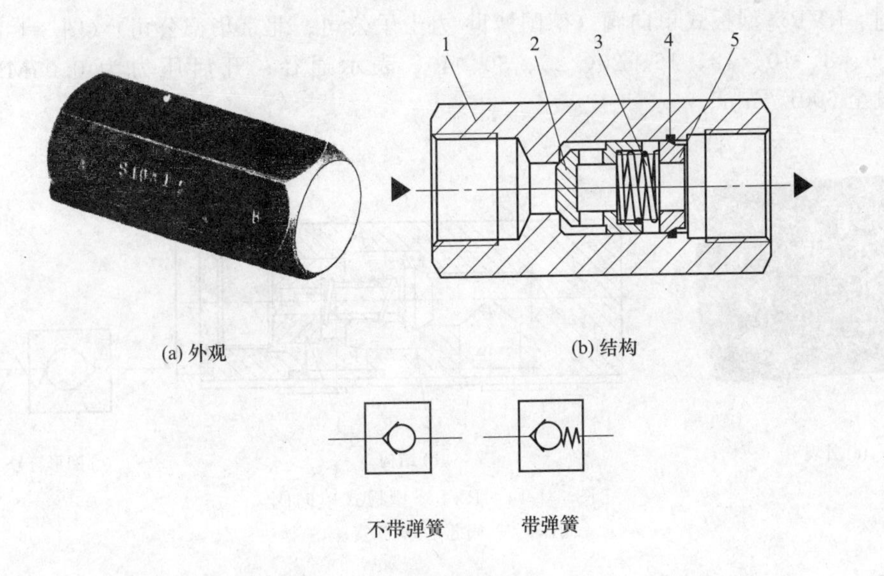

图 3-1-11 S※A 型管式单向阀

1—阀体；2—阀芯；3—弹簧；4—密封圈；5—挡圈

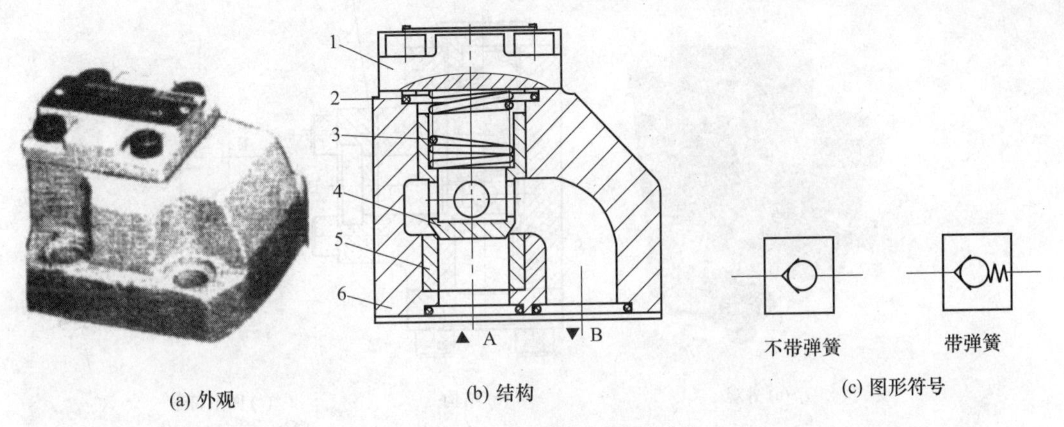

图 3-1-12 S※P 型板式单向阀

1—阀盖；2—密封圈；3—弹簧；4—阀芯；5—阀座；6—阀体

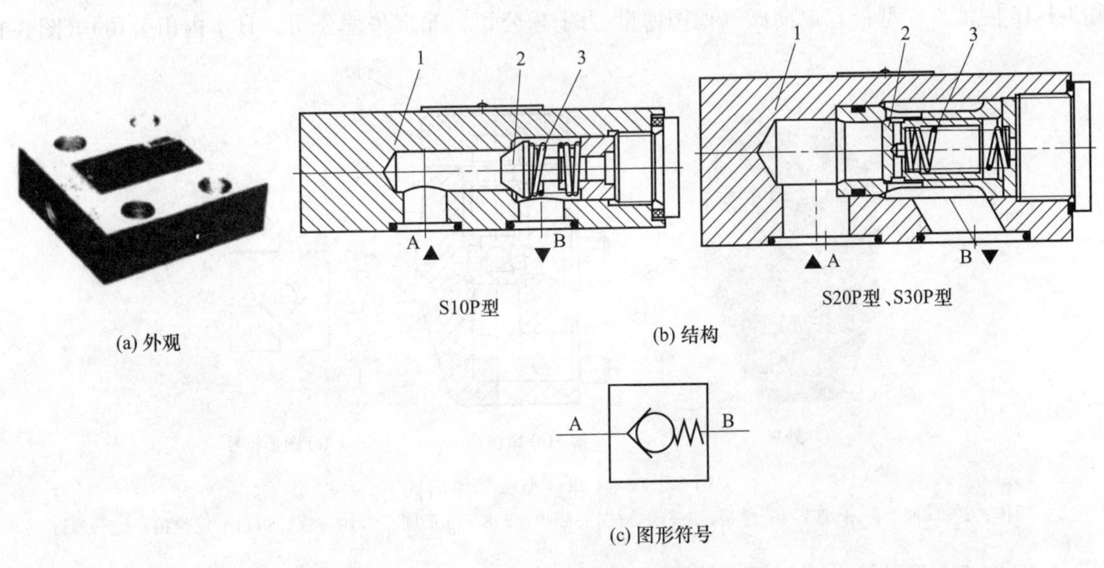

图 3-1-13 S□P※-1 型板式单向阀

1—阀体；2—阀芯；3—弹簧

［例 3-1-14］ RVP※型板式单向阀（德国博世-力士乐公司、北京华德公司）（图 3-1-14）

※分别为 6、8、10、12、16、20、25、30、40，表示通径；开启压力为 0.05MPa；额定压力为 31.5MPa；流量至 600L/min。

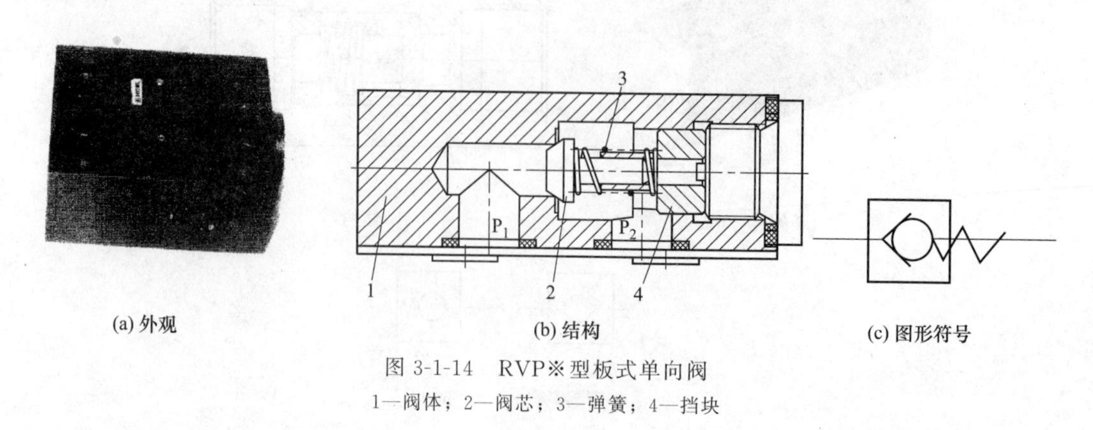

(a) 外观　(b) 结构　(c) 图形符号

图 3-1-14 RVP※型板式单向阀

1—阀体；2—阀芯；3—弹簧；4—挡块

［例 3-1-15］ CA-F 型法兰连接式单向阀（德国博世-力士乐公司、北京华德公司、日本内田公司）（图 3-1-15）

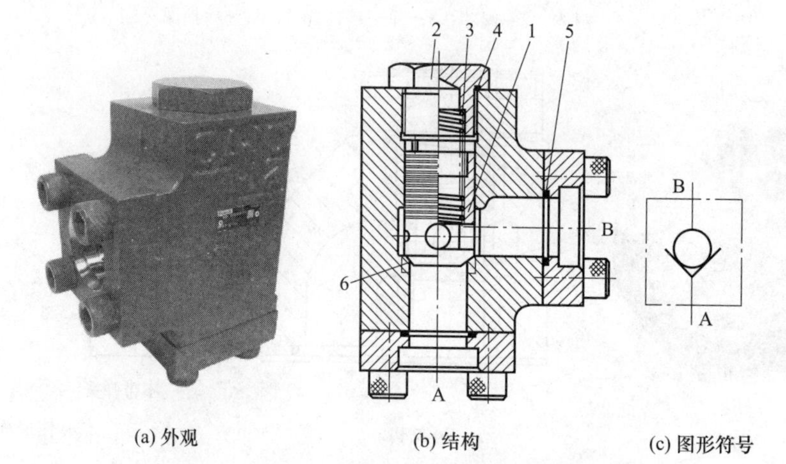

(a) 外观　(b) 结构　(c) 图形符号

图 3-1-15 CA-F 型法兰连接式单向阀

1—阀芯；2—螺塞；3—弹簧；4,5—O 形圈；6—阀座

［例 3-1-16］ C※G 型板式单向阀（德国博世-力士乐公司、北京华德公司、日本内田公司）（图 3-1-16）

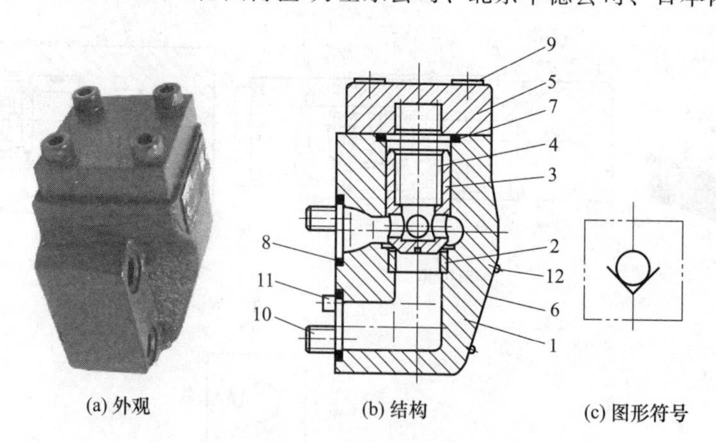

(a) 外观　(b) 结构　(c) 图形符号

图 3-1-16 C※G 型板式单向阀

1—阀体；2—阀座；3—阀芯；4—弹簧；5—阀盖；6—标牌；7,8—O 形圈；9,10—螺钉；11—定位销；12—铆钉

［例 3-1-17］ 6C 系列管式单向阀（美国派克公司）（图 3-1-17）

额定压力为 35MPa；流量为 65～240L/min；安装尺寸符合 ISO 6149 标准。

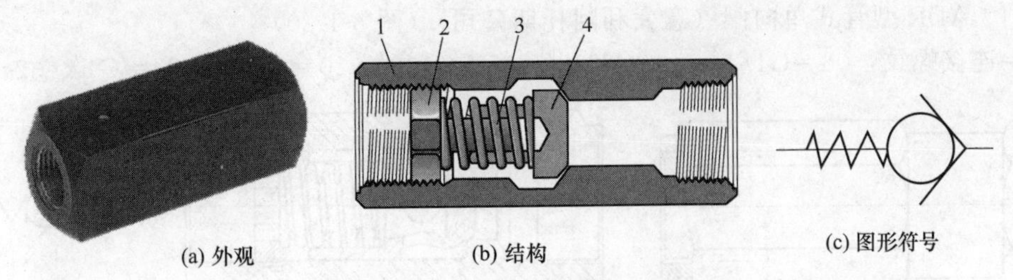

图 3-1-17 6C 系列管式单向阀

1—阀体；2—螺套；3—弹簧；4—阀芯

［例 3-1-18］ CRT-※-□型管式单向阀（日本油研公司、榆次油研公司）（图 3-1-18）

※为通径代号，有 03、06、10 等；□为开启压力代号，有 04、35、50 等，对应开启压力为 0.04MPa、0.35MPa、0.5MPa。

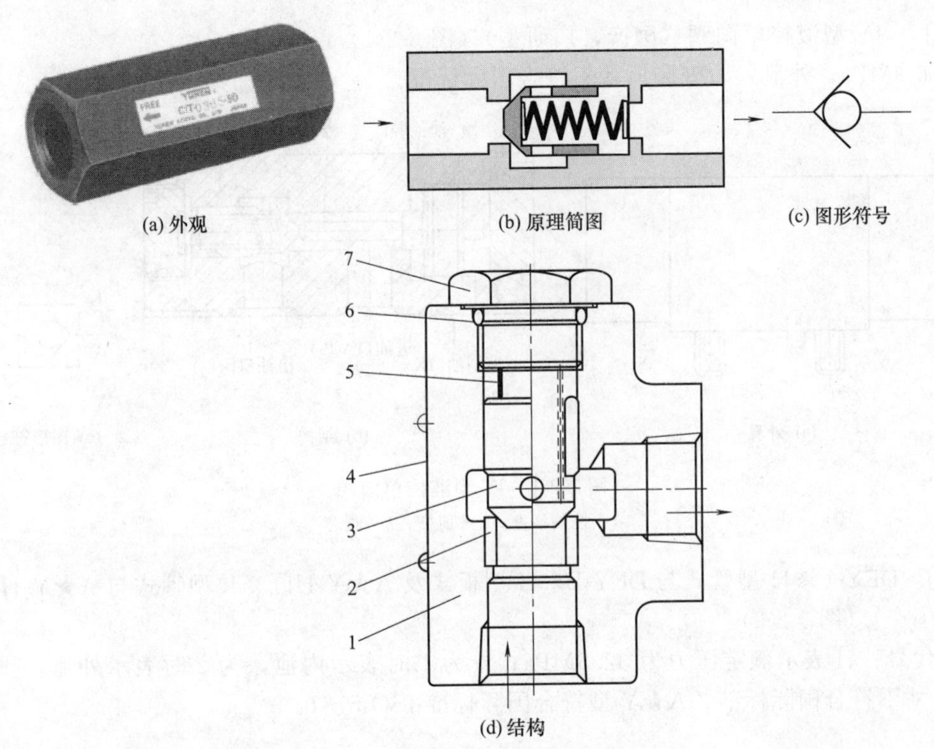

图 3-1-18 CRT-※-□型管式单向阀

1—阀体；2—阀座；3—阀芯；4—标牌；5—弹簧；6—O 形圈；7—螺塞

［例 3-1-19］ CRG-※-□型板式单向阀（日本油研公司、榆次油研公司）（图 3-1-19）

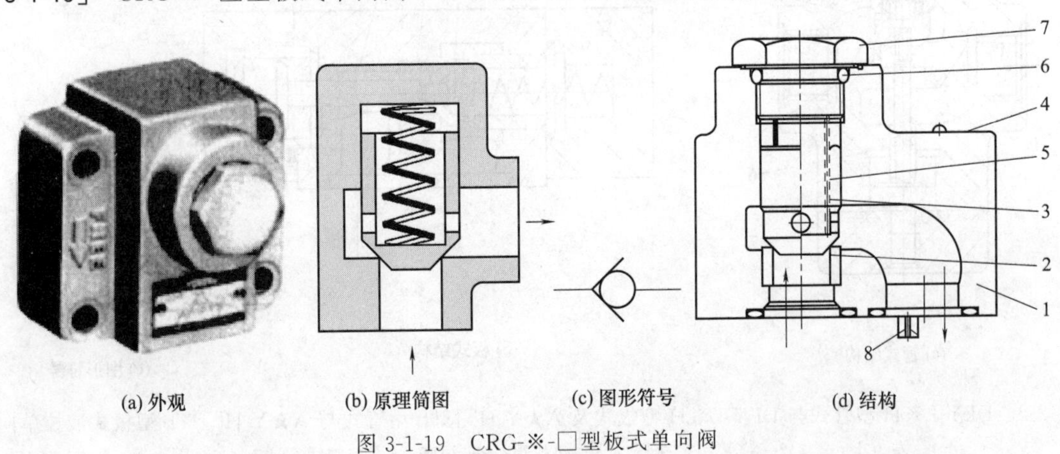

图 3-1-19 CRG-※-□型板式单向阀

1—阀体；2—阀座；3—阀芯；4—标牌；5—弹簧；6—O 形圈；7—螺塞；8—定位销

［例 3-1-20］ ADR 型管式单向阀（意大利阿托斯公司）（图 3-1-20）

通径尺寸＝连接螺纹：06＝G1/4″、10＝G3/8″、15＝G1/2″、20＝G3/4″、25＝G1″、32＝G1¼″。

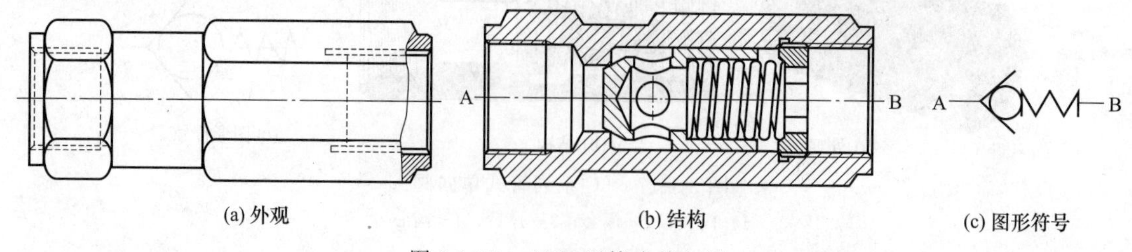

图 3-1-20 ADR 型管式单向阀

3-2 液控单向阀

［例 3-2-1］ IY 型液控单向阀（国产，广研型）（图 3-2-1）

额定压力 6-3MPa，外泄式，安装尺寸不符合国际标准。

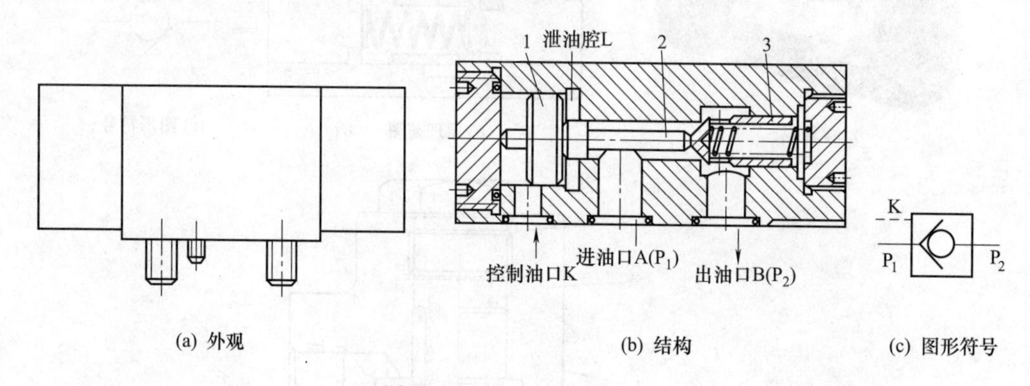

图 3-2-1 IY 型液控单向阀

1—控制活塞；2—顶杆；3—阀芯

［例 3-2-2］ DFY-L※H 型管式与 DFY-B※H 型板式及 A★Y-H□※L 型管式与 A★Y-H□※B 型板式液控单向阀（国产）（图 3-2-2）

※为通径代号；H 表示额定压力为 32.5MPa；★为 1 时表示内泄，为 2 时表示外泄；□为开启压力；DFY 型安装尺寸不符合国际标准，A★Y 型符合国际标准 ISO 5781。

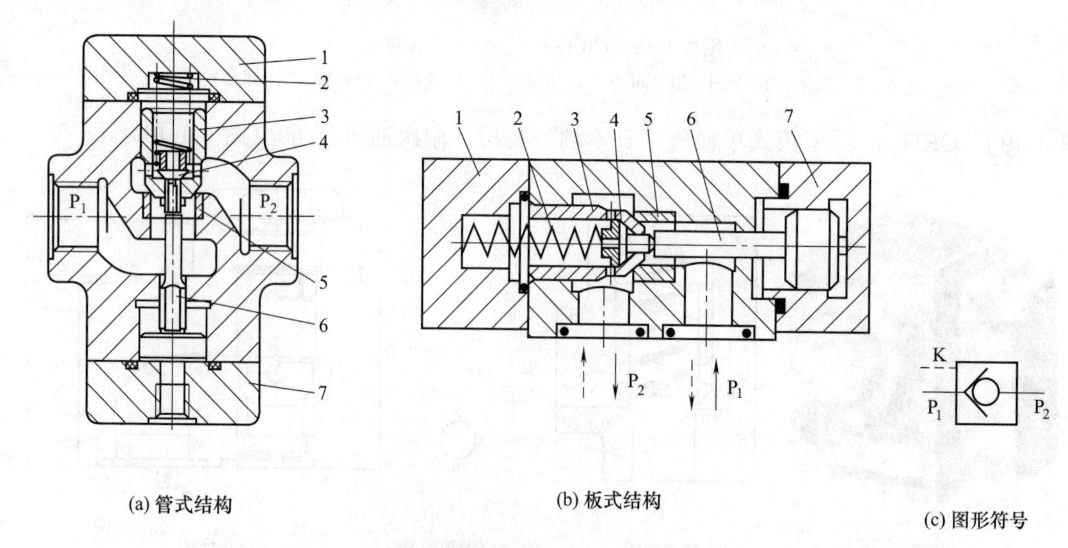

图 3-2-2 DFY-L※H 型管式与 DFY-B※H 型板式及 A★Y-H□※L 型管式与 A★Y-H□※B 型板式液控单向阀

1—左（上）盖；2—弹簧；3—阀芯；4—卸载阀；5—阀座；6—控制活塞；7—右（下）盖

［例 3-2-3］ YAF3-E※□B 型液控单向阀（广研新型）（图 3-2-3）

结构特点为带卸载阀、外泄式。E 表示压力等级为 16MPa；※为 a 或 b 时对应的开启压力分别为 0.05MPa 或 0.45MPa；□为 10 或 20，表示通径；B 表示板式；安装尺寸符合 ISO 5781-AG-06-2-A 或 ISO 5781-AH-08-2-A 国标标准。

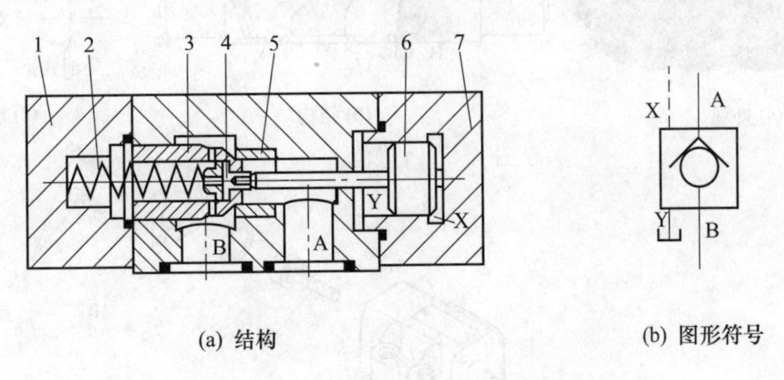

(a) 结构　(b) 图形符号

图 3-2-3 YAF3-E※□B 型液控单向阀

1—左盖；2—弹簧；3—阀芯；4—卸载阀；5—阀座；6—控制活塞；7—右盖

［例 3-2-4］ YA-F10 型液控单向阀（大连新型）（图 3-2-4）

安装尺寸符合 ISO 5781-AG-06-2-A。

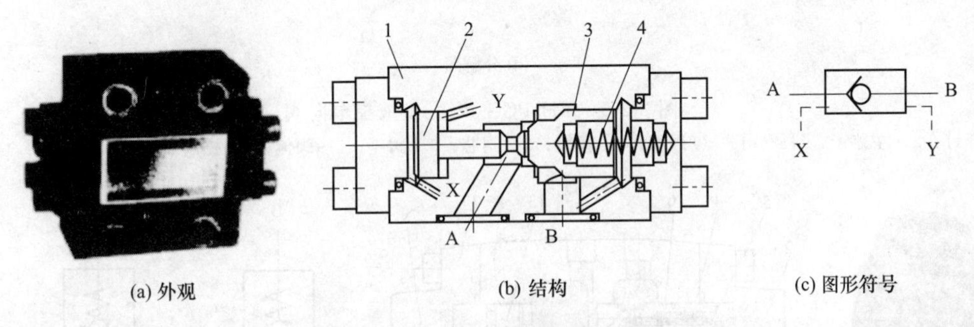

(a) 外观　(b) 结构　(c) 图形符号

图 3-2-4 YA-F10 型液控单向阀

1—阀体；2—控制活塞；3—阀芯；4—弹簧

［例 3-2-5］ TH PCG-※-□型液控单向阀（美国伊顿-威格士公司、日本东京计器公司）（图 3-2-5）

※为 03 或 06 通径代号，对应通径尺寸为 10mm 或 16mm，对应额定流量分别为 50L/min、140L/min；□为字母 A、C 或 F，对应的开启压力分别为 0.21MPa、0.52MPa 或 1.02MPa；额定压力为 35MPa。

［例 3-2-6］ 4C（G）-※-（D）A-20-（GE5）型液控单向阀（美国伊顿-威格士公司、日本东京计器公司）（图 3-2-6）

G 换为 T 时为管式；※为 03、06 或 10；表示通径尺寸；额定流量分别为 50L/min、125L/min、315L/min；无 D 时不带卸载阀；无 GE5 时为内泄式；额定压力为 21MPa。

［例 3-2-7］ C5PG-※-（S※）型液控单向阀（美国伊顿-威格士公司、日本东京计器公司）（图 3-2-7）

结构特点为无控制活塞。※为 805、815 或 825，表示通径尺寸，对应额定流量分别为 40L/min、80L/min、380L/min；S※为开启压力代号，为 S19、S2、S3、S8、S17、S34 时分别表示开启压力为 0.14MPa、0.25MPa、0.35MPa、0.53MPa、0.88MPa、1.05MPa，S22 表示无弹簧；额定压力为 21MPa；此液控单向阀特殊之处在于：X 口无控制压力油时，A→B、B→A 两个方向油液均不能流动，反之两个方向油液均可自由流动。

［例 3-2-8］ SV6PB-※型和 SL6PB-※型液控单向阀（德国力士乐-博世公司、北京华德公司、日本东京计器公司）（图 3-2-8）

※为 1、2、3 或 4，对应的开启压力为 0.15MPa、0.3MPa、0.7MPa 或 1.0MPa；额定压力为 31.5MPa；额定流量为 60L/min。

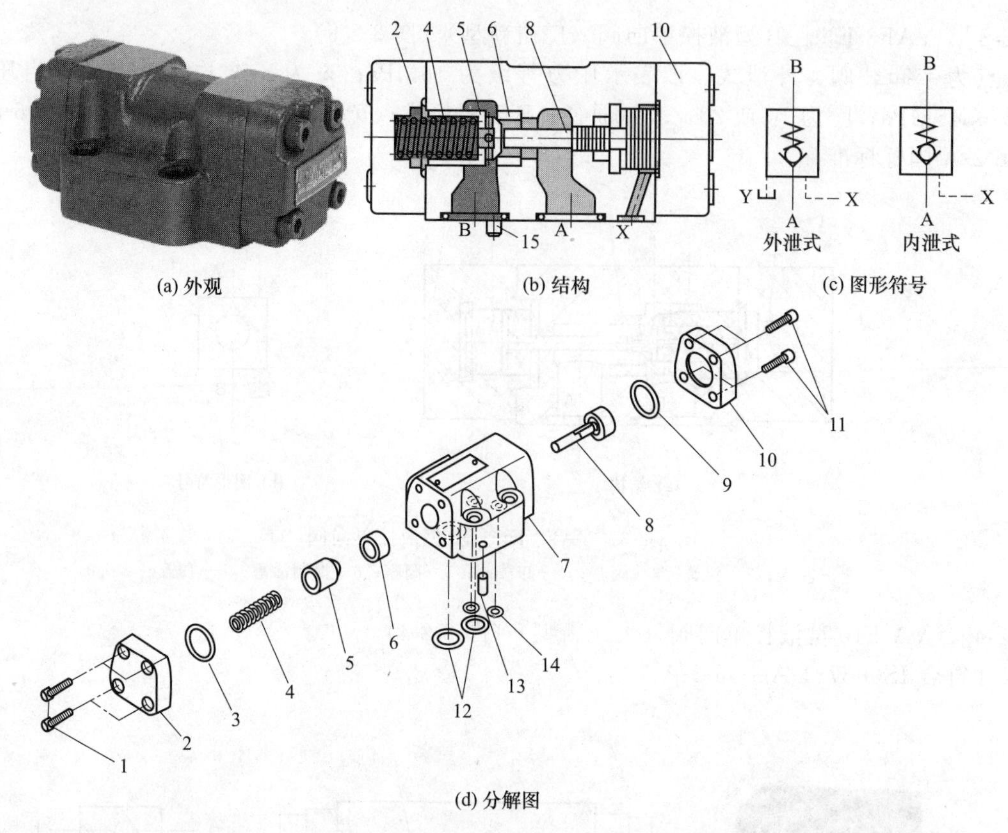

图 3-2-5 TH PCG-※-□型液控单向阀

1,11—螺钉；2—左盖；3,9,12～14—O形圈；4—弹簧；5—阀芯；6—阀座；7—阀体；8—控制活塞；10—右盖；15—定位销

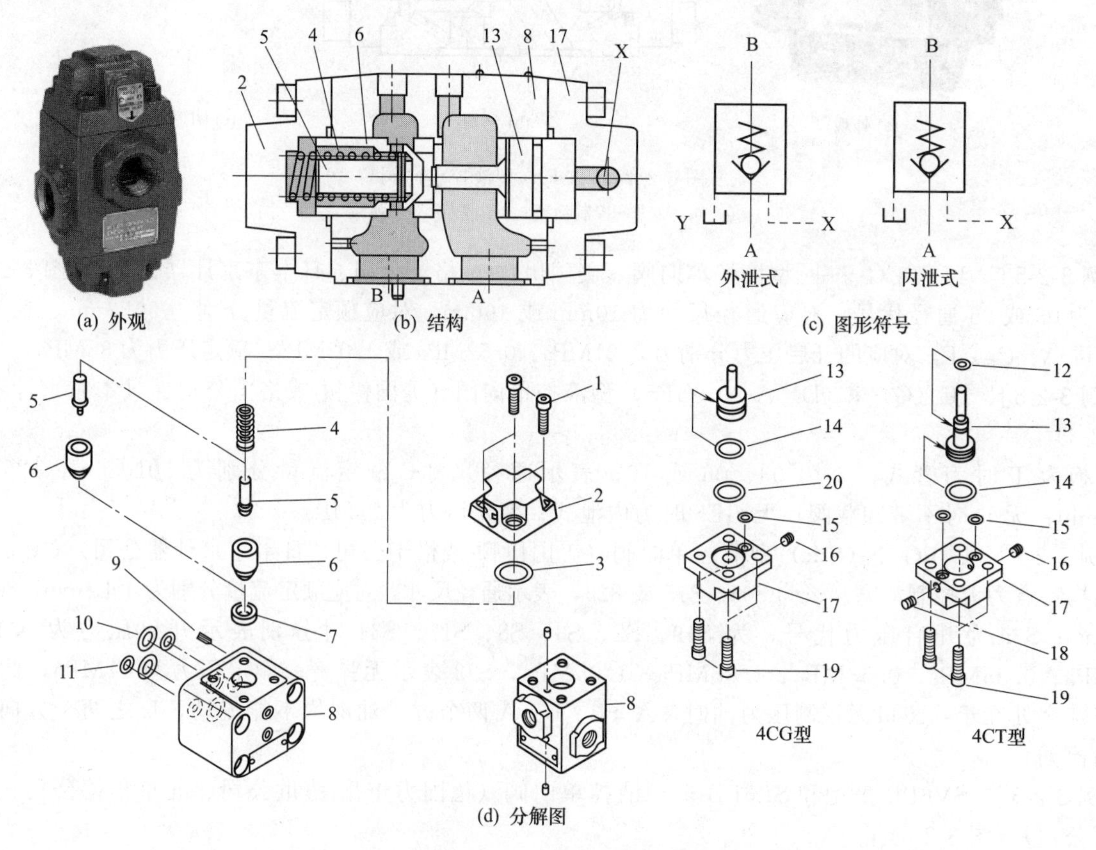

图 3-2-6 4CG-※-(D) A-20-(GE5) 型液控单向阀

1,19—螺钉；2—上盖；3,10～12,14,15,20—O形圈；4—弹簧；5—卸载阀阀芯；6—阀芯；7—阀座；8—阀体；9—定位销；13—控制活塞；16,18—螺塞；17—底盖

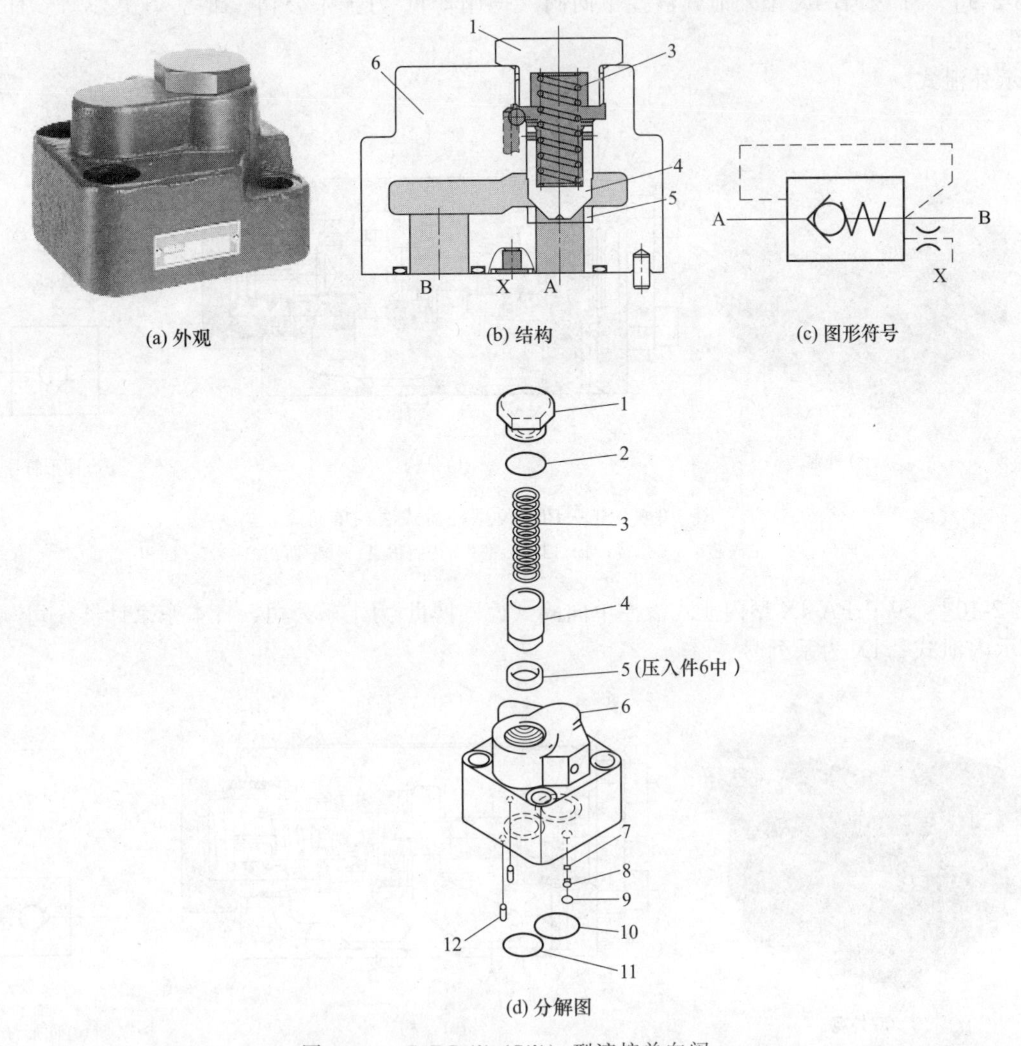

(a) 外观 (b) 结构 (c) 图形符号

(d) 分解图

图 3-2-7 C5PG-※-(S※) 型液控单向阀

1—螺盖；2,9～11—O形圈；3—弹簧；4—阀芯；5—阀座；6—阀体；7—垫；8—阻尼塞；12—定位销

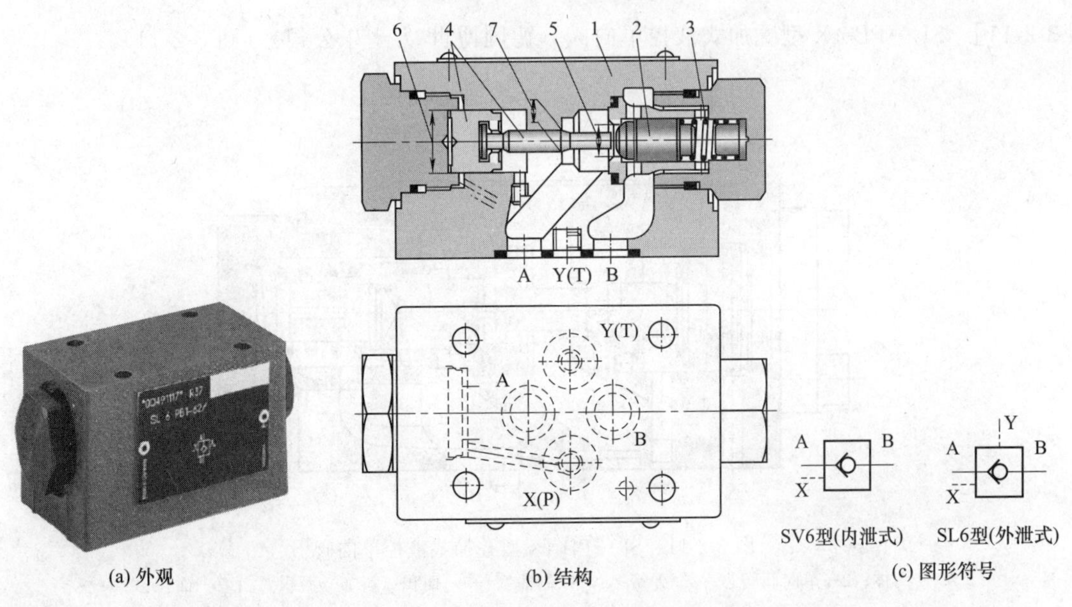

(a) 外观 (b) 结构 (c) 图形符号

图 3-2-8 SV6PB-※型和 SL6PB-※型液控单向阀

1—阀体；2—主阀芯；3—弹簧；4—控制活塞；5—面积 A_1；6—面积 A_3；7—面积 A_4

［例 3-2-9］ SL…PB-4X 型外泄式液控单向阀（德国博世-力士乐公司、北京华德公司、日本东京计器公司）（图 3-2-9）

L 表示外泄式。

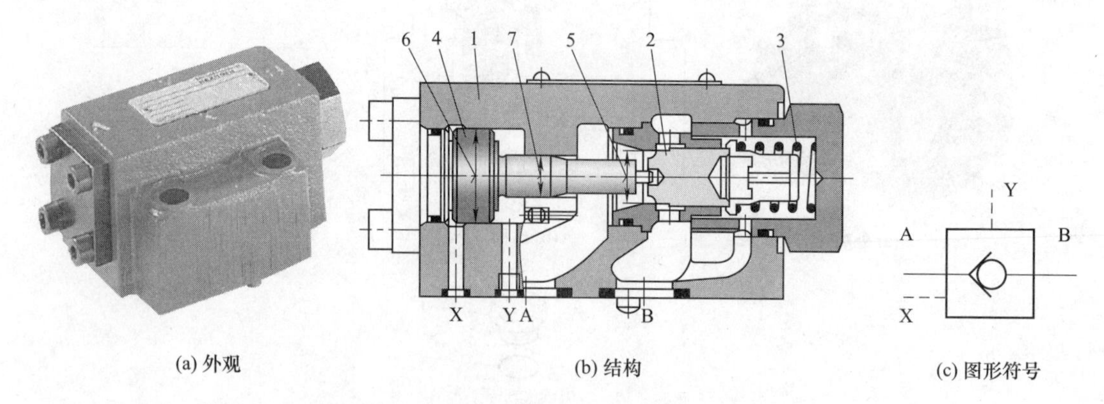

(a) 外观 (b) 结构 (c) 图形符号

图 3-2-9 SL…PB-4X 型外泄式液控单向阀

1—阀体；2—主阀芯；3—弹簧；4—控制活塞；5—面积 A_1；6—面积 A_3；7—面积 A_4

［例 3-2-10］ SV…PA-4X 型内泄式液控单向阀（德国博世-力士乐公司、日本东京计器公司）（图 3-2-10）

V 表示内泄式；4X 为系列号。

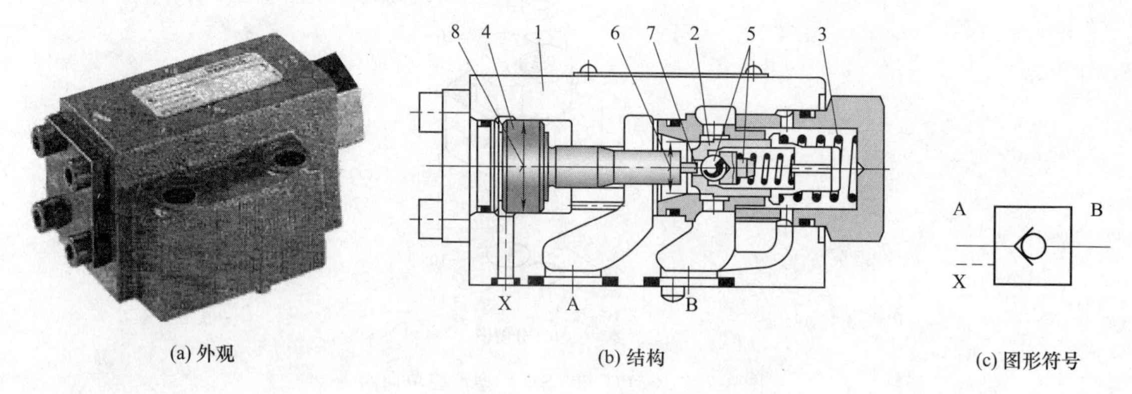

(a) 外观 (b) 结构 (c) 图形符号

图 3-2-10 SV…PA-4X 型内泄式液控单向阀

1—阀体；2—主阀芯；3—弹簧；4—控制活塞；5—卸载阀阀芯；6—面积 A_1；7—面积 A_2；8—面积 A_3

［例 3-2-11］ SL…PB-4X 型叠加式液控单向阀（德国博世-力士乐公司）（图 3-2-11）

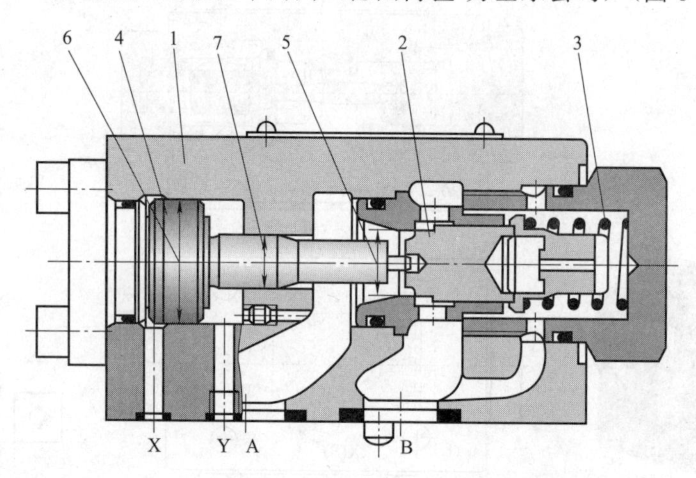

图 3-2-11 SL…PB-4X 型叠加式液控单向阀

1—阀体；2—单向阀阀芯；3—弹簧；4—控制活塞；5—面积 A_1；6—面积 A_3；7—面积 A_4

［例 3-2-12］ SFA 型充液阀（液控单向阀）（德国博世-力士乐公司）（图 3-2-12）

SFA 型充液阀实为液控单向阀，通径为 25～80mm，1X 系列，最大工作压力为 350bar，最大流量（通径 80mm 时）为 1200L/min。

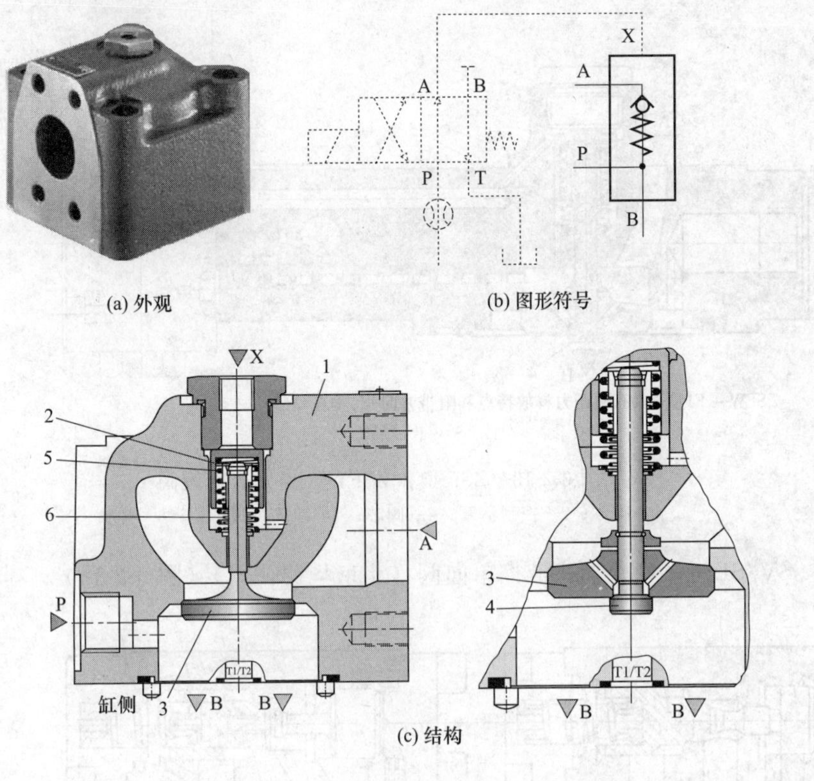

图 3-2-12　SFA 型充液阀（液控单向阀）

1—阀体；2—控制活塞；3—阀芯；4—卸载阀阀芯；5，6—弹簧

［例 3-2-13］　ZSF 型和 ZSFW 型叠加式充液阀（德国博世-力士乐公司）（图 3-2-13）

通径为 32～160mm，1X、2X 系列，工作压力为 350bar。

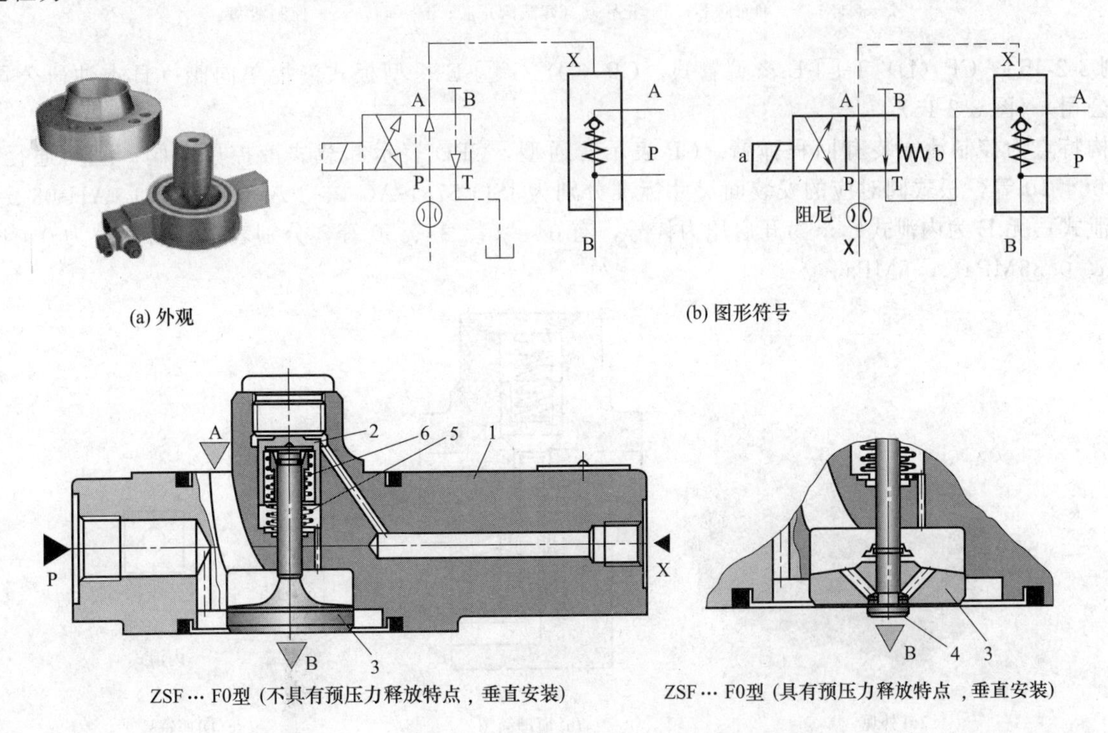

图 3-2-13

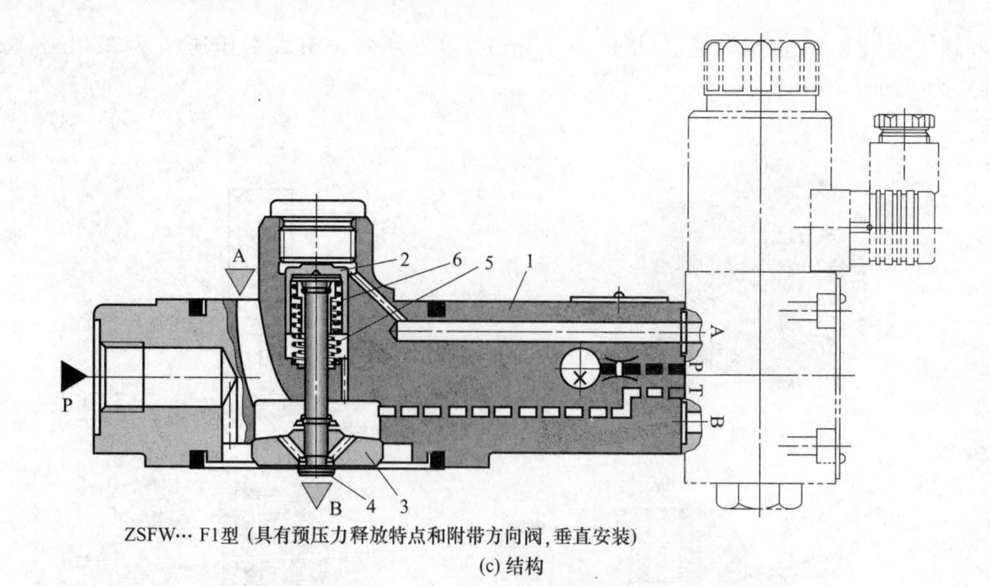

ZSFW… F1型（具有预压力释放特点和附带方向阀，垂直安装）

(c) 结构

图 3-2-13 ZSF 型和 ZSFW 型叠加式充液阀

1—阀体；2—控制活塞；3—阀芯；4—卸载阀阀芯；5,6—弹簧

［例 3-2-14］ SV/SL…※型叠加式液控单向阀（北京华德公司）（图 3-2-14）

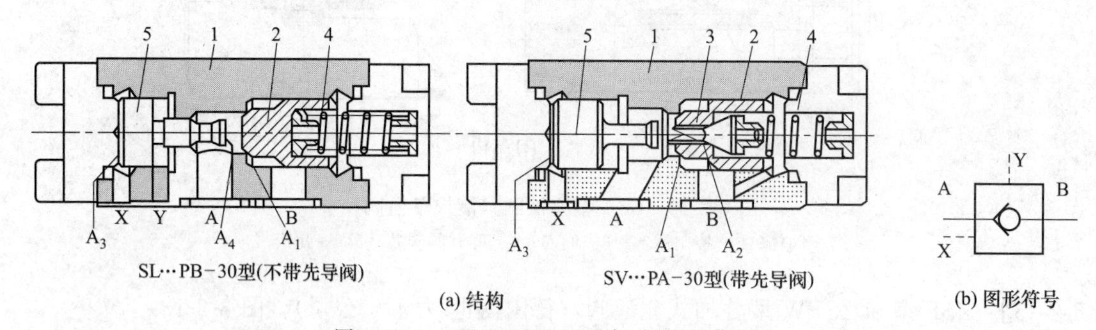

(a) 结构 (b) 图形符号

图 3-2-14 SV/SL…※型叠加式液控单向阀

1—阀体；2—单向阀芯；3—先导阀（卸载阀）芯；4—弹簧；5—控制活塞

［例 3-2-15］ CP（D）T-□-E-※型管式、CP（D）G-□-E-※型板式液控单向阀（日本油研公司、榆次油研公司）（图 3-2-15）

结构特点为控制活塞装有回程弹簧。CP 表示普通型，CPD 表示卸载式液控单向阀；□为通径代号，有 03、06、10 等，板式阀对应的安装面尺寸标准分别为 ISO 5781-AG-06-2-A、ISO 5781 -AH-08-2-A；E 表示外泄式，无 E 为内泄式；※为开启压力代号，有 04、20、35、50 等，分别表示开启压力为 0.04MPa、0.2MPa、0.35MPa、0.5MPa。

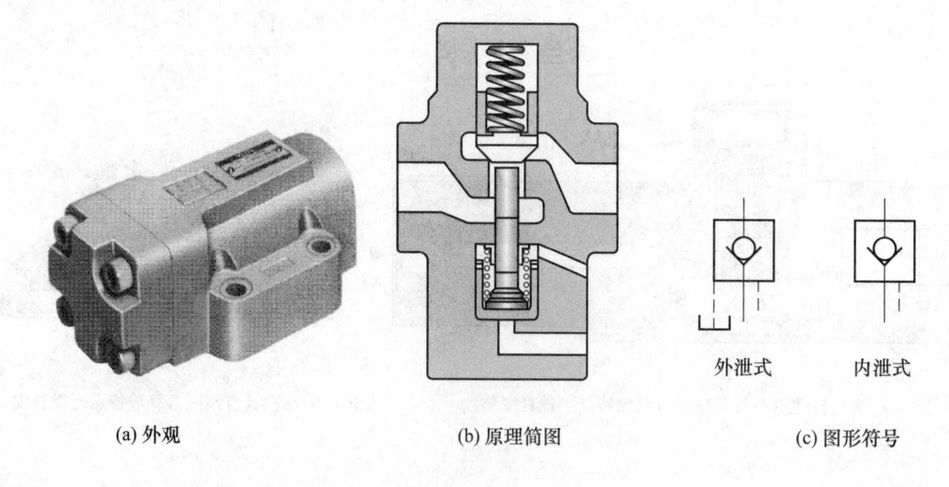

(a) 外观 (b) 原理简图 (c) 图形符号

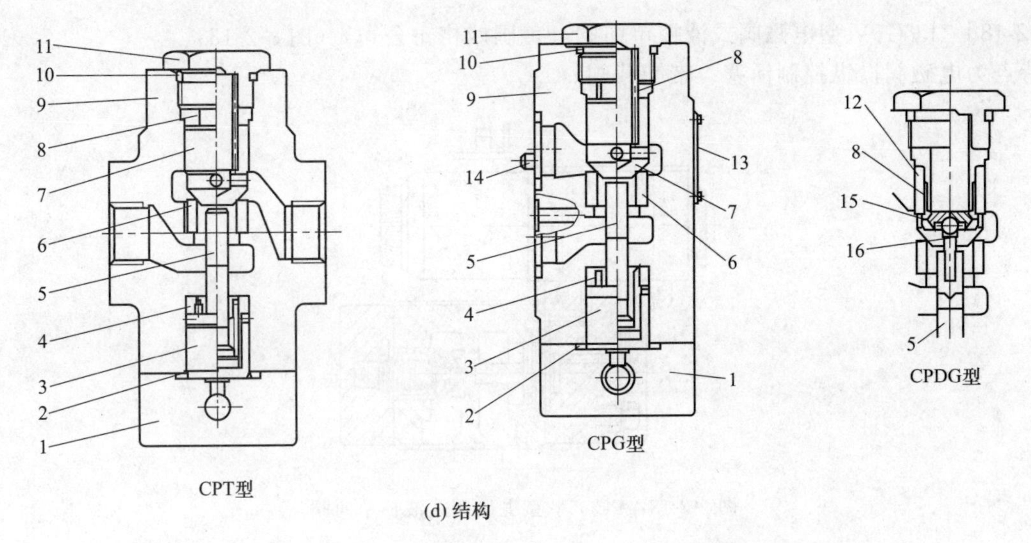

(d) 结构

图 3-2-15　CP（D）T-□-E-※型管式、CP（D）G-□-E-※型板式液控单向阀

1—底盖；2，10，12—O 形圈；3—控制活塞；4—回程弹簧；5—顶杆；6—阀座；7—阀芯；8—弹簧；9—阀体；11—螺塞；13—标牌；14—定位销；15—卸载阀；16—小顶杆

［例 3-2-16］　PIF 型充液阀（日本油研公司）（图 3-2-16）

最大流量为 200～1600L/min；开启压力为 0.011～0.012MPa。

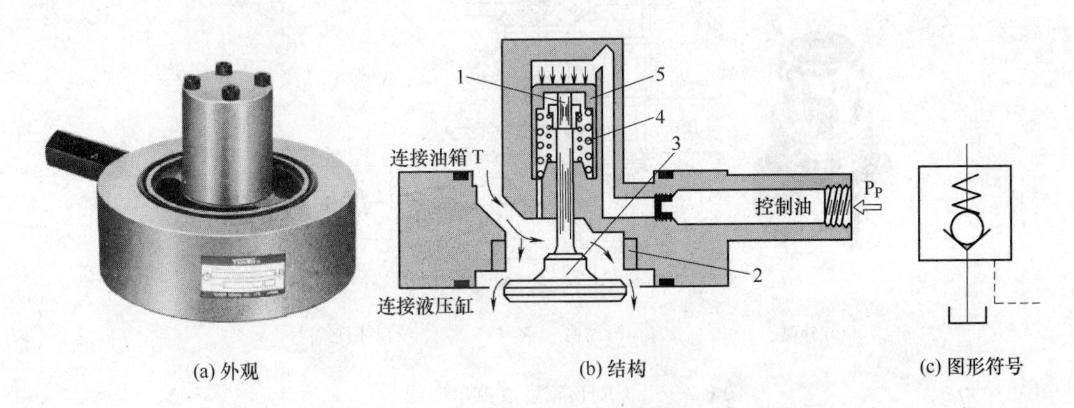

(a) 外观　　(b) 结构　　(c) 图形符号

图 3-2-16　PIF 型充液阀

1—顶杆；2—阀体；3—阀芯；4—弹簧；5—控制活塞

［例 3-2-17］　4CT※型板式与 4CG※型管式液控单向阀（美国威格士公司）（图 3-2-17）

结构特点为带卸载阀。※为公称通径代号，可以是 03、06、10，分别表示通径尺寸为 10mm、20mm、32mm（G3/8″、G3/4″、G1¼″）；额定压力为 21MPa；额定流量为 45～284L/min。

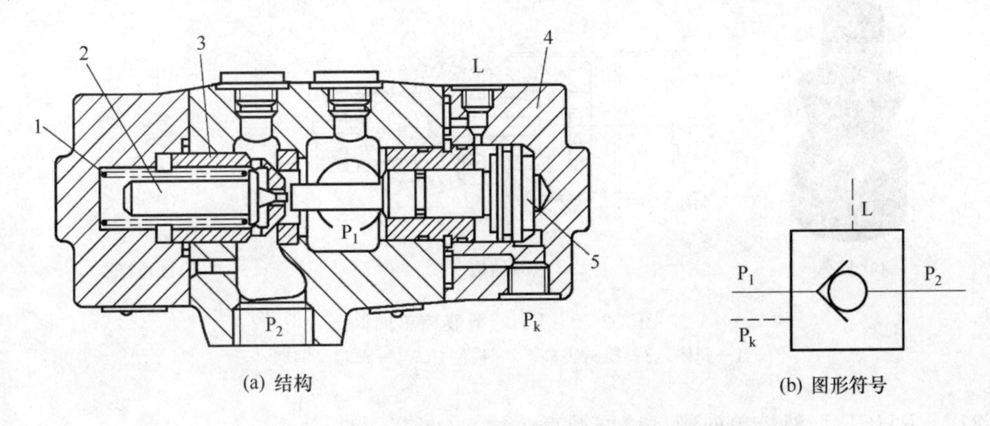

(a) 结构　　(b) 图形符号

图 3-2-17　4CT※型板式与 4CG※型管式液控单向阀

1—弹簧；2—卸载阀芯；3—主单向阀芯；4—底盖；5—控制活塞

[例 3-2-18] PCG5V 型电磁阀式液控单向阀（美国威格士公司）（图 3-2-18）

结构特点为电磁阀操纵控制活塞、带卸载阀。

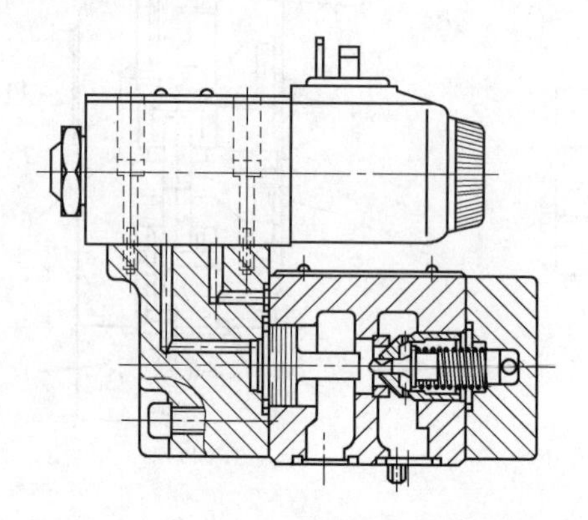

图 3-2-18 PCG5V 型电磁阀式液控单向阀

[例 3-2-19] CRH3V 型液控单向阀（美国派克公司）（图 3-2-19）

额定压力为 50MPa，流量为 55L/min。

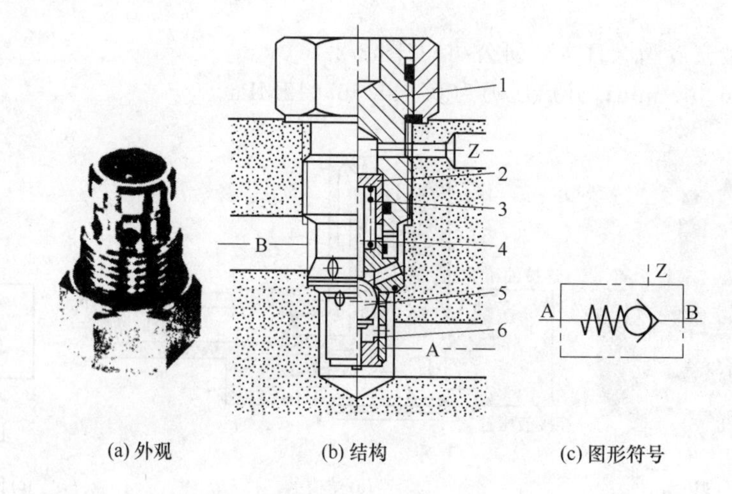

(a) 外观 (b) 结构 (c) 图形符号

图 3-2-19 CRH3V 型液控单向阀

1—阀体；2—控制活塞；3—弹簧；4—控制杆；5—阀芯（钢球）；6—皿形弹簧

[例 3-2-20] RHC 型液控单向阀（美国派克公司）（图 3-2-20）

不带预卸荷阀，控制活塞的换向采取了缓冲措施，以尽可能避免阀芯突然开启和释压的冲击。

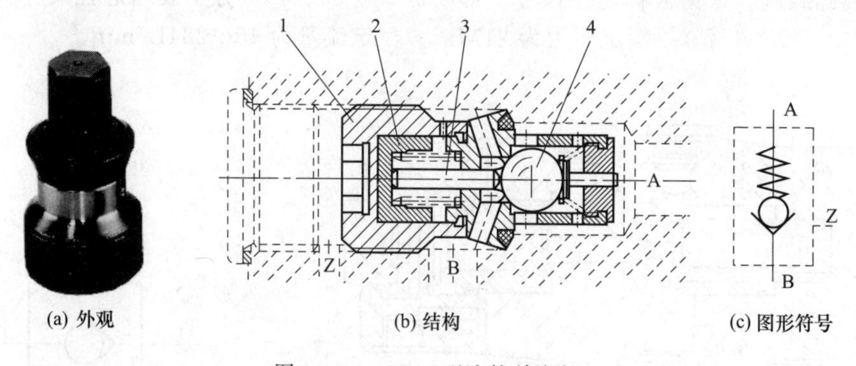

(a) 外观 (b) 结构 (c) 图形符号

图 3-2-20 RHC 型液控单向阀

1—阀体；2—控制活塞；3—控制杆；4—阀芯（钢球）

[例 3-2-21] RHCE 型液控单向阀（美国派克公司）（图 3-2-21）

带预卸荷阀和泄漏油口。

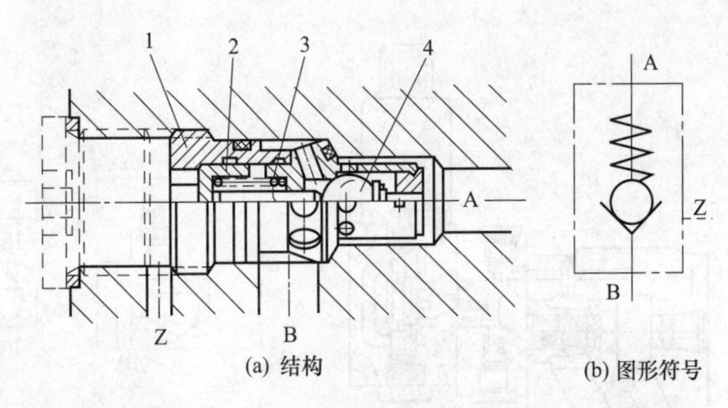

图 3-2-21　RHCE 型液控单向阀

1—阀体；2—控制活塞；3—控制杆；4—阀芯（钢球）

［例 3-2-22］　HRP 型液控单向阀（美国派克公司）（图 3-2-22）

带预卸荷阀和泄漏油口。

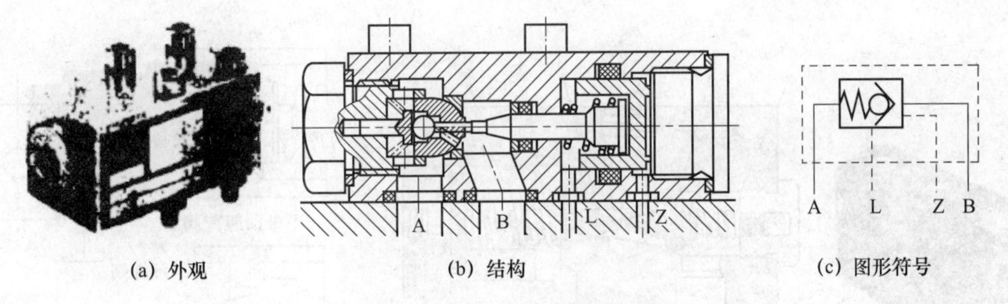

图 3-2-22　HRP 型液控单向阀

A，B—主油路油口；Z—控制油口；L—泄油口（先导阀芯的卸载）

［例 3-2-23］　C4V 型液控单向阀（美国派克公司）（图 3-2-23）

带先导阀。额定压力为 35MPa；额定流量为 120～300L/min；开启压力为 0.1～1.6MPa。

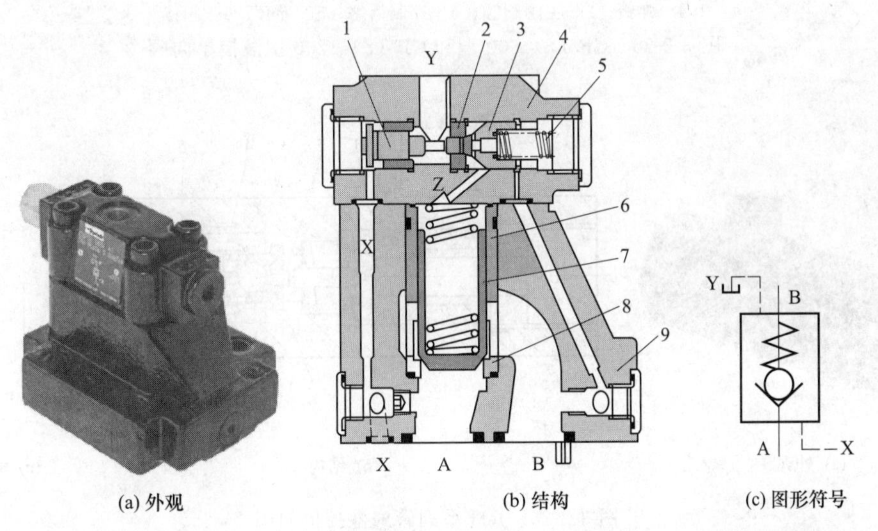

图 3-2-23　C4V 型液控单向阀

1—控制活塞；2—先导阀阀座；3—先导阀阀芯；4—阀盖；5—弹簧；6—主阀阀套；7—主阀阀芯；8—主阀阀座；9—主阀阀体

［例 3-2-24］　SVP 型电液控单向阀（美国派克公司）（图 3-2-24）

［例 3-2-25］　CP（S）600 型和 CP（S）1200 型液控单向阀（美国派克公司）（图 3-2-25）

型号中有 S 时为板式，否则为管式；额定压力为 21MPa；流量分别为 30L/min、95L/min。

［例 3-2-26］　RH 系列管式液控单向阀（美国派克公司）（图 3-2-26）

带预卸荷阀和泄漏油口。额定压力为 70MPa；流量为 15～100L/min。

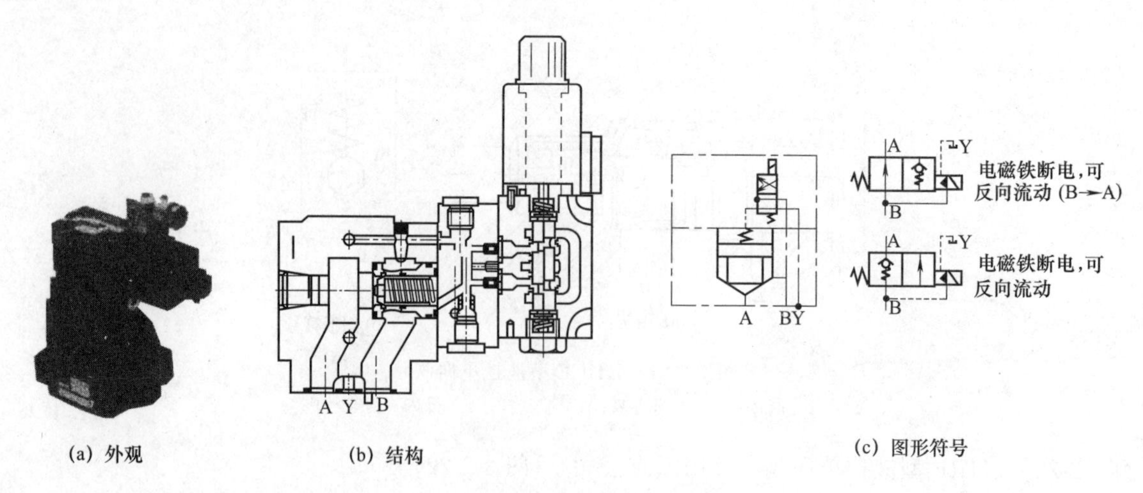

(a) 外观 (b) 结构 (c) 图形符号

图 3-2-24 SVP 型电液控单向阀

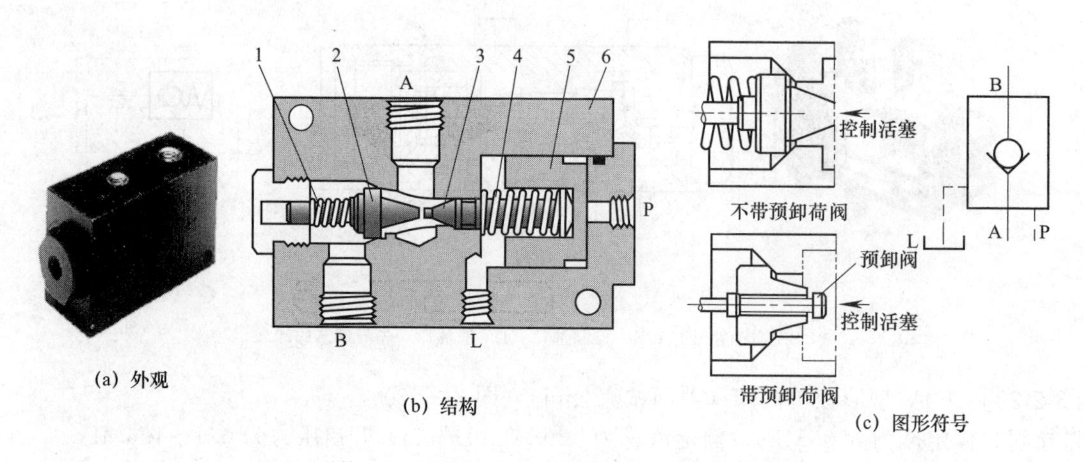

(a) 外观 (b) 结构 (c) 图形符号

1，4—弹簧；2—主阀阀芯；3—控制活塞；5—导套；6—阀体

图 3-2-25 CP（S）600 型和 CP（S）1200 型液控单向阀

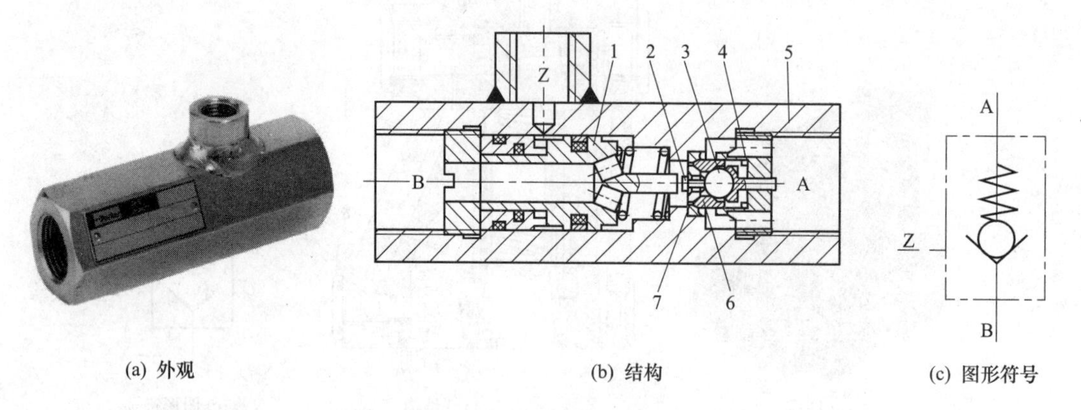

(a) 外观 (b) 结构 (c) 图形符号

图 3-2-26 RH 系列管式液控单向阀

1—控制活塞；2—顶杆；3—预卸荷阀；4—弹簧；5—阀体；6—主阀阀芯；7—阀座

［例 3-2-27］ F 系列充液阀（美国派克公司）（图 3-2-27）

公称尺寸为 25～160mm；额定流量为 100～4000L/min；工作压力为 40MPa，开启压力为 0.11bar 左右。

［例 3-2-28］ JCP-G※※、JCP-F06、JCP-F10 型液控单向阀（日本大京公司）（图 3-2-28）

［例 3-2-29］ HPF 型充液阀（液控单向阀）（日本大京公司）（图 3-2-29）

［例 3-2-30］ ADRL※型管式液控单向阀（意大利阿托斯公司）（图 3-2-30）

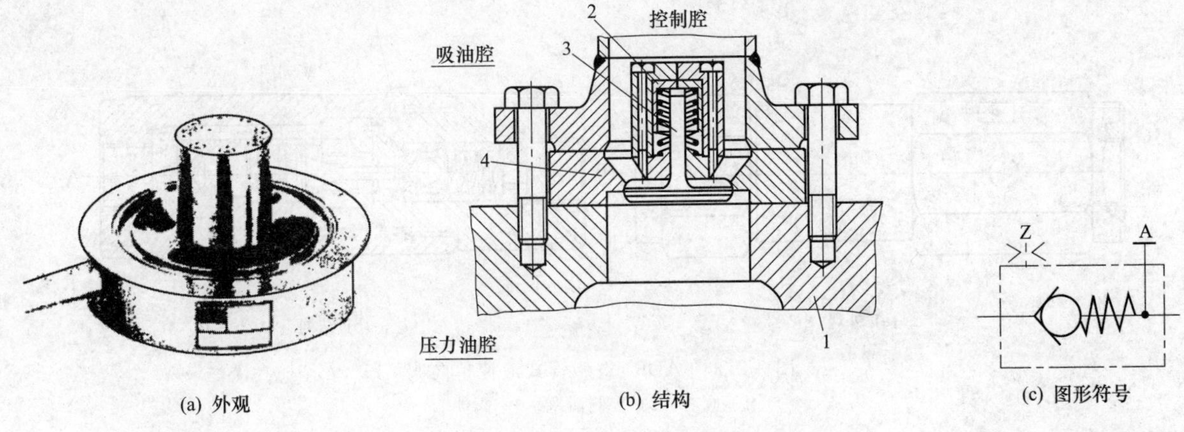

(a) 外观 (b) 结构 (c) 图形符号

图 3-2-27 F 系列充液阀

1—缸体；2—控制活塞；3—阀芯；4—阀座

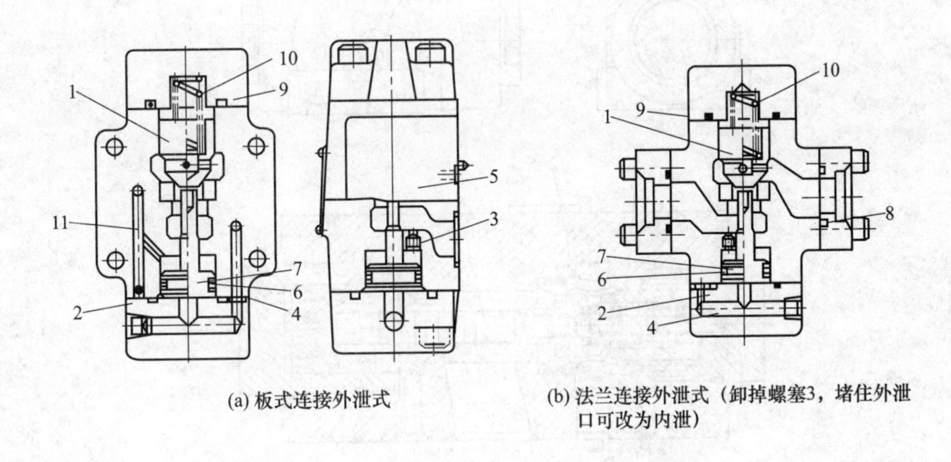

(a) 板式连接外泄式 (b) 法兰连接外泄式（卸掉螺塞3，堵住外泄口可改为内泄）

图 3-2-28 JCP-G※※、JCP-F06、JCP-F10 型液控单向阀

1—单向阀芯；2—底盖；3—螺塞；4—控制油通道；5—阀体；6—密封；7—控制活塞；8—法兰；9—顶盖；10—弹簧；11—外泄口

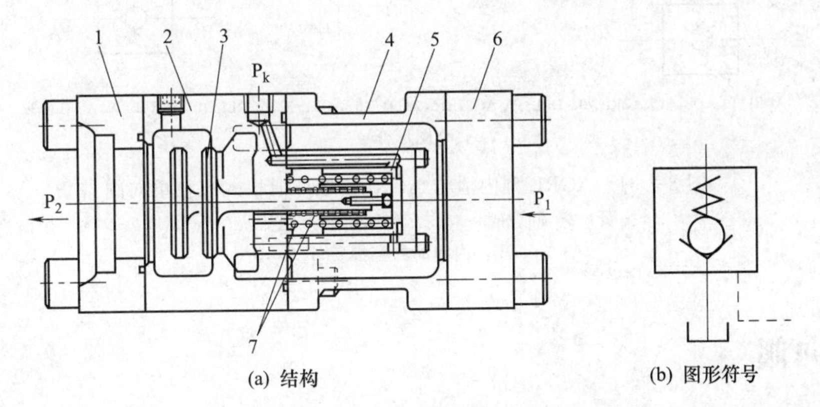

(a) 结构 (b) 图形符号

图 3-2-29 HPF 型充液阀（液控单向阀）

1—左盖；2—左阀体；3—单向阀阀芯；4—右阀体；5—控制活塞；6—右盖；7—弹簧

不带卸载阀。※为 10、15、20、32，分别表示油口尺寸为 G3/8″、G1/2″G3/4″、G1¼″；额定压力分别为 40、35、31.5MPa；额定流量为 30～500L/min。

[例 3-2-31] AGRL 型内泄与 AGRLE 型外泄板式液控单向阀（意大利阿托斯公司）（图 3-2-31）

带卸载阀。外泄板式液控单向阀通径尺寸分别为 10mm、20mm、32mm，安装尺寸分别符合 ISO 578-AG-06-1-A、ISO 5781-AH-08-2-A、ISO 5781-AJ-10-2-A 标准。

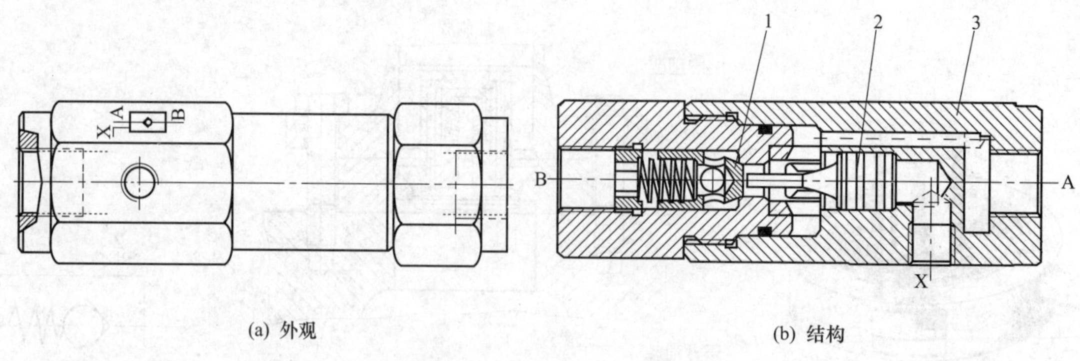

(a) 外观　　(b) 结构

图 3-2-30　ADRL※型管式液控单向阀

1—阀芯；2—控制活塞；3—阀体

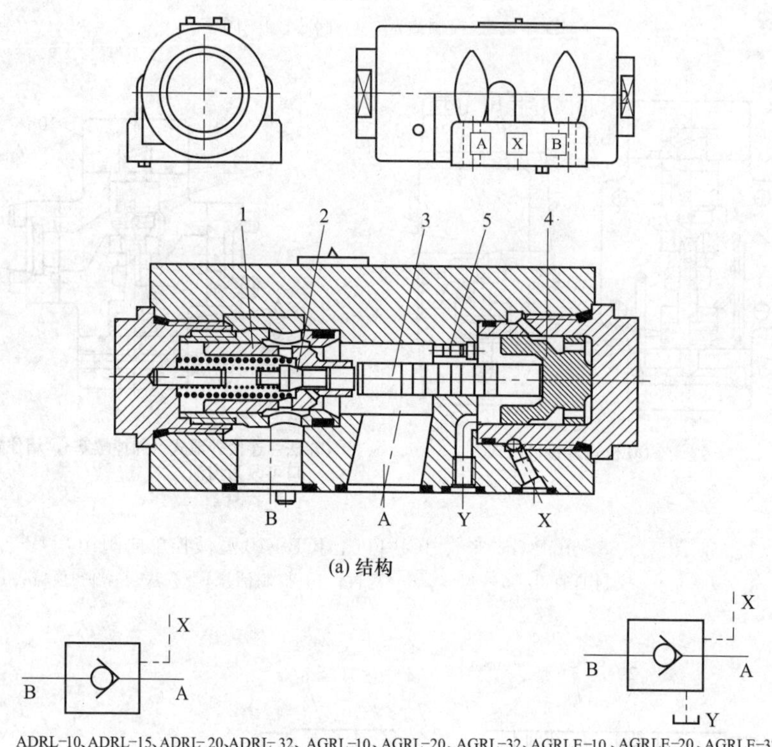

(b) 图形符号

图 3-2-31　AGRL 型内泄与 AGRLE 型外泄板式液控单向阀

1—弹簧；2—卸载阀；3—控制杆；4—控制活塞；5—螺塞

注：内泄时卸掉螺塞 5。

3-3　电磁换向阀

［例 3-3-1］　22D-※B 型板式二位二通交流电磁换向阀（广研型）（图 3-3-1）

中低压，$22D_2$-※B 型为湿式，无 B 时为管式；※为 10、25、63 等，表示流量；额定压力为 6.3MPa。

［例 3-3-2］　22E-※B 型板式二位二通直流电磁换向阀（广研型）（图 3-3-2）

中低压，$22E_2$-※B 型为湿式，无 B 时为管式；※为 10、25、63 等，表示流量；额定压力为 6.3MPa。

［例 3-3-3］　23D-※B 型板式二位三通交流电磁换向阀（广研型）（图 3-3-3）

D 换为 E 时为直流，$23D_2$-※B 型为湿式，无 B 时为管式；※为 10、25、63 等，表示流量；额定压力为 6.3MPa。

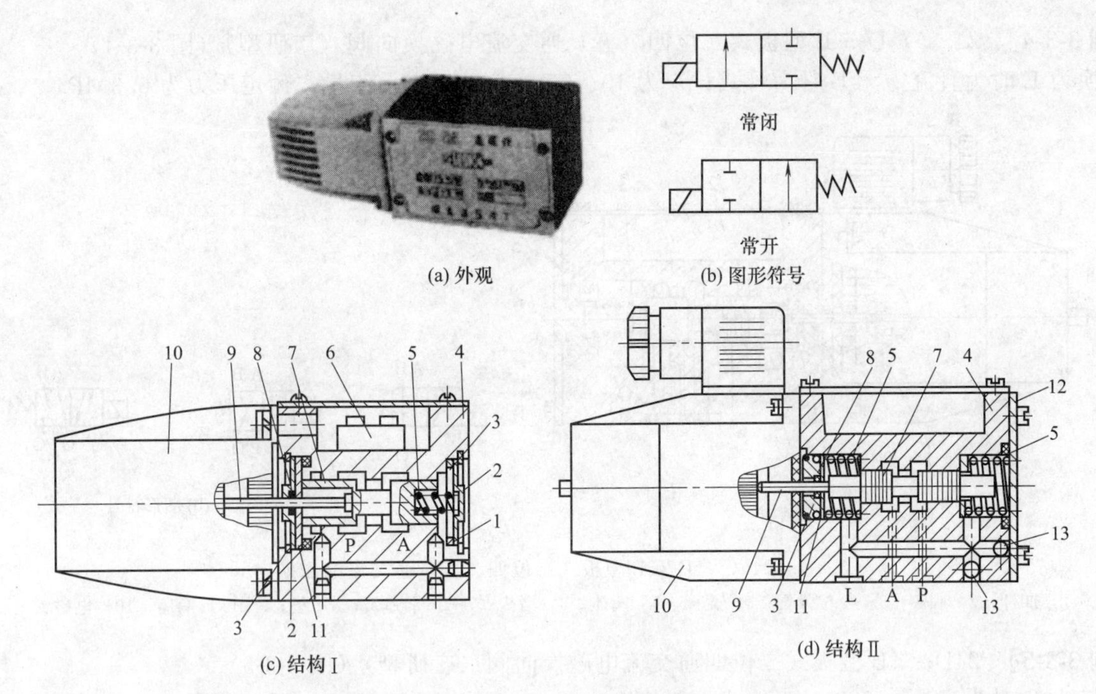

(a) 外观　(b) 图形符号

(c) 结构Ⅰ　(d) 结构Ⅱ

图 3-3-1　22D-※B 型板式二位二通交流电磁换向阀

1,8—O 形圈；2—弹簧座；3—卡簧；4—阀体；5—复位弹簧；6—接线柱；7—阀芯；9—推杆；10—电磁铁；11—挡片；12—盖；13—钢球堵头

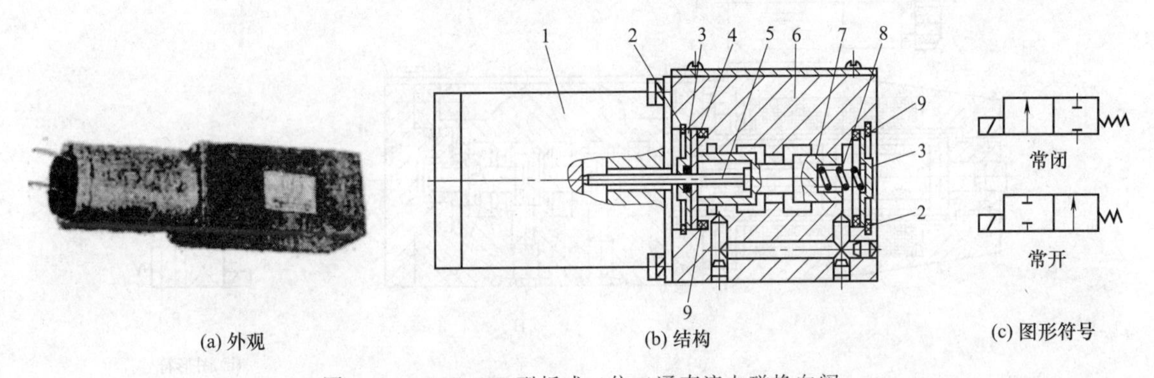

(a) 外观　(b) 结构　(c) 图形符号

图 3-3-2　22E-※B 型板式二位二通直流电磁换向阀

1—电磁铁；2—卡环；3—O 形圈座；4,9—垫；5—推杆；6—阀体；7—阀芯；8—复位弹簧

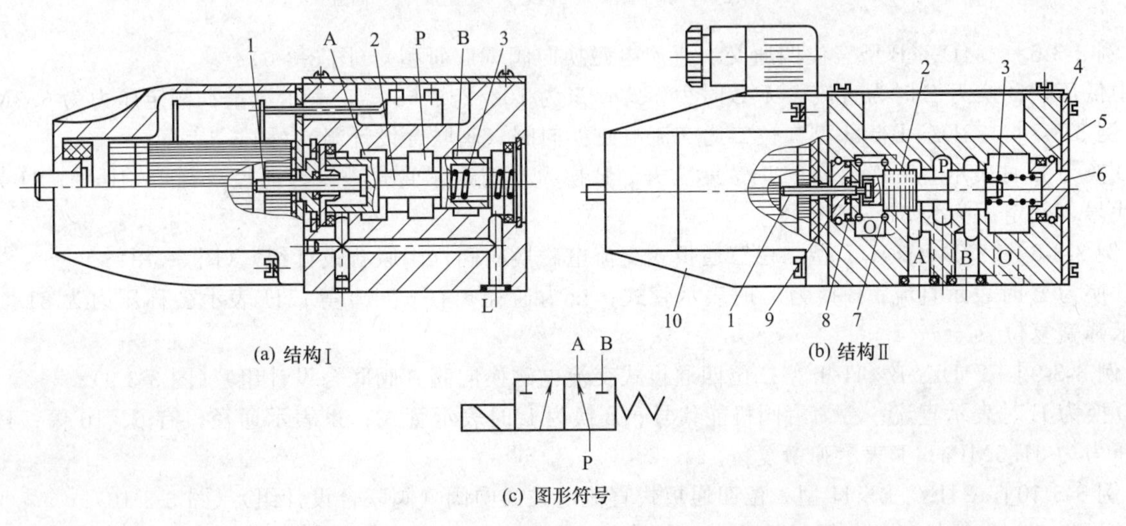

(a) 结构Ⅰ　(b) 结构Ⅱ

(c) 图形符号

图 3-3-3　23D-※B 型板式二位三通交流电磁换向阀

1—推杆；2—阀芯；3—复位弹簧；4—盖板；5—阀体；6—堵头；7—预紧弹簧；8—垫；9—O 形圈座；10—电磁铁

[例 3-3-4] 24（5）D-※B 型板式二位四（五）通交流电磁换向阀（广研型）（图 3-3-4）

D 换为 E 时为直流，无 B 时为管式；※为 10、25、63 等，表示流量；额定压力为 6.3MPa。

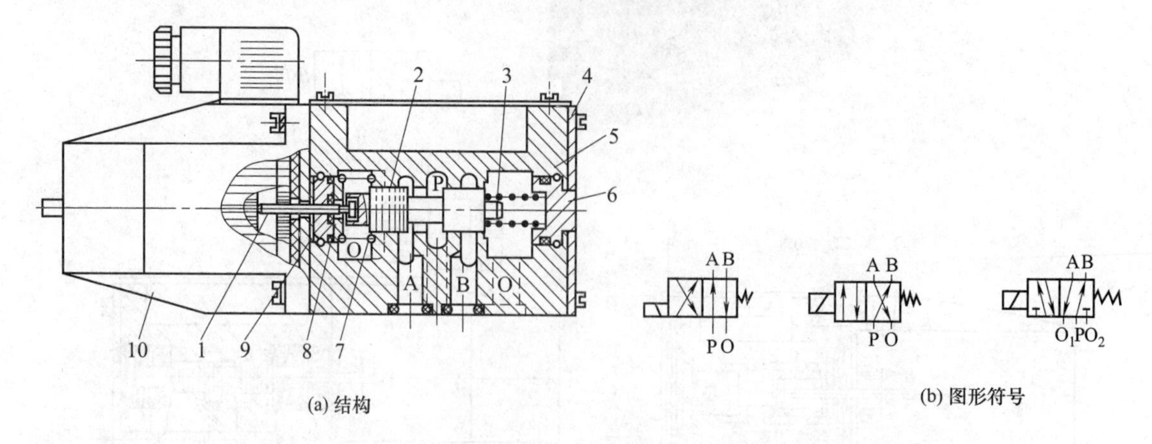

图 3-3-4 24（5）D-※B 型板式二位四（五）通交流电磁换向阀

1—推杆；2—阀芯；3—复位弹簧；4—盖板；5—阀体；6—堵头；7—预紧弹簧；8—垫；9—O 形圈座；10—电磁铁

[例 3-3-5] $24D_2$-※B 型板式二位四通交流电磁换向阀（广研型）（图 3-3-5）

D 换为 E 时为直流，无 B 时为管式；※为 10、25、63 等，表示流量；额定压力为 6.3MPa。

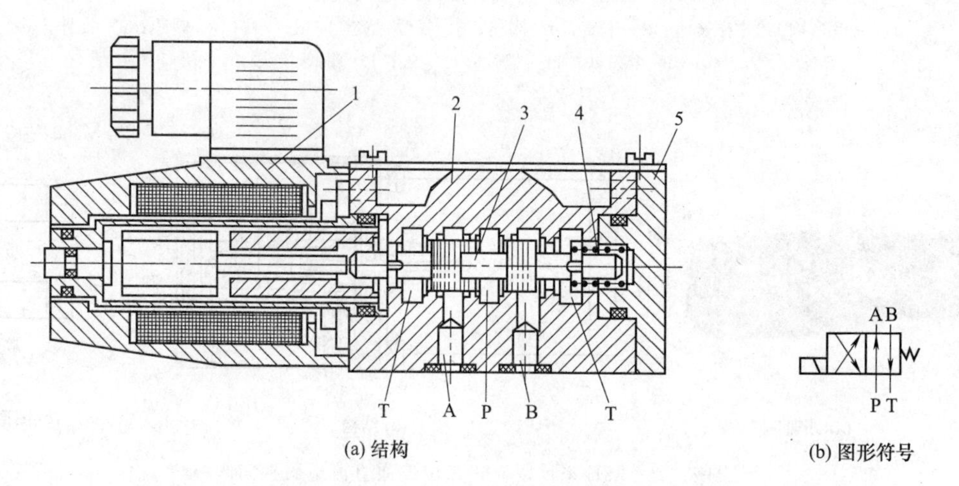

图 3-3-5 $24D_2$-※B 型板式二位四通交流电磁换向阀

1—电磁铁；2—阀体；3—阀芯；4—弹簧；5—阀盖

[例 3-3-6] 34D-※B 型三位四通交、直流电磁换向阀（广研型）（图 3-3-6）

中低压，D 换为 E 时为直流，无 B 时为管式；※为 10、25、63 等，表示流量；额定压力为 6.3MPa。

[例 3-3-7] 22D△-B※H 型二位二通交流电磁换向阀（阀联合设计组）（图 3-3-7）

D 换为 E 时表示直流；△为 H 时表示常开；B 换为 L 时表示管式；※为通径，有 6、10 等；H 为公称压力代号，额定压力为 31.5MPa。

[例 3-3-8] 23D-B※H-T 型二位三通板式交流电磁换向阀（阀联合设计组）（图 3-3-8）

D 换为 E 时表示直流；B 换为 L 时表示管式；※为通径，有 6、10 等；H 表示公称压力为 31.5MPa；T 表示弹簧复位。

[例 3-3-9] 24D△-B※H-T 型二位四通板式交流电磁换向阀（阀联合设计组）（图 3-3-9）

D 换为 E 时表示直流；△为滑阀机能代号；B 换为 L 时表示管式；※表示通径，有 6、10 等；H 表示公称压力为 31.5MPa；T 表示弹簧复位。

[例 3-3-10] 24E△-B※H 型二位四通板式直流电磁换向阀（阀联合设计组）（图 3-3-10）

结构特点为电磁铁复位，无弹簧型。E 换为 E_2 时表示湿式；△为滑阀机能代号；B 换为 L 时表示管式；※表通径，有 6、10 等；H 表示公称压力为 31.5MPa。

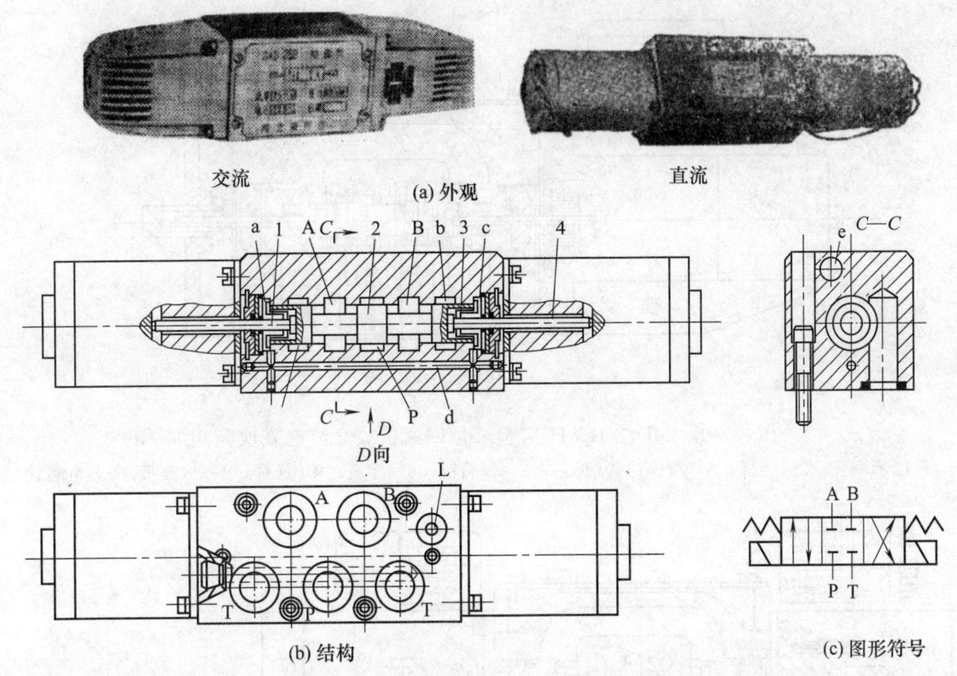

图 3-3-6　34D-※B 型三位四通交、直流电磁换向阀

1,4—推杆；2—阀芯；3—阀套

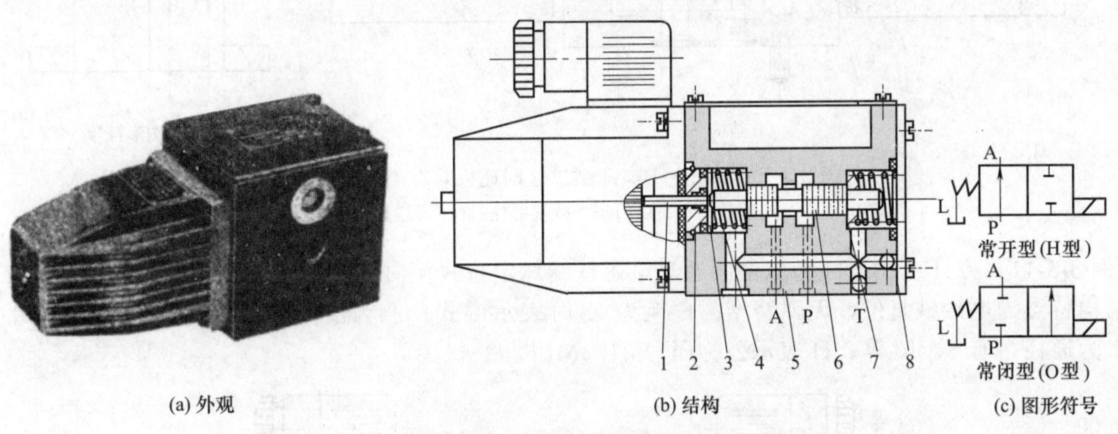

图 3-3-7　22D△-B※H 型二位二通交流电磁换向阀

1—推杆；2—O 形圈座；3—挡片；4—弹簧；5—阀体；6—阀芯；7—弹簧座；8—盖板

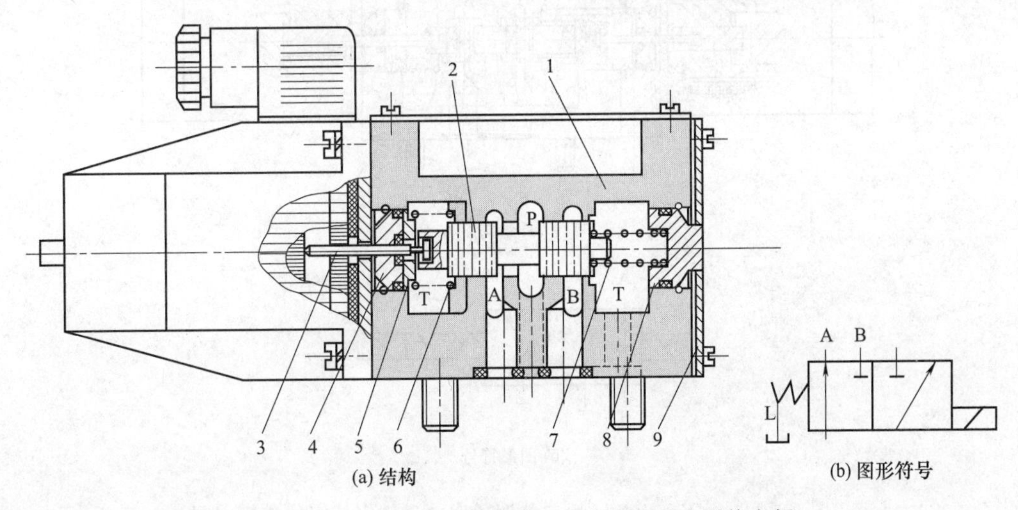

图 3-3-8　23D-B※H-T 型二位三通板式交流电磁换向阀

1—阀体；2—阀芯；3—推杆；4—O 形圈座；5—弹簧座；6—支承弹簧；7—复位弹簧；8—堵头；9—盖板

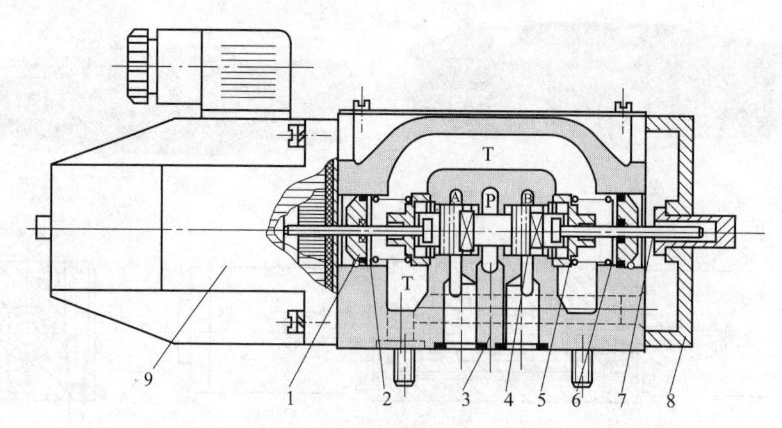

图 3-3-9 24D△-B※H-T 型二位四通板式交流电磁换向阀

1—O 形圈座；2—挡板；3—阀体；4—阀芯；5—弹簧座；6—弹簧；7—推杆；8—后盖板；9—电磁铁

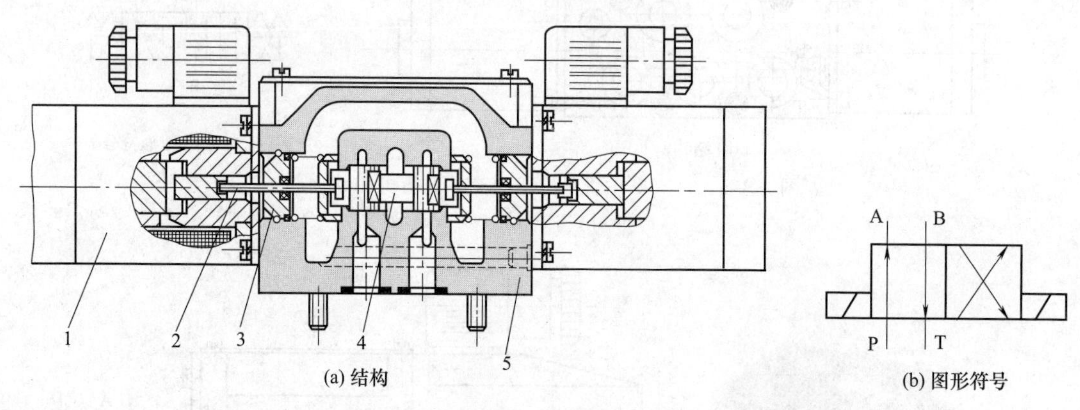

图 3-3-10 24E△-B※H 型二位四通板式直流电磁换向阀

1—电磁铁；2—推杆；3—O 形圈座；4—阀芯；5—阀体

［例 3-3-11］ 24E△-B※H 型二位四通双电磁铁钢球定位式换向阀（阀联合设计组）（图 3-3-11）

结构特点为电磁铁复位，无弹簧型。E 换为 E_2 时表示湿式；△为滑阀机能代号；B 换为 L 时表示管式；※为通径，有 6、10 等；H 表示公称压力 31.5MPa。

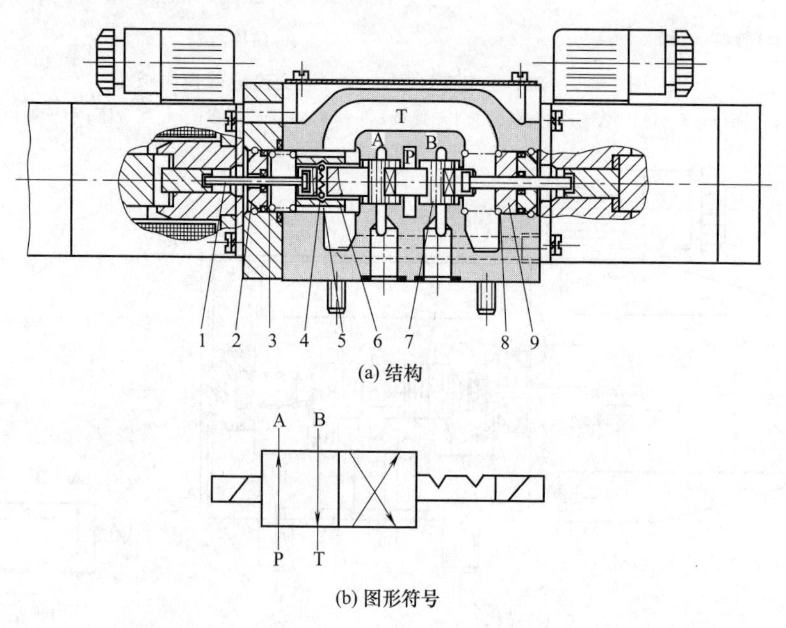

图 3-3-11 24E△-B※H 型二位四通双电磁铁钢球定位式换向阀

1—推杆；2—O 形圈座；3—挡板；4—定位弹簧；5—定位钢球；6—定位套；7—阀芯；8—弹簧；9—弹簧座

［例 3-3-12］ 34D△-B（L）※H-T 型三位四通弹簧对中型交流电磁换向阀（阀联合设计组）（图 3-3-12）

D 换为 E 时为直流；△为滑阀机能代号；B 表示板式；L 表示管式；※表示通径，有 6、10 等；H 为压力等级（31.5MPa）；T 表示弹簧复位。

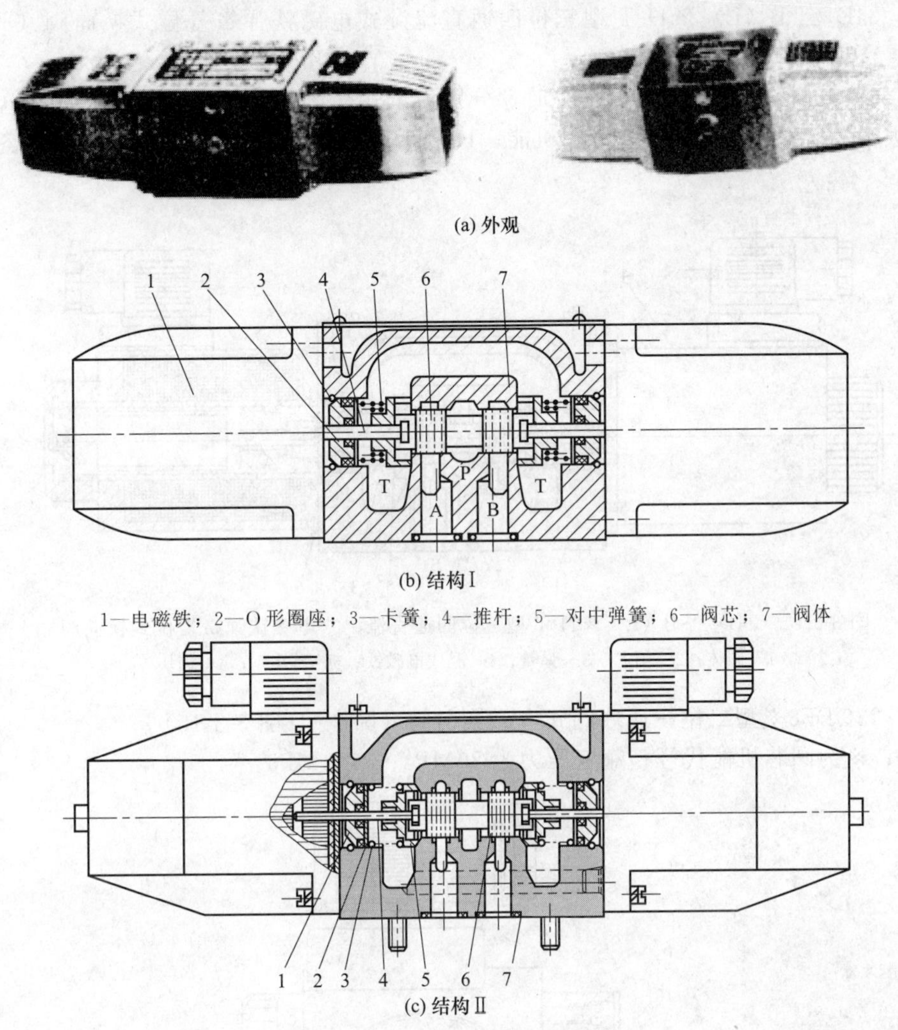

1—O 形圈座；2—挡板；3—对中弹簧；4—推杆；5—弹簧座；6—阀芯；7—阀体

图 3-3-12 34D△-B（L）※H-T 型三位四通弹簧对中型交流电磁换向阀

［例 3-3-13］ $24D_2$△-B（L）※H-T 型二位四通交流湿式电磁铁弹簧复位式换向阀（阀联合设计组）（图 3-3-13）

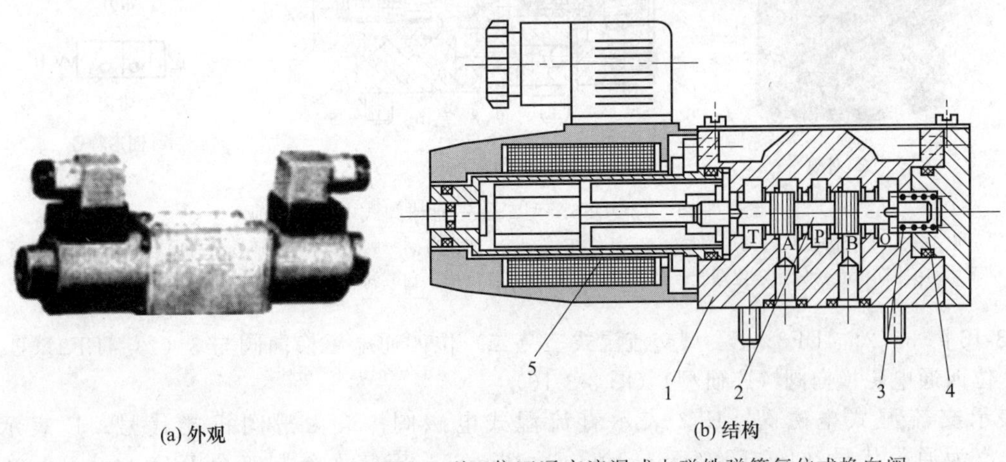

图 3-3-13 $24D_2$△-B（L）※H-T 型二位四通交流湿式电磁铁弹簧复位式换向阀

1—阀体；2—阀芯；3—弹簧；4—后盖；5—湿式电磁铁

D_2 表示湿式交流电磁铁，改为 D、E、E_2 时，分别为干式交流、干式直流、湿式直流电磁铁；△为阀的通径；B 表示板式，L 表示管式；※为滑阀机能；H 表示压力等级（32MPa）；T 表示弹簧复位；安装尺寸符合国际标准。

[例 3-3-14] 34D_2△-B（L）※H-T 型三位四通直流湿式电磁铁弹簧复位式换向阀（阀联合设计组）（图 3-3-14）

D_2 表示湿式交流电磁铁，改为 D、E、E_2 时，分别为干式交流、干式直流、湿式直流电磁铁；△为阀的通径；B 表示板式，L 表示管式；※为滑阀机能；H 表示压力等级（32MPa）；T 表示弹簧复位；安装尺寸符合国际标准。

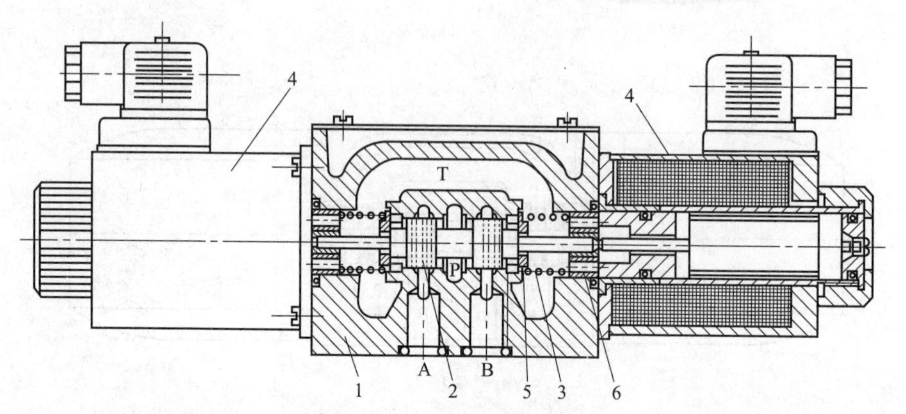

图 3-3-14 34D_2△-B（L）※H-T 型三位四通直流湿式电磁铁弹簧复位式换向阀

1—阀体；2—阀芯；3—弹簧；4—湿式电磁铁；5—弹簧座；6—挡块

[例 3-3-15] 23QDF6※型二位三通球阀式电磁换向阀（国产）（图 3-3-15）

通径为 6mm；※为阀芯机能代号；额定压力为 20MPa、31.5MPa。

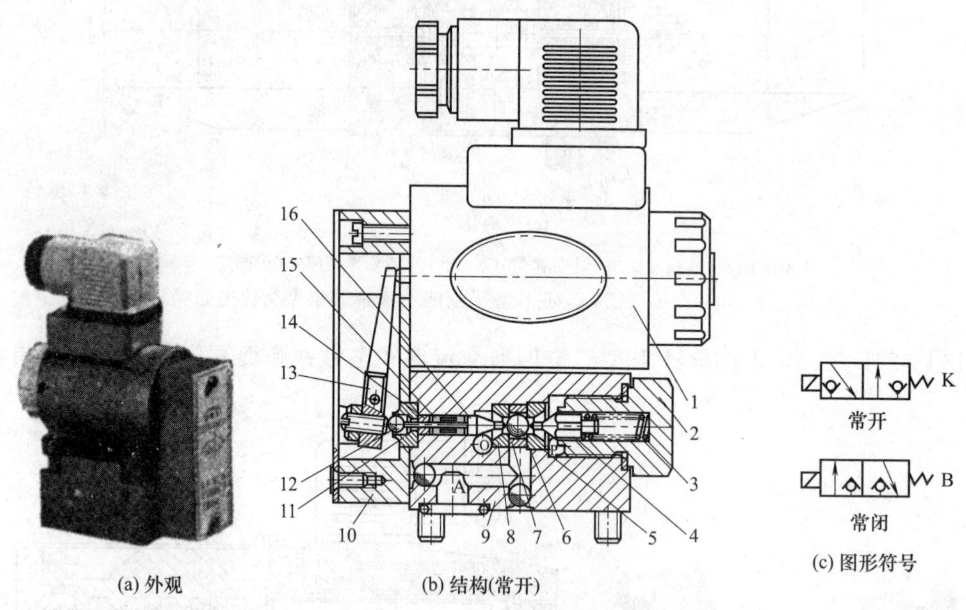

(a) 外观 (b) 结构(常开) (c) 图形符号

图 3-3-15 23QDF6※型二位三通球阀式电磁换向阀

1—电磁铁；2—导向螺母；3—弹簧；4—复位杆；5—P 口阀座；6—阀芯；7—隔环；8—O 口阀座；9—阀体；10—杠杆盒；11—定位球套；12—钢球；13—杠杆机构；14—衬套；15—Y 形密封圈；16—推杆

[例 3-3-16] 3（2）4DF3※E△型交流湿式三（二）位四通电磁换向阀与 3（2）4EF3※E△型直流湿式三（二）位四通电磁换向阀（广研型）（图 3-3-16）

DF3 表示交流湿式电磁阀，EF3 表示直流湿式电磁阀；※为滑阀机能代号；E 表示压力等级（16MPa）；△为通径代号（4mm、6mm、10mm、16mm）；安装面分别符合 ISO 4401-AA-02-4-A、ISO 4401-AB-03-4-A、ISO 4401-AC-05-4-A、ISO 4401-AD-07-4-A 标准。

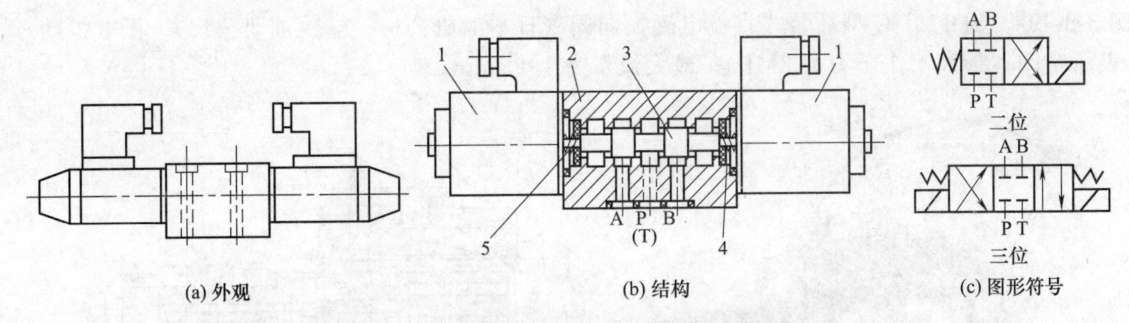

图 3-3-16 3（2）4DF3※E△型交流湿式三（二）位四通电磁换向阀与 3（2）4EF3※E△型直流湿式三（二）位四通电磁换向阀

1—电磁铁；2—阀体；3—阀芯；4—推杆；5—对中弹簧

［例 3-3-17］ 3（2）4E※□-F6B 型三（二）位四通湿式直流电磁换向阀阀（大连型）（图 3-3-17）

E 表示湿式直流；※为滑阀机能代号；□为结构代号，1 为机加工通道，否则为铸造通道；F 表示公称压力为 20MPa；6 为公称通径；B 表示板式；连接尺寸符合 ISO 4401-AB-03-4-A 标准。

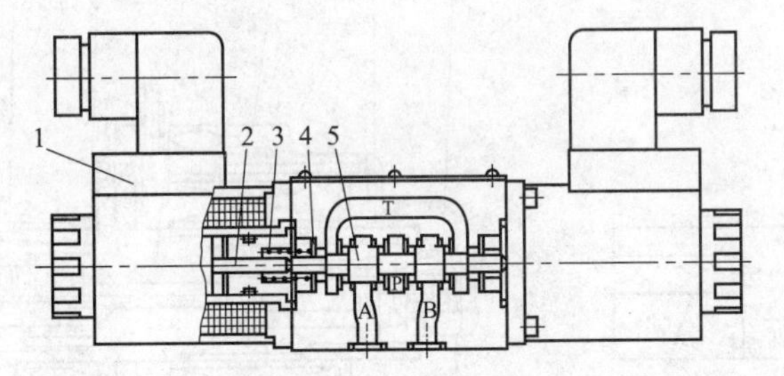

图 3-3-17 3（2）4E※□-F6B 型三（二）位四通湿式直流电磁换向阀

1—电磁铁；2—推杆；3—复位对中弹簧；4—垫；5—阀芯

［例 3-3-18］ 3（2）4E※□-F10B-◇■型三（二）位四通湿式电磁换向阀（大连型）（图 3-3-18）

E 表湿式直流，E 换为 D 时表示湿式交流；※为滑阀机能代号；□为结构代号，1 为机加工通道，否则为铸造通道；F 表示公称压力为 20MPa；10 为公称通径；B 表示板式；◇为 Z 者表示阀芯运动备有直接阻尼；■为阻尼孔尺寸；连接尺寸符合 ISO 4401-AC-05-4-A 标准。

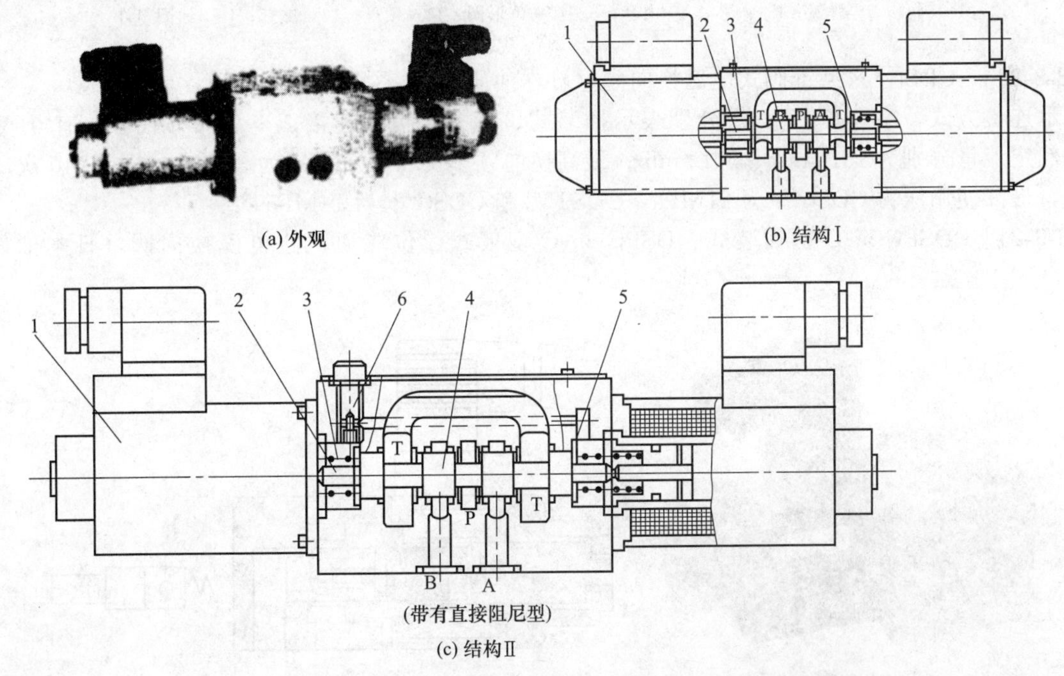

图 3-3-18 3（2）4E※□-F10B-◇■型三（二）位四通湿式电磁换向阀

1—电磁铁；2—推杆；3—复位对中弹簧；4—阀芯；5—垫；6—阻尼

［例 3-3-19］ SD1231-C 型插装式直流电磁换向阀（日本油研公司、榆次油研公司）（图 3-3-19）

C 表示常闭；最高工作压力为 2MPa；最大流量为 10L/min。

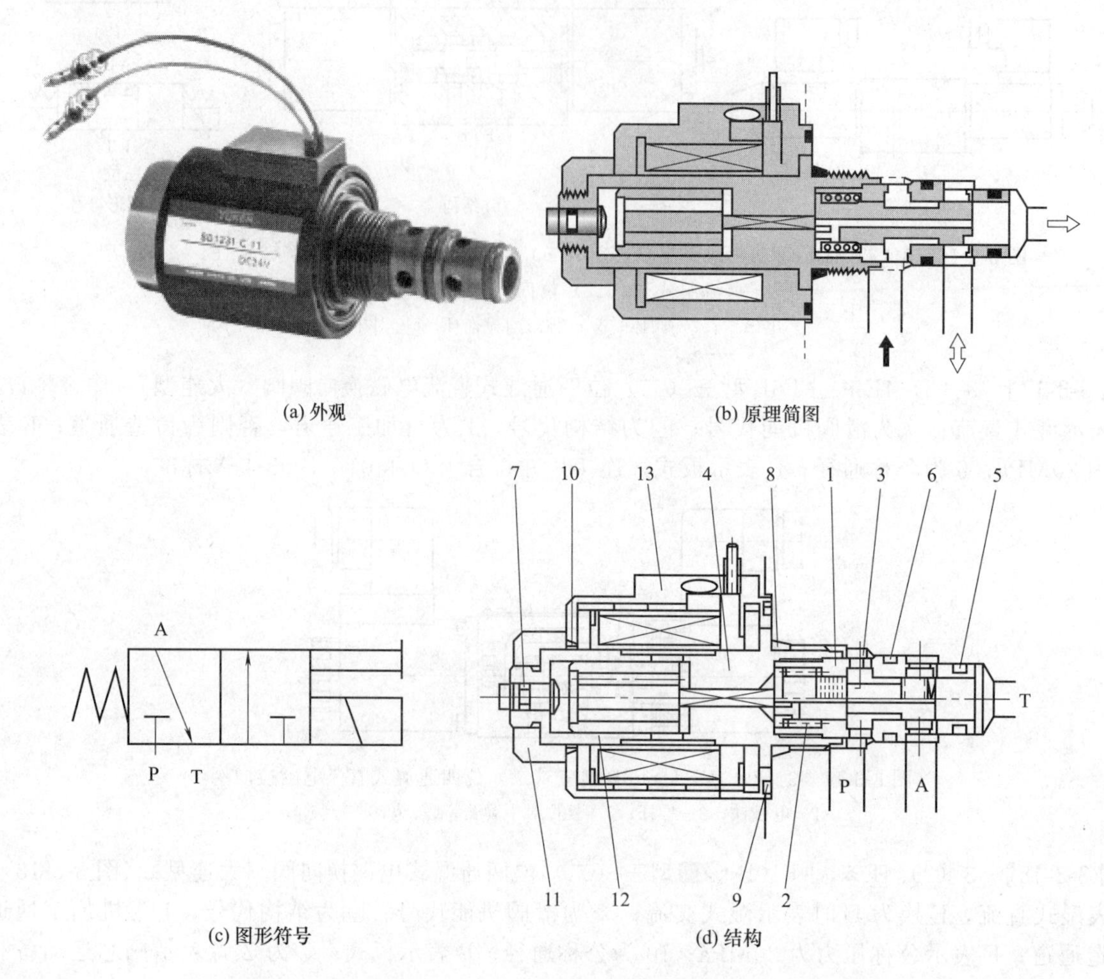

(a) 外观 (b) 原理简图

(c) 图形符号 (d) 结构

图 3-3-19 SD1231-C 型插装式直流电磁换向阀

1—阀套；2—弹簧；3—阀芯；4—内套；5～10—O 形圈；11—锁母；12—螺套；13—线圈组件

［例 3-3-20］ CDS□-※型锥阀式电磁换向阀（日本油研公司）（图 3-3-20）

□表示连接方式，字母 C、T、G 分别表示插装式、管式、板式连接；※为尺寸代号，有 01 和 03 两种，对应额定流量分别为 15L/min、50L/min；最高换向频率交、直流分别为 300 次/min、240 次/min；C 表示常闭，最高使用压力 CDSC 型为 21MPa，CDST 型和 CDSG 型为 14MPa。

［例 3-3-21］ DSPC-※-C 型插装式、DSPG-※-C 型板式二位二通截止电磁换向阀（日本油研公司）（图 3-3-21）

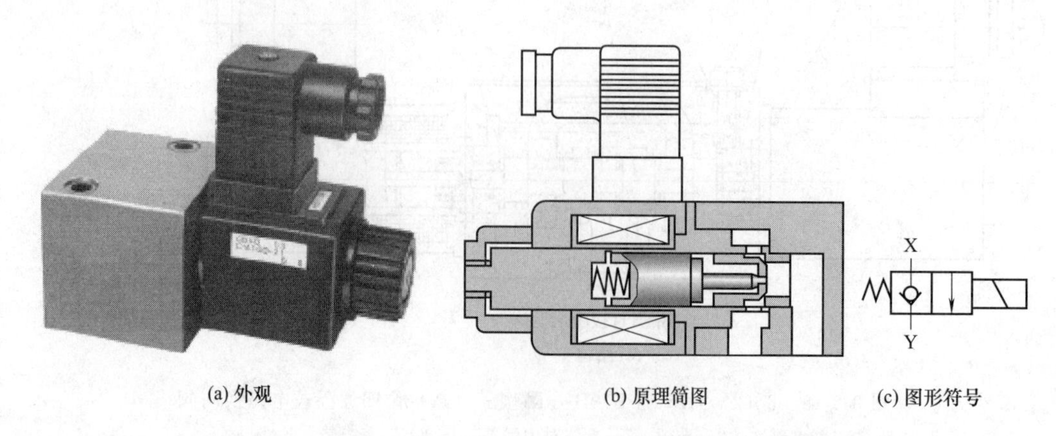

(a) 外观 (b) 原理简图 (c) 图形符号

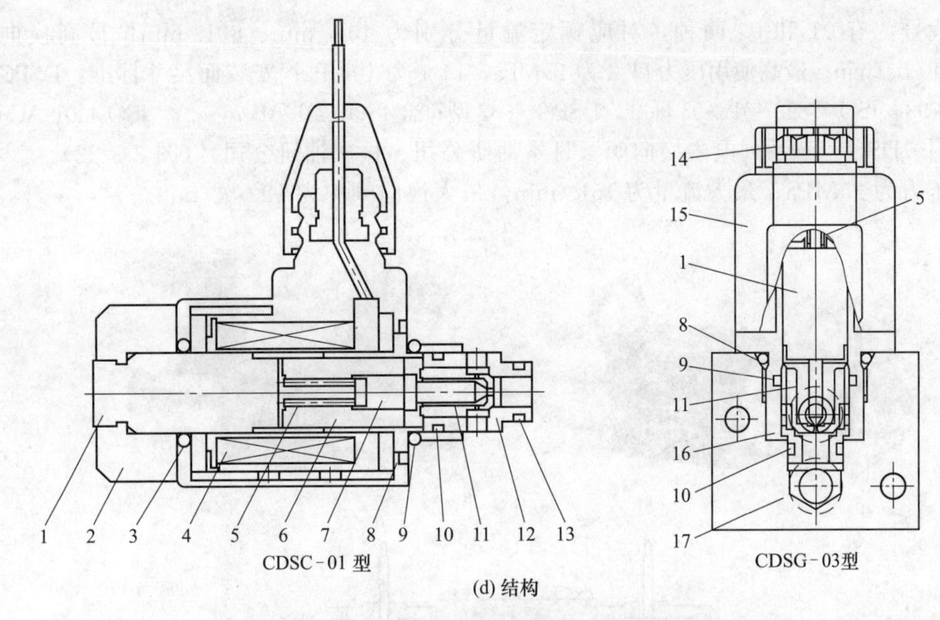

(d) 结构

图 3-3-20 CDS□-※型锥阀式电磁换向阀

1—铁芯；2—盖；3,8～10,13—O形圈；4—线圈；5—弹簧；6—可动铁芯；7—推杆；11—锥阀芯；12—阀座；14—锁母；15—罩壳；16—阀套；17—油口

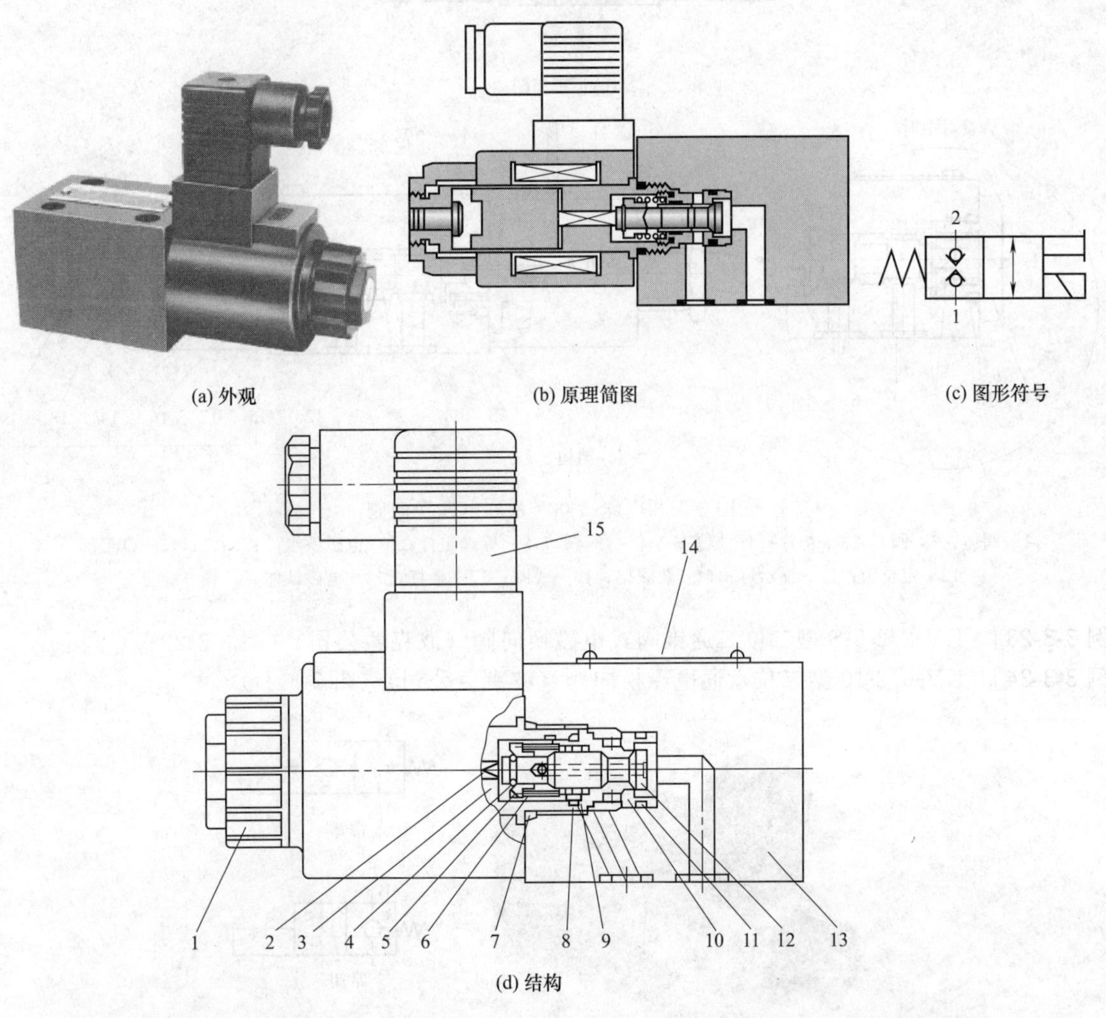

(a) 外观 (b) 原理简图 (c) 图形符号

(d) 结构

图 3-3-21 DSPC-※-C型插装式、DSPG-※-C型板式二位二通截止电磁换向阀

1—锁母；2—推杆；3—螺套；4—卡簧；5—弹簧座；6—弹簧；7,8,9,11—O形圈；10—阀套（阀座）；12—阀芯；13—阀体；14—标牌；15—接线插座

※为尺寸代号，有 01 和 03 两种，对应额定流量分别为 40L/min、80L/min；最高换向频率分别为 300 次/min、240 次/min；最高使用压力口 2 为 25MPa，口 1 为 10MPa；安装面尺寸标准：DSPC-※-C 型符合 ISO 778920-01-0-93、ISO 778927-01-0-93 标准，DSPG-※-C 型符合 ISO 4401-AB-03-4-A、ISO 4401-AC-05-4-A 标准。

［例 3-3-22］ DSG-005 系列电磁换向阀（日本油研公司、榆次油研公司）（图 3-3-22）

最高工作压力为 25MPa；最大流量为 15L/min，最大换向频率为 120 次/min。

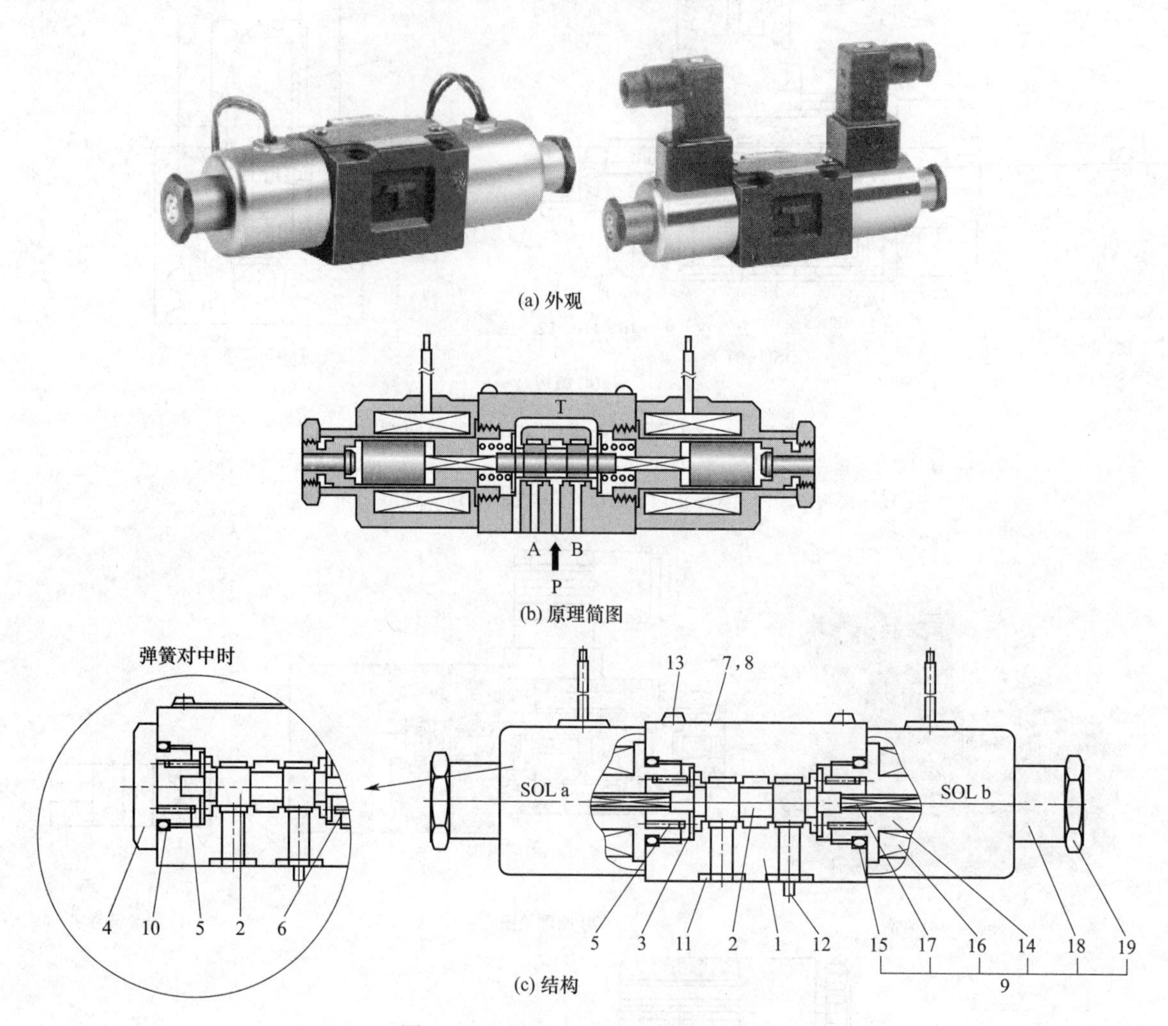

图 3-3-22 DSG-005 系列电磁换向阀

1—阀体；2—阀芯；3—垫片；4—螺塞；5,6—弹簧；7,8—标牌组件；9—电磁铁组件；10,11,15—O 形圈；12—定位销；13—显示灯；14—线圈架；16—线圈；17—推杆；18—电磁铁体壳；19—螺母

［例 3-3-23］ KV-2/2-6-S 型二位二通锥阀式电磁换向阀（波克兰公司）（图 3-3-23）

［例 3-3-24］ KV-6/2-10 型二位六通电磁换向阀（波克兰公司）（图 3-3-24）

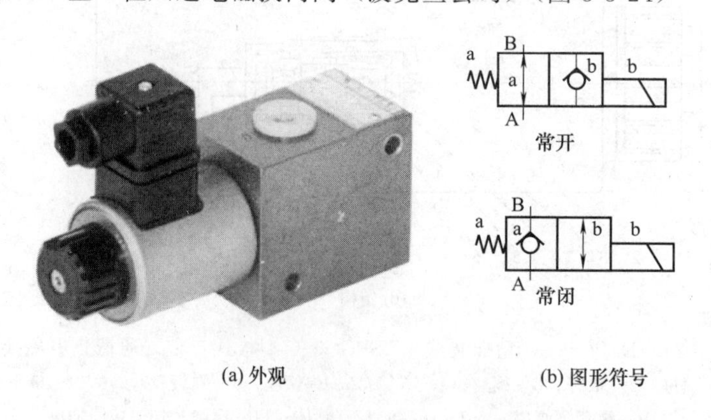

(a) 外观 (b) 图形符号

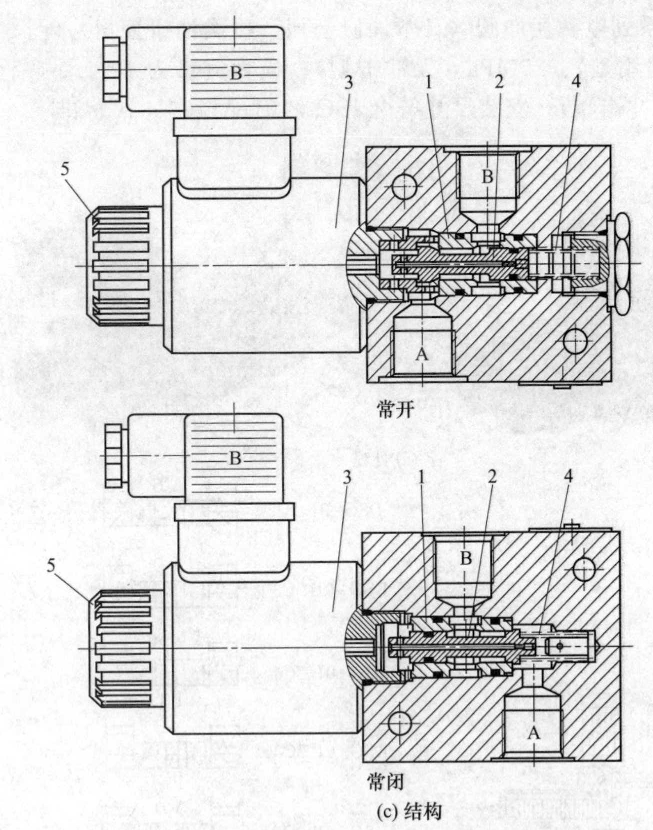

(c) 结构

图 3-3-23　KV-2/2-6-S 型二位二通锥阀式电磁换向阀

1—阀套；2—锥阀芯；3—电磁铁；4—弹簧；5—手动按销

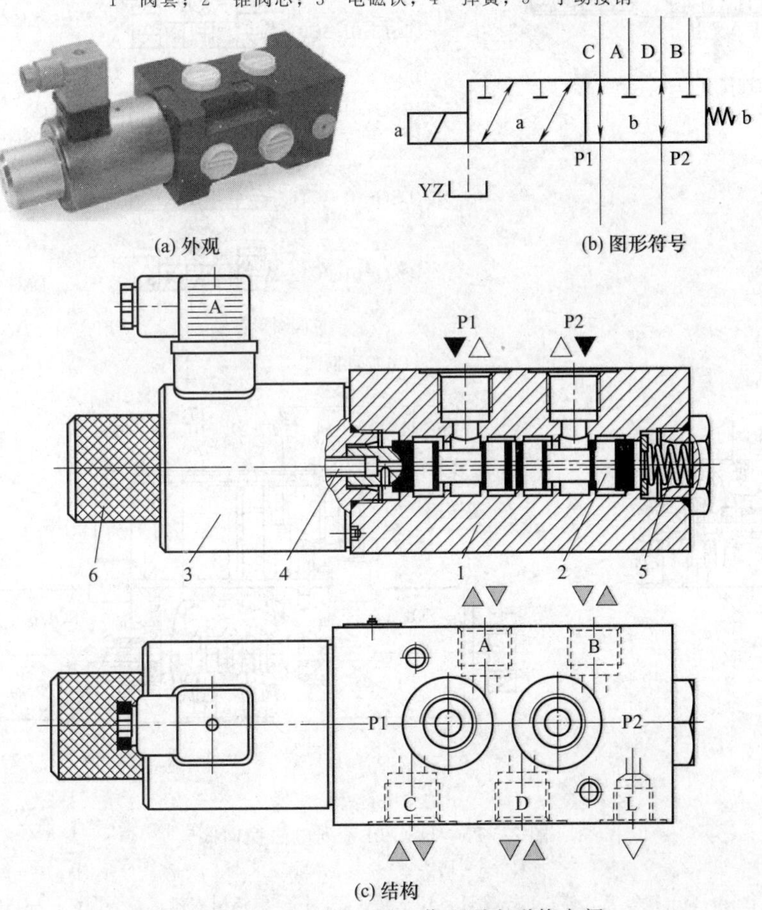

(a) 外观　　(b) 图形符号

(c) 结构

图 3-3-24　KV-6/2-10 型二位六通电磁换向阀

1—阀体；2—阀芯；3—电磁铁；4—推杆；5—弹簧；6—手动按销

［例 3-3-25］ DSG-01 系列电磁换向阀（日本油研公司、榆次油研公司）（图 3-3-25）

额定压力为 35MPa（通用型）、25MPa（无冲击型）；最大流量为 100L/min；换向频率为 300 次/min（普通型）、120 次/min（无冲击型）；安装尺寸符合 ISO 4401-AB-03-4-A 标准。

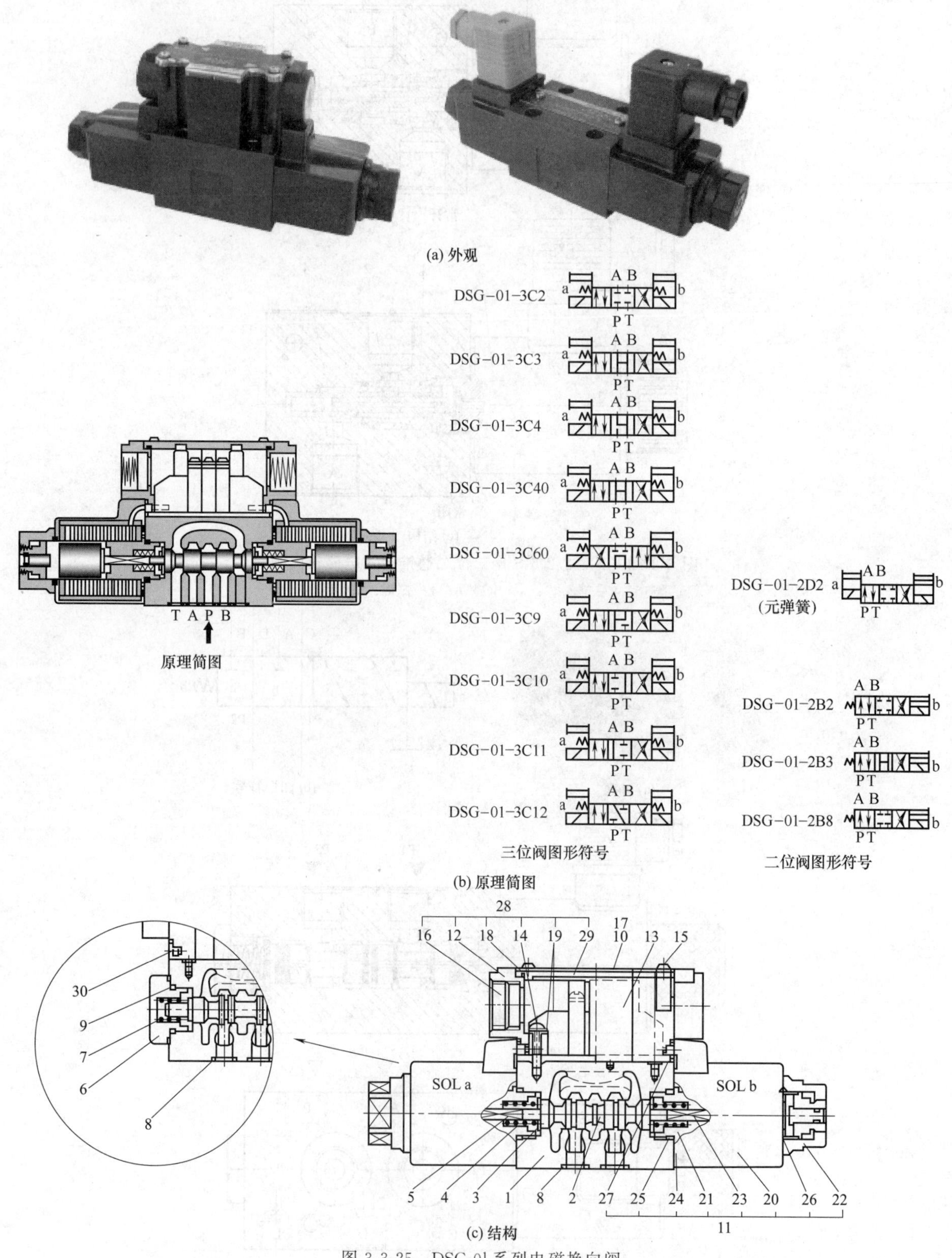

图 3-3-25 DSG-01 系列电磁换向阀

1—阀体；2—阀芯；3—垫片；4—弹簧；5—推杆；6—堵头；7—复位弹簧；8,9,24～26—O 形圈；10—标牌；11—电磁铁组件；12—接线盒套；13—接线盒壳体；14—螺钉；15—显示灯；16—电缆引入口；17—铆钉；18,19—密封圈；20—线圈壳体；21—铁芯；22—螺母；23—推杆；27—垫；28—接线盒组件；29—盖板；30—密封

［例 3-3-26］ S-DSG-03-2※△型电磁换向阀（日本油研公司、榆次油研公司）（图 3-3-26）

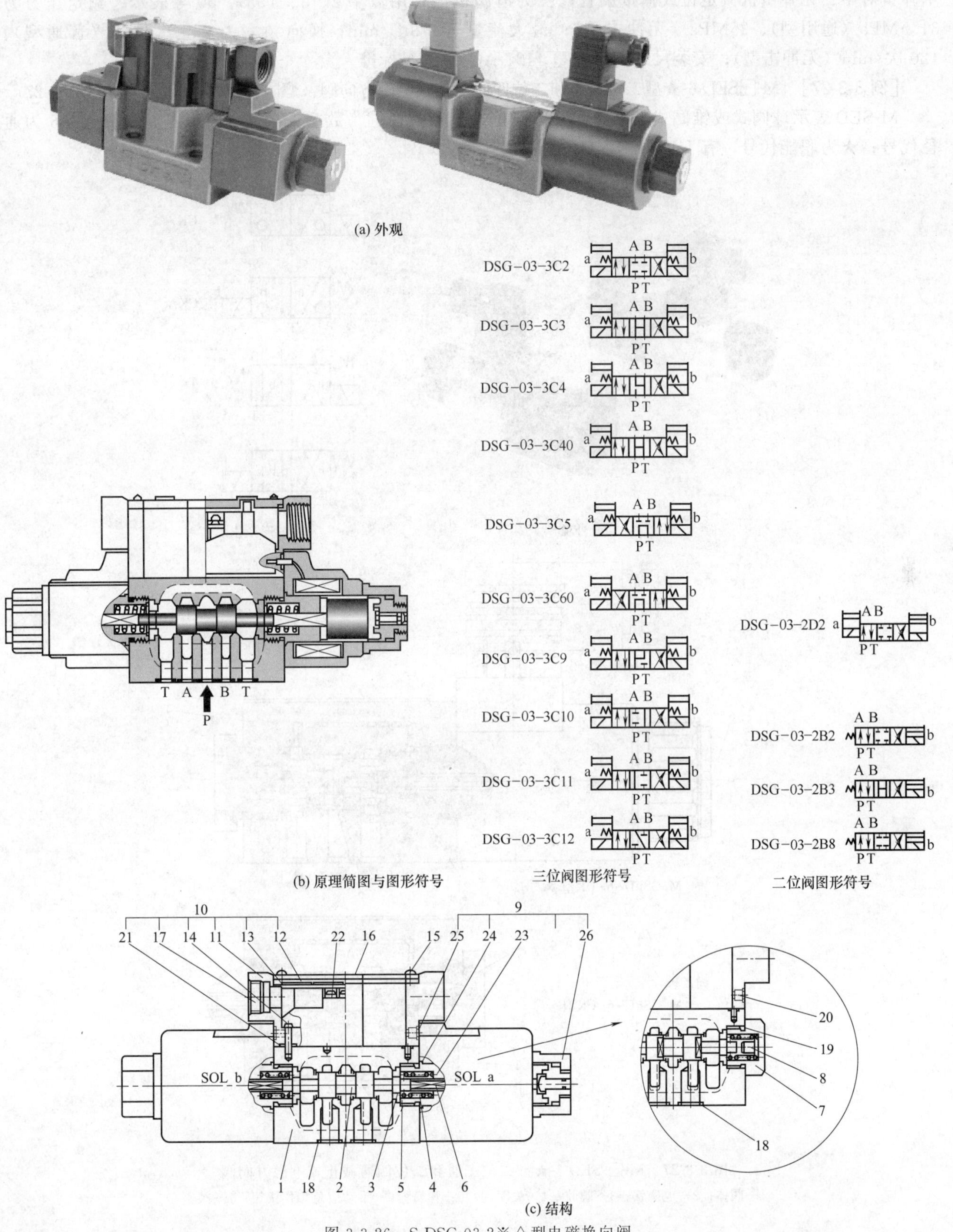

(a) 外观

(b) 原理简图与图形符号

三位阀图形符号

二位阀图形符号

(c) 结构

图 3-3-26 S-DSG-03-2※△型电磁换向阀

1—阀体；2—阀芯；3—定位套；4—弹簧；5—垫片；6—推杆；7—堵头；8—弹簧座；9—电磁铁组件；10—接线盒组件；11—接线盒壳体；12—垫板；13—密封垫；14—螺钉；15—铆钉；16—接线板组件；17—电缆引入口；18,19,21,24,25—O 形圈；20—螺塞；22—接线端子；23—衔铁；26—螺母

有S时表示无冲击型；03为通径代号；2为位数（二位，换为3表示三位）；※为C、B或D，分别表示弹簧对中、无弹簧机械定位或弹簧偏置；△为滑阀机能，用数字2、3、4、5、60等表示；额定压力为31.5MPa（通用型）、25MPa（无冲击型）；最大流量为120L/min；换向频率为240次/min（普通型）、120次/min（无冲击型）；安装尺寸符合ISO 4401-AC-05-4-A标准。

［例3-3-27］ M-□SED-6-★型二位三通和二位四通截止式电磁方向阀（德国博世-力士乐公司）（图3-3-27）

M-SED表示球阀式或锥阀式电磁阀，又称截止式电磁阀；□为数字3或4，表示三通或四通；6为通径代号；★为职能代号，有UK、CK、D、Y几种。

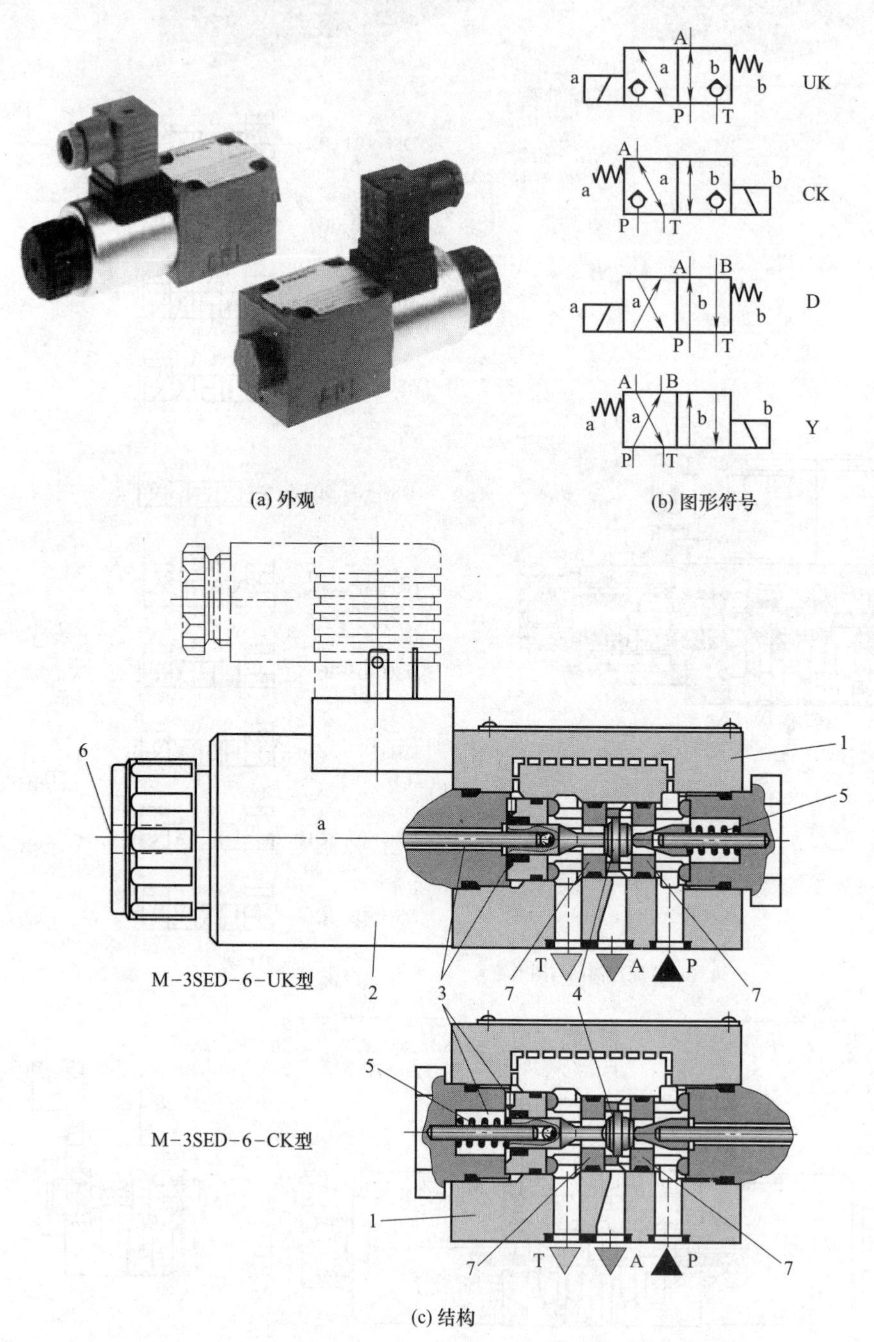

图3-3-27 M-□-SED-6-★型二位三通和二位四通截止式电磁方向阀

1—阀体；2—电磁铁；3—阀腔；4—关闭件；5—弹簧；6—手动应急操作按钮；7—阀座

［例3-3-28］ M-4SED-10型二位三通和二位四通截止式电磁方向阀（德国博世-力士乐公司）（图3-3-28）

通径代号为10；系列Ⅸ最高工作压力为350bar；最大流量为25L/min。无附加-1板时为二位三通，有附加-1板时为二位四通。图形符号同图3-3-27（b）。

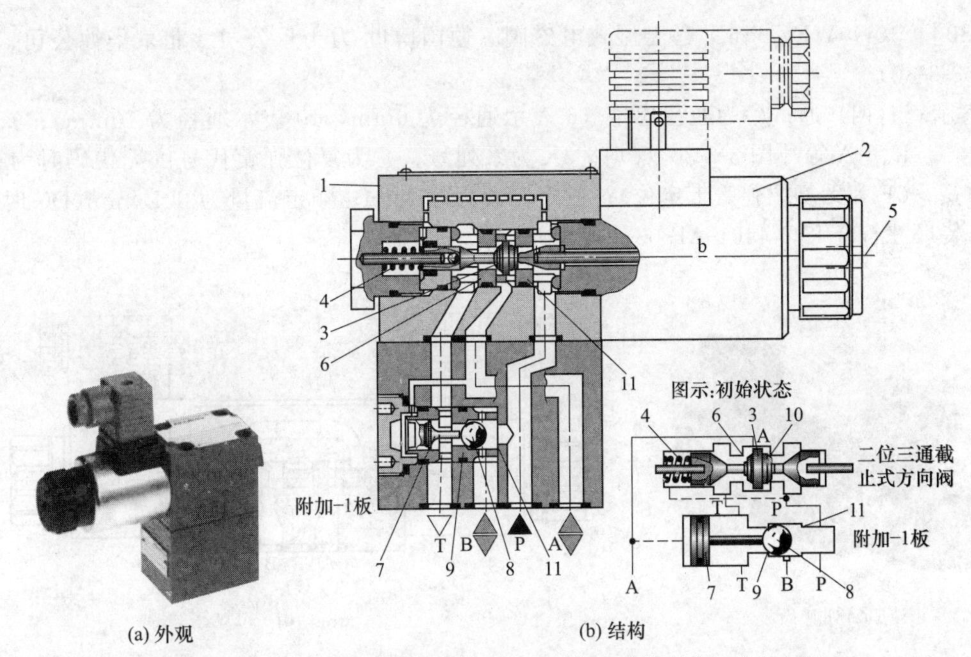

图 3-3-28　M-4SED-10 型二位三通和二位四通截止式电磁方向阀

1—阀体；2—电磁铁；3—关闭件；4—弹簧；5—手动应急按销；6,9,10—阀座；7—控制活塞；8—球；9—阀座；10—阀座；11—阀座面

［例 3-3-29］ M-□-SEW-10★型二位三通和二位四通截止式电磁方向阀（德国博世-力士乐公司）（图 3-3-29）

M-SEW 表示球阀式或锥阀式电磁阀，又称截止式电磁阀；□为数字 3 或 4，表示三通或四通；10 为通径代号；★为职能代号，有 U、C、D、Y 几种。

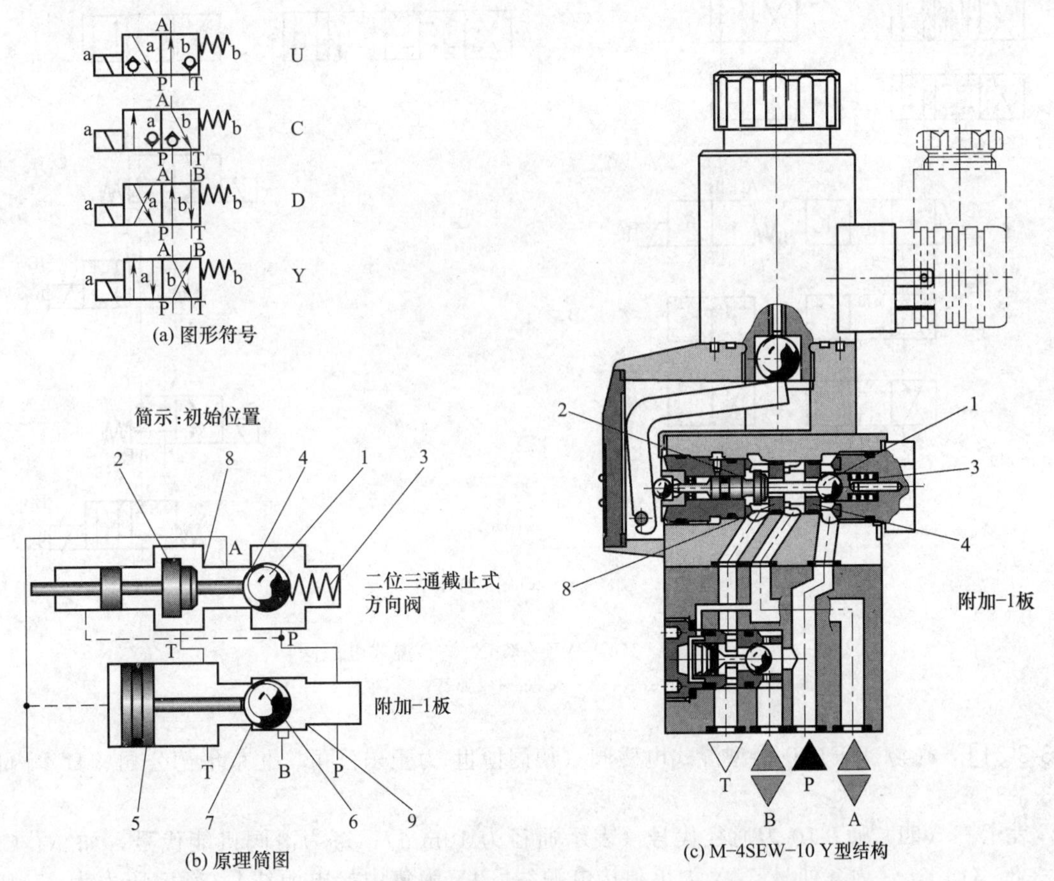

图 3-3-29　M-□-SEW-10★型二位三通和二位四通截止式电磁方向阀

1,6—球阀芯；2,5—控制活塞；3—弹簧；4,7～9—阀座

［例 3-3-30］ 3(4) WE◇※6X/◎型湿式电磁阀（德国博世-力士乐公司、北京华德公司、日本内田油压公司）（图 3-3-30）

3（4）表示三（四）通；◇为通径代号（6 表示通径为 6mm，10 表示通径为 10mm）；※为滑阀机能代号，有 A、C、E、JA 等［图 3-3-30（c）］；6X 为系列号；◎为复位弹簧代号（无代码时为有复位弹簧，0 为无复位弹簧，0F 为无复位弹簧带定位）；额定压力为 35MPa；额定流量为 80L/min(DC 时)、60L/min(AC 时)；安装尺寸符合 ISO 4401-AB-03-4-A 标准。

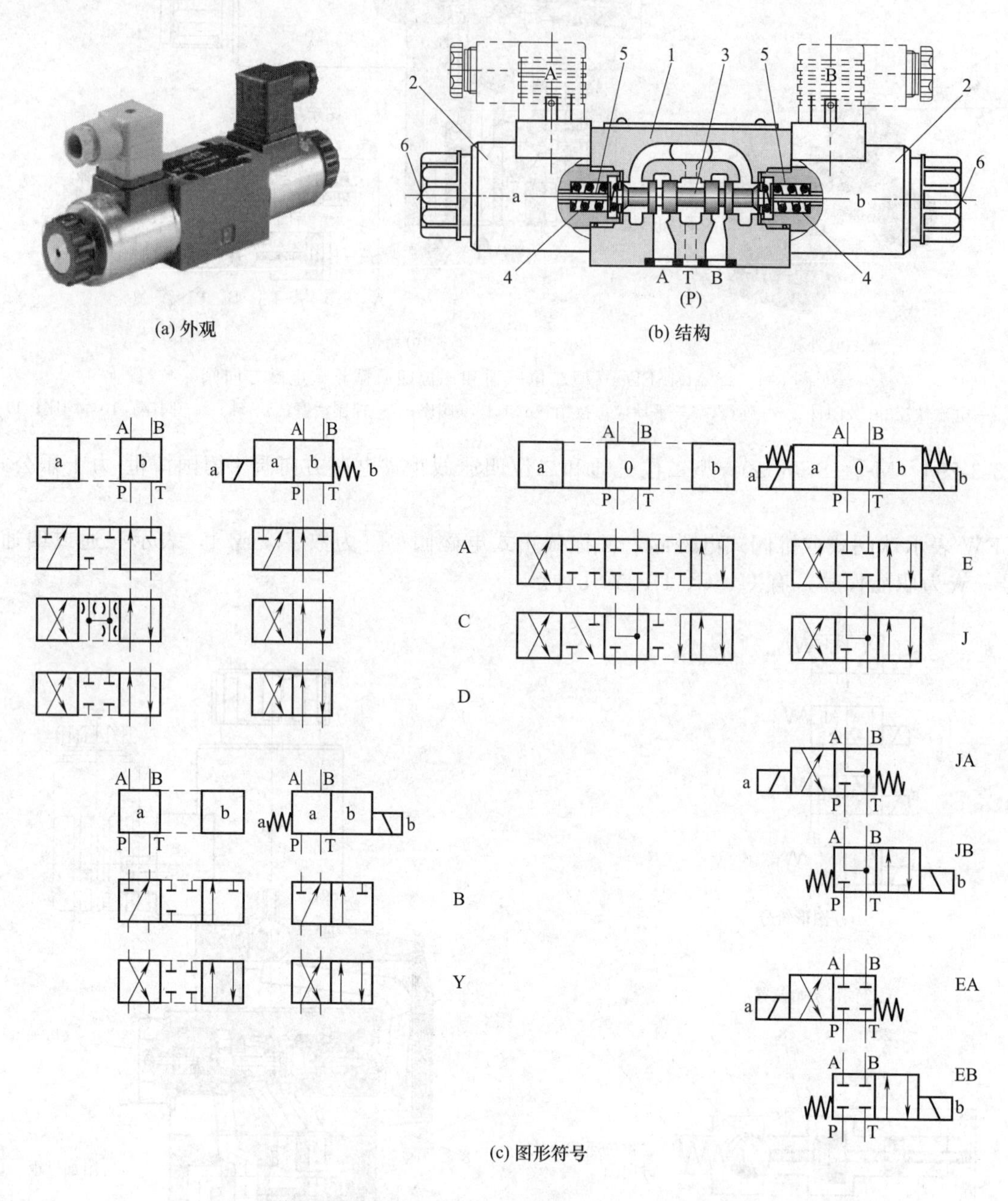

图 3-3-30 3(4) WE◇※6X/◎型湿式电磁阀

1—阀体；2—湿式电磁铁；3—阀芯；4—弹簧；5—推杆；6—应急顶杆

［例 3-3-31］ 3(4) WE10※◇型湿式电磁阀（德国博世-力士乐公司、北京华德公司、日本内田油压公司）（图 3-3-31）

3(4) 表示三（四）通；10 为通径代号（表示通径为 10mm）；※为滑阀机能代号，如 A、C、E、JA 等［图 3-3-31（c）］；◇为系列号（3X 为单独接电源线，4X 为集中接电源线）；额定压力为 35MPa，额定流量为 80L/min(DC 时)、60L/min(AC 时)；安装尺寸符合 ISO 4401-AC-05-4-A 标准。

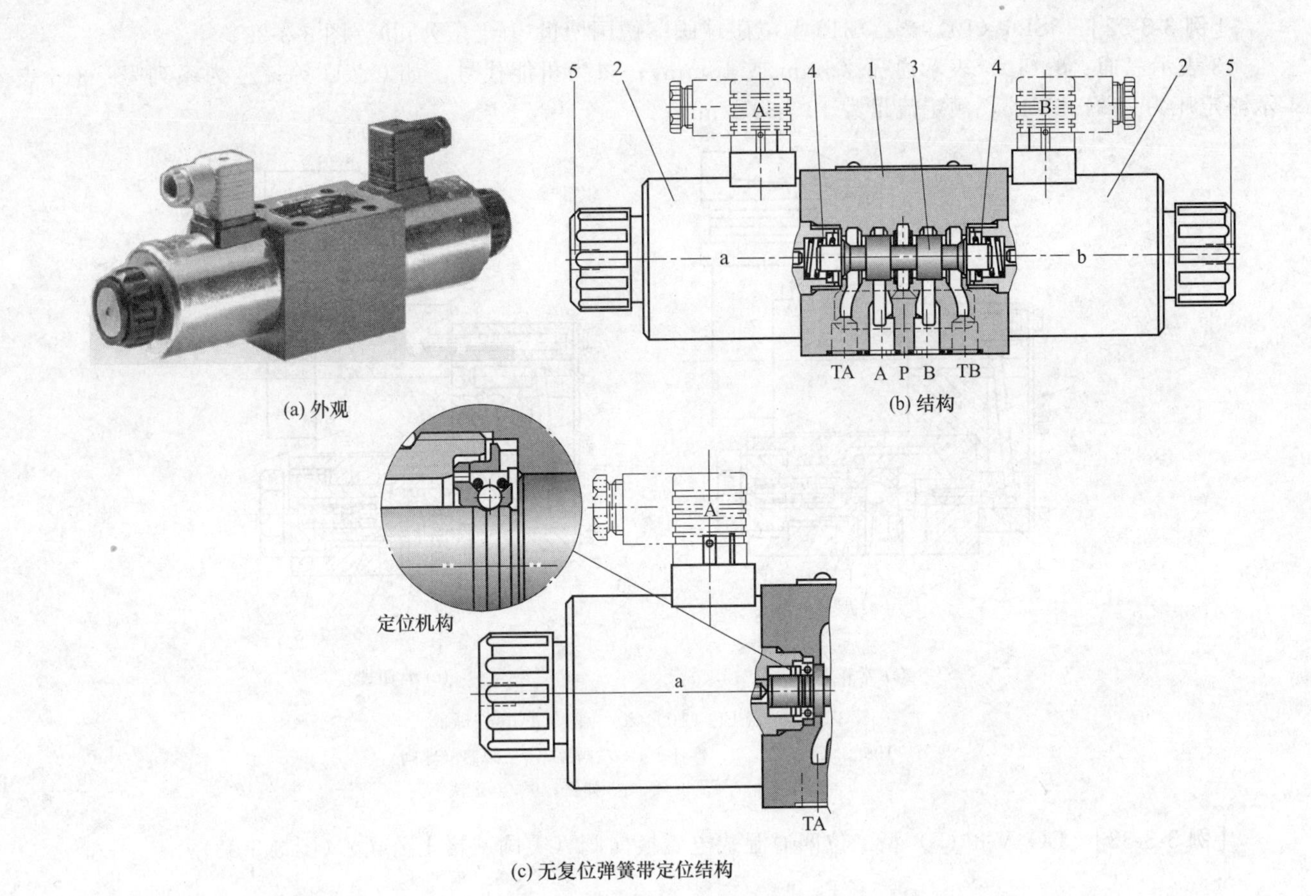

(a) 外观　(b) 结构

(c) 无复位弹簧带定位结构

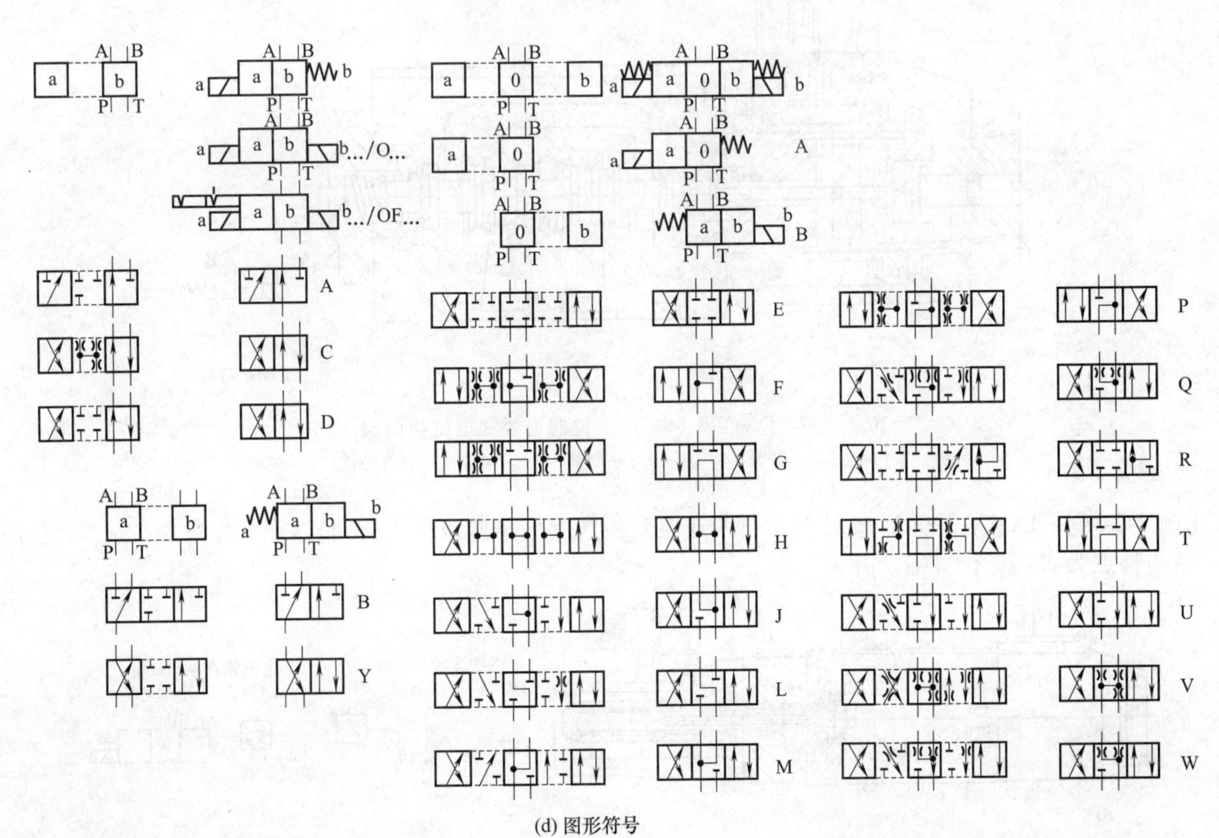

(d) 图形符号

图 3-3-31　3（4）WE10※◇型湿式电磁阀

1—阀体；2—湿式电磁铁；3—阀芯；4—弹簧；5—应急顶杆

[例 3-3-32] 3SE6（10）※△/315 型电磁球阀（德国博世-力士乐公司）（图 3-3-32）

3 表示三通；6（10）表示通径（6mm 或 10mm）；※为机能代号，如 C、U 等；△为系列号；315 表示额定压力为 31.5MPa，额定流量为 12～30L/min。

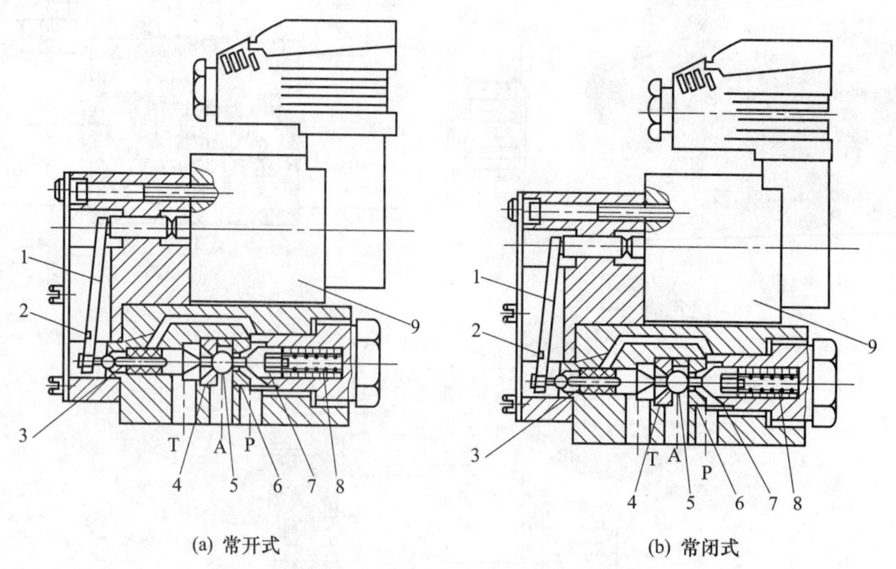

图 3-3-32 3SE6（10）※△/315 型电磁球阀

1—杠杆；2—支点；3—推杆；4—左阀座；5—阀芯（球阀）；6—右阀座；7—复位杆；8—弹簧；9—电磁铁

[例 3-3-33] DG4V-3（S）型二位四通湿式电磁换向阀（美国威格士公司）（图 3-3-33）

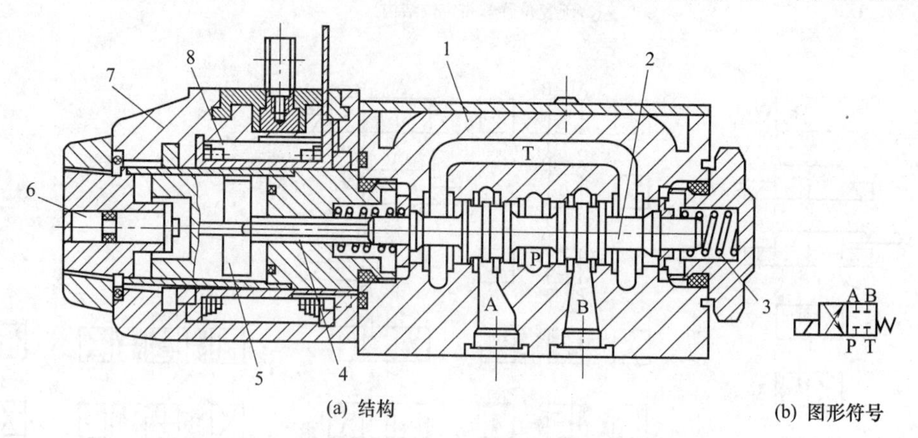

图 3-3-33 DG4V-3（S）型二位四通湿式电磁换向阀

1—阀体；2—阀芯；3—弹簧；4—推杆；5—衔铁；6—手推杆；7—电磁铁；8—线圈

[例 3-3-34] DG4V-3-※A（L）型二位四通电磁换向阀（美国威格士公司）（图 3-3-34）

结构特点为阀芯带位置指示开关。

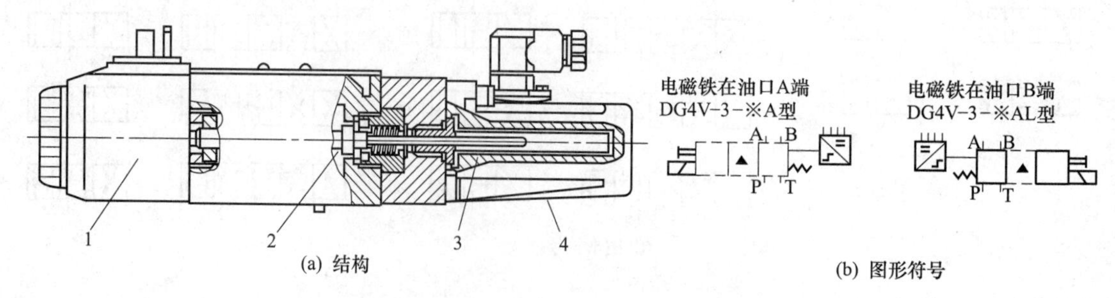

图 3-3-34 DG4V-3-※A（L）型二位四通电磁换向阀

1—电磁铁；2—阀芯；3—指示杆；4—位置指示开关

［例 3-3-35］ DG4M4 型超小型电磁换向阀（美国威格士公司、日本东京计器公司）（图 3-3-35）额定压力为 21MPa，额定流量为 20L/min。

(a) 外观

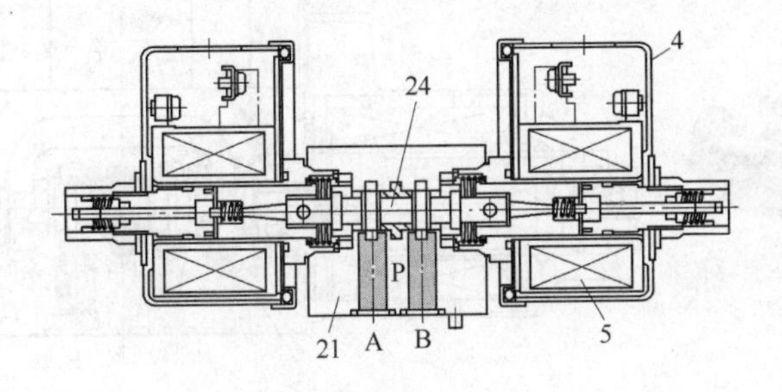

(b) 结构

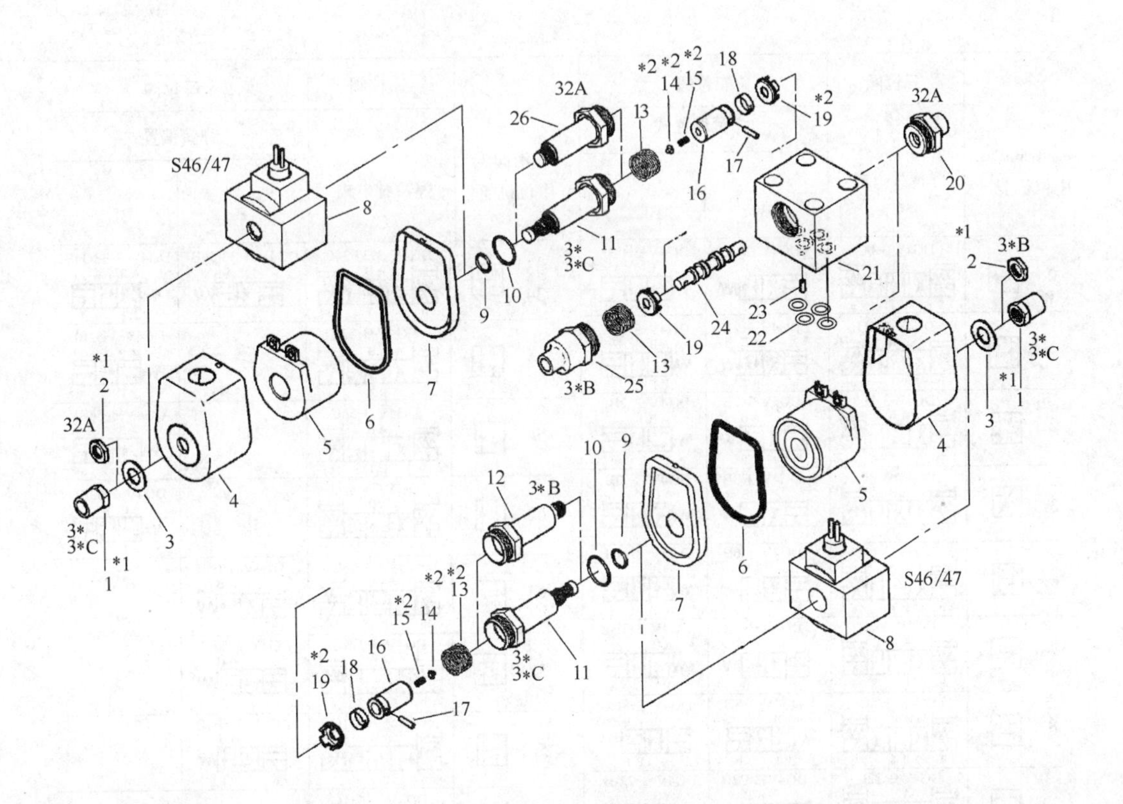

(c) 分解图

图 3-3-35　DG4M4 型超小型电磁换向阀

1—螺盖；2—锁母；3—垫；4—接线体壳；5—线圈；6—密封垫；7—罩板；8—S46/47 型电磁铁；9,10,22—O 形圈；11,12,26—铁芯；13—弹簧；14—小塞；15—螺钉；16—套；17—销；18,19—卡子；20,25—螺塞；21—阀体；23—定位销；24—阀芯

［例 3-3-36］ F3-DG4V-3-◇-△-M-※型小型电磁换向阀（美国威格士公司、日本东京计器公司）（图 3-3-36）

型号中有 F3，表示可采用磷酸酯工作液，无 F3 表示可采用石油基工作液；DG4V 表示小型电磁阀；3 表示安装尺寸符合 ISO 4401-03 标准；◇为滑阀中位机能形式［用数字表示，详见图 3-3-36（c）］；△为单或双电磁铁以及弹簧对中或偏置方式［C 表示双电磁铁弹簧对中三位阀，B 表示单电磁铁装于 b 端弹簧偏置二位阀，BL 表示单电磁铁装于 a 端弹簧偏置二位阀，详见图 3-3-36（c）］；※为电磁铁配线方式［用 P、U、N、KU 表示，详见图 3-3-36（d）］；额定压力为 35MPa；额定流量至 100L/min；最大换向频率为 300 次/min。

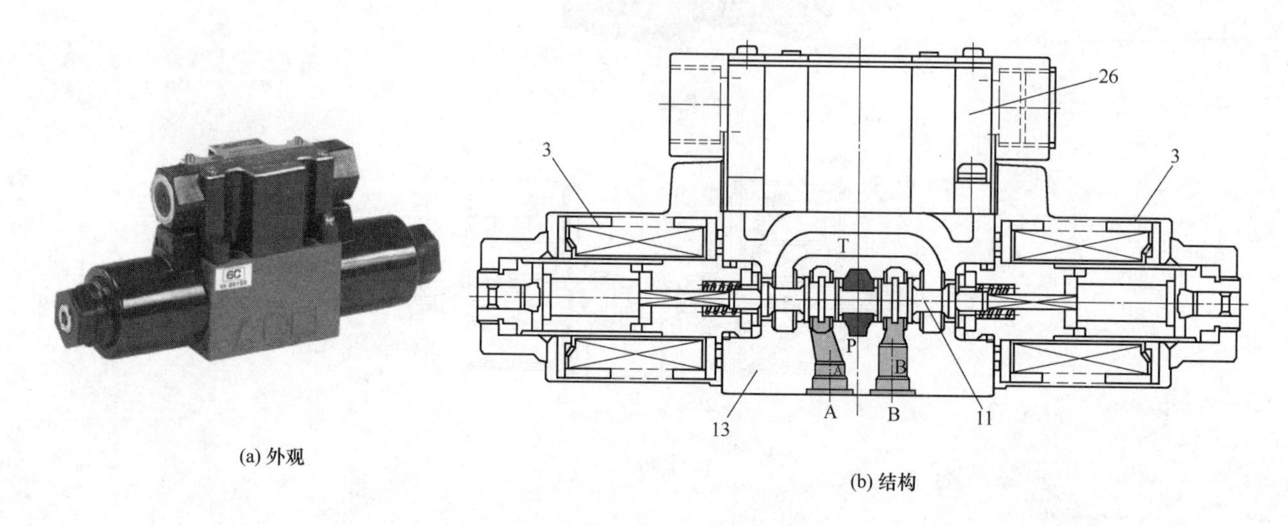

(a) 外观

(b) 结构

滑阀中位机能	三位阀 弹簧对中式 C	二位阀 弹簧偏置式 B	二位阀 弹簧偏置式 BL
0	DG4V-3-0C	DG4V-3-0B	DG4V-3-0BL
1	DG4V-3-1C	DG4V-3-1B	DG4V-3-1BL
2	DG4V-3-2C	DG4V-3-2B	DG4V-3-2BL
3	DG4V-3-3C	DG4V-3-3B	DG4V-3-3BL
6	DG4V-3-6C	DG4V-3-6B	DG4V-3-6BL
7	DG4V-3-7C	DG4V-3-7B	DG4V-3-7BL
8	DG4V-3-8C	DG4V-3-8B	DG4V-3-8BL
22	DG4V-3-22C	DG4V-3-22B	DG4V-3-22BL
31	DG4V-3-31C	DG4V-3-31B	DG4V-3-31BL
33 34	DG4V-3-33/34C	DG4V-3-33/34B	DG4V-3-33/34BL
52	DG4V-3-52C		DG4V-3-52BL
56	DG4V-3-56C		DG4V-3-56BL
62	DG4V-3-62C		DG4V-3-62BL
63	DG4V-3-63C	DG4V-3-63B	
521	DG4V-3-521C	DG4V-3-521B	
561	DG4V-3-561C	DG4V-3-561B	
621	DG4V-3-621C		

(c) 图形符号

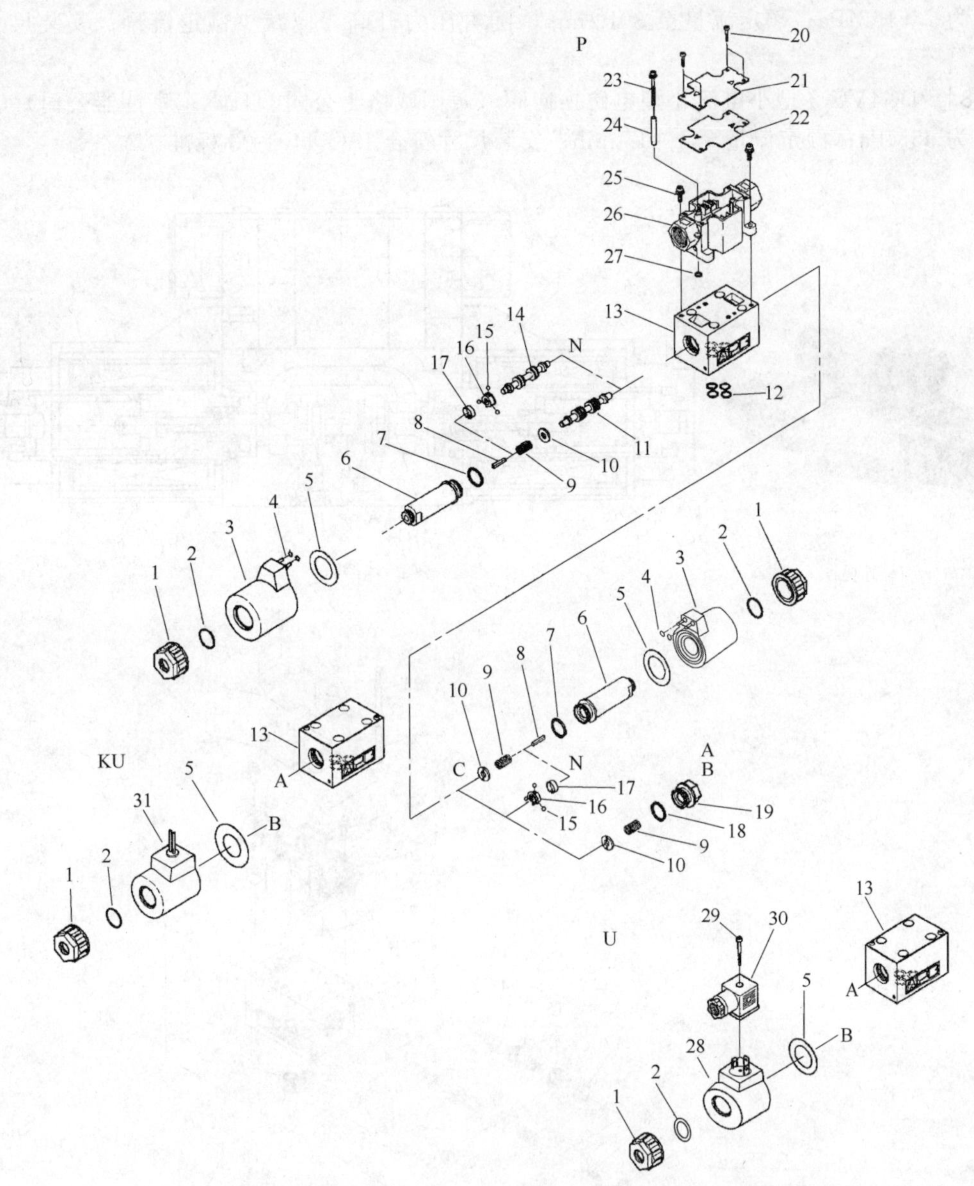

(d) 分解图

图 3-3-36 F3-DG4V-3-◇-△-M-※型小型电磁换向阀

1,19—螺母；2,4,5,7,12,18,27—O 形圈；3—线圈壳体；6—铁芯；8—推杆；9—弹簧；10—垫片；11,14—阀芯；13—阀体；15～17—推杆-O 形圈-定位套装置；20—标牌螺钉；21,22—标牌；23,25,29—螺钉；24—销；26—电缆接线盒；28,31—线圈壳体组件；30—插头端子

［例 3-3-37］ DG4SM-3 型低功率电磁换向阀（美国威格士公司、日本东京计器公司）（图 3-3-37）

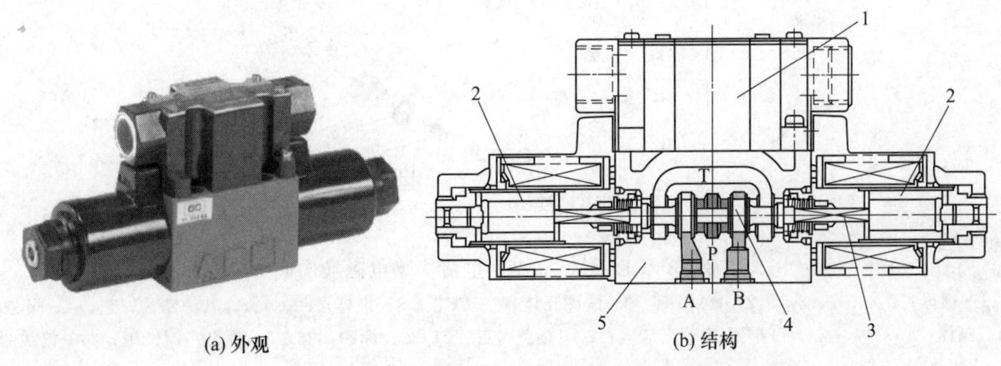

(a) 外观 (b) 结构

图 3-3-37 DG4SM-3 型低功率电磁换向阀

1—接线盒；2—电磁铁；3—推杆；4—阀芯；5—阀体

额定压力为 7～16MPa；额定流量至 30L/min，随着压力升高，应减少额定流量；安装尺寸符合 ISO 4401-03 标准。

［例 3-3-38］ DG4VC-3 型小电流小型电磁换向阀（美国威格士公司、日本东京计器公司）（图3-3-38）

额定压力为 35MPa；额定流量至 100L/min；安装尺寸符合 ISO 4401-03 标准。

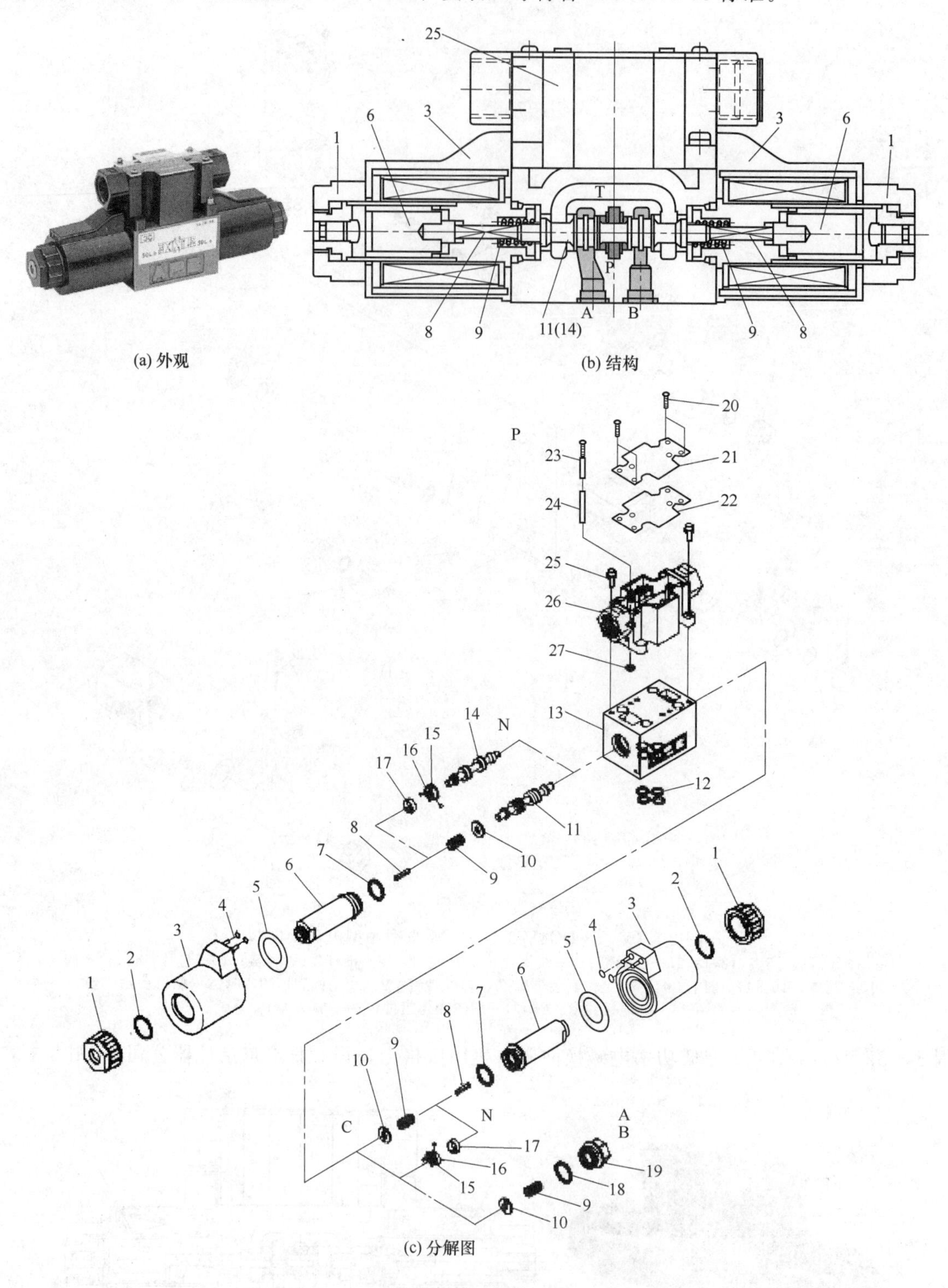

图 3-3-38 DG4VC-3 型小电流小型电磁换向阀

1,19—螺母；2,4,5,7,12,18,27—O 形圈；3—线圈壳体；6—铁芯；8—推杆；9—弹簧；10—垫片；11,14—阀芯；13—阀体；15～17—推杆-O 形圈-定位套装置；20—标牌螺钉；21,22—标牌；23,25—螺钉；24—销；26—接线盒

［例 3-3-39］ DG4VL-3 型小功率保持型电磁换向阀（美国威格士公司、日本东京计器公司）（图 3-3-39）

额定压力为 35MPa；额定流量至 100L/min；安装尺寸符合 ISO 4401-03 标准。

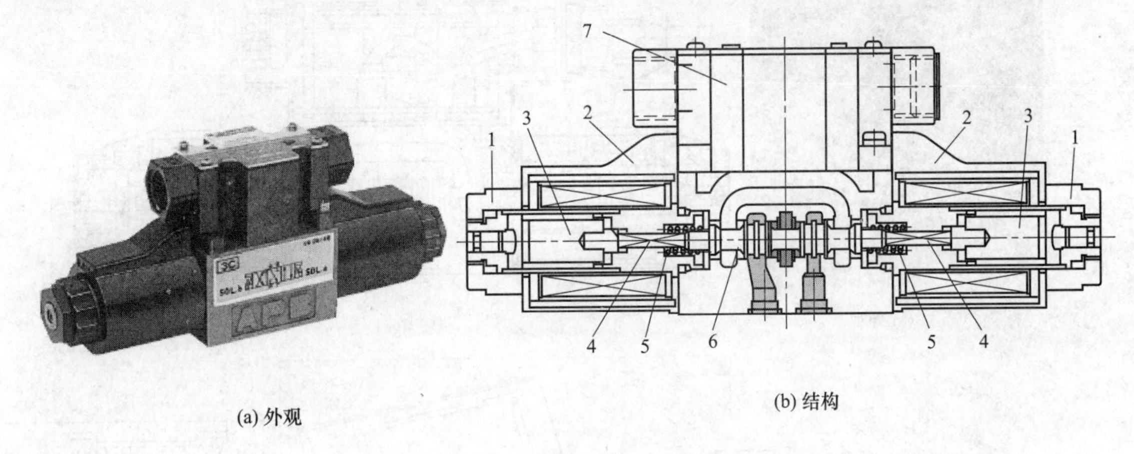

(a) 外观　(b) 结构

图 3-3-39　DG4VL-3 型小功率保持型电磁换向阀

1—螺套；2—线圈壳体；3—铁芯；4—推杆；5—对中弹簧；6—阀芯；7—接线盒

分解图如图 3-3-38（c）所示。

[例 3-3-40]　DG4VS-3 型无冲击型电磁换向阀（美国威格士公司、日本东京计器公司）（图 3-3-40）

额定压力为 35MPa；额定流量至 80L/min；安装尺寸符合 ISO 4401-03 标准。

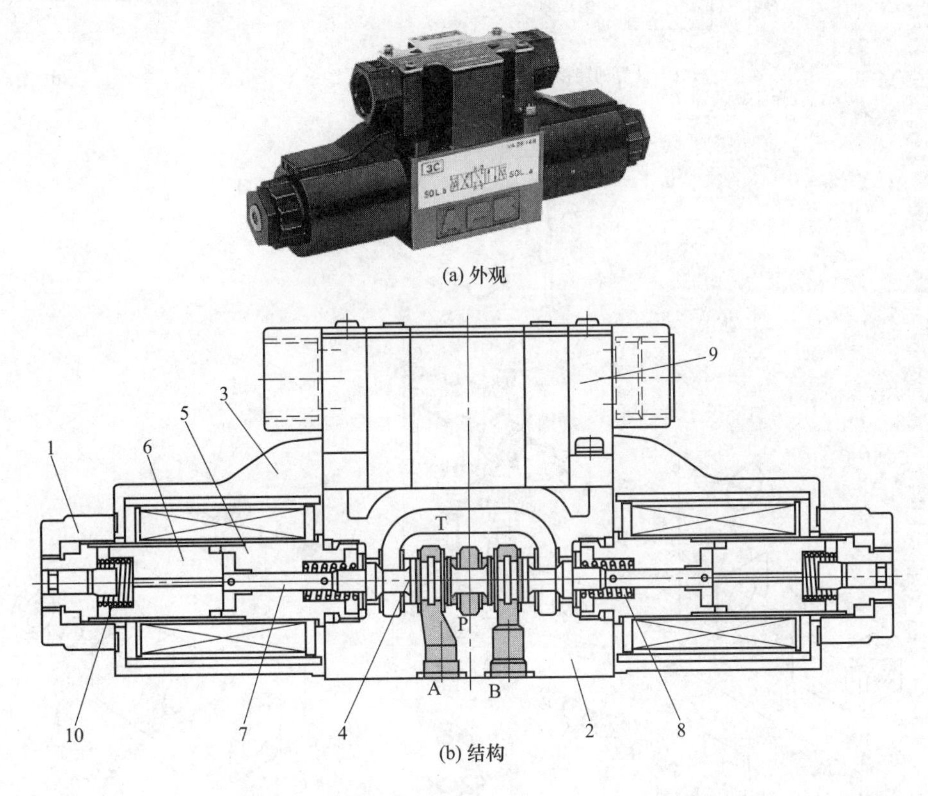

(a) 外观

(b) 结构

图 3-3-40　DG4VS-3 型无冲击型电磁换向阀

1—锁母；2—阀体；3—外壳；4—阀芯；5—内套；6—铁芯；

7—推杆；8—复位弹簧；9—接线盒；10—缓冲弹簧

[例 3-3-41]　COM-3 型和 COM-5 型计算机控制电磁换向阀（美国威格士公司、日本东京计器公司）（图 3-3-41）

额定压力为 24.5MPa；额定流量为 30～250L/min；安装尺寸分别符合 ISO 4401-03、ISO 4401-AC-05-4-A 标准。

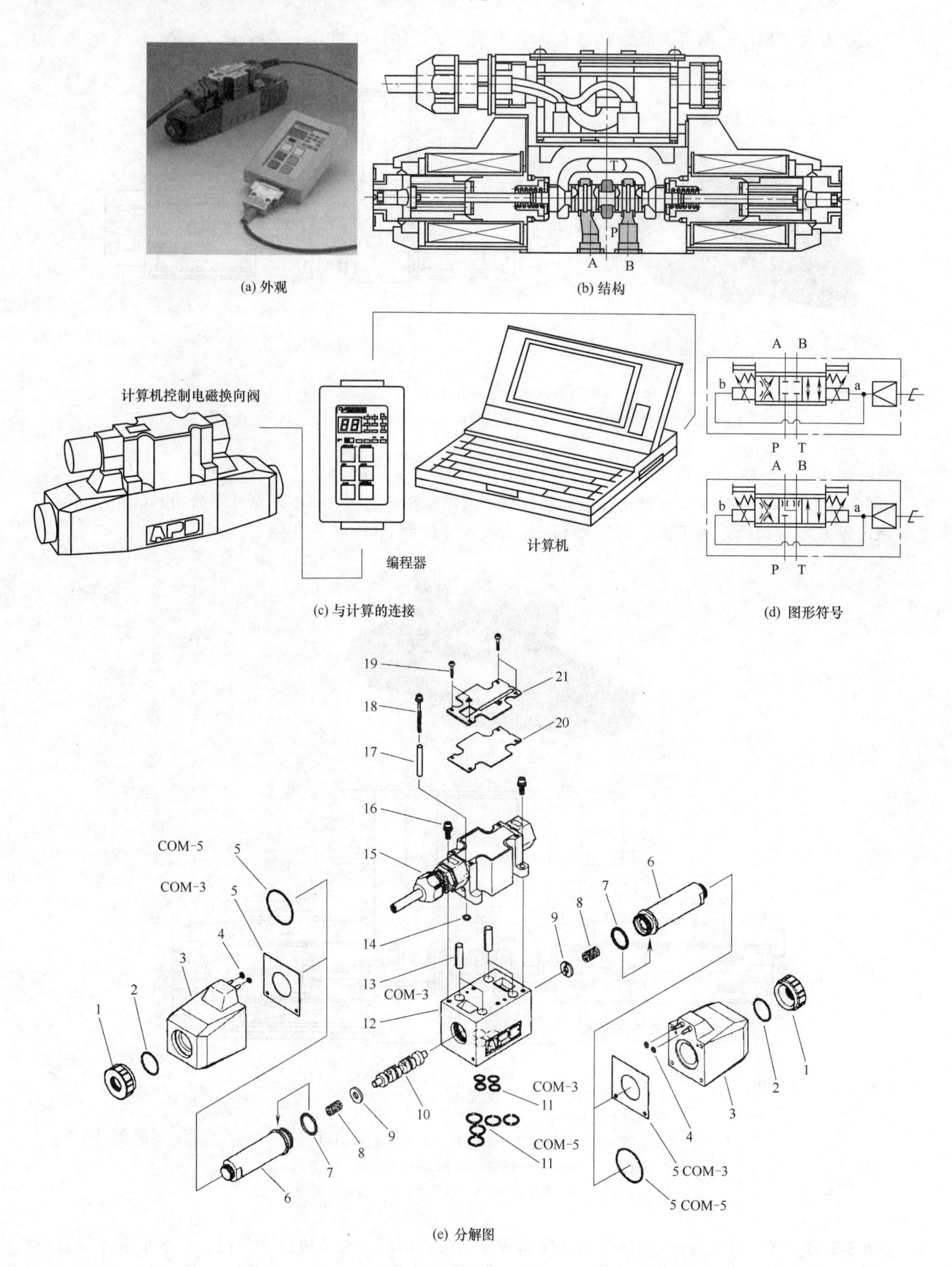

图 3-3-41　COM-3 型和 COM-5 型计算机控制电磁换向阀

1—锁母；2,4,7,11,14—O 形圈；3—电磁铁；5—O 形圈或垫；6—铁芯；8—弹簧；9—垫；10—阀芯；12—阀体；13—定位小套；15—电子接线盒；16,18,19—螺钉；17—定位销套；20—垫板；21—接线板

［例 3-3-42］　DSOM4-※型二位电磁换向阀（日本大京公司）（图 3-3-42）

结构特点为两电磁铁装成一体位于阀的一端。※为 2 或 3，表示二位或三位；额定压力为 7MPa，额定流量为 9L/min；换向频率为 60 次/min。

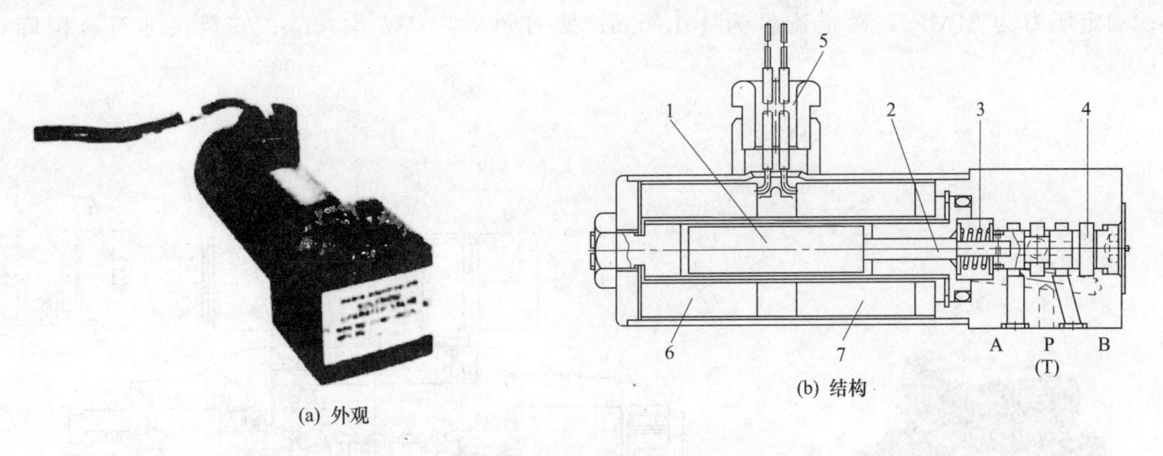

(a) 外观　(b) 结构

图 3-3-42　DSOM4-※型二位电磁换向阀

1—拉杆；2—推拉杆；3—弹簧；4—阀芯；5—接线端子；6—SOLa 线圈；7—SOLb 线圈

［例 3-3-43］　JS-G01-※C 型二位四通电磁换向阀（日本大京公司）（图 3-3-43）

结构特点为两电磁铁装成一体位于阀的一端。01 表示通径；※为 2、3、4、7，表示滑阀机能；额定压力为 7MPa；额定流量为 18L/min；换向频率 240 次/分；安装尺寸符合国际标准 ISO 4401。

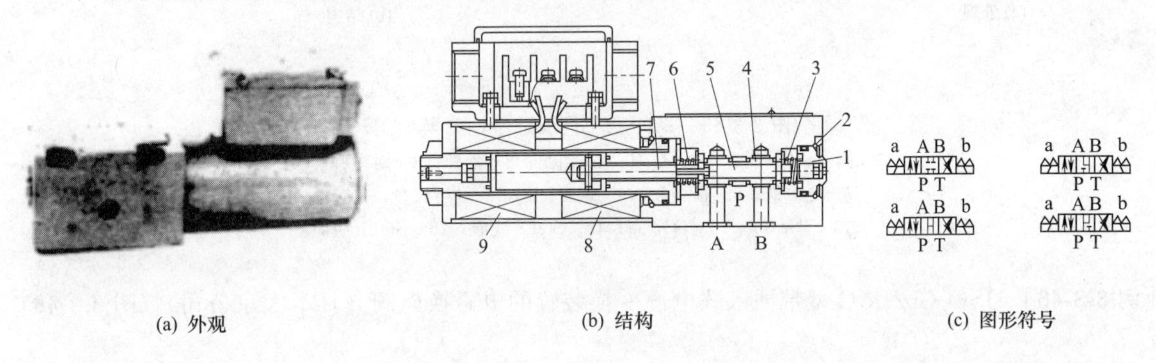

(a) 外观　(b) 结构　(c) 图形符号

图 3-3-43　JS-G01-※C 型二位四通电磁换向阀

1—堵头；2—卡簧；3,6—对中弹簧；4—阀芯；5—拉杆；7—推拉杆；8—SOLa 线圈；9—SOLb 线圈

［例 3-3-44］　LS-G02-※C 型三位四通低功率电磁换向阀（日本大京公司）（图 3-3-44）

02 表示通径；※为 2、3、4、7、8、9、66，表示滑阀机能；额定压力为 7MPa；额定流量为 30L/min；换向频率为 240 次/min；安装尺寸符合国际标准 ISO 4401。

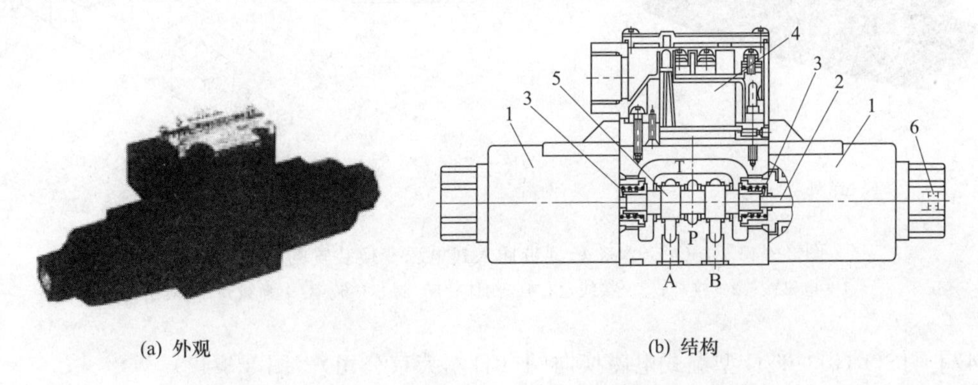

(a) 外观　(b) 结构

图 3-3-44　LS-G02-※C 型三位四通低功率电磁换向阀

1—电磁铁；2—推杆；3—对中弹簧；4—电接线盒（含变压整流功能）；5—阀芯；6—手调按钮

[例 3-3-45] ※KSO-G□★C 型电磁换向阀（日本大京公司）（图 3-3-45）

※不标注为使用矿物油，标注 H 为使用水-乙二醇液压液，标注 F 为使用磷酸酯液压液；KSO 表示 K 系列电磁阀；G 表示板式连接；□为通径代号（如 02）；★为 2、3、4、7、8、9、44、66，表示滑阀机能；额定压力为 21MPa；额定流量为 40L/min；换向频率为 240 次/min；安装尺寸符合国际标准 ISO 4401。

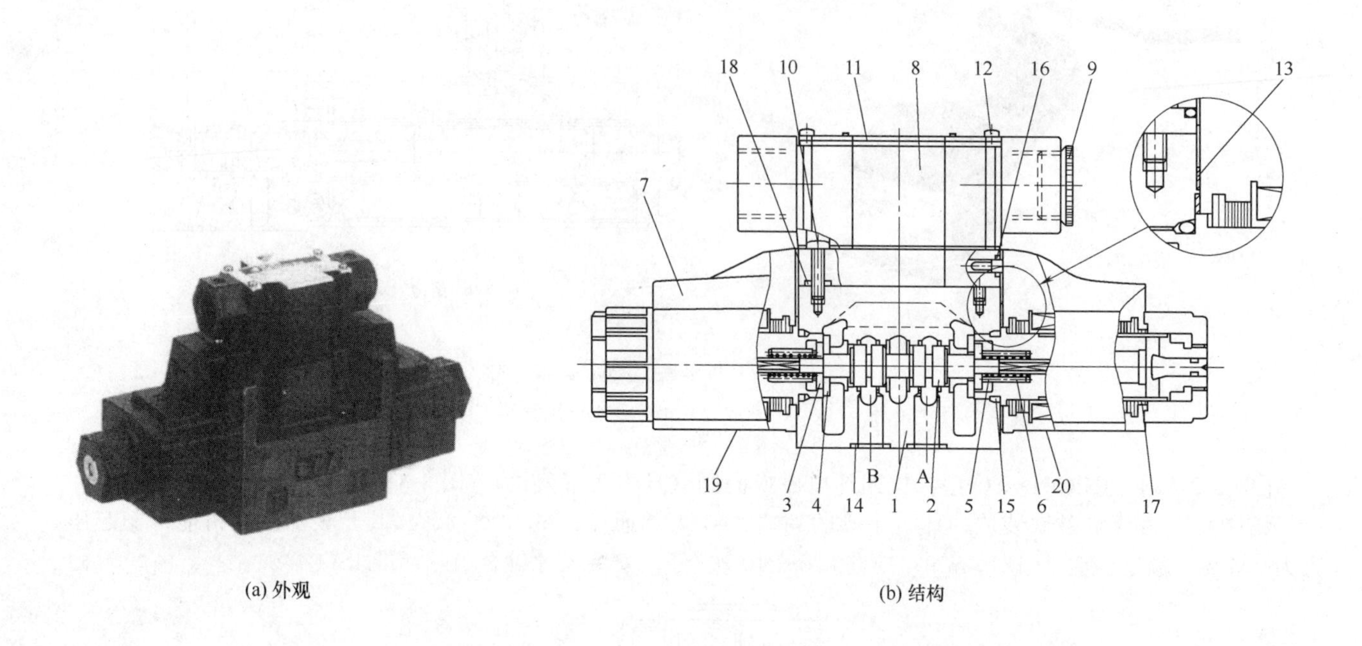

(a) 外观　　(b) 结构

图 3-3-45 ※KSO-G□★C 型电磁换向阀

1—阀体；2—阀芯；3—垫圈；4—挡圈；5—推杆；6—对中弹弹簧；
7—电磁铁；8—接线盒；9—螺套；10,12—螺钉；11—铭牌；
13—垫；14～18—O 形圈；19—SOLa 线圈；20—SOLb 线圈

[例 3-3-46] JSO-G02-※C 型带插入式电源变换装置的电磁换向阀（日本大京公司）（图 3-3-46）

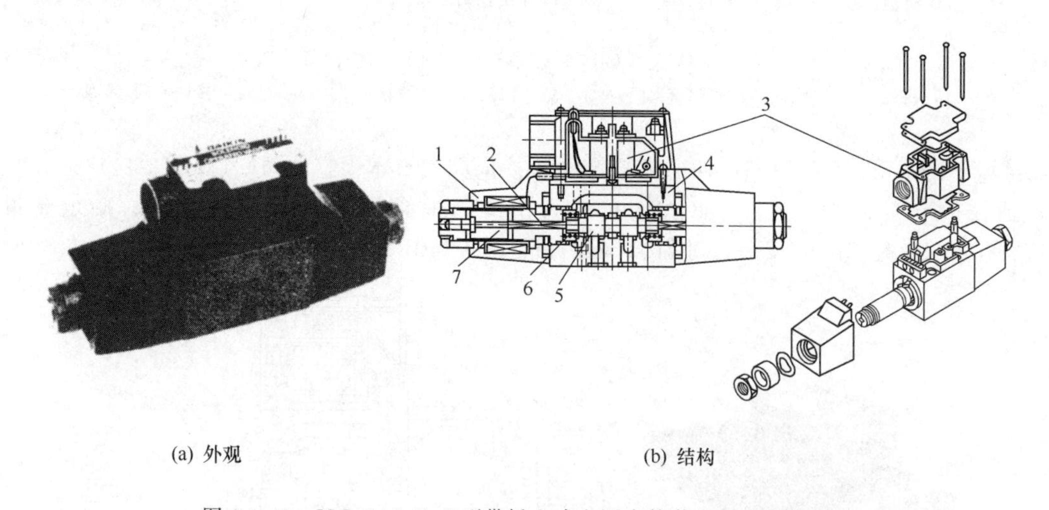

(a) 外观　　(b) 结构

图 3-3-46 JSO-G02-※ C 型带插入式电源变换装置的电磁换向阀

1—电磁铁；2—推杆；3—接线盒；4—阀体；5—阀芯；6—对中弹簧；7—衔铁

[例 3-3-47] JSO-G03-※ C 型湿式电磁换向阀（日本大京公司）（图 3-3-47）

03 表示通径；※为 2、3、4、7、8、9、44、55、66，表示滑阀机能；额定压力为 25MPa，额定流量为 100L/min；换向频率交流 240 次/min，直流 120 次/min；安装尺寸符合国际标准 ISO 4401。

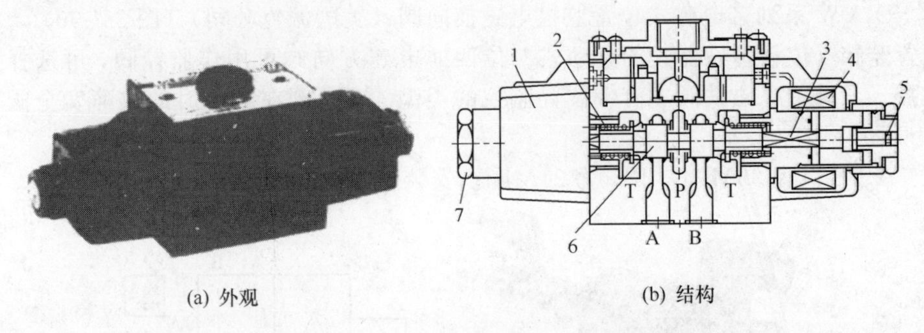

(a) 外观 (b) 结构

图 3-3-47 JSO-G03-※C 型湿式电磁换向阀

1—电磁铁；2—对中弹簧；3—推杆；4—线圈；5—手动推杆；6—阀芯；7—锁母

［例 3-3-48］ D1VW 系列湿式电磁换向阀（美国派克公司）（图 3-3-48）

该系列湿式电磁阀结构上阀体采用三油槽的结构，为 4/3（三位四通）或 4/2（二位四通）滑阀式方向控制阀；并采用带有拧入式衔铁管的湿式电磁铁直接操控；适用于最高压力 350bar 和最大流量 80L/mm 的应用工况。该系列方向阀可有强防腐蚀选项，并提供防蚀电磁铁接口，用于工程或船用机械。

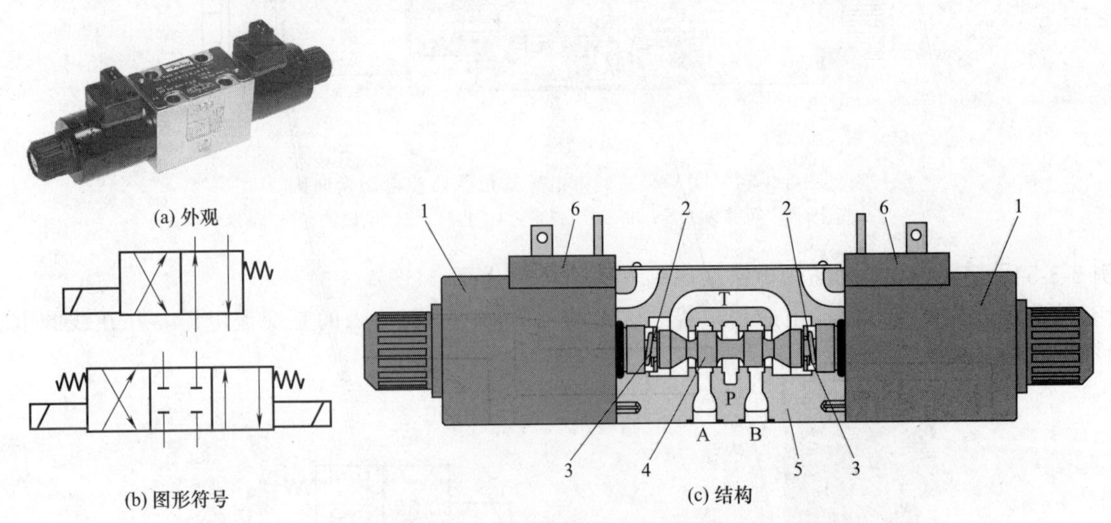

(a) 外观

(b) 图形符号

(c) 结构

图 3-3-48 D1VW 系列湿式电磁换向阀

1—电磁铁；2—对中弹簧；3—推杆；4—阀芯；5—阀体；6—接线端子

［例 3-3-49］ D1VW 系列柔和换向式电磁换向阀（美国派克公司）（图 3-3-49）

该系列柔和换向式电磁阀是采用软切换结构的方向阀，采用三槽式阀体，电磁操控的三位四通或二位四通滑阀式换向阀，采电磁铁用螺纹拧入式衔铁管湿式电磁铁直接驱动。阀的软切换是通过衔铁内阻尼节流孔的缓冲作用实现的。

额定压力 P、A、B 口为 35MPa，T 口为 21MPa；安装尺寸符合 ISO 4401 标准；消耗功率仅 30W。

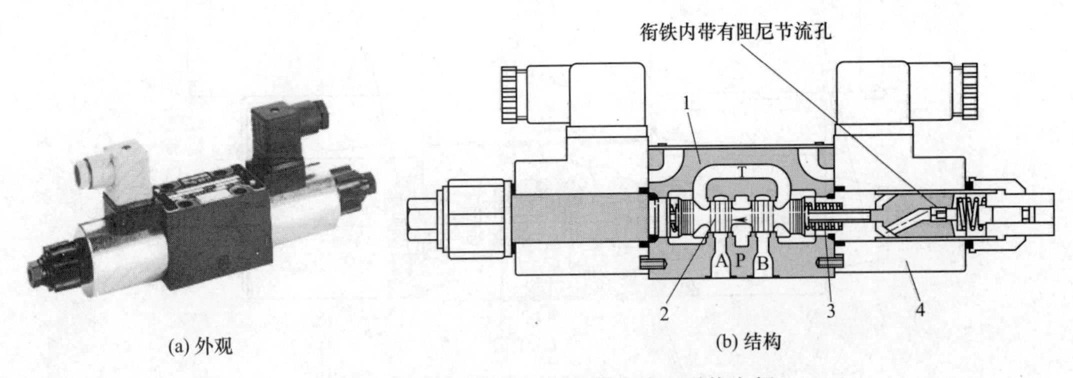

(a) 外观 (b) 结构

图 3-3-49 D1VW 系列柔和换向式电磁换向阀

1—阀体；2—阀芯；3—对中弹簧；4—电磁铁

［例 3-3-50］ D1VW 系列带电感式位置监控电磁换向阀（美国派克公司）（图 3-3-50）

带电感式位置监控（位移传感器）的直动式二位四通电磁方向阀可用作监控阀，可选择对初始位置或终端位置进行监控。只有单电磁铁阀才有带位置监控的类型。方向阀在断电时的故障安全阀位是其初始的弹簧偏置位置。

额定压力 P、A、B 口为 35MPa，T 口为 21MPa；安装尺寸符合 ISO 4401 标准。

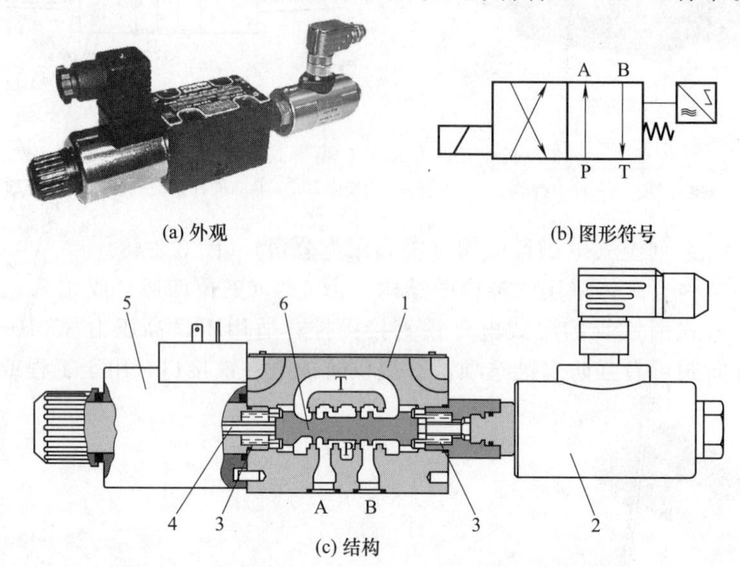

(a) 外观 (b) 图形符号

(c) 结构

图 3-3-50 D1VW 系列带电感式位置监控电磁换向阀

1—阀体；2—位移传感器；3—对中弹簧；4—推杆；5—电磁铁；6—阀芯

［例 3-3-51］ D1VW 系列防爆电磁换向阀（美国派克公司）（图 3-3-51）

所有的防爆电磁铁均为直流电磁铁，若电压代号为 P 及 N，则输入的是交流电压，并在线圈上进行整流，为本整式电磁铁。

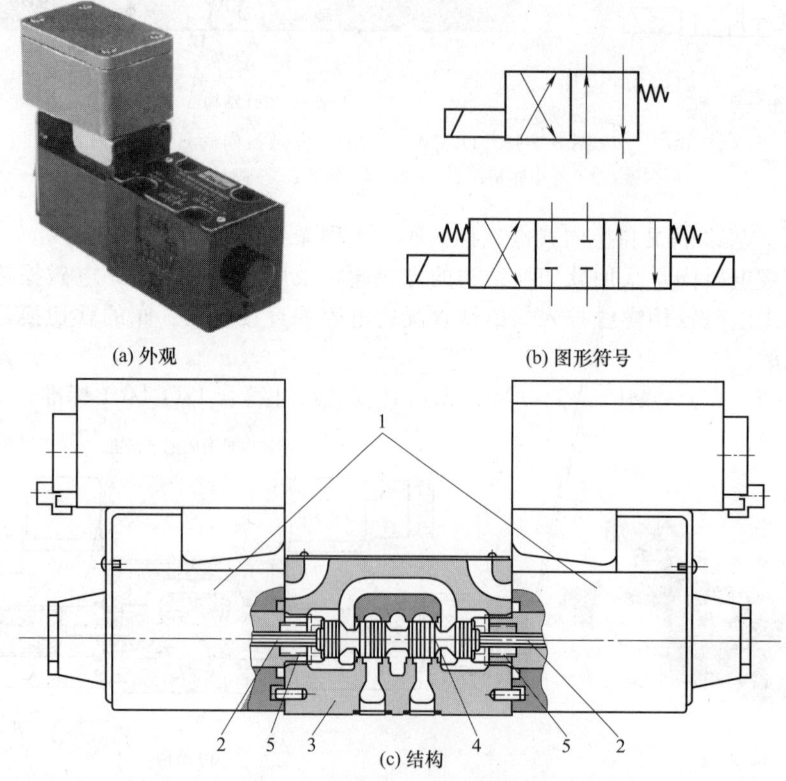

(a) 外观 (b) 图形符号

(c) 结构

图 3-3-51 D1VW 系列防爆电磁换向阀

1—电磁铁；2—推杆；3—阀体；4—阀芯；5—对中弹簧

［例 3-3-52］　DHU-0※△型交流、DHI-O※△、DHO-0※△型直流电磁换向阀（意大利阿托斯公司）（图 3-3-52）

这几种电磁换向阀均为直动式 6mm 通径阀；安装尺寸符合 ISO 4401-AB-03-A 标准；额定压力为 35MPa；额定流量为 60～80L/min。DHU-0 适合直流电源；DHI-0 适合交直流电源；DHO-0 适合直流电源。

※为阀的图形符号，如图 3-3-52（b）所示（6＊表示单电磁铁：61 表示单电磁铁，中位加端位，弹簧对中；63 表示单电磁铁，两端位，弹簧复位；67 表示单电磁铁，中位加端位，弹簧复位。7＊表示双电磁铁；70 表示双电磁铁，两端位，无弹簧；71 表示双电磁铁，三位，弹簧对中；75 表示双电磁铁，两端位，机械定位；77 表示双电磁铁，中位加端位，无弹簧）；△表示阀芯形式或过渡机能，如图 3-3-52（c）所示。

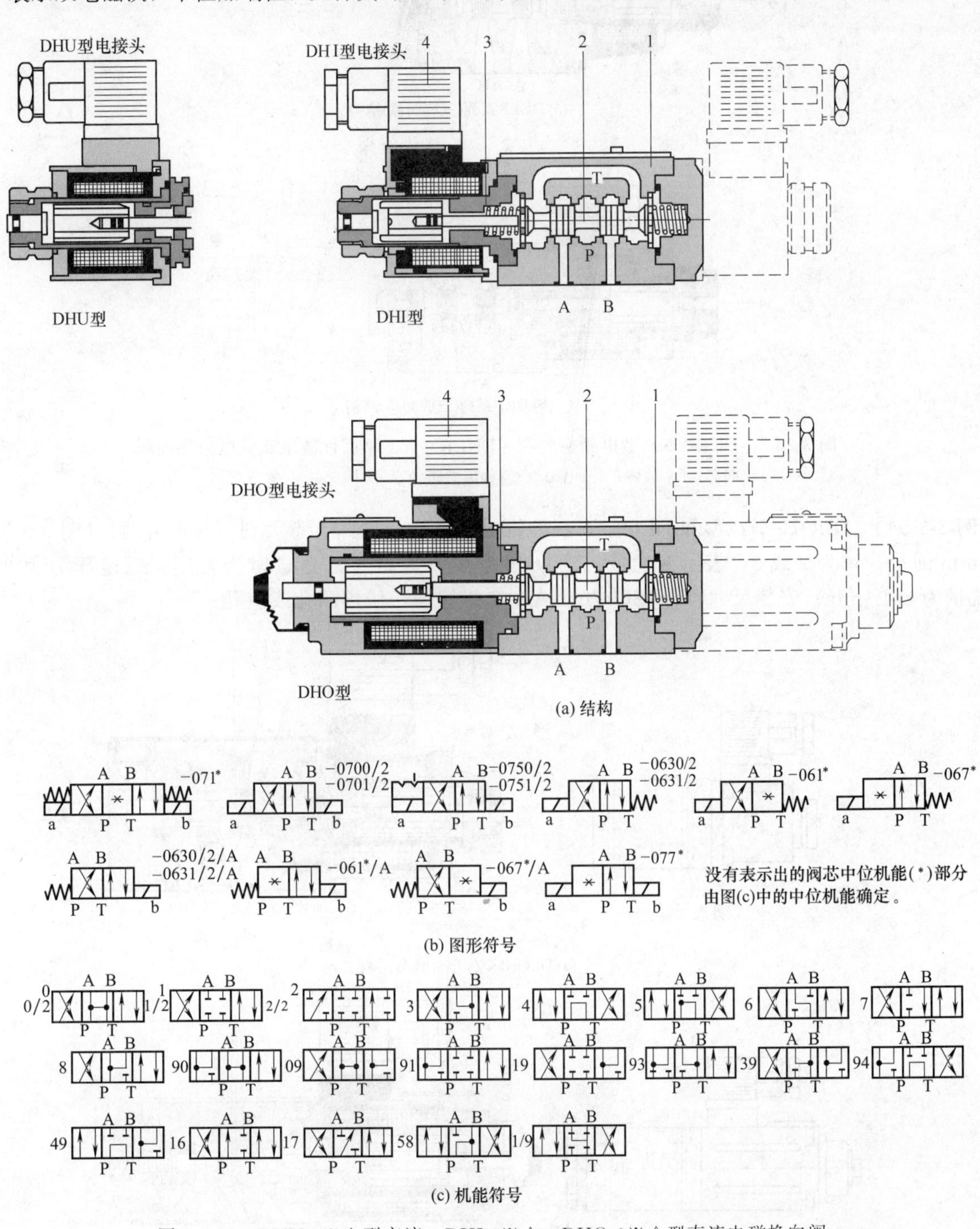

图 3-3-52　DHU-0※△型交流、DHI-0※△、DHO-0※△型直流电磁换向阀

1—阀体；2—阀芯；3—复位或对中弹簧；4—接线端子

［例 3-3-53］ DKE-1※△型电磁换向阀、DKER-1※△型高性能电磁铁电磁换向阀（意大利阿托斯公司）（图 3-3-53）

直动式，10mm 通径，※与△与上述相同。安装尺寸符合 ISO 4401-AC-05-4-A 标准；额定压力为 31.5MPa；额定流量为 120L/min。

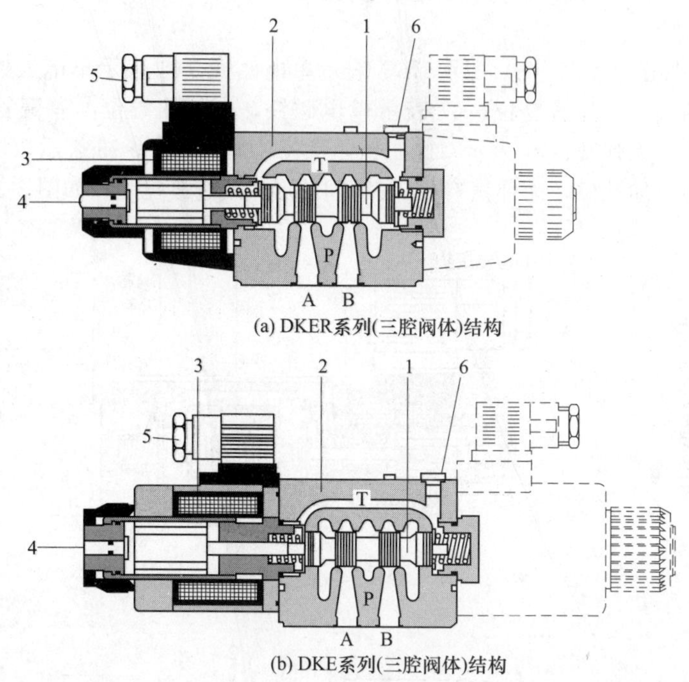

(a) DKER系列(三腔阀体)结构

(b) DKE系列(三腔阀体)结构

图 3-3-53 DKE-1※△型电磁换向阀、DKER-1※△型高性能电磁铁电磁换向阀

1—阀芯；2—阀体；3—电磁铁；4—应急按销；5—接头；6—放气螺钉

［例 3-3-54］ DLOH-※△型和 DLOK-※△型锥阀式电磁换向阀（意大利阿托斯公司）（图 3-3-54）

6mm 通径；※为 2 或 3，表示两通或三通；△为 A 时为常开，为 C 时为常闭；额定压力为 35MPa；额定流量为 30L/min；安装尺寸符合 ISO 4401-AB-03-4 标准，使用两孔或三孔。

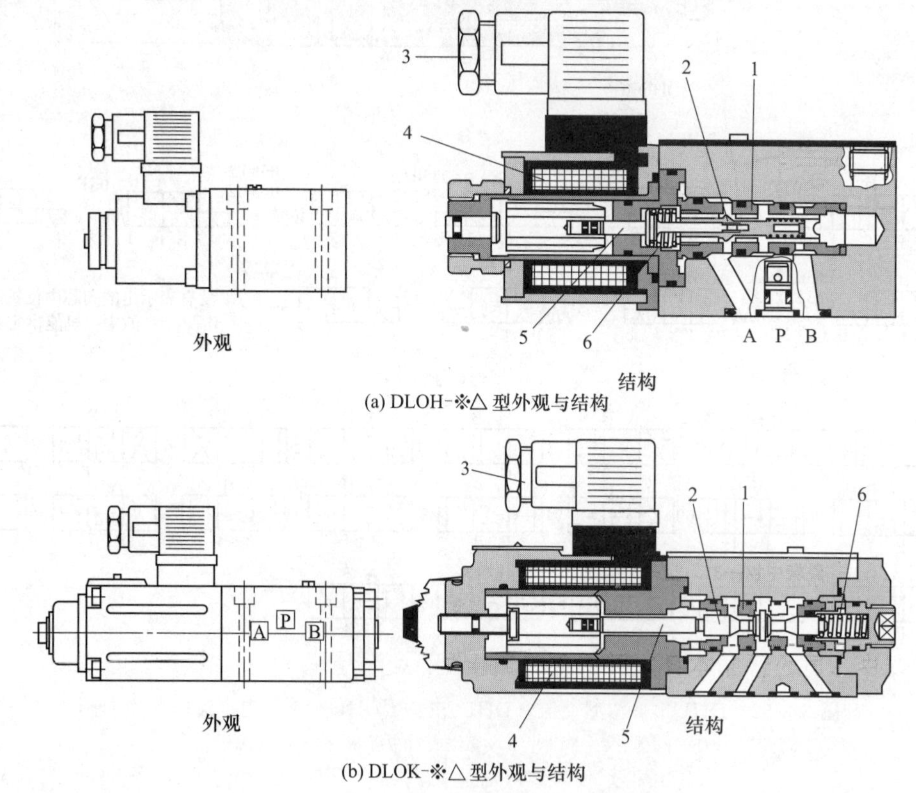

(a) DLOH-※△ 型外观与结构

(b) DLOK-※△ 型外观与结构

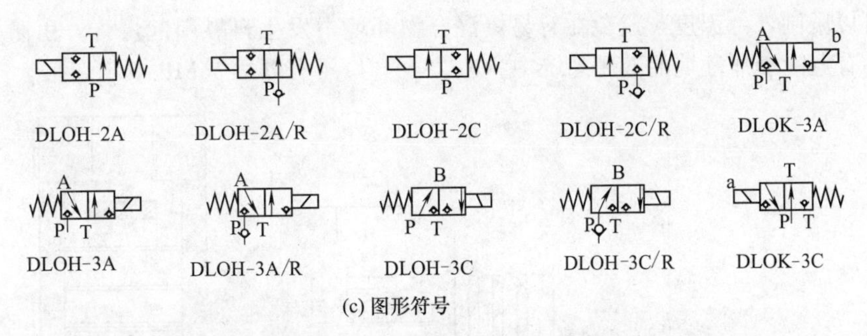

(c) 图形符号

图 3-3-54　DLOH-※△型和 DLOK-※△型锥阀式电磁换向阀

1—阀套；2—带锥面的锥阀芯；3—接线端子；4—湿式电磁铁；5—推杆；6—弹簧

［例 3-3-55］　DHI 型电磁换向阀（意大利阿托斯公司）（图 3-3-55）

结构特点为装有机械式微动开关或感应式接近开关。额定压力为 31.5MPa；额定流量随通径而定；安装尺寸符合 ISO 4401 标准。

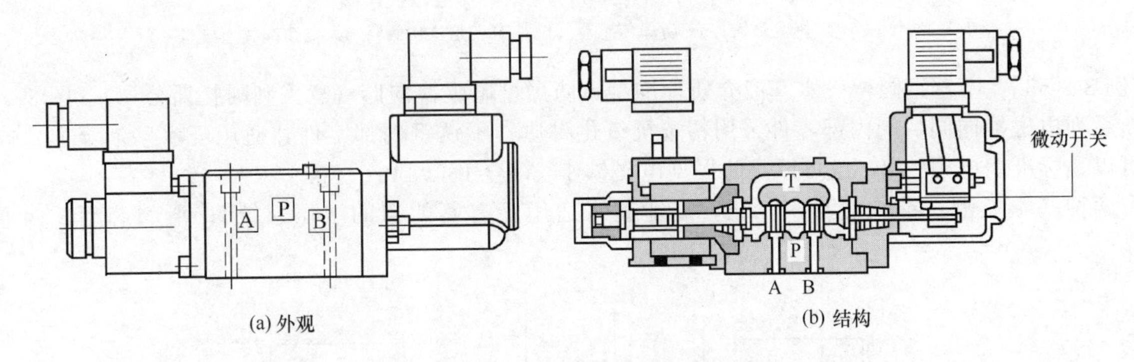

(a) 外观　　(b) 结构

图 3-3-55　DHI 型电磁换向阀

［例 3-3-56］　DKE 型电磁换向阀（意大利阿托斯公司）（图 3-3-56）

结构特点为装有机械式微动开关或感应式接近开关。额定压力为 31.5MPa；额定流量随通径而定；安装尺寸符合 ISO 4401 标准。

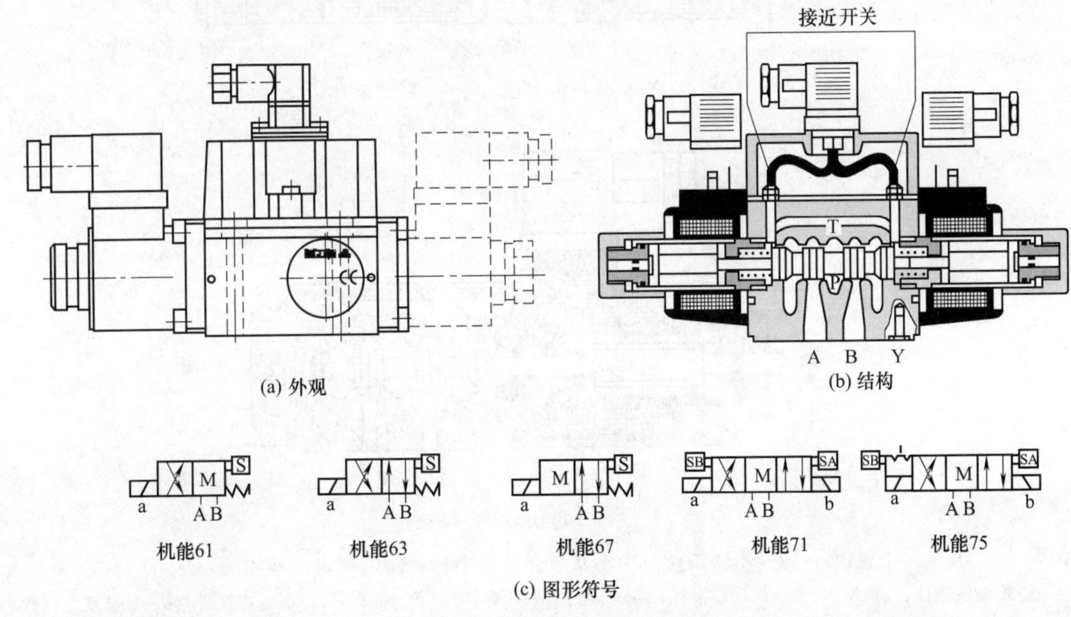

(a) 外观　　(b) 结构

(c) 图形符号

图 3-3-56　DKE 型电磁换向阀

［例 3-3-57］　DLHZA-T-040 型防爆电磁换向阀（意大利阿托斯公司）（图 3-3-57）

防爆电磁铁可以限制外部温度，避免在有易爆混合物环境中发生自燃引起爆炸。由防爆电磁铁构成的防爆电磁阀应用于具有危险爆炸环境的液压系统中。P、A、B 口压力可达 35MPa，T 口最大压力为 21MPa。

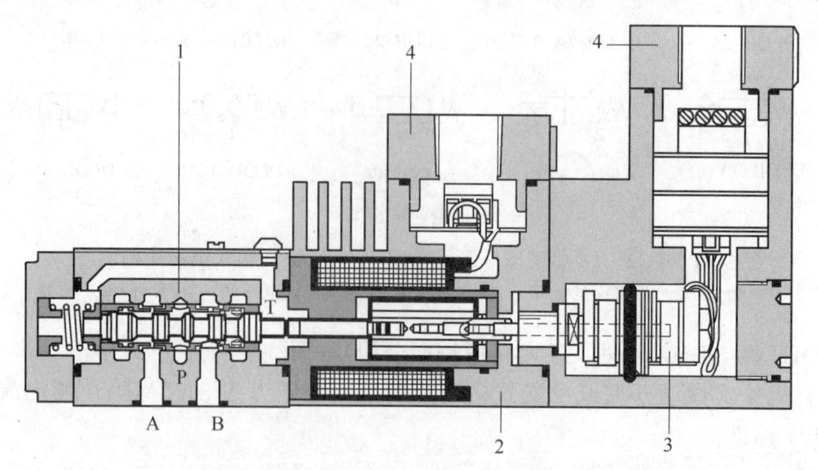

图 3-3-57 DLHZA-T-040 型防爆电磁换向阀

1—阀体；2—防爆电磁铁；3—防爆传感器（仅对于 T 型比例阀）；4—电缆螺纹连接口

［例 3-3-58］ 不锈钢阀——水基液介质标准型、防爆型电磁换向阀（意大利阿托斯公司）（图 3-3-58）

新系列电磁换向阀，阀内部零件采用精选抗氧化材质，不锈钢内部零件，适用于水基液介质。阀配电磁铁可以是标准型电磁铁 8，也可以是防爆型电磁铁 1，符合 ISO 4401 标准。

有两种基本类型：锥阀芯型，三通，零泄漏（适用于有蓄能器的液压系统）；滑阀芯型，四通，开关阀。

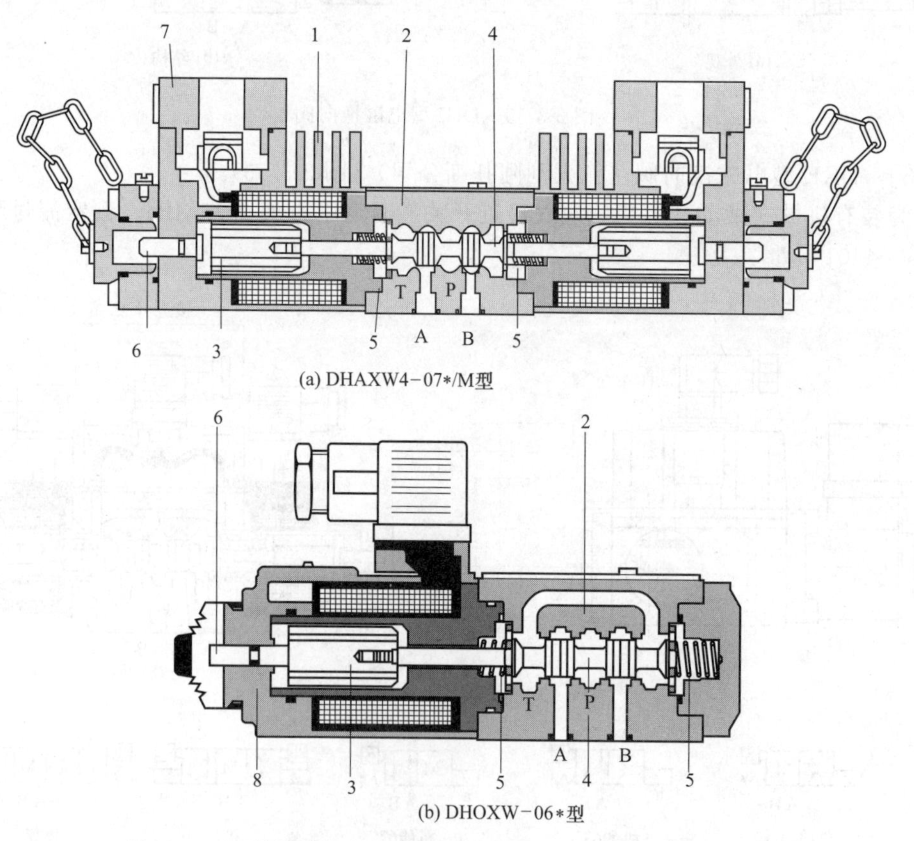

图 3-3-58 不锈钢阀——水基液介质标准型、防爆型电磁换向阀

1—防爆型电磁铁；2—阀体；3—电磁铁推杆；4—阀芯；5—弹簧；6—手动推杆；7—电缆连接件；8—标准型电磁铁

［例 3-3-59］ 本质安全电磁换向阀（意大利阿托斯公司）（图 3-3-59）

开/关控制符合 ATEX 标准，单双电磁铁阀采用电镀涂层电池，电路绝对保证不可能产生电火花，即

使是在突然断电的情况下，也不产生任何可能引起危险环境中发生爆炸的热效应。

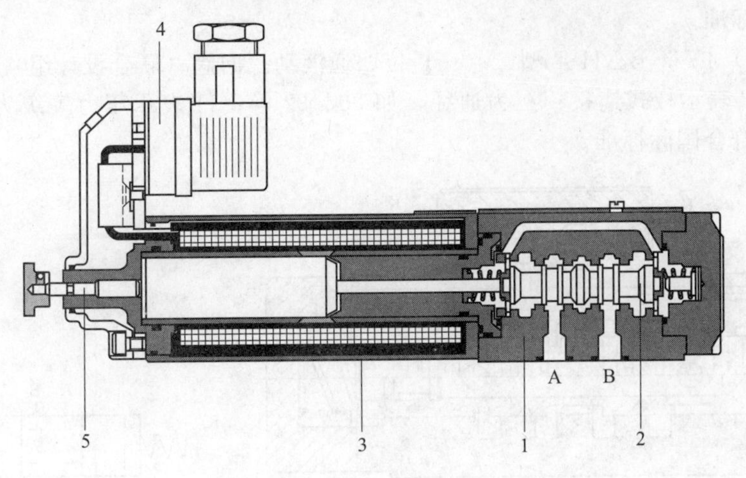

图 3-3-59 本质安全电磁换向阀

1—阀体；2—阀芯；3—本质安全电磁铁；4—电气接头；5—手动按钮

［例 3-3-60］ 带有辅助手柄的电磁阀和比例阀（意大利阿托斯公司）（图 3-3-60）

直动式，有开关型和比例阀型，符合 ISO 4401 标准，6mm 通径。这类阀允许断电情况下仍能被操作运行，即在调试维护或紧急情况下通过手柄操作阀的动作。

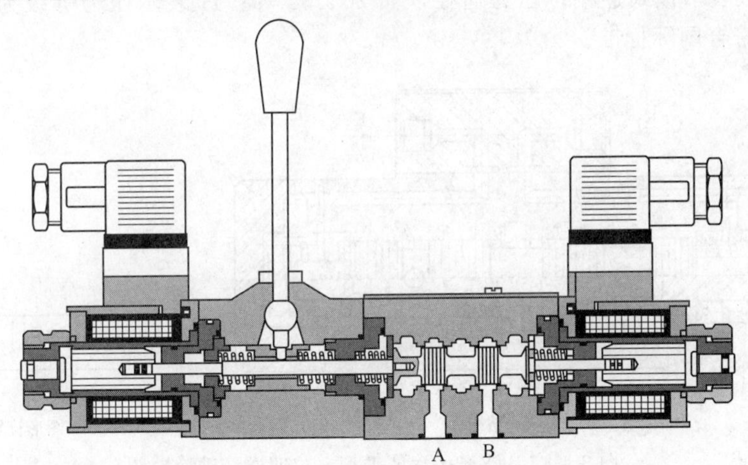

图 3-3-60 带有辅助手柄的电磁阀和比例阀

3-4 液动换向阀

［例 3-4-1］ 34Y-※B 型三位四通中低压液动换向阀（广研型）（图 3-4-1）

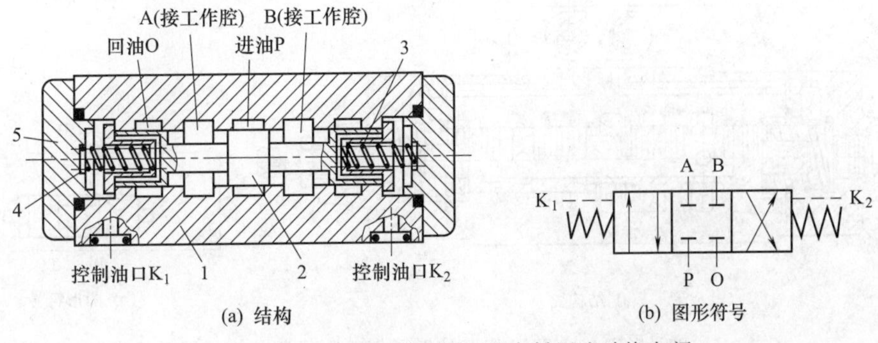

图 3-4-1 34Y-※B 型三位四通中低压液动换向阀

1，5—阀体；2—阀芯；3，4—弹簧

※为公称流量，有 10L/min、25L/min、63L/min、100L/min、160L/min 等；额定压力为 6.3MPa；安装尺寸不符合国际标准。

［例 3-4-2］ 2（3）4Y※-B△H-T 型二（三）位四通液动换向阀（联合设计组）（图 3-4-2）

※为滑阀机能；B 表示板式连接；△为通径，如 20、32 等；H 表示压力等级为 31.5MPa；T 表示弹簧对中；安装尺寸不符合国际标准。

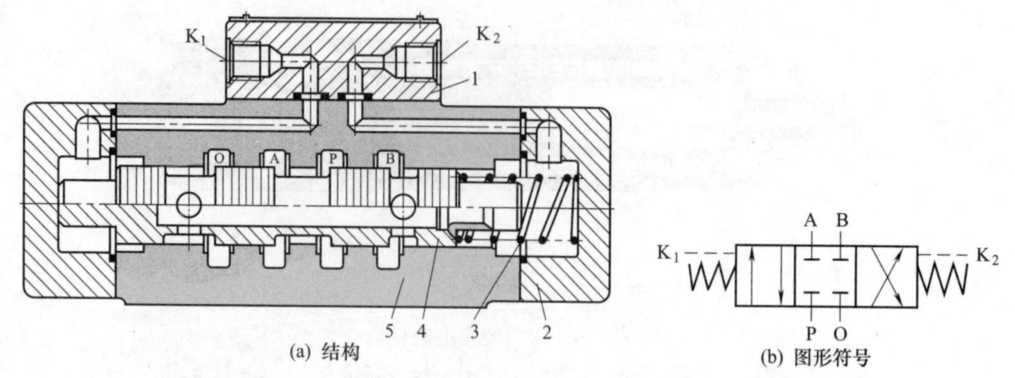

图 3-4-2 2（3）4Y※-B△H-T 型二（三）位四通液动换向阀

1—盖板；2—端盖；3—弹簧；4—阀芯；5—阀体

［例 3-4-3］ 34Y※-B△H-T 型三位四通液动换向阀（联合设计组）（图 3-4-3）

※为滑阀机能；B 表示板式连接；△为通径，如 20、32 等；H 表示压力等级为 31.5MPa；T 表示弹簧对中；安装尺寸不符合国际标准。

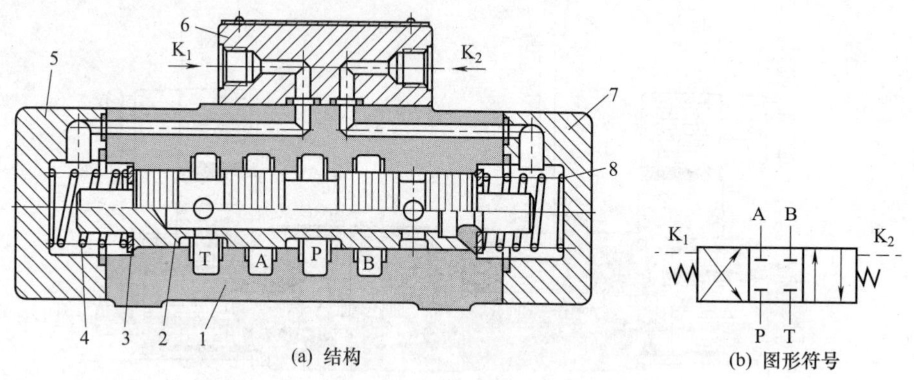

图 3-4-3 34Y※-B△H-T 型三位四通液动换向阀

1—阀体；2—阀芯；3—挡圈；4，8—对中弹簧；5—左端盖；6—顶盖；7—右端盖

［例 3-4-4］ 34Y※-B△H-TZZ 型三位四通带双阻尼调节阀的液动换向阀（图 3-4-4）

型号中各代号意义同例 3-4-3，ZZ 表示带双阻尼。

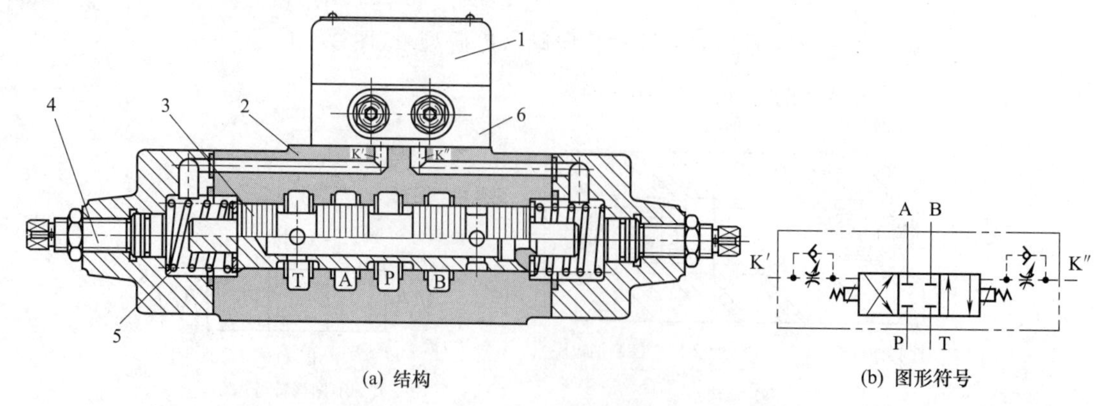

图 3-4-4 34Y※-B△H-TZZ 型三位四通带双阻尼调节阀的液动换向阀

1—盖板；2—阀体；3—阀芯；4—行程调节螺钉；5—对中弹簧；6—双阻尼调节阀（双单向节流阀）

[例 3-4-5]　3（2）4YF3※-E△BZZ 型三（二）位四通液动换向阀（广研 GE 系列）（图 3-4-5）

※为阀芯机能；E 表示压力等级为 16MPa；△为通径代号，有 10、16、20 等，额定流量分别为 80L/min、180L/min、300L/min；B 表示板式；ZZ 表示控制油路带阻尼；安装尺寸符合 ISO 4401-AC-05-4-A、ISO 4401-AD-07-4-A、ISO 4401-AE-08-4-A 标准。

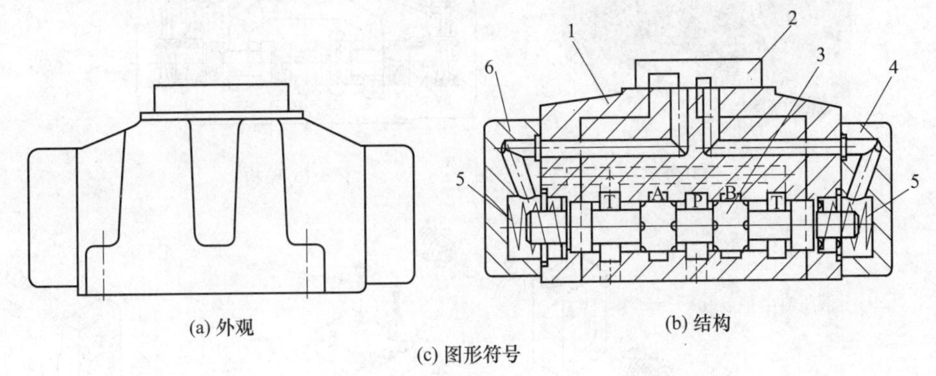

(a) 外观　(b) 结构

(c) 图形符号

图 3-4-5　3（2）4YF3※-E△BZZ 型三（二）位四通液动换向阀

1—阀体；2—顶盖；3—阀芯；4—右盖；5—对中弹簧；6—左盖

[例 3-4-6]　DHG-□-3△型液动换向阀（日本油研、榆次油研）（图 3-4-6）

□为通径代号 04、06、10，分别表示公称通径为 16mm、20mm、30mm；△为弹簧配置形式，C 表示弹簧对中，B 表示弹簧偏置，N 表示无弹簧由机械定位，H 表示液压对中；额定压力为 31.5MPa；额定流量为 300～1100L/min；安装尺寸符合 ISO 4401 标准。

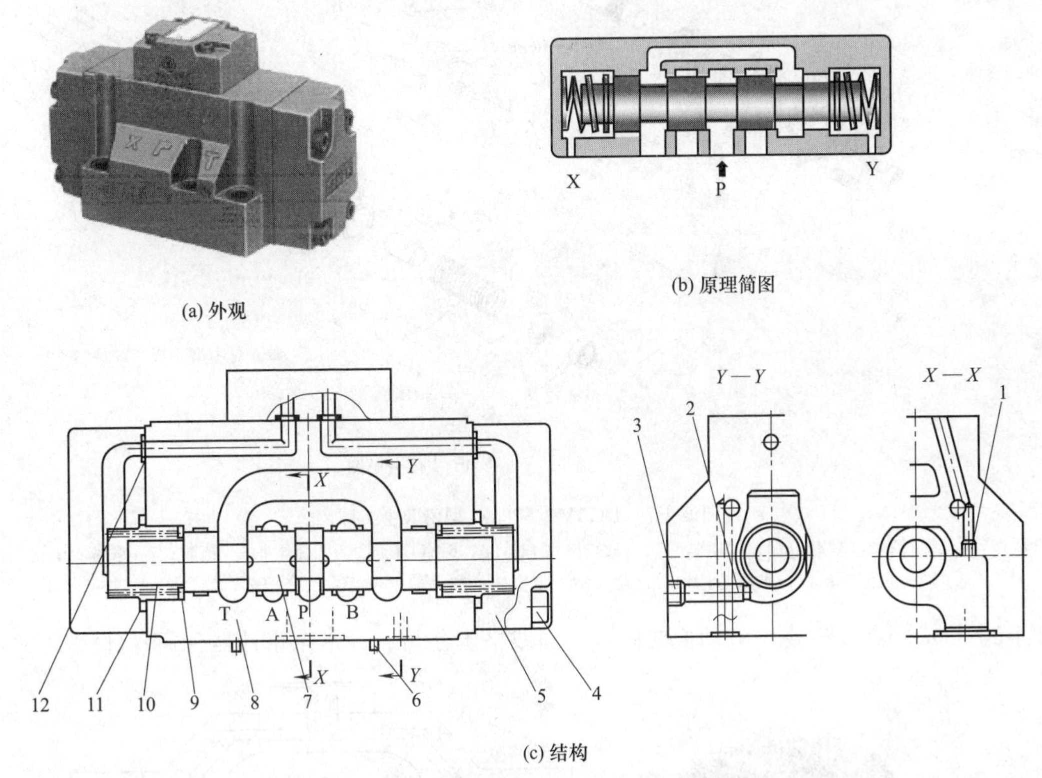

(a) 外观　(b) 原理简图

(c) 结构

图 3-4-6　DHG-□-3△型液动换向阀

1～3—螺塞；4—螺钉；5—盖；6—定位销；7—阀芯；8—阀体；9—垫；10—对中弹簧；11,12—O 形圈

[例 3-4-7]　DG3V-□-※-△型液动换向阀（美国威格士公司、日本东京计器公司）（图 3-4-7）

□为安装面尺寸代号，有 7 或 H8，分别符合 ISO 4401-AD-07-4-A 与 ISO 4401-AE-08-4-A 标准；※为阀的机能代号，如 0、2、33 等；△为弹簧复位对中方式，A、C、D 分别表示弹簧偏置、弹簧对中、液压对中，无标注时为无弹簧；额定压力为 31.5MPa；额定流量 DG3V-7 型为 300L/min，DG3V-H8 型为

700L/min。

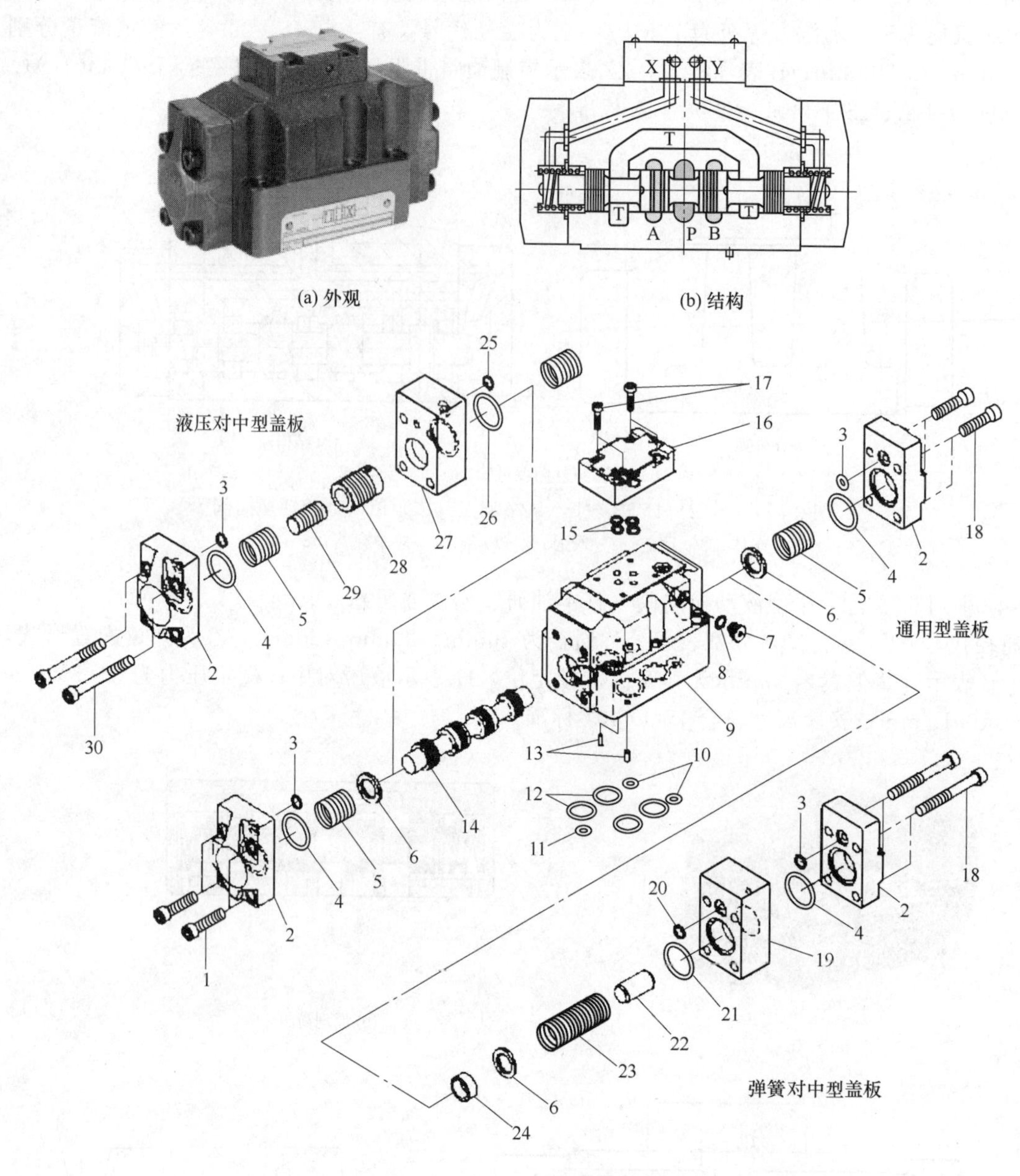

(a) 外观

(b) 结构

(c) 立体分解图

图 3-4-7 DG3V-□-※-△型液动换向阀

1,17,18,30—螺钉；2,19,27—端盖；3,4,8,10～12,15,20,21,25,26—O形圈；5—弹簧；6—挡圈；7—螺塞；9—阀体；13—定位销；14—主阀芯；16—顶盖；22—定位杆；23—偏置弹簧；24—挡环；28,29—柱塞

［例 3-4-8］ DG3S-10-※-△型液动换向阀（美国威格士公司、日本东京计器公司）（图 3-4-8）

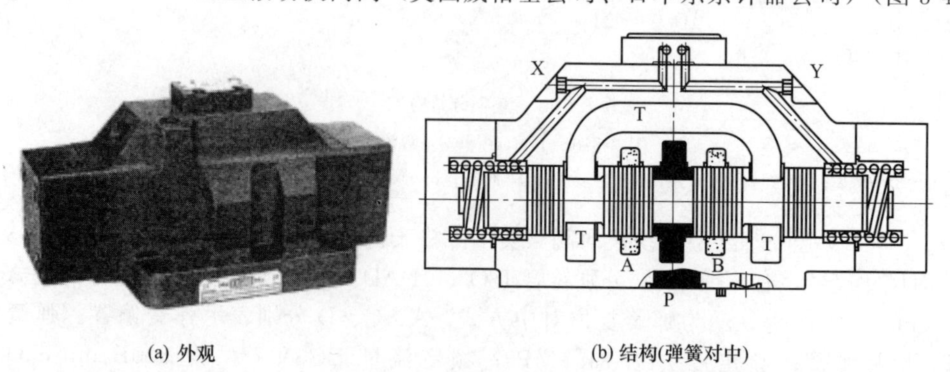

(a) 外观

(b) 结构(弹簧对中)

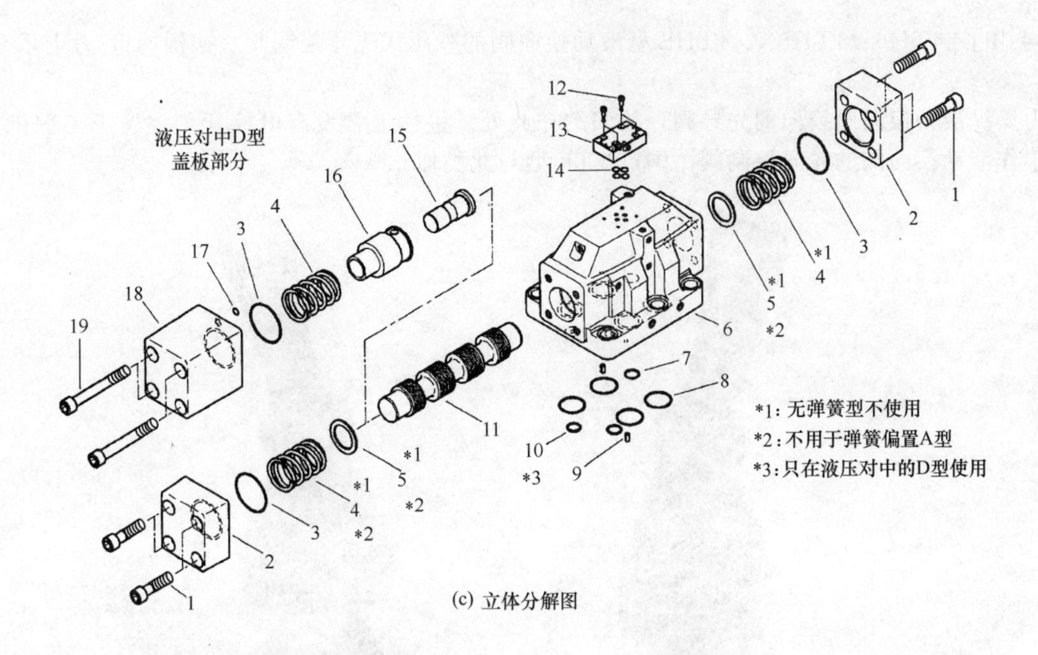

(c) 立体分解图

图 3-4-8 DG3S-10-※-△型液动换向阀

1,12,19—螺钉；2—端盖；3,7,8,10,14,17—O形圈；4—弹簧；5—垫；6—阀体；9—定位销；11—阀芯；13—顶盖；15—柱塞；16—定位套；18—液压对中时左盖

10为安装面尺寸代号，符合ISO 4401-AF-10-4-A标准；※为阀的机能代号，如0、2、33等；△为弹簧复位对中方式，A、C、D分别代表弹簧偏置、弹簧对中、液压对中，无字母为无弹簧；额定压力为21MPa；额定流量为800L/min。

[例 3-4-9] 4WH-※型液动换向阀（德国博世-力士乐公司）（图3-4-9）

※为通径尺寸代号，有10、16、22、25、32等；额定压力为28MPa；额定流量为40～160L/min。

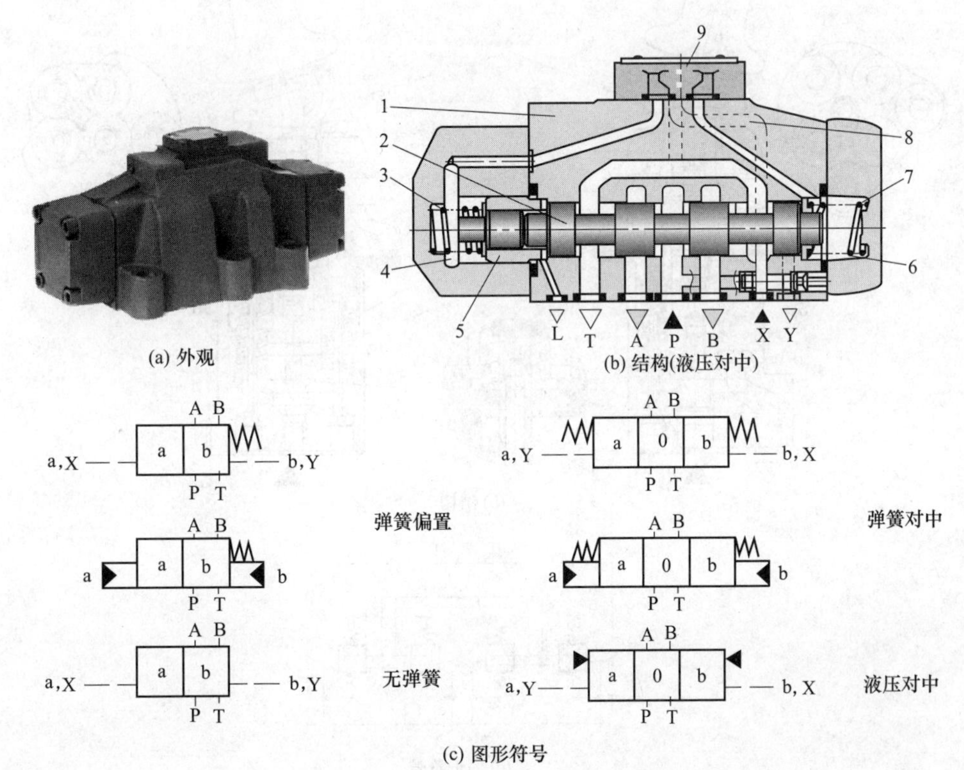

(c) 图形符号

图 3-4-9 4WH-※型液动换向阀

1—阀体；2—阀芯；3,7—复位弹簧；4—左控制油腔；5—主阀芯定位套；6—右控制油腔；8—控制油道；9—顶盖

［例 3-4-10］ 4TH6、4TH6N、4THS型液动换向阀的减压式先导控制阀（德国博世-力士乐公司）（图3-4-10）

此阀为操纵液动换向阀换向的先导阀，故归纳在此处。手柄上常设有电控开关，设于工程机械驾驶室内，常用于作液动换向阀的先导控制阀。国产STL型与此类似。

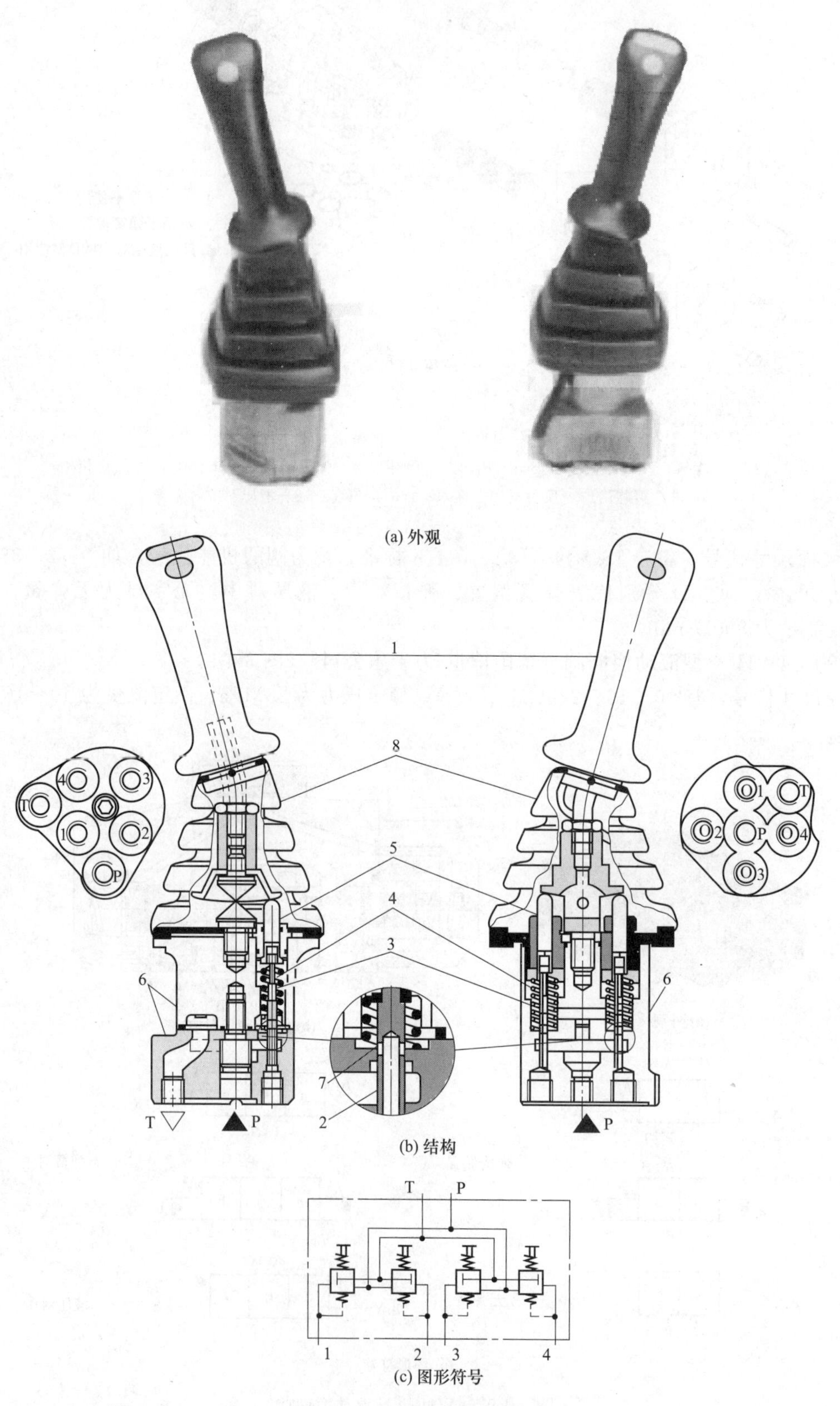

(a) 外观

(b) 结构

(c) 图形符号

图 3-4-10 4TH6、4TH6N、4THS型液动换向阀的减压式先导控制阀

1—手柄；2—控制阀芯；3—控制弹簧；4—复位弹簧；5—柱塞；6—阀体；7—控制孔；8—保护罩

［例 3-4-11］ WN 型和 WP 型气动控制与 WHD 型液压控制换向阀（德国博世-力士乐公司、日本内田油压公司）（图 3-4-11）

额定压力为 31.5MPa；T 口允许背压为 16MPa；WN 型控制压力为 0.15～0.6MPa，WP 型控制压力为 0.45～1.2MPa；安装尺寸符合 ISO 4401 标准。

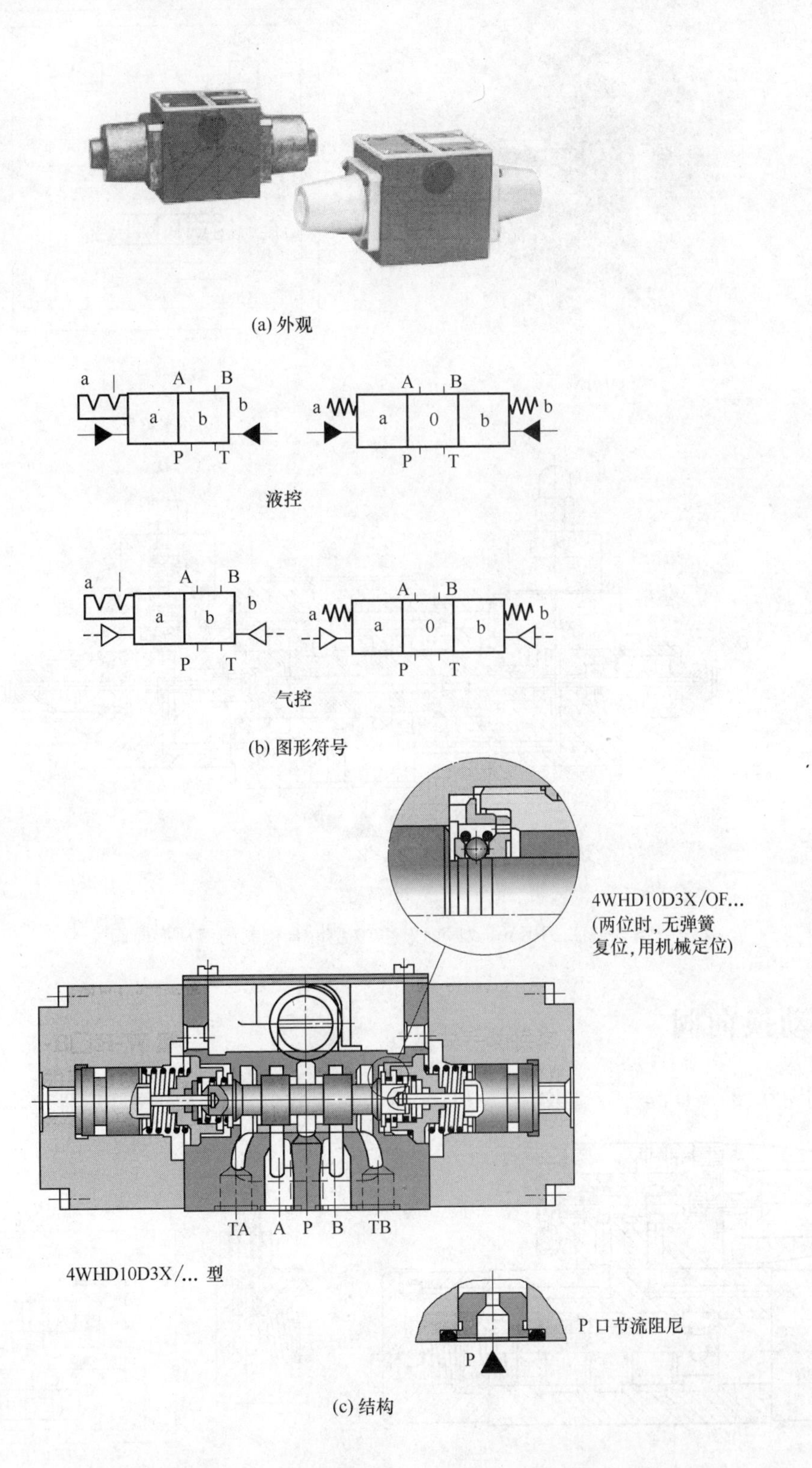

图 3-4-11 WN 型和 WP 型气动控制与 WHD 型液压控制换向阀

［例 3-4-12］ PKV-6 型和 PKV-10 型混合控制的液动换向阀（波兰公司）（图 3-4-12）

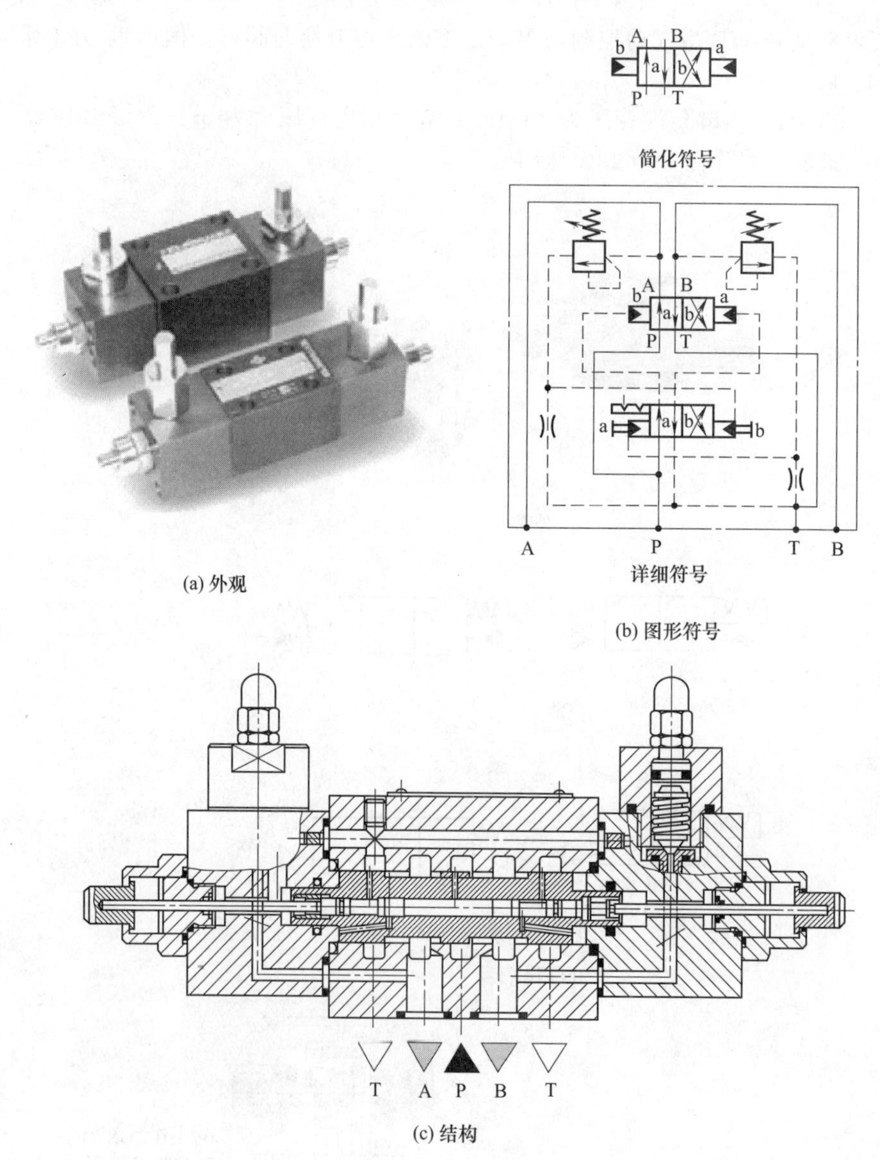

(a) 外观

(b) 图形符号

(c) 结构

图 3-4-12 PKV-6 型和 PKV-10 型混合控制的液动换向阀

3-5 电液动换向阀

［例 3-5-1］ 2（3）4DY-※BZ 型交流二（三）位四通板式电液动换向阀（广研型）（图 3-5-1）

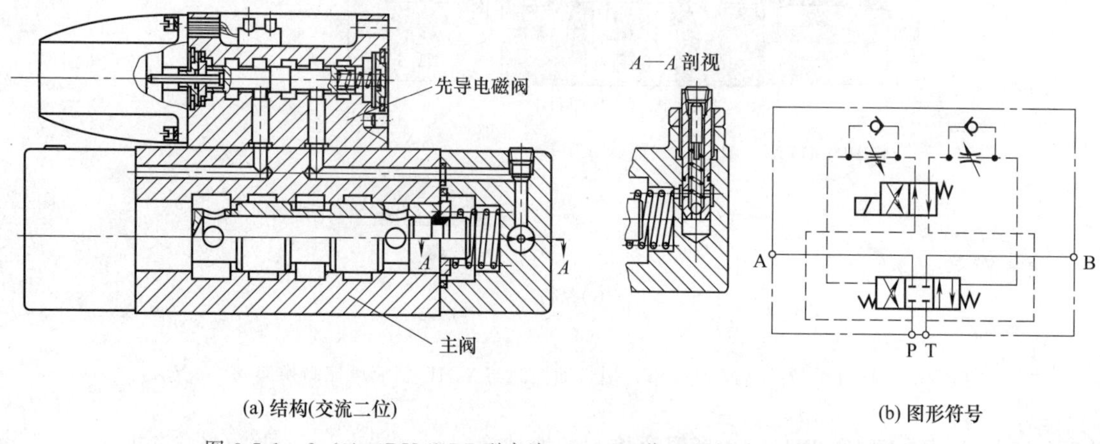

(a) 结构(交流二位)

(b) 图形符号

图 3-5-1 2（3）4DY-※BZ 型交流二（三）位四通板式电液动换向阀

※为额定流量，有 63L/min、100L/min、160L/min 等；无 B 时表示管式；额定压力为 6.3MPa；安装尺寸不符合国际标准。

[例 3-5-2] 2（3）4EY-※BZ 型直流二（三）位四通板式电液动换向阀（广研型）（图 3-5-2）

※为额定流量，有 63L/min、100L/min、160L/min 等；无 B 时表示管式；额定压力为 6.3MPa；安装尺寸不符合国际标准。

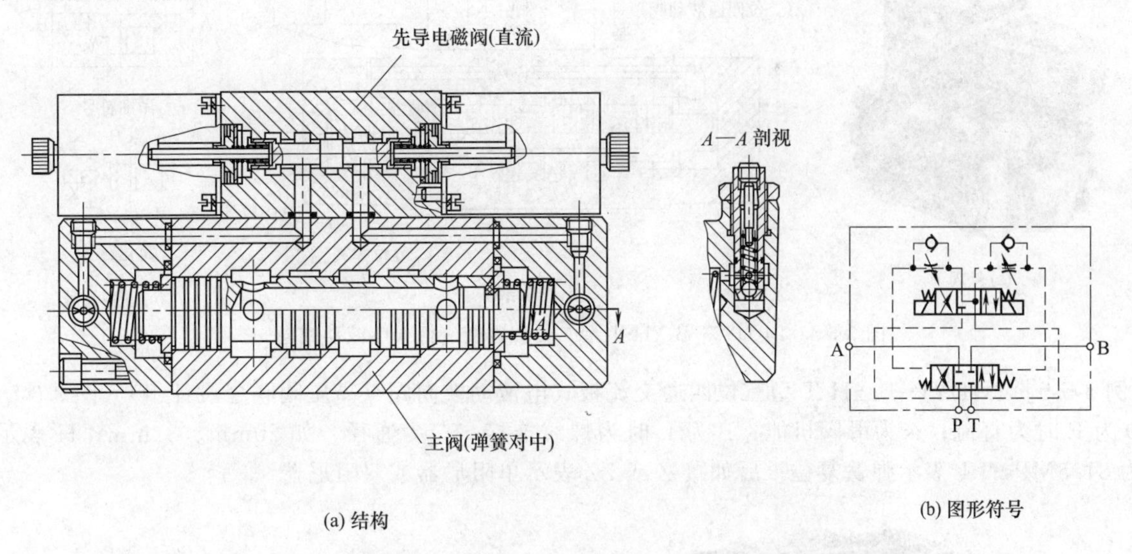

图 3-5-2 2（3）4DY-※BZ 型直流二（三）位四通板式电液动换向阀

[例 3-5-3] 23DY※-B△H-T 型二位三通交流板式电液动换向阀（高压阀联合设计组）（图 3-5-3）

D 表示交流，D 为 E 时为直流；※为滑阀机能；B 为 L 时为螺纹连接；△为通径，如 20mm、32mm；H 表示压力等级为 31.5MPa；T 表示弹簧复位，后如接 Z 表示带阻尼器。

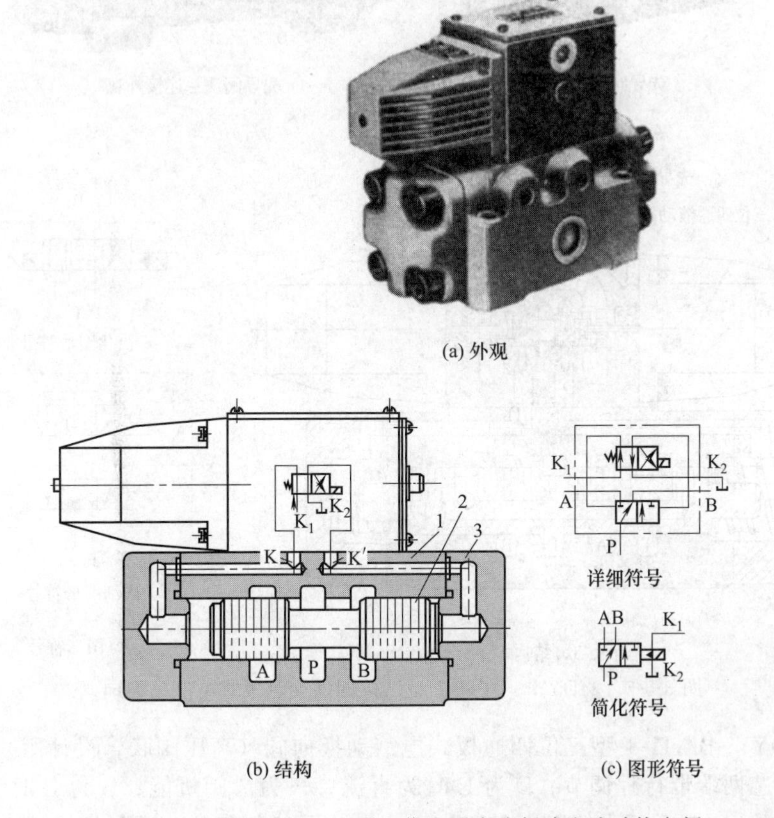

图 3-5-3 23DY※-B△H-T 型二位三通交流板式电液动换向阀

1—阀体；2—阀芯；3—端盖

［例 3-5-4］ 24 DY※-B△H-T 型二位四通交流板式电液动换向阀（高压阀联合设计组）（图 3-5-4）

型号中各代号意义同例 3-5-3。

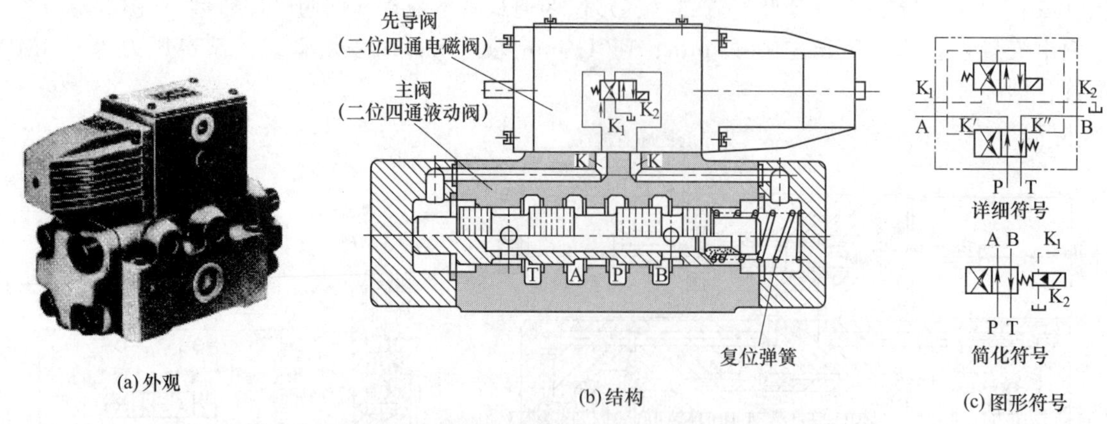

(a) 外观 (b) 结构 (c) 图形符号

图 3-5-4 24 DY※-B△H-T 型二位四通交流板式电液动换向阀

［例 3-5-5］ 34DY※-B△H-T 型三位四通交流板式电液动换向阀（高压阀联合设计组）（图 3-5-5）

D 为 E 时为直流；※为滑阀机能；B 为 L 时为螺纹连接；△为通径，如 20mm、32mm；H 表示压力等级为 31.5MPa；T 表示弹簧复位；后如接 Z 或 ZZ 表示单阻尼器或双阻尼器。

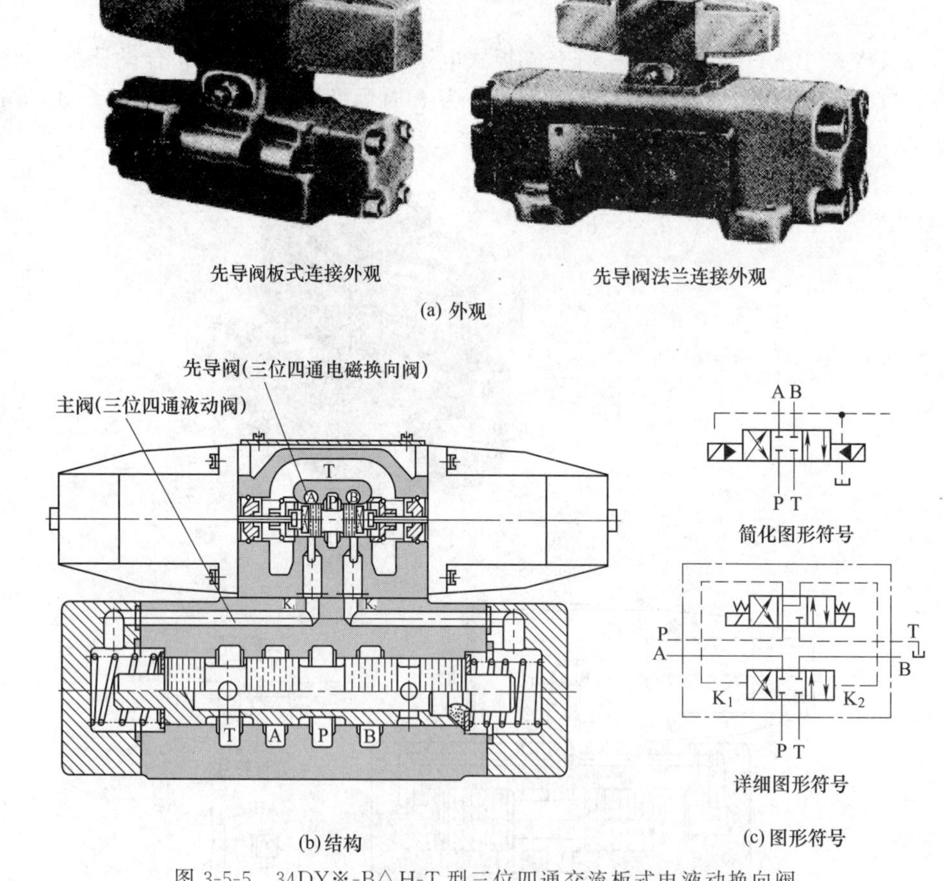

(b) 结构 (c) 图形符号

图 3-5-5 34DY※-B△H-T 型三位四通交流板式电液动换向阀

［例 3-5-6］ 34DY※-B△H-T 型三位四通板式电液动换向阀（高压阀联合设计组）（图 3-5-6）

结构特点为主阀芯两端带行程调节。D 为 E 时为直流；※为滑阀机能；B 为 L 时为螺纹连接；△为通径，如 20mm、32mm；H 表示压力等级为 31.5MPa；T 表示弹簧复位；后如接 Z 或 ZZ 表示单阻尼器或双阻尼器。

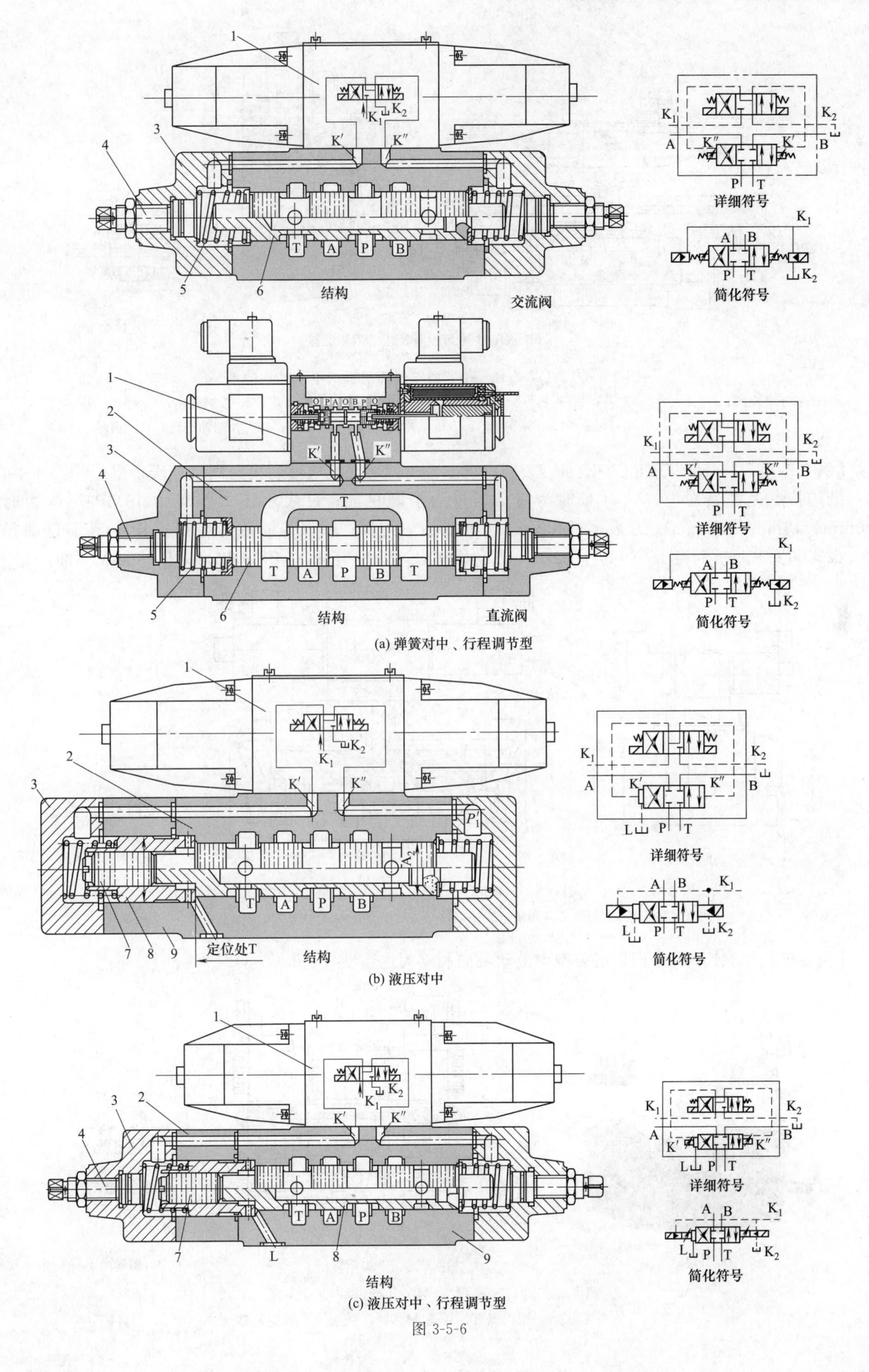
1
3
4
5
6
K′
K″
K1
K2
T
A
P
B
结构
交流阀
详细符号
简化符号
2
直流阀
(a) 弹簧对中、行程调节型
7
8
9
定位处T
L
(b) 液压对中
(c) 液压对中、行程调节型

图 3-5-6

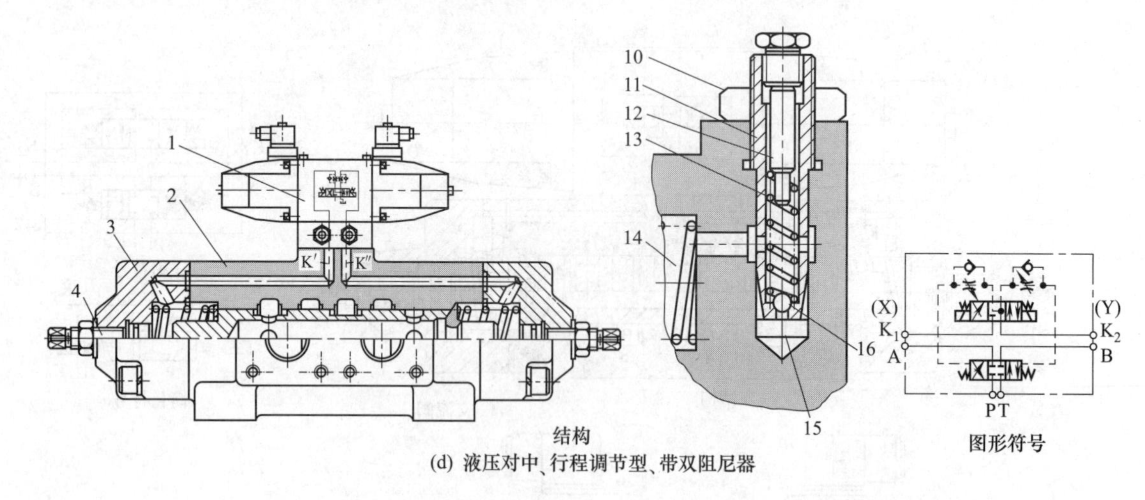

(d) 液压对中、行程调节型、带双阻尼器

图 3-5-6 34DY※-B△H-T 型三位四通板式电液动换向阀

1—先导电磁阀；2—主阀；3—左盖；4—阀芯行程调节螺钉；5—对中弹簧；6—主阀芯；7—控制柱塞；8—缸套；9—中盖；10—锁紧螺母；11—可调阀芯；12—调节杆；13—压紧弹簧；14—控侧容腔；15—控制油进口；16—钢球

［例 3-5-7］ 3（2）4DYF3※-E△B-ZZ 型三（二）位四通交流电液动换向阀（广研新型）（图 3-5-7）

结构特点为弹簧对中。D 为 E 时为直流；※为滑阀机能；E 表示压力等级为 16MPa；△为通径（10mm、16mm 或 20mm）；B 表示板式；ZZ 表示带双阻尼器；最低控制压力为 0.6MPa；流量随通径而定；板式阀安装尺寸符合 ISO 4401-AC-05-4-A、ISO 4401-AD-07-4-A、ISO 4401-AE-08-4-A 标准。

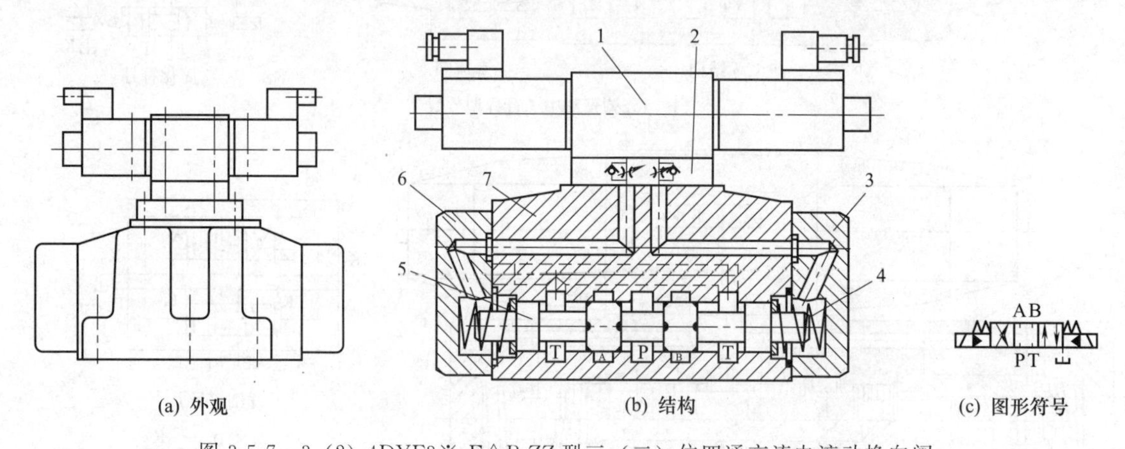

图 3-5-7 3（2）4DYF3※-E△B-ZZ 型三（二）位四通交流电液动换向阀

1—先导电磁阀；2—双单向节流阀块；3—右盖；4—对中弹簧；5—主阀芯；6—左盖；7—主阀体

［例 3-5-8］ 34EY※□-F10B-ZZ 型电液动换向阀（大连新型）（图 3-5-8）

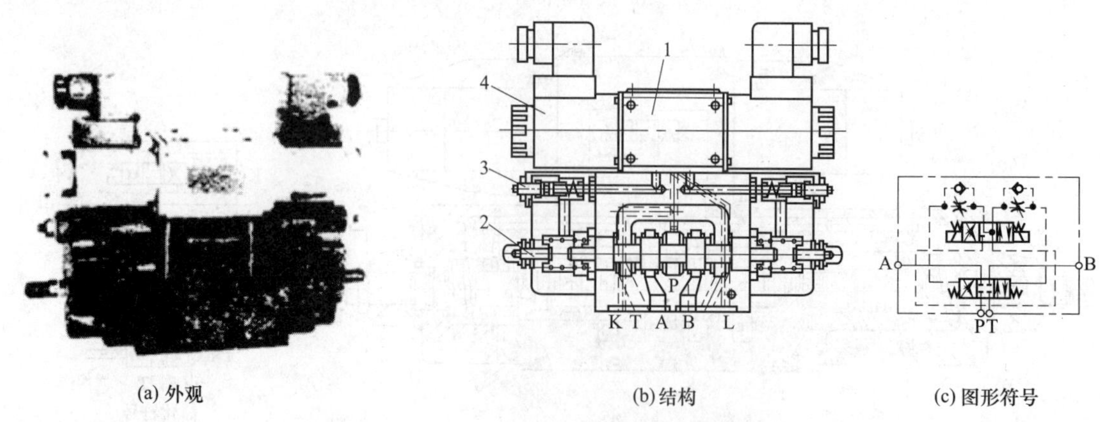

图 3-5-8 34EY※□-F10B-ZZ 型电液动换向阀

1—先导阀；2—限位螺钉；3—阻尼螺钉；4—直流湿式电磁铁

结构特点为弹簧对中。※为滑阀机能代号；□为结构代号，1 表示机加工流道，无 1 时为铸造流道；F 表示公称压力为 20MPa；10 表示通径；B 表示板式；ZZ 表示带双阻尼器。主阀上带有阻尼螺钉，以调节阀芯移动速度；主阀上有限位螺灯，以调节主阀芯开口量。连接尺寸符合 ISO 4401-AC-05-4-A 标准。

［例 3-5-9］ 34EY※□-F16B-ZZ 型电液动换向阀（大连新型）（图 3-5-9）

结构特点为弹簧对中。※为滑阀机能代号；口为结构代号，1 表示机加工流道，无 1 时为铸造流道；F 表示公称压力为 20MPa；16 表示通径；B 表示板式；ZZ 为带双阻尼器。主阀上带有阻尼螺钉，以调节阀芯移动速度；主阀上有限位螺灯，以调节主阀芯开口量。连接尺寸符合 ISO 4401-AD-07-4-A 标准。

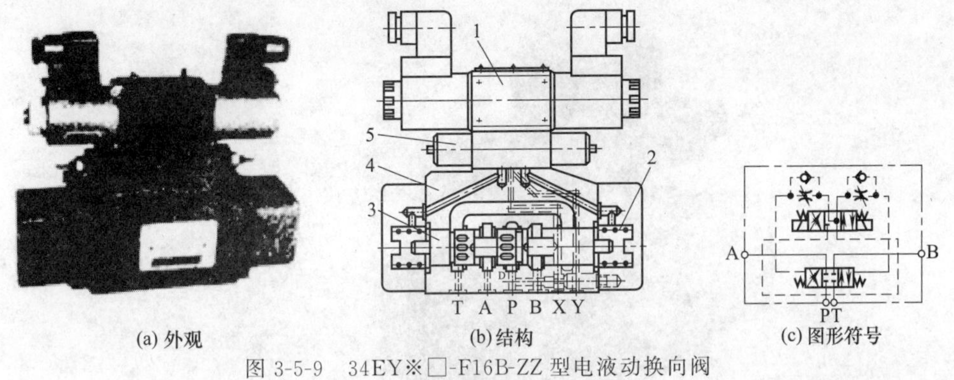

图 3-5-9 34EY※□-F16B-ZZ 型电液动换向阀

1—先导阀；2—对中弹簧；3—阀芯；4—主阀；5—阻尼器

［例 3-5-10］ DSHG-01-3（2）△※型三（二）位电液动换向阀（日本油研公司、中国榆次油研公司）（图 3-5-10）

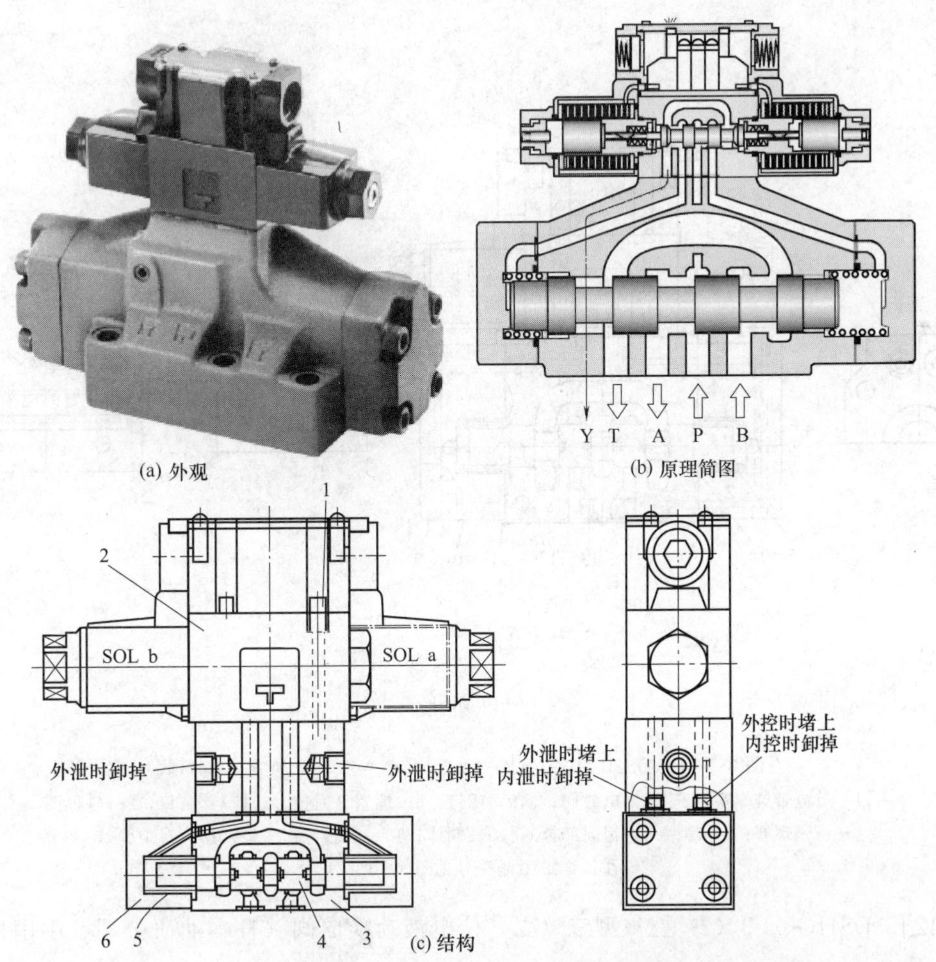

图 3-5-10 DSHG-01-3（2）△※型三（二）位电液动换向阀

1—内六角螺钉；2—先导阀（电磁阀）；3—主阀（液动阀）；4—主阀阀芯；5—对中弹簧；6—阀体

注：详细图形符号见图 3-5-13（b）。

01为通径代号，表示公称通径为6mm；△为弹簧配置形式（C表示弹簧对中，B表示弹簧偏置，N表示无弹簧由机械定位，H表示液压对中）；※为滑阀机能代号；额定压力为21MPa、25MPa、31.5MPa；安装尺寸符合ISO 4401标准。

［例3-5-11］ DSHG-03-3（2）△※型三（二）位电液动换向阀（日本油研公司、中国榆次油研公司）（图3-5-11）

03表示公称通径为10mm；其余同DSHG-01-3（2）△※型。

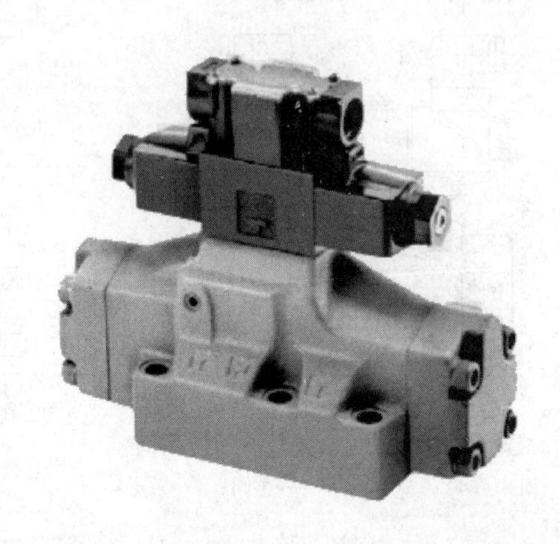

(a) 外观

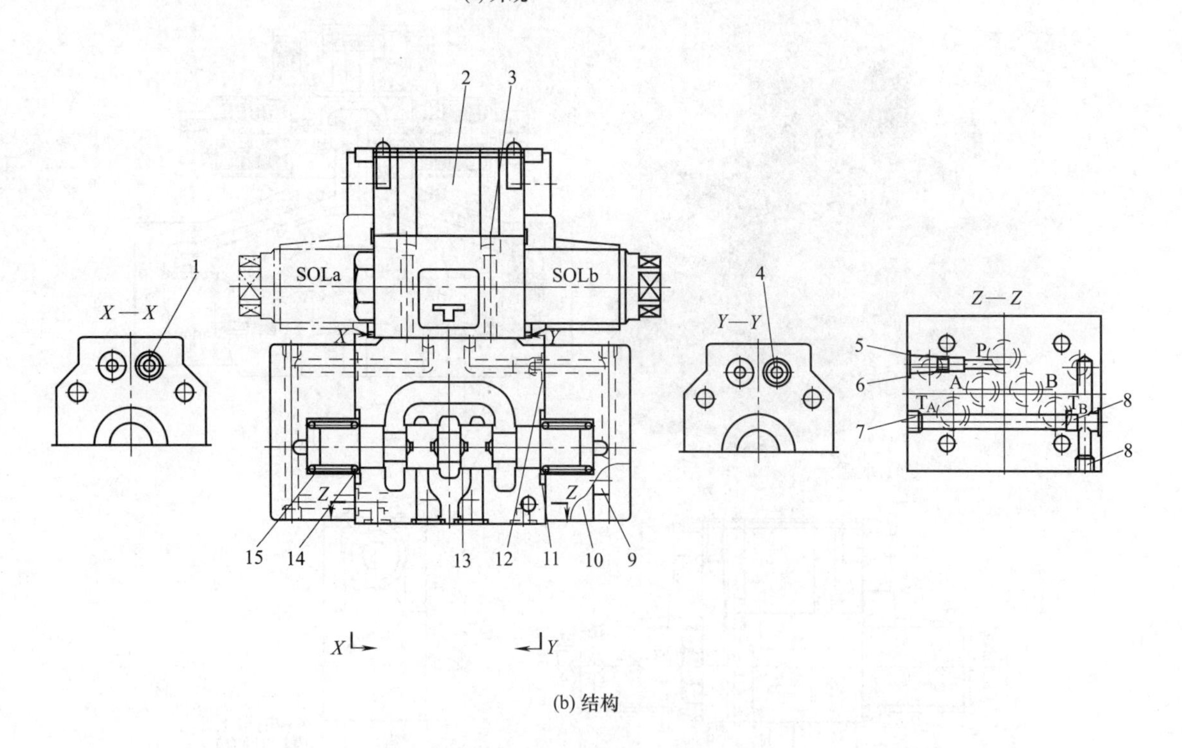

(b) 结构

图3-5-11 DSHG-03-3（2）△※型三（二）位电液动换向阀

1，4—节流带锥螺塞；2—先导电磁阀；3，9—螺钉；5—螺塞（内控时卸掉）；6，11，12—O形圈；7—螺塞；8—螺塞（内泄时卸掉）；10—阀体；13—阀芯；14—垫；15—对中弹簧

注：详细图形符号见图3-5-13（b）。

［例3-5-12］ DSHG-04-3（2）△※型三（二）位电液动换向阀（日本油研公司、中国榆次油研公司）（图3-5-12）

04表示公称通径为16mm；其余同DSHG-01-3（2）△※型。

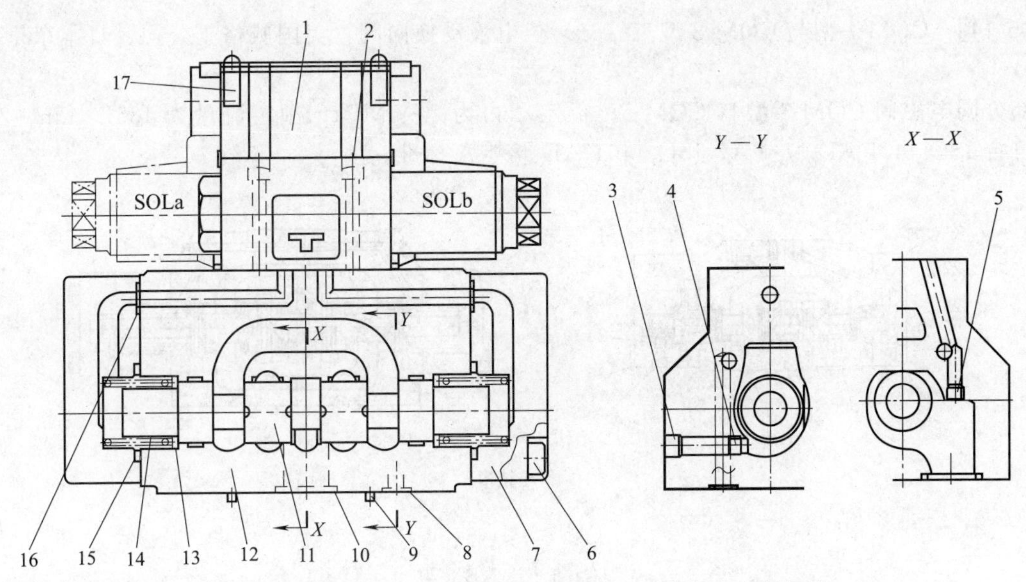

图 3-5-12 DSHG-04-3（2）△※型三（二）位电液动换向阀

1—先导电磁阀；2,6—螺钉；3—螺塞；4—螺塞（内泄时卸掉）；5—螺塞（内控时卸掉）；7—盖；8,10,15,16—O形圈；9—定位销；11—阀芯；12—阀体；13—垫；14—对中弹簧；17—指示灯

注：详细图形符号见图 3-5-13（b）。

［例 3-5-13］ DSHG-06-3（2）△※型和 DSHG-10-3（2）△※型三（二）位电液动换向阀（日本油研公司、中国榆次油研公司）（图 3-5-13）

06 和 10 分别表示公称通径为 20mm 和 30mm；其余同 DSHG-01-3（2）△※型。

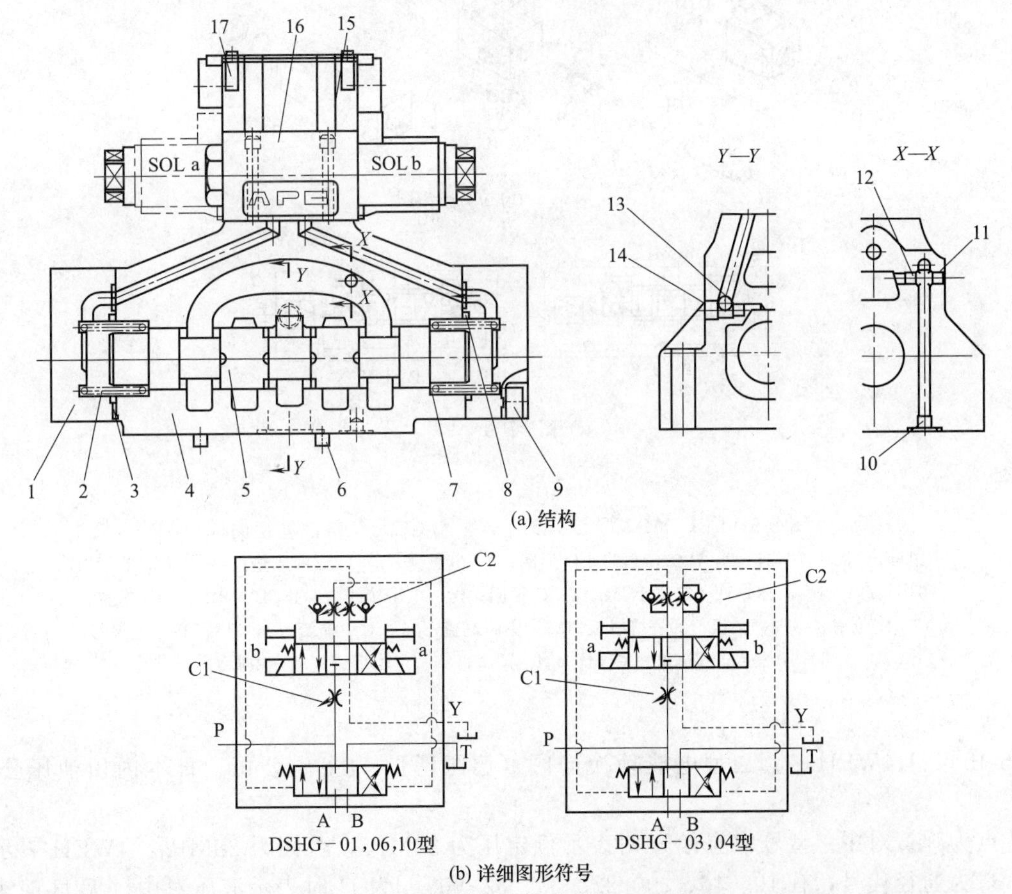

(b) 详细图形符号

图 3-5-13 DSHG-06-3（2）△※型和 DSHG-10-3（2）△※型三（二）位电液动换向阀

1—盖；2—对中弹簧；3,8—O形圈；4—阀体；5—阀芯；6—定位销；7—垫；9,15—螺钉；10—螺塞（外泄时卸掉）；11,14—螺塞；12—螺塞（内泄时卸掉）；13—螺塞（内控时卸掉）；16—先导电磁阀；17—指示灯

［例 3-5-14］ COM-7 型与 COM-8 型三（二）位电液动换向阀（美国威格士公司、日本东京计器公司）（图 3-5-14）

先导部分同电磁阀 COM-3 型与 COM-5；额定压力为 24.5MPa；额定流量为 135L/min、250L/min；安装尺寸符合 ISO 4401-AD-07-4-A、ISO 4401-AE-08-4-A 标准。

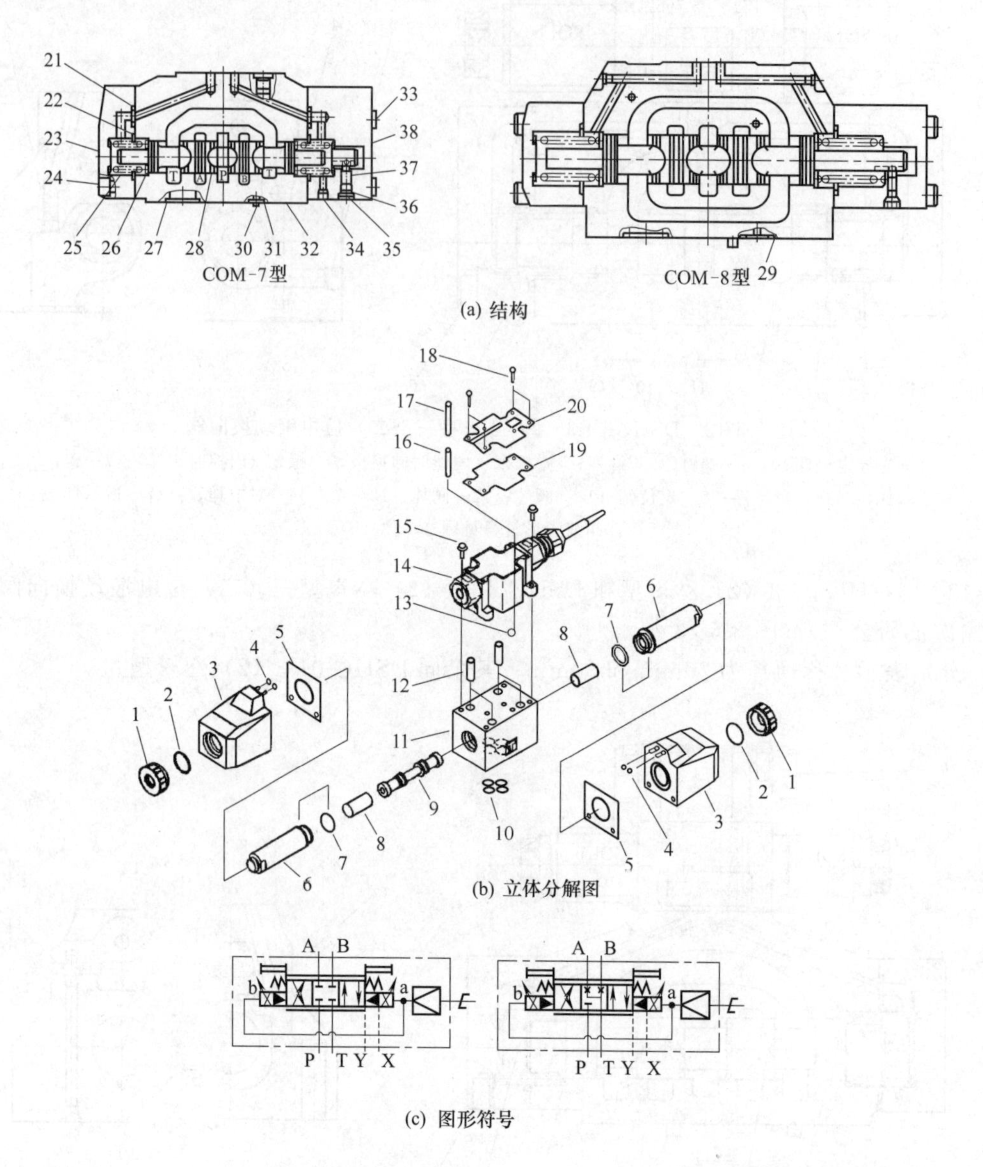

图 3-5-14 COM-7 型与 COM-8 型三（二）位电液动换向阀

1—锁母；2,4,7,10,21,22,27,29,31,36—O 形圈；3—电磁铁；5—O 形圈或垫；6—铁芯；8—推杆；9—阀芯；11—阀体；12—定位小套；13—O 形圈；14—电子接线盒；15,17,18,24,33—螺钉；16—定位销套；19—垫板；20—接线板；23—主阀左盖；25—对中弹簧；26—垫；28—主阀芯；30,37—定位销；32—主阀体；34—闷头；35—定位螺钉；38—主阀右盖

［例 3-5-15］ H4WEH※□△型电液动换向阀（德国博世-力士乐公司、日本内田油压公司）（图 3-5-15）

结构特点为弹簧对中。型号中前有 H 时表示额定压为 35MPa，否则为 28MPa；4WEH 表示四通电液动换向阀；※为通径代号；有 10、16、20、22、25、32 等；□为 H 时表示液压对中，无 H 时表示弹簧对中；△为机能代号；额定流量至 1100L/min。

［例 3-5-16］ 4WEH…H 型液压对中式电液动换向阀（德国博世-力士乐公司、日本内田油压公司）

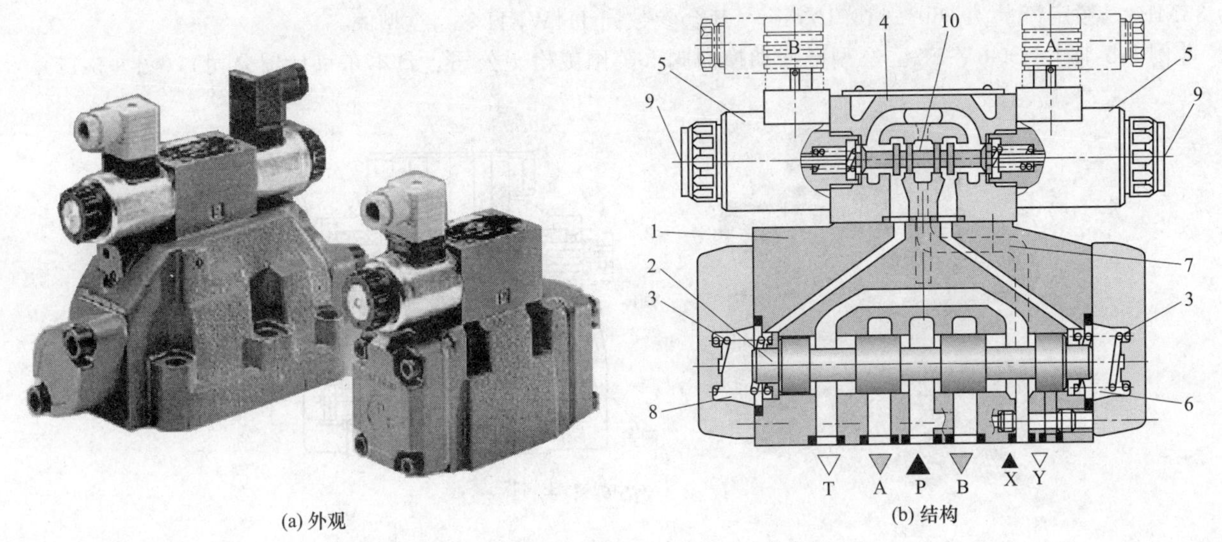

(a) 外观

(b) 结构

图 3-5-15 H4WEH※□△型电液动换向阀

1—主阀体；2—主阀芯；3—主阀芯对中弹簧；4—先导电磁阀阀体；5—电磁铁；6—右盖；7—外控油道；8—左盖；9—锁母；10—电磁阀阀芯

(图 3-5-16)：结构特点为定位套使阀芯中位，弹簧只起复位作用。外观同 H4WEH※□△型阀；额定压力

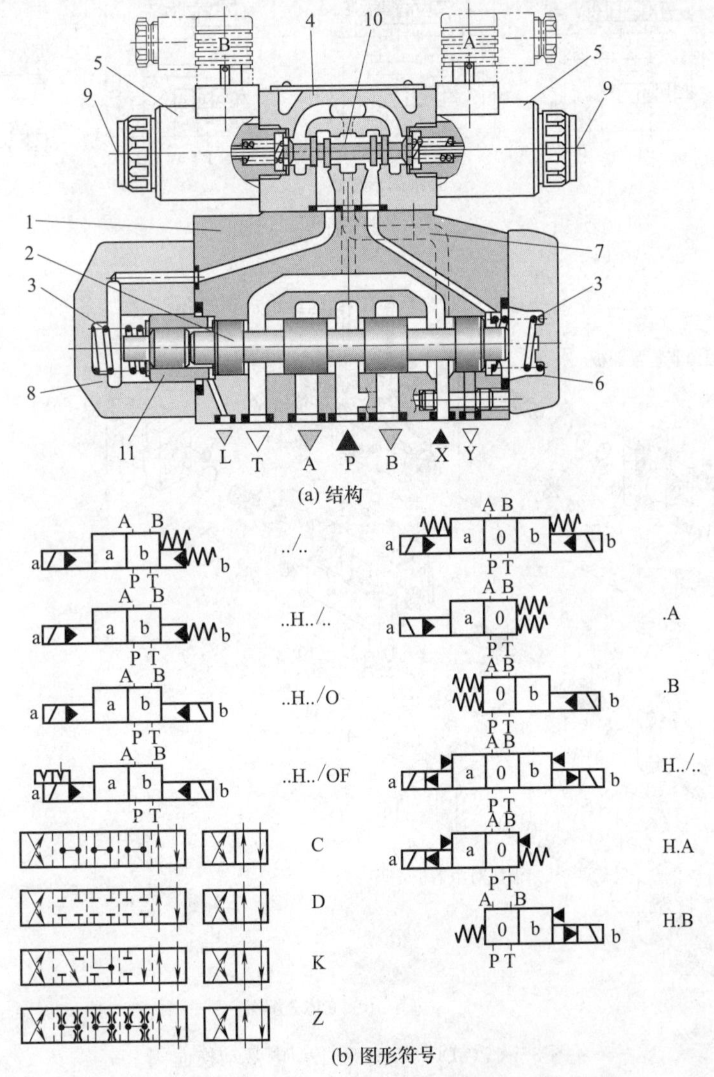

(a) 结构

(b) 图形符号

图 3-5-16 4WEH…H 型液压对中式电液动换向阀

1—主阀体；2—主阀芯；3—对中弹簧；4—先导电磁阀阀体；5—电磁铁；6—右盖；7—外控油道；8—左盖；9—锁母；10—电磁阀阀芯；11—定位套

为 35MPa；额定流量为 160～1100L/min；其余参数同 H4WEH※□△型阀。

［例 3-5-17］ DG5V-※-□△型电液动换向阀（美国威格士公司、日本东京计器公司）（图 3-5-17）

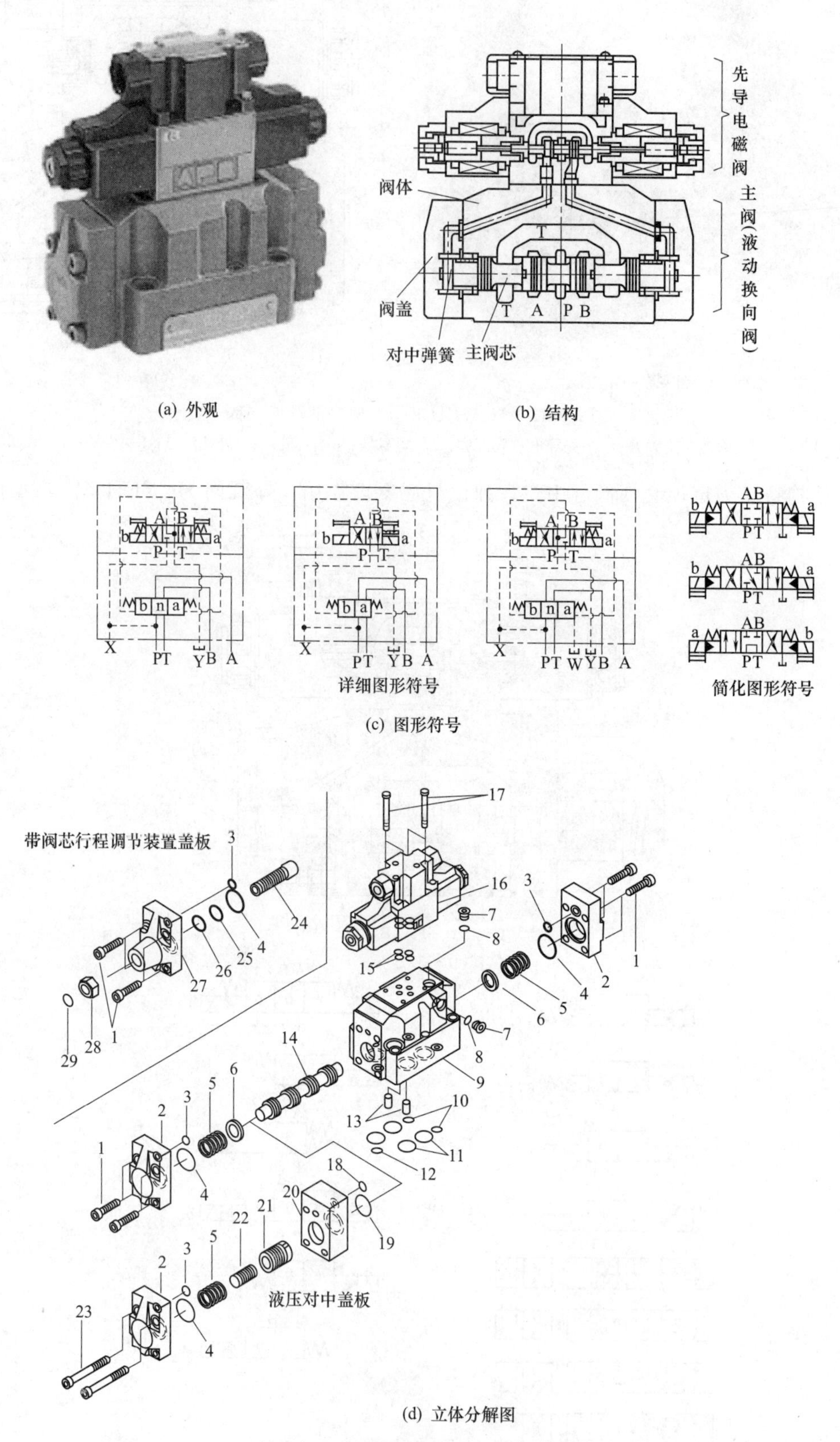

图 3-5-17 DG5V-※-□△型电液动换向阀

1,17,23—螺钉；2,20,27—端盖；3,4,8,10～12,15,18,19,25,26—O 形圈；5—弹簧；6—挡圈；7—螺塞；9—阀体；13—定位销；14—主阀芯；16—先导电磁阀；21,22,24—柱塞；28—锁母；29—弹簧卡圈

※为通径代号 7 或 H8，对应额定流量分别为 300L/min 和 700L/min，安装尺寸分别符合 ISO 4401-AD-01-4-A 和 ISO 401-AE-08-4-A 标准；□为阀芯机能代号；△为弹簧控制方式代号 A、B、C、D 与 N 等，分别表示弹簧偏置 a（两位）、弹簧偏置 b（两位）、弹簧对中（三位）、液压对中（三位）与无弹簧机械定位五种。

［例 3-5-18］ DG5S-10□△型电液动换向阀（美国威格士公司、日本东京计器公司）（图 3-5-18）

10mm 通径；额定流量为 800L/min；安装尺寸符合 ISO 4401-AF-10-4-A 标准；□为阀芯机能代号（见图形符号与型号表）；△为弹簧控制方式。

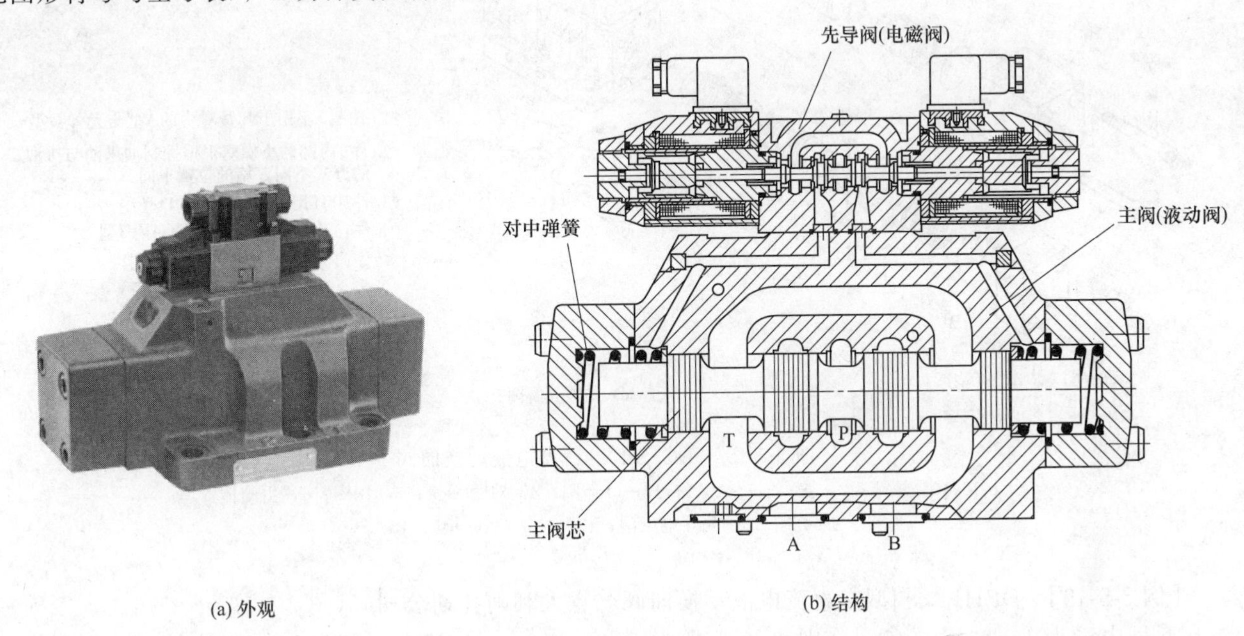

(a) 外观　　(b) 结构

中位机能	型号及图形符号 三位 弹簧对中 C	型号及图形符号 三位 液压对中 D	过渡位置机能	型号及图形符号 二位 弹簧偏置 A	型号及图形符号 二位 弹簧偏置 AL	型号及图形符号 二位 无弹簧(机械定位) N
0	DG5S-10-0C	DG5S-10-0D	0	DG5S-10-0A	DG5S-10-0AL	DG5S-10-0N
2	DG5S-10-2C	DG5S-10-2D	2	DG5S-10-2A	DG5S-10-2AL	DG5S-10-2N
3	DG5S-10-3C	DG5S-10-3D	6	DG5S-10-6A	DG5S-10-6AL	DG5S-10-6N
4	DG5S-10-4C	DG5S-10-4D	9	DG5S-10-9A	DG5S-10-9AL	DG5S-10-9N
6	DG5S-10-6C	DG5S-10-6D				
8	DG5S-10-8C	DG5S-10-8D				
9	DG5S-10-9C	DG5S-10-9D				
33	DG5S-10-33C	DG5S-10-33D				

(c) 图形符号与型号表

图 3-5-18

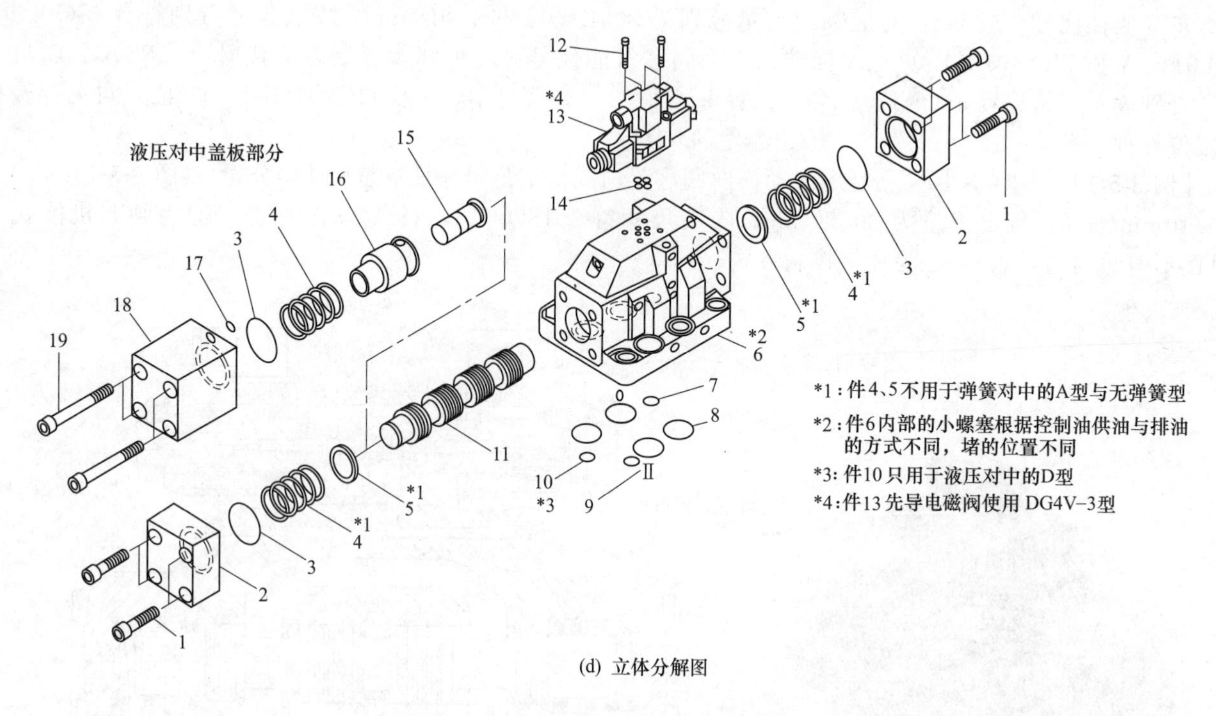

(d) 立体分解图

图 3-5-18　DG5S-10□△型电液动换向阀

1,12,19—螺钉；2—盖；3,7～10,14,17—O形圈；4—对中弹簧；5—挡圈；6—主阀体；11—主阀芯；13—先导电磁阀；15—柱塞；16—套；18—阀盖

［例 3-5-19］ DPHI-※□型交直流电液动换向阀（意大利阿托斯公司）（图 3-5-19）

型号中※为 1、2、3 或 6；分别表示通径为 6mm、10mm、25mm、32mm，额定流量分别为 160、300、650、1000L/min，安装尺寸分别符合 ISO 4401-AC-05-4-A、ISO 4401-AD-07-4-A、ISO 4401-AE-08-4-A 或 ISO 4401-AF-10-4-A 标准；□为弹簧控制方式代号，有 61（单电磁铁、中位加端位、弹簧对中）、63（单电磁铁、2 端位、弹簧复位）、67（单电磁铁、中位加端位、弹簧复位）、70（双电磁铁、2 端位、无弹簧）、71（双电磁铁、三位、弹簧对中）或 75（双电磁铁、2 端位、带定位）；额定压力为 35MPa。

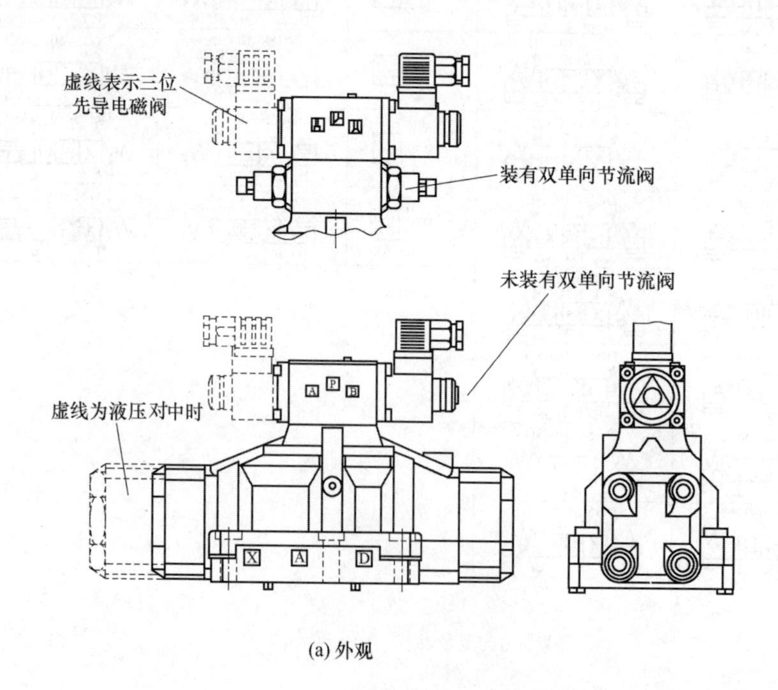

(a) 外观

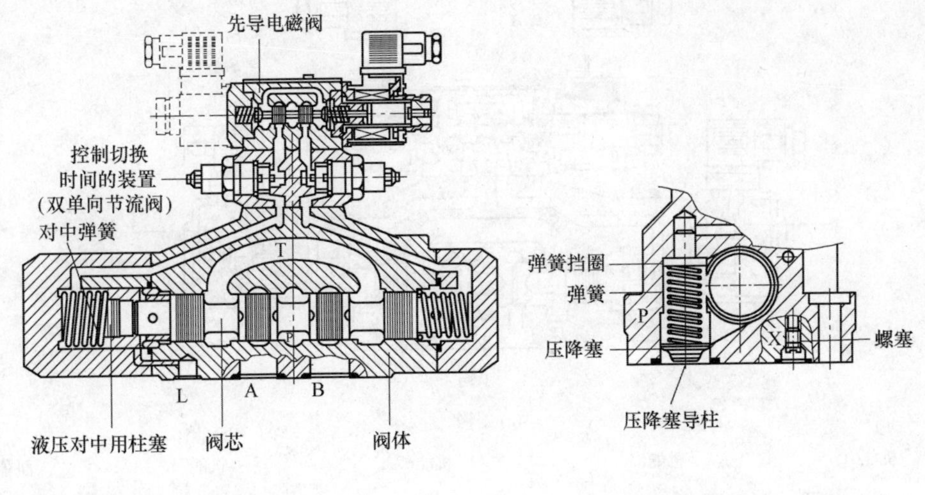

(b) 结构

(c) 先导压力发生器(装于P口或T口)

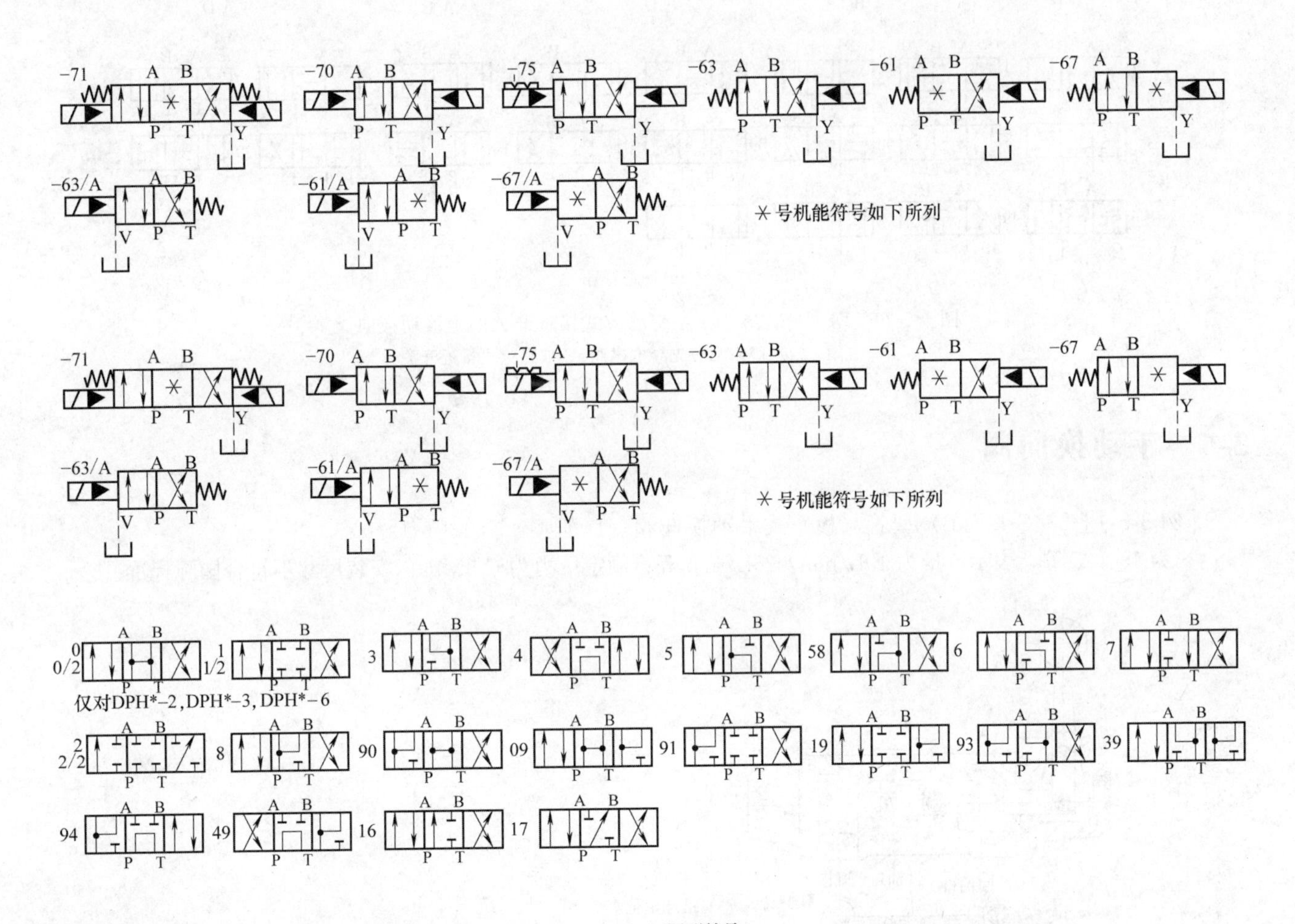

(d) 图形符号

图 3-5-19 DPHI-※□型交直流电液动换向阀

[例 3-5-20] DPHI-271※/F1 型带感应式接近开关的电液动换向阀（意大利阿托斯公司）（图 3-5-20）

结构特点为安装有能输出反映阀芯位置状态电信号的感应式接近开关。安装尺寸、额定压力等同上。

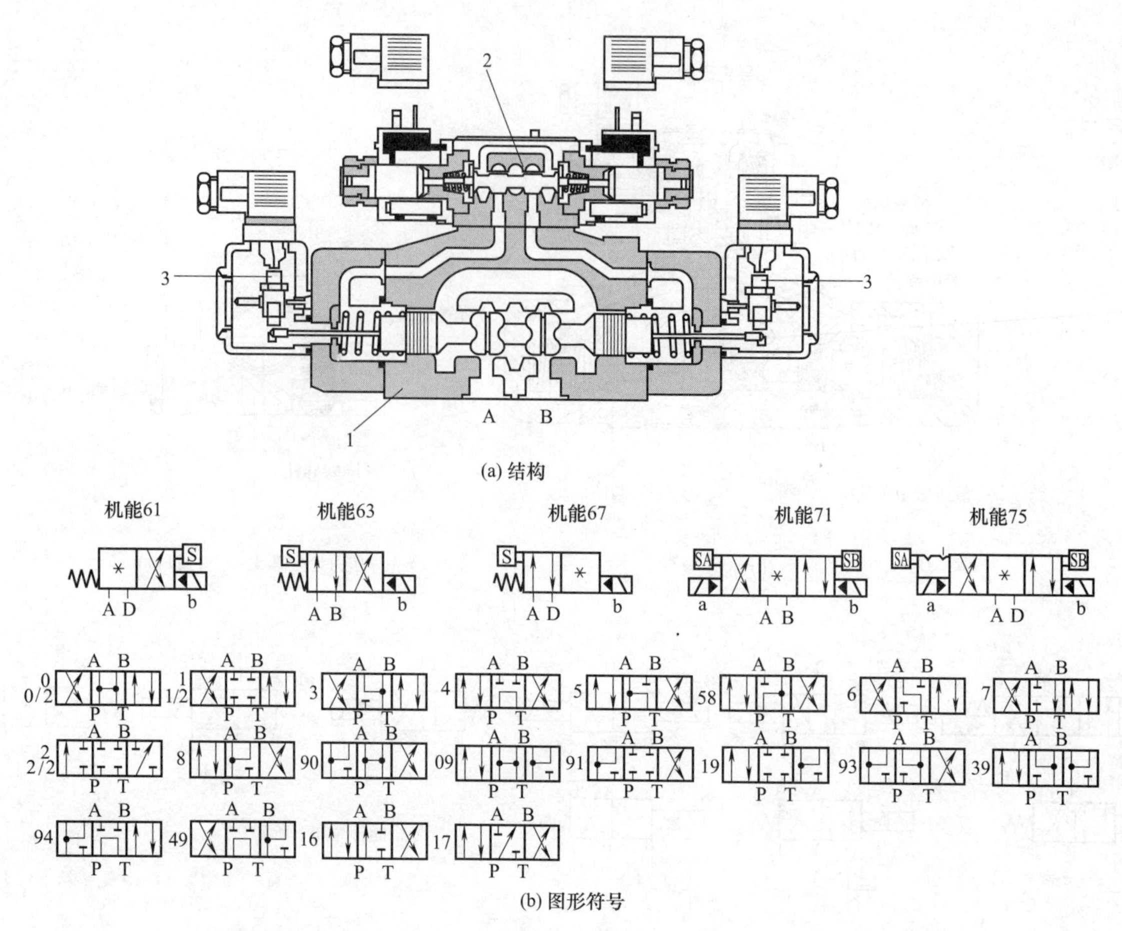

图 3-5-20　DPHI-271※/F1 型带感应式接近开关的电液动换向阀

1—主阀（液动阀）；2—先导电磁阀；3—感应式接近开关

3-6 手动换向阀

［例 3-6-1］ 34S-※（B）型管（板）式手动换向阀（广研型）（图 3-6-1）

※为 10、25 等，表示流量为 10L/min、25L/min 等；额定压力为 6.3MPa；安装尺寸不符合国际标准。

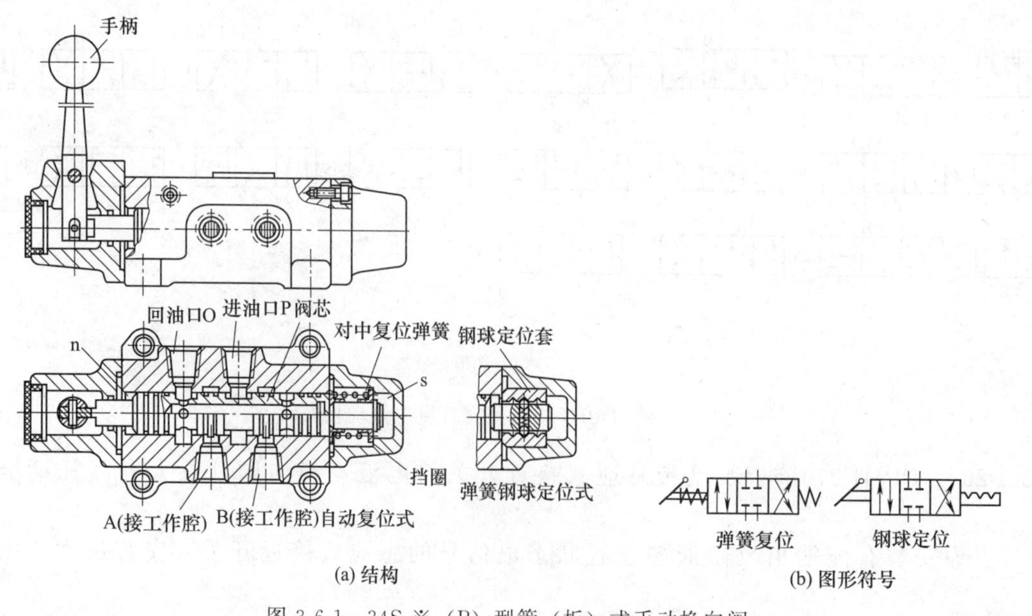

图 3-6-1　34S-※（B）型管（板）式手动换向阀

［例 3-6-2］ 3（2）4O-※型转阀式三（二）位四通手动换向阀（广研型）（图 3-6-2）

O 表示转阀；※为 10、25 等，表示流量为 10L/min、25L/min 等；额定压力为 6.3MPa；安装尺寸不符合国际标准。

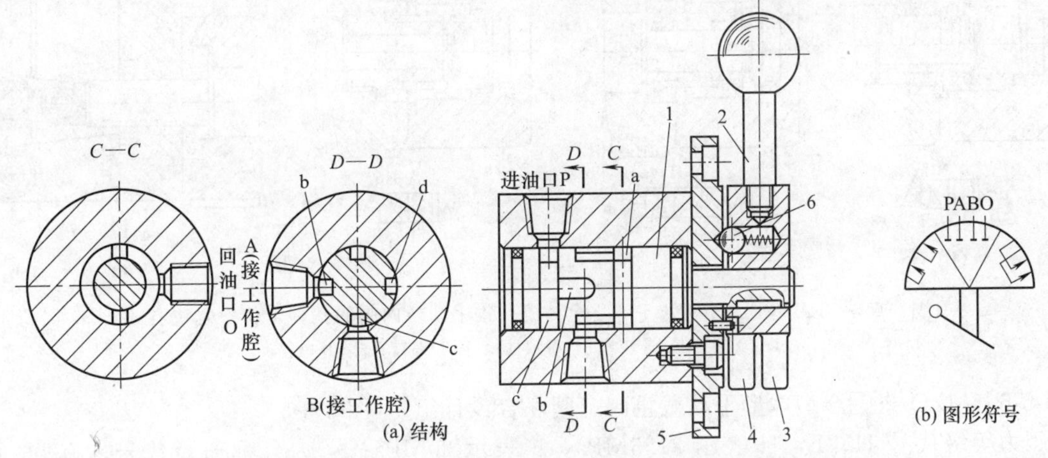

图 3-6-2 3（2）4O-※型转阀式三（二）位四通手动换向阀

1—阀芯；2—手柄；3,4—拨叉组件；5—盖板；6—定位钢球

［例 3-6-3］ 34S※-L□H-W（T）型三位四通螺纹连接型管式手动换向阀（阀联合设计组）（图 3-6-3）

※为阀芯机能代号（参阅对应的电磁阀）；L 表示管式；□为通径代号 10、20、32 等；H 表示额定压力为 31.5MPa；W 表示钢珠定位，W 为 T 时表示弹簧复位。

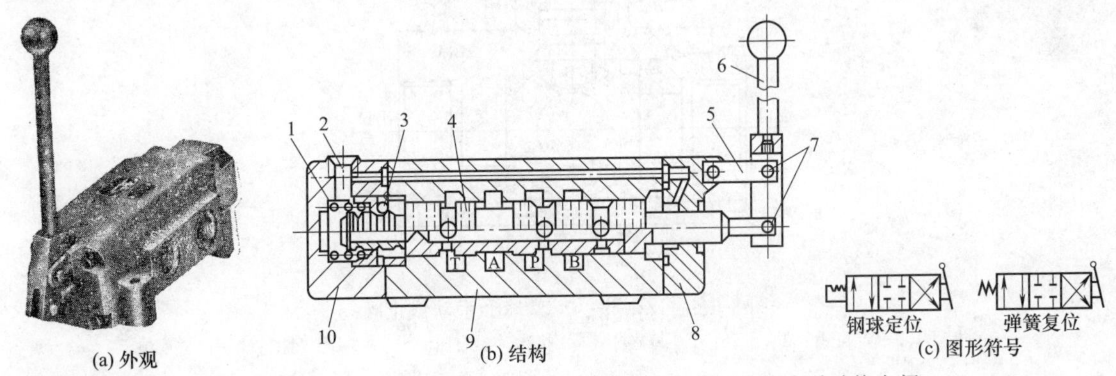

图 3-6-3 34S※-L□H-W（T）型三位四通螺纹连接型管式手动换向阀

1—弹簧；2—泄油口；3—定位销；4—阀芯；5—连杆；6—手柄；7—销；8—右盖；9—阀体；10—左盖

［例 3-6-4］ 34S※-B□H-W 型三位四通螺纹连接型板式手动换向阀（联合设计组）（图 3-6-4）

34S 表示手柄操纵的手动换向阀；※为阀芯机能代号（参阅对应的电磁阀）；B 表示板式；□为通径代号 10、20、32 等；H 表示额定压力为 31.5MPa；W 为钢珠定位，W 为 T 时表示弹簧复位。

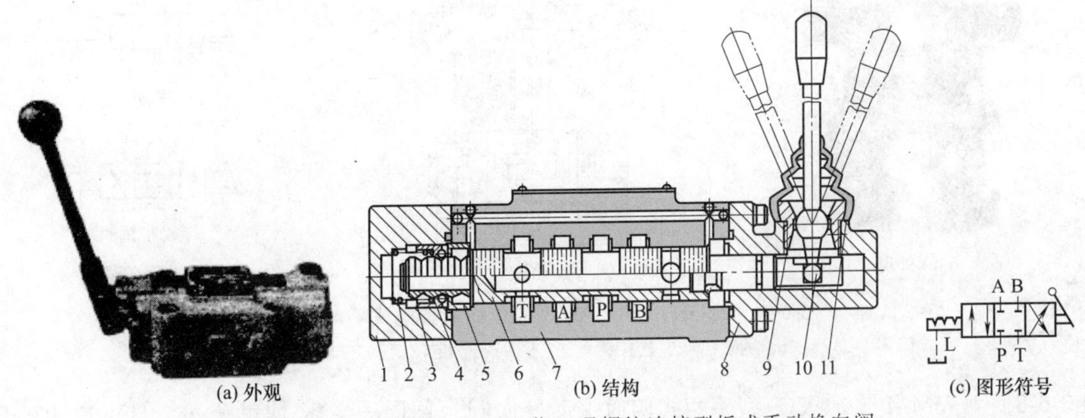

图 3-6-4 34S※-B□H-W 型三位四通螺纹连接型板式手动换向阀

1—后盖；2—弹簧；3—定位套；4—护球圈；5—球座；6—阀芯；7—阀体；8—前盖；9—螺套；10—手柄；11—防尘套

[例 3-6-5] 34S※-B□H-W（T）型管（板）式手动换向阀的几种定位、复位方式（图 3-6-5）

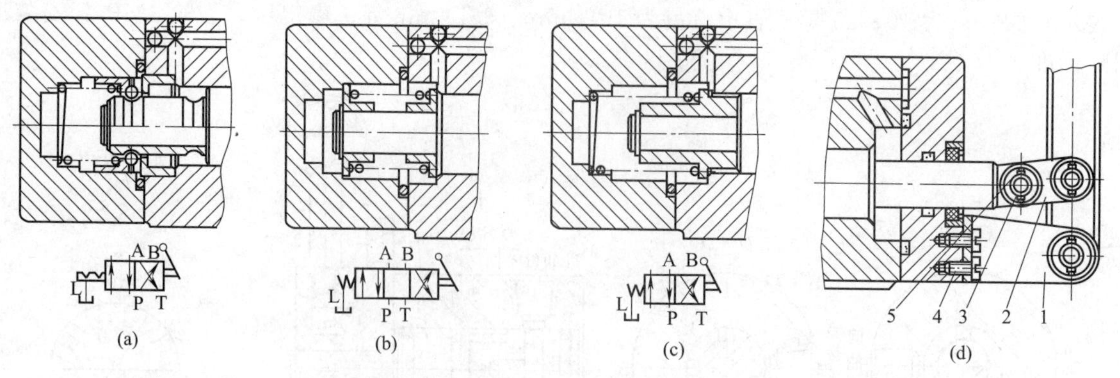

图 3-6-5 34S※-B□H-W（T）型管（板）式手动换向阀的几种定位、复位方式

1—支架；2—连接座；3—圆柱销；4—螺钉；5—开口销

[例 3-6-6] JZQ-※□△型球形手动截止阀（阀联合设计组）（图 3-6-6）

※为压力等级代号 H、F，H 表示 31.5MPa，F 表示 20MPa；□为公称通径代号，有 06、08、10、16、20、25、32～80 等；△为连接形式，L、G 表示外、内螺纹连接，F 表示法兰连接等。

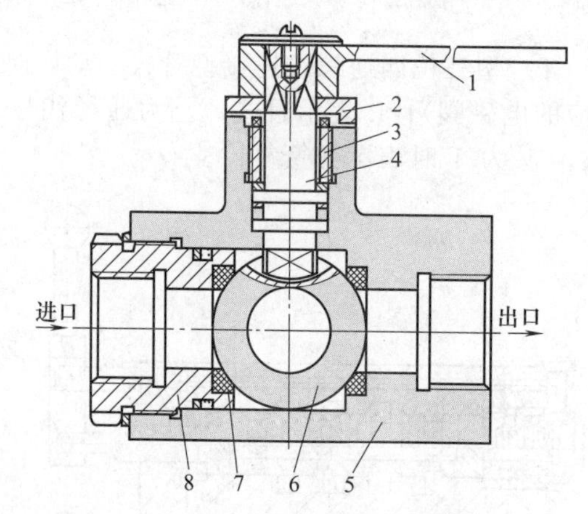

图 3-6-6 JZQ-※□△型球形手动截止阀

1—扳手；2—定位销；3—压套；4—调节杆；5—阀体；6—球体阀芯；7—密封圈；8—调整螺套

[例 3-6-7] DROH4-3T02-2N 型三位四通转阀式手动换向阀（日本大京公司）（图 3-6-7）

额定压力为 7MPa；额定流量为 12L/min。

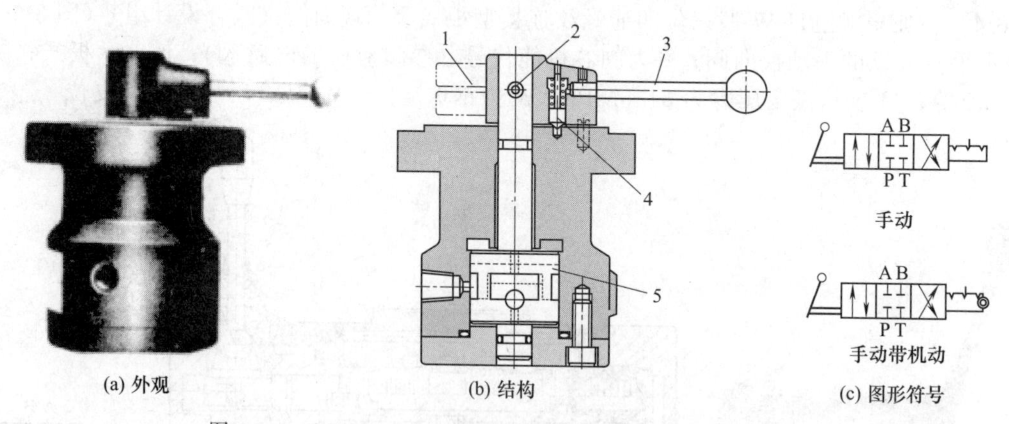

图 3-6-7 DROH4-3T02-2N 型三位四通转阀式手动换向阀

1—机动拨叉；2—连接销；3—手柄；4—定位销；5—转阀芯

[例 3-6-8] 4WMM□※5X/F 型手柄式四通手动换向阀（德国力士乐-博世公司、日本内田油压公司、北京华德公司、沈阳液压件厂、上海东方液压件厂等）（图 3-6-8）

4 表示四通；WMM 表示手柄式换向阀；□为通径代号，有 6、10、16 等；※为阀芯机能（如 C、E、EA、EB 等）；5X 为系列号；F 表示带定位机构，无标记时表示弹簧复位；额定压力为 31.5MPa；操作力不大于 205N。

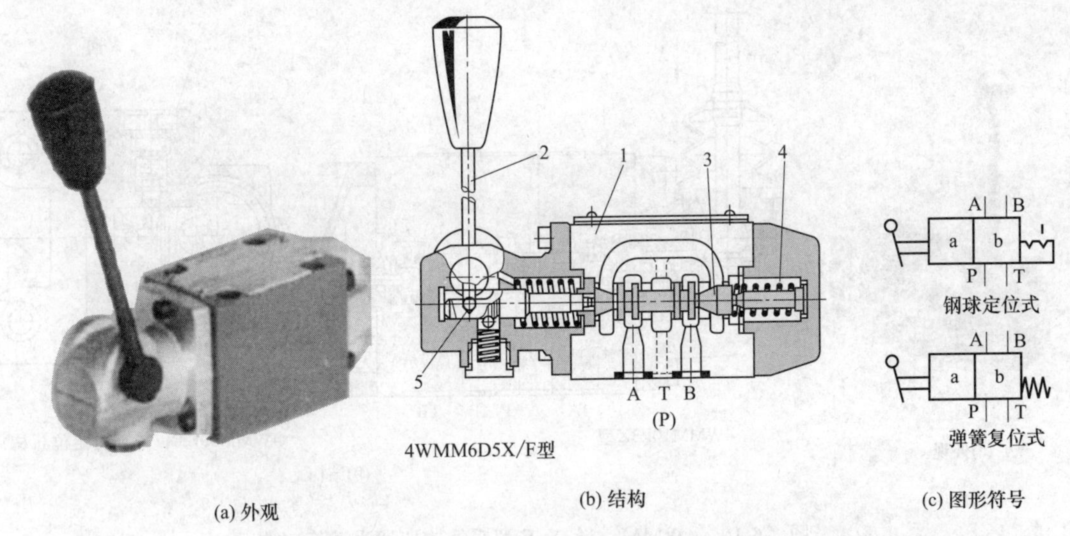

图 3-6-8 4WMM□※5X/F 型手柄式四通手动换向阀

1—阀体；2—手柄；3—阀芯；4—弹簧；5—定位钢球

［例 3-6-9］ 4WMDA□※5X/F 型旋钮式四通手动换向阀（德国力士乐-博世公司、日本内田油压公司、北京华德公司、沈阳液压件厂、上海东方液压件厂等）(图 3-6-9)

4 表示四通；WMDA 表示旋钮式换向阀；□为通径代号，有 6、10、16 等；※为阀芯机能（如 C、E、EA、EB 等）；5X 为系列号；F 表示带定位机构，无标记时表示弹簧复位；额定压力 31.5MPa；操作力不大于 205N。

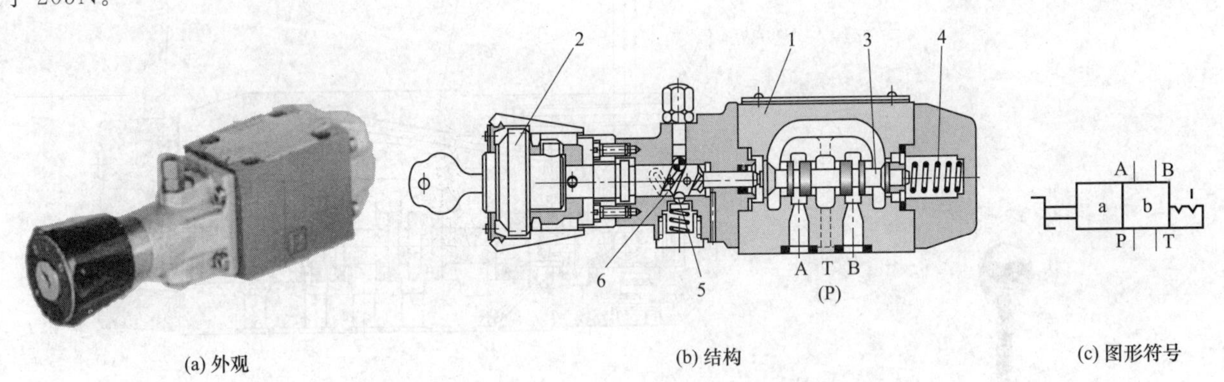

图 3-6-9 4WMDA□※5X/F 型旋钮式四通手动换向阀

1—阀体；2—旋转调节手柄；3—阀芯；4—弹簧；5—定位钢球；6—螺旋槽

［例 3-6-10］ 4WMM□※3X/F 型手柄式四通手动换向阀（德国力士乐-博世公司、日本内田油压公司、北京华德公司、沈阳液压件厂、上海东方液压件厂等）(图 3-6-10)

4 表示 4 通；WMM 表示手柄式换向阀；□为通径代号，有 6、10、16 等；※为阀芯机能（如 C、E、EA、EB 等）；3X 为系列号；F 表示带定位机构，无标记时表示弹簧复位；额定压力为 31.5MPa；操作力不大于 205N。

［例 3-6-11］ H-4WMM ○※7X/F 型手动换向阀（德国力士乐-博世公司、日本内田油压公司、北京华德公司、沈阳液压件厂、上海东方液压件厂等）(图 3-6-11)

H 表示最高工作压力等级（35MPa）；4 表示四通（有三位四通和二位四通）；WMM 表示手柄式换向阀；○为通径代号 16 和 25；※为机能符号，如 C、E、EA、EB 等；7X 为系列号；F 表示带定位机构，无标记时表示弹簧复位；最大流量为 450L/min。

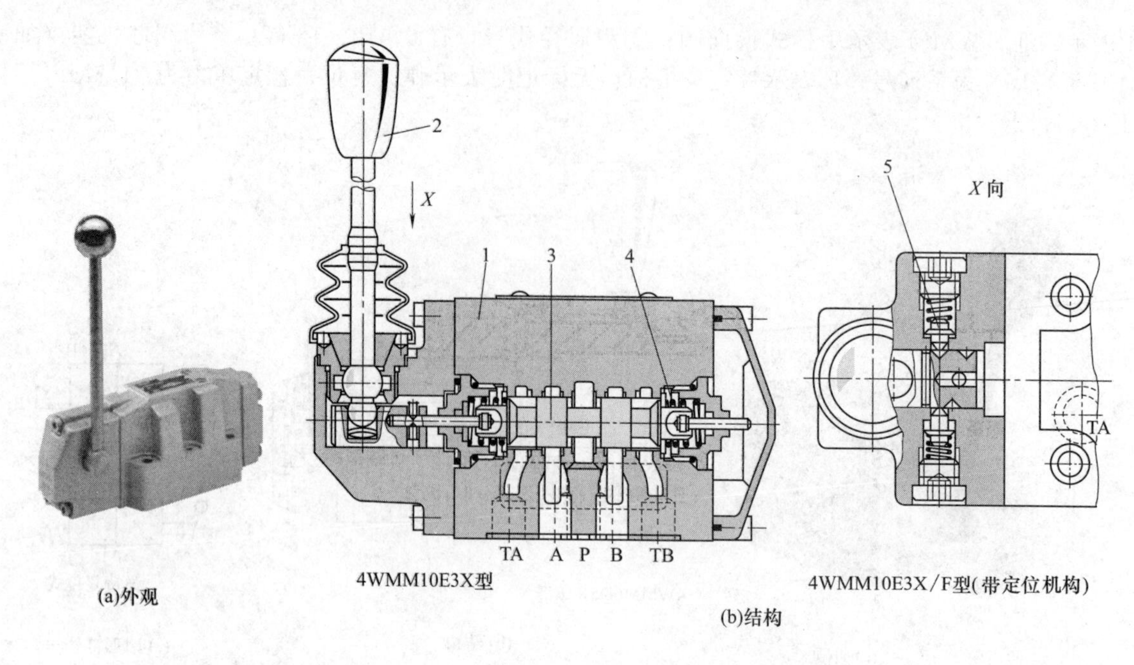

图 3-6-10 4WMM□※3X/F 型手柄式四通手动换向阀

1—阀体；2—手柄；3—阀芯；4—弹簧；5—定位组件

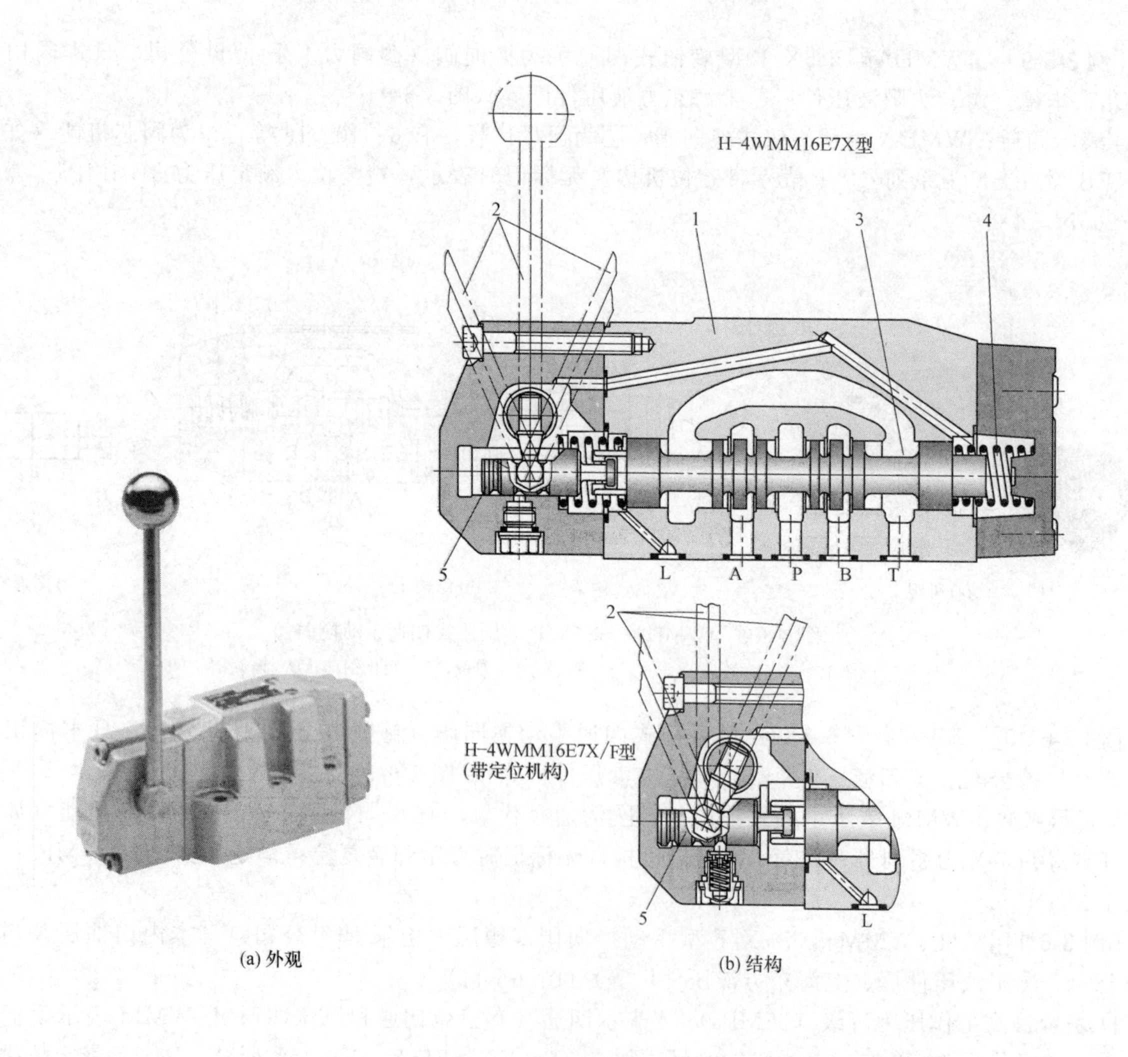

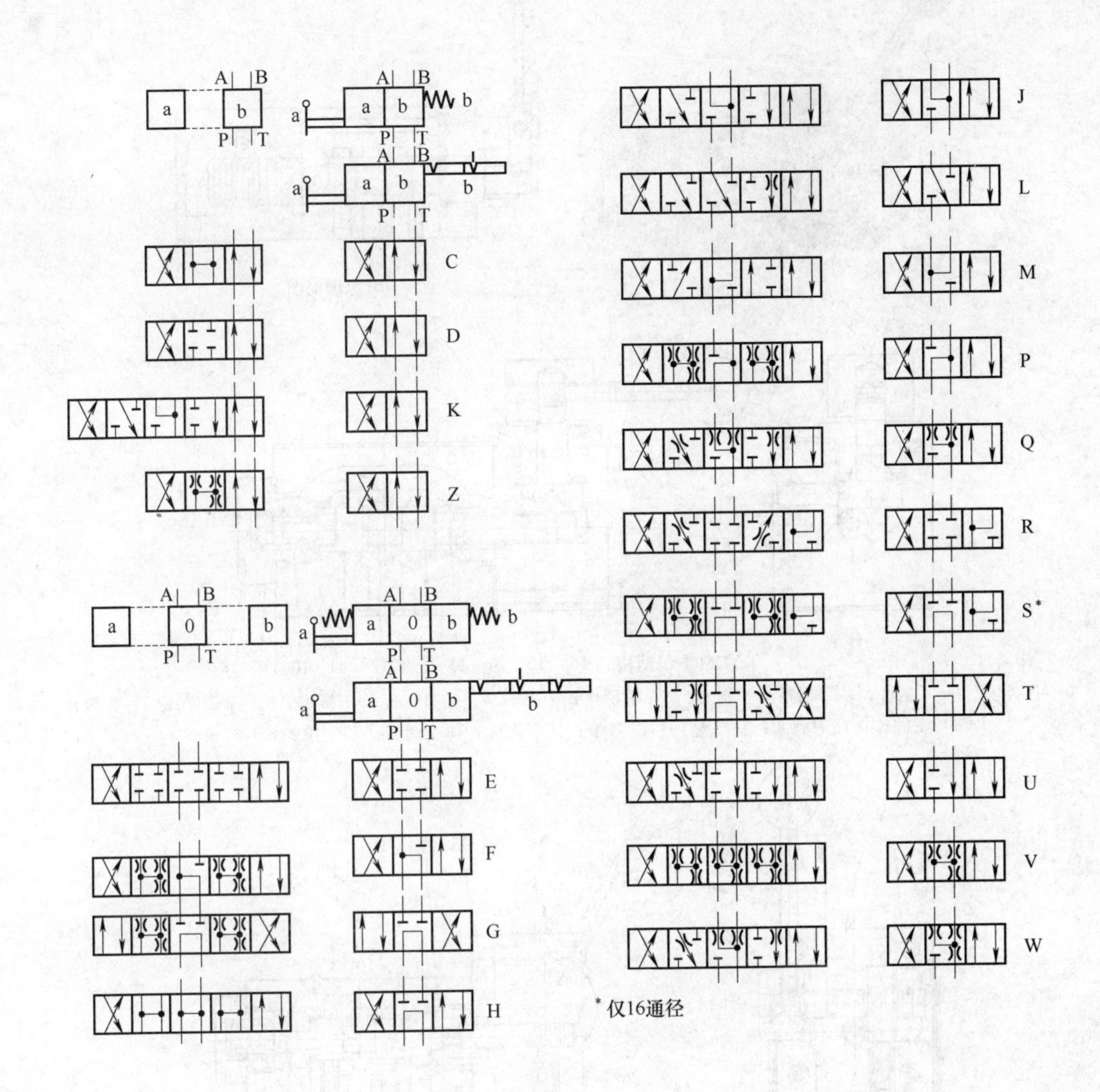

(c) 图形符号

图 3-6-11 H-4WMM○※7X/F 型手动换向阀

1—阀体；2—手柄；3—阀芯；4—弹簧；5—定位组件

［例 3-6-12］ DMT-※-3△★型管式三位手动换向阀（日本油研公司、榆次油研公司）（图 3-6-12）

T 为 G 时为板式；※为公称尺寸代号 03、04、06、10 等；3 为 2 时为二位；△为阀芯复位类型，字母 C、D、B 分别表示弹簧对中、无弹簧机械定位、弹簧偏置；★为滑阀机能代号，有 2、3、4、40、5、6、60、7、8、9、10、11、12 等。

［例 3-6-13］ DR※-02-2D□型转阀式手动换向阀（日本油研公司）（图 3-6-13）

※为 T 或 G，表管式或板式；02 表示通径；2 为 3 时为三位；D 表示机械定位；□为 2 或 4，表示阀机能；额定压力为 7MPa；额定流量为 16L/min。

［例 3-6-14］ G17V-7-6 C 型手动换向阀（美国威格士公司、日本东京计器公司）（图 3-6-14）

G17V 表示手动换向阀；7 表示安装尺寸符合 ISO 4401-AD-01-4-A 标准；6 为阀的机能代号；C 表示弹簧对中。

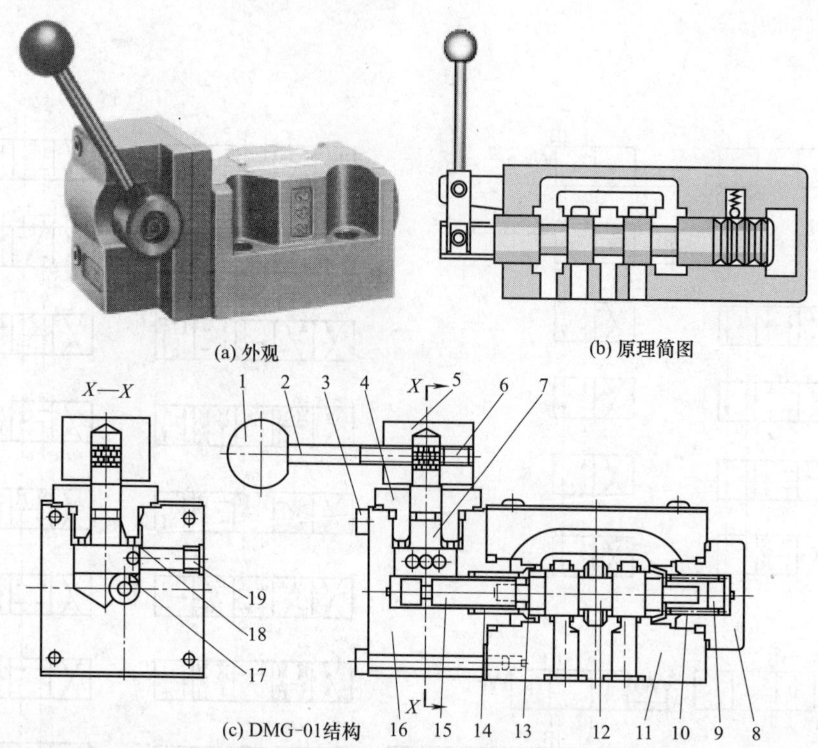

(a) 外观　　(b) 原理简图

(c) DMG-01结构

1—手柄球；2—手柄杆；3—螺钉；4—螺套；5—手柄座；6—塞；7—转杆；8,19—螺塞；9—弹簧座；10—弹簧；11—阀体；12—阀芯；13—垫；14—弹簧；15—拨杆；16—阀盖；17—拨销；18—套

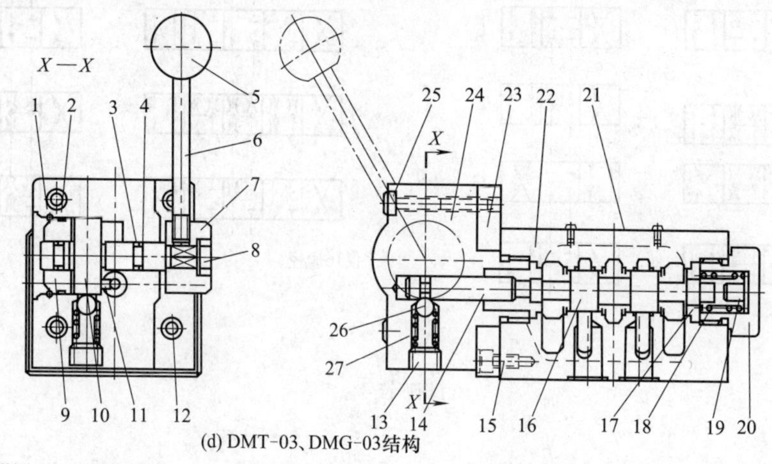

(d) DMT-03、DMG-03结构

1—卡簧；2,3—O形圈；4—密封挡圈；5—手柄球；6—手柄杆；7—手柄座；8,12,15,25—螺钉；9—支承套；10—定位转杆；11—拨销；13,20—螺塞；14—拨杆；16—阀芯；17—挡圈；18,27—弹簧；19—弹簧座；21—标牌；22—阀体；23—座板；24—阀盖；26—钢球

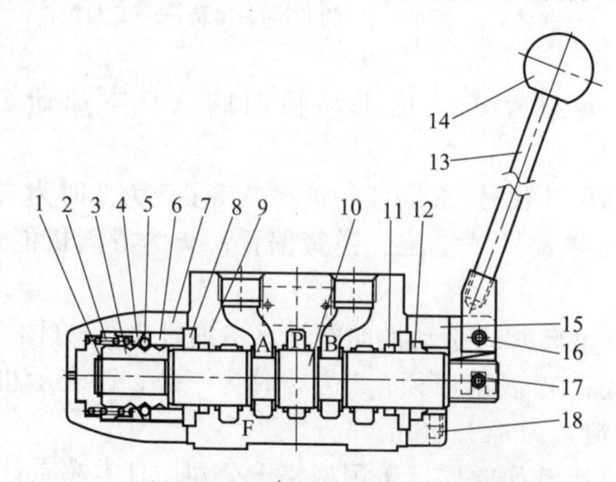

(e) DMT-06/06X、DMT-10/10X结构

1—卡簧；2—弹簧；3—定位套；4—弹簧座；5—钢球；6—套；7—后盖；8—挡圈；9—阀体；10—阀芯；11—密封垫；12—防尘密封；13—手柄杆；14—手柄球；15—杠杆座；16,17—销；18—螺钉

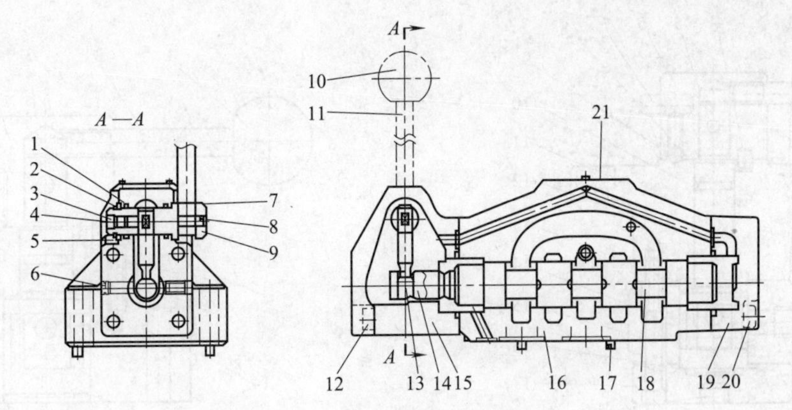

(f) DMG-04、DMG-06、DMG-10结构

1,7—O形圈；2—卡簧；3,6—螺塞；4—销；5—垫；8—锁紧螺钉；9—转轴；10—手柄球；11—手柄杆；12,20—螺钉；13—拨杆；14—连杆；15—阀盖；16—阀体；17—定位销；18—阀芯；19—后盖；21—标牌

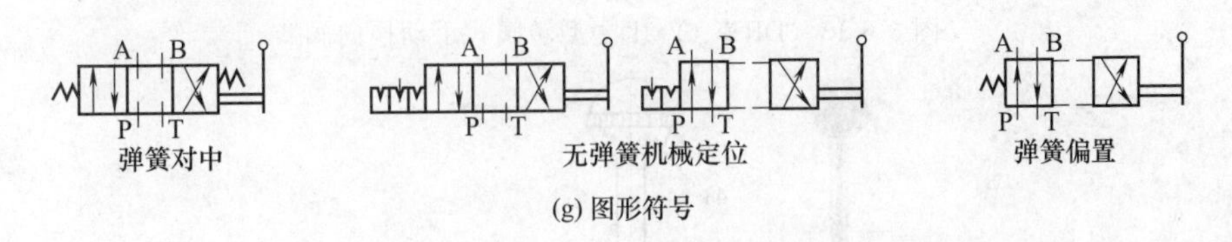

(g) 图形符号

图 3-6-12 DMT-※-3△★型管式三位手动换向阀

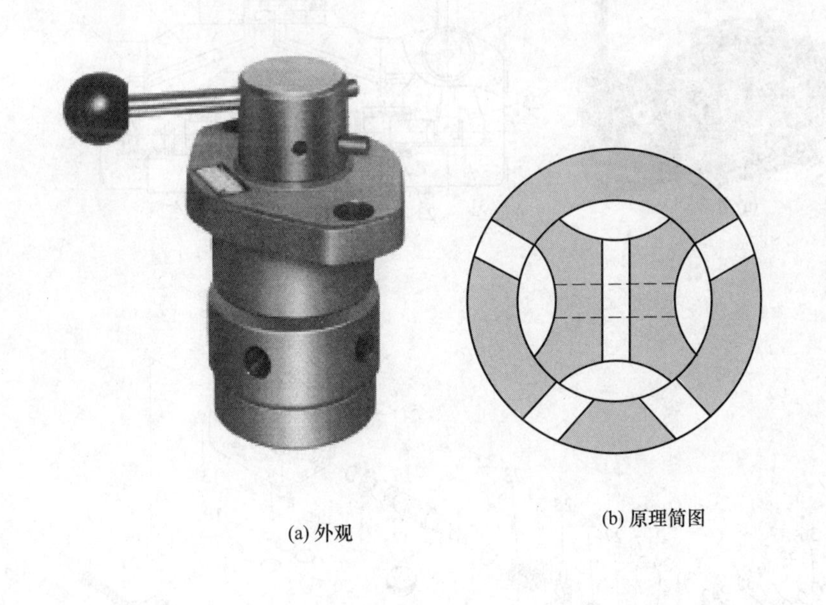

(a) 外观

(b) 原理简图

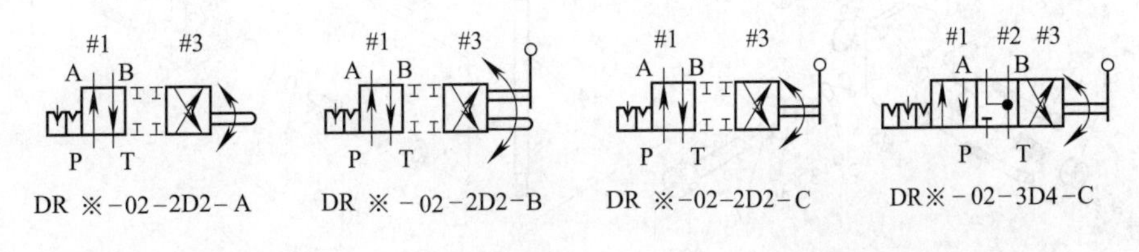

(c) 图形符号

图 3-6-13

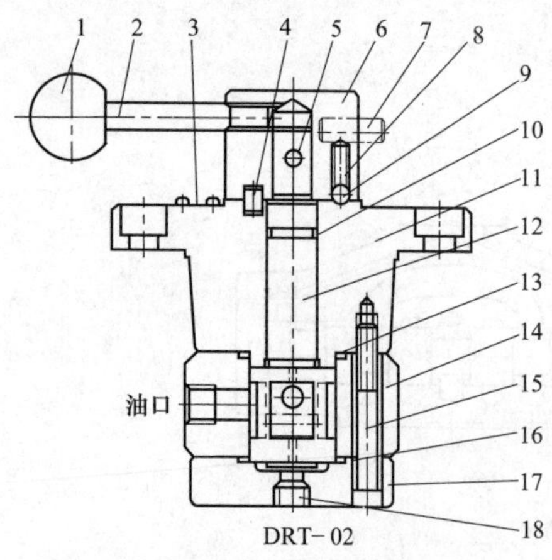

1—手柄球；2—手柄杆；3—标牌；4—限位销；5—销；6—手柄座；7—拨杆；8—弹簧；9—定位钢球；10,13,16—O 形圈；11—上盖；12—转阀芯；14—阀体；15,18—螺钉；17—下盖

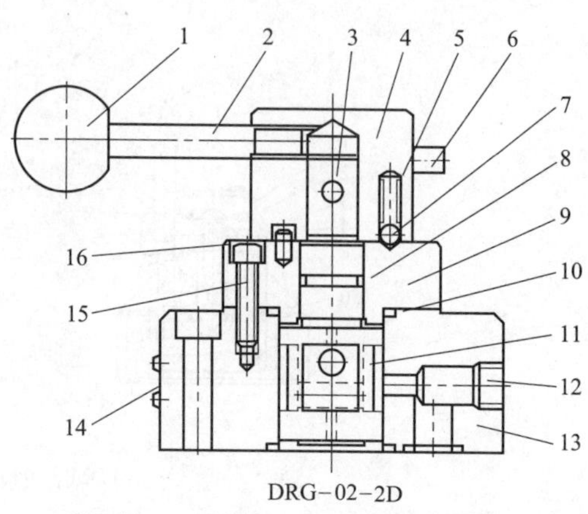

1—手柄球；2—手柄杆；3—销；4—手柄座；5—弹簧；6—拨杆；7—定位钢球；8,10—O 形圈；9—上盖；11—转阀芯；12—螺塞；13—阀体；14—标牌；15—螺钉；16—限位销

(d) 结构

图 3-6-13　DR※-02-2D□型转阀式手动换向阀

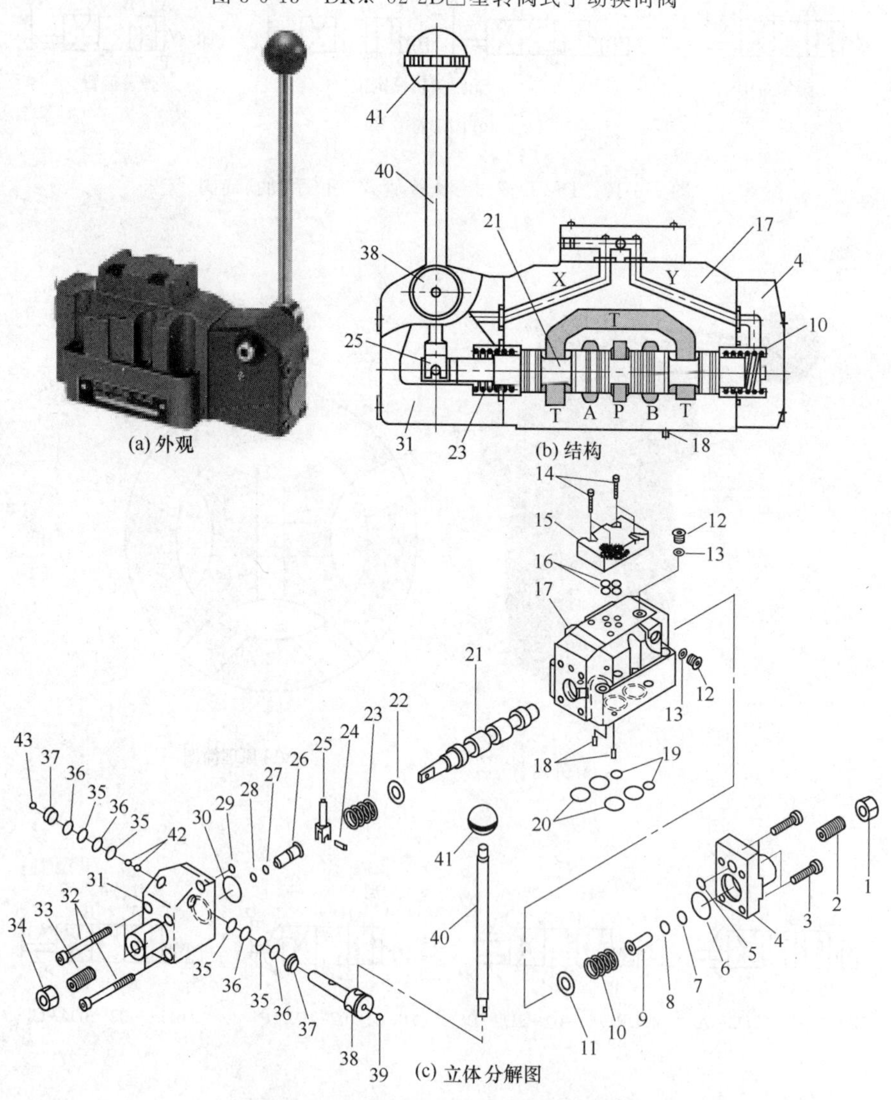

(a) 外观　(b) 结构　(c) 立体分解图

图 3-6-14　G17V-7-6C 型手动换向阀

1,34—螺母；2,33—行程调节螺钉；3,32—螺钉；4—后盖；5～8,13～16,19,20,27～30,35—O 形圈；9—调节杆；10,23,33—弹簧；11,22—垫；12—螺塞；17—阀体；18—定位销；21—阀芯；24—销；25—拨叉；26—调节杆；31—前盖；36—密封挡环；37—套；38—转轴（带定位孔）；39,43—小螺塞；40—手柄杆；41—手柄球；42—塞

［例 3-6-15］　DH-※型和 DP-※型手动换向阀（意大利阿托斯公司）（图 3-6-15）

※为通径代号 0、1、2、3，分别表示通径尺寸 6mm、10mm、16mm 和 25mm；安装尺寸符合 ISO 4401 标准；额定压力最大为 35MPa；额定流量随通径而定。

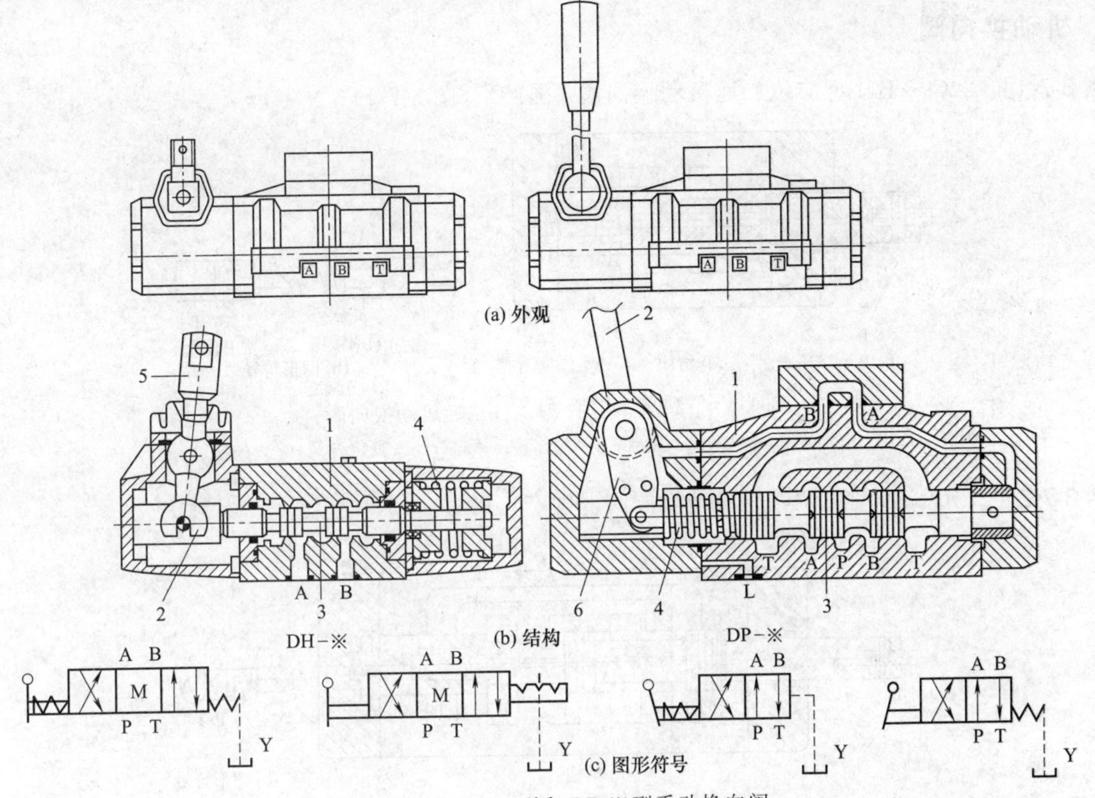

图 3-6-15　DH-※型和 DP-※型手动换向阀

1—阀体；2—拨叉（杆）；3—阀芯；4—复位弹簧；5—手柄；6—连杆

［例 3-6-16］　KV-6/2-6 型和 KV-6/2-10 型手动换向阀（波克兰公司）（图 3-6-16）

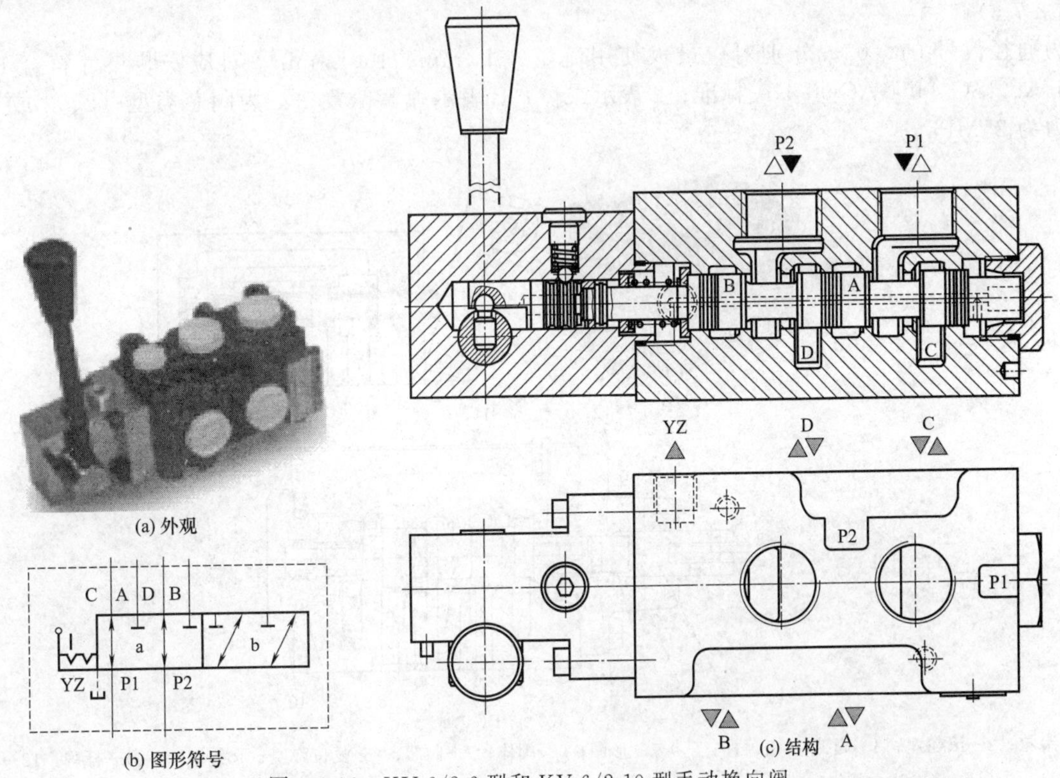

图 3-6-16　KV-6/2-6 型和 KV-6/2-10 型手动换向阀

3-7 机动换向阀、多路换向阀

3-7-1 机动换向阀

［例 3-7-1］ 22C-※BH 型二位二通机动换向阀（国产）（图 3-7-1）

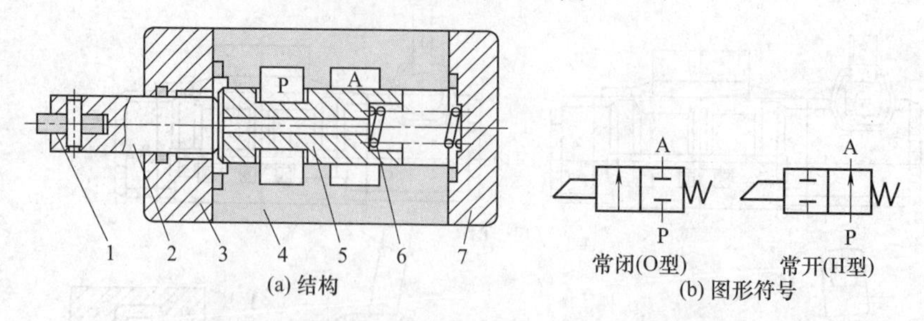

图 3-7-1 22C-※BH 型二位二通机动换向阀

1—滚轮；2—顶杆；3—左盖；4—阀体；5—阀芯；6—复位弹簧；7—右盖

［例 3-7-2］ 24C-※B 型二位四通机动换向阀（国产）（图 3-7-2）

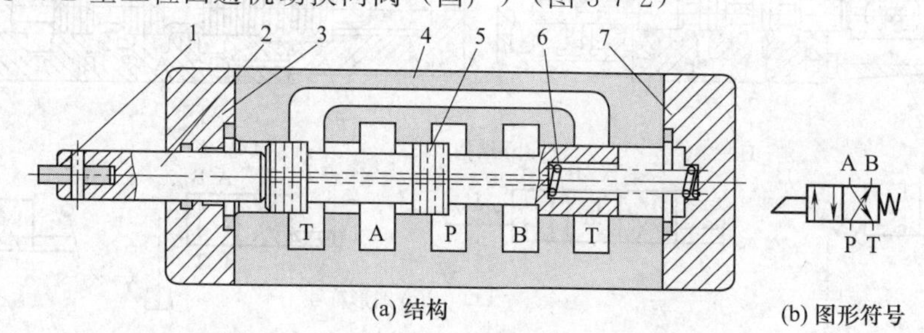

图 3-7-2 24C-※B 型二位四通机动换向阀

1—滚轮；2—顶杆；3—前盖 4—阀体；5—阀芯；6—弹簧；7—后盖

［例 3-7-3］ DCT-※-2B△型管式和 DCG-※-2B△型板式机动换向阀（日本油研公司、中国榆次油研公司）（图 3-7-3）

※为通径代号 01、03，分别对应最大使用流量 30L/min、100L/min，对应安装尺寸符合 ISO 4401-AB-03-4-A、ISO 4401-AC-05-4-A 标准；2 表示二位；B 表示弹簧偏置；△为阀芯类型（2、3 或 8）；最高使用压力为 25MPa。

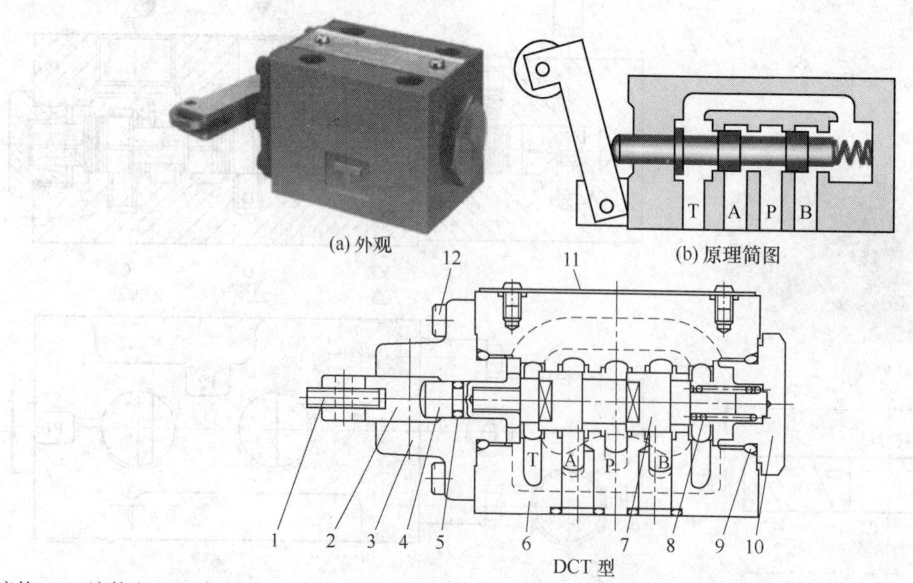

1—滚轮；2—滚轮座；3—阀盖；4—顶杆；5，9—O 形圈；6—阀体；7—阀芯；8—复位弹塞；10—螺塞；11—标牌；12—螺钉

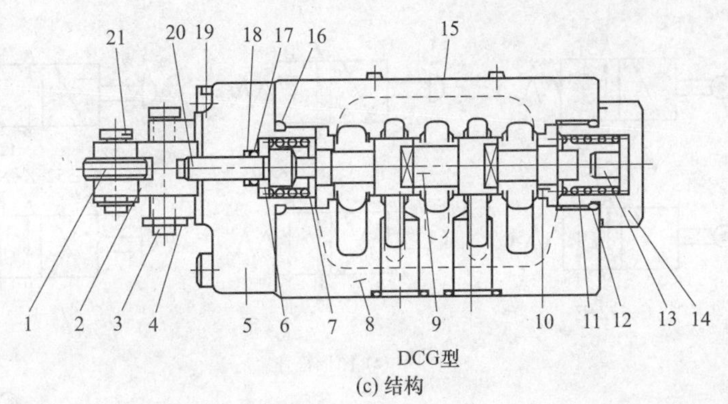

(c) 结构

1—滚轮；2—滚轮座；3,21—销；4—垫；5—阀盖；6—垫；7—弹簧；8—阀体；9—阀芯；10—定位套；11—复位弹簧；12,16,17—O形圈；13—弹簧座；14—螺塞；15—标牌；18—密封挡圈；19—螺钉；20—顶杆

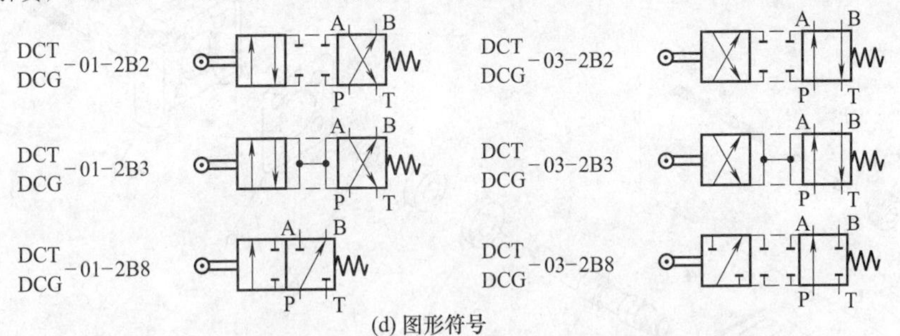

(d) 图形符号

图 3-7-3 DCT-※-2B△型管式和DCG-※-2B△型板式机动换向阀

［例 3-7-4］ 4WMR-※-E型滚轮式四通行程机动换向阀（德国力士乐-博世公司、北京华德公司、上海液压件厂、沈阳液压件厂等）（图 3-7-4）

4表示四通，4为3时表示三通；WMR表示滚轮式机动换向阀；※为通径代号；E为阀芯机能符号。

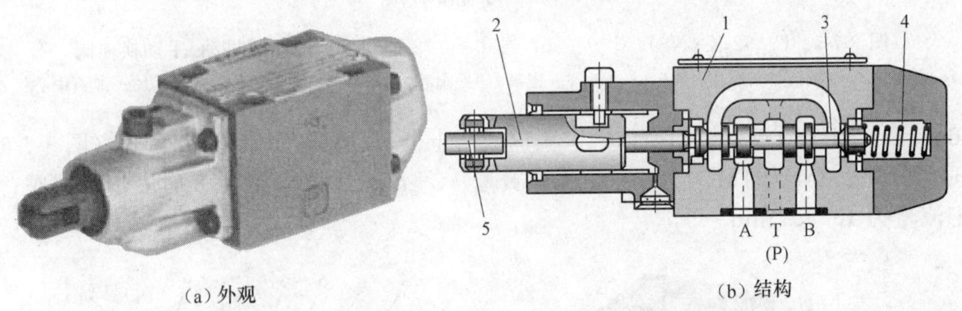

(a) 外观 (b) 结构

图 3-7-4 4WMR-※-E型滚轮式四通行程机动换向阀

1—阀体；2—顶杆；3—阀芯前盖；4—弹簧；5—滚轮

［例 3-7-5］ C-552-K-(NS)型二（三）通和C-572-K-(NS)型四通机动/手动换向阀（美国威格士公司、日本东京计器公司）（图 3-7-5）

K为E表示按钮式；有NS时为无弹簧型；额定压力为14MPa；额定流量为11.5L/min。

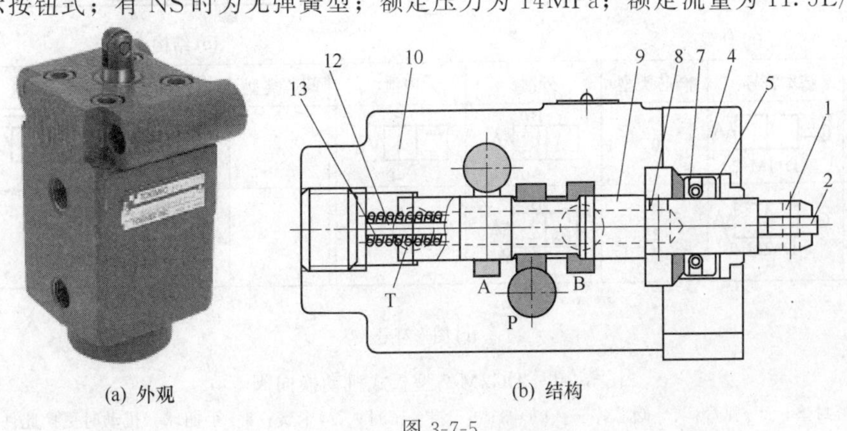

(a) 外观 (b) 结构

图 3-7-5

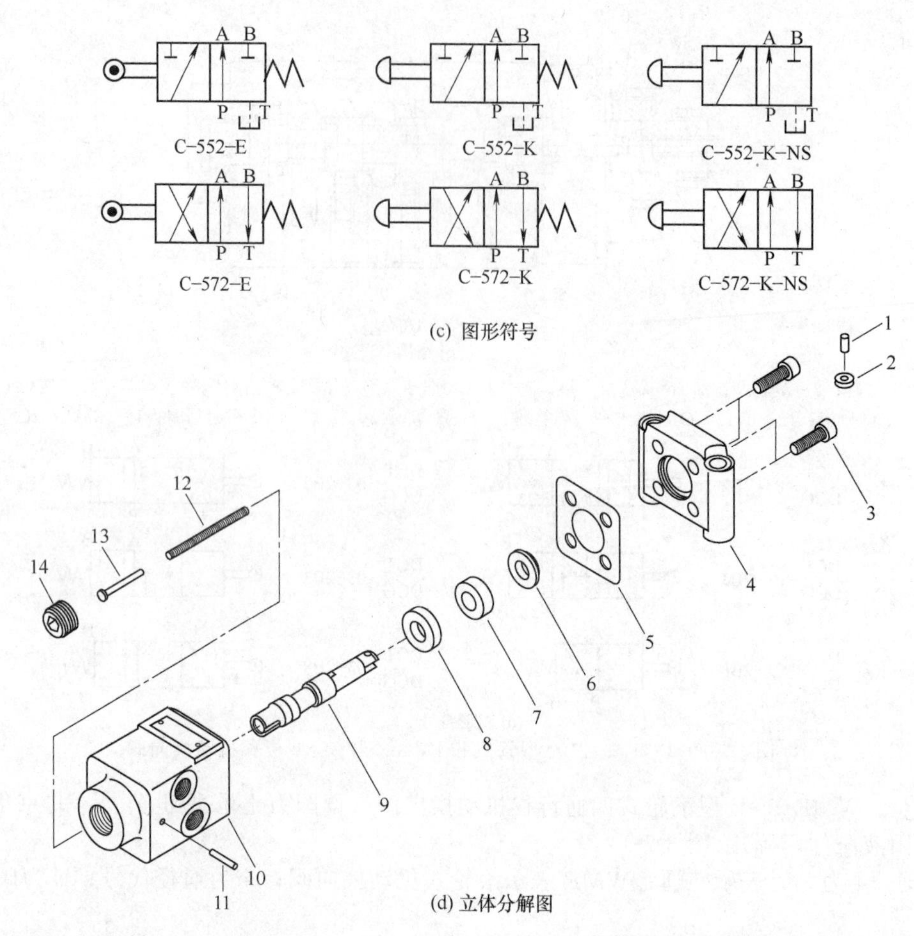

图 3-7-5 C-552-K-(NS) 型二（三）通和 C-572-K-(NS) 型四通机动/手动换向阀

1,11—销；2—滚轮；3—螺钉；4—阀盖；5,6,8—垫；7—密封；9—阀芯；10—阀体；12—复位弹簧；13—弹簧中心销；14—螺塞

［例 3-7-6］ DG2M-2 型板式机动换向阀（美国威格士公司、日本东京计器公司）（图 3-7-6）

G 为 T 时为管式；2M 为 1M 时为手动，无弹簧型；2 表示二通阀，2 为 3 时表示三通阀；额定压力为 14MPa；额定流量为 13.5L/min。

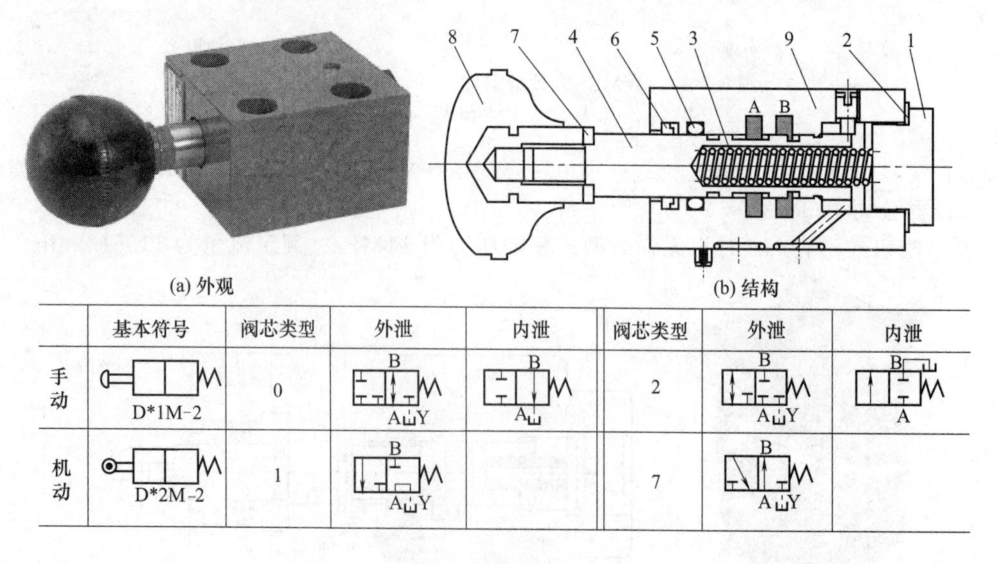

	基本符号	阀芯类型	外泄	内泄	阀芯类型	外泄	内泄
手动	D*1M-2	0	B A Y	B A	2	B A Y	B A
机动	D*2M-2	1	B A Y		7	B A Y	

(c) 图形符号

图 3-7-6 DG2M-2 型板式机动换向阀

1—螺塞；2—密封垫；3—弹簧；4—阀芯；5—O 形圈；6—组合密封；7—卡簧；8—手柄球（机动时更换此件）；9—阀体

［例 3-7-7］ DG20S-3 型板式机动换向阀（美国威格士公司、日本东京计器公司）（图 3-7-7）

3 为通径代号；安装尺寸符合 ISO 4401—03 标准；额定压力为 21MPa；额定流量为 40L/min。

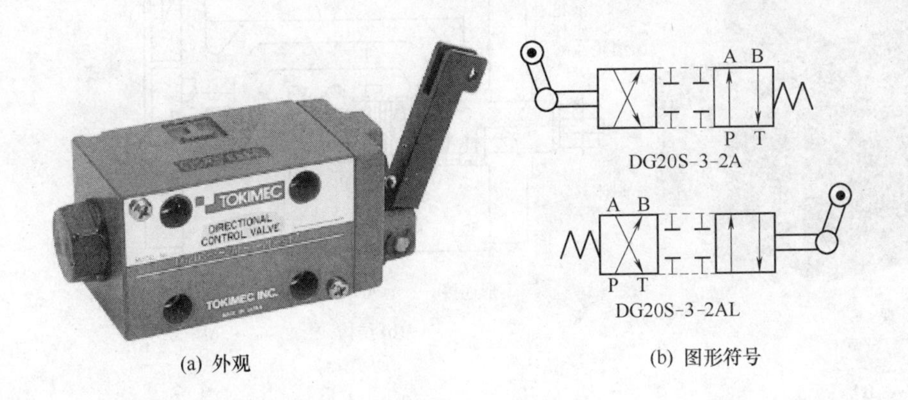

(a) 外观　(b) 图形符号

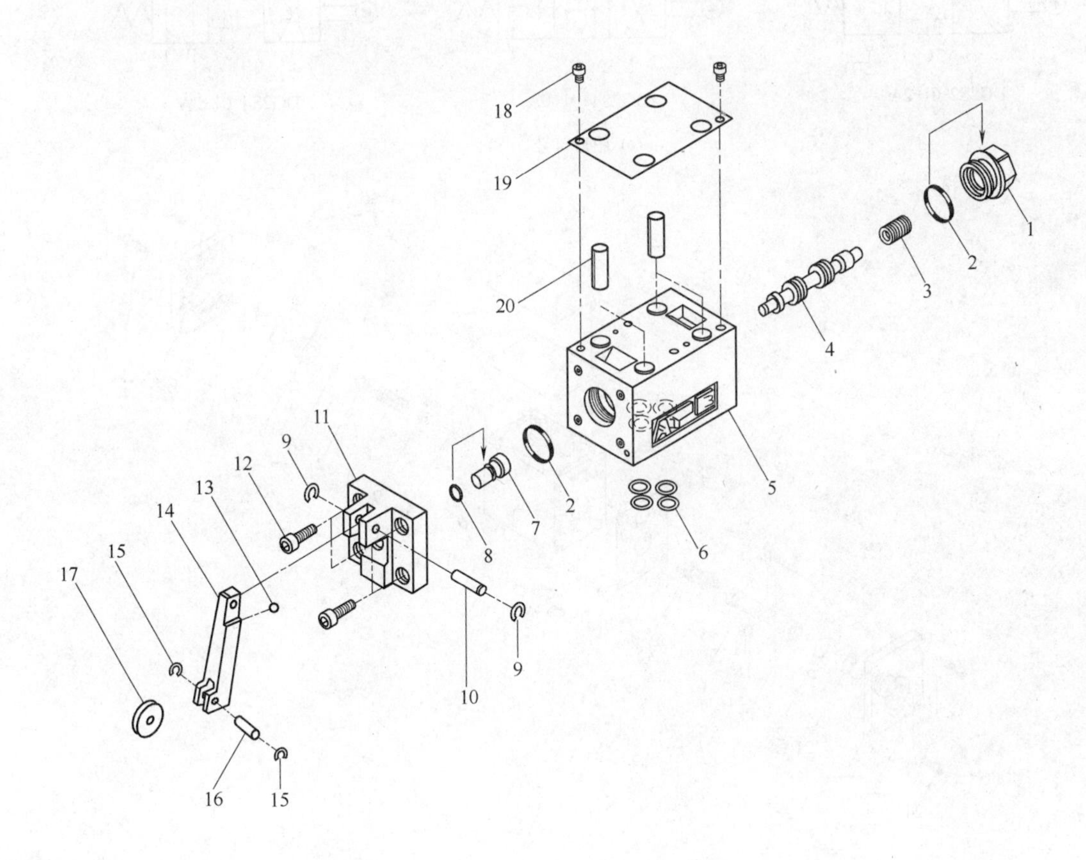

(c) 立体分解图

图 3-7-7 DG2OS-3 型板式机动换向阀

1—螺塞；2—密封垫；3—弹簧；4—阀芯；5—阀体；6,8—O 形圈；7—顶杆；9,15—卡簧；10,16—销；11—阀盖；12,18—螺钉；13—钢球；14—杠杆；17—滚轮；19—标牌；20—套

［例 3-7-8］ DG2S2-01-※A 型二通与 DG2S4-01-※A 型四通机动换向阀（美国威格士公司、日本东京计器公司）（图 3-7-8）

※为阀芯类型代号（0、2）；A 表示弹簧复位；安装尺寸符合 ISO 4401-AC-05-4-A 标准；额定压力为 21MPa；额定流量为 40L/min。

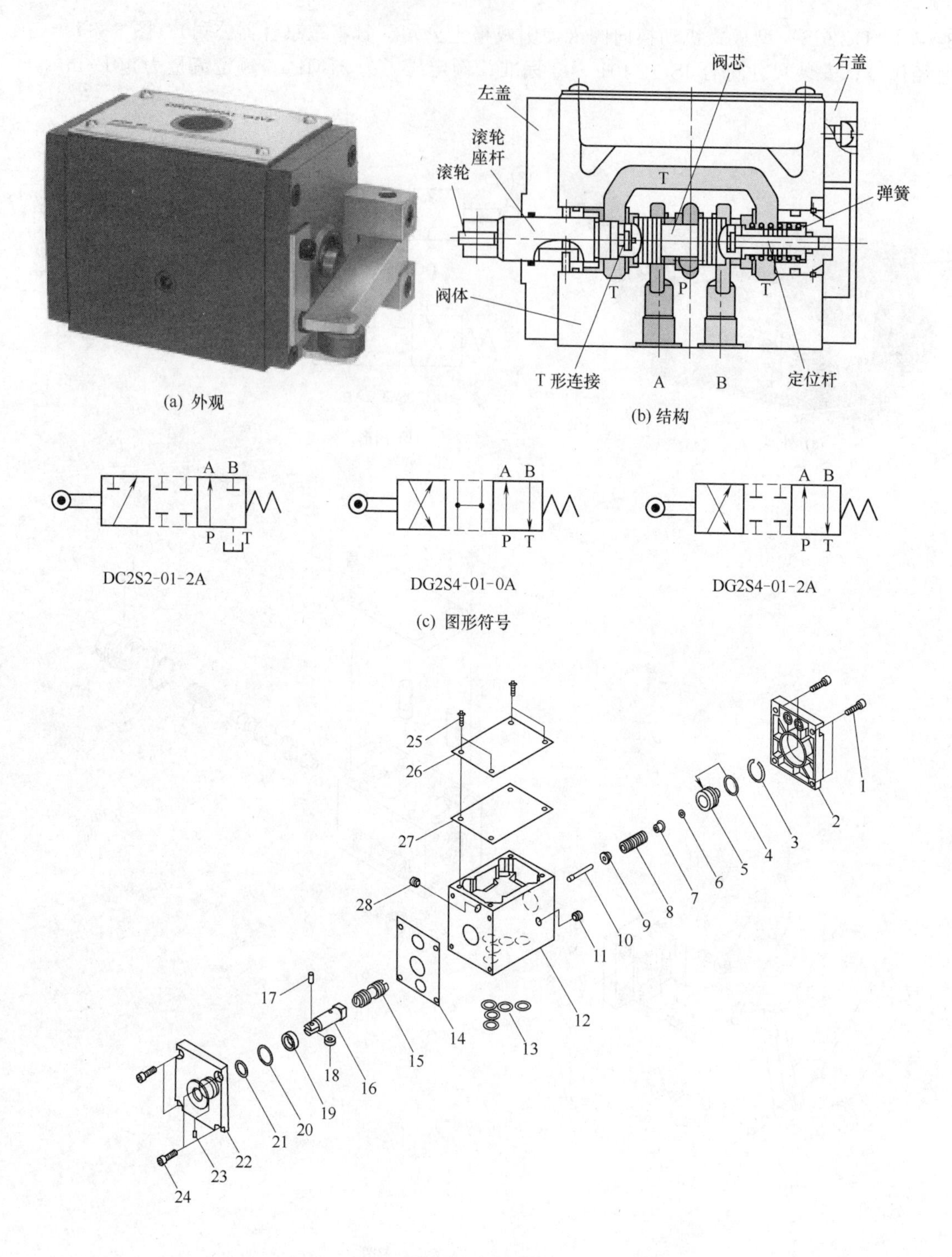

(a) 外观

(b) 结构

(c) 图形符号

(d) 立体分解图

1,24,25—螺钉；2—右盖；3—卡簧；4—O形圈；5—塞；6—密封；7,9—弹簧座；8—弹簧；10—芯轴；11,28—堵头；12—阀体；13,20—O形圈；14—密封垫；15—阀芯；16—滚轮座杆；17,23—销；18—滚轮；19—套；21—X形圈；22—左盖；26—标牌；27—垫

图 3-7-8 DG2S2-01-※A型二通与DG2S4-01-※A型四通机动换向阀

［例 3-7-9］ DH-※△型滚轮式机动换向阀（意大利阿托斯公司）（图 3-7-9）

※为通径代号 0、1、2、3，分别表示通径尺寸 6mm、10mm、16mm 和 25mm；△为阀芯机能，可参阅该公司电磁阀部分；安装尺寸符号 ISO 4401-AB-03-4-A、ISO 4401-AC-05-4-A 等标准；额定压力为 31.5MPa；额定流量随通径而定。

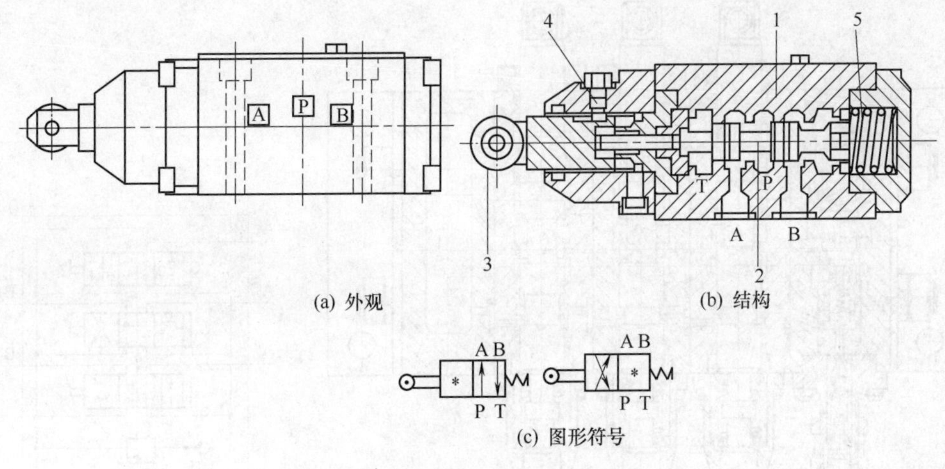

(a) 外观 (b) 结构

(c) 图形符号

图 3-7-9 DH-※△型滚轮式机动换向阀

1—阀体；2—阀芯；3—滚轮；4—定位螺钉；5—弹簧

3-7-2 多路换向阀

[例 3-7-10] ZFS 型多路换向阀（日本油研公司、中国榆次油研公司）(图 3-7-10)

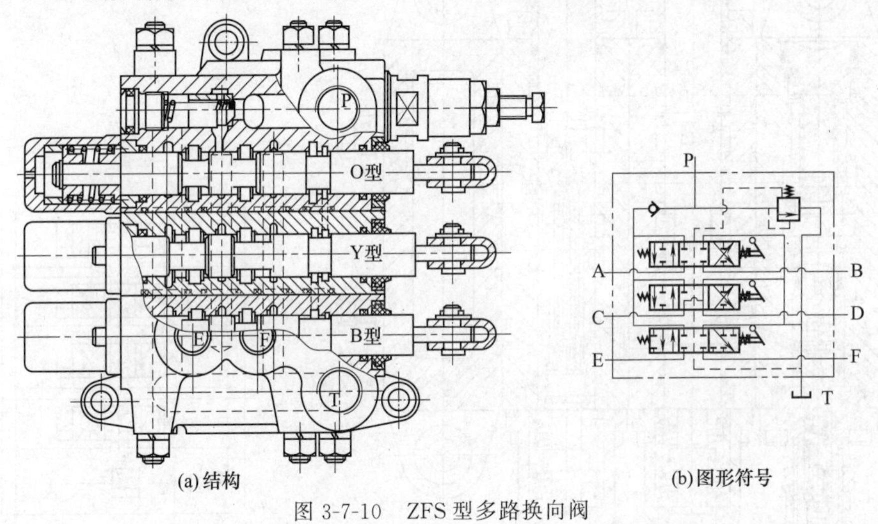

(a) 结构 (b) 图形符号

图 3-7-10 ZFS 型多路换向阀

[例 3-7-11] ZFS-L20H 型多路换向阀（日本油研公司、中国榆次油研公司）(图 3-7-11)

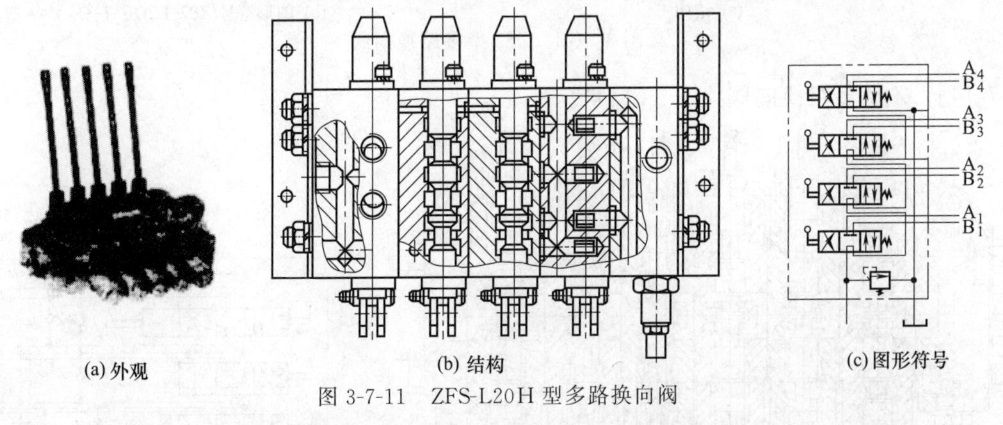

(a) 外观 (b) 结构 (c) 图形符号

图 3-7-11 ZFS-L20H 型多路换向阀

[例 3-7-12] ZS1 型多路换向阀（日本油研公司、中国榆次油研公司）(图 3-7-12)

[例 3-7-13] ZS2 型多路换向阀（日本油研公司、中国榆次油研公司）(图 3-7-13)
用于汽车起重机。

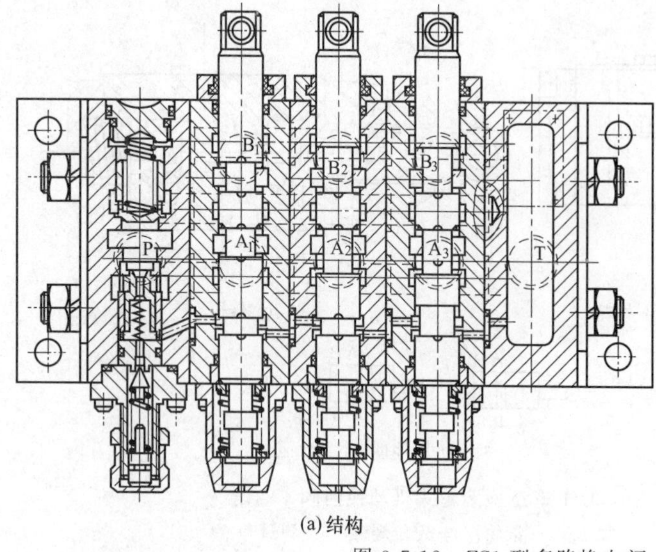

(a) 结构

(b) 图形符号

图 3-7-12 ZS1 型多路换向阀

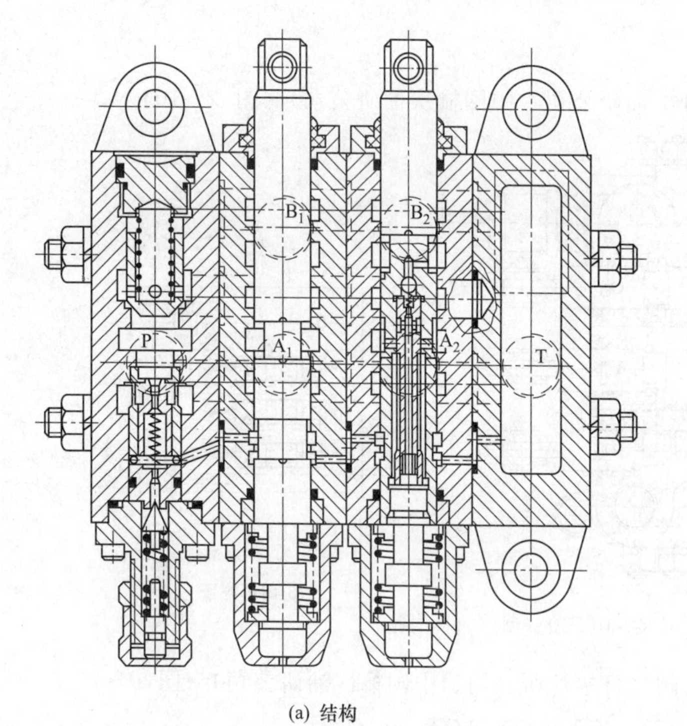

(a) 结构

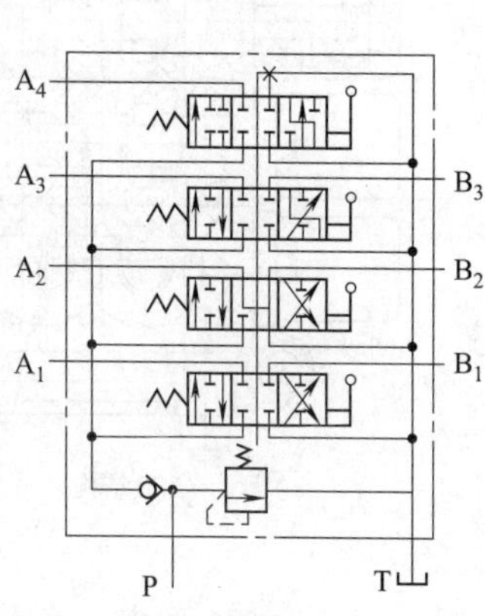

(b) 图形符号(ZS2-L2OE-T-O -Y-A型)

图 3-7-13 ZS2 型多路换向阀

［例 3-7-14］ Z 型多路换向阀（图 3-7-14）

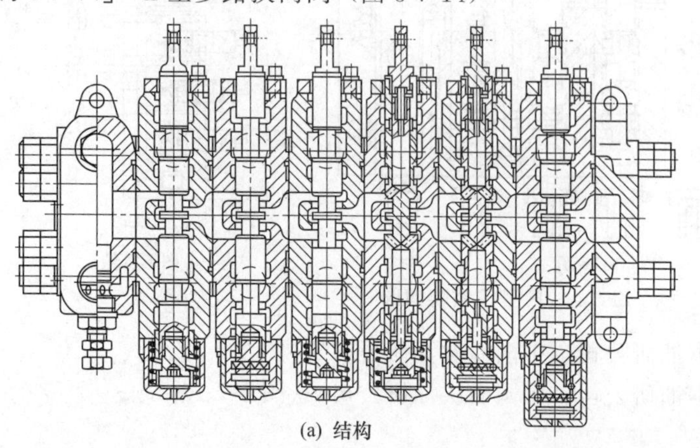

(a) 结构

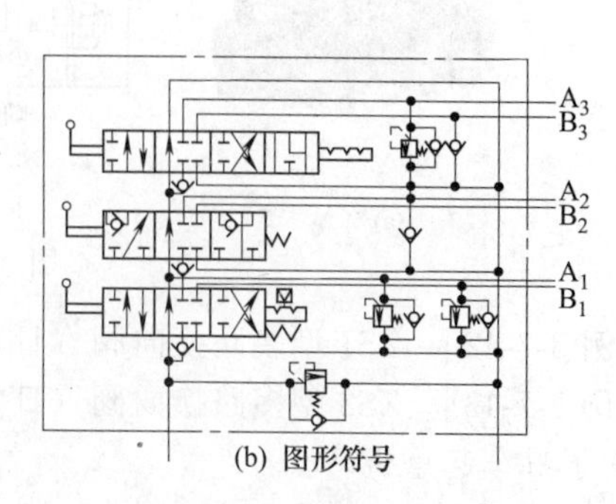

(b) 图形符号

图 3-7-14 Z 型多路换向阀

［例 3-7-15］　M4-22 型多路换向阀（德国博世-力士乐公司）（图 3-7-15）

(a) 外观

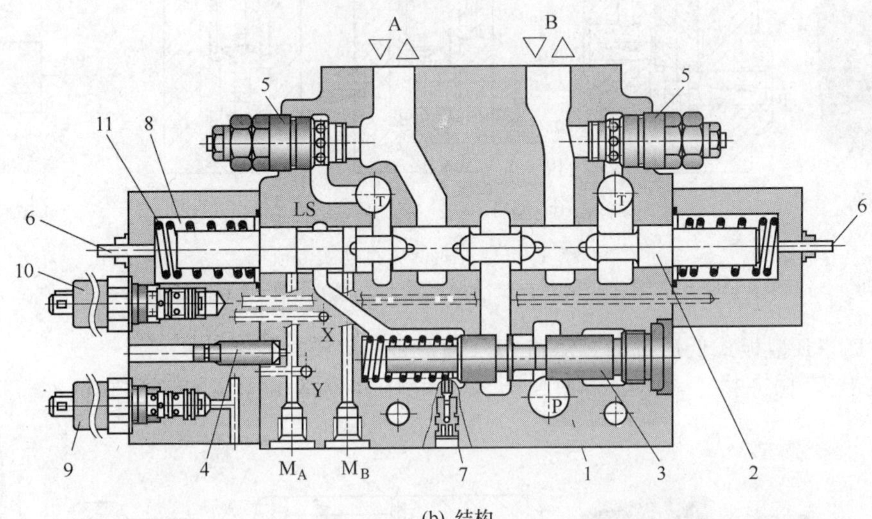

(b) 结构

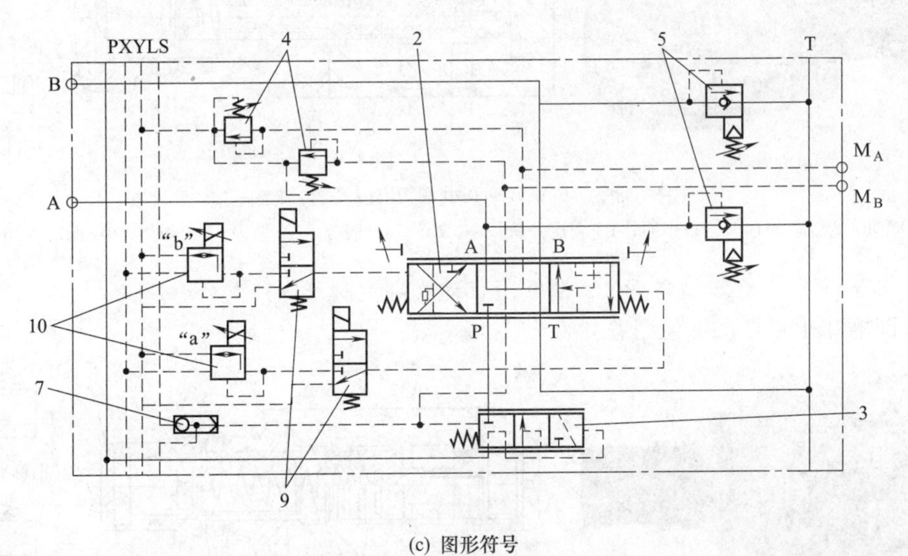

(c) 图形符号

图 3-7-15　M4-22 型多路换向阀

1—阀体；2—主阀芯；3—补偿阀阀芯；4—LS 溢流阀；5—防汽蚀溢流阀；6—行程调节螺钉；7—LS 梭阀；8—弹簧腔；9—先导压力截断阀；10—先导电磁比例减压阀；11—弹簧

3-8 溢流阀

3-8-1 直动式溢流阀

［例 3-8-1］ P-※型管式低压直动式溢流阀（国产）（图 3-8-1）

※为额定流量代号 10、25、63 等；额定压力为 2.5MPa；安装尺寸不符合国际标准。

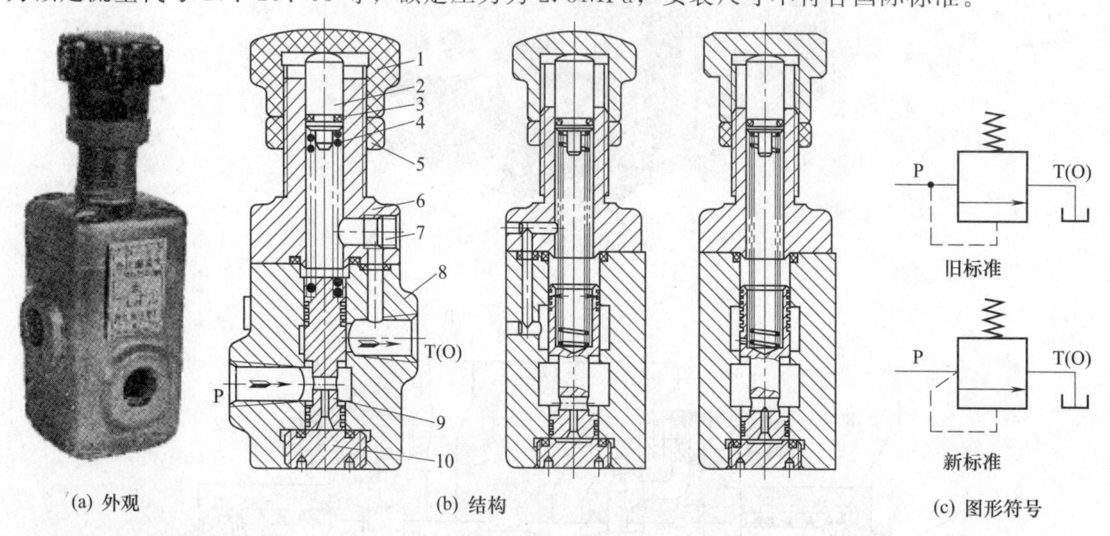

(a) 外观　(b) 结构　(c) 图形符号

图 3-8-1 P-※型管式低压直动式溢流阀

1—调压螺母；2—调节杆；3—O 形圈；4—调压弹簧；5—锁母；6—阀盖；7—堵头；8—阀体；9—阀芯；10—螺塞

［例 3-8-2］ P-※B 型板式低压直动式溢流阀（国产）（图 3-8-2）

※为额定流量代号 10、25、63 等；额定压力为 2.5MPa；安装尺寸不符合国际标准。

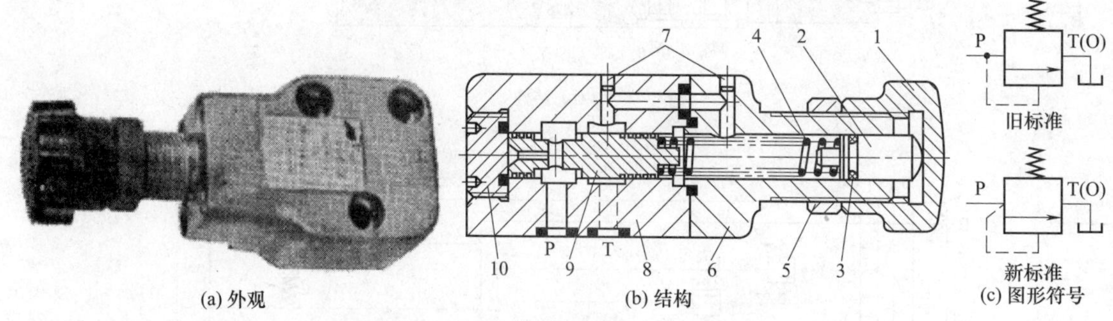

(a) 外观　(b) 结构　(c) 图形符号

图 3-8-2 P-※B 型板式低压直动式溢流阀

1—调压螺母；2—调节杆；3—O 形圈；4—调压弹簧；5—锁母；6—阀盖；7—堵头；8—阀体；9—阀芯；10—螺塞

［例 3-8-3］ GY11A-35×25 型与 HYY 型低压直动式溢流阀（国产）（图 3-8-3）

国产各种外圆磨床上还在广泛使用着。

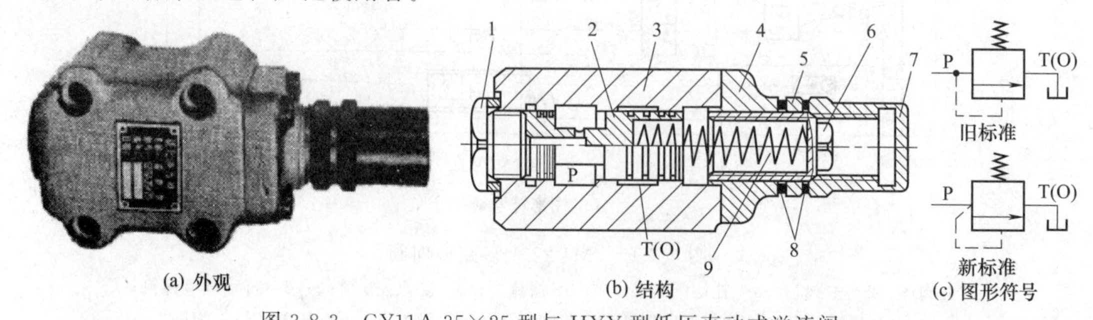

(a) 外观　(b) 结构　(c) 图形符号

图 3-8-3 GY11A-35×25 型与 HYY 型低压直动式溢流阀

1—螺塞；2—阀芯；3—阀体；4—阀盖；5—锁母；6—调压螺钉；7—螺盖；8—紫铜垫圈；9—调压弹簧

[例 3-8-4] M7130 型平面磨床用低压直动式溢流阀（国产）（图 3-8-4）

专用于国产 M7130 型平面磨床。

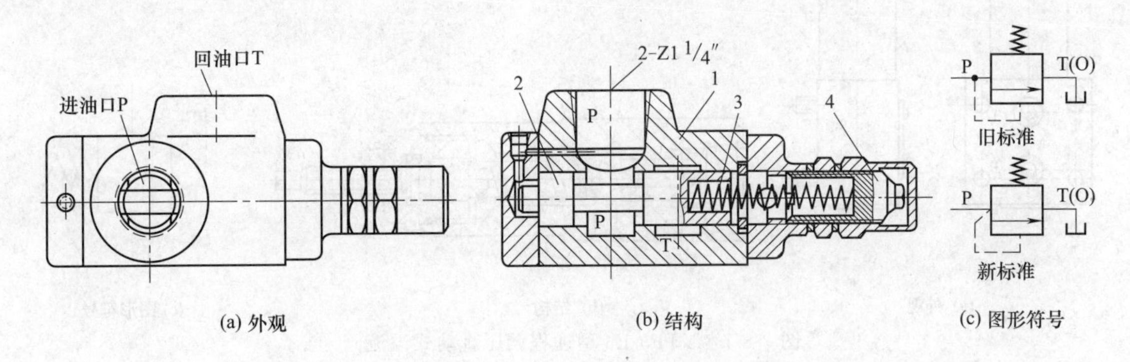

(a) 外观　(b) 结构　(c) 图形符号

图 3-8-4 M7130 型平面磨床用低压直动式溢流阀

1—阀体；2—阀芯；3—调压弹簧；4—调压螺钉

[例 3-8-5] YF-L8H※型管式远程调压直动式溢流阀（国产）（图 3-8-5）

※为调压范围代号，1 表示 0.6～8MPa，2 表示 4～16MPa，3 表示 8～20MPa，4 表示 16～31.5MPa；公称流量为 2L/min；安装尺寸不符合国际标准。

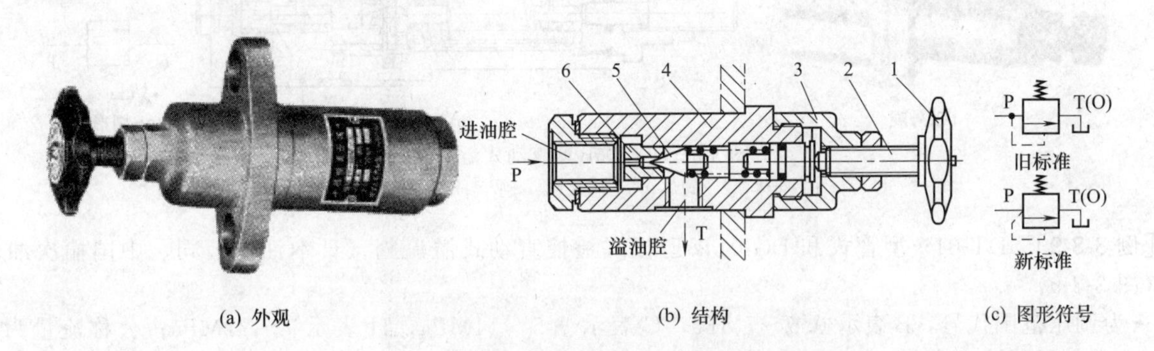

(a) 外观　(b) 结构　(c) 图形符号

图 3-8-5 YF-L8H※型管式远程调压直动式溢流阀

1—调压手轮；2—调压螺钉；3—螺套；4—阀体；5—锥阀芯；6—阀座

[例 3-8-6] YF-B8H※型高压板式直动式溢流阀（国产）（图 3-8-6）

同 YF-L8H※型管式远程调压直动式溢流阀。

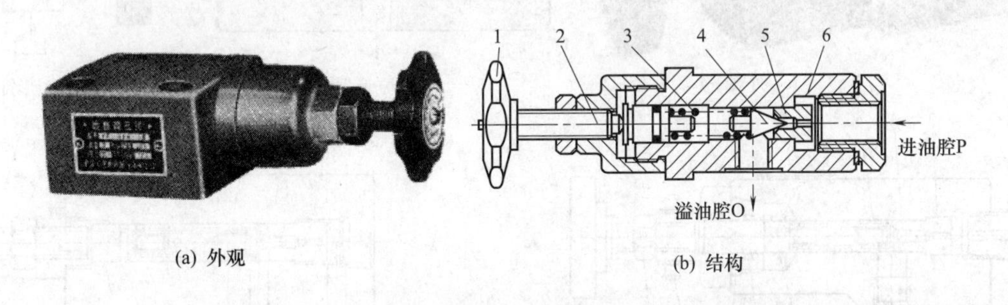

(a) 外观　(b) 结构

图 3-8-6 YF-B8H※型高压板式直动式溢流阀

1—调压手轮；2—调压螺钉；3—调压弹簧；4—锥阀；5—阀座；6—阀体

[例 3-8-7] YTF3-E6 型远程调压直动式溢流阀（广研 GE 系列）（图 3-8-7）

E 表示压力等级［C（省略）为 6.3MPa，E 为 16MPa］；6 表示通径；安装尺寸符合国际标准；调压范围有 0.5～6.3MPa、0～16MPa 两种；公称流量为 2L/min。

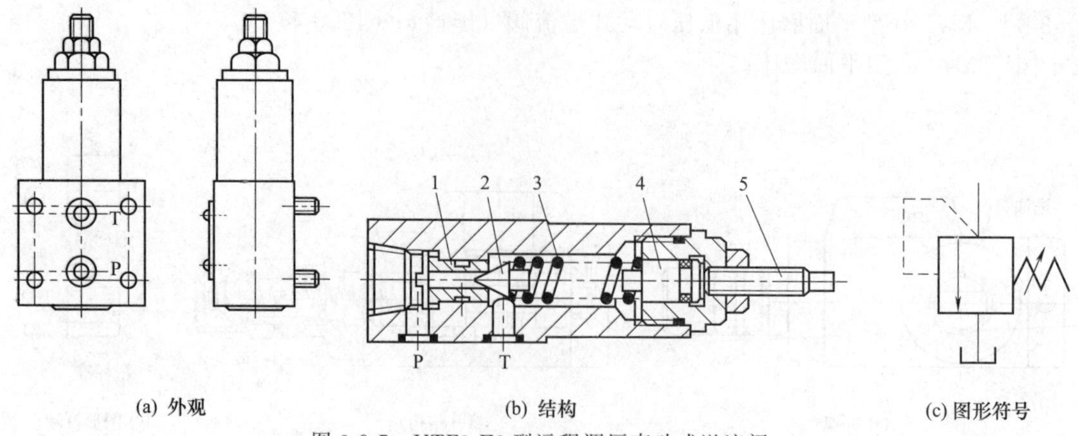

图 3-8-7 YTF3-E6 型远程调压直动式溢流阀

1—阀座；2—针阀；3—调压弹簧；4—调节杆；5—调压螺钉

[例 3-8-8] Y-D6B 型直动式溢流阀（大连组合所型）（图 3-8-8）

安装尺寸符合国际标准；公称压力为 10MPa；公称流量为 20L/min。

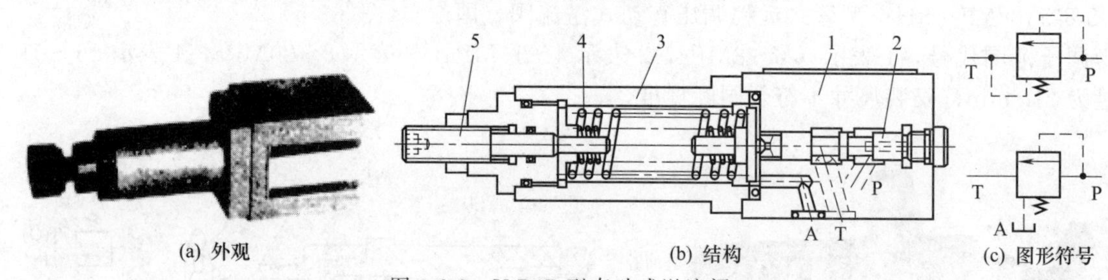

图 3-8-8 Y-D6B 型直动式溢流阀

1—阀体；2—阀芯；3—阀盖；4—弹簧；5—调压螺钉

[例 3-8-9] DT-01※型管式和 DG-01※型板式遥控直动式溢流阀（日本油研公司、中国榆次油研公司）（图 3-8-9）

※为调压范围代号，B 表示 0.5～7MPa，C 表示 3.5～14MPa，H 表示 7～21MPa；公称流量为 2L/min；安装尺寸符合国际标准。

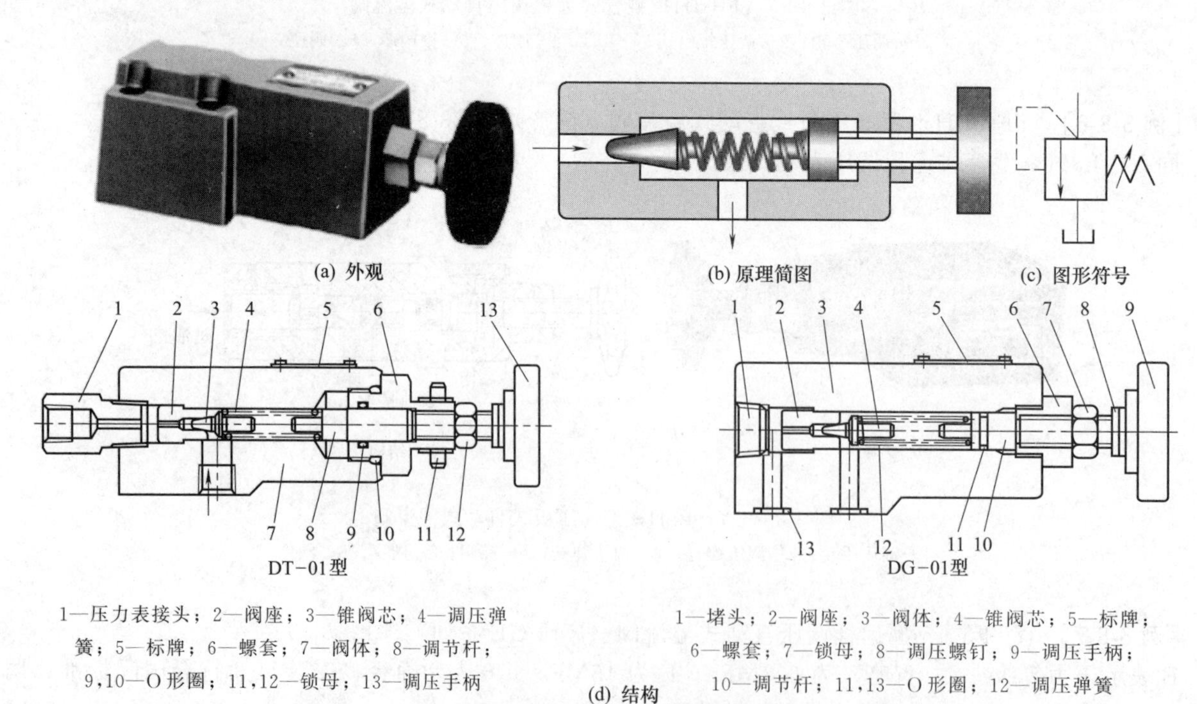

图 3-8-9 DT-01※型管式和 DG-01※型板式遥控直动式溢流阀

［例 3-8-10］ DT-02※型管式和 DG-02※型板式直动式溢流阀（日本油研公司、中国榆次油研公司）（图 3-8-10）

公称流量为 16L/min；其他同例 3-8-9。

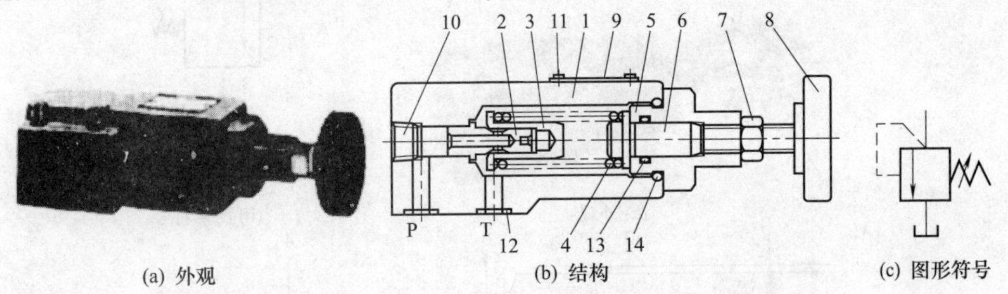

图 3-8-10 DT-02※型管式和 DG-02 型板式直动式溢流阀

1—阀体；2—调节手柄；3—锁紧螺母；4—螺套；5—标牌；6—铆钉；7—调压弹簧；8—阀芯；9—阀座；10—螺塞；11—调节杆；12～14—O 形圈

［例 3-8-11］ DBT 型直动式溢流阀（德国博世-力士乐公司、北京华德公司等）（图 3-8-11）

额定压力至 31.5MPa；额定流量至 3L/min。

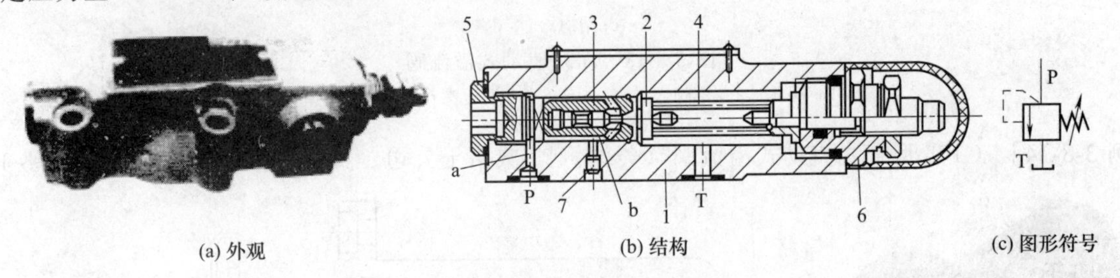

图 3-8-11 DBT 型直动式溢流阀

1—阀体；2—阀芯；3—阀座；4—调压弹簧；5—螺塞；6—调压装置；7—堵头

［例 3-8-12］ DBDH-※△型直动式溢流阀（德国博世-力士乐公司）（图 3-8-12）

H 表示手柄调节方式；※为通径尺寸代号，有 6、8、10、15、20、25、32 等，对应连接螺纹尺寸为 G1/4″～G1½″等；△为安装方式，K 表示插装式，G 表示螺纹式；额定压力至 63MPa；额定流量至 330L/min。

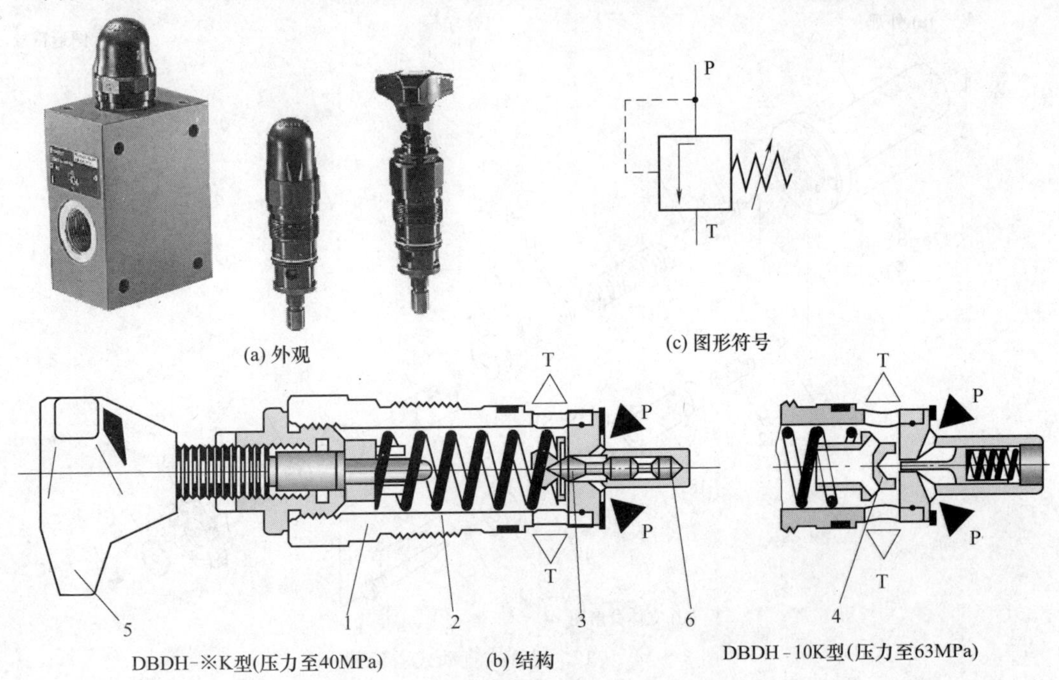

图 3-8-12 DBDH-※△型直动式溢流阀

1—阀体；2—调压弹簧；3—锥阀芯；4—钢球；5—调压手柄；6—阻尼活塞

［例 3-8-13］ DZT 直动式溢流阀（德国博世-力士乐公司）（图 3-8-13）

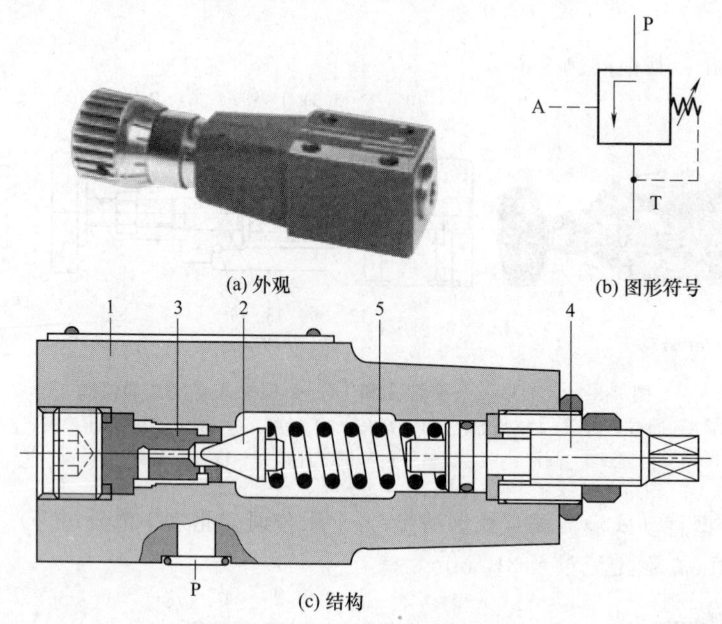

(a) 外观 (b) 图形符号 (c) 结构

图 3-8-13 DZT 直动式溢流阀

1—阀体；2—锥阀芯；3—阀座；4—调压螺钉；5—调压弹簧

［例 3-8-14］ C175 型管式直动式溢流阀（美国伊顿-威格士公司、日本东京计器公司）（图 3-8-14）

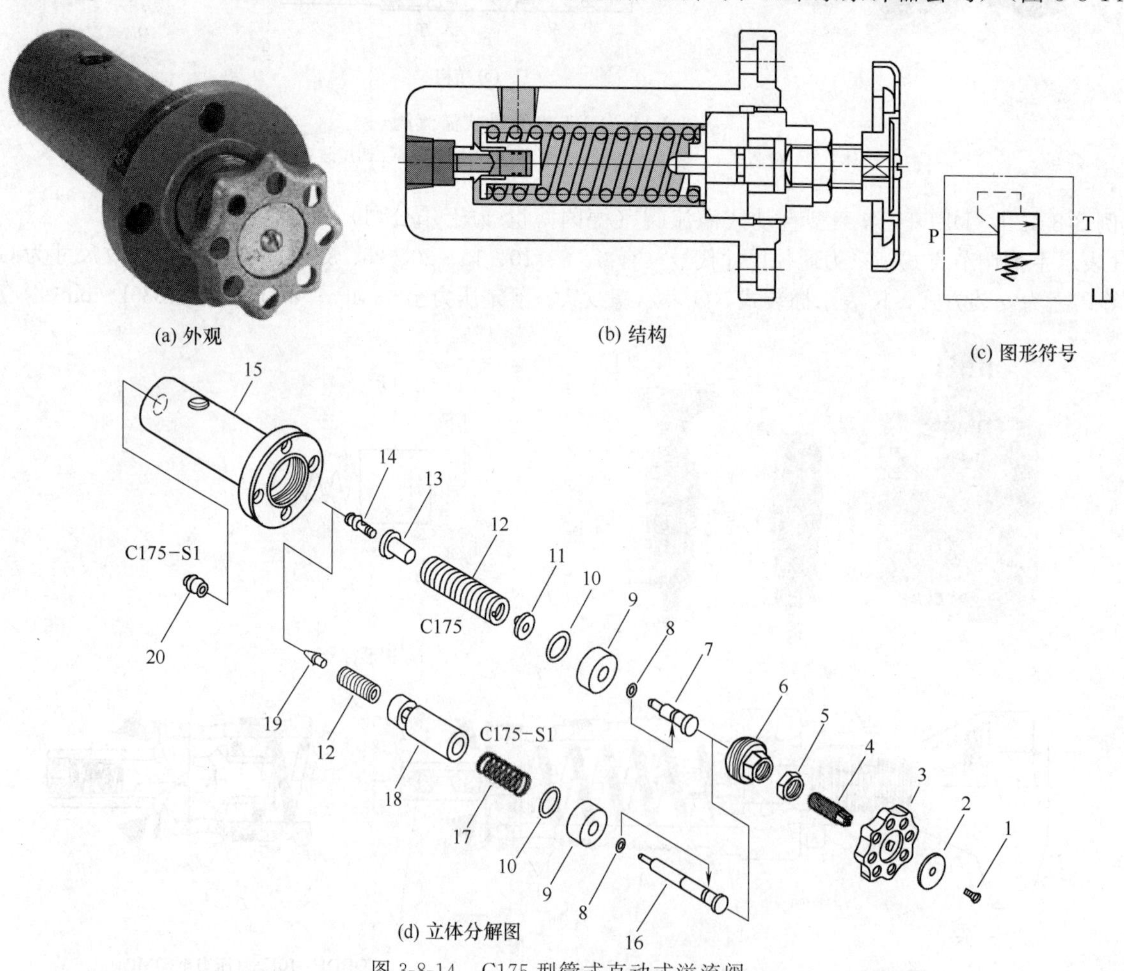

(a) 外观 (b) 结构 (c) 图形符号

(d) 立体分解图

图 3-8-14 C175 型管式直动式溢流阀

1—小螺钉；2,9,11—垫；3—调节手柄；4—调压螺钉；5—锁紧螺母；6—螺套；7,16—调节杆；8,10—O 形圈；12,17—调压弹簧；13—弹簧垫；14,19—阀芯；15—阀体；18—套；20—阀座

[例 3-8-15] CGR-02C175 型板式直动式溢流阀（美国伊顿-威格士公司、日本东京计器公司）（图 3-8-15）

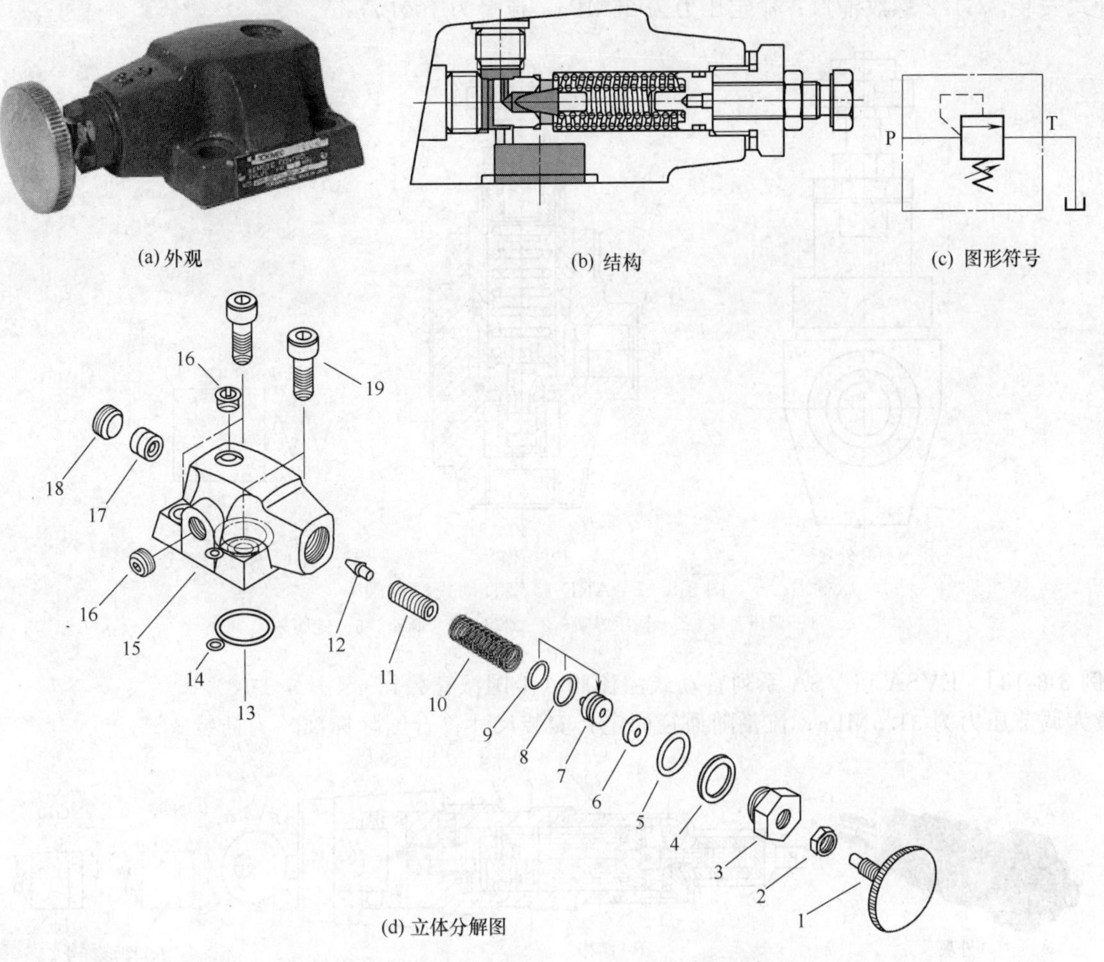

图 3-8-15 CGR-02C175 型板式直动式溢流阀

1—调压螺钉手柄；2—锁紧螺母；3—螺套；4～6—垫；7—调节杆；8,9,13,14—O 形圈；10,11—调压弹簧；12—锥阀芯；15—阀体；16,18—螺塞；17—阀座；19—螺钉

[例 3-8-16] ARE-06 型直动式溢流阀（意大利阿托斯公司）（图 3-8-16）

管式安装，G1/4″螺纹油口；额定压力为 50MPa，流量为 60L/min。

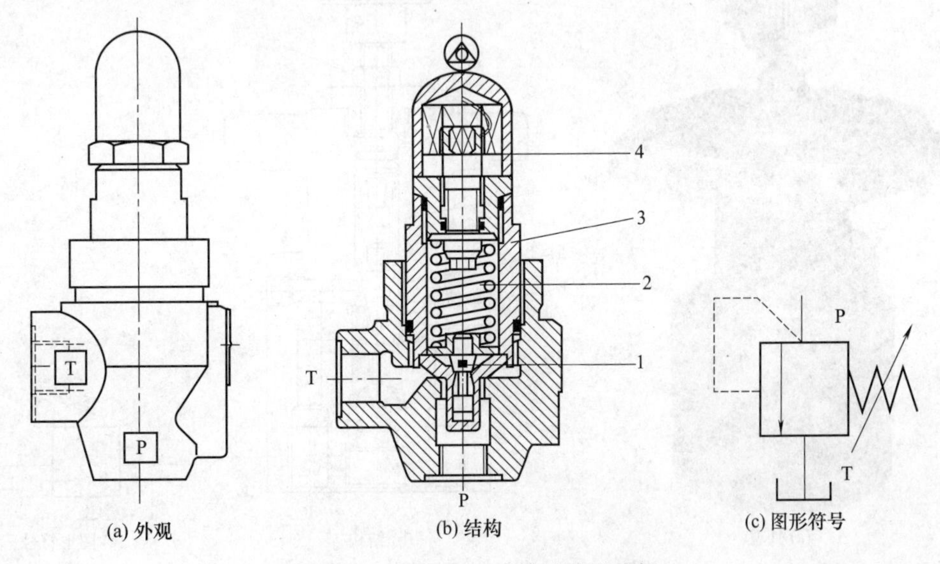

图 3-8-16 ARE-06 型直动式溢流阀

1—锥阀芯；2—弹簧；3—螺套；4—手轮

[例 3-8-17] ARE-15 型直动式溢流阀（意大利阿托斯公司）（图 3-8-17）

管式安装，G1/2″螺纹油口；额定压力为 25MPa，流量为 100L/min。

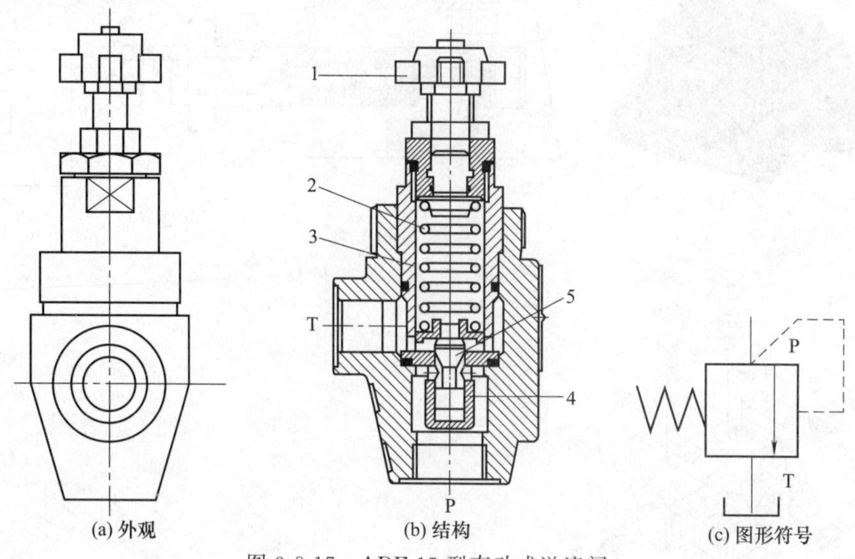

图 3-8-17 ARE-15 型直动式溢流阀

1—调压手轮；2—调压弹簧；3—螺套；4—阀座；5—锥阀芯

[例 3-8-18] EVSA 和 VSA 系列直动式溢流阀（美国派克公司）（图 3-8-18）

最大调节压力为 31.5MPa；流量随通径而定；安装尺寸符合国际标准，为插装式。

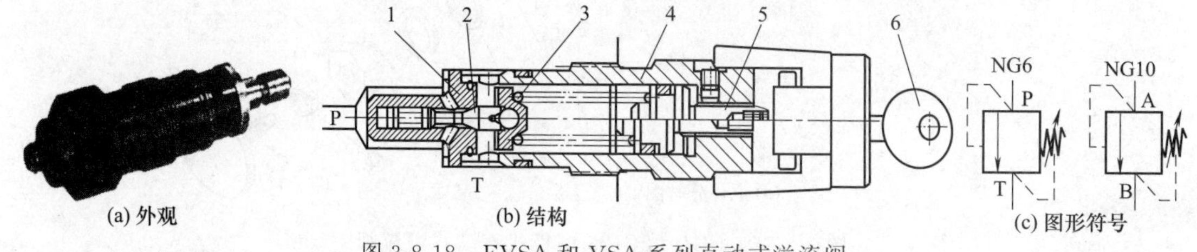

图 3-8-18 EVSA 和 VSA 系列直动式溢流阀

1—阀座；2—阀芯；3—调压弹簧；4—插装阀体；5—调压螺钉；6—安全锁

[例 3-8-19] R1EO2 型直动式溢流阀（美国派克-丹尼逊公司）（图 3-8-19）

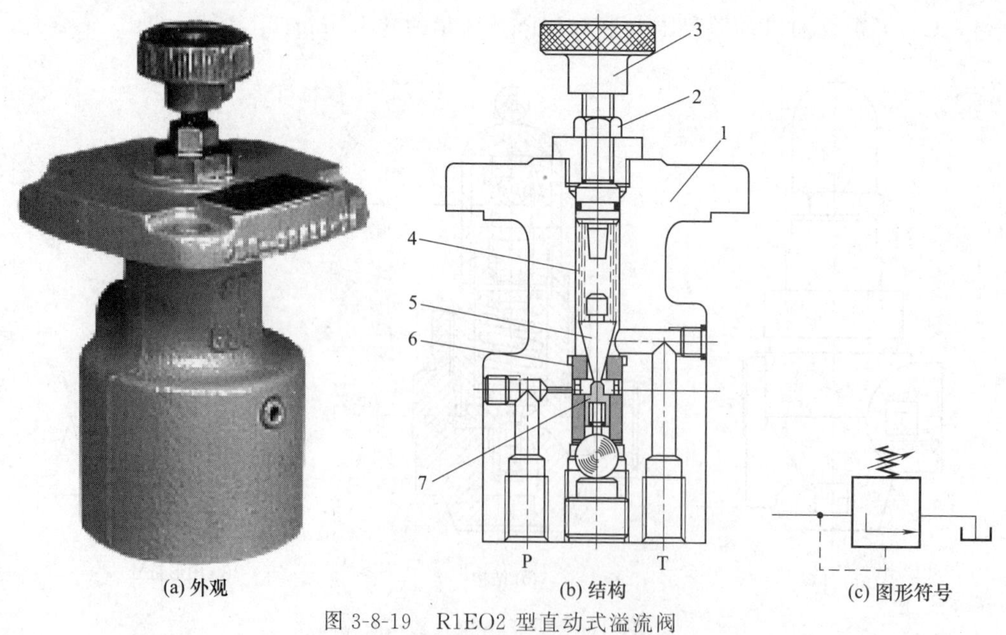

图 3-8-19 R1EO2 型直动式溢流阀

1—阀体；2—调压螺钉；3—调压手轮；4—调压弹簧；5—锥阀芯；6—阀座；7—阻尼柱塞

[例 3-8-20] R-G 型直动式溢流阀（日本大京公司）（图 3-8-20）

结构特点为阀芯带导向圆柱，阀芯与阀座反扣。

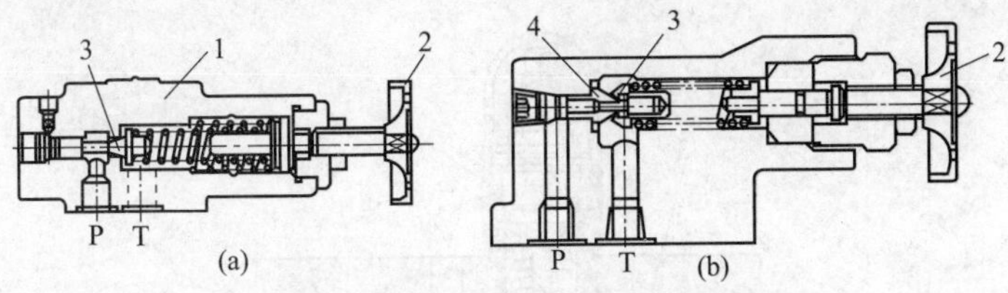

图 3-8-20 R-G 型直动式溢流阀

1—阀体；2—调节手柄；3—阀芯；4—阀座

[例 3-8-21] SR-G03 型直动式溢流阀（日本大京公司）（图 3-8-21）

结构特点为阀芯带导向圆柱，阀芯与阀座反扣；调压范围为 0.3～7MPa；最大流量为 30L/min。

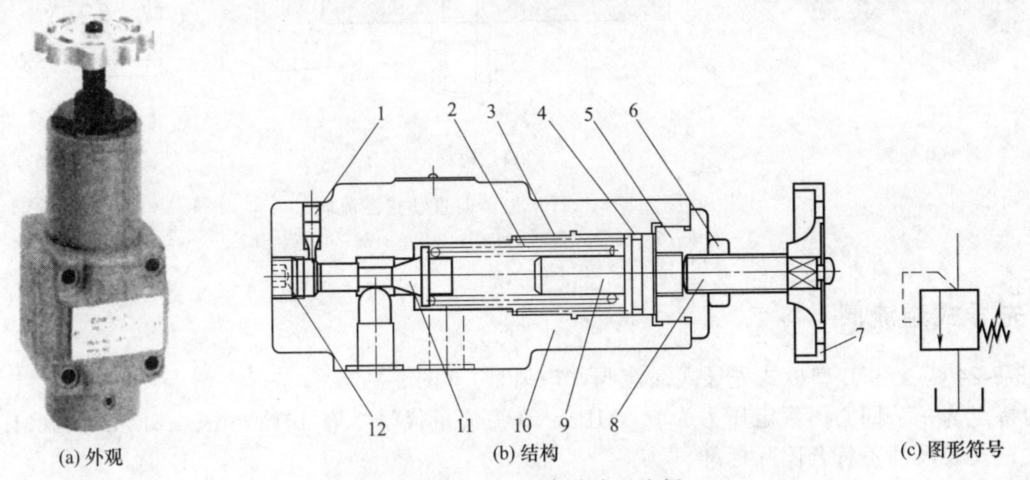

图 3-8-21 SR-G03 型直动式溢流阀

1—节流螺钉；2,3—调压弹簧；4—O 形圈；5—螺套；6—锁母；7—调节手柄；8—调压螺钉；9—调节杆；10—阀体；11—阀芯；12—螺塞

[例 3-8-22] RD-※型直动式溢流阀（日本川崎公司）（图 3-8-22）

※为通径代号，有 10mm、15mm、20mm、25mm、30mm 五种通径。

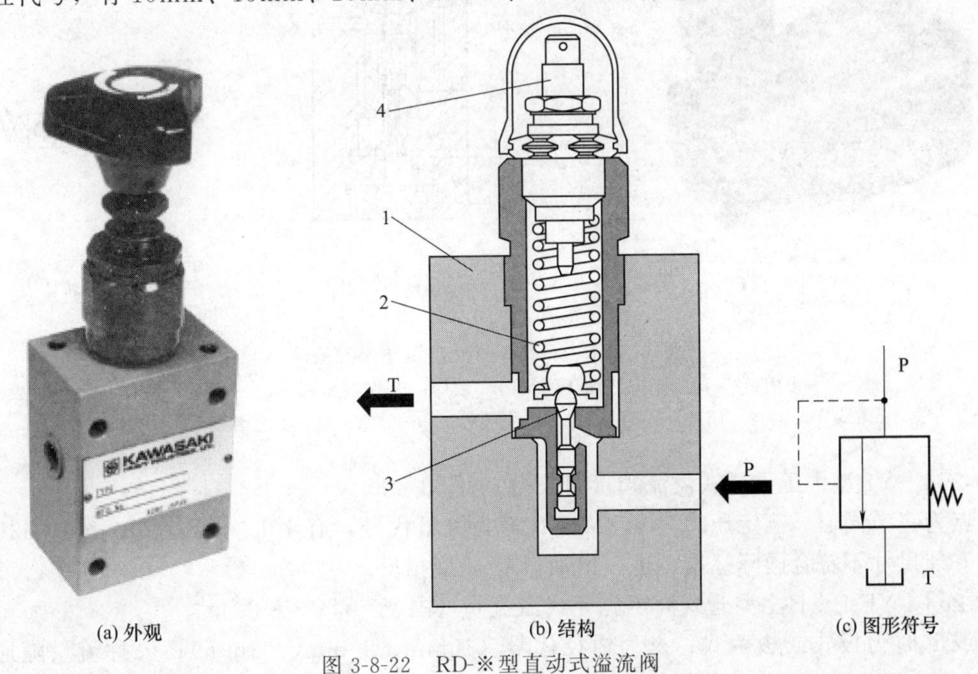

图 3-8-22 RD-※型直动式溢流阀

1—阀体；2—调压弹簧；3—锥阀芯（带圆柱阻尼柱塞）；4—调压装置

[例 3-8-23] B-※型单向直动式溢流阀（日本川崎公司）（图 3-8-23）

※为通径代号，有 10mm、15mm、20mm、25mm、30mm 五种通径。

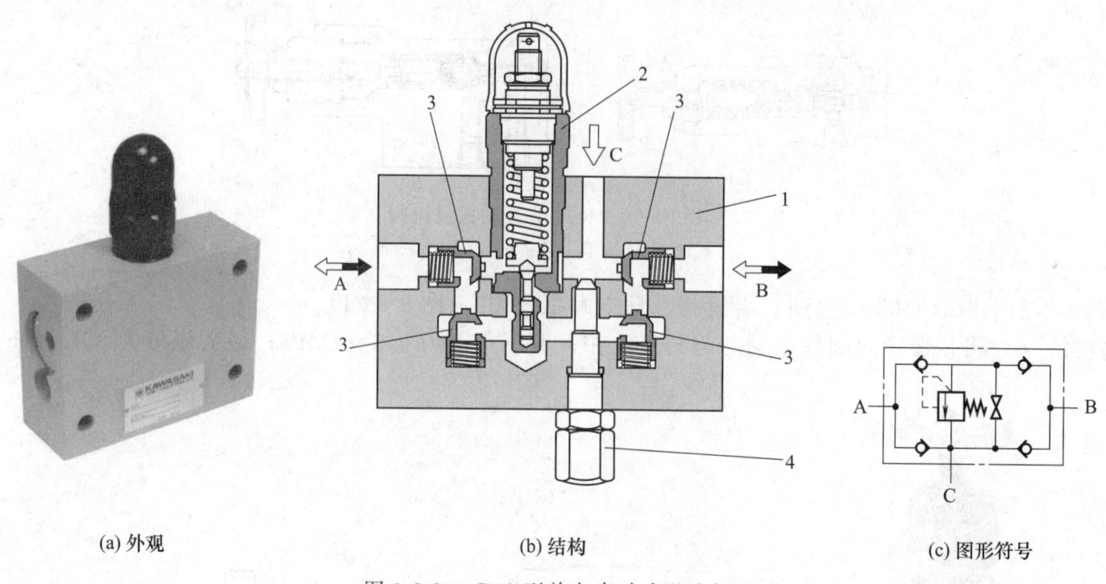

图 3-8-23　B-※型单向直动式溢流阀

1—阀体；2—插装式直动溢流阀；3—单向阀；4—截止阀

3-8-2　先导式溢流阀

[例 3-8-24] Y-※B 型板式先导式溢流阀（广研型）（图 3-8-24）

结构特点为一节同心。额定压力为 6.3MPa；※为流量代号，有 10L/min、25L/min、63L/min；无 B 时为管式；安装尺寸不符合国际标准。

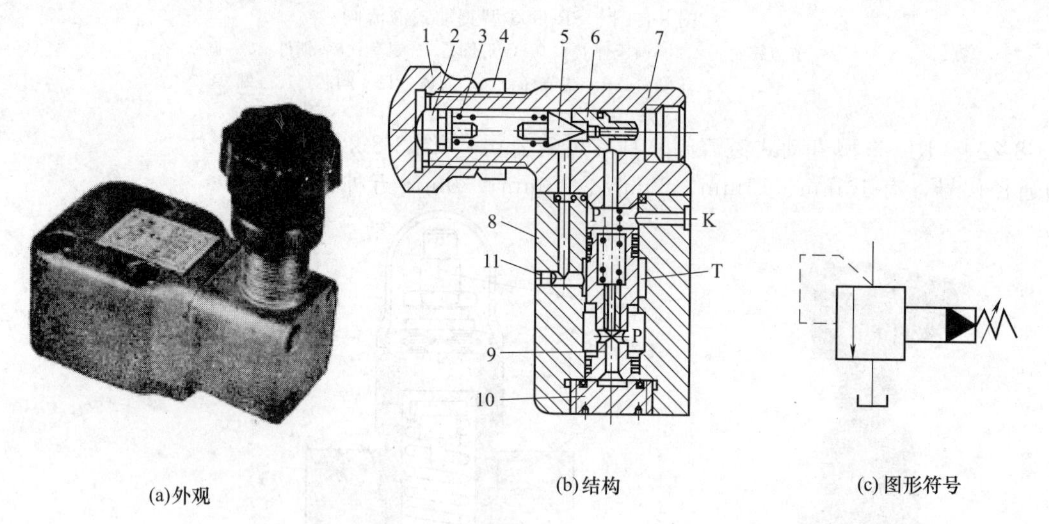

图 3-8-24　Y-※B 型板式先导式溢流阀

1—手柄；2—调节杆；3—调压弹簧；4—锁母；5—先导锥阀芯；6—先导阀座；7—阀盖；8—主阀体；9—主阀芯；10—螺塞；11—工艺堵头

[例 3-8-25] Y1 型中压先导式溢流阀（西安型）（图 3-8-25）

结构特点为三节同心。额定压力为 6.3MPa；※为流量代号，有 10L/min、25L/min、63L/min；无 B 时为管式；安装尺寸不符合国际标准；进、出油口与 Y 型相反。

[例 3-8-26] YF-L※H△型管式高压先导式溢流阀（国产）（图 3-8-26）

L 为 B 或 F 时为板式或法兰式；※为通径代号（10mm、20mm、32mm）；公称流量随通径而定；H 表示公称压力为 31.5MPa；△为开启压力代号（1 表示 0.6～8MPa，2 表示 4～16MPa，3 表示 8～20MPa，

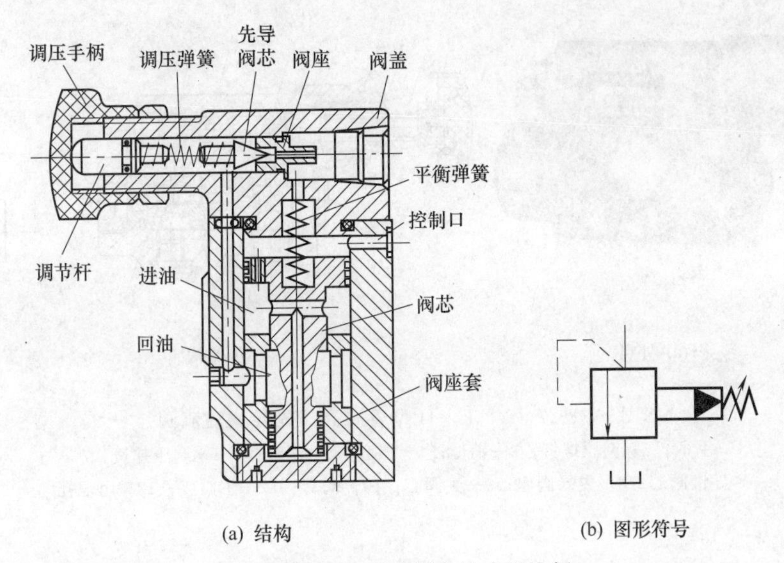

(a) 结构 (b) 图形符号

图 3-8-25 Y1 型中压先导式溢流阀

4 表示 16～31.5MPa)；安装尺寸不符合国际标准。

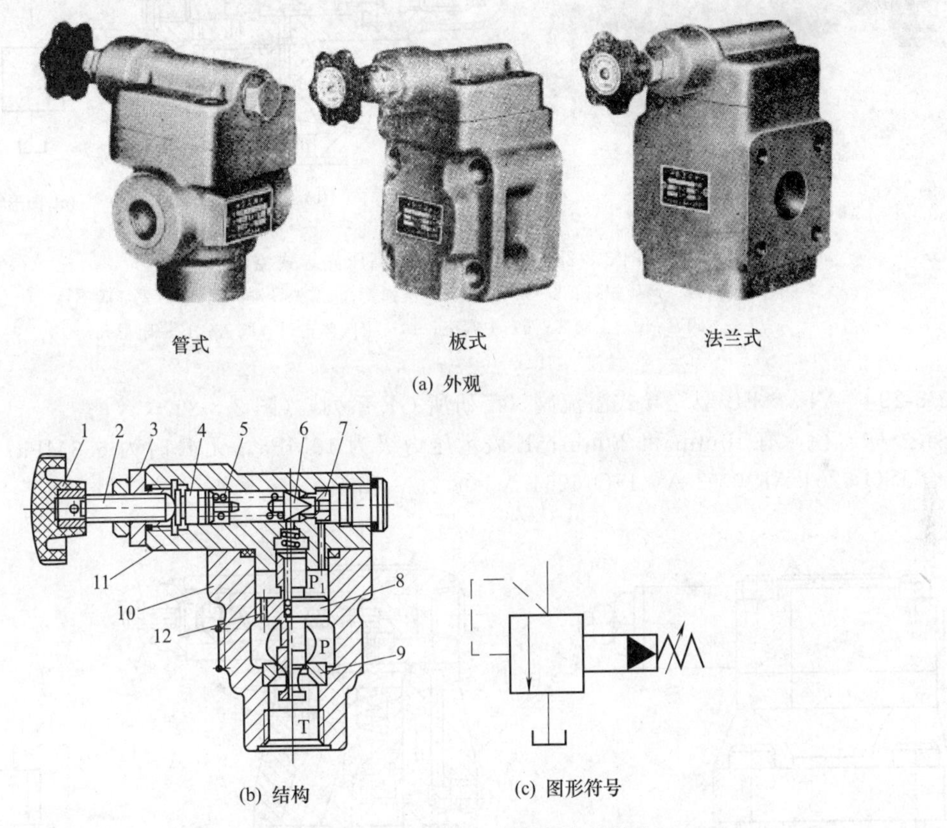

(a) 外观

(b) 结构 (c) 图形符号

图 3-8-26 YF-L※H△型管式高压先导式溢流阀

1—手柄；2—调压螺钉；3—螺套；4—调节杆；5—调压弹簧；6—先导锥阀芯；7—先导阀座；
8—主阀芯；9—主阀座；10—主阀体；11—阀盖；12—阻尼孔

[例 3-8-27] YF-L※H 型管式高压先导式溢流阀（联合设计组）(图 3-8-27)

除结构不一样外，其余同 YF-L※H△型。

[例 3-8-28] Y2H□※★型高压先导式溢流阀（联合设计组新型）

公称压力为 32MPa；□为调压范围代号（a 表示 0.6～8MPa，b 表示 4～16MPa，c 表示 8～20MPa，d 表示 16～32MPa)；※为通径代号；★为连接形式代号（T 表示板式，L 表示管式，F 表示法兰连接式)；安装尺寸符合国际标准。

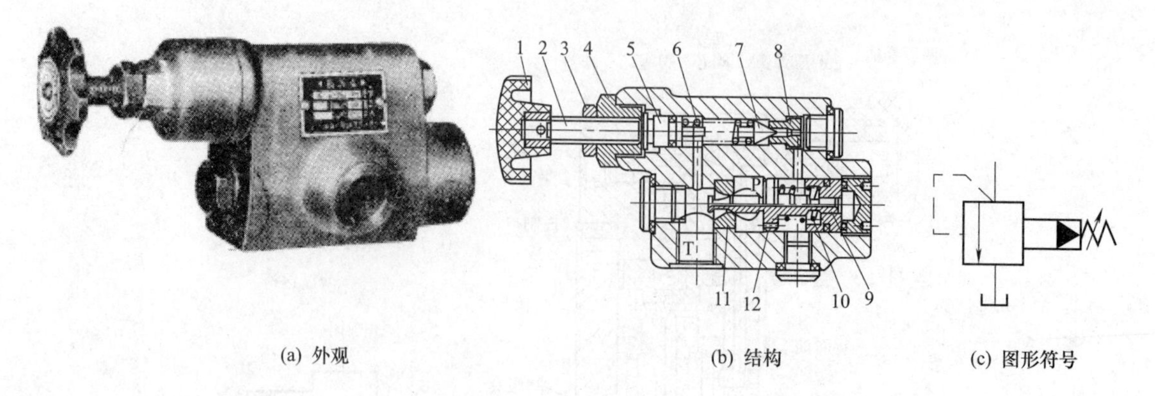

图 3-8-27 YF-L※H 型管式高压先导式溢流阀

1—手柄；2—调压螺钉；3—锁母；4—螺套；5—调节杆；6—调压弹簧；7—先导锥阀芯；8—先导阀座；9—主阀芯；10—阀套；11—主阀座；12—阻尼孔

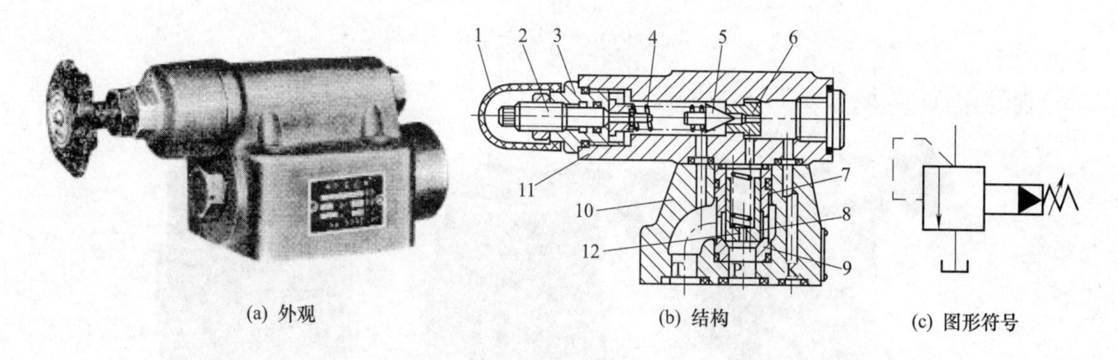

图 3-8-28 Y2H□※★型高压先导式溢流阀

1—护套；2—调压螺钉；3—螺套；4—调压弹簧；5—先导锥阀芯；6—先导阀座；7—主阀套；8—主阀芯；9—主阀座；10—主阀体；11—阀盖；12—阻尼孔

［例 3-8-29］ YF3※EB 型先导式溢流阀（广研所 GE 系列）（图 3-8-29）

※表示公称通径，有 10mm 和 20mm；E 表示压力级为 16MPa。无 E 时为 6.3MPa；B 表示板式；安装尺寸符合 ISO 6264-AR-06-2-A、ISO 6264-AS-08-2-A 标准。

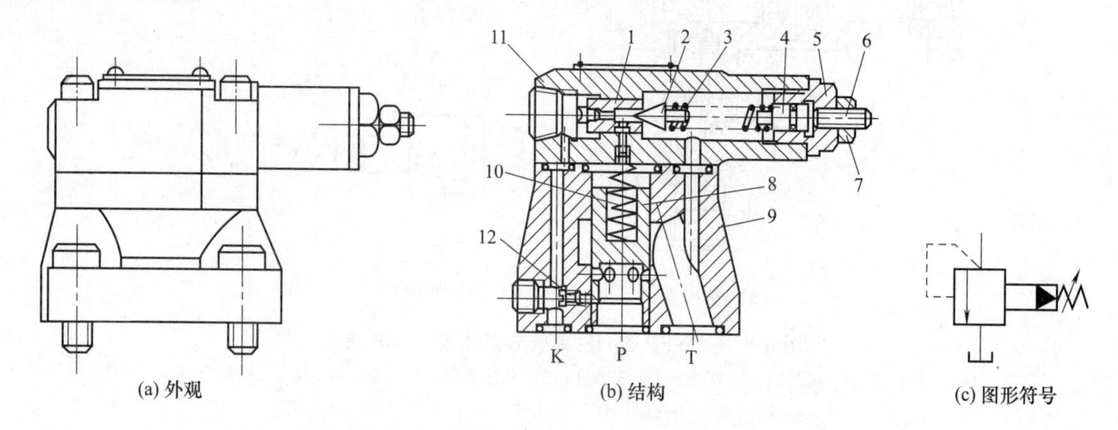

图 3-8-29 YF3※EB 型先导式溢流阀

1—先导阀座；2—先导锥阀芯；3—调压弹簧；4—调节杆；5—螺套；6—调压螺钉；7—锁母；8—主阀芯；9—主阀体；10—平衡弹簧；11—阀盖；12—阻尼螺钉

［例 3-8-30］ Y-D※B 型先导式溢流阀（大连组合所）（图 3-8-30）

结构特点为两节同心。D 表示公称压力为 10MPa；※表示通径为 6mm 或 10mm；流量为 20L/min 或 63L/min；安装尺寸符合国际标准 ISO 6264。

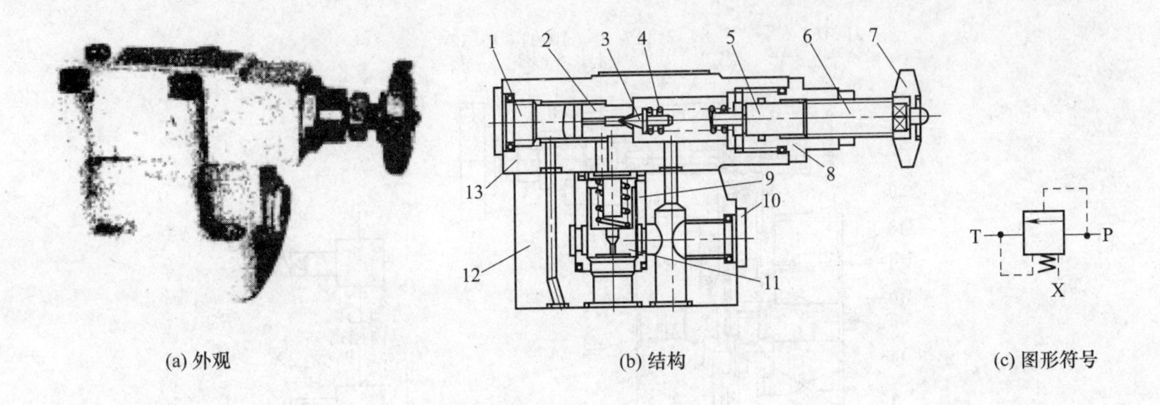

图 3-8-30 Y-D※B 型先导式溢流阀

1,10—螺塞；2—先导阀座；3—先导锥阀芯；4—调压弹簧；5—调节杆；6—调压螺钉；
7—手柄；8—螺套；9—阀套；11—主阀芯；12—阀体；13—阀盖

［例 3-8-31］ BT-※型先导式溢流阀（日本油研公司、中国榆次油研公司）（图 3-8-31）

※为通径代号 03、06、10；安装尺寸标准 BT-03 型为 ISO 6264-AR-06-2-A，BT-06 型为 ISO 6264-AS-08-2-A，BT-10 型为 ISO 6264-AT-10-2-A，对应最大流量为 100～400L/min；额定压力为 25MPa。

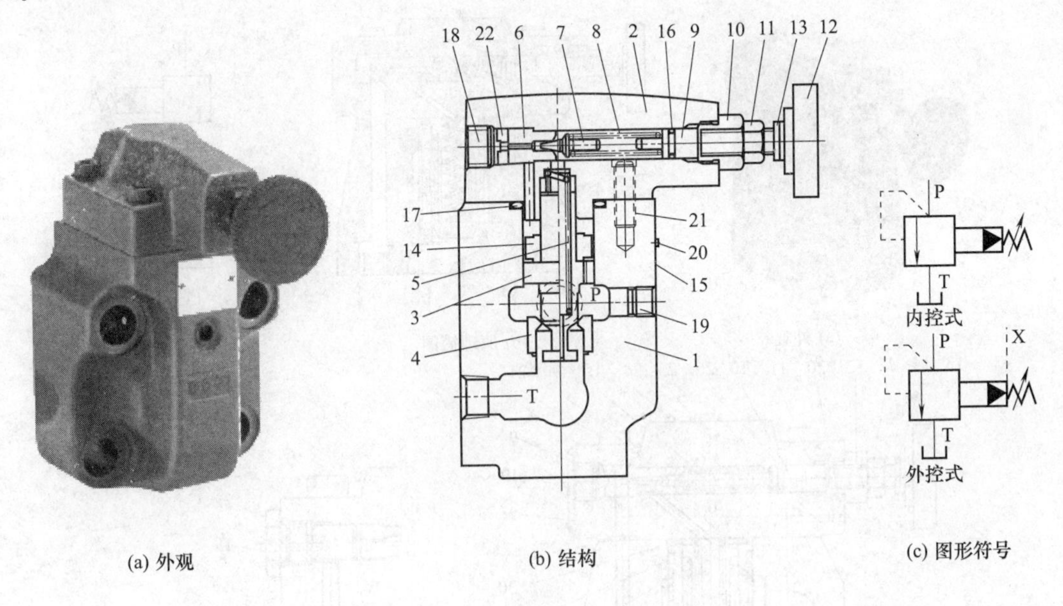

图 3-8-31 BT-※型先导式溢流阀

1—阀体；2—阀盖；3—主阀芯；4—主阀座；5—平衡弹簧；6—先导阀座；7—先导锥阀芯；
8—调压弹簧；9—调节杆；10—螺套；11—锁母；12—调压手柄；13—调压螺钉；14—防响块；
15—标牌；16,17—O 形圈；18,19—螺塞；20—铆钉；21—螺钉；22—消振垫

［例 3-8-32］ BG-※型先导式溢流阀（日本油研公司、中国榆次油研公司）（图 3-8-32）

※为通径代号 03、06、10；安装尺寸标准 BG-03 型为 ISO 6264-AR-06-2-A，BG-06 型为 ISO 6264-AS-08-2-A，BG-10 型为 ISO 6264-AT-10-2-A；对应最大流量为 100～400L/min；额定压力为 25MPa。

［例 3-8-33］ S-BG※型低噪声先导式溢流阀（日本油研公司、中国榆次油研公司、中国台湾朝田公司）（图 3-8-33）

S 表示低噪声；※为通径尺寸代号 03、06、10；安装尺寸标准 S-BG-03 型为 ISO 6264-AR-06-2-A，S-BG-06 型为 ISO 6264-AS-08-2-A，S-BG-10 型为 ISO 6264-AT-10-2-A；对应最大流量为 100～400L/min；额定压力为 25MPa。

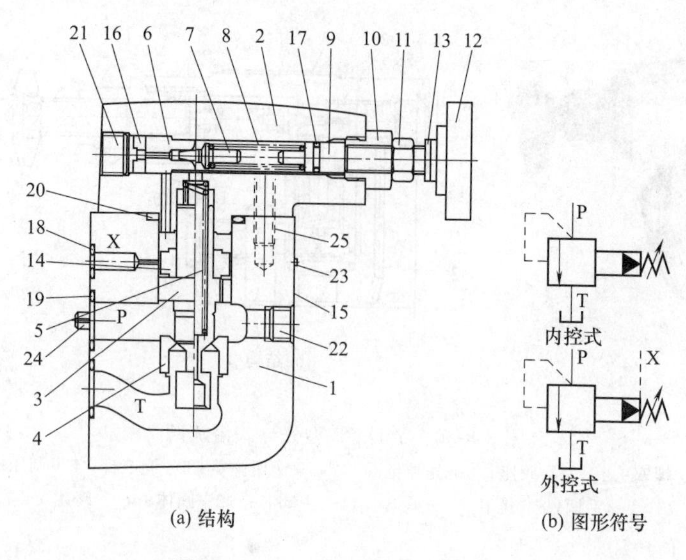

图 3-8-32 BG-※型先导式溢流阀

1—阀体；2—阀盖；3—主阀芯；4—主阀座；5—平衡弹簧；6—先导阀座；7—先导锥阀芯；8—调压弹簧；9—调节杆；10—螺套；11—锁母；12—调压手柄；13—调压螺钉；14—防响块；15—标牌；16—消振垫；17,20—O形圈；18,19,21,22—螺塞；23—铆钉；24—定位销；25—螺钉

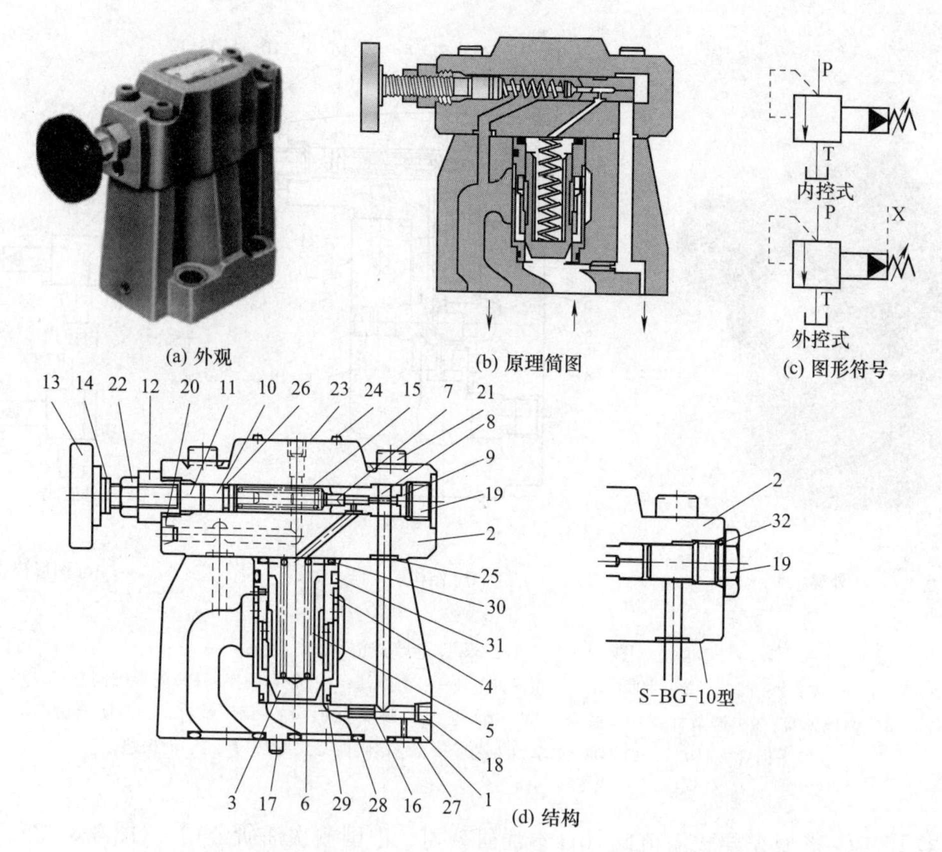

图 3-8-33 S-BG※型低噪声先导式溢流阀

1—主阀体；2—阀盖；3—主阀芯；4—主阀套；5—弹簧套筒；6—平衡弹簧；7—先导阀芯（针阀）；8—先导阀座；9—降噪环；10—调节杆；11—过渡块；12—螺套；13—调压手柄；14—调压螺钉；15—调压弹簧；16—阻尼塞；17—定位销；18～20—堵头；21—六角螺钉；22—锁母；23—标牌；24—铆钉；25～32—O形圈

［例 3-8-34］ DB※型先导式溢流阀（德国博世-力士乐公司）（例 3-8-34）

※为公称通径，有 10mm、16mm、20mm、25mm、32mm，对应管式螺纹尺寸为 G1/2″、G3/4″、G1″、G1¼″、G1½″；安装尺寸符合 ISO 6264 标准；额定压力至 35MPa。

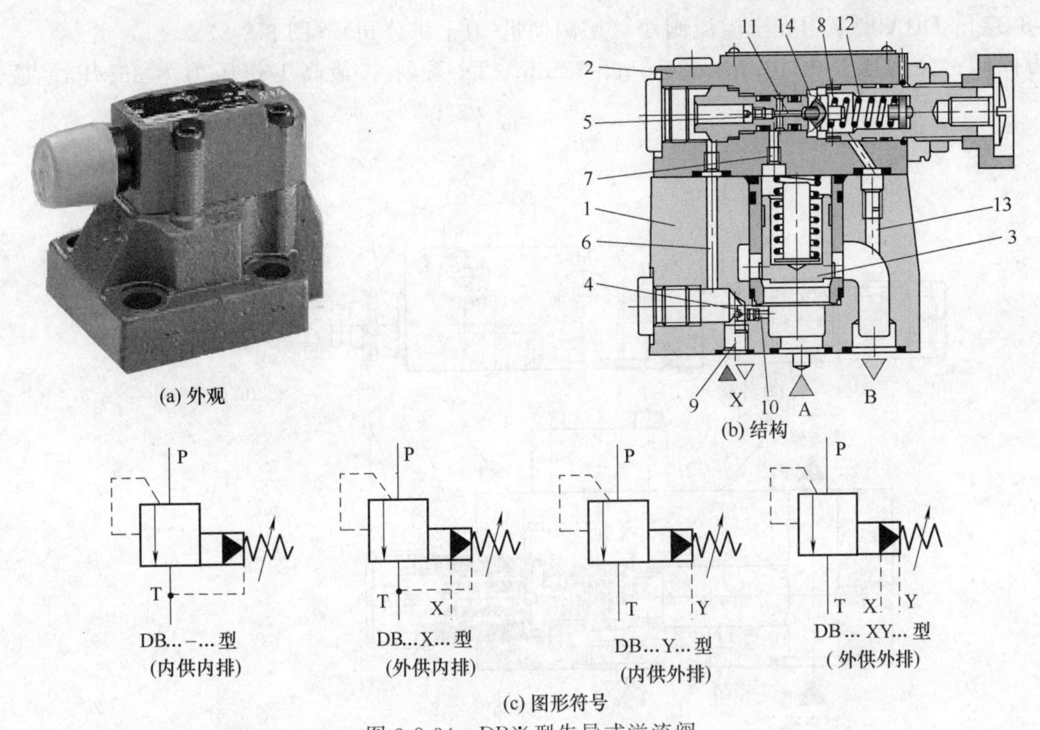

图 3-8-34 DB※型先导式溢流阀

1—主阀体；2—阀盖；3—主阀芯；4,5—阻尼螺塞；6,7,10—油道；8—先导阀芯；9—螺塞；11—阻尼孔；12—弹簧；13—泄油道；14—先导阀座

［例 3-8-35］ DBV6V 型先导式溢流阀（德国博世-力士乐公司）（图 3-8-35）

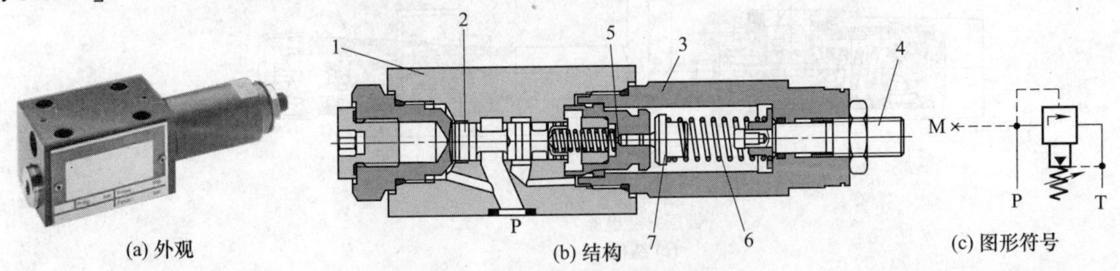

图 3-8-35 DBV6V 型先导式溢流阀

1—主阀体；2—主阀芯（滑阀）；3—先导阀体；4—调压螺钉；5—先导阀座；6—调压弹簧；7—先导阀芯（针阀）

［例 3-8-36］ DB（W）型先导式溢流阀（德国博世-力士乐公司）（图 3-8-36）

通径有 10mm 和 25mm 两种；1X、4X 两种系列；最高工作压力为 35MPa，最大流量为 400L/min。

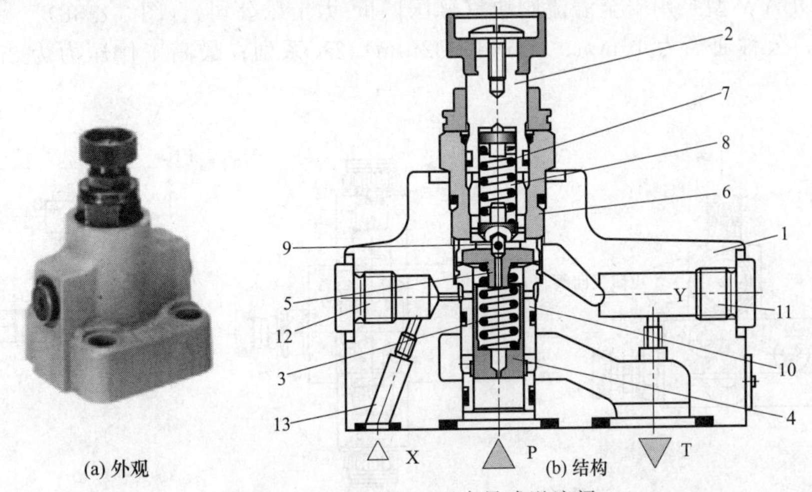

图 3-8-36 DB（W）型先导式溢流阀

1—主阀体；2—调压螺钉；3—平衡弹簧；4—主阀芯（滑阀）；5—阻尼孔；6—螺套；7—调压弹簧；8—弹簧腔；9—先导阀芯（球阀）；10—主阀套；11,12—螺塞；13—X 控制油道

［例 3-8-37］ DBA 型泵用安全溢流阀块（德国博世-力士乐公司）（图 3-8-37）

不带方向阀；公称通径为 16mm、25mm、32mm；2X 系列 ；最高工作压力为 35MPa；最大流量为 400L/min 。

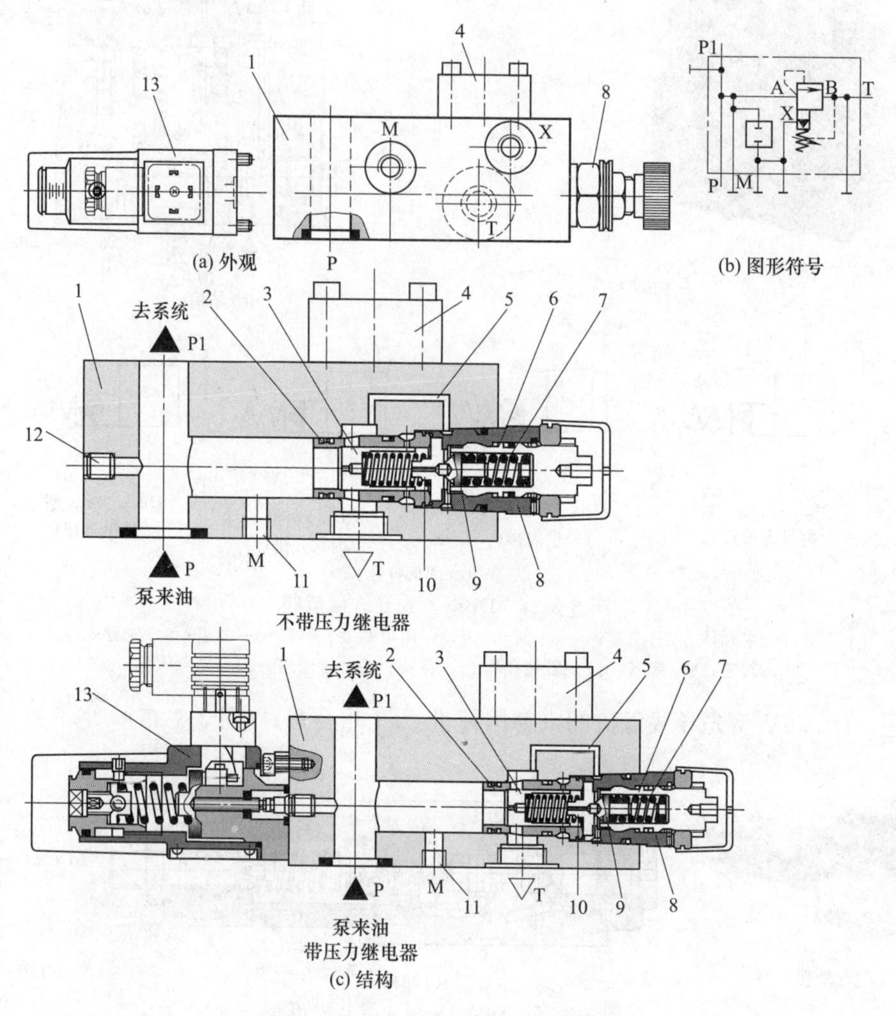

图 3-8-37　DBA 型泵用安全溢流阀块

1—溢流阀主阀部分；2—主阀套；3—主阀芯；4—盖；5—回油通道；6—调压螺套；7—调压弹簧；8—先导调压阀部分；9—先导阀芯（球阀）；10—先导阀座；11—测压接口；12—螺塞；13—压力继电器

［例 3-8-38］ DBAW 型泵用安全溢流阀块（德国博世-力士乐公司）（图 3-8-38）

带电磁换向阀；公称通径为 16mm、25mm、32mm；2X 系列；最高工作压力为 35MPa；最大流量为 400L/min。

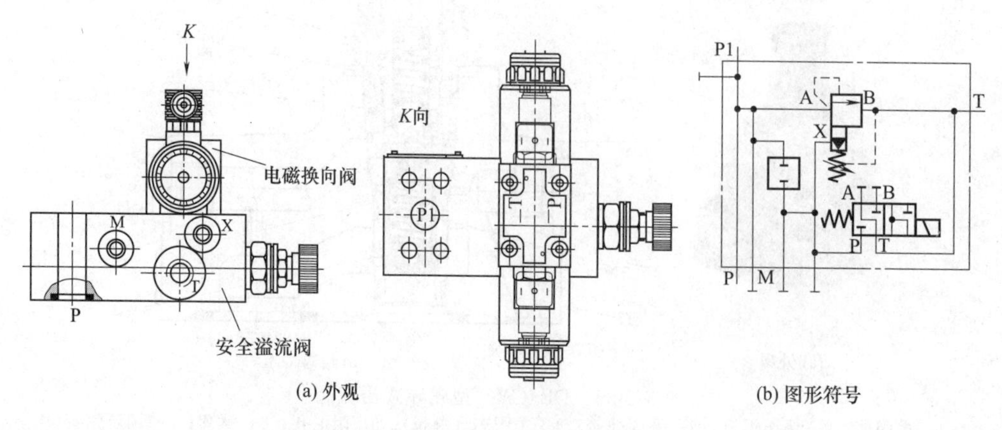

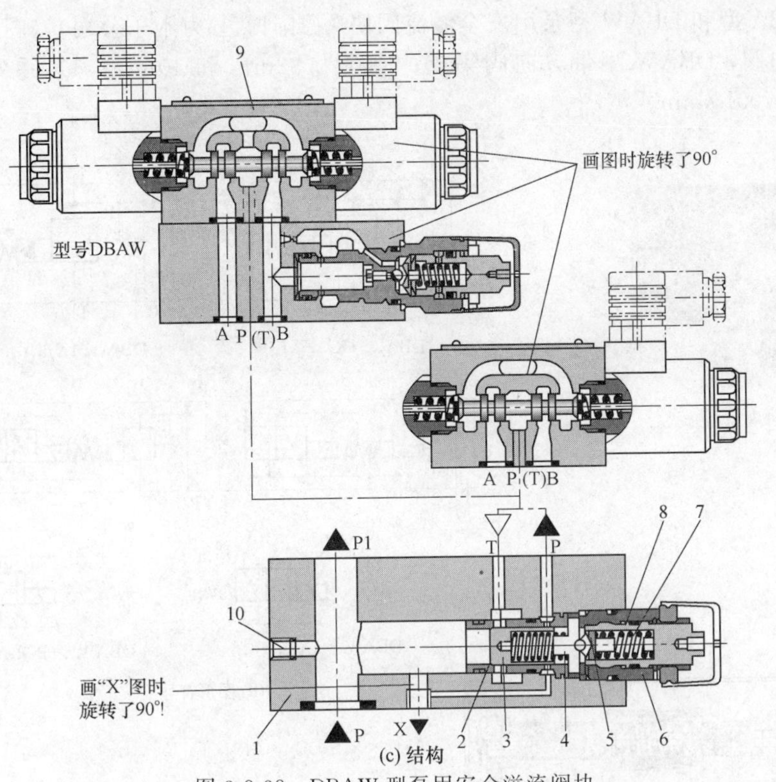

图 3-8-38 DBAW 型泵用安全溢流阀块

1—主阀；2—主阀套；3—主阀芯；4—先导阀座；5—先导阀芯（球阀）；6—先导调压阀；7—调压弹簧；8—调压螺套；9—电磁换向阀；10—螺塞

[例 3-8-39] DBAE（E）型泵用安全溢流阀块（德国博世-力士乐公司）（图 3-8-39）

带比例溢流阀；公称通径为 16mm、25mm、32mm；2X 系列 ；最高工作压力为 35MPa；最大流量为 400L/min。

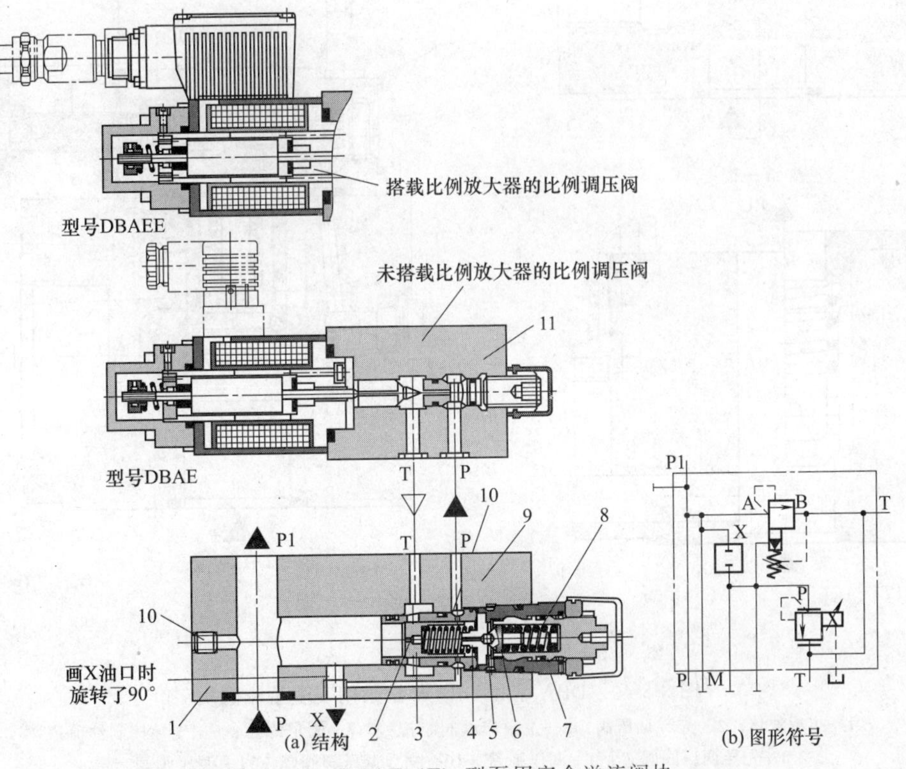

图 3-8-39 DBAE（E）型泵用安全溢流阀块

1—主阀；2—阻尼孔；3—主阀芯；4—先导阀座；5—先导阀芯（球阀）；6—弹簧腔；7—调压螺套；8—调压弹簧；9—主阀体；10—主阀套；11—先导调压阀

［例 3-8-40］ DBA 型和 DBAW 型泵用安全溢流阀块（德国博世-力士乐公司）（图 3-8-40）

DBA 型不带方向阀，DBAW 型带方向阀集成；通径为 32mm 和 40mm；1X 系列；最高工作压力为 42MPa；最大流量为 700L/min。

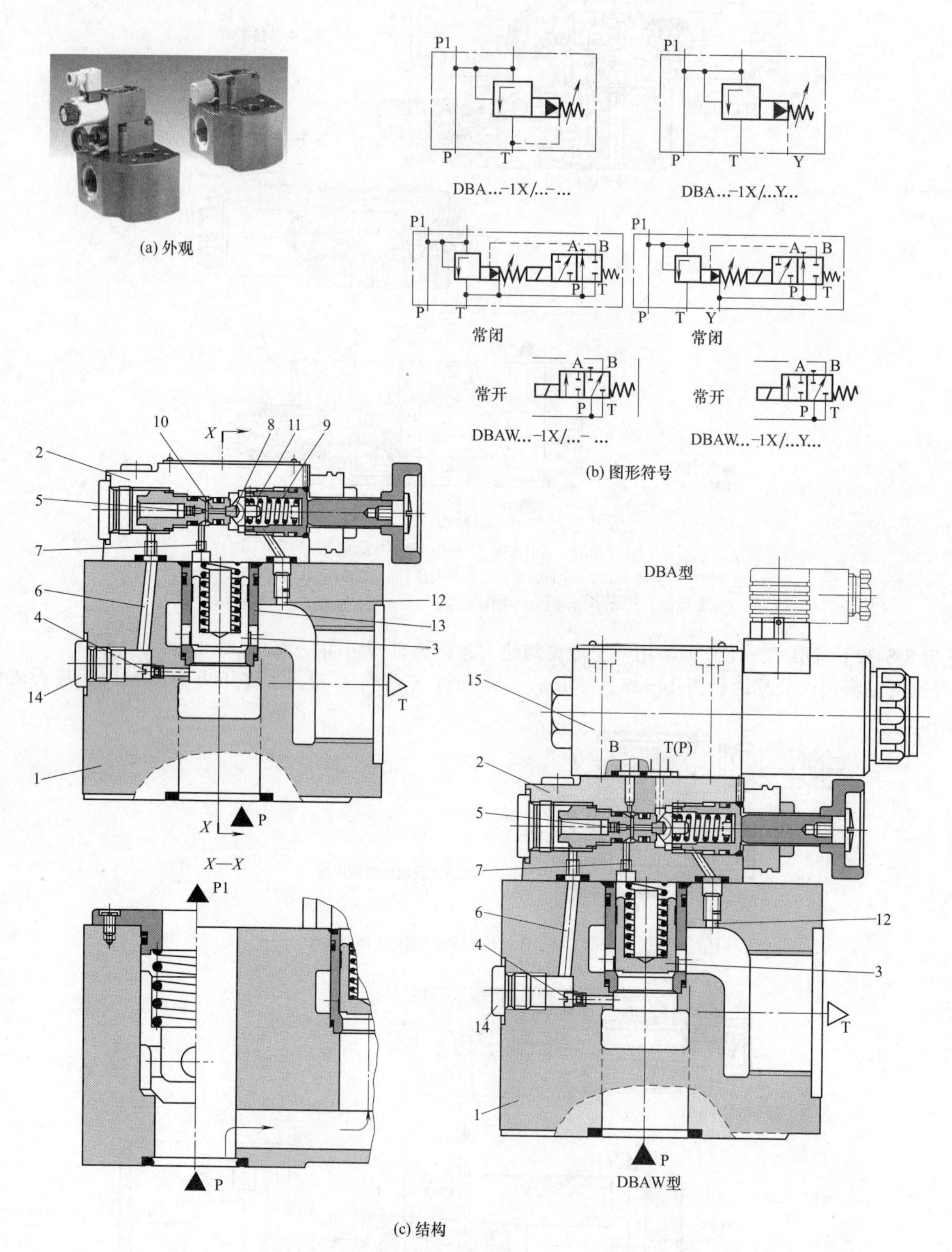

图 3-8-40 DBA 型和 DBAW 型泵用安全溢流阀块

1—集成块体；2—先导调压阀；3—主溢流阀阀芯；4，5，7—阻尼螺塞；6—先导控制油流道；8—先导调压阀阀芯；9—调压弹簧；10—先导调压阀阀座；11—调压阀阀套；12—控制油回油通道；13—主溢流阀阀套；14—螺塞；15—电磁换向阀

［例 3-8-41］ C◇※★型先导式溢流阀（美国伊顿-威格士公司、日本东京计器公司、榆次液压件厂、上海液压集团）（图 3-8-41）

◇为连接形式，G 表示板式，T 表示管式，F 表示法兰连接式；※为通径尺寸代号 03、06、10；对应额定流量为 80L/min、200L/min、400L/min；★表示额定压力为 21MPa；安装尺寸符合 ISO 6264 标准。

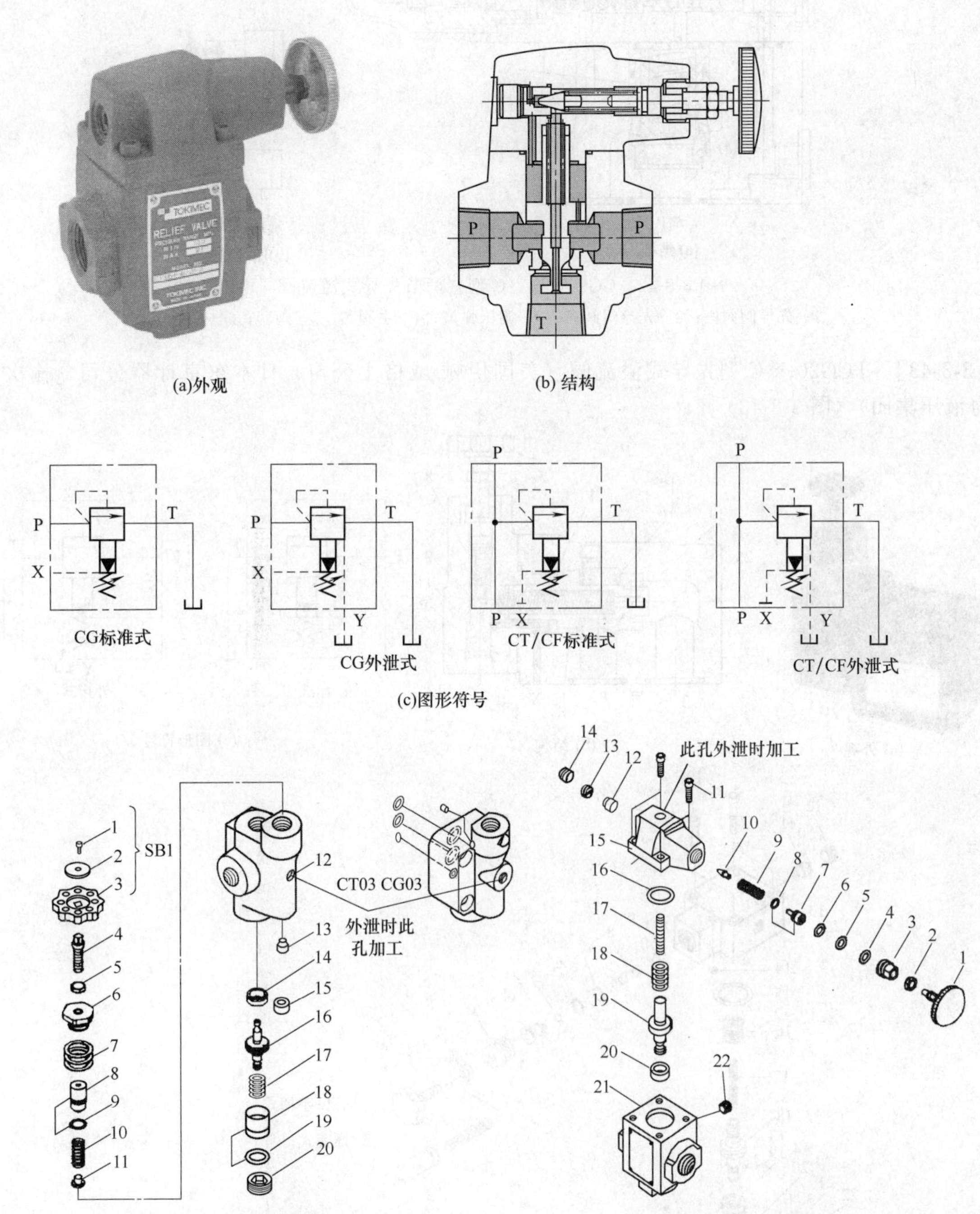

(a)外观 (b)结构

CG标准式 CG外泄式 CT/CF标准式 CT/CF外泄式

(c)图形符号

(d) CT03/CG03型立体分解图

1—螺钉；2—垫圈；3—手柄；4—调压螺钉；5—锁母；6—螺套；7,10—调压弹簧；8—调节杆；9,19—O 形圈；11—先导阀阀芯（针阀）；12—主阀体；13—先导阀阀座；14—主阀座；15,20—螺塞；16—主阀芯；17—平衡弹簧；18—塞

(e) CT06/CT10型立体分解图

1—调压螺钉；2—锁母；3—螺套；4—O 形圈；5,6,8—垫；7—调节杆；9—调压弹簧；10—先导阀阀芯（针阀）；11—螺钉；12—先导阀阀座；13,14,22—螺塞；15—阀盖；16—O 形圈；17,18—平衡弹簧；19—主阀芯；20—主阀座；21—主阀体

图 3-8-41 C◇※★型先导式溢流阀

[例 3-8-42] CG2 V 型（C 型）两节先导式溢流阀（美国伊顿-威格士公司）（图 3-8-42）同下述 TCG 型，结构特点是主阀为两级同心。

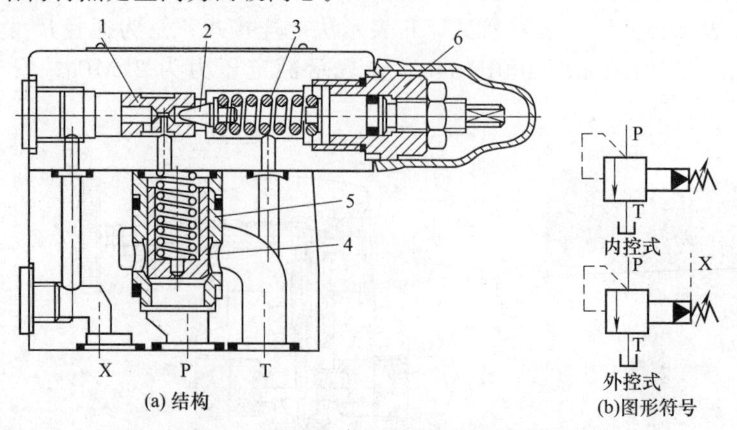

图 3-8-42 CG2 V 型（C 型）两节先导式溢流阀

1—先导阀阀座；2—先导阀阀芯；3—调压弹簧；4—主阀芯；5—阀套；6—螺套

[例 3-8-43] TCG20-※C 型先导式溢流阀（美国伊顿-威格士公司、日本东京计器公司、榆次液压件厂、上海液压集团）（图 3-8-43）

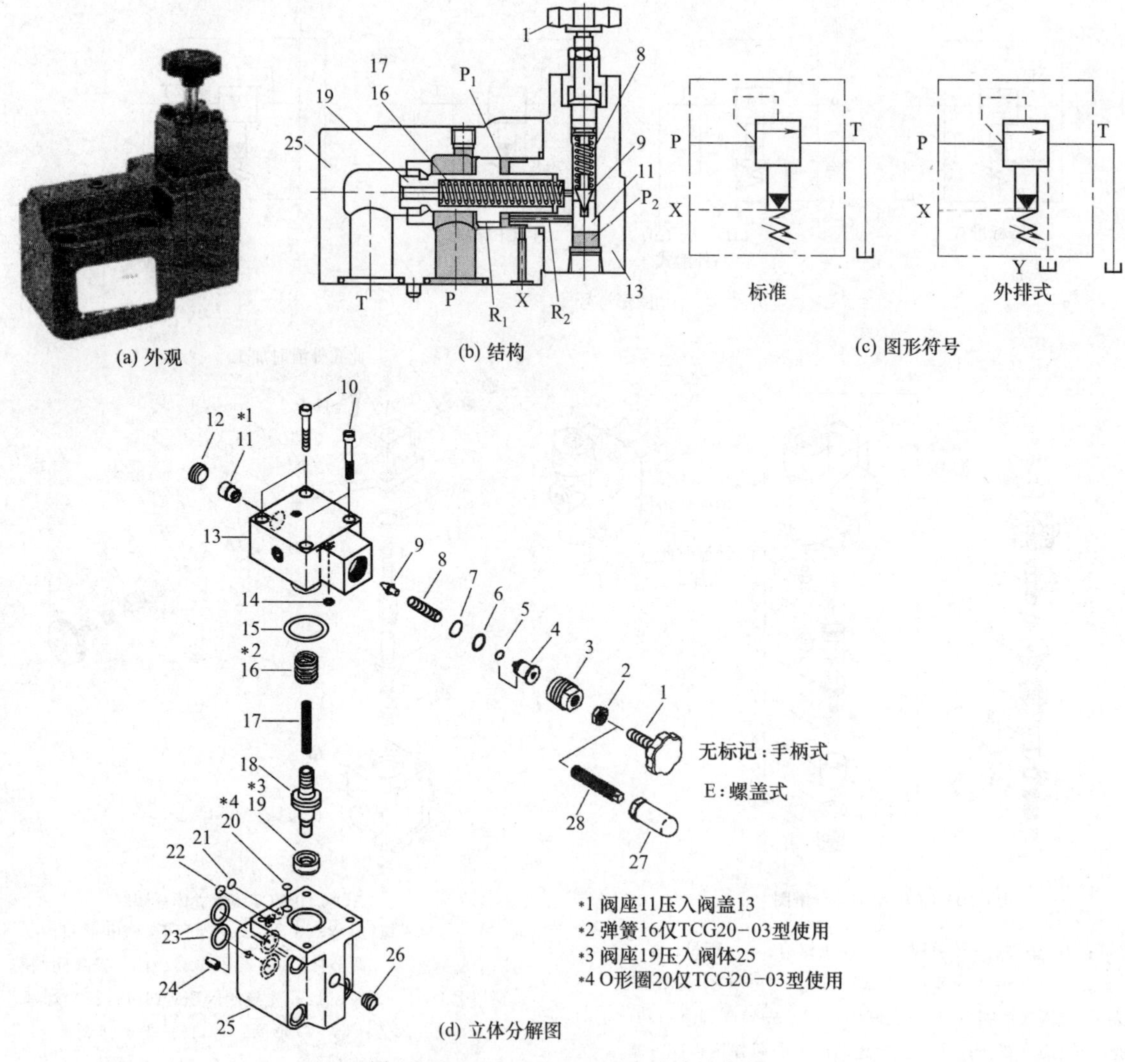

图 3-8-43 TCG20-※C 型先导式溢流阀

1—调压螺钉；2—锁母；3—螺套；4—调节杆；5—O 形圈；6，7—垫；8—调压弹簧；9—先导阀阀芯（针阀）；10—六角螺钉；11—先导阀阀座；12，26—螺塞；13—阀盖；14，15—O 形圈；16，17—平衡弹簧；18—主阀芯；19—主阀座；20～23—O 形圈；24—定位销；25—主阀体；26—螺堵；27—螺盖；28—调压螺钉

※为通径尺寸代号 03、06、10；对应额定流量为 80L/min、200L/min、400L/min；C 表示额定压力为 21MPa；安装尺寸符合 ISO 6264 标准。

[例 3-8-44] R4V06-5 型先导式溢流阀（美国派克公司）（图 3-8-44）

有板式、螺纹连接式、插装式三种；根据阀口通径大小，通过流量分别为 90L/min、300L/min 和 600L/mim；工作压力为 35MPa。

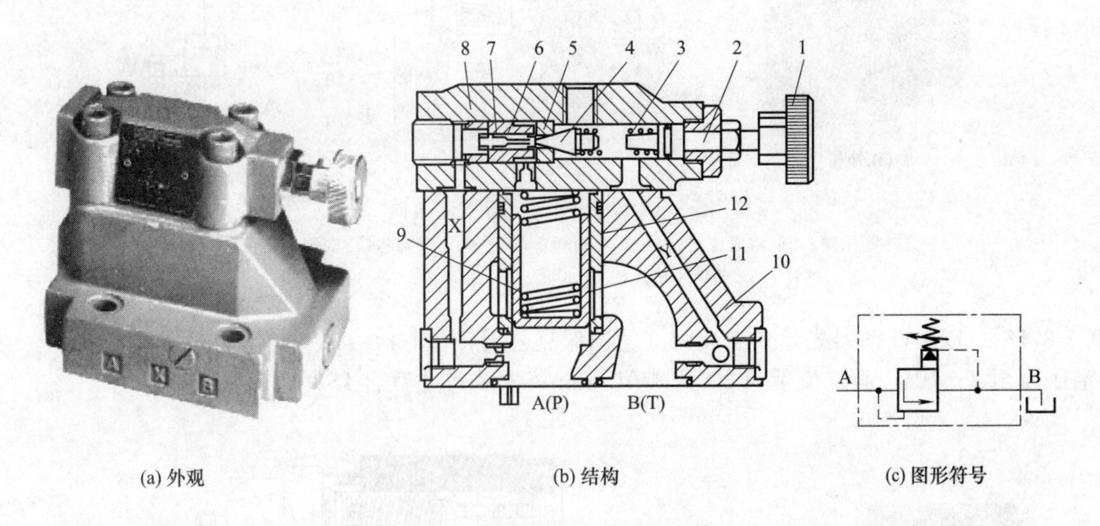

图 3-8-44 R4V06-5 型先导式溢流阀

1—调压手柄；2—调压螺钉；3—调压弹簧；4—先导阀阀芯；5—先导阀阀座；6—套；7—阻尼柱塞；8—先导调压阀；9—平衡弹簧；10—主阀部分；11—主阀芯；12—主阀套

[例 3-8-45] R4U06 型先导式溢流阀（美国派克公司）（图 3-8-45）

同 R4V06-5 型先导式溢流阀。

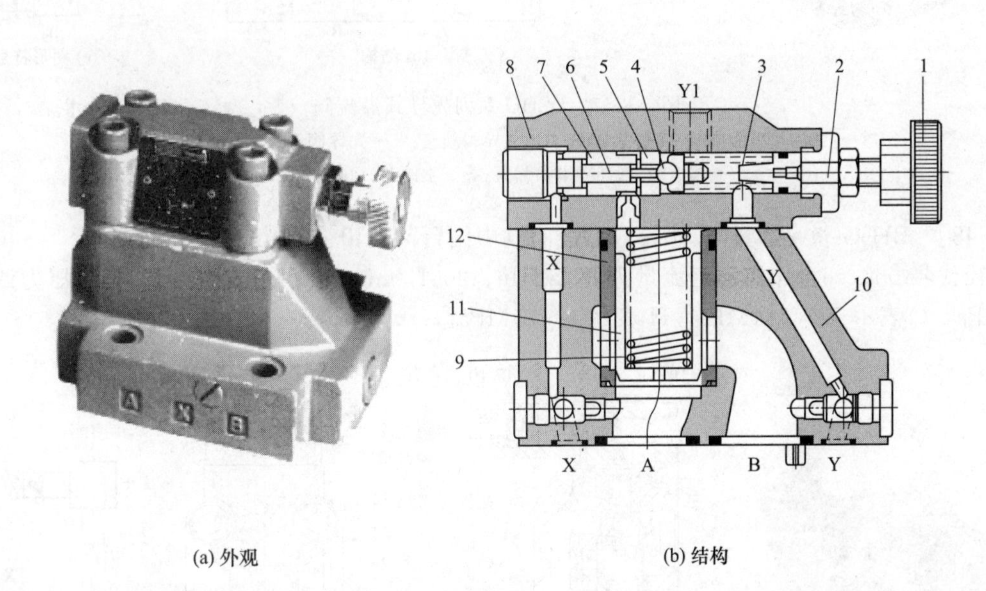

图 3-8-45 R4U06 型先导式溢流阀

1—调压手柄；2—调压螺钉；3—调压弹簧；4—先导阀阀芯；5—先导阀阀座；6—阻尼柱塞；7—套；8—先导调压阀；9—平衡弹簧；10—主阀部分；11—主阀芯；12—主阀套

[例 3-8-46] R5V 型先导式溢流阀（美国派克公司）（图 3-8-46）

额定压力至 35MPa；额定流量按通径为 200～400L/min；安装尺寸符合 ISO 6264 标准。

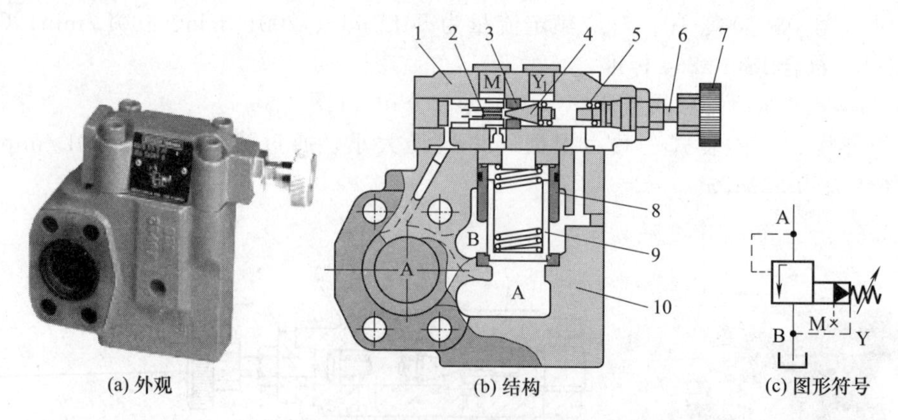

图 3-8-46　R5V 型先导式溢流阀

1—先导调压阀；2—阻尼柱塞；3—先导阀阀座；4—先导阀阀芯；5—调压弹簧；6—调压螺钉；7—调压手柄；8—主阀套；9—主阀芯；10—主阀部分

［例 3-8-47］　DSDU 系列先导式溢流阀（美国派克公司）（图 3-8-47）

额定压力至 35MPa；额定流量为 220～370L/min；安装尺寸符合 ISO 6264 标准

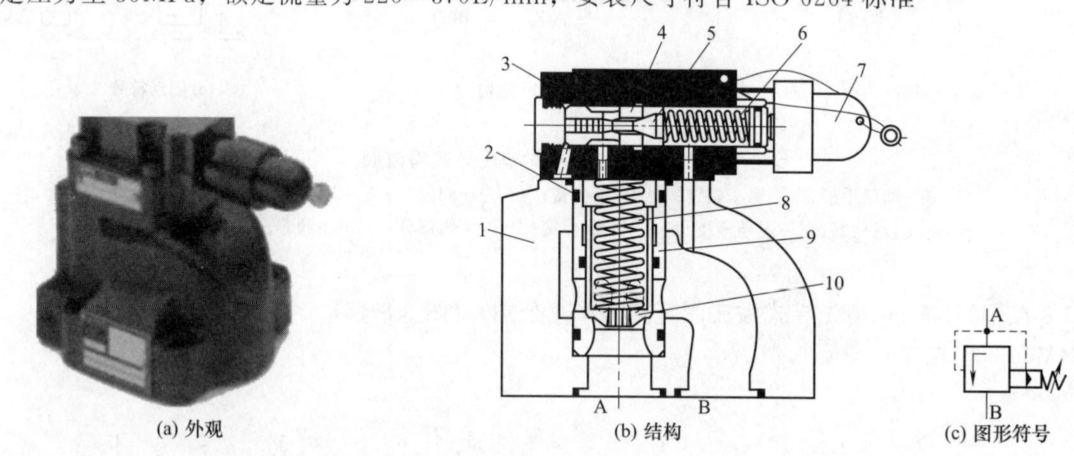

图 3-8-47　DSDU 系列先导式溢流阀

1—主阀；2—O 形圈；3—先导阀；4—先导阀阀座；5—先导阀阀芯；6—调压弹簧；7—调压螺钉；8—平衡弹簧；9—主阀套；10—主阀芯

［例 3-8-48］　BH-G-※-△型管式先导式溢流阀（中国台湾朝田公司）（图 3-8-48）

※为通径代号 06、08、10；额定流量为 80L/min、200L/min、400L/min；△为额定压力调节范围，B 表示 1～7MPa，C 表示 3.5～14MPa，H 表示 7～25MPa。

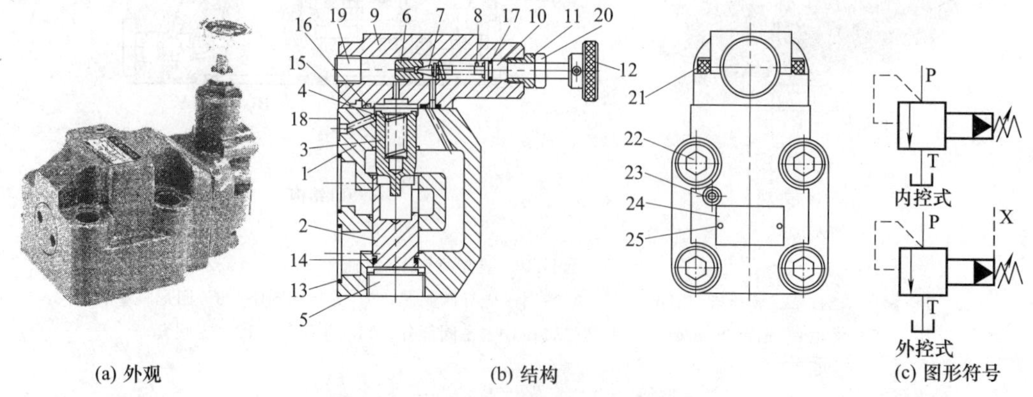

图 3-8-48　BH-G-※-△型管式先导式溢流阀

1—阀体；2—主阀座；3—主阀芯；4—弹簧；5,19—螺塞；6—先导阀阀座；7—针阀；8—调压弹簧；9—先导调压阀；10—调节杆；11—螺套；12—调节手柄；13～18—O 形圈；20—锁母；21,22—内六角螺钉；23—堵头；24—标牌；25—标牌铆钉

［例 3-8-49］　ARAM※型管式先导式溢流阀，（意大利阿托斯公司）（图 3-8-49）

※为通径，代号 20 的管口螺纹为 G3/4″，代号 32 的管口螺纹为 C1¼″；最大流量分别为 350L/min、500L/min；调压范围最大至 35MPa。

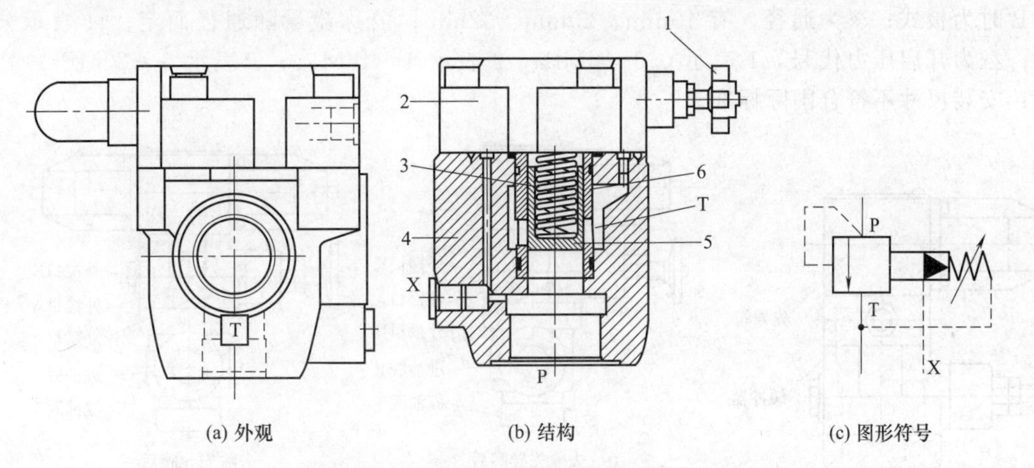

图 3-8-49　ARAM※型管式先导式溢流阀

1—调压手柄；2—先导调压阀；3—平衡弹簧；4—主阀体；5—主阀芯；6—阀套

［例 3-8-50］　AGAM※型板式先导式溢流阀（意大利阿托斯公司）（图 3-8-50）

※为通径尺寸，有 10mm、20mm 和 32mm；安装尺寸分别符合 ISO 6264-AR-06-2-A、ISO 6264-AS-08-2-A、ISO 6264-AT-10-2-A 标准；最大流量分别为 200L/min、400L/min、600L/min；调压范围最大至 35MPa。

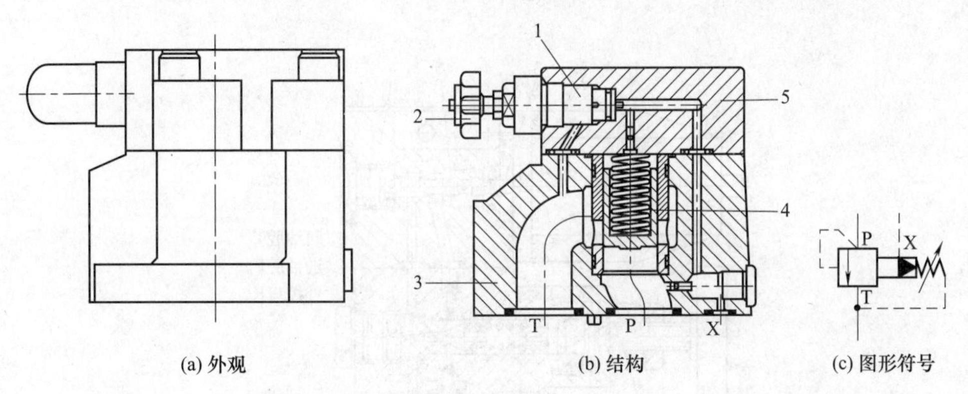

图 3-8-50　AGAM※型板式先导式溢流阀

1—螺纹插装件；2—调压手柄；3—主阀；4—主阀插装件；5—先导调压阀

［例 3-8-51］　REM※型先导式法兰连接溢流阀（意大利阿托斯公司）（图 3-8-51）

※为法兰安装尺寸，规格符合 S4E 标准，分别为 3/4″、1″、1¼″；最大流量分别为 200L/min、400L/min、600L/min；调压范围最大至 35MPa。

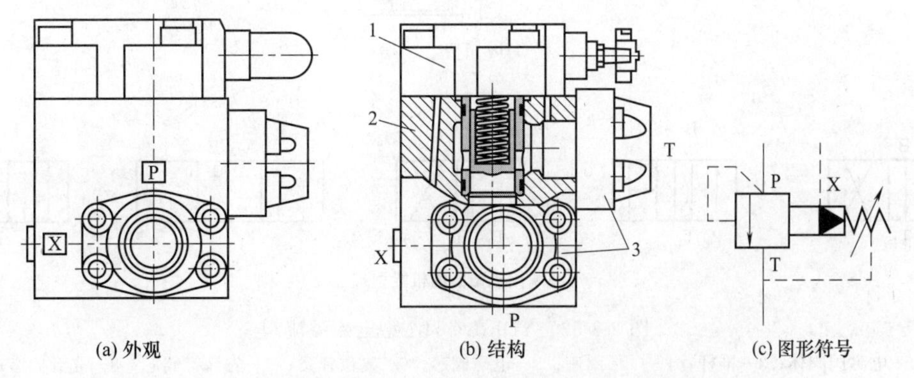

图 3-8-51　REM※型先导式法兰连接溢流阀

1—先导调压阀；2—主阀；3—连接口法兰

3-8-3 电磁溢流阀

[例 3-8-52] YDF-L※H△型电磁溢流阀（国产）（图 3-8-52）

L为B时为板式；※为通径，有 10mm、20mm、32mm；公称流量随通径而定；H表示公称压力为 31.5MPa；△为开启压力代号，1表示 0.6～8MPa，2表示 4～16MPa，3表示 8～20MPa，4表示 16～31.5MPa；安装尺寸不符合国际标准。

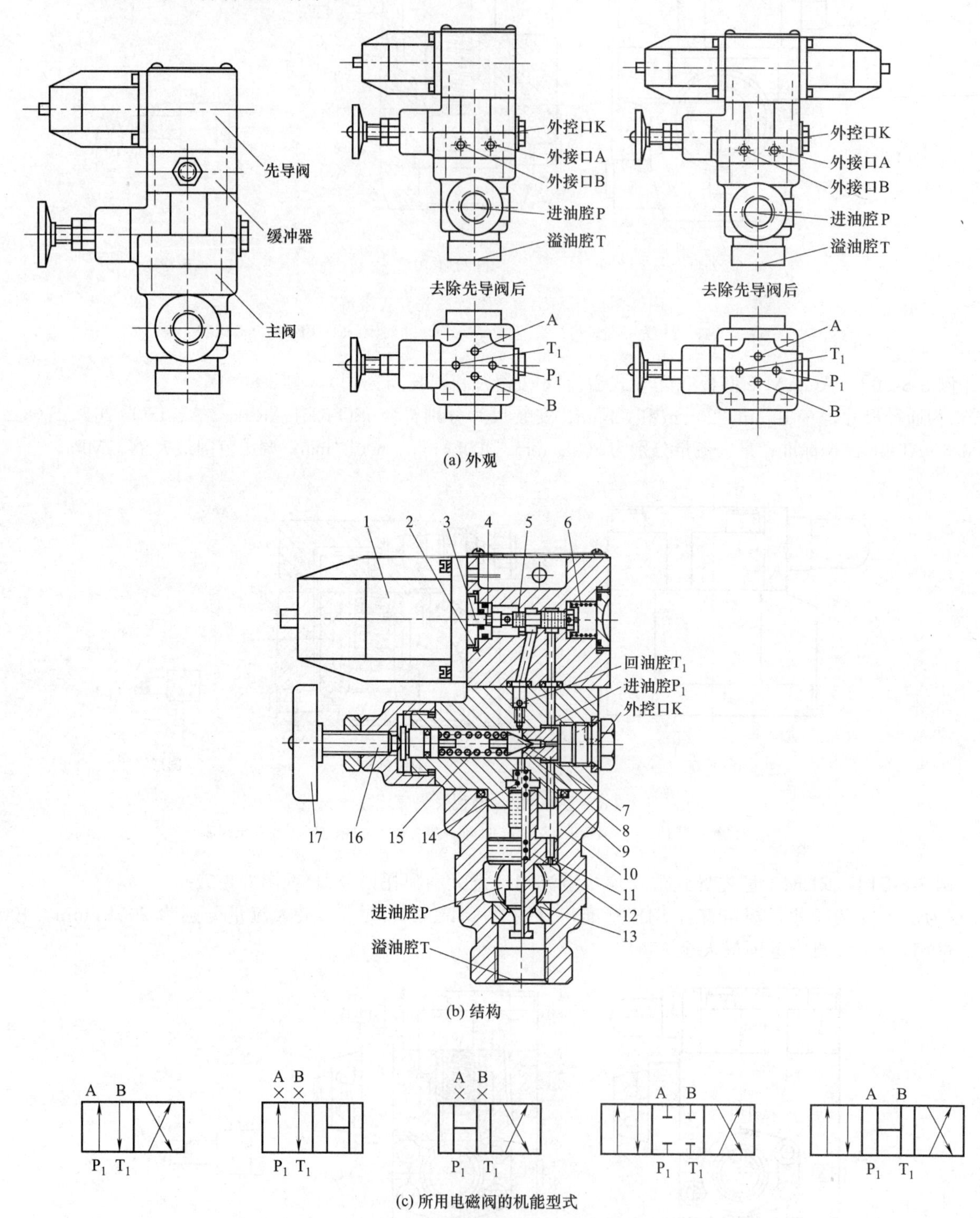

图 3-8-52 YDF-L※H△型电磁溢流阀

1—电磁铁；2—电磁阀阀体；3—推杆；4—O形圈座；5—电磁阀芯；6—复位弹簧；7—先导锥阀芯；8—先导阀座；9—先导阀体（阀盖）；10—主阀体；11—阻尼孔；12—主阀芯；13—主阀座；14—平衡弹簧；15—调压弹簧；16—调压螺钉；17—手柄

[例 3-8-53] Y2D$_1$（E$_1$）-H□※△型交流（直流）电磁溢流阀（国产）（图 3-8-53）

H 表示压力等级为 32MPa；□为压力调节范围代号，a 表示 0.6～8MPa，b 表示 4～16MPa，c 表示 8～20MPa，d 表示 16～32MPa；※为通径，有 10mm、20mm、32mm、50mm、65mm、80mm；流量分别为 40L/min、100L/min、200L/min、500L/min、800L/min、1250L/min；△为连接形式，L 表示螺纹连接，B 表示板式连接，F 表示法兰连接；安装尺寸符合国际标准 ISO 6264。

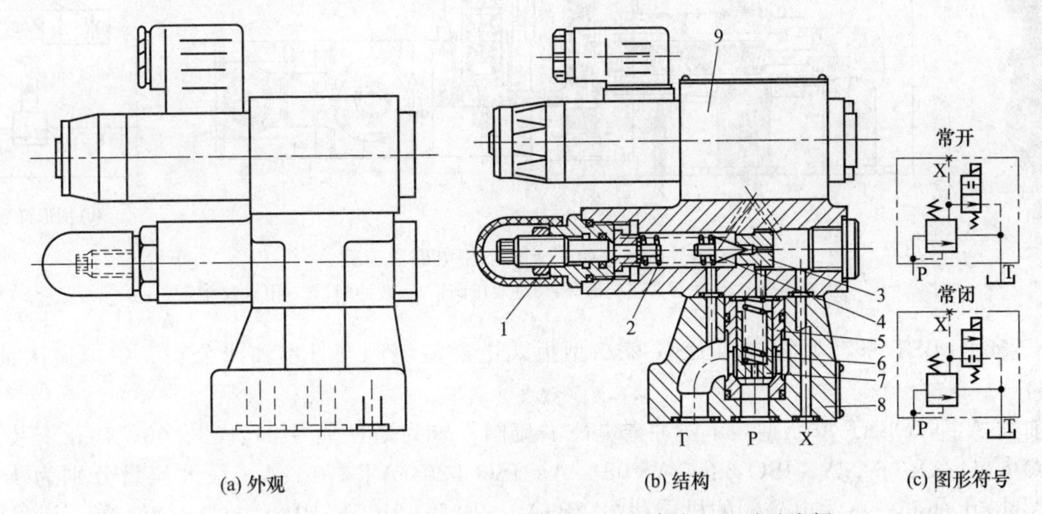

图 3-8-53 Y2D$_1$（E$_1$）-H□※△型交流（直流）电磁溢流阀

1—调压螺钉；2—调压弹簧；3—先导阀座；4—先导锥阀芯；5—主阀套；6—平衡弹簧；7—主阀芯；8—主阀体；9—先导电磁阀

[例 3-8-54] YEF3-※EB-K 型直流与 YDF3-※EB-K 型交流电磁溢流阀（广研 GE 系列）（图 3-8-54）

※为公称通径，有 10mm 或 20mm；安装尺寸符合 ISO 6264-AR-06-2-A、ISO 6264-AS-08-2-A 标准；E 表示压力等级为 16MPa，无 E 时为 6.3MPa；B 表示板式；K 表示电磁阀常开，无 K 表示常闭。

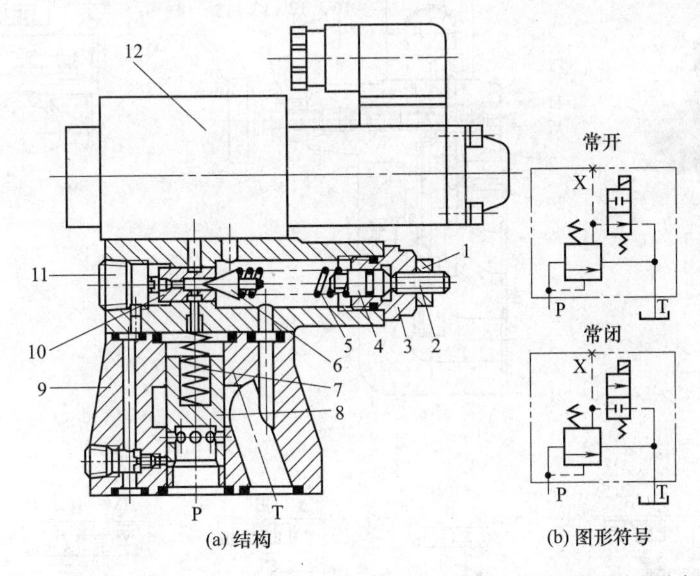

图 3-8-54 YEF3-※EB-K 型直流与 YDF3-※EB-K 型交流电磁溢流阀

1—手柄；2—调压螺钉；3—电磁阀阀体；4—电磁阀阀芯；5—调压弹簧；6—锥阀芯；7—弹簧；8—主阀芯；9—主阀体；10—先导阀座；11—溢油腔；12—先导电磁阀

[例 3-8-55] TCG★※△型电磁溢流阀（美国威格士公司、日本东京计器公司、榆次液压件厂、上海液压集团）（图 3-8-55）

★为压力控制方式，50 表示单级压力＋卸荷控制，60 表双压控制；※为通径尺寸代号 03、06、10；对应额定流量为 80L/min、200L/min、400L/min；△为额定压力代号，A 表示 3.5MPa，B 表示 7MPa，C 表示 14MPa，F 表示 21MPa；安装尺寸符合 ISO 6264 标准。

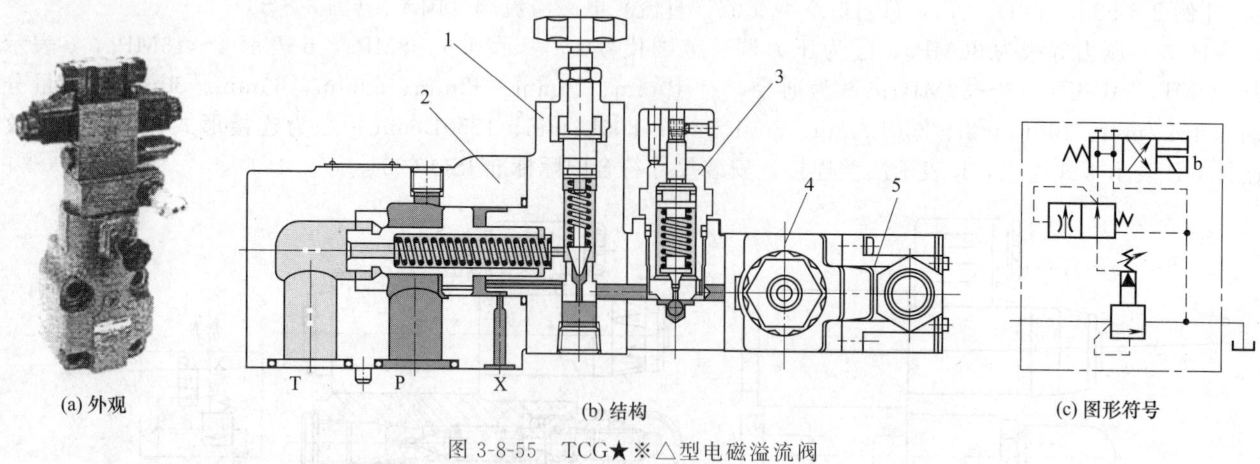

(a) 外观　　(b) 结构　　(c) 图形符号

图 3-8-55　TCG★※△型电磁溢流阀

1—主阀部分；2—先导调压阀部分；3—双压阀；4—缓冲阀；5—电磁阀部分

［例 3-8-56］ BST-※△型管式和 BSG-※△型板式电磁溢流阀（日本油研公司、中国榆次油研公司）(图 3-8-56)

型号前加 A 即 A-BST-※△型表示防冲击电磁溢流阀；※为通径代号 01、03、06、10；安装尺寸标准分别为 ISO 6264-AR-06-2-A、ISO 6264-AS-08-2-A、ISO 6264-AT-1 0-2-A；最大流量分别为 100L/min、200L/min、400L/min；△为电磁阀的机能代号 2B3A、2B3B、2B2B、2B2、3C2、3C3 等，详见该公司的电磁阀；最高使用压力为 25MPa。

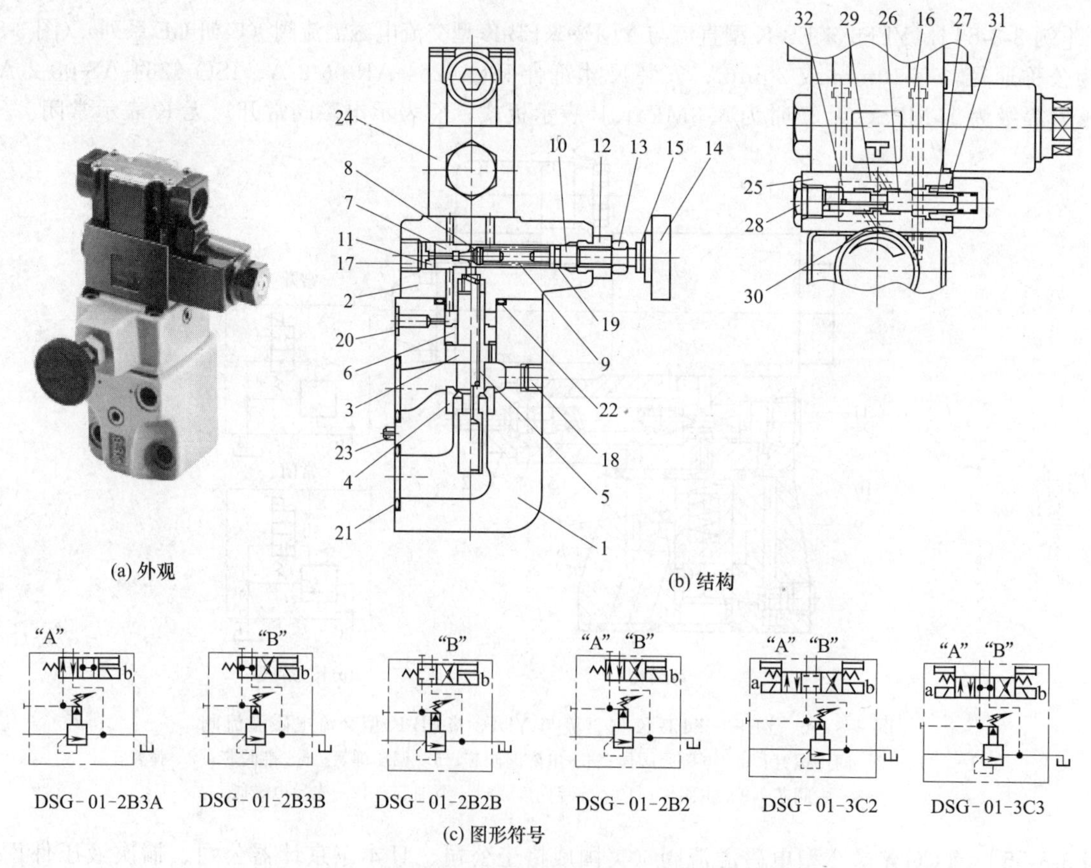

(a) 外观　　(b) 结构　　(c) 图形符号

图 3-8-56　BST-※△型管式和 BSG-※△型板式电磁溢流阀

1—主阀体；2—阀盖；3—主阀芯；4—主阀座；5—平衡弹簧；6—防响块；7—先导阀座；8—先导锥阀芯；9—调压弹簧；10—调节杆；11—消振垫；12—螺套；13—锁母；14—调压手柄；15—调压螺钉；16—螺钉；17,18,28—螺塞；19～22,31—O 形圈；23—定位销；24—先导电磁阀；25—防冲击阀体；26—防冲击阀芯；27—弹簧；29—防冲击阀；30—调压手柄；32—小孔

［例 3-8-57］ DAW※▲型先导式电磁溢流阀（北京华德公司）（图 3-8-57）

※为通径尺寸，有 15mm、20mm、25mm、32mm 等；通过额定流量分别为 200L/min、400L/min、400L/min、600L/min；▲为 A 表示常闭，为 B 表示常开；额定压力为 31.5MPa；安装尺寸符合 ISO 6264 标准。

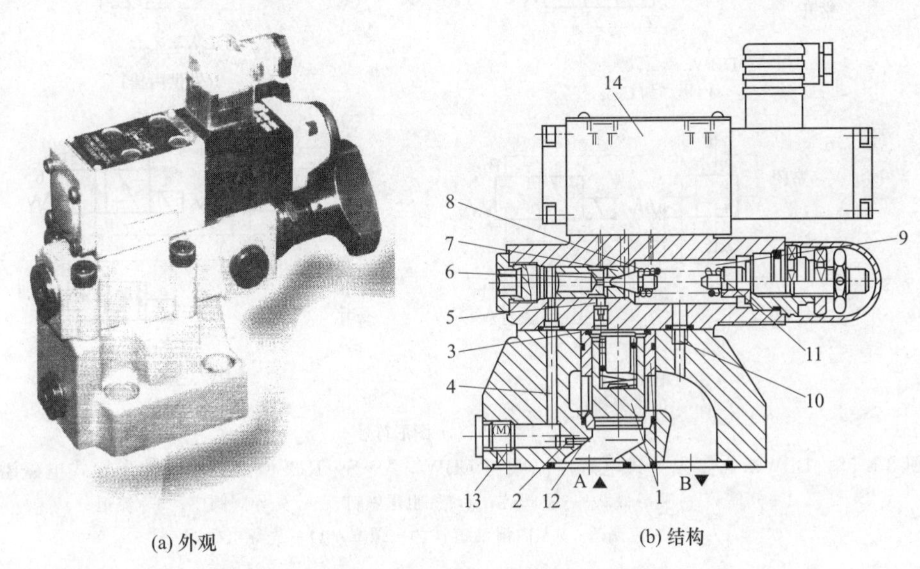

图 3-8-57 DAW※▲型先导式电磁溢流阀

1—主阀芯；2,3—阻尼螺钉；4,5,10—通道；6—先导锥阀芯；7—先导阀座；
8—调压弹簧；9—弹簧腔；11—外排口；12—小孔通道；13—控制油口；14—先导电磁阀

［例 3-8-58］ DBW※▲型先导式电磁溢流阀与 DBW※A…S…R12 型带缓冲阀的先导式电磁溢流阀（德国力士乐公司、北京华德公司）（图 3-8-58）

※为通径尺寸，有 16mm、25mm、32mm 等；通过额定流量分别为 200L/min、400L/min、600L/min；▲为 A 表示常闭，为 B 表示常开；额定压力为 35MPa；安装尺寸符合 ISO 6264 标准。

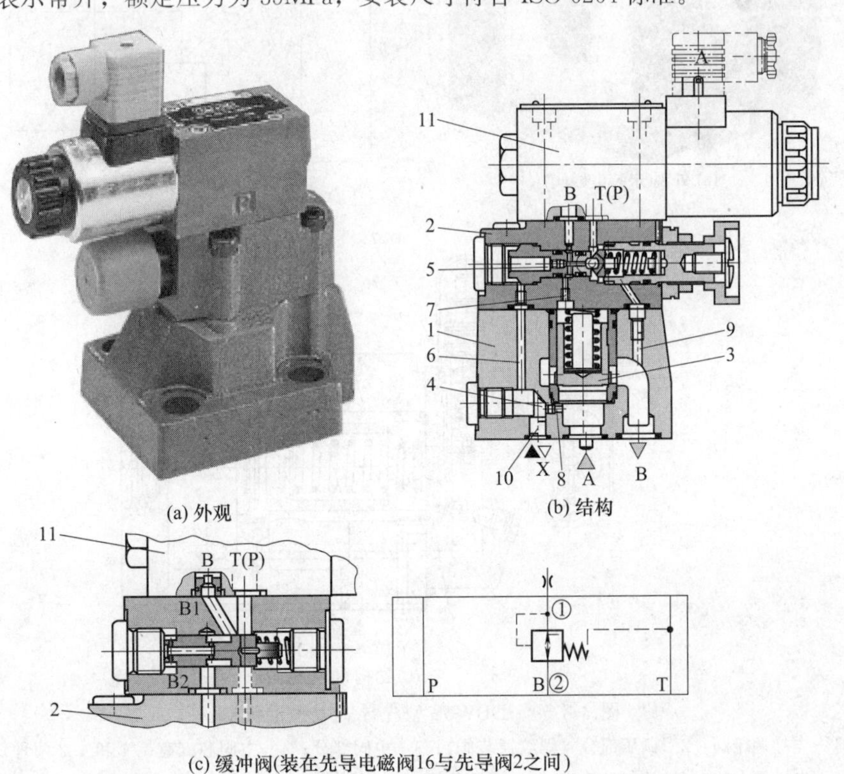

图 3-8-58

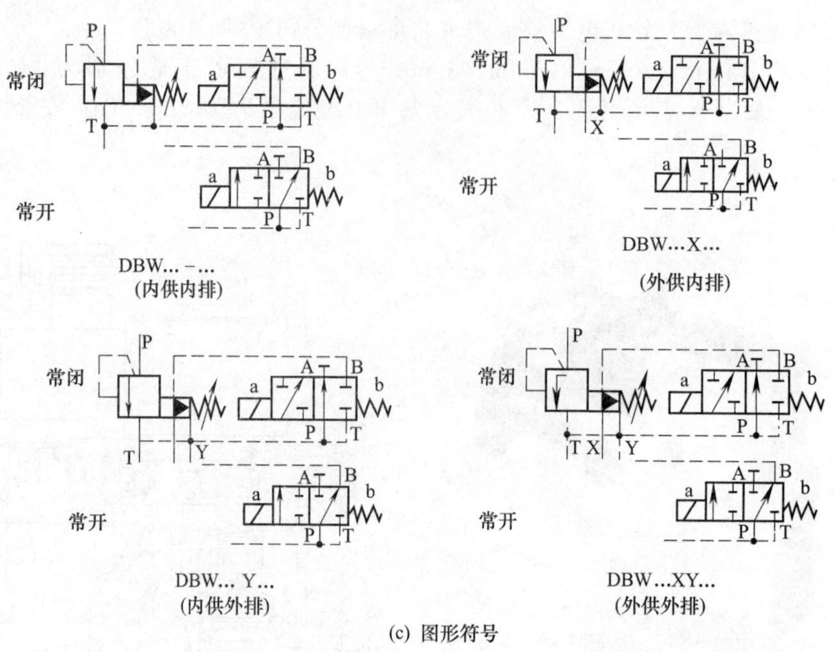

(c) 图形符号

图 3-8-58 DBW※▲型先导式电磁溢流阀与 DBW※A…S…R12 型带缓冲阀的先导式电磁溢流阀

1—阀体；2—先导阀；3—主阀芯；4,7—阻尼螺钉；5—先导阀阀座；6—流道；
8—内控流道；9—内泄油道；10—螺塞；11—先导电磁阀

［例 3-8-59］ DBW52 型先导式电磁溢流阀（德国博世-力士乐公司、北京华德公司）（图 3-8-59）

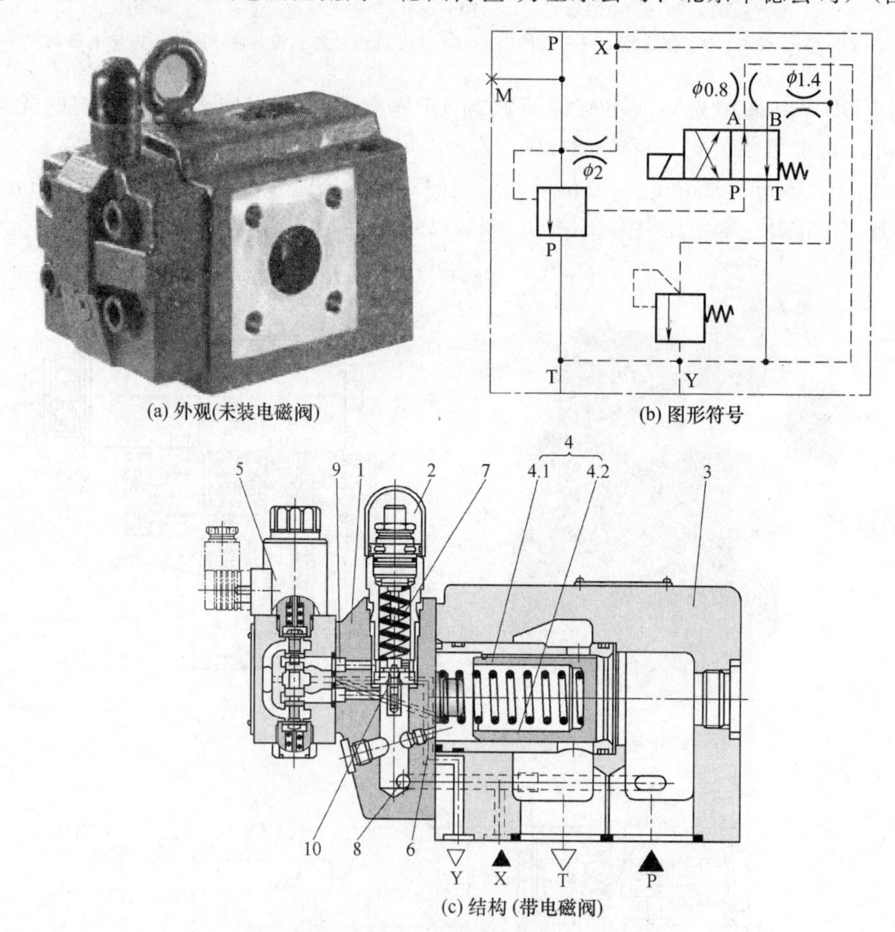

图 3-8-59 DBW52 型先导式电磁溢流阀

1—先导调压阀；2—调压部分（螺纹插装阀）；3—主阀部分；4—主阀芯（有 4.1 和 4.2 两种）；
5—电磁阀；6—先导控制油流道；7—调压弹簧；8—流道；9—阻尼螺钉；10—先导控制阀阀芯

[例 3-8-60] ARAM-※/△◇型管式电磁溢流阀（意大利阿托斯公司）（图 3-8-60）

※为通径，有 20mm、32mm；对应额定流量为 350L/min、500L/min；额定压力为 35MPa；△为设定的压力级数（1 表示单级，2 表示双级，3 表示三级）；◇为卸压方式，0 表示电磁铁失电卸压，1 表示电磁铁得电卸压，2 表示无卸压。

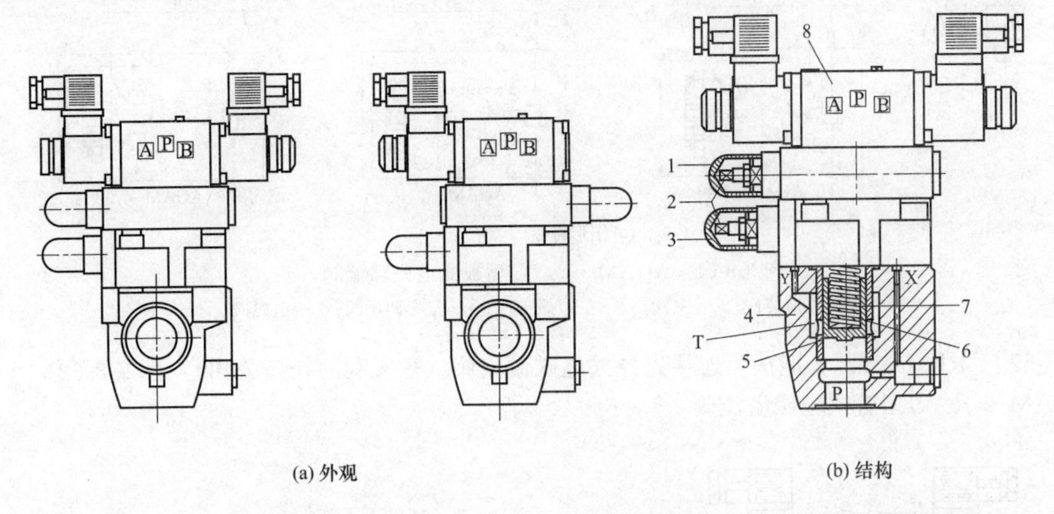

(a) 外观　　(b) 结构

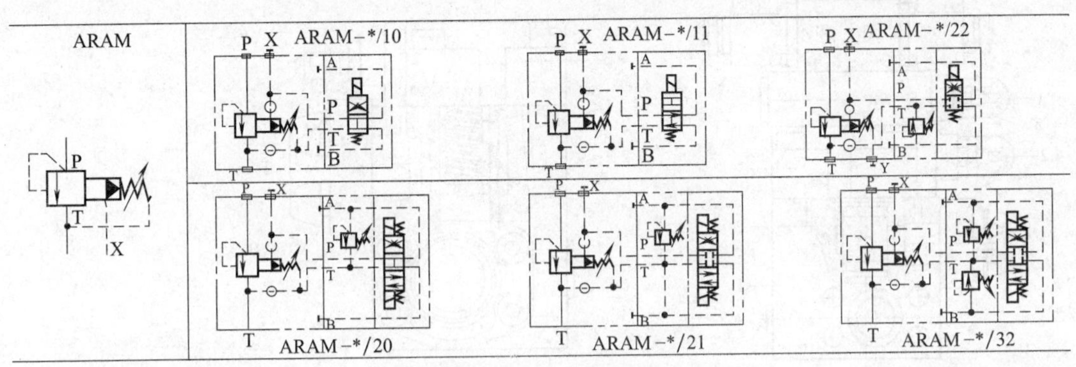

(c) 图形符号

图 3-8-60 ARAM-※/△◇型管式电磁溢流阀

1,3—先导调压阀；2—调压螺钉；4—主阀体；5—阀套；6—平衡弹簧；7—主阀芯；8—电磁阀

[例 3-8-61] AGAM-※/△◇型板式电磁溢流阀（意大利阿托斯公司）（图 3-8-61）

同 ARAM-※/△◇型管式电磁溢流阀；安装尺寸符合 ISO 6264 标准。

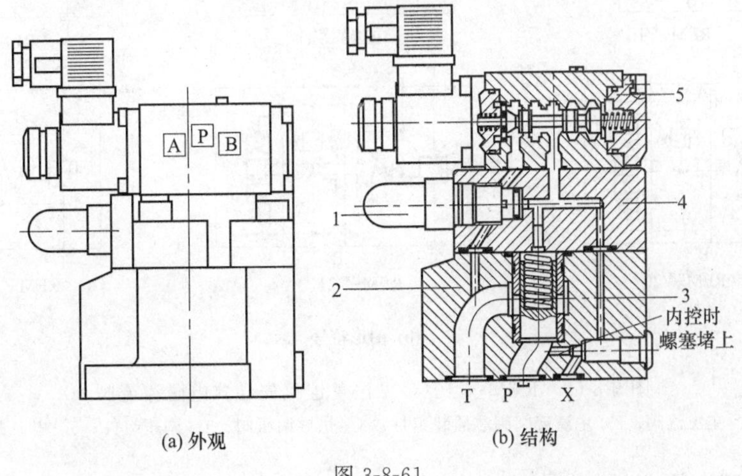

(a) 外观　　(b) 结构

图 3-8-61

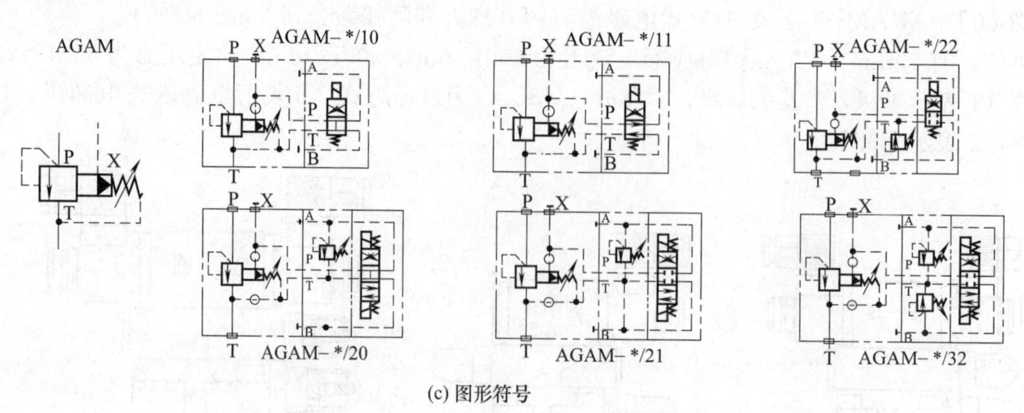

(c) 图形符号

图 3-8-61 AGAM-※/△◇型板式电磁溢流阀

1—螺纹插装件；2—主阀；3—主阀插装件；4—先导调压阀；5—电磁阀

[例 3-8-62] REM-※/△◇型法兰连接先导式电磁溢流阀（意大利阿托斯公司）（图 3-8-62）同 ARAM-※/△◇型管式电磁溢流阀。

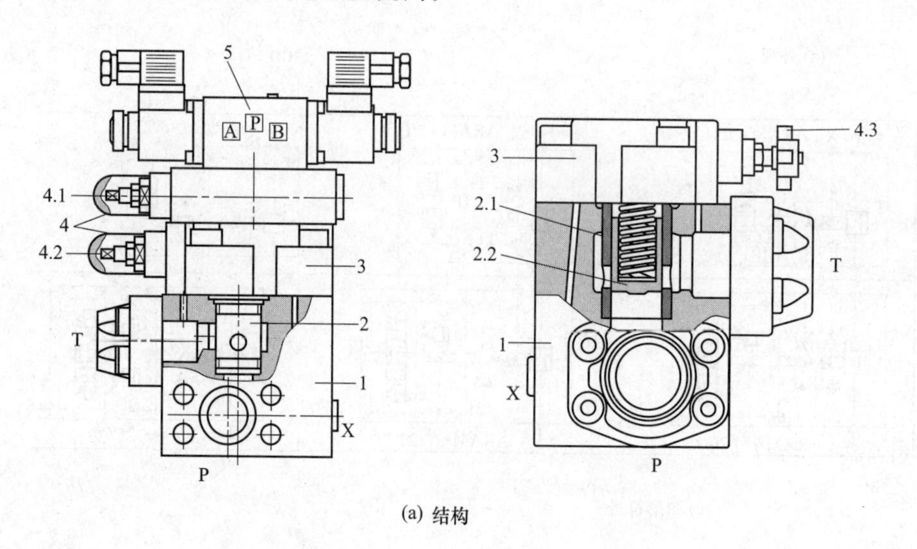

(a) 结构

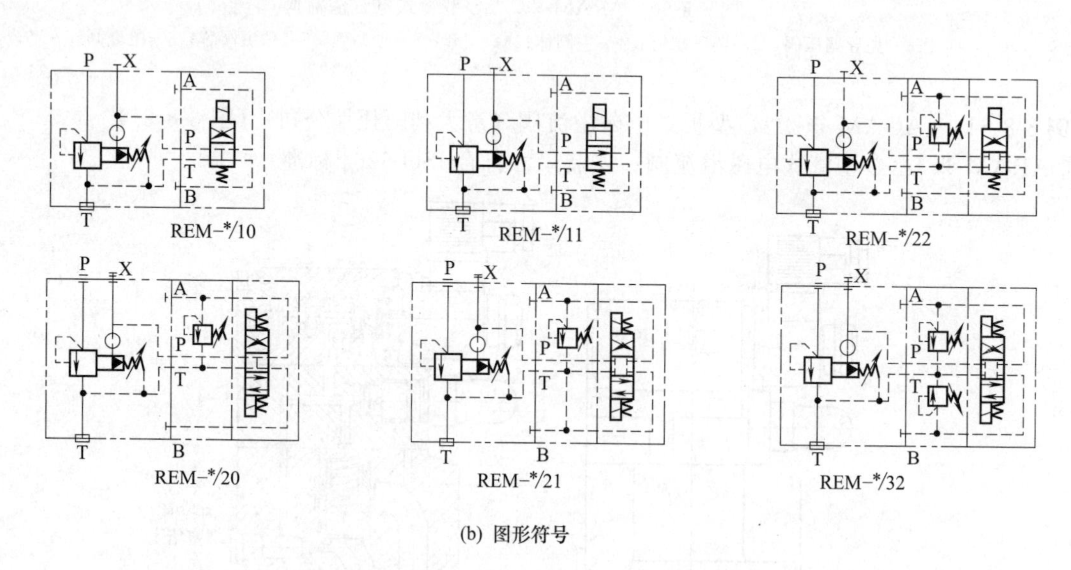

(b) 图形符号

图 3-8-62 REM-※/△◇型法兰连接先导式电磁溢流阀

1—主溢流阀；2—主溢流阀阀芯插装组件；3—先导调压阀；4—调压组件；5—电磁阀

[例 3-8-63] RS 型先导式电磁溢流阀（美国派克公司）（图 3-8-63）

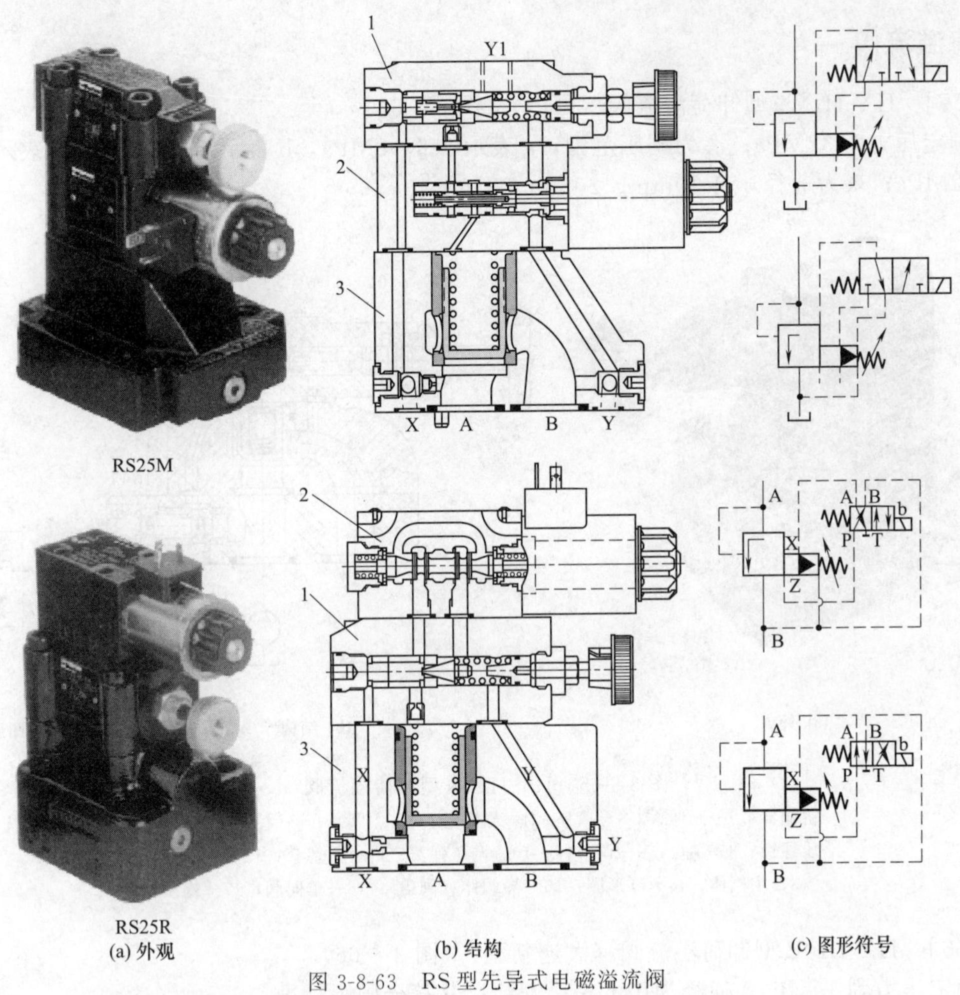

(a) 外观　　(b) 结构　　(c) 图形符号

图 3-8-63　RS 型先导式电磁溢流阀

1—先导调压阀；2—电磁阀；3—主阀

［例 3-8-64］　RBE※型电磁溢流阀（日本川崎公司）（图 3-8-64）

※为通径，有 10mm、20mm、30mm；对应通过最大流量为 200L/min、400L/min、600L/min；最大工作压力为 31.5MPa。

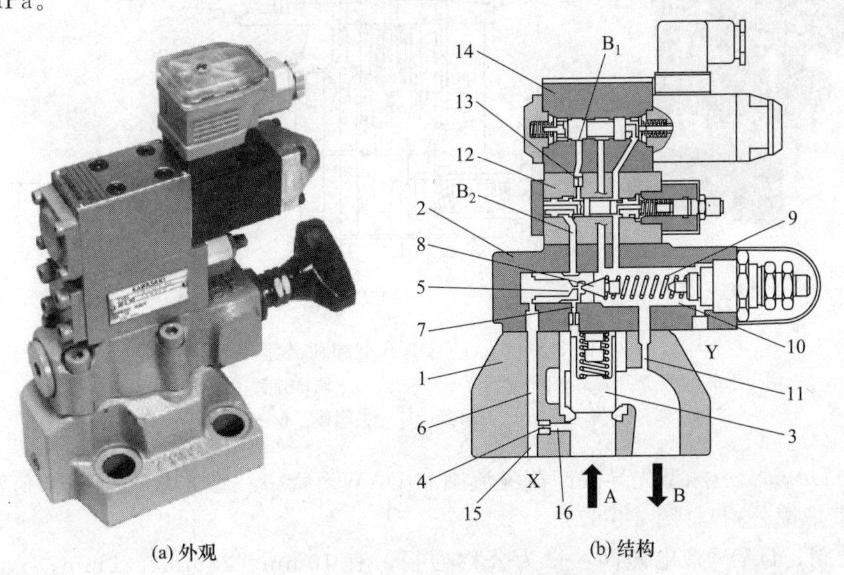

(a) 外观　　(b) 结构

图 3-8-64　RBE※型电磁溢流阀

1—主阀部分；2—先导调压阀；3—主阀芯；4,7,13—阻尼螺钉孔；5—先导调压阀阀座；6,11,16—流道；8—先导调压阀阀芯；9—调压弹簧；10—弹簧腔；12—缓冲阀；14—电磁阀；15—X 控制流道

3-8-4 卸荷溢流阀

［例 3-8-65］ HY-H△※型卸荷溢流阀（国产）（图 3-8-65）

H 表示额定压力为 32MPa；△为调压范围，a 表示 0.6～8MPa，b 表示 4～16MPa，c 表示 8～20MPa，d 表示 16～32MPa；※为通径，有 10mm、20mm、30mm。

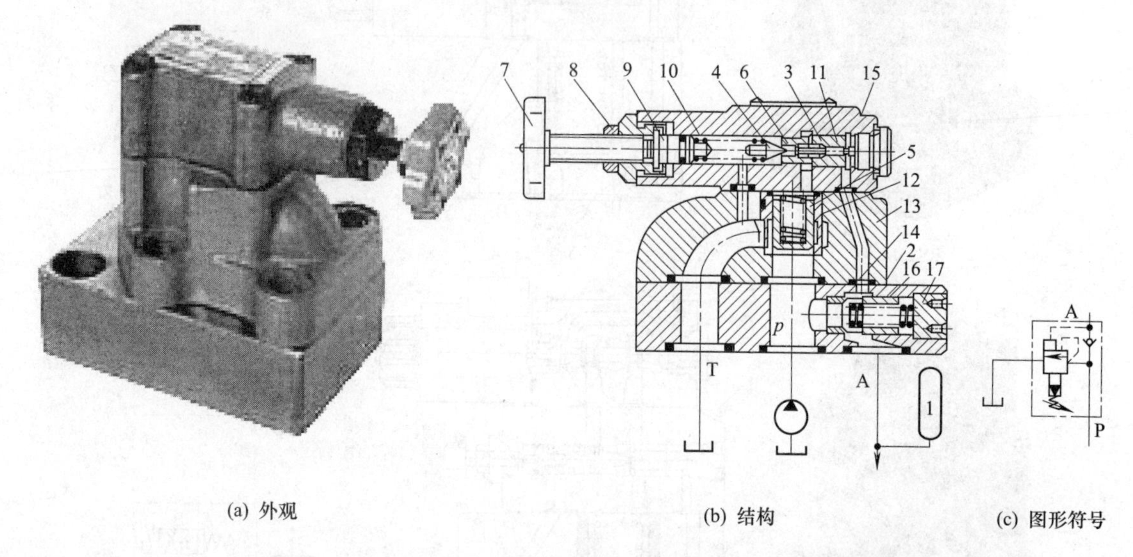

(a) 外观 (b) 结构 (c) 图形符号

图 3-8-65 HY-H△※型卸荷溢流阀

1—蓄能器；2—阀体；3—导阀座；4—导阀芯；5—主阀芯；6—控制活塞；7—调压螺钉；8—锁母；9—调节杆；10—调压弹簧；11—活塞套；12—主阀套；13—主阀体；14—O 形圈；15—导阀体（阀盖）；16—单向阀；17—螺塞

［例 3-8-66］ HY-D10B 型卸荷溢流阀（大连新型）（图 3-8-66）

D 表示额定压力为 10MPa；通径为 10mm；安装尺寸符合国际标准。

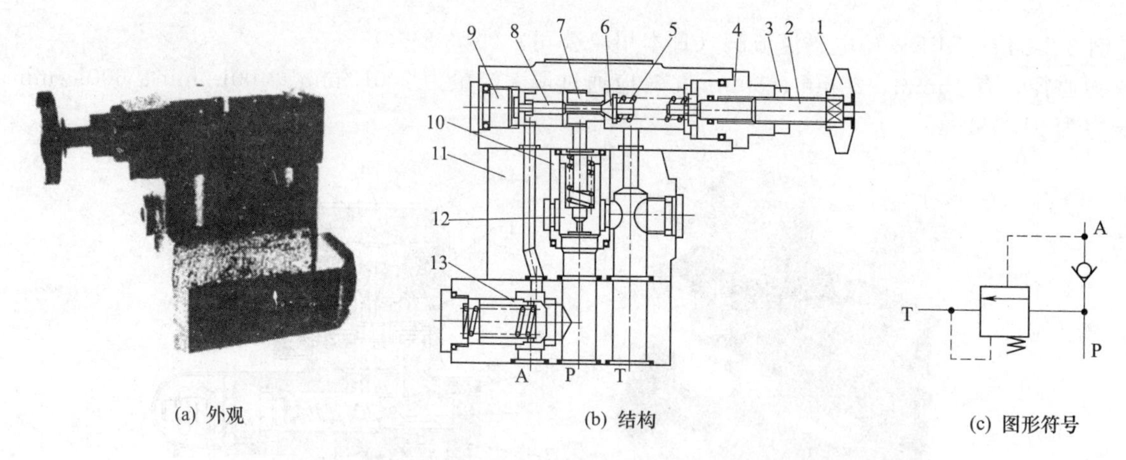

(a) 外观 (b) 结构 (c) 图形符号

图 3-8-66 HY-D10B 型卸荷溢流阀

1—调压手柄；2—调压螺钉；3—锁母；4—螺套；5—调压弹簧；6—导阀芯；7—导阀座；8—控制活塞；9—螺塞；10—主阀套；11—主阀体；12—主阀芯；13—单向阀

［例 3-8-67］ DA※☆…△型先导式卸荷溢流阀和 DAW※☆…△型先导式电磁卸荷溢流阀（德国博世-力士乐公司、北京华德公司）（图 3-8-67）

DA 不带电磁阀，DAW 带电磁阀：※为公称通径，有 10mm、25mm、32mm；☆为电磁阀机能，A 表示常闭，B 表示常开；△为压力调节范围，8 表示 8～12MPa，16 表示 8～16MPa，31.5 表示 16～31.5MPa；最大流量为 240L/min；安装尺寸符合 ISO 5781 标准。

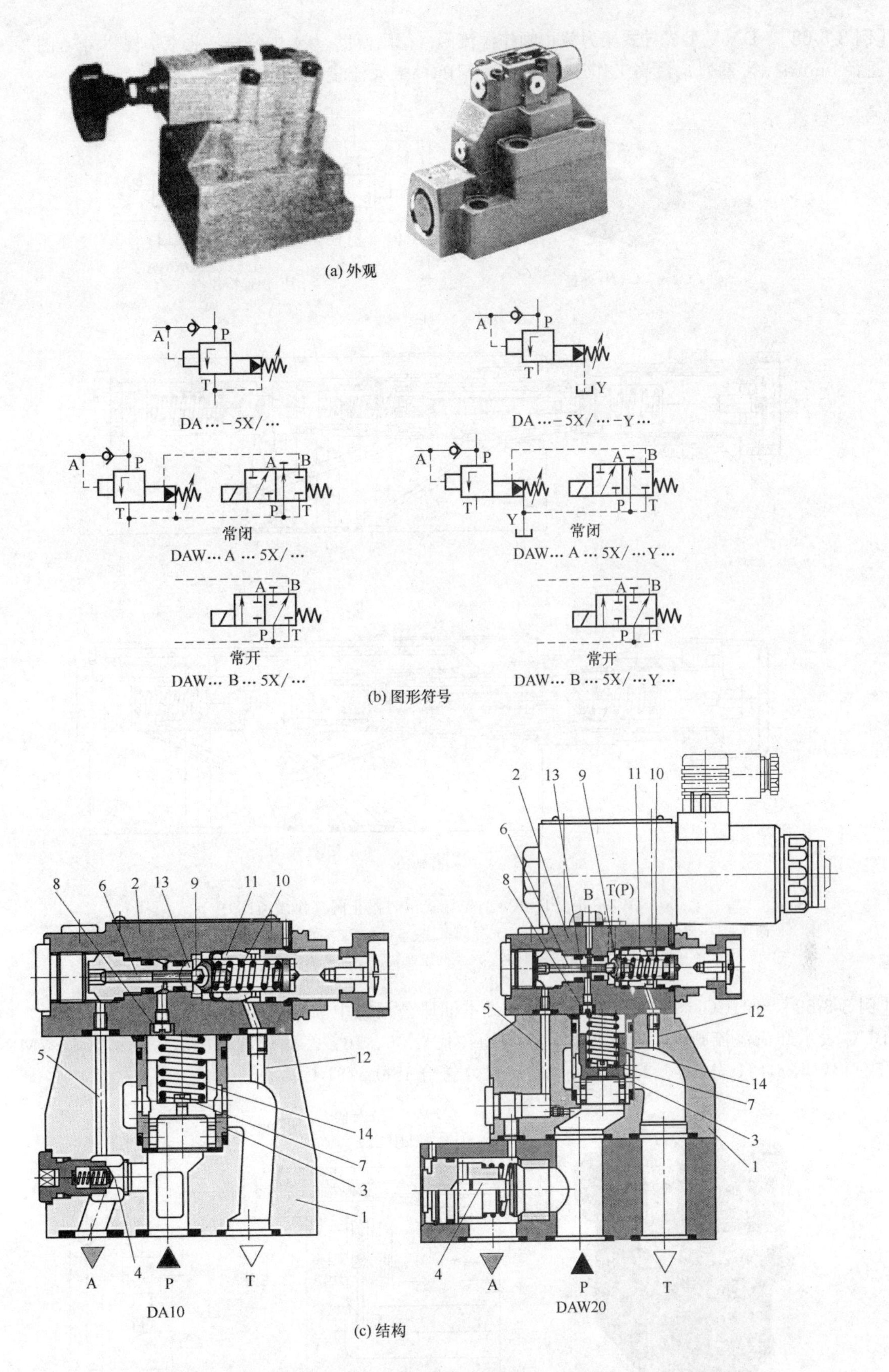

图 3-8-67 DA※☆…△型先导式卸荷溢流阀和 DAW※☆…△型先导式电磁卸荷溢流阀

1—阀体；2—先导阀调压组件；3—主阀阀套；4—单向阀；5—流道；6—先导阀控制柱塞；7—主阀芯；8—阻尼螺钉；9—先导球阀芯；10—调压弹簧；11—调压螺套；12—先导控制油回油通道；13—先导阀阀座；14—平衡弹簧

［例 3-8-68］ DA6V 型先导式压力截止阀作溢流阀（德国博世-力士乐公司、北京华德公司）（图 3-8-68）

通径 6mm；4X 系列；最高工作压力为 31.5MPa；最大流量为 30L/min。

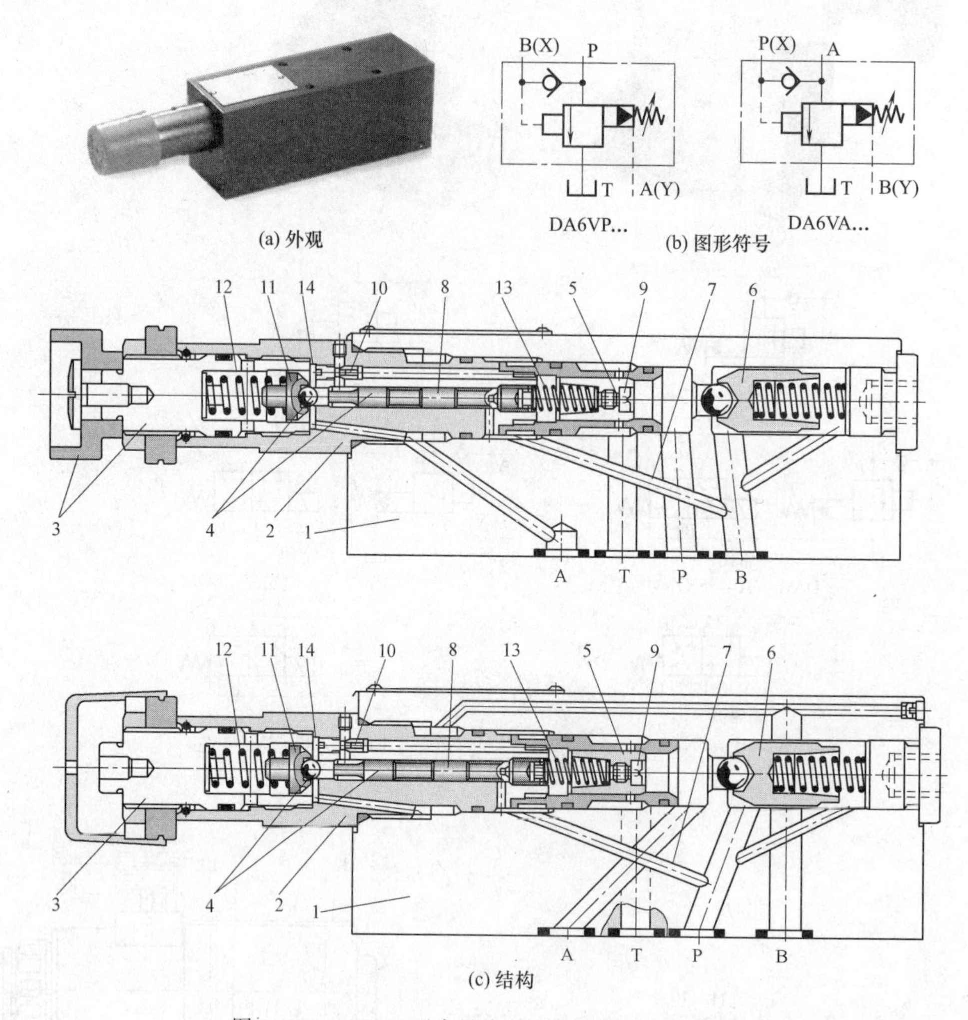

图 3-8-68 DA6V 型先导式压力截止阀（作溢流阀）

1—阀体；2—插装阀；3—调压元件；4—先导阀组件；5—主阀芯；6—单向阀；7—流道；8—滑阀芯；9,10—节流口；11—先导球阀芯；12—调压弹簧；13—平衡弹簧；14—先导阀阀座

［例 3-8-69］ BUCG-※△型卸荷溢流阀（日本油研公司、中国榆次油研公司）（图 3-8-69）

BUC 表示卸荷溢流阀；G 表示板式；※为通径代号 06、10；△为调压范围（B 表示 2.5～7MPa，C 表示 3.5～147MPa，H 表示 7～217MPa）；安装尺寸符合 ISO 5781 标准。

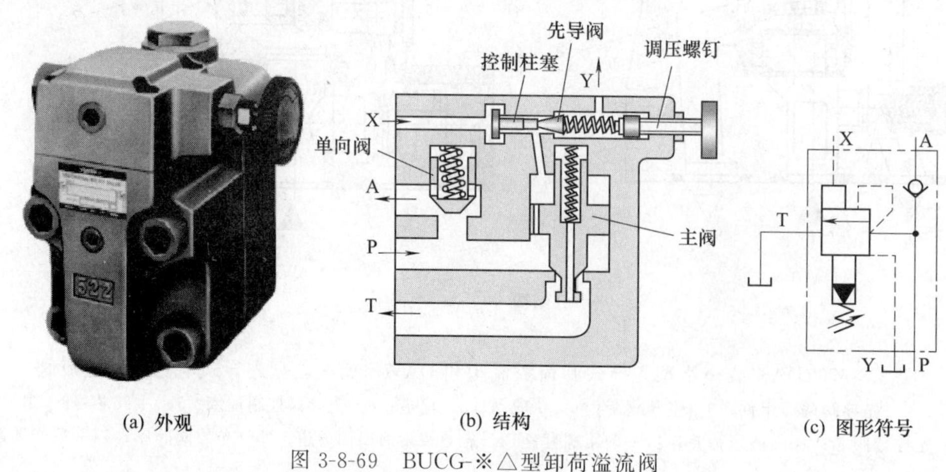

图 3-8-69 BUCG-※△型卸荷溢流阀

［例 3-8-70］ AGIU※1★型卸荷溢流阀（意大利阿托斯公司）（图 3-8-70）

AGIU 表示卸荷阀；※为通径代号，10 表示 10mm 通径，20 表示 20mm 通径，32 表示 32mm 通径；对应流量为 160L/min、300L/min、400L/min；1 表示单级压力控制；★为 0 时表示电磁阀断电卸荷，为 1 时表示通电卸荷；额定压力达 35MPa；安装尺寸符合 ISO 5781 标准。

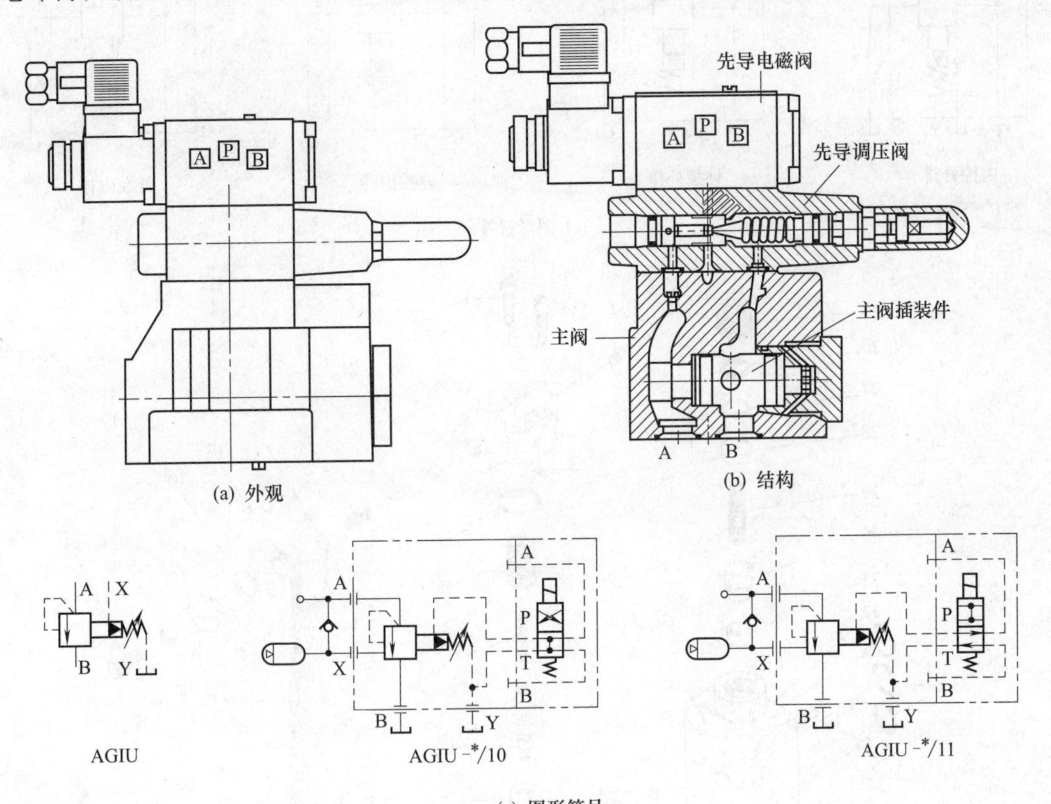

(a) 外观　(b) 结构

(c) 图形符号

图 3-8-70　AGIU※1★型卸荷溢流阀

［例 3-8-71］ URG ☆-※-△…-(S9) 型卸荷溢流阀（美国伊顿-威格士公司、日本东京计器公司）（图 3-8-71）

☆为控制油泄油方式（1 表示外泄，2 表示内泄）；※为通径代号，如 06、10；对应流量为 100L/min、250L/min；△为压力调节范围（B 表示 2.5～7MPa，C 表示 3.5～14MPa，F 表示 10.5～21MPa）；S9 表示外控，无 S9 表示内控；额定压力为 21MPa；安装尺寸符合 ISO 5781 标准。

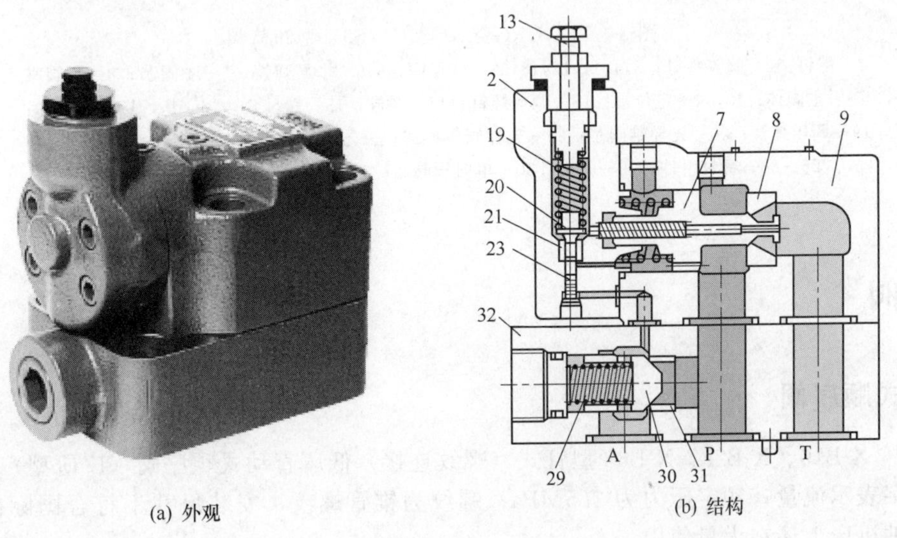

(a) 外观　(b) 结构

图 3-8-71

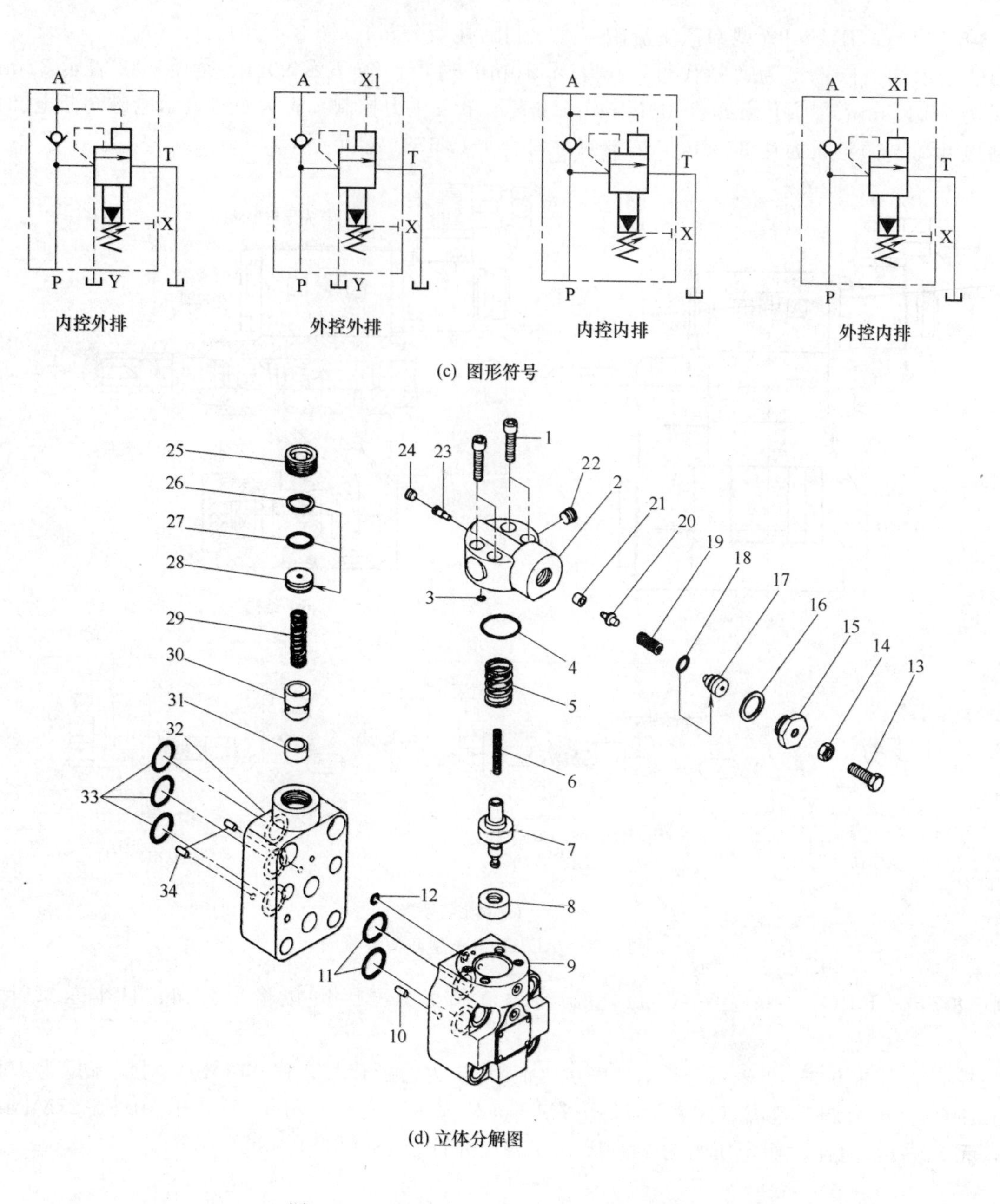

(c) 图形符号

(d) 立体分解图

图 3-8-71 URG☆-※-△…-(S9) 型卸荷阀

1—螺钉；2—阀盖锁母；3,4,11,12,18,33—O 形圈；5,6—平衡弹簧；7—主阀芯；8—主阀座；9—主阀体；10,34—定位销；13—调节螺钉；14—螺母；15—螺母套；16—垫；17—调节杆；19—调压弹簧；20—先导锥阀芯；21—先导阀座；22—工艺螺塞；23—控制柱塞；24,25—螺塞；26～28—密封组件；29—弹簧；30—单向阀阀芯；31—单向阀阀座；32—单向阀阀体

3-9 顺序阀

3-9-1 直动式顺序阀

[例 3-9-1] X-B10、X-B25、X-B63 型管式（螺纹连接）低压直动式顺序阀（广研型）(图 3-9-1)

型号中数字表示流量；额定压力为 2.5MPa；螺纹为锥管螺纹，安装尺寸不符合国际标准，但各种设备上特别是各种机床上还在大量使用。

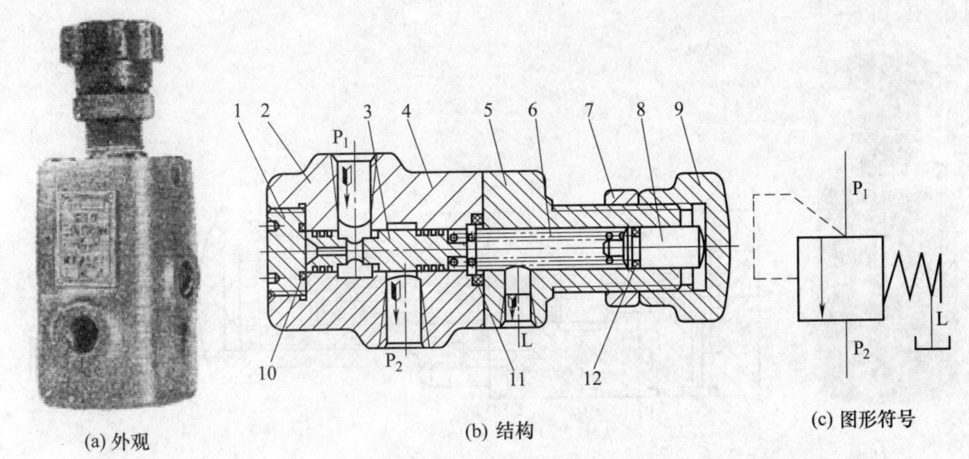

(a) 外观 (b) 结构 (c) 图形符号

图 3-9-1 X-B10、X-B25、X-B63 型管式（螺纹连接）低压直动式顺序阀

1—螺塞；2,4—阀体；3—阀芯；5—阀盖；6—调压弹簧；7—锁母；8—调节杆；9—调压手柄；10～12—O 形圈

［例 3-9-2］ X-B10B、X-B25B、X-B63B 型板式低压直动式顺序阀（广研型）（图 3-9-2）

型号中数字表示流量；额定压力为 2.5MPa；安装尺寸不符合国际标准，但各种设备上特别是各种机床上还在大量使用。

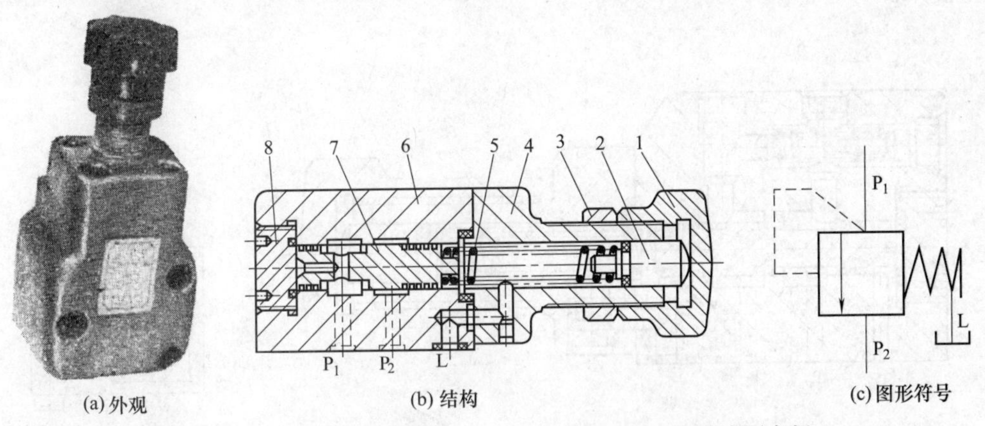

(a) 外观 (b) 结构 (c) 图形符号

图 3-9-2 X-B10B、X-B25B、X-B36B 型板式低压直动式顺序阀

1—调压手柄；2—调节杆；3—锁母；4—阀盖；5—调压弹簧；6—阀体；7—阀芯；8—螺塞

［例 3-9-3］ XI-B10、XI-B25、XI-B63 型管式单向直动式顺序阀（广研型）（图 3-9-3）

型号中数字表示流量；额定压力为 2.5MPa；安装尺寸不符合国际标准，但各种设备上特别是各种机床上还在大量使用。

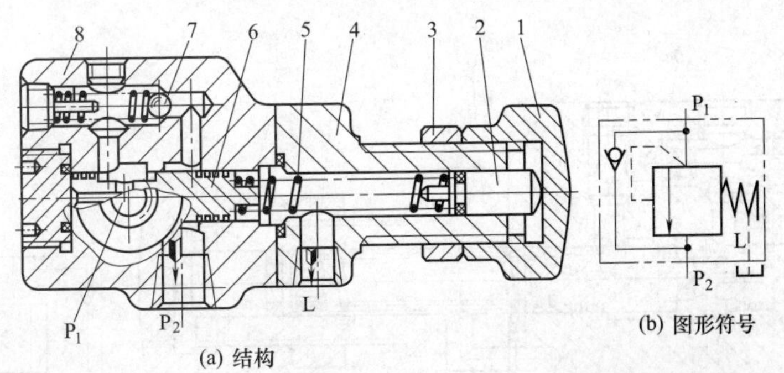

(a) 结构 (b) 图形符号

图 3-9-3 XI-B10、XI-B25、XI-B63 型管式单向直动式顺序阀

1—调压手柄；2—调节杆 3—锁母；4—阀盖；5—调压弹簧；6—主阀芯；7—单向阀；8—阀体

［例 3-9-4］ XY-B10B、XY-B25B、XY-B63B 型板式液动直动式顺序阀（广研型）（图 3-9-4）

型号中数字表示流量；额定压力为 2.5MPa；安装尺寸不符合国际标准，但各种设备上特别是各种机

床上还在大量使用。

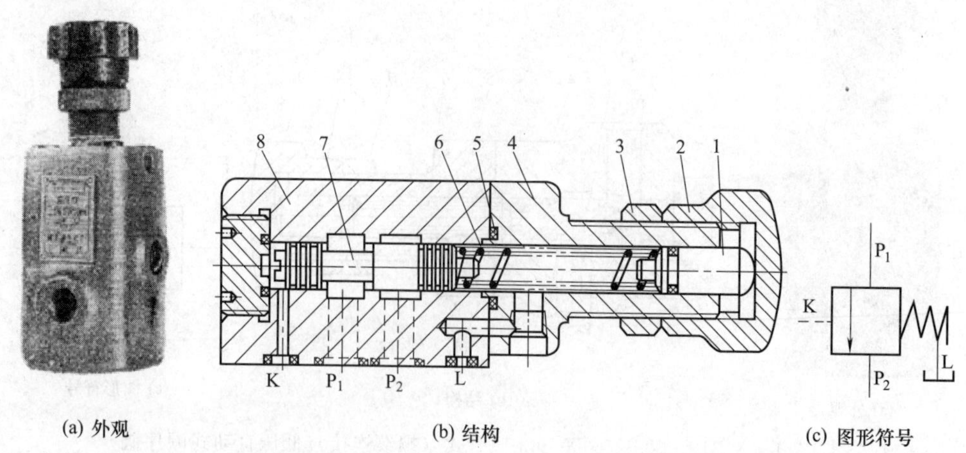

(a) 外观　　(b) 结构　　(c) 图形符号

图 3-9-4　XY-B10B、XY-B25B、XY-B63B 型板式液动直动式顺序阀

1—调节杆；2—调压手柄；3—锁母；4—阀盖；5—O 形圈；6—调压弹簧；7—阀芯；8—阀体

［例 3-9-5］　XIY-B10B、XIY-B25B、XIY-B63B 型板式低压液控单向直动式顺序阀（广研型）（图 3-9-5）

型号中数字表示流量；额定压力为 2.5MPa；安装尺寸不符合国际标准，但各种设备上特别是各种机床上还在大量使用。

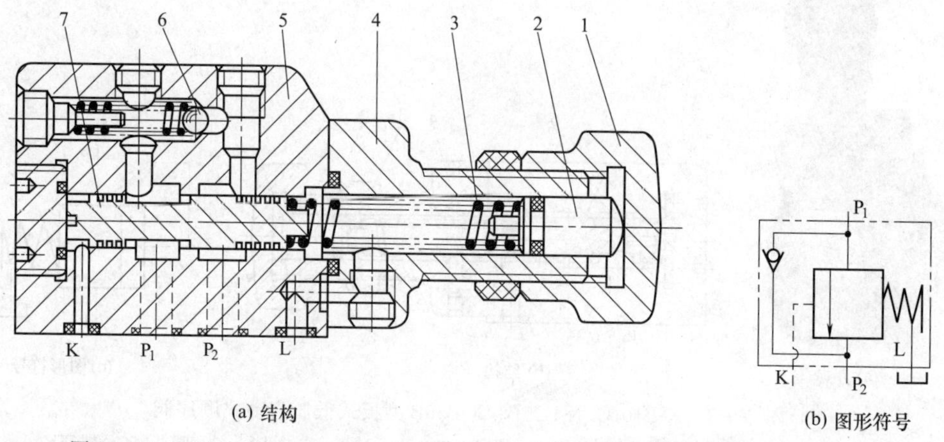

(a) 结构　　(b) 图形符号

图 3-9-5　XIY-B10B、XIY-B25B、XIY-B63B 型板式低压液控单向直动式顺序阀

1— 调压手柄；2—调节杆；3—调压弹簧；4—阀盖；5—阀体；6—单向阀；7—主阀芯

［例 3-9-6］　XI-B10B、XI-B25B、XI-B63B 型板式单向直动式顺序阀（广研型）（图 3-9-6）

型号中数字表示流量，额定压力为 2.5MPa；安装尺寸不符合国际标准，但各种设备上特别是各种机床上还在大量使用。

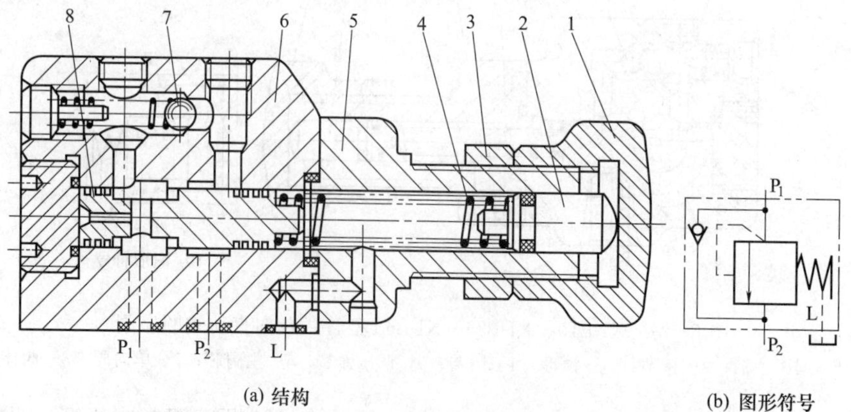

(a) 结构　　(b) 图形符号

图 3-9-6　XI-B10B、XI-B25B、XI-B63B 型板式单向直动式顺序阀

1—调压手柄；2—调节杆 3—锁母；4—调压弹簧；5—阀盖；6—阀体；7—单向阀；8—主阀芯

［例 3-9-7］ XY-B10、XY-B25、XY-B63 型管式液控单向直动式顺序阀（广研型）（图 3-9-7）

型号中数字表示流量；额定压力为 2.5MPa；安装尺寸不符合国际标准，但各种设备上特别是各种机床上还在大量使用。

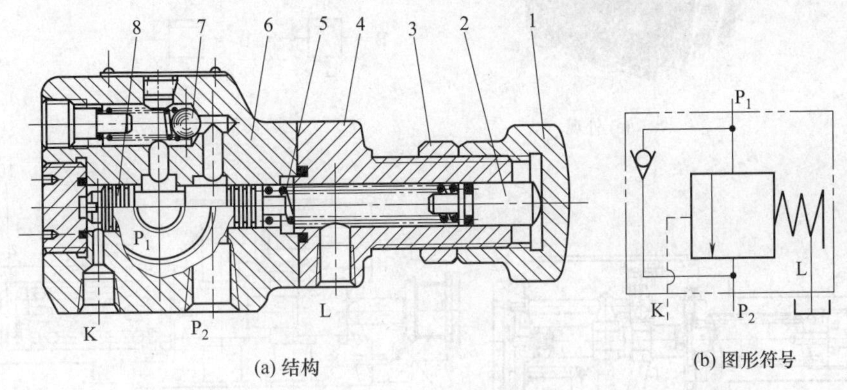

图 3-9-7 XY-B10、XY-B25、XY-B63 型管式液控单向直动式顺序阀

1—调压手柄；2—调节杆；3—锁母；4—阀盖；5—调压弹簧；6—阀体；7—单向阀；8—主阀芯

［例 3-9-8］ X◇F-L※H△型压力控制阀（联合设计组）（图 3-9-8）

◇为 1、2、3、4，1 表示直动型溢流阀，2 表示直控顺序阀，3 表示外控顺序阀，4 表示卸荷阀；L 表螺纹连接，L 为 B 时为板式连接；※为通径，有 10mm、20mm 等；H 表示公称压力为 31.5MPa；△为调压范用，1 表示 0.6～1.6MPa，2 表示 1.6～4MPa，3 表示 4～8MPa；安装尺寸不符合国际标准，但各种设备上特别是各种机床上还在大量使用。

［例 3-9-9］ X（XA）-H△※☆型直动式顺序（单向顺序）阀（联合设计组新型）（图 3-9-9）

H 表示额定压力为 32MPa；△为调压范用，a 表示 0.6～0.8MPa，b 表示 0.4～16MPa，c 表示 8.20MPa，d 表示 16～32MPa；※为通径，有 10mm、20mm、32mm、50mm 等；☆为连接方式，T 表示螺纹连接，B 表示板式连接，F 表示法兰连接；安装尺寸符合 ISO 5781 标准。

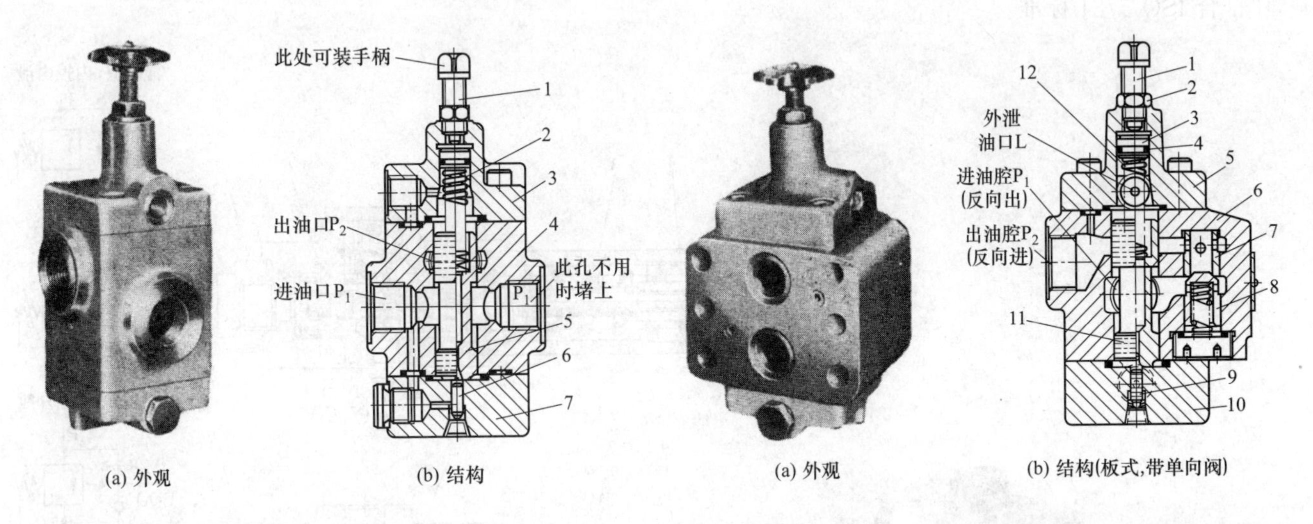

图 3-9-8 X◇F-L※H△型压力控制阀

1—调压螺钉；2—调压弹簧；3—阀盖；4—阀体；5—阀芯；6—控制柱塞；7—下盖

图 3-9-9 X（XA）-H△※☆型直动式顺序（单向顺序）阀

1—调压螺钉；2—锁母；3—调节杆；4—O 形圈；5—阀盖；6—阀体；7—阀座；8—单向阀芯；9—控制柱塞；10—下盖；11—阀芯；12—调压弹簧

［例 3-9-10］ X-D※B 型直动式顺序阀和 AX-D※B 型单向直动式顺序阀（大连新型）（图 3-9-10）

X 后加 Y 时为外控（阀端盖转 180°方向安装，可实现内控与外控方式的改变）；D 表示公称压力为 10MPa；※为通径，有 6mm、10mm；B 表示板式；安装尺寸符合 ISO 5781 标准。

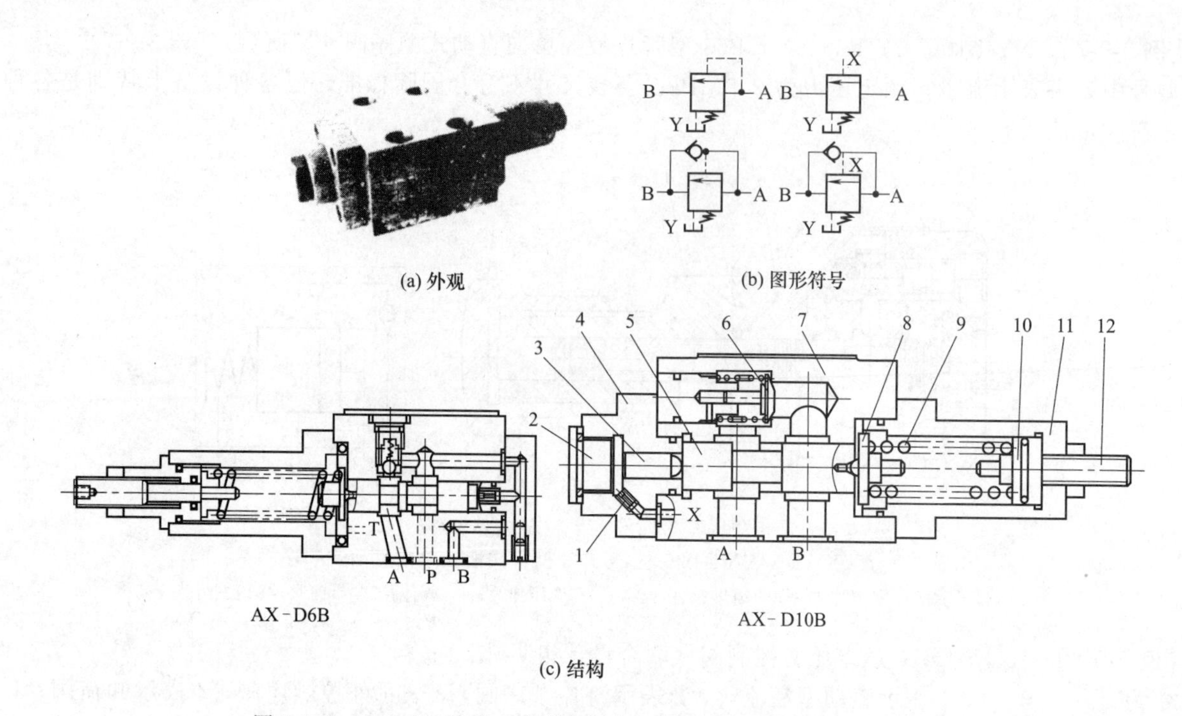

(c) 结构

图 3-9-10 X-D※B 型直动式顺序阀和 AX-D※B 型单向直动式顺序阀

1—阻尼螺钉；2—螺塞；3—定位杆；4,11—螺套；5—盖；6—单向阀；7—阀体；8—弹簧座；9—调压弹簧；10—调节杆；12—调节螺钉

［例 3-9-11］ DZ6DP▲-5X/△☆M 型 6 通径直动式顺序阀（德国博世-力士乐公司）（图 3-9-11）

▲为压力调节方式，1 表示手柄式，2 表示带帽螺纹式，3 表示带锁带刻度手柄式，7 表示带刻度手柄式；5X 为系列号；△为最高调节压力，25 表示 2.5MPa，75 表示 7.5MPa，150 表示 15MPa，210 表示 21MPa，315 表示 31.5MPa；☆为控制油的控排方式，不标注表示内控内泄，X 表示外控内泄，Y 表示内控外泄，XY 表示外控外泄；无 M 表示带单向阀；额定压力为 31.5MPa；Y 口允许背压为 16MPa；安装尺寸符合 ISO 5781 标准。

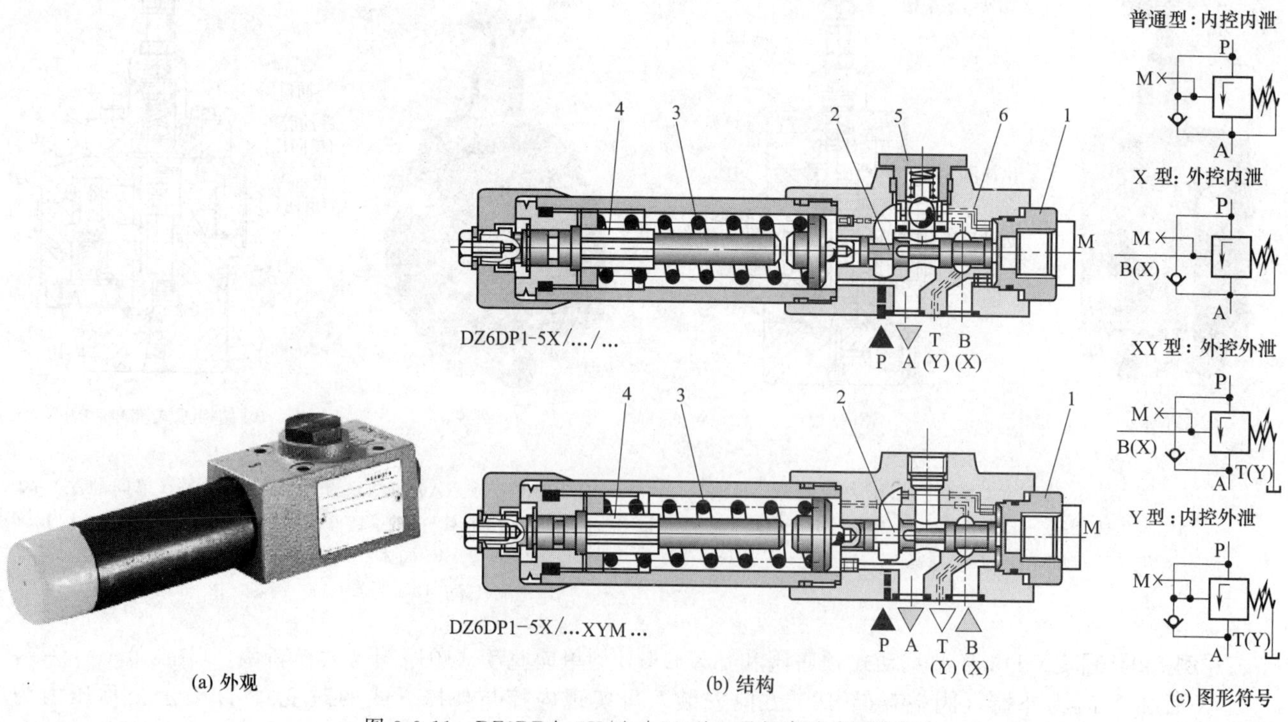

图 3-9-11 DZ6DP▲-5X/△☆M 型 6 通径直动式顺序阀

1—堵头；2—阀芯；3—调压弹簧；4—调节杆；5—单向阀；6—泄油道

［例 3-9-12］ DZ10DP▲-5X/△☆M 型 6 通径直动式顺序阀（德国博世-力士乐公司）（图 3-9-12）

▲为压力调节方式，1 表示手柄式，2 表示带帽螺纹式，3 表示带锁带刻度手柄式，7 表示带刻度手柄式；5X 为系列号；△为最高调节压力，25 表示 2.5MPa、75 表示 7.5MPa，150 表示 15MPa，210 表示 21MPa；☆为控制油的控排方式，不标注表示内控内泄，X 表示外控内泄，Y 表示内控外泄，XY 表示外控外泄；无 M 表示带单向阀；额定压力为 31.5MPa；Y 口允许背压为 16MPa；安装尺寸符合 ISO 5781 标准。

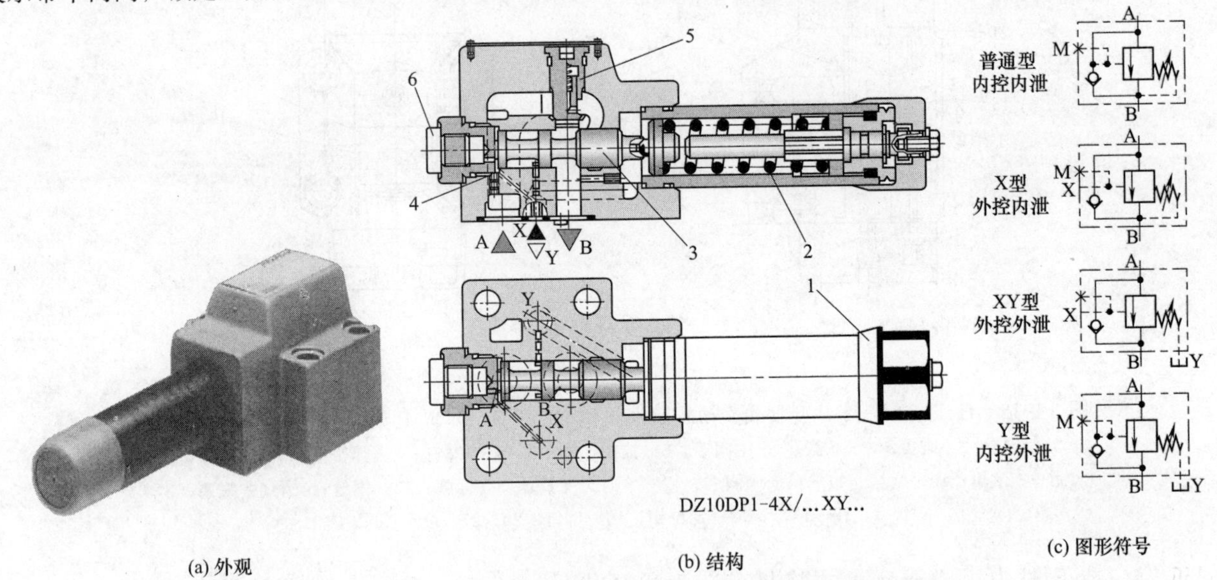

图 3-9-12 DZ10DP▲-5X/△☆M 型 6 通径直动式顺序阀

1—调压手柄；2—调压弹簧；3—阀芯；4—泄油道；5—单向阀；6—堵头

［例 3-9-13］ H-T-※-△-☆-P 型管式直动式顺序阀和 HC-T-※-△-☆-P 型管式单向直动式顺序阀（日本油研公司、中国榆次油研公司）（图 3-9-13）

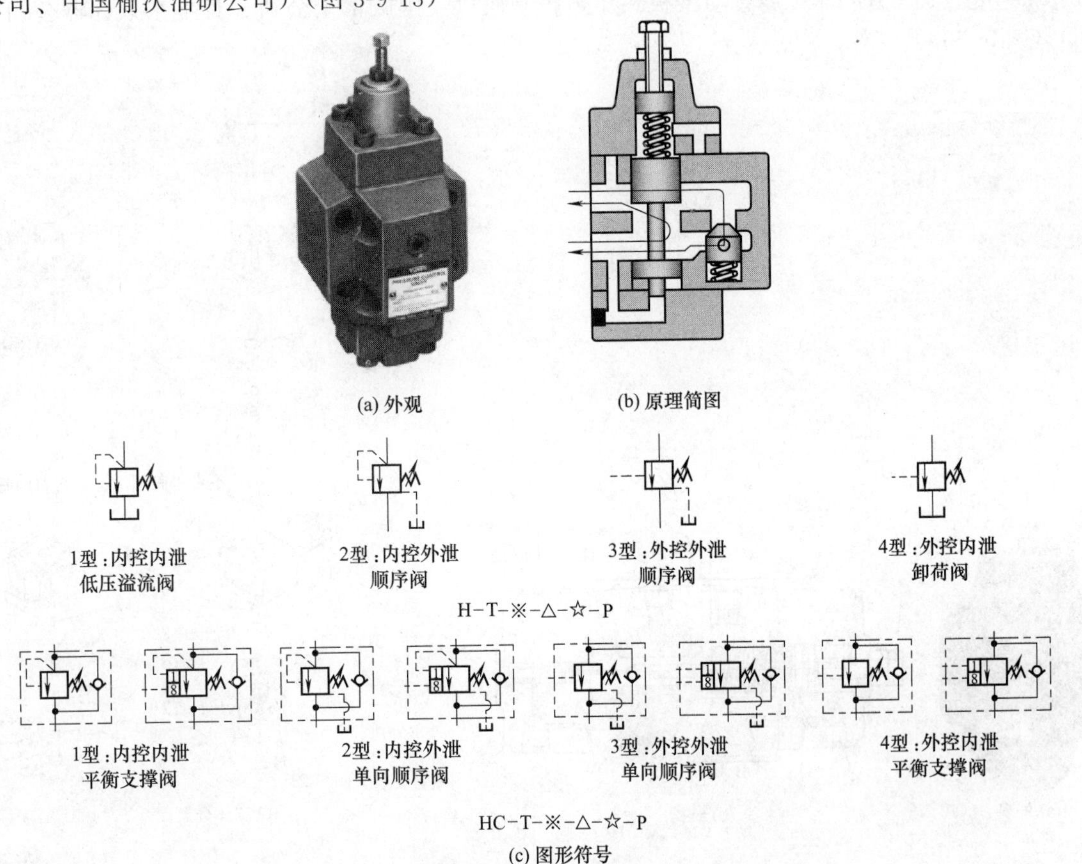

图 3-9-13

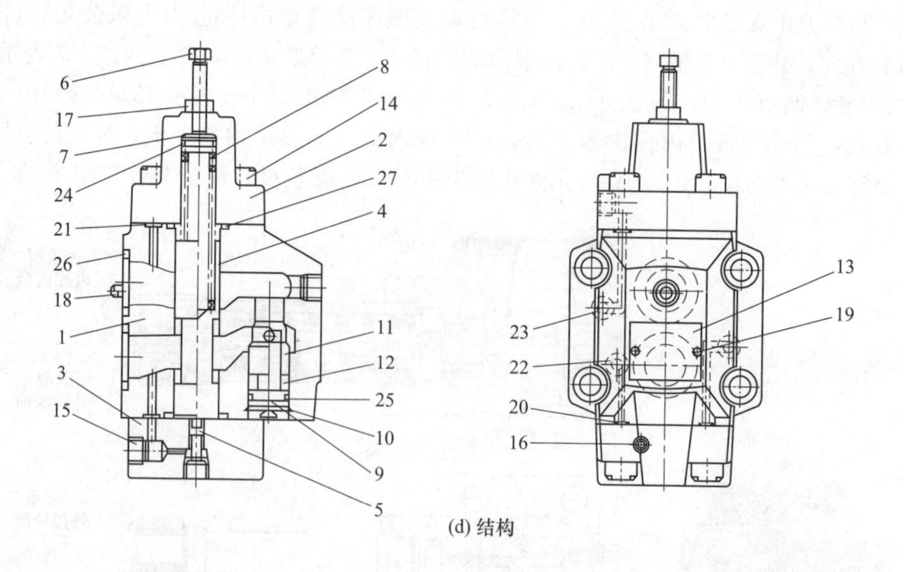

(d) 结构

图 3-9-13　H-T-※-△-☆-P 型管式直动式顺序阀和 HC-T-※-△-☆-P 型管式单向直动式顺序阀

1—阀体；2—阀盖；3—下盖；4—主阀芯；5—控制柱塞；6—调压螺钉；7—弹簧座；8—调压弹簧；9—卡簧；10—塞堵；11—单向阀阀芯；12—单向阀弹簧；13—标牌；14—螺钉；15,16—螺塞；17—锁母；18—定位销；19—铆钉；20～27—O 形圈

T 为 G 或 F 时为板式或法兰式连接；※为通径代号 03、06、10；△为调压范围，L 表示 0.25～0.45MPa，M 表示 0.45～0.9MPa，N 表示 0.9～1.8MPa，A 表示 1.8～3.5MPa，B 表示 3.5～7.0MPa，C 表示 7.0～14MPa；☆为阀的控制类型代号，1 表示内控内泄，2 表示内控外泄，3 表示外控外泄，4 表示外控内泄；P 在仅带辅助控制时标注；安装尺寸符合 ISO 5781 标准。

［例 3-9-14］　R(C)G-※-△型直动型板式压力控制阀（美国威格士公司、日本东京计器公司、榆次液压件厂）（图 3-9-14）

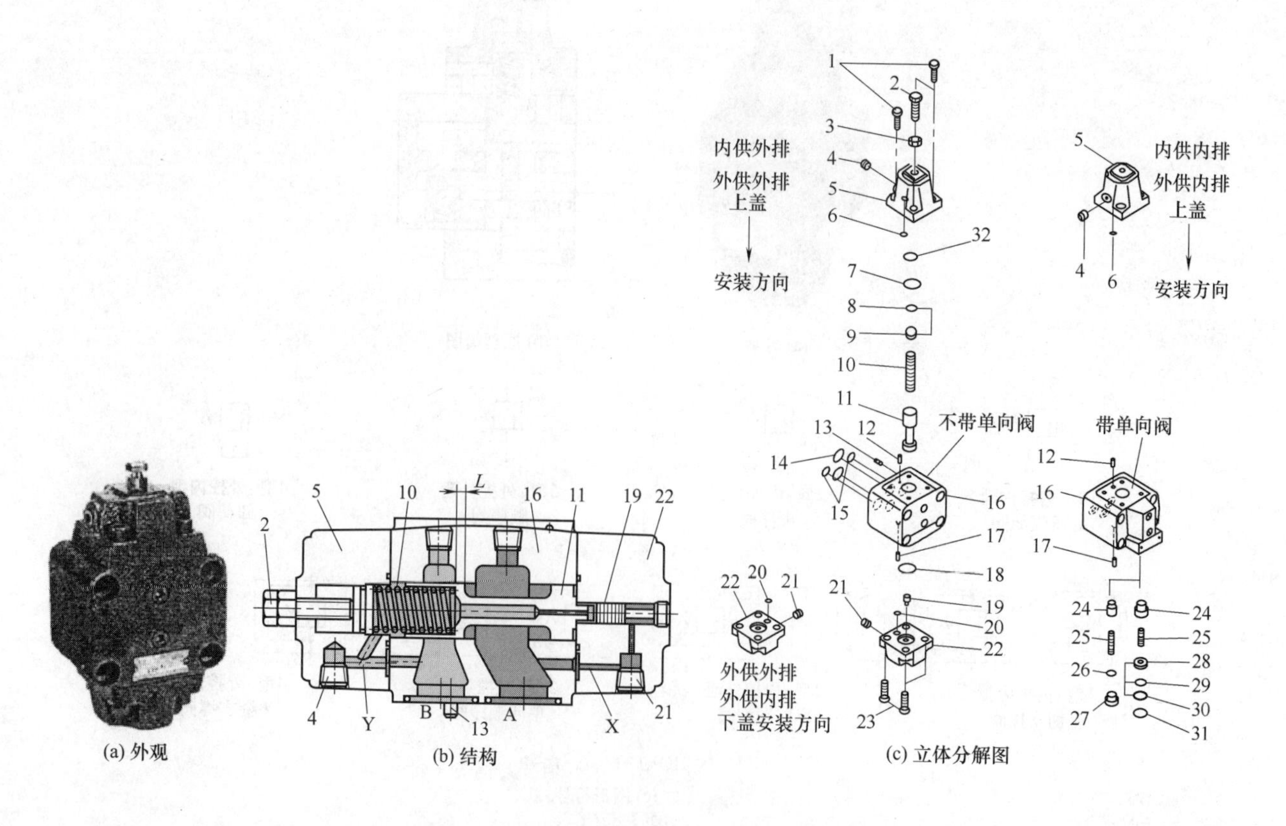

(a) 外观　(b) 结构　(c) 立体分解图

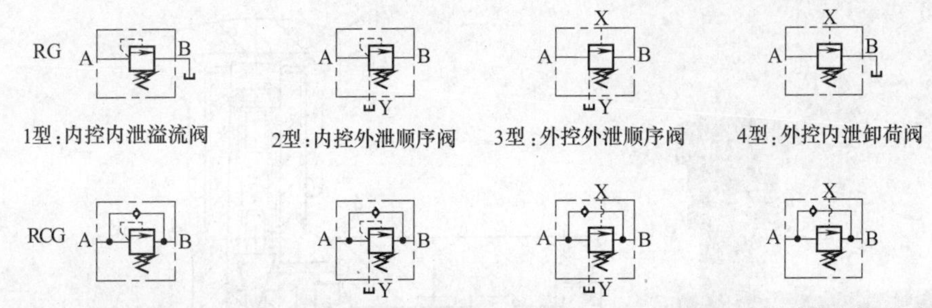

(d) 图形符号

图 3-9-14　R(C)G-※-△型直动型板式压力控制阀

1,23—螺钉；2—调压螺钉；3—锁母；4,21,27—螺塞；5—上盖；6～8,14,15,18,20,26,29,30—O形圈；9—弹簧座；10,25—弹簧；11—阀芯；12,13—定位销；16—阀体；17,19—阻尼；22—下盖；24,28—塞；31—卡簧

可作顺序阀、平衡阀等使用；(C) 表示带单向阀；G为T时为管式；※为通径代号03、06、10、12、16；对应流量为45L/min、115L/min、285L/min、285L/min、500L/min；△为压力调节范围，X表示0.07～0.21MPa，Y表示0.14～0.42MPa，Z表示0.25～0.88MPa，A表示0.53～1.15MPa，B表示0.88～3.5MPa，D表示1.15～10MPa，F表示3.5～14MPa；额定压力为21MPa；板式阀安装尺寸符合ISO 6264标准。

[例 3-9-15]　JQ (C)-☆※◇-△型压力控制阀（日本大京公司）（图 3-9-15）

C表示带单向阀；☆为连接方式，G表示板式，T表示管式，F表示法兰式；※为通径代号03、06、10、16；◇为控制油供排方式1、2、3、4；△为压力调节范围；安装尺寸不符合国际标准。

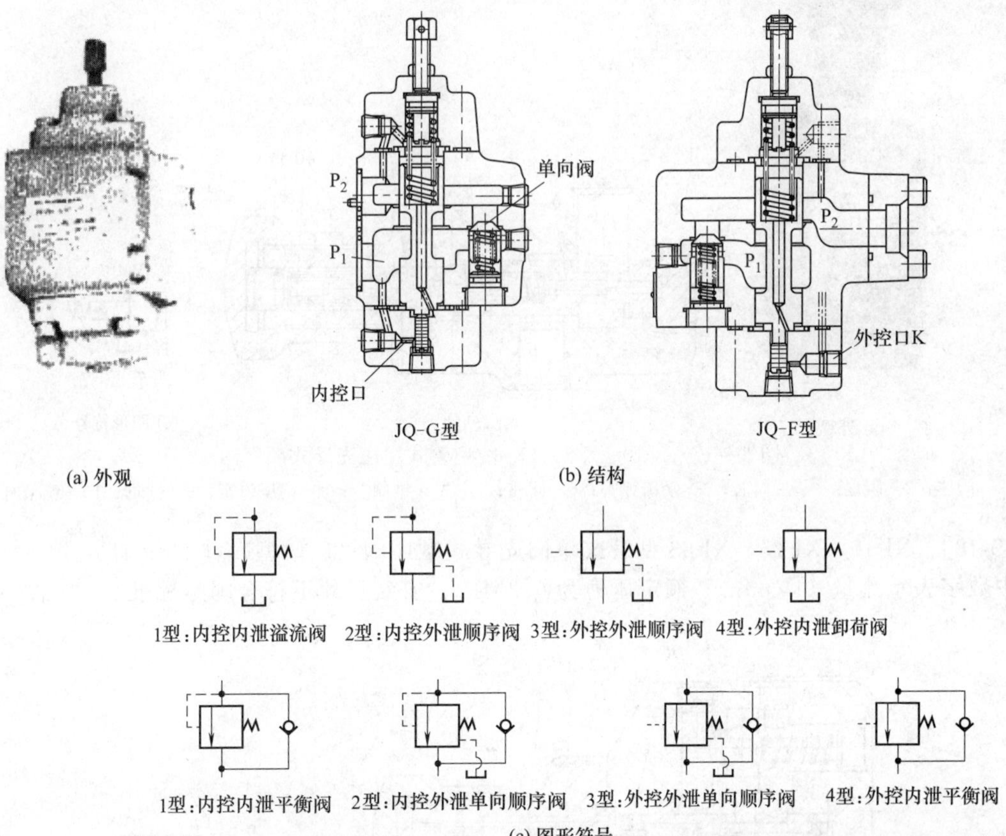

图 3-9-15　JQ (C)-☆※◇-△型压力控制阀

3-9-2　先导式顺序阀

[例 3-9-16]　X-10B、X-25B、X-63B型板式中压先导式顺序阀（广研型）（图 3-9-16）

型号中数字表示流量（L/min）；B表示板式；额定压力为6.3MPa；安装尺寸不符合国际标准。

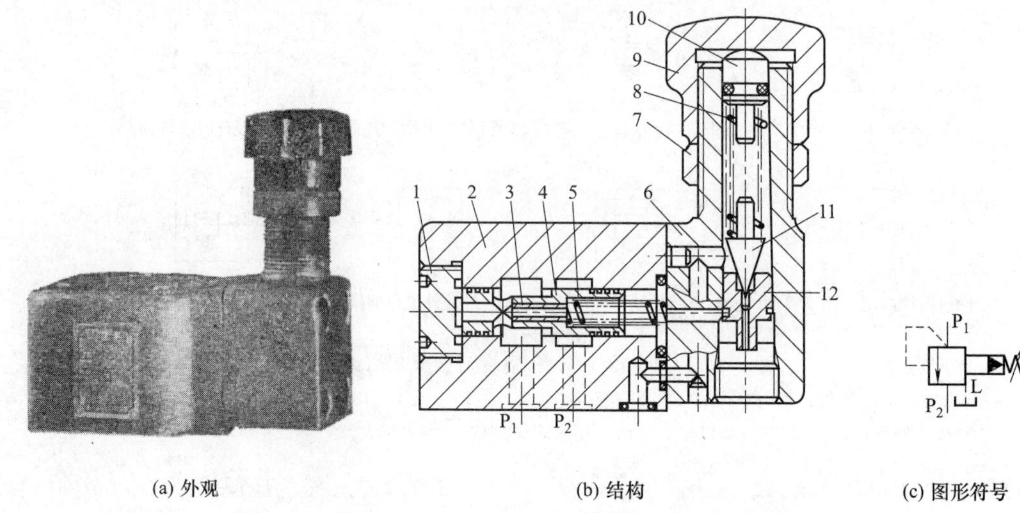

(a) 外观　　(b) 结构　　(c) 图形符号

图 3-9-16　X-10B、X-25B、X-63B 型板式中压先导式顺序阀

1—螺塞；2—阀体；3—阻尼；4—主阀芯；5—平衡弹簧；6—阀盖；7—锁母；8—调压弹簧；9—手柄；10—调节杆；11—先导锥阀芯；12—阀座

［例 3-9-17］　X-10、X-25、X-63 型管式中压先导式顺序阀（广研型）（图 3-9-17）

型号中数字表示流量（L/min）；额定压力为 6.3MPa；安装尺寸不符合国际标准。

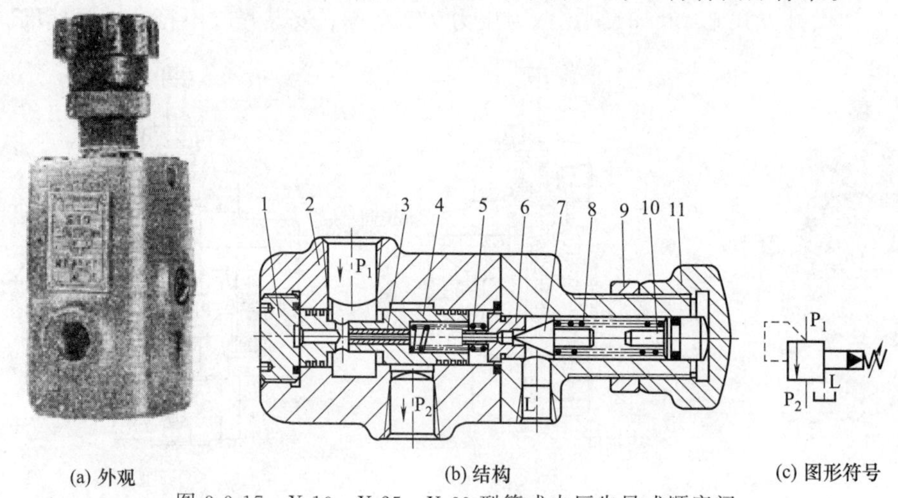

(a) 外观　　(b) 结构　　(c) 图形符号

图 3-9-17　X-10、X-25、X-63 型管式中压先导式顺序阀

1—螺塞；2—阀体；3—阻尼；4—主阀芯；5—平衡弹簧；6—阀座；7—先导锥阀芯；8—调压弹簧；9—锁母；10—调节杆；11—手柄

［例 3-9-18］　XI-10、XI-25、XI-63 型管式单向先导式顺序阀（广研型）（图 3-9-18）

型号中数字表示流量（L/min）；额定压力为 6.3MPa；安装尺寸不符合国际标准。

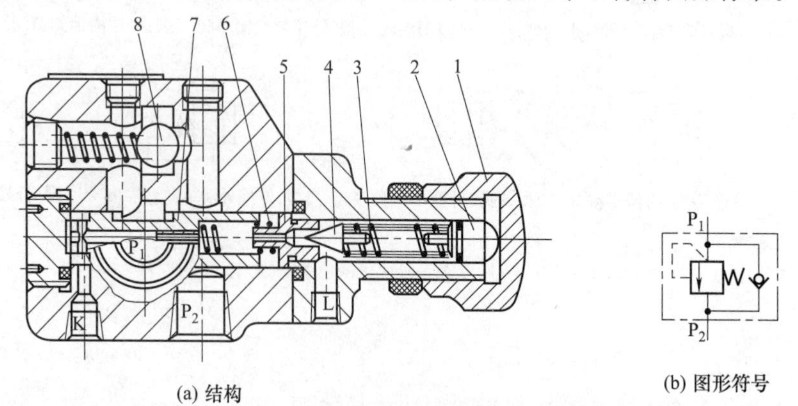

(a) 结构　　(b) 图形符号

图 3-9-18　XI-10、XI-25、XI-63 型管式单向先导式顺序阀

1—手柄；2—调节杆；3—调压弹簧；4—先导锥阀芯；5—阀座；6—平衡弹簧；7—主阀芯；8—单向阀

［例 3-9-19］　XI-10B、XI-25B、XI-63B 型板式单向先导式顺序阀（广研型）（图 3-9-19）

型号中数字表示流量（L/min）；B 表示板式；额定压力为 6.3MPa；安装尺寸不符合国际标准。

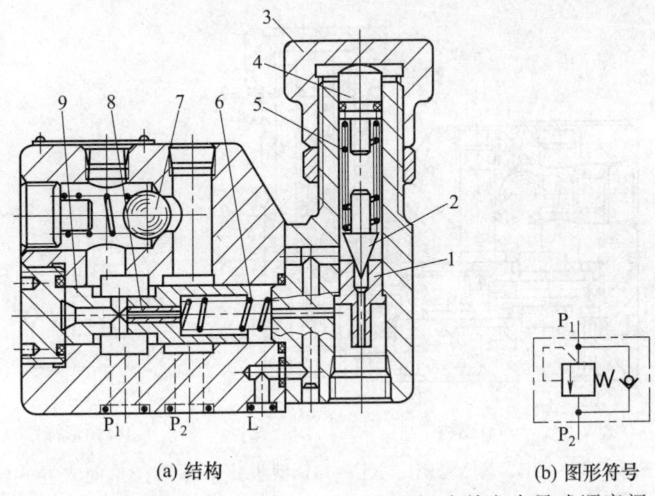

(a) 结构　　(b) 图形符号

图 3-9-19　XI-10B、XI-25B、XI-63B 型板式单向先导式顺序阀

1—螺塞；2—先导锥阀芯；3—调压手柄；4—调节杆；5—调压弹簧；6—平衡弹簧；7—单向阀；8—阻尼；9—主阀芯

［例 3-9-20］　XY-10、XY-25、XY-63 型管式液动先导式顺序阀（广研型）（图 3-9-20）

型号中数字表示流量（L/min）；额定压力为 6.3MPa；安装尺寸不符合国际标准。

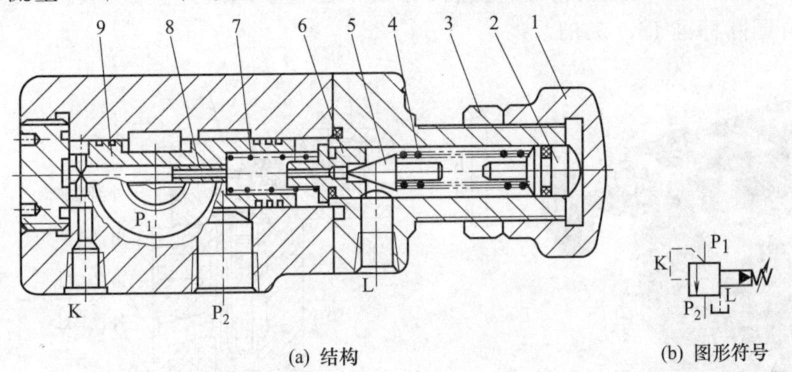

(a) 结构　　(b) 图形符号

图 3-9-20　XY-10、XY-25、XY-63 型管式液动先导式顺序阀

1—手柄；2—调节杆；3—锁母；4—调压弹簧；5—先导锥阀芯；6—阀座；7—平衡弹簧；8—阻尼；9—主阀芯

［例 3-9-21］　XY-10B、XY-25B、XY-63B 型板式液动先导式顺序阀（广研型）（图 3-9-21）

型号中数字表示流量（L/min）；B 表示板式；额定压力为 6.3MPa；安装尺寸不符合国际标准。

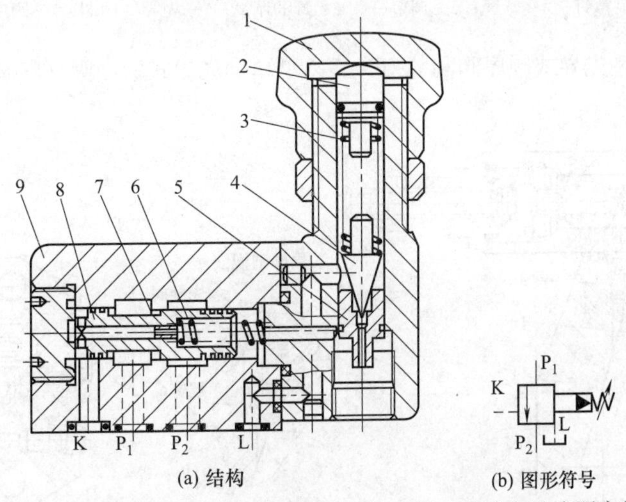

(a) 结构　　(b) 图形符号

图 3-9-21　XY-10B、XY-25B、XY-63B 型板式液动先导式顺序阀

1—手柄；2—调节杆；3—调压弹簧；4—先导锥阀芯；5—阀座；6—平衡弹簧；7—阻尼；8—主阀芯；9—阀体

[例 3-9-22] XIY-10B、XIY-25B、XIY-63B 型板式低压液控单向先导式顺序阀（广研型）（图 3-9-22）

型号中数字表示流量（L/min），B 表示板式；额定压力为 6.3MPa；安装尺寸不符合国际标准。

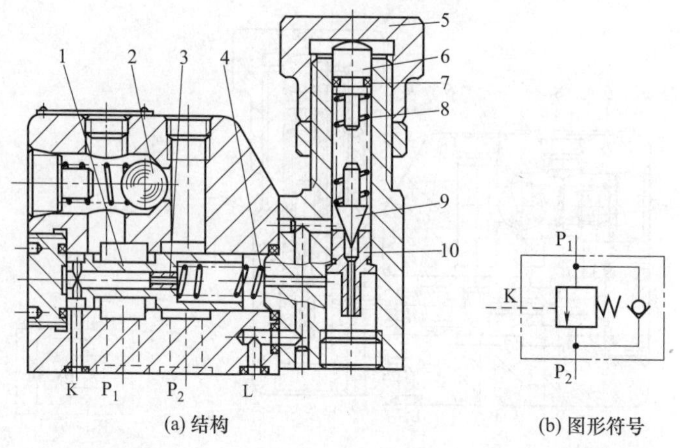

图 3-9-22 XIY-10B、XIY-25B、XIY-63B 型板式低压液控单向先导式顺序阀

1—主阀芯；2—单向阀；3—阻尼；4—平衡弹簧；5—手柄；6—调节杆；7—O 形圈；8—调压弹簧；9—先导锥阀芯；10—阀座

[例 3-9-23] X-H□※△型管式先导式顺序阀和 XA-H□※△型单向先导式顺序阀（国产）（图 3-9-23）

H 表示额定压力为 32MPa；□为压力调节范围，a 表示 0.6～8MPa，b 表示 4～16MPa，c 表示 8～20MPa，d 表示 16～32MPa；※为通径；△为连接方式，T 表示螺纹连接，B 表示板式连接，F 表示法兰连接；安装尺寸符合国际标准 ISO 5781。

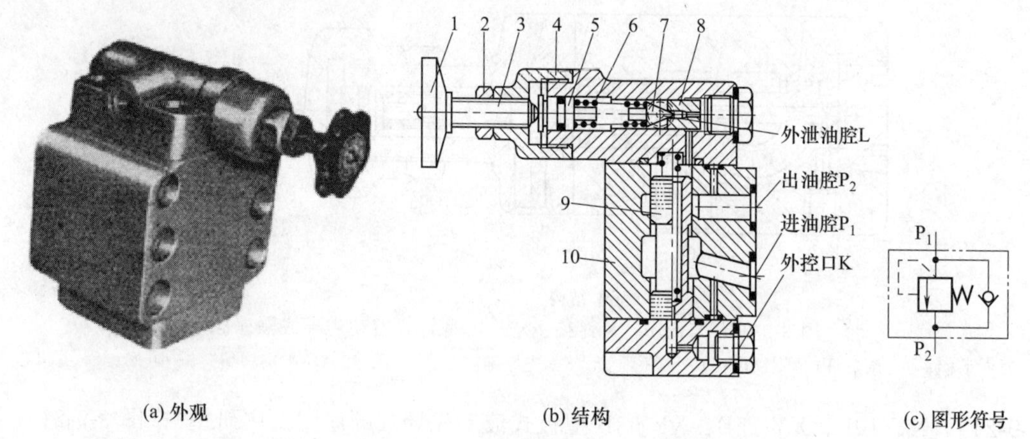

图 3-9-23 X-H□※△型管式先导式顺序阀和 XA-H□※△型单向先导式顺序阀

1—手柄；2—锁母；3—调节螺钉；4—螺套；5—调节杆；6—调压弹簧；7—先导锥阀芯；8—阀座；9—主阀芯；10—主阀体

[例 3-9-24] XF3-△※型先导式顺序阀和 AXF3-△※型单向先导式顺序阀（广研 GE 系列）（图 3-9-24）

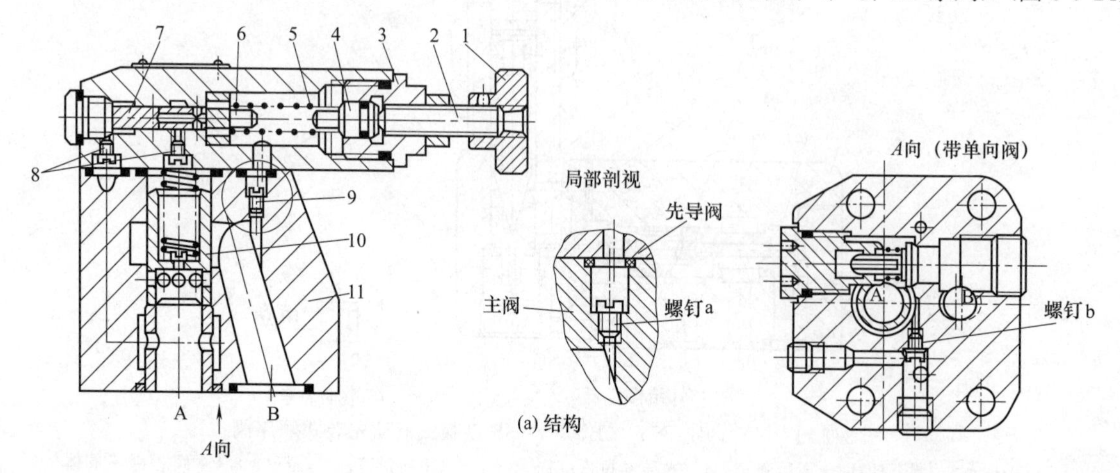

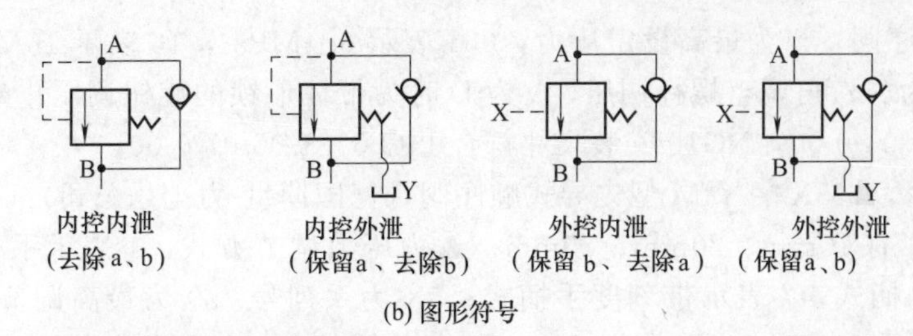

(b) 图形符号

图 3-9-24 XF3-△※型先导式顺序阀和 AXF3-△※型单向先导式顺序阀

1—手柄；2—调节螺钉；3—螺套；4—调节杆；5—调压弹簧；6—先导锥阀芯；7—阀座；8,9—阻尼螺钉；10—主阀芯；11—主阀体

△为压力等级，C 或省略表示 6.3MPa，E 表示 16MPa；※为通径，10mm、20mm；对应额定流量为 63L/min、120L/min；安装尺寸符合国际标准 ISO 5781；调压范围有 0.5～6.3MPa、0～16MPa 两种。

［例 3-9-25］ X_1-D10B 型先导式顺序阀、X_1 Y-D10B 型液控先导式顺序阀、AX_1-D10B 型单向先导式顺序阀和 AXY_1-D10B 型单向液控先导式顺序阀（大连组合所新型）（图 3-9-25）

额定压力为 10MPa，额定流量为 63L/min；安装尺寸符合国际标准 ISO 5781。

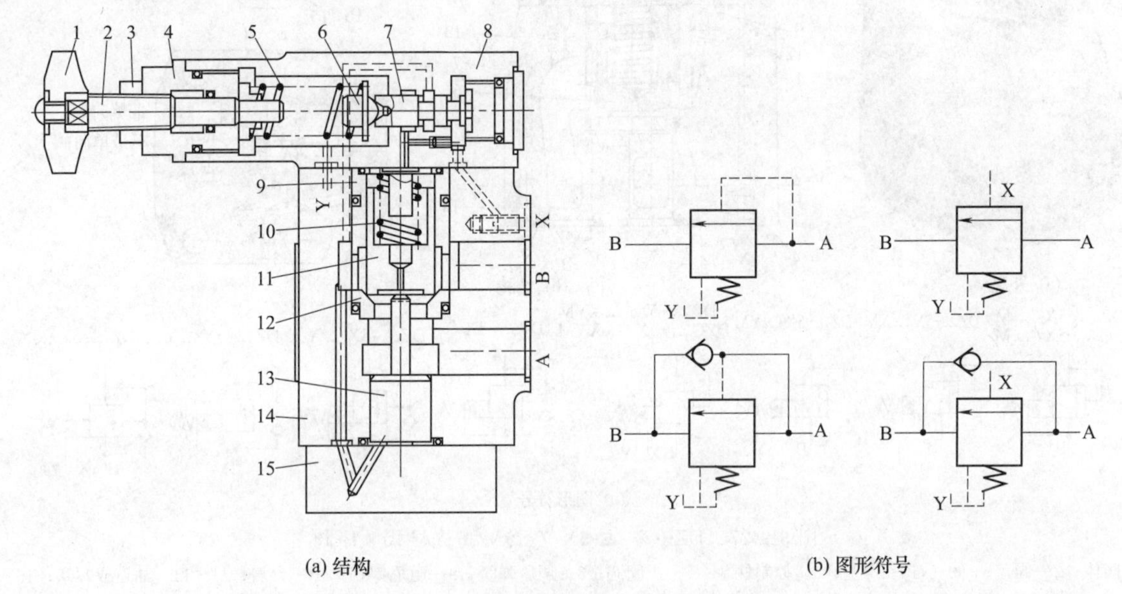

(a) 结构 (b) 图形符号

图 3-9-25 X_1-D10B 型先导式顺序阀、X_1 Y-D10B 型液控先导式顺序阀、AX_1-D10B 型单向先导式顺序阀和 AXY_1-D10B 型单向液控先导式顺序阀

1—手柄；2—调节螺钉；3—锁母；4— 螺套；5—调压弹簧；6—先导锥阀芯；7—阀座；8—阀盖；9—主阀套；10—平衡弹簧；11—主阀芯；12—O 形圈；13—控制柱塞；14—主阀体；15—底盖

［例 3-9-26］ VBY※A-★型板式先导式顺序阀（美国派克公司）（图 3-9-26）

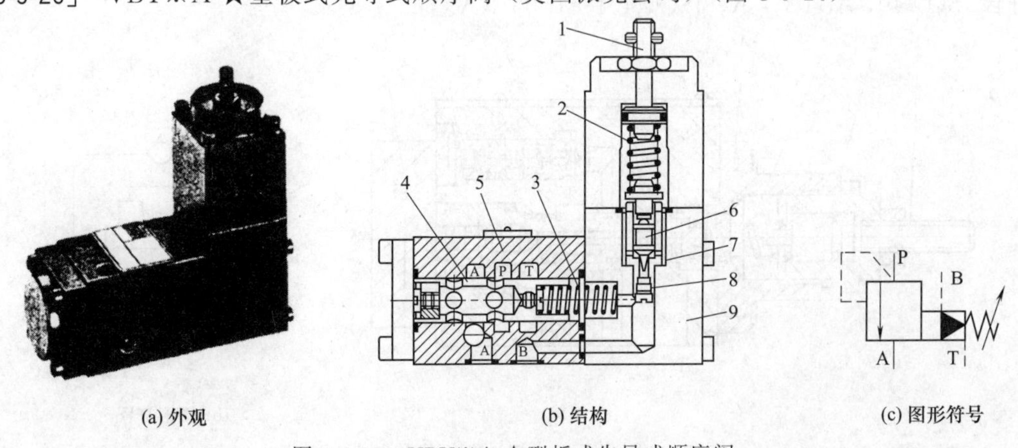

(a) 外观 (b) 结构 (c) 图形符号

图 3-9-26 VBY※A-★型板式先导式顺序阀

1—调压螺钉；2—调压弹簧；3—平衡弹簧；4—主阀芯；5—主阀体；6—先导阀芯；7—先导阀座套；8—阻尼螺钉；9—先导阀体

VBY 表示先导式顺序阀；※为最高设定压力，064 表示 6.4MPa，16 表示 16MPa，210 表示 21MPa，315 表示 31.5MPa；A 为内六角调整螺杆调压，A 为 D 时为带柱形锁的旋钮调压；★为通径代号，NG6 安装尺寸符合 ISO 5781-03-04-0-00，NG10 安装尺寸符合 ISO 5781-06-07-0-00。

[例 3-9-27] DZ…※-▲-5X/△☆M 型先导式顺序阀（德国博世-力士乐公司）（图 3-9-27）

※为通径公称尺寸，有 10mm、20mm、30mm；▲为压力调节方式，1 表示手柄式，2 表示带帽螺纹式，3 表示带锁带刻度手柄式，7 表示带刻度手柄式；5X 为系列号；△为最高调节压力，50 表示 5MPa，100 表示 10MPa，200 表示 20MPa，315 表示 31.5MPa；☆为控制油的控排方式，不标注表示内控内泄，X 表示外控内泄，Y 表示内控外泄，XY 表示外控外泄；无 M 表示带单向阀；额定压力为 31.5MPa，Y 口允许背压为 16MPa；安装尺寸符合 ISO 5781 标准。

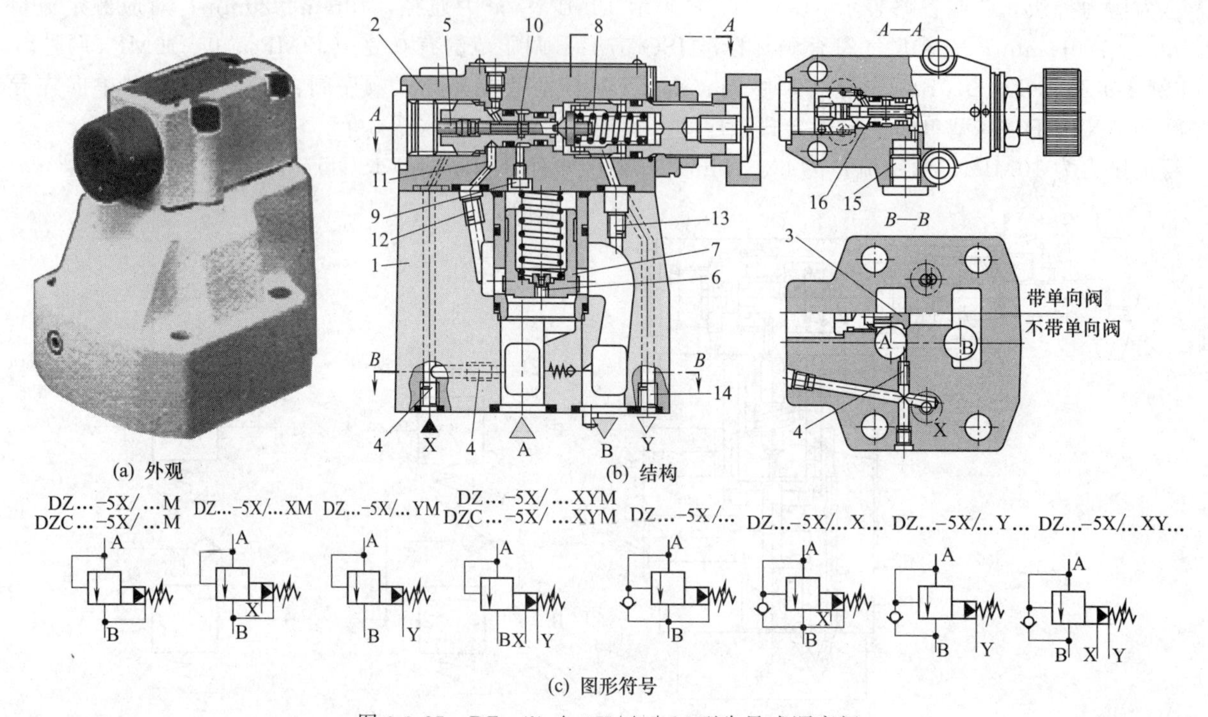

图 3-9-27 DZ…※-▲-5X/△☆M 型先导式顺序阀

1—主阀体；2—阀盖；3,4,6,15—螺塞；5—控制柱塞；7—主阀芯；8—调压弹簧；9—阻尼螺钉；10—台肩；11～14—油道或螺塞；16—油道

3-9-3 背压阀、卸荷阀和平衡阀

[例 3-9-28] FBF3-△※B 型负载相关背压阀（广研 GE 系列）（图 3-9-28）

△为压力等级代号，C 或不标注表示 6.3MPa，D 表示 10MPa；※为公称通径尺寸，有 6mm、10mm；安装尺寸符合 ISO 4401-AB-03-4-A、ISO 4401-AC-05-4-A。

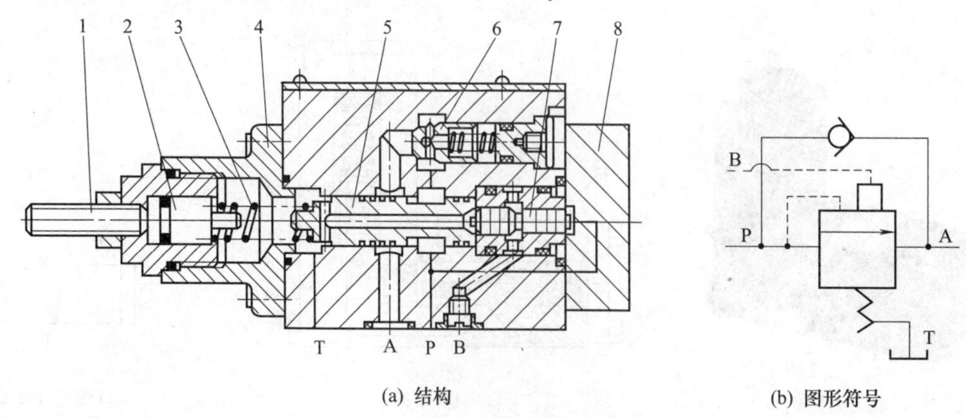

图 3-9-28 FBF3-△※B 型负载相关背压阀

1—调压螺钉；2—调节杆；3—调压弹簧；4—左盖；5—阀芯；6—单向阀芯；7—控制柱塞；8—右盖

［例 3-9-29］ PY-D※B 型变背压阀（大连新型）（图 3-9-29）

D 表示额定压力为 10MPa；※为通径；安装尺寸符合国际标准，同 FBF3-△※B 型负载相关背压阀。

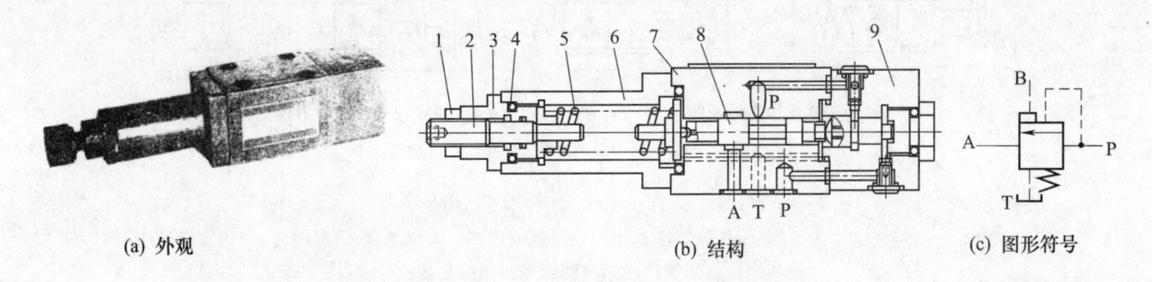

图 3-10-29 PY-D※B 型变背压阀

1—锁母；2—调压螺钉；3—螺套；4—O 形圈；5—调压弹簧；6—左盖；7—阀体；8—阀芯；9—右盖

［例 3-9-30］ H-D6B 型卸荷阀（大连新型）（图 3-9-30）

D 表示额定压力为 10MPa；6mm 通径；推荐流量为 20L/min；安装尺寸符合国际标准，同 FBF3-△※B 型负载相关背压阀。

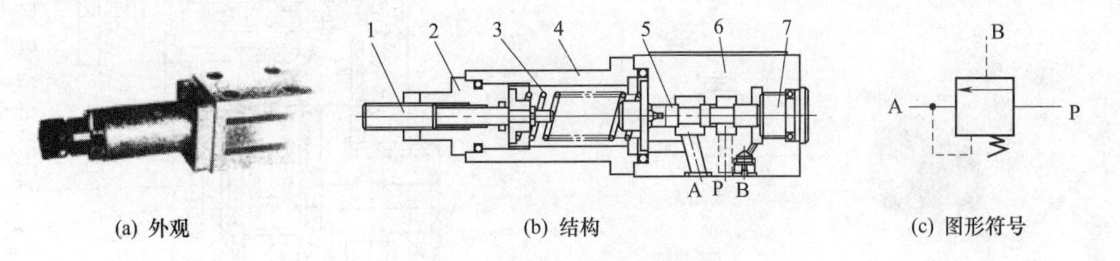

图 3-9-30 H-D6B 型卸荷阀

1—调压螺钉；2—螺套；3—调压弹簧；4—阀盖；5—阀芯；6—阀体；7—螺塞

［例 3-9-31］ FD※☆◇型平衡阀（德国博世-力士乐公司、北京华德公司）（图 3-9-31）

※为通径，有 12mm、16mm、25mm、32mm；各通径对应的流量从 80L/min 到 560L/min；☆为连接类型，P 表示板式，K 表示插装式，F 表示 SAE 螺纹法兰式；◇为 B 或 A，表示带或不带二次溢流阀。

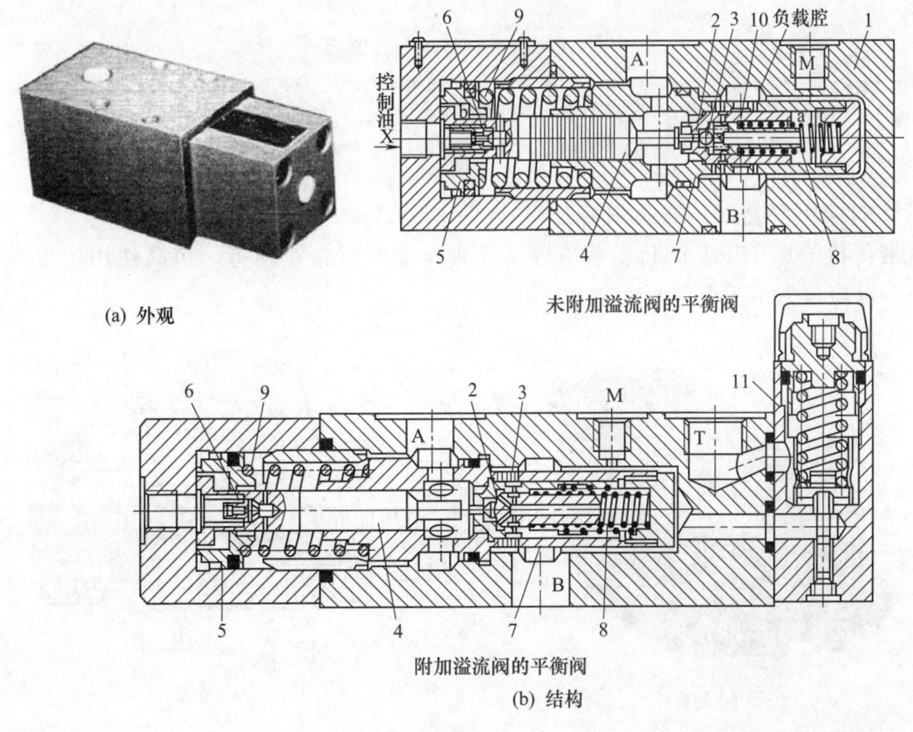

图 3-9-31

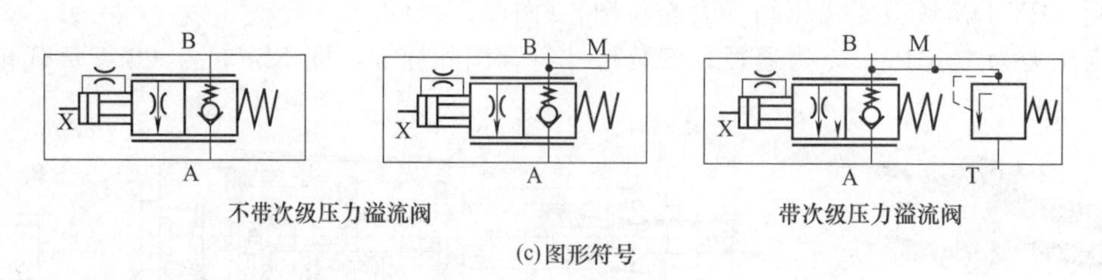

(c)图形符号

图 3-9-31　FD※☆◇型平衡阀

1—阀体；2—锥阀；3—先导阀；4—控制活塞；5—活塞组件；6—阻尼组件；7—阀套；8—弹簧组件；9—控制弹簧；10—辅助阀芯；11—溢流阀

［例 3-9-32］　SB 型压力控制阀（日本油研公司）（图 3-9-32）

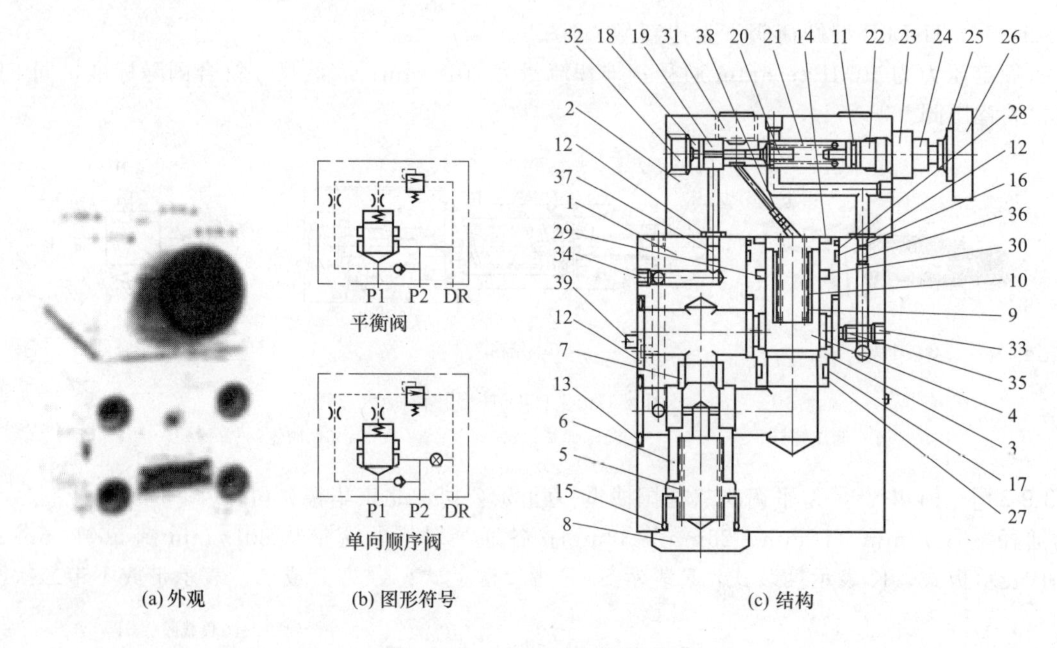

图 3-9-32　SB 型压力控制阀

1—阀体；2—阀盖；3—阀套；4—主阀芯；5,10—弹簧；6—单向阀阀芯；7—单向阀阀座；8,31～34—螺塞；9—弹簧套；11～17—O 形圈；18—消振垫；19—导阀座；20—导阀芯；21—调压弹簧；22—调节杆；23—螺套；24—锁母；25,35—调节螺钉；26—手柄；27,28—密封挡圈；29,30—密封圈；36～38—阻尼螺钉；39—定位销

［例 3-9-33］　KDZ 型平衡阀（日本川崎公司）（图 3-9-33）

使用于防止液压机的加压压头的自由落下以及压头速度的缓急控刹等。最高使用压力为 24.5MPa；通径为 15～63mm；对应最大流量为 120～1200L/min。

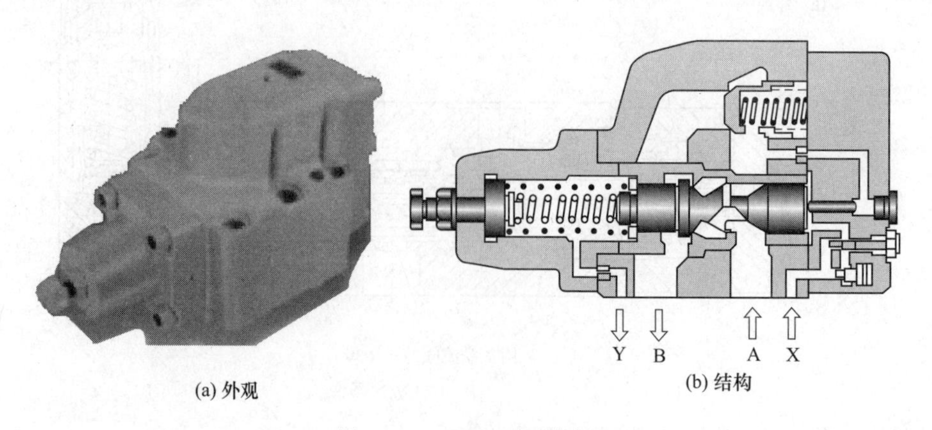

图 3-9-33　KDZ 型平衡阀

3-10 减压阀

3-10-1 直动式减压阀

［例 3-10-1］ J-D6B 型直动式减压阀和 AJ-D6B 型单向直动式减压阀（大连组合所）（图 3-10-1）

D 表示公称压力为 10MPa；6mm 通径；B 表示板式；流量为 20L/min。

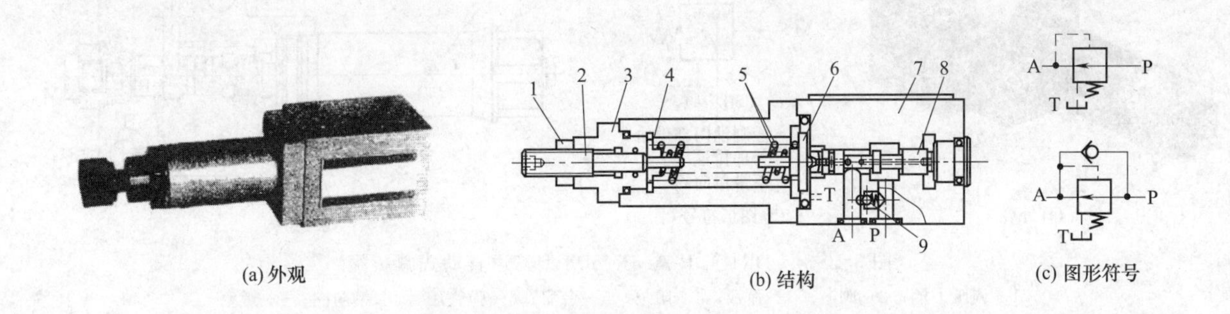

(a) 外观 (b) 结构 (c) 图形符号

图 3-10-1 J-D6B 型直动式减压阀和 AJ-D6B 型单向直动式减压阀

1—锁母；2—调节螺钉；3—螺套；4,6—弹簧座；5—弹簧；7—阀体；8—阀芯；9—单向阀

［例 3-10-2］ DR6DP-▲-5X/△YM 型三通直动式减压阀（德国博世-力士乐公司）（图 3-10-2）

6mm 通径；额定流量为 60L/min；▲为调压方式，1 表示手柄式，2 表示带帽螺纹式，3 表示带锁带刻度手柄式，7 表示带刻度手柄式；5X 等为系列号；△为最高调节压力，25 表示 2.5MPa，75 表示 7.5MPa，150 表示 15MPa，210 表示 21MPa，315 表示 31.5MPa；Y 表示控制方式为内控外泄；无 M 时表示带单向阀；额定压力为 31.5MPa；Y 口允许背压为 16MPa；安装尺寸符合 ISO 5781 标准。

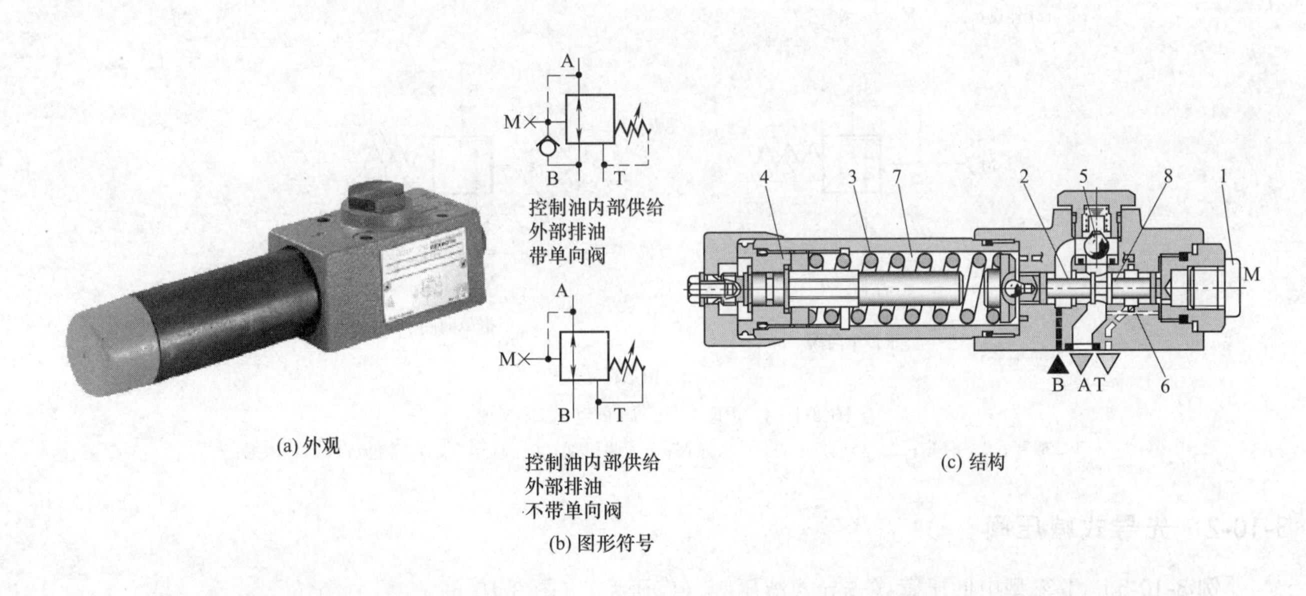

(a) 外观 (b) 图形符号 (c) 结构

图 3-10-2 DR6DP-▲-5X/△YM 型三通直动式减压阀

1—螺塞；2—阀芯；3—弹簧；4—调压手柄；5—单向阀；6—阻尼；7—弹簧腔；8—台肩

［例 3-10-3］ DR10DP-▲-5X/△YM 型三通直动式减压阀（德国博世-力士乐公司）（图 3-10-3）

10mm 通径；额定流量为 80L/min；其余同 DR6DP-△-5X/△YM 型三通直动式减压阀。

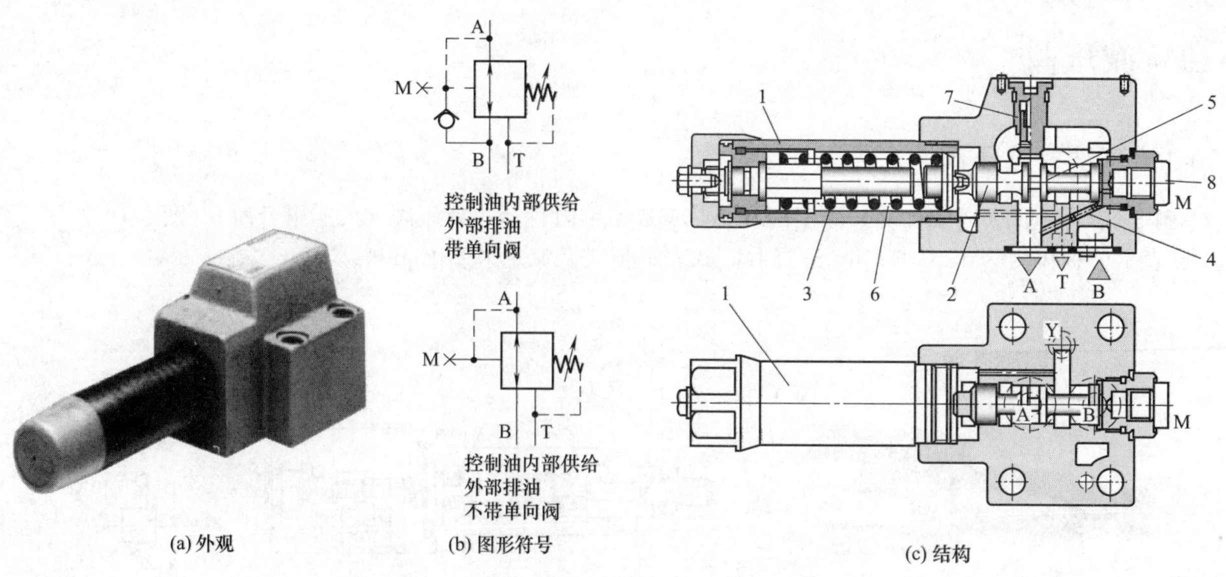

图 3-10-3 DR10DP-▲-5X/YM 型三通直动式减压阀

1—调压手柄；2—阀芯；3—弹簧；4—阻尼；5—台肩；6—弹簧腔；7—单向阀；8—螺塞

［例 3-10-4］ PRD 型三通直动式减压阀（日本川崎公司）（图 3-10-4）

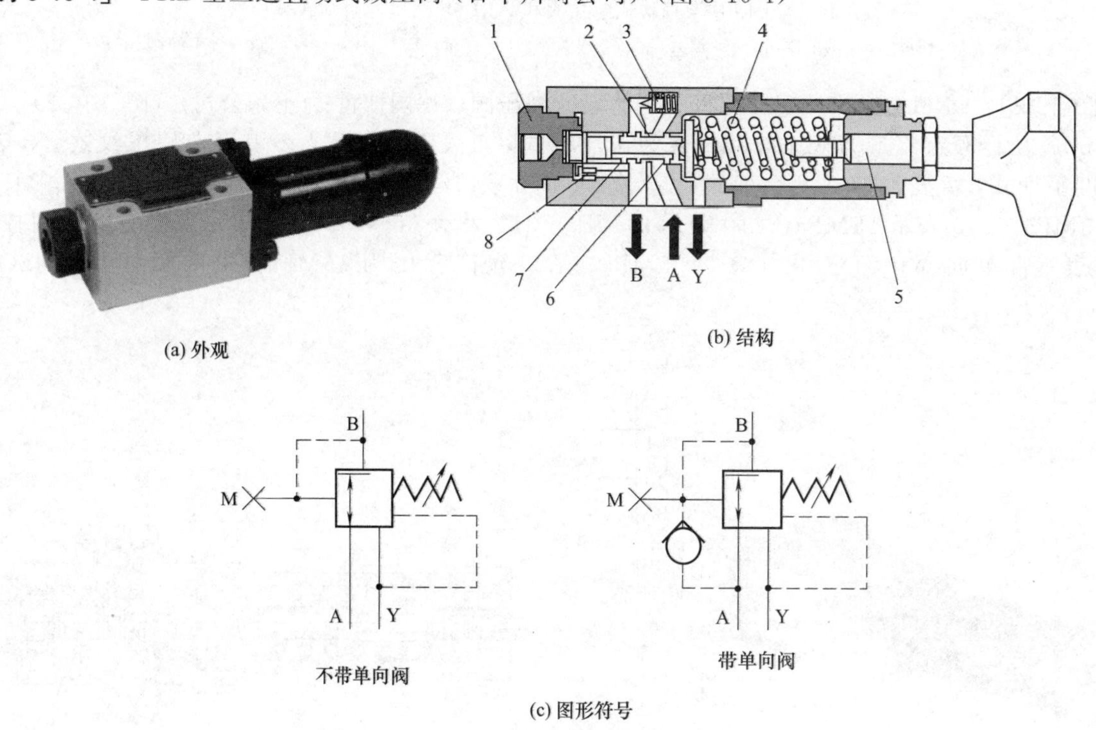

图 3-10-4 PRD 型三通直动式减压阀

1—螺塞；2—阀芯；3—单向阀；4—调压弹簧；5—调压部；6—减压口；7—溢流口；8—阻尼

3-10-2 先导式减压阀

［例 3-10-5］ J-※型中低压管式先导式减压阀（广研型）（图 3-10-5）

※为流量，有 10L/min、25L/min、63L/min、100L/min 等；额定压力为 6.3MPa；安装尺寸不符合国际标准。

［例 3-10-6］ J-※B 型中低压板式先导式减压阀（广研型）（图 3-10-6）

※为流量，有 10L/min、25L/min、63L/min、100L/min 等；额定压力为 6.3MPa；安装尺寸不符合国际标准。

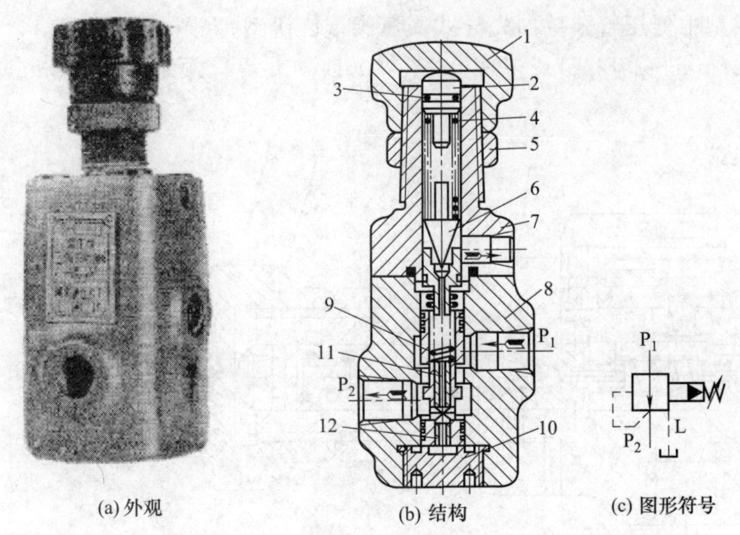

(a) 外观　(b) 结构　(c) 图形符号

图 3-10-5　J-※型中低压管式先导式减压阀

1—调压手柄；2—调节杆；3—O形圈；4—调压弹簧；5—锁母；6—锥阀芯；7—阀盖；8—阀体；—主阀芯；10—螺塞；11—长阻尼；12—短阻尼

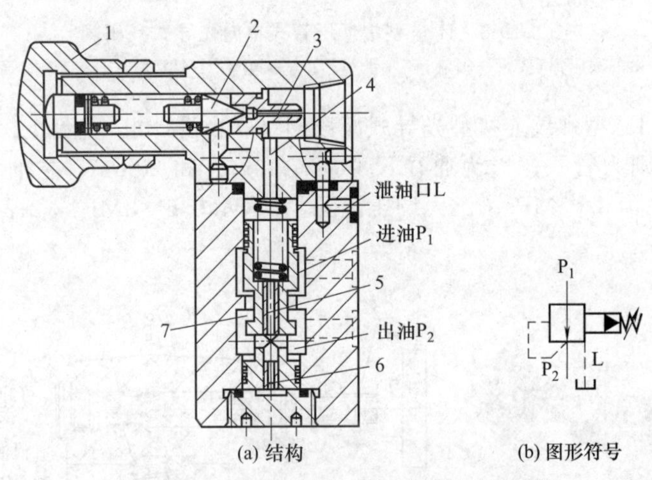

(a) 结构　(b) 图形符号

图 3-10-6　J-※B 型中低压板式先导式减压阀

1—调压手柄；2—先导锥阀；3—阀座；4—油道；5—长阻尼；6—短阻尼；7—减压口

［例 3-10-7］ JI-※B 型中低压单向先导式减压阀（广研型）（图 3-10-7）

※为流量，有 10L/min、25L/min、63L/min、100L/min 等；额定压力为 6.3MPa；安装尺寸不符合国际标准。

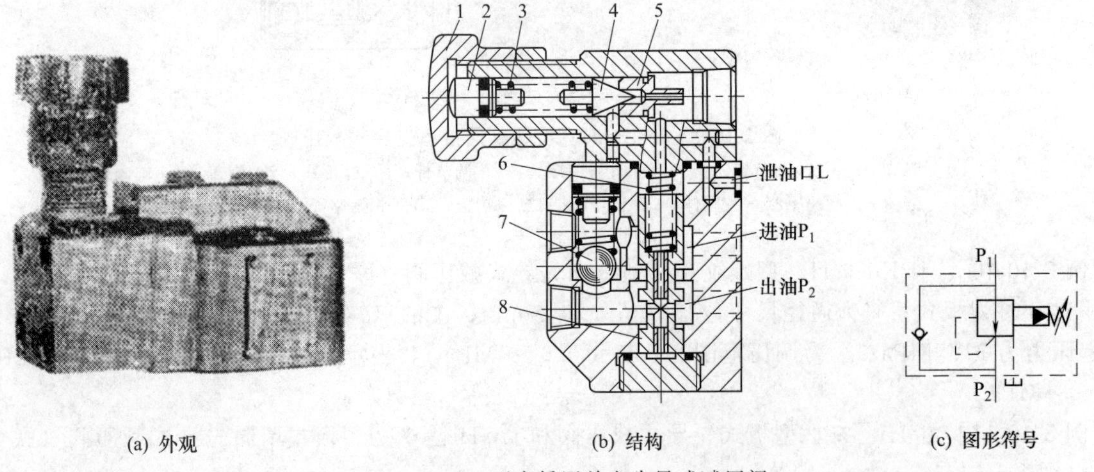

(a) 外观　(b) 结构　(c) 图形符号

图 3-10-7　JI-※B 型中低压单向先导式减压阀

1—调压手柄；2—调节杆；3—调压弹簧；4—锥阀芯；5—阀座；6—平衡弹簧；7—单向阀；8—主阀芯

［例 3-10-8］ JI-※型中低压管式单向先导式减压阀（广研型）（图 3-10-8）

※为流量，有 10L/min、25L/min、63L/min、100L/min 等；额定压力为 6.3MPa；安装尺寸不符合国际标准。

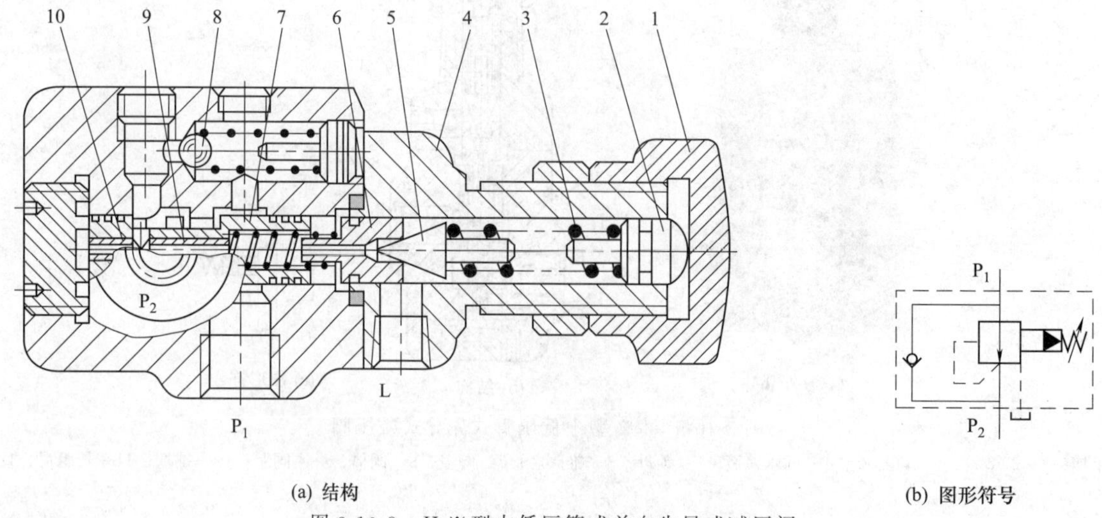

图 3-10-8 JI-※型中低压管式单向先导式减压阀

1—调压手柄；2—调节杆；3—调压弹簧；4—阀盖；5—锥阀芯；6—阀座；7—主阀芯；8—单向阀；9—长阻尼；10—短阻尼

［例 3-10-9］ JF-L※H△型螺纹连接型先导式减压阀（联合设计组）（图 3-10-9）

L 为 B 时为板式，否则为管式；※为通径尺寸，有 10mm 和 20mm；主油口螺纹分别为 M18×1-5、M27×2；H 表示额定压力为 31.5MPa；△为调压范围，1 表示 0.6～8MPa，2 表示 4～16MPa，3 表示 8～24MPa，4 表示 16～31MPa。

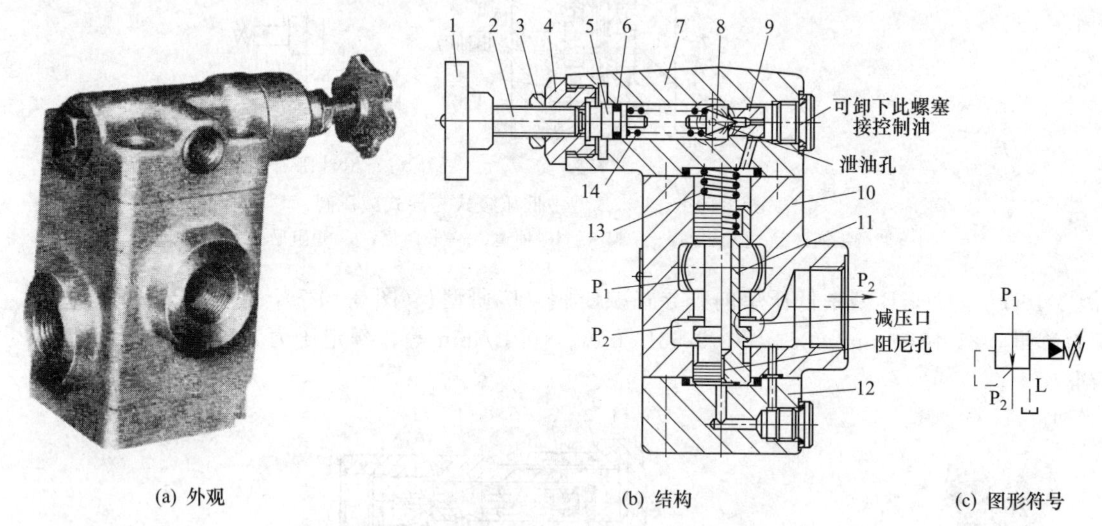

图 3-10-9 JF-L※H△型螺纹连接型先导式减压阀

1—调节手柄；2—调节螺钉；3—锁母；4—螺套；5—调节杆；6—O 形圈；7—阀盖；8—锥阀；9—锥阀座；10—主阀体；11—主阀芯；12—端盖；13—平衡弹簧；14—调压弹簧

［例 3-10-10］ JDF-L※H△型螺纹连接型单向先导式减压阀（联合设计组）（图 3-10-10）

L 为 B 时为板式；※为通径尺寸，有 10mm 和 20mm；主油口螺纹分别为 M18×1-5、M27×2；H 表示额定压力为 31.5MPa；△为调压范围，1 表示 0.6～8MPa，2 表示 4～16MPa，3 表示 8～24MPa，4 表示 16～31MPa。

［例 3-10-11］ J-H-□※△型板式先导式减压阀和 JA-H-□※△型板式单向先导式减压阀（联合设计组新型）（图 3-10-11）

H 表示额定压力为 32MPa；□为压力调节范围，a 表示 0.6～8MPa，b 表示 4～16MPa，c 表示 8～

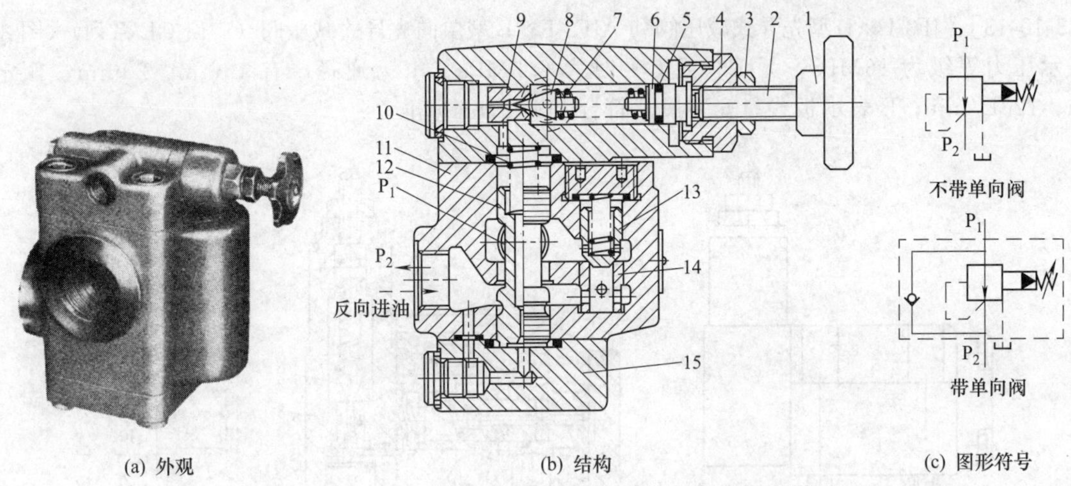

(a) 外观 (b) 结构 (c) 图形符号

图 3-10-10 JDF-L※H△型螺纹连接型单向先导式减压阀

1—调节手柄；2—调节螺钉；3—锁母；4—螺套；5—O形圈；6—调节杆；7—调压弹簧；8—锥阀；9—锥阀座；10—平衡弹簧；11—主阀体；12—主阀芯；13—单向阀芯；14—单向阀座；15—端盖

20MPa，d表示16～32MPa；※为通径尺寸，有10mm、20mm、32mm、50mm；对应额定流量为40L/min、100L/min、200L/min、500L/min；△为连接方式，L表示螺纹连接，B表示板式连接，F表示法兰连接；连接尺寸符合国际标准。

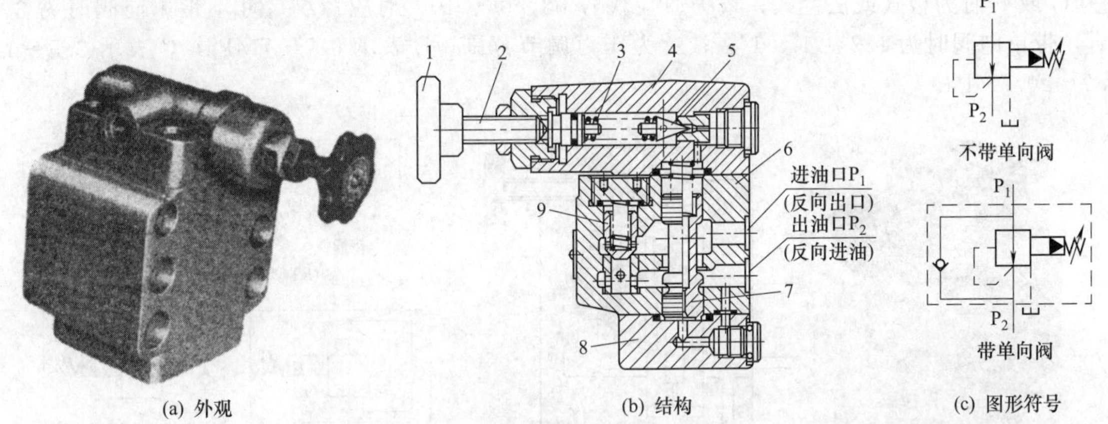

(a) 外观 (b) 结构 (c) 图形符号

图 3-10-11 J-H-□※△型板式先导式减压阀和JA-H-□※△型板式单向先导式减压阀

1—调节手柄；2—调节螺钉；3—调压弹簧；4—调压阀阀体；5—锥阀芯；6—主阀体；7—主阀芯；8—端盖；9—单向阀阀芯

［例 3-10-12］ J-D10B型先导式减压阀和AJ-D10B型单向先导式减压阀（大连新型）（图 3-10-12）D表示公称压力为10MPa；10mm通径；额定流量为63L/min；B表示板式。

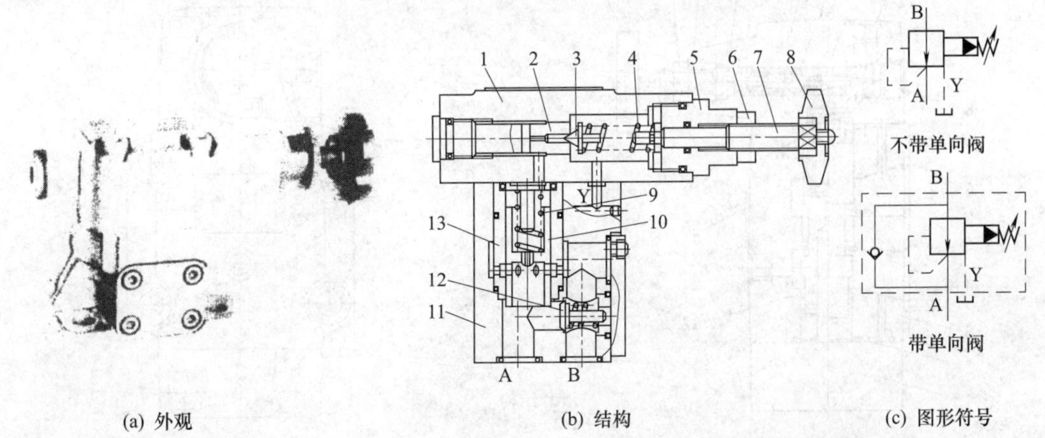

(a) 外观 (b) 结构 (c) 图形符号

图 3-10-12 J-D10B型先导式减压阀和AJ-D10B型单向先导式减压阀

1—阀盖；2—锥阀座；3—锥阀；4—调压弹簧；5—螺套；6—锁母；7—调压螺钉；8—调压手柄；9—平衡弹簧；10—主阀芯；11—主阀体；12—单向阀芯；13—主阀套

［例 3-10-13］ JF3-E※B 型先导式减压阀和 AJF3-E※B 型单向先导式减压阀（广研 GE 系列）（图 3-10-13）

E 表示压力等级为 16MPa，无 E（或 C）时为 6.3MPa；※为通径，有 10mm、20mm，额定流量为 63L/min、120L/min；B 表示板式；安装尺寸符合 ISO 5781 标准。

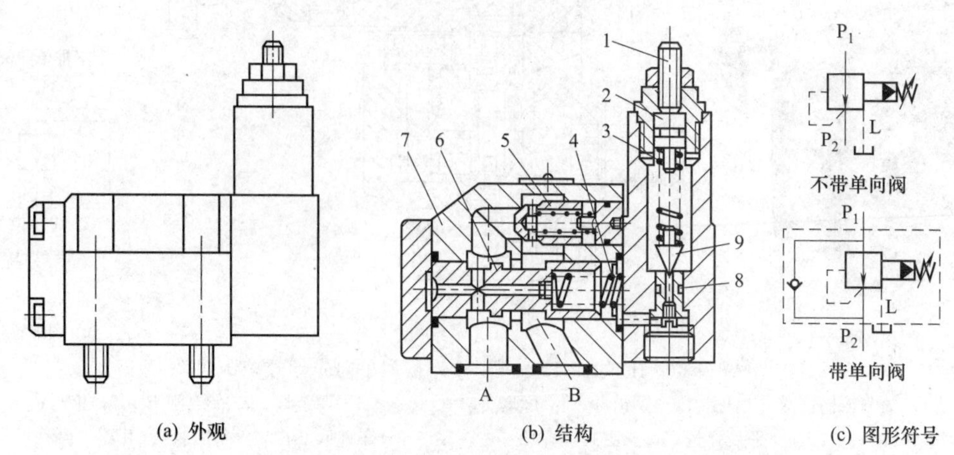

图 3-10-13 JF3-E※B 型先导式减压阀和 AJF3-E※B 型单向先导式减压阀

1—调节螺钉；2—调节杆；3—调压弹簧；4—平衡弹簧；5—单向阀芯；6—主阀芯；7—主阀体；8—锥阀座；9—锥阀

［例 3-10-14］ RT-※-△型管式先导式减压阀（日本油研公司）（图 3-10-14）

T 为 G 或 F 时为板式或法兰式；※为通径代号 03、06、10，对应螺纹尺寸不带单向阀时为 3/8″、3/4″、1¼″，带单向阀时为 1/2″、1″、1½″；△为压力调节范围，B 表示 0.7～7MPa，C 表示 3.5～14MPa，H 表示 7～20.5MPa。

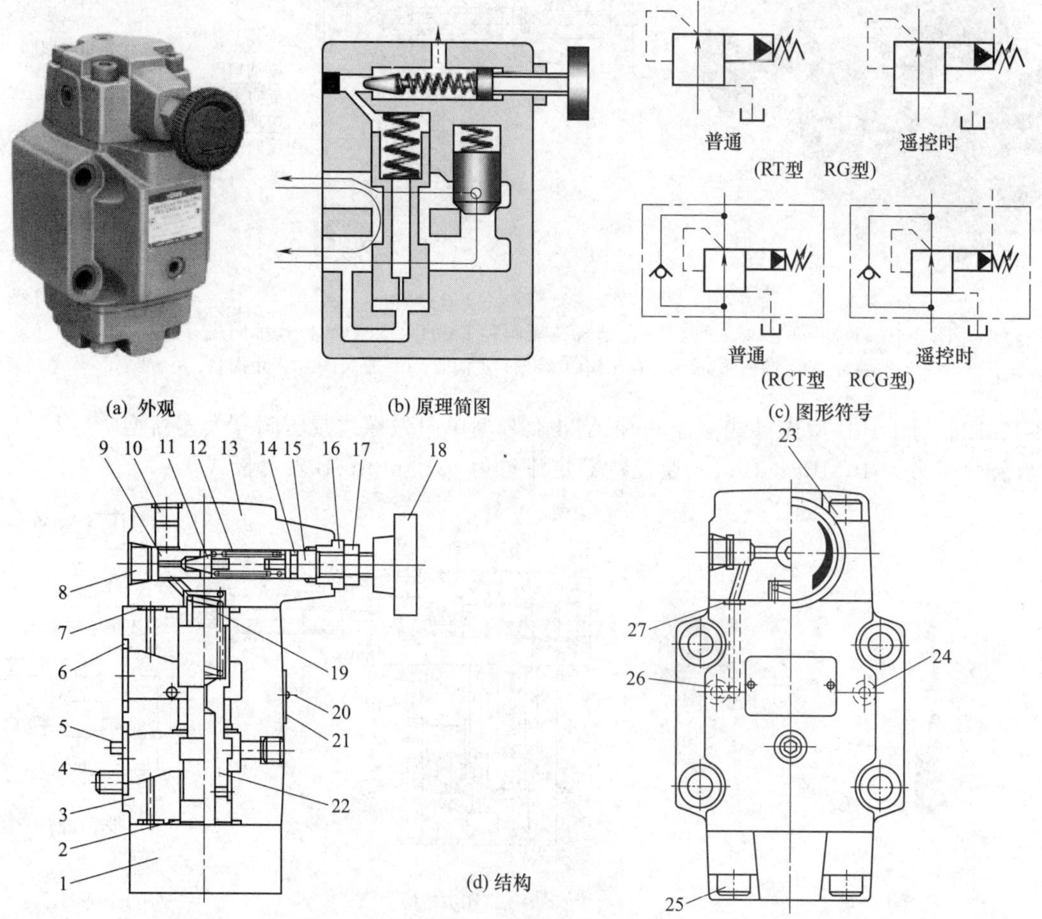

图 3-10-14 RT-※-△型管式先导式减压阀

1—下盖；2,6,7,14,24,26,27—O 形圈；3—阀体；4,23,25—螺钉；5—定位销；8,10—螺塞；9—阀座；11—先导锥阀芯；12—调压弹簧；13—先导调压阀；15—调节杆；16—螺套；17—锁母；18—调压手柄；19—平衡弹簧；20—标牌螺钉；21—标牌；22—主阀芯

[例 3-10-15] RCT-※-△型管式单向先导式减压阀（日本油研公司）（图 3-10-15）

同 RT-※-△型管式先导式减压阀。

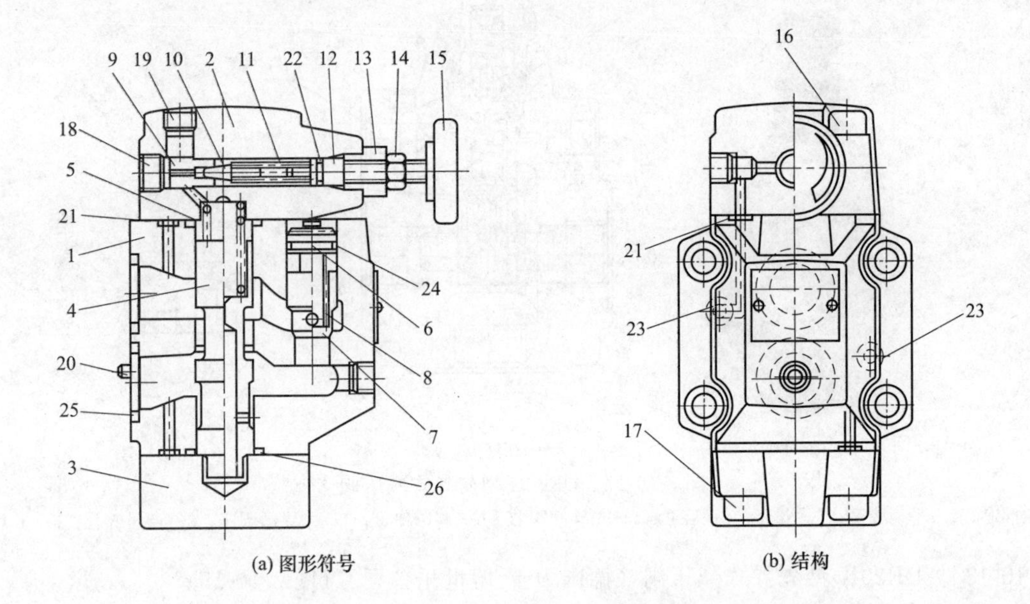

图 3-10-15 RCT-※-△型管式单向先导式减压阀

1—阀体；2—阀盖；3—下盖；4—主阀芯；5—平衡弹簧；6—塞堵；7—单向阀；8—单向阀弹簧；9—阀座；10—先导锥阀芯；11—调压弹簧；12—调节杆；13—螺套；14—锁母；15—手柄；16,17—螺钉；18,19—螺塞；20—定位销；21～26—O 形圈

[例 3-10-16] DR※-G▲-5X/△YM 型三通式单向先导式减压阀（德国博世-力士乐公司）（图 3-10-16）

※为公称通径，有 10mm、16mm、25mm、32mm，对应螺纹 G1/2″、G3/4″、G1″、G1¼″、G1½″，额定流量为 150～400L/min；▲为调压方式，1 表示手柄式，2 表示带帽螺纹式，3 表示带锁带刻度手柄式，7 表示带刻度手柄式；5X 为系列号；△为最高调节压力，50 表示 5MPa、100 表示 10MPa，200 表示 20MPa，315 表示 31.5MPa，350 表示 35MPa；Y 表示控制方式为内控外泄；无 M 时表示带单向阀；额定压力为 35MPa；Y 口允许背压为 35MPa；安装尺寸符合 ISO 5781 标准。

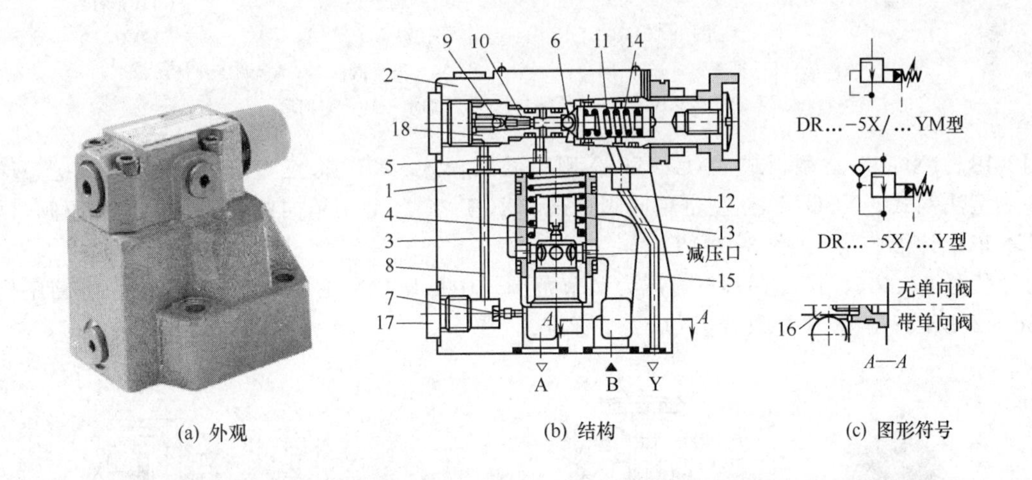

图 3-10-16 DR※-G▲-5X/ΔYM 型三通式单向先导式减压阀

1—主阀部分；2—先导阀部分；3—阀套；4,7—阻尼螺钉；5—阻尼；6,9—钢球；8—油道；10—固定阻尼；11—调压弹簧；12—平衡弹簧；13—主阀芯；14—调压螺钉套；15—油道；16—单向阀；17—螺塞；18—阀座套

[例 3-10-17] DR20G 型先导式减压阀（德国博世-力士乐公司）（图 3-10-17）

螺纹连接的管式阀；4X 系列；最高工作压力为 31.5MPa；最高流量为 160L/min。

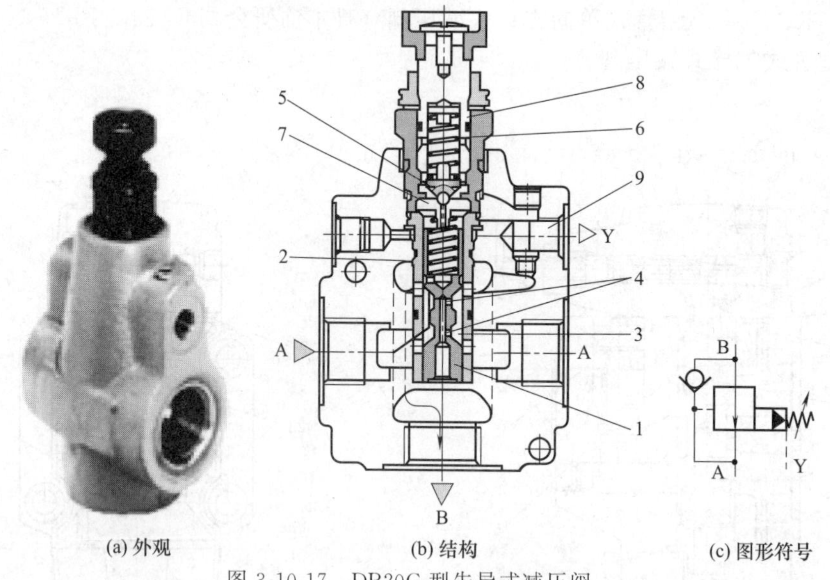

(a) 外观 (b) 结构 (c) 图形符号

图 3-10-17 DR20G 型先导式减压阀

1—主阀芯；2—平衡弹簧；3—阀套；4—阻尼；5—先导阀阀芯；6—调压弹簧；7—先导阀阀座；8—调压螺套；9—Y 油道

[例 3-10-18] DR20K 型先导式减压阀（德国力士-博世乐公司）（图 3-10-18）

板式阀；通径 10～25min；4X 系列；最高工作压力为 31.5MPa；最高流量为 160L/min。

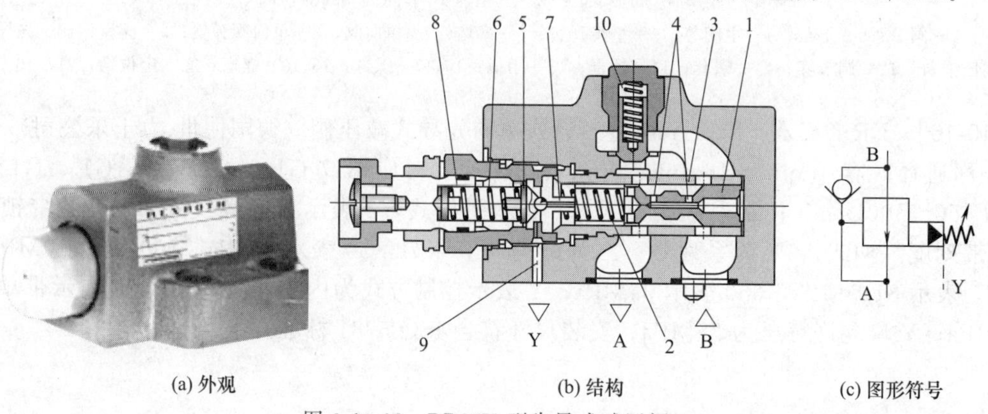

(a) 外观 (b) 结构 (c) 图形符号

图 3-10-18 DR20K 型先导式减压阀

1—主阀芯；2—平衡弹簧；3—阀套；4—阻尼孔；5—先导阀阀芯；6—调压弹簧；7—先导阀阀座；8—调压螺套；9—Y 油道；10—单向阀

[例 3-10-19] XG-※-△型板式、XGL-※-△型中低压板式、XT-※-△型管式、XTL-※-△型中低压管式、XF-※-△型法兰式、XCG-※-△型带单向阀板式、XCT-※-△型带单向阀管式先导式减压阀（美国威格士公司、日本东京计器公司）（图 3-10-19）

※为通径代号 03、06、10、16；△为压力调节范围，中低压代号 B 为 0.18～7MPa，中高压代号 B、D 或 F 为 0.56～20MPa；安装尺寸符合 ISO 5781 标准。

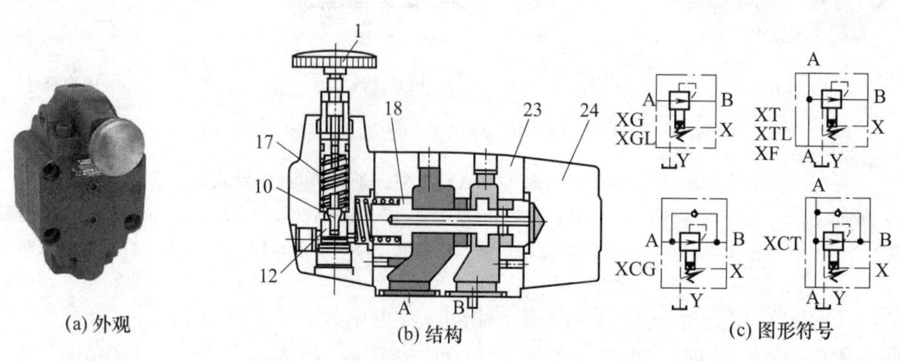

(a) 外观 (b) 结构 (c) 图形符号

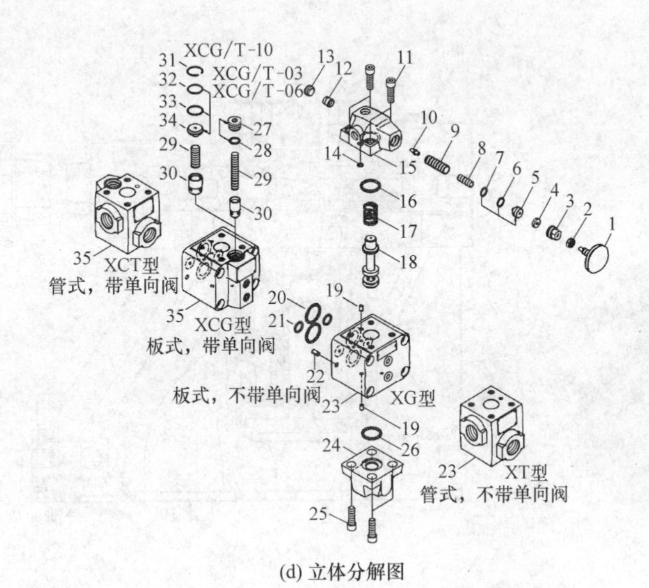

(d) 立体分解图

图 3-10-19 XG-※-△型板式、XGL-※-△型中低压板式、XT-※-△型管式、XTL-※-△型中低压管式、XF-※-△型法兰式、XCG-※-△型带单向阀板式、XCT-※-△型带单向阀管式先导式减压阀

1—调节手柄；2—螺母；3—螺套；4—垫；5—调节杆；6,32—挡圈；7,14,16,20,21,26,28,33—O形圈；8,9—调压弹簧；10—先导阀阀芯；11,25—螺钉；12—先导阀阀座；13,34—堵头；15—先导阀盖；17,29—弹簧；18—主阀芯；19—闷头；22—定位销；23,35—主阀体；24—下盖；27—螺塞；30—单向阀阀芯；31—卡环

[例 3-10-20] DW※型带先导流量恒定器的先导式减压阀（美国派克公司）（图 3-10-20）

结构特点为带先导流量恒定器，单向阀在主阀芯内。※为L时不带单向阀，※为K时带单向阀。

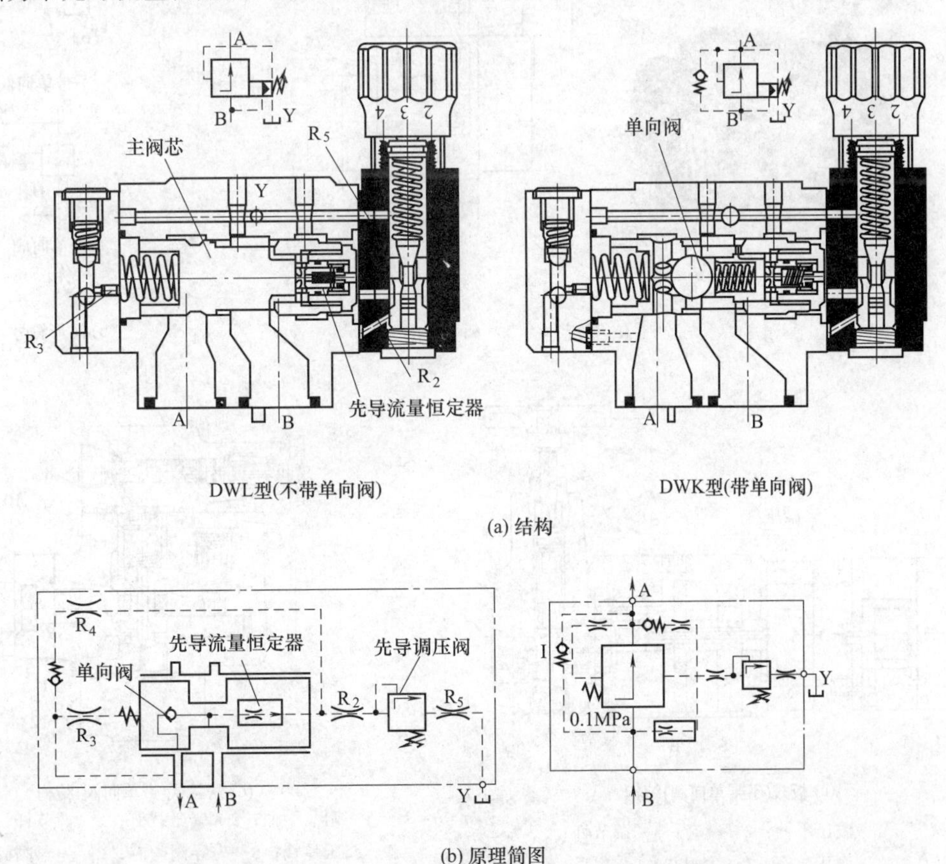

(a) 结构

(b) 原理简图

图 3-10-20 DW※型带先导流量恒定器的先导式减压阀

[例 3-10-21] PR型先导式减压阀（美国派克公司）（图 3-10-21）

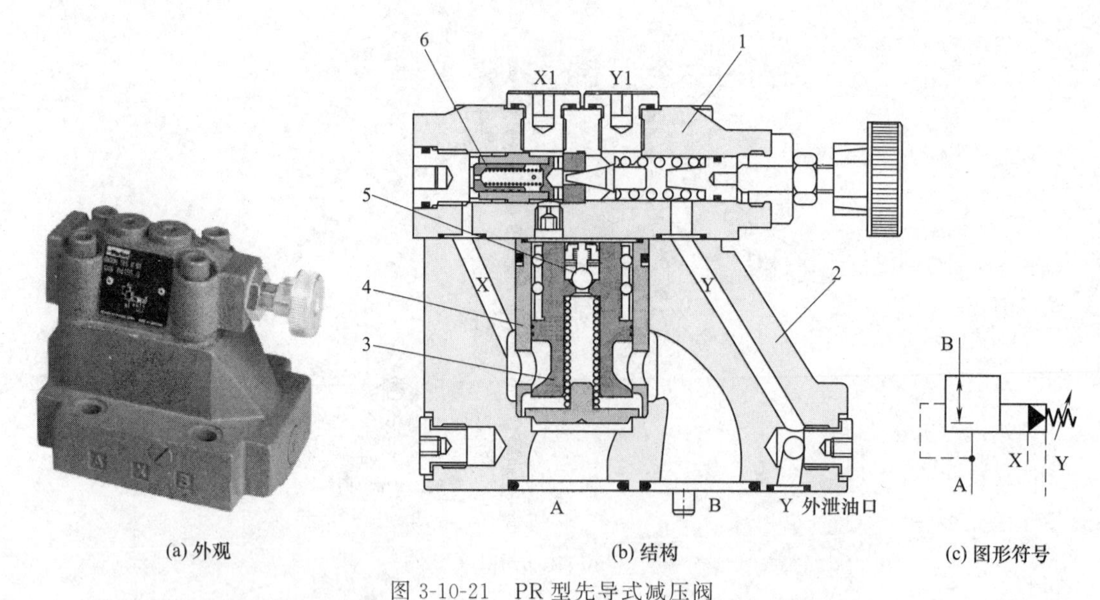

(a) 外观　(b) 结构　(c) 图形符号

图 3-10-21　PR 型先导式减压阀

1—先导调压阀；2—主阀；3—主阀芯；4—阀套；5—先导油流量稳定器；6—阻尼器

［例 3-10-22］　JGBC-G※型单向先导式减压阀（日本大京公司）（图 3-10-22）

无 C 不带单向阀；G 表示板式，G 为 T、F 时分别为管式与法兰式；※为通径代号 03、06、10、16；额定压力为 21MPa；最大流量为 120L/min。

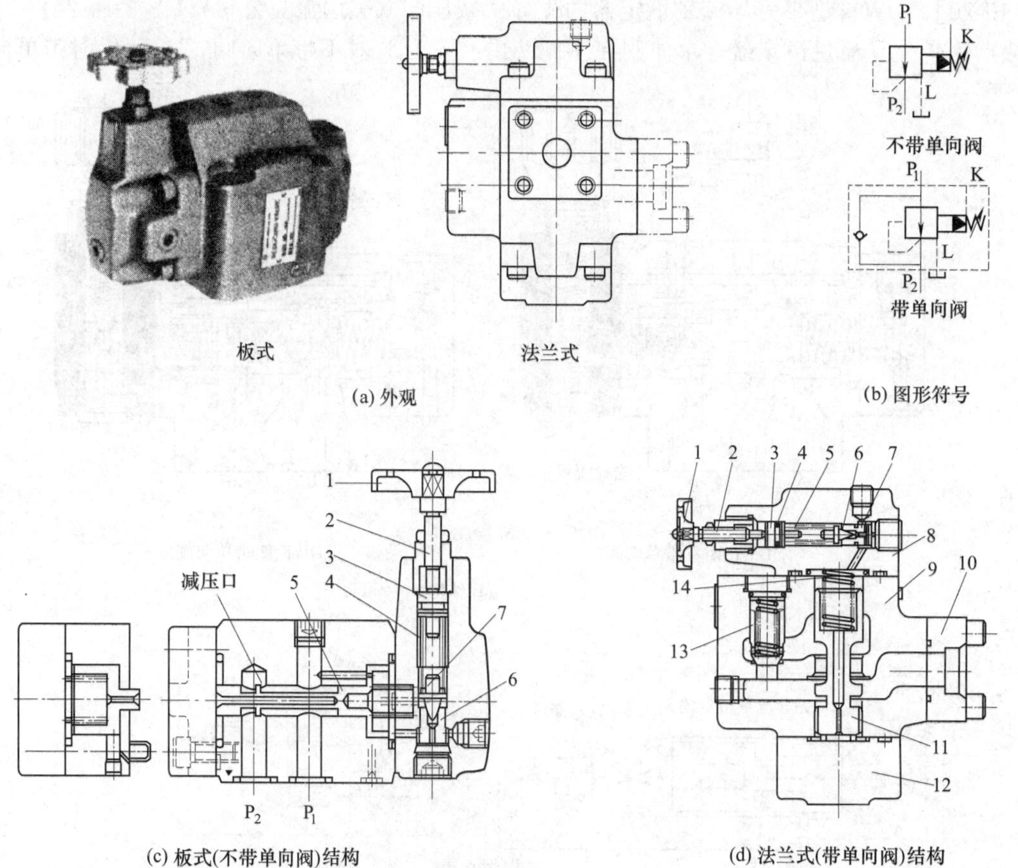

(a) 外观　(b) 图形符号

(c) 板式(不带单向阀)结构

1—调压手柄；2—螺套；3—调节杆；4—调压弹簧；5—主阀芯；6—先导阀座；7—先导阀阀芯

(d) 法兰式(带单向阀)结构

1—调节手柄；2—调压螺钉；3—调节杆；4—O 形圈；5—调压弹簧；6—先导阀阀芯；7—先导阀阀座；8—阀盖；9—主阀体；10—法兰；11—主阀芯；12—下盖；13—单向阀；14—平衡弹簧

图 3-10-22　JGBC-G※型单向先导式减压阀

3-10-3 溢流减压阀

［例 3-10-23］ YJF3△※B 型溢流减压阀（广研 GE 系列）（图 3-10-23）

△表压力等级（C 或省略表示 6.3MPa）；※为通径，有 6mm、10mm；对应额定流量为 25L/min 和 63L/min；B 表示板式；安装尺寸符合国际标准 ISO 4401；调压范围有 0.5～6.3MPa 和 0～16MPa 两种。

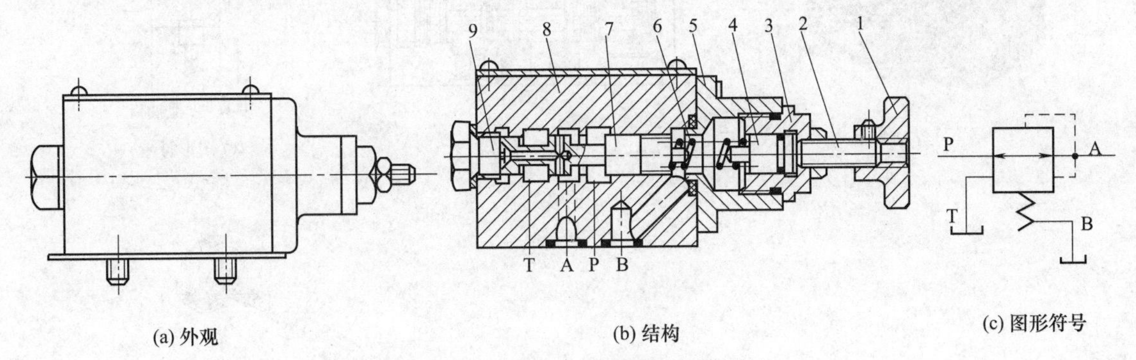

图 3-10-23 YJF3△※B 型溢流减压阀

1—手柄；2—调节螺钉；3—螺套；4—调节杆；5—阀盖；6—弹簧；7—阀芯；8—阀体；9—螺塞

［例 3-10-24］ RBG-※-R 型溢流减压阀（日本油研公司）（图 3-10-24）

※为通径代号 03、06；额定压力分别为 14MPa、25MPa；额定流量分别为 63L/min、125L/min；R 表示外泄式，无 R 表示内泄式。

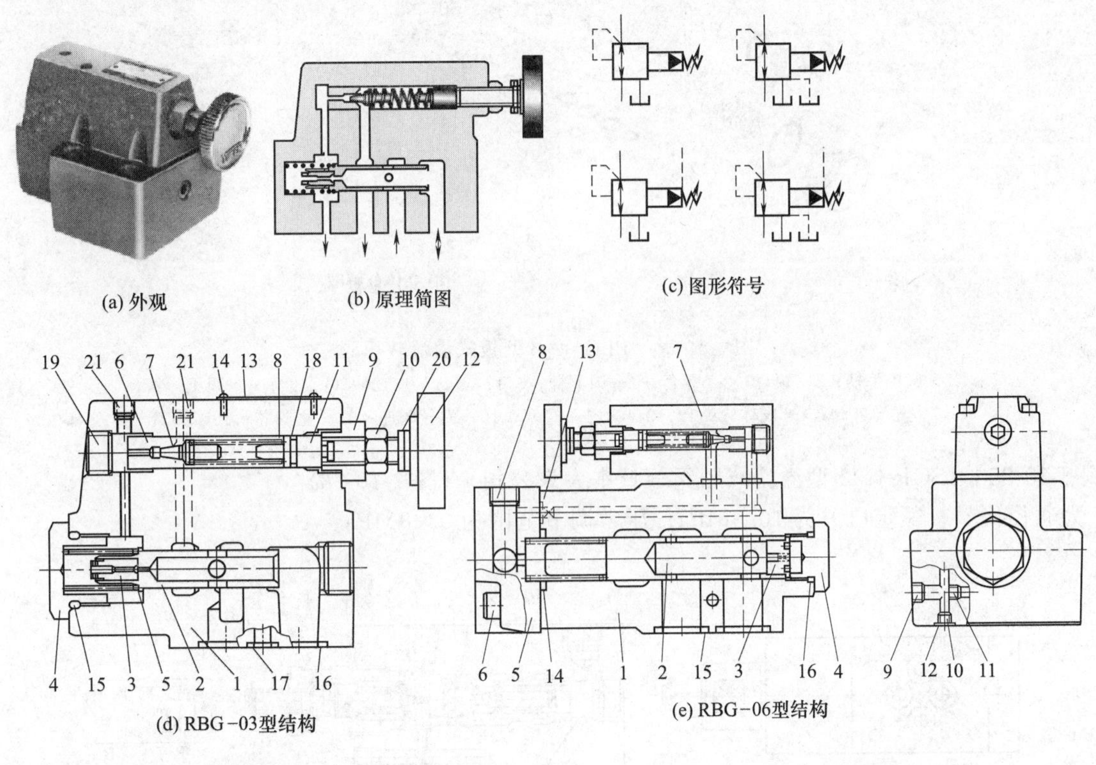

1—阀体；2—阀芯；3—阻尼柱塞；4，19，21—螺塞；5—弹簧；6—先导阀座；7—先导锥阀芯；8—调压弹簧；9—螺套；10—锁母；11—调节杆；12—手柄；13—标牌；14—铆钉；15～18—O 形圈；20—调压螺钉

1—阀体；2—阀芯；3—阻尼柱塞；4—螺塞；5—左盖；6—螺钉；7—先导调压阀；8～11—螺塞；12～16—O 形圈

图 3-10-24 RBG-※-R 型溢流减压阀

［例 3-10-25］ BLG-02-B 型板式溢流减压阀（美国威格士公司、日本东京计器公司）（图 3-10-25）

02 为通径代号；B 表示调压范围为 1～7MPa；额定压力为 10.5MPa；额定流量为 20L/min；安装尺寸不符合 ISO 5781 标准。

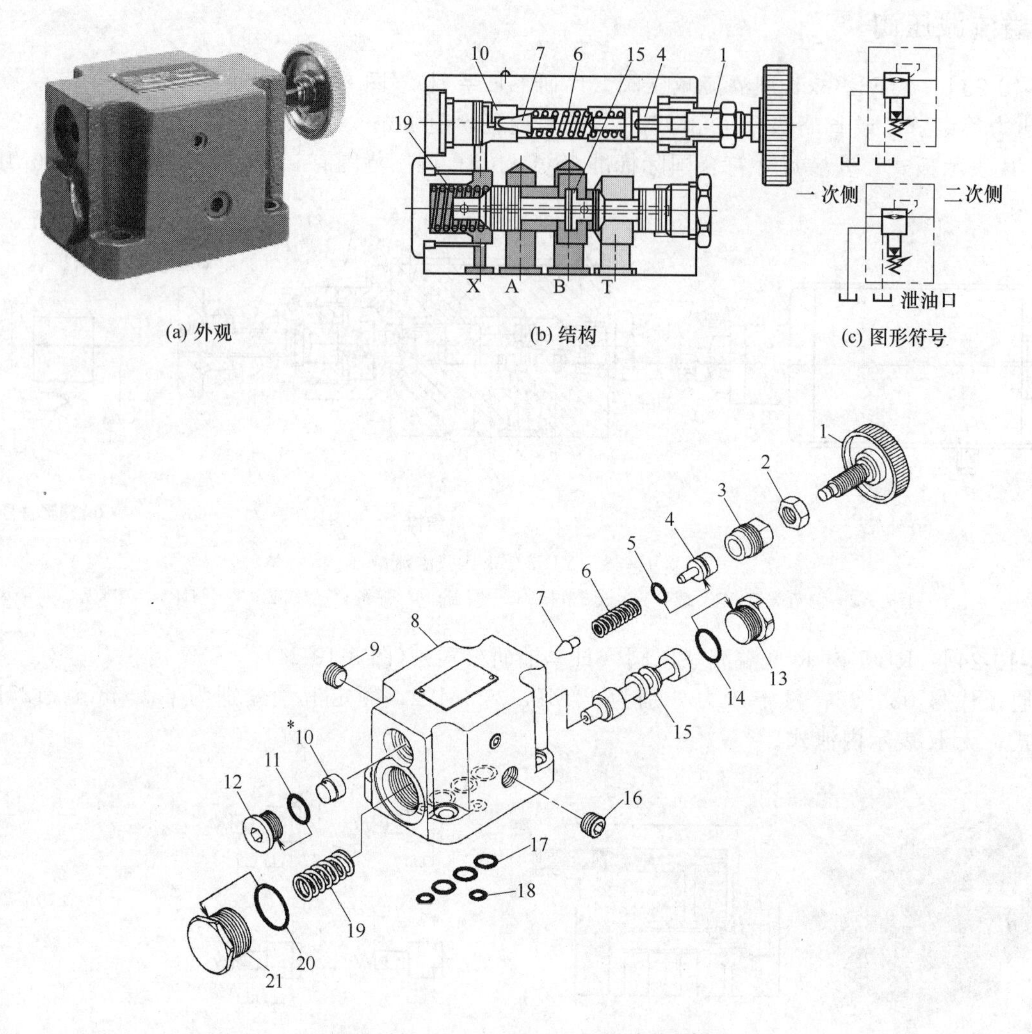

(a) 外观　(b) 结构　(c) 图形符号

(d) 立体分解图

图 3-10-25　BLG-02-B 型板式溢流减压阀

1—调压手柄；2—锁母；3—螺套；4—调节杆；5,11,14,17,18,20—O 形圈；6—调压弹簧；7—先导针阀；8—阀体；9,12,13,16,21—螺塞；10—先导阀座；15—主阀芯；19—弹簧

［例 3-10-26］　SGR-G02 型溢流减压阀（日本大京公司）（图 3-10-26）

02 为通径代号；额定压力为 10.5MPa；压力调节范围为 0～8MPa。

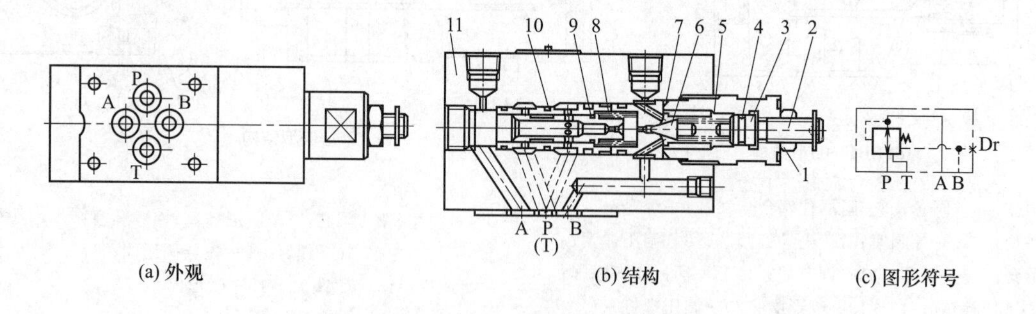

(a) 外观　(b) 结构　(c) 图形符号

图 3-10-26　SGR-G02 型溢流减压阀

1—锁母；2—调压螺钉；3—调节杆；4—O 形圈；5—调压弹簧；6—先导锥阀芯；7—阀座；8—平衡弹簧；9—主阀芯；10—阀套；11—阀体

［例 3-10-27］　SGR-G03 型溢流减压阀（日本大京公司）（图 3-10-27）

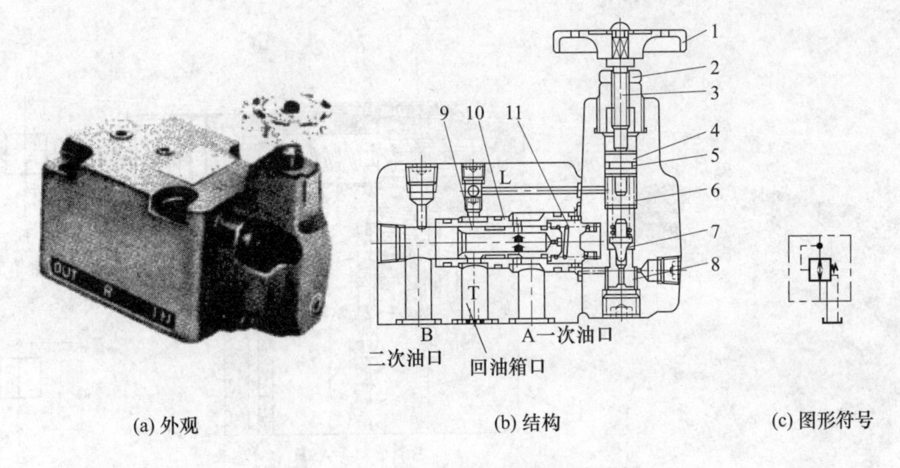

图 3-10-27　SGR-G03 型溢流减压阀

1—手柄；2—锁母；3—调压螺钉；4—调节杆；5—O 形圈；6—调压弹簧；7—先导锥阀芯；8—阀座；9—主阀芯；10—阀套；11—平衡弹簧

[例 3-10-28]　SGR-G06 型溢流减压阀（日本大京公司）（图 3-10-28）

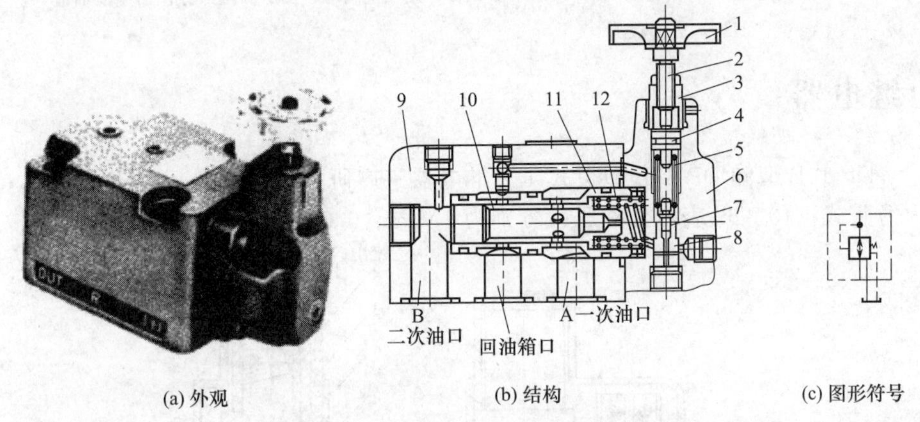

图 3-10-28　SGR-G06 型溢流减压阀

1—调压手柄；2—调压螺钉；3—螺套；4—调节杆；5—调压弹簧；6—先导阀；7—先导锥阀芯；8—先导阀阀座；9—主阀；10—主阀芯；11—主阀套；12—平衡弹簧

[例 3-10-29]　AGIR（R）※型溢流减压阀（意大利阿托斯公司）（图 3-10-29）

AGIR 表示减压阀，后再带 R 表示单向减压阀；※为通径，有 10mm、20mm、32mm；最高工作压力为 35MPa；安装尺寸符合 ISO 5781 标准。

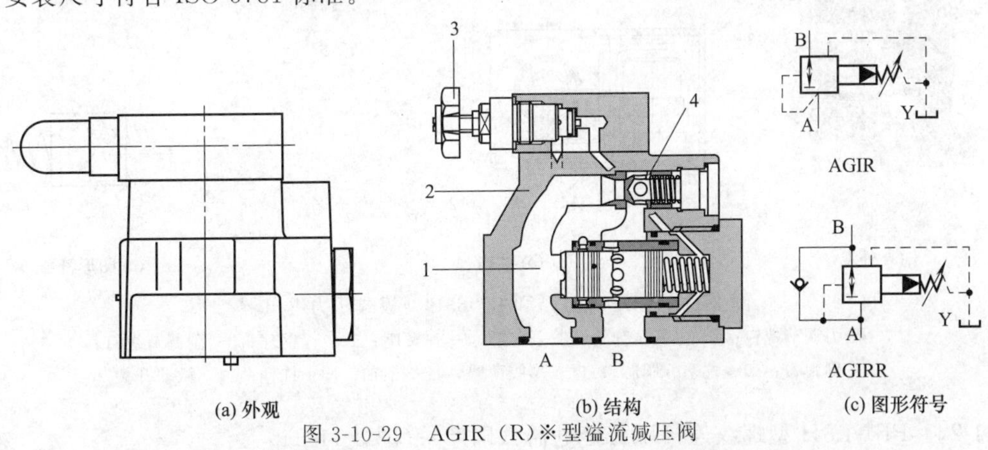

图 3-10-29　AGIR（R）※型溢流减压阀

1—减压阀阀芯；2—阀体；3—调压手柄；4—单向阀阀芯

[例 3-10-30]　PRB 型溢流减压阀（日本川崎公司）（图 3-10-30）

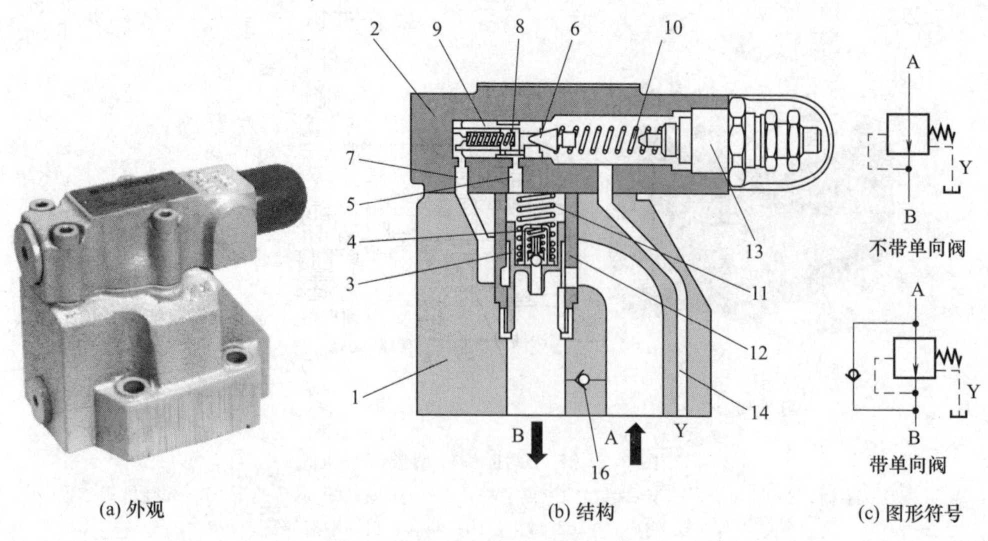

图 3-10-30 PRB 型溢流减压阀

1—主阀部分；2—先导阀部分；3—主阀芯；4—缓冲阀套；5,7—油道；6—先导锥阀芯；8—缓冲装置；9—先导阀阀座；10—调压弹簧；11—平衡弹簧；12—主阀套；13—调压部分；14—泄油道

3-11 压力继电器

［例 3-11-1］ DP-10B 型和 DP-63B 型板式压力继电器（广研型）（图 3-11-1）

结构特点为薄膜式。10、63 表示公称压力分别为 1MPa、6.3MPa；无 B 时为管式。

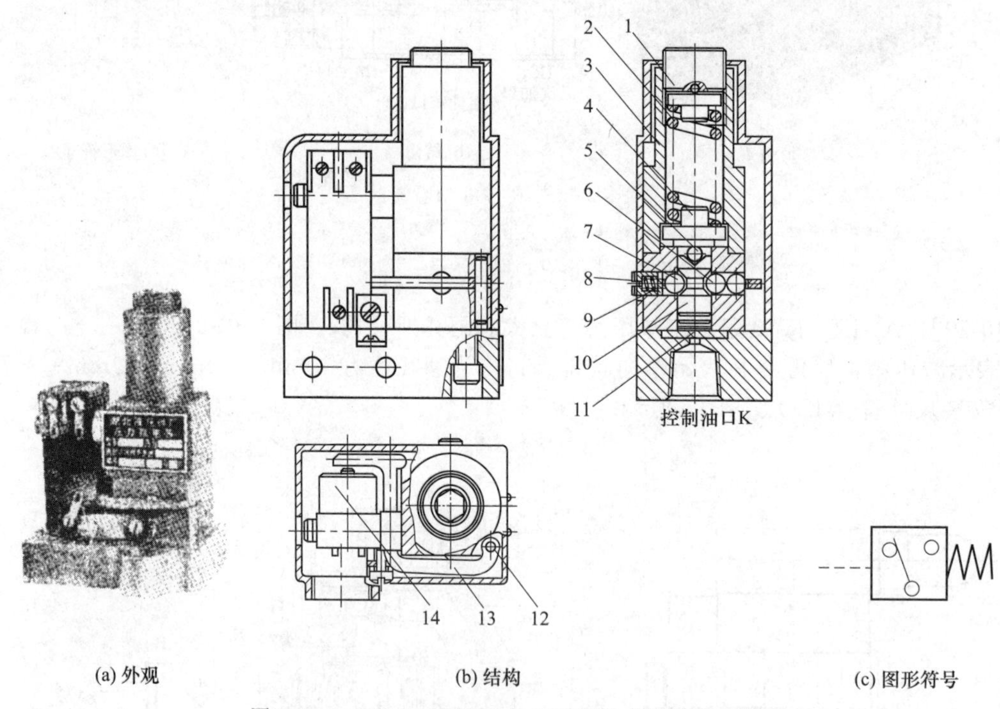

图 3-11-1 DP-10B 型和 DP-63B 型板式压力继电器

1—压力调节螺钉；2—主调压弹簧；3—阀盖；4—弹簧座；5～7—钢球；8—副调节螺钉；9—副弹簧；10—柱塞（阀芯）；11—橡胶薄膜；12—销轴；13—杠杆；14—微动开关

［例 3-11-2］ PF1-L8H 型螺纹连接压力继电器（国产）（图 3-11-2）

1 为 2 时表示双触点；L 为 B 时表示板式连接；8 为通径代号；H 表示公称压力为 31.5MPa；微动开关型号为 JKXWS-11。

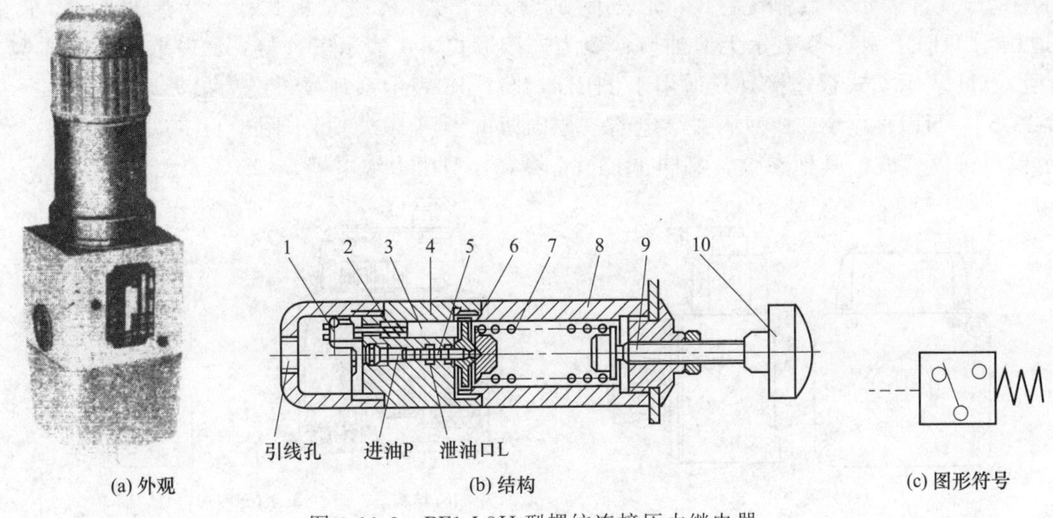

(a) 外观　(b) 结构　(c) 图形符号

图 3-11-2　PF1-L8H 型螺纹连接压力继电器

1—微动开关；2—推杆弹簧；3—推杆；4—阀体；5—阀芯；6—压帽；7—调压弹簧；8—调压弹簧套；9—调节螺钉；10—调压手轮

［例 3-11-3］　PF2-L8H 型螺纹连接压力继电器（国产）（图 3-11-3）

2 为 1 时表示单触点，其他参数含义同 PF1-L8H 型螺纹连接压力继电器。

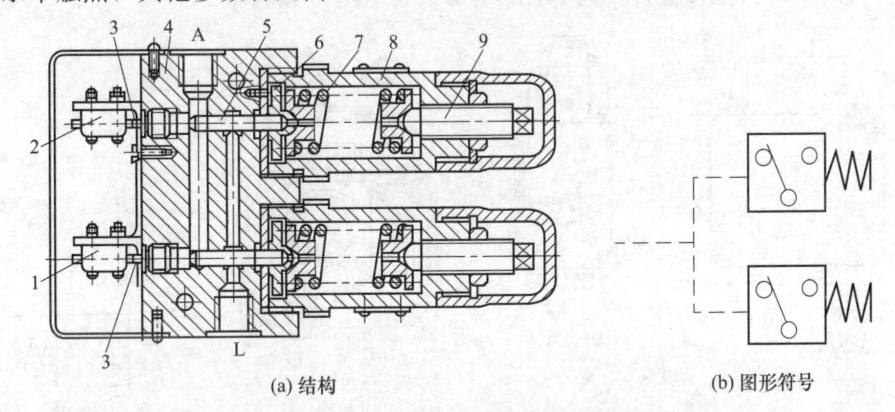

(a) 结构　(b) 图形符号

图 3-11-3　PF2-L8H 型螺纹连接压力继电器

1,2—微动开关；3—触头；4—阀体；5—顶杆；6—弹簧座；7—调压弹簧；8—螺套；9—调压螺钉

［例 3-11-4］　HED1☆◆15L 型压力继电器（德国博世-力士乐公司）（图 3-11-4）

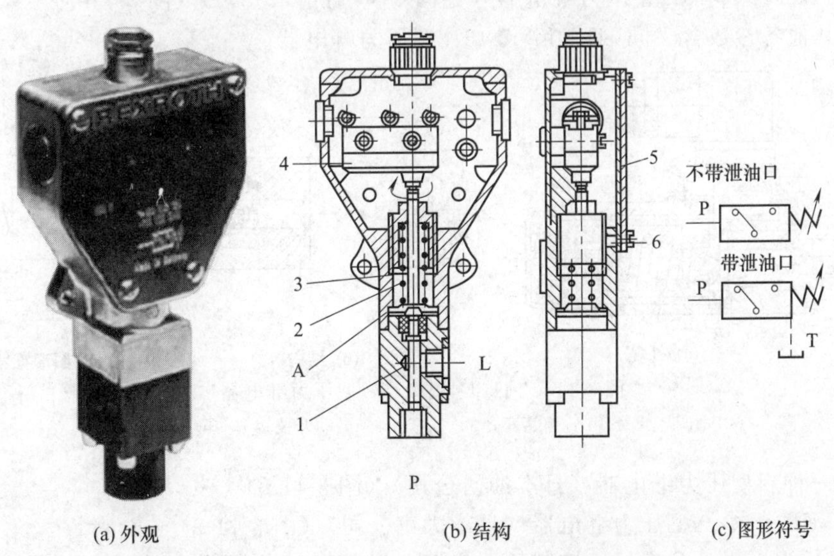

(a) 外观　(b) 结构　(c) 图形符号

图 3-11-4　HED◇☆◆15L 型压力继电器

1—柱塞；2—调压弹簧；3—推杆；4—微动开关；5—标牌；6—锁紧螺钉

1 表示柱塞式；2 表示单点弹簧管式；3 表示双点弹簧管式；4 表示板式；☆为泄油方式，K 表示有泄油口（只适用于 HED1 型），0 表示无泄油口；◆为连接形式，A 表示管连接；P 表示卧式板连接（只适用于 HED4 型），H 表示立式板连接（只适用于 HED4 型）；15 表示系列号；△为最大调节压力。

[例 3-11-5] HED2☆◆15L 型压力继电器（德国博世-力士乐公司）（图 3-11-5）

2 表示单点弹簧管式，其他参数含义同 HED1☆◆15L 型压力继电器。

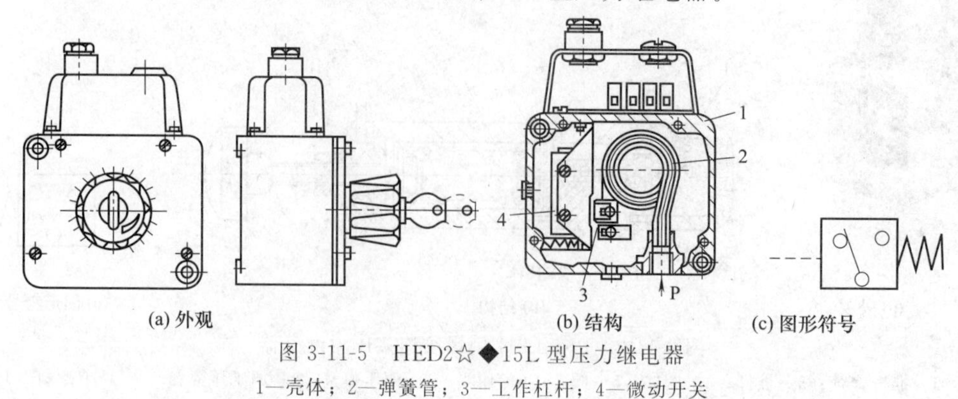

图 3-11-5 HED2☆◆15L 型压力继电器

1—壳体；2—弹簧管；3—工作杠杆；4—微动开关

[例 3-11-6] HED3☆◆15L 型压力继电器（德国博世-力士乐公司）（图 3-11-6）

3 表示双点弹簧管式，其他参数含义同 HED1☆◆15L 型压力继电器。

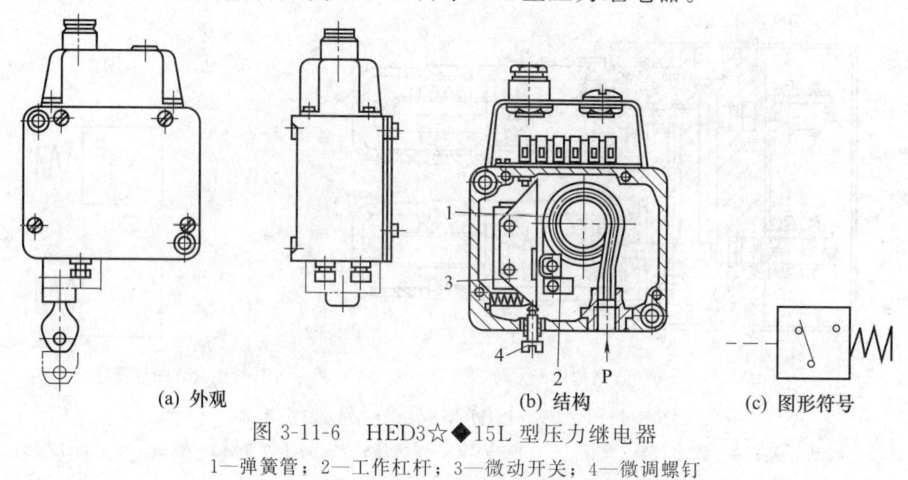

图 3-11-6 HED3☆◆15L 型压力继电器

1—弹簧管；2—工作杠杆；3—微动开关；4—微调螺钉

[例 3-11-7] HED4☆◆15L 型压力继电器（德国博世-力士乐公司）（图 3-11-7）

4 表示板式，其他各参数含义同 HED1☆◆15L 型压力继电器。

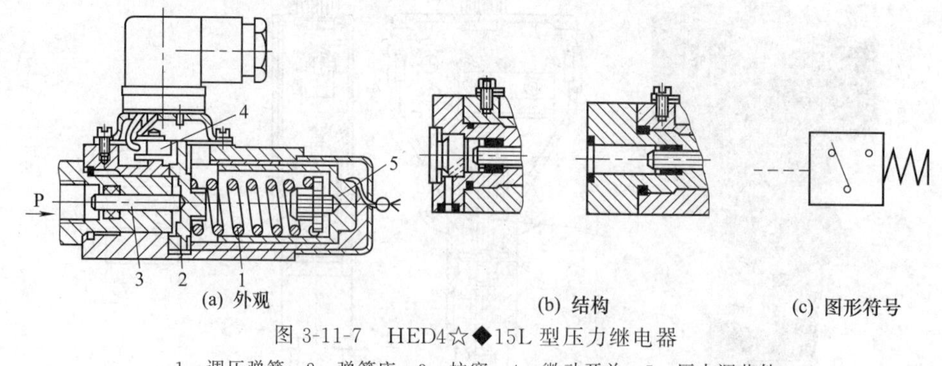

图 3-11-7 HED4☆◆15L 型压力继电器

1—调压弹簧；2—弹簧座；3—柱塞；4—微动开关；5—压力调节件

[例 3-11-8] 一种新型压力继电器（日本油研公司）（图 3-11-8）

[例 3-11-9] MPS-02◇△型压力继电器（日本大京公司）（图 3-11-9）

02 表示公称通径为 1/4″；◇表示所控制的油口 P、A、B；△为所设定的压力调节范围，1 表示 0.8～7MPa，3 表示 3.5～21MPa。

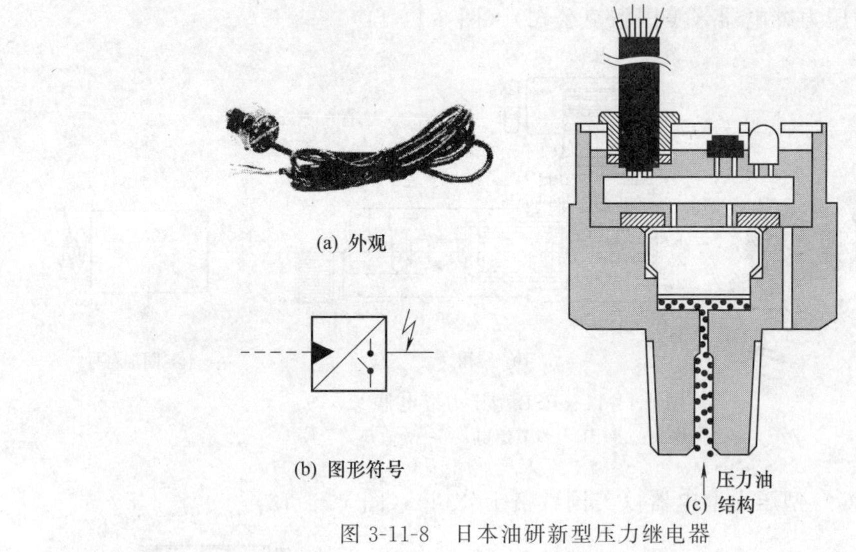

图 3-11-8 日本油研新型压力继电器

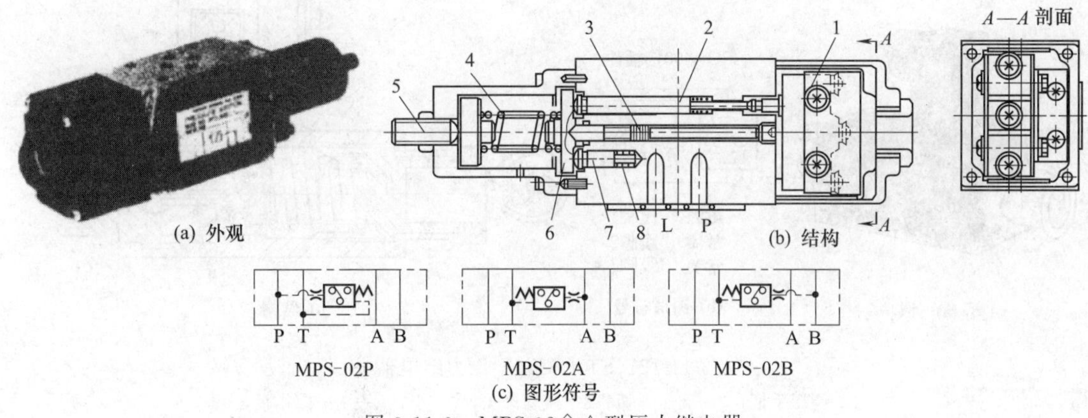

图 3-11-9 MPS-02◇△型压力继电器

1—微动开关；2—推杆；3—阀芯；4—调压弹簧；5—调压螺钉；6—弹簧座；7—平衡销；8—顶簧

[例 3-11-10] APSS 型压力继电器（日本国光精器公司）（图 3-11-10）

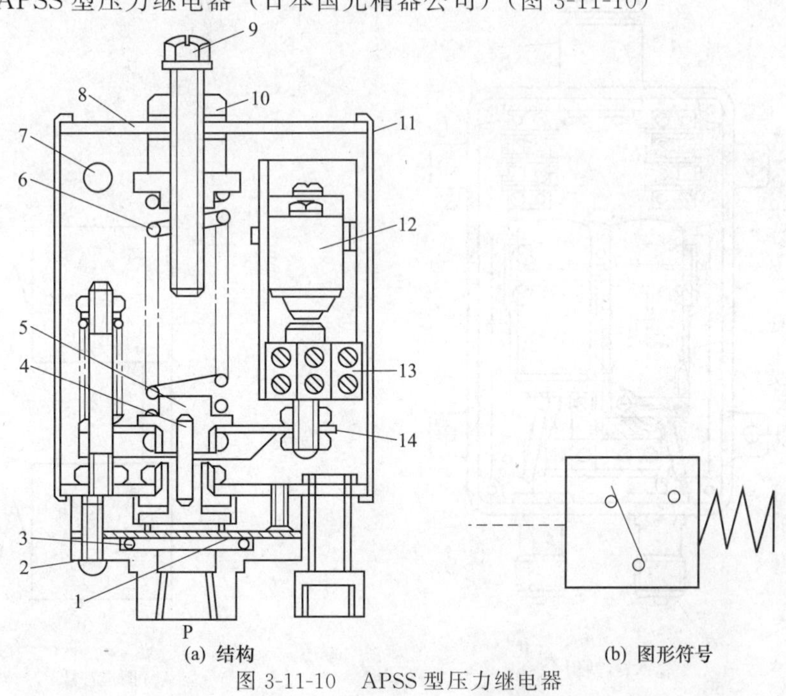

图 3-11-10 APSS 型压力继电器

1—薄膜；2—进油板；3—O 形圈；4—连接销；5—弹簧座；6—弹簧；7—通气孔；8—顶盖；9—调压螺杆；10—螺母套；11—罩壳；12—微动开关；13—接线端子；14—杠杆

［例 3-11-11］ PSB 型压力继电器（美国派克公司）（图 3-11-11）

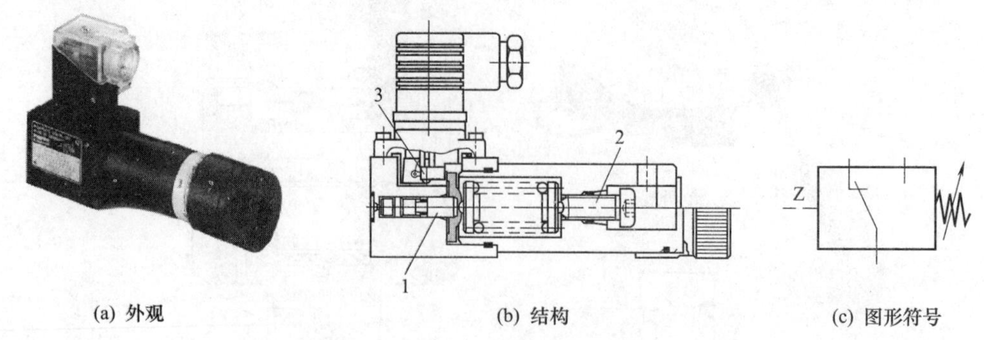

图 3-11-11 PSB 型压力继电器

1—柱塞；2—压力调节螺钉；3—微动开关

［例 3-11-12］ ST（SG）型压力继电器（美国威格士公司）（图 3-11-12）

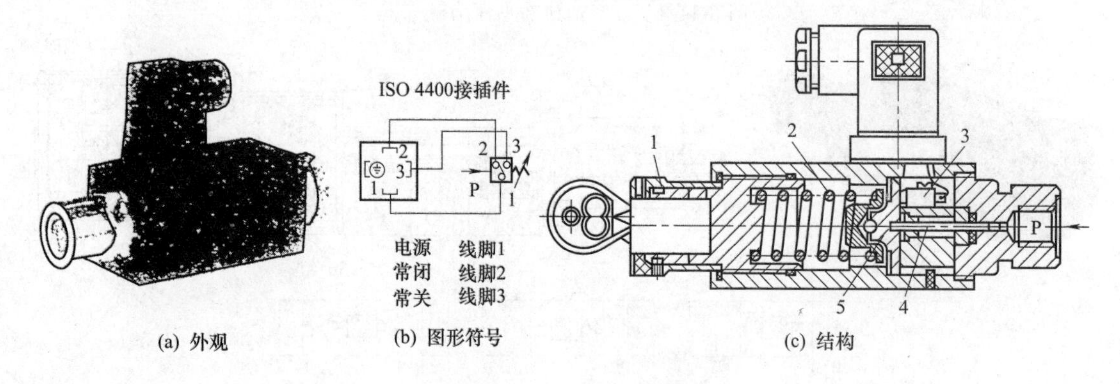

图 3-11-12 ST（SG）型压力继电器

1—调压手柄；2—调压弹簧；3—微动开关；4—小柱塞；5—操作板

［例 3-11-13］ DPFZ 型高低压压差式压力继电器（日本）（图 3-11-13）

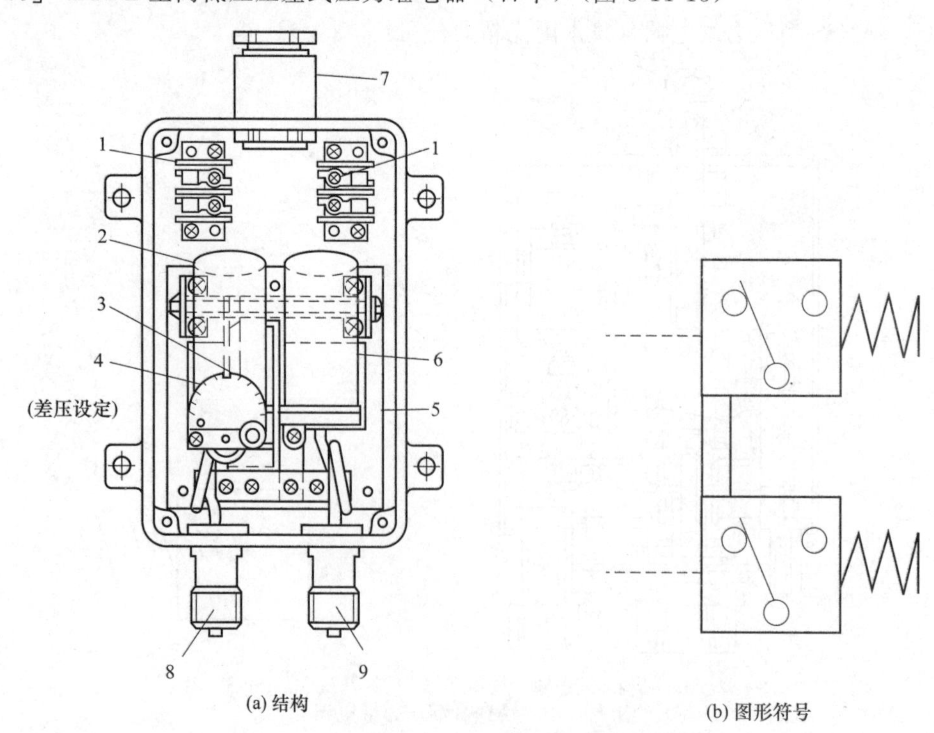

图 3-11-13 DPFZ 型高低压压差式压力继电器

1—接线柱；2—低压侧波登管；3—指针；4—刻度盘；5—安装基板；6—高压侧波登管；7—电线套管；8—低压接头；9—高压接头

［例 3-11-14］ TS-4 型压力继电器（波克兰公司）（图 3-11-14）

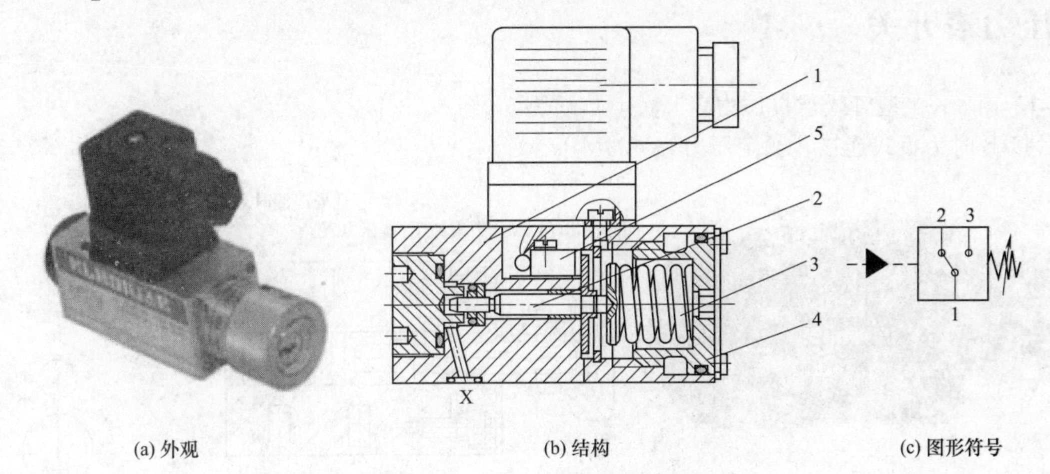

图 3-11-14　TS-4 型压力继电器

1—阀体；2—柱塞；3—调压弹簧；4—压力调节件；5—微动开关

［例 3-11-15］ SG-3 型压力继电器（日本东京计器公司）（图 3-11-15）

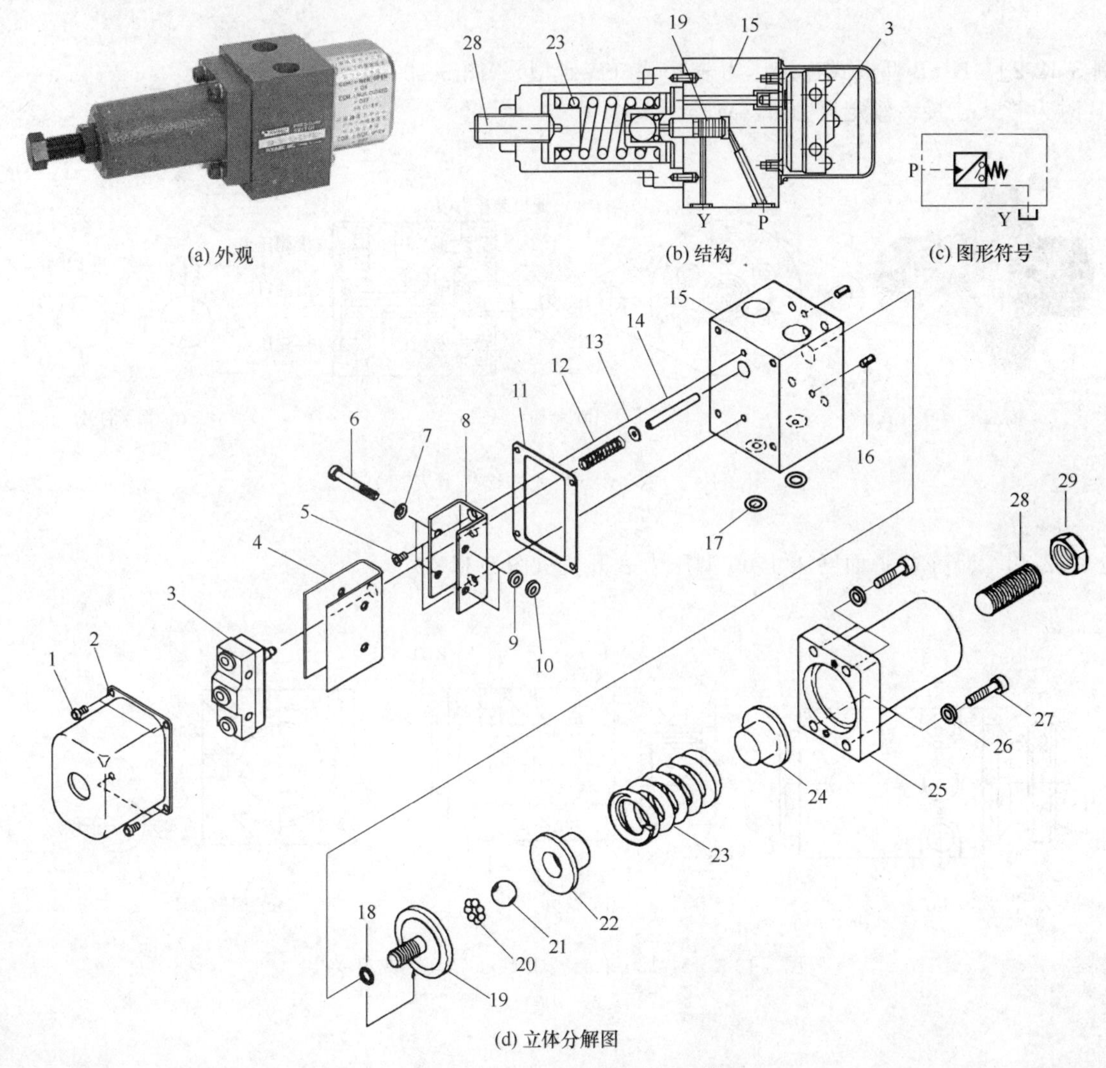

图 3-11-15　SG-3 型压力继电器

1,5,6,27—螺钉；2—罩壳；3—微动开关；4—垫板；7,9,13,26—垫圈；8—微动开关安装座；10—螺母；11—垫；12,23—弹簧；14—顶杆；15—阀体；16—定位销；17,18—O 形圈；19—阀芯；20—球轴承；21—钢球；22,24—弹簧垫；25—阀盖；28—调压螺钉；29—锁母

3-12 压力表开关

[例 3-12-1] K-1 型管式连接压力表开关（广研型）（图 3-12-1）

K-1 后接 B 时为板式连接；额定压力为 6.3MPa。

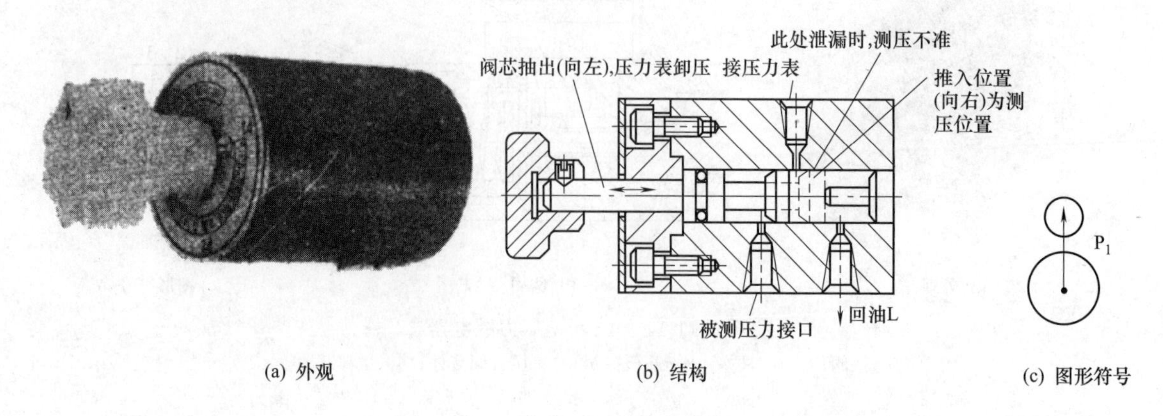

图 3-12-1 K-1 型管式连接压力表开关

[例 3-12-2] K-6B 型板式连接压力表开关（广研型）（图 3-12-2）

无 B 时为管式连接；额定压力 6.3MPa。

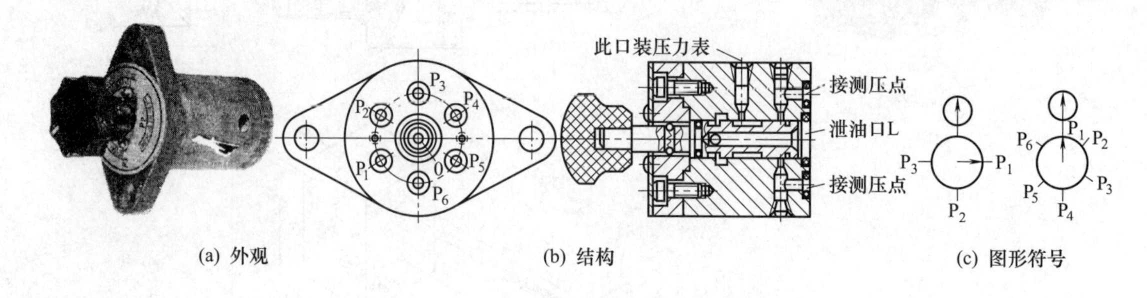

图 3-12-2 K-6B 型板式连接压力表开关

[例 3-12-3] M7130 平面磨床 4700 型压力表开关（图 3-12-3）

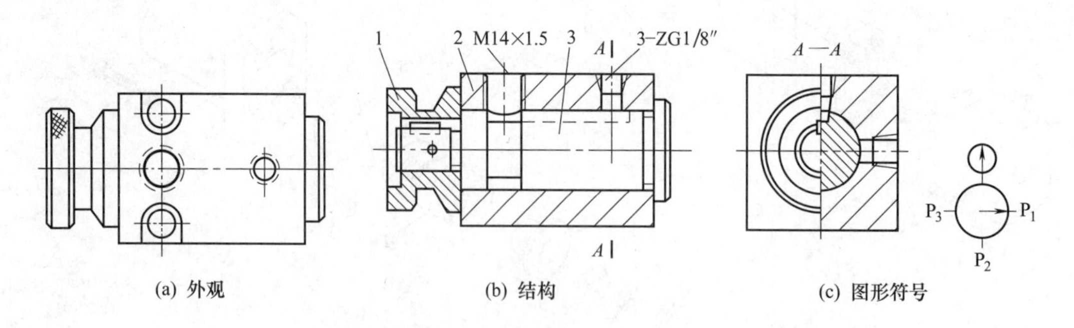

图 3-12-3 M7130 平面磨床 4700 型压力表开关

1—手柄；2—阀体；3—阀芯

[例 3-12-4] GY38A 型国产外圆磨床用压力表开关（图 3-12-4）

[例 3-12-5] KF-L8H 型压力表开关（国产）（图 3-12-5）

L 表示螺纹连接；8mm 通径；H 表示公称压力为 31.5MPa。

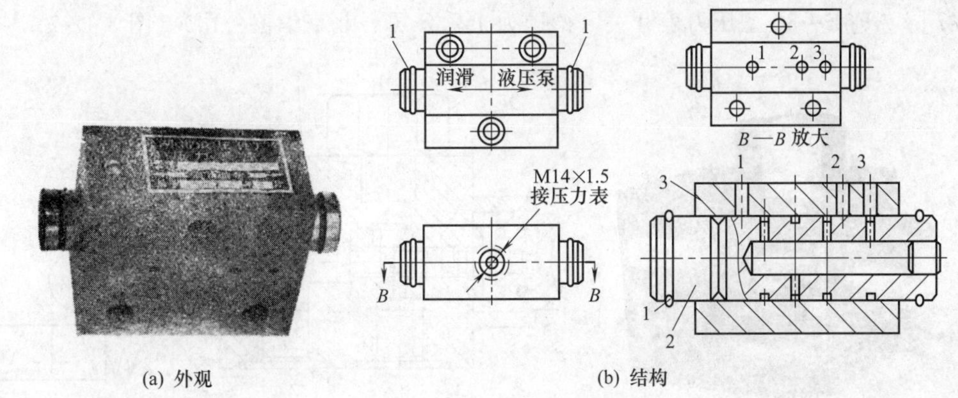

图 3-12-4　GY38A 型国产外圆磨床用压力表开关

1—卡簧；2—阀芯；3—阀体

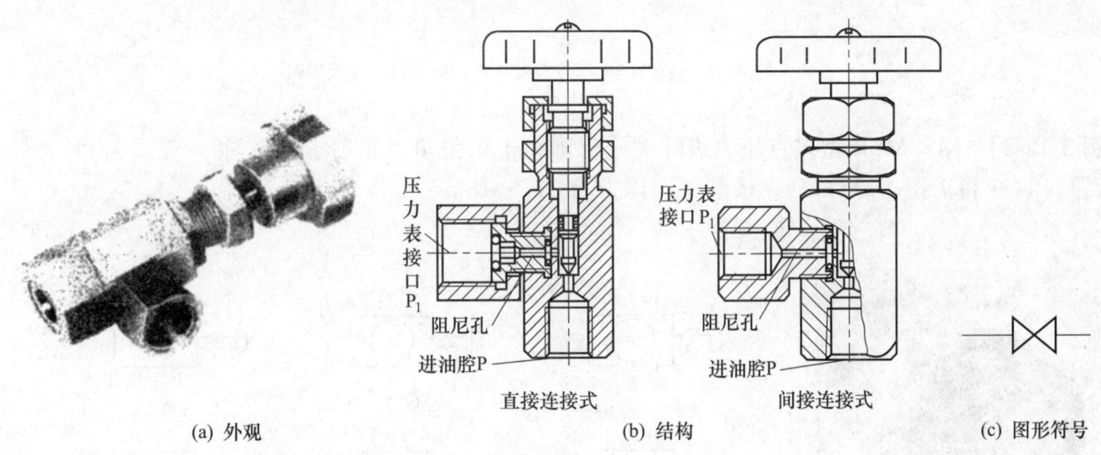

图 3-12-5　KF-L8H 型压力表开关

［例 3-12-6］　KF3-E※B 型板式压力表开关（广研新型）（图 3-12-6）

E 表示压力等级为 16MPa；※为测点数，如 1、3、6 等；B 为 L 时表示螺纹连接。

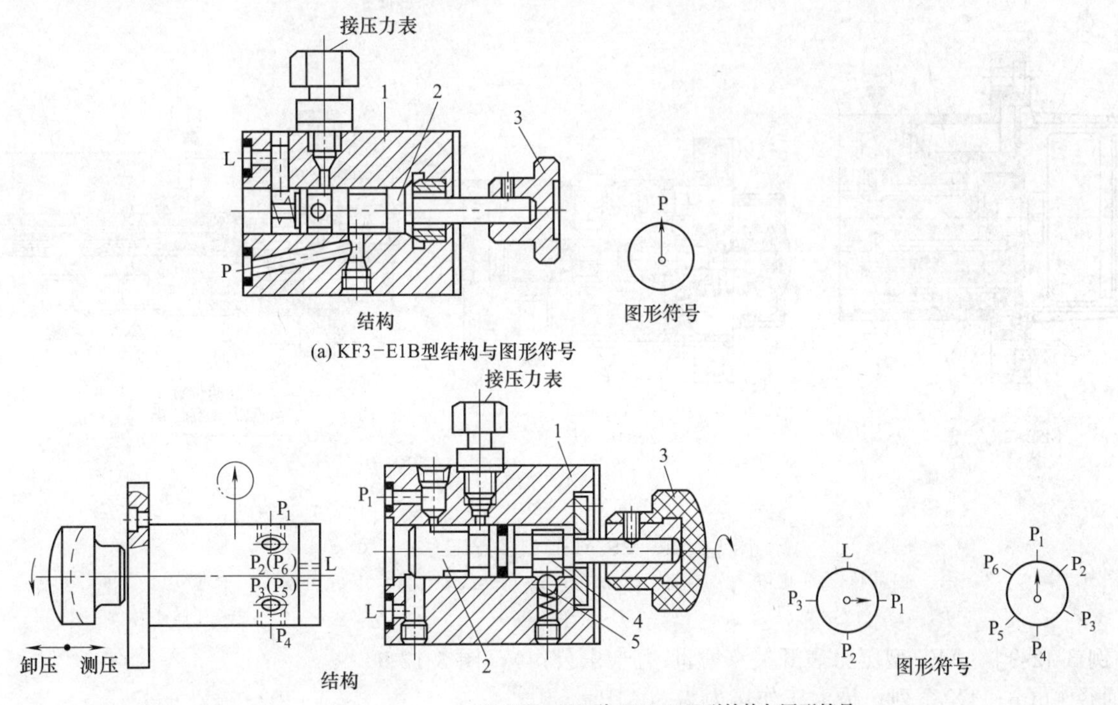

图 3-12-6　KF3-E※B 型板式压力表开关

1—阀体；2—阀芯；3—手柄；4—分度定位槽；5—定位钢球

[例 3-12-7] AF6E…30 型压力表开关（德国力士乐公司、北京华德公司）（图 3-12-7）

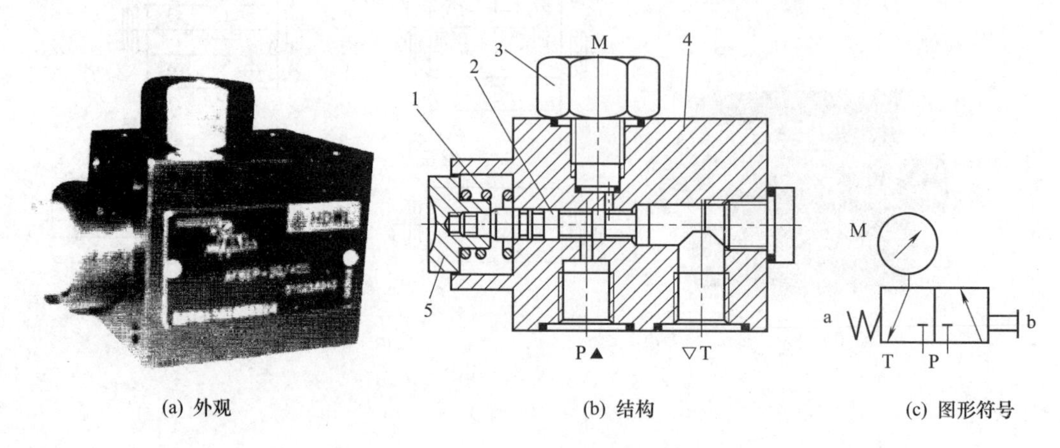

图 3-12-7 AF6E…30 型压力表开关

1—弹簧；2—阀芯；3—压力表连接件；4—阀体；5—按钮

[例 3-12-8] MS/MSL 型多点压力表开关（德国力士乐公司、北京华德公司）（图 3-12-8）

2、4、5、6 和 7 型；2X 系列；最高工作压力为 31.5MPa。

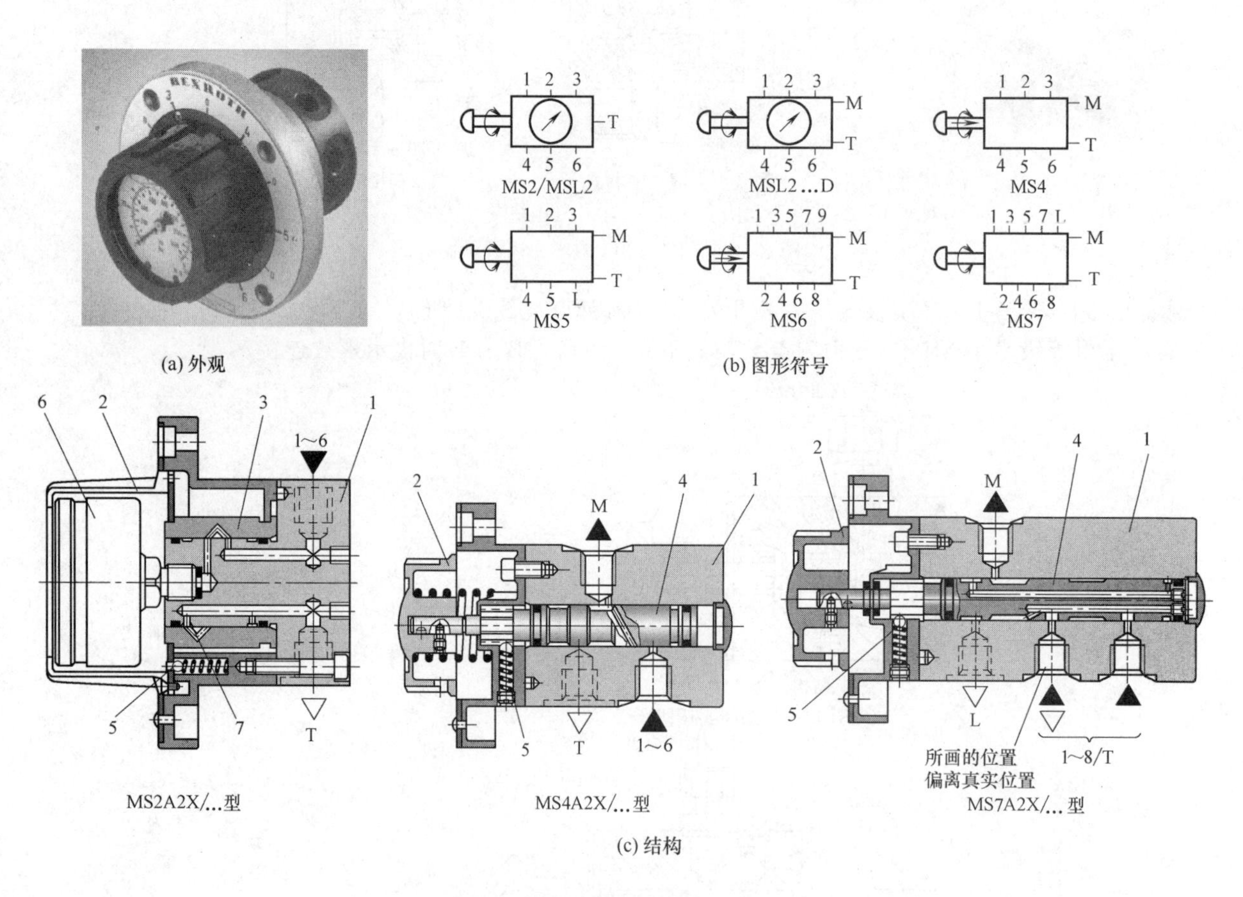

图 3-12-8 MS/MSL 型多点压力表开关

1—阀体；2—旋钮；3—套筒；4—阀芯；5—内装式定位器；6—压力表；7—流道

[例 3-12-9] AF6 型压力表开关（博世-力士乐公司）（图 3-12-9）

通径 6mm；4X 系列；最大工作压力为 30MPa。

[例 3-12-10] WM1A1 型与 WM1-06A1 型压力表开关（美国派克公司）（图 3-12-10）

[例 3-12-11] GV-A22 型压力表开关（日本大京公司）（图 3-12-11）

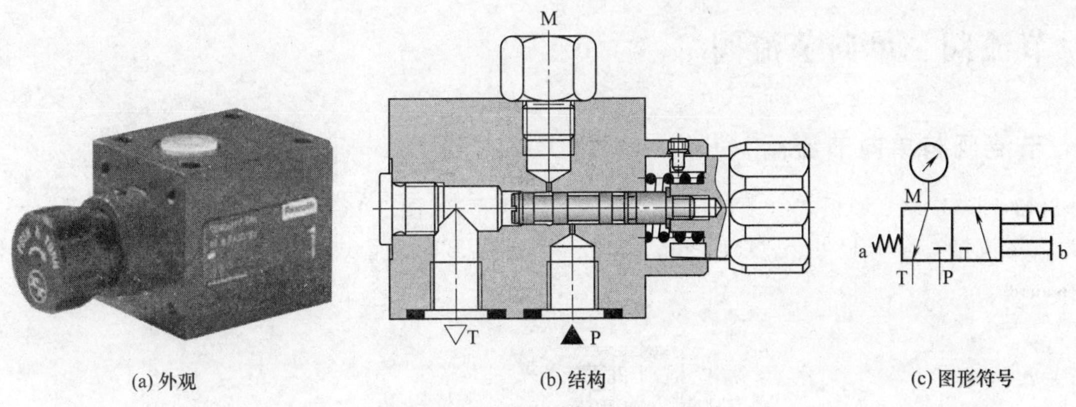

(a) 外观　(b) 结构　(c) 图形符号

图 3-12-9　AF6 型压力表开关

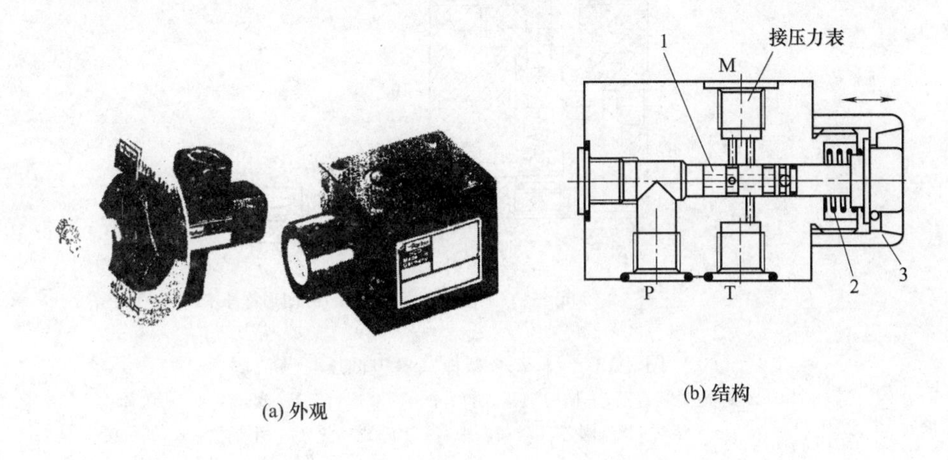

(a) 外观　(b) 结构

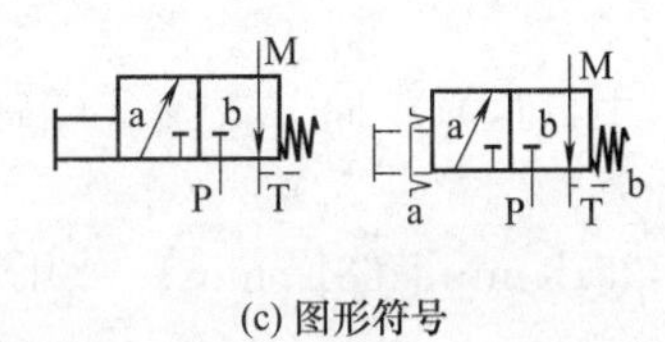

(c) 图形符号

图 3-12-10　WM1A1 型与 WM1-06A1 型压力表开关

1—阀芯；2—弹簧；3—拉手

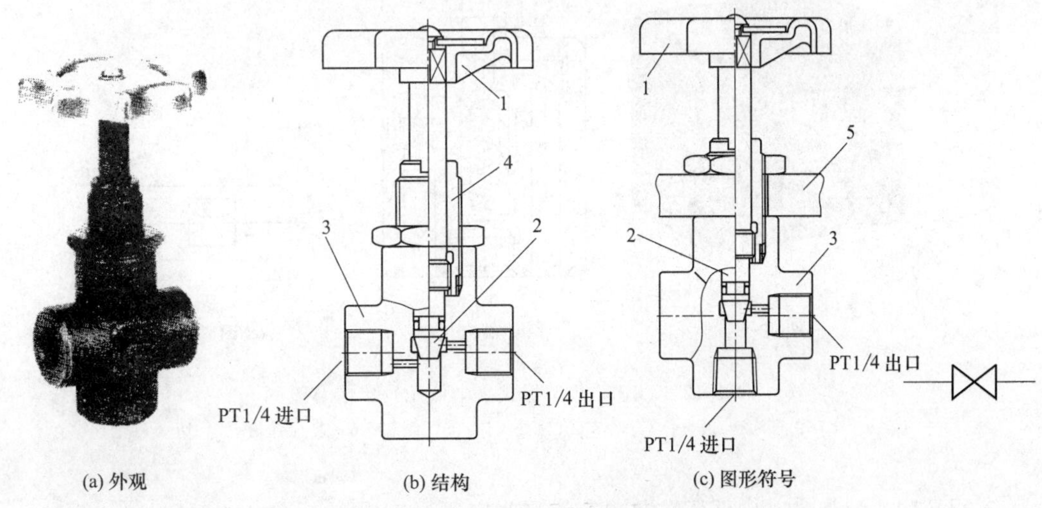

(a) 外观　(b) 结构　(c) 图形符号

图 3-12-11　GV-A22 型压力表开关

1—手柄；2—阀芯；3—阀体；4—螺套；5—安装面板

3-13 节流阀、单向节流阀

3-13-1 节流阀与单向节流阀

[例 3-13-1] L-※B 型板式（中低压）节流阀（广研型）(图 3-13-1)

※为额定流量，有 10L/min、25L/min、63L/min；无 B 时为管式；额定压力为 6.3MPa，安装尺寸不符合国际标准。

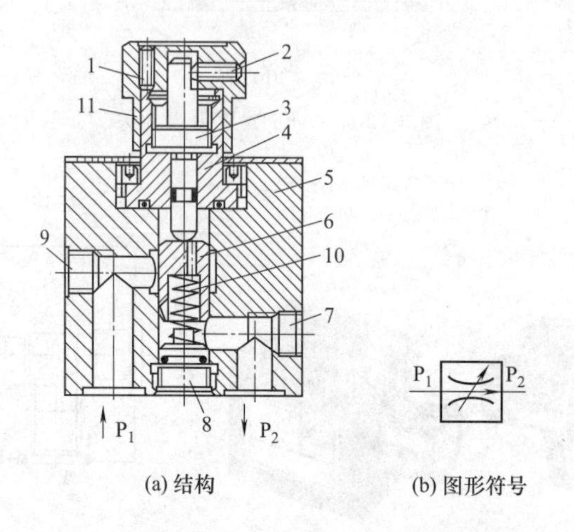

图 3-13-1 L-※B 型板式（中低压）节流阀

1—纵向锁紧螺钉；2—横向锁紧螺钉；3—调节螺钉；4—支承套；5—阀体；6—节流阀芯；7～9—螺塞；10—弹簧；11—手柄

[例 3-13-2] LI-※B 型板式（中低压）单向节流阀（广研型）(图 3-13-2) 结构特点为节流阀与单向阀共用一个阀芯。

※为额定流量，有 10L/min、25L/min、63L/min、100L/min；无 B 时为管式；额定压力为 6.3MPa，安装尺寸不符合国际标准。

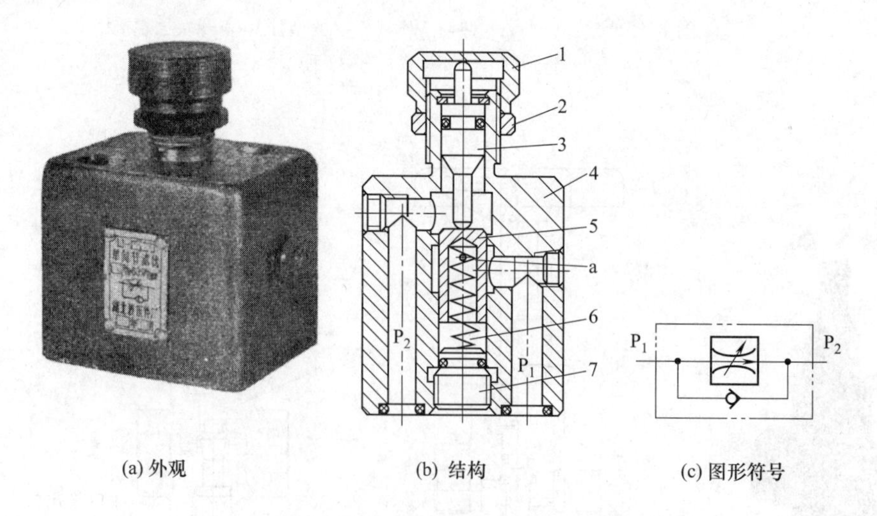

图 3-13-2 LI-※B 型板式（中低压）单向节流阀

1—手柄；2—锁母；3—调节杆；4—阀体；5—阀芯；6—复位弹簧；7—堵

[例 3-13-3] LI-I 型管式（中低压）单向节流阀（广研型）(图 3-13-3)

各参数含义同 LI-※B 型板式（中低压）单向节流阀。

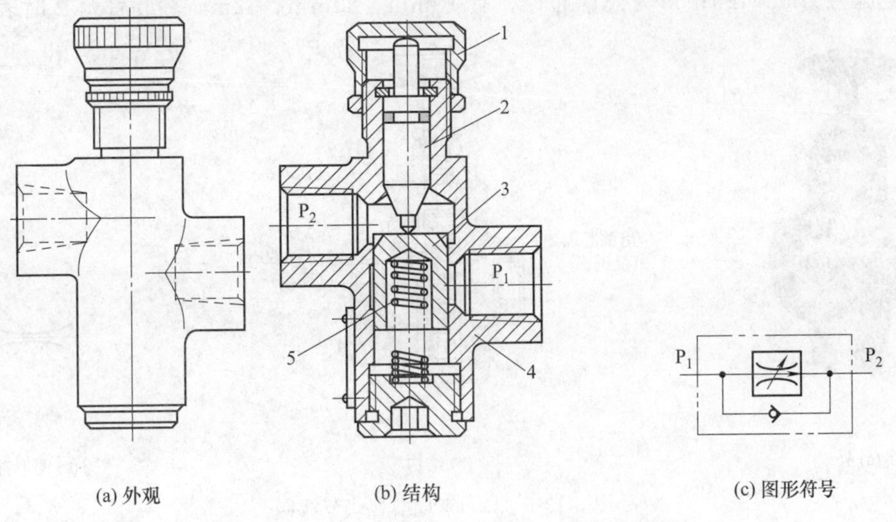

图 3-13-3 LI-I 型管式（中低压）单向节流阀

1—手柄；2—调节杆；3—阀芯；4—阀体；5—复位弹簧

[例 3-13-4] LF 型筒式节流阀（国产）（图 3-13-4）

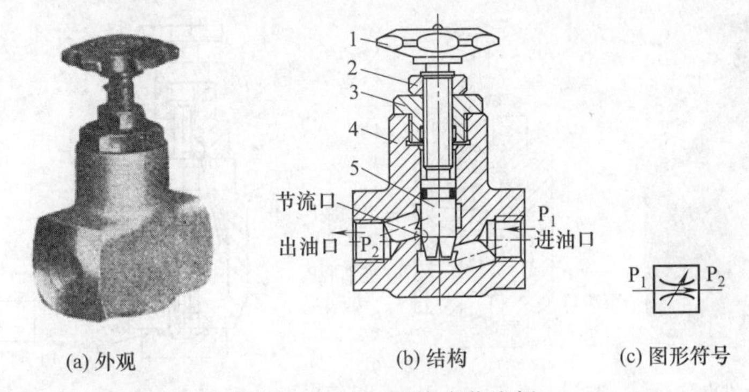

图 3-13-4 LF 型筒式节流阀

1—手柄；2—螺母；3—螺套；4—阀体；5—阀芯

[例 3-13-5] LF-B※H 型板式节流阀和 LDF-B※H 型板式单向节流阀（国产）（图 3-13-5）

LF 表示节流阀；B 为 L 时为管式；※为公称通径，有 10mm、20mm、32mm；H 表示压力等级为 31.5MPa；安装尺寸不符合国际标准。

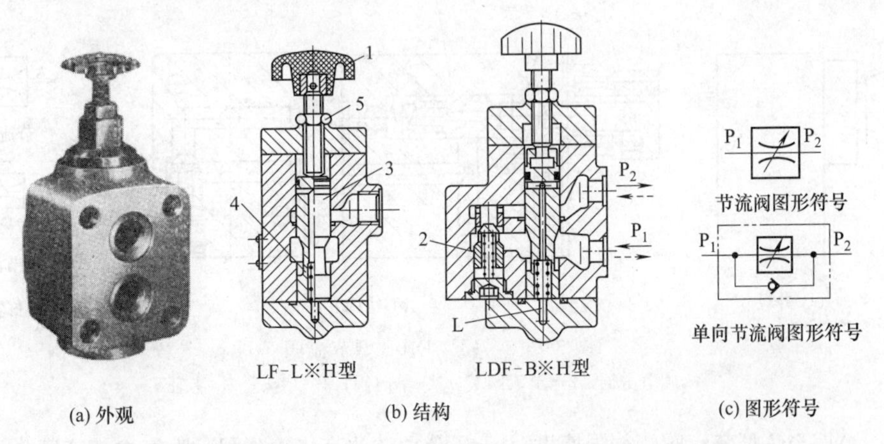

图 3-13-5 LF-B※H 型板式节流阀和 LDF-B※H 型板式单向节流阀

1—手柄；2—单向阀；3—阀芯调节杆；4—复位弹簧；5—锁母

[例 3-13-6] L-H※L 型管式节流阀（国产）（图 3-13-6）

H 表示额定压力为 32MPa；※为公称通径，有 10mm、20mm、32mm；最后无 L 时表示板式。

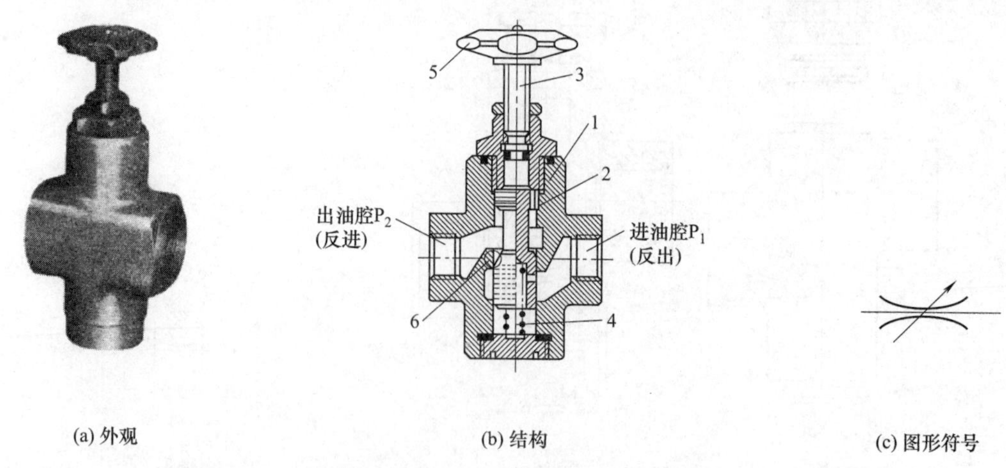

(a) 外观　　(b) 结构　　(c) 图形符号

图 3-13-6　L-H※L 型管式节流阀

1—阀体；2—阀芯；3—调节螺钉；4—阀芯复位弹簧；5—调节手柄；6—节流口

[例 3-13-7]　LA-H※L 型单向节流阀（国产）（图 3-13-7）

各参数含义同 L-H※L 型管式节流阀。

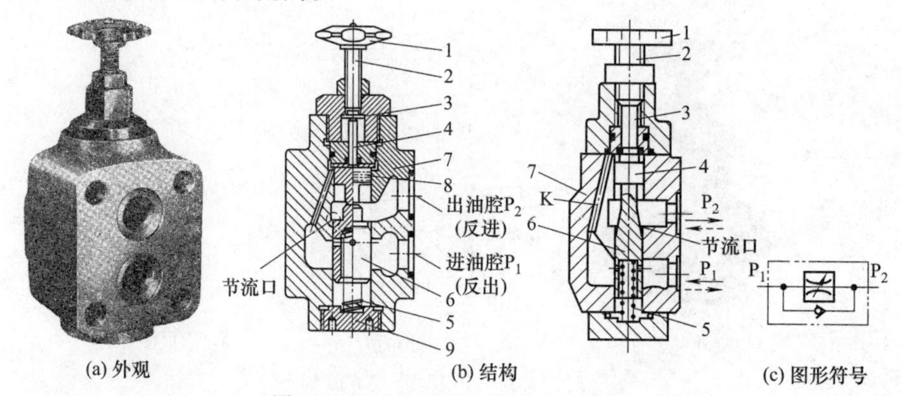

(a) 外观　　(b) 结构　　(c) 图形符号

图 3-13-7　LA-H※L 型单向节流阀

1—调节手柄；2—调节螺钉；3—螺盖；4—推杆；5—复位弹簧；6—下阀芯；7—阀体；8—上阀芯；9—端盖

[例 3-13-8]　LF3-E10B 节流阀（广研 GE 系列）（图 3-13-8）

E 表示压力等级为 16MPa。10mm 通径；B 表示板式连接。

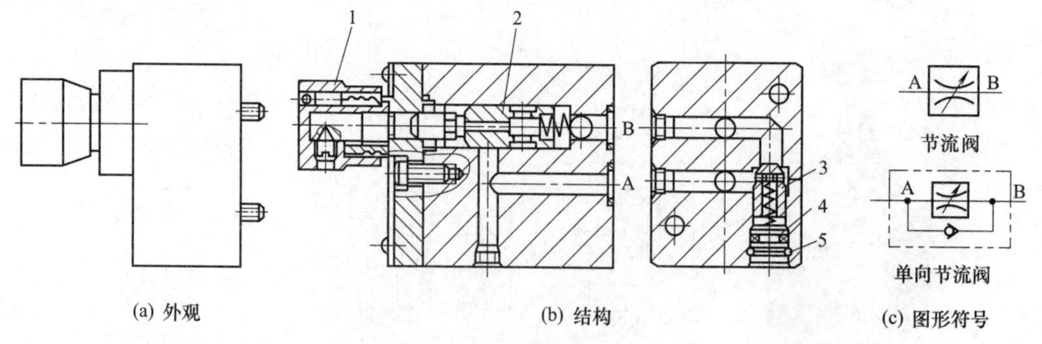

(a) 外观　　(b) 结构　　(c) 图形符号

图 3-13-8　LF3-E10B 型节流阀

1—调节手柄；2—节流阀芯；3—单向阀；4—堵头；5—卡环

[例 3-13-9]　MG※G 型节流阀（德国博世-力士乐公司、北京华德公司、上海立新液压公司）（图 3-13-9）

※为通径，有 6mm、8mm、10mm、15mm、20mm、25mm、30mm；对应额定流量为 15L/min、30L/min、50L/min、140L/min、200L/min、300L/min、400L/min；G 表示管式；最大压力为 31.5MPa；单向阀开启压力为 0.05MPa。

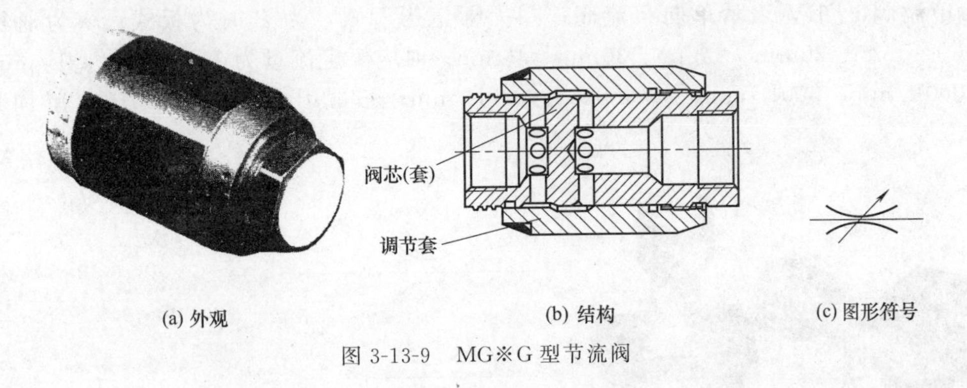

图 3-13-9 MG※G 型节流阀

［例 3-13-10］ MK※G 型单向节流阀（德国博世-力士乐公司、北京华德公司、上海立新液压公司）（图 3-13-10）

各参数含义同 MG※G 型节流阀。

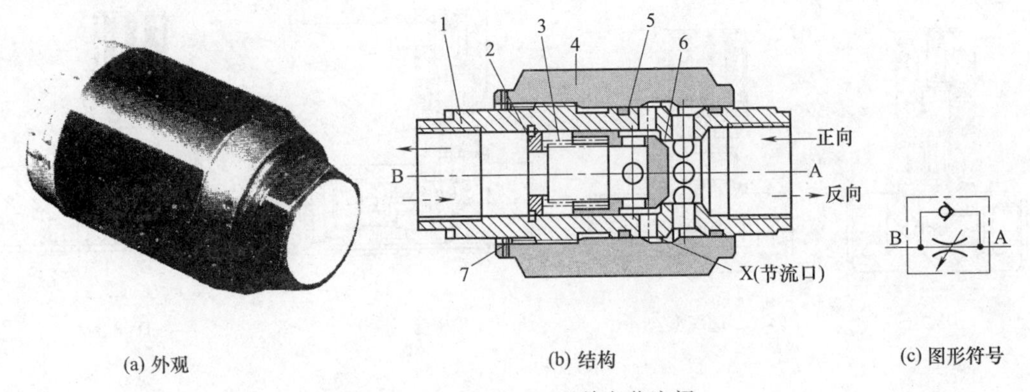

图 3-13-10 MK※G 型单向节流阀

1—阀体；2—弹簧腔；3—弹簧；4—调节螺母；5—O 形圈；6—单向阀阀芯；7—卡环

［例 3-13-11］ F6 型节流阀（德国博世-力士乐公司、北京华德公司、上海立新液压公司）（图 3-13-11）

通径 6mm；1X 系列；最大工作压力为 31.5MPa；最大体积流量为 60L/min。

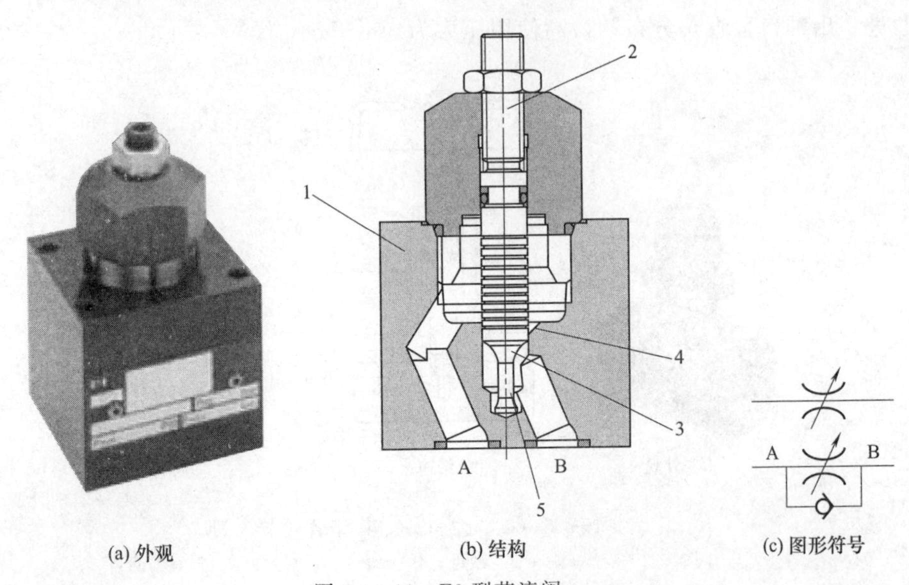

图 3-13-11 F6 型节流阀

1—阀体；2—流量调节螺钉；3—节流阀芯；4—节流口；5—最大流量调节螺栓

［例 3-13-12］ DV□※型节流阀和 DRV□※型单向节流阀（德国博世-力士乐公司、北京华德公司、上海立新液压公司）（图 3-13-12）

DV 表示节流阀，DRV 表示单向节流阀；□无标记为管式，为 P 时为板式；※为通径，有 6mm、8mm、10mm、15mm、20mm、25mm、30mm、40mm；对应额定流量为 15L/min、30L/min、50L/min、140L/min、200L/min、300L/min、400L/min、600L/min；最大压力为 31.5MPa；单向阀开启压力为 0.05MPa。

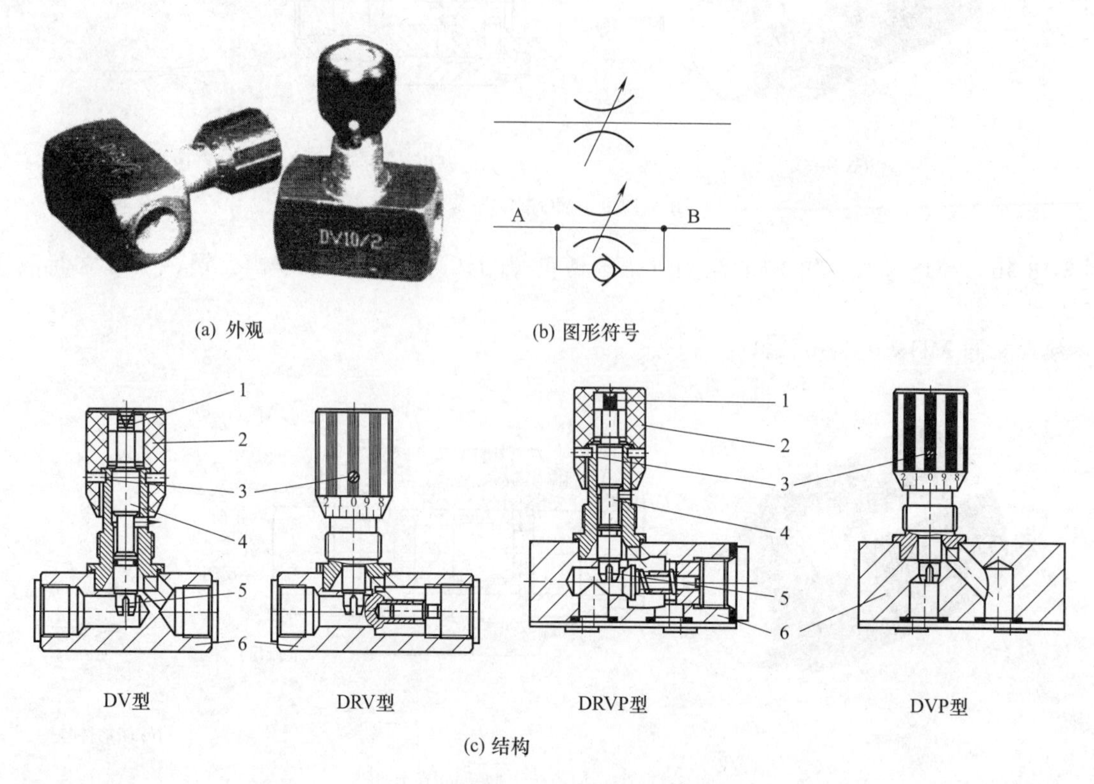

图 3-13-12　DV□※型节流阀和 DRV□※型单向节流阀

1—纵向锁紧螺钉；2—手柄；3—横向锁紧螺钉；4—节流阀芯；5—单向阀；6—阀体

［例 3-13-13］　GCT 型和 GCTR 型管式节流阀（日本油研公司）（图 3-13-13）

GCTR 型进、出油口呈直角分布；最高使用压力为 35MPa。

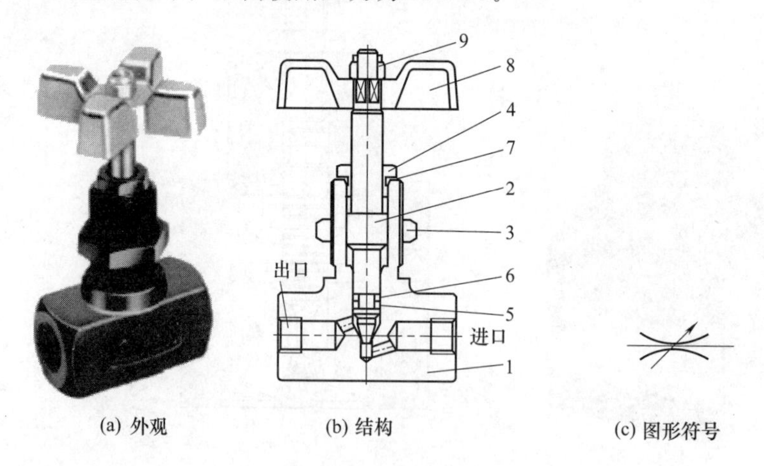

图 3-13-13　GCT 型和 GCTR 型管式节流阀

1—阀体；2—节流阀芯；3—锁母；4—螺套；5—密封；6—密封挡圈；7—垫；8—手柄；9—锁母

［例 3-13-14］　SRG-※-50 型与 SRCG-※-50 型节流阀（日本油研公司）（图 3-13-14）

※为通径代号 03、06、10，对应额定流量为 30L/min、85L/min、230L/min；额定压力为 25MPa。

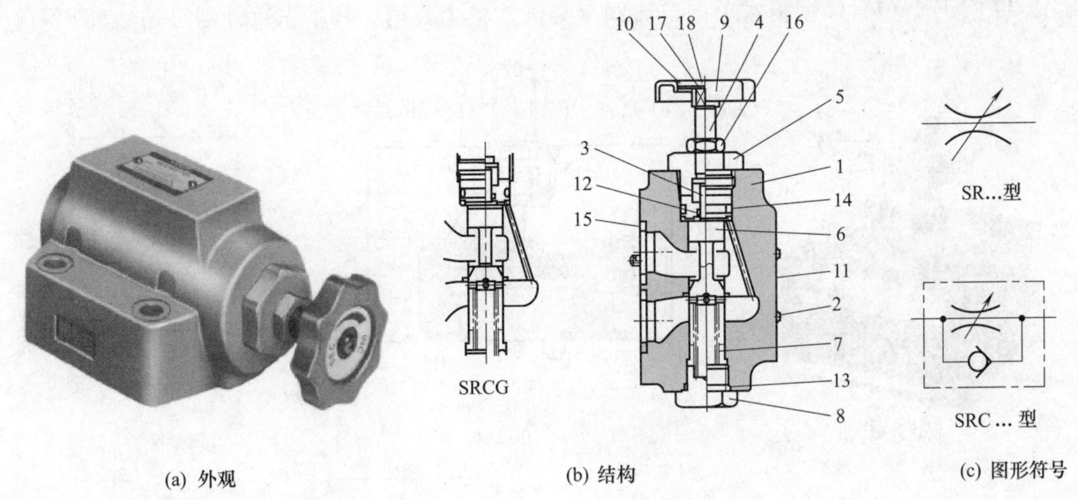

图 3-13-14　SRG-※-50 型与 SRCG-※-50 型节流阀

1—阀体；2—铆钉；3—调节杆；4—流量调节螺钉；5—螺套；6—阀芯；7—弹簧；8—螺塞；9—手柄；10—铭牌；11—标牌；12～15—O 形圈；16—锁母；17—垫圈；18—小螺钉

［例 3-13-15］　SRT-※-50 型节流阀与 SRCT-※-50 型单向节流阀（日本油研公司）（图 3-13-15）

SR 表示节流阀，SRC 表示单向节流阀；T 为 F 时为法兰连接式；※为通径代号，03、06、10；对应额定流量为 30L/min、85L/min、230L/min；额定压力为 25MPa；安装面符合 ISO 5781 标准。

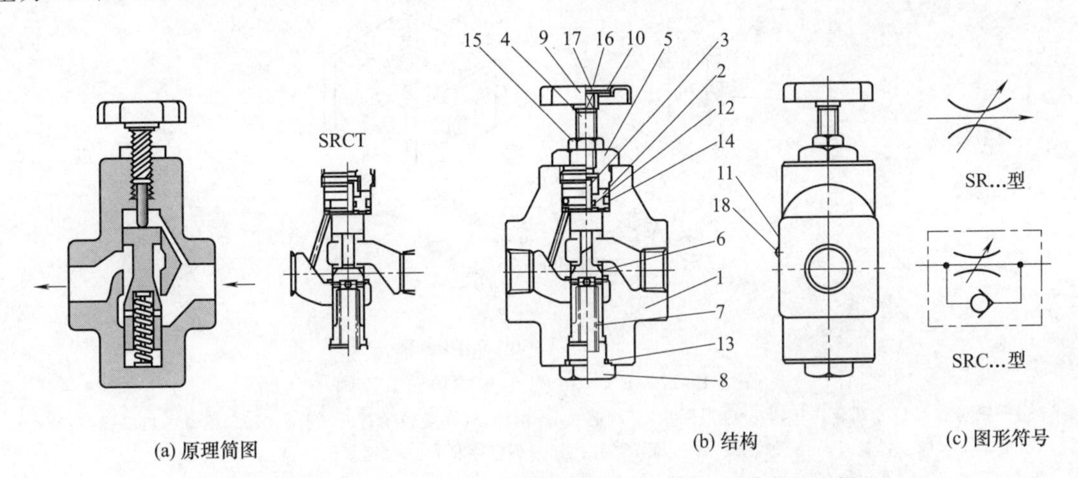

图 3-13-15　SRT-※-50 型节流阀与 SRCT-※-50 型单向节流阀

1—阀体；2,12～14—O 形圈；3—调节杆；4—流量调节螺钉；5—螺套；6—阀芯；7—弹簧；8—螺塞；9—手柄；10—铭牌；11—标牌；15—锁母；16—垫圈；17—小螺钉；18—铆钉

［例 3-13-16］　FN（1)-4（K）型管式单向节流阀（美国威格士公司、日本东京计器公司）(图 3-13-16)

FN 表示管式单向节流阀；(1) 表开槽锥面阀芯，不标注为不开槽；(K) 表示带刻度调节手柄，不标注时为开槽螺钉调节流量；最高使用压力为 14MPa；流量为 9L/min；安装尺寸符合国际标准。

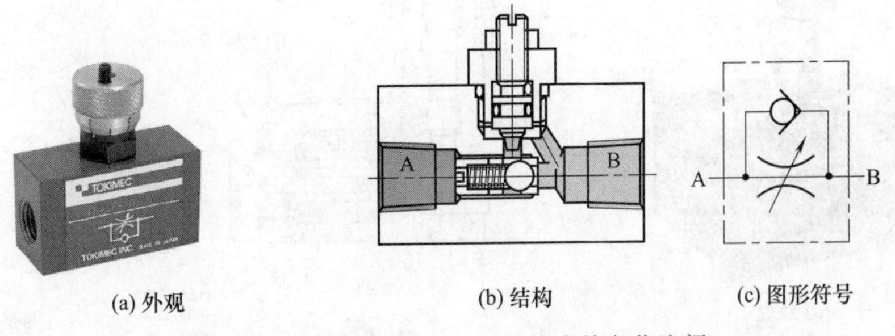

图 3-13-16　FN（1)-4(K）型管式单向节流阀

［例 3-13-17］ FN（1）G 型板式单向节流阀（美国威格士公司、日本东京计器公司）（图 3-13-17）

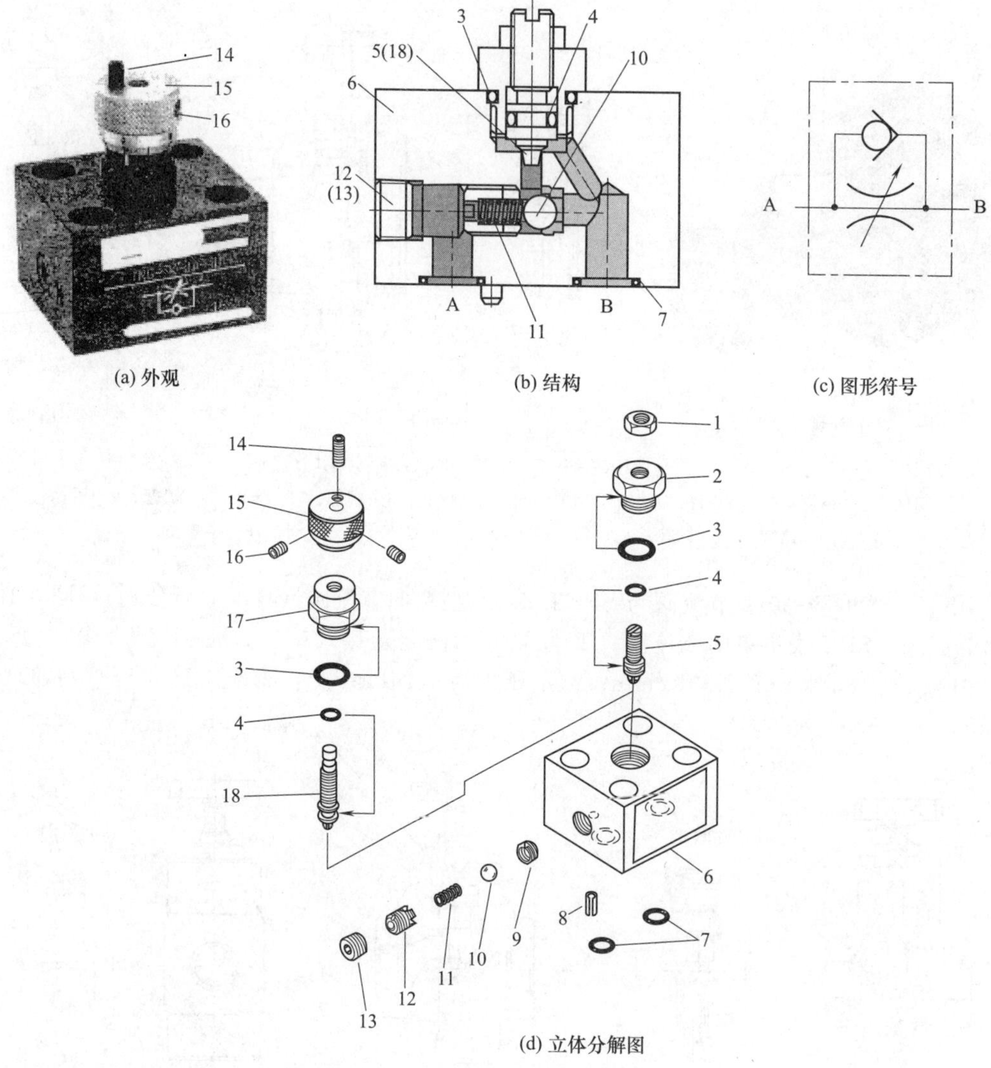

(a) 外观　(b) 结构　(c) 图形符号

(d) 立体分解图

图 3-13-17　FN（1）G 型板式单向节流阀

1—锁母；2,17—螺套；3,4,7—O 形圈；5—阀芯；6—阀体；8—定位销；9—阀座；10—钢球；11—弹簧；12—弹簧座；13—螺塞；14—调节螺钉；15—刻度手柄；16—锁紧螺钉；18—节流阀芯

［例 3-13-18］ TFN（C）G-※-315-20 节流阀与单向节流阀（美国威格士公司、日本东京计器公司）（图 3-13-18）

型号中有（C）时表示带单向阀；※表示通径代号 02、03、06；对应额定流量为 20L/min、55L/min、110L/min；全部为带刻度调节手柄；315 表示最高使用压力为 31.5MPa；安装尺寸符合国际标准。

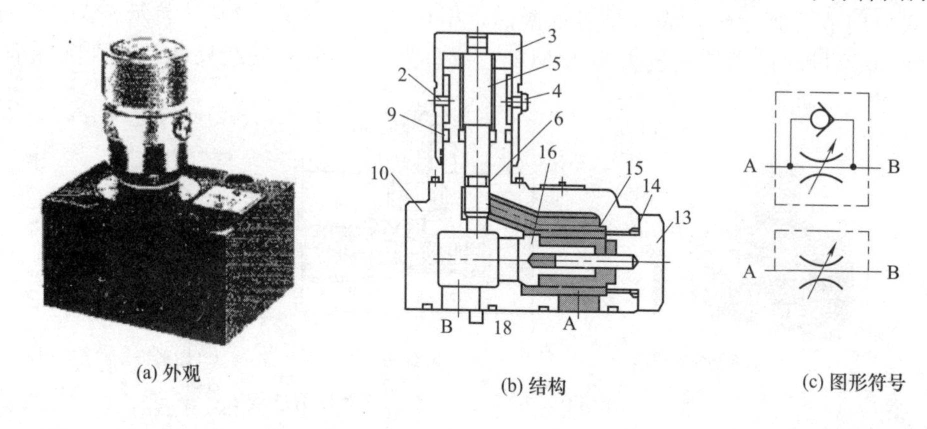

(a) 外观　(b) 结构　(c) 图形符号

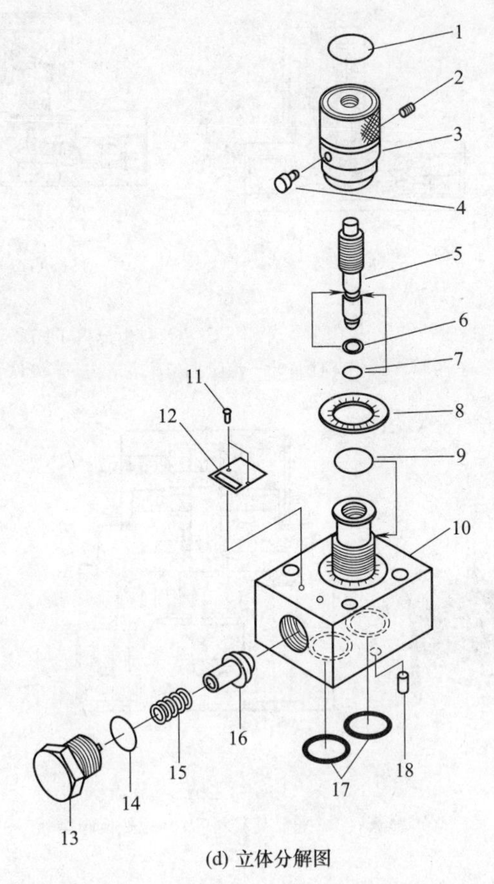

(d) 立体分解图

图 3-13-18　TFN（C）G-※-315-20 节流阀与单向节流阀

1—贴片；2—锁紧螺钉；3—刻度手柄；4—锁紧螺钉；5—节流阀芯；6,7,9,14,17—O 形圈；8—刻度盘；10—阀体；11—铆钉；12—标牌；13—螺塞；15—弹簧；16—单向阀芯；18—定位销

［例 3-13-19］ FN 型管路单向节流阀（美国伊顿－威格士公司）（图 3-13-19）

节流阀与单向阀共用一阀芯。

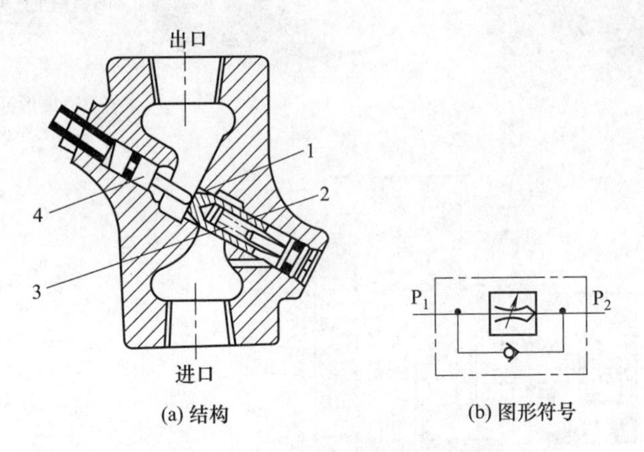

(a) 结构　　(b) 图形符号

图 3-13-19　FN 型管路单向节流阀

1—节流口；2—阀芯；3—弹簧；4—调节杆

［例 3-13-20］ TSC-T 型管式和 TSC-G 型板式单向节流阀（日本大京公司）（图 3-13-20）

结构特点为单向阀芯锥面上设置有 O 形圈。额定压力为 7MPa。

［例 3-13-21］ ST-G02 型板式节流阀（日本大京公司）（图 3-13-21）

结构特点为节流阀芯为平面开槽式，碟形弹簧使其紧贴在阀座上，使之密合。额定压力为 7MPa。

［例 3-13-22］ SFD-G02 型板式带机动换向阀的单向节流阀（日本大京公司）（图 3-13-22）

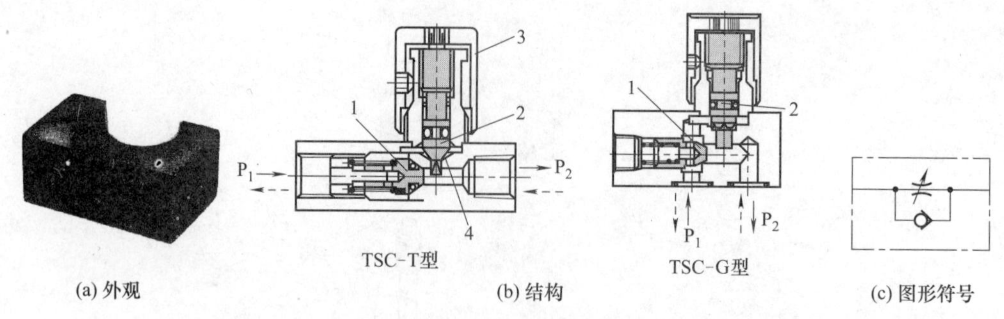

图 3-13-20　TSC-T 型管式和 TSC-G 型板式单向节流阀

1—单向阀；2—节流阀；3—流量调节手轮；4—节流口

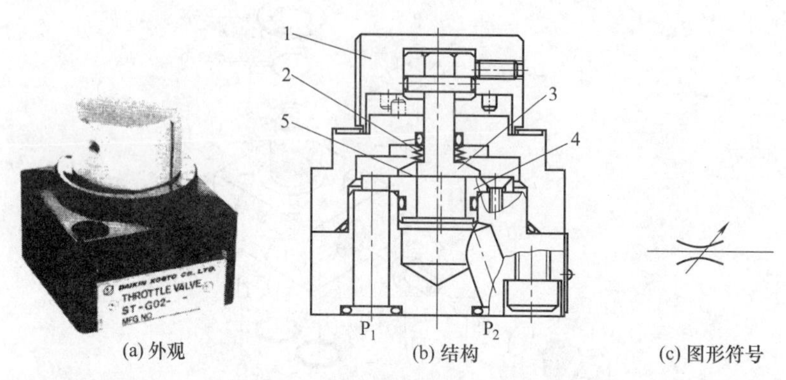

图 3-13-21　ST-G02 型板式节流阀

1—手柄；2—碟形弹簧；3—平板节流阀芯；4—平板阀座；5—节流口

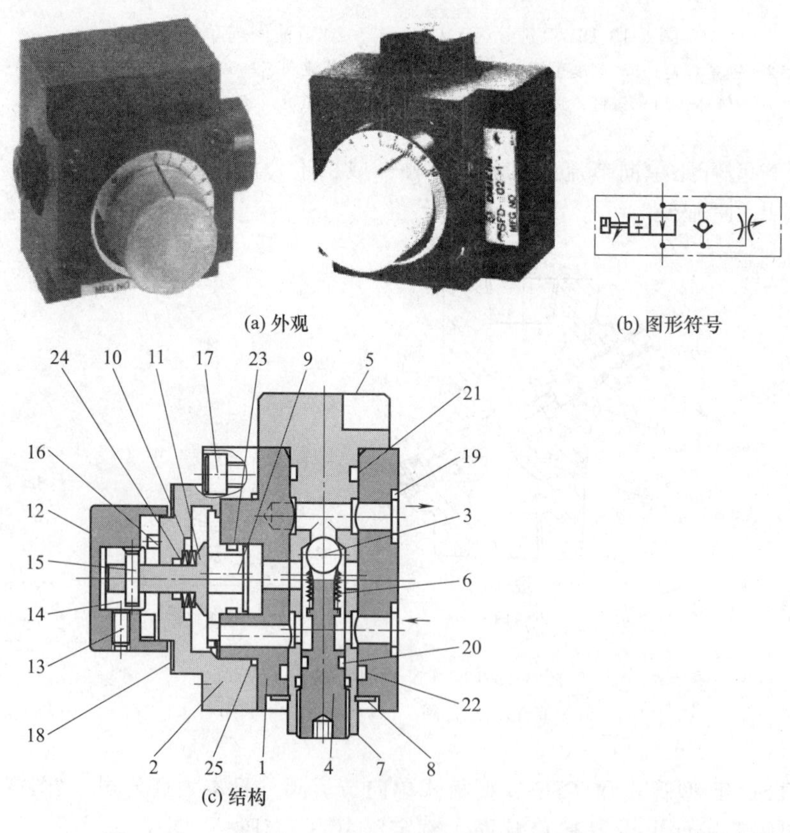

图 3-13-22　SFD-G02 型板式带机动换向阀的单向节流阀

1—阀体；2—阀盖；3—单向阀；4—堵头；5—机动阀拨叉缺口；6—弹簧；7—二位二通机动阀阀芯；8—卡簧；9—节流阀阀座；10—O 形圈；11—节流阀阀芯；12—流量调节手柄；13—锁紧螺钉；14—锁母；15—传动销；16—挡销；17—螺钉；18—标牌；19～25—O 形圈

结构特点为节流阀芯为平面开槽式，碟形弹簧使其紧贴在阀座上，使之密合；串联有两位两通机动换向阀，通过拨槽拨动机动阀芯，用于机床快进-工进回路。额定压力为 7MPa。

［例 3-13-23］ HDFT（C)-◇※型节流阀（日本大京公司）（图 3-13-23）

结构特点为内泄式。有（C）时表示带单向阀；◇为连接方式，T 表示螺纹连接，G 表示板式，F 表示法兰连接；※为通径代号 03、06、10、16，分别表示 3/8″、3/4″、1¼″、2″；额定压力为 21MPa。

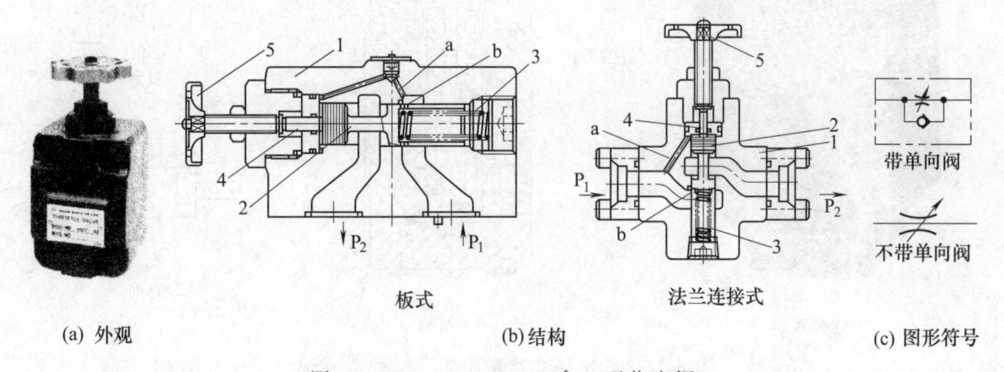

图 3-13-23 HDFT（C)-◇※型节流阀

1—阀体；2—阀芯；3—复位弹簧；4—顶杆；5—流量调节手柄；a—流道；b—小孔

［例 3-13-24］ AQFR-10、AQFR-15、AQFR-20、AQFR-25、AQFR-32 型管式节流阀（意大利阿托斯公司）（图 3-13-24）。

螺纹口的螺纹尺寸为 G3/8″～G1¼″，旋转外螺套调节流量。

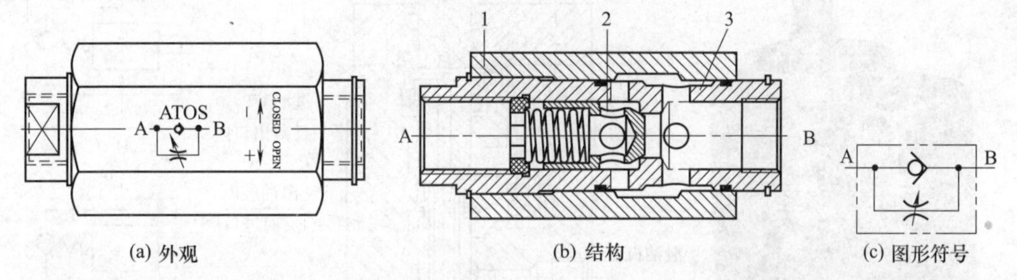

图 3-13-24 AQFR-10、AQFR-15、AQFR-20、AQFR-25、AQFR-32 型管式节流阀

1—外螺套；2—单向阀芯；3—阀套

3-13-2 行程节流阀与单向行程节流阀

［例 3-13-25］ AXLF3-E10B 型单向行程节流阀（广研 GE 系列）（图 3-13-25）

E 表示压力等级为 16MPa；通径 10mm，最大流量为 100L/min；连接尺寸符合 ISO 4401-AC-05-4-A 标准。

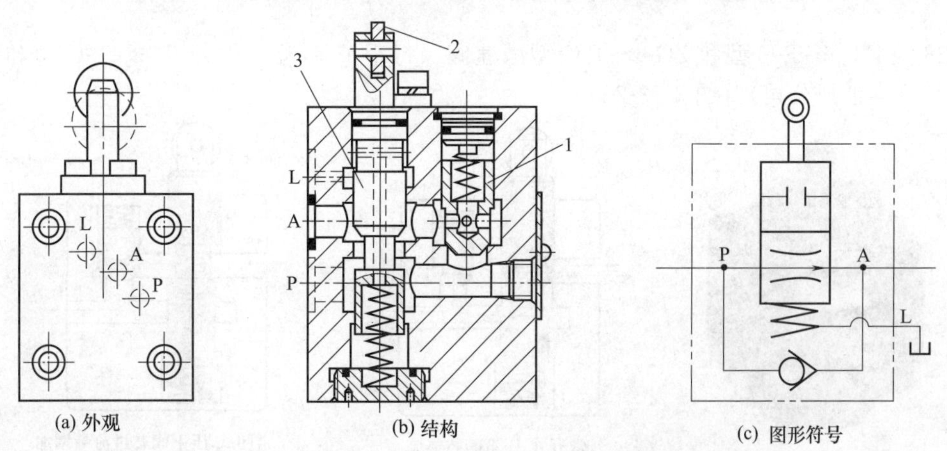

图 3-13-25 AXLF3-E10B 型单向行程节流阀

1—单向阀；2—滚轮；3—行程节流阀

[例 3-13-26] CF 型螺纹连接型行程节流阀（国产）（图 3-13-26）

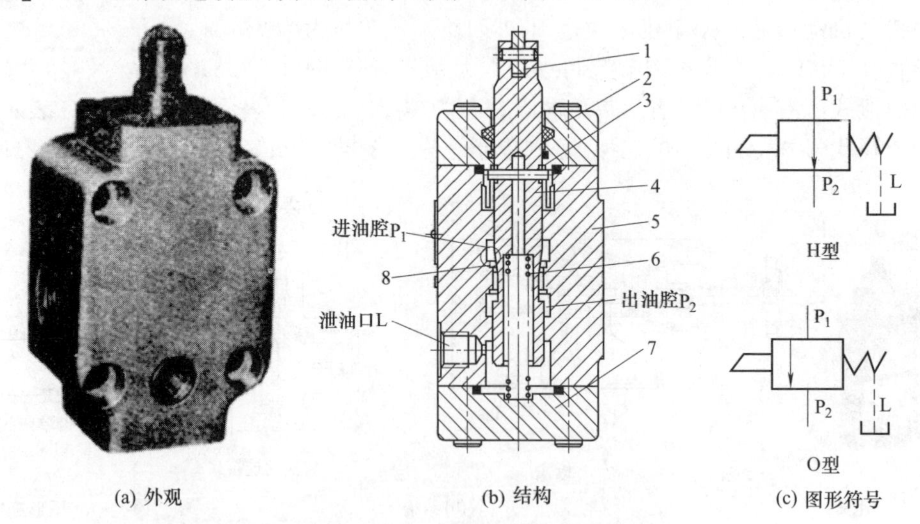

图 3-13-26 CF 型螺纹连接型行程节流阀

1—滚轮；2,7—端盖；3—定位销；4—阀芯；5—阀体；6—弹簧；8—节流口

[例 3-13-27] CDF 型板式连接型单向行程节流阀（国产）（图 3-13-27）

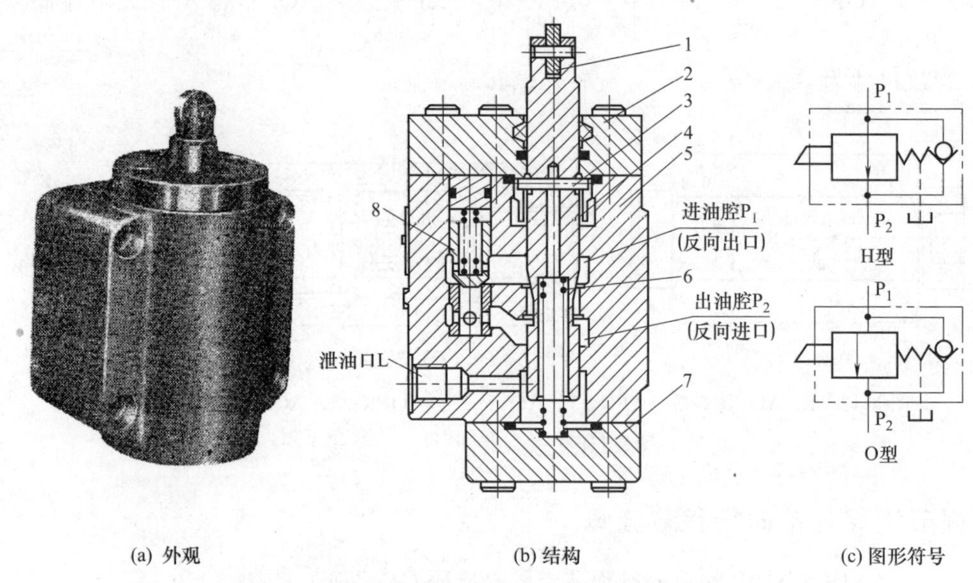

图 3-13-27 CDF 型板式连接型单向行程节流阀

1—滚轮；2,7—端盖；3—定位销；4—阀芯；5—阀体；6—弹簧；8—单向阀芯

[例 3-13-28] ZT-※-T-C 型和 ZG-※-T-C 型减速阀（行程节流阀）及 ZCT-※-T-C-型和 ZCG-※-T-C 型单向减速阀（日本油研公司）（图 3-13-28）

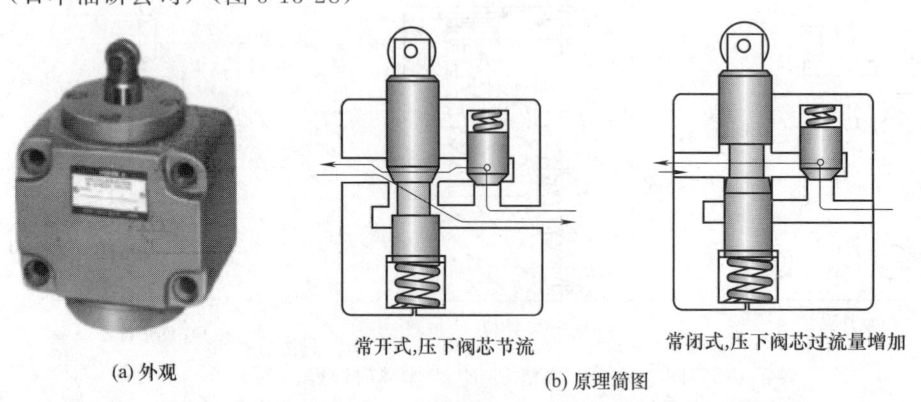

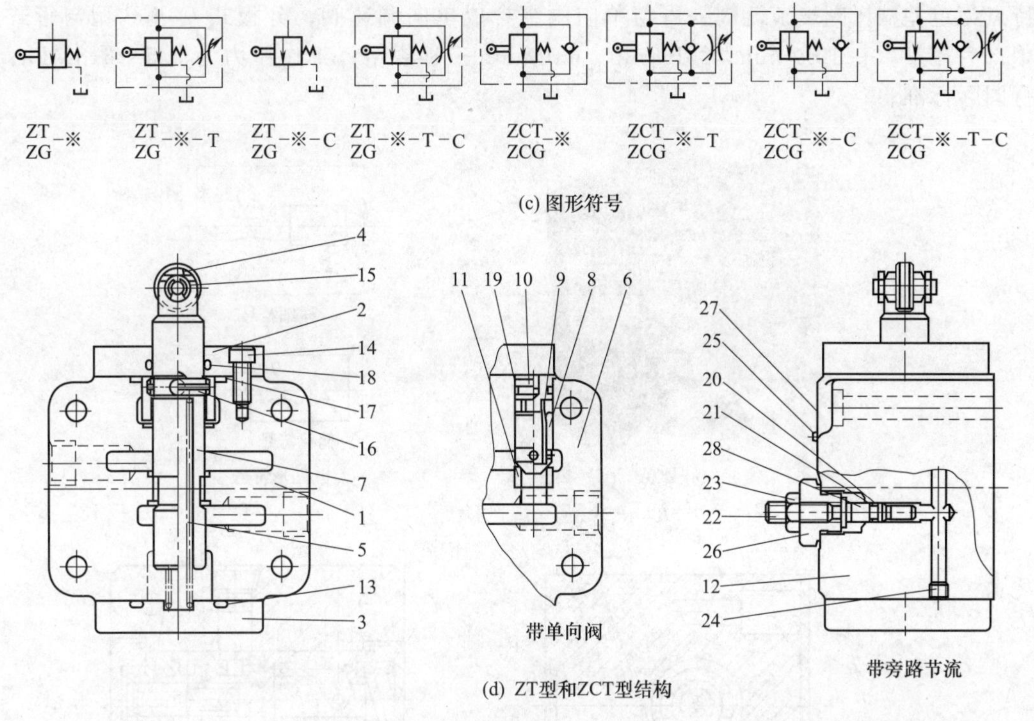

(c) 图形符号

(d) ZT型和ZCT型结构

1,6,12—阀体；2—盖板；3—下盖；4—滚轮；5,9—弹簧；7—阀芯；8—单向阀芯；10—堵头；11—阀座；13,17～20—O形圈；14—螺钉；15—销轴；16—销；21—密封挡圈；22—节流调节螺钉；23—锁母；24—螺塞；25—铆钉；26—螺套；27—标牌；28—调流阀芯

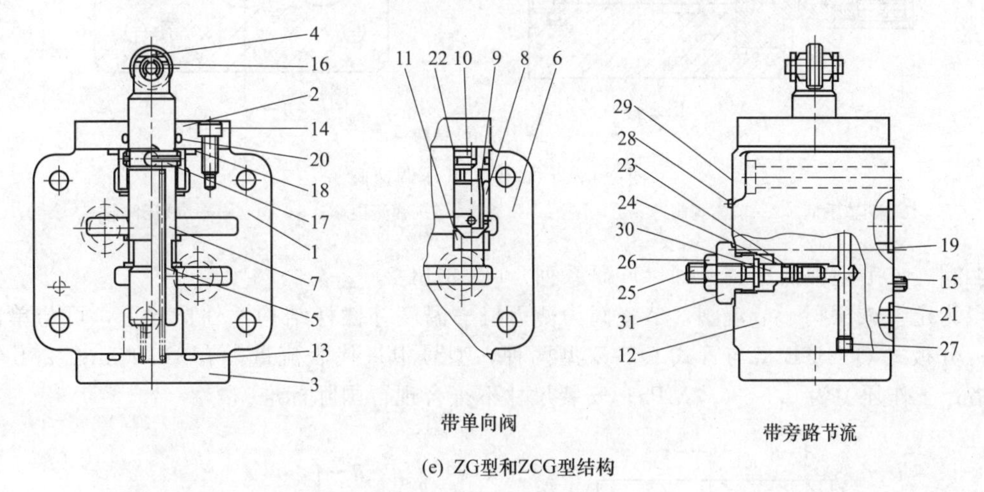

(e) ZG型和ZCG型结构

1,6,12—阀体；2—盖板；3—下盖；4—滚轮；5,9—弹簧；7—阀芯；8—单向阀芯；10—堵头；11—阀座；13,18～23—O形圈；14—螺钉；15～17—销；24—密封挡圈；25—节流调节螺钉；26—锁母；27—螺塞；28—铆钉；29—标牌；30—节流阀芯；31—螺套

图 3-13-28 ZT-※-T-C型和ZG-※-T-C型减速阀（行程节流阀）及ZCT-※-T-C型和ZCG-※-T-C型单向减速阀

※为通径代号03、06、10；对应额定流量为30L/min、80L/min、200L/min；T只在带旁路节流时使用；C表示常闭，不标注C时为常开；额定压力为21MPa。

3-14 调速阀

3-14-1 普通调速阀与单向调速阀

［例 3-14-1］ Q型中低压调速阀（广研系列）（图 3-14-1）

结构特点为定差减压阀＋节流阀。可与单向阀组合成单向调速阀；分板式 Q-※B 型与管式 Q-※型两种，型号中※为流量，有 10L/min、25L/min、63L/min 三种规格；工作压力为 0.5～6.3MPa；安装尺寸不符合现行国际标准。

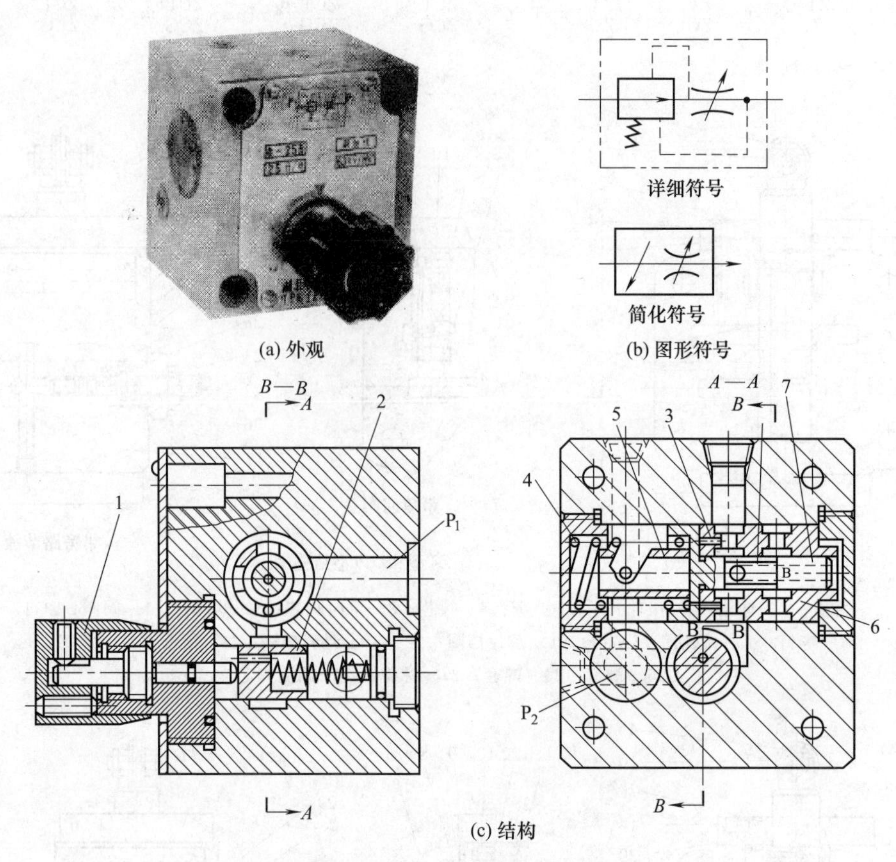

(a) 外观 (b) 图形符号

(c) 结构

图 3-14-1 Q 型中低压调速阀

1—调节手柄；2—节流阀阀芯；3—小孔；4—弹簧；5—弹簧内套；6—阀套；7—减压阀阀芯

［例 3-14-2］ QT 型中低压调速阀（广研系列）（图 3-14-2）

结构特点为定差减压阀＋节流阀，节流阀为薄刃口＋温度补偿杆结构。外形同上，可与单向阀组合成单向调速阀；分板式 QT-※B 型与管式 QT-※型两种，型号中※代表流量，有 10L/min、25L/min、63L/min 三种规格；工作压力为 0.5～6.3MPa；安装尺寸不符合现行国际标准。

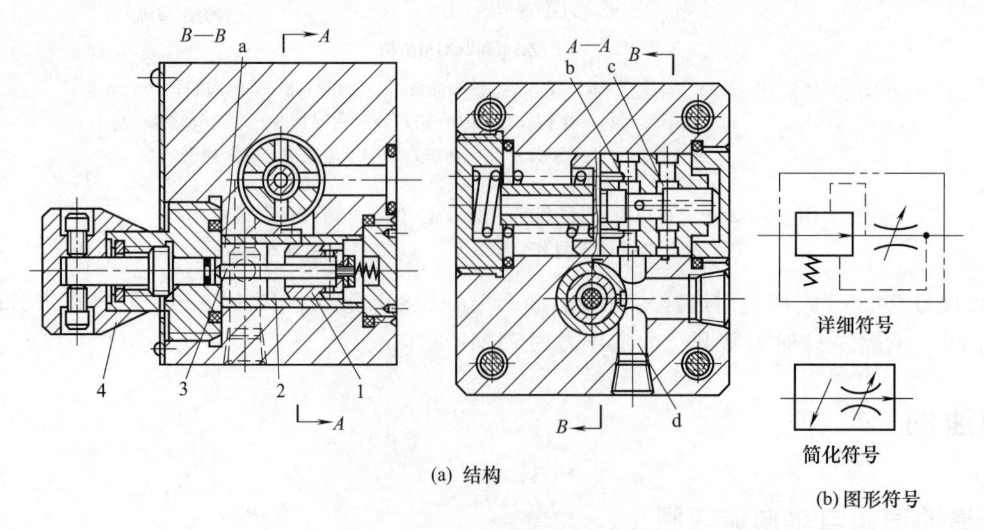

(a) 结构 (b) 图形符号

图 3-14-2 QT 型中低压调速阀

1—节流阀芯；2—阀套；3—温度补偿杆；4—流量调节手柄

[例 3-14-3] LY 型中低压溢流调速阀（广研型）（图 3-14-3）

结构特点为溢流阀+节流阀。工作压力为 0.5～6.3MPa；流量系列同例 3-14-1 和例 3-14-2；安装尺寸不符合现行国际标准。

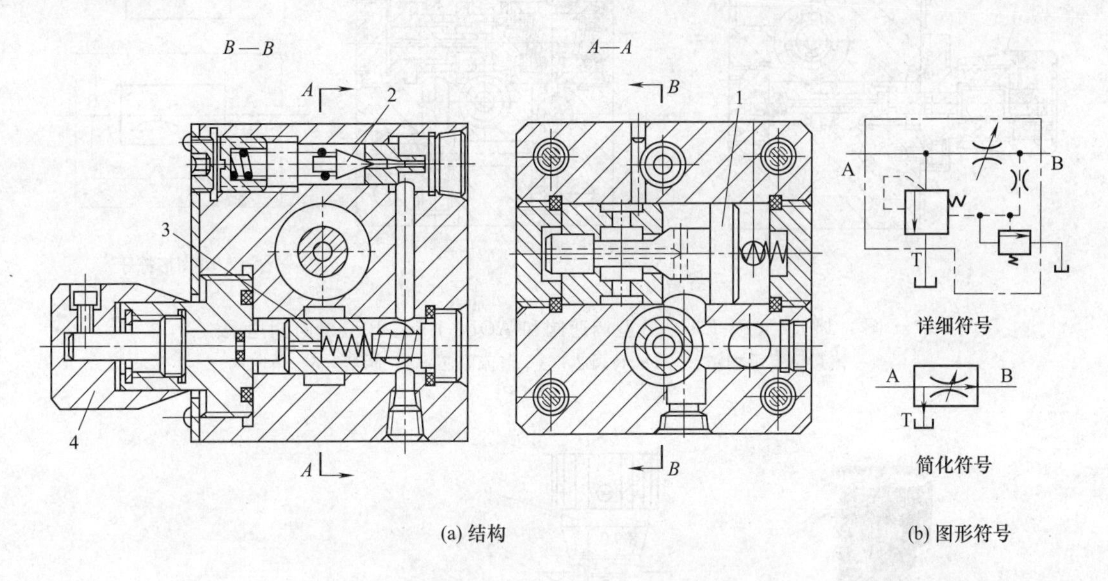

(a) 结构　　(b) 图形符号

图 3-14-3 LY 型中低压溢流调速阀

1—定差溢流阀；2—安全阀；3—节流阀；4—流量调节手柄

[例 3-14-4] QF 型调速阀（联合设计组）（图 3-14-4）

结构特点为定差减压阀+节流阀。最大工作压力为 31.5MPa；可与单向阀组合成单向调速阀；安装尺寸不符合现行国际标准。

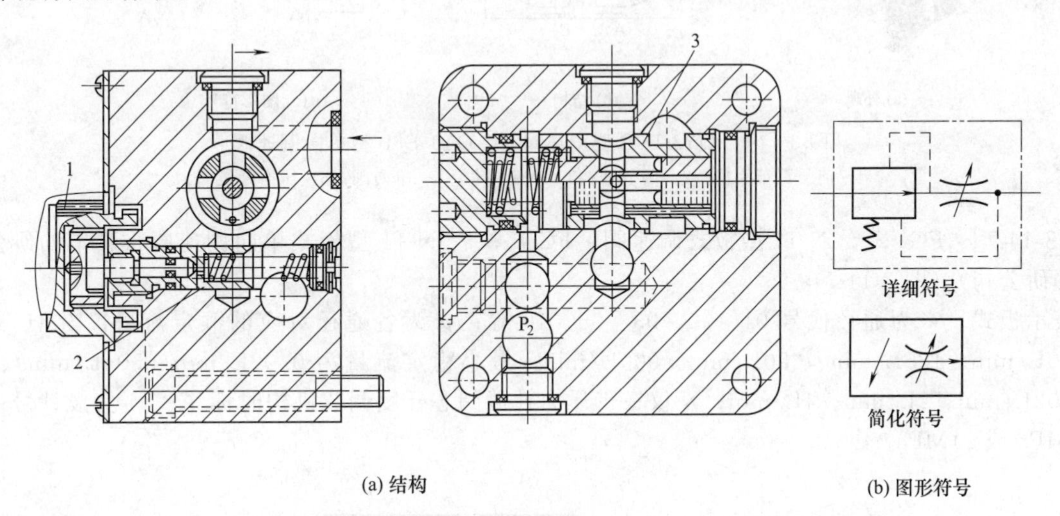

(a) 结构　　(b) 图形符号

图 3-14-4 QF 型调速阀

1—流量调节手柄；2—节流阀部分；3—减压阀部分

[例 3-14-5] QF3-E※◇B 型调速阀和 AQF3-E※◇B 型单向调速阀（广研 GE 系列）（图 3-14-5）

结构特点为定差减压阀+节流阀。E 表示压力等级为 16MPa；※为通径，有 6mm、10mm 两种；◇为流量，a 表示 6.3MPa，b 表示 10MPa，c 表示 16MPa；B 表示板式；安装尺寸符合现行国际标准 ISO 6263-AB-03-4-B 和 ISO 6263-AK-06-2-A。

[例 3-14-6] QY1-D6B 型调速阀与 AQY1—D6B 型单向调速阀（大连系列）（图 3-14-6）

结构特点为压力补偿阀与节流阀轴线布置在同一阀套中。有 Y 时从 P 引入控制油为外控；最高使用压力为 10MPa；安装尺寸符合现行国际标准 ISO 6263-AB-03-4-B 和 ISO 6263-AK-06-2-A。

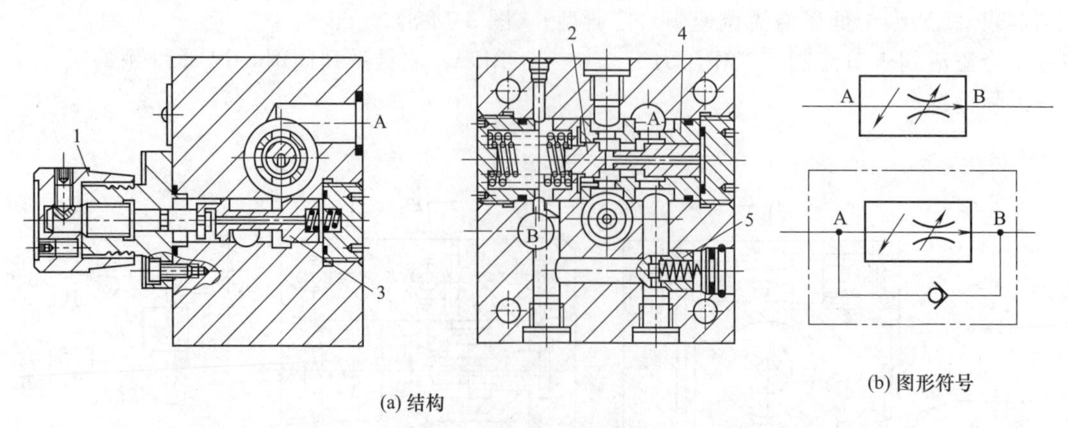

(a) 结构 (b) 图形符号

图 3-14-5 QF3-E※◇B 型调速阀和 AQF3-E※◇B 型单向调速阀

1—流量调节手柄；2—减压阀阀芯；3—节流阀芯；4—阀套；5—单向阀

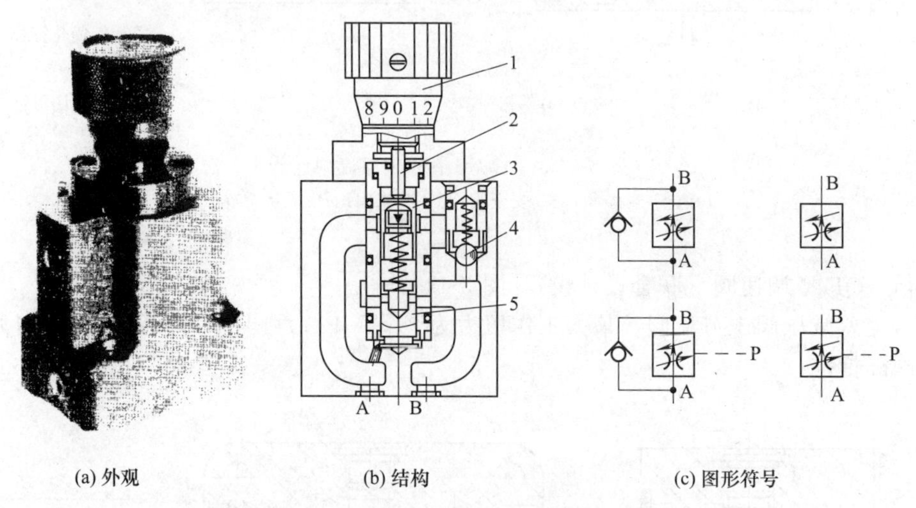

(a) 外观 (b) 结构 (c) 图形符号

图 3-14-6 QY1-D6B 型调速阀与 AQY1-D6B 型单向调速阀

1—流量调节手柄；2—调节杆；3—节流阀芯；4—单向阀；5—压力补偿阀

［例 3-14-7］ FG-※-☆-N-11 型板式调速阀、FCG-※-☆-N-11 型板式单向调速阀（日本油研公司、中国榆次油研公司）(图 3-14-7)

G 表示板式；※为通径代号 01、02、03、06、10 等；☆为各通径对应的额定流量，为 4L/min(8L/min)、30L/min、125L/min、250L/min、500L/min；最小稳定流量为 0.02L/min(0.04L/min)、0.05L/min、0.02L/min、2L/min、4L/min；N 仅在带压力补偿阀芯开度调节机构时标注；11 为设计号；额定压力为 14MPa 或 21MPa。

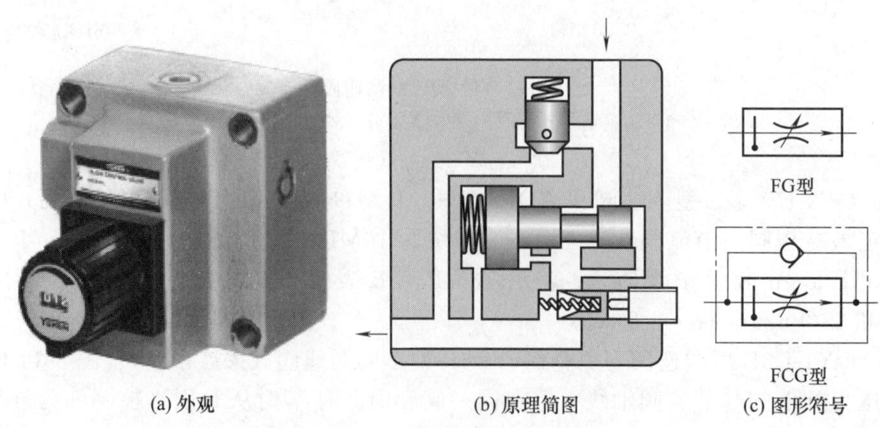

(a) 外观 (b) 原理简图 (c) 图形符号

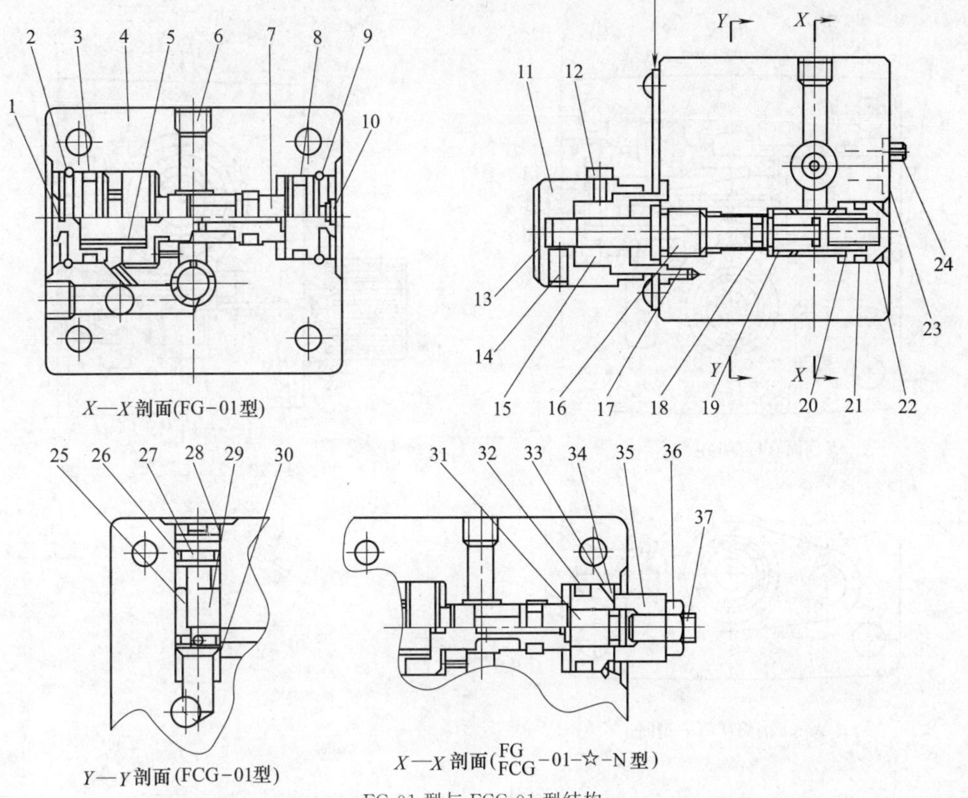

FG-01 型与 FCG-01 型结构

1,10,27—堵头；2,9,22,28,33—卡簧；3,8,18,21,23,26,32,34—O 形圈；4—阀体；5,25—弹簧；6—螺塞；7—补偿阀芯；11—流量调节手柄；12,14—锁紧螺钉；13—标牌；15,35—螺套；16,31—调节杆；17—螺钉；19—阀套；20—节流阀芯与复位弹簧；24—定位销；29—单向阀芯；30—阀座；36—锁母；37—补偿阀芯行程调节螺钉

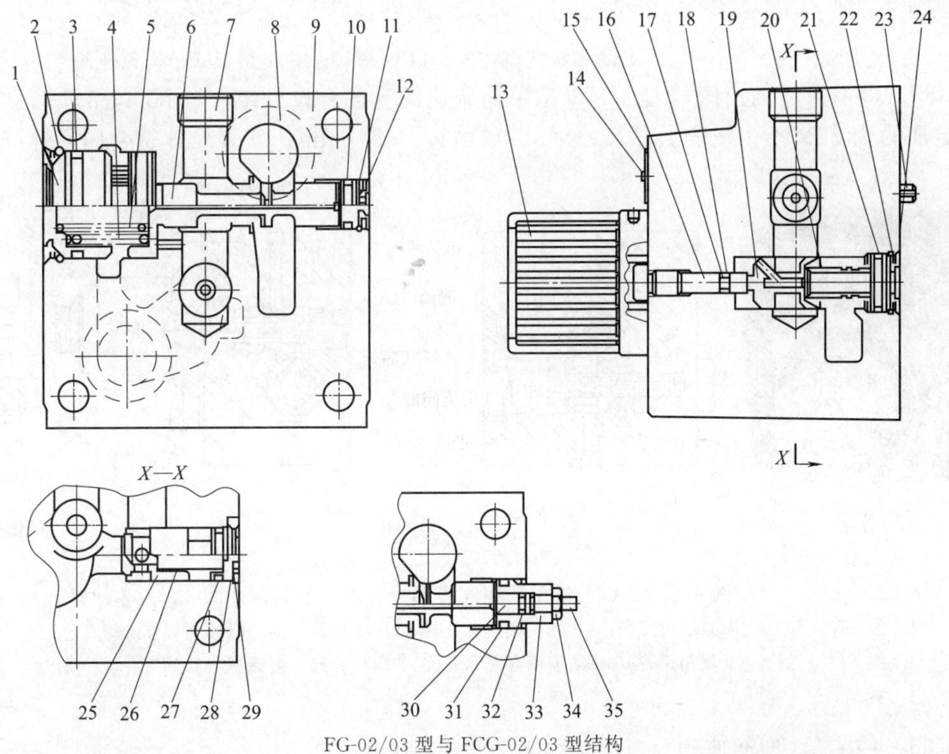

FG-02/03 型与 FCG-02/03 型结构

1,12,24,29—堵头；2,11,22,28—卡簧；3,8,10,18,21,27,31,32—O 形圈；4,5,26—弹簧；6—补偿阀芯；7—螺塞；9—阀体；13—流量调节手柄；14—铆钉；15—标牌；16,30—调节杆；17—密封挡圈；19—节流阀芯；20—复位弹簧；23—定位销；25—单向阀芯；33—螺套；34—锁母；35—补偿阀芯行程调节螺钉

图 3-14-7

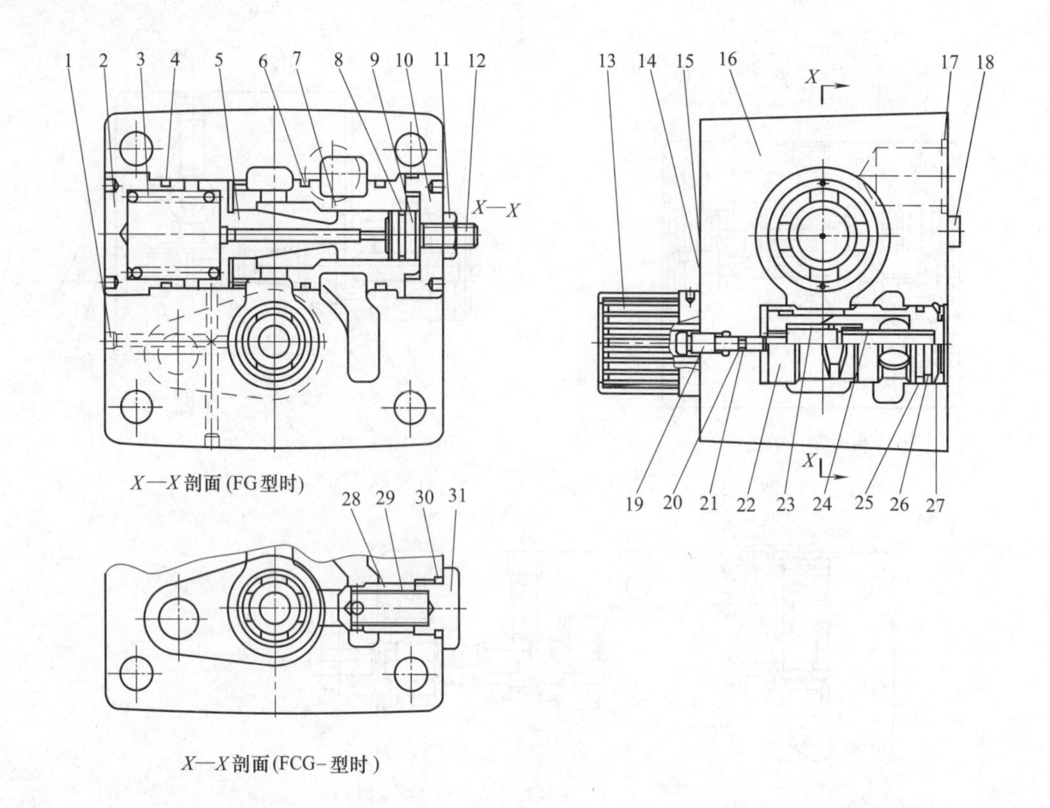

X—X 剖面(FG型时)

X—X 剖面(FCG-型时)

FG-06/10 型与 FCG-06/10 型结构

1,2—堵头；3,29—弹簧；4,6,8,17,21,26,30—O 形圈；5—补偿阀芯；7—阀套；9,19—调节杆；10—螺套；11—锁母；12—补偿阀芯行程调节螺钉；13—流量调节手柄；14—铆钉；15—标牌；16—阀体；18—定位销；20,25—密封挡圈；22—阀套；23—节流阀芯；24—复位弹簧；27—卡簧；28—单向阀芯；31—螺塞

(b) 结构例

图 3-14-7　FG-※-☆-N-11 型板式调速阀、FCG-※-☆-N-11 型板式单向调速阀

［例 3-14-8］　Q-H※型调速阀与 QA-H※型单向调速阀（联合设计组）（图 3-14-8）

H 表额定压力为 32MPa；※表通径尺寸（8、10、20、32）mm；安装尺寸符合国际标准 ISO 6263。

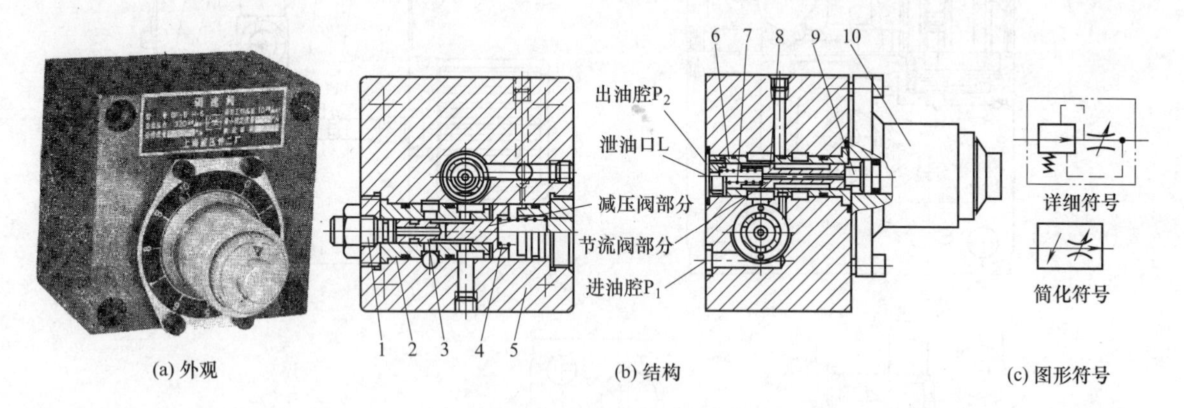

(a) 外观　(b) 结构　(c) 图形符号

图 3-14-8　Q-H※型调速阀与 QA-H※型单向调速阀

1—调节螺钉；2—减压阀阀套；3—减压阀阀芯；4—减压阀弹簧；5—阀体；6—节流阀阀套；7—节流阀弹簧；8—节流阀阀芯；9—调节螺杆；10—节流调节部分

［例 3-14-9］　FRG-03 型调速阀（美国威格士公司）（图 3-14-9）

［例 3-14-10］　LFCG-※-◇型单向调速阀（美国威格士公司、日本东京计器公司）（图 3-14-10）

※为通径代号 02、03；◇为流量调节范围代号，2 表示 0.015～3.5L/min，10 表示 0.02～14L/min；最高使用压力为 21MPa。

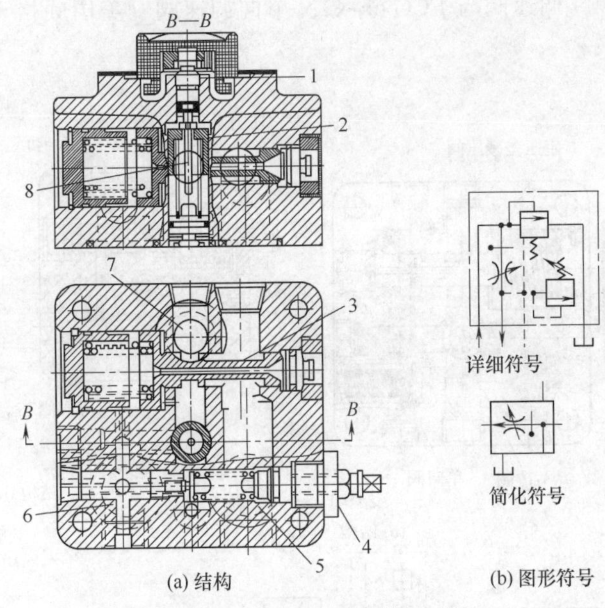

(a) 结构　　(b) 图形符号

图 3-14-9 FRG-03 型调速阀

1—调节杆；2—节流阀芯；3—压力补偿器（减压阀芯）；4—溢流阀；5—溢流口；6—出油口；7—进油口；8—温度补偿杆

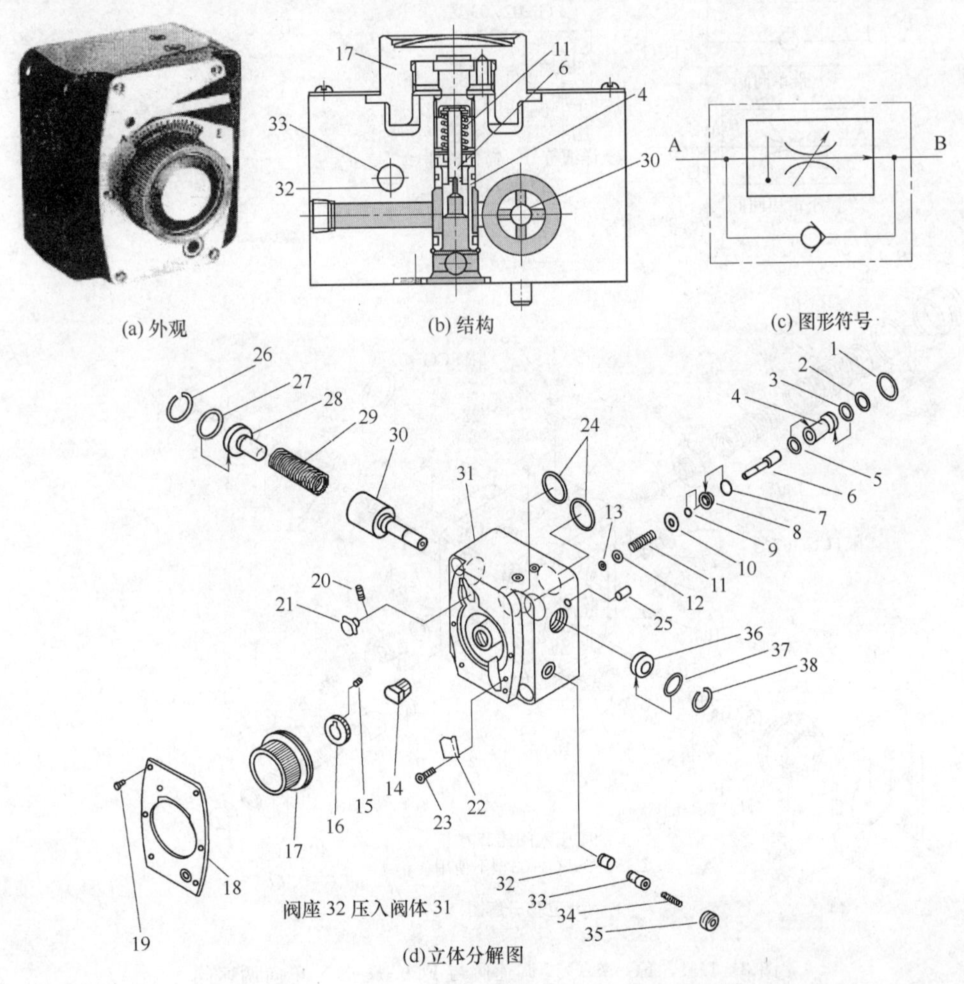

(a) 外观　　(b) 结构　　(c) 图形符号

(d)立体分解图

图 3-14-10 LFCG-※-◇型单向调速阀

1,3,5,7,9,12,13,24,27,37—O 形圈；2,26,38—弹簧卡圈；4—阀套；6—节流阀阀芯；8—弹簧座；10—垫；11,29,34—弹簧；14—挡块；15—小销；16—螺套；17—捏手；18—标牌；19—标牌铆钉；20～23—定位防松组件；25—安装定位销；28—堵头；30—减压阀阀芯；31—阀体；32—单向阀阀座；33—单向阀阀芯；35,36—堵头

[例 3-14-11] FG-※-◇N 调速阀与 FCG-※-◇N 单向调速阀（美国威格士公司、日本东京计器公司）（图 3-14-11）

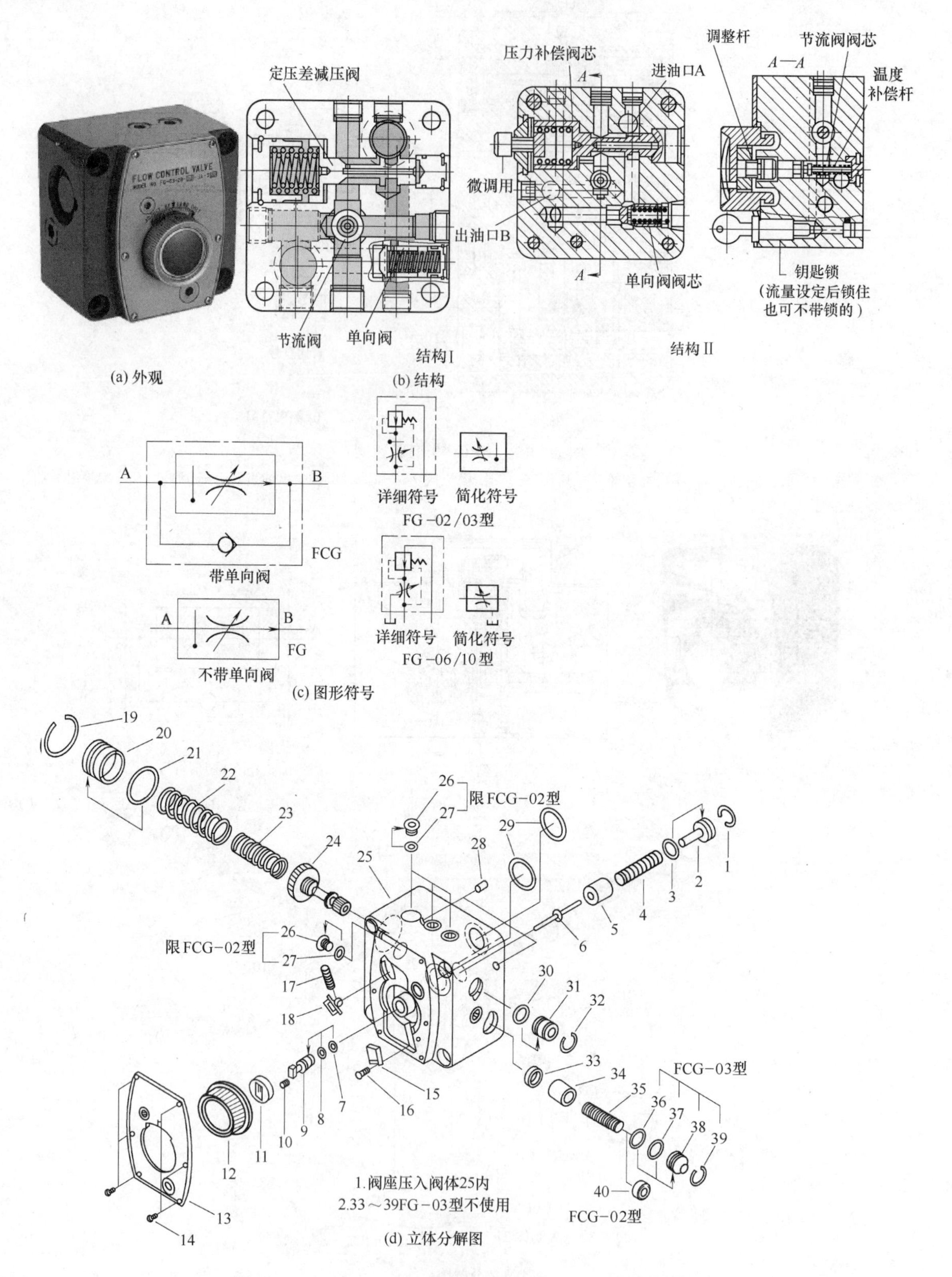

图 3-14-11 FG-※-◇N 调速阀与 FCG-※-◇N 单向调速阀

1,19,32,39—卡簧；2,20,26,31,38,40—堵头；3,7,8,21,27,29,30,36,37—O形圈；4,17,22,23,35—弹簧；5—节流阀阀芯；6—温度补偿杆；9—流量调节螺钉；10,14,16—螺钉；11—内方头套；12—手柄；13—标牌；15—定位块；18—异形件；24—压力补偿阀芯；25—阀体；28—安装定位销；33—单向阀阀座；34—单向阀阀芯

结构特点为温度补偿。※为通径代号 01、02、03、06、10；◇为最大调节流量，有 4L/min、8L/min、30L/min、125L/min、250L/min、500L/min；N 仅在使用压力补偿阀芯行程调节时标注；安装尺寸符合 ISO 6263 标准；最高使用压力为 21MPa。

［例 3-14-12］ 2FRM※◇☆型调速阀（德国博世-力士乐公司）（图 3-14-12）

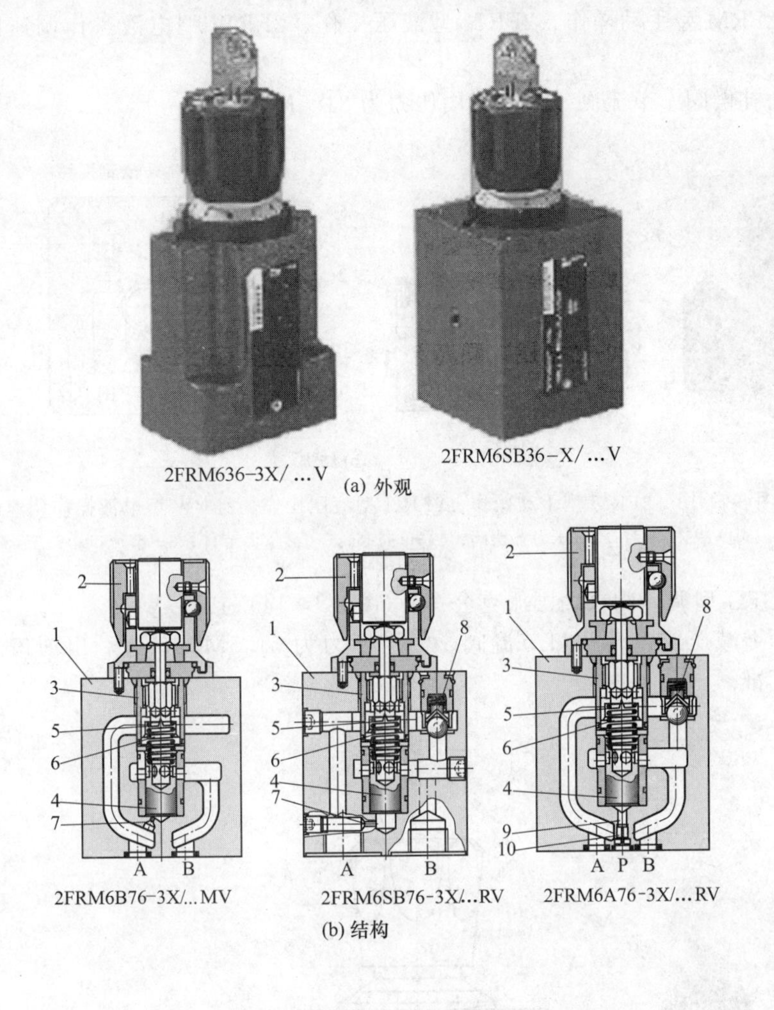

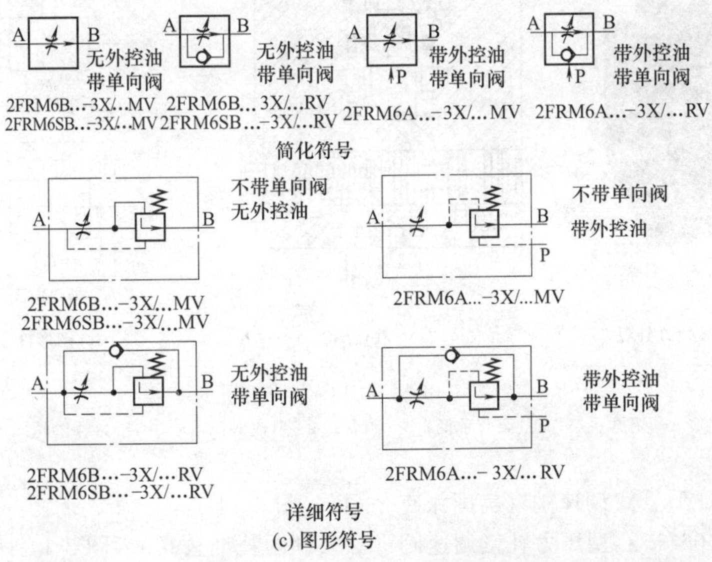

图 3-14-12　2FRM※◇☆型调速阀

1—阀体；2—调节手柄；3—节流装置；4—压力补偿器；5—节流口；6—弹簧；
7—固定阻尼孔；8—单向阀；9—流道；10—阻尼螺钉

结构特点为压力补偿阀与节流阀轴线布置在同一阀套中。※为通径，有 6mm、10mm、16mm；◇为板式阀安装面油口状况，A 表示带防冲击外控油口，B 表示不带防冲击外控油口，SB 表示安装面不带防冲击外控油口，另接；☆为调节手柄的种类，3 表示带刻度带锁手柄，7 表示带刻度不带锁手柄；最高使用压力为 31.5MPa；安装尺寸符合 ISO 6263 标准。

[例 3-14-13] 2FRM 型手动操作、2FRH 型液压操作、2FRW 型电液操作调速阀（德国博世-力士乐公司）（图 3-14-13）

结构特点为压力补偿阀＋节流阀。最高使用压力为 31.5MPa。

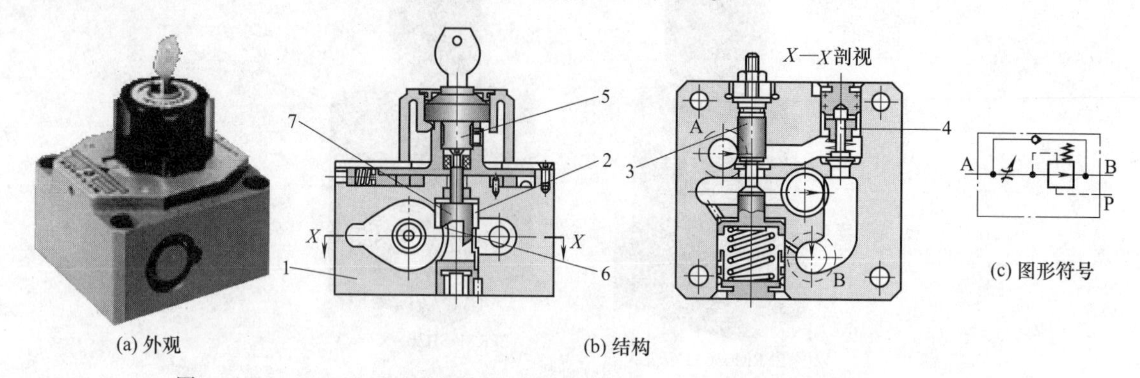

图 3-14-13 2FRM 型手动操作、2FRH 型液压操作、2FRW 型电液操作调速阀
1—阀体；2—油腔；3—压力补偿阀；4—单向阀；5—流量调节件；6—节流口；7—节流阀

[例 3-14-14] GFG 型调速阀（美国派克公司）（图 3-14-14）

结构特点为定压差减压阀＋薄刃口节流阀。额定压力为 31.5MPa；进、出油口最小压差为 0.5MPa；安装尺寸符合国际标准。

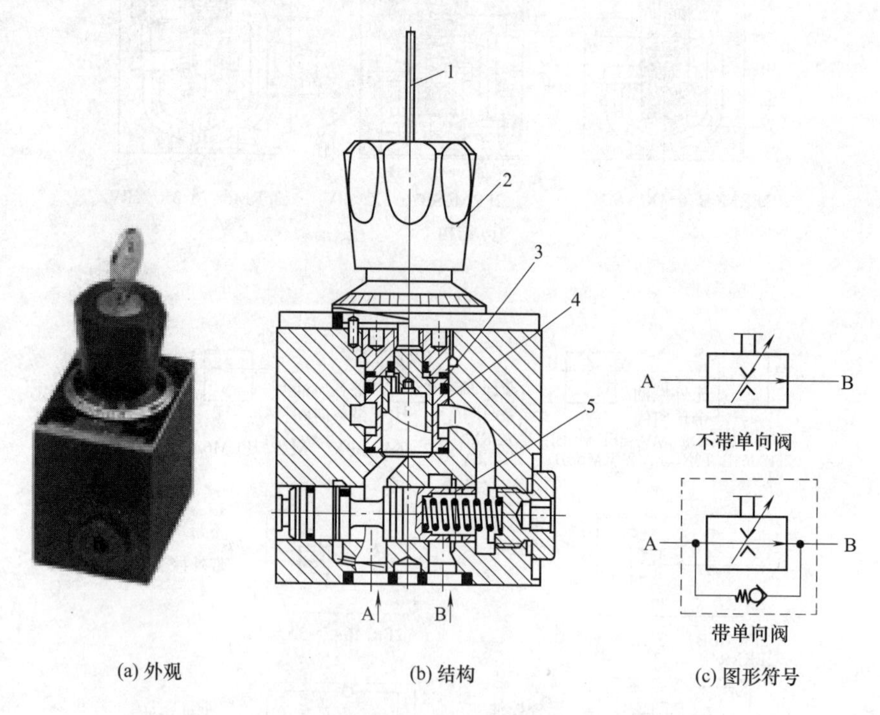

图 3-14-14 GFG 型调速阀
1—钥匙；2—流量调节手柄；3—阀套；4—节流阀阀芯；5—压力补偿阀

[例 3-14-15] PCM 型管式调速阀（美国派克公司）（图 3-14-15）

[例 3-14-16] QV-06/※△型压力补偿调速阀（意大利阿托斯公司）（图 3-14-16）

06 为标准通径代号；安装尺寸符合 ISO 4401-AB-03 标准；※为最大可调节流量，有 6L/min、16L/min、24L/min；△为选项，K 表示调节螺母固定锁，N 表示不带旁路单向阀。

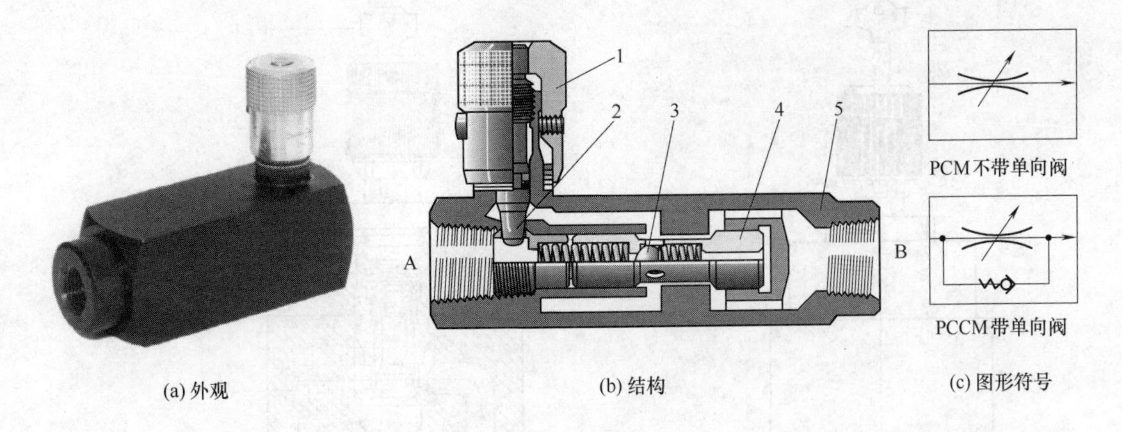

(a) 外观　(b) 结构　(c) 图形符号

图 3-14-15　PCM 型管式调速阀

1—流量调节手柄；2—节流阀阀芯；3—单向阀阀芯；4—压力补偿阀阀芯；5—阀体

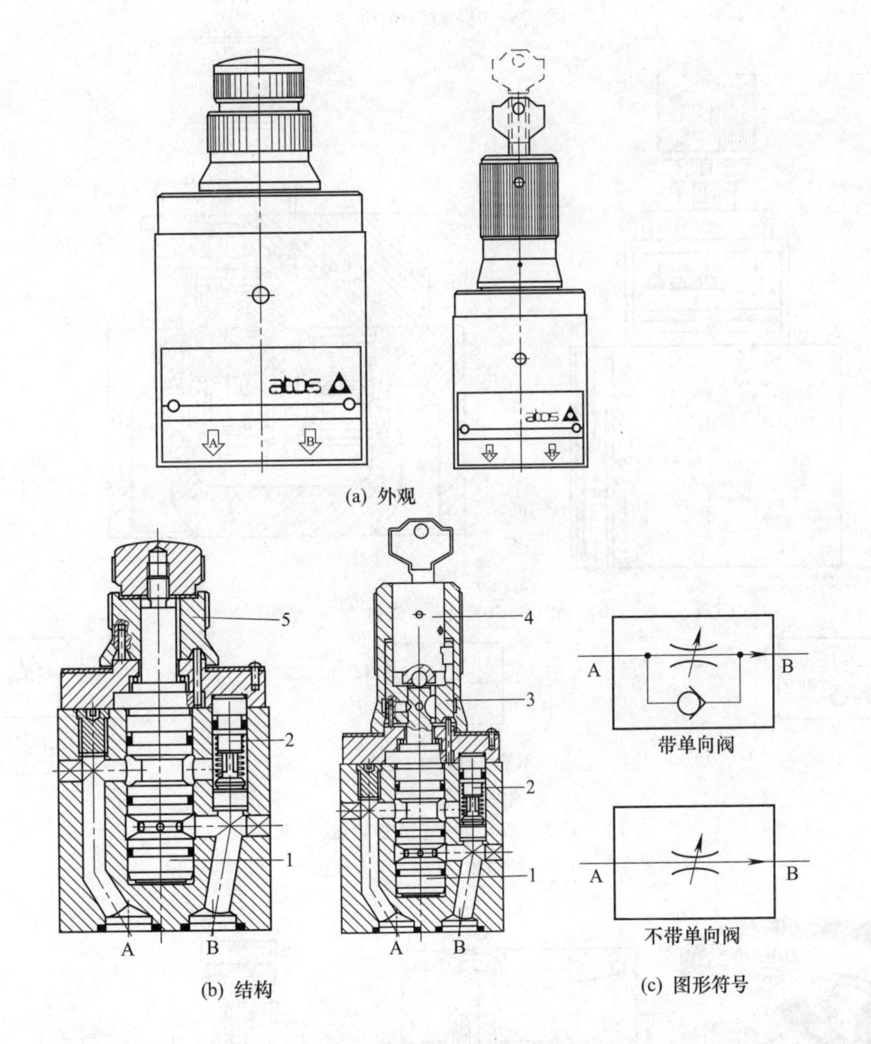

(a) 外观

(b) 结构　(c) 图形符号

图 3-14-16　QV-06/※△型压力补偿调速阀

1—压力补偿器；2—单向阀；3—旋转微调螺母；4—带锁调节手柄螺母；5—流量调节螺母

［例 3-14-17］ QV-10 型和 QV-20 型调速阀（意大利阿托斯公司）（图 3-14-17）

结构特点为压力补偿，二通或三通结构。符合 ISO 6263 标准，通径为 10mm、20mm。

［例 3-14-18］ SFC-G01 型调速阀（日本大京公司）（图 3-14-18）

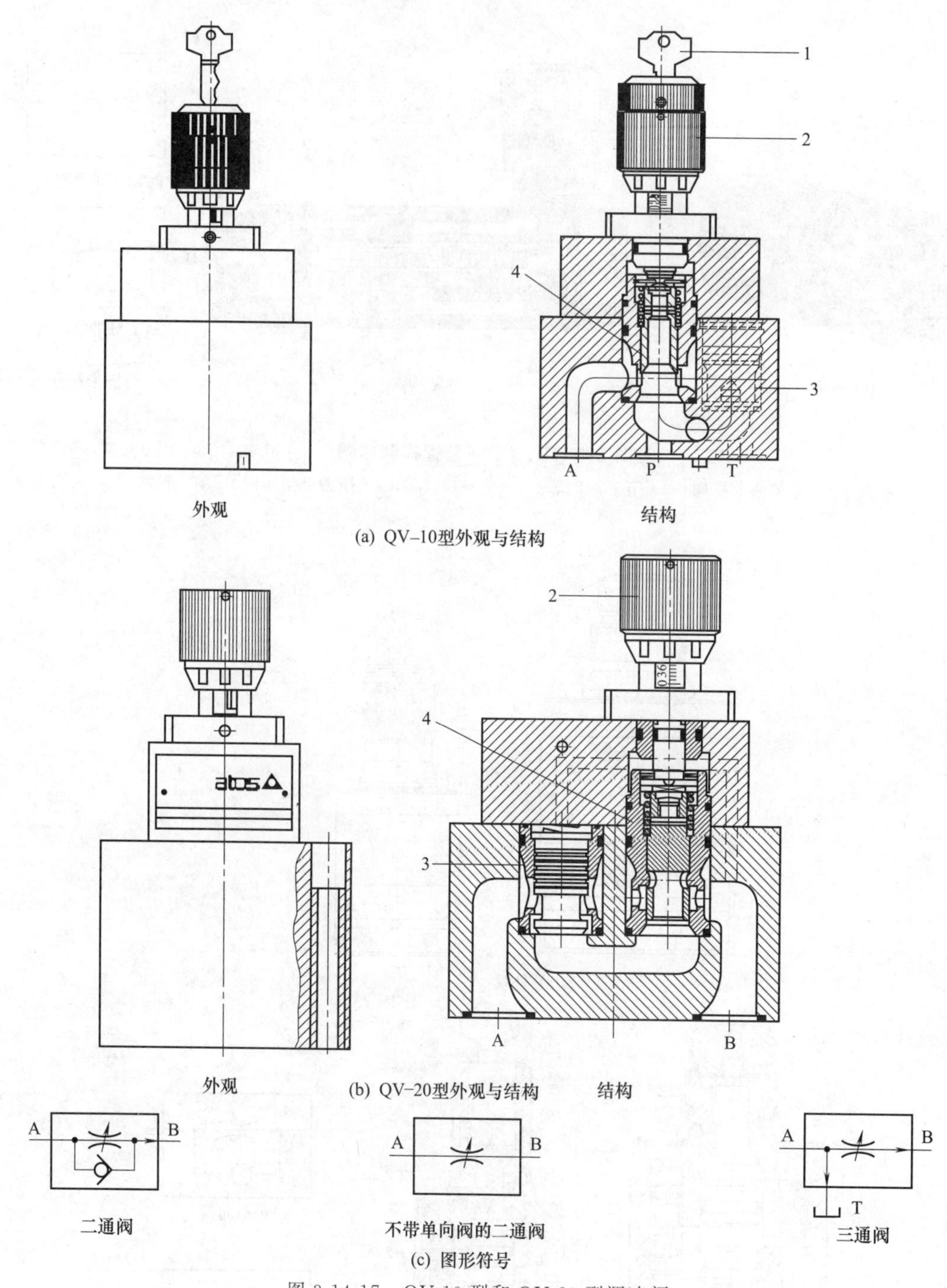

(a) QV-10型外观与结构

(b) QV-20型外观与结构

(c) 图形符号

图 3-14-17 QV-10 型和 QV-20 型调速阀

1—带锁调节螺母；2—微调螺母；3—压力补偿器；4—节流阀组件

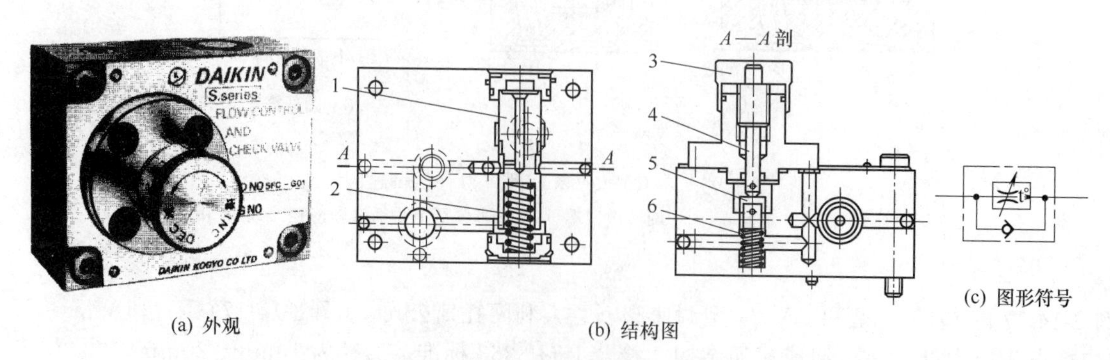

(a) 外观

(b) 结构图

(c) 图形符号

图 3-14-18 SFC-G01 型调速阀

1—压力补偿阀阀芯；2—弹簧；3—流最调节手柄；4—调节杆；5—单向节流阀阀芯；6—复位弹簧

［例 3-14-19］ SF-G02 型调速阀（日本大京公司）（图 3-14-19）

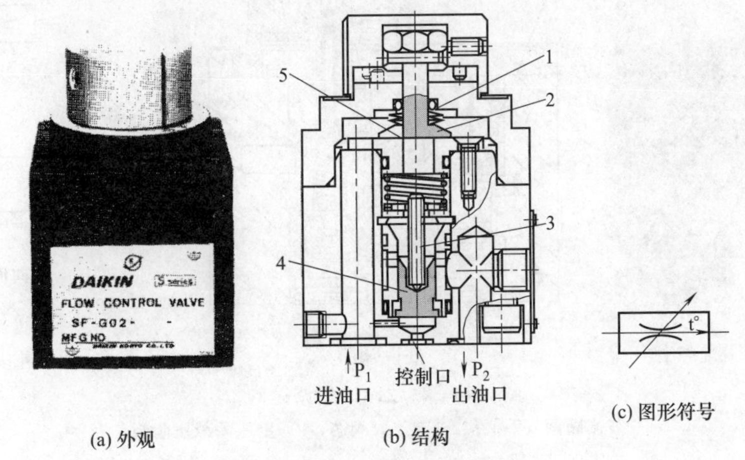

(a) 外观　　(b) 结构　　(c) 图形符号

图 3-14-19 SF-G02 型调速阀

1—碟形弹簧；2—节流阀阀杆（节流阀阀芯）；3—温度补偿杆；4—定压差减压阀阀芯；5—节流口

［例 3-14-20］ JFC-G02 型和 JFC-G03 型调速阀（日本大京公司）（图 3-14-20）

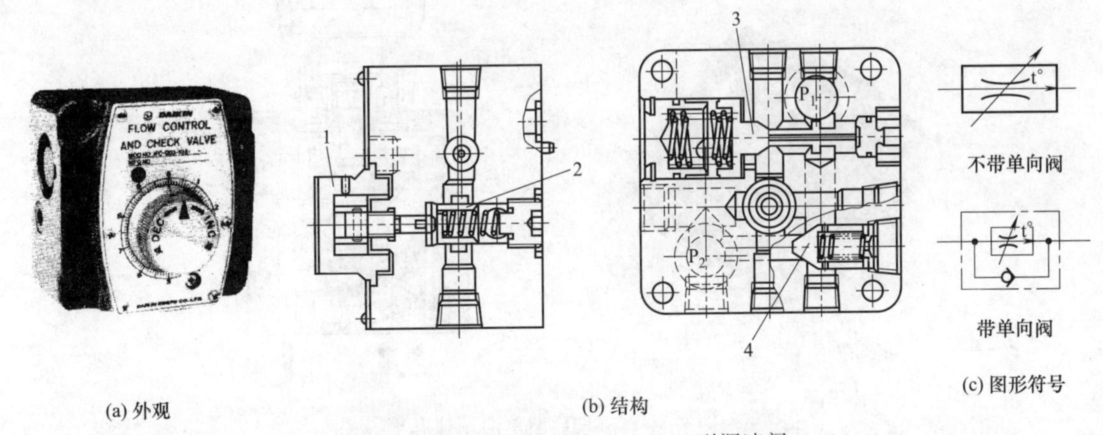

(a) 外观　　(b) 结构　　(c) 图形符号

图 3-14-20 JFC-G02 型和 JFC-G03 型调速阀

1—流量调节手柄；2—节流阀芯（薄刃口）；3—定压差减压阀；4—单向阀

［例 3-14-21］ HDFCC-G10 型调速阀（日本大京公司）（图 3-14-21）

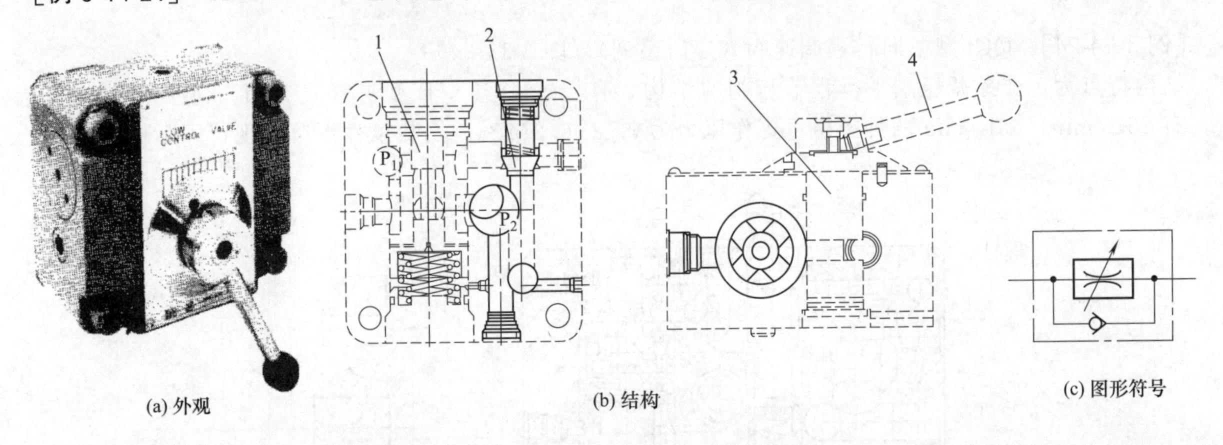

(a) 外观　　(b) 结构　　(c) 图形符号

图 3-14-21 HDFCC-G10 型调速阀

1—定压差减压阀；2—单向阀；3—转阀式节流阀；4—流量调节手柄

［例 3-14-22］ 2F1C 型调速阀（美国派克公司）（图 3-14-22）

［例 3-14-23］ FJC 型单向调速阀（日本川崎公司）（图 3-14-23）

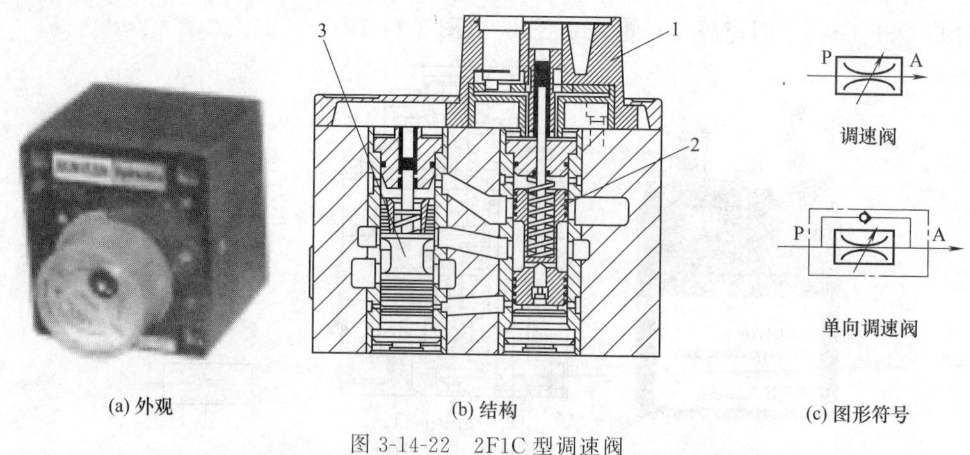

(a) 外观 (b) 结构 (c) 图形符号

图 3-14-22 2F1C 型调速阀

1—节流阀调节手柄；2—节流阀阀芯；3—定压差减压阀阀芯

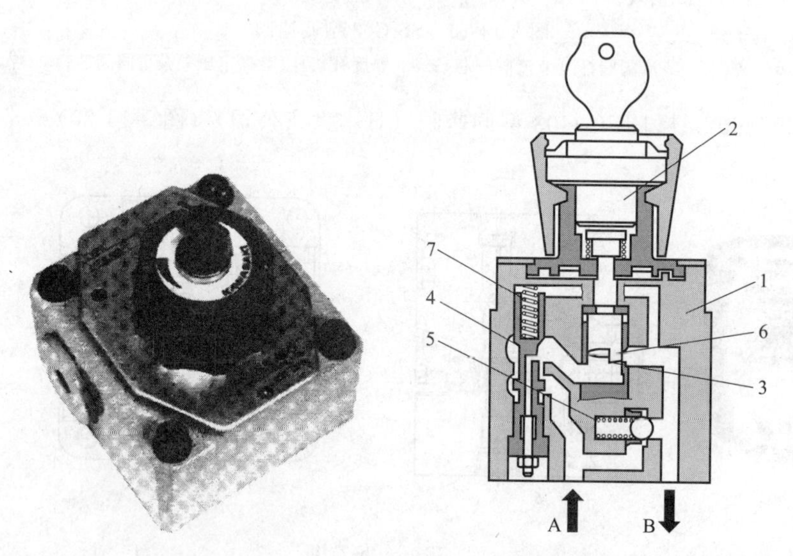

图 3-14-23 FJC 型单向调速阀

1—阀体；2—流量调节部；3—节流口；4—压力补偿阀阀芯；5—单向阀部；6—节流阀芯；7—弹簧

3-14-2 单向行程调速阀

［例 3-14-24］ QCI 型单向行程调速阀（广研系列）（图 3-14-24）

结构特点为定压差减压阀+行程节流阀的结构。有板式 QCI-※B 型与管式 QCI-※型两种，※代表流量，有 25L/min、63L/min 两种规格；工作压力为 0.5～6.3MPa；安装尺寸不符合现行国际标准。

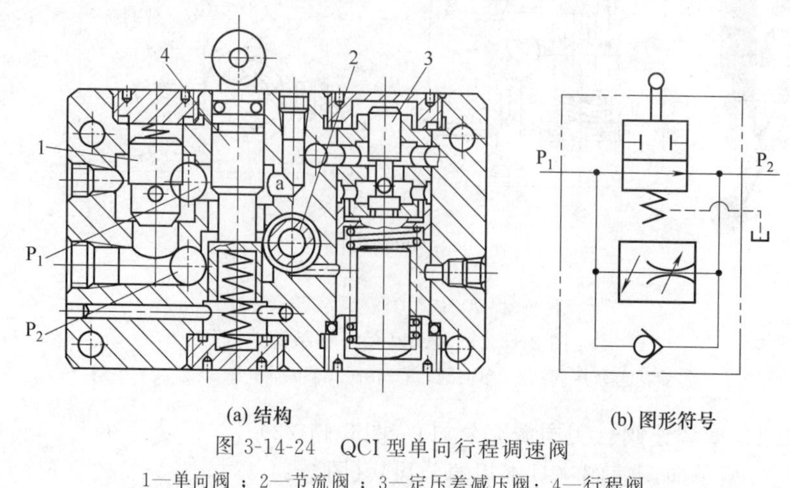

(a) 结构 (b) 图形符号

图 3-14-24 QCI 型单向行程调速阀

1—单向阀；2—节流阀；3—定压差减压阀；4—行程阀

［例 3-14-25］　AXLF3-E10B 型单向行程调速阀（广研 GE 系列）（图 3-14-25）

E 表为压力等级为 16MPa；10mm 通径；B 表示板式连接；额定流量为 100L/min；安装尺寸符合 ISO 4401-AC-05-4-A 标准。

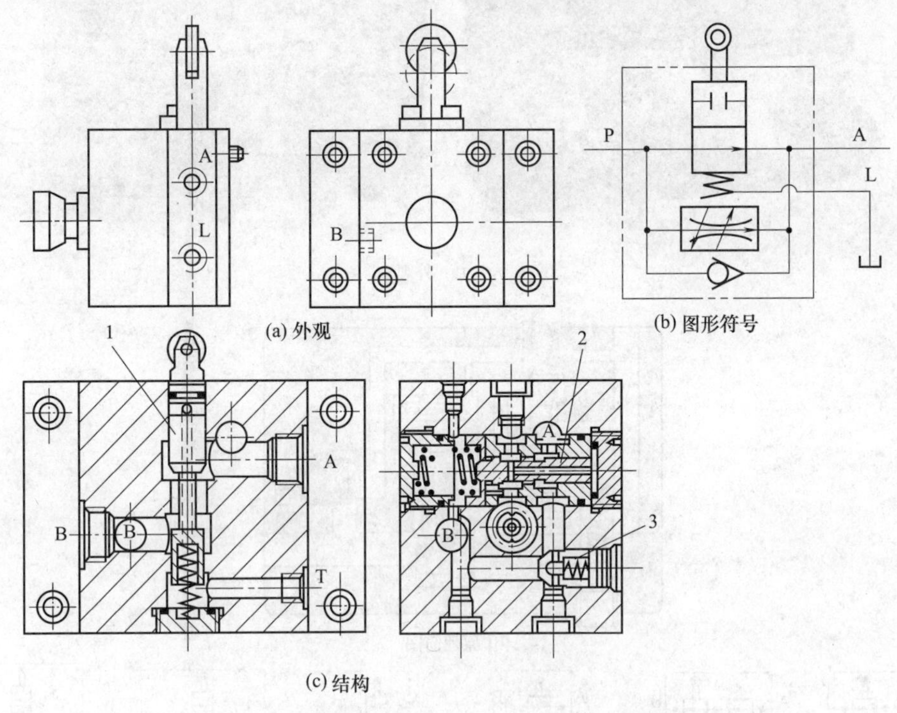

图 3-14-25　AXLF3-E10B 型单向行程调速阀

1—行程节流阀；2—定压差减压阀；3—单向阀

［例 3-14-26］　SFD-G03-8E 型单向行程调速阀（日本大京公司）（图 3-14-26）

G 表示板式；03 表示通径；8 表示最大流量为 8L/min；E 表示外泄式，无 E 表示内泄式；最大压力为 7MPa；安装尺寸不符合国际标准。

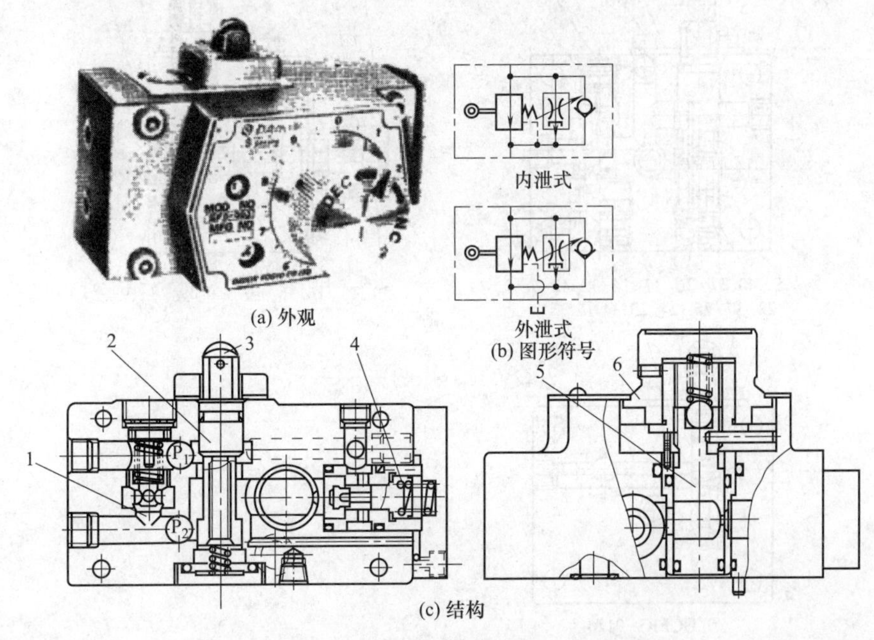

图 3-14-26　SFD-G03-8E 型单向行程调速阀

1—单向阀；2—行程阀；3—滚轮；4—定压差减压阀；5—转阀式节流阀；6—流量调节手柄

［例 3-14-27］　UCF1G-※◇△-E 型单向行程调速阀（日本油研公司、中国榆次油研公司）（图 13-14-27）

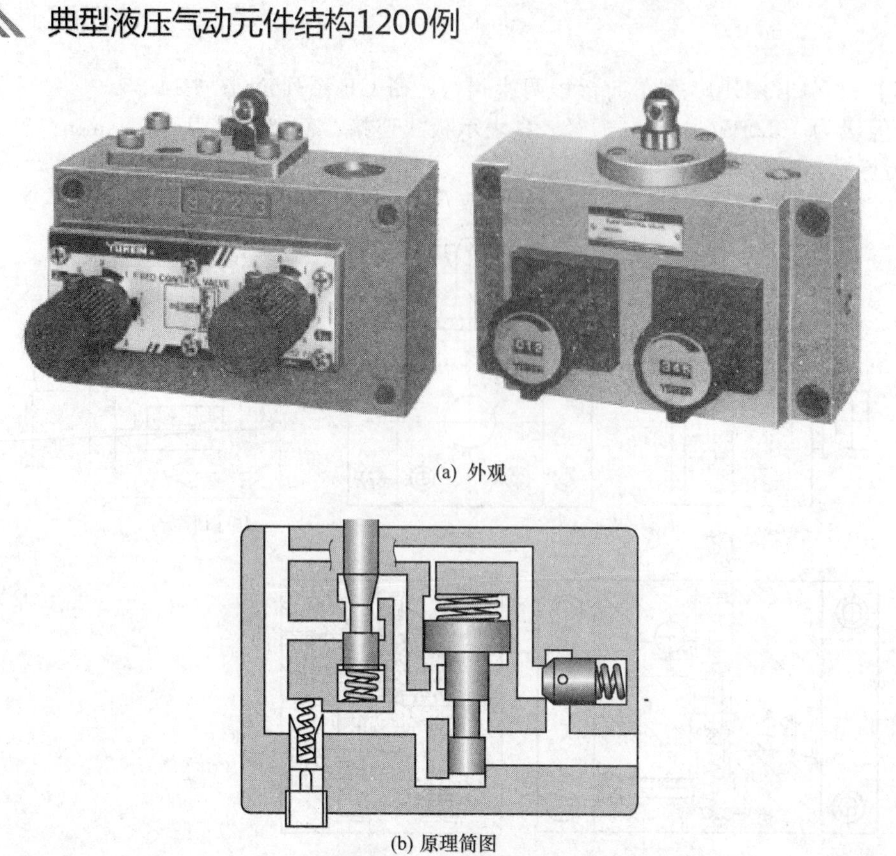

(a) 外观

(b) 原理简图

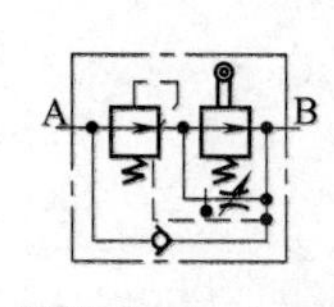

UCF1G−01…11

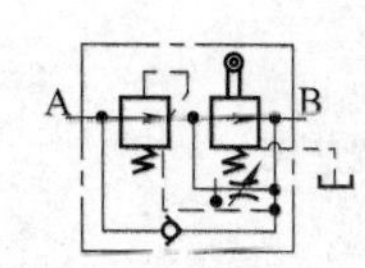

UCF1G−01…E−11

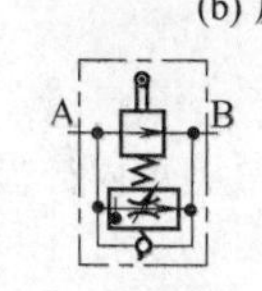

UCF1G−03…10

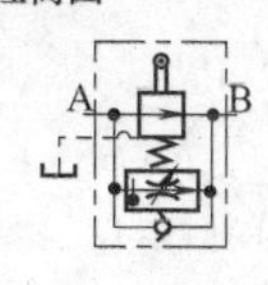

UCF1G−03…E−10
UCF1G−04−30−30

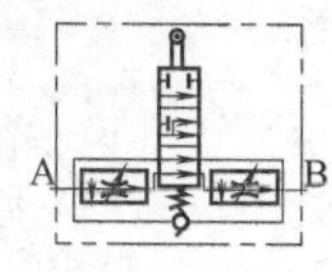

UCF2G−03…10

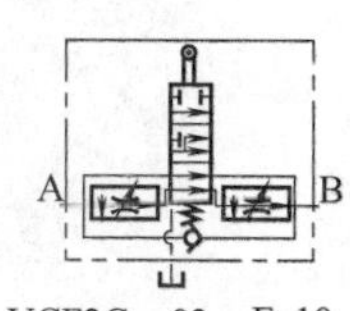

UCF2G−03…E−10
UCF2G−04−30−30

(c) 图形符号

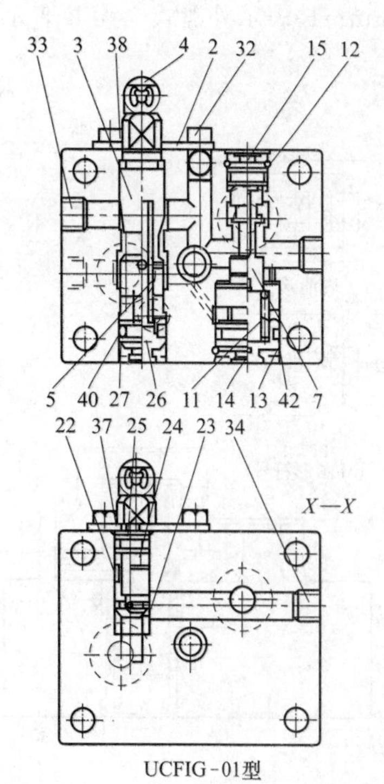

UCFIG-01型

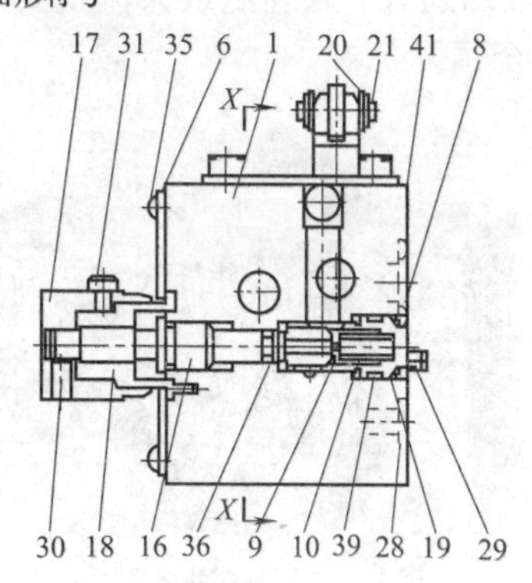

UCF1G-01 型

1—阀体；2—压板；3—行程节流阀芯；4—滚轮；5，24—弹簧；6—标牌；7—压力补偿阀芯；8—阀套；9—节流阀芯；10，11—复位弹簧；12，13，19，25，27—卡簧；14，15，26—堵头；16—调节杆；17—流量调节手柄；18—螺套；20—垫；21—销；22—单向阀芯；23—单向阀座；28，36～42—O形圈；29—定位销；30，31—锁紧螺钉；32—螺钉；33，34—螺塞；35—铆钉

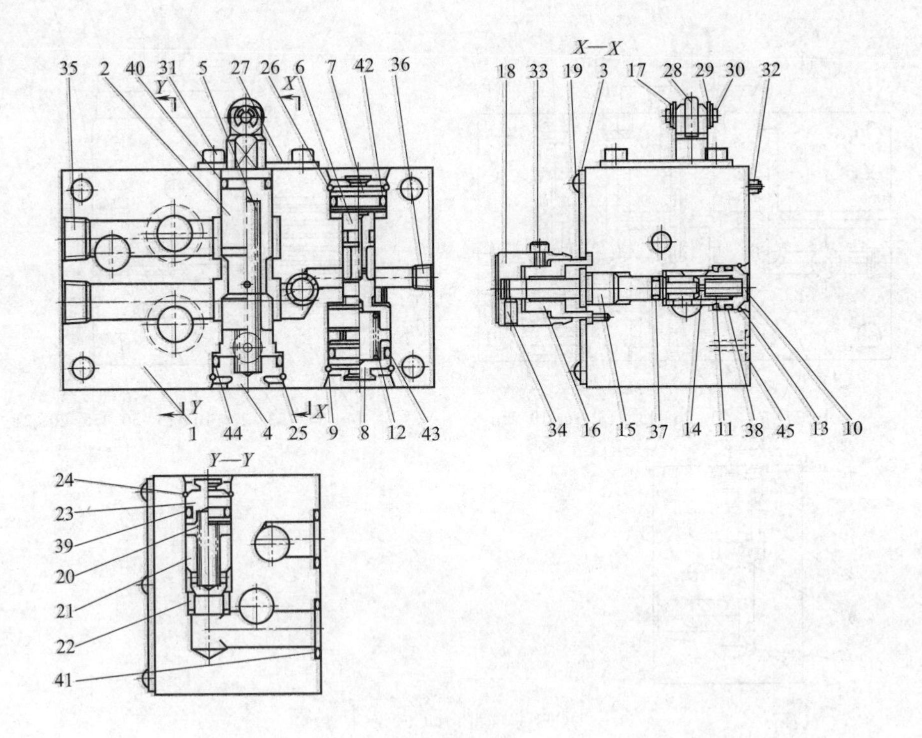

UCF1G-03 型

1—阀体；2—行程节流阀芯；3—标牌；4,7,8,23—堵头；5,11,12,17,20—弹簧；6—压力补偿阀芯；9,13,24～26—卡簧；10—阀套；14—节流阀芯；15—调节杆；16—螺套；18—流量调节手柄；19—铆钉；21—单向阀芯；22—单向阀座；27—压板；28—滚轮；29—垫；30—销；31—螺钉；32—定位销；33,34—锁紧螺钉；35,36—螺塞；37～45—O 形圈

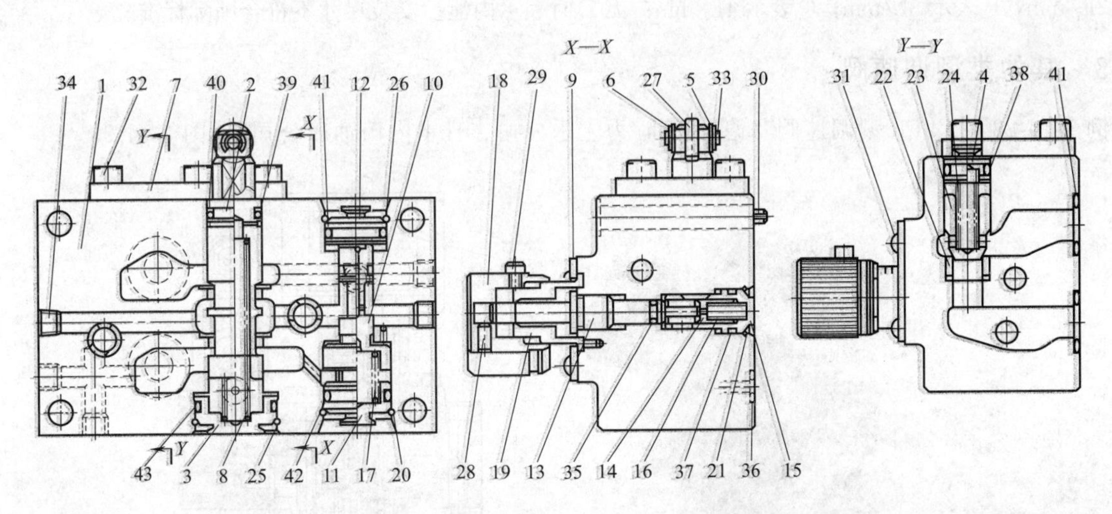

UCF2G-03 型

1—阀体；2—行程节流阀芯；3,4,11,12,15—堵头；5—垫；6,20,21,25,26—卡簧；7,9—压板；8,16,17,24—弹簧；10—压力补偿阀芯；13—调节杆；14—节流阀芯；18—流量调节手柄；19—螺套；22—单向阀座；23—单向阀芯；27—滚轮；28,29—锁紧螺钉；30—定位销；31—铆钉；32—螺钉；33—销；34—螺塞；35～43—O 形圈

图 3-14-27

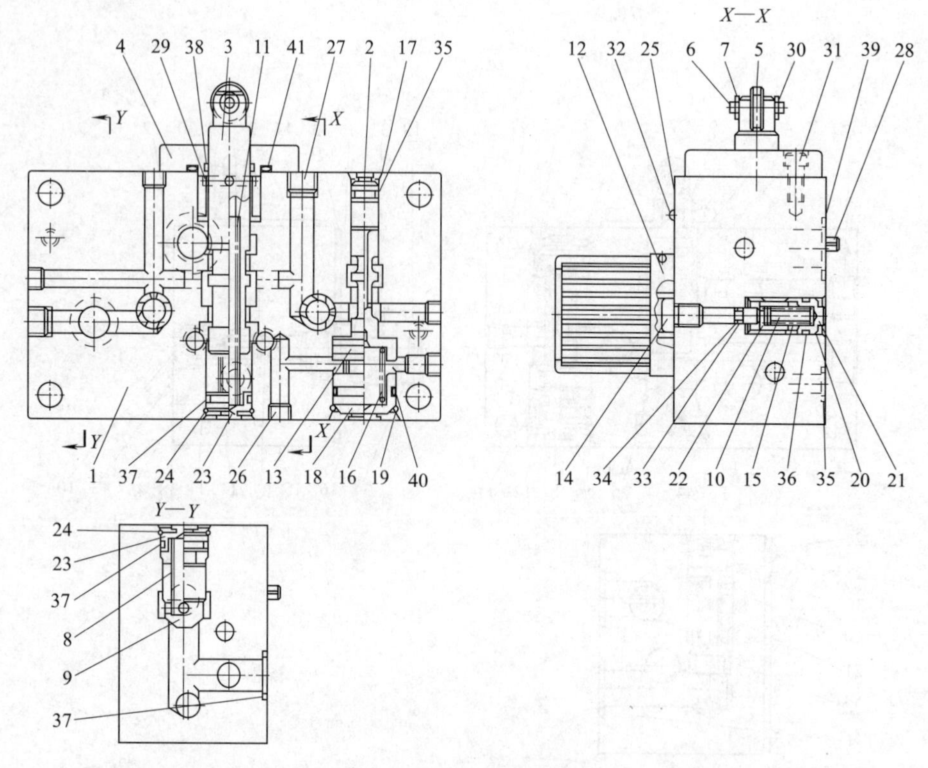

UCF1G-04 型、UCF2G-04 型

1—阀体；2—堵头；3—行程节流阀芯；4—压盖；5—滚轮；6—销；7—垫；8,11,15,16—弹簧；9—单向阀芯；10—温度补偿杆；12—压盖；13—压力补偿阀芯；14—调节杆；17,19,20,24,30—卡簧；18,21,23—堵头；22—节流阀芯；25—标牌；26,27—螺塞；28—定位销；29—定位套；31—螺钉；32—铆钉；33，35～41—O 形圈；34—密封挡圈

(d) 结构

图 3-14-27 UCF1G-※◇△-E 型单向行程调速阀

1 为 2 时为二级控制型；G 表示板式；※为公称通径代号，UCF1 有 01、03、04，UCF2 有 03、04；◇为公称调节流量，UCF1 有 4.8L/min、4.8L/min、30L/min，UCF2 有 3.8L/min、30L/min；△为减速阀最大流量，A 表示 12L/min，B 表示 8L/min，C 表示 4L/min；无 E 时表示内泄；安装尺寸不符合国际标准。

3-14-3 其他类型调速阀

［例 3-14-28］ 2FR 型调速阀（德国博世-力士乐公司、日本内田油压公司）（图 3-14-28）

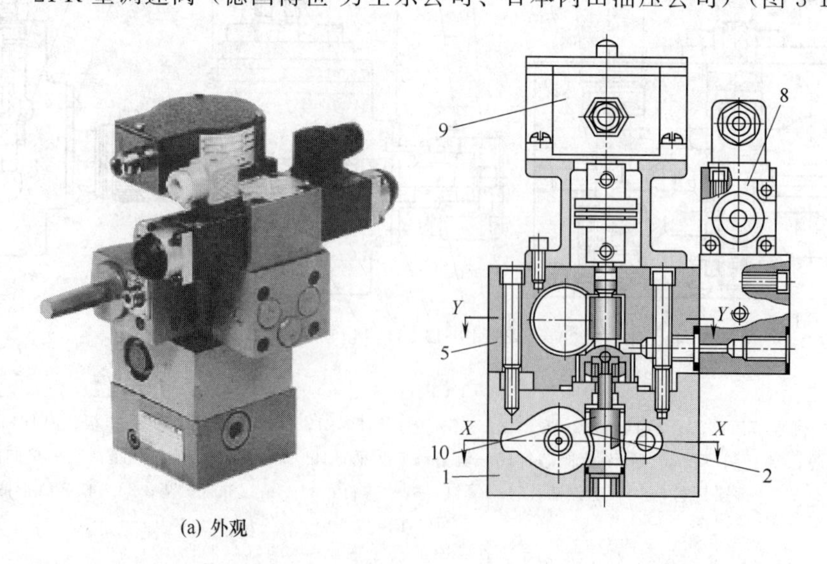

(a) 外观

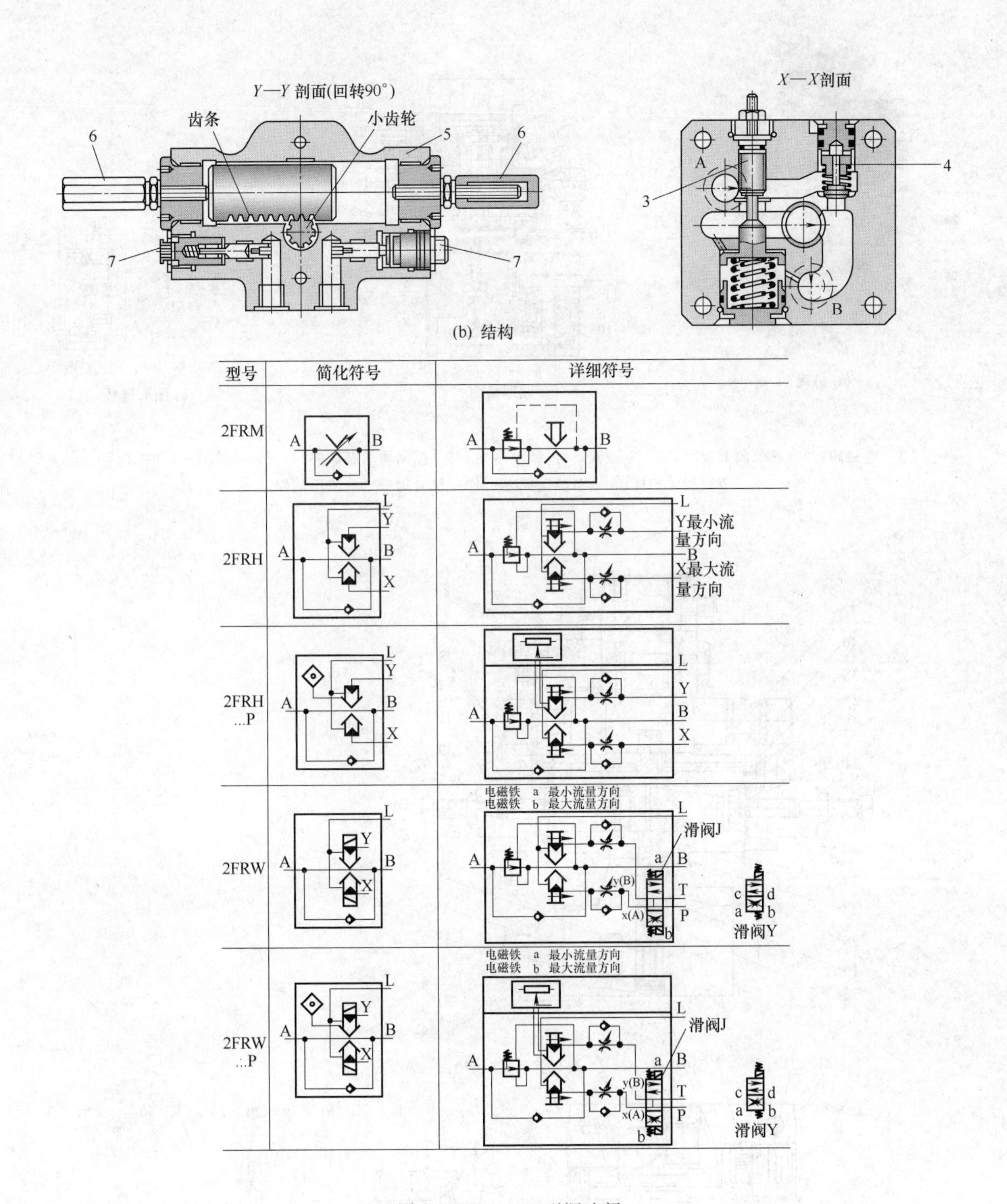

图 3-14-28　2FR 型调速阀

1—下阀体；2—阀套；3—压力补偿阀芯；4—单向阀；5—齿轮齿条油缸；6—最大流量限位螺钉；7—小单向节流阀调节螺钉；8—电磁阀；9—遥控传感器；10—节流阀芯

［例 3-14-29］ FHG-※-□-N 型先导控制调速阀和 FHCG※-□-N 型先导控制单向调速阀（日本油研公司、中国榆次油研公司）（图 3-14-29）

※为通径代号 02、03、06、10，分别表示通径尺寸为 6mm、10mm、20mm、30mm；□为各通径对应额定流量 30L/min、125L/min、250L/min、500L/min；N 表示带压力补偿行程调节；额定压力为 21MPa；安装尺寸符合 ISO 6263 标准。

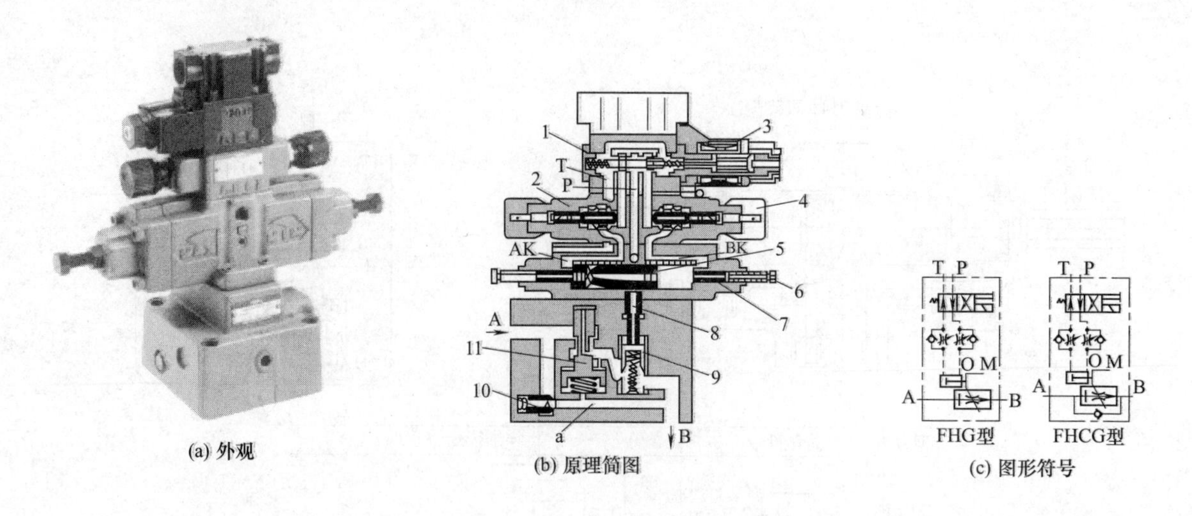

(a) 外观　(b) 原理简图　(c) 图形符号

1—电磁阀；2—双单向节流阀；3—电磁铁；4—调节手柄；5—控制活塞缸；6—行程调节螺钉；7—推杆；8—节流阀调节杆；9—节流阀阀芯；10—单向阀；11—减压阀阀芯

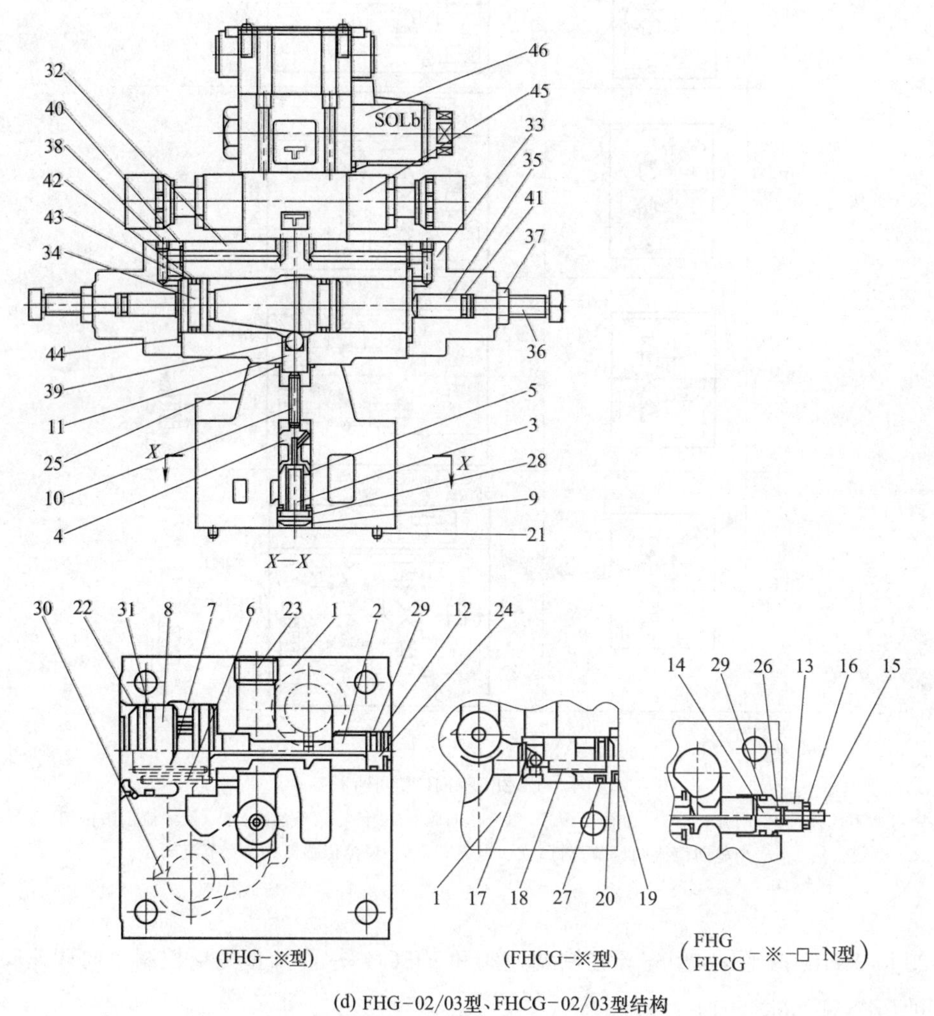

(d) FHG-02/03型、FHCG-02/03型结构

1—调速阀体；2—定压差减压阀芯；3—弹簧座；4—节流阀芯；5～7,18—弹簧；8,19,24—堵头；9,12,20,22—卡簧；10—顶杆；11—柱塞；13—螺套；14,35—调节杆；15—调节螺钉；16,37—锁母；17—单向阀芯；21—定位销；23,38—螺塞；25～31,40～42,44—O形圈；32—缸体；33—缸盖；34—油缸活塞；36—行程调节螺钉；39—钢球；43—密封挡圈；45—双单向节流阀；46—电磁阀

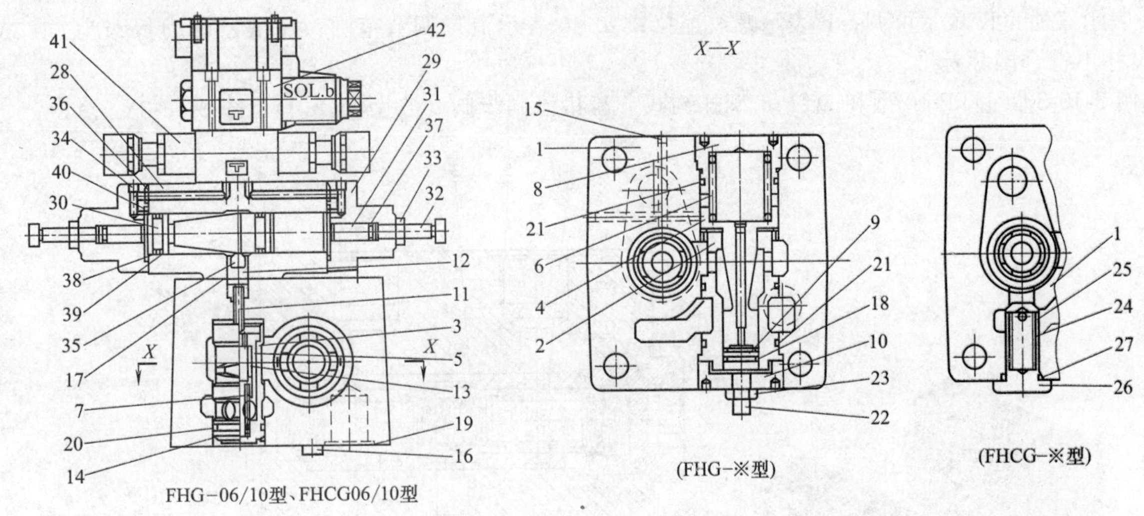

(e) FHG-06/10型、FHCG06/10型结构

1—调速阀体；2—阀套；3—堵头套；4—定压差减压阀芯；5—节流阀芯；6,7,25—弹簧；8,15,26,34—螺塞；9—堵头；10—螺套；11—顶杆；12—柱塞；13—弹簧座；14—卡簧；16—定位销；17～21,27,36～38,40—O形圈；22—调节螺钉；23,33—锁母；24—单向阀芯；28—缸体；29—缸盖；30—油缸活塞；31—调节杆；32—行程调节螺钉；35—钢球；39—密封挡圈；41—双单向节流阀；42—电磁阀

图 3-14-29　FHG-※-□-N 型先导控制调速阀和 FHCG-※-□-N 型先导控制单向调速阀

3-15　分流集流阀

［例 3-15-1］　FL-B※H-S 型换向活塞式分流集流阀、FJL-B※H-S 型分流集流阀、FDL-B※H-S 型单向分流阀（上海液压件二厂）（图 3-15-1）

B 表示板式连接；※表示公称通径，有 10mm、15mm、20mm；H 表示公称压力为 32MPa。

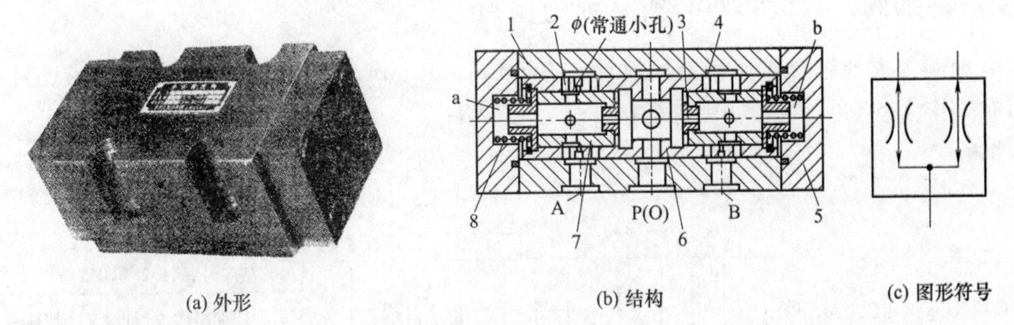

图 3-15-1　FL-B※H-S 型换向活塞式分流集流阀、FJL-B※H-S 型分流集流阀、FDL-B※H-S 型单向分流阀

1—阀体；2—分流变节流口；3—定节流孔；4—集流变节流口；5—阀盖；6—阀芯；7—换向活塞；8—对中弹簧

［例 3-15-2］　3FJLK-L10-50H 型可调分流集流阀（四平液压件厂）（图 3-15-2）

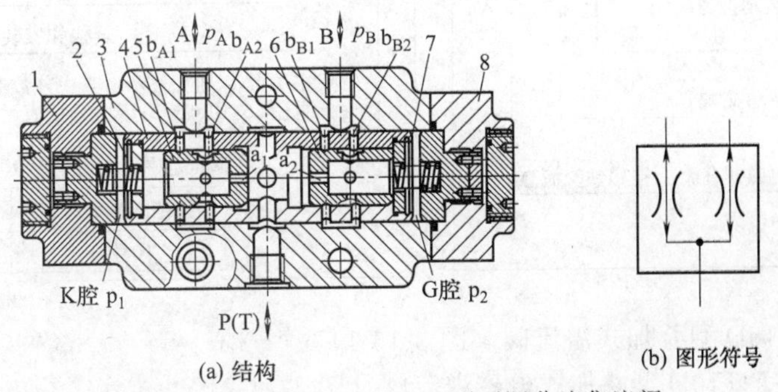

(a) 结构

(b) 图形符号

图 3-15-2　3FJLK-L10-50H 型可调分流集流阀

1,8—端盖；2,7—弹簧；3—阀体；4—阀芯；5,6—换向活塞

3 表示三通；K 表示可调；L 表示螺纹连接；10-50 表示流量调节范围；H 表示压力等级为 31.5MPa；安装尺寸不符合国际标准。

[例 3-15-3] DTP-10 型和 DTP-6 型挂钩式分流集流同步阀（波克兰公司）（图 3-15-3）

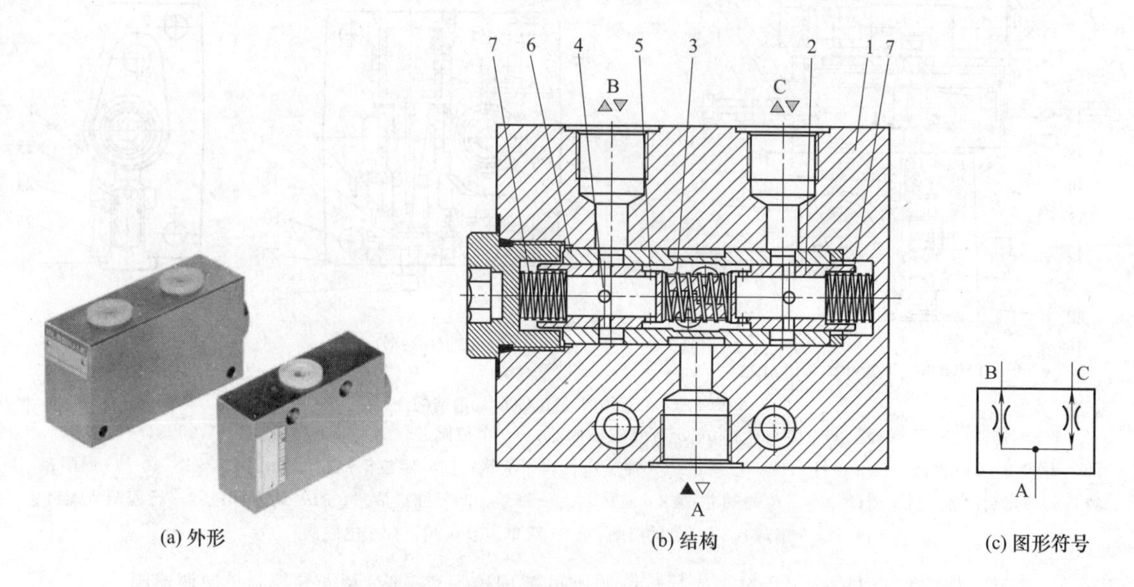

(a) 外形　(b) 结构　(c) 图形符号

图 3-15-3 DTP-10 型和 DTP-6 型挂钩式分流集流同步阀

1—阀体；2—阀芯；3—回位弹簧；4，5—节流口；6—阀套；7—对中弹簧

3-16 叠加阀

3-16-1 国产叠加阀（以大连组合所系列为例）

本系列叠加阀为大连组合机床研究所设计，有 6mm、10mm、16mm、20mm、32mm 五个通径系列，连接尺寸符合 GB/T 8099、ISO 4401 标准。

型号意义：

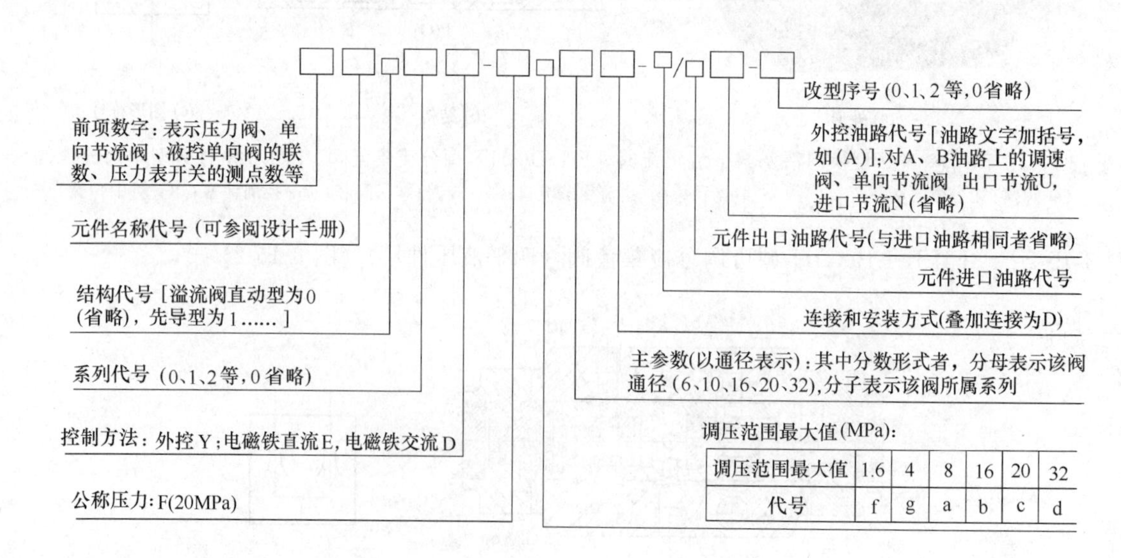

调压范围最大值	1.6	4	8	16	20	32
代号	f	g	a	b	c	d

[例 3-16-1] Y_1F※10D 型叠加式溢流阀（图 3-16-1）

[例 3-16-2] Y_1EH-F※10D 型叠加式电磁溢流阀（图 3-16-2）

[例 3-16-3] XY-F※10D-P/O (P_1) 型直动式叠加顺序阀（图 3-16-3）

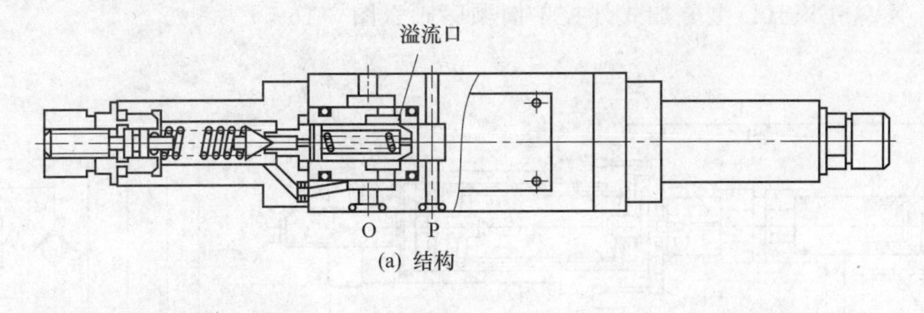

(a) 结构

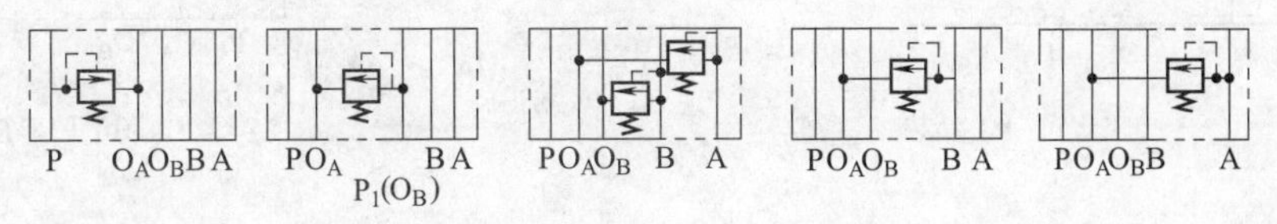

(b) 图形符号

图 3-16-1 Y_1 F※10D 型叠加式溢流阀

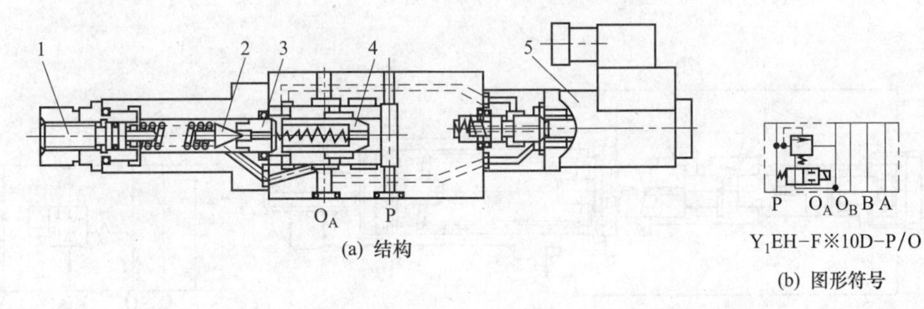

(a) 结构 (b) 图形符号

图 3-16-2 Y_1EH-F※10D 型叠加式电磁溢流阀

1—调压螺钉；2—先导针阀；3—阀座；4—主阀芯；5—二位二通电磁阀

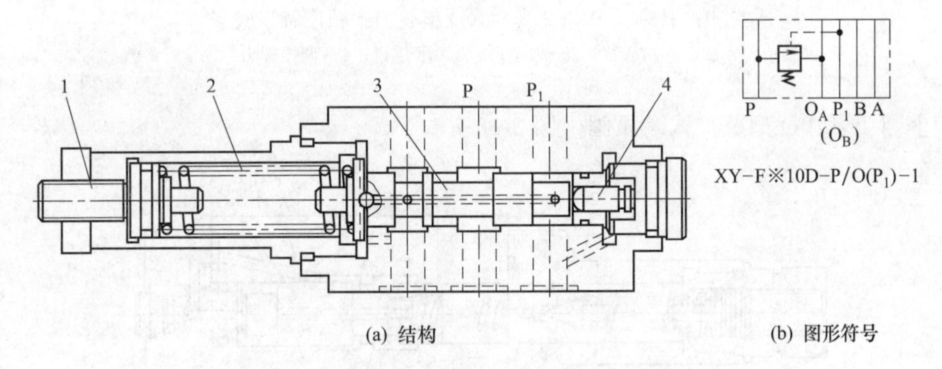

(a) 结构 (b) 图形符号

图 3-16-3 XY-F※10D-P/O（P1）型直动式叠加顺序阀

1—调压螺钉；2—调压弹簧；3—阀芯；4—控制活塞

［例 3-16-4］ X_1-F※10D-P1/P 型叠加式顺序阀（图 3-16-4）

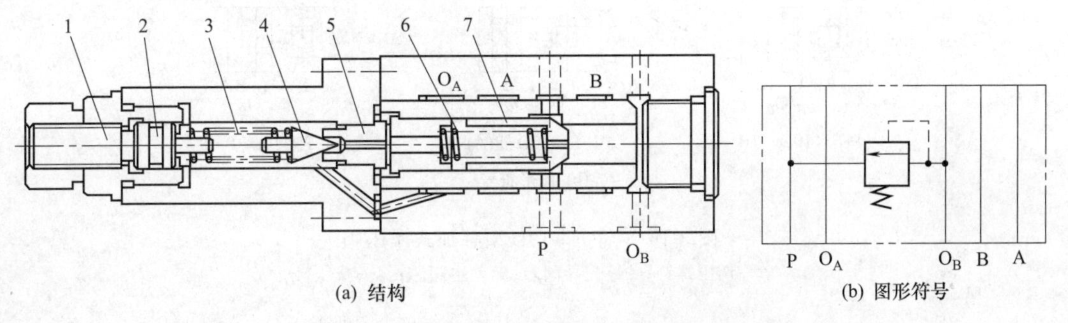

(a) 结构 (b) 图形符号

图 3-16-4 X_1-F※10D-P1/P 型叠加式顺序阀

1—调压螺钉；2—调节杆；3—调压弹簧；4—先导阀芯；5—阀座；6—平衡弹簧；7—主阀芯

［例 3-16-5］ XY_A-F※10D 型叠加式外控单向顺序阀（图 3-16-5）

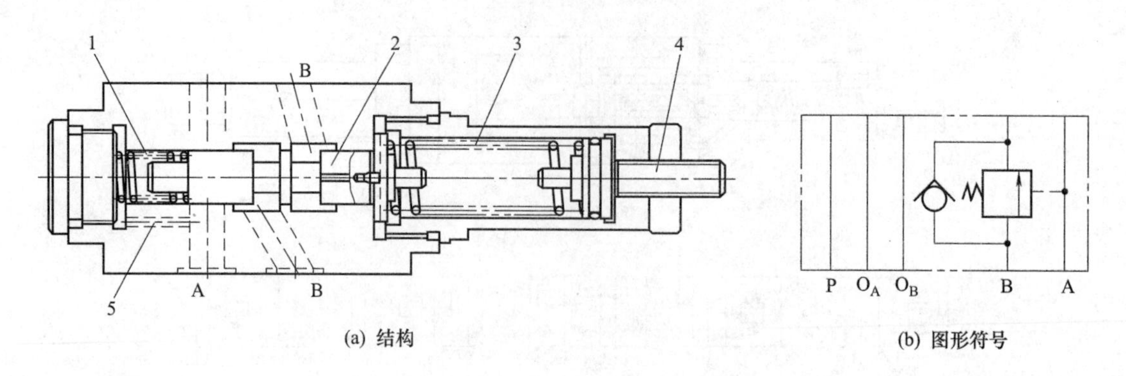

图 3-16-5 XY_A-F※10D 型叠加式外控单向顺序阀

1—复位弹簧；2—阀芯；3—调压弹簧；4—调压螺钉；5—控侧油口

［例 3-16-6］ BXY-F※6/10D 型叠加式顺序背压阀（图 3-16-6）

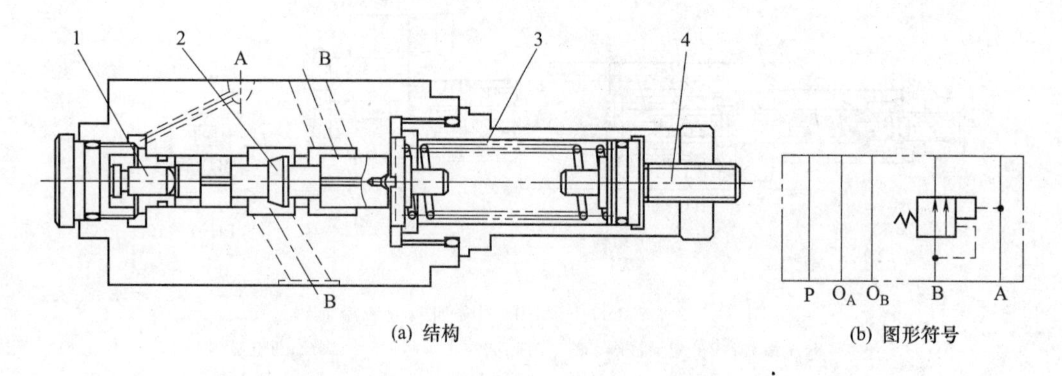

图 3-16-6 BXY-F※6/10D 型叠加式顺序背压阀

1—控制活塞；2—阀芯；3—调压弹簧；4—调压螺钉

［例 3-16-7］ J-F※10D 型叠加式减压阀（图 3-16-7）

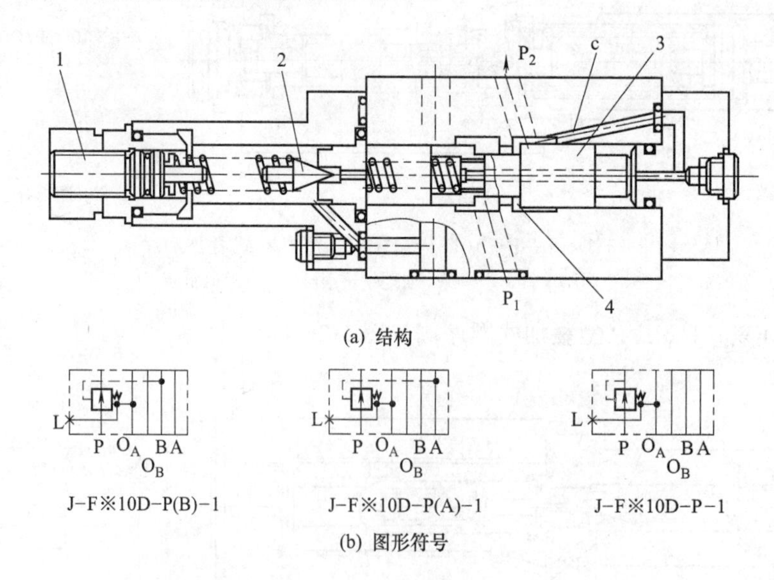

图 3-16-7 J-F※10D 型叠加式减压阀

1—调压螺钉；2—先导阀芯；3—主阀芯；4—减压口

［例 3-16-8］ L-F6/10D-PL/p 型叠加式节流阀（图 3-16-8）

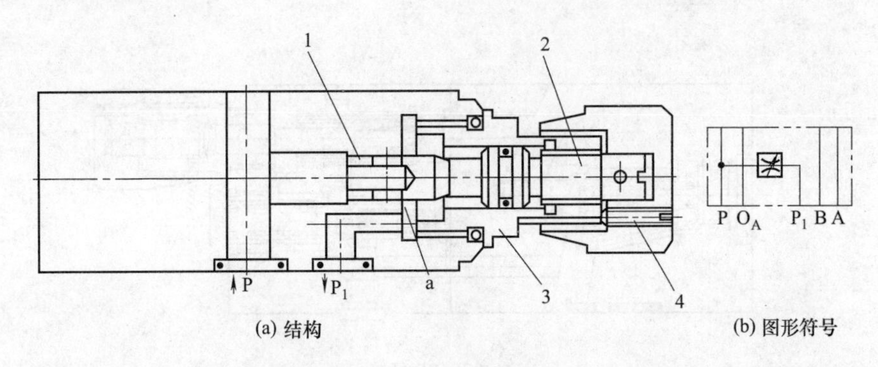

(a) 结构 (b) 图形符号

图 3-16-8 L-F6/10D-PL/p 型叠加式节流阀

1—节流阀芯；2—流量调节组件；3—螺套；4—顶紧螺钉

［例 3-16-9］ L-F10D 型与 LA-F10D 型叠加式单向节流阀（图 3-16-9）

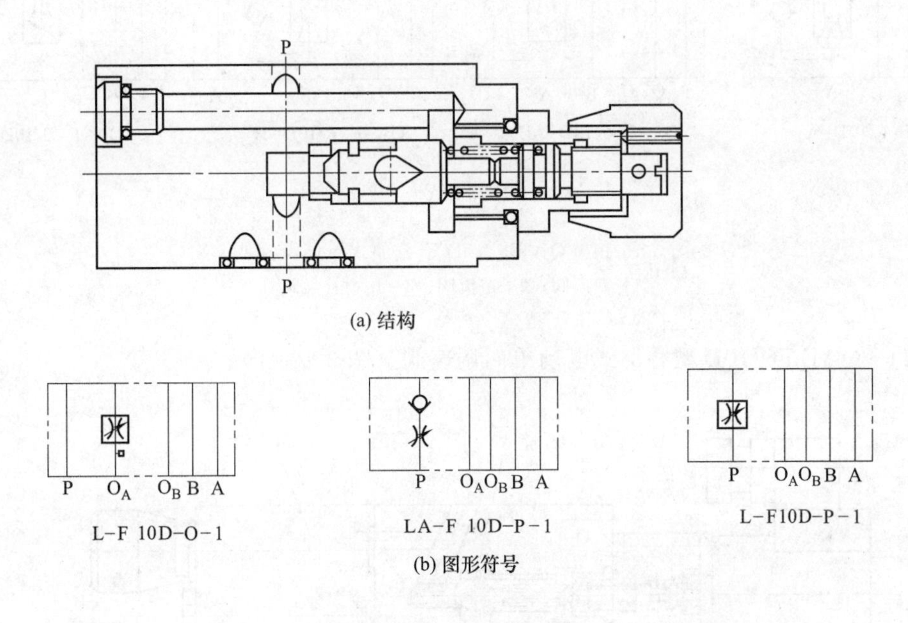

(a) 结构

(b) 图形符号

图 3-16-9 L-F10D 型与 LA-F10D 型叠加式单向节流阀

［例 3-16-10］ LE F10DB 型叠加式电磁节流阀（图 3-16-10）

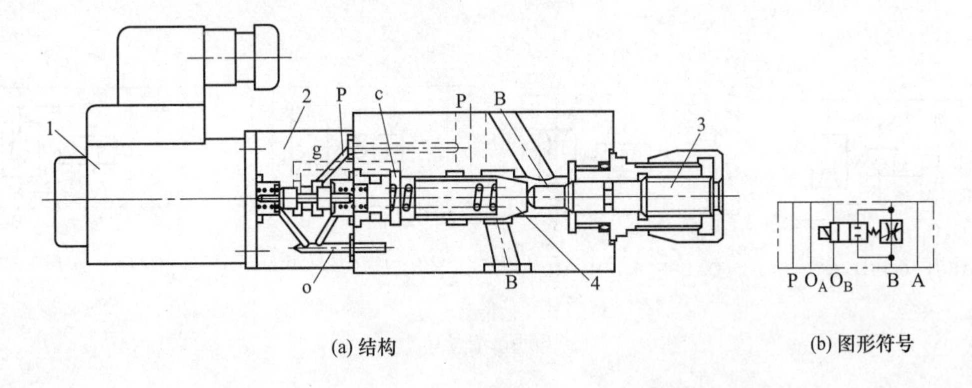

(a) 结构 (b) 图形符号

图 3-16-10 LE F10DB 型叠加式电磁节流阀

1—电磁铁；2—电磁阀；3—流量调节螺钉；4—节流阀芯

［例 3-16-11］ QA-F6/10D 型叠加式单向调速阀（图 3-16-11）

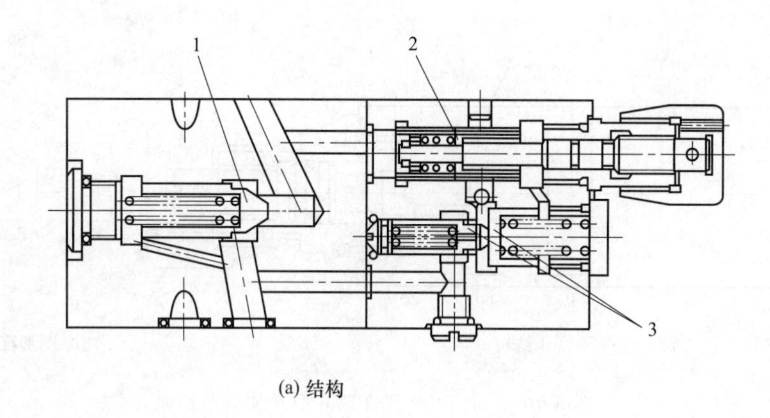

(a) 结构

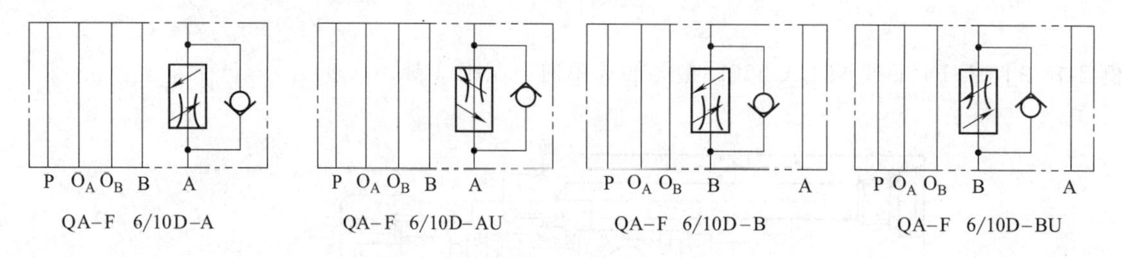

(b) 图形符号

图 3-16-11 QA-F6/10D 型叠加式单向调速阀

1—单向阀；2—节流阀；3—压力补偿阀

[例 3-16-12] QAE-F6/10D 型叠加式电动单向调速阀（图 3-16-12）

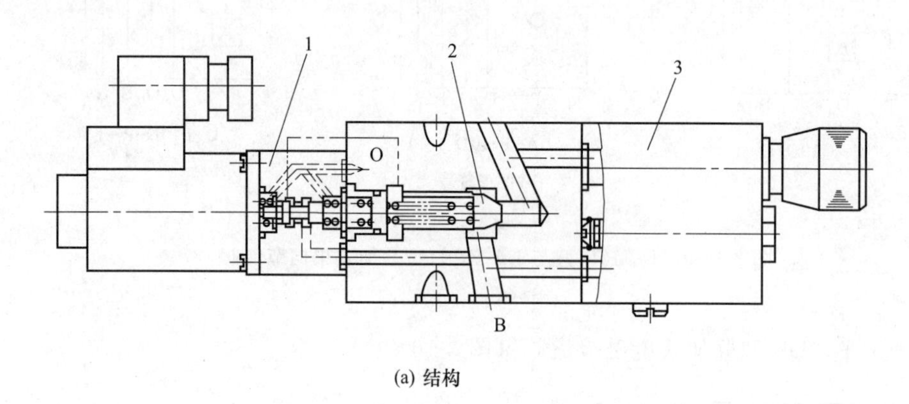

(a) 结构

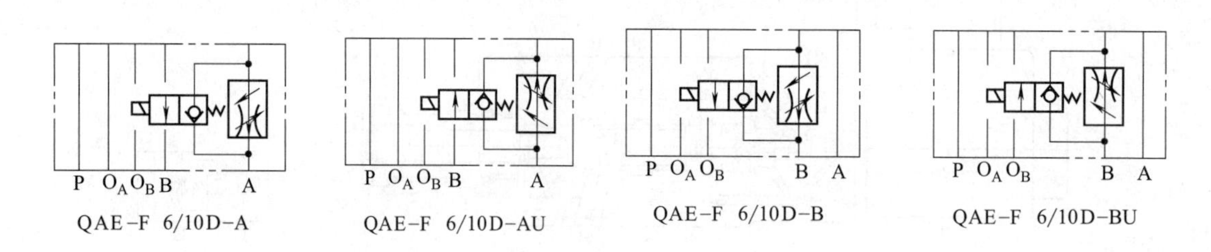

(b) 图形符号

图 3-16-12 QAE-F6/10D 型叠加式电动单向调速阀

1—先导电磁阀；2—锥阀；3—调速阀

[例 3-16-13] A-F10D 型叠加式单向阀（图 3-16-13）

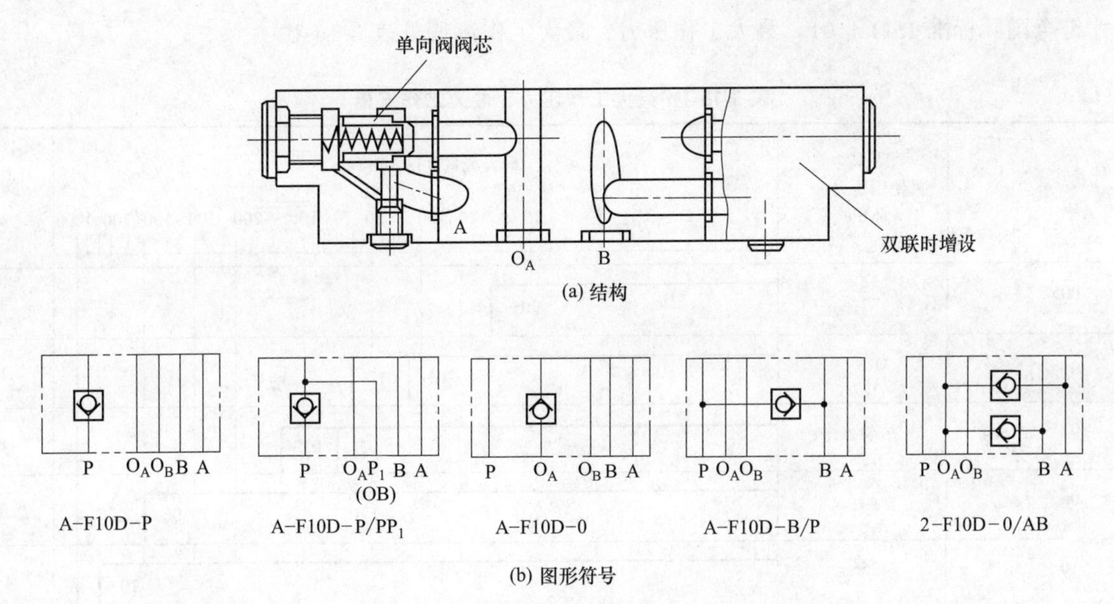

图 3-16-13 A-F10D 型叠加式单向阀

［例 3-16-14］ 2PD-F※10D 型叠加式压力继电器（图 3-16-14）

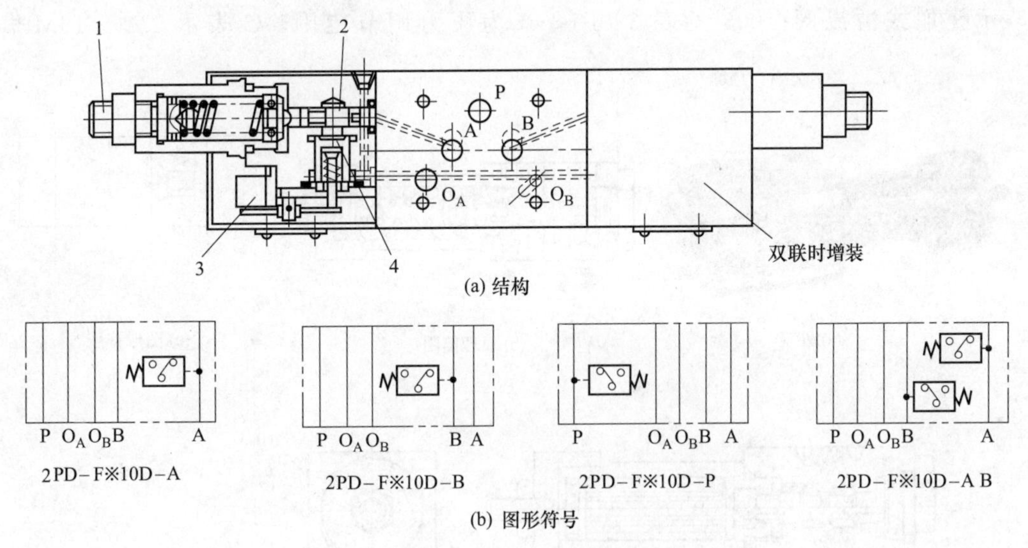

图 3-16-14 2PD-F※10D 型叠加式压力继电器

［例 3-16-15］ 4K-F10D 型叠加式压力表开关（图 3-16-15）

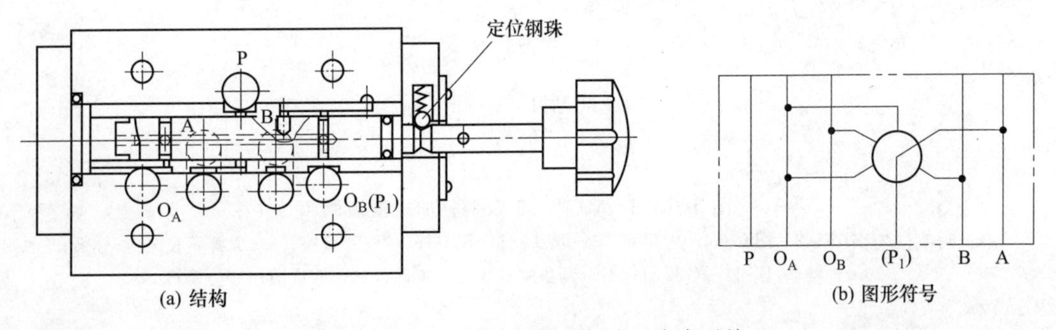

图 3-16-15 4K-F10D 型叠加式压力表开关

3-16-2 日本油研公司、中国榆次油研公司叠加阀

下述内容为日本油研和中国榆次油研公司引进生产的叠加阀，用于机床、自动机、船舶和钢铁设备，

安装尺寸符合国际标准 ISO 4401，最大工作压力、最大工作流量见表 3-16-1。

表 3-16-1 最大工作压力、最大工作流量

规格	最高使用压力/MPa	最大流量/(L/min) 1 2 3 5 7 10 20 30 50 70 100 200 300 500 700 1000	阀口径/in
005	25	005	—
01	31.5	01 01	1/8
03	25	03 03	3/8
06	25	06	3/4
10	25	10	$1\frac{1}{4}$

注：1in=25.4mm。

［例 3-16-16］ MBP-005-※型叠加式溢流阀（图 3-16-16）

MBP 表示叠加式溢流阀；005 见表 3-16-1；※为压力调节范围，C 表示 1.2～16MPa，H 表示 7～25MPa。

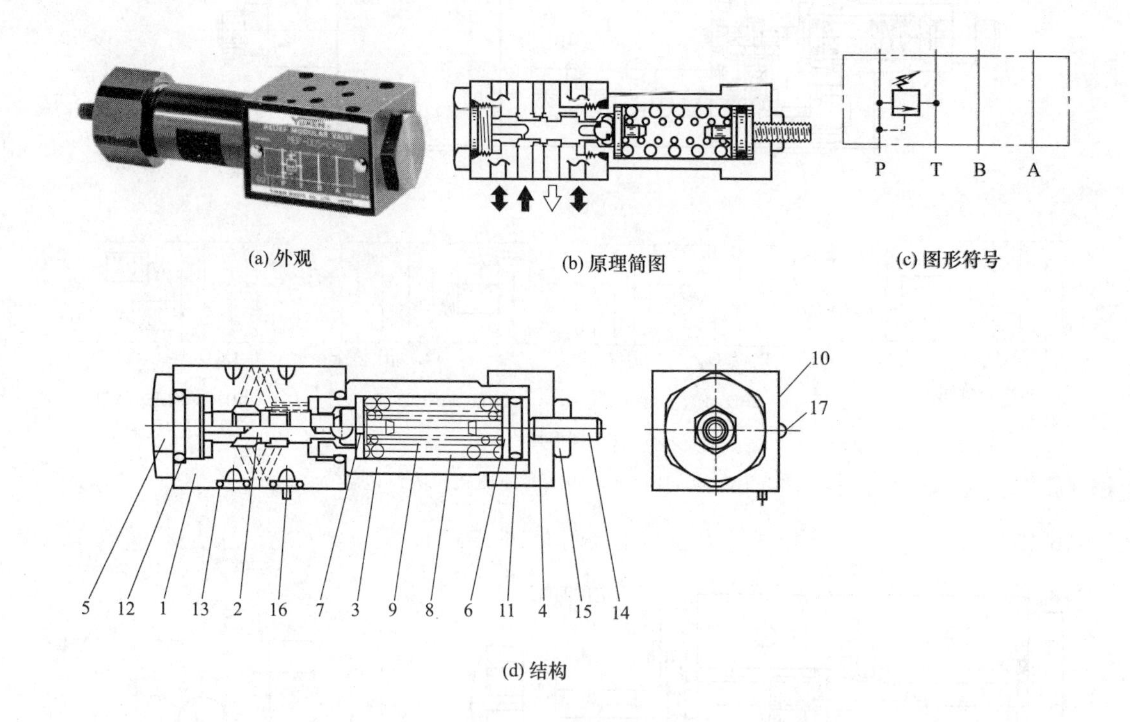

(a) 外观 (b) 原理简图 (c) 图形符号

(d) 结构

图 3-16-16 MBP-005-※型叠加式溢流阀

1—阀体；2—阀芯；3—螺套；4—螺母盖；5—堵头；6—调节杆；7—弹簧座；8—大弹簧；9—小弹簧；10—标牌；11～13—O 形圈；14—调压螺钉；15—锁母；16—定位销；17—铆钉

［例 3-16-17］ MRP-005-※型叠加式减压阀（图 3-16-17）

MRP 表示叠加式减压阀；※表示压力调节范围，B 表示 0.7～7MPa，C 表示 3.5～16MPa，H 表示 7～24.5MPa。

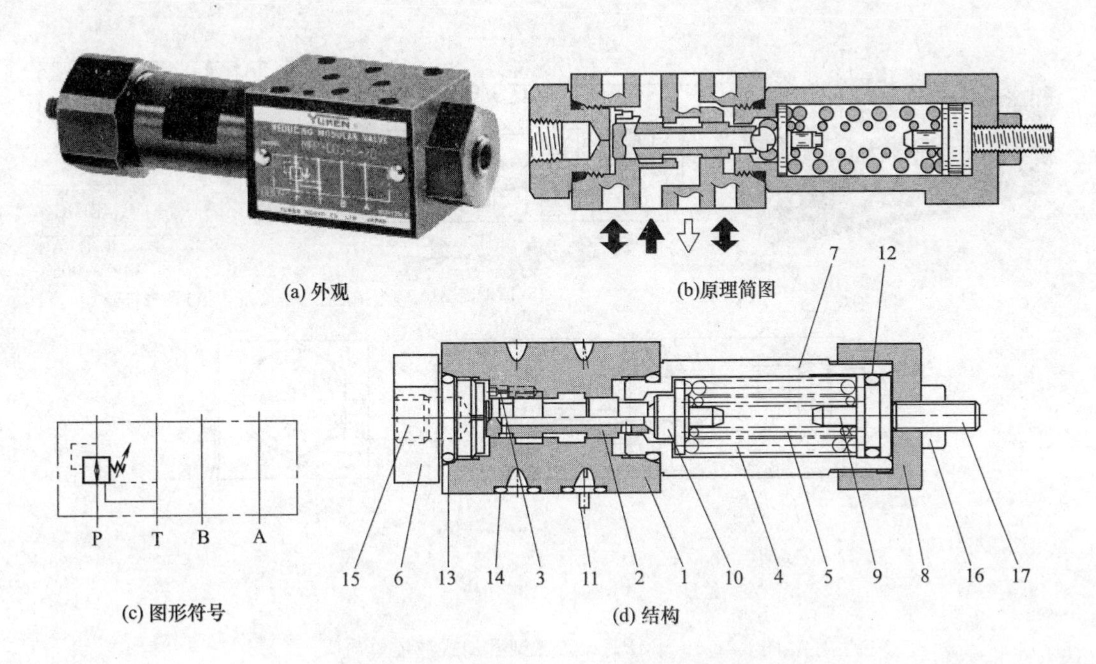

图 3-16-17 MRP-005-※型叠加式减压阀

1—阀体；2—阀芯；3—阻尼；4—大弹簧；5—小弹簧；6—接头；7—螺套；8—螺母盖；9—调节杆；10—弹簧座；11—销；12～14—O 形圈；15—堵头；16—锁母；17—调压螺钉

［例 3-16-18］ MSA-005-※、MSB-005-※、MSW-005-※型叠加式单向节流阀（图 3-16-18）

A、B、W 分别表示用于 A 流道、B 流道和 A、B 双流道；※为控制方向，X 表示出口节流，Y 表示进口节流。

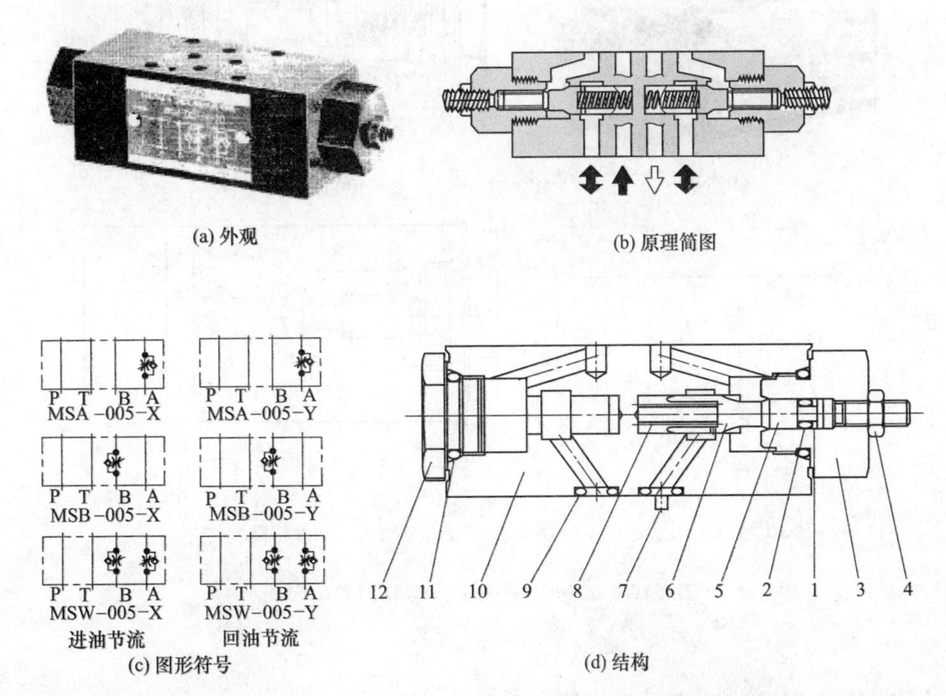

图 3-16-18 MSA-005-※、MSB-005-※、MSW-005-※型叠加式单向节流阀

1—密封挡圈；2—O 形圈；3—螺套；4—锁母；5—调节杆；6—阀芯；7—定位销；8—弹簧；9，11—O 形圈；10—阀体；12—堵头

［例 3-16-19］ MP※-005-2 型叠加式液控单向阀（图 3-16-19）

※分别为 A、B、W，表示用于 A 流道、B 流道或 A、B 双流道；005 为通径代号；2 表示开启压力为 0.2MPa。

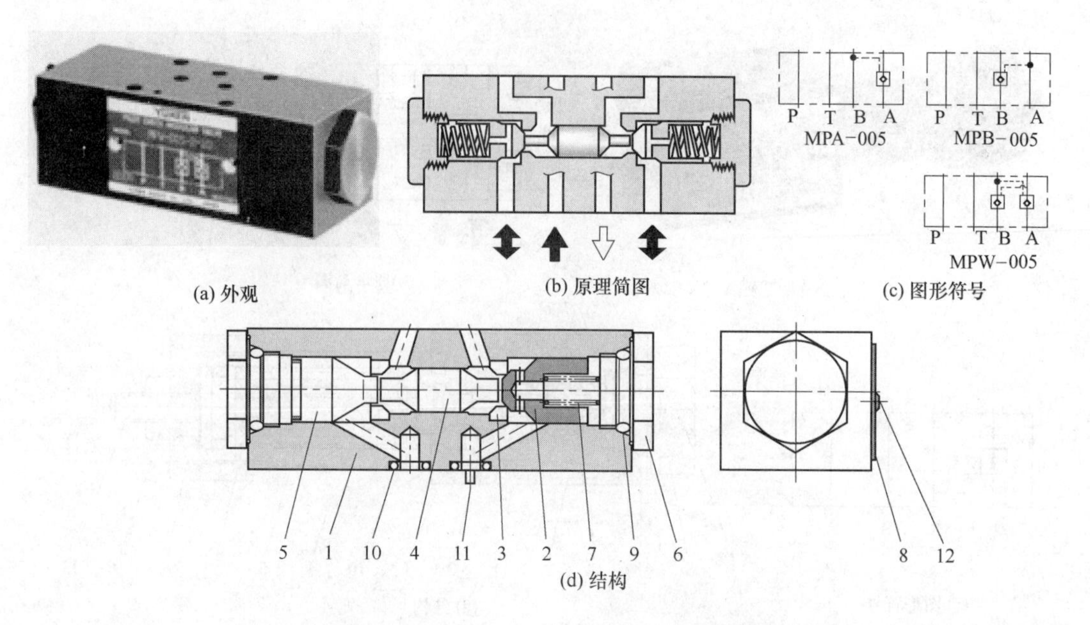

(a) 外观 (b) 原理简图 (c) 图形符号

(d) 结构

图 3-16-19 MP※-005-2 型叠加式液控单向阀

1—阀体；2—阀芯；3—阀座；4—控制活塞；5,6—堵头；7—弹簧；8—标牌；9,10—O 形圈；11—定位销；12—铆钉

［例 3-16-20］ MCP-005-0-20 型叠加式单向阀（图 3-16-20）

0 表示开启压力为 0.035MPa；20 为设计号。

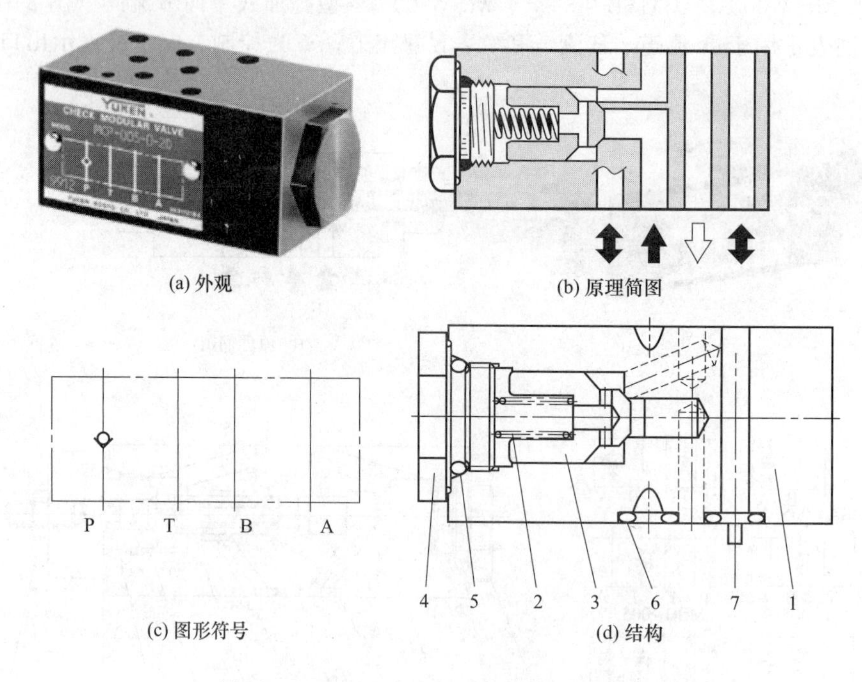

(a) 外观 (b) 原理简图

(c) 图形符号 (d) 结构

图 3-16-20 MCP-005-0-20 型叠加式单向阀

1—阀体；2—弹簧；3—阀芯；4—堵头；5,6—O 形圈；7—定位销

［例 3-16-21］ MB◇-01-※型叠加式溢流阀（图 3-16-21）

◇分别为 P、A 或 B，表示用于 P、A 或 B 通道；01 为通径代号；※为压力调节范围，C 表示 0～14MPa，H 表示 7～21MPa。

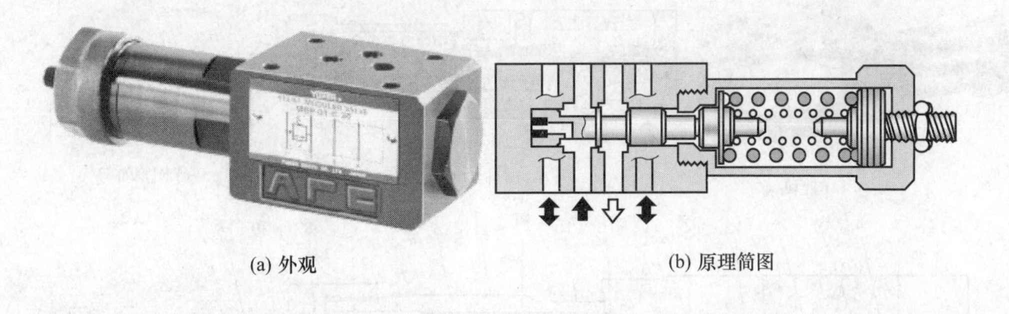
(a) 外观　　(b) 原理简图

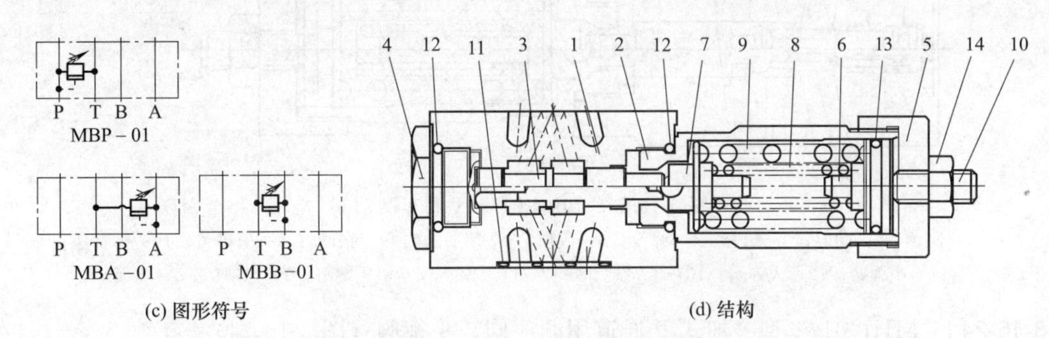

(c) 图形符号　　(d) 结构

图 3-16-21　MB◇-01-※型叠加式溢流阀

1—阀体；2—螺套；3—阀芯；4—堵头；5—螺母盖；6—调节杆；7—弹簧座；8—小弹簧；9—大弹簧；10—调压螺钉；11～13—O 形圈；14—锁母

[例 3-16-22]　MR◇-01-※型叠加式减压阀（图 3-16-22）

◇分别为 P、A 或 B，表示用于 P、A 或 B 通道；※为压力调节范围，B 表示 0.2～7MPa，C 表示 3.5～14MPa，H 表示 7～21MPa。

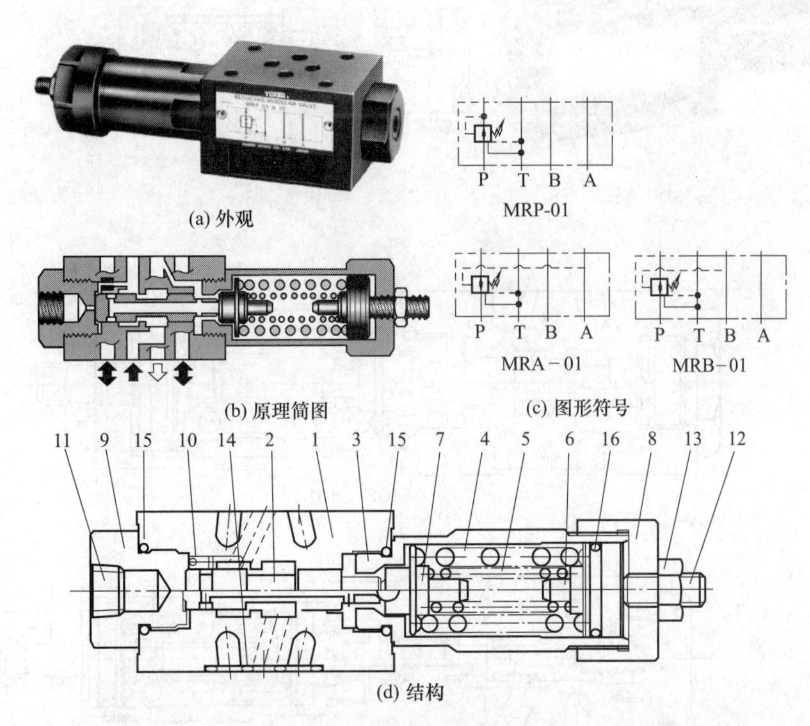

(a) 外观　　(b) 原理简图　　(c) 图形符号　　(d) 结构

图 3-16-22　MR◇-01-※型叠加式减压阀

1—阀体；2—阀芯；3—螺套；4—大弹簧；5—小弹簧；6—调节杆；7—弹簧座；8—螺母盖；9—管接头；10—阻尼；11—堵头；12—调压螺钉；13—锁母；14～16—O 形圈

[例 3-16-23]　MBR-01-※型刹车制动阀（图 3-16-23）

※为压力调节范围，C 表示 0.35～14MPa，H 表示 7～21MPa。

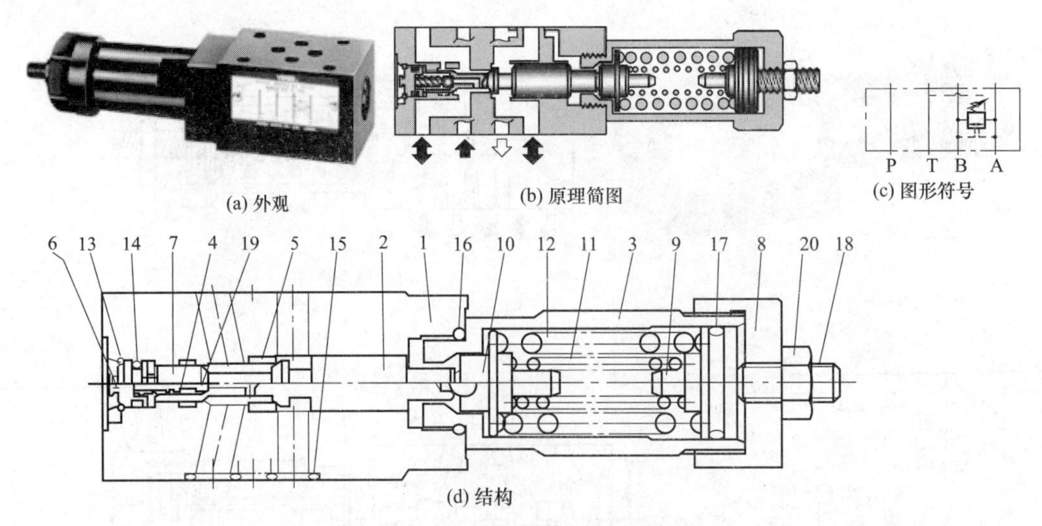

图 3-16-23 MBR-01-※型刹车制动阀

1—阀体；2—阀芯；3—螺套；4—弹簧；5—阀座；6—堵头；7，9—调节杆；8—螺母盖；10—弹簧座；11—小弹簧；12—大弹簧；13—卡簧；14～17—O形圈；18—调压螺钉；19—锥阀芯；20—锁母

［例 3-16-24］ MHP-01-※型叠加式P通道用顺序阀、平衡阀（图 3-16-24）

P为A时表示用于A通道；※为压力调节范围，C表示0～14MPa，H表示7～21MPa。

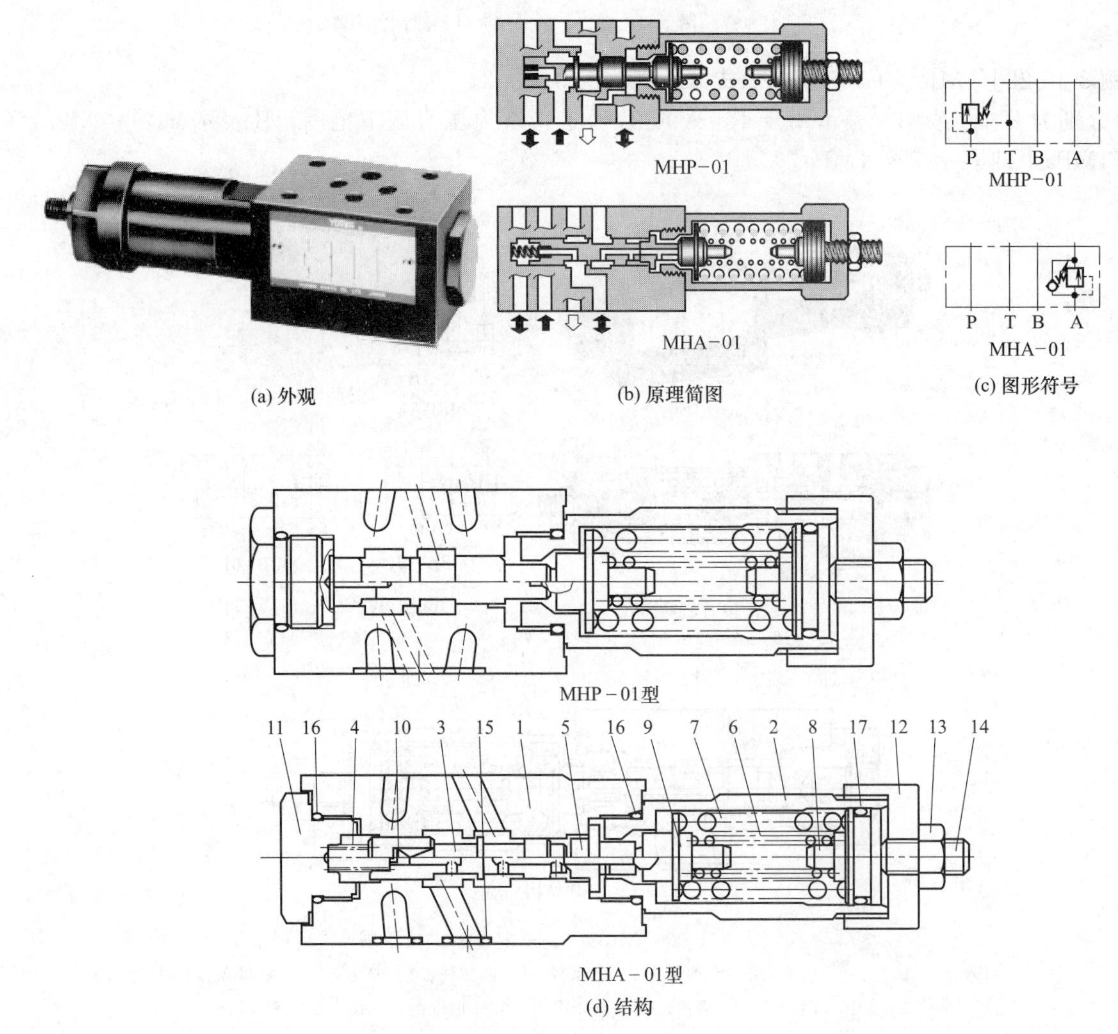

图 3-16-24 MHP-01-※型叠加式P通道用顺序阀、平衡阀

1—阀体；2—螺套；3—阀芯；4—弹簧；5—阀座；6—小弹簧；7—大弹簧；8—调节杆；9—弹簧座；10—阻尼；11—堵头；12—螺母盖；13—锁母；14—调压螺钉；15～17—O形圈

[例 3-16-25] MJ◇-01-M※型叠加式压力继电器（图 3-16-25）

◇分别为 P、A 或 B，表示用于 P、A 或 B 通道；M 表示开关类型为微动开关，M 为 J 时为半导体开关；※为压力调节范围，微动开关 B 表示 0.2～7MPa，C 表示 3.5～14MPa，H 表示 7～21MPa，半导体开关 35 表示 0.1～3.5MPa，100 表示 1～10MPa，200 表示 2～20MPa，350 表示 3.5～35MPa；分交流 AC 和直流 DC 两类。

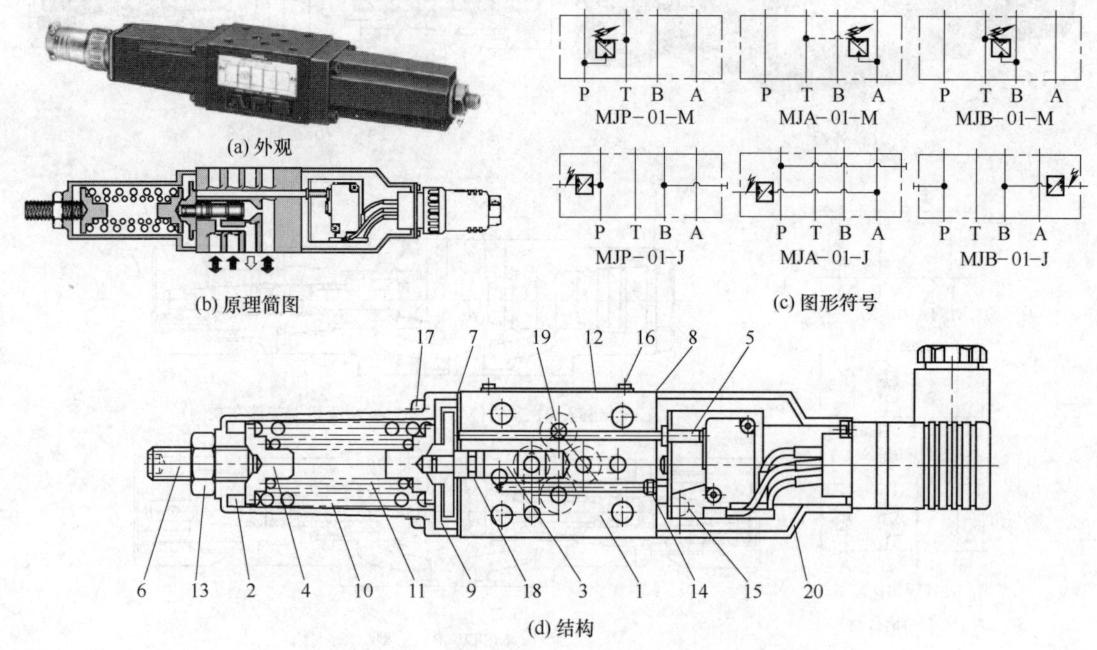

图 3-16-25 MJ◇-01-M-※型叠加式压力继电器

1—阀体；2—阀盖；3—阀芯；4—弹簧座；5—顶杆；6—调压螺钉；7,8—垫；9—定位套；10—大弹簧；11—小弹簧；12—标牌；13—锁母；14—阻尼塞；15—微动开关或半导体压力传感器；16—铆钉；17—螺钉；18,19— O 形圈；20—罩壳

[例 3-16-26] MF◇-01-※型叠加式压力、温度补偿流量调节阀（图 3-16-26）

◇分别为 A、B 或 W，表示用于 A、B 或 A、B 双通道；※为控制方向，X 表示出口节流，Y 表示进口节流。

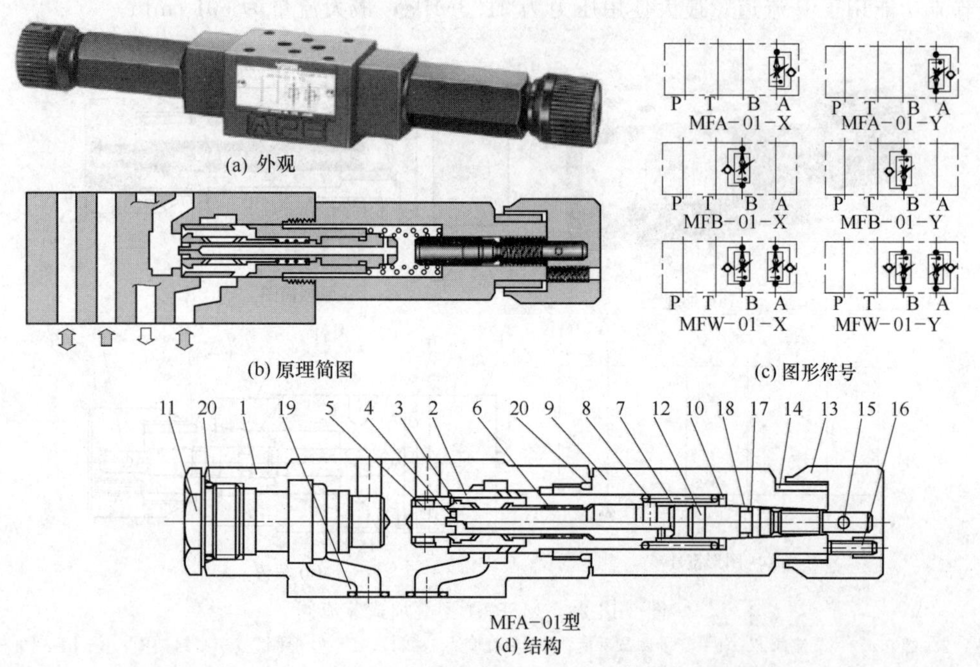

图 3-16-26 MF◇-01-※型叠加式压力、温度补偿流量调节阀

1—阀体；2—阀套；3,4—阀芯；5—阀座；6—弹簧；7—小弹簧；8—大弹簧；9— 螺套；10—弹簧座；11—堵头；12—调节杆；13—流量调节手柄；14—刻度套；15—销；16—紧固螺钉；17—密封挡圈；18～20—O 形圈

［例 3-16-27］ MST◇-01-X 型叠加式温度补偿节流阀（图 3-16-27）

◇分别为 A、B 或 W，表示流量调节分别用于 A、B 或 A、B 双通道；X 表示出口节流；最小稳定流量为 0.5L/min。

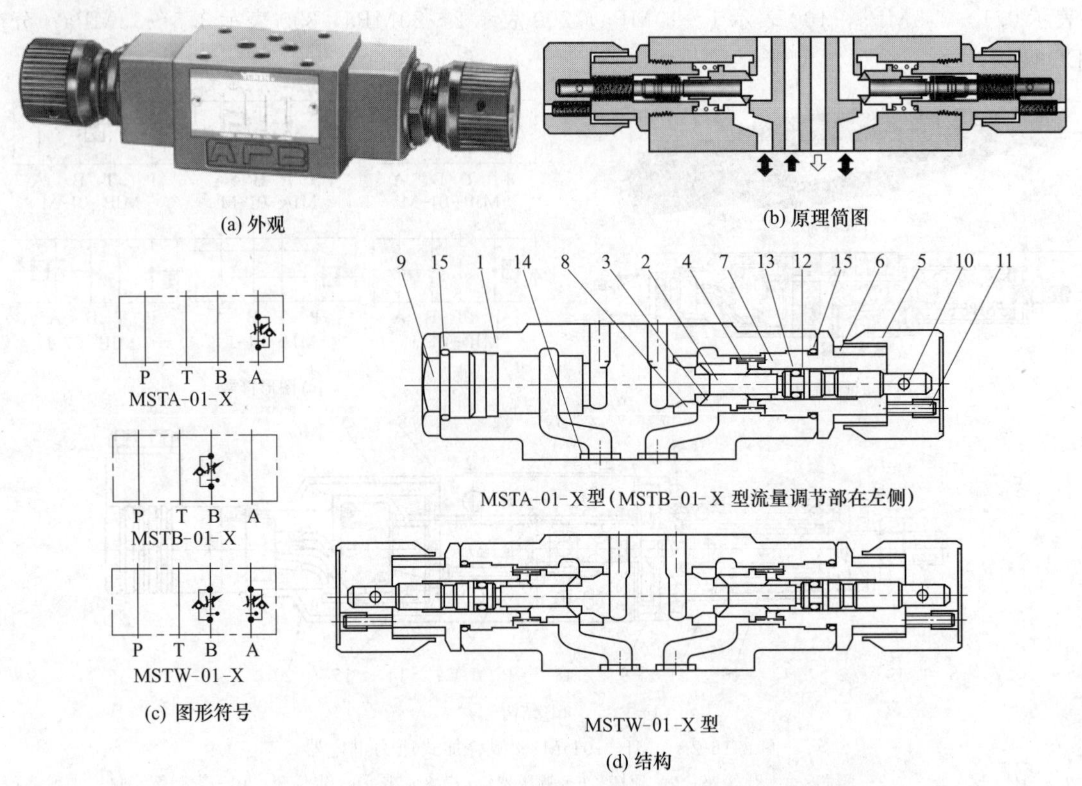

(a) 外观 (b) 原理简图 (c) 图形符号 (d) 结构

图 3-16-27 MST◇-01-X 型叠加式温度补偿节流阀

1—阀体；2—节流阀芯；3—单向阀芯；4—弹簧；5—流量调节手柄；6—刻度套；7—螺套；8—阀座；9—堵头；10—销；11—紧固螺钉；12—密封挡圈；13～15—O 形圈

［例 3-16-28］ MSP-01 型叠加式节流阀（图 3-16-28）

P 表示节流功能用于 P 流道；最大使用压力为 31.5MPa，最大流量为 60L/min。

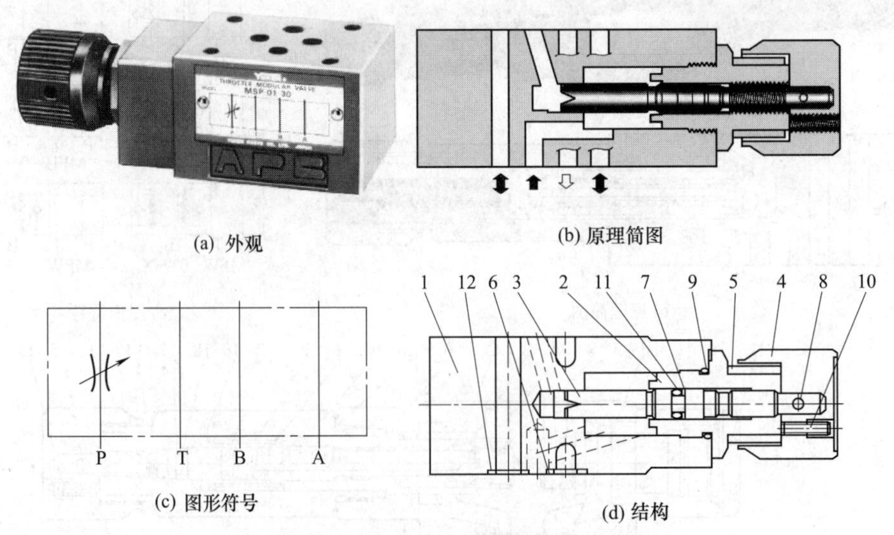

(a) 外观 (b) 原理简图 (c) 图形符号 (d) 结构

图 3-16-28 MSP-01 型叠加式节流阀

1—阀体；2—螺套；3—节流阀芯；4—流量调节手柄；5—刻度套；6,9,11,12—O 形圈；7—密封挡圈；8—销；10—紧固螺钉

［例 3-16-29］ MSCP-01 型叠加式单向节流阀（图 3-16-29）

单向阀与节流阀均在 P 通道；最大使用压力为 31.5MPa；最大流量为 35L/min。

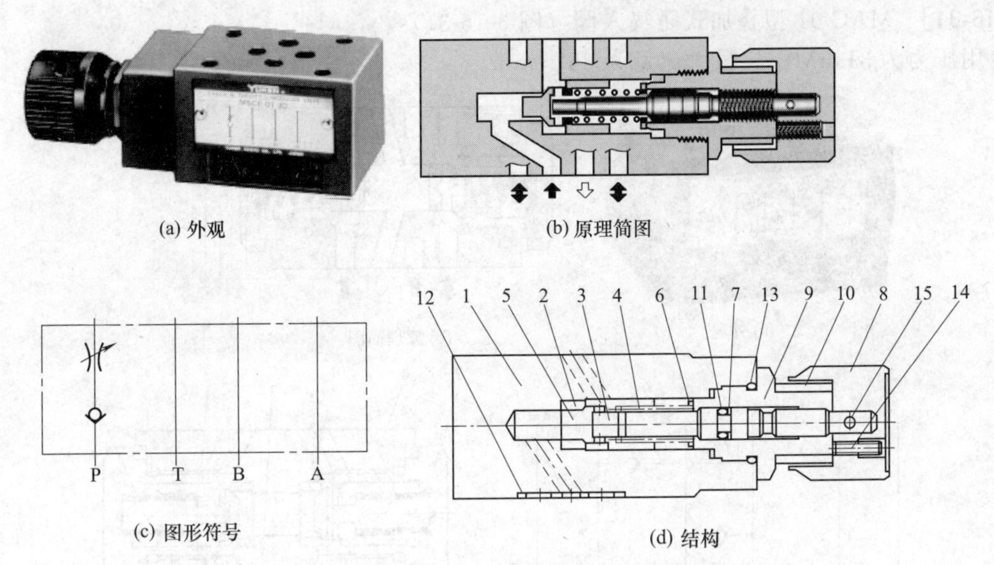

(a) 外观　(b) 原理简图　(c) 图形符号　(d) 结构

图 3-16-29　MSCP-01 型叠加式单向节流阀

1—阀体；2—阀座；3—调节杆；4—弹簧；5—阀芯；6—垫；7—密封挡圈；8—流量调节手柄；9—螺套；10—刻度套；11～13—O 形圈；14—紧固螺钉；15—销

［例 3-16-30］　MS◇-01-※★型叠加式节流单向阀（图 3-16-30）

◇分别为 A、B 或 W，表示流量调节分别用于 A、B 或 A、B 双通道；※为 A 管路控制方向，X 表示出口节流，Y 表示进口节流；★为 B 管路控制方向，X 表示出口节流，Y 表示进口节流。

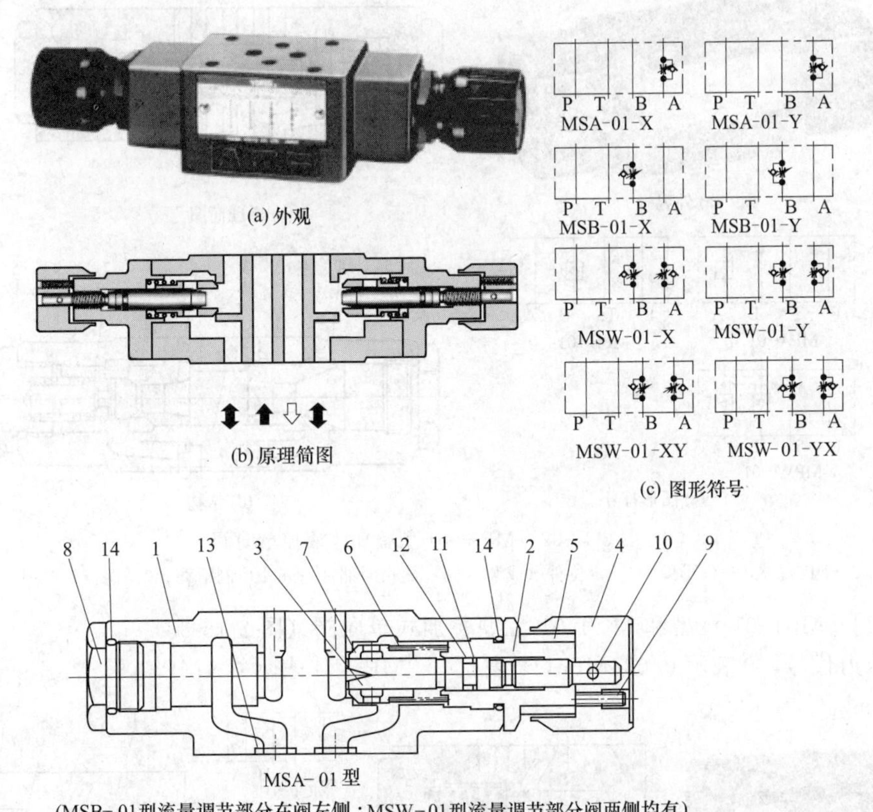

(a) 外观　(b) 原理简图　(c) 图形符号　(d)结构

图 3-16-30　MS◇-01-※★型叠加式节流单向阀

1—阀体；2—螺套；3—阀芯；4—流量调节手柄；5—刻度套；6—弹簧；7—单向阀芯；8—堵头；9—紧固螺钉；10—销；11—密封挡圈；12～14—O 形圈

[例 3-16-31] MAC-01 型叠加式防气穴阀（图 3-16-31）

最大使用压力为 31.5MPa；最大流量为 35L/min。

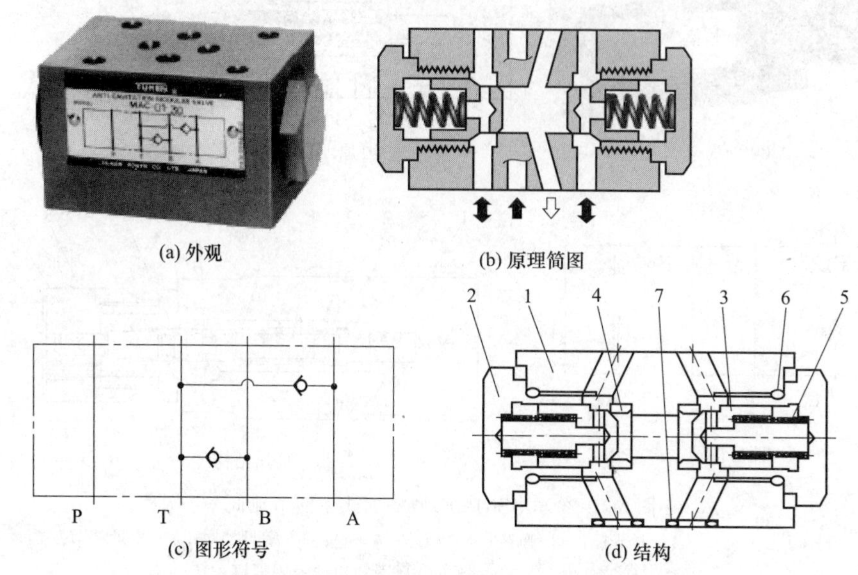

图 3-16-31 MAC-01 型叠加式防气穴阀

1—阀体；2—螺塞；3—阀芯；4—阀座；5—弹簧；6，7—O 形圈

[例 3-16-32] MP※-01 型叠加式液控单向阀（图 3-16-32）

有 MPA-01、MPB-01、MPW-01 型；最大使用压力为 31.5MPa；最大流量为 35L/min。

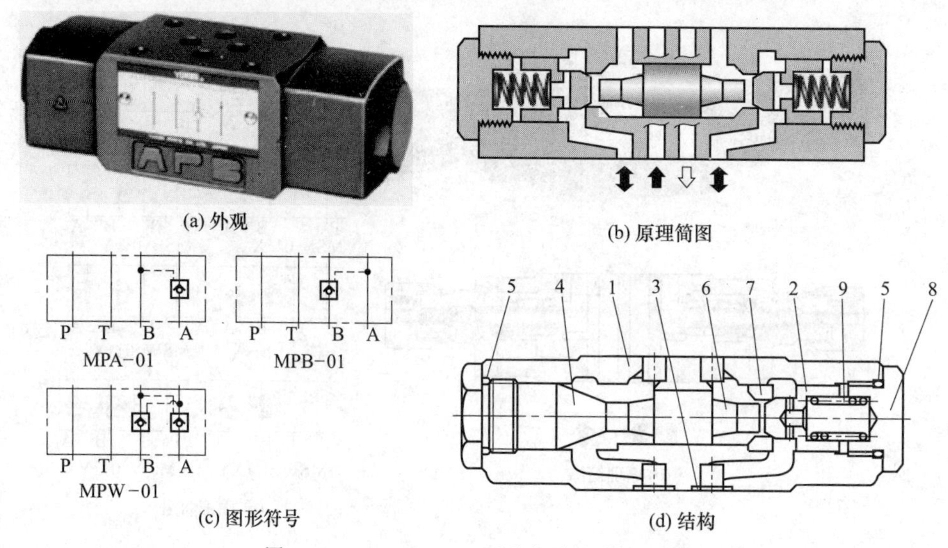

图 3-16-32 MP※-01 型叠加式液控单向阀

1—阀体；2—阀芯；3，5—O 形圈；4—定位件（或装入阀右侧相同部件）；6—控制活塞；7—阀座；8—堵头；9—弹簧

[例 3-16-33] MCP-01-△型和 MCT-01-△型叠加式单向阀（图 3-16-33）

△为开启压力代号，0 表示 0.035MPa，2 表示 0.2MPa，4 表示 0.4MPa。

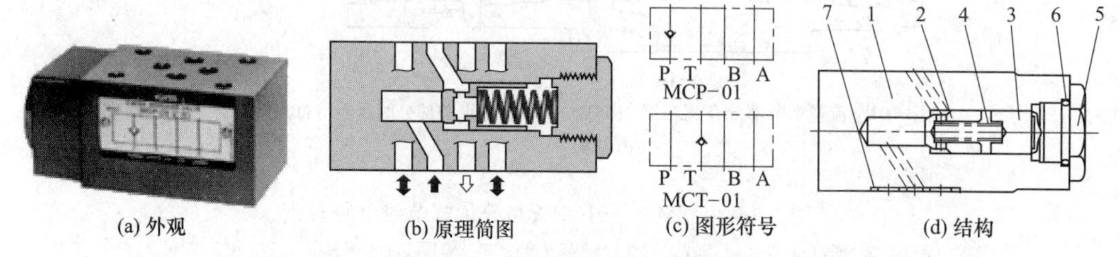

图 3-16-33 MCP-01-△型和 MCT-01-△型叠加式单向阀

1—阀体；2—阀芯；3—弹簧座；4—弹簧；5—螺塞；6，7—O 形圈

[例 3-16-34]　MAC-01 型叠加式防汽蚀阀（图 3-16-34）

额定压力为 31.5MPa。

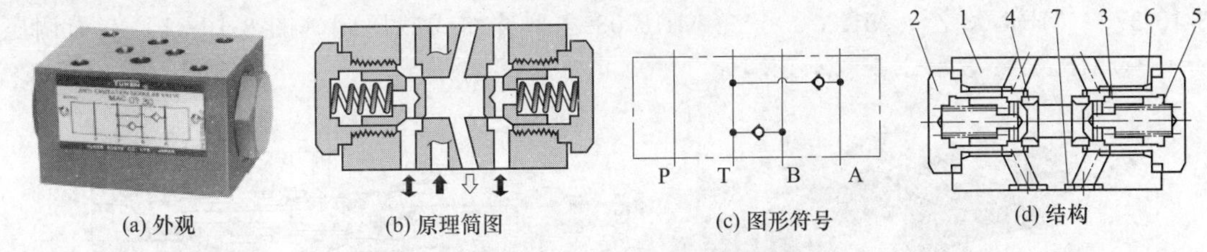

(a) 外观　(b) 原理简图　(c) 图形符号　(d) 结构

图 3-16-34　MAC-01 型叠加式防汽蚀阀

1—阀体；2—螺塞；3—阀芯；4—阀座；5—弹簧；6,7—O 形圈

[例 3-16-35]　MP※-01-△-40 型叠加式液控单向阀（图 3-16-35）

※可为 A、B、W；01 为公称通径代号；△为开启压力代号，0 表示 0.035MPa，2 表示 0.2MPa，4 表示 0.4MPa；40 为设计号。

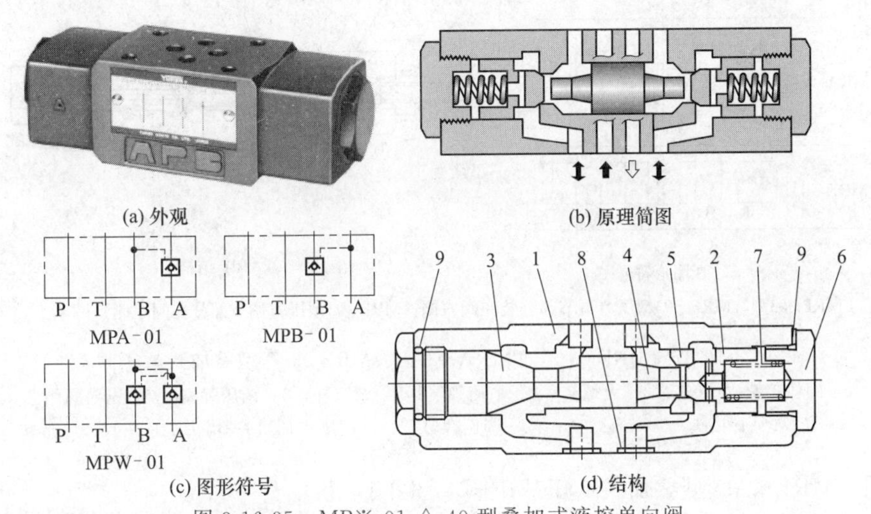

(c) 图形符号　(d) 结构

图 3-16-35　MP※-01-△-40 型叠加式液控单向阀

1—阀体；2—阀芯；3—左端空缺或也装入右端组件；4—控制活塞；5—阀座；6—螺塞；7—弹簧；8,9—O 形圈

[例 3-16-36]　MB※-03-△型叠加式溢流阀（图 3-16-36）

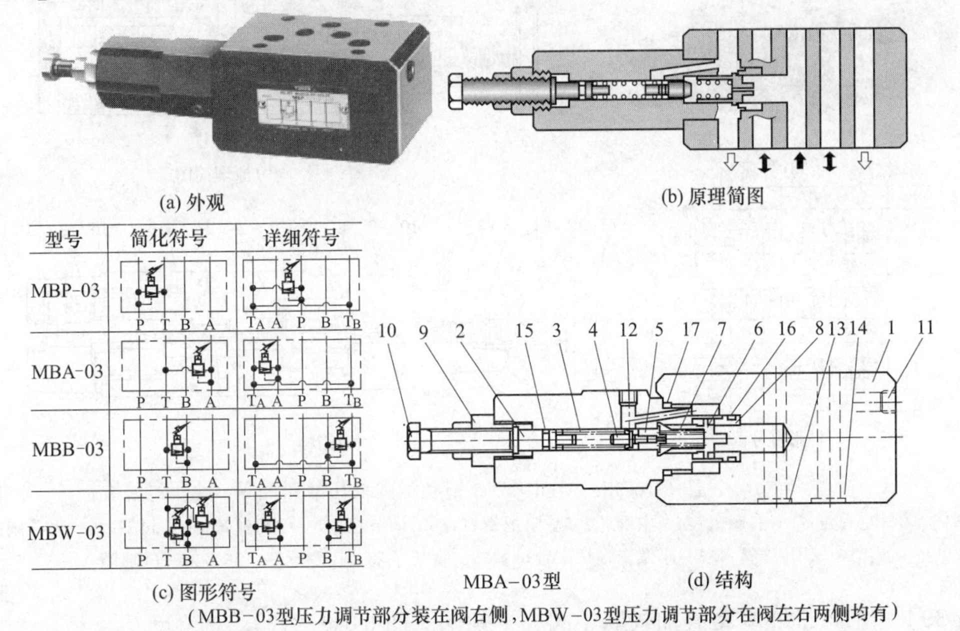

(c) 图形符号　(d) 结构

（MBB-03型压力调节部分装在阀右侧，MBW-03型压力调节部分在阀左右两侧均有）

图 3-16-36　MB※-03-△型叠加式溢流阀

1—阀体；2—螺套盖；3—调压弹簧；4—先导阀芯；5—阀座；6—主阀芯；7—平衡弹簧；8—主阀座；9—螺套；10—调压螺钉；11,12—堵头；13～17—O 形圈

※分别为P、A、B、W，溢流功能分别用于P、A、B通道及A、B双通道；03为通径代号；△为调压范围代号，B表示0.4～7MPa，H表示3.5～31.5MPa。

[例3-16-37] MRP-03-△、MRA-03-△、MRB-03-△型叠加式减压阀（图3-16-37）△为调压范围代号，B表示1～7MPa，H表示3.5～24.5MPa。

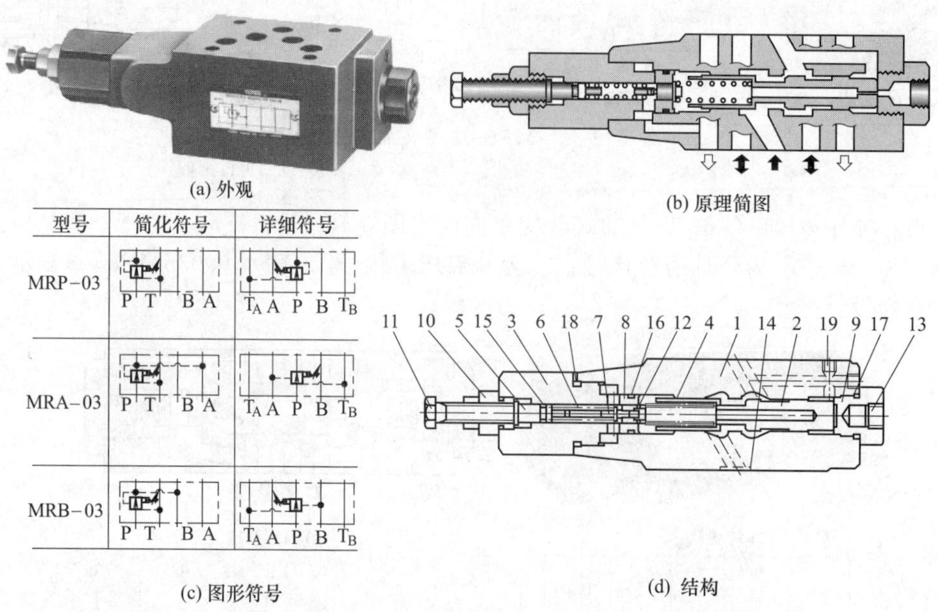

(MRP-03型、MRB-03型压力调节部分装在阀右侧，MRP-03型压力调节部分在阀左侧)

图3-16-37 MRP-03-△、MRA-03-△、MRB-03-△型叠加式减压阀

1—阀体；2—主阀芯；3—大螺套；4—平衡弹簧；5—调节杆；6—调压弹簧；7—先导阀阀芯；8—套；9—管接头；10—小螺套；11—调压螺钉；12—阀座；13，19—堵头；14～18—O形圈

[例3-16-38] MRL※-03型叠加式低压减压阀（图3-16-38）

※为P、A、B，分别表示用于P、A、B口；最高使用压力为7MPa。

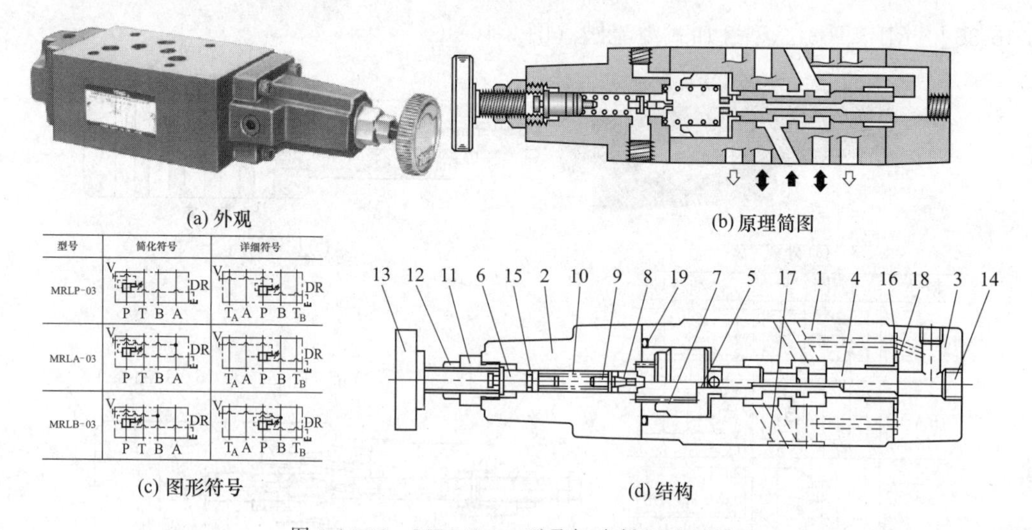

图3-16-38 MRL※-03型叠加式低压减压阀

1—阀体；2—左阀盖；3—右阀盖；4—主阀芯；5—阻尼螺钉；6—调节杆；7—平衡弹簧；8—阀座；9—先导阀阀芯；10—调压弹簧；11—小螺套；12—锁母；13—调压手柄；14—螺塞；15～19—O形圈

[例3-16-39] MH☆-03-※型叠加式顺序阀、平衡阀（图3-16-39）

MHP用于P口，MHA用于A口，MHB用于B口；03为通径代号；※为压力调节范围，N表示0.4～1.8MPa，A表示1.8～3.5MPa，B表示3.5～7MPa，C表示7～14MPa。

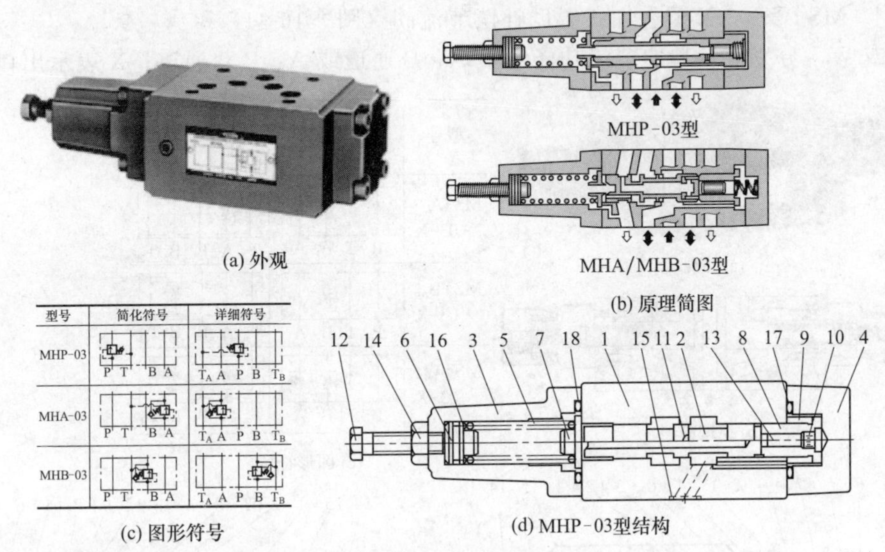

(a) 外观 (b) 原理简图 (c) 图形符号 (d) MHP-03型结构

1—阀体；2—阀芯；3—左盖；4 右盖；5—调压弹簧；6—调节杆；7—弹簧座；8—内套；9—外套；10—阻尼螺塞；11—导流套；12—调压螺钉；13—控制柱塞；14—锁母；15～18—O 形圈

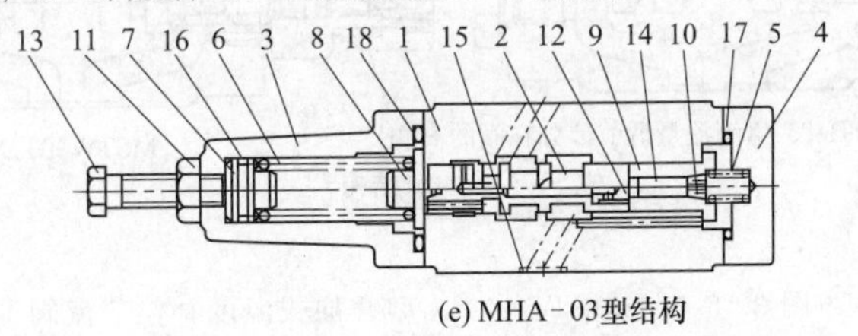

(e) MHA-03型结构

图 3-16-39 MH☆-03-※型叠加式顺序阀、平衡阀

1—阀体；2—阀芯；3—左盖；4 右盖；5—复位弹簧；6—调压弹簧；7—调节杆；8—弹簧座；9—套；10—阻尼螺塞；11—锁母；12—导流套；13—调压螺钉；14—控制柱塞；15～18—O 形圈

[例 3-16-40] MF※-03-△型叠加式压力、温度补偿流量阀（图 3-16-40）

※为 P、A、B、W，分别表示用于 P、A、B 口及 A、B 口；△为控制方向，X 表示出口节流，Y 表示进口节流。

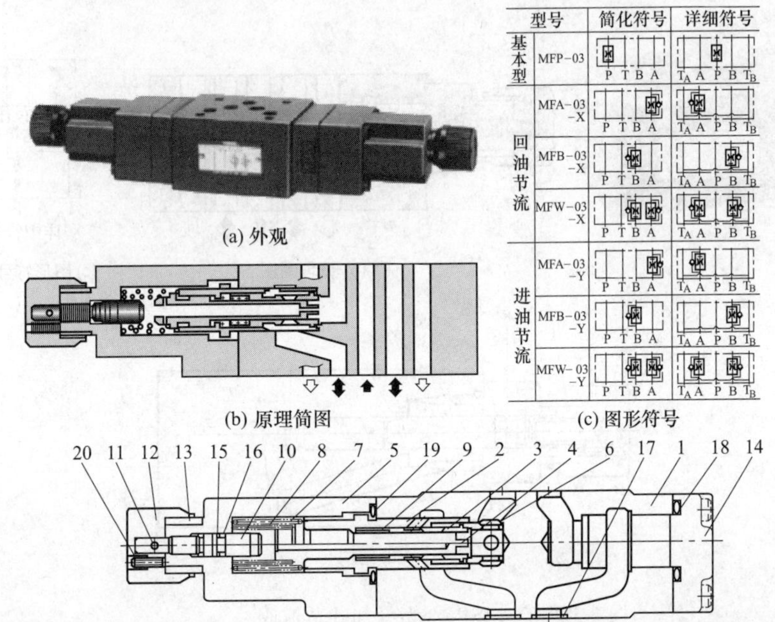

(a) 外观 (b) 原理简图 (c) 图形符号 (d) 结构

图 3-16-40 MF※-03-△型叠加式压力、温度补偿流量阀

1—阀体；2—阀套；3—单向阀芯；4—节流阀芯；5—左盖；6—单向阀座；7～9—弹簧；10—调节螺杆；11—销；12—流量调节手柄；13—刻度套；14—右盖；15—密封挡圈；16～19—O 形圈；20—固定螺钉

[例 3-16-41] MST※-03-X 型叠加式温度补偿节流阀（图 3-16-41）

※为 A、B 或 W，分别表示单向节流功能用于 A、B 通道或 A、B 双通道；X 表示出口节流。

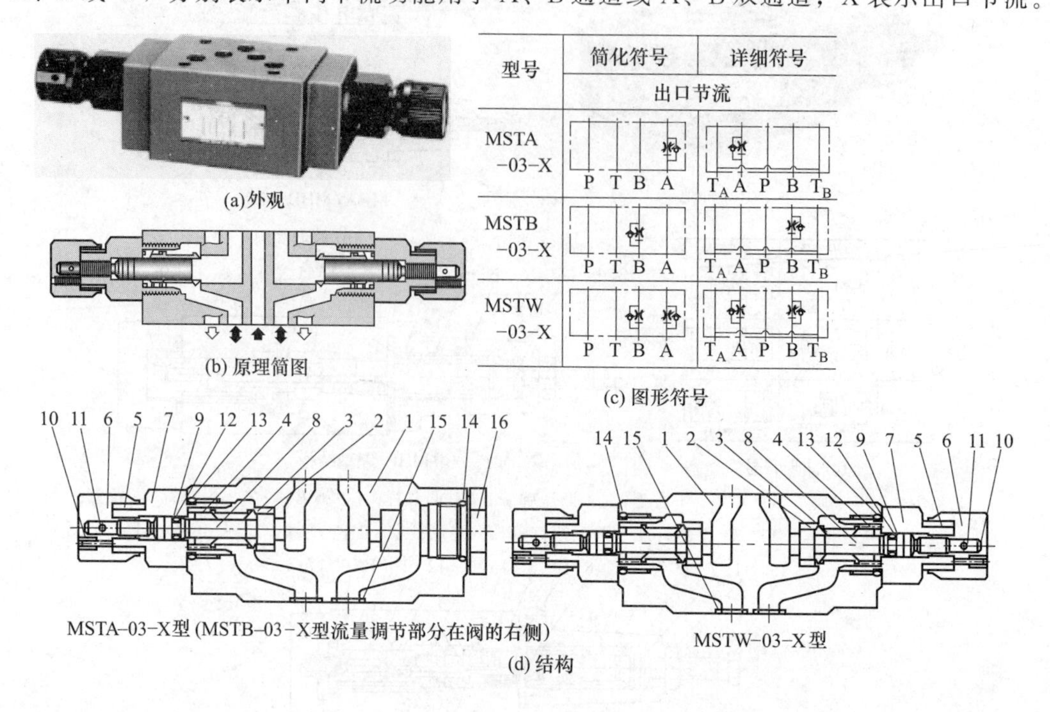

图 3-16-41 MST※-03-X 型叠加式温度补偿节流阀

1—阀体；2—阀座；3—单向阀芯；4—弹簧；5—刻度套；6—流量调节手柄；7—螺套；8—节流阀芯；9—密封挡圈；10—紧固螺钉；11—销；12～15—O 形圈；16—螺塞

[例 3-16-42] MSP-03 型叠加式节流阀（图 3-16-42）

P 表示节流功能用于 P 通道。

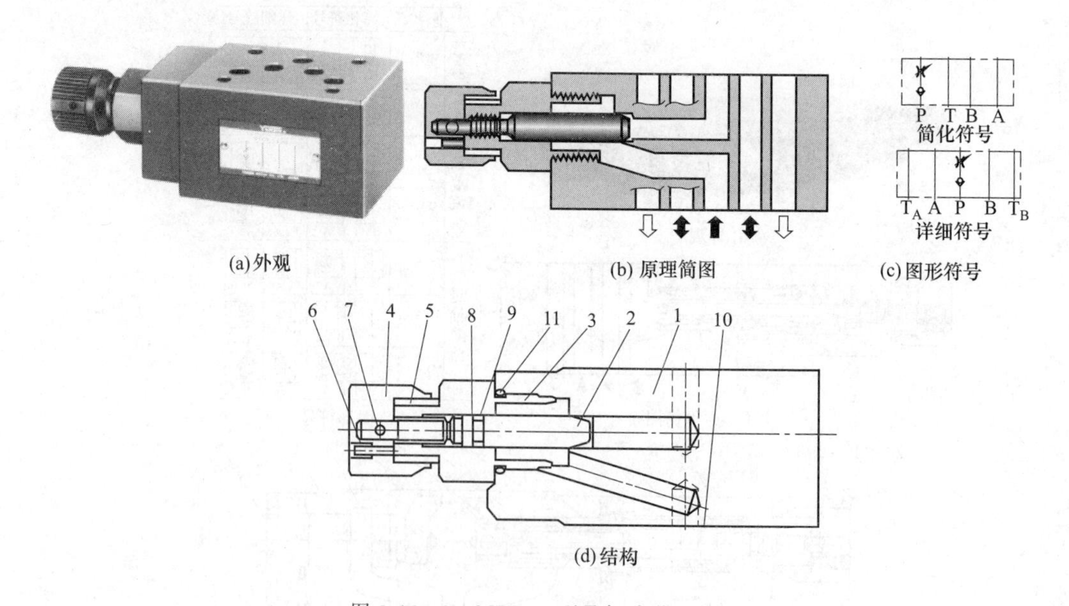

图 3-16-42 MSP-03 型叠加式节流阀

1—阀体；2—节流阀芯；3—螺套；4—流量调节手柄；5—刻度套；6—紧固螺钉；7—销；8 密封挡圈；9～11—O 形圈

[例 3-16-43] MSCP-03 型叠加式单向节流阀（图 3-16-43）

P 表示单向与节流功能用于 P 通道。

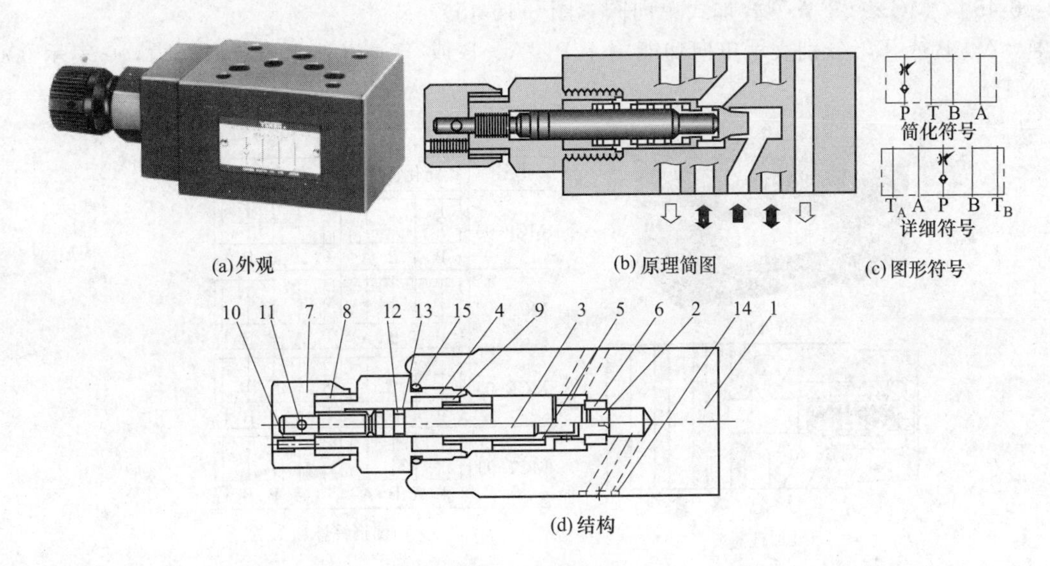

图 3-16-43　MSCP-03 型叠加式单向节流阀

1—阀体；2—阀芯；3—调节杆；4—螺套；5—弹簧；6—阀座；7—流量调节手柄；8—刻度套；9—弹簧座；10—紧固螺钉；11—销；12—密封挡圈；13～15—O 形圈

［例 3-16-44］　MS※-03-△型叠加式节流单向阀（图 3-16-44）

※为 A、B 或 W，分别表示单向节流功能用于 A、B 通道或 A、B 双通道；△为控制方向，X 表示出口节流，Y 表示进口节流。

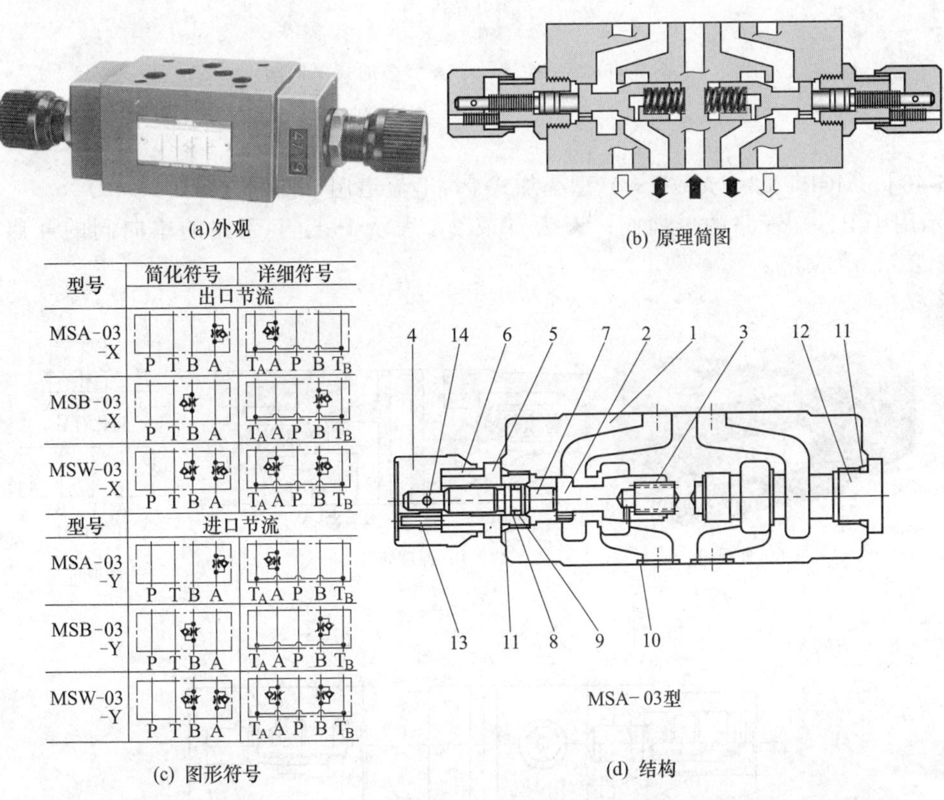

图 3-16-44　MS※-03-△型叠加式节流单向阀

1—阀体；2—阀芯；3—弹簧；4—流量调节手柄；5—螺套；6—刻度套；7—调节杆；8—密封挡圈；9～11—O 形圈；12—螺塞；13—紧固螺钉；14—销

［例 3-16-45］ MC※-03-★型叠加式单向阀（图 3-16-45）

※为 P、A、B 或 T，分别表示单向功能用于 P、A、B 或 T 通道；★为开启压力，0 表示 0.035MPa，2 表示 0.2MPa。

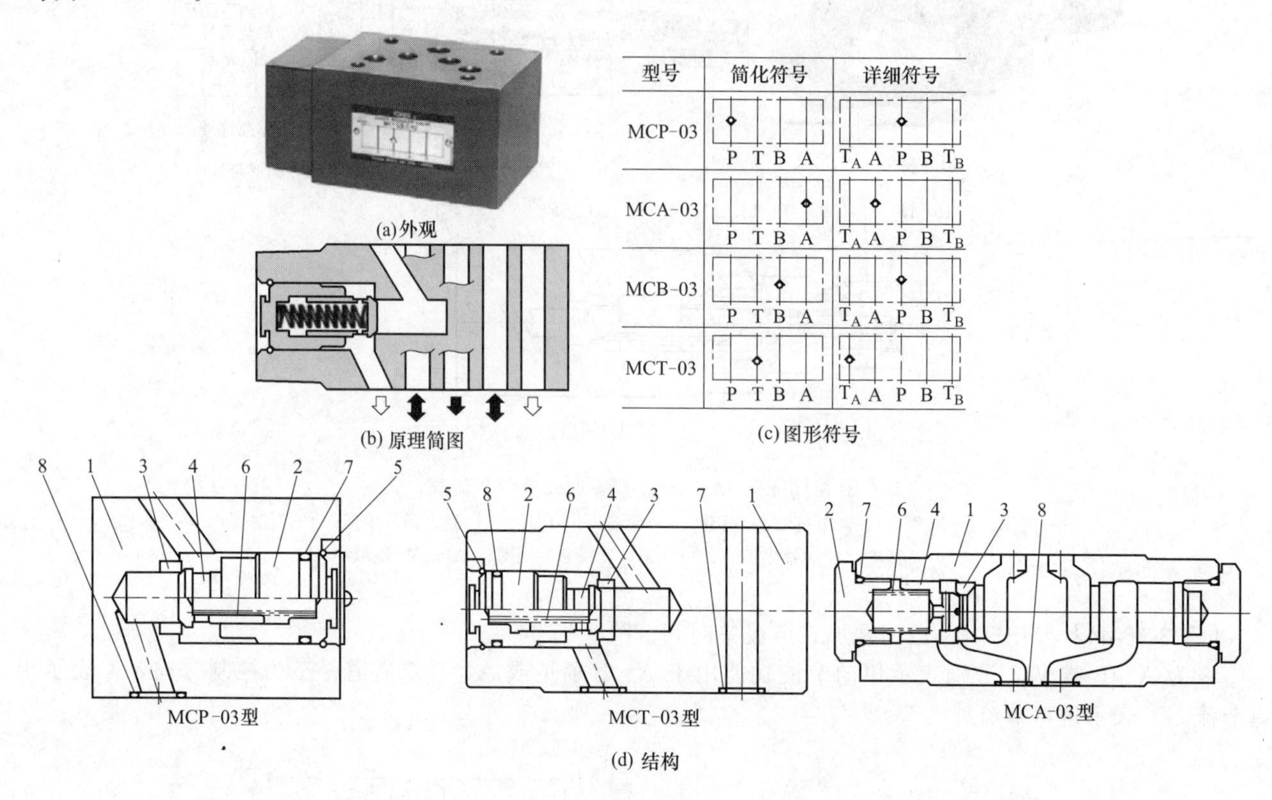

图 3-16-45 MC※-03-★型叠加式单向阀

1—阀体；2—堵头；3—阀座；4—阀芯；5—卡簧；6—弹簧；7,8—O 形圈

［例 3-16-46］ MCPT-03-P★（T★）型叠加式 P&T 流道用单向阀（图 3-16-46）

P、T 表示用于 P、T 管路的单向阀；★为 0 或 2，表示 P 与 T 管路的单向阀的开启压力，0 表示 0.035MPa，2 表示 0.2MPa。

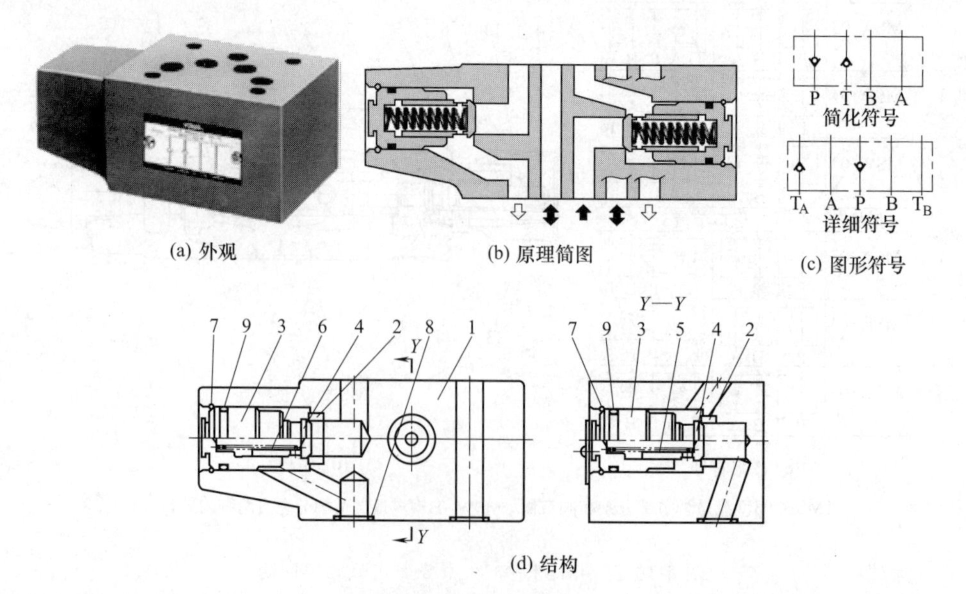

图 3-16-46 MCPT-03-P★（T★）型叠加式 P&T 流道用单向阀

1—阀体；2—阀座；3—堵头；4—阀芯；5,6—弹簧；7—卡簧；8,9—O 形圈

［例 3-16-47］　MAC-03 型叠加式防汽蚀阀（图 3-16-47）

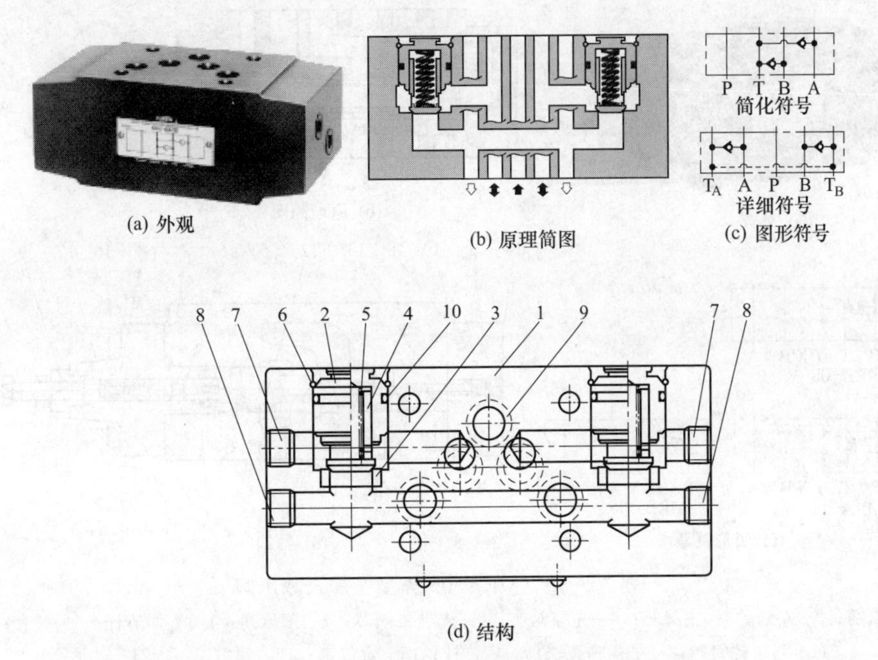

(a) 外观　(b) 原理简图　(c) 图形符号　(d) 结构

图 3-16-47　MAC-03 型叠加式防汽蚀阀

1—阀体；2—堵头；3—阀座；4—单向阀芯；5—弹簧；6—卡簧；7,8—螺塞；9,10—O 形圈

［例 3-16-48］　MP※-03-★型叠加式双液控单向阀（图 3-16-48）

※为 A、B 或 W，分别表示液控单向功能用于 A、B 通道或 A、B 双通道；★为 2 或 4，表示 P 与 T 管路的单向阀的开启压力，2 表示 0.2MPa，4 表示 0.4MPa。

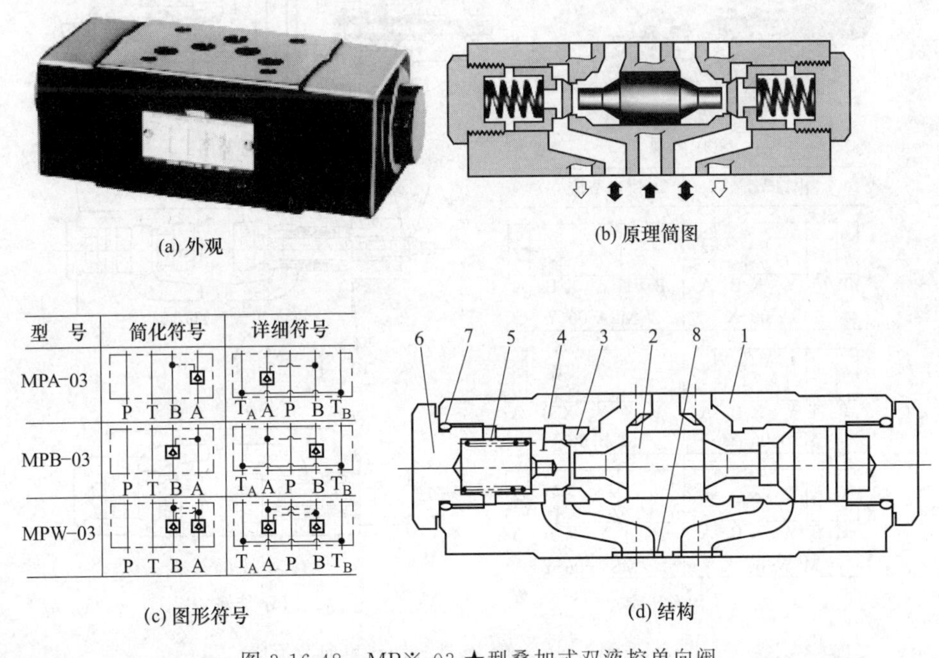

(a) 外观　(b) 原理简图　(c) 图形符号　(d) 结构

图 3-16-48　MP※-03-★型叠加式双液控单向阀

1—阀体；2—控制活塞；3—阀座；4—单向阀芯；5—弹簧；6—堵头；7,8—O 形圈

［例 3-16-49］　MR※-06-★型叠加式减压阀（图 3-16-49）

※为 P、A 或 B，表示用于 P 口、A 口或 B 口；★为压力调节范围，A 表示 0.7～7MPa，B 表示 1.5～7MPa，C 表示 3.5～14MPa，H 表示 7～21MPa；最大使用压力为 25MPa；最大流量为 125～500L/min。

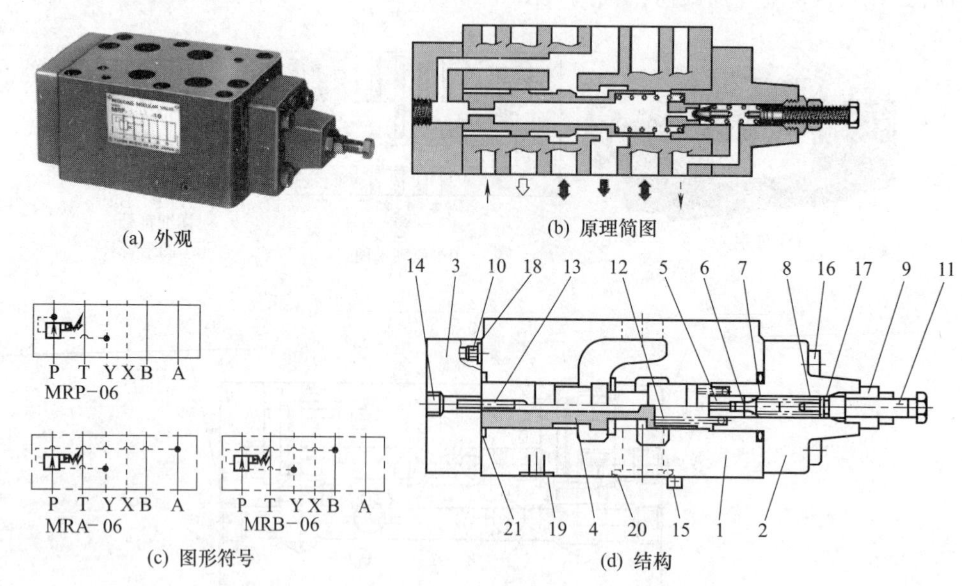

图 3-16-49 MR※-06-★型叠加式减压阀

1—阀体；2—右盖；3—左盖；4—主阀芯；5—先导阀座；6—先导锥阀芯；7—调压弹簧；8—调节杆；9—螺套；10,14—螺塞；11—调压螺钉；12—平衡弹簧；13—定位杆；15—定位销；16—螺钉；17～21—O形圈

［例 3-16-50］ MS※-06-△型叠加式单向节流阀（图 3-16-50）

※为 A、B 或 W，分别表示单向节流功能用于 A、B 通道或 A、B 双通道，即 MSA-06 型、MSB-06 型、MSW-06 型；△为控制方向，X 表示出口节流，Y 表示进口节流。

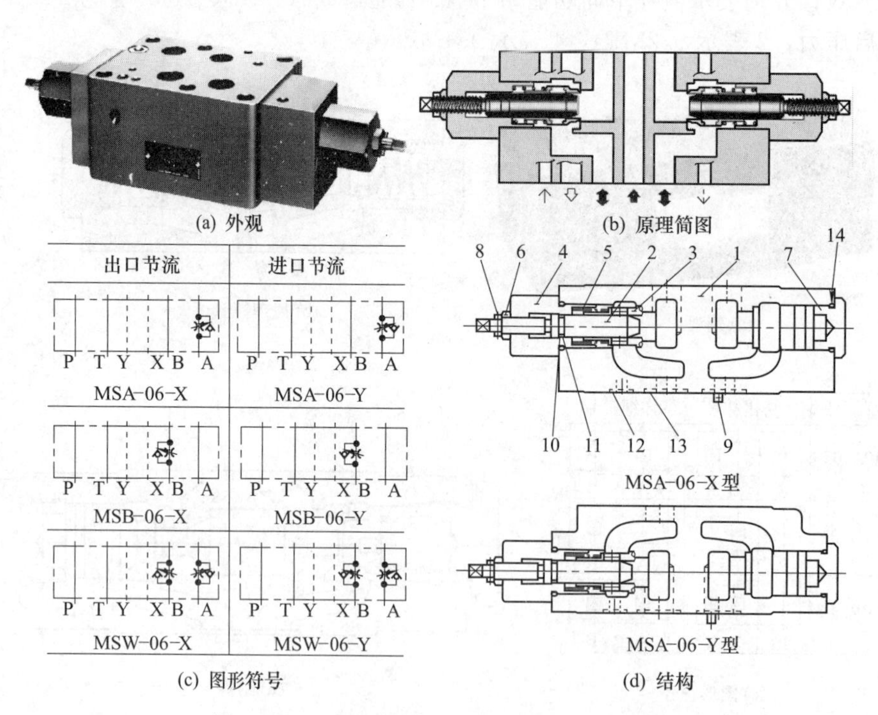

图 3-16-50 MS※-06-△型叠加式单向节流阀

1—阀体；2—阀芯；3—阀套；4—螺套；5—弹簧；6—锁母；7—螺塞；8—流量调节螺钉；9—定位销；10～14—O形圈

［例 3-16-51］ MP※-06-S-☆-△型叠加式（单、双）液控单向阀（图 3-16-51）

※为 A、B 或 W，分别表示液控单向阀用于 A、B 通道或 AB 双通道；S 表示控制油口螺纹尺寸为 G3/8″；☆为开启压力，2 表示 0.2MPa，4 表示 0.4MPa；△为控制油的供排方式，不标注表示内控内泄，X 表示外控外泄，Y 表示外控内泄。

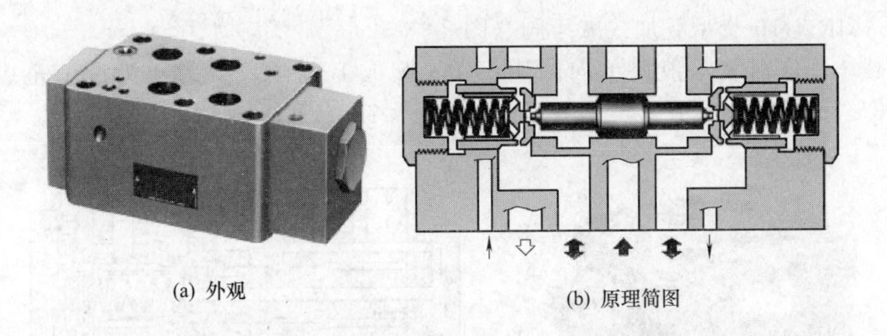

(a) 外观　　(b) 原理简图

型号	内控内泄	外控外泄	外控内泄
MPA-06	P T Y X B A MPA-06…	P T Y X B A MPA-06… -X	P T Y X B A MPA-06… -Y
MPB-06	P T Y X B A MPB-06…	P T Y X B A MPB-06…-X	P T Y X B A MPB-06…-Y
MPW-06	P T Y X B A MPW-06…	—	—

(c) 图形符号

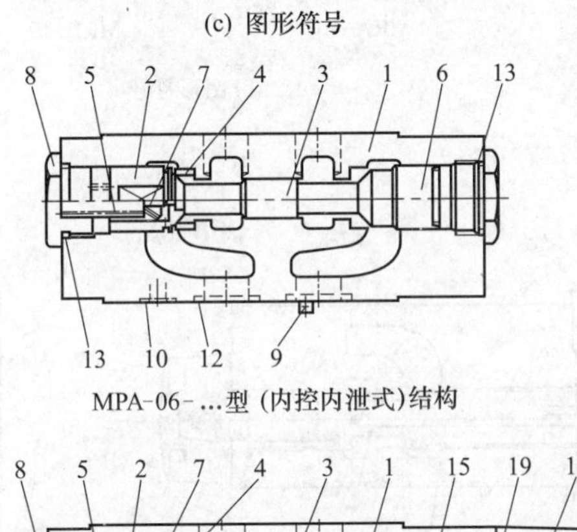

MPA-06-…型（内控内泄式）结构

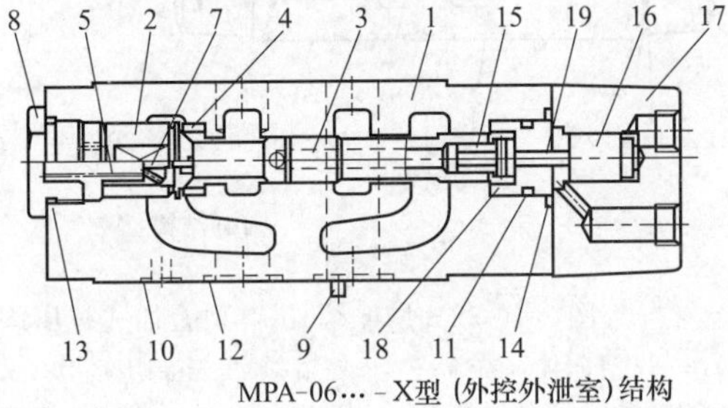

MPA-06… -X型（外控外泄室）结构

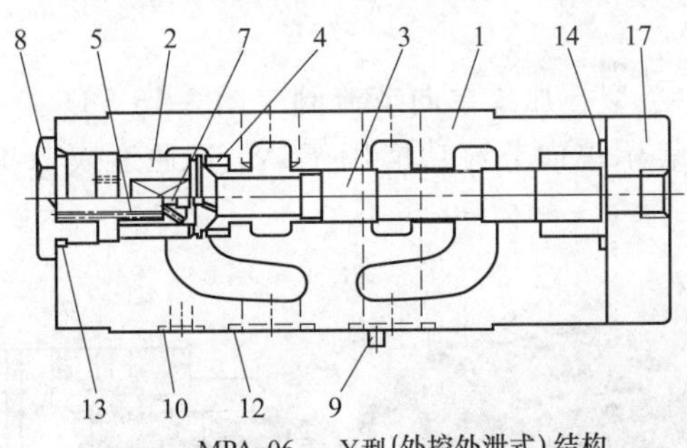

MPA-06…-Y型(外控外泄式) 结构

(d) 结构

图 3-16-51　MP※-06-S-☆-△型叠加式（单、双）液控单向阀

1—阀体；2—阀芯；3—控制活塞；4—阀座；5—弹簧；6—双液控时装单向阀组件；7—卸荷阀；8—螺塞；9—定位销；10～14—O形圈；15—过油塞；16—外控柱塞；17—右盖；18—隔油堵头；19—推杆

［例 3-16-52］ MR※-10-☆型叠加式减压阀（图 3-16-52）

※为 P、A、或 B，分别表示液控单向阀用于 P、A 或 B 通道；☆为压力调节范围，A 表示 0.7～7MPa，B 表示 1.5～7MPa，C 表示 3.5～14MPa，H 表示 7～21MPa。

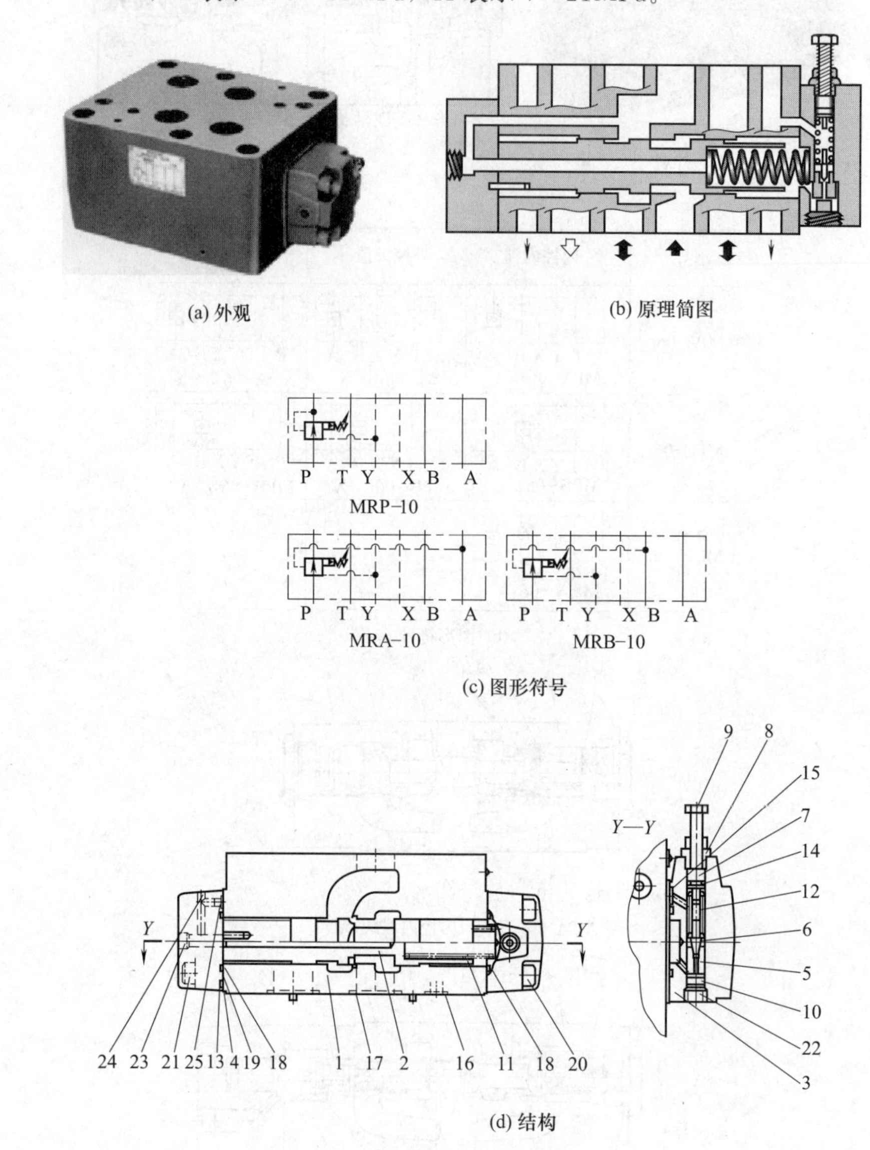

图 3-16-52 MR※-10-☆型叠加式减压阀

1—主阀体 2—主阀芯；3—先导阀体（右盖）；4—左盖；5—先导阀座；6—先导阀芯；7—调节杆；8—锁母；9—调压螺钉；10—防响块；11—平衡弹簧；12—调压弹簧；13～19—O 形圈；20,21—螺钉；22～25—螺塞

［例 3-16-53］ MS※-10-△型叠加式单向节流阀（图 3-16-53）

※为 A、B 或 W，分别表示单向节流功能用于 A、B 通道或 A、B 双通道；△为控制方向，X 表示出口节流，Y 表示进口节流。

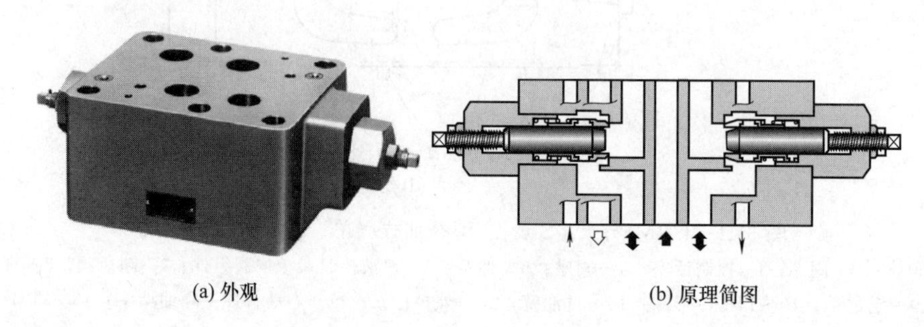

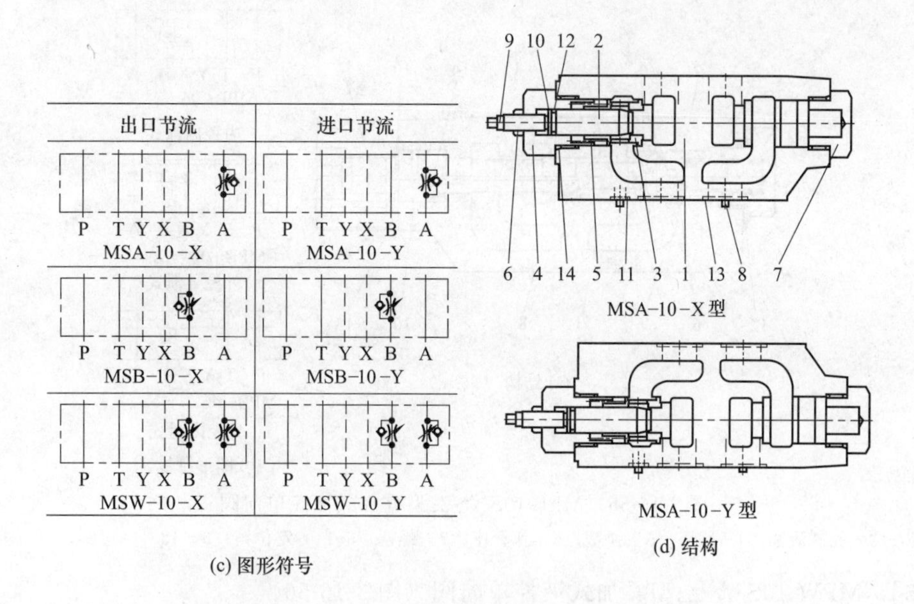

图 3-16-53 MS※-10-△型叠加式单向节流阀

1—阀体；2—阀芯；3—阀座；4—螺套；5—弹簧；6—锁母；7—螺塞；8—定位销；9—流量调节螺钉；10—密封挡圈；11～14—O 形圈

［例 3-16-54］ MPA-10S-☆-△型叠加式液控单向阀（图 3-16-54）

MPA 表示液控单向阀用于 A 通道；S 表示控制油口尺寸；☆为开启压力，2 表示 0.2MPa，4 表示 0.4MPa；△为控制油的供排方式，不标注表示内控内泄，X 表示外控外泄，Y 表示外控内泄。

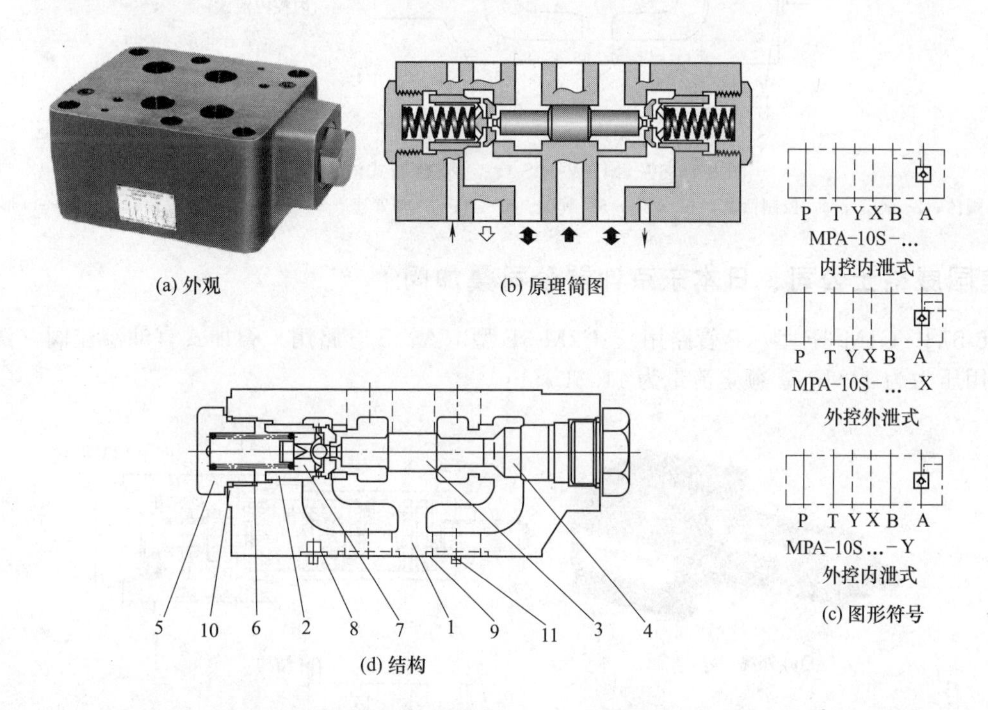

图 3-16-54 MPA-10S-☆-△型叠加式液控单向阀

1—阀体；2 阀芯；3—控制活塞；4—阀座（选择装入）；5—螺塞；6—弹簧；7—弹簧座；8～10—O 形圈；11—定位销

［例 3-16-55］ MPB-10S-☆-△型叠加式液控单向阀（图 3-16-55）

MPB 表示液控单向阀用于 B 通道；S 表示控制油口尺寸；☆为开启压力，2 表示 0.2MPa，4 表示 0.4MPa；△为控制油的供排方式，不标注表示内控内泄，X 表示外控外泄，Y 表示外控内泄。

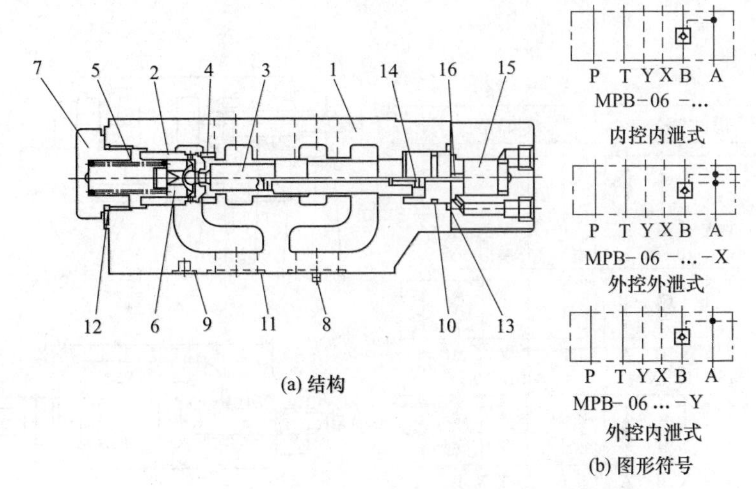

(a) 结构

(b) 图形符号

图 3-16-55 MPB-10S-☆-△型叠加式液控单向阀

1—阀体；2 阀芯；3—控制活塞；4—阀座；5—弹簧；6—弹簧座；7—螺塞；8,14—定位销；9～13—O 形圈；15—柱塞；16—推杆

［例 3-16-56］ MPW-10S-☆-△型叠加式液控单向阀（图 3-16-56）

MPW 表示液控单向阀用于 A、B 双通道，为双液控单向阀；S 表示控制油口尺寸；☆为开启压力，2 表示 0.2MPa，4 表示 0.4MPa；△为控制油的供排方式（只有内控内泄式）。

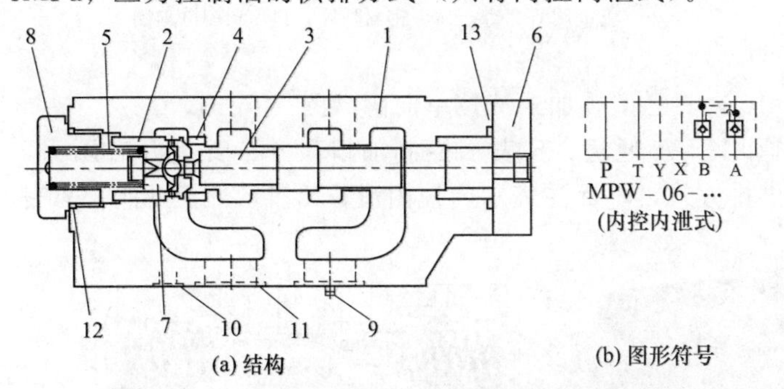

(a) 结构

(b) 图形符号

图 3-16-56 MPW-10S-☆-△型叠加式液控单向阀

1—阀体；2—阀芯；3—控制活塞；4—阀座；5—弹簧；6—盖；7—弹簧座；8—螺塞；9—定位销；10～13—O 形圈

3-16-3 美国威格士公司、日本东京计器公司叠加阀

［例 3-16-57］ C1M-3F 型（P 管路用）、C2M-3F 型（A、B 管路用）叠加式直动溢流阀（图 3-16-57）最高使用压力为 14MPa，额定流量为 11.3L/min。

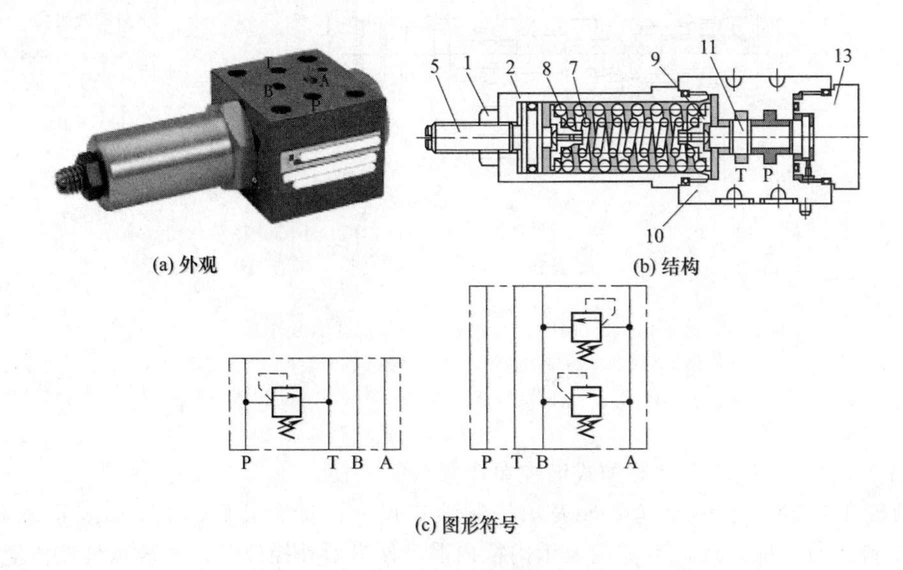

(a) 外观

(b) 结构

(c) 图形符号

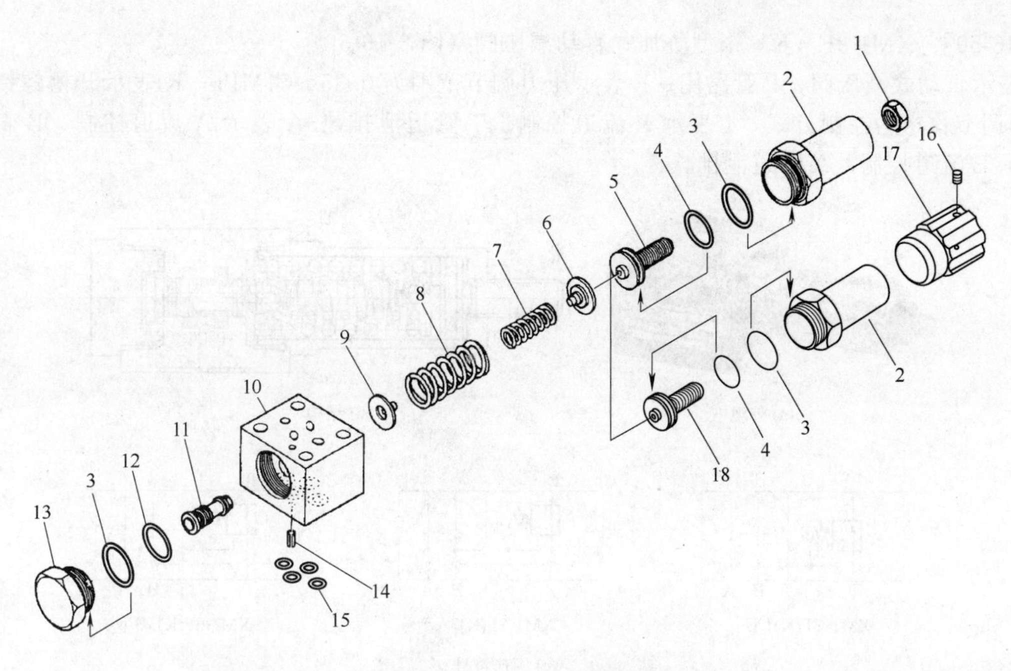

(d) 立体分解图

图 3-16-57　C1M-3F 型（P 管路用）、C2M-3F 型（A、B 管路用）叠加式直动溢流阀
1—锁母；2—螺套；3,4,12,15—O 形圈；5,18—调压螺钉；6,9—弹簧座；7,8—调压弹簧；
10—阀体；11—阀芯；13—螺塞；14—定位销；16—紧固螺钉；17—捏手手柄

[例 3-16-58]　RM（2)-3F 型叠加式直动顺序阀（图 3-16-58）
最高使用压力为 14MPa，额定流量为 11.3L/min。

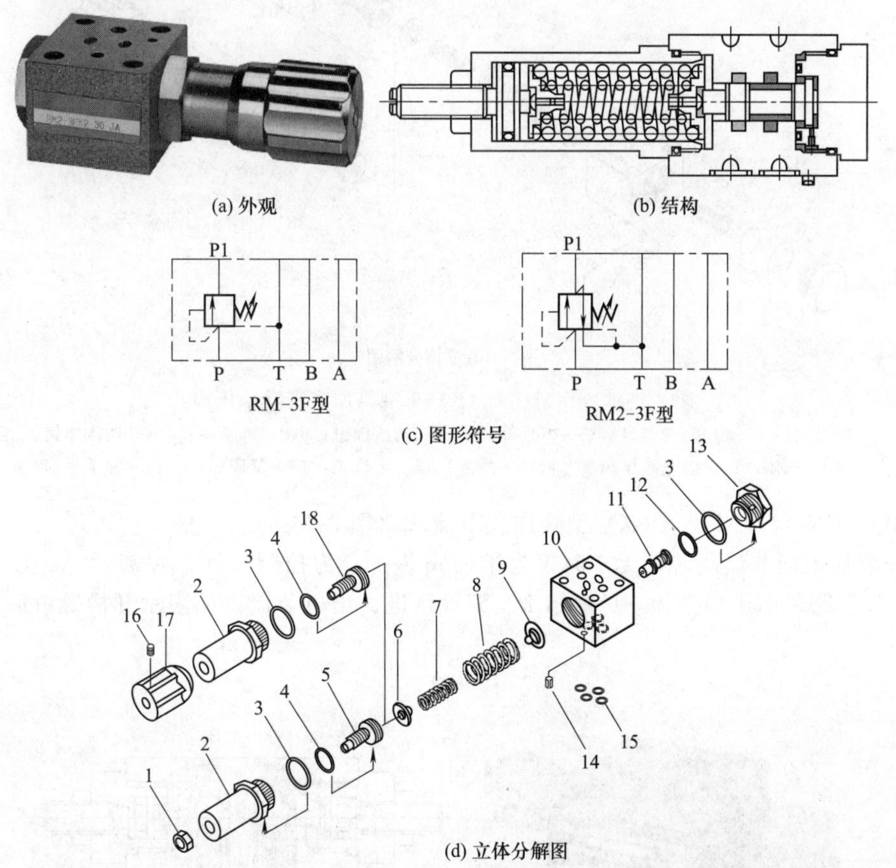

(a) 外观　(b) 结构

(c) 图形符号

(d) 立体分解图

图 3-16-58　RM（2)-3F 型叠加式直动顺序阀
1—锁母；2—螺套；3,4,12,15—O 形圈；5,18—调压螺钉；6,9—弹簧座；7,8—调压弹簧；
10—阀体；11—减压阀阀芯；13—螺塞；14—定位销；16—紧固螺钉；17—捏手手柄

［例 3-16-59］ XM1-3F（K）※型叠加式直动减压阀（图 3-16-59）

XM1 表示直动式减压阀，P 管路用；F 表示压力调节范围为 0.35～14MPa；K 表示开槽螺钉调节，不标注为手柄调节；※为控制方式，1 表示 P 流道控制、T 管道泄排，3A 表示 A 流道控制、B 表示管道泄排，3B 表示 B 流道控制、A 管道泄排。

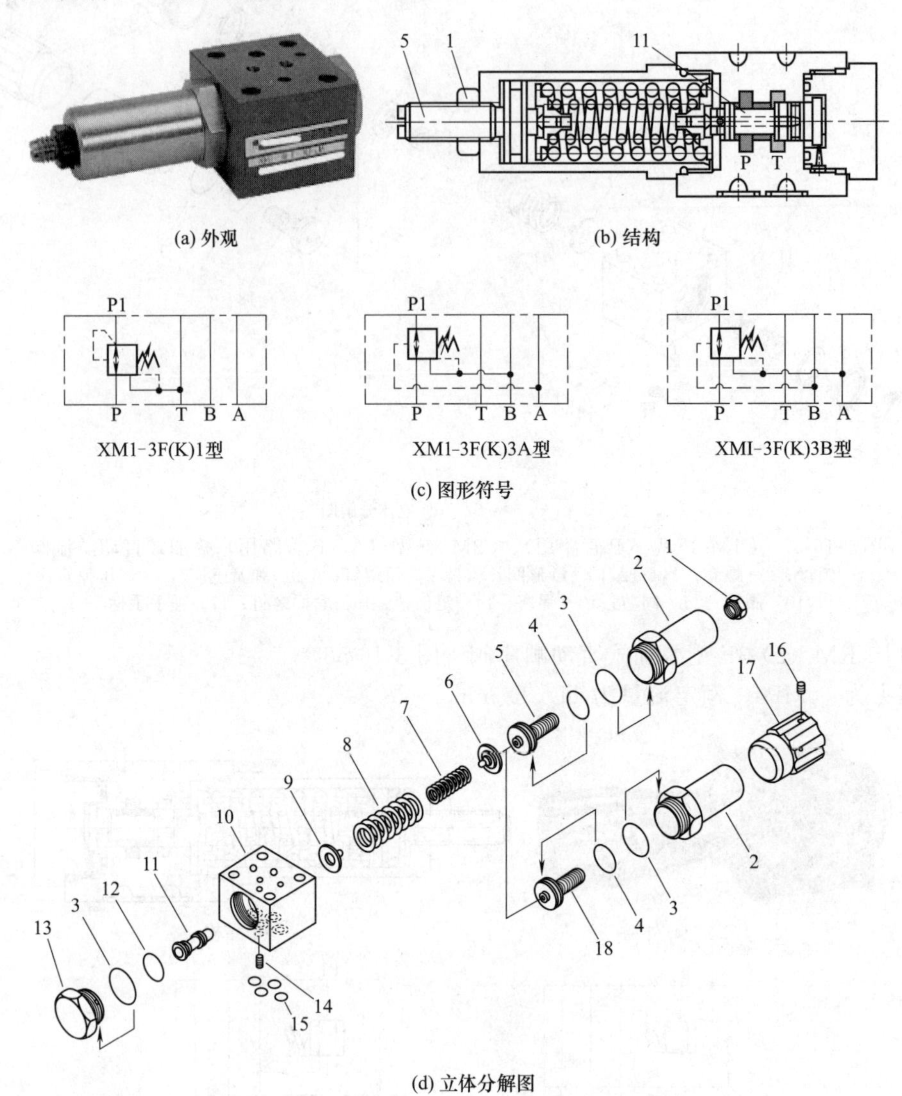

图 3-16-59 XM1-3F（K）※型叠加式直动减压阀

1—锁母；2—螺套；3,4,12,15—O 形圈；5,18—调压螺钉；6,9—弹簧座；7,8—调压弹簧；10—阀体；11—溢流减压阀阀芯；13—螺塞；14—定位销；16—紧固螺钉；17—捏手手柄

［例 3-16-60］ FN（1）M-3◇（K）型叠加式节流阀（图 3-16-60）

有 1 时为开槽加锥面节流阀芯，无 1 时仅为锥面阀芯；◇为控制方式，A 表示 A、B 管路单向出口节流，B 表示 A、B 管路单向进口节流，C 表示 P、T 管路进、出口节流；K 表示开槽螺钉调节，不标注为手柄调节。

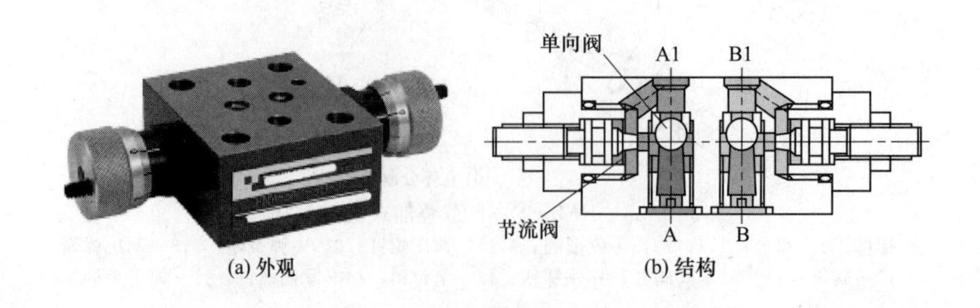

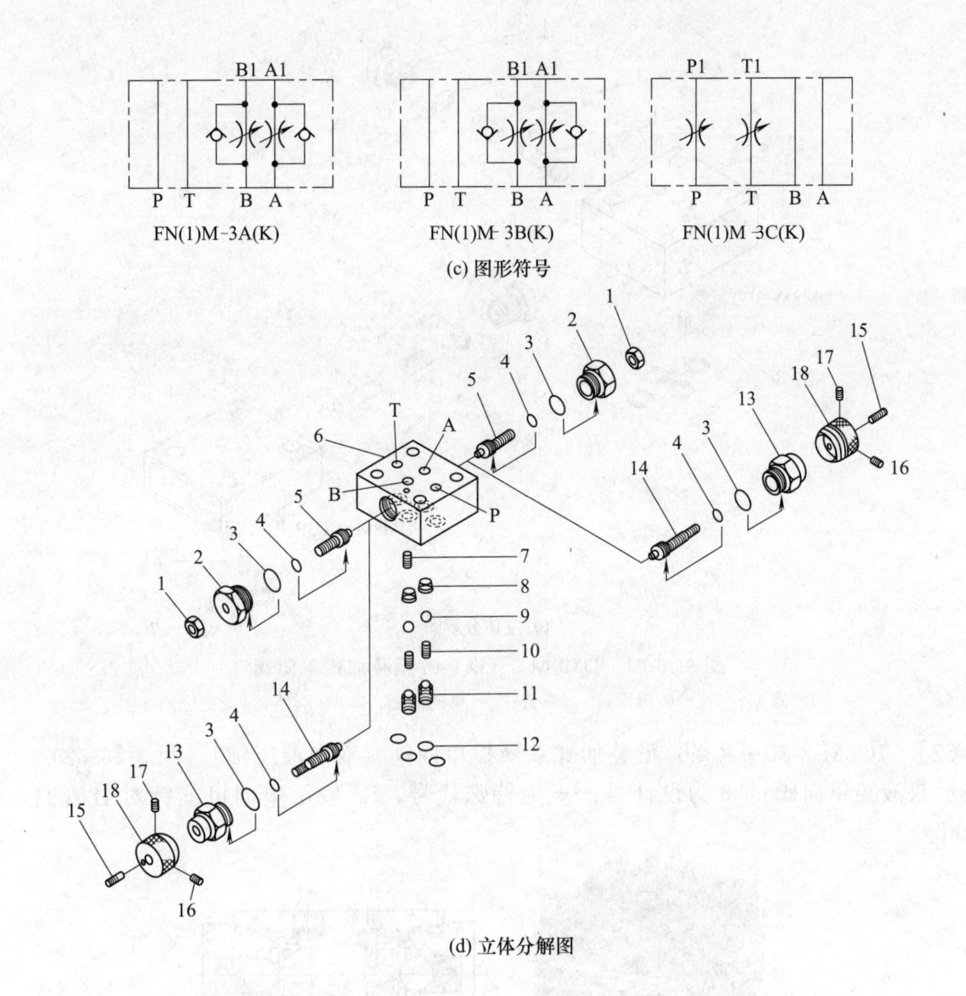

(c) 图形符号

(d) 立体分解图

图 3-16-60 FN（1）M-3◇（K）型叠加式节流阀

1—锁母；2,13—螺套；3,4,12—O 形圈；5,14—节流阀阀芯；6—阀体；7—定位销；8—单向阀阀座；9—单向阀阀芯（钢球）；10—弹簧；11—螺塞；15—紧固螺钉；16,17—侧向导向螺钉；18—捏手

［例 3-16-61］ DM8M-3（※）-15 型叠加式单向阀（图 3-16-61）

DM8M 表示单向阀；※为单向阀控制的管路，不标注表示 P 管路，A 表示 P→T，B 表示 T→P，T 表示 T 管路；15 表示开启压力为 0.1MPa。

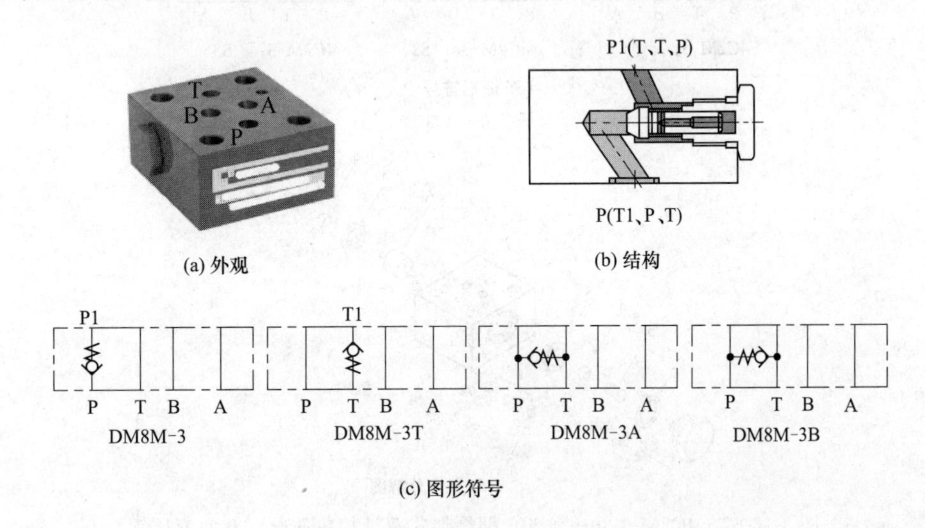

(a) 外观

(b) 结构

(c) 图形符号

图 3-16-61

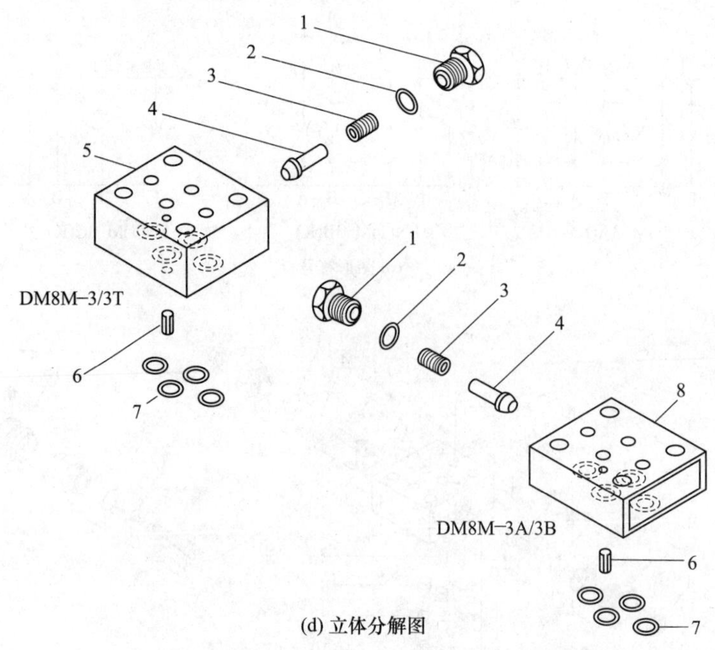

(d) 立体分解图

图 3-16-61 DM8M-3（※）-15 型叠加式单向阀

1—螺塞；2,7—O 形圈；3—弹簧；4—单向阀芯；5,8—阀体；6—定位销

［例 3-16-62］ 4C2M-3-30…-（※）型叠加式双液控单向阀（双向液压锁）（图 3-16-62）

4C2M 表示双液控单向阀；30 为设计号；※为特殊代号，S2 表示单向机能针对 B 管路，S3 表示单向机能针对 A 管路。

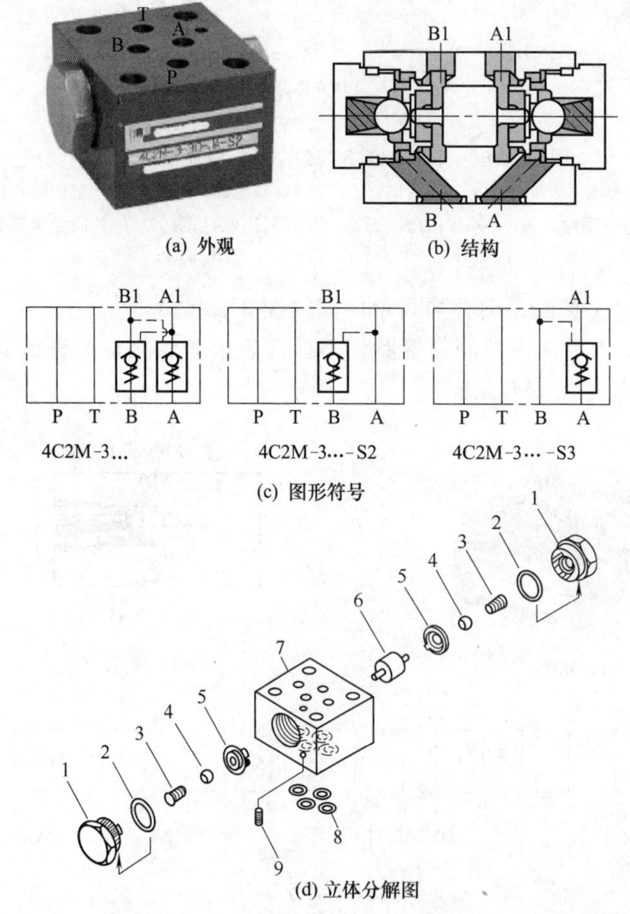

(d) 立体分解图

图 3-16-62 4C2M-3-30…-（※）型叠加式双液控单向阀（双向液压锁）

1—螺塞；2,8—O 形圈；3—弹簧；4—单向阀芯（钢球）；5—阀座；6—控制活塞；7—阀体；9—定位销

［例 3-16-63］　SM1-3F◇-※型叠加式压力继电器（图 3-16-63）

结构特点为柱塞式。SM1 表示压力继电器；◇为压力检测口代号，P 表示 P 口，A 表示 A 口，B 表示 B 口；※为检测压力范围，10 表示 0.7～1MPa，20 表示 0.7～14MPa；最高使用压力为 14MPa。

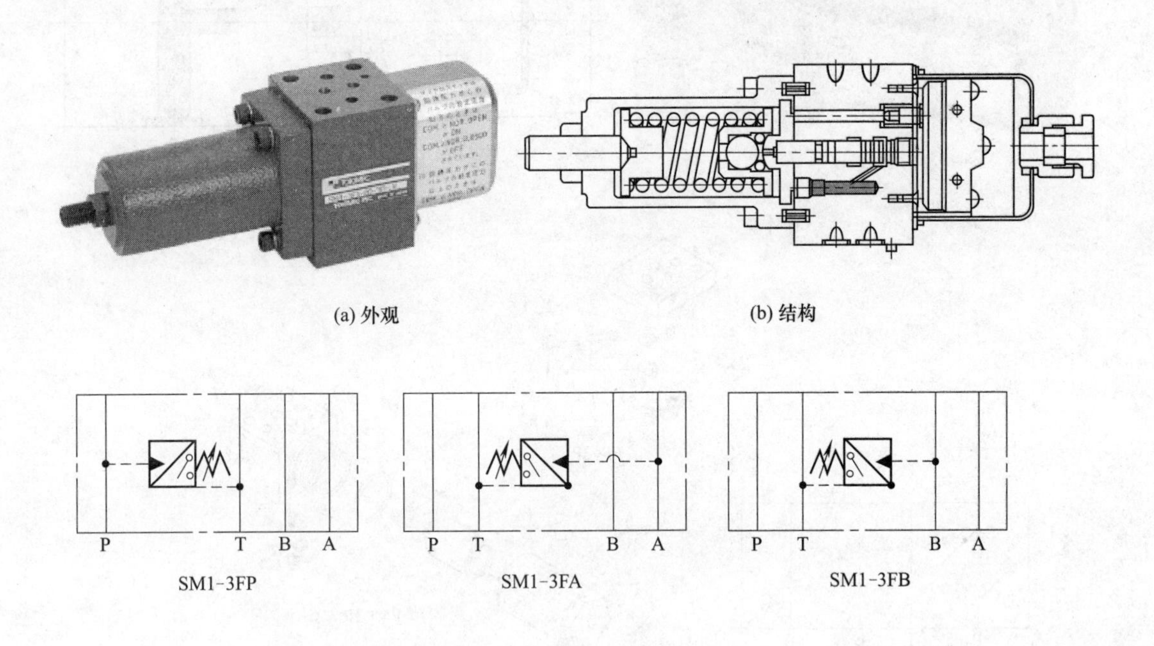

(a) 外观　(b) 结构

(c) 图形符号

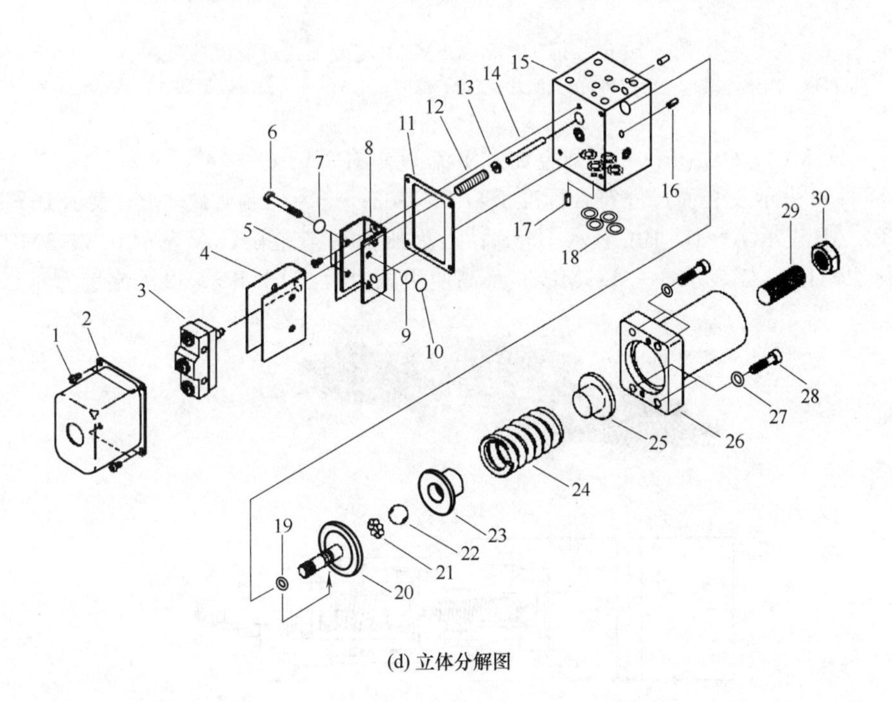

(d) 立体分解图

图 3-16-63　SM1-3F◇-※型叠加式压力继电器

1,5,6,28—螺钉；2—罩壳；3—微动开关；4,8—支架；7,9—垫圈；10—螺母；11—防尘垫；12,24—弹簧；13—垫；14—推杆；15—阀体；16,17—定位销；18,19—O 形圈；20—柱塞；21—推力球；22—钢球；23—球座；25—弹簧座；26—阀盖；27—弹簧垫圈；29—调压螺钉；30—锁母

［例 3-16-64］　FP-3P 型和 FM-3P 型叠加式过滤器（图 3-16-64）

最高使用压力为 14MPa，过滤精度 FP-3P 型为 200μm，FM-3P 型为 37μm。

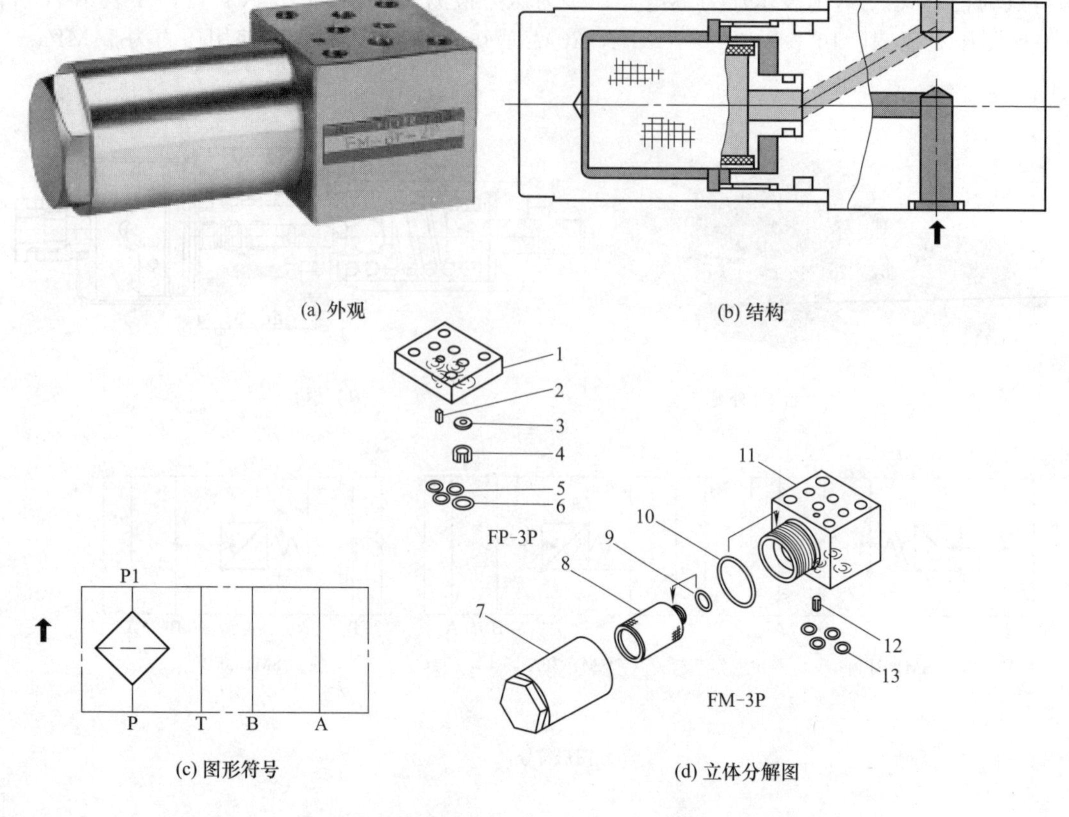

图 3-16-64 FP-3P 型和 FM-3P 型叠加式过滤器

1,11—阀体；2,12—定位销；3—滤片；4,8—滤芯；5,6,9,10,13—O 形圈；7—螺套盖

[例 3-16-65] TGMC (2)-3-※-…-△型叠加式溢流阀（图 3-16-65）

2 表示双溢流阀；3 表示安装面尺寸符合标准 ISO 4401-03；※为控制管路，PT 表示 P→T，AT 表示A→T，BT 表示 B→T，AB 表示 A→B，BA 表示 B→A；△为压力调节范围，A 表示 0.3～5MPa，B 表示0.3～10MPa，F 表示 1～20MPa，G 表示 5～31.5MPa；最高使用压力为 31.5MPa；最大流量为 60L/min。

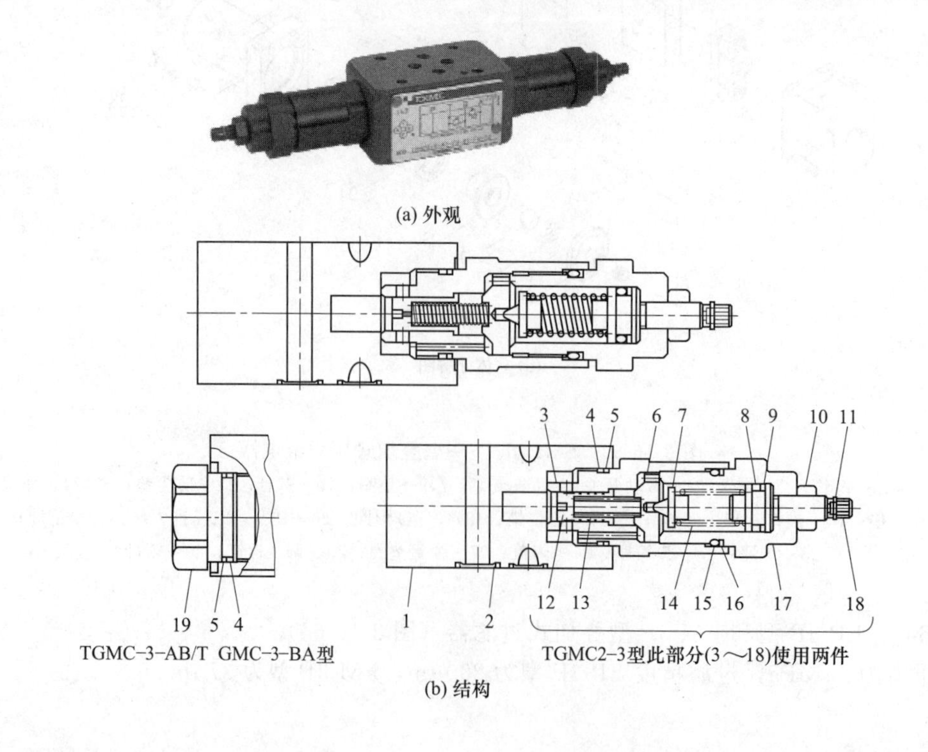

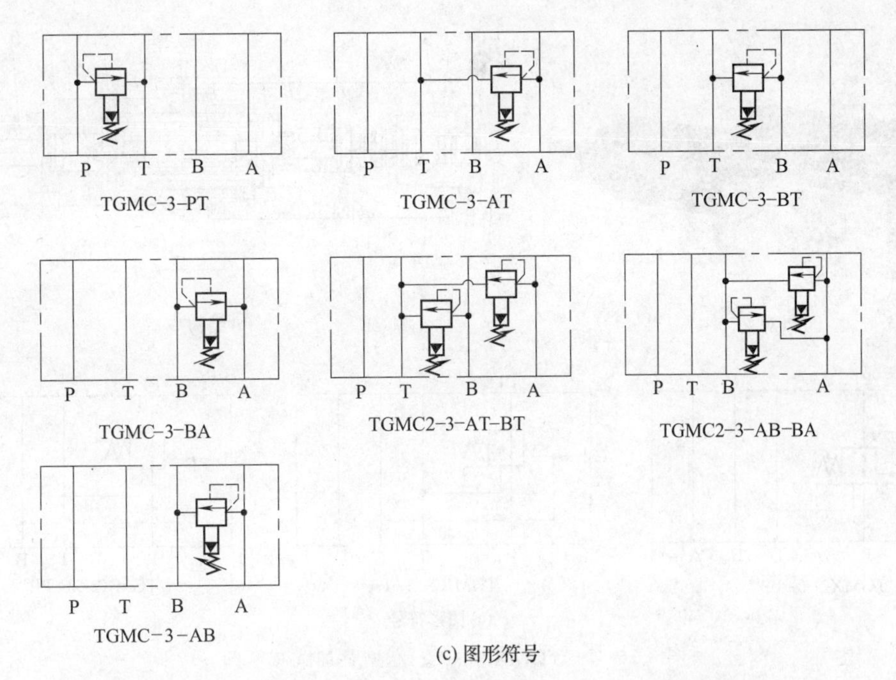

(c) 图形符号

图 3-16-65　TGMC（2)-3-※-···-△型叠加式溢流阀

1—阀体；2,4,8,15—O 形圈；3,17—螺套；5,9,16—密封挡圈；6—先导阀座；7—先导阀芯；10—锁母；11,18—调压螺钉；12—主阀芯；13—平衡弹簧；14—调压弹簧

［例 3-16-66］　TGMR（1)-3-※☆-△型叠加式顺序阀、平衡阀（图 3-16-66）

3 表示安装尺寸符合标准 ISO 4401-03；※为控制的油口，P 表示 P 口，T 表示 T 口；☆为控制管路，P 表示 P 管路，A 表示 A 管路，B 表示 B 管路；△为压力调节范围，A 表示 0.3～3MPa，B 表示 0.35～7MPa，C 表示 1～14MPa，F 表示 2～25MPa；最高使用压力为 31.5MPa；最大流量为 60L/min。

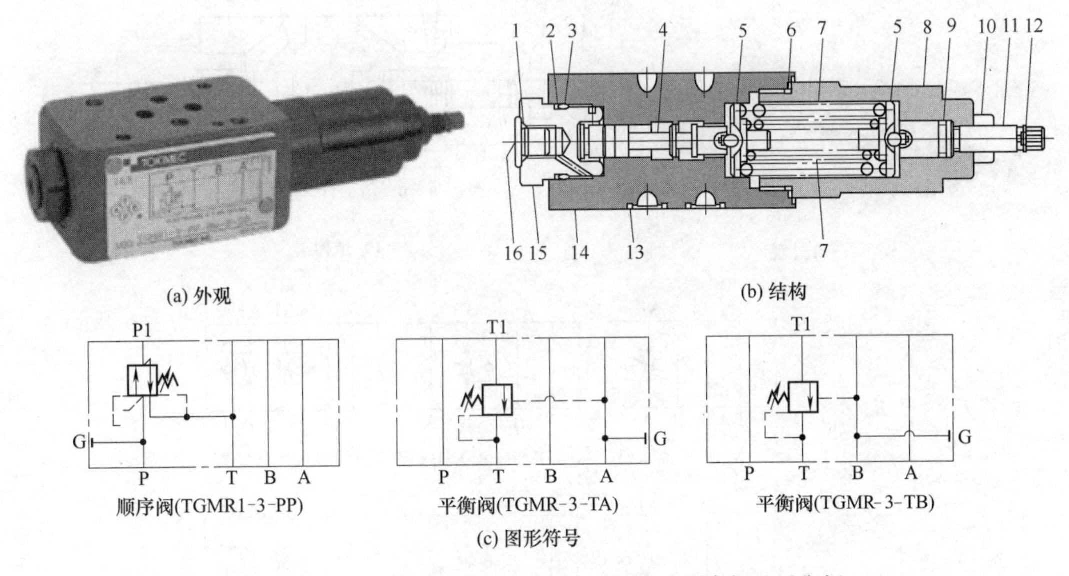

(c) 图形符号

图 3-16-66　TGMR（1)-3-※☆-△型叠加式顺序阀、平衡阀

1,3,6,9,13—O 形圈；2—密封挡圈；4—阀芯；5—弹簧座；7—调压弹簧；8,15—螺套；10—锁母；11,12—调压螺钉；14—阀体；16—螺塞

［例 3-16-67］　TGMX2-3-P☆-△型叠加式减压阀（图 3-16-67）

3 表示安装尺寸符合标准 ISO 4401-03；P 表控制的油口；☆为控制管路，P 表示 P 管路，A 表示 A 管路，B 表示 B 管路；△为压力调节范围，A 表示 0.3～3MPa，B 表示 0.35～7MPa，C 表示 1～14MPa，F 表示 2～25MPa；最高使用压力为 31.5MPa，最大流量为 60L/min。

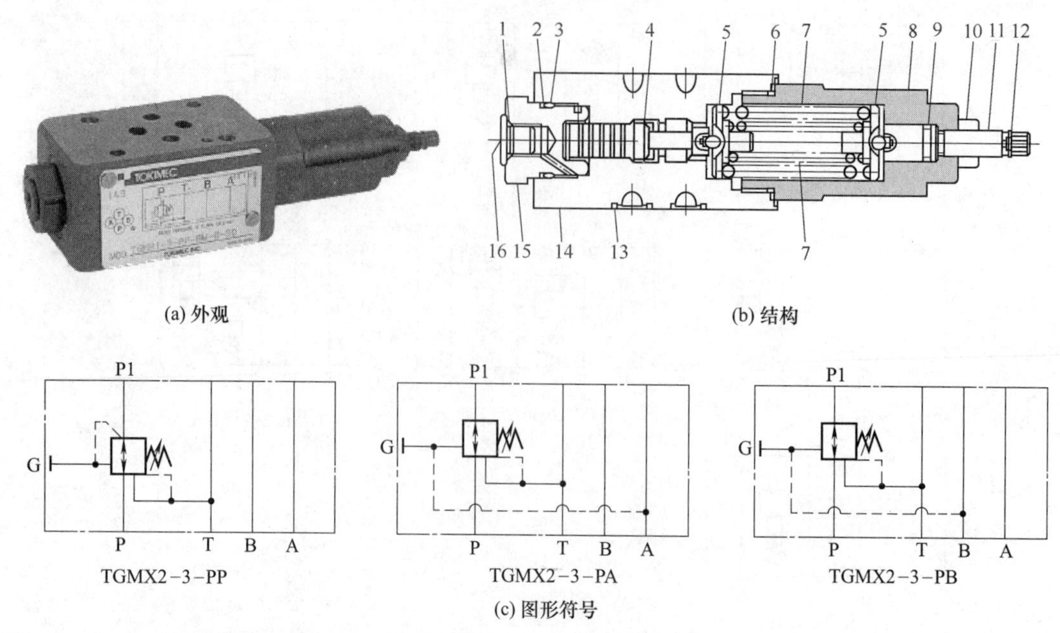

(a) 外观 (b) 结构

(c) 图形符号

图 3-16-67 TGMX2-3-P☆-△型叠加式减压阀

1,3,6,9,13—O形圈；2—密封挡圈；4—阀芯；5—弹簧座；7—调压弹簧；8,15—螺套；10—锁母；11,12—调压螺钉；14—阀体；16—螺塞

［例 3-16-68］ TGMFN-3-※-☆-△W-(B△W) 型叠加式节流阀（图 3-16-68）

3 表示安装尺寸符合标准 ISO 4401-03；※为控制方向，X 表示进口节流，Y 表示出口节流；☆为控制的管路，P 表示 P 管路，T 表示 T 管路，A 表示 A 管路，B 表示 B 管路；△为节流种类 1 表示微调型，2 表示普通型；W 表示用带六方头的调节螺钉调节流量；B 表示 B 管路；最高使用压力为 31.5MPa，最大流量为 60L/min。

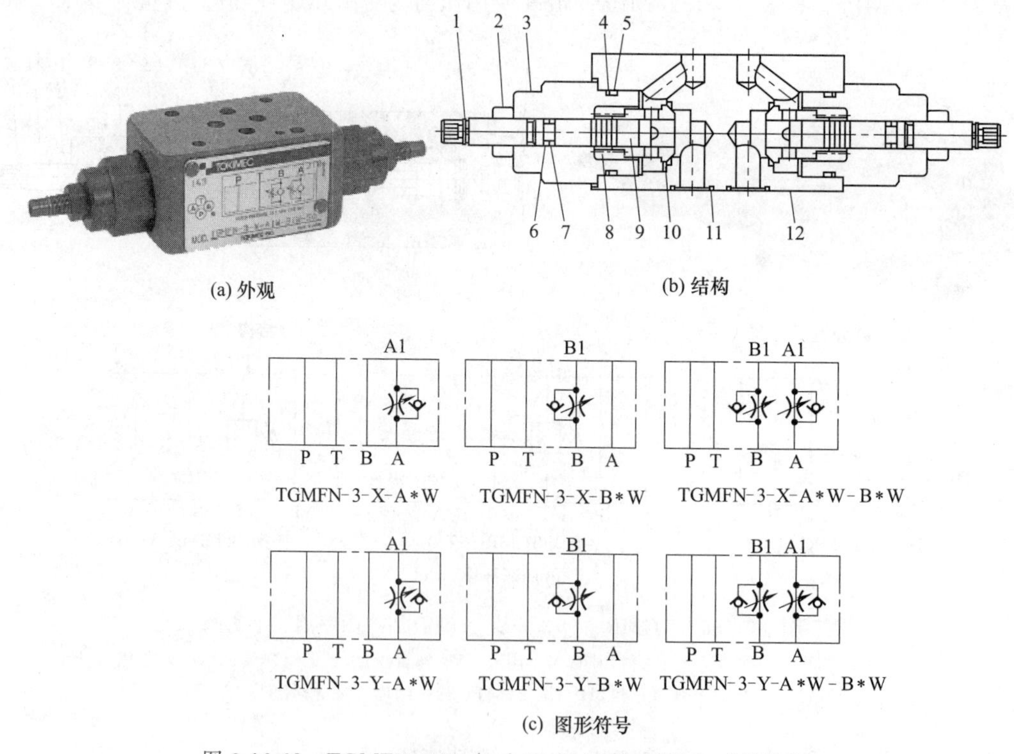

(a) 外观 (b) 结构

(c) 图形符号

图 3-16-68 TGMFN-3-※-☆-△W-(B△W) 型叠加式节流阀

1—流量调节螺钉；2—锁母；3—螺套；4,6—密封挡圈；5,7,11—O形圈；8—弹簧；9—节流阀芯；10—单向阀芯；12—阀体

［例 3-16-69］ TGMDC-3-☆-△※-(B) 型叠加式单向阀（图 3-16-69）

3 表示安装尺寸符合标准 ISO 4401-03；☆为流动方向，X 表示从执行元件流出为自由流，Y 表示流向

执行元件为自由流；△为单向阀所控制的管路，P 表示 P 管路，A 表示 A 管路，B 表示 B 管路，T 表示 T 管路；※为开启压力，L 表示 0.035MPa，K 表示 0.1MPa，M 表示 0.25MPa，N 表示 0.5MPa；B 表双单向阀的 B 管路；最高使用压力为 31.5MPa；最大流量为 60L/min。

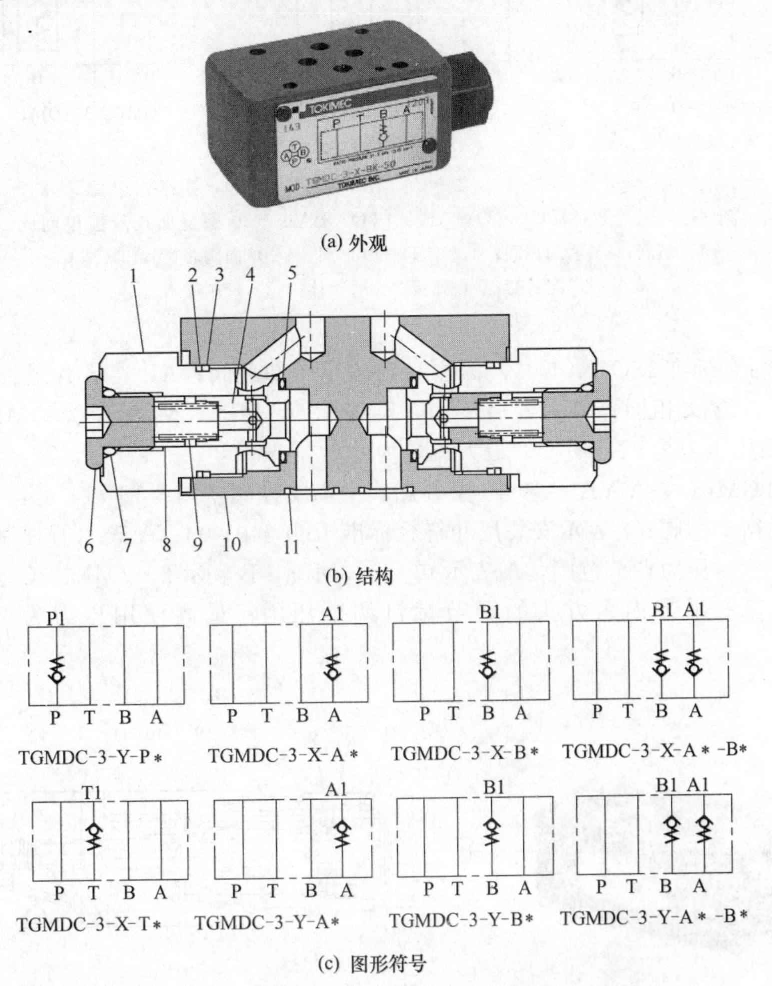

(a) 外观

(b) 结构

(c) 图形符号

图 3-16-69　TGMDC-3-☆-△※-(B) 型叠加式单向阀

1—螺套；2—密封挡圈；3,5,7,11—O 形圈；4—单向阀芯；6—螺塞；8—定位套；9—弹簧；10—阀体

[例 3-16-70]　TGMPC-3-(D) AB※-[(D) BA※]-50 型叠加式液控单向阀（图 3-16-70）

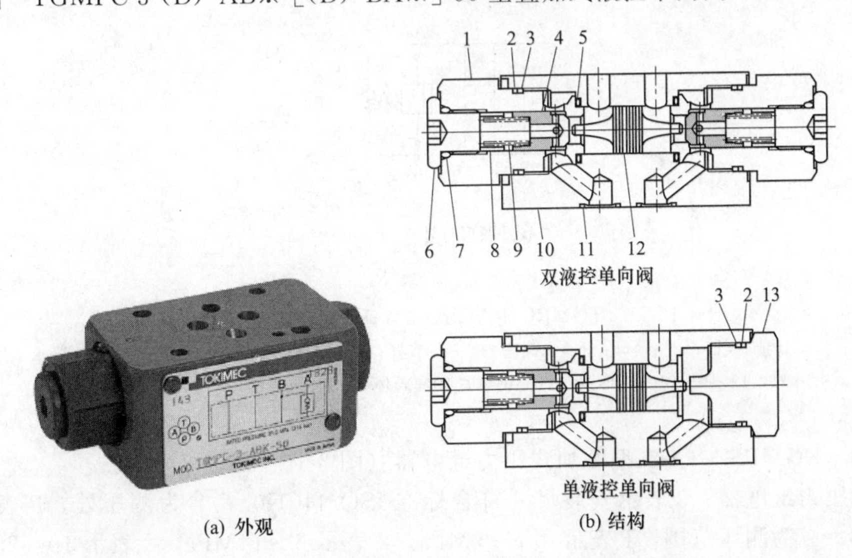

(a) 外观　　(b) 结构

图 3-16-70

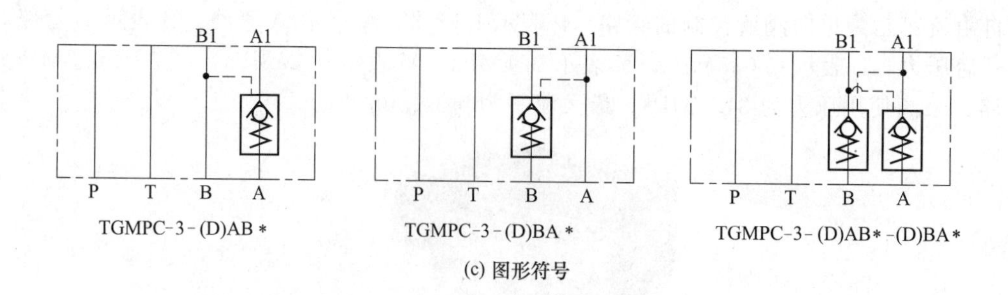

(c) 图形符号

图 3-16-70 TGMPC-3-(D) AB※-[(D) BA※]-50 型叠加式液控单向阀

1—螺套；2—密封挡圈；3,5,7,11—O形圈；4—单向阀芯；6,13—螺塞；
8—定位套；9—弹簧；10—阀体；12—控制活塞

3 表示安装尺寸符合标准 ISO 4401-03；标注 D 时表示带卸载阀；AB 表示 A 管路单向阀功能，B 管路为控制压力，(D) BA 含义相同；※为开启压力，K 表示 0.1MPa，M 表示 0.25MPa，N 表示 0.5MPa；50 为设计号；最高使用压力为 31.5MPa；最大流量为 60L/min。

[例 3-16-71] TGMRC-3-A-YA-△W-10 型叠加式平衡支撑阀（图 3-16-71）

TGMRC 表示平衡支撑阀；3 表示安装尺寸符合标准 ISO 4401-03；A 表示所控制的主管路，YA 表示控制油来自的管路；△为压力调节范围，A 表示 0.35～3MPa，B 表示 2～7MPa，C 表示 5～14MPa，F 表示 10～25MPa；W 表示用带内六方头的调节螺钉调节压力；最高使用压力为 25MPa；最大流量为 38L/min。

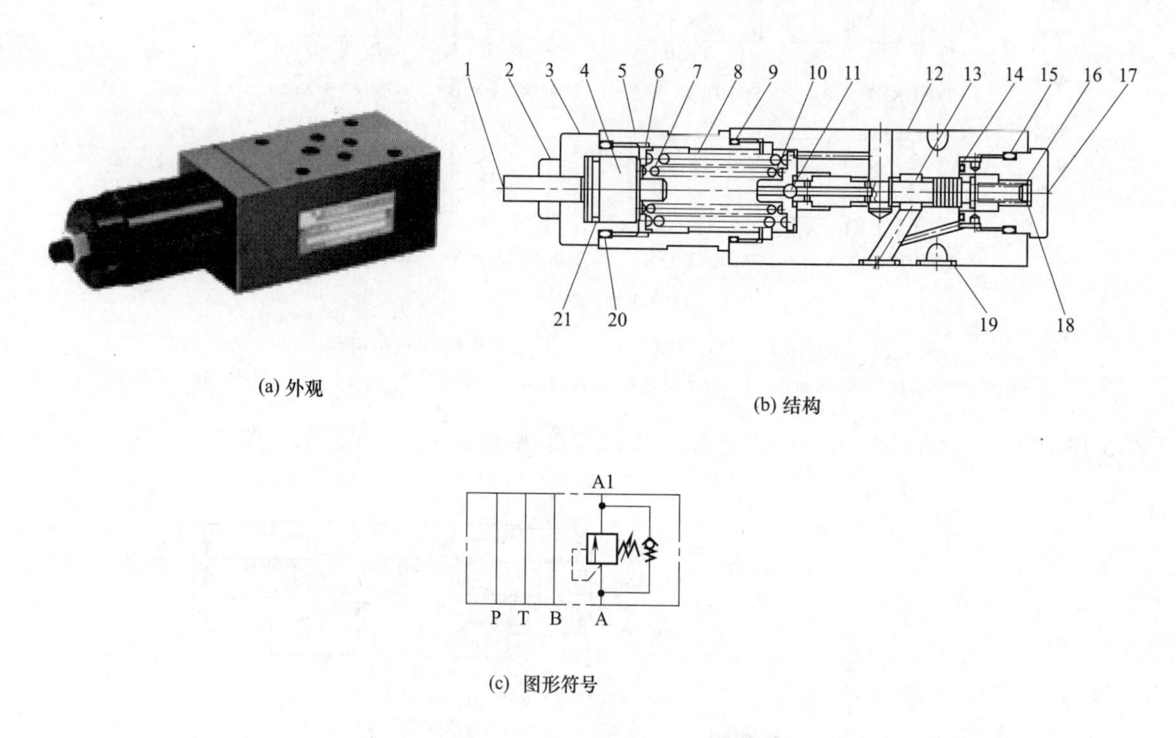

(a) 外观

(b) 结构

(c) 图形符号

图 3-16-71 TGMRC-3-A-YA-△W-10 型叠加式平衡支撑阀

1—调压螺钉；2—锁母；3,5—螺套；4—调节杆；6,10,18—弹簧座；7,8—调压弹簧；
9,14,15,19～21—O形圈；11—钢球；12—阀体；13—阀芯；16—弹簧；17—螺塞

[例 3-16-72] DGMPS-3-◇-△型叠加式压力继电器（图 3-16-72）

DGMPS 表示压力继电器；3 表示安装尺寸符合标准 ISO 4401-03；◇为测压处，P 表示测 P，A 表示测 A，B 表示测 B；△为测压范围，1 表示 0.7～7MPa，2 表示 5～14MPa，3 表示 10～25MPa；最高使用压力为 25MPa；最大流量为 38L/min。

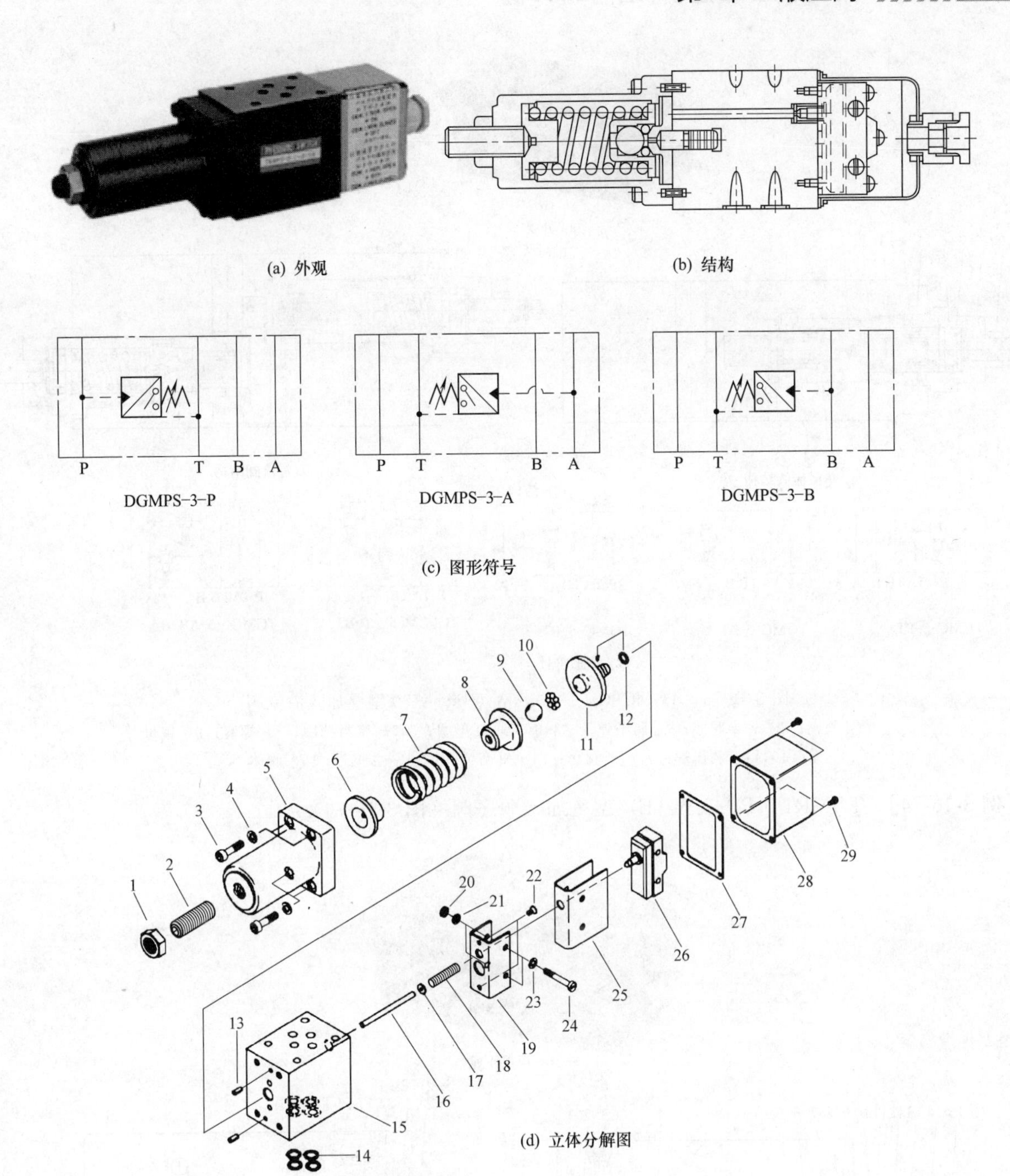

图 3-16-72 DGMPS-3-◇-△型叠加式压力继电器

1,20—螺母；2—调压螺钉；3,22,24,29—螺钉；4,21—弹簧垫圈；5—盖；6,8—弹簧座；7,18—弹簧；9—钢球；10—推力球；11—柱塞；12,14—O形圈；13—定位销；15—阀体；16—推杆；17—垫；19,25—支架；23—垫圈；26—微动开关；27—防尘垫；28—罩壳

［例 3-16-73］ TGMC（2)-5-※-△W-(B※w)-50 型叠加式溢流阀（图 3-16-73）

TGMC 表示叠加式溢流阀；2 表示双溢流阀；5 表示安装尺寸符合标准 ISO 4401-05；※为控制管路，PT 表示 P→T，AT 表示 A→T，BT 表示 B→T，AB 表示 A→B；△为压力调节范围，A 表示 0.4～5MPa，B 表示 0.4～10MPa，F 表示 0.4～20MPa，G 表示 0.4～31.5MPa；W 表示调压螺钉为内六角，W 为 H 时表示刻度手柄调压；B※w 在为双溢流阀时标注，※为 BT 时表示 B→T，为 BA 时表示 B→A；最高使用压力为 31.5MPa。

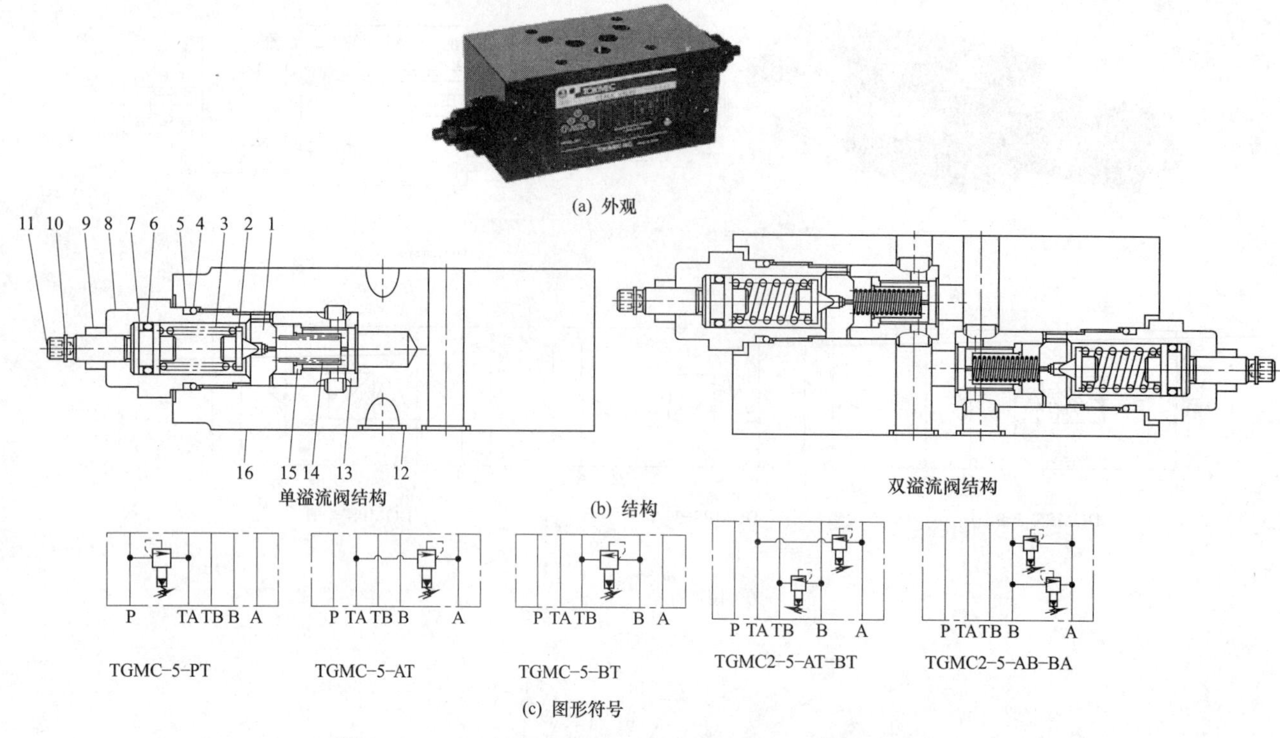

图 3-16-73 TGMC (2)-5-※-△W-(B※w)-50 型叠加式溢流阀

1—先导阀座；2—先导阀芯；3—调压弹簧；4,6,12—O 形圈；5,7—密封挡圈；8—螺套；9—锁母；10,11—调压螺钉；13—阀套；14—平衡弹簧；15—主阀芯；16—阀体

［例 3-16-74］ TGMR1-5-PP-△W-(E) 型叠加式顺序阀（图 3-16-74）

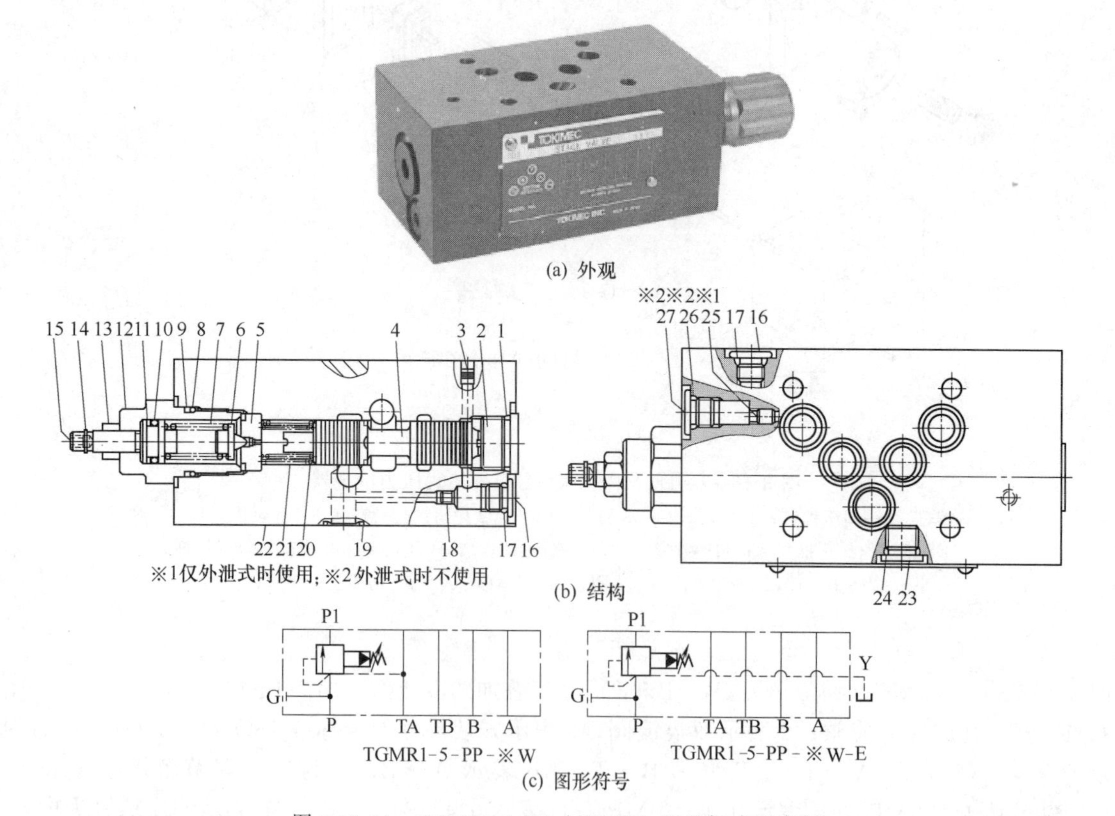

图 3-16-74 TGMR1-5-PP-△W-(E) 型叠加式顺序阀

1,8,10,17,19,24,26—O 形圈；2,3—堵头；4—主阀芯；5—先导阀座；6—先导阀芯；7—调压弹簧；9,11—密封挡圈；12—螺套；13—锁母；14,15—调压螺钉；16,23,27—螺塞；18,25—阻尼螺塞；20,21—平衡弹簧；22—阀体

5表示安装尺寸符合标准ISO 4401-05；PP表示主控制的管路为P，先导控制油也取自P；△为压力调节范围，A表示0.5～5MPa，B表示0.5～10MPa，F表示0.5～20MPa，G表示0.5～31.5MPa；W表示调压螺钉为内六角，W为H时表示刻度手柄调压；E表示外泄，否则内泄油泄往TA；最高使用压力为31.5MPa。

[例3-16-75]　TGMRC-5-※◇-△W-(E)型叠加式单向顺序阀、平衡阀(图3-16-75)

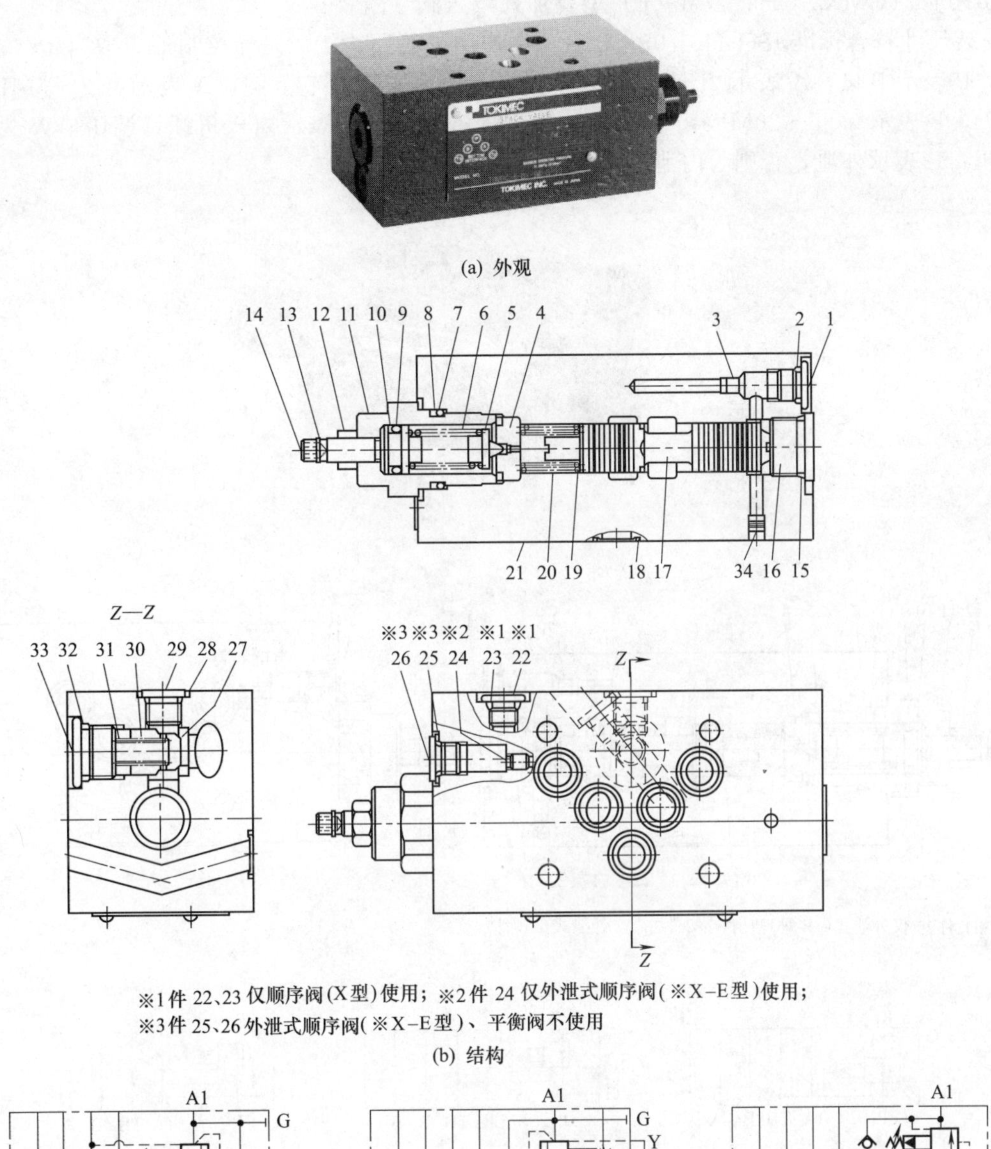

※1件22、23仅顺序阀(X型)使用；※2件24仅外泄式顺序阀(※X-E型)使用；
※3件25、26外泄式顺序阀(※X-E型)、平衡阀不使用

(b) 结构

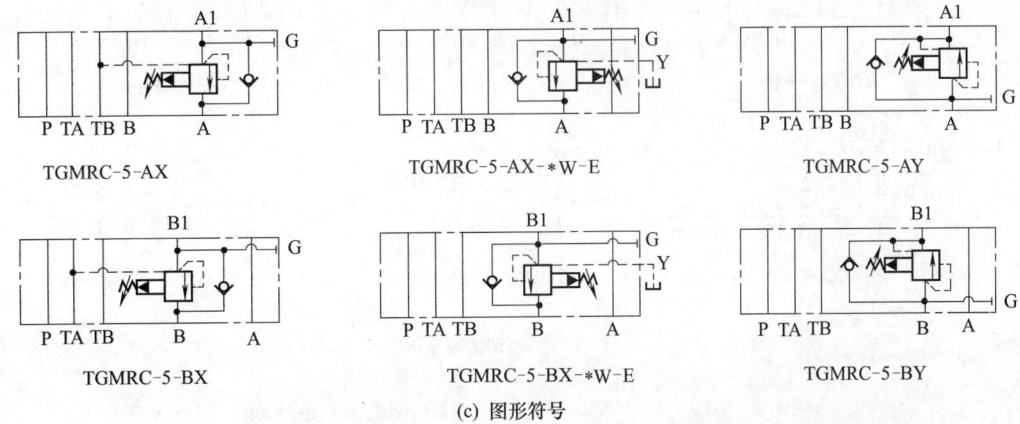

(c) 图形符号

图3-16-75　TGMRC-5-※◇-△W-(E)型叠加式单向顺序阀、平衡阀

1—堵头；2,7,9,15,18,23,25,28,32—O形圈；3—阻尼螺塞；4—先导阀座；5—先导阀芯；6—调压弹簧；8,10—密封挡圈；11—螺套；12—锁母；13,14—调压螺钉；16,22,26,29,33—螺塞；17—主阀芯；19,20—平衡弹簧；21—阀体；24—阻尼螺塞；27—单向阀座；30—单向阀芯；31—弹簧

5 表示安装尺寸符合标准 ISO 4401-05；※为主控制的管路，A 表示 A 口，B 表示 B 口；◇为控制方向，X 表示往执行元件压力控制为顺序阀，Y 表示从执行元件出口压力控制为平衡阀；△为压力调节范围，A 表示 0.5～5MPa，B 表示 0.5～10MPa，F 表示 0.5～20MPa，G 表示 0.5～31.5MPa；W 表示内六角螺钉调压，W 为 H 时表示刻度手柄调压；E 表示外泄，否则为内泄；最高使用压力为 31.5MPa。

［例 3-16-76］ TGMX2-5-P※-△W-(E) 型叠加式减压阀（图 3-16-76）

5 表示安装尺寸符合标准 ISO 4401-05；P 表示主控制的管路为 P，先导控制油也取自 P；※为控制油取自的管路，P 表示 P 口，A 表示 A 口，B 表示 B 口；△为压力调节范围，A 表示 0.2～5MPa，B 表示 0.85～10MPa，F 表示 0.85～20MPa，G 表示 0.85～31.5MPa；W 表示内六角螺钉调压，W 为 H 时表示刻度手柄调压；E 表示外泄，否则为内泄；最高使用压力为 31.5MPa。

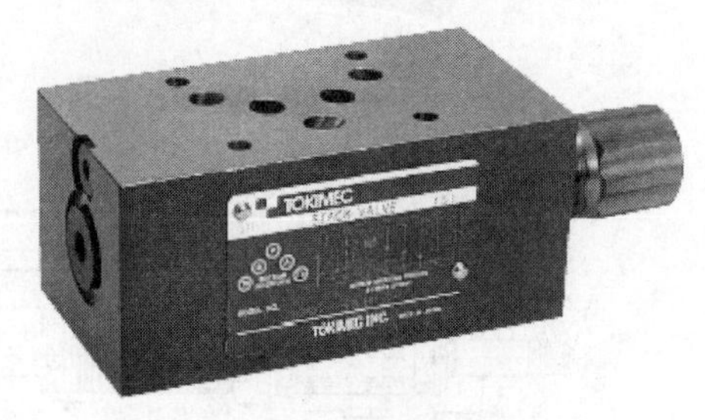

(a) 外观

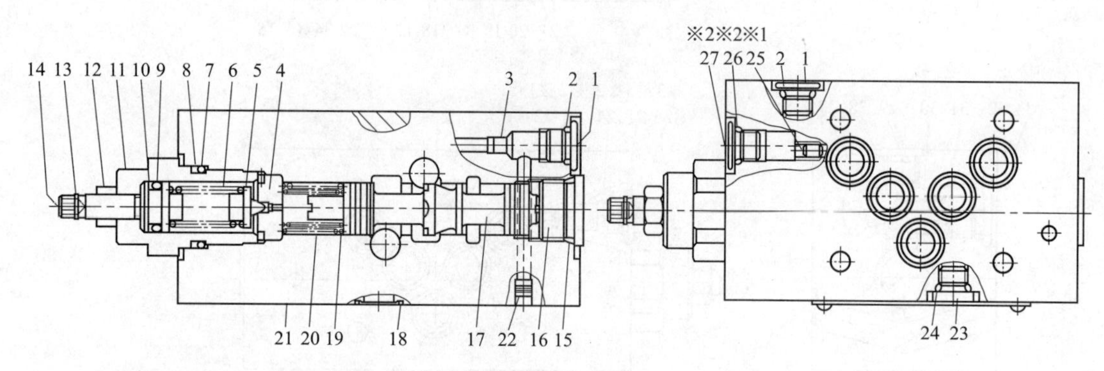

※1 件25 仅外泄式(-E型)使用；※2件26、27 外泄式(-E型)无

(b) 结构

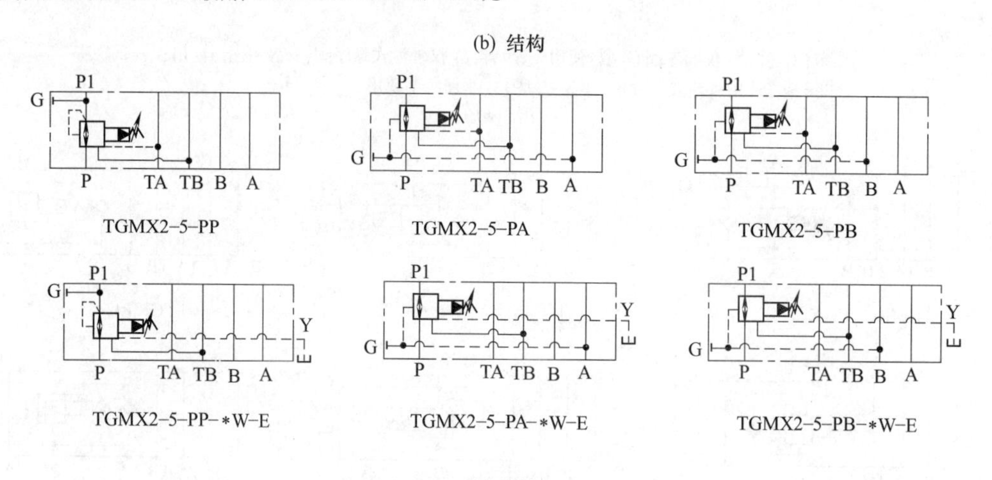

(c) 图形符号

图 3-16-76 TGMX2-5-P※-△W-(E) 型叠加式减压阀

1,16,22,23,27—螺堵；2,7,9,15,18,24,26—O 形圈；3—阻尼螺塞；4—先导阀座；5—先导阀芯；6—调压弹簧；8,10—密封挡圈；11—螺套；12—锁母；13,14—调压螺钉；17—主阀芯；19,20—平衡弹簧；21—阀体；25—阻尼螺塞

［例 3-16-77］ TGMFN-5-※-☆△W-(B☆W)-50 型叠加式节流阀（图 3-16-77）

5 表示安装尺寸符合标准 ISO 4401-05；※为控制方向，X 表示进口节流，Y 表示出口节流；☆为控制的管路，P 表示 P 管路，A 表示 A 管路，B 表示 B 管路；△为节流种类，1 表示微调型，2 表示普通型；W 表示用带六方头的调节螺钉调节流量；B 表示 B 管路；50 为设计号；最高使用压力为 31.5MPa。

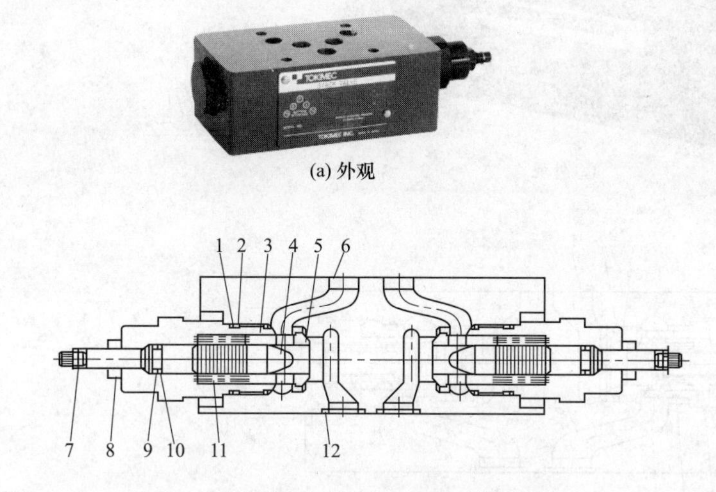

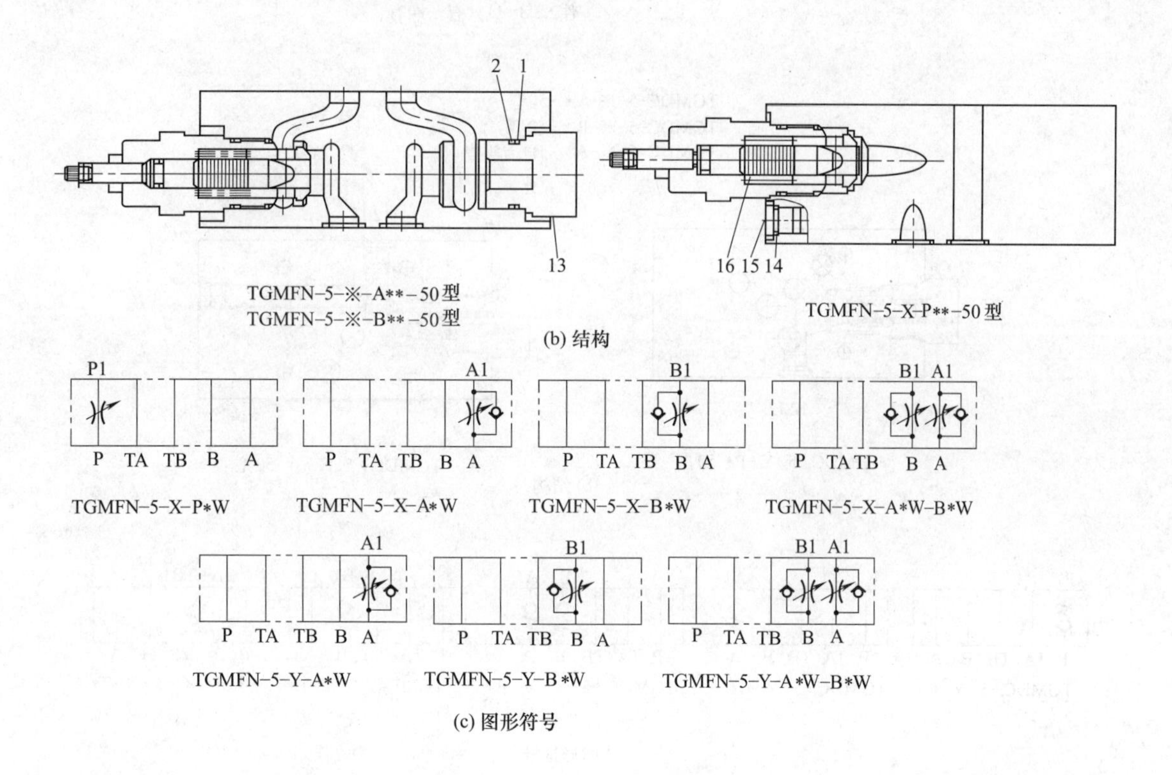

图 3-16-77 TGMFN-5-※-☆△W-(B☆W)-50 型叠加式节流阀

1,9—密封挡圈；2,10,12,14—O 形圈；3—螺套；4—节流阀芯；5—单向阀芯；6—阀体；7—流量调节螺钉；8—锁母；11—弹簧；13,15—螺塞；16—套

[例 3-16-78] TGMDC-5-※-☆△-(B△)-50 型叠加式单向阀（图 3-16-78）

5 表示安装尺寸符合标准 ISO 4401-05；※为控制方向，X 表示从执行元件流出为自由流，Y 表示往执行元件流入为自由流；☆为控制的管路，P 表示 P 管路，A 表示 A 管路，B 表示 B 管路，T 表示 T 管路；△为开启压力，K 表示 0.1MPa，M 表示 0.25MPa，N 表示 0.5MPa；B 表示控制 B 管路；50 为设计号；

最高使用压力为 31.5MPa。

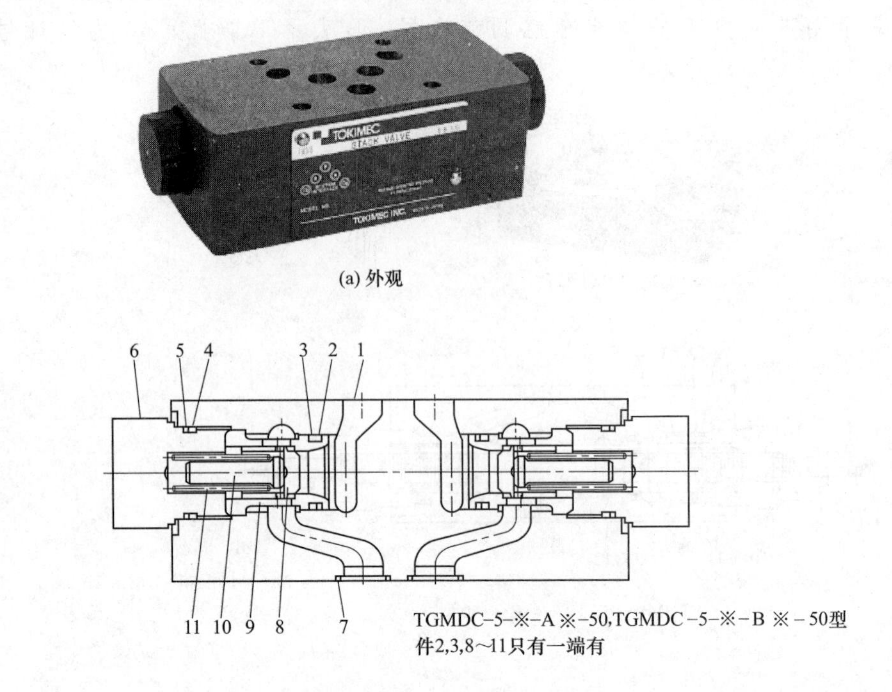

(a) 外观

TGMDC-5-※-A＊-50型
TGMDC-5-※-B＊-50型
TGMDC-5-※-A＊-B＊-50型

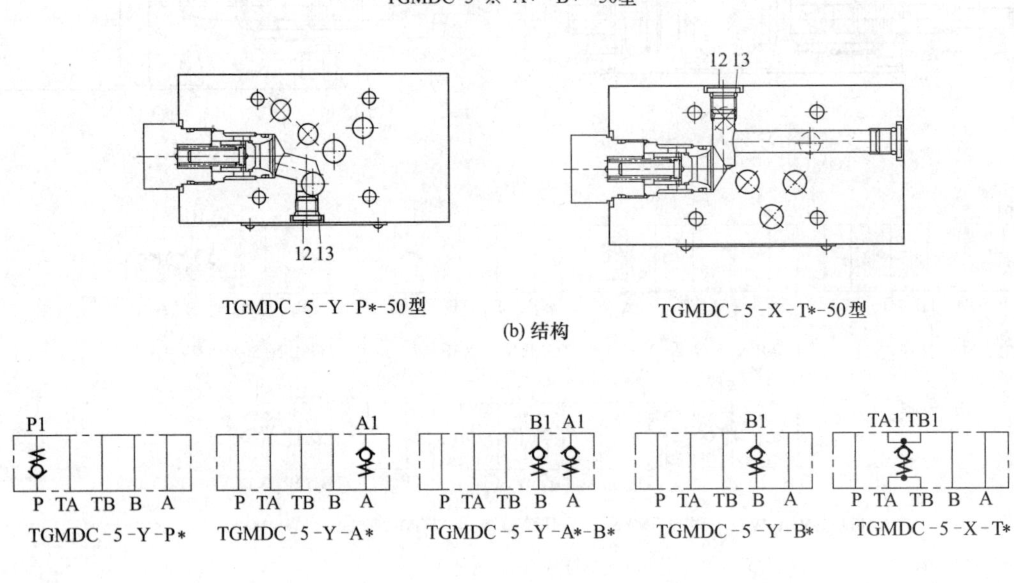

(b) 结构

(c) 图形符号

图 3-16-78 TGMDC-5-※-☆△-(B△)-50 型叠加式单向阀

1—阀体；2,4,7,13—O 形圈；3,5—密封挡圈；6,12—螺塞；8—单向阀芯；9—阀座套；10—弹簧座；11—弹簧

［例 3-16-79］ TGMPC-5-(D) ※-△-[(D) BA△]-50 型叠加式液控单向阀（图 3-16-79）

5 表示安装尺寸符合标准 ISO 4401-05；D 表示带卸载阀，无标记时无卸载阀；※为所控制管路，AB 表示 A 管路单向，控制油取自 B 管路，BA 表示 B 管路单向，控制油取自 A 管路；△为开启压力，K 表示 0.1MPa，M 表示 0.25MPa，N 表示 0.5MPa；50 为设计号；最高使用压力为 31.5MP；最大流量为 120L/min。

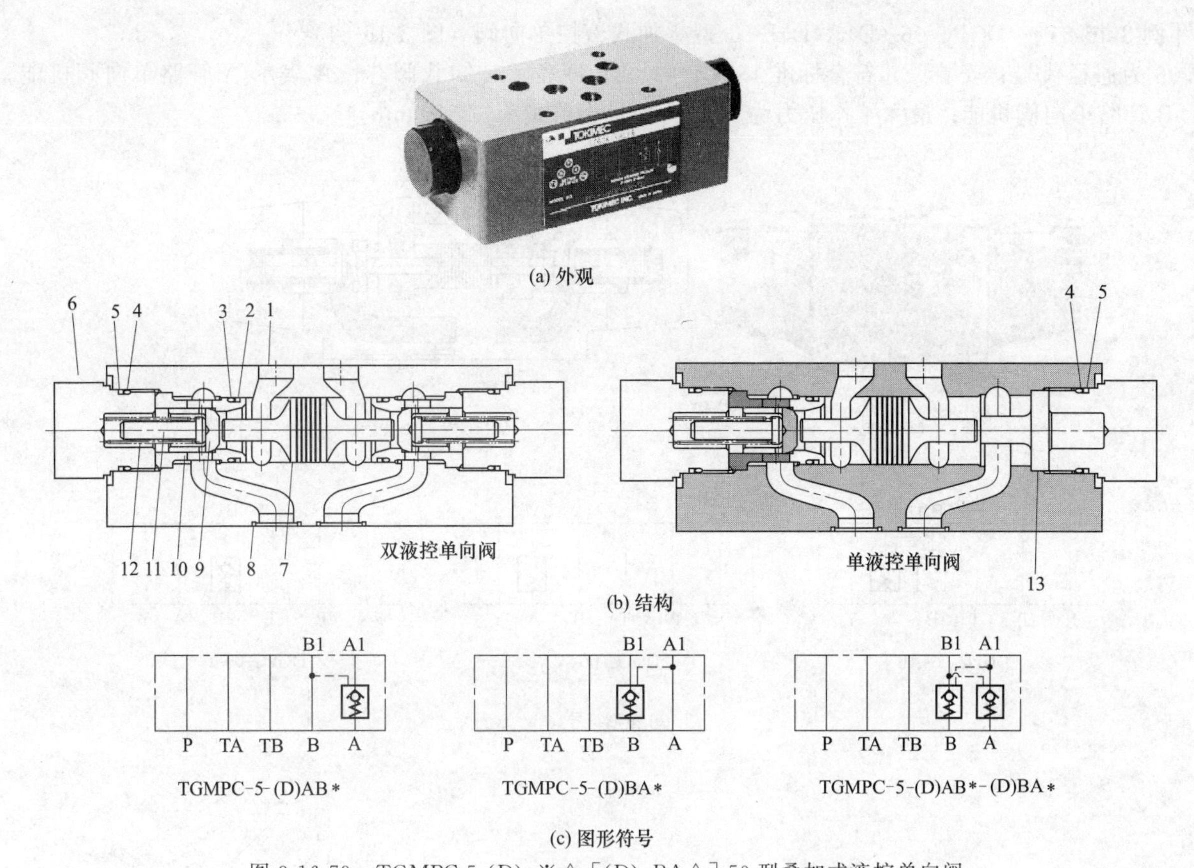

图 3-16-79 TGMPC-5-(D) ※△-[(D) BA△]-50 型叠加式液控单向阀

1—阀体；2,5—密封挡圈；3,4,8—O 形圈；6—螺塞；7—控制活塞；9—单向阀芯；10—阀座套；11—弹簧座；12—弹簧；13—定位杆

[例 3-16-80] DGFN-06 型叠加式单向节流阀（图 3-16-80）

06 为通径代号；安装尺寸符合标准 ISO 4401-08；最大工作压力为 25MPa；最大流量为 225L/min。

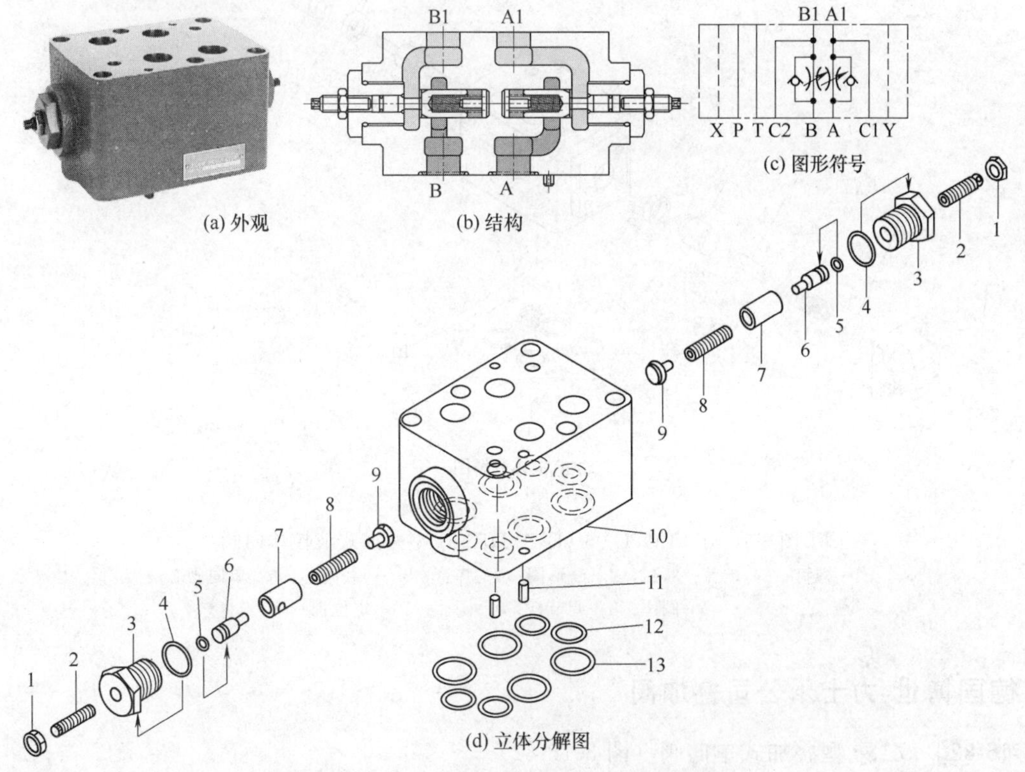

图 3-16-80 DGFN-06 型叠加式单向节流阀

1—锁母；2—流量调节螺钉；3—螺套；4,5,12,13—O 形圈；6—调节杆；7—单向节流阀芯；8—弹簧；9—弹簧座；10—阀体；11—定位销

［例 3-16-81］ DGPC-06-(D)A(D)B-51 型叠加式液控单向阀（图 3-16-81）

06 为通径代号；安装尺寸符合标准 ISO 4401-08；D 表示带卸载阀芯；A 表示 A 管路单向阀机能，B 表示 B 管路单向阀机能；最大工作压力为 25MPa，最大流量为 225L/min。

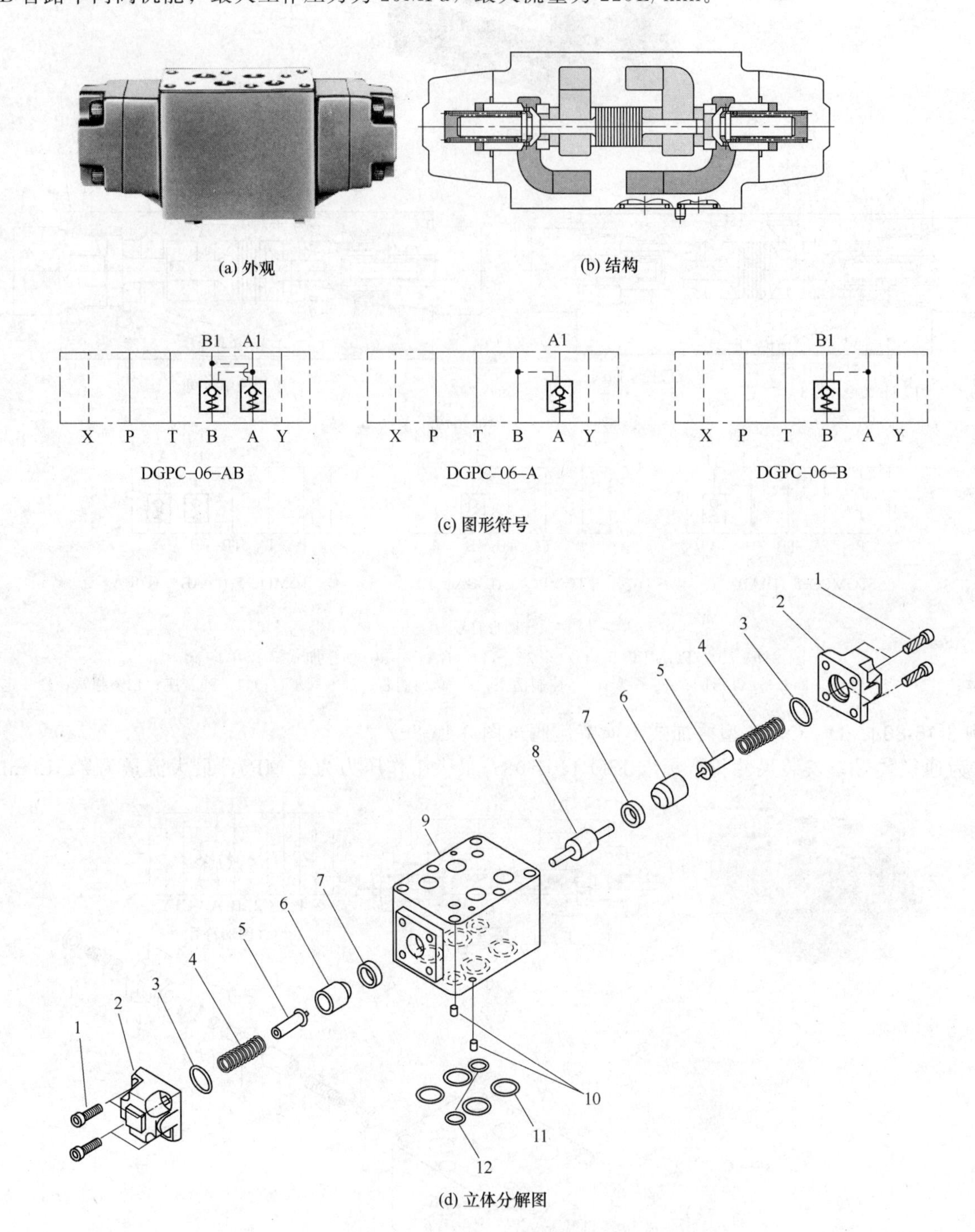

图 3-16-81 DGPC-06-(D)A(D)B-51 型叠加式液控单向阀

1—螺钉；2—端盖；3,11,12—O 形圈；4—弹簧；5—卸载阀芯；6—单向阀芯；7—阀座；8—调节杆；9—阀体；10—定位销

3-16-4 德国博世-力士乐公司叠加阀

［例 3-16-82］ Z1S6 型叠加式单向阀（图 3-16-82）

通径为 6mm；4X 系列；最高工作压力为 35MPa；最大流量为 40L/min。

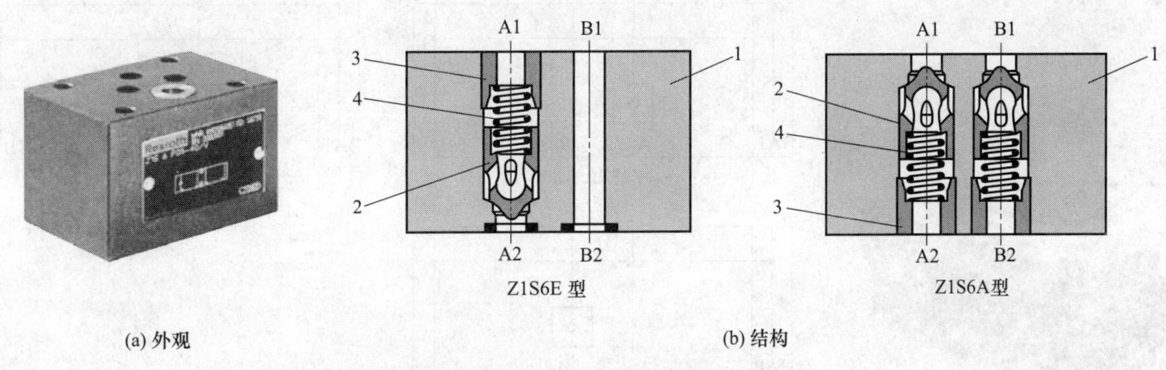

图 3-16-82　Z1S6 型叠加式单向阀

1—阀体；2—单向阀芯；3—压套；4—弹簧

［例 3-16-83］　Z1S10 型叠加式单向阀（图 3-16-83）

通径 10mm；3X 系列；最高工作压力为 31.5MPa；最大流量为 100L/min。

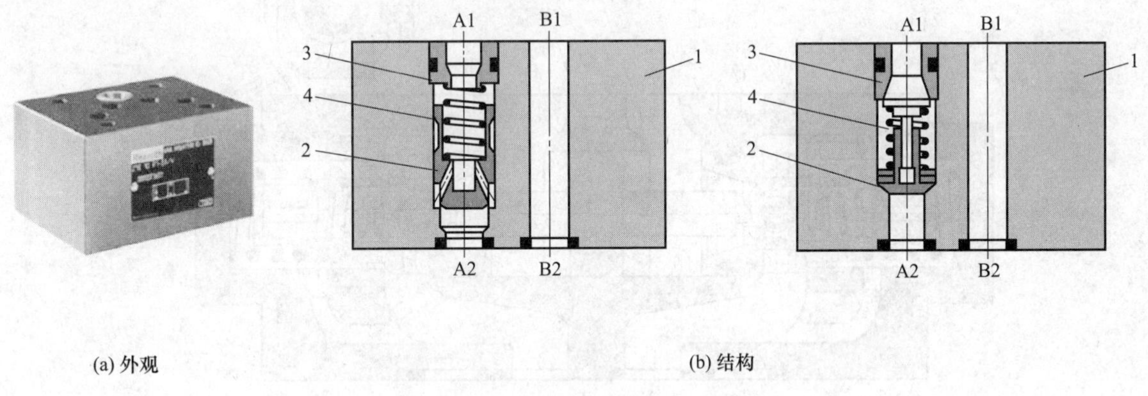

图 3-16-83　Z1S10 型叠加式单向阀

1—阀体；2—单向阀芯；3—压套；4—弹簧

［例 3-16-84］　Z2SRK6 型叠加式液控单向阀（图 3-16-84）

Z2SRK 表示叠加式液控单向阀；6mm 通径；开启压力为 0.15MPa；最高工作压力为 21MPa；最大流量为 40L/min。

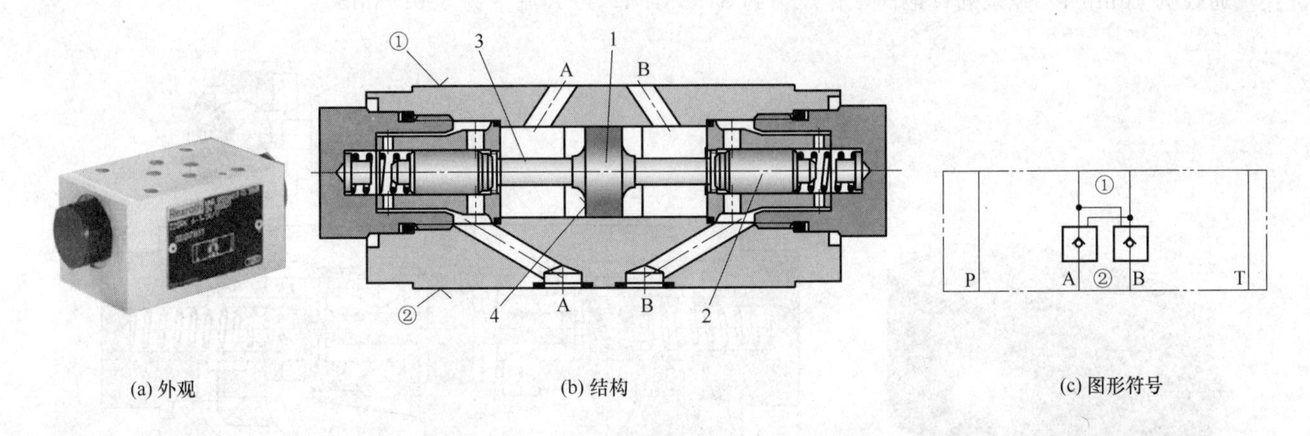

图 3-16-84　Z2SRK6 型叠加式液控单向阀

1—控制活塞；2—单向阀芯；3—面积 A_1；4—面积 A_2

［例 3-16-85］　Z2S10※3X 型叠加式液控单向阀（图 3-16-85）

※不标记时，表示双液控单向阀，装于油道 A 和 B，※标记 A 或 B 时，表示单液控单向阀，装于油道 A 或油道 B；通径为 10mm；3X 系列；最高工作压力为 31.5MPa；最大流量为 120L/min。

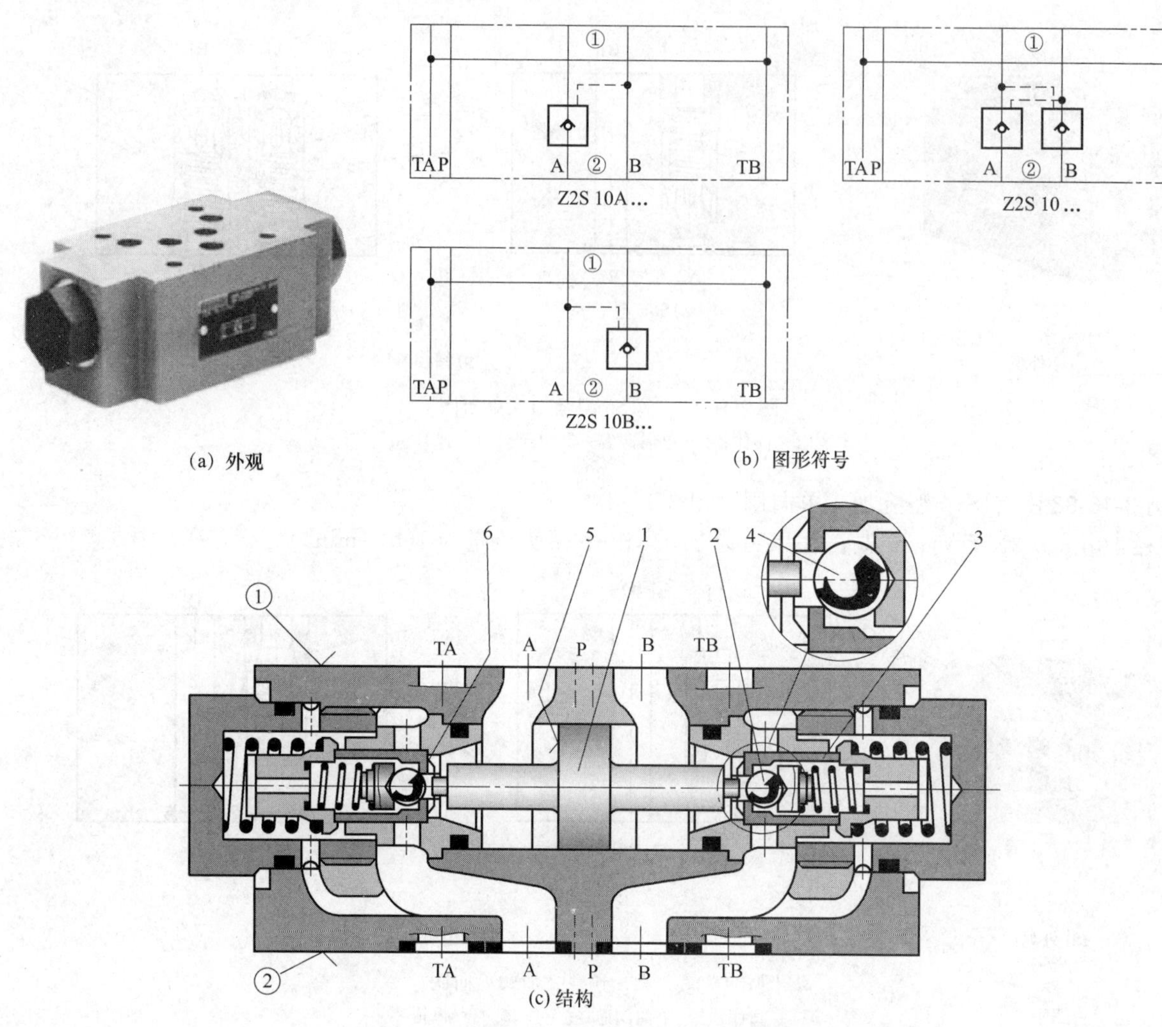

(a) 外观　(b) 图形符号

(c) 结构

图 3-16-85　Z2S10※3X 型叠加式液控单向阀

1—控制活塞；2—卸载球阀芯；3—单向阀芯；4—控制面积 A_1；5—控制面积 A_2；6—控制面积 A_3

［例 3-16-86］　Z2S16 型叠加式双液控单向阀（液压锁）（图 3-16-86）

通径为 16mm；5X 系列；最高工作压力为 31.5MPa；最大流量为 300L/min。

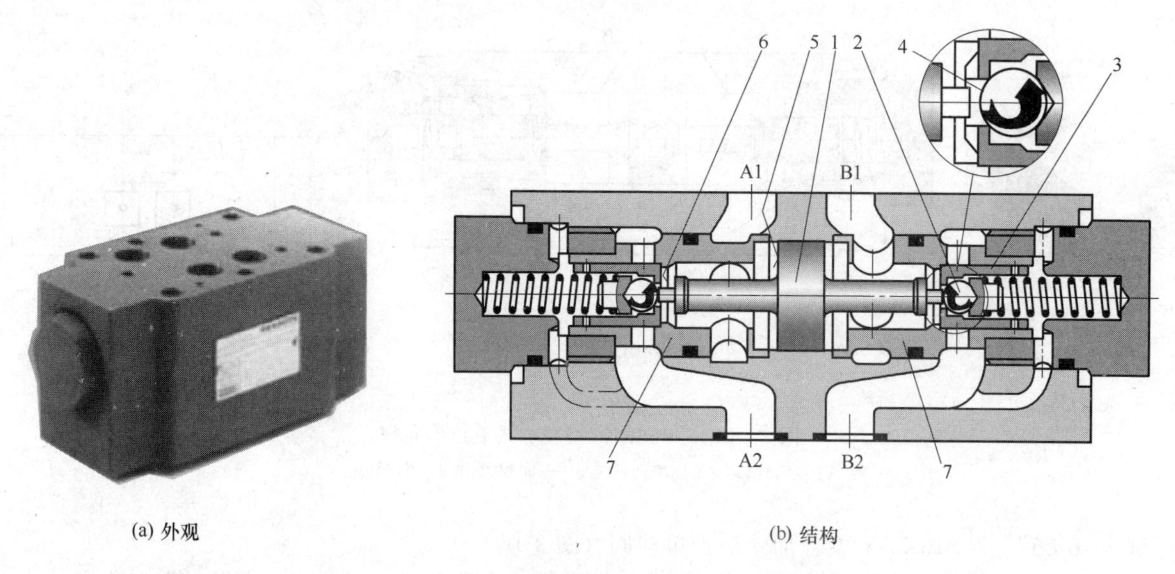

(a) 外观　(b) 结构

图 3-16-86　Z2S16 型叠加式双液控单向阀（液压锁）

1—控制活塞；2—卸载球阀芯；3—单向阀芯；4—控制面积 A_1；5—控制面积 A_2；6—控制面积 A_3；7—阀套

［例 3-16-87］ Z2S22 型叠加式双液控单向阀（液压锁）（图 3-16-87）

通径为 25mm；5X 系列；最高工作压力为 31.5MPa；最大流量为 450L/min。

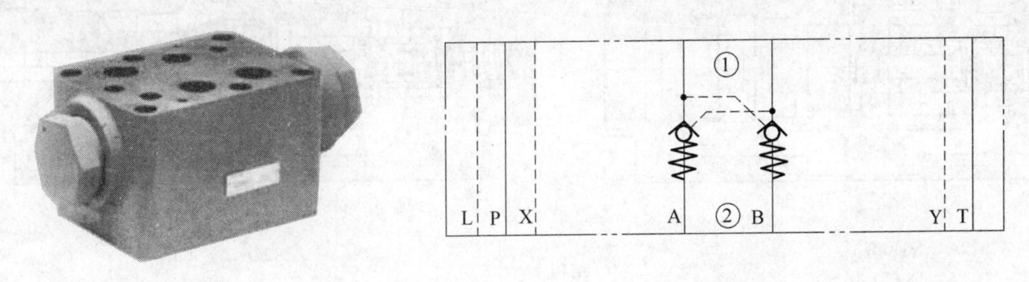

(a) 外观 (b) 图形符号

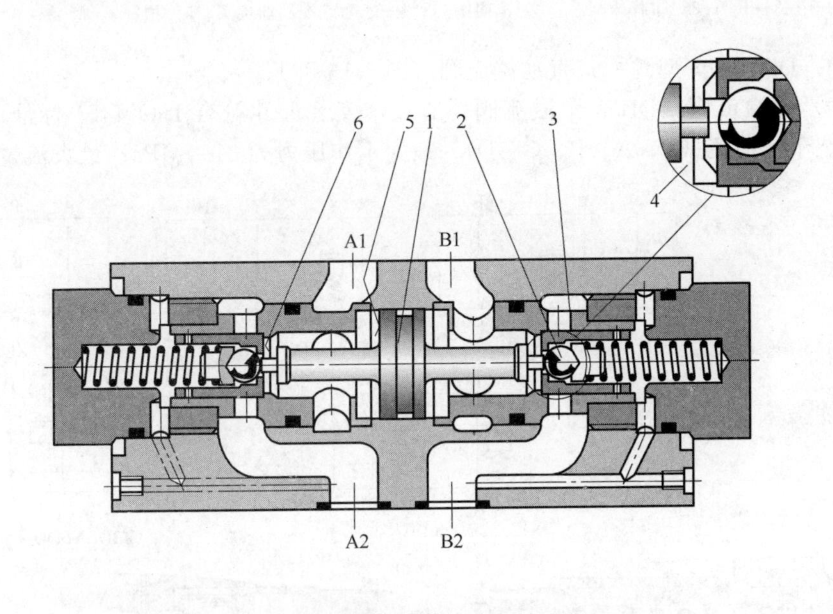

(c) 结构

图 3-16-87 Z2S22 型叠加式双液控单向阀（液压锁）

1—控制活塞；2—卸载球阀芯；3—单向阀芯；4—控制面积 A_1；5—控制面积 A_2；6—控制面积 A_3

［例 3-16-88］ Z2S22A 型叠加式单液控单向阀（液压锁）（图 3-16-88）

通径为 25mm；5X 系列；最高工作压力为 31.5MPa；最大流量为 450L/min。

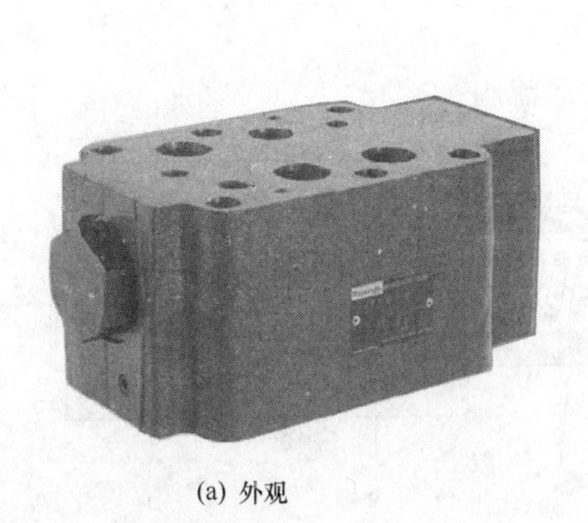

(a) 外观

①

L P X A ② B Y T

Z2S 22A ... S040

①

L P X A ② B Y T

Z2S 22A ... S060

(b) 图形符号

图 3-16-88

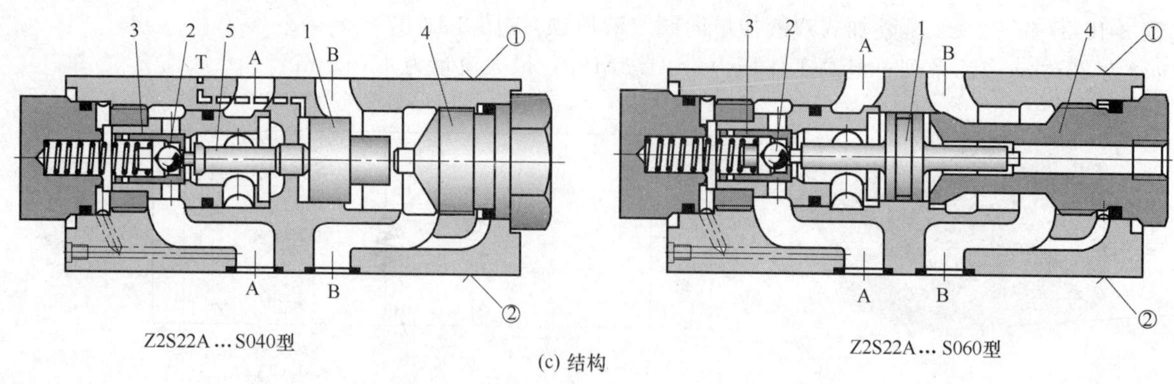

(c) 结构

图 3-16-88 Z2S22A 型叠加式单液控单向阀（液压锁）

1—控制活塞；2—卸载球阀芯；3—单向阀芯；4—螺塞或控制油接头；5—顶杆

[例 3-16-89] Z（2）DBY6D※型叠加式直动溢流阀（图 3-16-89）

Z 表示叠加阀；2 表示双溢流阀；DB 表示溢流阀；Y 表示安装尺寸符合 ISO 4401 标准；6mm 通径；D 表示直动式；※表示装于何通道（P、A、B、C、D）；最大工作压力为 31.5MPa；最大流量为 60L/min。

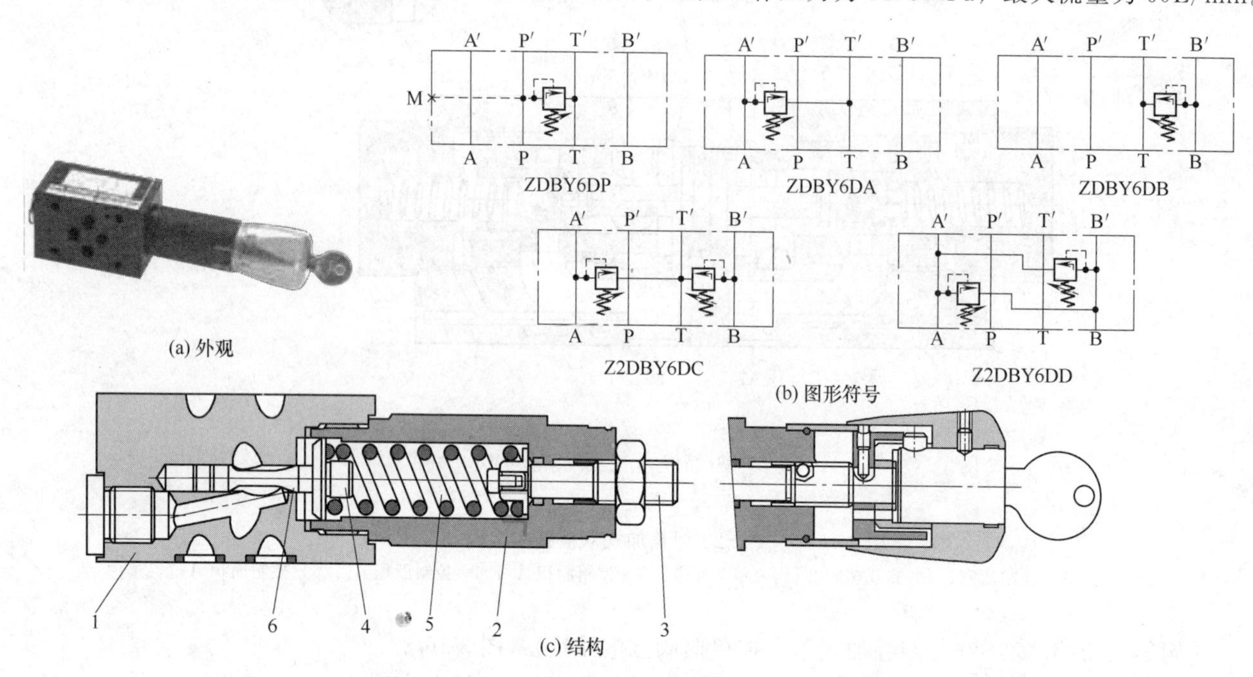

图 3-16-89 Z（2）DBY6D※型叠加式直动溢流阀

1—阀体；2—螺套；3—调压螺钉；4—锥阀芯（带滑阀段阻尼）；5—调压弹簧；6—锥阀部

[例 3-16-90] ZDBY10D 型叠加式直动溢流阀（图 3-16-90）

10mm 通径；其他参数同 Z（2）DBY6D※型叠加式直动溢流阀。

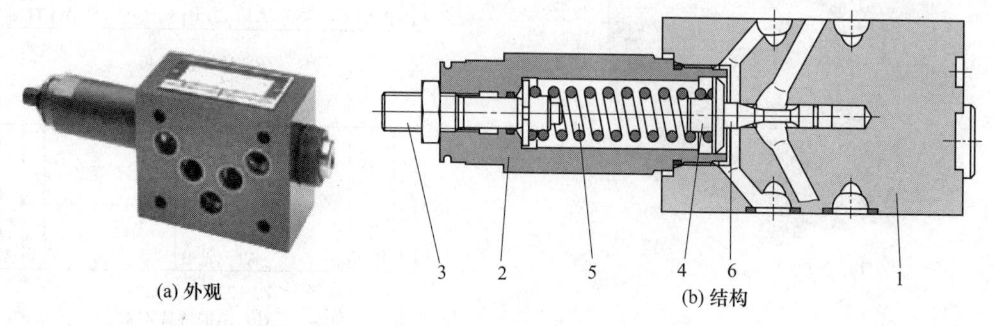

图 3-16-90 ZDBY10D 型叠加式直动溢流阀

1—阀体；2—螺套；3—调压螺钉；4—锥阀芯（带滑阀段阻尼）；5—调压弹簧；6—锥阀部

［例 3-16-91］ ZDB6 型和 Z2DB6 型叠加式先导溢流阀（图 3-16-91）

通径为 6mm；4X 系列；最高工作压力为 31.5MPa；最大流量为 60L/min。

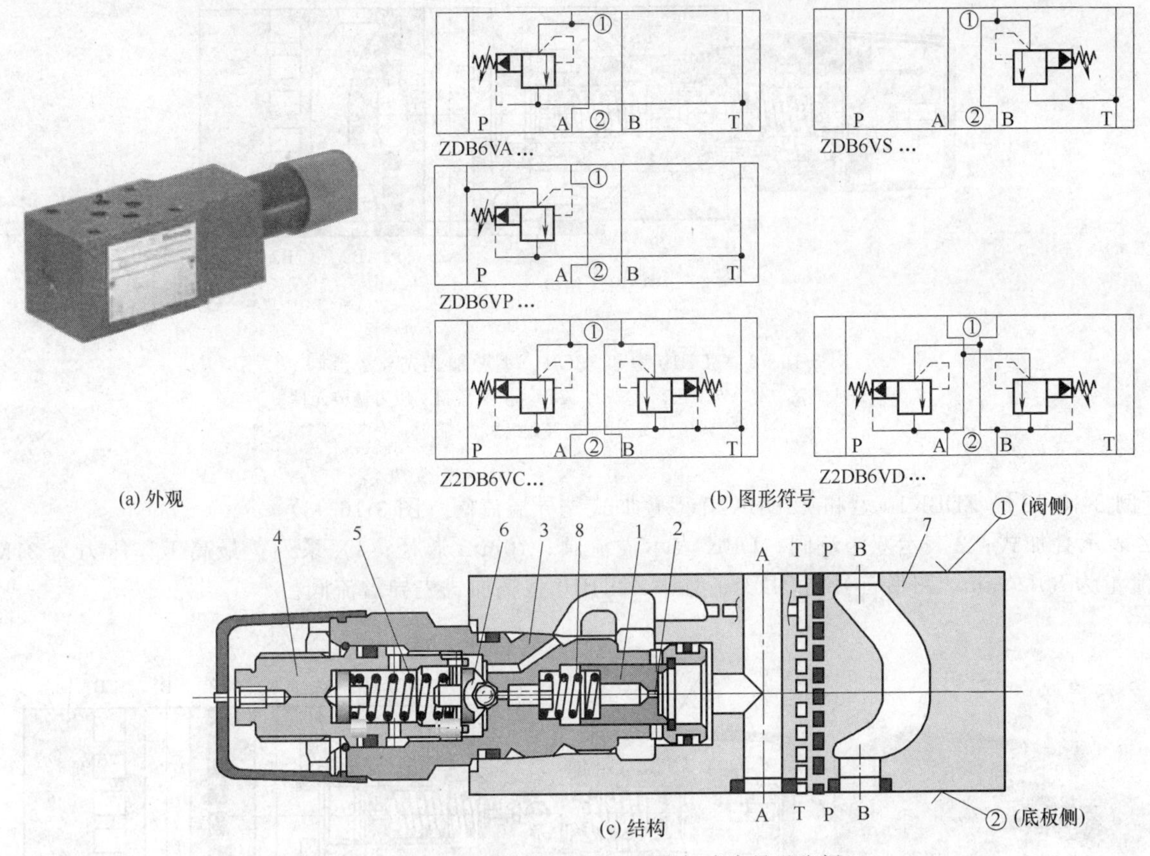

图 3-16-91 ZDB6 型和 Z2DB6 型叠加式先导溢流阀

1—主阀芯；2—阻尼孔；3—阀套；4—调压螺钉；5—调压弹簧；6—球阀芯；7—阀体；8—平衡弹簧

［例 3-16-92］ ZDB10 型和 Z2DB10 型叠加式先导溢流阀（图 3-16-92）

通径为 10mm；4X 系列；最高工作压力为 31.5MPa；最大流量为 100L/min。

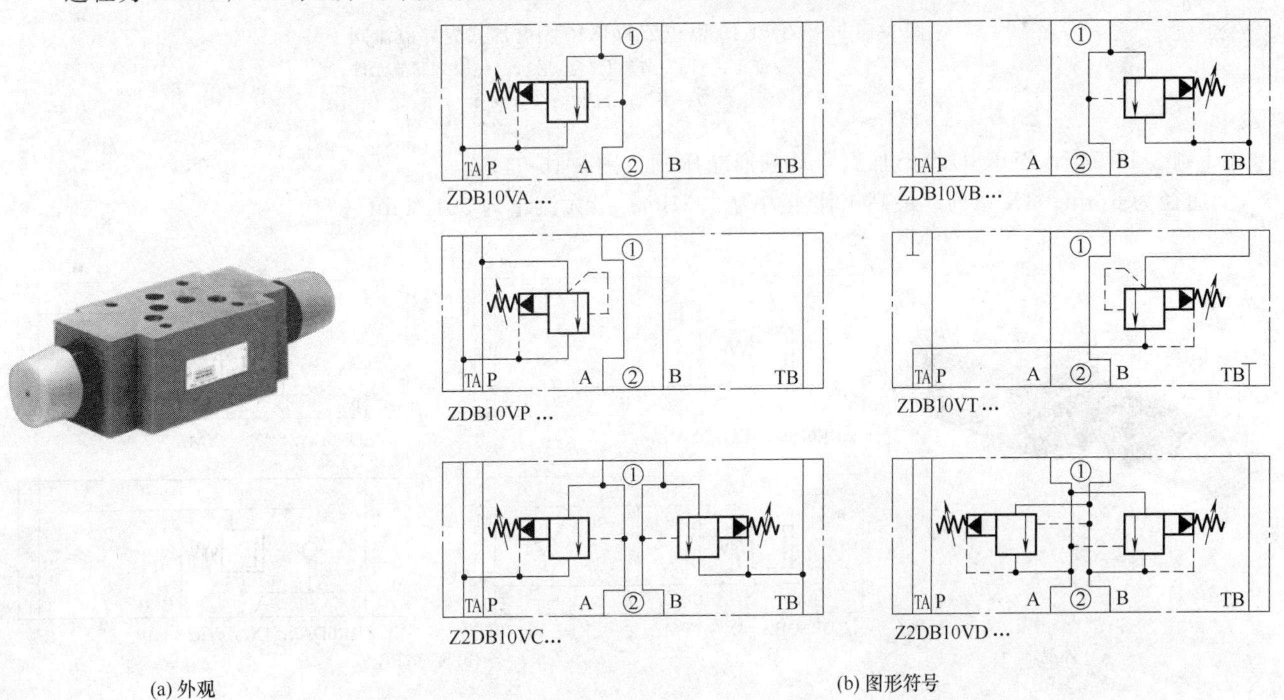

图 3-16-92

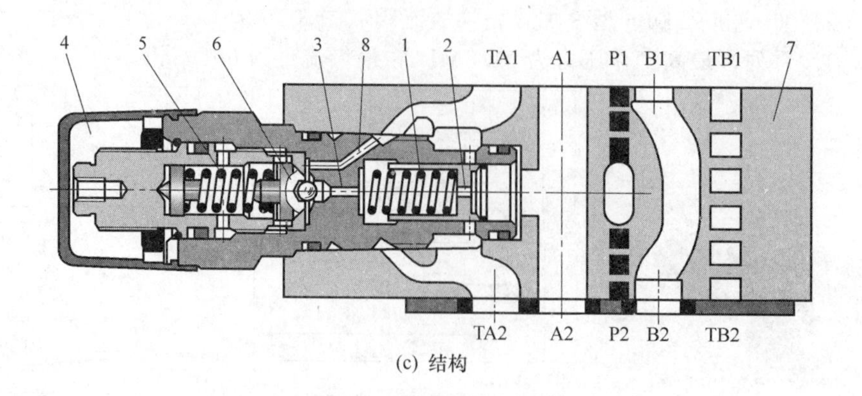

(c) 结构

图 3-16-92 ZDB10 型和 Z2DB10 型叠加式先导溢流阀

1—主阀芯；2—节流孔；3,8—节流孔（阻尼）；4—压力调节元件；5—调压弹簧；6—先导阀芯；7—阀体

［例 3-16-93］ ZDBK10 型和 Z2DBK10 型叠加式先导溢流阀（图 3-16-93）

Z 表示叠加式；2 表示双溢流阀；DBK 表示溢流阀；10mm 通径；1X 系列；最高工作压力为 21MPa；最大流量为 80L/min。图形符号同 ZDB10 型和 Z2DB10 型叠加式先导溢流阀。

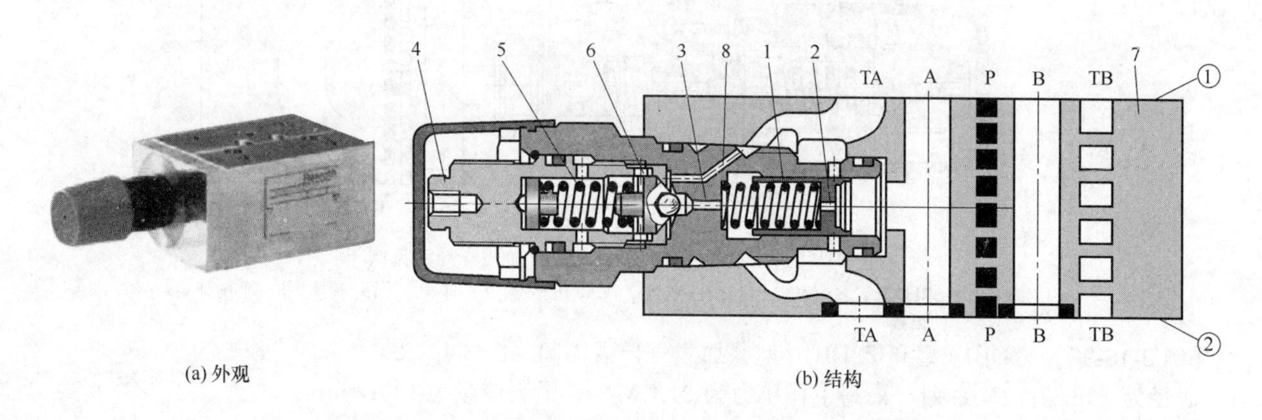

(a) 外观 (b) 结构

图 3-16-93 ZDBK10 型和 Z2DBK10 型叠加式先导溢流阀

1—主阀芯；2—节流孔；3,8—节流孔（阻尼）；4—压力调节元件；5—调压弹簧；6—先导阀芯；7—阀体

［例 3-16-94］ ZDR6D 型叠加式直动三通减压阀（图 3-16-94）

通径为 6mm；4X 系列；最高工作压力为 21MPa；最大流量为 50L/min。

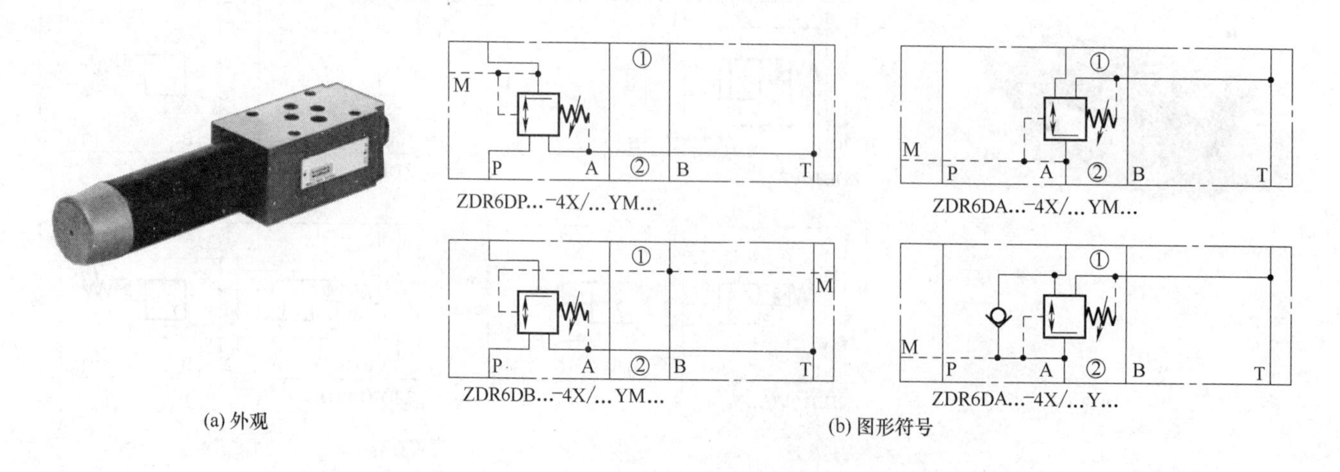

(a) 外观 (b) 图形符号

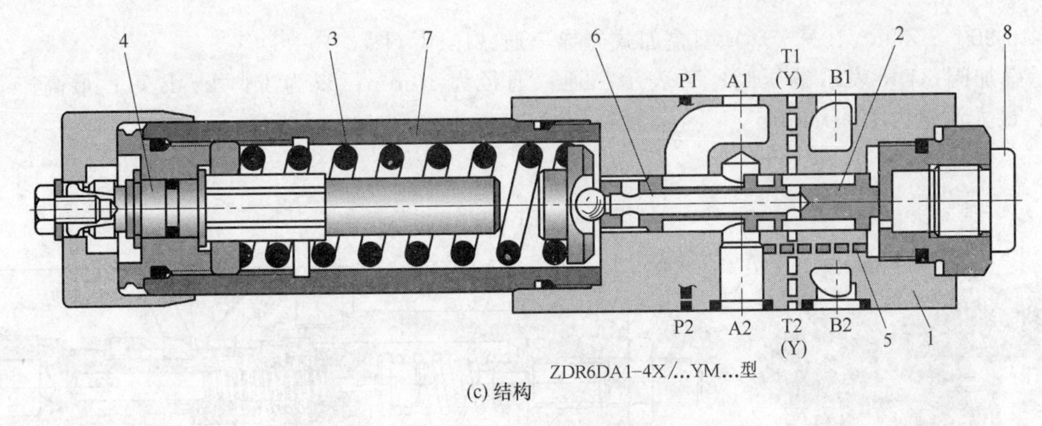

(c) 结构

图 3-16-94 ZDR6D 型叠加式直动三通减压阀

1—阀体；2—阀芯；3—调压弹簧；4—压力调节元件；5—控制油道；6—油孔；7—套；8—压力表接口

[例 3-16-95] ZDRK10V 型叠加式先导三通减压阀（图 3-16-95）

通径为 10mm；1X 系列；最高工作压力为 21MPa；最大流量为 80L/min。

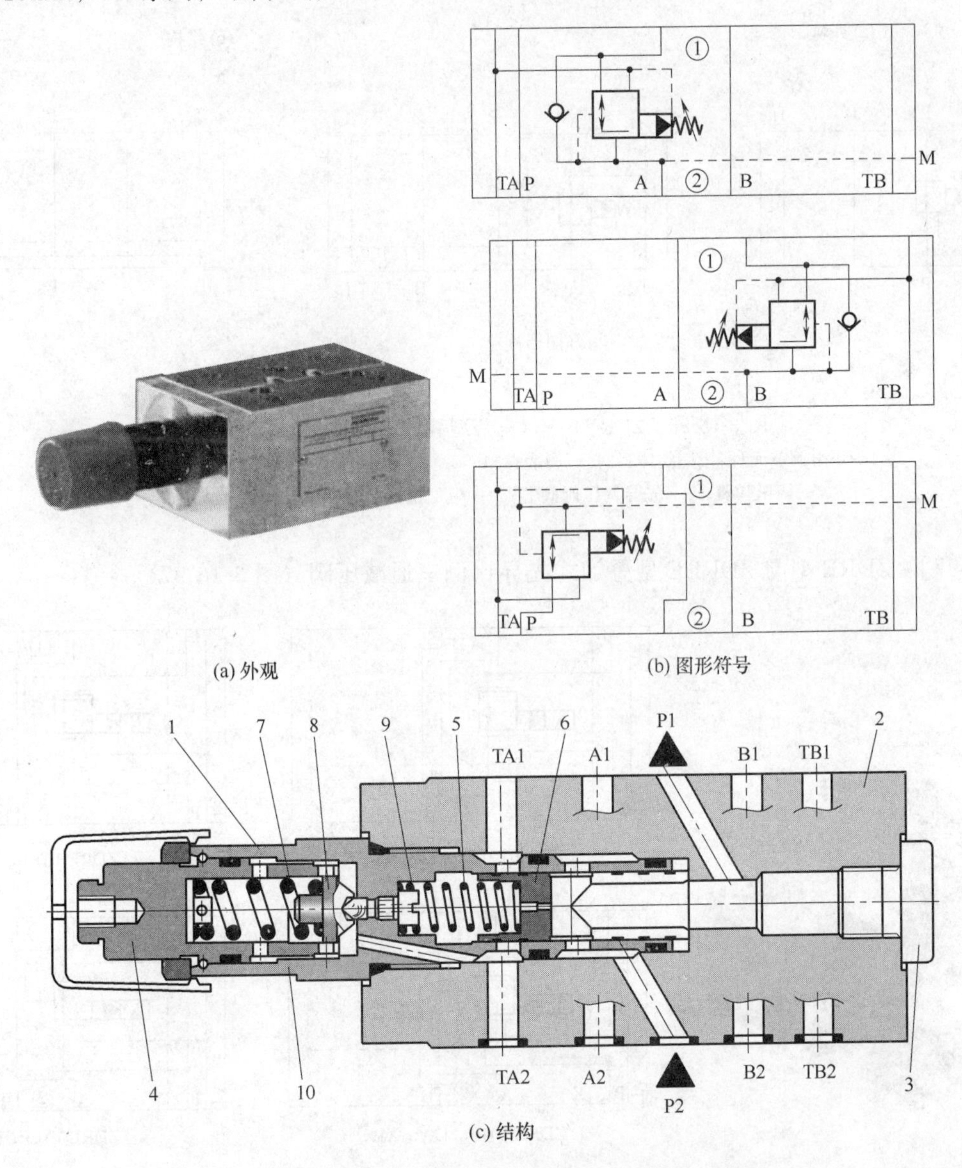

(a) 外观

(b) 图形符号

(c) 结构

图 3-16-95 ZDRK10V 型叠加式先导三通减压阀

1—插装式先导调压阀；2—阀体；3—螺塞；4 压力调节元件；5—平衡弹簧；6—主阀芯；

7—调压弹簧；8—先导阀芯；9—阻尼螺钉；10—阀套

［例 3-16-96］ ZDRY10V（※）型叠加式先导三通减压阀（图 3-16-96）

Z 表示叠加阀；DR 表示减压阀；Y 表示三通；通径为 10mm；※为 P、A、B 等；最高工作压力为 31.5MPa；最大流量为 120L/min。

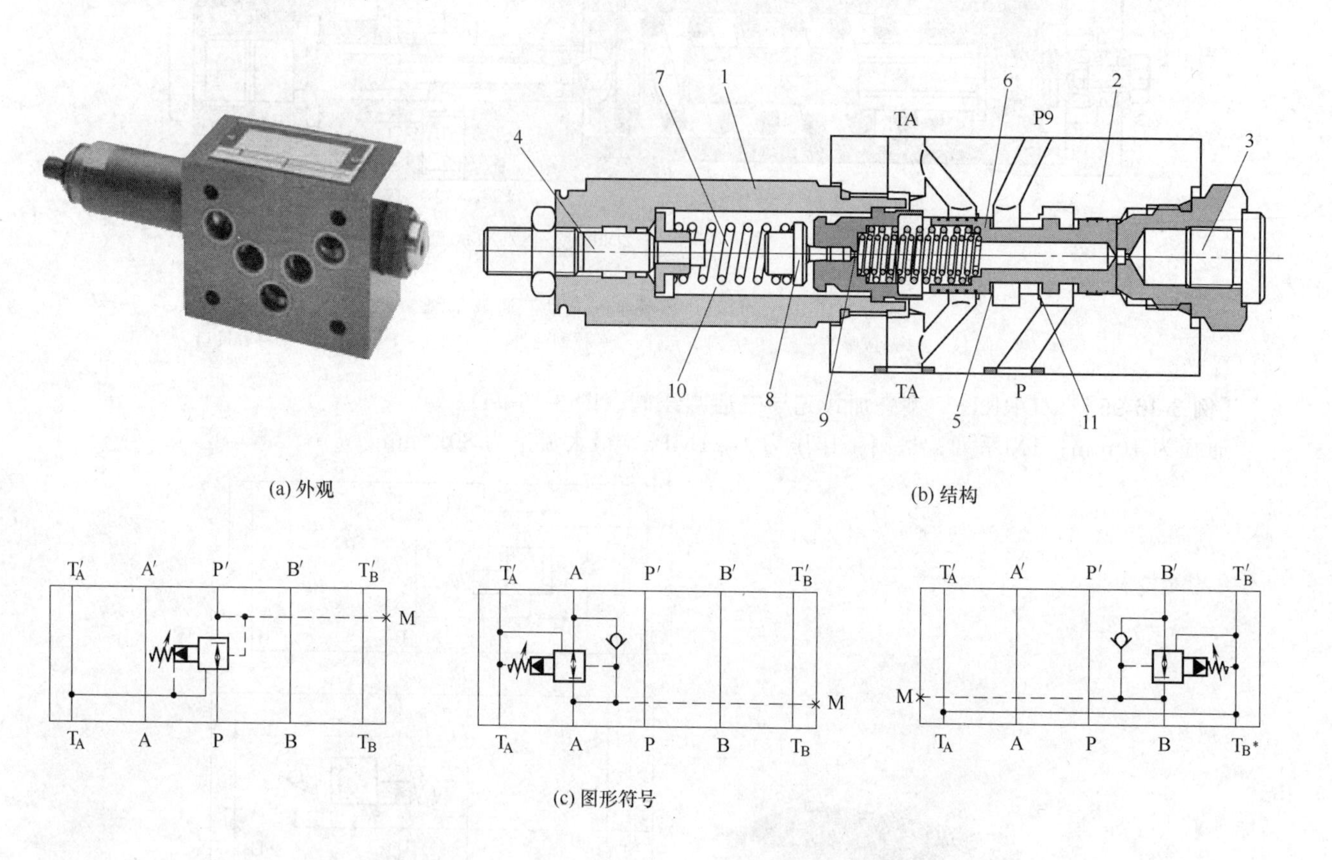

图 3-16-96 ZDRY10V（※）型叠加式先导三通减压阀

1—压力调节元件；2—阀体；3—压力表接口；4—调压螺钉；5— 溢流口；6—主阀芯；7—调压弹簧；8—先导调压阀阀芯；9—阻尼孔；10—弹簧腔；11—减压口

［例 3-16-97］ ZDRE 型与 ZDREE 型叠加式先导比例三通减压阀（图 3-16-97）

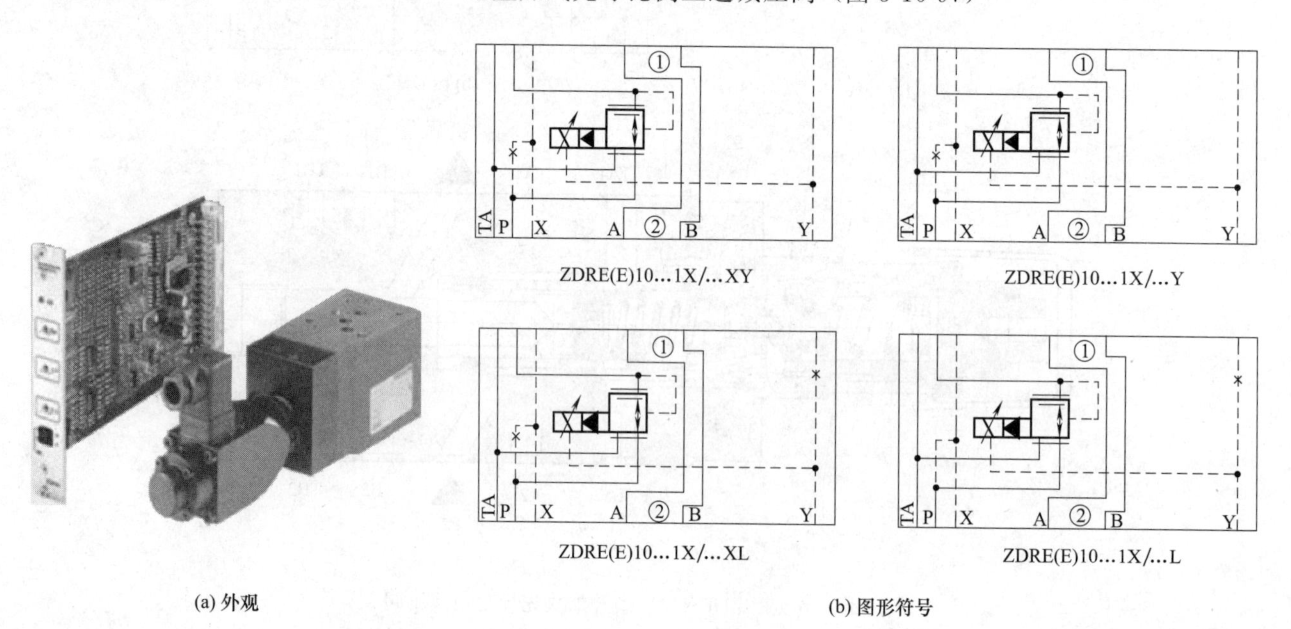

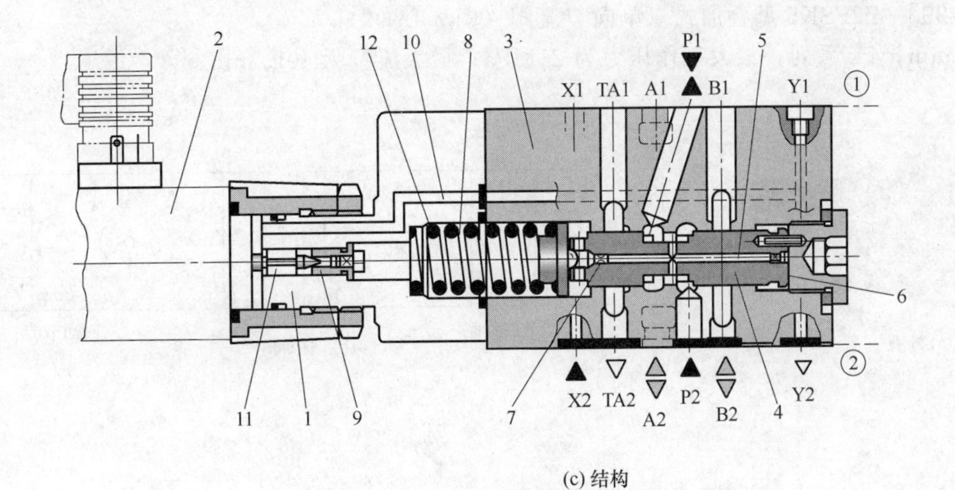

(c) 结构

图 3-16-97 ZDRE 型与 ZDREE 型叠加式先导比例三通减压阀

1—比例先导调压阀；2—比例电磁铁；3—主阀；4—主阀阀芯；5—中心孔；6—螺塞；7—阻尼孔；8—弹簧腔；9—先导阀阀座；10—先导控制油泄油道；11—先导阀阀芯；12—平衡弹簧

［例 3-16-98］ Z2FS6 型叠加式双路节流/单向阀（图 3-16-98）

通径为 6mm；4X 系列；最高工作压力为 31.5MPa；最大流量为 80L/min。

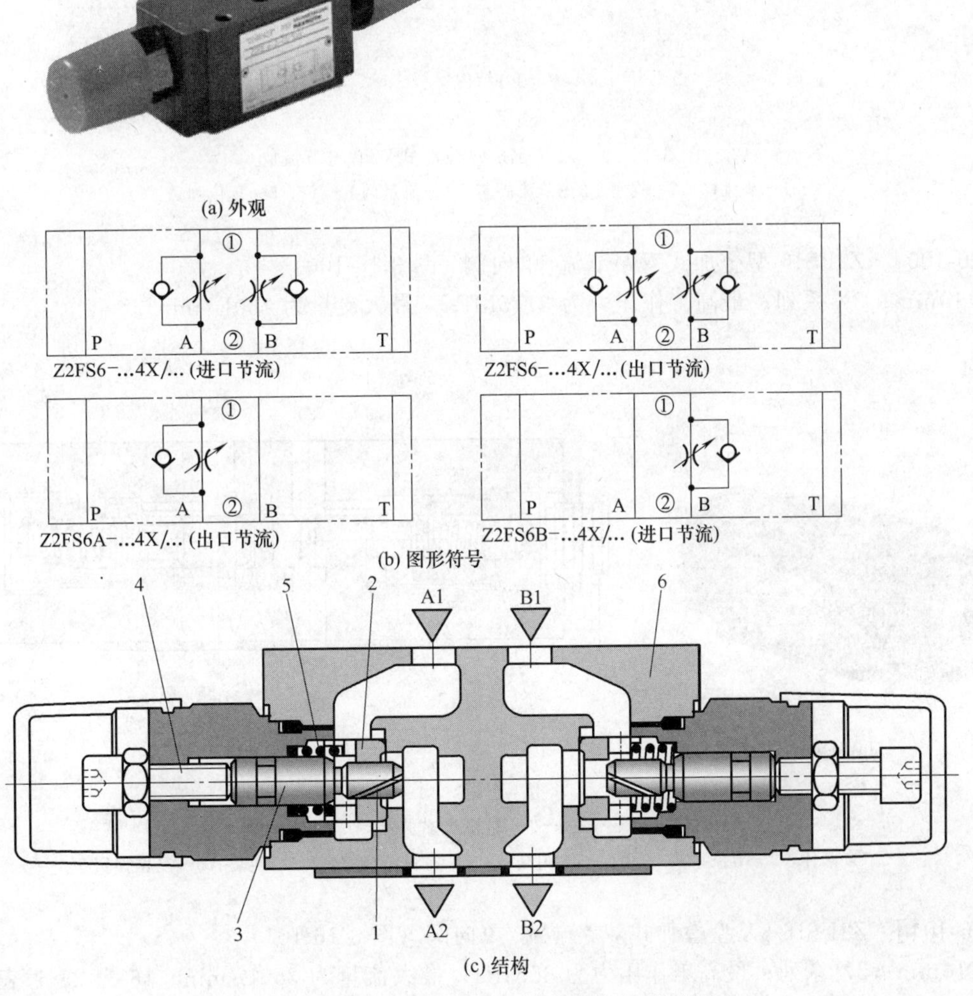

(c) 结构

图 3-16-98 Z2FS6 型叠加式双路节流/单向阀

1—节流点；2—阀座；3—节流阀芯；4—流量调节螺钉；5—复位弹簧；6—阀体

[例 3-16-99] Z2FSK6 型叠加式双单向节流阀（图 3-16-99）

通径为 6mm；1X 系列；最大工作压力为 21MPa；最大流量为 40L/min。

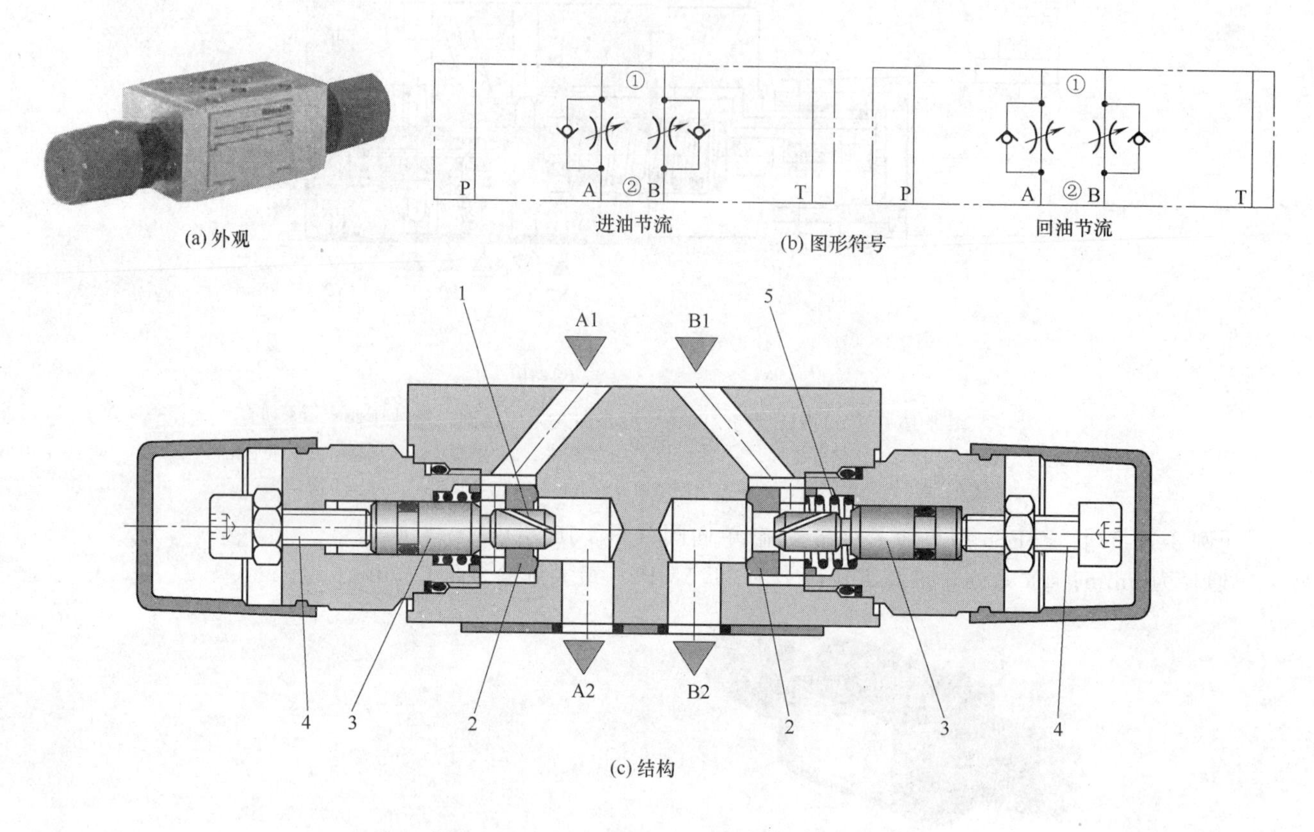

图 3-16-99 Z2FSK6 型叠加式双单向节流阀

1—节流口；2—阀座；3—节流阀芯；4—流量调节螺钉；5—复位弹簧

[例 3-16-100] Z2FS10 型叠加式双路节流/单向阀（图 3-16-100）

通径为 10mm；3X 系列；最高工作压力为 31.5MPa；最大流量为 160L/min。

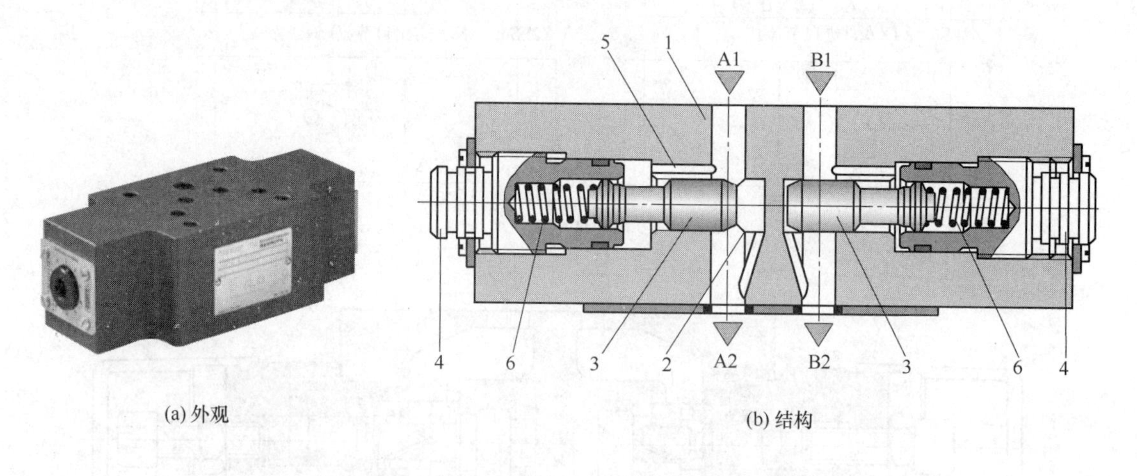

图 3-16-100 Z2FS10 型叠加式双路节流/单向阀

1—阀体；2—节流口；3—单向节流阀阀芯；4—流量调节螺钉；5—流道；6—复位弹簧

[例 3-16-101] Z2FS16-3X 型叠加式双路节流/单向阀（图 3-16-101）

通径为 16mm；3X 系列；最高工作压力为 35MPa；最大流量为 250L/min。16 为 25 时表示 25mm 通径；最高工作压力为 35MPa；最大流量为 360L/min。

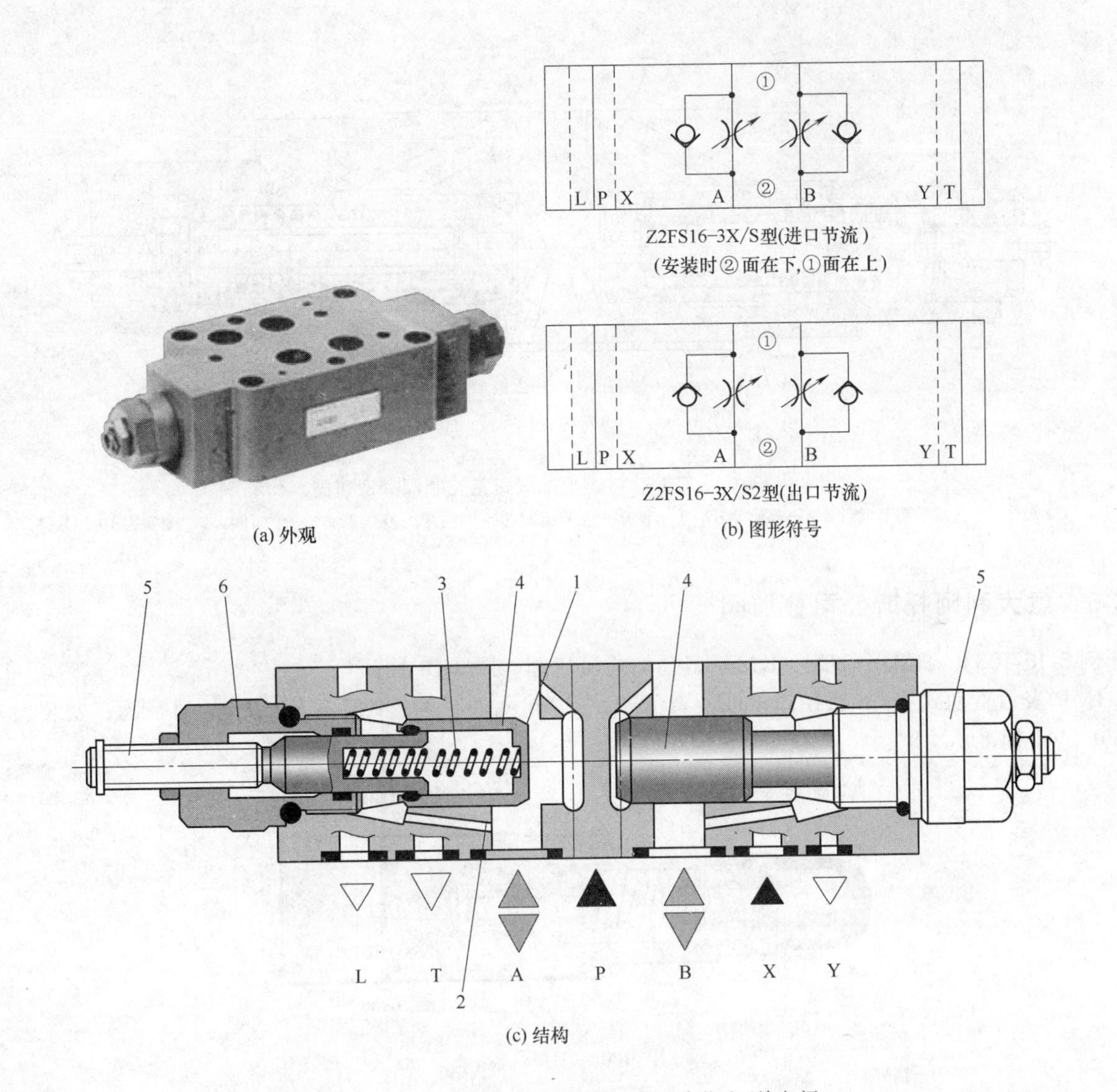

(a) 外观

(b) 图形符号

(c) 结构

图 3-16-101 Z2FS16-3X 型叠加式双路节流/单向阀

1—节流口；2—油道；3—弹簧；4—单向节流阀阀芯；5—流量调节螺钉；6—螺套

［例 3-16-102］ Z2FRM6 型叠加式流量控制阀（调速阀）（图 3-16-102）

通径为 6mm；2X 系列；最高工作压力为 31.5MPa；最大流量为 32L/min。

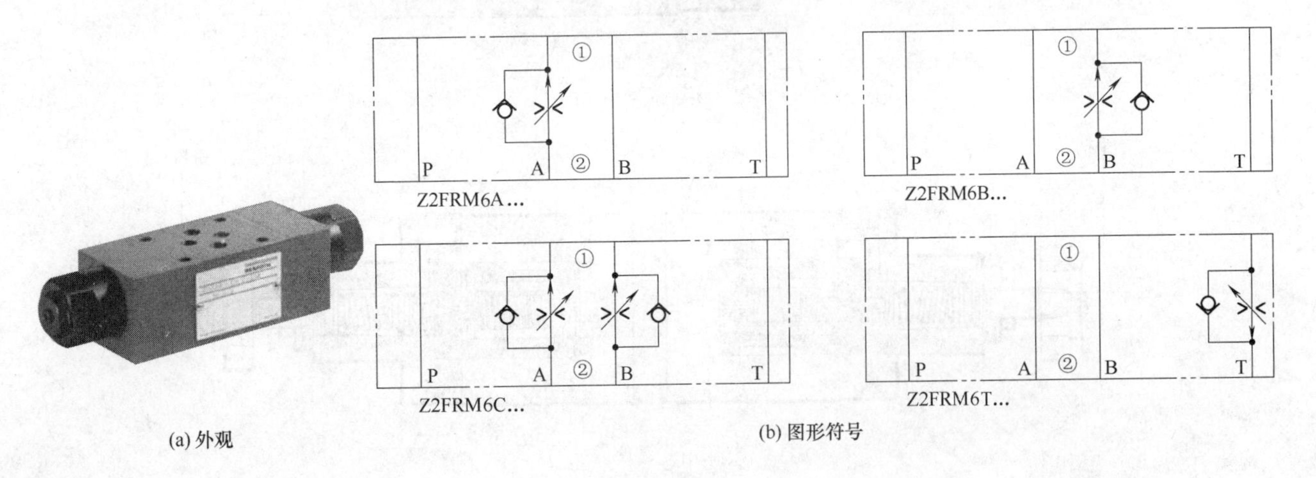

(a) 外观

(b) 图形符号

图 3-16-102

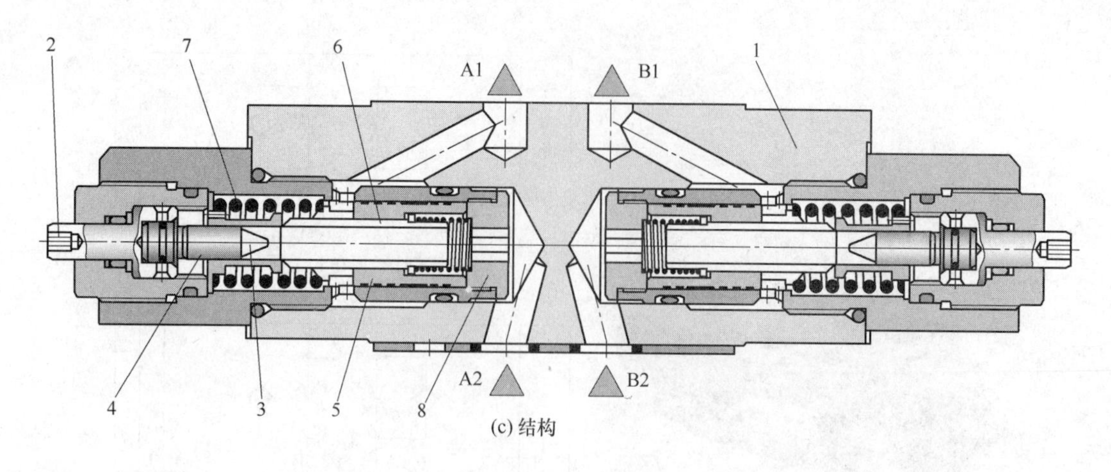

(c) 结构

图 3-16-102　Z2FRM6 型叠加式流量控制阀（调速阀）

1—阀体；2—流量调节元件；3—节流面积；4—节流杆（节流阀芯）；5—压力补偿器；6—单向阀；7—弹簧；8—挡块

3-16-5　意大利阿托斯公司叠加阀

［例 3-16-103］　HMP（HM、KM）型叠加式溢流阀（图 3-16-103）

HMP 表示直动式 6mm 通径阀；HM 表示先导式 6mm 通径阀；KM 表示 10mm 通径阀；安装尺寸符合 ISO 4401 标准。

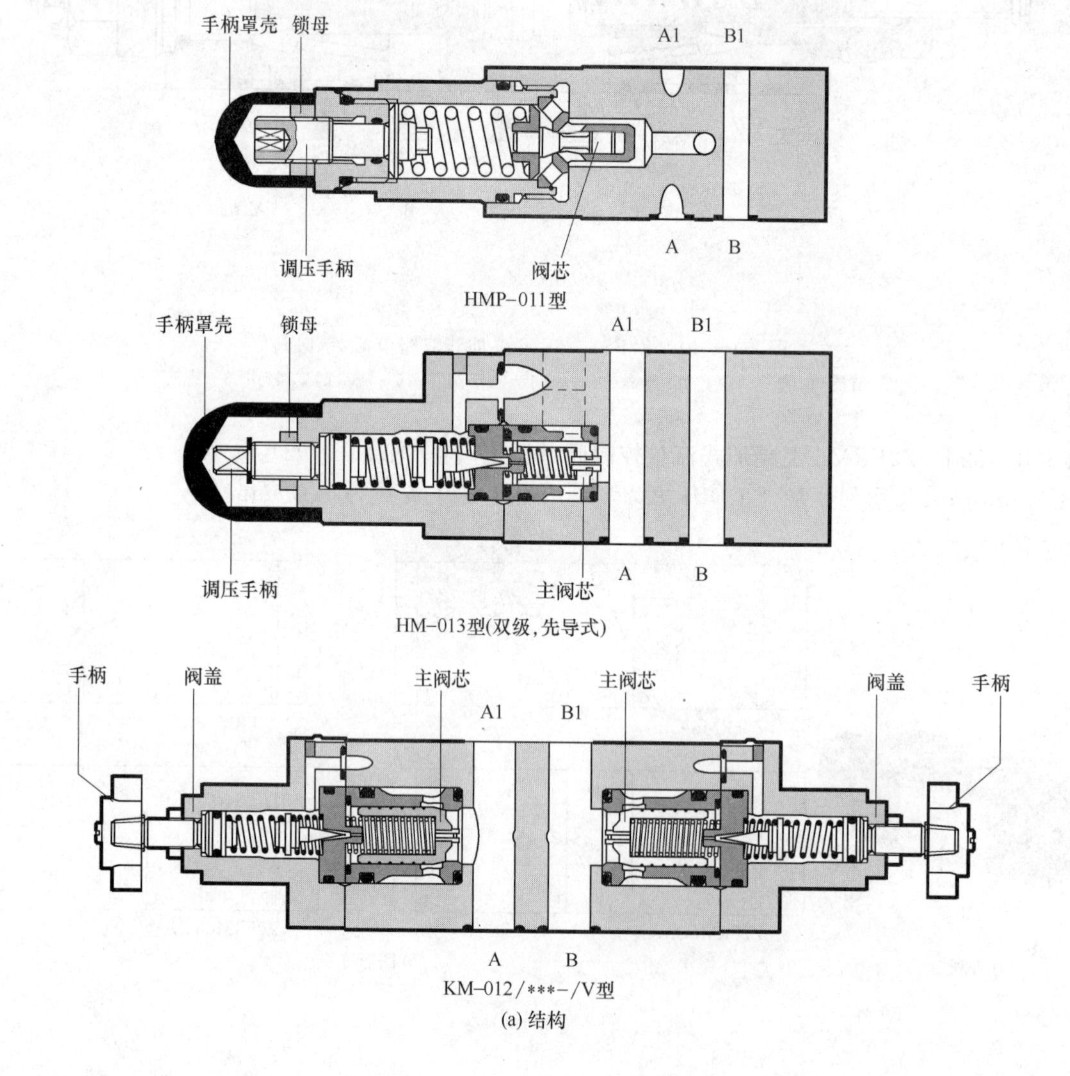

(a) 结构

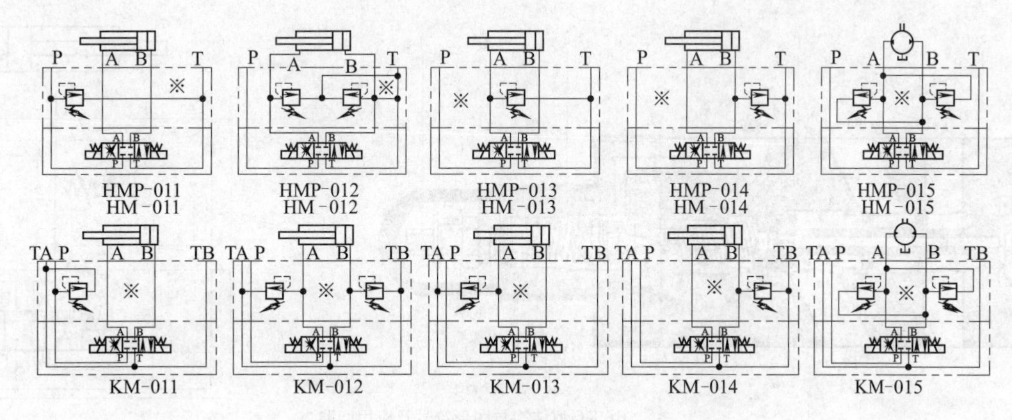

(b) 图形符号(图中标注有※号叠加块)

图 3-16-103　HMP（HM、KM）型叠加式溢流阀

［例 3-16-104］　HS-※/★型和 KS-※/★型叠加式顺序阀（图 3-16-104）

HS为6mm通径阀；KS为10mm通径阀；※可为011、012、013、014、015；★为压力调节范围的数字代号。

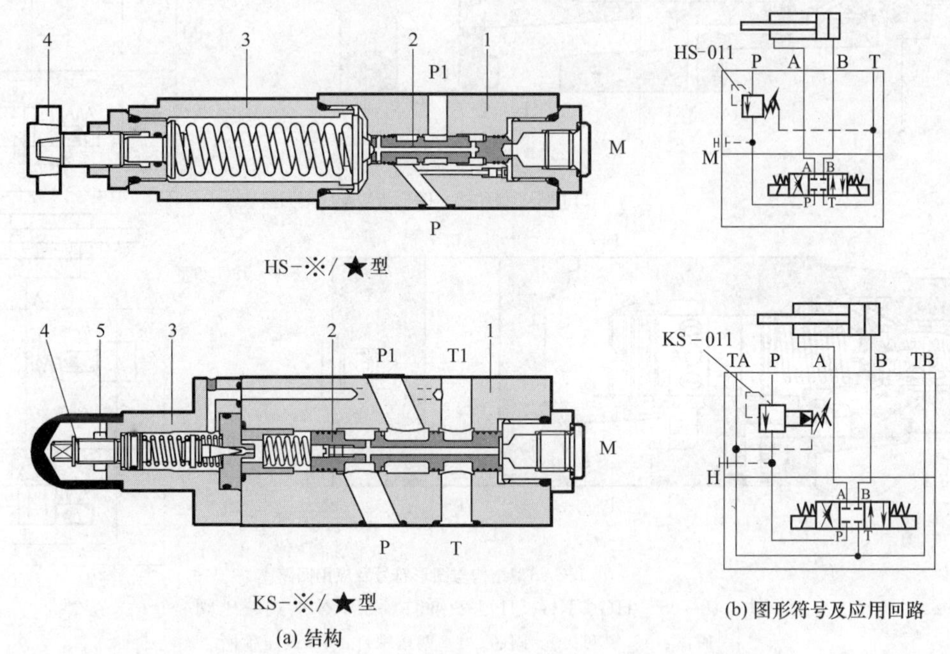

图 3-16-104　HS-※/★型和 KS-※/★型叠加式顺序阀

1—阀体；2—阀芯；3—阀盖；4—手柄或调压螺钉；5—锁母

［例 3-16-105］　HG、KG、JPG-2 和 JPG-3 型叠加式减压阀（图 3-16-105）

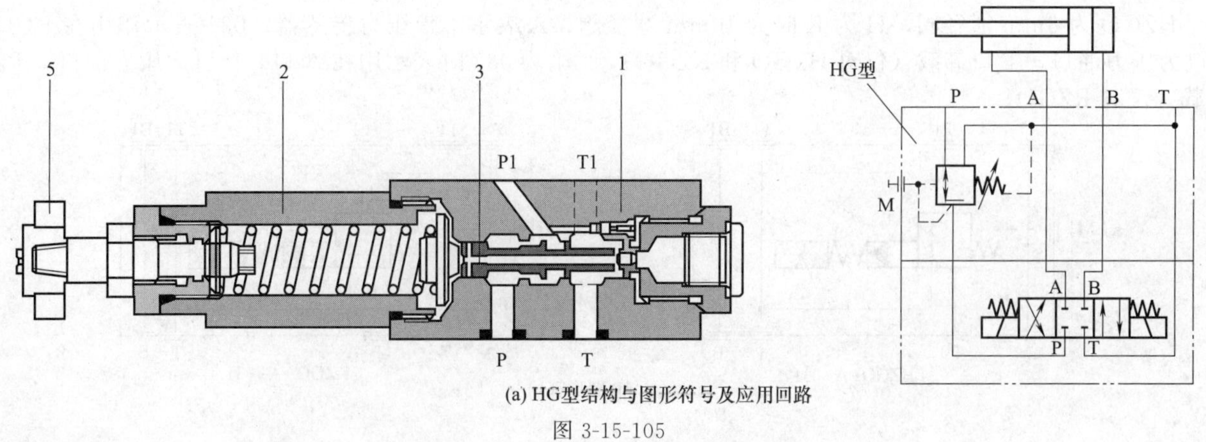

(a) HG型结构与图形符号及应用回路

图 3-15-105

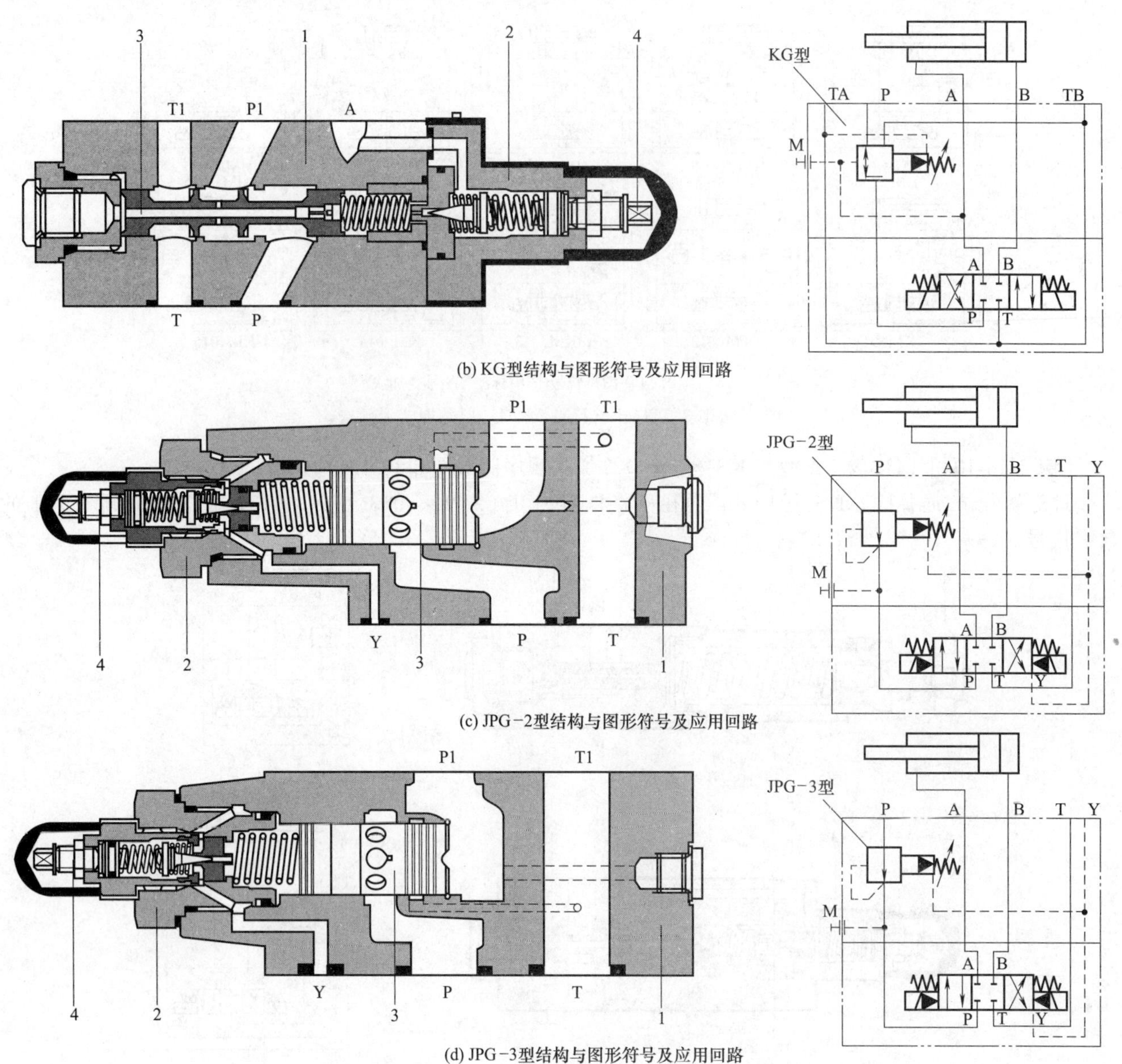

(b) KG型结构与图形符号及应用回路

(c) JPG-2型结构与图形符号及应用回路

(d) JPG-3型结构与图形符号及应用回路

图 3-16-105 HG、KG、JPG-2 和 JPG-3 型叠加式减压阀

1—阀体；2—螺套；3—阀芯；4—调压螺钉；5—调压手柄

HG 型为 6mm 通径叠加式减压阀；KG 型为 10mm 通径叠加式减压阀；JPG-2 型为 16mm 通径叠加式减压阀；JPG-3 型为 25mm 通径叠加式减压阀；HG 型和 KG 型为三通式，JPG-2 型和 JPG-3 型为二通式；安装尺寸符合 ISO 4401 标准。

［例 3-16-106］ HZGO-A-031 型叠加式比例先导减压阀（图 3-16-106）

HZGO 为 6mm 通径阀，H 为 K 时为 10mm 通径阀；A 表示不带压力传感器；031 表示作用在 P1 口，P 口为压力油口，T 口卸载（仅对 HZGO 和 KZGO），031 为 033 时表示用在 A 口，P 口为压力油口，T 口卸载（仅对 RZGO）。

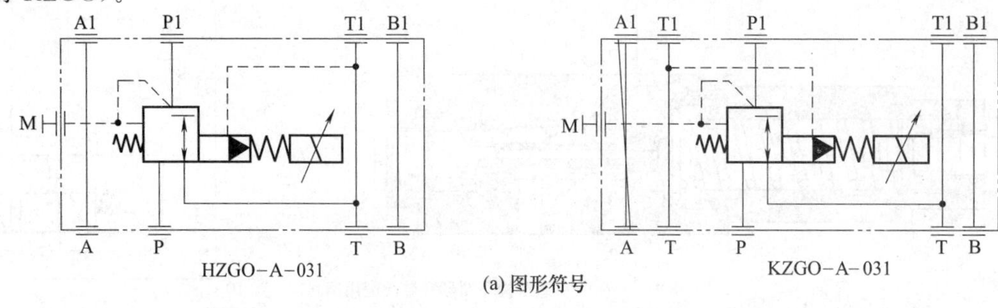

(a) 图形符号

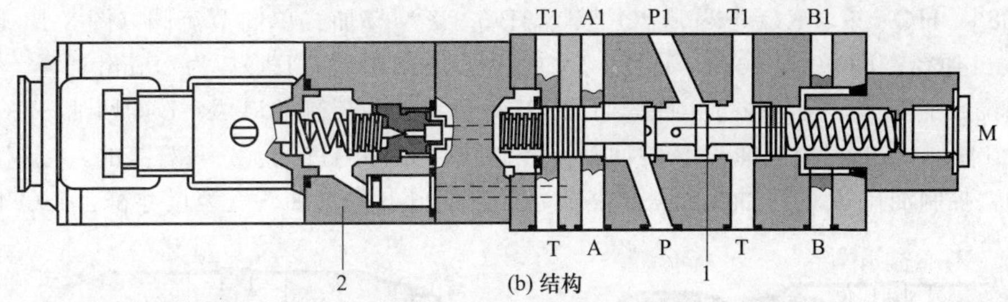

(b) 结构

图 3-16-106 HZGO-A-031 型叠加式比例先导减压阀

1—主阀芯；2—先导比例溢流阀

[例 3-16-107] HC、KC 和 JPC-2 型叠加式压力补偿器（图 3-16-107）

HC 为 6mm 通径；KC 为 10mm 通径；JPC-2 为 16mm 通径。压力补偿器使油液在 P 口和 A 口间或 P 口和 B 口间产生一个不变的压差 Δp，保持通过节流口的压差（Δp）为一个恒值，从而保持压力变化时的流量恒定。安装尺寸符合 ISO 4401-AC-05-4、ISO 4401-AE-08-4 标准。

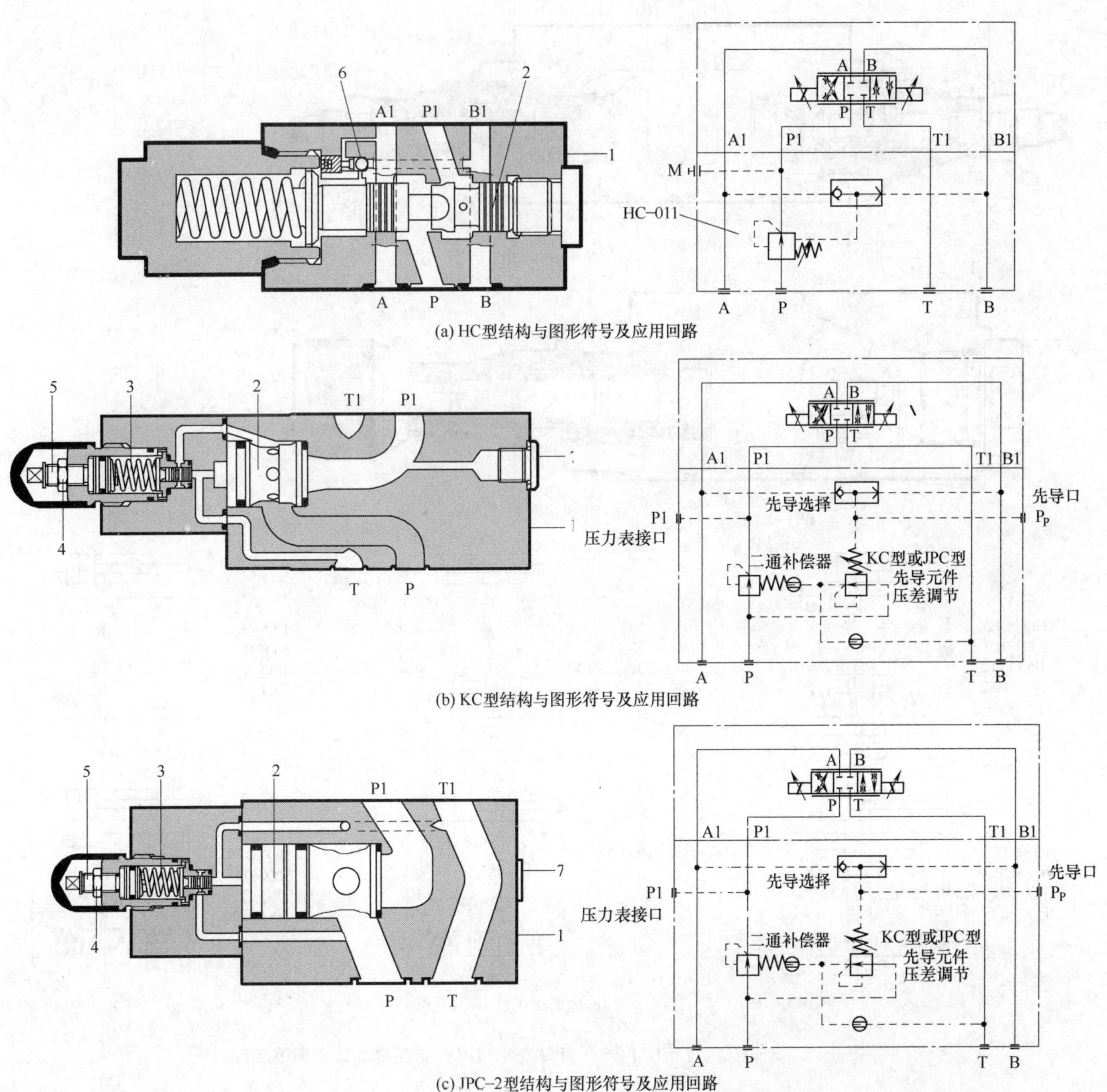

(c) JPC-2型结构与图形符号及应用回路

图 3-16-107 HC、KC 和 JPC-2 叠加式压力补偿器

1—阀体；2—主级阀芯；3—先导级；4—锁紧螺母；5—调节螺杆；6—单向阀；7—测压口

［例 3-16-108］ HQ-0※、KQ-0※、JPQ-2※、JPQ-3※型叠加式单向节流阀（图 3-16-108）

HQ-0 为 6mm 通径；KQ-0 为 10mm 通径；JPQ-2 为 16mm 通径；JPQ-3 为 25mm 通径。※为控制流道及控制方式，用两位数字表示。控制执行元件的回油：12—双路的，控制油口 A、B 的回油；13—单路的，控制油口 A 的回油；14—单路的，控制油口 B 的回油。控制执行元件的进油：22—双路的，控制油口 A、B 的进油；23—单路的，控制油口 A 的进油；24—单路的，控制油口 B 的进油。安装尺寸符合 ISO 4401 标准。

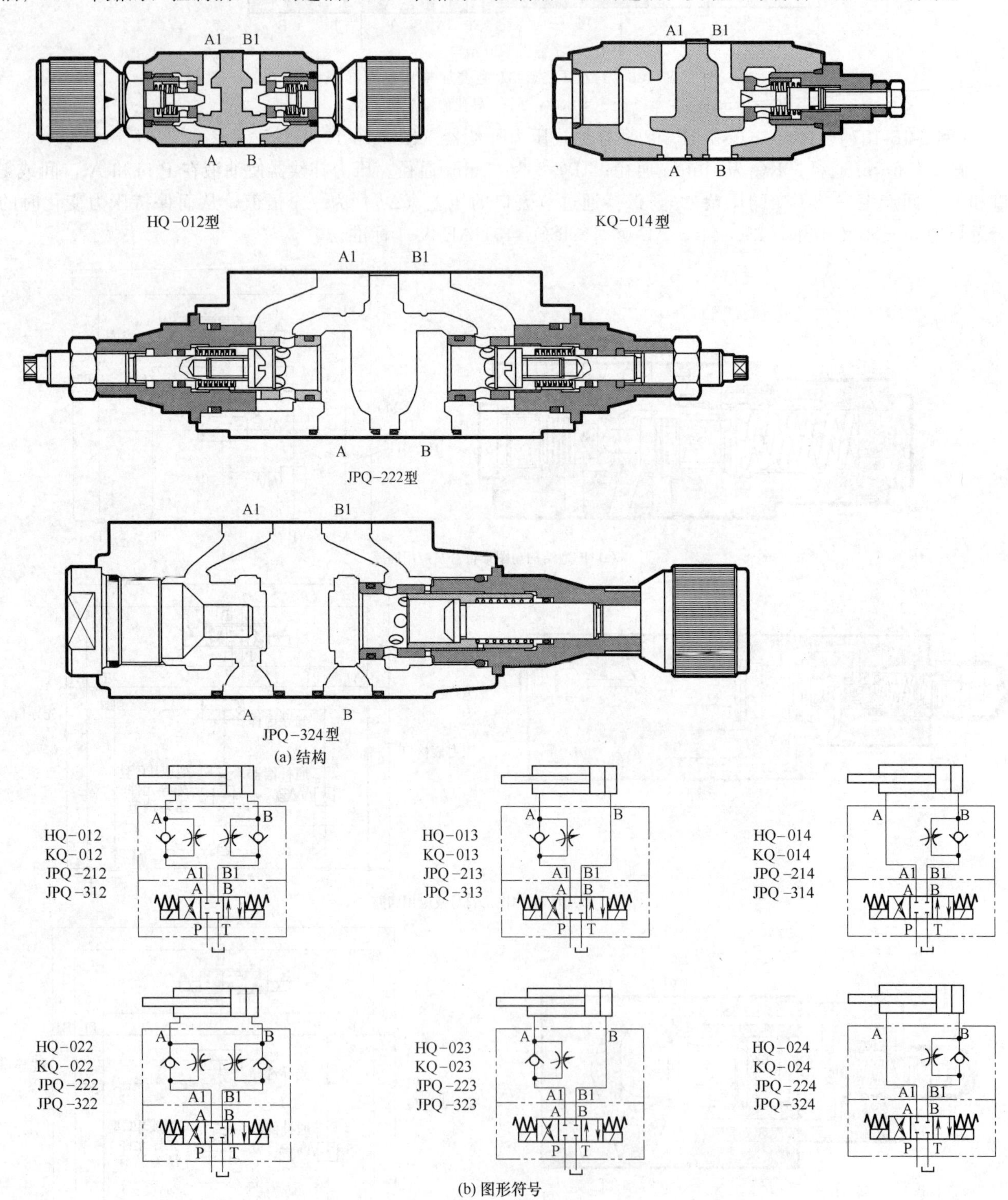

图 3-16-108 HQ-0※、KQ-0※、JPQ-2※、JPQ-3※型叠加式单向节流阀

［例 3-16-109］ DHQ 型和 DKQ 型叠加式快/慢速控制阀（图 3-16-109）

安装尺寸符合 ISO 4401 标准；尺寸规格有 06、10。

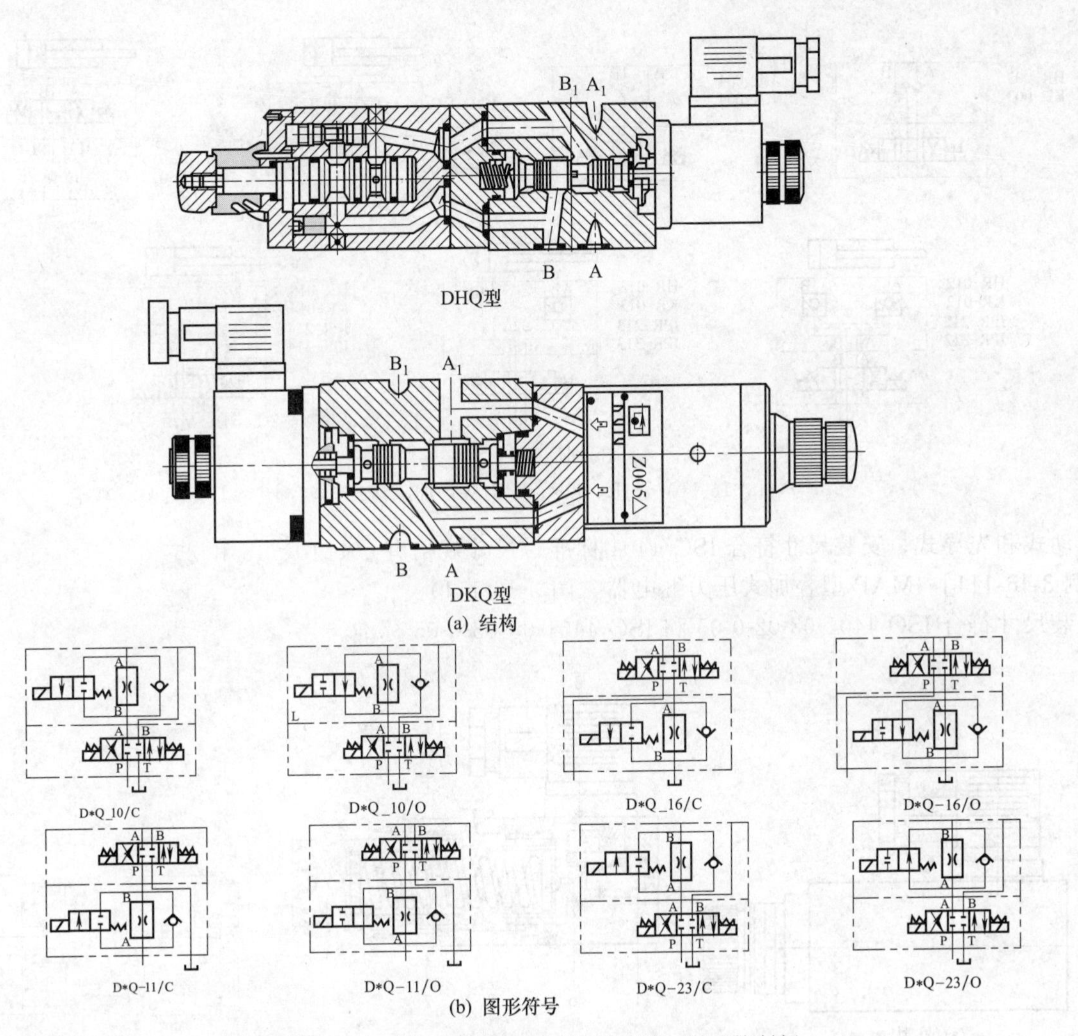

(a) 结构

(b) 图形符号

图 3-16-109 DHQ 型和 DKQ 型叠加式快/慢速控制阀

[例 3-16-110] HR、KR、JPR 型叠加式液控单向阀（图 3-16-110）

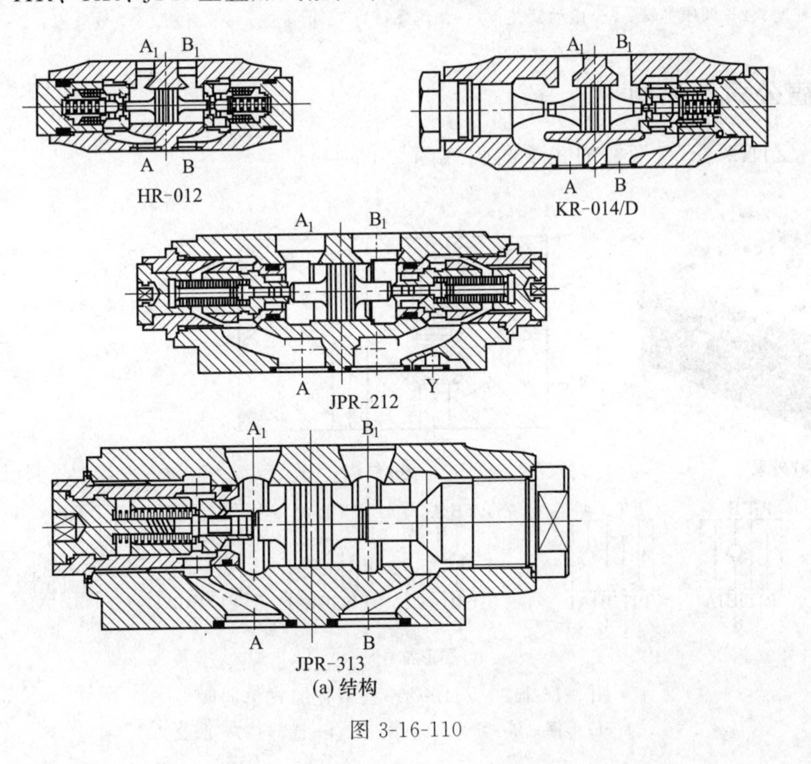

(a) 结构

图 3-16-110

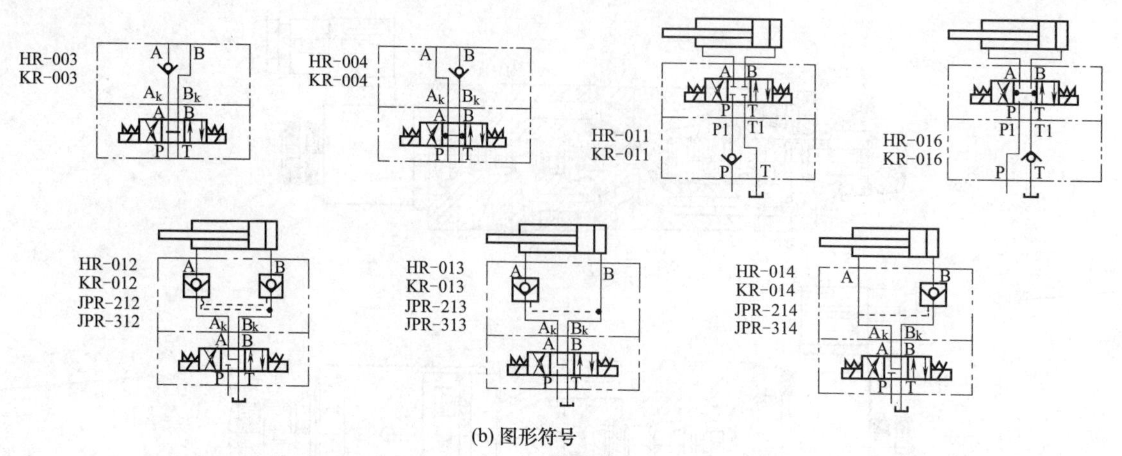

(b) 图形符号

图 3-16-110 HR、KR、JPR 型叠加式液控单向阀

直动式和先导式；安装尺寸符合 ISO 4401 标准；尺寸规格有 06、10、16 和 25。

［例 3-16-111］ MAP 型叠加式压力继电器（图 3-16-111）

安装尺寸符合 ISO 4401-03-02-0-05 和 ISO 4401-05-03-0-05 标准。

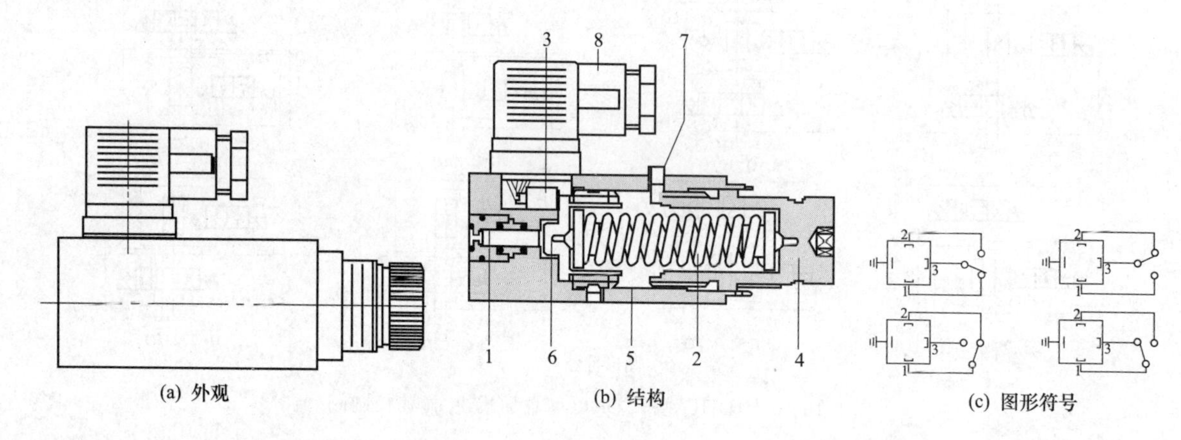

(a) 外观 (b) 结构 (c) 图形符号

图 3-16-111 MAP 型叠加式压力继电器

1—控制柱塞；2—调压弹簧；3—微动开关；4—调压螺钉；5—泄油腔；6—活塞；7—放气塞；8—接线端子

3-16-6 北京华德公司叠加阀

［例 3-16-112］ Z1B※☆-△型叠加式单向阀（图 3-16-112）

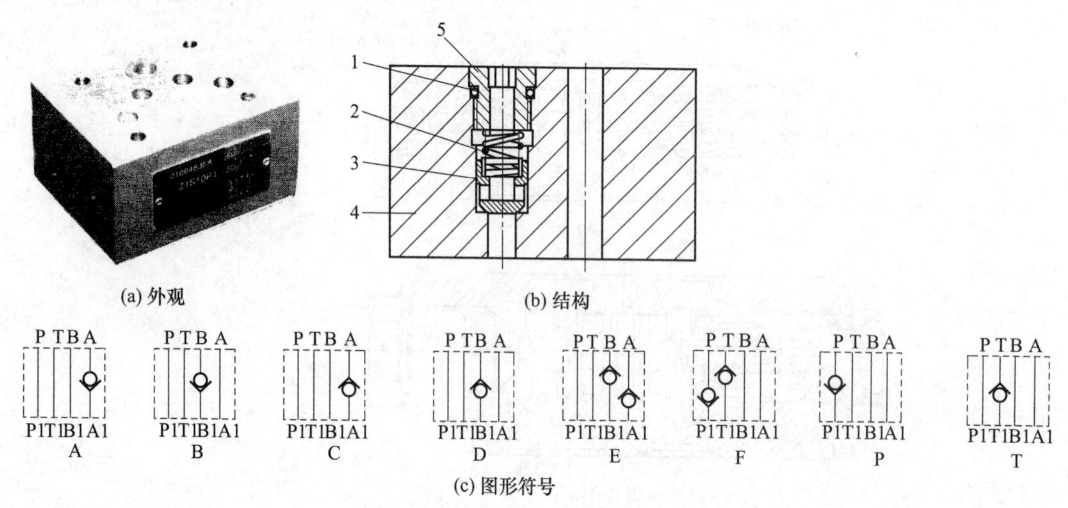

(a) 外观 (b) 结构

(c) 图形符号

图 3-16-112 Z1B※☆-△型叠加式单向阀

1—O 形圈；2—弹簧；3—阀芯；4—阀体；5—阀套

※为通径，有 6mm 和 10mm；☆为单向阀机能的油道（A、B、C、D、E、F、P、T 等）；△为开启压力，1 表示 0.05MPa；2 表示 0.3MPa，3 表示 0.5MPa。

［例 3-16-113］　Z2S※型叠加式液控单向阀（力士乐公司、北京华德公司）（图 3-16-113）

※为通径，有 6mm、10mm、16mm 或 22mm；流量至 360L/min；额定压力为 31.5MPa；控制压力为 0.5～31.5MPa。

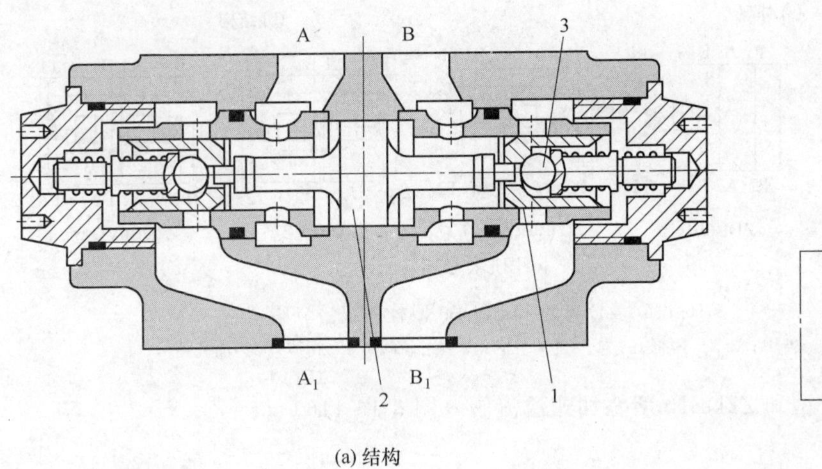

(a) 结构

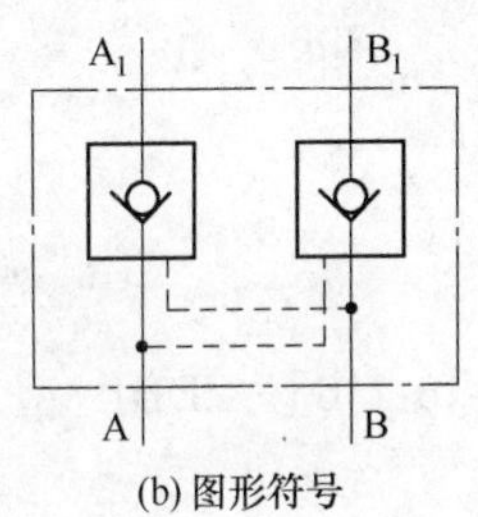

(b) 图形符号

图 3-16-113　Z2S※型叠加式液控单向阀

1—主阀芯；2—控制活塞；3—卸载阀（钢球）

［例 3-16-114］　Z2S※…30/…型叠加式液控单向阀（图 3-16-114）

※为通径，有 6mm、10mm、16mm、22mm。

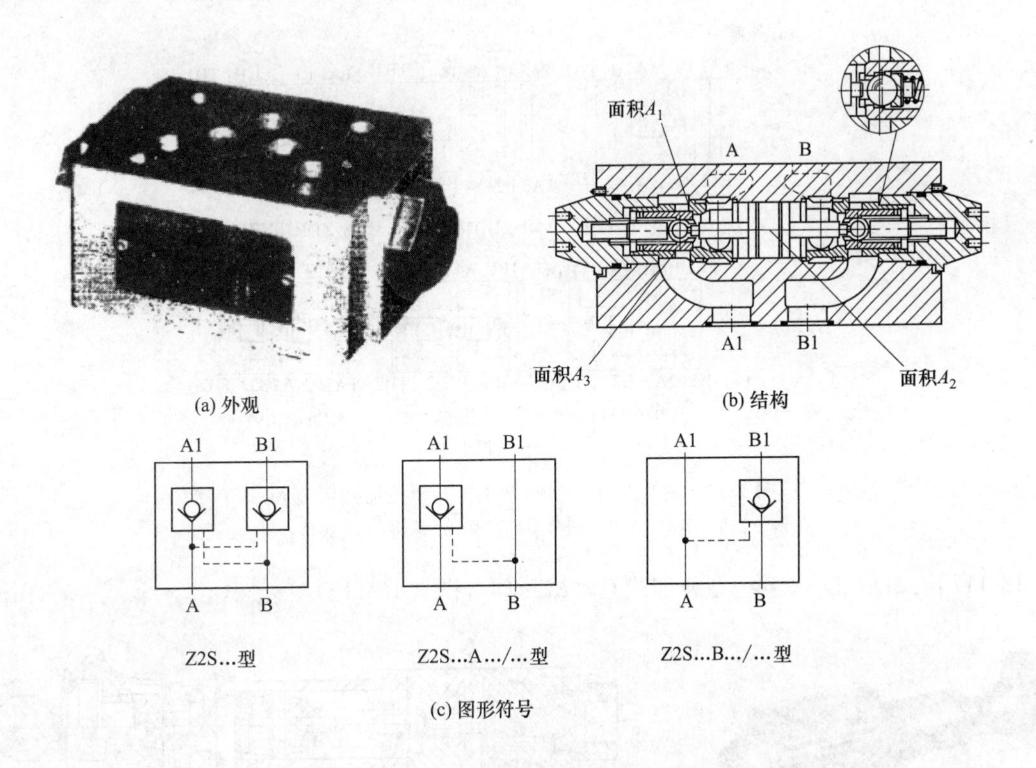

(a) 外观　(b) 结构

(c) 图形符号

图 3-16-114　Z2S※…30/…型叠加式液控单向阀

［例 3-16-115］　ZDB6 型和 Z2DB6 型叠加式溢流阀（图 3-16-115）

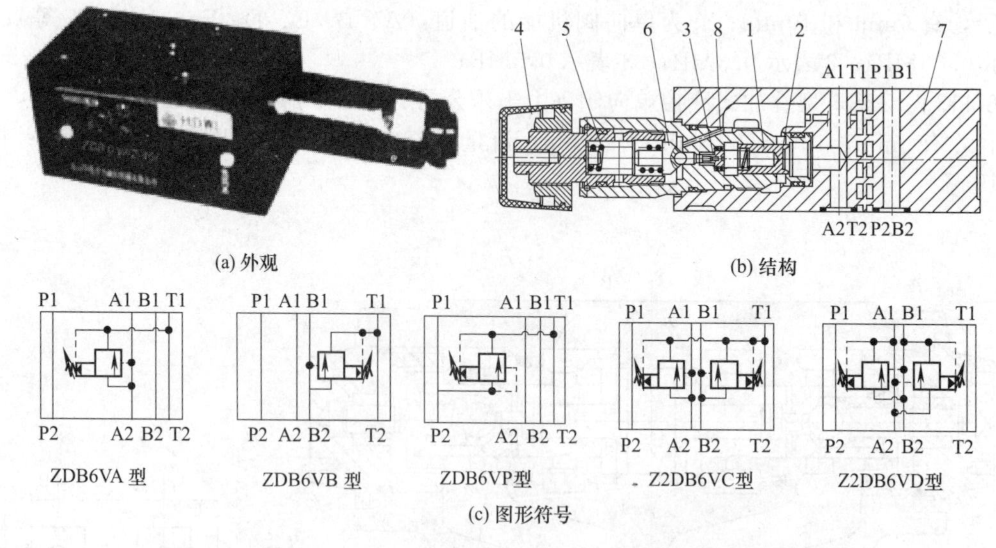

(a) 外观　(b) 结构　(c) 图形符号

图 3-16-115　ZDB6 型和 Z2DB6 型叠加式溢流阀

1,5—弹簧；2,3—阻尼孔；4—调节手柄；6—先导阀；7—阀体；8—油孔道

［例 3-16-116］　ZDB10 型和 Z2DB10 型叠加式溢流阀（图 3-16-116）

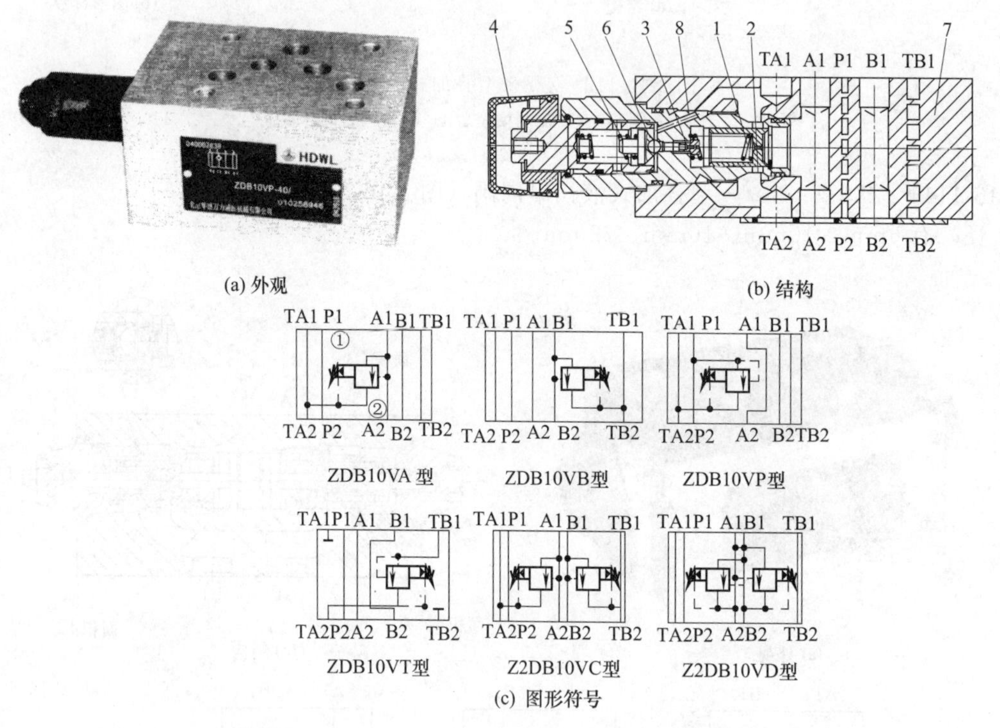

(a) 外观　(b) 结构　(c) 图形符号

图 3-16-116　ZDB10 型和 Z2DB10 型叠加式溢流阀

1,5—弹簧；2,3—阻尼孔；4—调节手柄；6—先导阀；7—阀体；8—油孔道

［例 3-16-117］　ZDR6D…30/…型叠加式直动减压阀（图 3-16-117）

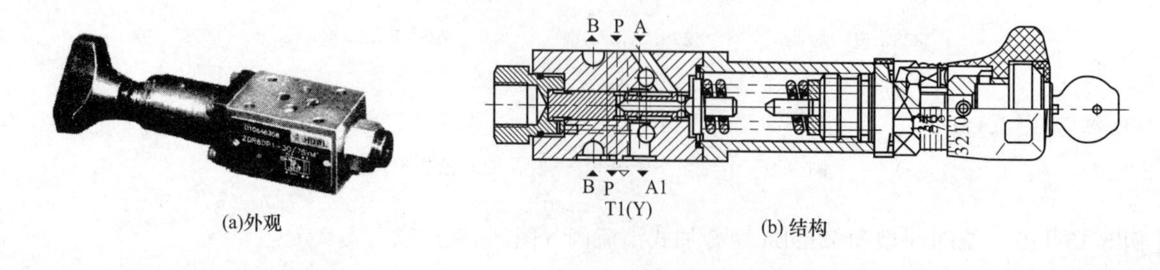

(a)外观　(b) 结构

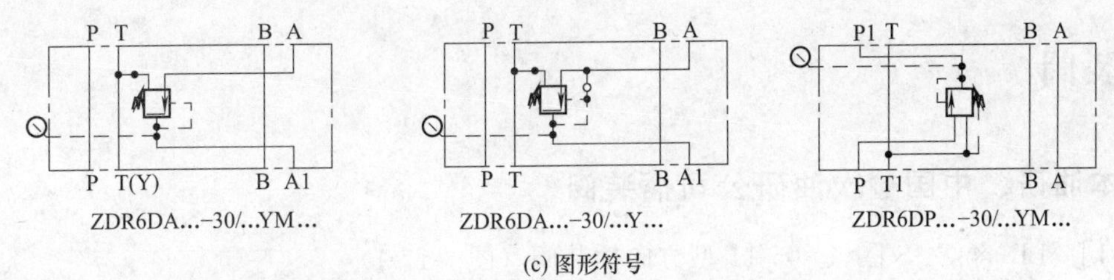

(c) 图形符号

图 3-16-117 ZDR6D… 30/… 型叠加式直动减压阀

［例 3-16-118］ ZDR10D… 40/… 型叠加式直动减压阀（图 3-16-118）

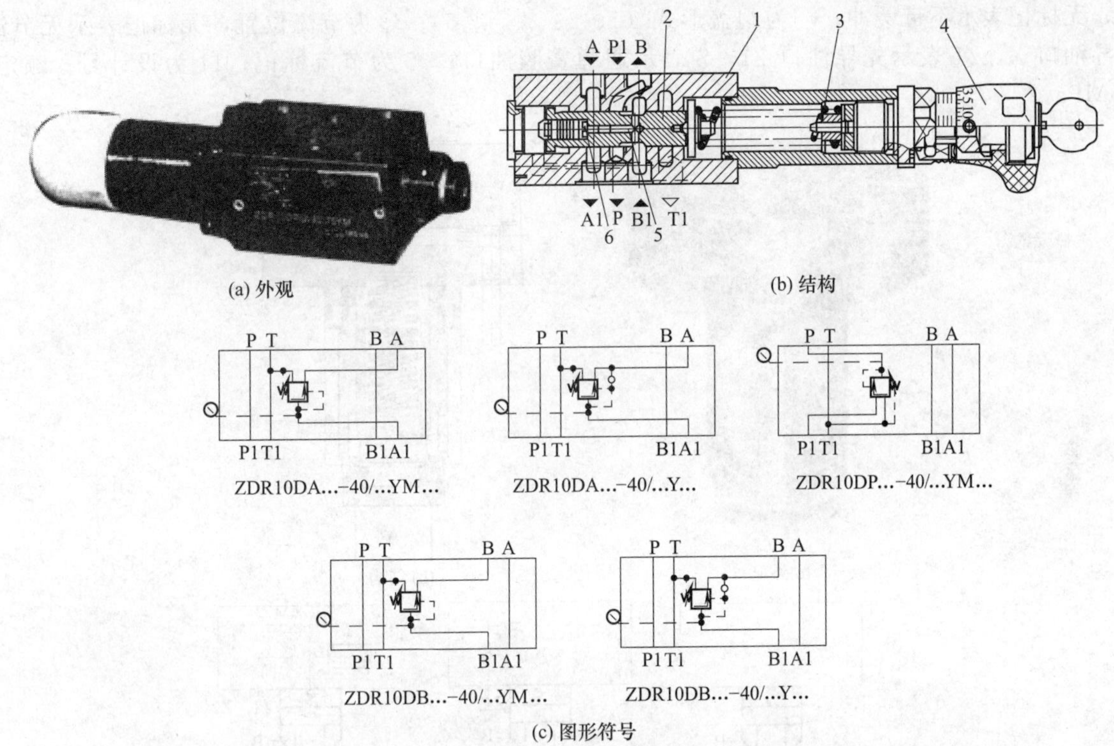

(a) 外观

(b) 结构

(c) 图形符号

图 3-16-118 ZDR10D… 40/… 型叠加式直动减压阀

1—阀体；2—阀芯；3—弹簧；4—压力调节组件；5—控制油道；6—中心孔

［例 3-16-119］ Z2FS 型叠加式双单向节流阀（图 3-16-119）

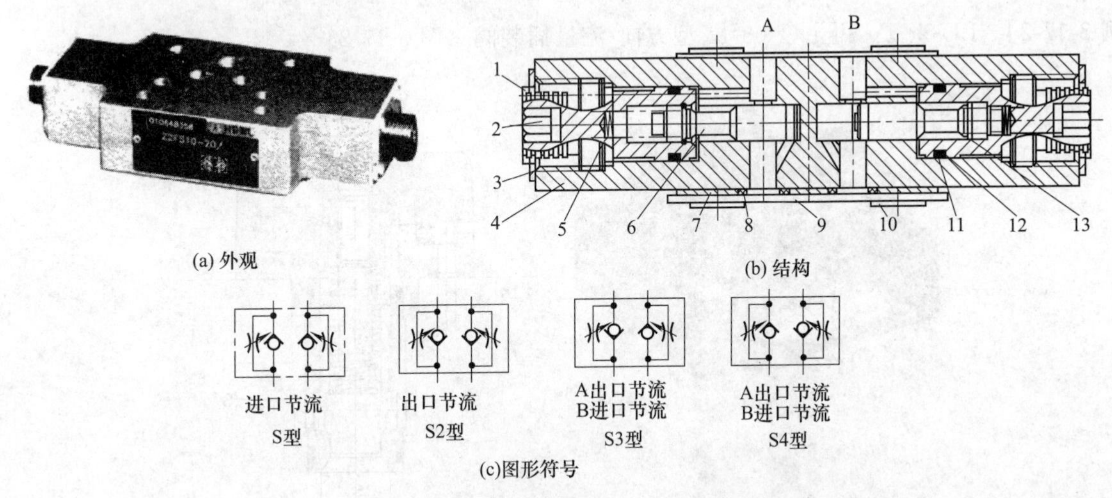

(a) 外观

(b) 结构

(c)图形符号

图 3-16-119 Z2FS 型叠加式双单向节流阀

1—标牌螺钉；2—节流螺栓；3—标牌；4—阀体；5—压力弹簧；6—阀芯；7—O 形圈板；8,11—O 形圈；9—防尘纸板；10—锁紧栓塞；12—聚四氟挡圈；13—钢丝挡圈

3-17 插装阀

3-17-1 日本油研、中国榆次油研公司插装阀

［例 3-17-1］ LD-※-△-S-□-◇-05-11 型方向插装阀（图 3-17-1）

※为公称通径，有 16mm、25mm、32mm、40mm、50mm、63mm、80mm、100mm；对应额定流量分别为 130L/min、130L/min、350L/min、850L/min、1400L/min、2100L/min、3400L/min、5500L/min；△为开启压力 A→B，无标记表示无弹簧，05 表示 0.05MPa，20 表示 0.2MPa；S 为主阀芯形状，有 S 表示带缓冲，无标记表示不带缓冲；□为阀盖形式（1、2、3、4、5）；◇为节流位置，无标记表示无节流，X 表示先导油口 X，Z1 表示先导油口 Z1，S 表示通弹簧腔油口；05 为节流标记；11 为设计号；额定压力为 31.5MPa。

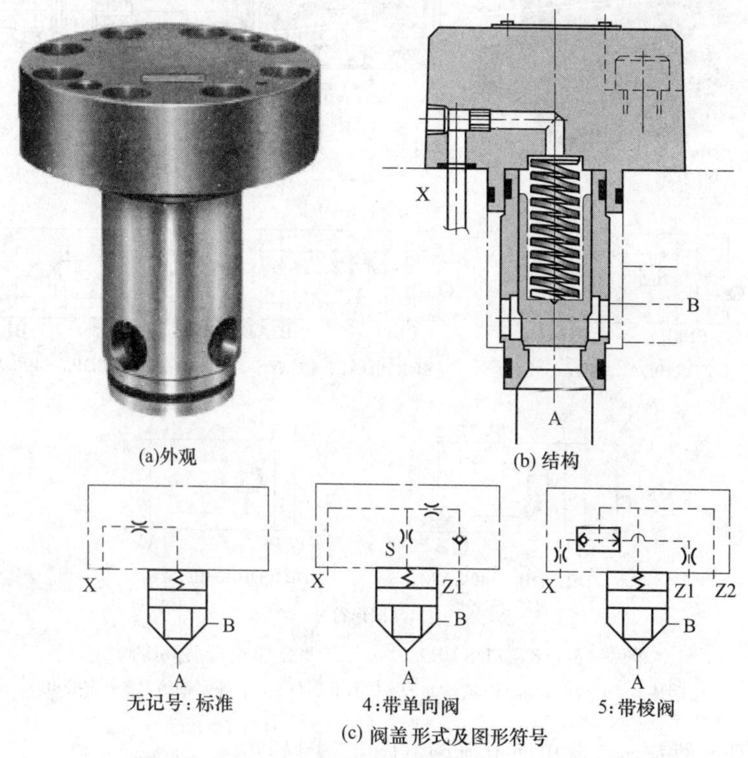

图 3-17-1 LD-※-△-S-□-◇-05-11 型方向插装阀

［例 3-17-2］ LD-※-△-S-□-◇-05-11 型方向-流量插装阀（图 3-17-2）

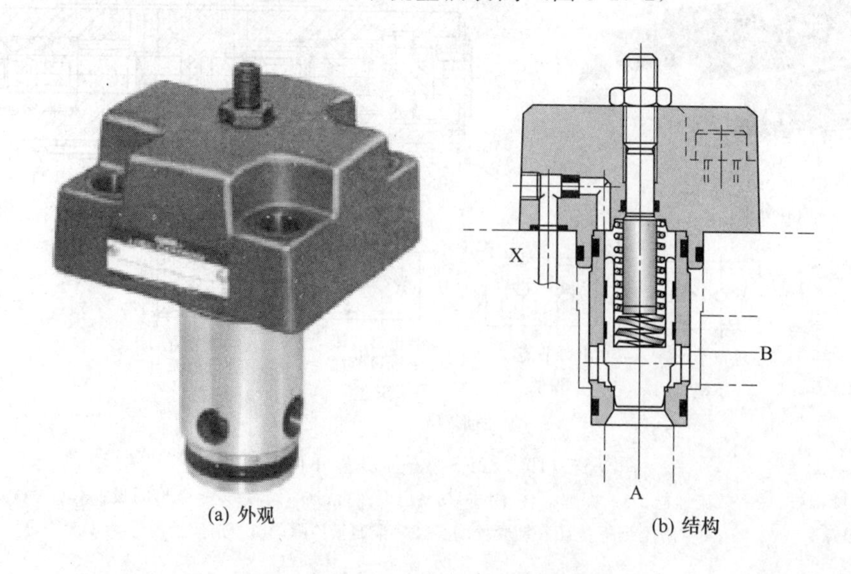

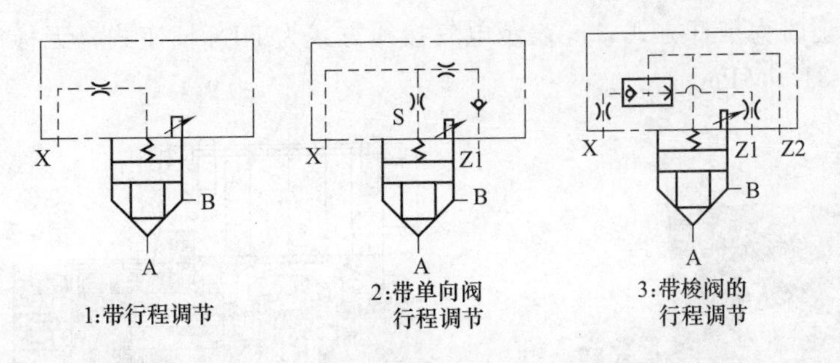

(c) 盖板形式及图形符号

图 3-17-2 LD-※-△-S-□-◇-05-11 型方向-流量插装阀

［例 3-17-3］ LB-※-V-□-Z1-11 型溢流插装阀（图 3-17-3）

※为公称通径，有 16mm、25mm、32mm、40mm、50mm；对应额定流量分别为 125L/min、125L/min、250L/min、500L/min、1200L/min；□为阀盖形式（无标注、Z1、Z2）；11 为设计号；额定压力为 31.5MPa。

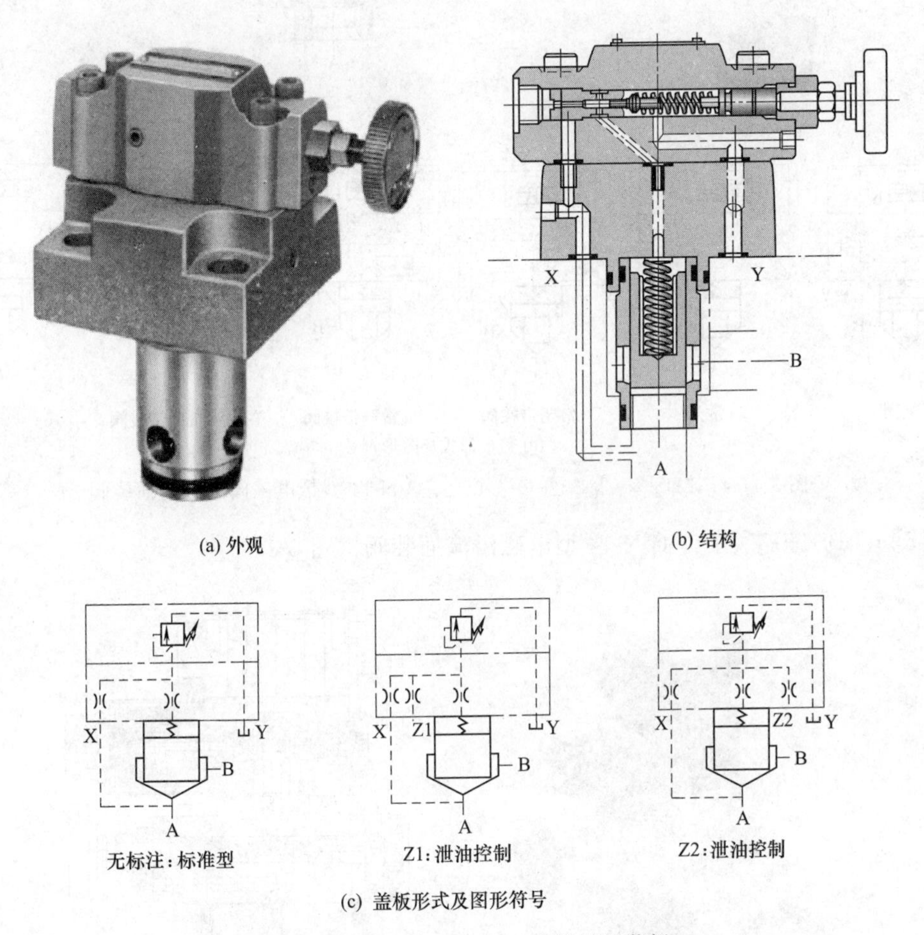

(c) 盖板形式及图形符号

图 3-17-3 LB-※-V-□-Z1-11 型溢流插装阀

［例 3-17-4］ LDS-※-△-S-□-O-◇05-☆-C-N-14 型带电磁阀的方向插装阀（图 3-17-4）

※为公称通径，有 16mm、25mm、32mm、40mm、50mm、63mm；对应额定流量分别为 130L/min、350L/min、850L/min、1400L/min、2100L/min；△为开启压力 A→B，无标记表示无弹簧，05 表示 0.05MPa，20 表示 0.2MPa；S 为主阀芯形状，有 S 表示带缓冲，无标记表示不带缓冲；□为阀盖形式（1、2、3、4、5、6）；◇为节流位置，无标记表示无节流，X 表示先导油口 X，P 表示先导油口 P，A 表示先导油口 A，B 表示先导油口 B；05 为公称节流标记；☆为线圈符号，A＊表示交流电磁铁，D＊表示直流电磁铁，R＊表示交直转换式电磁铁，RQ＊表示交直快速转换式电磁铁，＊为电压数值；C 表示带按键

的手动操作方式，无标记时为推杆方式；N 表示电气接线方式为 DIN 插座式，无标记时表示接线盒式；14 为设计号；额定压力为 31.5MPa。

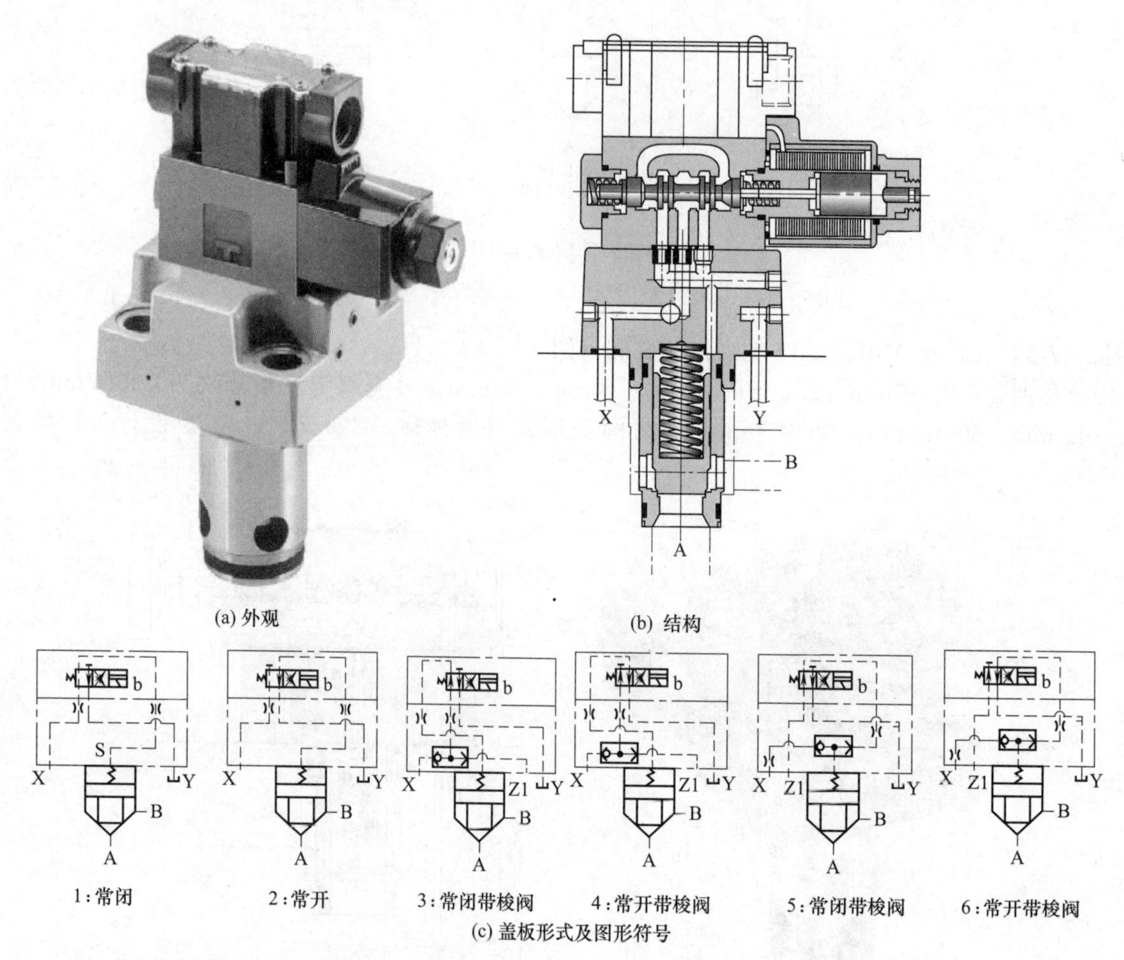

(a) 外观　(b) 结构

(c) 盖板形式及图形符号

图 3-17-4　LDS-※-△-S-□-O-◇05-☆-C-N-14 型带电磁阀的方向插装阀

［例 3-17-5］ LBS-※-V-□-☆-C-N-14 型电磁溢流插装阀（图 3-17-5）

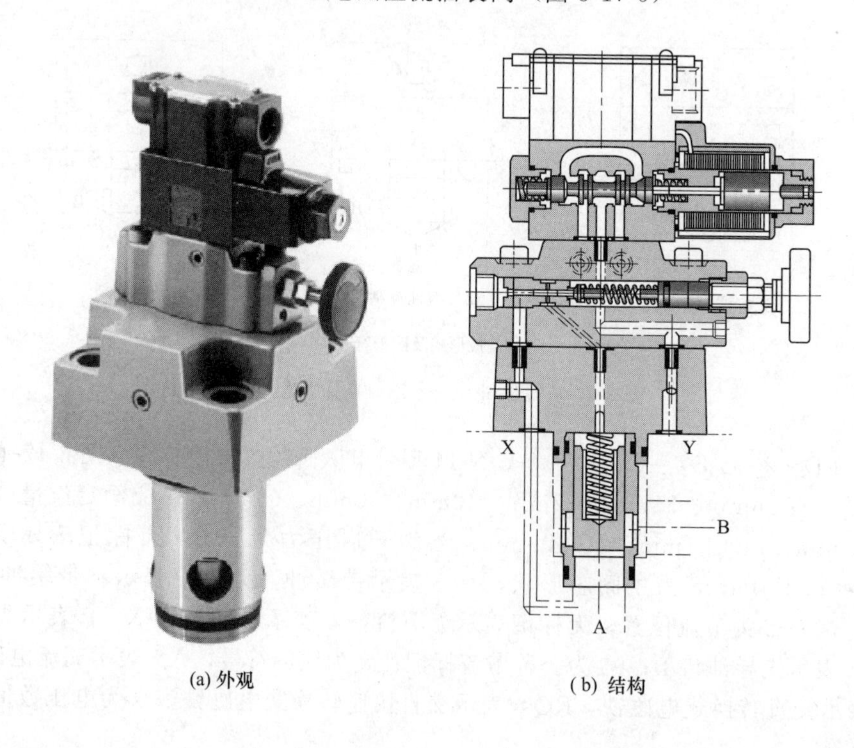

(a) 外观　(b) 结构

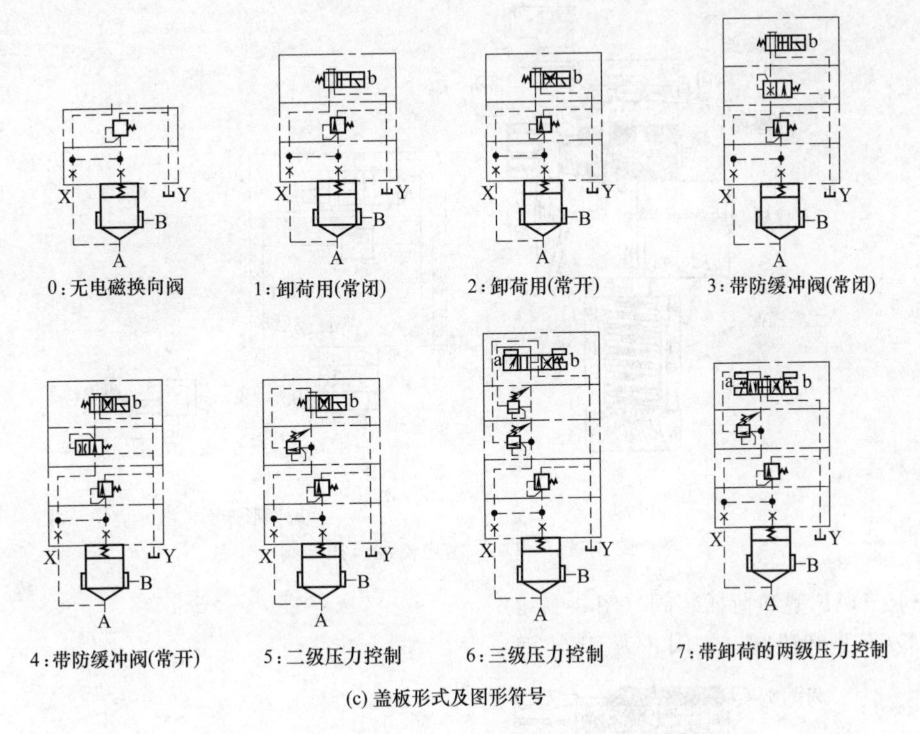

(c) 盖板形式及图形符号

图 3-17-5 LBS-※-V-□-☆-C-N-14 型电磁溢流插装阀

※为公称通径，有 16mm、25mm、32mm、40mm、50mm；对应额定流量分别为 125L/min、125L/min、250L/min、500L/min、1200L/min；V 只在高排油时标注；□为阀盖形式（0、1、2、3、4、5、6、7）；☆为线圈符号，A＊表示交流电磁铁，D＊表示直流电磁铁，R＊表示交直转换式电磁铁，＊为电压数值；C 表示带按键的手动操作方式，无标记时为推杆方式；N 表示电气接线方式为 DIN 插座式，无标记时表示接线盒式；14 为设计号；额定压力为 31.5MPa。

3-17-2 美国派克公司（C 系列和 CE 系列）插装阀

[例 3-17-6] DSDU 型溢流插装阀（图 3-17-6）

先导阀为 DSD 型直动式溢流阀，主阀为 C1 型阀芯。

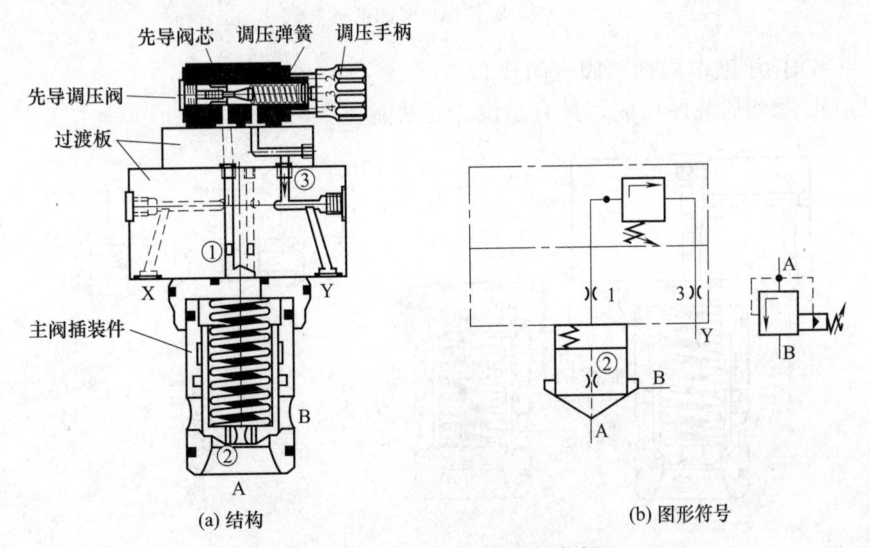

(a) 结构

(b) 图形符号

图 3-17-6 DSDU 型溢流插装阀

[例 3-17-7] DAV 型电磁溢流插装阀（图 3-17-7）

先导阀为电磁阀，主阀芯为 C8 型。

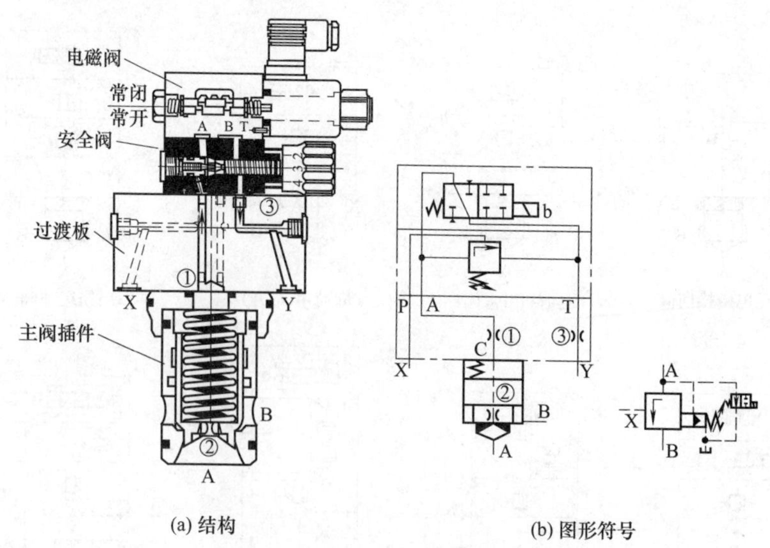

图 3-17-7 DAV 型电磁溢流插装阀

[例 3-17-8] DAF 型卸荷插装阀（图 3-17-8）

先导阀为 DAF 型卸荷阀，主阀芯为 CE08 型。

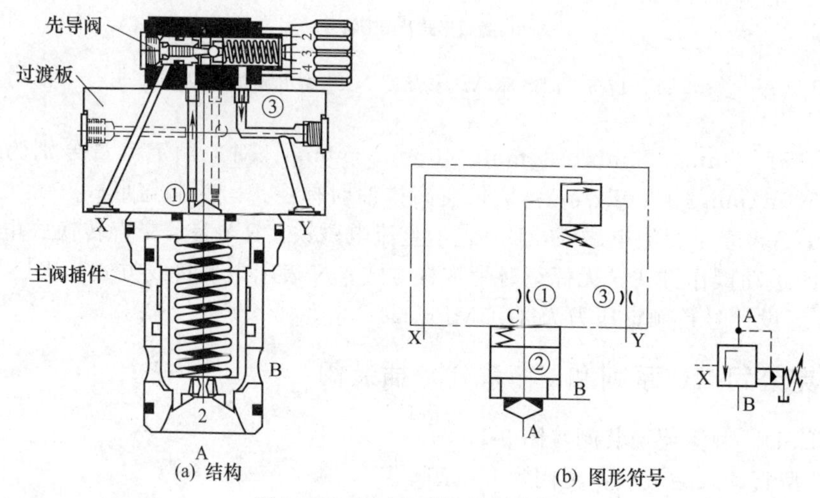

图 3-17-8 DAF 型卸荷插装阀

[例 3-17-9] C-DB101 型单向插装阀（图 3-17-9）

C 系列盖板与 CE 系列插装件构成，具有二位二通功能。

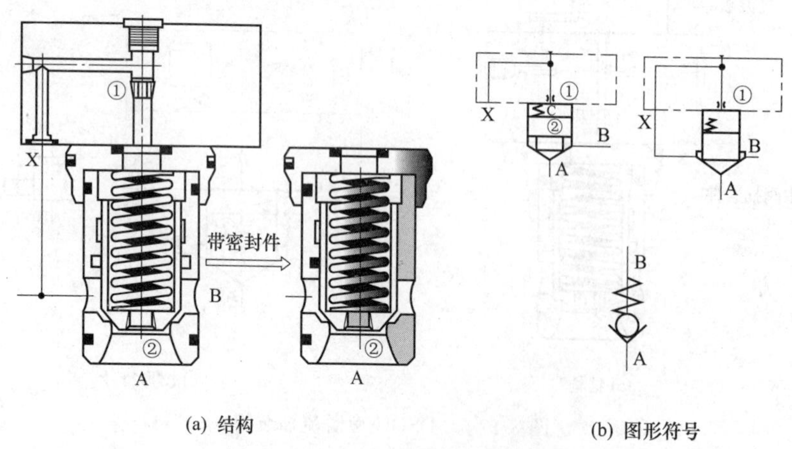

图 3-17-9 C-DB101 型单向插装阀

[例 3-17-10] C-DB121E※型二位二通方向插装阀（图 3-17-10）

通过先导电磁阀可用于方向控制，具有二位二通功能，多个组合可构成各种机能的方向阀。公称尺寸为 16～100mm；对应流量为 220～7000L/min；额定压力为 35MPa。

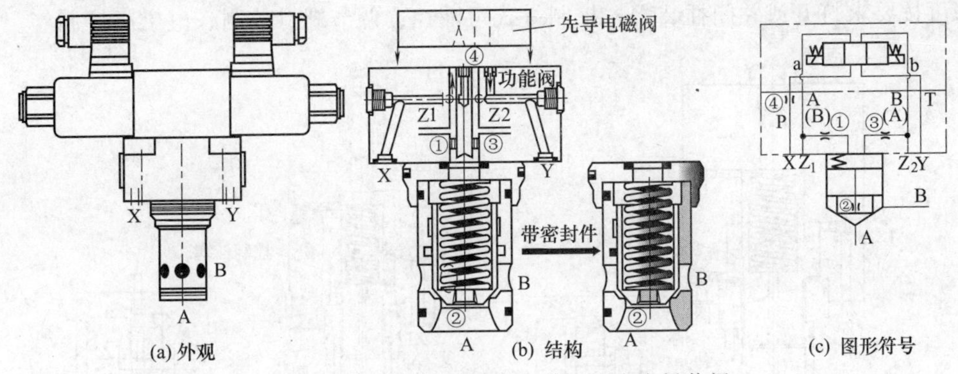

图 3-17-10　C-DB121E※型二位二通方向插装阀

［例 3-17-11］　C10 型带阀芯位置检测的插装阀（图 3-17-11）

公称尺寸为 16～63mm；对应流量为 220～4000L/min；额定压力为 35MPa。

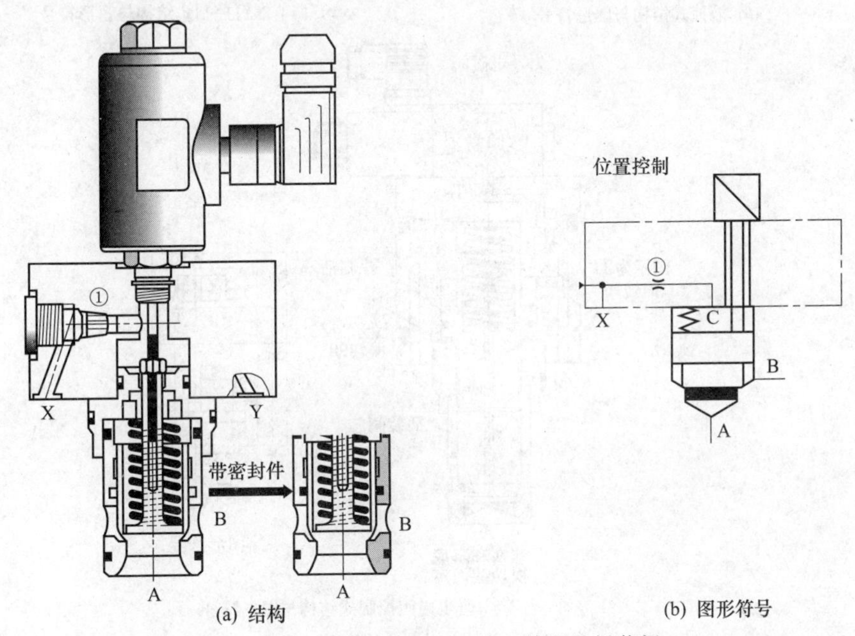

图 3-17-11　C10 型带阀芯位置检测的插装阀

［例 3-17-12］　C-DB111 型流量插装阀（图 3-17-12）

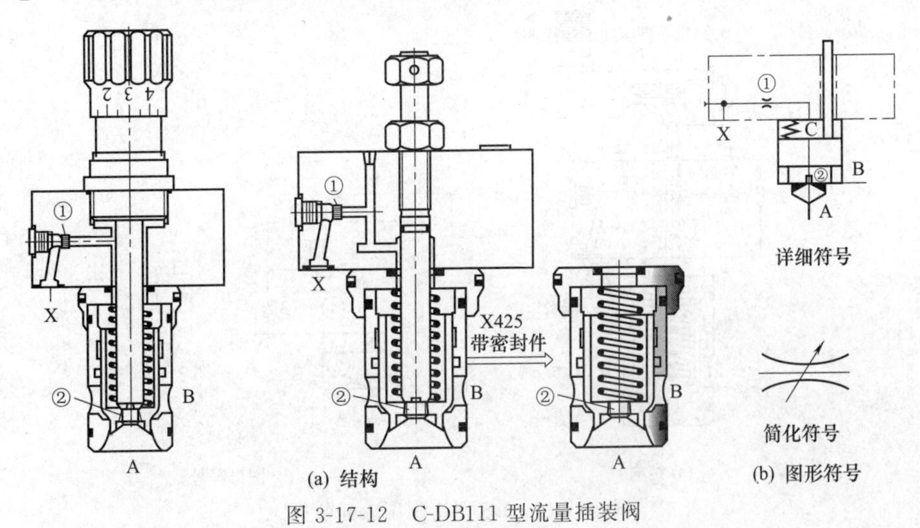

图 3-17-12　C-DB111 型流量插装阀

盖板形式为C※B，主阀芯形状为C8。

［例 3-17-13］ 主动控制的插装阀（图 3-17-13）

控制活塞可按要求打开或关闭插装阀，控制方式可液控、调节螺钉控制、电磁阀控制等。

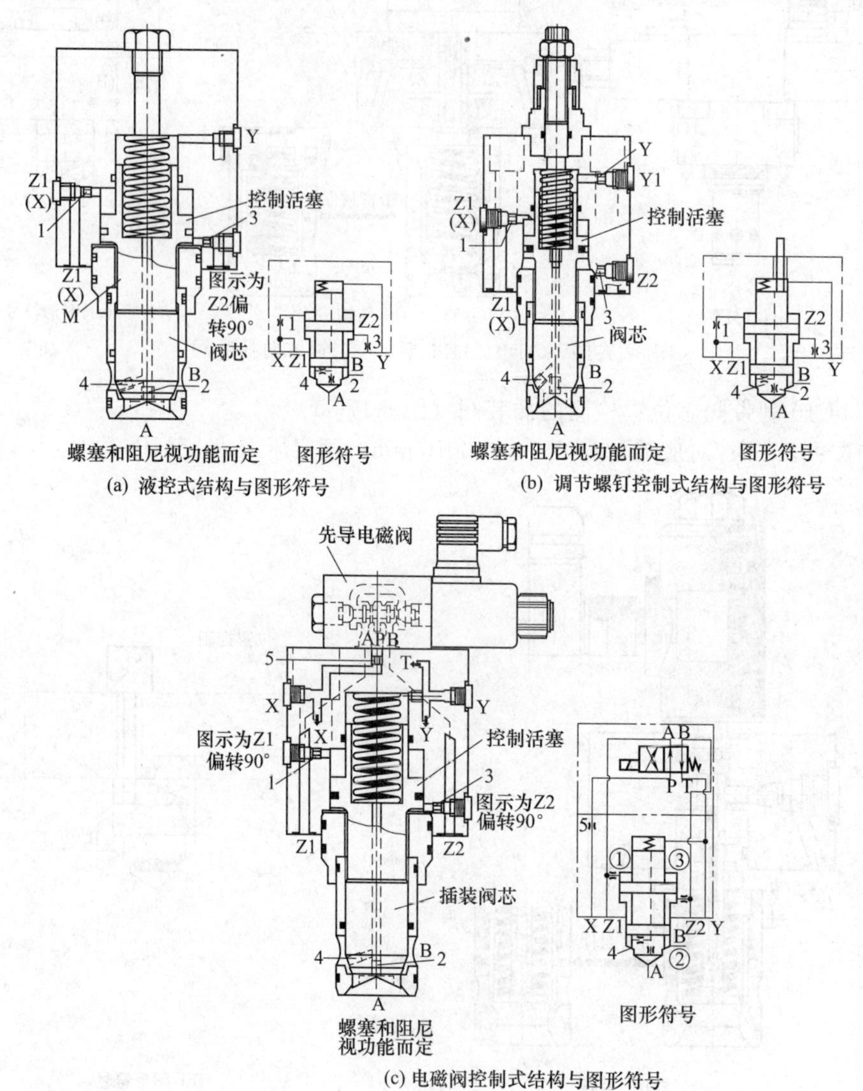

(a) 液控式结构与图形符号 (b) 调节螺钉控制式结构与图形符号

(c) 电磁阀控制式结构与图形符号

图 3-17-13 主动控制的插装阀

［例 3-17-14］ DS型比例压力插装阀（图 3-17-14）

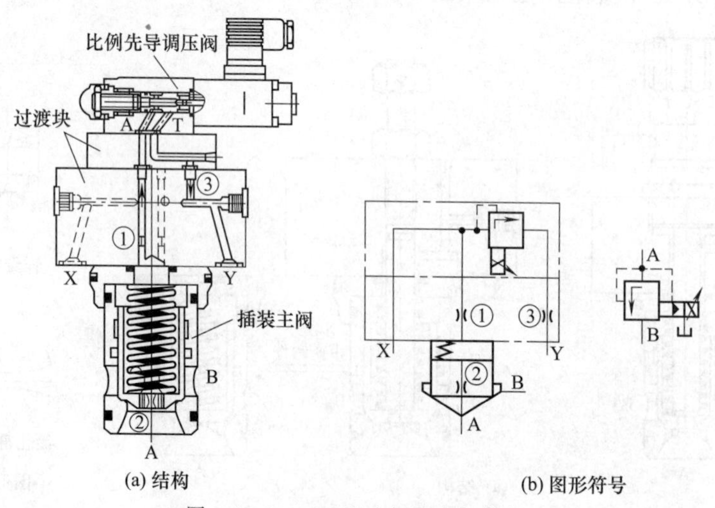

(a) 结构 (b) 图形符号

图 3-17-14 DS型比例压力插装阀

［例 3-17-15］ RE 型比例压力插装阀（带电子放大器）（图 3-17-15）

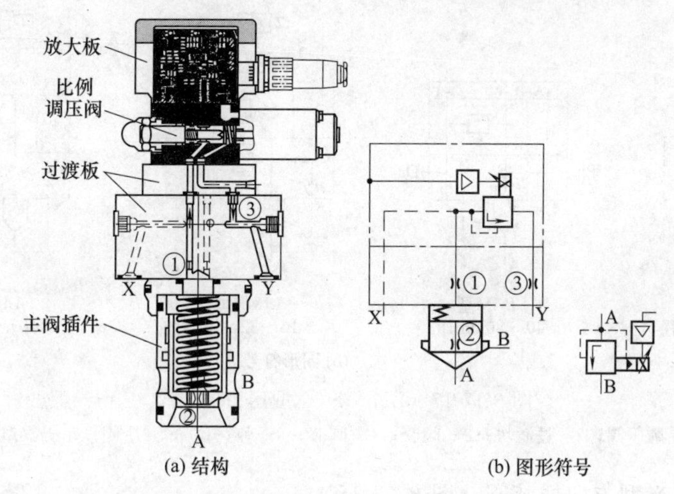

图 3-17-15　RE 型比例压力插装阀（带电子放大器）

3-17-3　意大利阿托斯公司插装阀

［例 3-17-16］ DB 型和 DR 型单向插装阀（图 3-17-16）

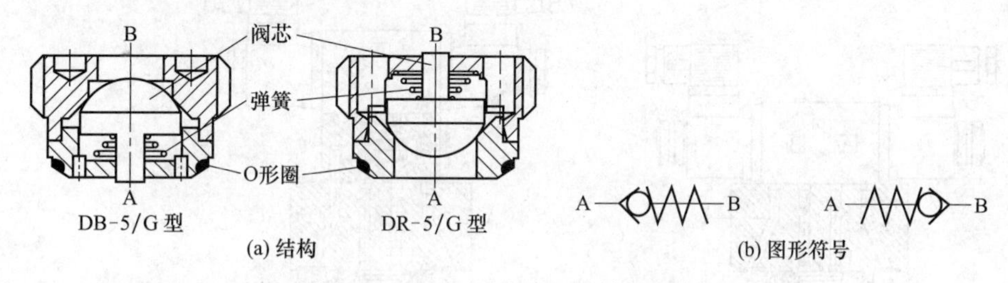

图 3-17-16　DB 型和 DR 型单向插装阀

［例 3-17-17］ LI◇-※/△型压力插装阀（图 3-17-17）

◇表示溢流阀形式，MM 表示带手动设定的溢流阀，MHA 表示电磁溢流阀-断电卸荷，MHC 表示电磁溢流阀-通电卸荷，PA 表示带手动设定的减压阀、常开，C 表示压力补偿器和流量控制阀配合使用，CM 表示压力补偿器-带机械式最高压力调节和流量阀配合使用；※为通径代号，1 表示 16mm；2 表示 25mm；3 表示 32mm；4 表示 40mm；5 表示 50mm；6 表示 63mm；8 表示 80mm；△为压力等级，50 表示 0.6～5MPa，100 表示 0.8～10MPa，210 表示 1～21MPa，350 表示 1.5～35MPa；安装尺寸符合 ISO 7368 标准。

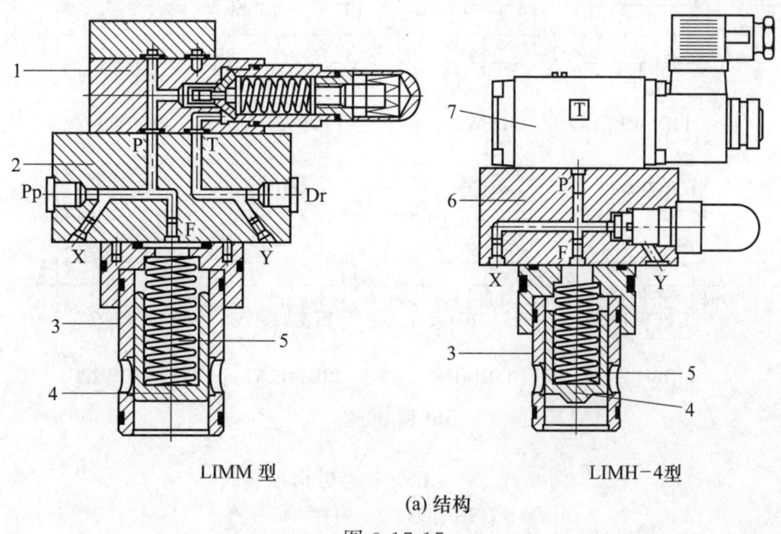

图 3-17-17

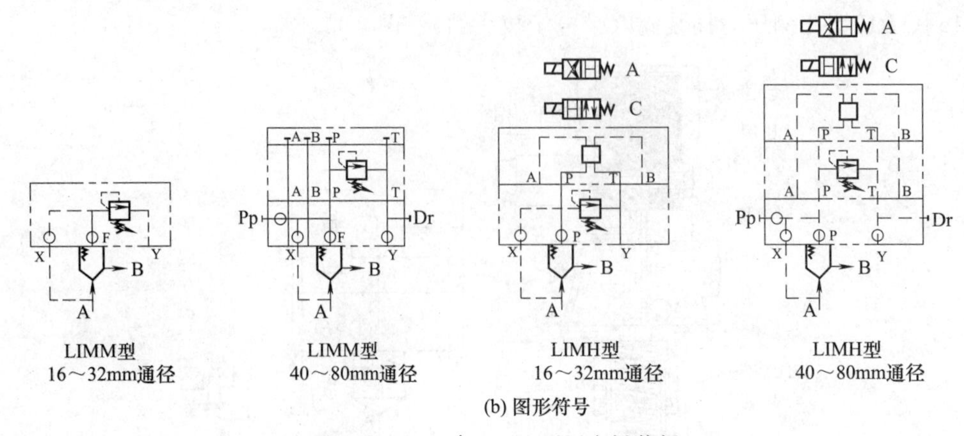

(b) 图形符号

图 3-17-17　LI◇-※/△型压力插装阀

1—先导调压阀；2—过渡块；3—阀套；4—阀芯；5—弹簧；6—调压阀；7—先导电磁阀

［例 3-17-18］　LID◇※型方向插装阀（图 3-17-18）

LI 表示满足 ISO 7368 的盖板，16～80mm 通径；D 表示直动式阀；◇为先导方式选择，EW 表示不带电磁先导阀，EW ＊表示带电磁阀用于先导选择，BH ＊ ＊同 EW，带用于先导选择的梭阀；※为通径代号，

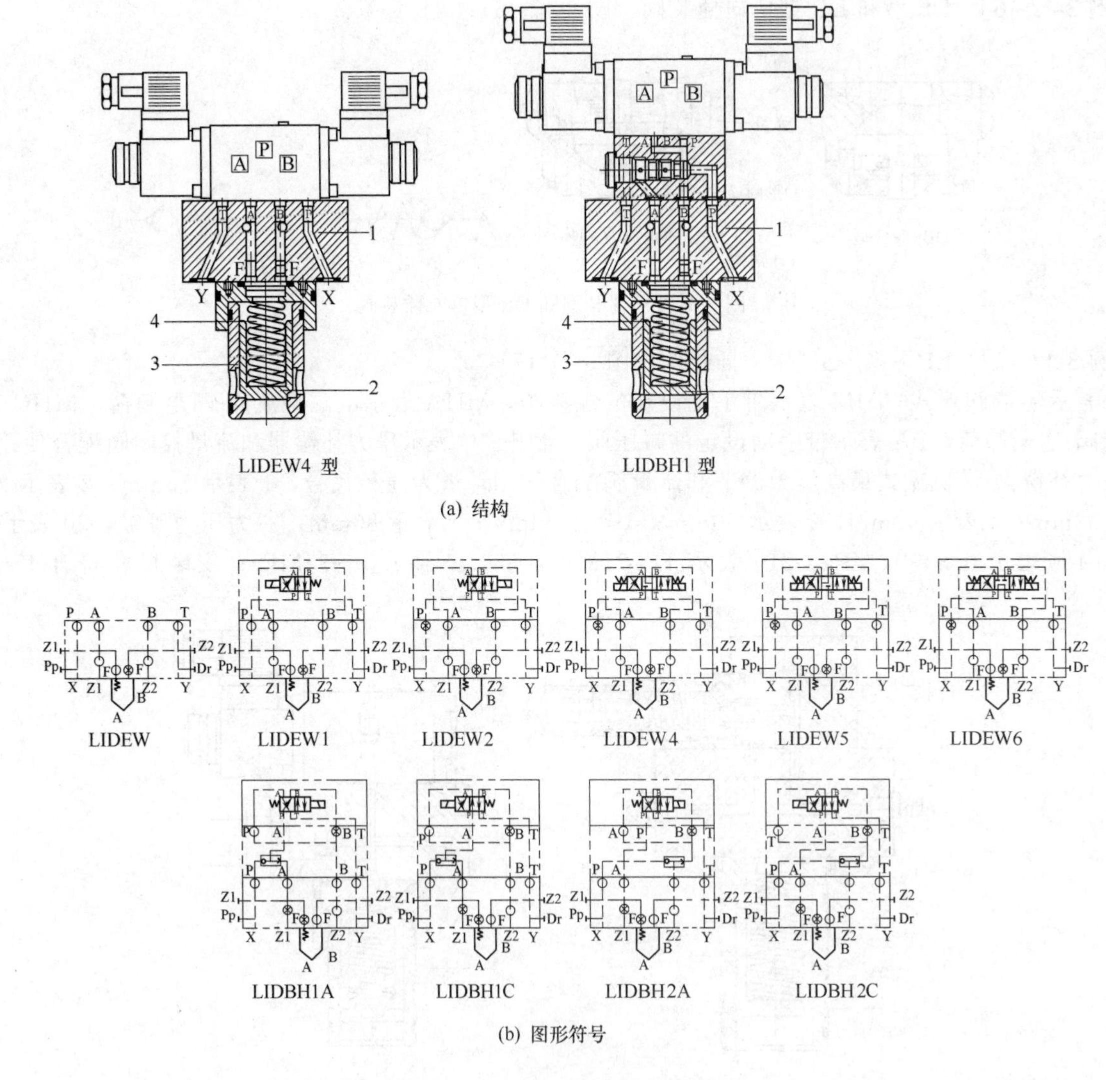

图 3-17-18　LID◇※型方向插装阀

1—盖板；2—阀芯；3—阀套；4—弹簧

1 表示 16mm，2 表示 25mm；3 表示 32mm，4 表示 40mm；5 表示 50mm，6 表示 63mm，8 表示 80mm；安装尺寸符合 ISO 7368 标准。

［例 3-17-19］ LIQV-※/△型和 LIDD-※/△型流量插装阀（图 3-17-19）

LI 表示满足 ISO 7368 的盖板；※为通径代号，1 表示 16mm，2 表示 25mm；3 表示 32mm，4 表示 40mm；5 表示 50mm，6 表示 63mm；△为选项，仅对 LIQV，K 表示带安全锁设置按钮，仅对 LIDD，E 表示带外部口，下面的 X 口堵住；安装尺寸符合 ISO 7368 标准。

［例 3-17-20］ LID☆-※/△型单向插装阀（图 3-17-20）

LI 表示满足 ISO 7368 的盖板；D 表示直动式阀；☆为代号，A 表示常闭，O 表示常开，B 表示带先导选择的梭阀，R 表示带液控先导单向阀；※为通径代号，1 表示 16mm，2 表示 25mm；3 表示 32mm，4 表示 40mm；5 表示 50mm，6 表示 63mm；8 表示 80mm；△为选项，仅对 LIQV，K 表示带安全锁设置按钮，仅对 LIDD，E 表示带外部口，下面的 X 口堵住；安装尺寸符合 ISO 7368 标准。

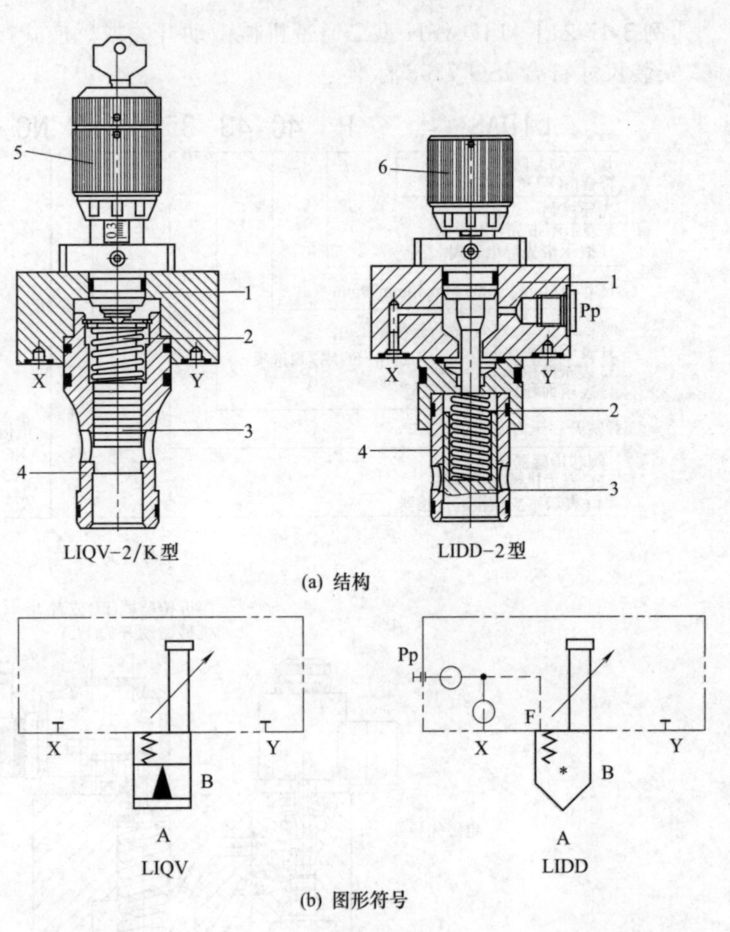

图 3-17-19 LIQV-※/△型和 LIDD-※/△型流量插装阀

1—盖板；2—弹簧；3—阀芯；4—阀套；5—带锁刻度手柄；6—刻度手柄

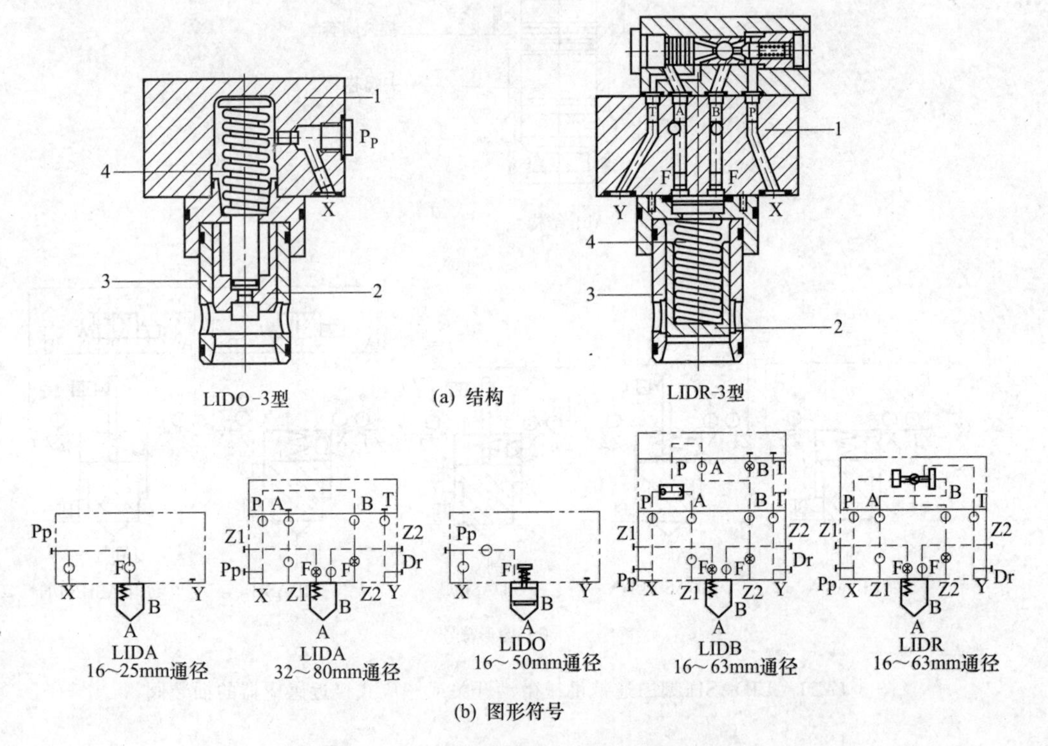

图 3-17-20 LID☆-※/△型单向插装阀

1—盖板；2—阀芯；3—阀套；4—弹簧

［例 3-17-21］ LIDASH 型二通带机械微动开关或感应式接近感应器的插装阀（图 3-17-21）

安装尺寸符合 ISO 7368 标准。

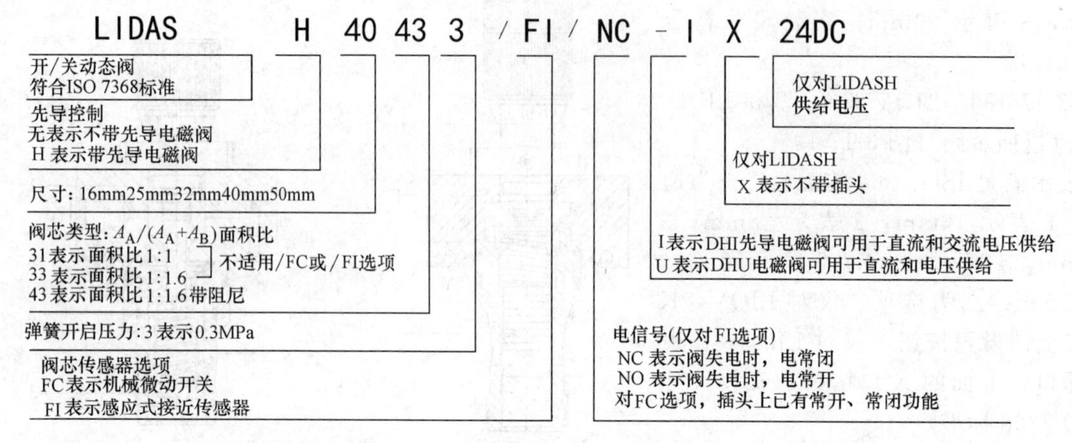

(a) 型号含义

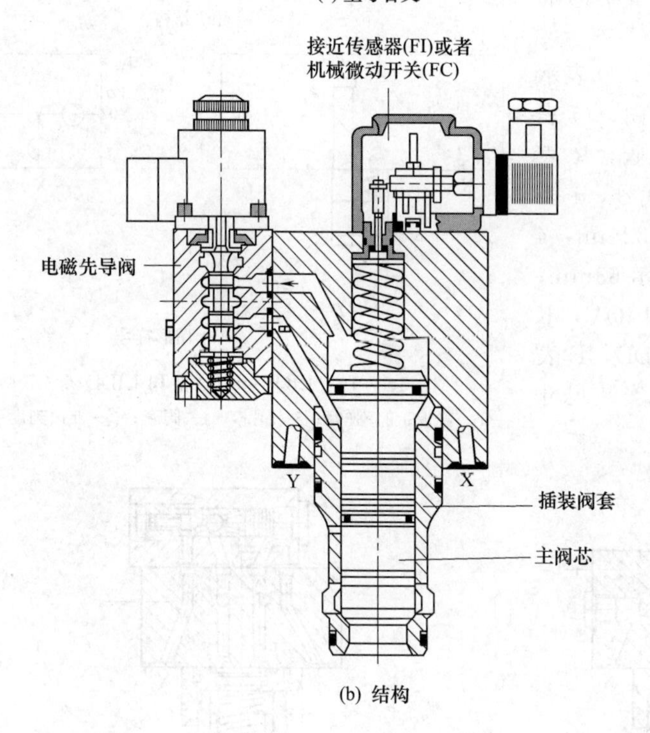

(b) 结构

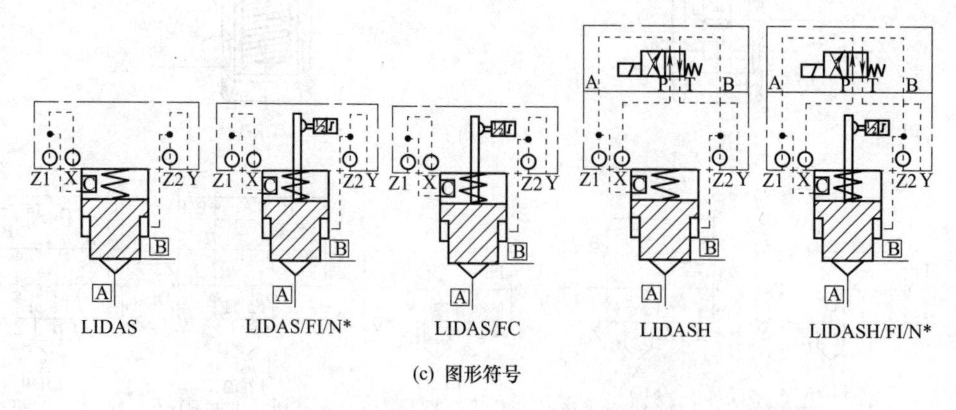

(c) 图形符号

图 3-17-21 LIDASH 型二通带机械微动开关或感应式接近感应器的插装阀

［例 3-17-22］ LI＊ZO 型比例压力插装阀（图 3-17-22）

安装尺寸符合 ISO 7368 标准；通径为 16～63mm。

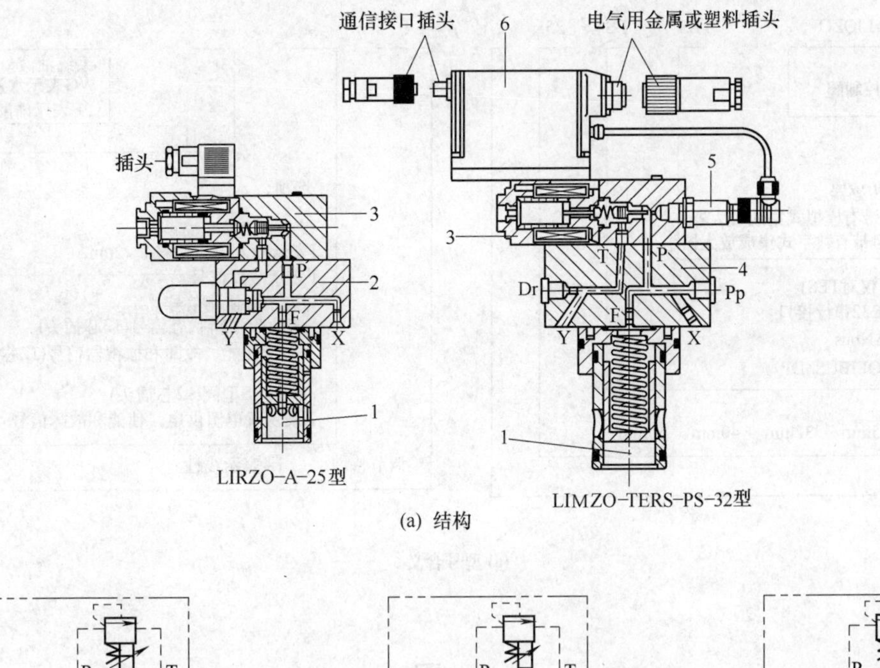

(a) 结构

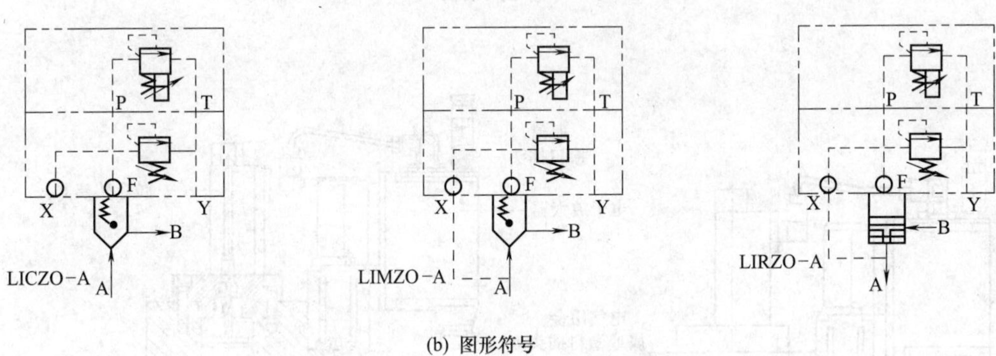

(b) 图形符号

图 3-17-22 LI＊ZO 型比例压力插装阀

1—插装件；2—安全阀；3—比例调压阀；4—过渡板；5—压力传感器；6—电子放大器

［例 3-17-23］ LEQZO-A＊型二通比例流量插装阀（图 3-17-23）

结构特点为比例溢流阀＋节流阀。不带位置传感器，有 16mm、25mm、32mm 通径；安装尺寸符合 ISO 7368 标准。

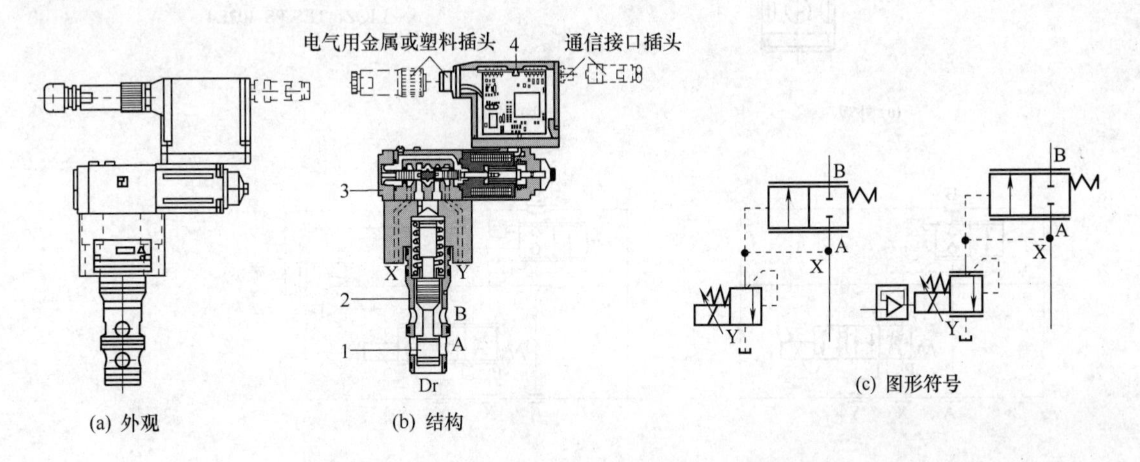

(a) 外观 (b) 结构 (c) 图形符号

图 3-17-23 LEQZO-A＊型二通比例流量插装阀

1—阀芯；2—阀套；3—比例溢流阀；4—电子放大器

［例 3-17-24］ LIQZO-T 型二通比例流量插装阀（图 3-17-24）

有 16～50mm 通径；安装尺寸符合 ISO 7368 标准。

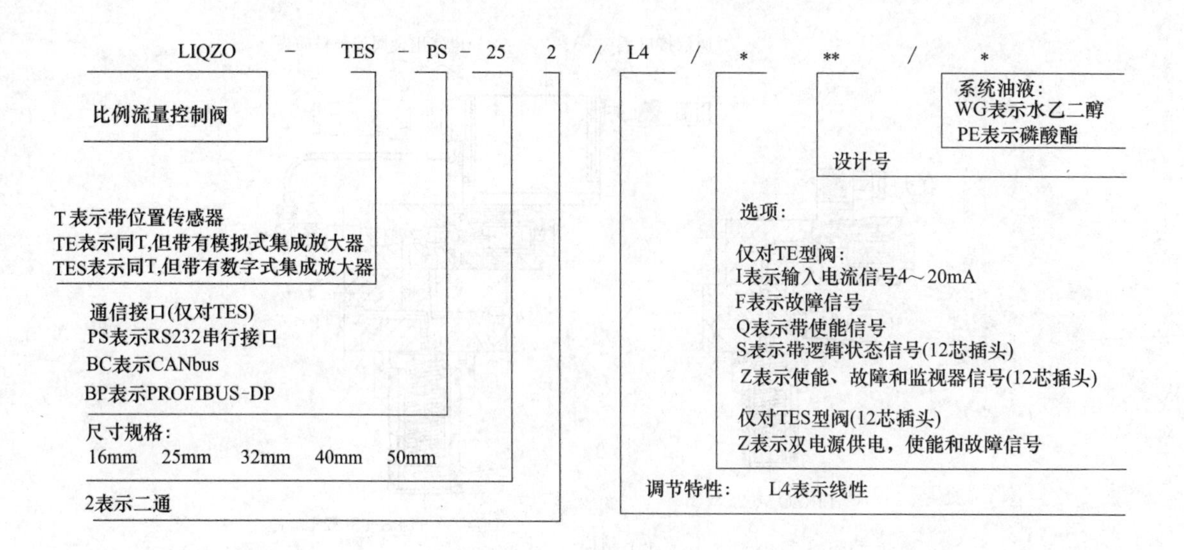

(a) 型号含义

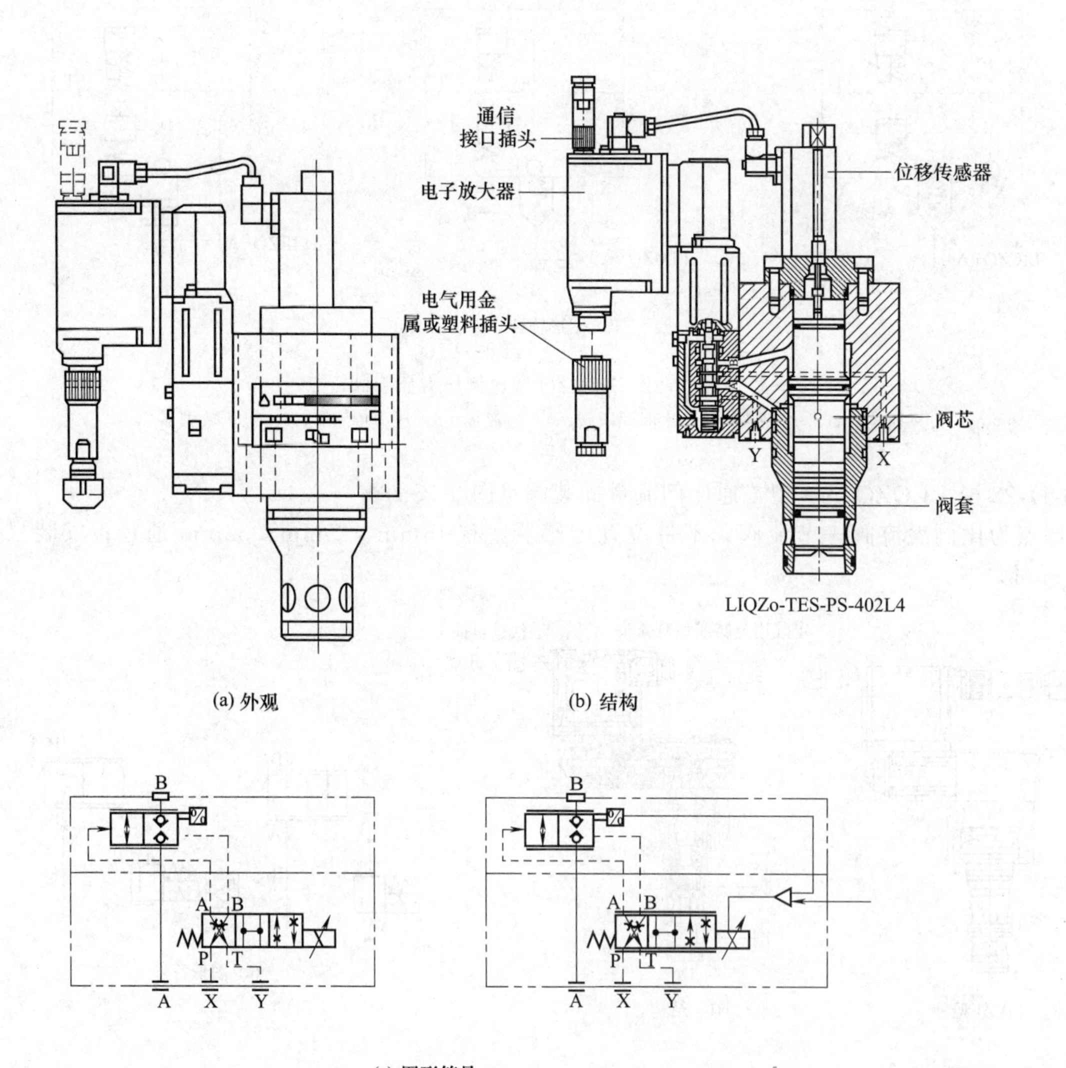

(a) 外观　　(b) 结构

(c) 图形符号

图 3-17-24 LIQZO-T 型二通比例流量插装阀

［例 3-17-25］ LIQZO-L＊型二通比例流量插装阀（图 3-17-25）

高动态性能，有 16～100mm 通径。

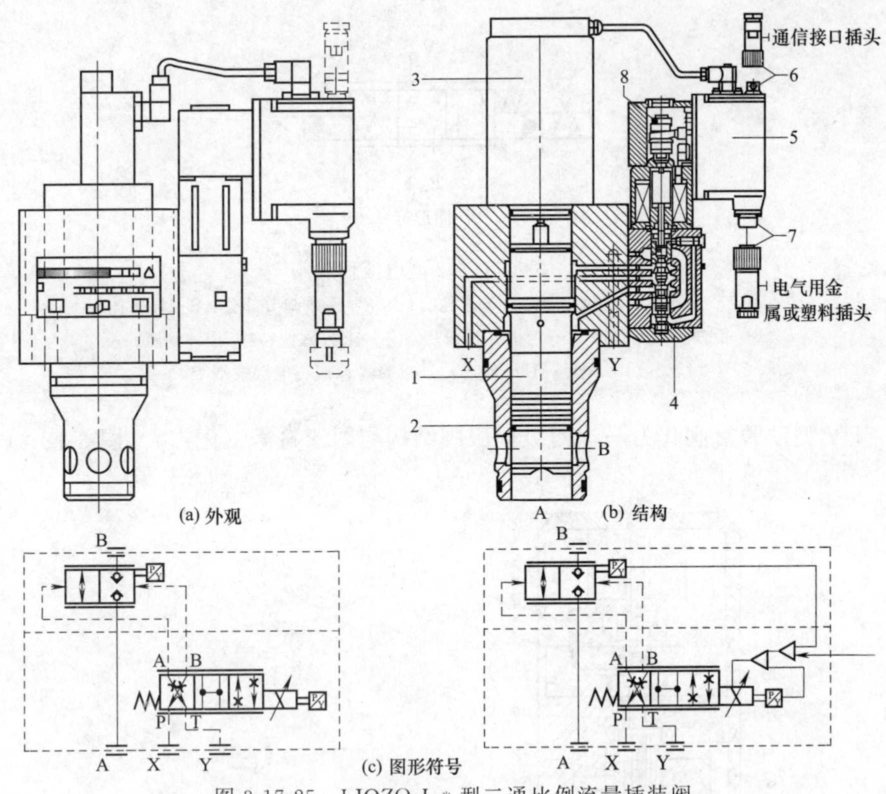

图 3-17-25 LIQZO-L＊型二通比例流量插装阀
1—节流阀阀芯；2—阀套；3,8—位移传感器；4—比例方向阀；5—电子放器；6,7—接线端子

3-18 伺服阀

［例 3-18-1］ DY02 型电液伺服阀（国产）（图 3-18-1）

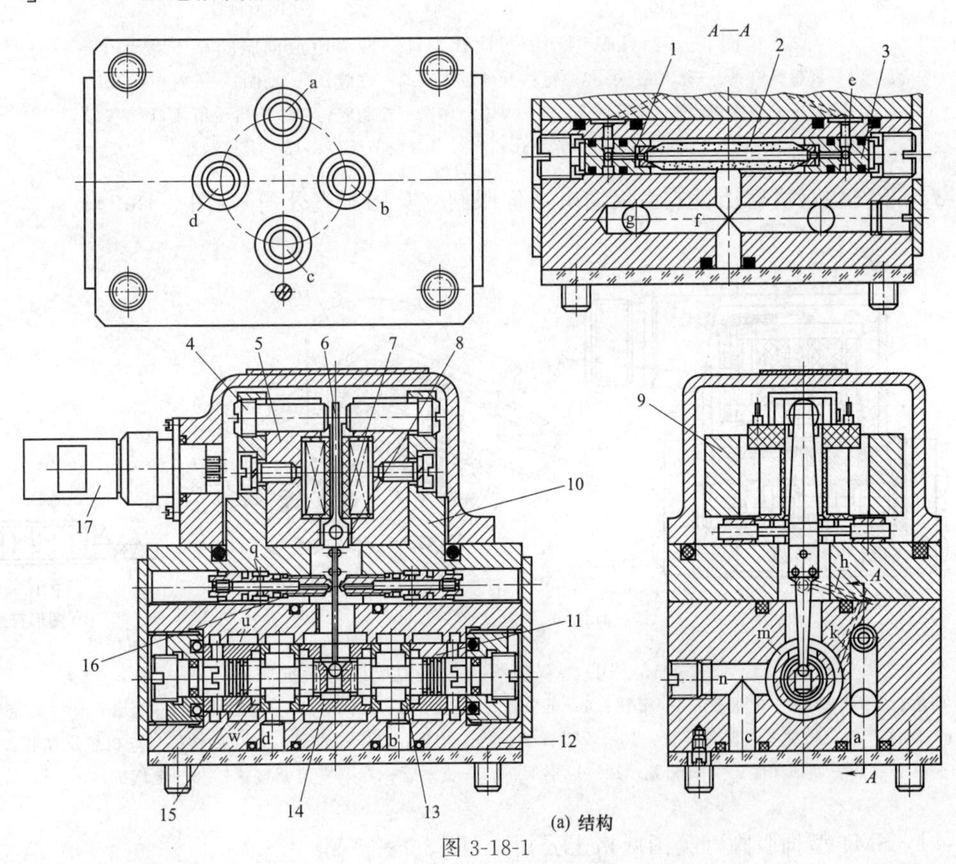

图 3-18-1

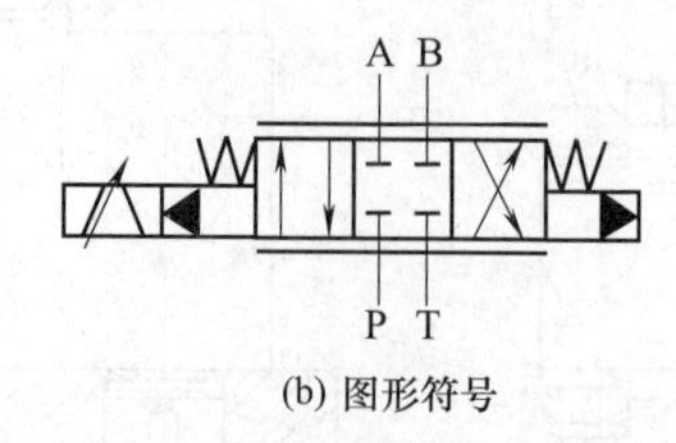

(b) 图形符号

图 3-18-1 DY02 型电液伺服阀

1—固定节流孔片；2—滤芯；3—节流孔套；4—导磁体调节部分；5—导磁体；
6—衔铁；7—扭轴；8—挡板（弹簧片）；9—永久磁铁；10,12—阀座；
11,13,14—阀套；15—阀芯；16—喷嘴；17—电接线端子

［例 3-18-2］ DY 型动圈滑阀式力马达两级伺服阀结构与图形符号（国产）（图 3-18-2）

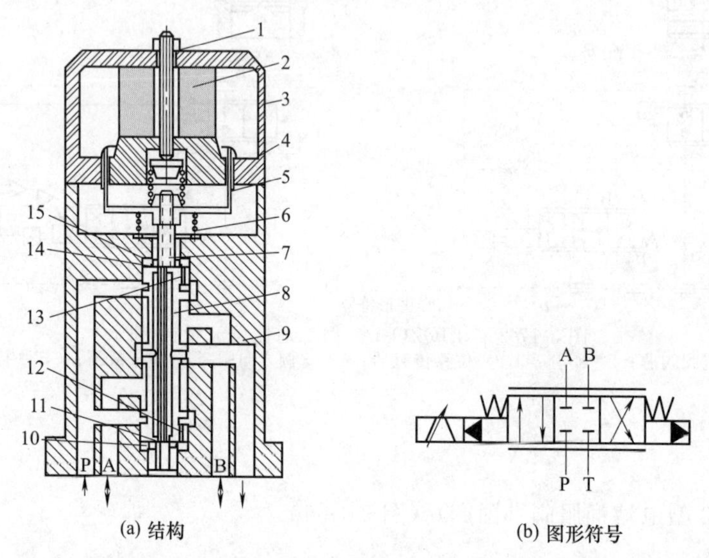

图 3-18-2 DY 型动圈滑阀式力马达两级电液伺服阀

1—调整螺钉；2—永久磁铁；3—轭铁（导磁体）；4—气隙；5—动圈；6—对中弹簧；
7—一级阀芯；8—二级阀芯；9—阀体；10—下控制腔；11—下可变节流口；
12—下节流孔；13—上节流孔；14—上可变节流口；15—上控制腔

［例 3-18-3］ BD 型双喷嘴挡板式力反馈电液伺服阀（美国派克公司）（图 3-18-3）

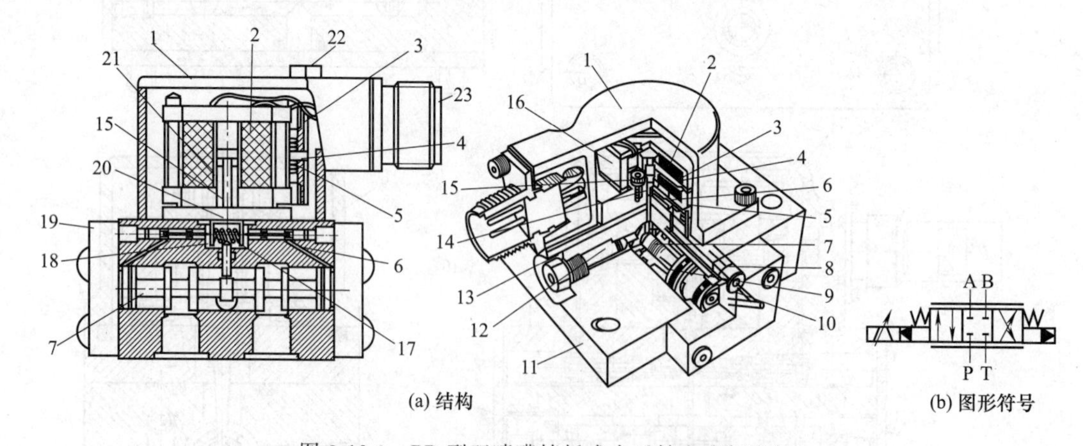

图 3-18-3 BD 型双喷嘴挡板式力反馈电液伺服阀

1—力矩马达；2—线圈；3—上极靴；4—衔铁；5—下极靴；6—喷嘴；7—阀芯；8—过滤器；9—阀套；10—固定节流口；
11—阀体；12—机械零点调整装置；13—反馈弹簧；14—挡板；15—挠性管；16—磁铁；17—机械反馈装置；
18—U 形架腔；19—端盖；20—U 形架；21—支承管；22—零位调整罩；23—电气插头

［例 3-18-4］ SM4 型伺服阀（美国威格士公司）（图 3-18-4）

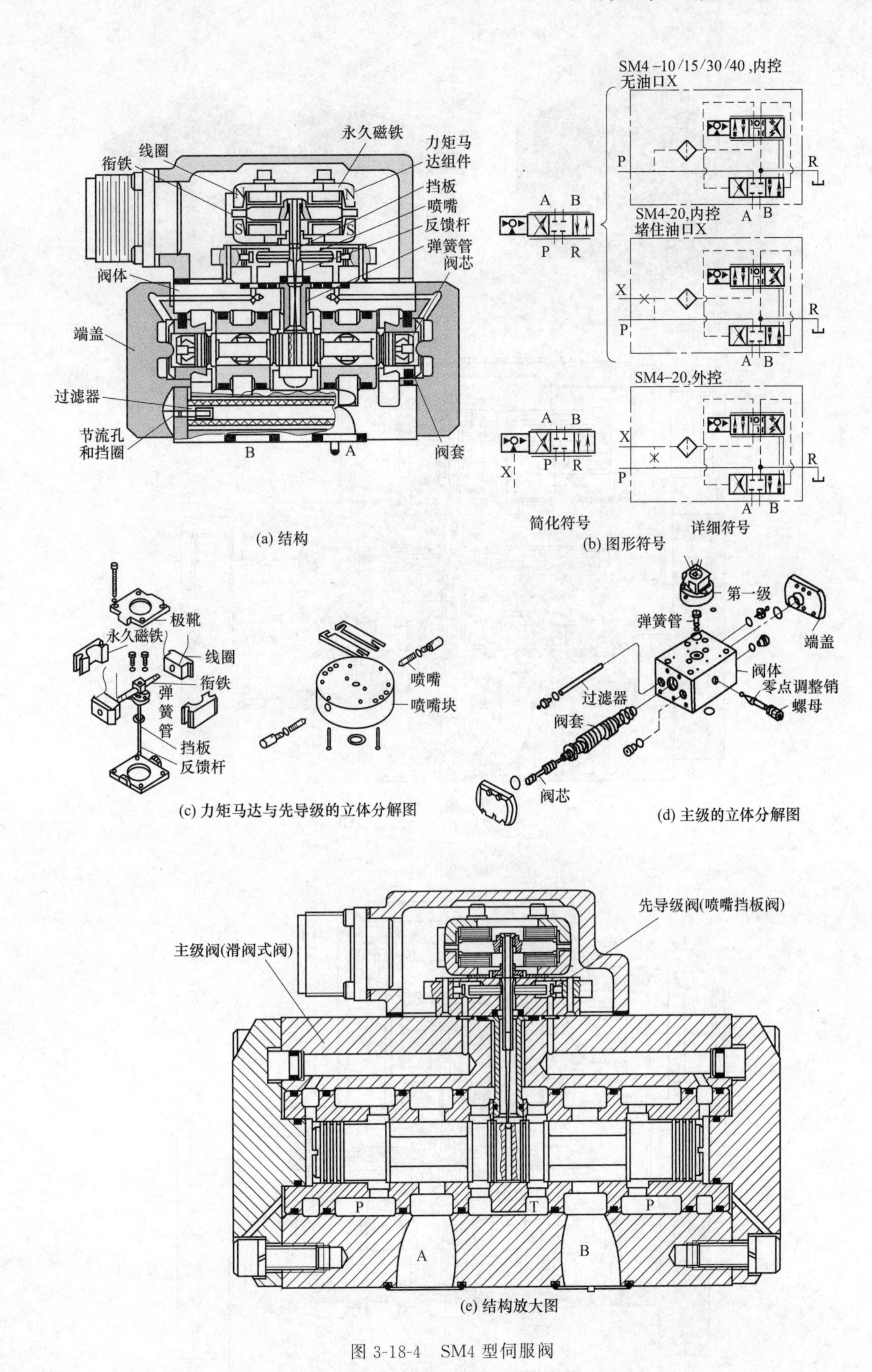

(a) 结构

(b) 图形符号

(c) 力矩马达与先导级的立体分解图

(d) 主级的立体分解图

(e) 结构放大图

图 3-18-4　SM4 型伺服阀

[例 3-18-5]　4WS（E）2EM（D）10 型二通流量控制电液伺服阀（德国博世-力士乐公司）（图3-18-5）

4WS2E 为未搭载放大器，4WSE2E 为搭载放大器；M 表示机械反馈，D 表示电、机械反馈；通径 10mm。

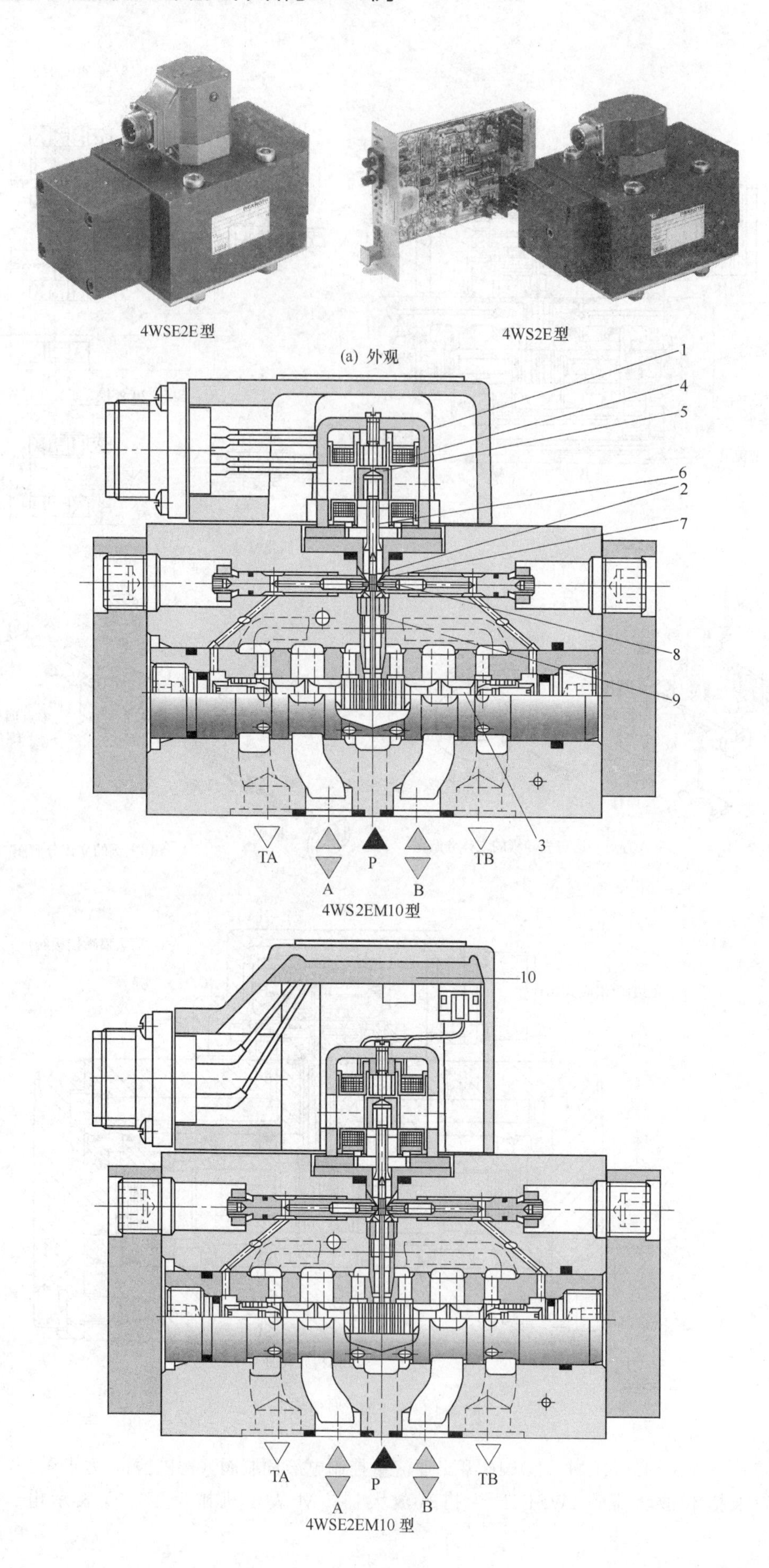
4WSE2E型
4WS2E型
(a) 外观
1
4
5
6
2
7
8
9
3
TA
A
P
B
TB
4WS2EM10型
10
TA
A
P
B
TB
4WSE2EM10 型

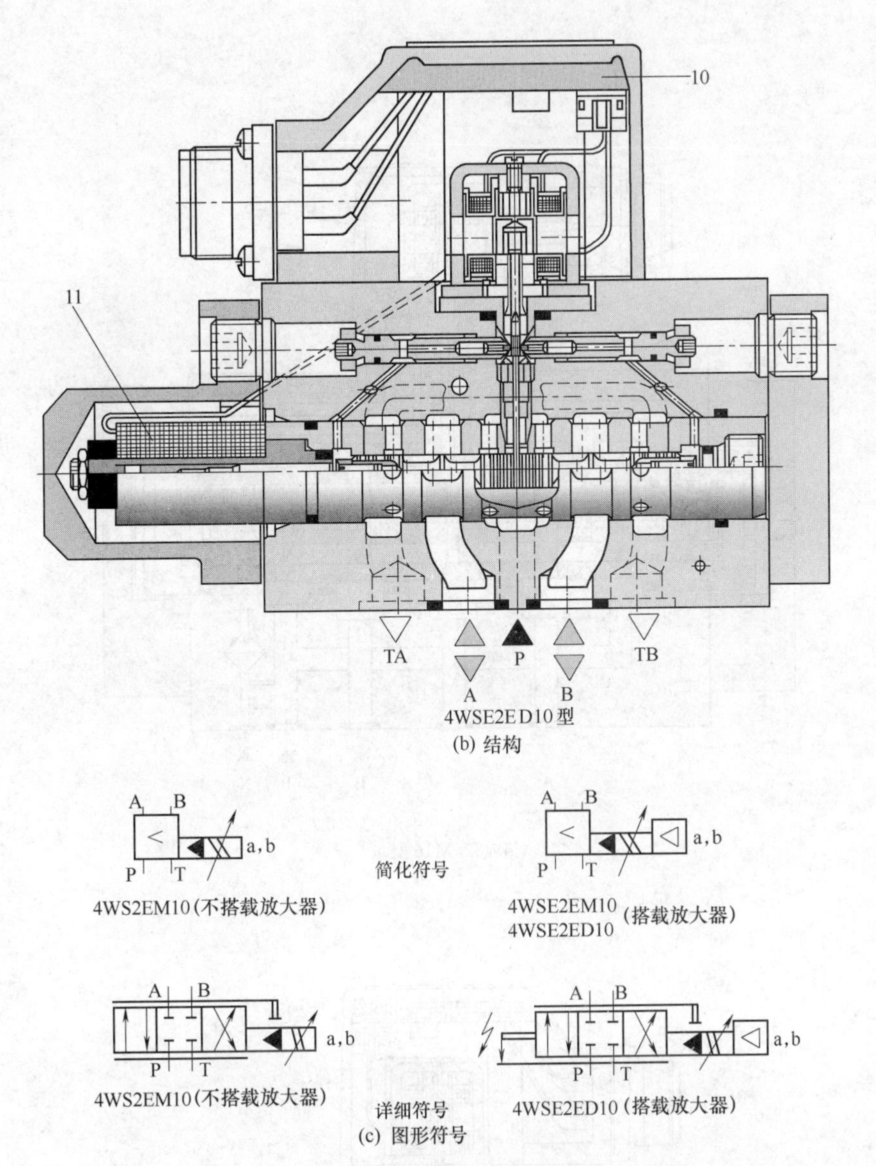

(b) 结构

(c) 图形符号

图 3-18-5　4WS（E）2EM（D）10 型二通流量控制电液伺服阀

1—永久磁铁；2～4—线圈；5—衔铁；6—弹簧管；7—喷嘴挡板；8—喷嘴；9—反馈杆；10—搭载放大器；11—位移传感器

［例 3-18-6］　4WS（E）2EM（D）16 型二通流量控制电液伺服阀（德国博世-力士乐公司）（图 3-18-6）

16mm 通径；其他参数含义与 4WS（E）2EM（D）10 型二通流量控制电液伺服阀相同。

4WSE2ED16-2X/…B型(搭载放大器)

4WS2EM16-2X/…B型(放大器另置)

(a) 外观

图 3-18-6

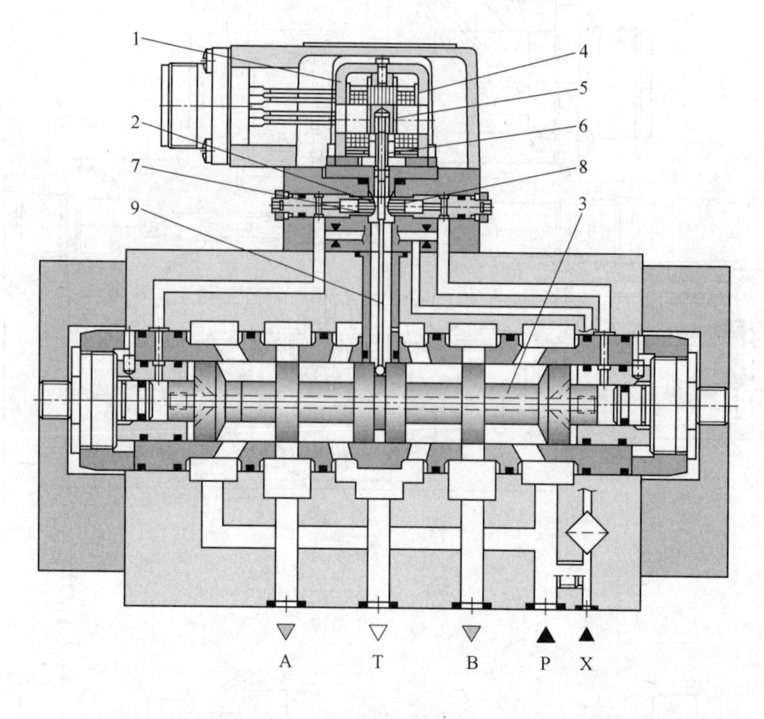

4WS2EM16 型

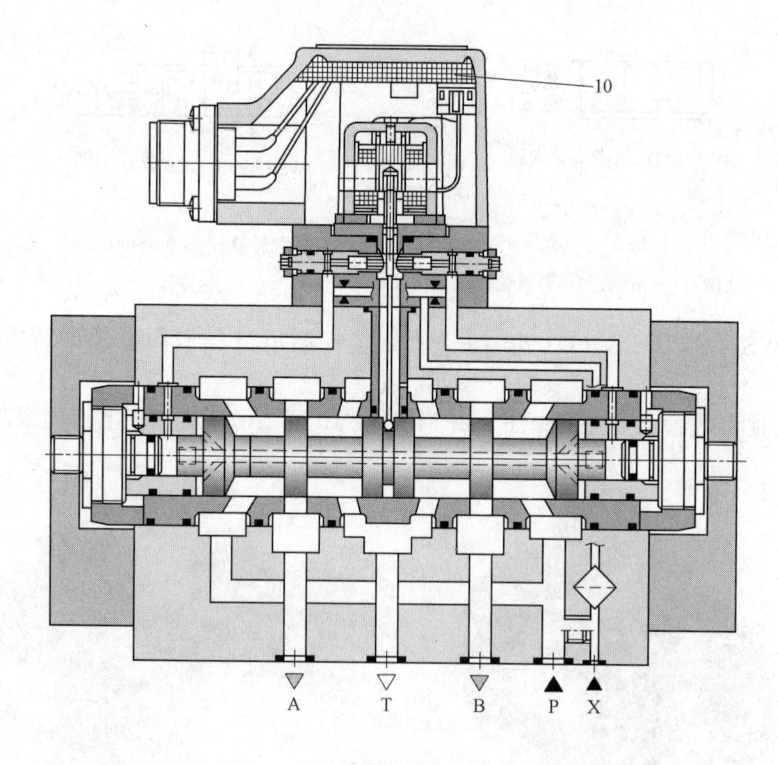

4WSE2EM16 型

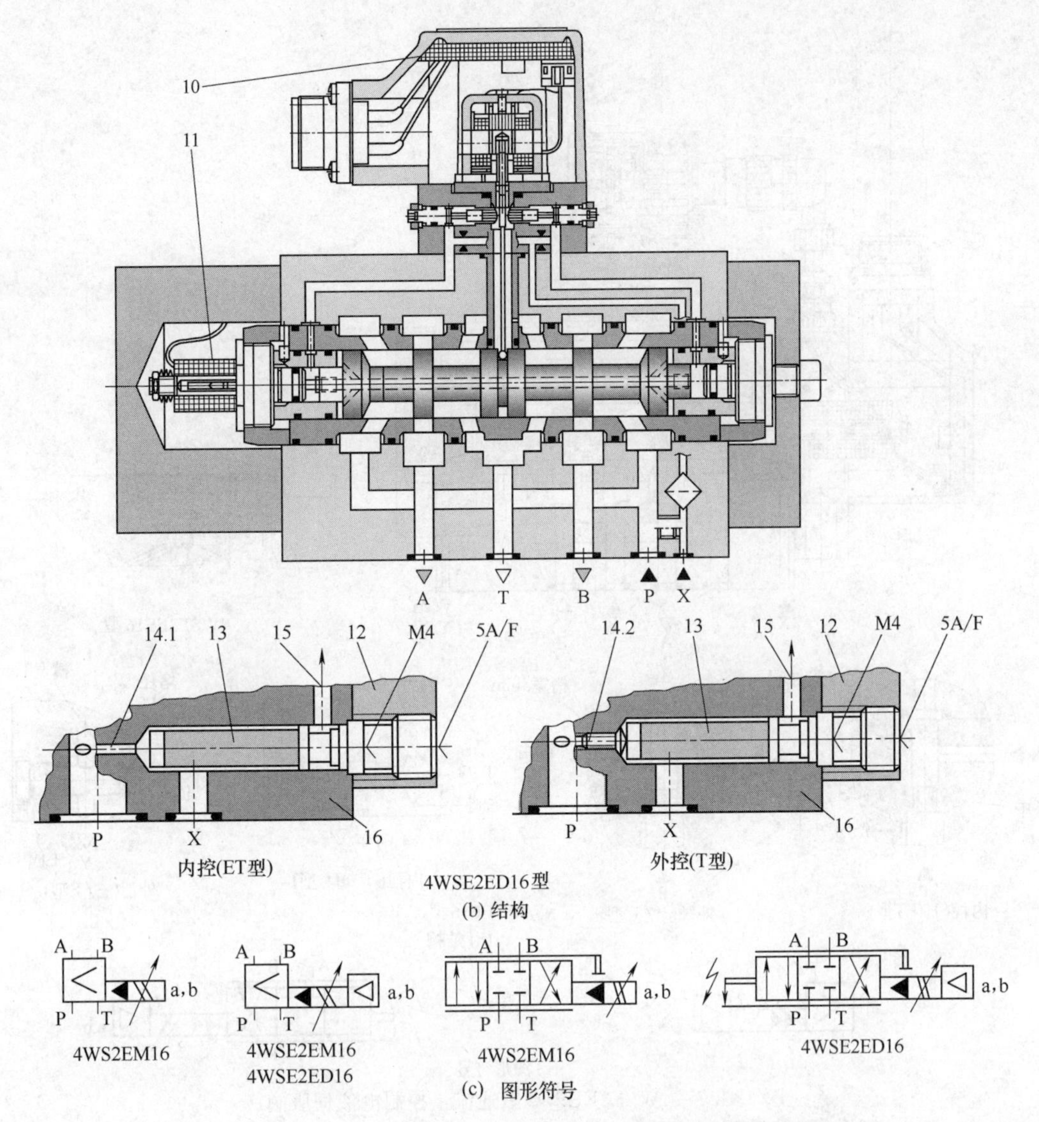

(b) 结构

(c) 图形符号

图 3-18-6 4WS（E）2EM（D）16 型二通流量控制电液伺服阀

1—永久磁铁；2，3—阀芯；4—线圈；5—衔铁；6—弹簧管；7—喷嘴挡板；8—喷嘴；9—反馈杆；10—搭载放大器；11—位移传感器；12—阀盖；13—过滤器；14.1—打开通道；14.2—堵住通道；15—往控制油道；16—主阀体

［例 3-18-7］ 4WSE3EE※型三通流量控制电液伺服阀（德国博世-力士乐公司）（图 3-18-7）

4WSE3E 表示三通流量控制电液伺服阀，带放大器；最后一个 E 表示电反馈；※为通径，有 16mm、25mm、32mm。

(a) 外观

图 3-18-7

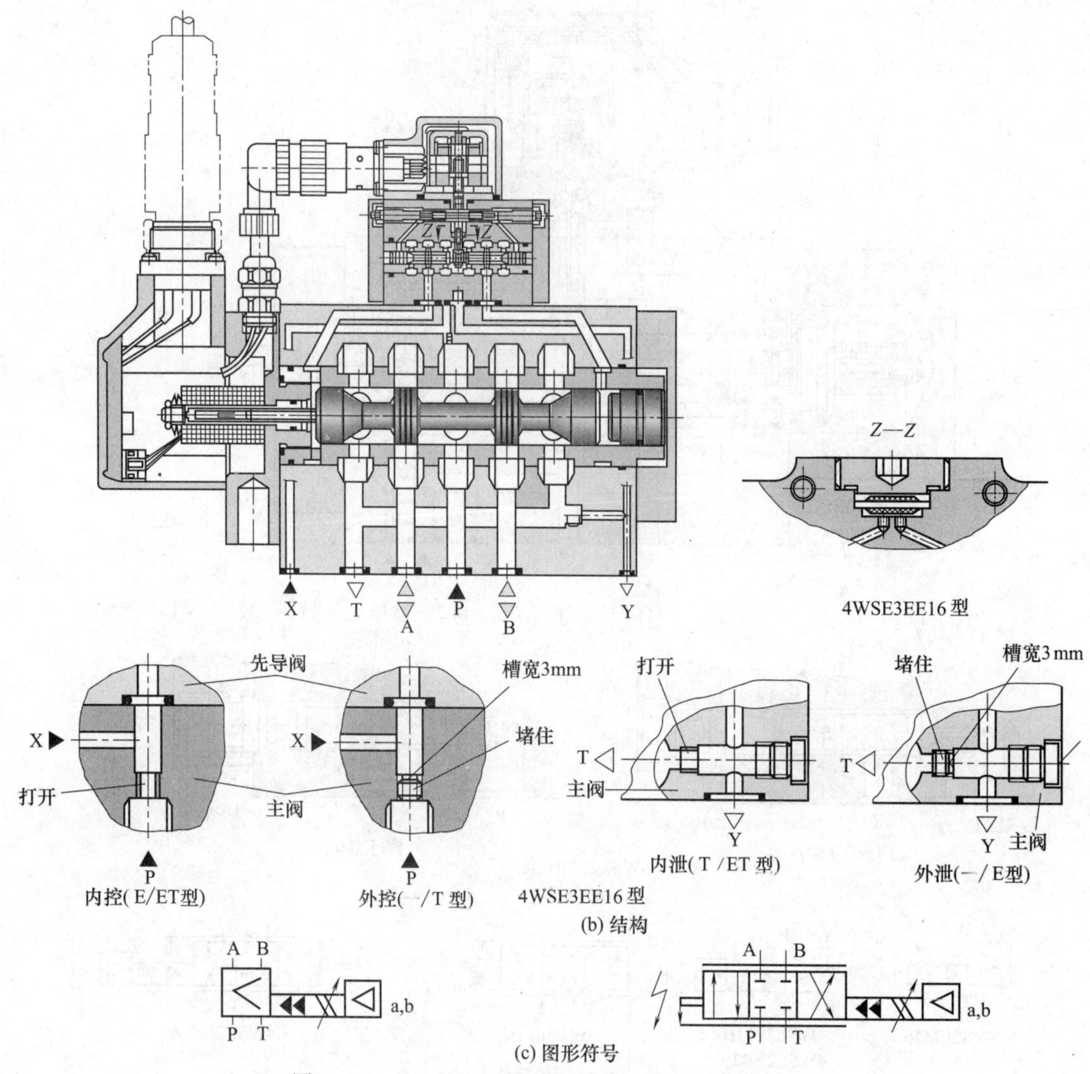

图 3-18-7 4WSE3EE※型三通流量控制电液伺服阀

［例 3-18-8］ D761 型单级伺服阀（美国穆格公司）（图 3-18-8）

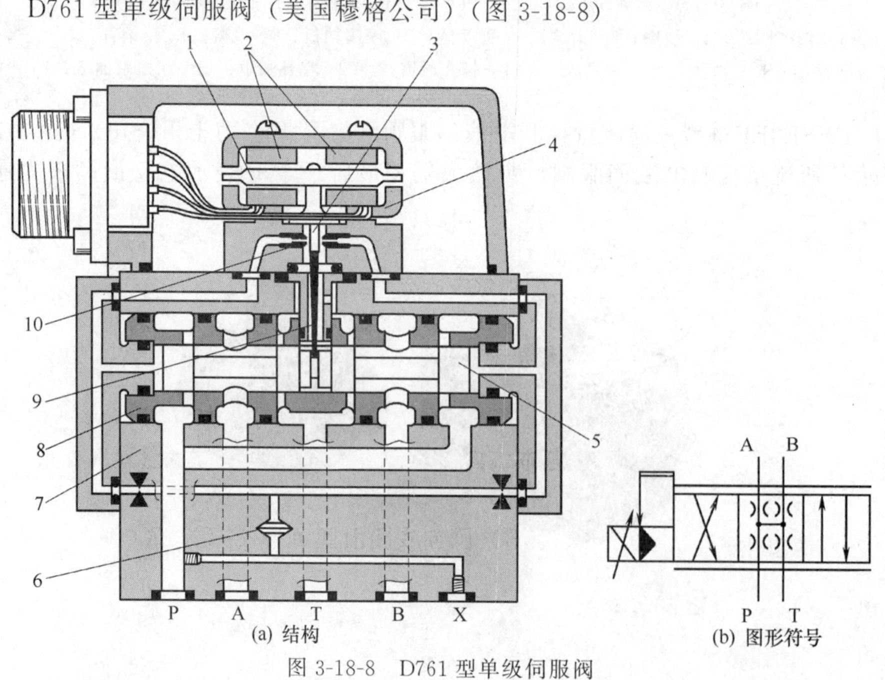

图 3-18-8 D761 型单级伺服阀

1—力矩马达衔铁；2—力矩马达线圈；3—挡板；4—永久磁铁；5—主阀芯；6—过滤器；7—主阀体；8—阀套；9—反馈弹簧杆；10—先导级喷嘴

［例 3-18-9］ D941 型两级伺服阀（美国穆格公司）（图 3-18-9）

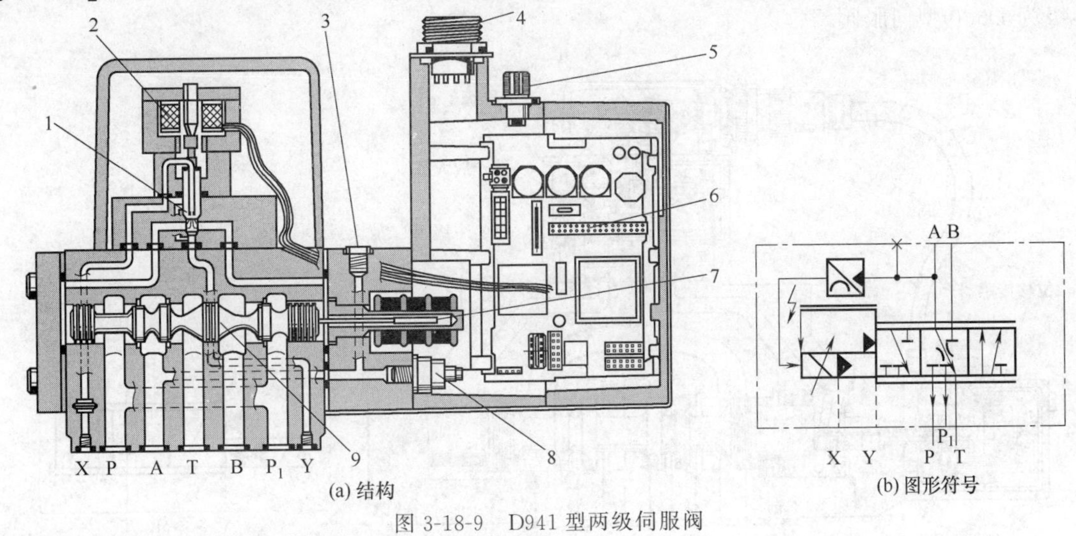

(a) 结构 (b) 图形符号

图 3-18-9 D941 型两级伺服阀

1—射流管；2—力矩马达；3—螺纹接口；4—电子连接器；5—接口；6—电子显示板；7—位移传感器；8—压力转换接口；9—主阀芯

［例 3-18-10］ D681 型两级伺服阀（美国穆格公司）（图 3-18-10）

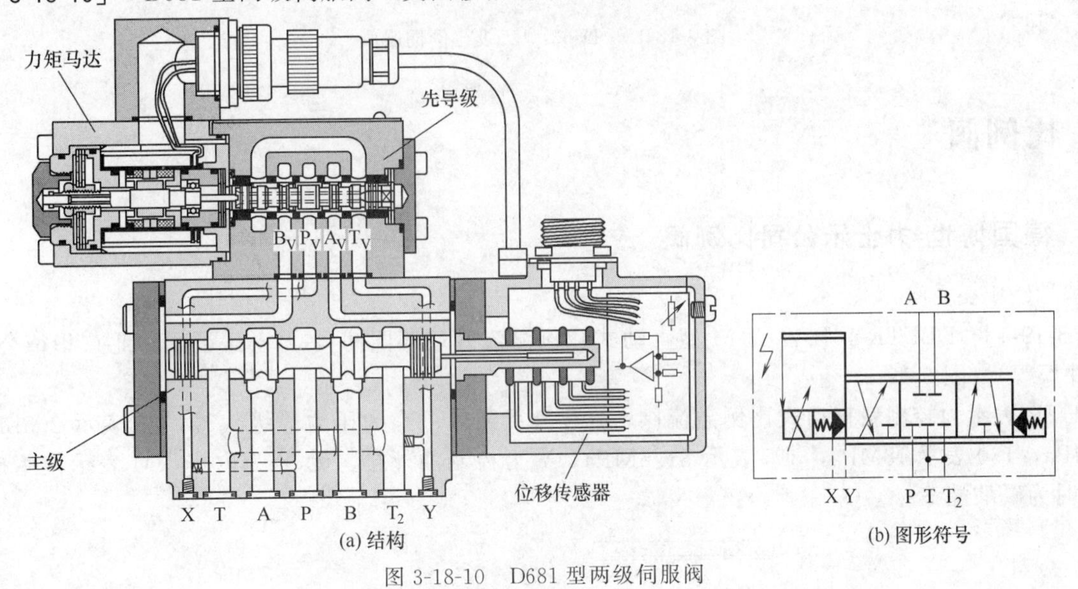

(a) 结构 (b) 图形符号

图 3-18-10 D681 型两级伺服阀

［例 3-18-11］ D683/4. P. 型两级伺服阀（美国穆格公司）（图 3-18-11）

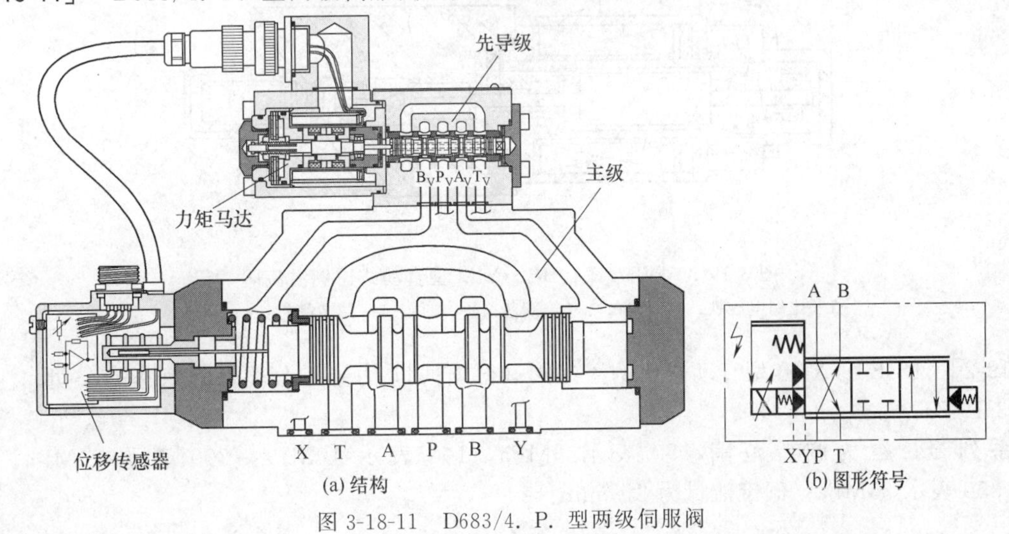

(a) 结构 (b) 图形符号

图 3-18-11 D683/4. P. 型两级伺服阀

［例 3-18-12］ D663 型三级比例伺服阀（美国穆格公司）（图 3-18-12）
先导级为 D630 型伺服阀。

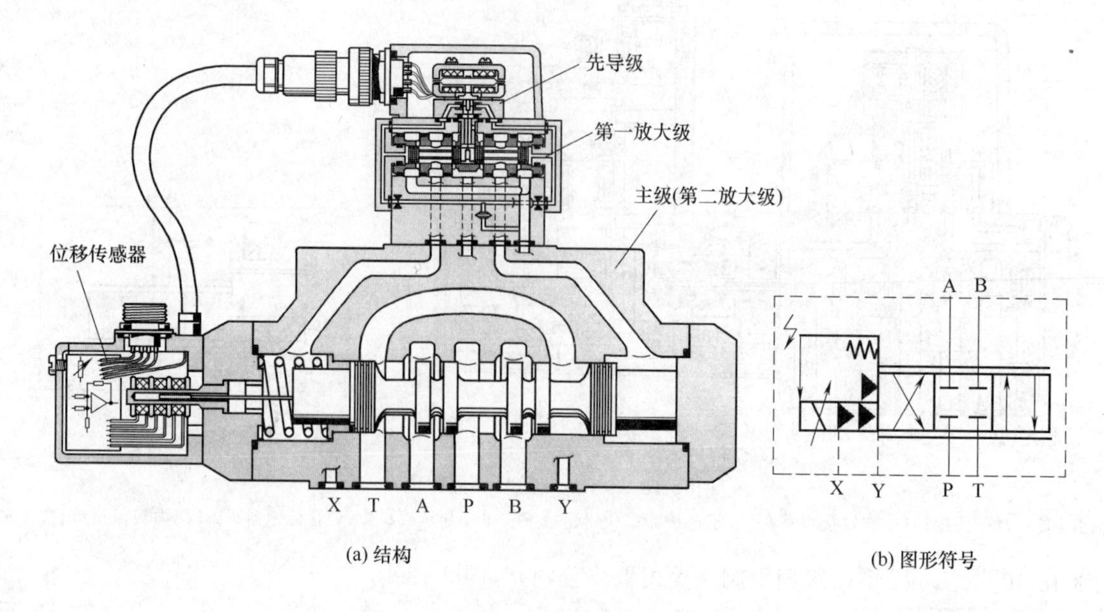

图 3-18-12 D663 型三级比例伺服阀

3-19 比例阀

3-19-1 德国博世-力士乐公司比例阀

3-19-1-1 比例溢流阀

［例 3-19-1］ DBETR-10B/△-Y-M 型直动式比例溢流阀（德国博世-力士乐公司、北京华德公司、沈阳液压件厂等）（图 3-19-1）

DBETR 表示力控制型直动式比例溢流阀；10B 为系列号；△为压力等级代号，25 表示 2.5MPa，80 表示 8MPa，180 表示 18MPa，315 表示 31.5MPa；Y 为控制油外排，无 Y 为内排；M 表示使用矿物油，M 为 V 时为磷酸酯液。

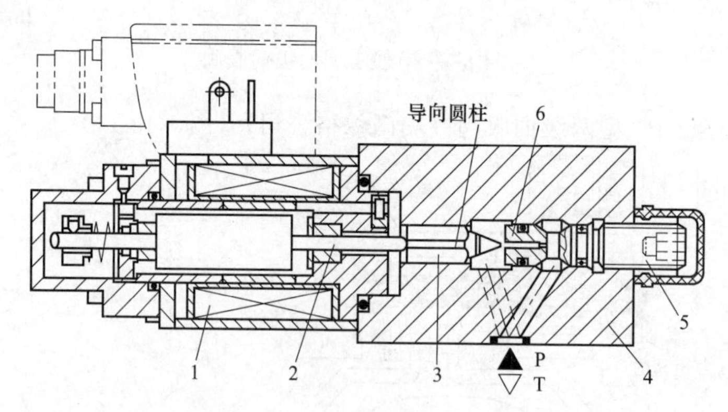

图 3-19-1 DBETR-10B/△-Y-M 型直动式比例溢流阀
1—比例电磁铁；2—推杆；3—锥阀芯；4—阀体；5—调节螺钉；6—阀座

［例 3-19-2］ DBET-6X/△型直动式比例溢流阀（德国博世-力士乐公司、北京华德公司、沈阳液压件厂等）（图 3-19-2）

6X 为系列号；△为调压范围，50 表示 5MPa，100 表示 10MPa，200 表示 20MPa，315 表示 31.5MPa，350 表示 35MPa；额定流量为 2L/min。

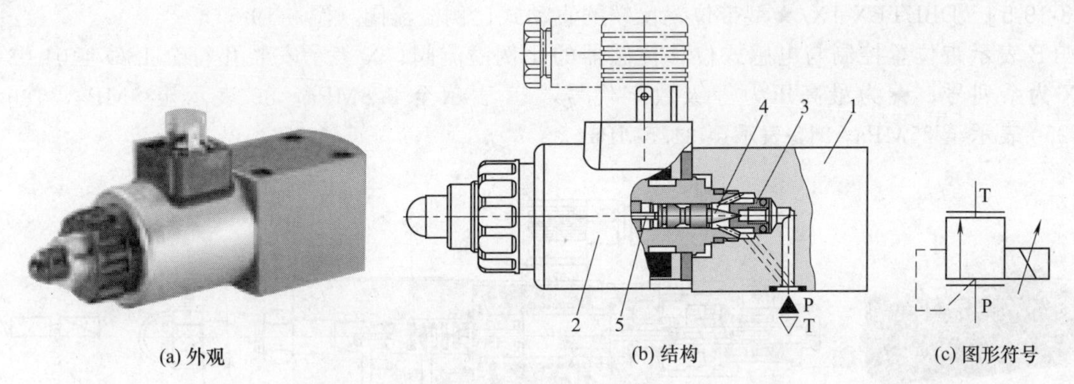

(a) 外观 (b) 结构 (c) 图形符号

图 3-19-2 DBET-6X/△型直动式比例溢流阀

1—阀体；2—比例电磁铁；3—阀座；4—锥阀芯；5—推杆

[例 3-19-3] DBET-6X/△型直动式比例溢流阀（德国博世-力士乐、北京华德公司、日本内田油压）（图 3-19-3）

E 表示搭载电子放大器，其他参数含义与 DBET-6X/△型直动式比例溢流阀相同。

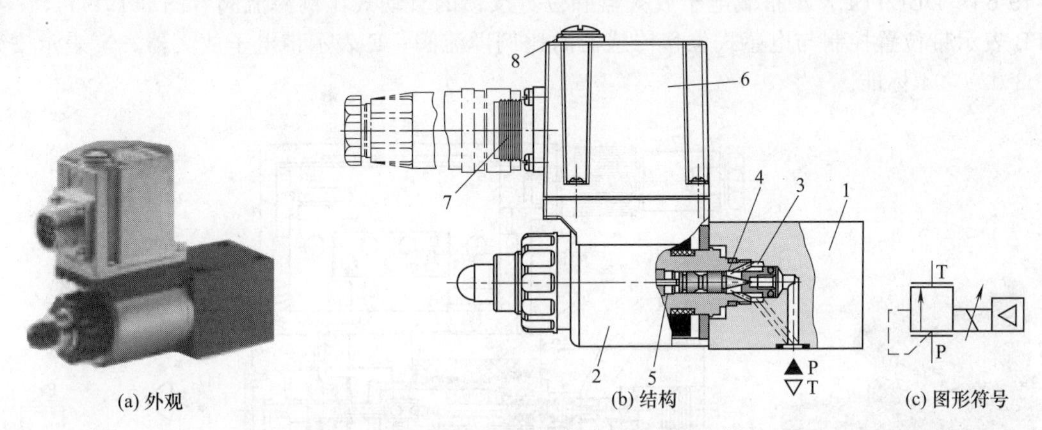

(a) 外观 (b) 结构 (c) 图形符号

图 3-19-3 DBET-6X/型直动式比例溢流阀

1—阀体；2—比例电磁铁；3—阀座；4—锥阀；5—推杆；6—电子放大器；7—接线端子；8—零位调整装置

[例 3-19-4] DBETX-1X/★型 6mm 通径直动式比例溢流阀（图 3-19-4）

DBET 表示比例溢流阀；X 表示安装孔符合 ISO 4401-03-02-0-94 标准；1X 为系列号；★为最高压力等级数字代号，28 表示至 2.8MPa，80 表示至 8MPa，180 表示至 18MPa，250 表示至 25MPa，315 表示至 31.5MPa。

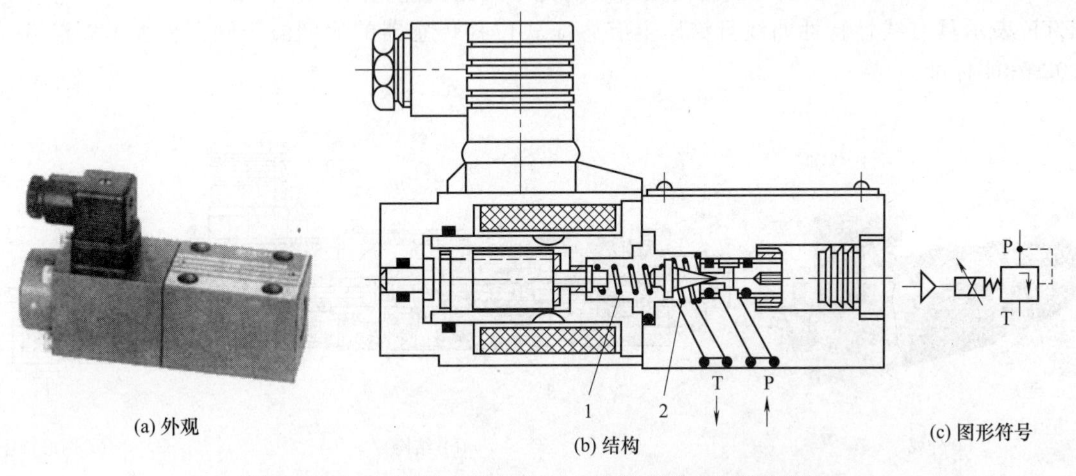

(a) 外观 (b) 结构 (c) 图形符号

图 3-19-4 DBETX-1X/★型 6mm 通径直动式比例溢流阀

1—传力弹簧；2—复位弹簧

［例 3-19-5］ DBETBX-1X/★型带位置反馈的直动式比例溢流阀（图 3-19-5）

DBETB 表示带位置控制与电感式位移传感器的比例溢流阀；X 表示安装孔符合 ISO 4401-03-02-0-94 标准；1X 为系列号；★为最高压力等级数字代号，28 表示至 2.8MPa，80 表示至 8MPa，180 表示至 18MPa，250 表示至 25MPa，315 表示至 31.5MPa。

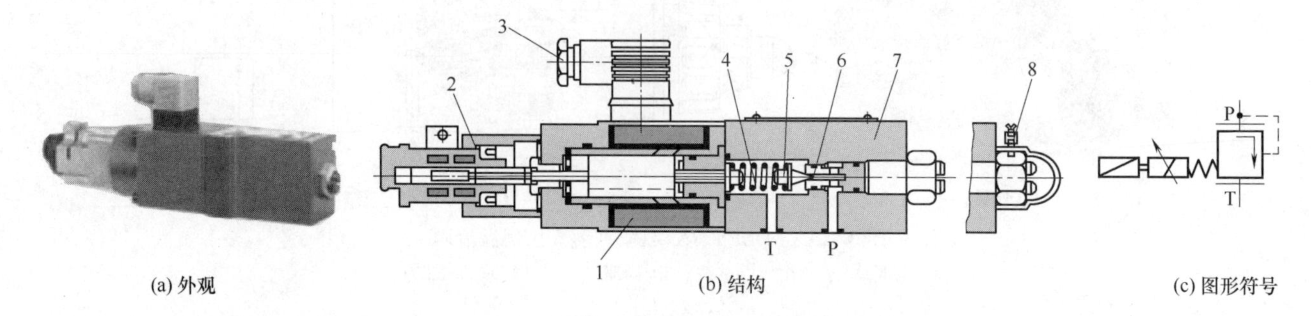

图 3-19-5 DBETBX-1X/★型带位置反馈的直动式比例溢流阀

1—比例电磁铁；2—位置传感器；3—接线端子；4—传力弹簧；5—阀芯；6—阀座；7—阀体；8—铅密封

［例 3-19-6］ DBETBEX 型搭载电子放大器和位置反馈的直动式比例溢流阀（图 3-19-6）

DBETB 表示带位置控制与电感式位移传感器的比例溢流阀；E 表示带电子放大器；X 表示安装孔符合 ISO 4401-03-02-0-94 标准。

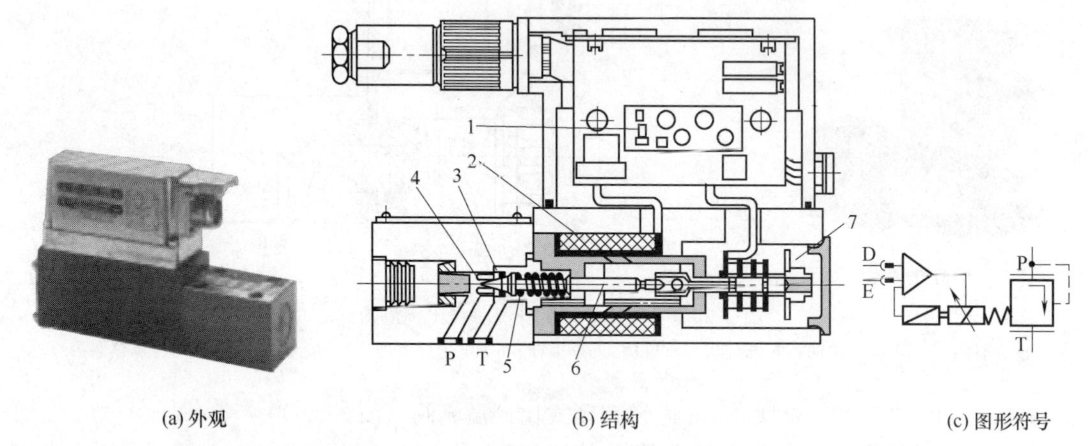

图 3-19-6 DBETBEX 型搭载电子放大器和位置反馈的直动式比例溢流阀

1—电子放大器；2—比例电磁铁；3—锥阀芯；4—阀座；5—传力弹簧；6—推杆；7—位移传感器

［例 3-19-7］ DBETFX 型具有线性特性曲线的先导式比例溢流阀（图 3-19-7）

DBETF 表示具有线性特性曲线且锥座上有感应式位移传感器的比例溢流阀；X 表示安装孔符合 ISO 4401-03-02-0-94 标准。

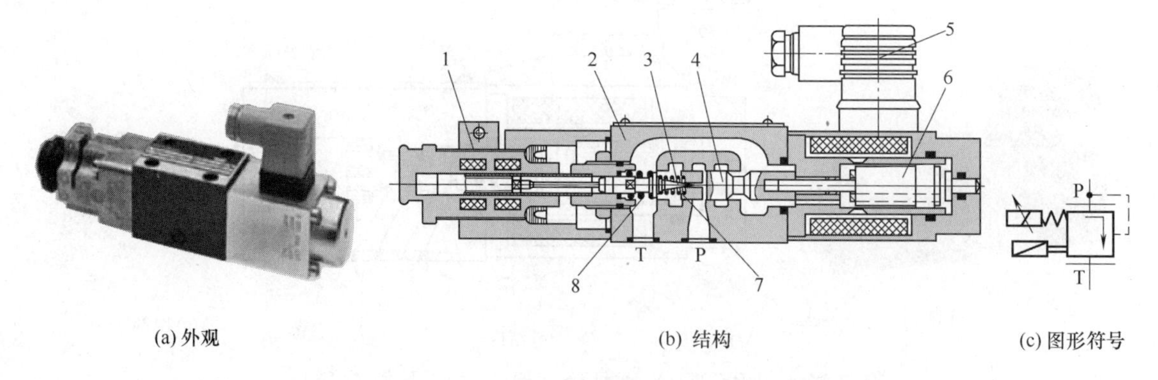

图 3-19-7 DBETFX 型具有线性特性曲线的先导式比例溢流阀

1—位移传感器；2—阀体；3—锥阀芯；4—阀座；5—接线端子；6—比例电磁铁；7—复位弹簧；8—传力弹簧

［例 3-19-8］ DBEP6★06-1X-※型比例溢流阀（图 3-19-8）

DBEP 表示比例溢流阀；6mm 通径；★为阀图形符号代号（A、B、C）；1X 为系列号；※为最高压力等级数字代号，25 表示至 2.5MPa，45 表示至 4.5MPa 。

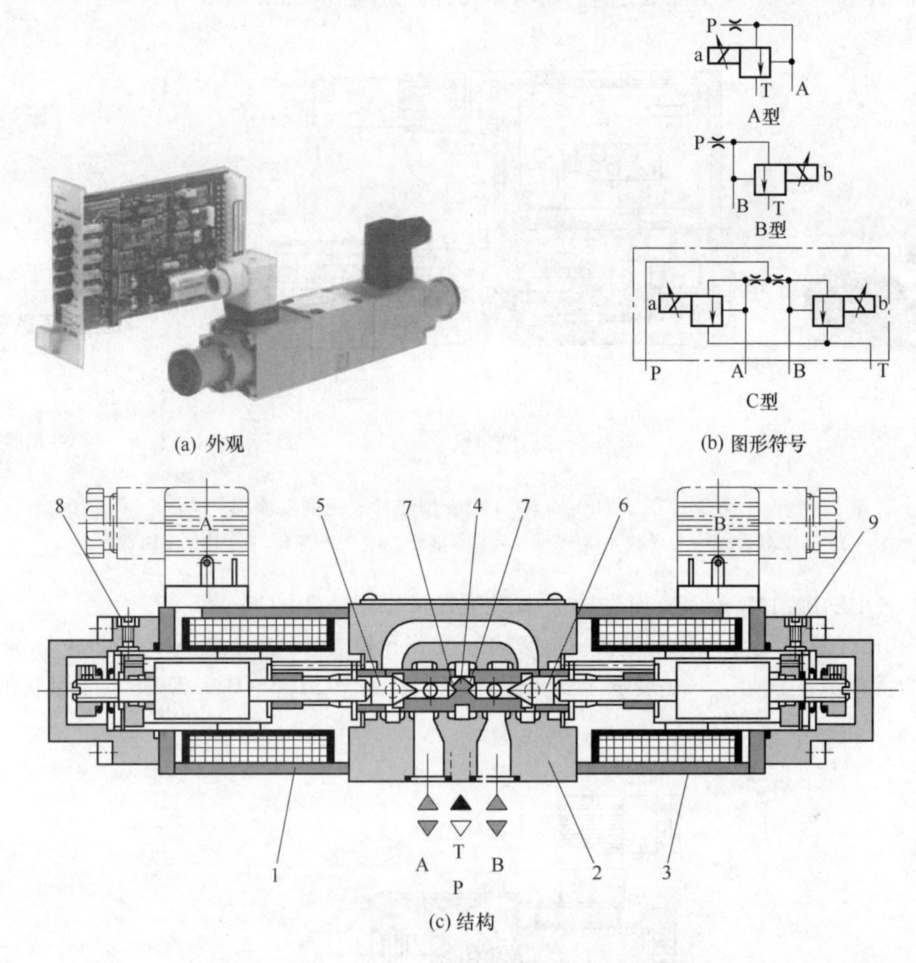

图 3-19-8 DBEP6★06-1X-※型比例溢流阀

1,3 比例电磁铁；2—阀体；4—阀芯；5,6—锥阀芯；7—节流孔（阻尼）；8,9—放气螺钉

［例 3-19-9］ DBE6X-1X/★型先导式比例溢流阀（图 3-19-9）

DBE6 表示 6mm 通径先导式比例溢流阀；X 表示安装孔符合 ISO 4401-03-02-0-94 标准；1X 为系列号；★为最高压力等级数字代号，80 表示至 8MPa，180 表示至 18MPa，315 表示至 31.5MPa。

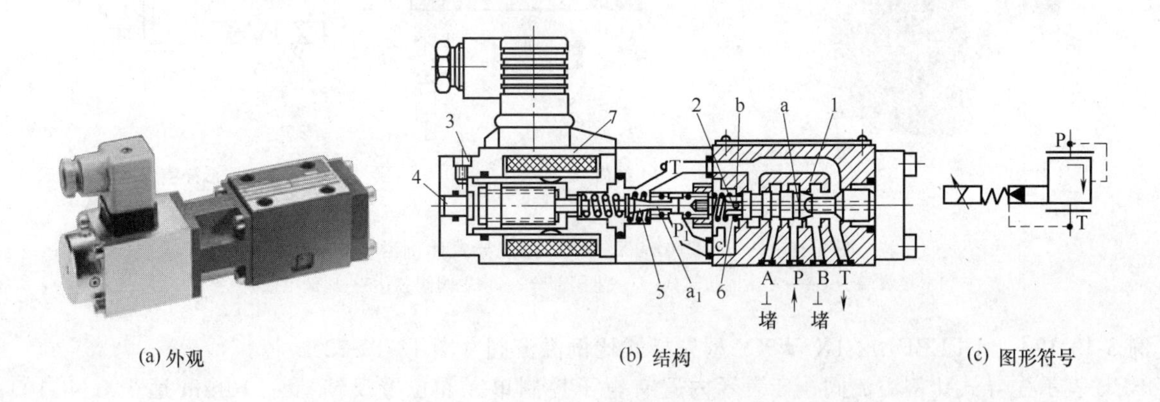

图 3-19-9 DBE6X-1X/★型先导式比例溢流阀

1—溢流开口；2—阻尼孔；3—放气塞；4—附加手动销；5—先导锥阀芯；6—平衡弹簧；7—比例电磁铁

[例 3-19-10] DBEBE6X-1X/★型先导式比例溢流阀（图 3-19-10）

DBEB 表示锥座上安装有感应式位移传感器的先导式比例溢流阀；E 表示内置有电子控制单元和位置反馈器；6mm 通径（NG6）；X 表示安装孔符合 ISO 4401-03-02-0-94 标准；1X 为系列号；★为最高压力等级数字代号，80 表示至 8MPa，180 表示至 18MPa，315 表示至 31.5MPa。

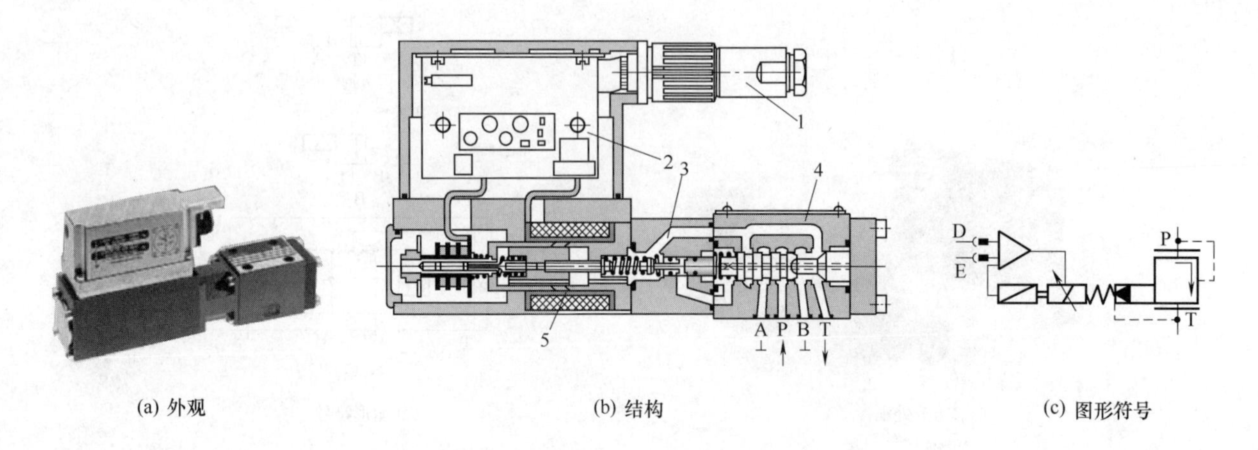

图 3-19-10 DBEBE6X-1X/★型先导式比例溢流阀

1—接线端子；2—电子放大器；3—先导锥阀部分；4—主阀部分；5—比例电磁铁

[例 3-19-11] DBE10Z-1X/★ XY 型先导式比例溢流阀（图 13-19-11）

DBE10 表示 10mm 通径先导式比例溢流阀；Z 表示安装孔符合 ISO 5781-AG-06-2-A 标准；1X 为系列号；★为最高压力等级数字代号，180 表示至 18MPa，315 表示至 31.5MPa；X 表外部控制油出口；Y 表卸荷接口。

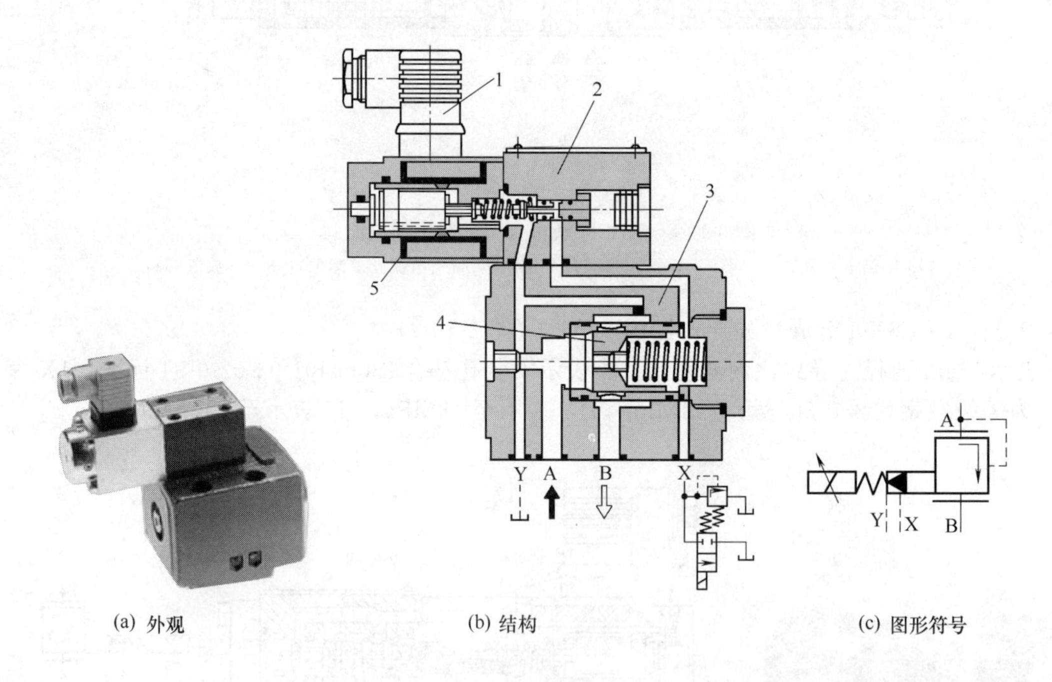

图 3-19-11 DBE10Z-1X/★XY 型先导式比例溢流阀

1—接线端子；2—先导锥阀部分；3—主阀部分；4—主阀阀芯；5—比例电磁铁

[例 3-19-12] DBEBE10Z-1X/★XY 型先导式比例溢流阀（图 13-19-12）

DBEB 表示先导式比例溢流阀；E 表示内置有电子控制单元和位置反馈器 ；10mm 通径（NG10）；Z 表示安装孔符合 ISO 5781-AG-06-2-A 标准；1X 为系列号；★为最高压力等级数字代号，180 表示至 18MPa，315 表示至 31.5MPa；X 表外部控制油出口，Y 表卸荷接口。

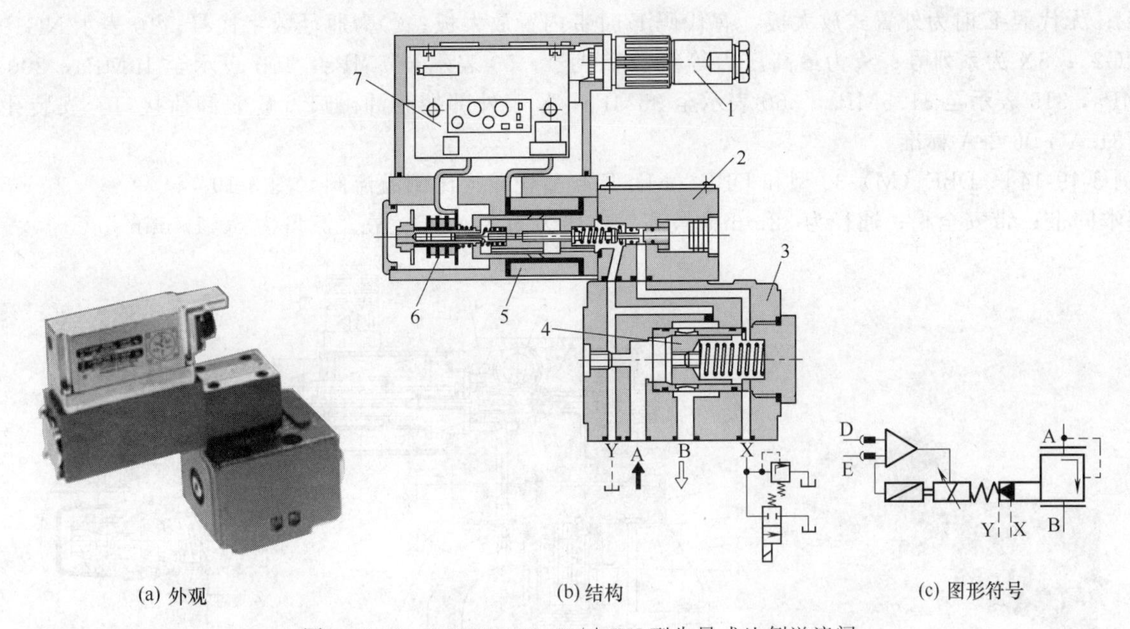

(a) 外观 (b) 结构 (c) 图形符号

图 3-19-12 DBEBE10Z-1X/★XY 型先导式比例溢流阀

1—接线端子；2—先导锥阀部分；3—主阀部分；4—主阀阀芯；5—比例电磁铁；6—位移传感器；7—电子放大器

［例 3-19-13］ DBE（M)-○-5X/★XY 型和 DBE（M）E-○-5X/★XY 型先导式比例溢流阀（德国博世-力士乐公司、北京华德公司、日本内田油压公司）(图 3-19-13)

DBE 表示先导式比例溢流阀；无 M 表示无最高压力限制、释压功能，有 M 表示带最高压力限制、释

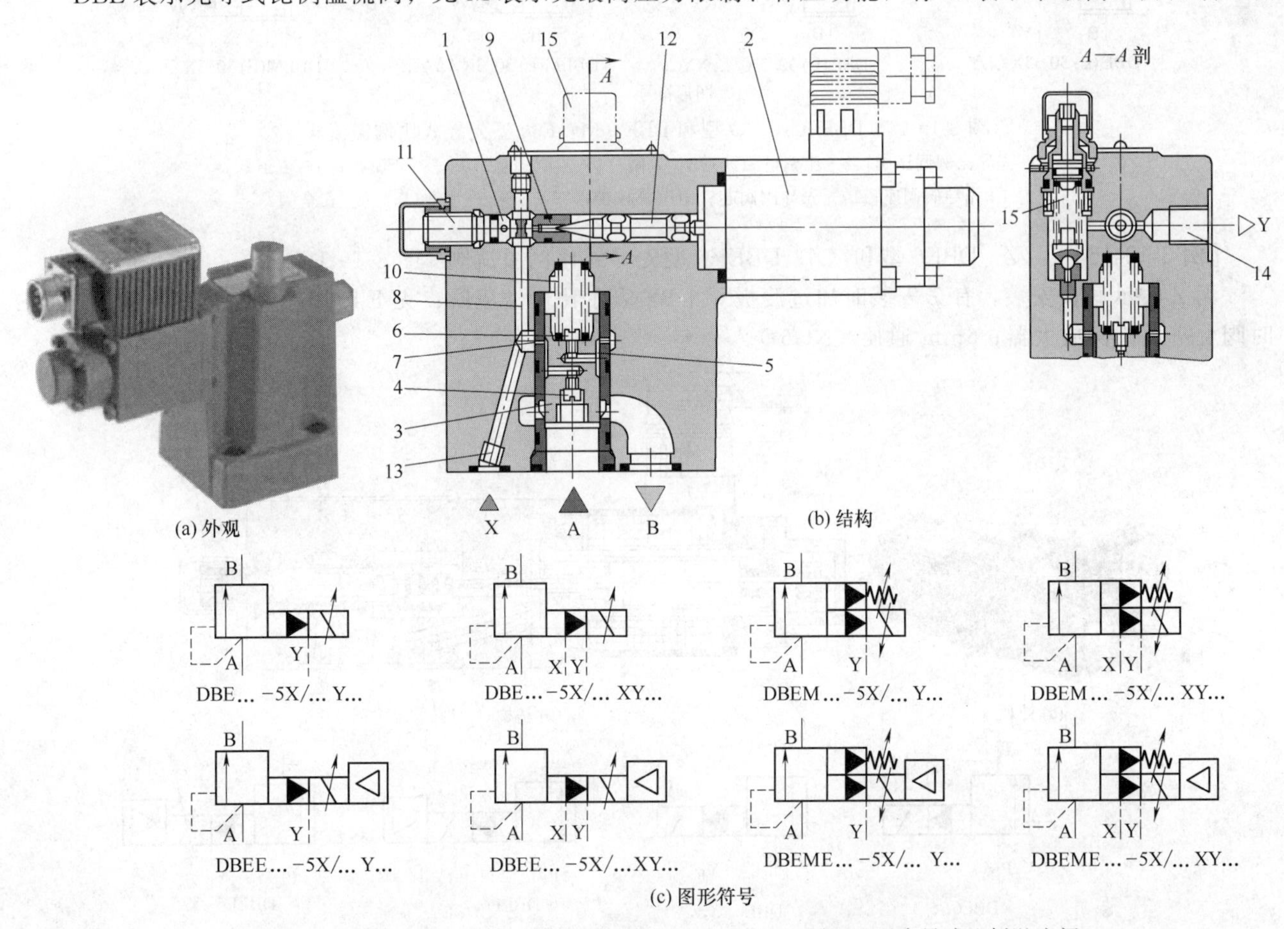

(a) 外观 (b) 结构

(c) 图形符号

图 3-19-13 DBE（M)-○-5X/★XY 和 DBE（M)E-○-5X/★XY 型先导式比例溢流阀

1—先导比例调压阀；2—比例电磁铁；3—主阀芯；4，6，9—节流孔；5—环形腔；7—半圆孔；

8—控制孔；10—弹簧；11—先导比例调压阀阀座；12—先导提升阀阀芯；13—X 口；14—Y 口；15—安全阀

压功能；无代码E时为外置式放大板，有代码E时带内置放大板；○为通径数字代号，10表示NG10，20表示NG25；5X为系列号；★为最高压力等级数字代号，50表示至5MPa，100表示至10MPa，200表示至20MPa，315表示至31.5MPa，350表示至35MPa；X表外部控制油出口；Y表卸荷接口。安装孔符合ISO 5781-AG-06-2-A标准。

［例3-19-14］ DBE（M）30型和DBE（M）E30型先导式比例溢流阀（图3-19-14）

基本同上；带安全阀；通径为32mm；最高工作压力为35MPa；最大流量为600L/min。

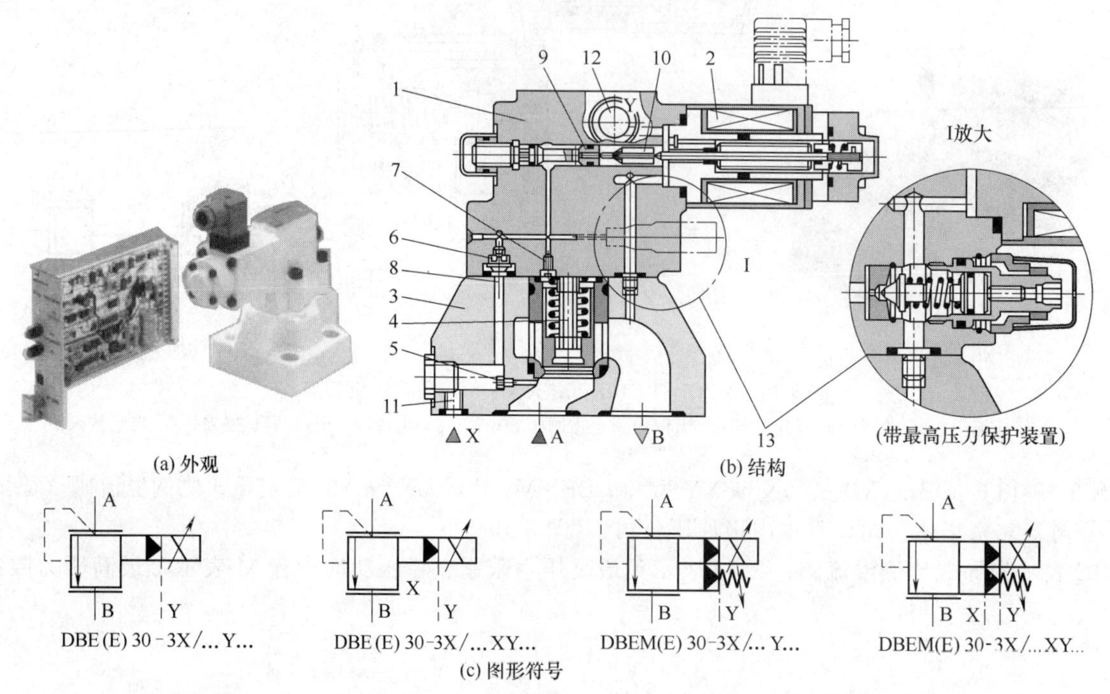

图3-19-14 DBE（M）30型和DBE（M）E30型先导式比例溢流阀

1—先导比例调压阀；2—比例电磁铁；3—主阀；4—主阀阀芯；5～7—节流孔；8—流道；9—先导阀阀座；10—先导阀阀芯；11—外控油口X；12—外泄油口；13—安全阀

［例3-19-15］ （Z）DBE6型和（Z）DBEE6型先导式比例溢流阀（图3-19-15）

无Z表示底板安装，有Z安装时加过渡板；DBE表示比例溢流阀；无E时用于外装比例放大器，有E时阀上搭载比例放大器；6mm通径（NG6）。

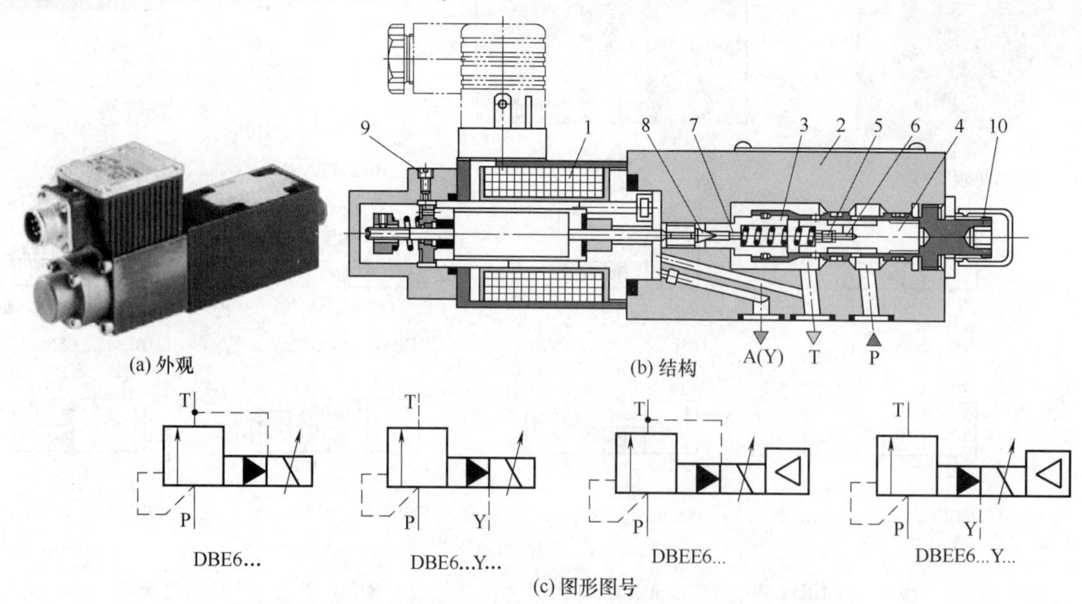

图3-19-15 （Z）DBE6型和（Z）DBEE6型先导式比例溢流阀

1—比例电磁铁；2—主阀阀体；3—阀组件；4—主阀阀芯；5—节流孔；6—控制油路；7—节流孔；8—先导锥阀芯；9—放气螺钉；10—调零螺钉

3-19-1-2 比例减压阀

[例 3-19-16] 3DREP-06★-2X/※-E 型三通直动式比例减压阀（图 3-19-16）

3DREP 表示三通直动式比例减压阀，不搭载电子放大器；06 为通径代号；★为图形符号代号（A、B、C）；2X 为系列号；※为二次压力调节范围，16 表示 1.6MPa，25 表示 2.5MPa，45 表示 4.5MPa；E 表示湿式电磁铁安装尺寸符合 ISO 4401 标准。

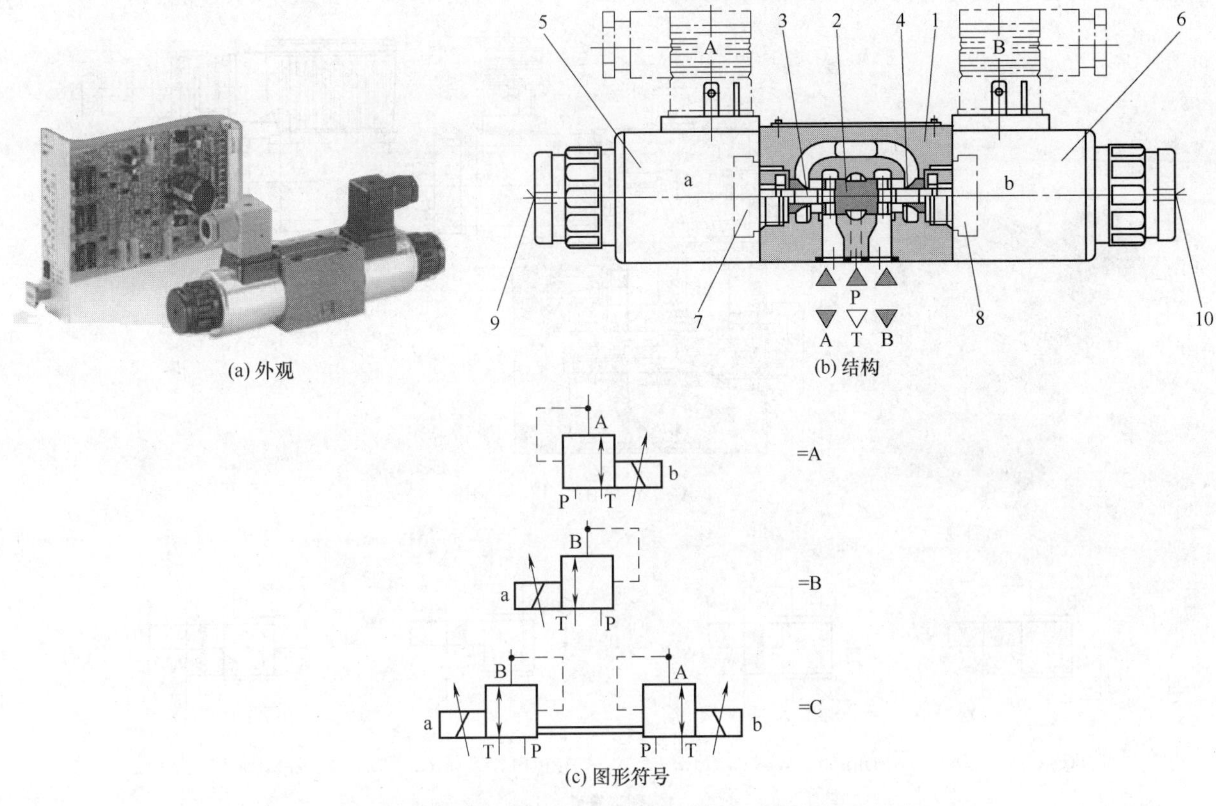

图 3-19-16 3DREP-06★-2X/※-E 型三通直动式比例减压阀

1—阀体；2—阀芯；3,4—柱塞；5,6—比例电磁铁；7,8—螺套；9,10—手动按钮

[例 3-19-17] 3DREP-06★-2X/※-E 型三通直动式比例减压阀（图 3-19-17）

E 表示搭载电子放大器，其余同 3DREP-06★-2X/※-E 型三通直动式比例减压阀。

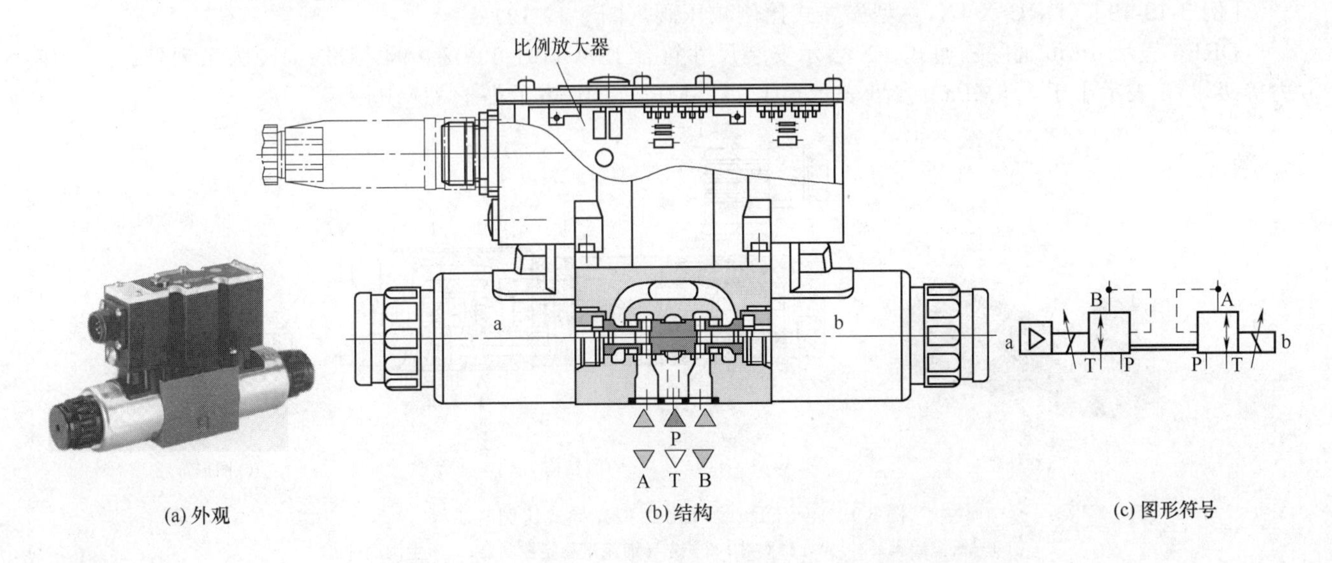

图 3-19-17 3DREP-E06★-2X/※-E 型三通直动式比例减压阀

［例 3-19-18］ DRE（M）（E）-※5X/△YM…☆型比例减压阀（德国博世-力士乐公司、日本内田油压公司、北京华德公司等）（图 3-19-18）

DRE 表示比例减压阀；有 M 表示带安全阀，无 M 则无安全阀；有 E 表示搭载电子放大器，无 E 则不搭载；※为通径，有 10mm 和 25mm；5X 为系列号；△为最高二次压力，50 表示 5MPa，100 表示 10MPa，200 表示 20MPa，315 表示 31.5MPa；Y 表示先导油外排回油箱，无 Y 则内排；M 表示不带单向阀，无为带单向阀；☆为时使用 NBR 密封（矿物油用），为 V 时使用 FPM 密封（磷酸酯液用）。

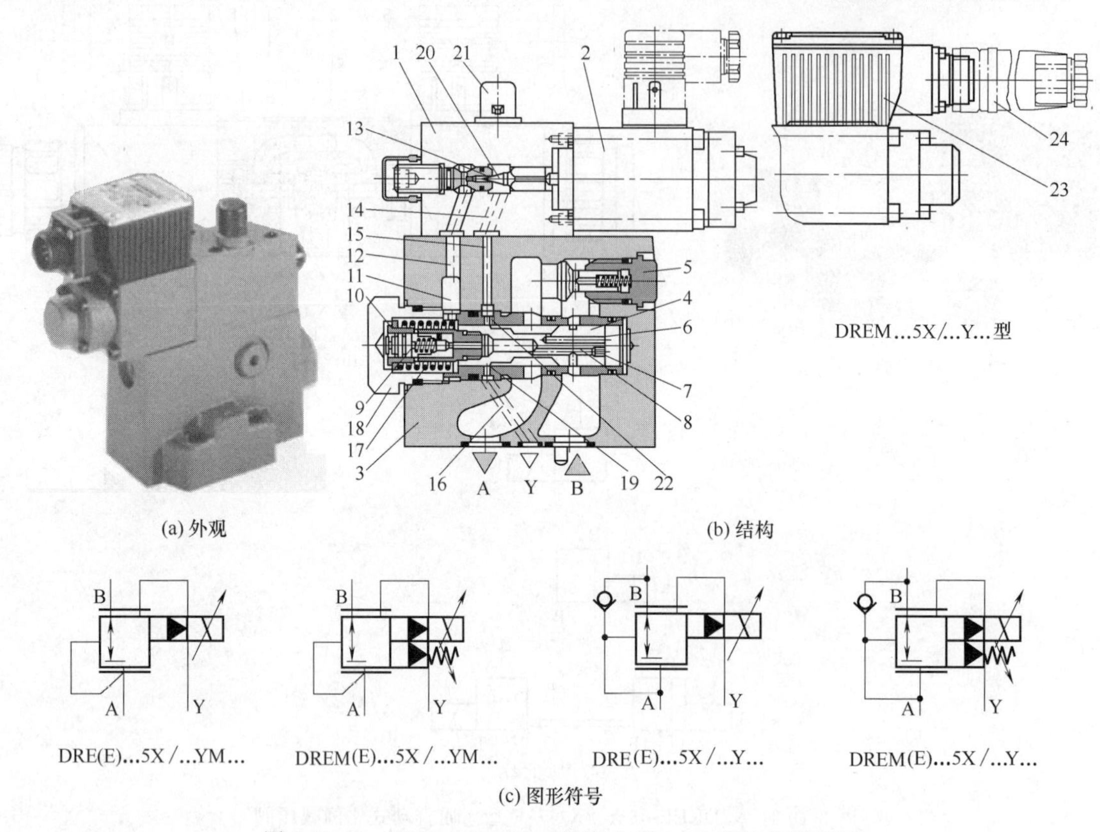

图 3-19-18 DRE（M）（E）-※5X/△YM…☆型比例减压阀

1—先导阀；2—比例电磁铁；3—主阀部分；4—主阀芯组件；5—单向阀；6,8—油口；7—主阀芯端面；9—先导油流量稳定控制器；10—弹簧腔；11,12,14,15—油道；13—先导阀阀座；16—Y 口；17—弹簧；18—螺塞；19—控制边（减压口）；20—先导锥阀芯；21—最高压力溢流阀（安全阀）；22—控制油路；23,24—接线端子组件

［例 3-19-19］ DRE6X-1X/△型先导式比例减压阀（图 3-19-19）

DRE6 表示 6mm 通径三通式；X 表示安装尺寸符合 ISO 4401-03-02-0-94 标准；1X 为系列号；△为压力等级，75 表示小于 7.5MPa，175 表示小于 17.5MPa，310 表示小于 31MPa。

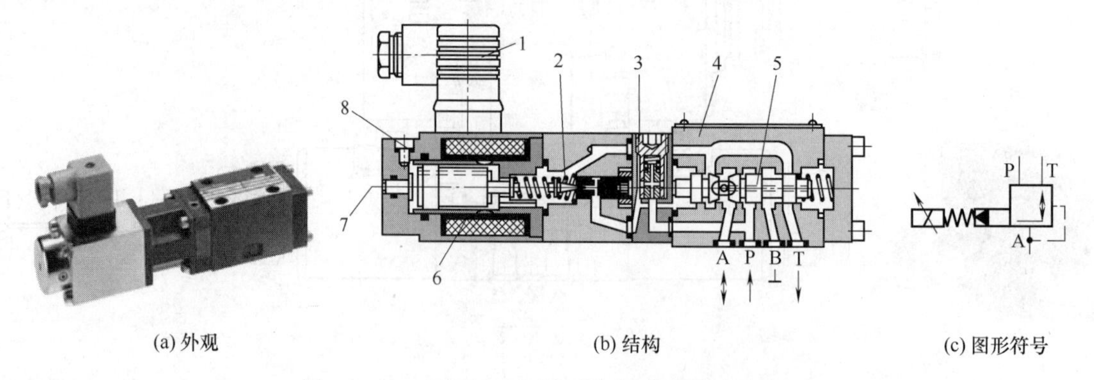

图 3-19-19 DRE6X-1X/△型先导式比例减压阀

1—线缆插座；2—先导锥阀芯；3—先导油流量稳定控制器；4—主阀阀体；5—主阀阀芯；6—比例电磁铁；7—辅助操作销；8—放气螺钉

[例 3-19-20] DREB6X 型先导式比例减压阀（图 3-19-20）

配有感应式位移传感器，其他参数与 DRE6X 型先导式比例减压阀相同。

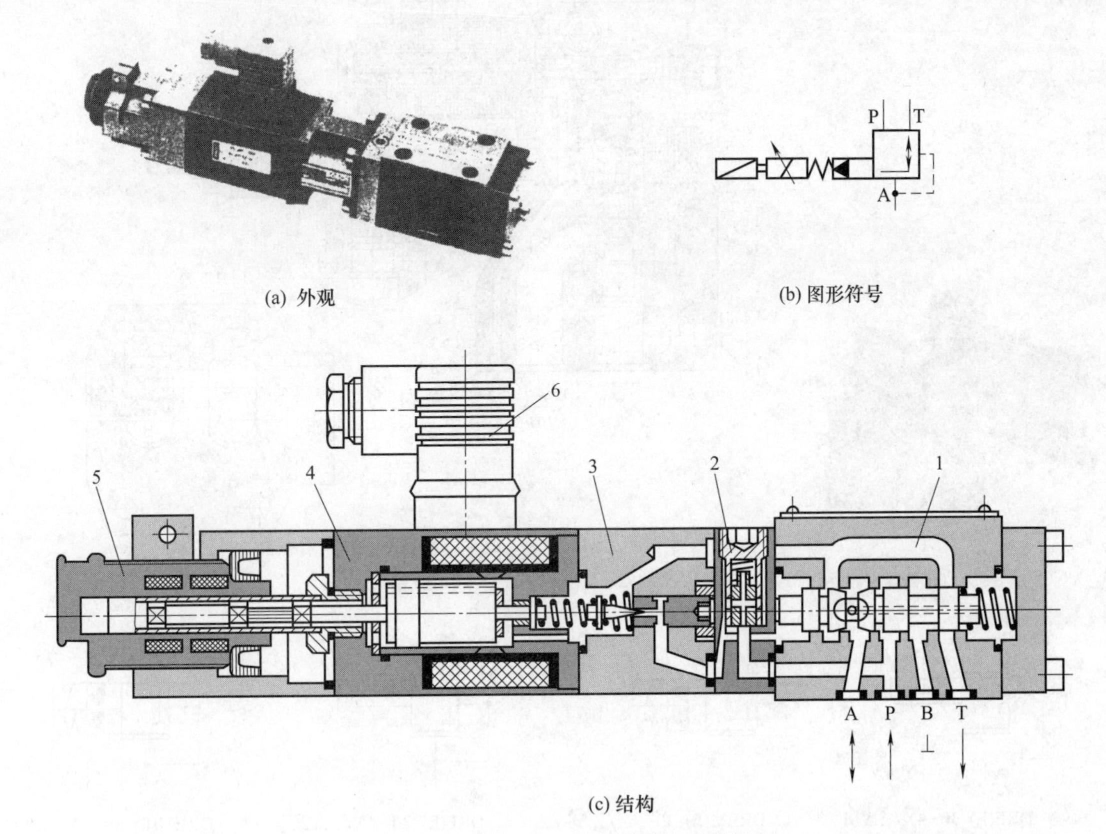

(a) 外观 (b) 图形符号

(c) 结构

图 3-19-20 DREB6X 型先导式比例减压阀

1—主阀部分；2—先导油流量稳定控制器；3—先导锥阀部分；4—比例电磁铁；5—位移传感器；6—线缆插座

[例 3-19-21] DREBE6X-1X/※型先导式比例减压阀（图 3-19-21）

DREB 表示先导式比例三通减压阀，配有位移传感器；E 表示配有内置式电子控制单元（比例放大器）；X 表示安装孔符合 ISO 4401-03-02-0-05 标准；1X 为系列号；※为最大压力级，75 表示出口压力小于 7.5MPa，175 表示出口压力小于 17.5MPa，310 表示出口压力小于 31MPa。

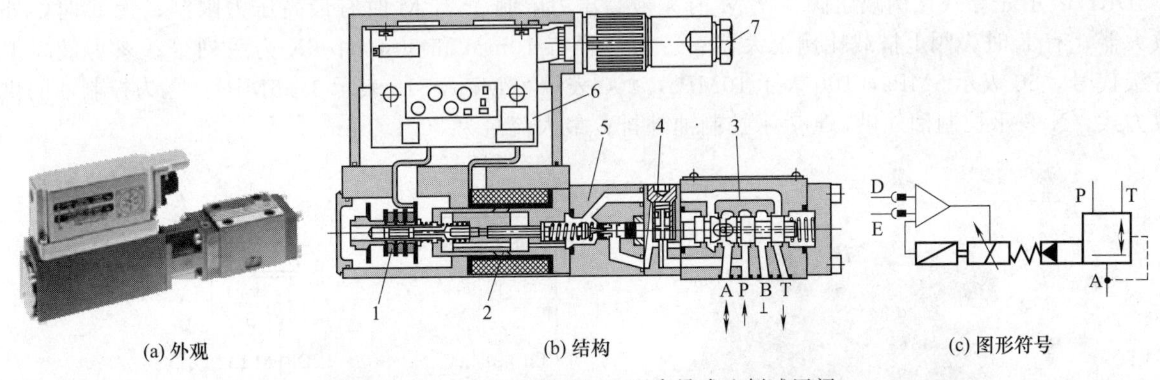

(a) 外观 (b) 结构 (c) 图形符号

图 3-19-21 DREBE6X-1X/※型先导式比例减压阀

1—位移传感器；2—比例电磁铁；3—主阀部分；4—先导油流量稳定控制器；5—先导锥阀部分；6—电子放大器；7—线缆插座

[例 3-19-22] DRE（M）30-4X/※型与 DRE（M）E30-4X/※型比例减压阀（图 3-19-22）

DRE 表示先导式比例减压阀；无 M 时无最高压力限制，有 M 时有最高压力限制；无 E 时，外接比例放大器，有 E 时，阀上搭载比例放大器；30 为通径数字代号；4X 为系列号；※为出口最高工作压力等级代号，50 表示 5MPa，100 表示 10MPa，200 表示 20MPa，315 表示 31.5MPa；最大流量为 300L/min。

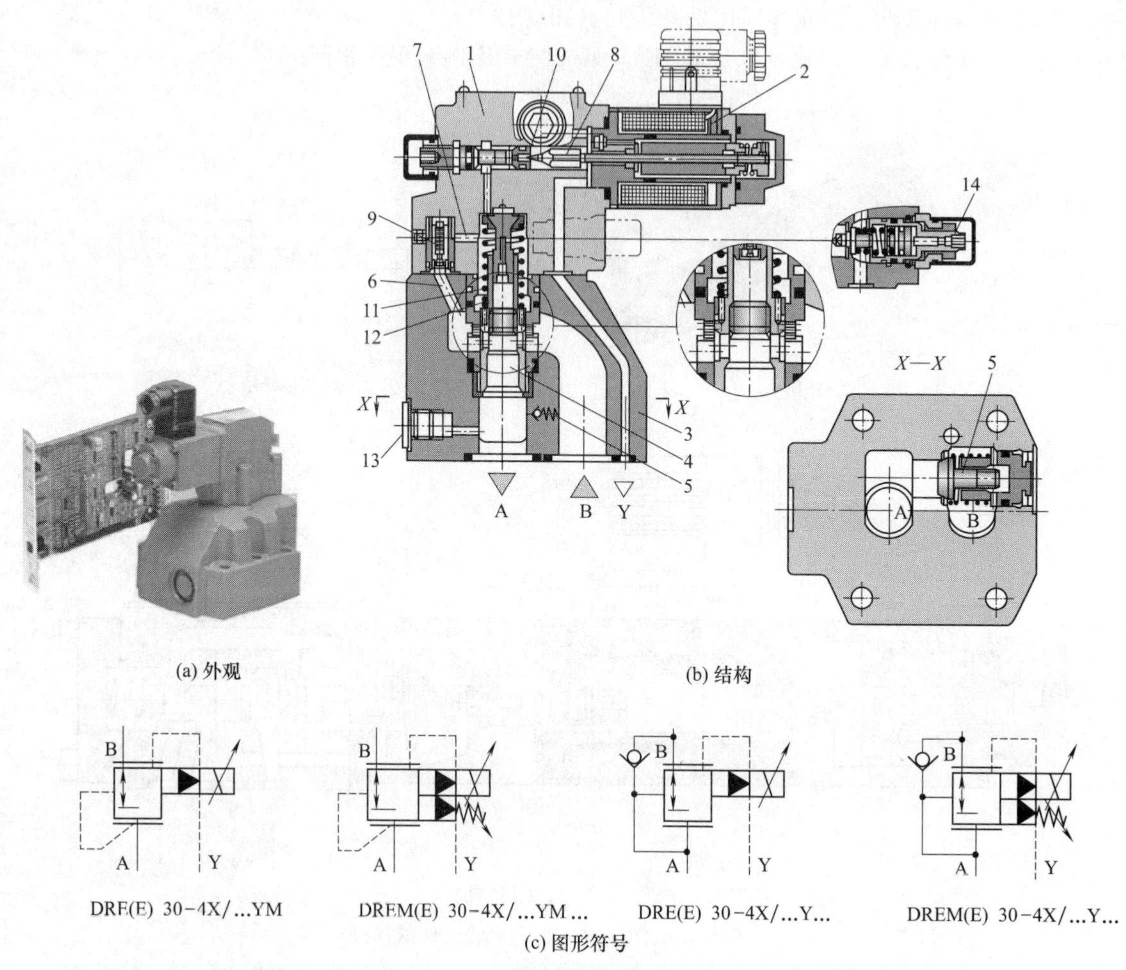

(a) 外观 (b) 结构

(c) 图形符号

图 3-19-22 DRE（M）30-4X/※型与 DRE（M）E30-4X/※型比例减压阀

1—比例先导调压阀部分；2—比例电磁铁；3—主阀部分；4—主阀芯组件；5—单向阀；6,7—油道；8—先导锥阀芯；9—先导油流量稳定控制器；10—先导阀阀座；11—弹簧；12—弹簧腔；13—螺塞；14—最高压力溢流阀（安全阀）

［例 3-19-23］ 3DRE（M）○P-6X/※□型与 3DRE（M）E○P-6X/※□型三通比例减压阀（图 3-19-23）

3DRE 表示先导式比例减压阀；无 M 时无最高压力限制，有 M 时有最高压力限制；无 E 时，外接比例放大器，有 E 时，阀上搭载比例放大器；○为通径有 10mm 和 30mm；6X 为系列号；※为最高工作压力等级代号，50 表示 5MPa，100 表示 10MPa，200 表示 20MPa，315 表示 31.5MPa；□为控制油的供给与排放方式，X 表示控制油外供，Y 表示控制油外排；最大流量为 300L/min。

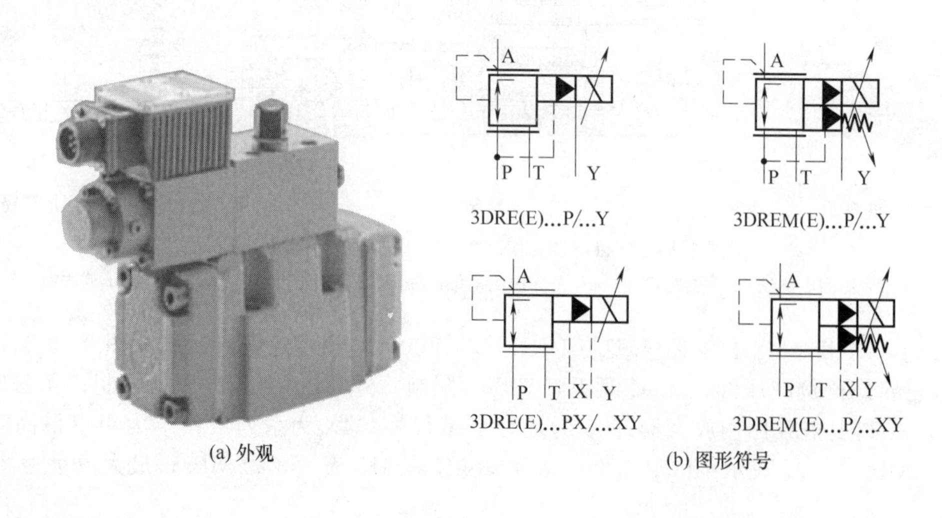

(a) 外观 (b) 图形符号

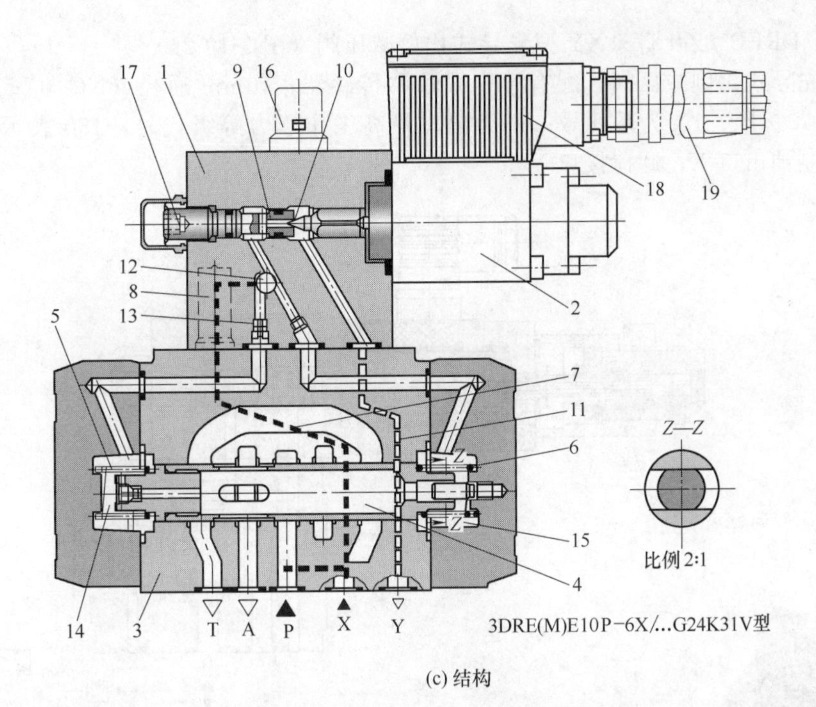

(c) 结构

图 3-19-23 3DRE（M）○P-6X/※□型与 3DRE（M）E○P-6X/※□型三通比例减压阀

1—比例先导调压阀部分；2—比例电磁铁；3—主阀部分；4—主阀芯；5,6—弹簧；7—控制油流道 X；8—先导油流量稳定控制器；9—先导锥阀座；10—先导锥阀芯；11—控制油泄油流道 Y；12—流道；13—阻尼螺钉；14,15—弹簧腔；16—附加弹簧加载的先导控制阀；17—螺塞；18—接线插座；19—接线端子

［例 3-19-24］ DRE10Z-1X/※XY 型先导式比例减压阀（图 3-19-24）

DRE10 表示先导式比例减压阀，10mm 通径（NG10）；Z 表示安装孔符合 ISO 5781-AG-06-2-A 标准；1X 为系列号；※为出口最高工作压力等级代号，180 表示 18MPa，315 表示 31.5MPa；外部控制油出口 X；卸荷接口 Y。

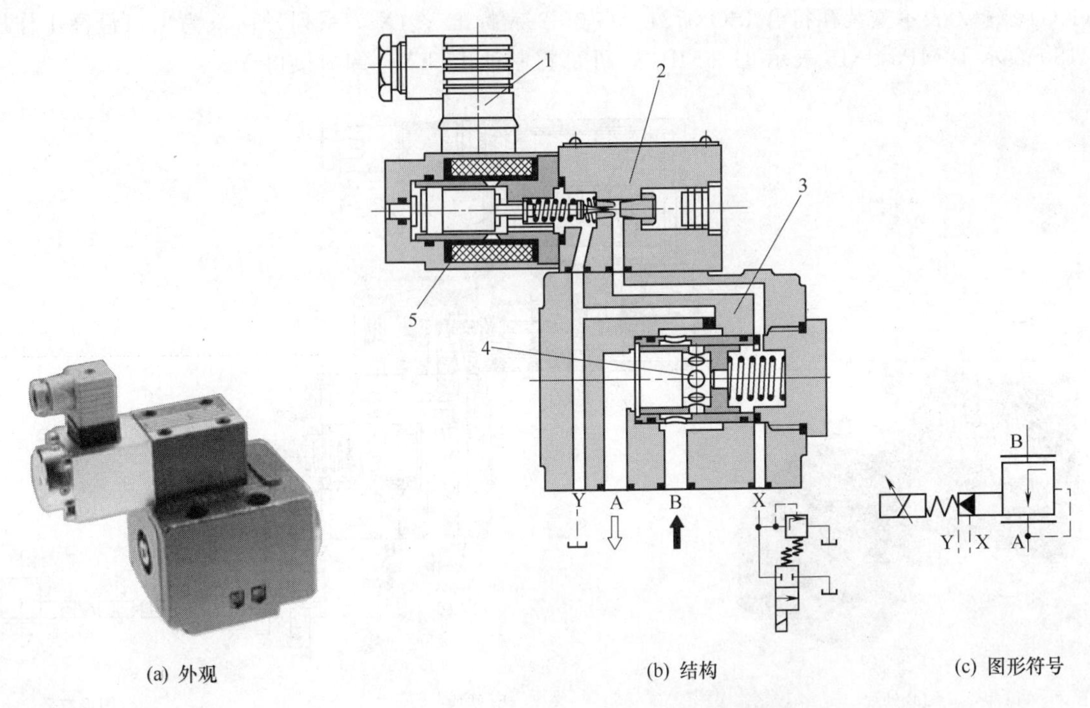

(a) 外观 (b) 结构 (c) 图形符号

图 3-19-24 DRE10Z-1X/※XY 型先导式比例减压阀

1—线缆插座；2—比例先导阀；3—主阀部分；4—主阀芯；5—比例电磁铁

[例 3-19-25] DREB10Z-1X/※XY 型先导式比例减压阀（图 3-19-25）

DREB10 表示先导式比例减压阀，配有感应式位移传感器，10mm 通径（NG10）；Z 表示安装孔符合 ISO 5781-AG-06-2-A 标准；1X 为系列号；※为出口最高工作压力等级代号，180 表示 18MPa，315 表示 31.5MPa；外部控制油出口 X；卸荷接口 Y。

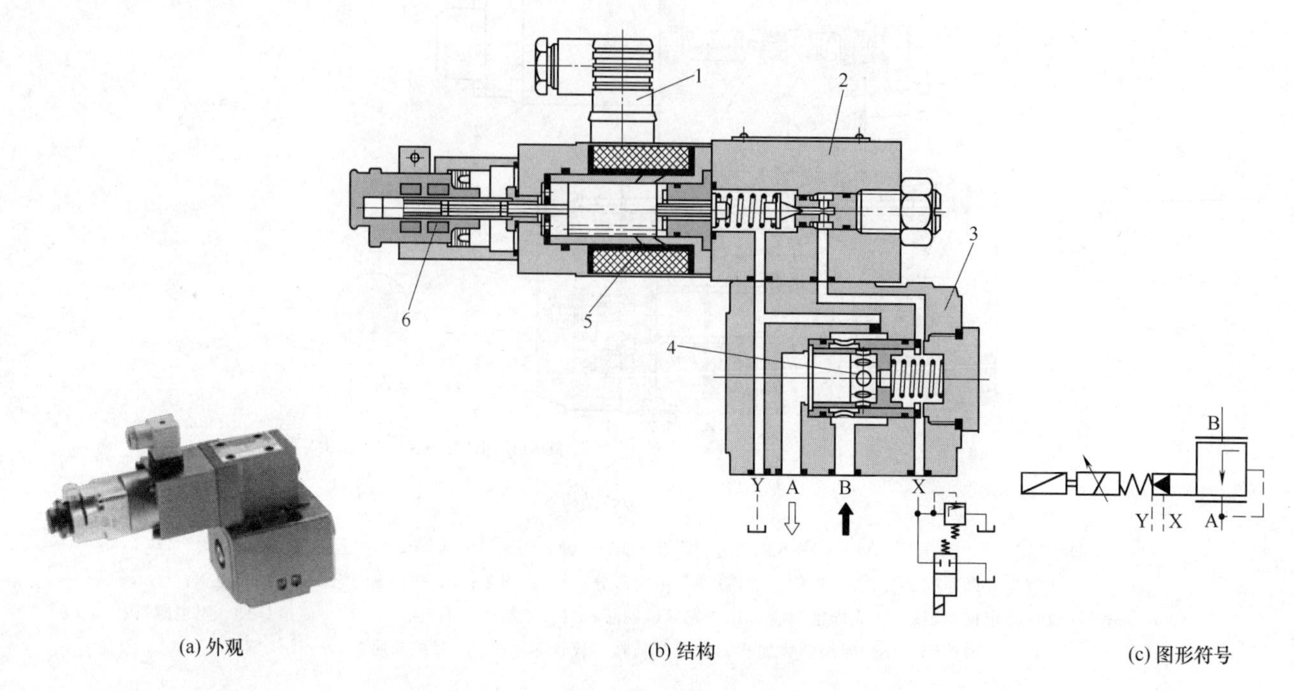

图 3-19-25 DREB10Z-1X/※XY 型先导式比例减压阀

1—线缆插座；2—比例先导阀；3—主阀部分；4—主阀芯；5—比例电磁铁；6—位移传感器

[例 3-19-26] DREBE10Z-1X/※XY 型先导式比例减压阀（图 3-19-26）

DREB 表示先导式比例减压阀，配有感应式位移传感器；E 表示阀本身搭载比例电子放大器；10mm 通径（NG10）；Z 表示安装孔符合 ISO 5781-AG-06-2-A 标准；1X 为系列号；※为出口最高工作压力等级代号，180 表示 18MPa，315 表示 31.5MPa；外部控制油出口 X；卸荷接口 Y。

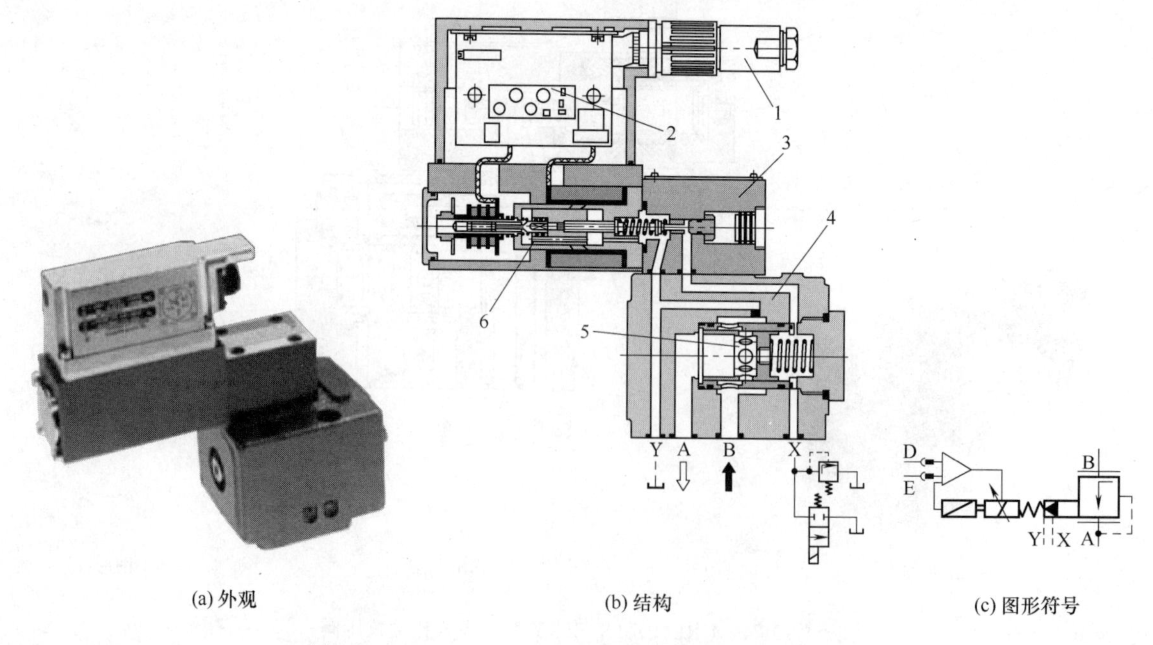

图 3-19-26 DREBE10Z-1X/※XY 型先导式比例减压阀

1—线缆插座；2—比例电子放大器；3—比例先导阀；4—主阀部分；5—主阀芯；6—带位移传感器的比例电磁铁

［例 3-19-27］ （Z）DRS6○-1X/※◆型先导式带直流电机操作的比例减压阀（图 3-19-27）

有 Z 时用作叠加阀带过渡底板安装，无 Z 时为常规阀直接安装；DRS 表示带直流电机操作的减压阀；6mm 通径（NG6）；○无标识时在通道 A 减压（无过渡底板直接安装时），○标识 VP 时在通道 P1 减压（过渡底板安装时）；1X 为系列号；※为出口最高工作压力等级代号，50 表示 5MPa，100 表示 10MPa，210 表示 21MPa；◆标注 A 时在元件上没有压力传感器，◆标注 S 时在元件上有压力传感器 。

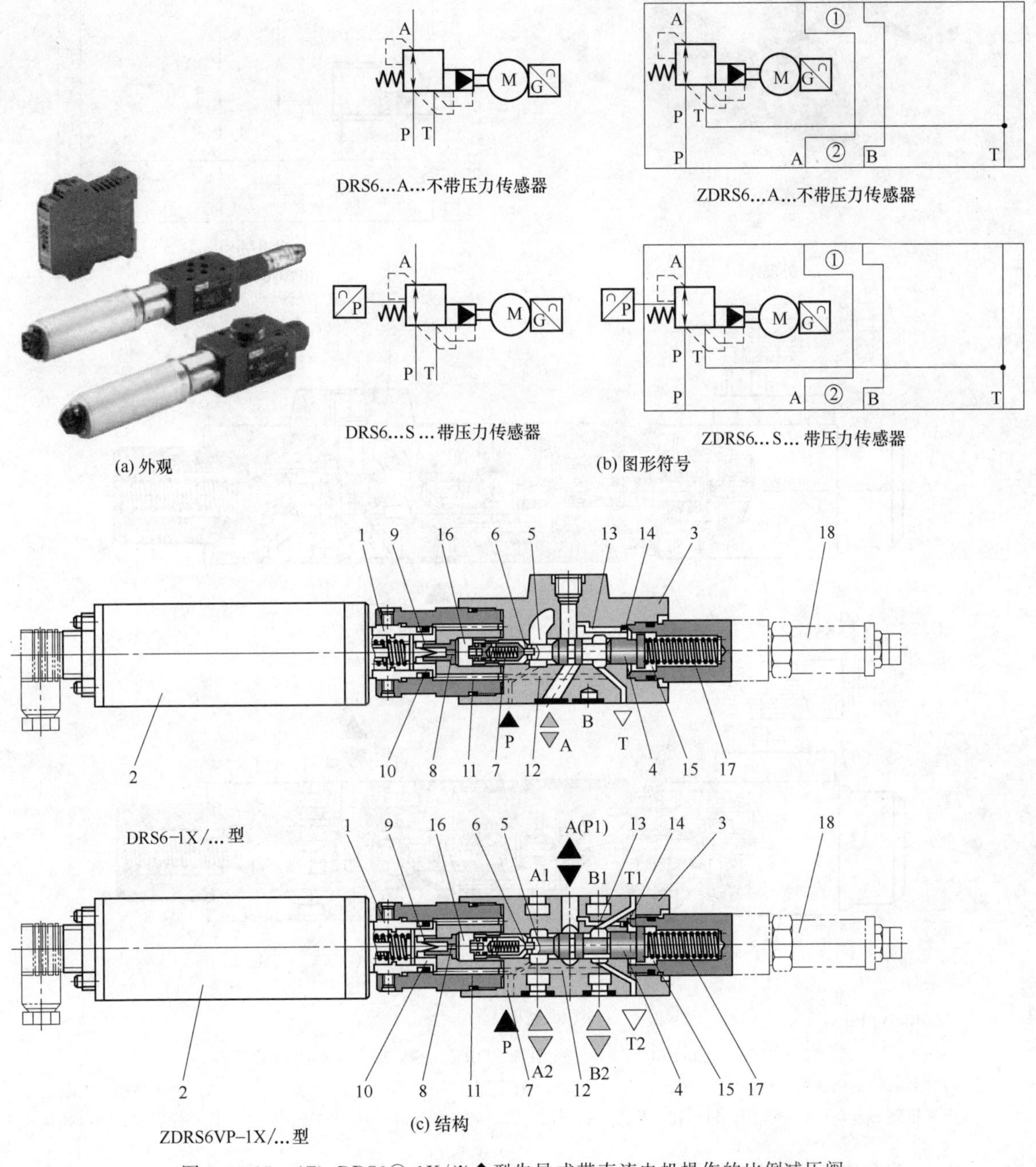

图 3-19-27 （Z）DRS6○-1X/※◆型先导式带直流电机操作的比例减压阀

1—阀套；2—比例电磁铁；3—主阀；4—主阀芯；5—环形通道；6—油孔；7—先导流量控制器；8—先导阀阀座上阻尼孔；9—先导锥阀芯开口；10—油腔；11～13—通油孔；14—阻尼螺钉；15—弹簧腔；16—先导腔；17—弹簧；18—压力传感器

［例 3-19-28］ DRE6○△-1X/※型和 ZDRE6○△-1X/※型比例减压阀（图 3-19-28）

有 Z 时用作叠加阀带过渡底板安装，无 Z 时为常规阀直接安装；DRE 表示比例减压阀；6mm 通径（NG6）；○无标识时在通道 A 减压（为常规阀直接安装时），○标识 VP 时在通道 P1 减压（用作叠加阀时）；△为电插头位置，1 表示上，2 表示右，3 表示下，4 表示左；1X 为系列号；※为出口最高工作压力等级代号，50 表示 5MPa，100 表示 10MPa，210 表示 21MPa。

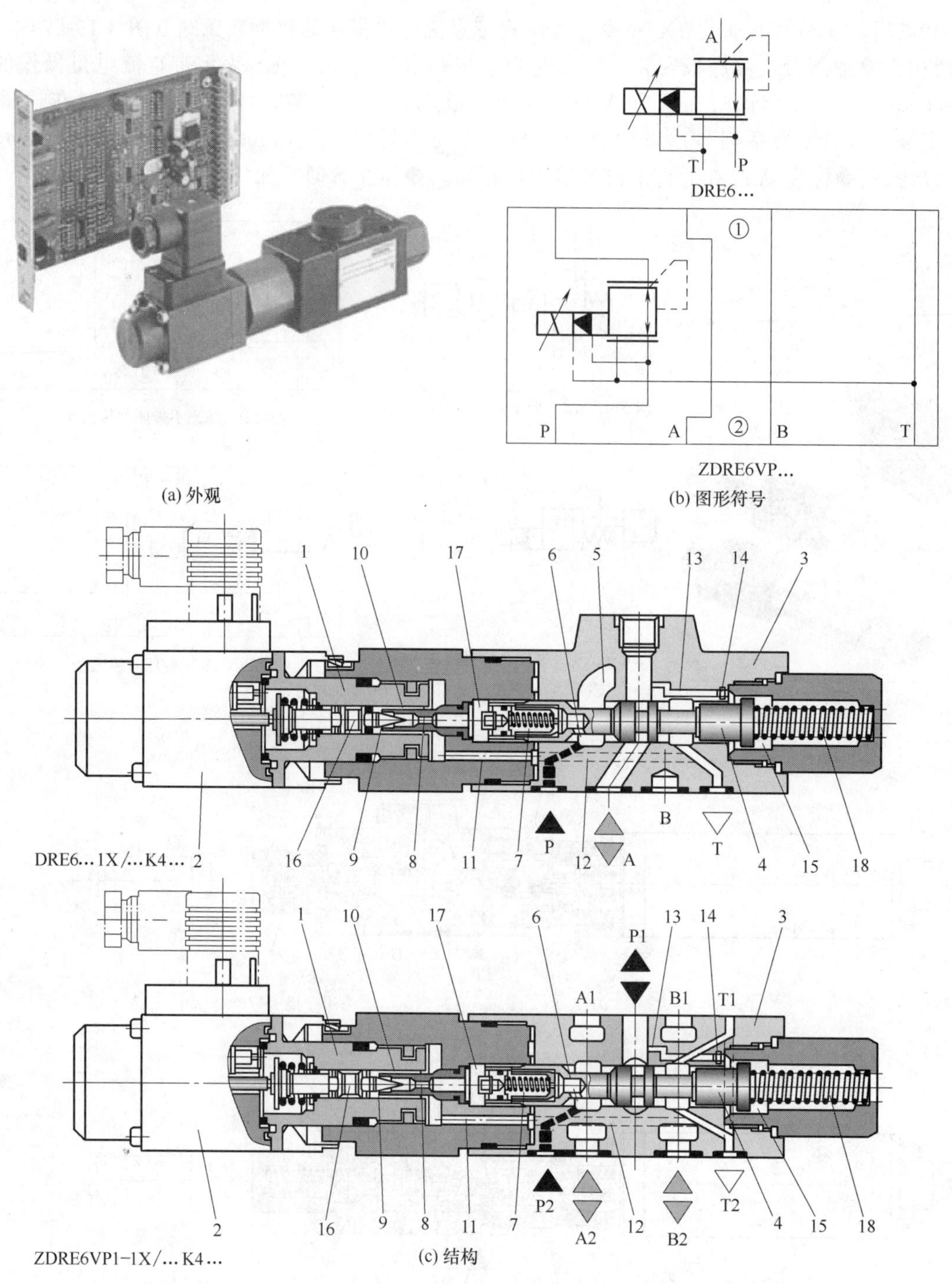

(a) 外观　(b) 图形符号　(c) 结构

图 3-19-28　DRE6○△-1X/※型和 ZDRE6○△-1X/※型比例减压阀

1—先导控制阀；2—比例电磁铁；3—主阀；4—主阀芯；5—环形腔；6—油孔；7—先导流量控制器；8—先导阀座上阻尼孔；9—先导锥阀芯开口；10—长槽；11～13—流道；14—阻尼孔；15—弹簧腔；16—先导锥阀芯；17—控制腔；18—弹簧

3-19-1-3　比例方向阀、比例节流阀、比例方向节流阀

比例方向阀也可调节流量，比例节流阀也可控制方向，本应均称为比例方向节流阀，下述称呼保留原公司叫法。

［例 3-19-29］ 4WRE（E）○-◇-☆A 型比例方向阀（德国博世-力士乐公司、日本内田油压公司）（图 3-19-29）

有 E 时表示搭载电子放大器，否则不搭载；○为通径（6mm、10mm）；◇为滑阀机能代号（E、V、W 等）；☆为阀压差为 1MPa 时的流量（如 16 表示 16L/min）；A 表示电磁铁装于 A 端；安装尺寸符合 ISO 4401 标准。

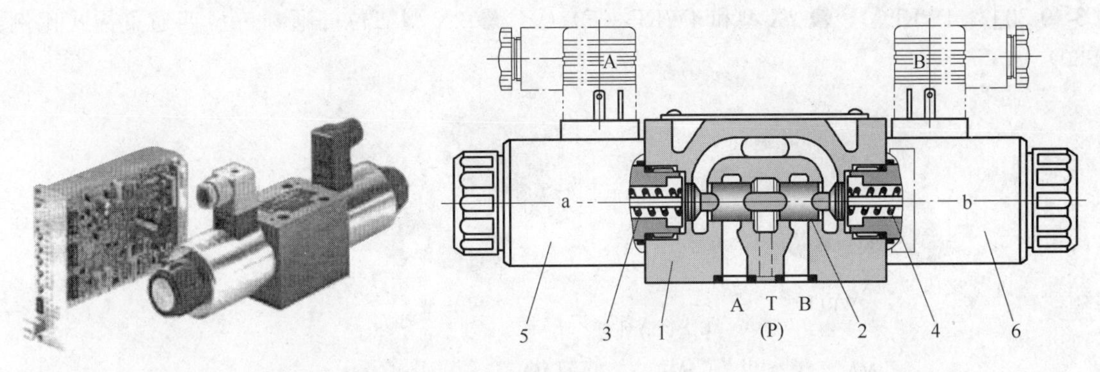

(a) 阀本身不带放大器的比例方向阀外观与结构

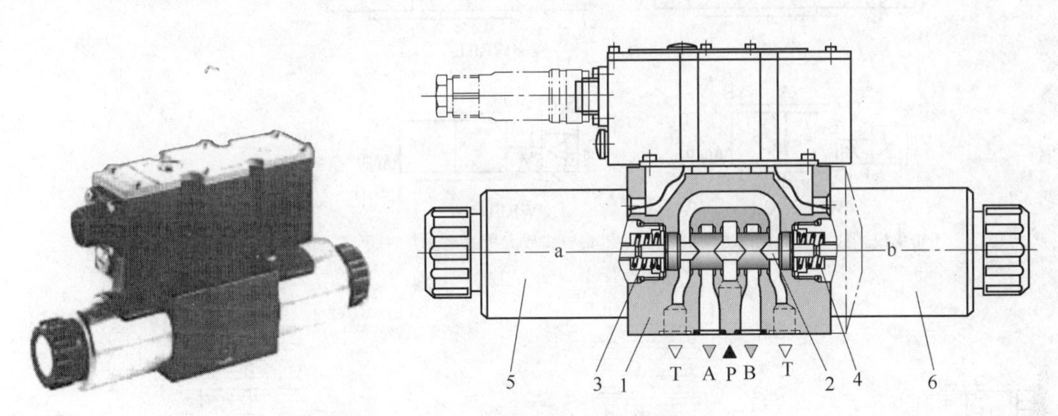

(b) 阀本身带放大器的比例方向阀外观与结构

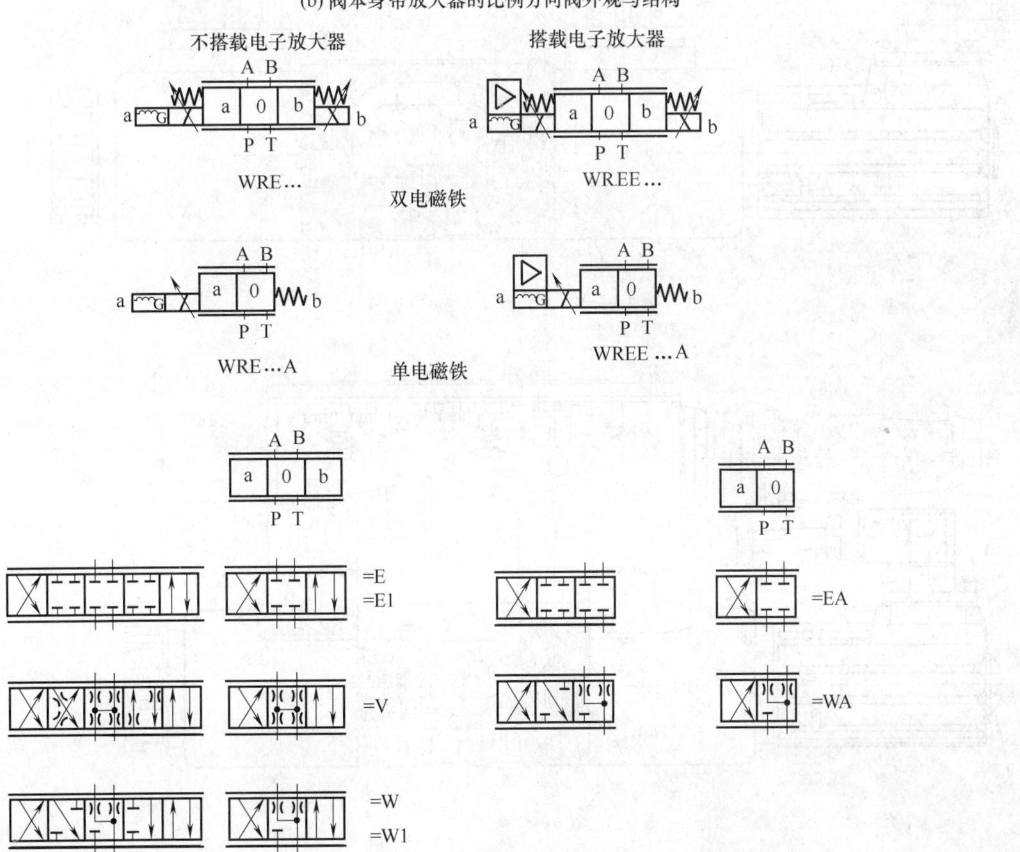

(c) 图形符号

图 3-19-29 4WRE（E）○-◇-☆A 型比例方向阀

1—阀体；2—阀芯；3，4—弹簧；5，6—比例电磁铁

［例 3-19-30］ 4WRE○◇●-2X 型和 4WRE（E）○◇●-2X 型二位四通和三位四通直控式比例方向阀（图 3-19-30）

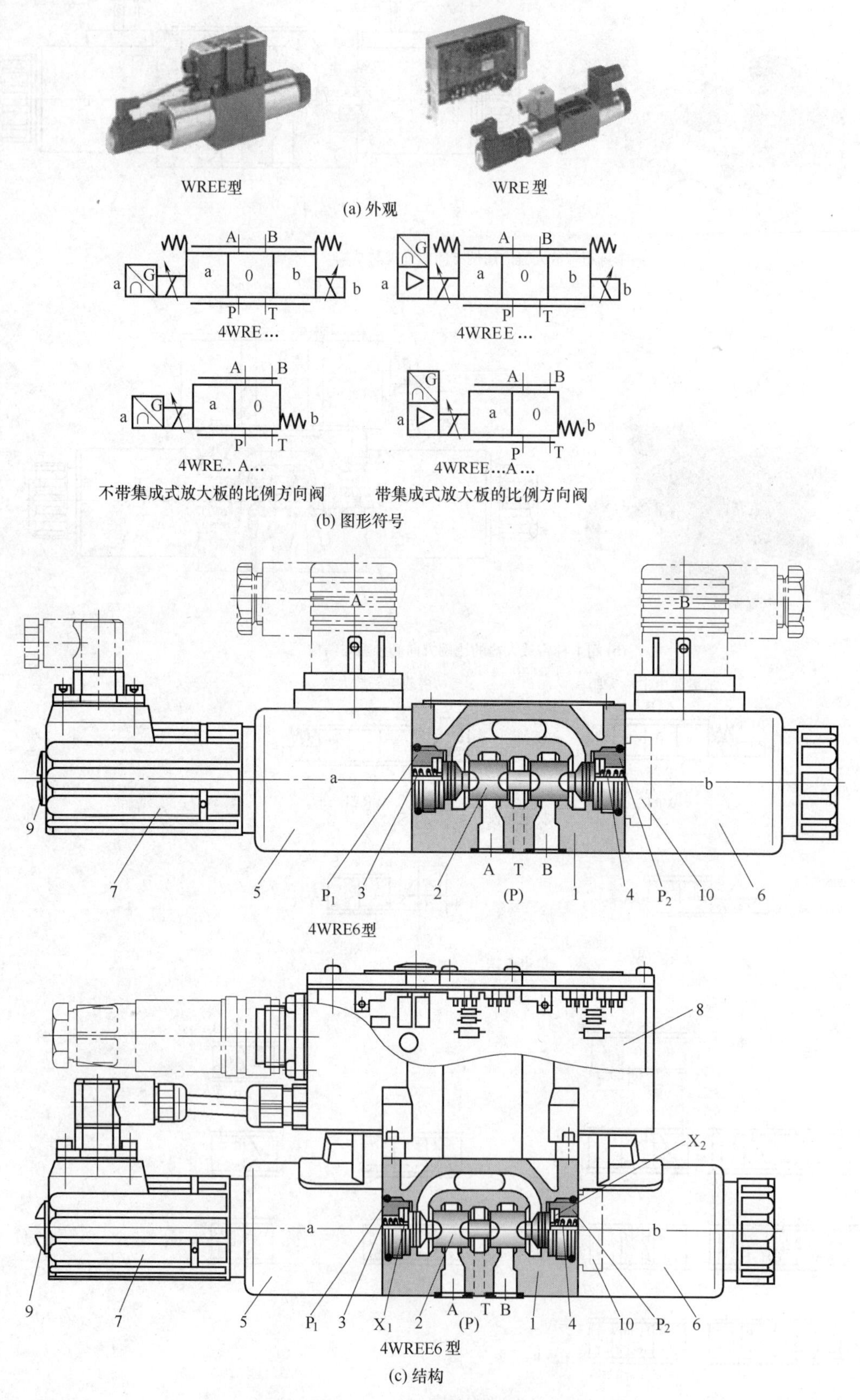

图 3-19-30 4WRE○◇●-2X 型和 4WRE（E）○◇●-2X 型二位四通和三位四通直控式比例方向阀

1—阀体；2—阀芯；3,4—对中弹簧；5,6—比例电磁铁；7—位移传感器；

8—比例电子放大器；9—零位调节装置；10—Pg 型弹簧座

4WRE 表示二位四通和三位四通直控式比例方向阀；后面无 E 不搭载比例放大器，有 E 搭载比例放大器；○为通径，有 6mm 和 10mm；◇为机能符号；●为阀的压差为 1MPa 时的公称流量代号（通径 6mm：08 表示 8L/mim，16 表示 16L/mim，32 表示 32L/mim；通径 10mm：25 表示 25L/mim，50 表示 50L/mim，75 表示 75L/mim）；2X 为系列号。

［例 3-19-31］　4WRKE 型先导式比例方向阀（图 3-19-30）

带位置反馈和集成式放大板。

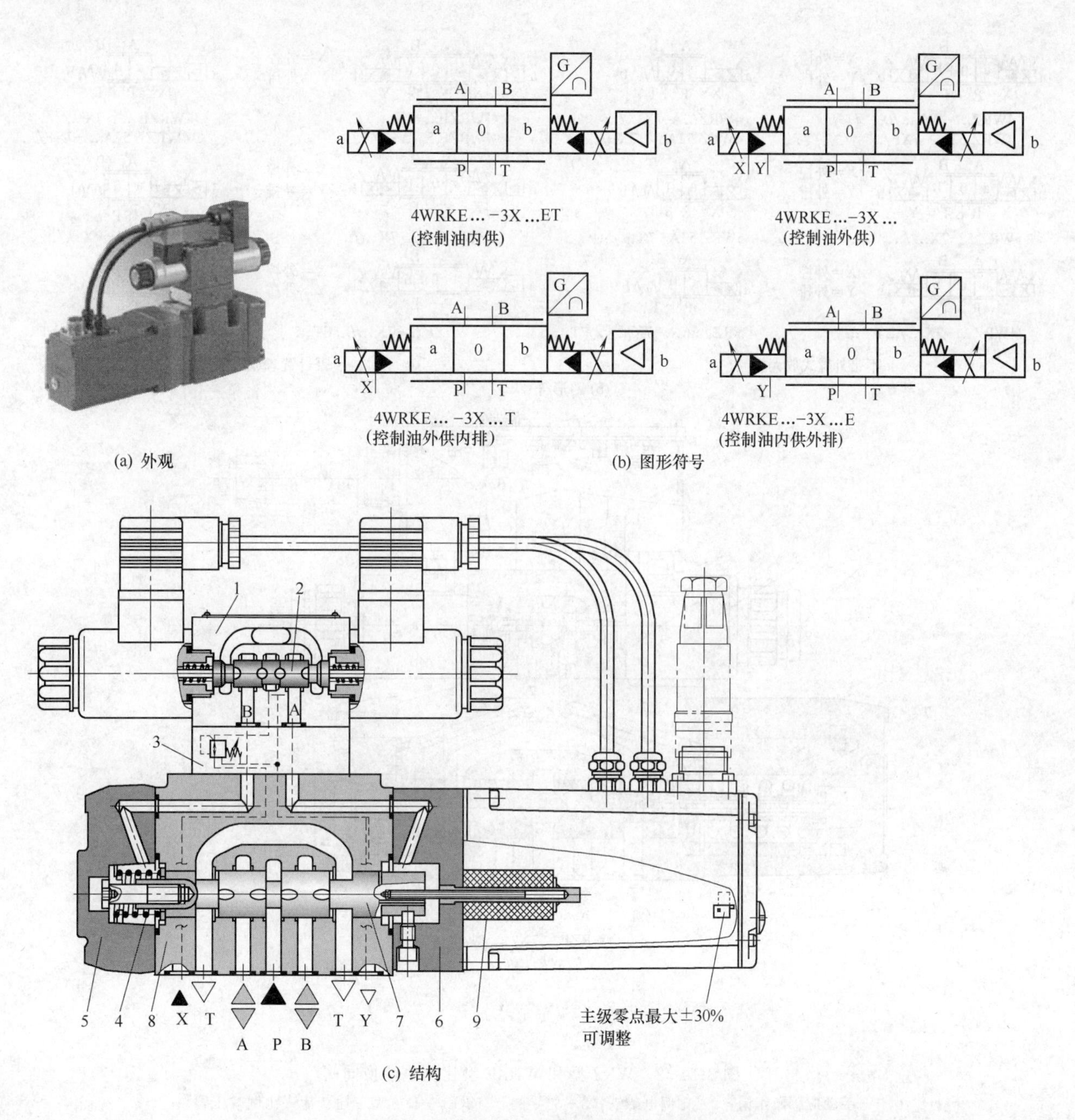

图 3-19-31　4WRKE 型先导式比例方向阀

1—比例先导电磁阀；2—先导电磁阀阀芯；3—减压阀；4—对中弹簧；5—左阀盖；6—右阀盖；7—主阀芯；8—主阀体；9—位移传感器

［例 3-19-32］　WRZ 型和 WRZE 型比例电液换向阀（图 3-19-32）

先导式，通径 10～52mm，有二位四通、三位四通、二位五通和三位五通不带移位反馈等型号。

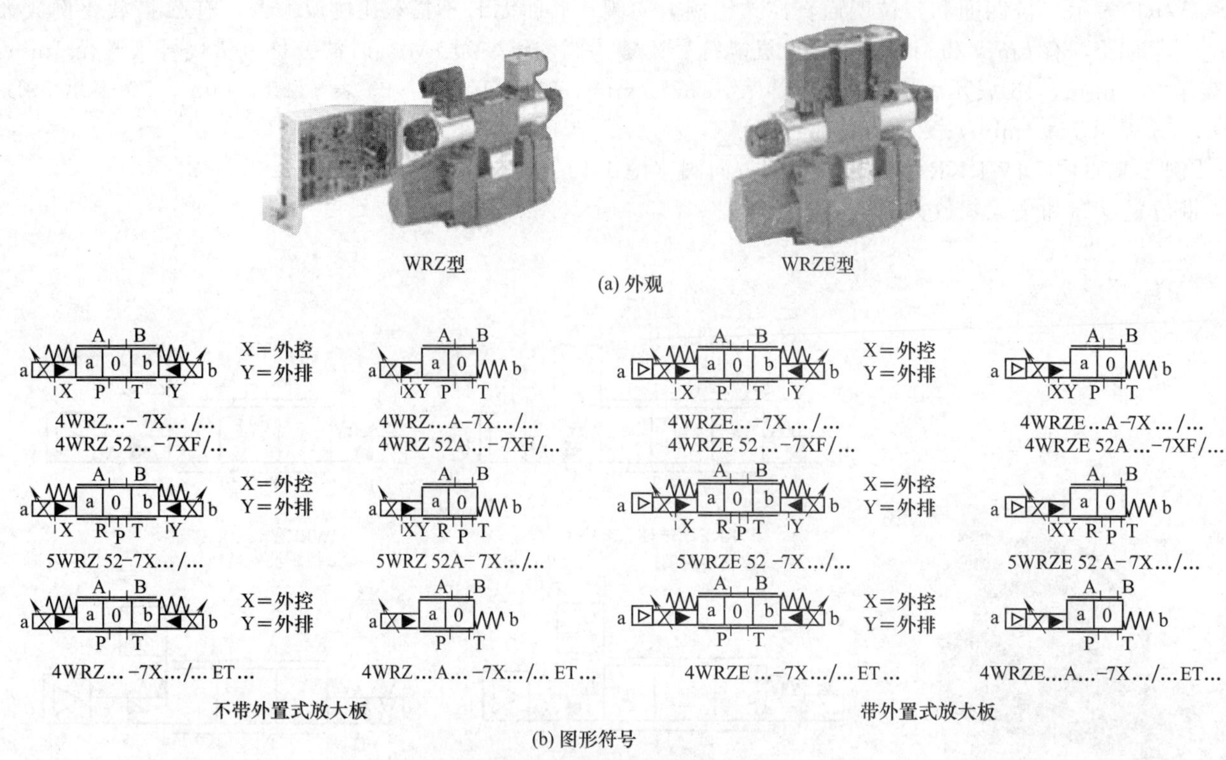

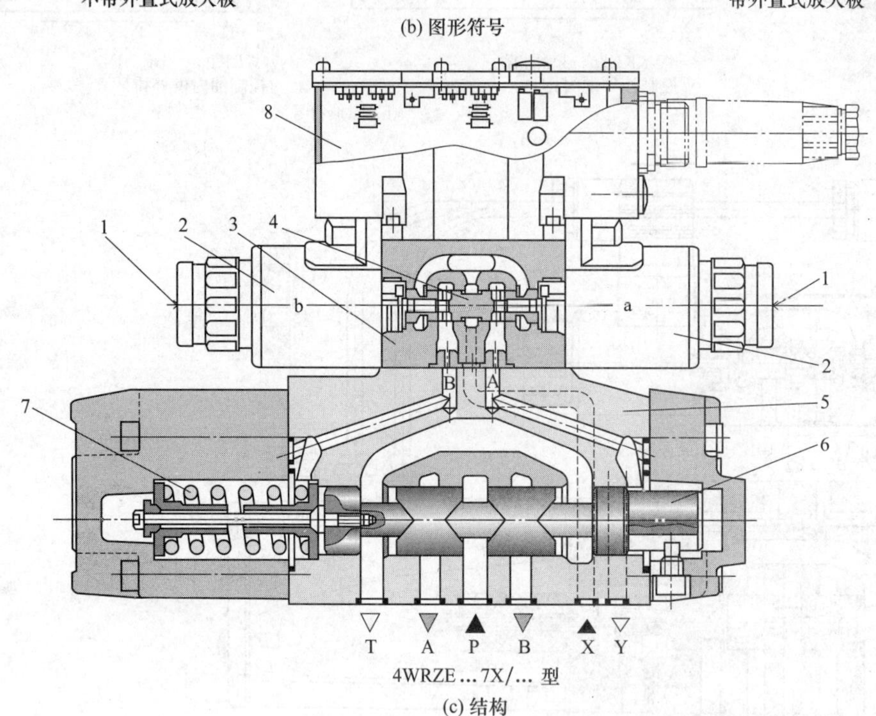

图 3-19-32　WRZ 型和 WRZE 型比例电液换向阀

1—手动应急操作销；2—比例电磁铁；3—先导阀（3DREP—E06 型三通直动式比例减压阀）；
4—控制阀芯；5—主阀（液动换向阀）；6—主阀阀芯；7—对中弹簧；8—电接线盒

［例 3-19-33］　4WRP…6E 型二位四通比例伺服电磁阀（图 3-19-33）

6mm 通径（NG6）；带正遮盖阀芯，具有外部电子控制位置反馈单元，单侧电磁驱动；E 表示配有位置反馈器的电磁铁；用于阀板安装，安装孔符合 ISO 4401-03-02-0-94 标准。

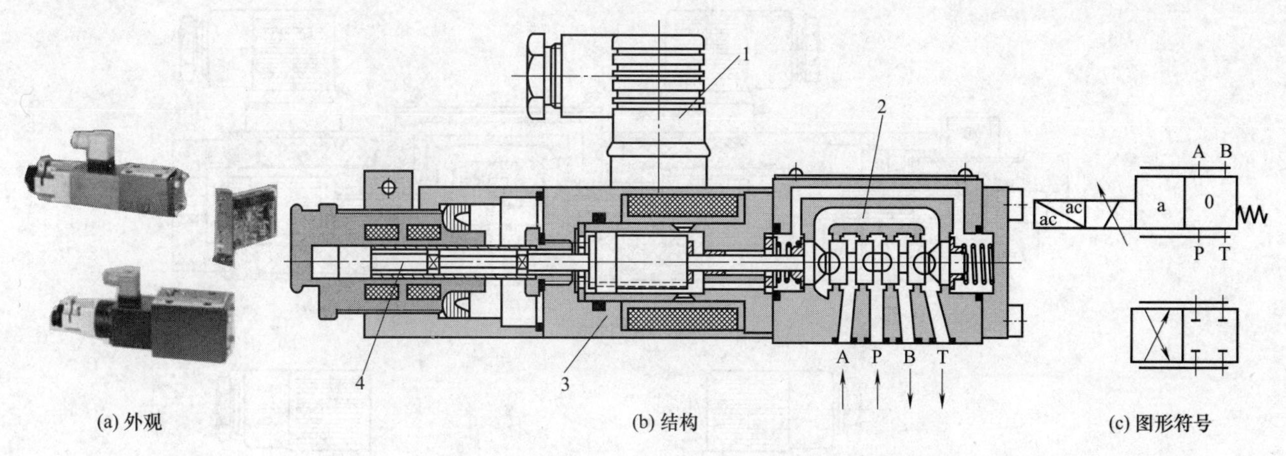

(a) 外观　　(b) 结构　　(c) 图形符号

图 3-19-33　4WRP…6 E 型二位四通比例伺服电磁阀

1—接线端子；2—阀部分；3—比例电磁铁；4—位移传感器

［例 3-19-34］ 4WRP…10 E 型二位四通比例伺服电磁阀（图 3-19-34）

10mm 通径（NG10）；带正遮盖阀芯，具有外部电子控制位置反馈单元，单侧电磁驱动；E 表示配有位置反馈器的电磁铁；用于阀板安装，NG 10 具有符合 ISO 4401-05-06-0-94 标准的附加 L 接口。

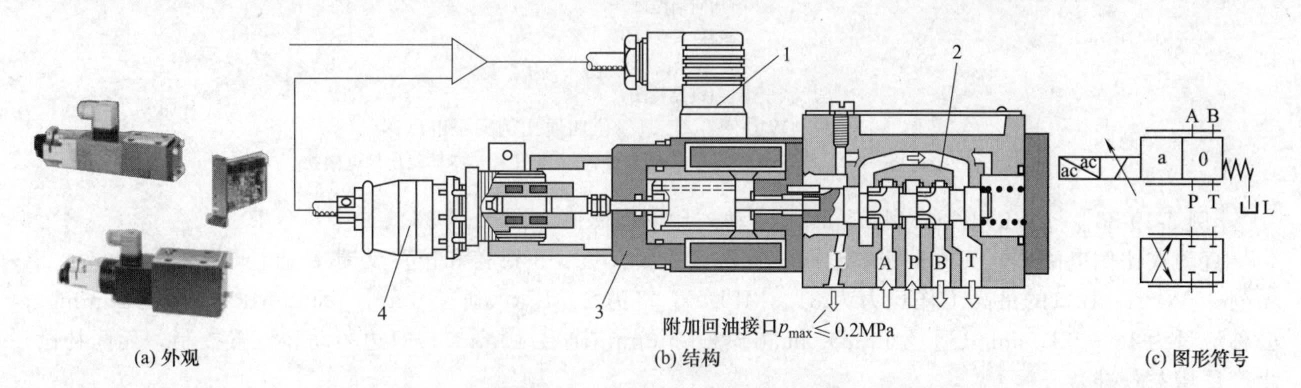

(a) 外观　　(b) 结构　　(c) 图形符号

图 3-19-34　4WRP…10 E 型二位四通比例伺服电磁阀

1—接线端子；2—阀部分；3—带有位移传感器的比例电磁铁　4—位置反馈器

［例 3-19-35］ 4WRP…○E 型三位四通比例伺服电磁阀（图 3-19-35）

○为通径数字代号，6 表示 NG6，10 表示 NG10；带正遮盖阀芯，具有外部电子控制位置反馈单元，单侧电磁驱动；E 表示配有位置反馈器的电磁铁；NG6 安装孔符合 ISO 4401-03-02-0-94 标准，NG 10 具有符合 ISO 4401-05-06-0-94 标准的附加 L 接口。

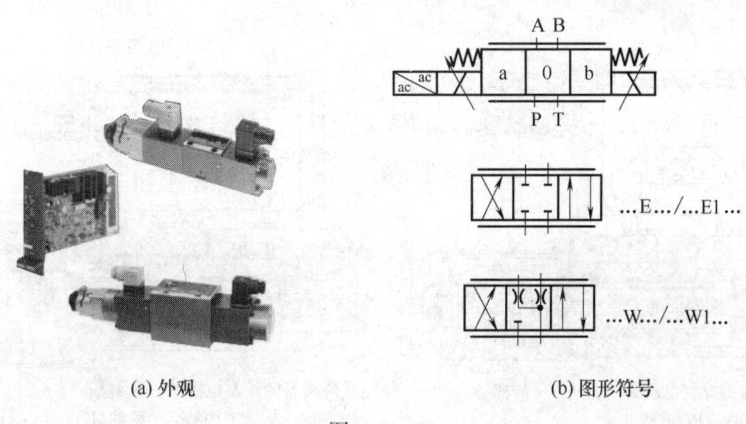

(a) 外观　　(b) 图形符号

图 3-19-35

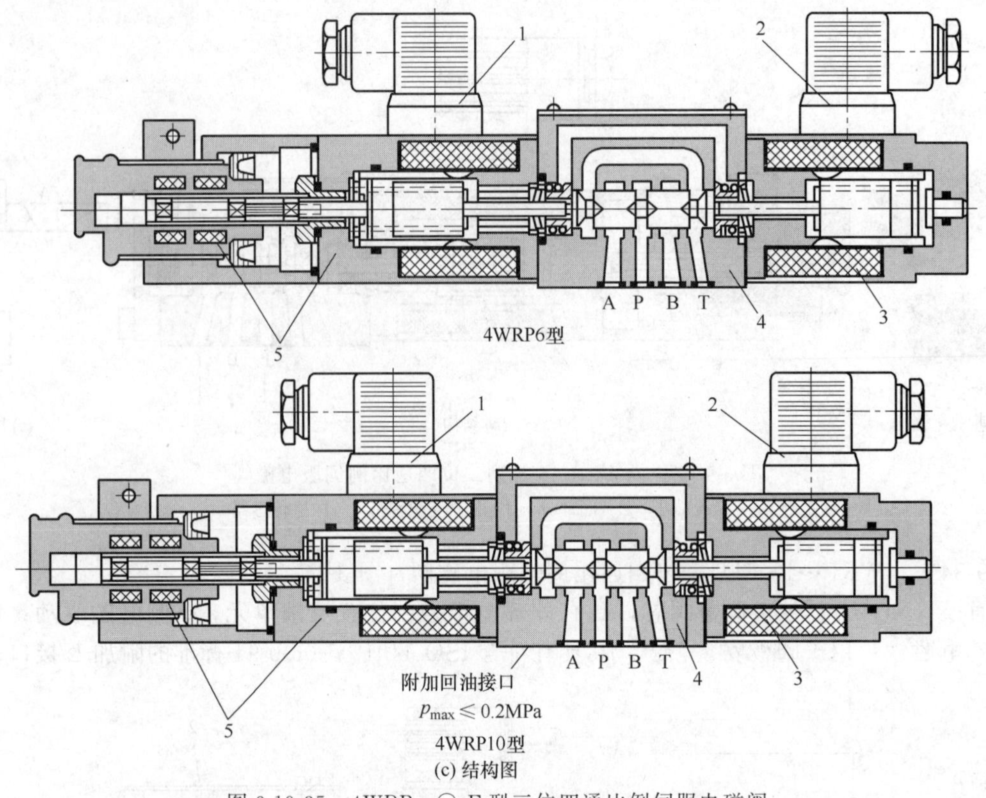

(c) 结构图

图 3-19-35 4WRP…○ E 型三位四通比例伺服电磁阀

1,2—接线端子；3—比例电磁铁；4—阀部分；5—带位移传感器的比例电磁铁

［例 3-19-36］ 4WRPE…E 型二位四通直动式比例电磁阀（图 3-19-36）

直动式比例电磁阀，又称伺服电磁阀；带内置式放大板、正遮盖和位置反馈；通径 6mm、10mm；2X 系列；P、A、B 口的最高工作压力为 31.5MPa，T 口为 25MPa（通径 6mm）和 20MPa（通径 10mm）；公称流量为 18～32L/min（通径 6mm）和 50～80L/mim（通径 10mm）；双边驱动和位置控制，死区补偿，生产厂增益校准。

(a) 外观　　(b) 图形符号

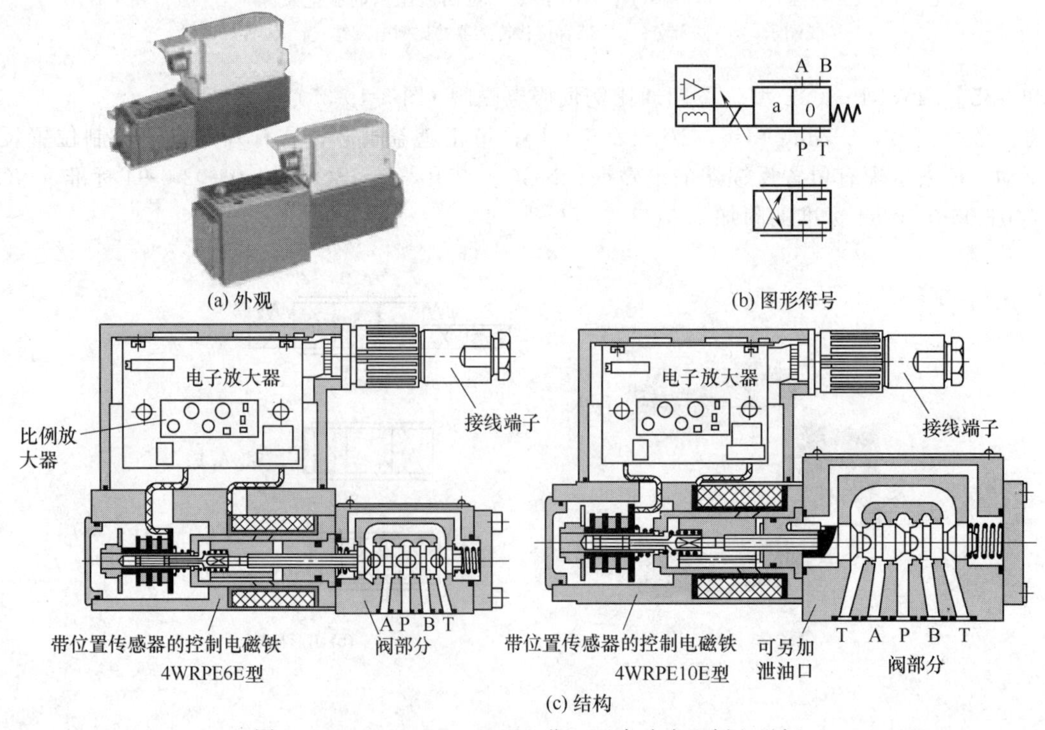

(c) 结构

图 3-19-36 4WRPE…E 型二位四通直动式比例电磁阀

[例 3-19-37] 4WRPE○…★…型三位四通比例电磁阀（图 3-19-37）

4WRP 表示三位四通比例电磁阀，又称伺服电磁阀；E 表示带比例放大器；○为通径（NG6 和 NG10）；★为阀芯职能符号；最大工作压力 P、A、B 口为 31.5MPa，T 口为 20MPa；额定体积流量为 8～31L/min（NG6）和 50～80L/min；NG10 内置有电子控制单元，带正遮盖阀芯和位置反馈 。

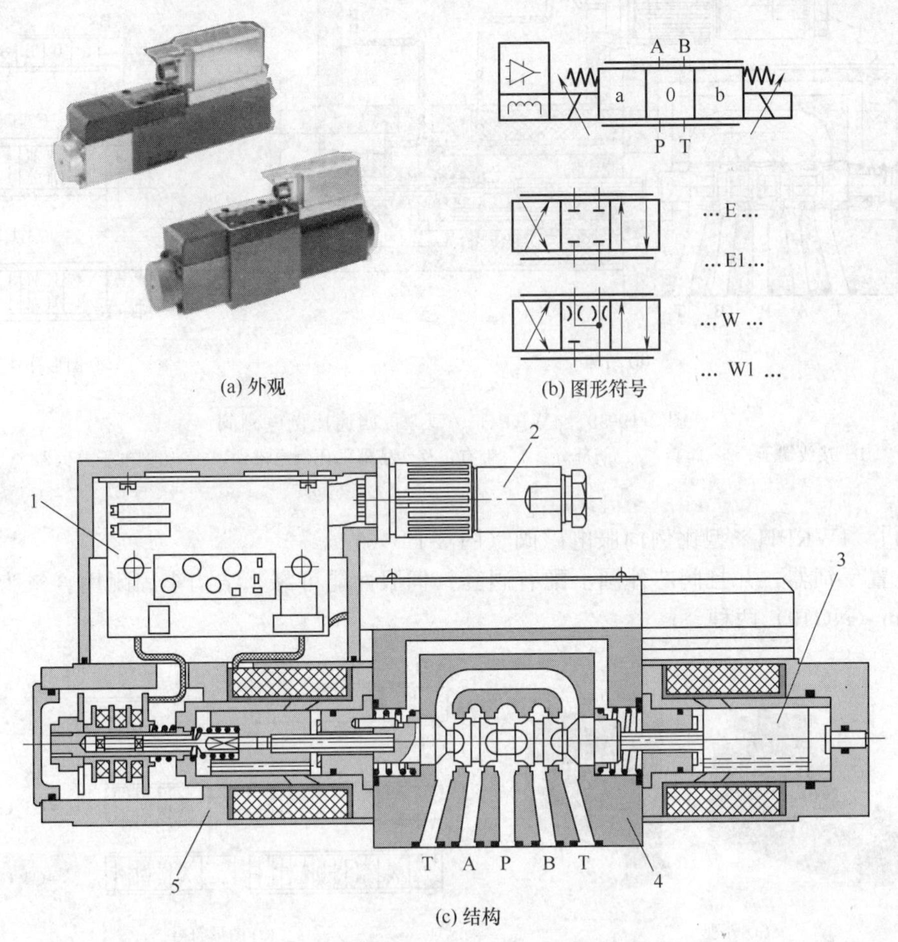

图 3-19-37 4WRPE○…★…型三位四通比例电磁阀

1—比例电子放大器；2—接线端子；3—比例电磁铁；4—阀部分；5—带有位移传感器的比例电磁铁

[例 3-19-38] 4WRPH6 型三位四通比例电磁阀（图 3-19-38）

H 表示结构上阀芯外周带阀套，类似伺服阀的结构，但采用比例电磁铁，而不是力矩马达，6mm 通径，其余同上。

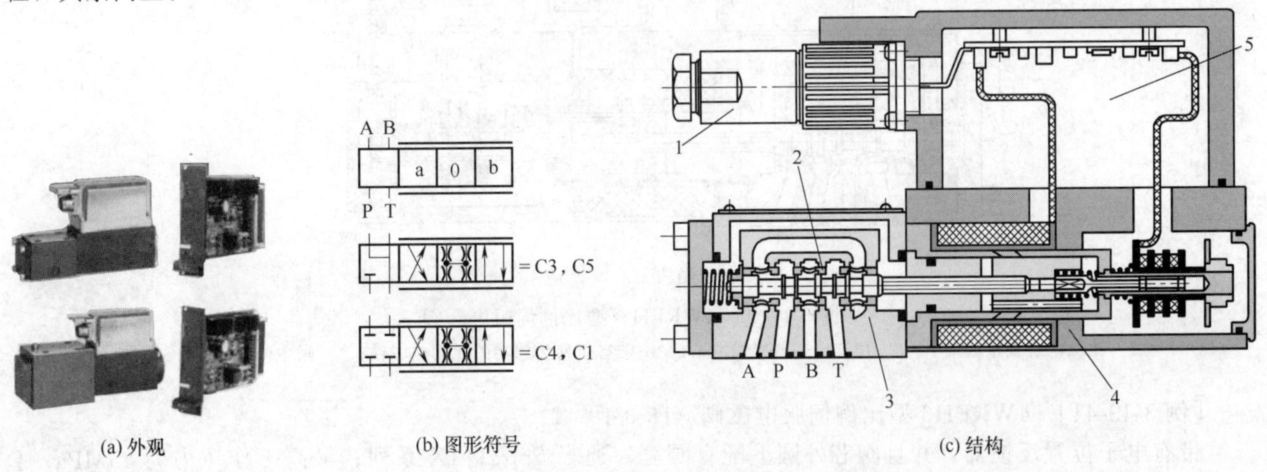

图 3-19-38 4WRPH6 型三位四通比例电磁阀

1—接线端子；2—阀套；3—阀部分；4—带有位移传感器的比例电磁铁；5—比例电子放大器

[例 3-19-39] 4WRPH10 型三位四通比例电磁阀（图 3-19-39）

H 表示结构上阀芯外周带阀套，10mm 通径，其余同上。

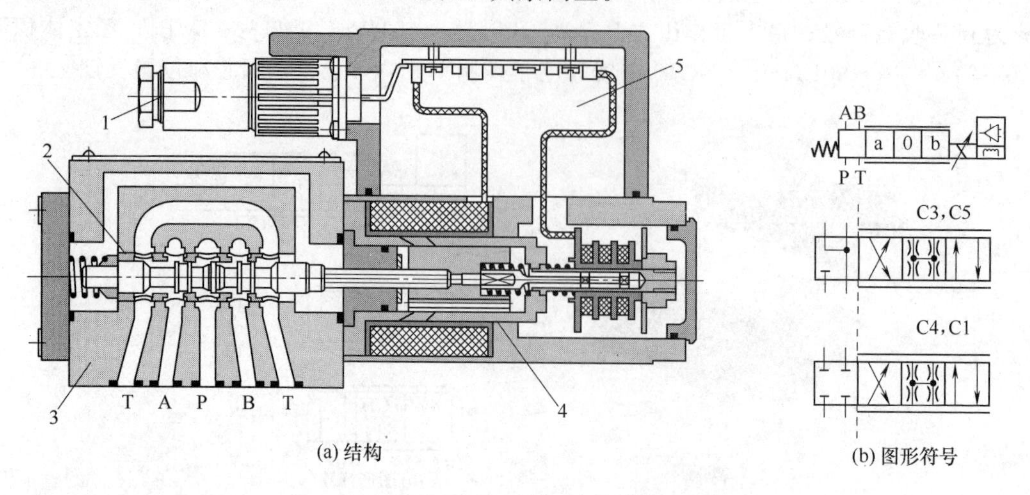

(a) 结构　　(b) 图形符号

图 3-19-39　4WRPH10 型三位四通比例电磁阀

1—接线端子；2—阀套；3—阀部分；4—带有位移传感器的比例电磁铁；5—比例电子放大器

[例 3-19-40] 4WRPH※型比例伺服电磁阀（图 3-19-40）

带有电子位置反馈器，并且阀芯外圆上配有阀套。伺服性能可靠，结构牢固耐用。※为通径，有 6mm（NG6）和 10mm（NG10）两种。

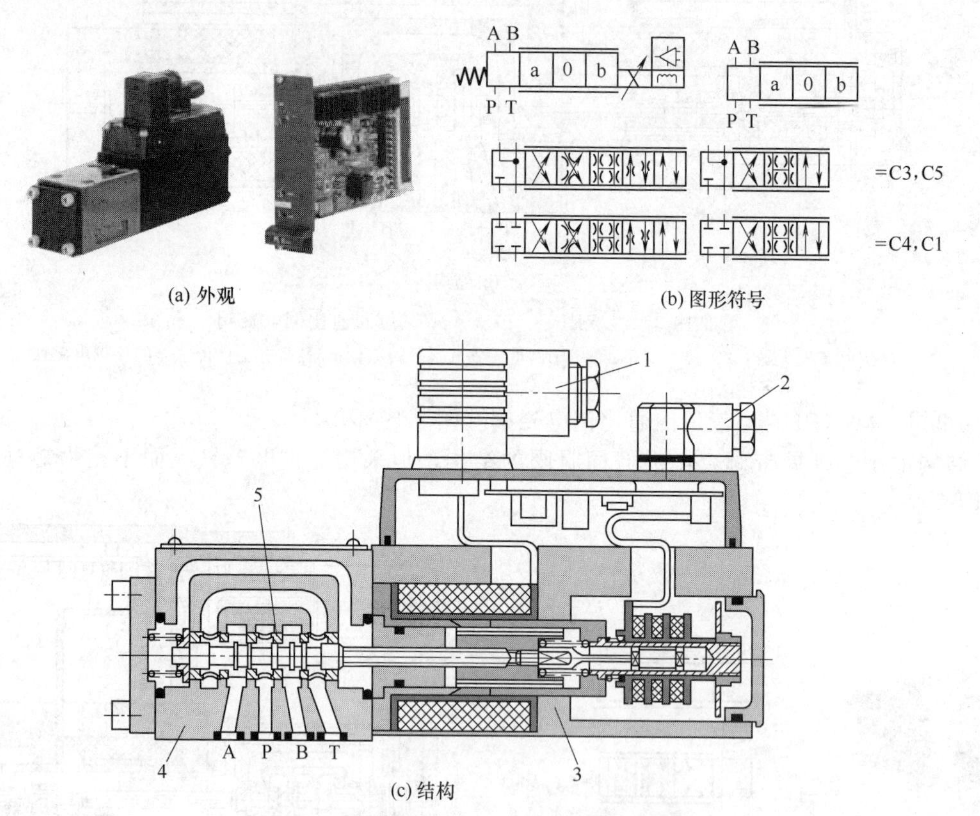

(a) 外观　　(b) 图形符号

(c) 结构

图 3-19-40　4WRPH※型比例伺服电磁阀

1—比例电磁铁接线端子；2—位移传感器接线端子；3—带有位移传感器的比例电磁铁；4—阀主体部分；5—阀套

[例 3-19-41] 4WRPH6 型比例伺服电磁阀（图 3-19-41）

带有电子位置反馈器，并且阀芯外圆上配有阀套。通径 6mm；1X 系列；最高工作压力为 25MPa；公称流量为 4～40L/min（Δp 为 7MPa）。

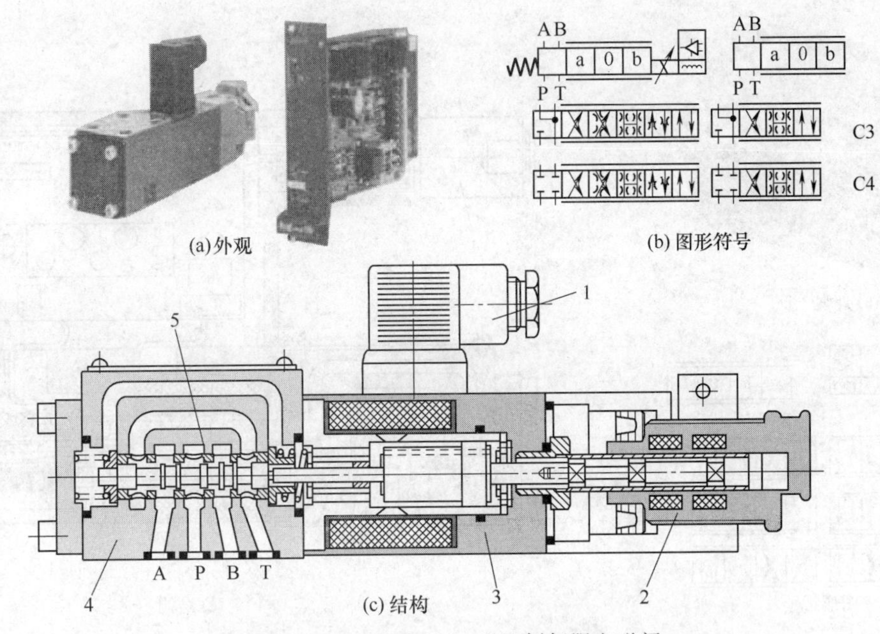

图 3-19-41 4WRPH6 型比例伺服电磁阀

1—接线端子；2—位移传感器；3—比例电子放大器；4—阀部分；5—阀套

［例 3-19-42］ 4WRPH10 型比例伺服电磁阀（图 3-19-42）

阀芯外圆上配有阀套，具有伺服性能；单边驱动，断电时处于四位四通的保险位置。

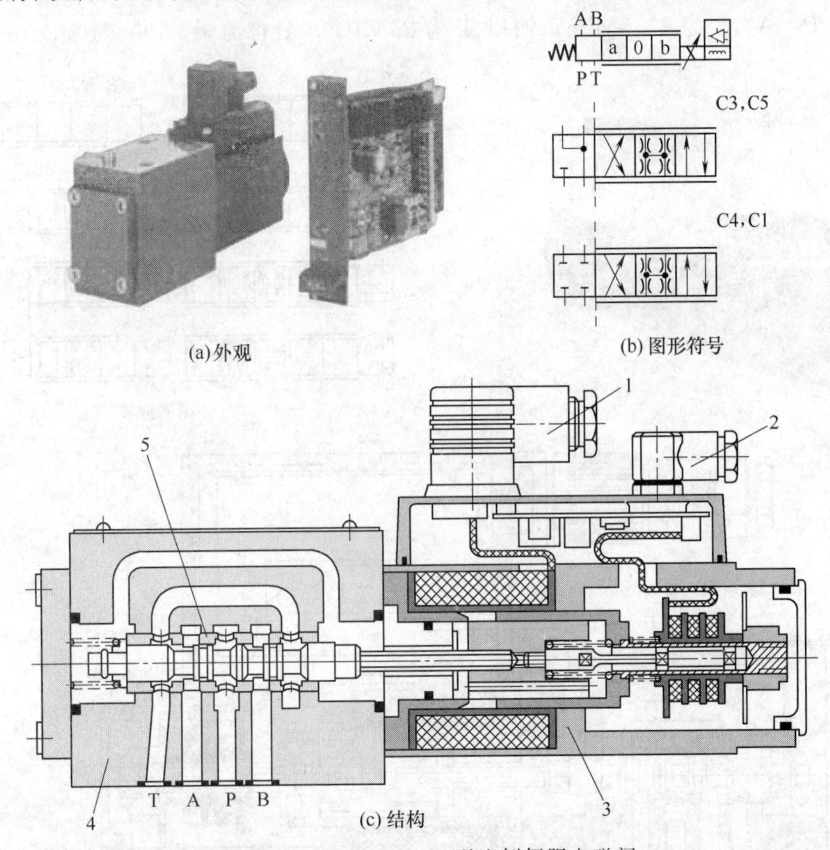

图 3-19-42 4WRPH10 型比例伺服电磁阀

1—比例电磁铁接线端子；2—位移传感器接线端子；3—带有位移传感器的比例电磁铁；4—阀部分；5—阀套

［例 3-19-43］ 4WRPEH6 型四位四通比例伺服电磁阀（图 3-19-43）

4WRP 表示比例电磁阀；E 表示带电子放大器；H 表示采用阀套结构；6 表示通径 NG6 ；2X 系列；最高工作压力油口 P、A、B 为 31.5MPa，油口 T 为 25MPa ；公称流量为 2～40L/min（Δp 为 7MPa）。

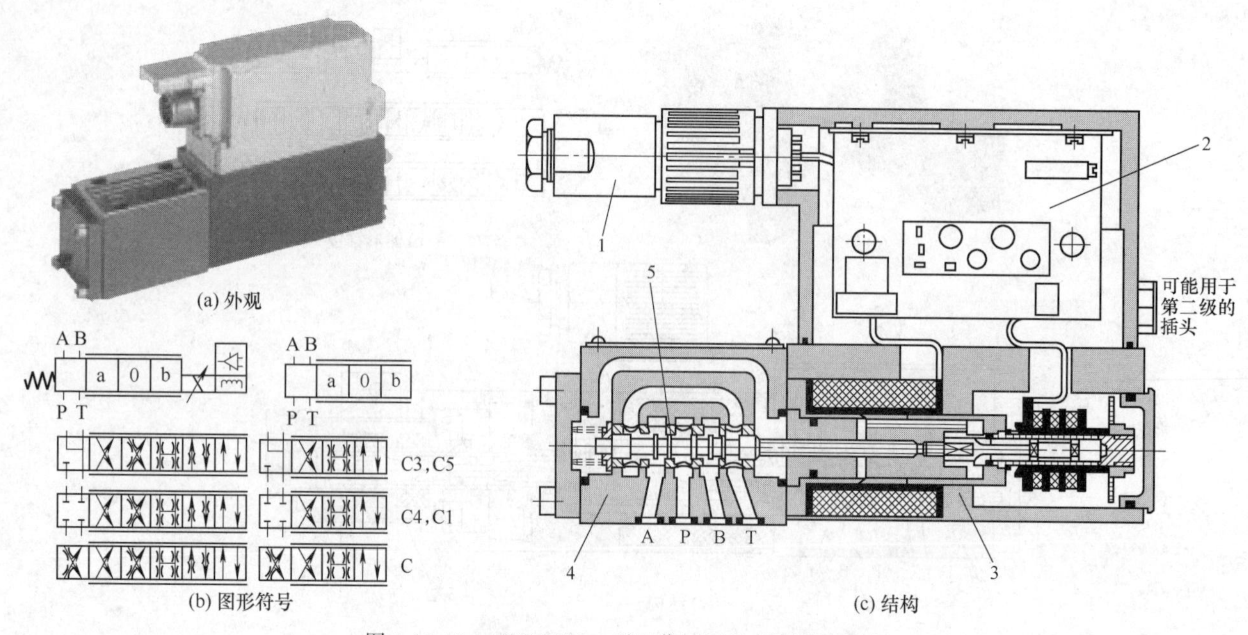

图 3-19-43 4WRPEH 6 型四位四通比例伺服电磁阀

1—比例电磁铁接线端子；2—比例电子放大器；3—带有位移传感器的比例电磁铁；4—阀部分；5—阀套

[例 3-19-44] 4WRPEH10 型四位四通比例伺服电磁阀（图 3-19-44）

4WRP 表示比例电磁阀；E 表示带电子放大器；H 表示采用阀套结构；10 表示通径 NG10 ；2X 系列；最高工作压力油口 P、A、B 为 31.5MPa，油口 T 为 25MPa ；公称流量为 50～100L/min（Δp 为 7MPa）。

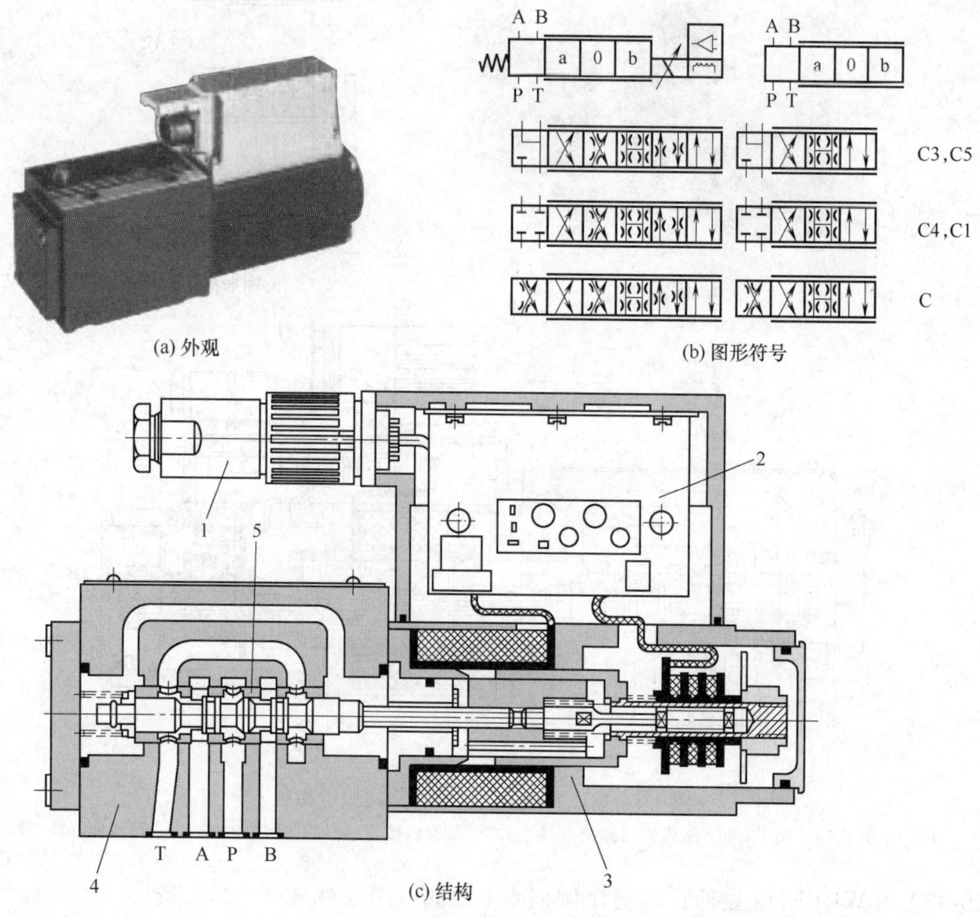

图 3-19-44 4WRPEH10 型四位四通比例伺服电磁阀

1—比例电磁铁接线端子；2—比例电子放大器；3—带有位移传感器的比例电磁铁；4—阀部分；5—阀套

［例 3-19-45］　4WRREH6 型直动式比例伺服电磁阀（图 3-19-45）

6 表示通径 NG6；1X 系列；最高工作压力 P、A、B 口为 31.5MPa，T 口为 10MPa；公称流量为 4～40L/min（Δp 为 7MPa）。此阀带有控制阀芯和阀套，具有伺服性能；双行程电磁铁带有位置反馈和内置电子线路，可作为先导阀使用，例如用于带位置传感器的二位三通控制插装阀。

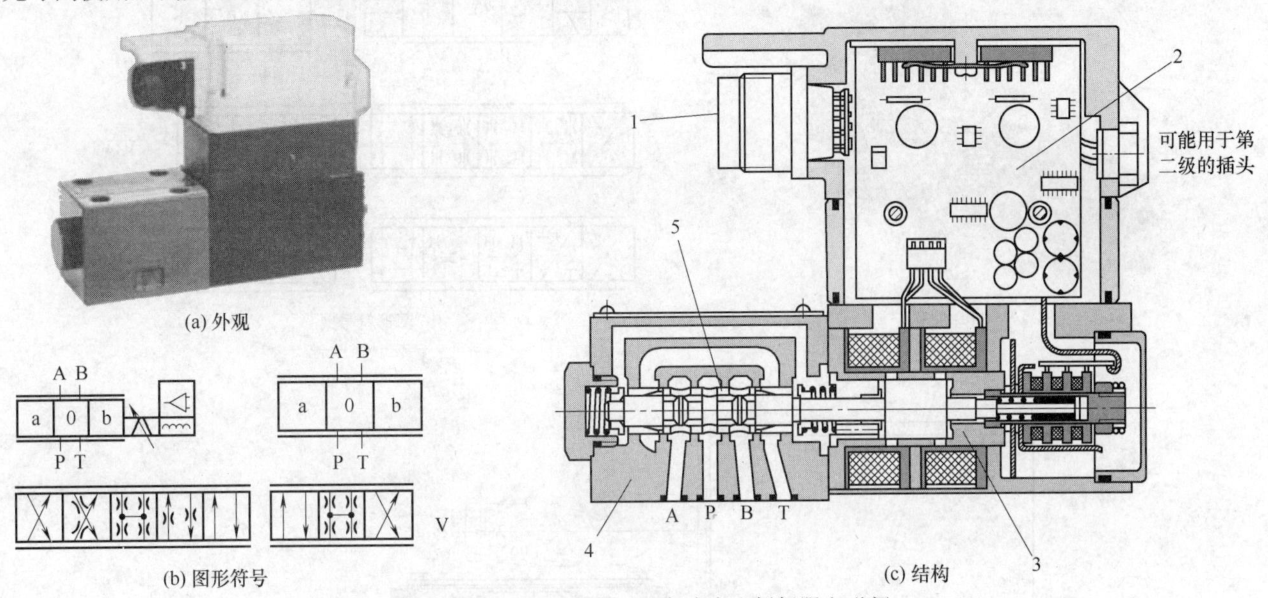

图 3-19-45　4WRREH 6 型直动式比例伺服电磁阀

1—接线端子；2—比例电子放大器；3—双行程比例电磁铁；4—阀部分；5—阀套

［例 3-19-46］　5WRP10 型直动式比例伺服电磁阀（图 3-19-46）

控制电磁铁内有位置反馈器和位移传感器。

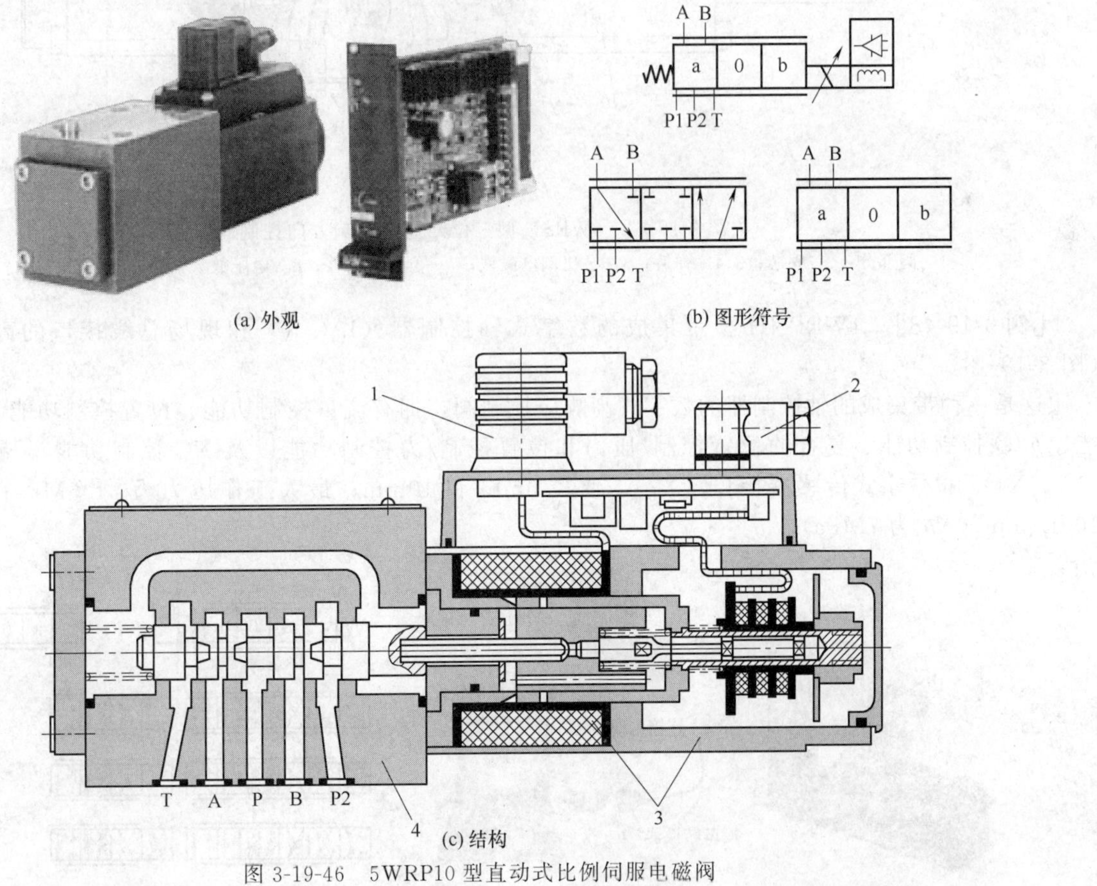

图 3-19-46　5WRP10 型直动式比例伺服电磁阀

1—比例电磁铁接线端子；2—位移传感器接线端子；3—带位移传感器的比例电磁铁；4—阀部分

［例 3-19-47］ 4WRSE 型三位四通高频响方向控制阀（图 3-19-47）

通径 6mm 和 10mm；3X 系列；最高工作压力为 31.5MPa 公称流量为 180L/min。

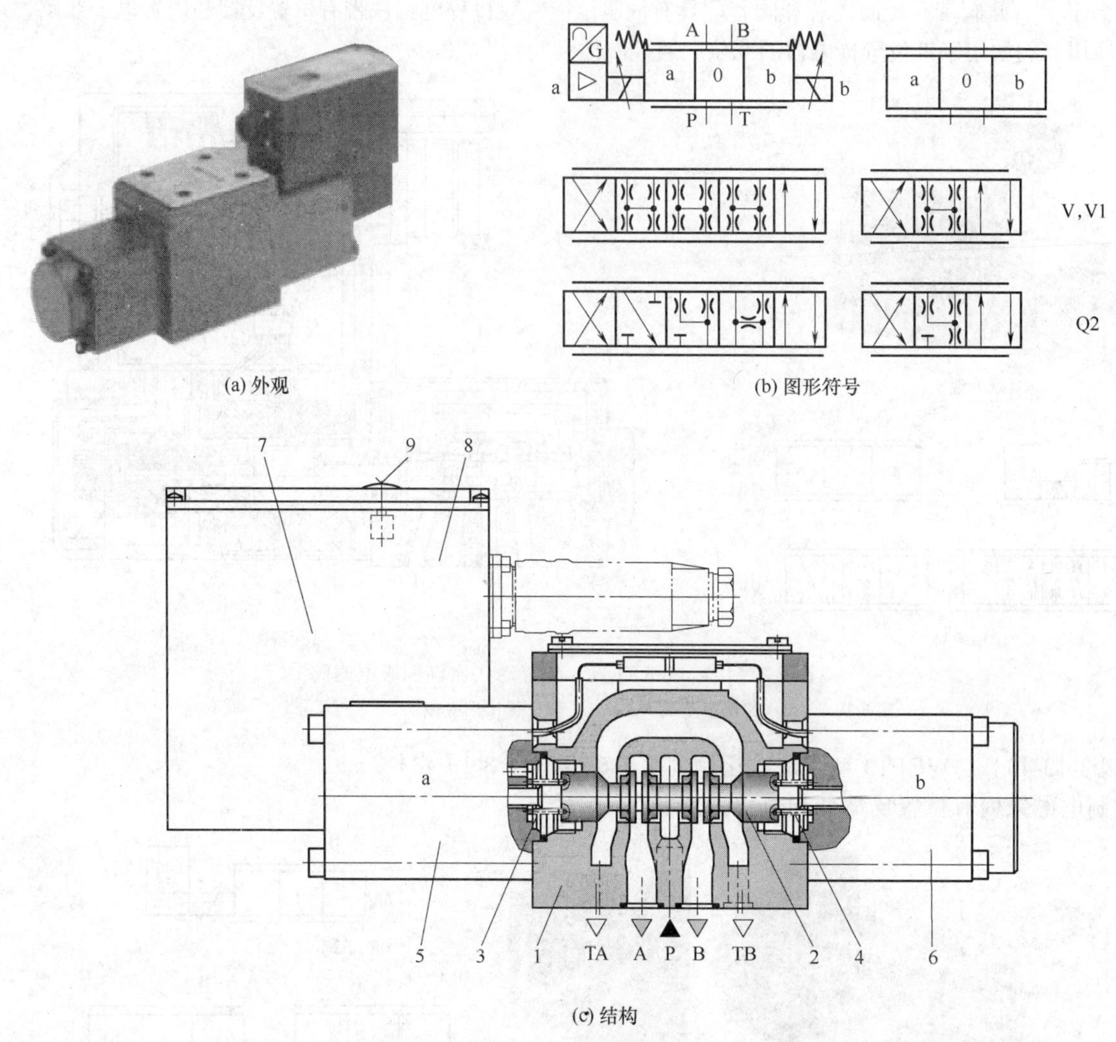

(a) 外观　(b) 图形符号

(c) 结构

图 3-19-47　4WRSE 型三位四通高频响方向控制阀

1—阀部分；2—阀芯；3，4—弹簧；5，6—比例电磁铁；7—位移传感器；8—电子放大器；9—零点调整装置

［例 3-19-48］ 4WRPNH 型带集成的数字式轴控制器（IAC-R）和现场总线接口的高响应控制阀（图 3-19-48）

这是一种带集成的轴控制器的数字式高响应控制阀，拥有流量控制功能、位置控制功能、压力控制功能、p/Q 控制功能、复合的位置控制/压力和位置控制/力控制功能以及 NC 控制功能 。带模拟式接口（X1、X4）和数字式传感器接口（X7）。通径 6mm 和 10mm；最大工作压力为 31.5MPa；最大流量为 100L/min（Δp 为 7MPa）。

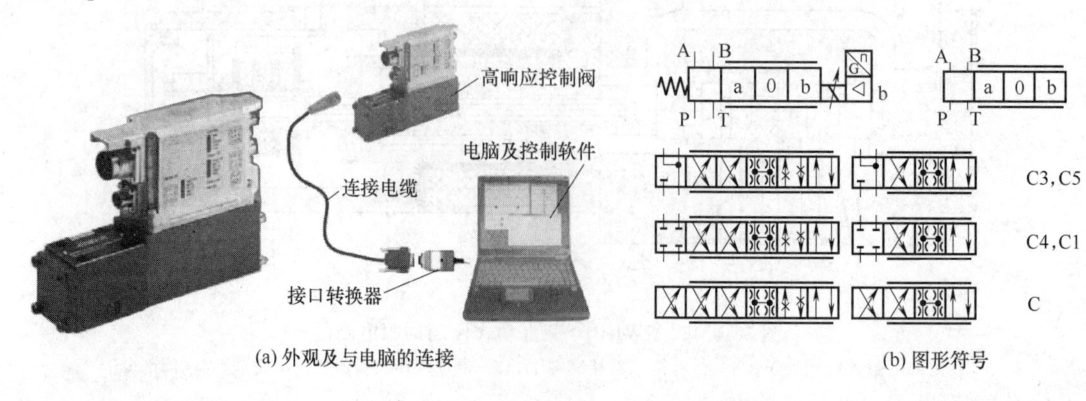

(a) 外观及与电脑的连接　(b) 图形符号

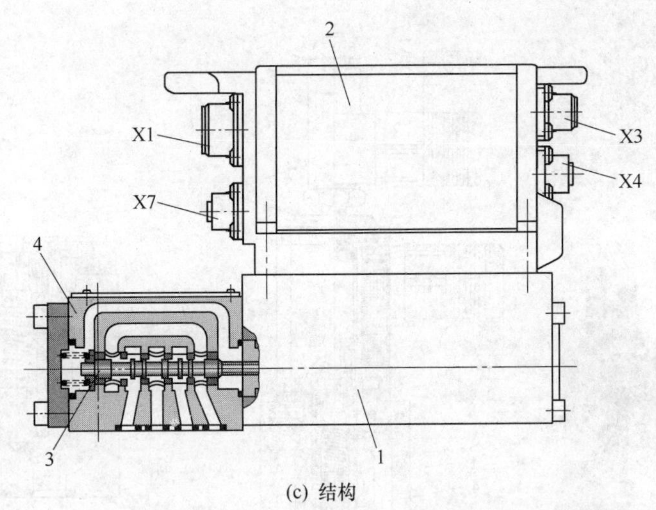

(c) 结构

图 3-19-48 4WRPNH 型带集成的数字式轴控制器（IAC-R）和现场总线接口的高响应控制阀

1—直动式高响应控制阀；2—集成的数字式轴控制器；3—阀芯；4—阀体；

X1，X4—模拟式接口；X3—现场总线接口；X7—数字式传感器接口

［例 3-19-49］ 4WRLE 型先导式比例伺服电磁阀（图 3-19-49）

这是一种两级比例伺服电磁阀，由先导级阀［直动式比例（伺服）阀］与主级阀（带位移传感器的液动阀）组成；通径有 10mm、16mm、25mm、35mm 四种；最高工作压力 P、A、B 口为 35MPa，T、X、Y 口为 25MPa；公称流量为 40～1000L/min（Δp 为 1MPa）。

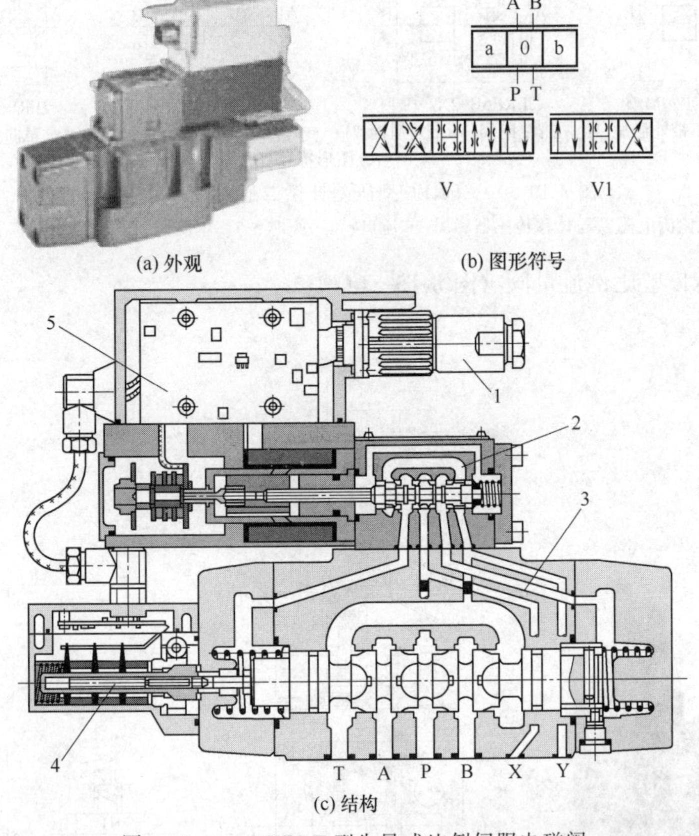

(a) 外观 (b) 图形符号

(c) 结构

图 3-19-49 4WRLE 型先导式比例伺服电磁阀

1—接线端子；2—直动式比例（伺服）阀；3—带位移传感器的液动阀；4—位移传感器；5—比例放大器

3-19-1-4 比例流量阀（比例调速阀）

［例 3-19-50］ 2FRE6 型压差补偿二通式比例调速阀（图 3-19-50）

通径 6mm，位移电反馈。

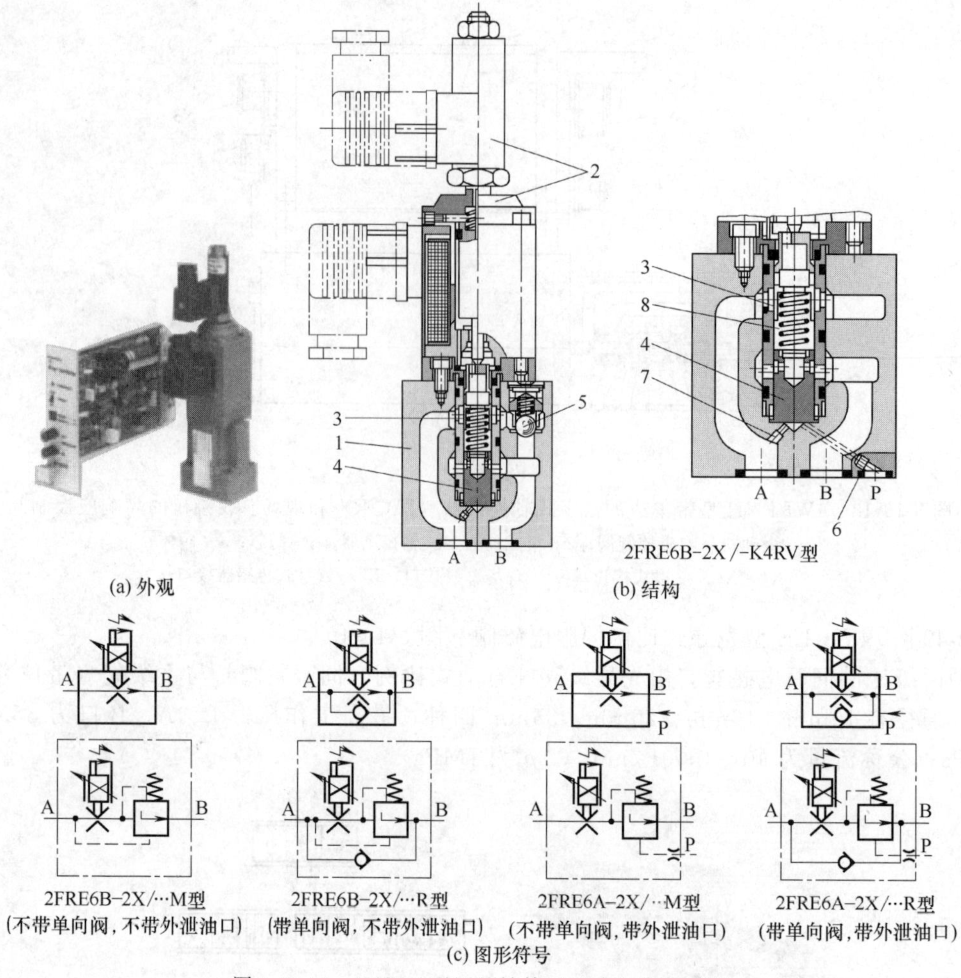

图 3-19-50　2FRE6 型压差补偿二通式比例调速阀

1—阀体；2—比例电磁铁与位移传感器；3—节流口；4—阀芯；5—单向阀；6—阻尼；7—通道；8—阀套

［例 3-19-51］　2FRE 型比例流量阀（图 3-19-51）

通径 10mm、16mm。

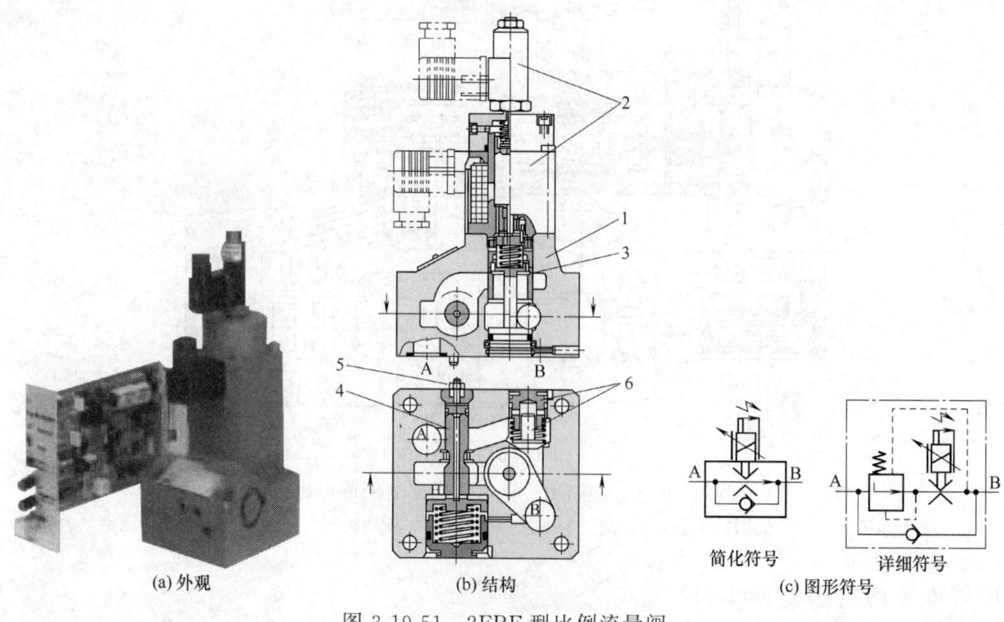

图 3-19-51　2FRE 型比例流量阀

1—阀体；2—比例电磁铁与位移传感器；3—节流阀芯开口；4—压力补偿阀；5—行程限位螺钉；6—单向阀

3-19-2　日本油研公司比例阀

［例 3-19-52］　EDG-01-△-1 型直动式比例溢流阀、比例先导调压阀（图 3-19-52）

E 为系列号；DG 表示直动式比例溢流阀；01 为通径尺寸代号；最大使用流量为 2L/min；△为压力调节范围，B 表示 0.5～6.9MPa、C 表示 1.0～15.7MPa、H 表示 1.2～24.5MPa；1 表示带安全阀，不标注为不带安全阀；最高使用压力为 24.5MPa。

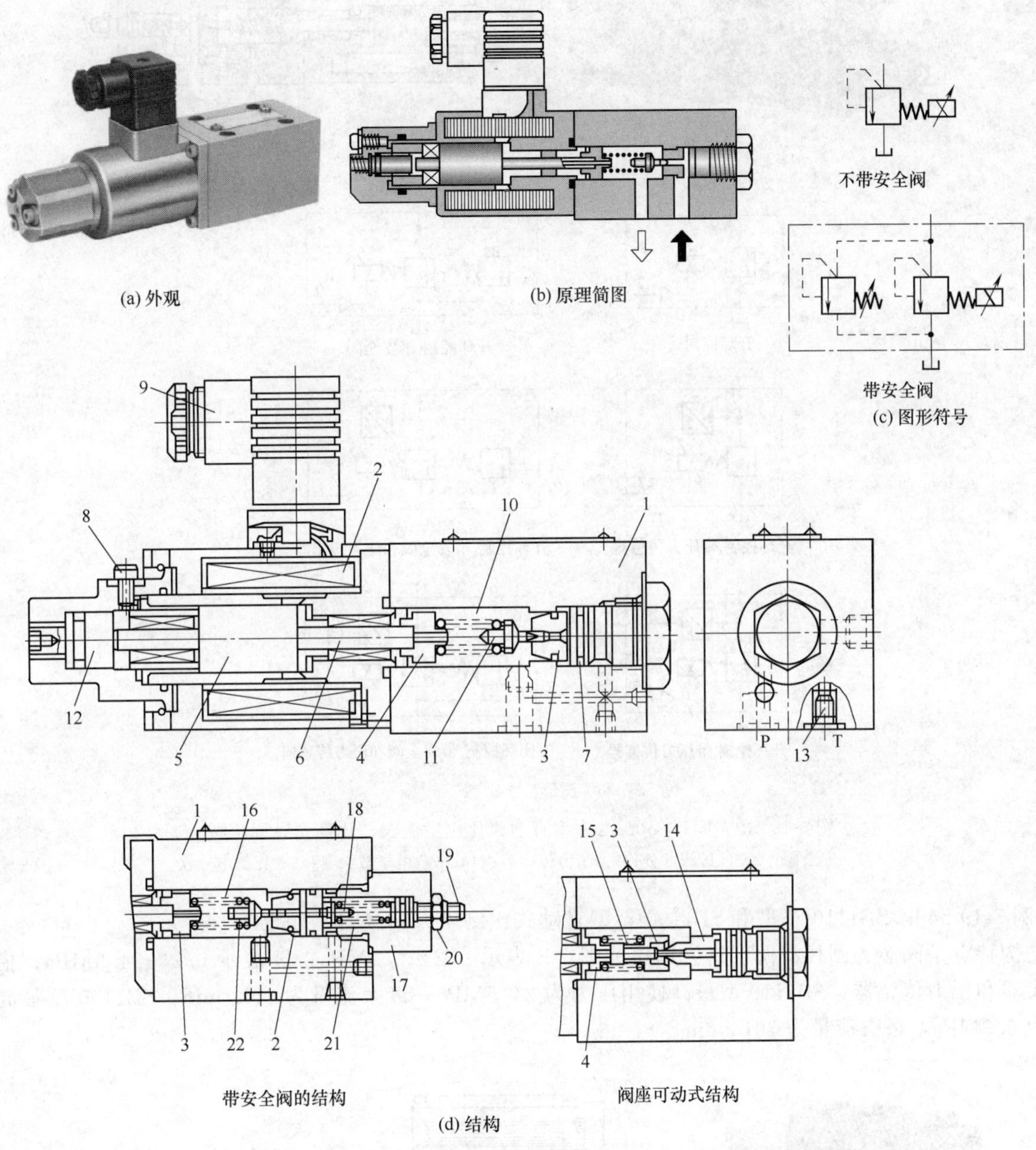

图 3-19-52　EDG-01-△-1 型直动式比例溢流阀、比例先导调压阀

1—阀体；2—线圈；3—阀座；4—弹簧座；5—可动铁芯；6—推杆；7—O 形圈；8—放气螺钉；9—接线端子；10—传力调压弹簧；11—先导锥阀；12—手动调节螺钉；13—固定节流螺钉；14—阀芯（固定）；15—弹簧；16—调压弹簧；17—安全阀；18—安全阀阀芯；19—调压螺钉；20—锁母；21—安全阀调压弹簧；22—针阀

［例 3-19-53］　EHDG-01-△-1 型直动式比例溢流阀、比例先导调压阀（图 3-19-53）

EH 为系列号；DG 表示直动式比例溢流阀；01 为通径尺寸代号；最大使用流量为 2L/min；△为压力调节范围，B 表示 0.5～6.9MPa，C 表示 1.0～15.7MPa、H 表示 1.2～24.5MPa；1 表示带安全阀，不标注为不带安全阀；搭载电子放大器和压力传感器，最高使用压力为 24.5MPa。

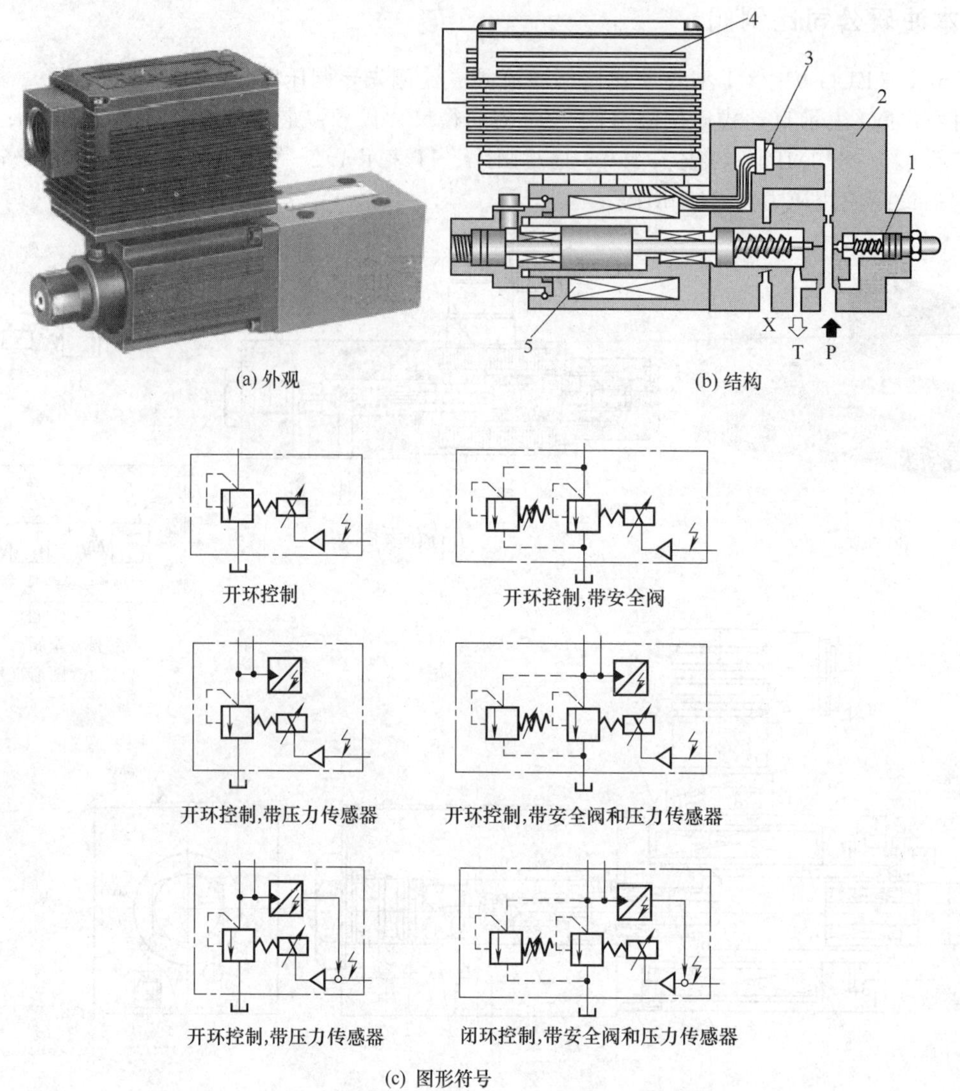

图 3-19-53 EHDG-01-△-1 型直动式比例溢流阀、比例先导调压阀

1—安全阀；2—液压阀部分；3—压力传感器；4—搭载电子放大器；5—比例电磁铁

[例 3-19-54] SB1110-※型和 SB1190-※型直动式比例压力阀（图 3-19-54）

结构特点是阀芯为圆柱滑阀。※为调压范围，B 表示 0.2～6.9MPa，H 表示 0.2～24.5MPa；搭载电子放大器和压力传感器；SB1110 型最高使用压力为 24.5MPa，最大流量为 30L/min，SB1190 型最高使用压力为 6.9MPa，最大流量为 70L/min。

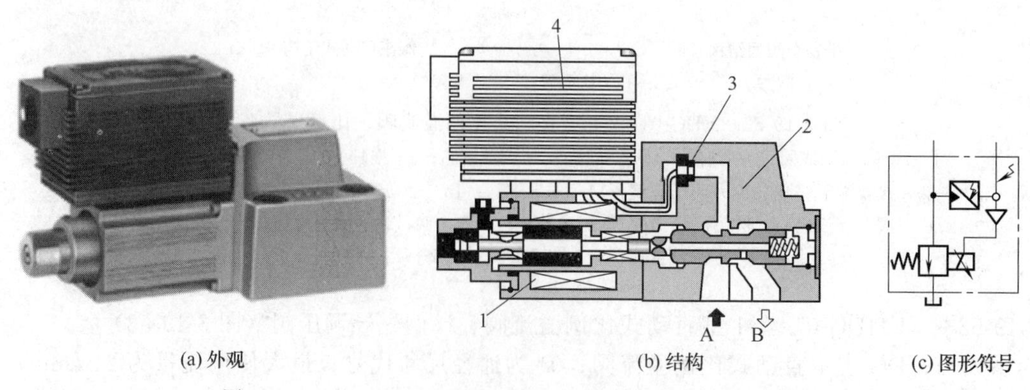

图 3-19-54 SB1110-※型和 SB1190-※型直动式比例压力阀

1—比例电磁铁；2—液压阀部分；3—压力传感器；4—搭载电子放大器

[例 3-19-55] EHBG-03、EHBG-06、EHBG-10 型先导式比例溢流阀（图 3-19-55）

搭载电子放大器和压力传感器；最大使用流量 EHBG-03 型为 100L/min，EHBG-06 型为 200L/min，EHBG-10 型为 400L/min；压力使用范围各有 0.6～15.7MPa 和 0.6～24.5MPa 两种。

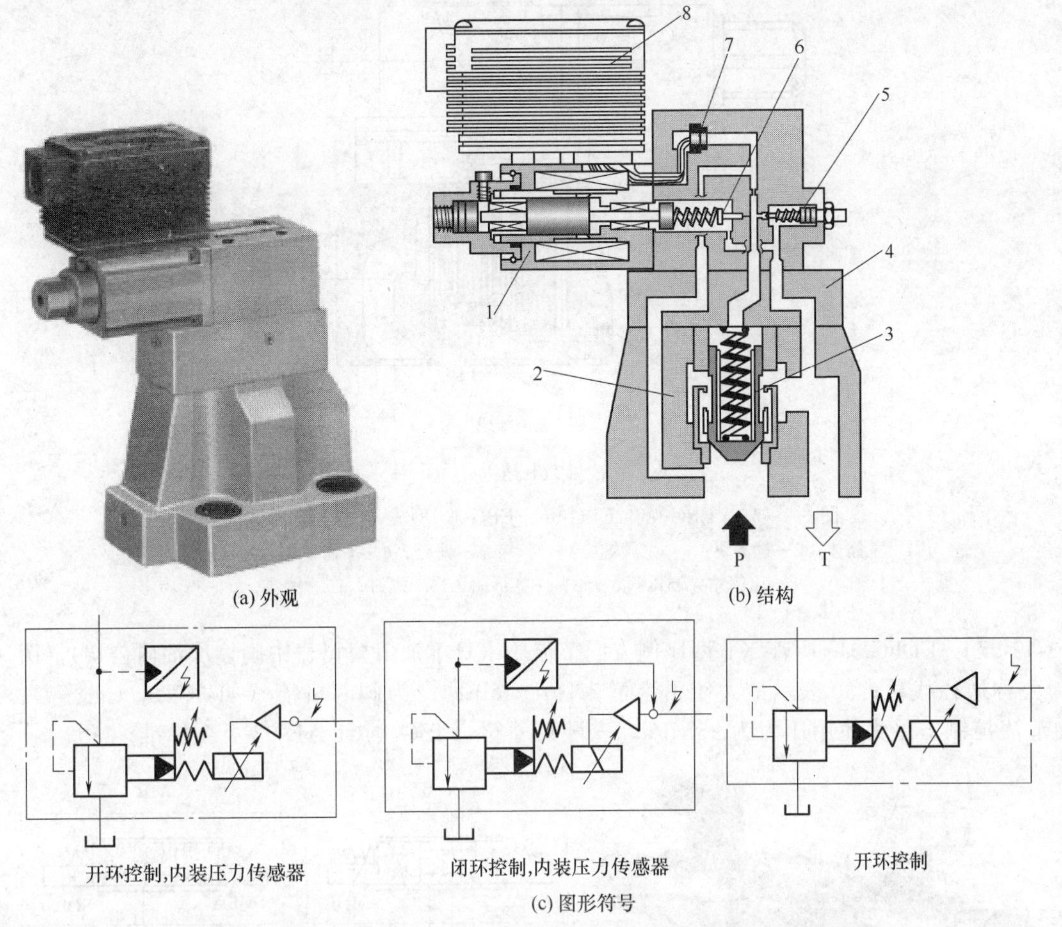

图 3-19-55 EHBG-03、EHBG-06、EHBG-10 型先导式比例溢流阀

1—比例电磁铁；2—主阀阀体；3—主阀阀芯；4—过渡板；5—安全阀；6—锥阀芯；7—压力传感器；8—通信接头

[例 3-19-56] EBG-03、EBG-06、EBG-10 型先导式比例溢流阀（日本油研公司、中国榆次油研公司）（图 3-19-56）

安装尺寸：EBG-03 型符合 ISO 6264-AR-06-2-A 标准，EBG-06 型符合 ISO 6264-AS-08-2-A 标准，EBG-10 型符合 ISO 6264-AT-10-2-A 标准。

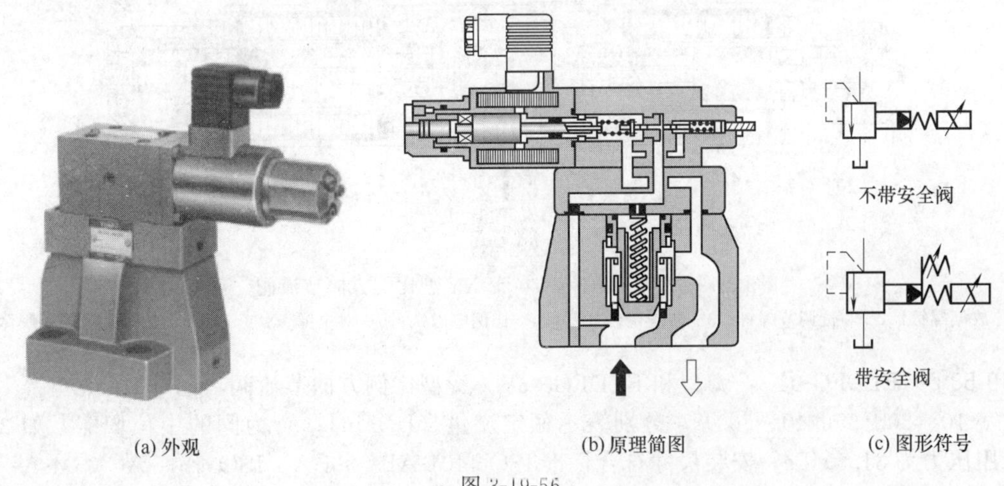

图 3-19-56

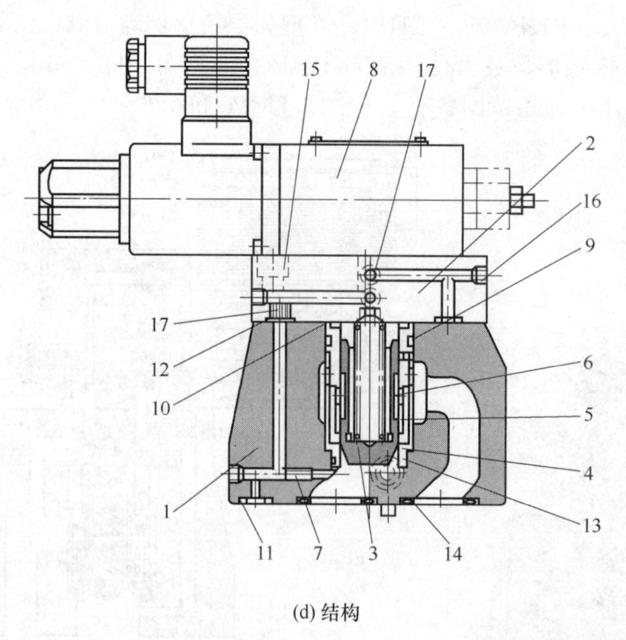

(d) 结构

图 3-19-56　EBG-03、EBG-06、EBG-10 型先导式比例溢流阀

1—主阀体；2—过渡块；3—主阀芯；4—阀套；5—薄套；6—平衡弹簧；7，17—阻尼；8—比例先导调压阀；9～14—O 形圈；15—螺钉；16—螺塞

［例 3-19-57］　EDFG-01-30-☆-XY 型比例方向节流阀（日本油研公司、中国榆次油研公司）（图 3-19-57）

01 为公称通径代号；30 表示最大使用流量为 30L/min；☆为阀芯机能（如 3C2、3C40 等）；XY 表示进、出油节流控制；最大使用压力为 25MPa；安装尺寸符合 ISO 4401-AB-03-4-A 标准。

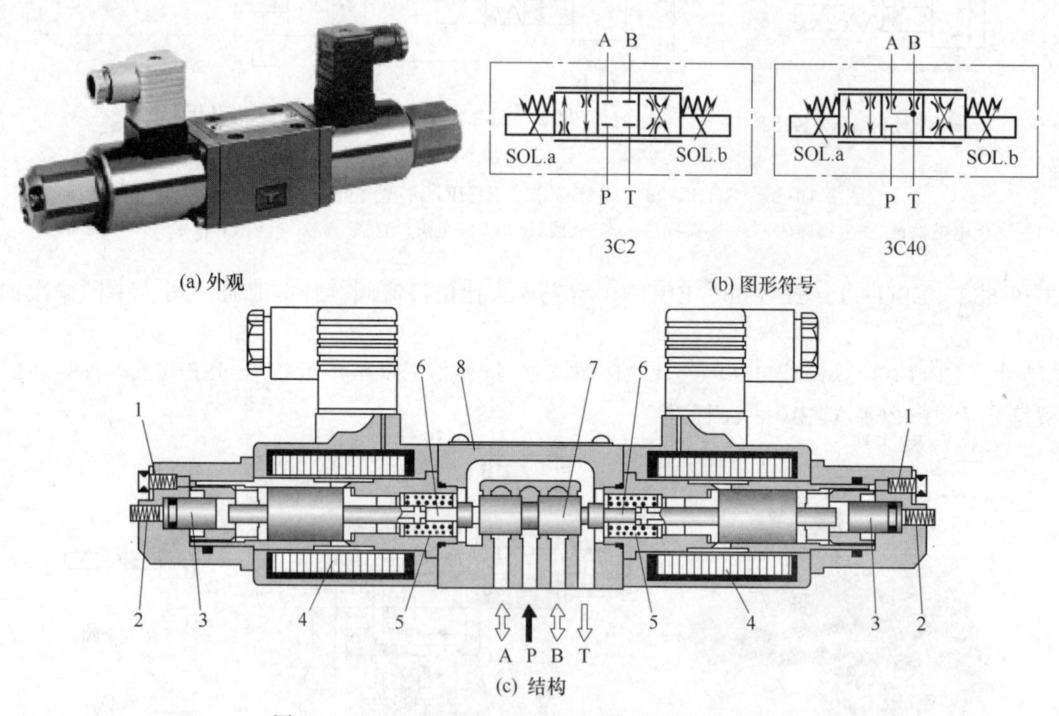

(a) 外观　(b) 图形符号

(c) 结构

图 3-19-57　EDFG-01-30-☆-XY 型比例方向节流阀

1—放气螺钉；2—零位调节螺钉；3—防尘定位柱塞；4—比例电磁铁；5—对中弹簧；6—推杆；7—阀芯；8—阀体

［例 3-19-58］　ELDFG-01-◇-☆型和 ELDFG-03-◇-☆型比例方向节流阀（图 3-19-58）

◇为数字 10、20、35、40、80 等，分别表示额定流量（L/min）；☆为阀的中位职能，如 3C2、3C40 等；最大使用压力为 31.5MPa；安装尺寸符合标准 ISO 4401-AB-03-4-A、ISO 4401-AC-05-4-A；无 G 时表示管式。

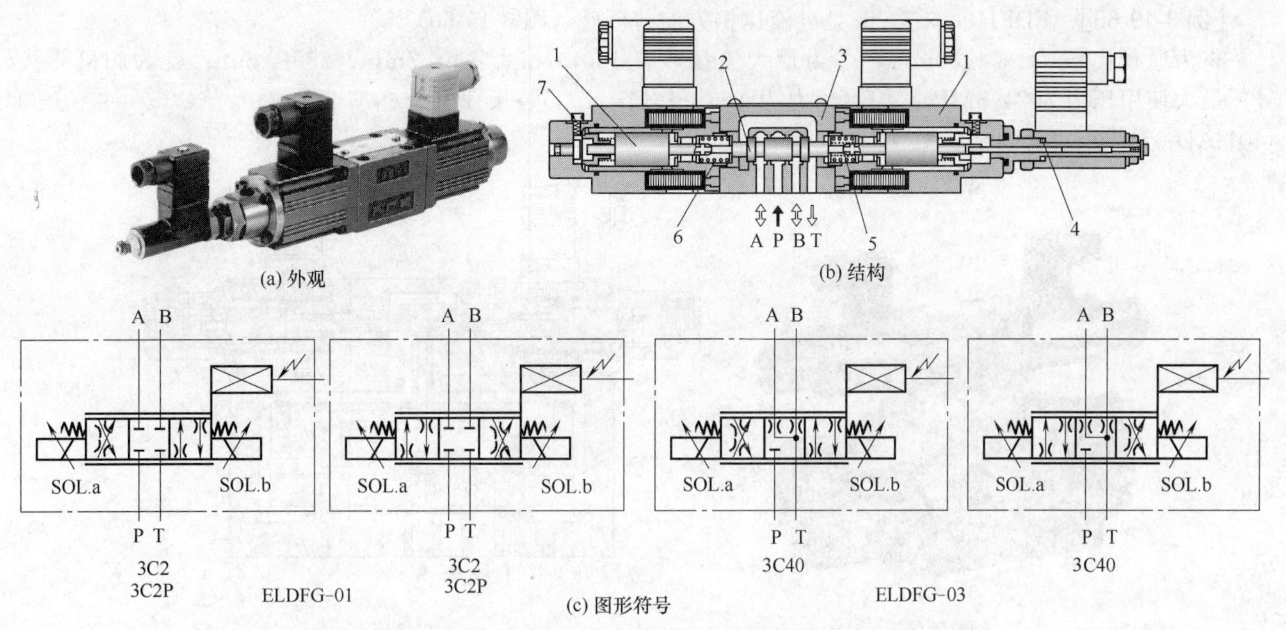

(a) 外观 (b) 结构

(c) 图形符号

图 3-19-58 ELDFG-01-◇-☆型和 ELDFG-03-◇-☆型比例方向节流阀

1—比例电磁铁；2—阀芯；3—阀体；4—位移传感器；5—推杆；6—对中弹簧；7—放气螺钉

［例 3-19-59］ ERBG 型带溢流功能的比例减压阀（日本油研公司、中国榆次油研公司）（图 3-19-59）

有 ERBG-06 型和 ERBG-10※型两种，无 G 时为管式，否则为板式；※为 B、C、H 时，二次侧出口压力调节范围分别为 0.8～6.9MPa、1.2～13.7MPa、1.5～20.6MPa。

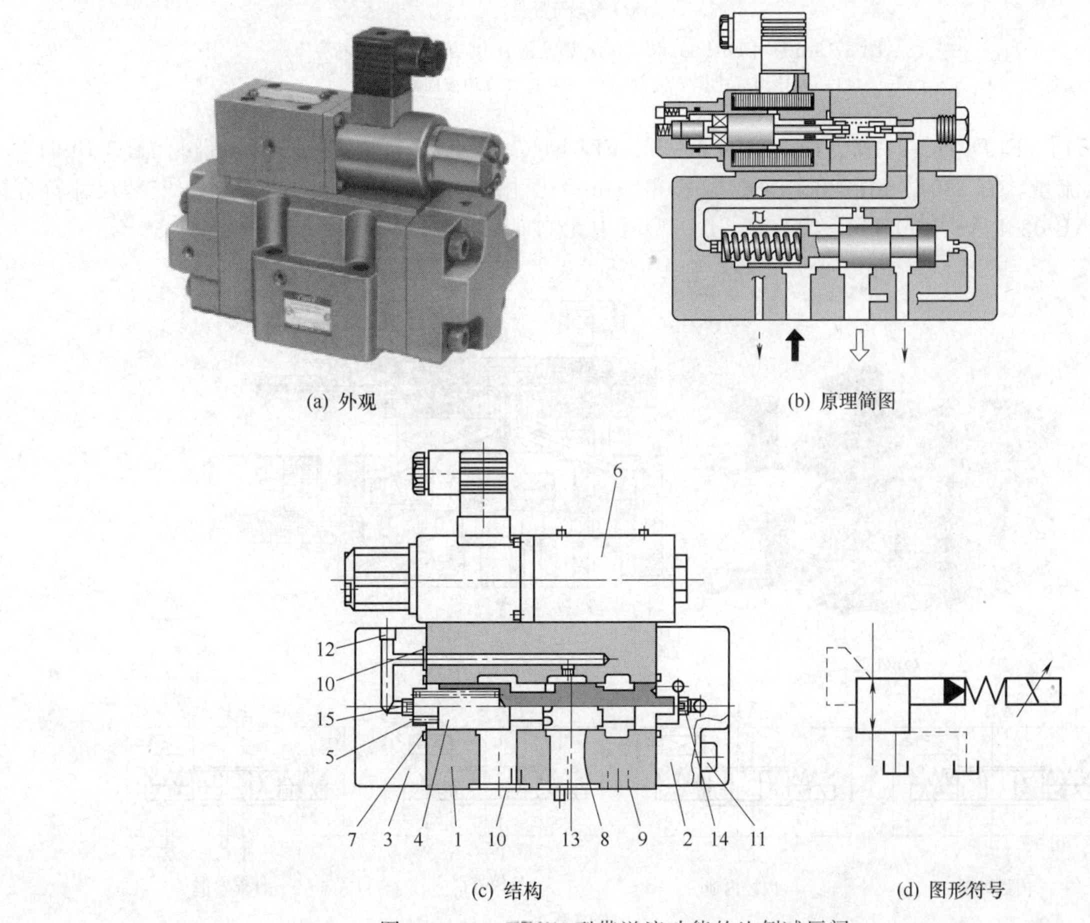

(a) 外观 (b) 原理简图

(c) 结构 (d) 图形符号

图 3-19-59 ERBG 型带溢流功能的比例减压阀

1—主阀体；2—右盖；3—左盖；4—主阀芯；5—平衡弹簧；6—比例先导调压阀；7～10—O 形圈；11—螺钉；12—螺塞；13～15—阻尼

［例 3-19-60］ EDFHG-※-◇-☆型电液比例方向节流阀（图 3-19-60）

※为通径代号 03、04、06 等；◇为最大流量，有 100L/min、140L/min、280L/min；☆为阀机能代号；最大使用压力为 24.5MPa；控制压力为 1.5～16MPa；安装尺寸符合标准 ISO 4401-AC-05-4-A、ISO 4401-AD-07-4-A、ISO 4401-AE-08-4-A 等。

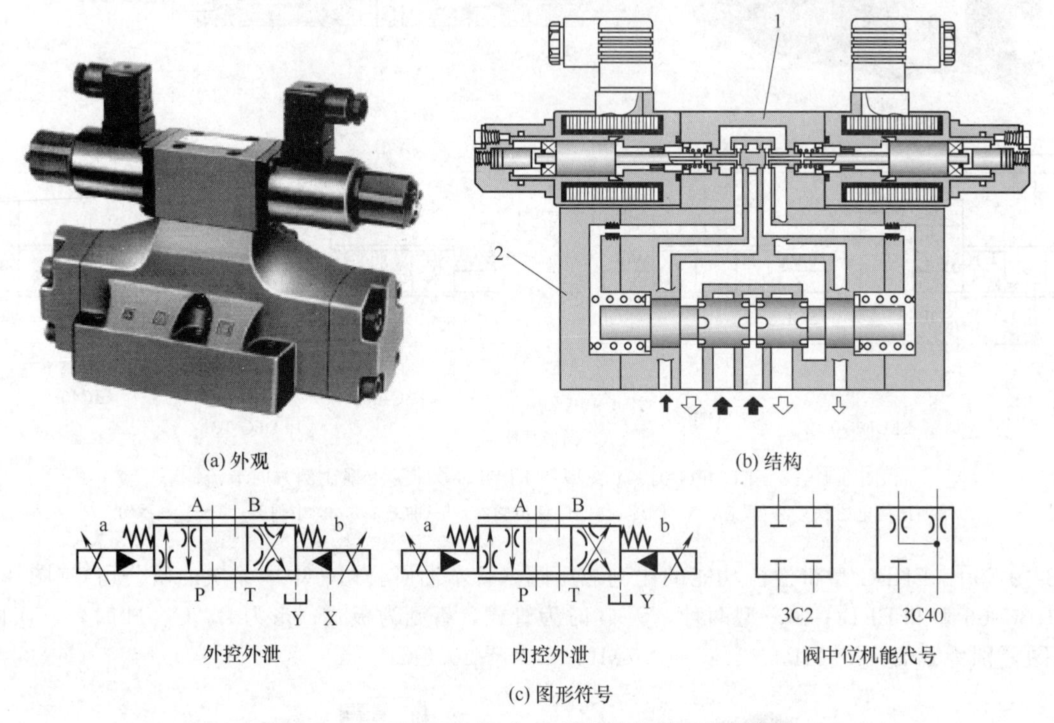

图 3-19-60 EDFHG-※ ◇-☆型电液比例方向节流阀

1—先导阀（比例方向阀）；2—主阀（液动换向阀）

［例 3-19-61］ ELDFHG-04-※、ELDFHG-06-※、ELDFHG-06-※型电液比例方向节流阀（图 3-19-61）

※为最大流量，有 280L/min、350L/min、500L/min 几种；最大使用压力为 35MPa；安装尺寸符合标准 ISO 4401-AB-03-4-A、ISO 4401-AC-05-4-A；型号中无 G 时表示管式。

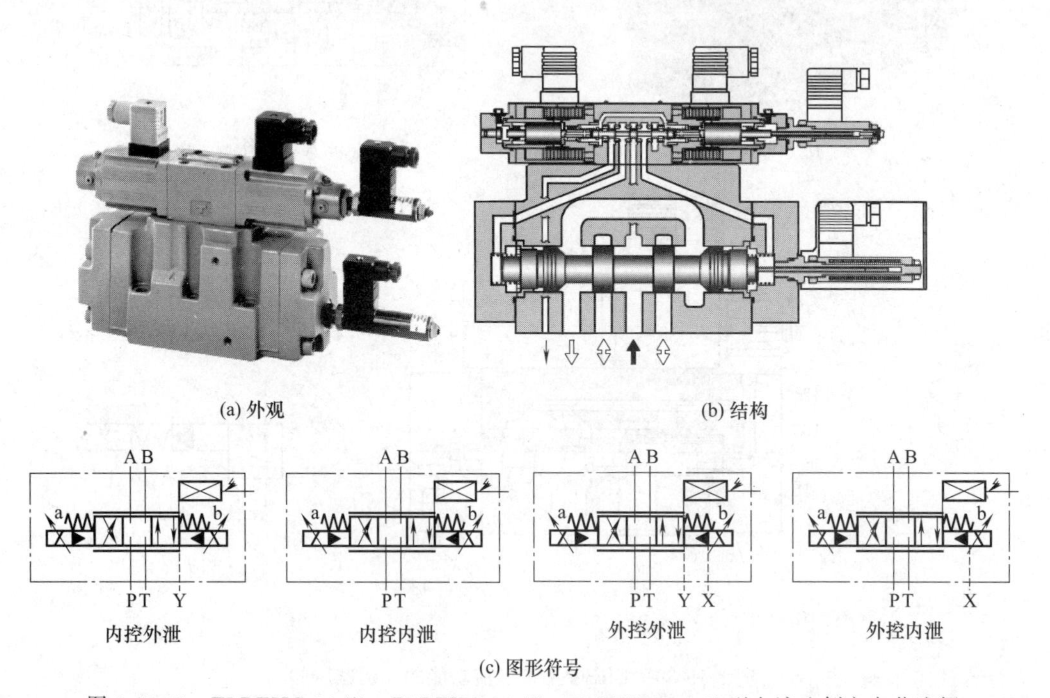

图 3-19-61 ELDFHG-04-※、ELDFHG-06-※、ELDFHG-06-※型电液比例方向节流阀

[例 3-19-62] EFG-02 型比例调速阀与 EFCG-02 型单向比例调速阀（图 3-19-62）

无 G 为管式；最高使用压力为 20.6MPa。

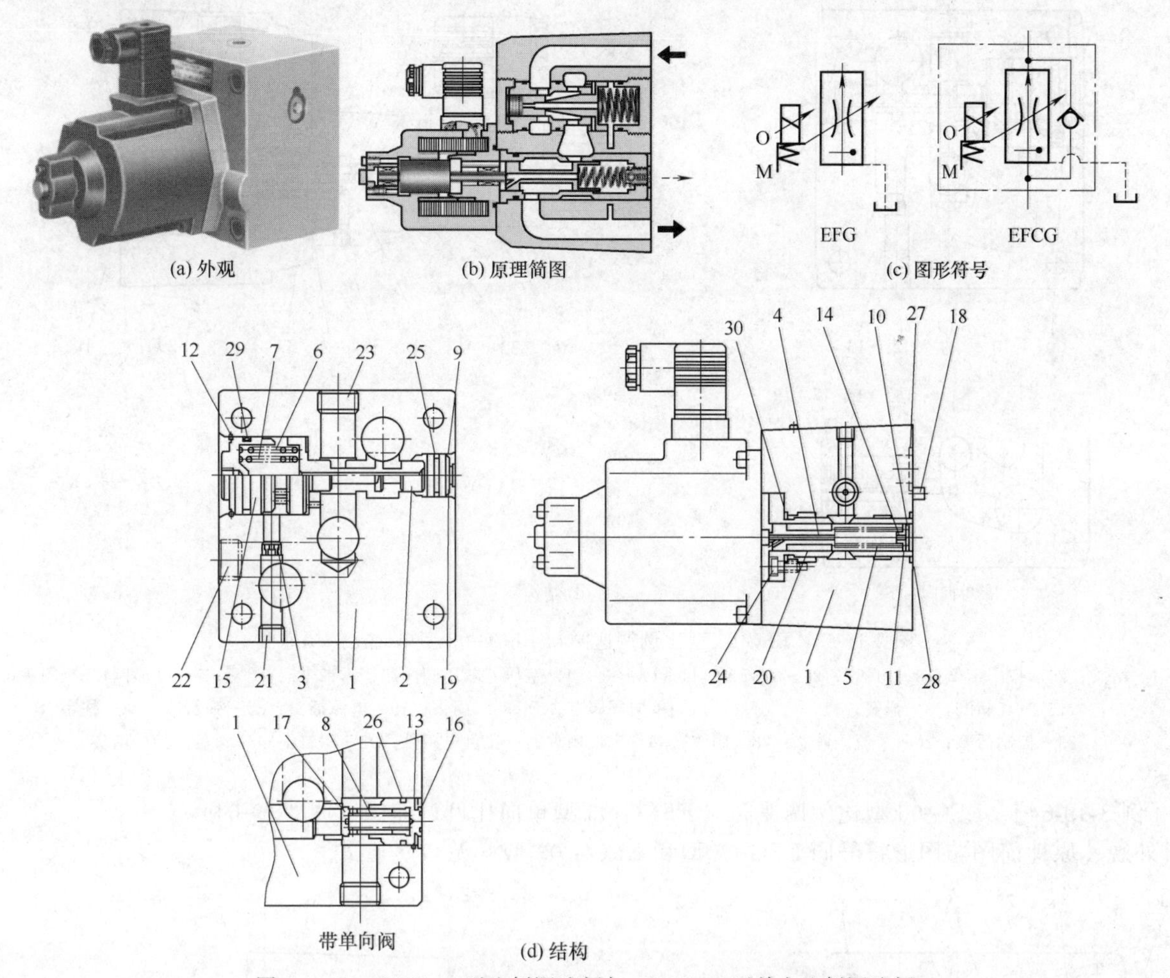

(a) 外观 (b) 原理简图 (c) 图形符号

(d) 结构

图 3-19-62 EFG-02 型比例调速阀与 EFCG-02 型单向比例调速阀

1—阀体；2—定压差减压阀芯；3—阻尼；4—节流阀芯；5—复位弹簧；6～8—弹簧；9,10,12,13—卡簧；11,14—弹簧座；15,16,19—堵头；17—单向阀芯；18—定位销；20—节流阀套；21～23—螺塞；24—螺钉；25～30—O 形圈

[例 3-19-63] EFG-03 型比例调速阀与 EFCG-03 型单向比例调速阀（图 3-19-63）

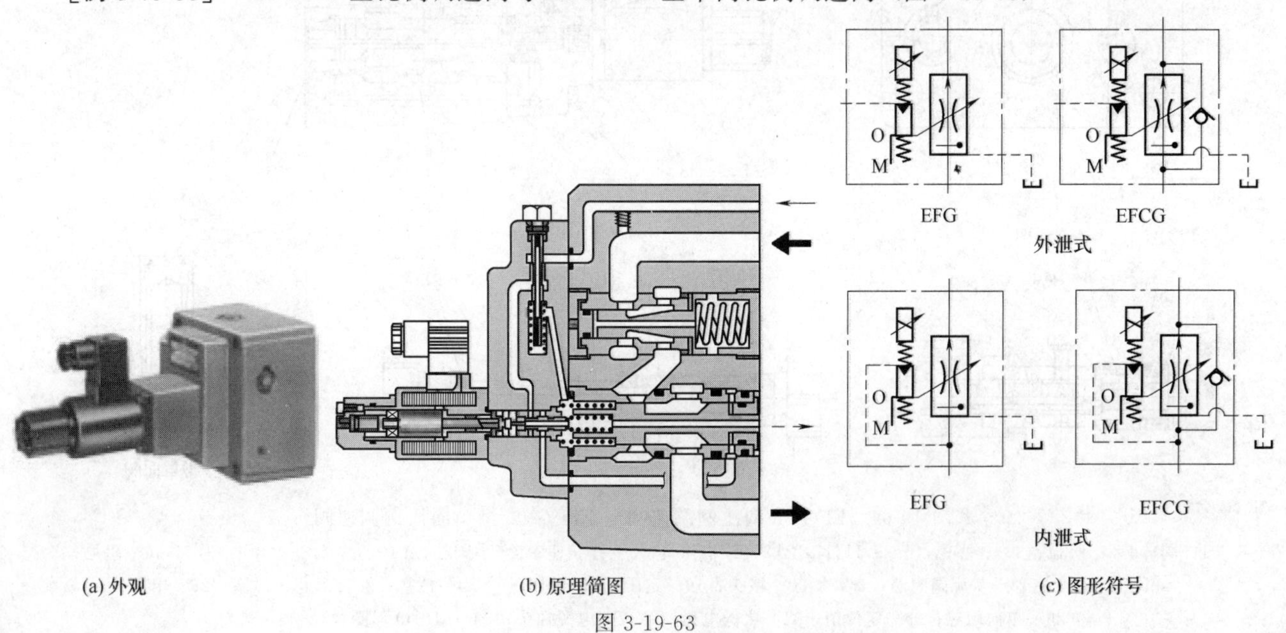

(a) 外观 (b) 原理简图 (c) 图形符号

图 3-19-63

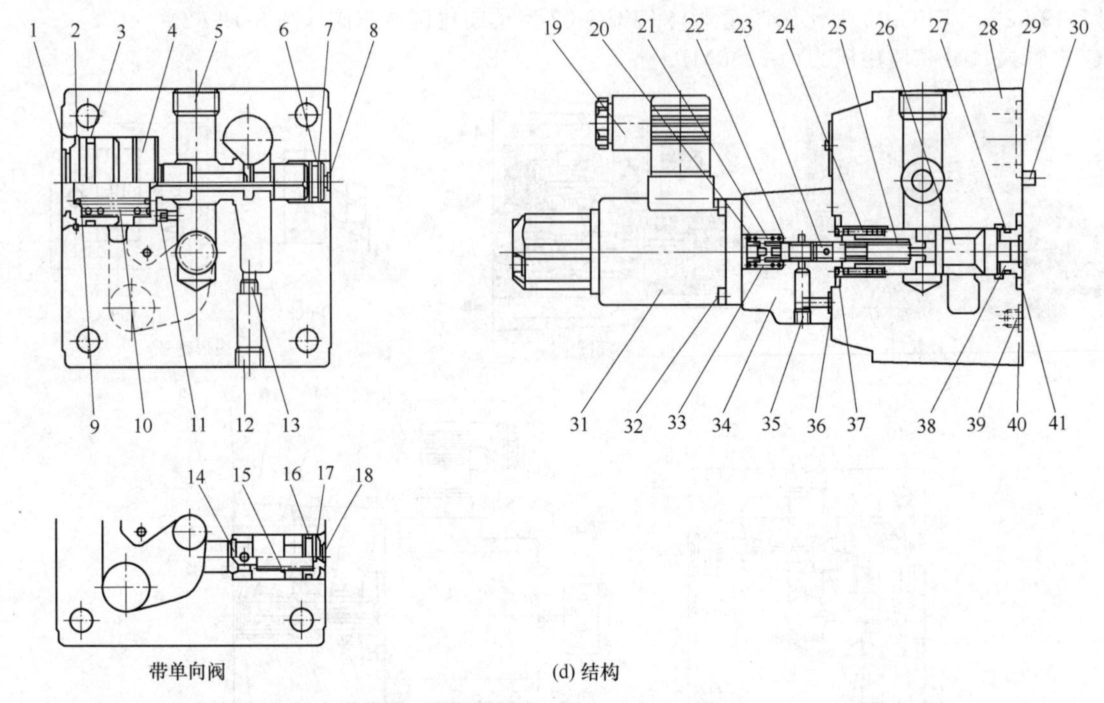

图 3-19-63　EFG-03 型比例调速阀与 EFCG-03 型单向比例调速阀

1—堵头；2,7,17—卡簧；3,6,16,27,29,36,37,40,41—O 形圈；4—定压差减压阀阀芯；5,12,35—螺塞；6—O 形圈；8—闷头；9,10,15,21,24,25,33—弹簧；11,13—阻尼；14—单向阀阀芯；18,38—闷头；19—电源插头；20—弹簧座；22—柱塞；23—控制活塞；26—节流阀阀芯；28—阀体；30—定位销；31—比例电磁铁；32—螺钉；34—阀盖；39—堵头

[例 3-19-64]　EFG-06 型比例调速阀与 EFCG-06 型单向比例调速阀（图 3-19-64）

外观、原理简图与图形符号同 EFG-03 型和 EFCG-03 型；无 G 为管式。

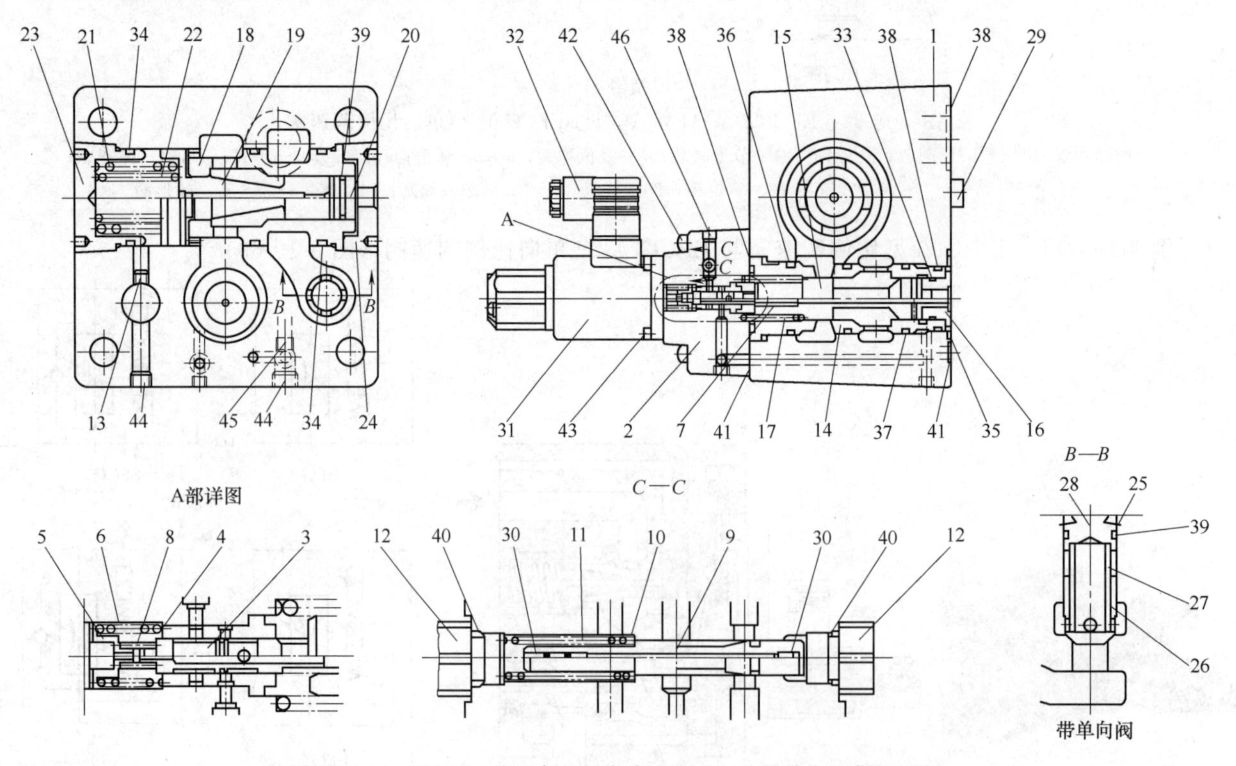

图 3-19-64　EFG-06 型比例调速阀与 EFCG-06 型单向比例调速阀

1—阀体；2—阀盖；3—柱塞；4,6～8,11,17,21,22,27—弹簧；5—弹簧座；9—小阀芯；10—垫；12—塞子；13,44,45—阻尼；14,18—阀套；15—节流阀阀芯；16,28,30—堵头；19—定压差减压阀阀芯；20—柱塞；23,24,46—螺塞；25—卡环；26—单向阀芯；29—定位销；31—比例电磁铁；32—电源插头；33～41—O 形圈；42,43—螺钉

［例 3-19-65］ EFG-10 型比例调速阀与 EFCG-10 型单向比例调速阀（图 3-19-65）

外观、原理简图与图形符号同 EFG-03 型和 EFCG-03 型；无 G 为管式；最高使用压力为 20.6MPa。

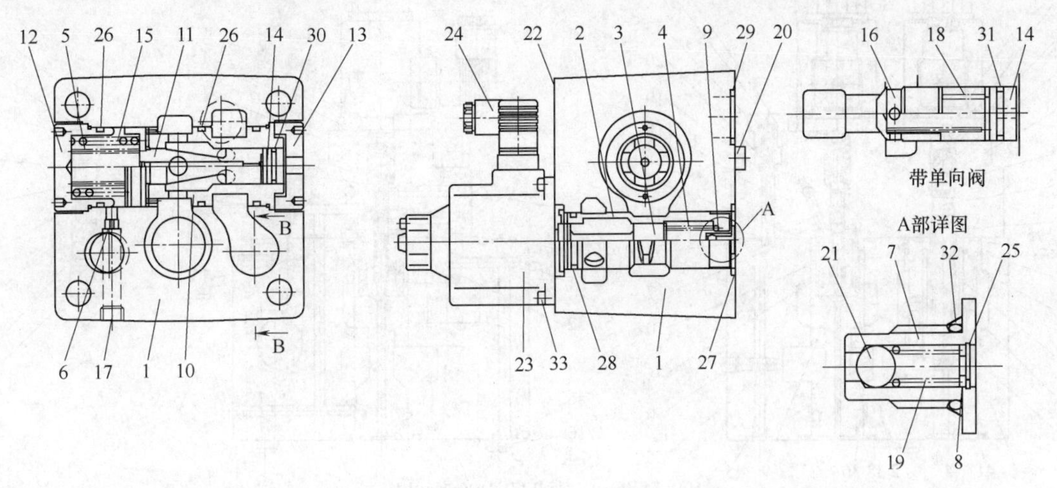

图 3-19-65 EFG-10 型比例调速阀与 EFCG-10 型单向比例调速阀

1—阀体；2—节流阀套；3—节流阀芯；4—复位弹簧；5,15,18,19—弹簧；6—阻尼；7,12,13,17—螺塞；8—密封垫；9—A 部组件；10—减压阀套；11—定压差减压阀芯；14—阻尼孔；16—单向阀芯；20—定位销；21—钢球；22—标牌；23—比例电磁铁；24—电源插头；25—闷塞；26～33—O 形圈

［例 3-19-66］ EFBG-□-※-△-E 型比例溢流调速阀（图 3-19-66）

□为通径代号 03、06 或 10；※为最大调节流量 125L/min、250L/min、500L/min；△为所装比例先导溢流阀的压力调节范围代号，C 表示 1.4～15.7MPa，H 表示 1.4～24.5MPa，不标记时无比例先导溢流阀，装有安全阀；E 为外控式，无 E 为内控式；最大使用压力为 24.5MPa。

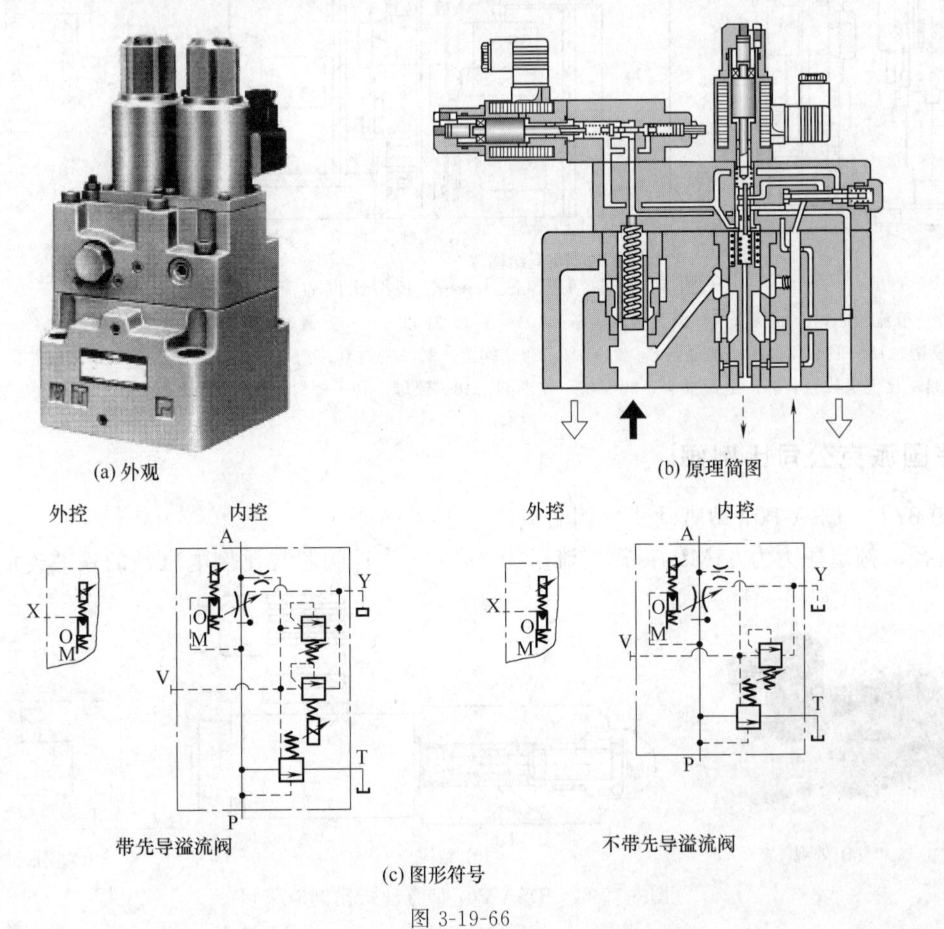

图 3-19-66

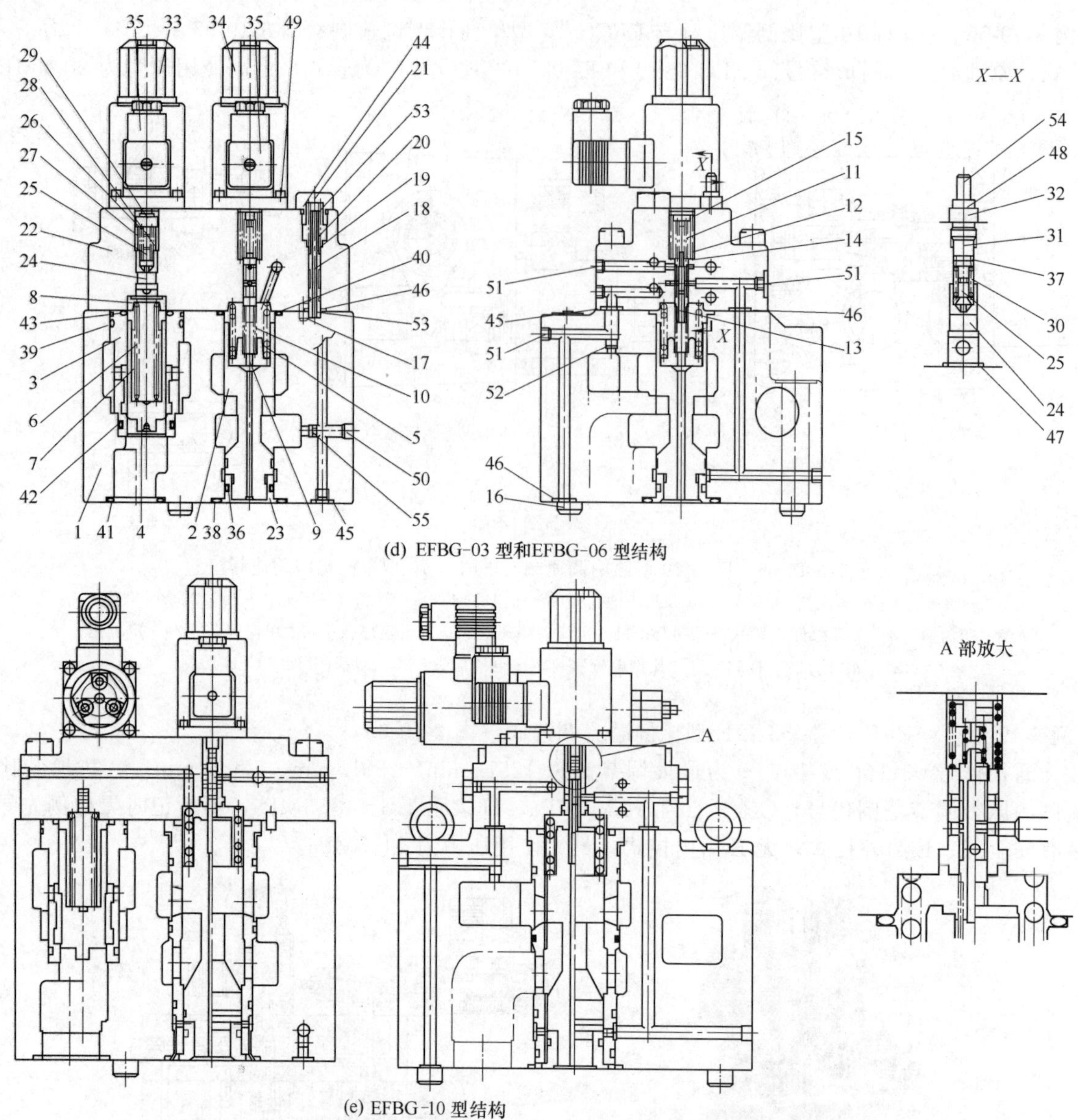

(d) EFBG-03 型和EFBG-06 型结构

(e) EFBG-10 型结构

图 3-19-66 EFBG-□-※-△-E 型比例溢流调速阀

1—阀体；2—节流阀芯；3—阀套；4—溢流阀芯；5,6,10～13,20,26,27,30—弹簧；7—套；8,9—弹簧座；14,28—垫；15—推杆；16,17—定位销；18—回油孔；19—安全阀芯；21—塞；22—阀盖；23—密封套；24—阀座；25—先导调压阀阀芯；29,31—调节杆；32—螺套；33,34—比例电磁铁；35—电源插头；36～47—O 形圈；48—锁母；49—螺钉；50,51—小螺塞；52,53,55—阻尼；54—调压螺钉

3-19-3 美国派克公司比例阀

［例 3-19-67］ DSA-P07 型直动式比例溢流阀（图 3-19-67）

6mm 通径；额定压力为 35MPa；额定流量为 3L/min；针阀芯与比例电磁铁的铁芯连成一体。

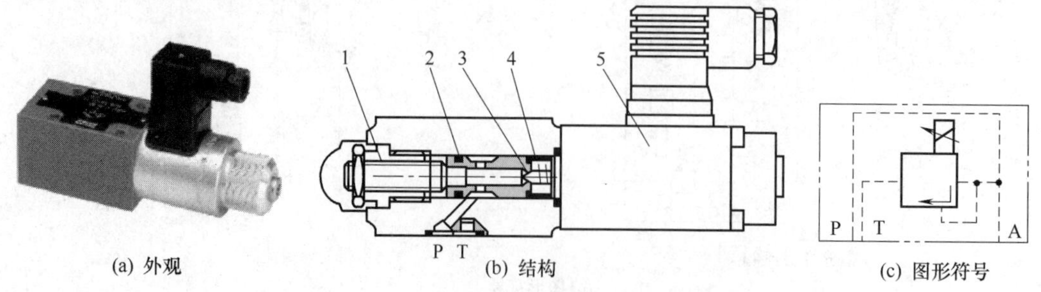

(a) 外观 (b) 结构 (c) 图形符号

图 3-19-67 DSA-P07 型直动式比例溢流阀

1,4—弹簧；2—阀座套；3—针阀芯；5—比例电磁铁

[例 3-19-68] R1EP01 型直动式比例溢流阀（图 3-19-68）

流量为 10L/min，工作压力为 35MPa。

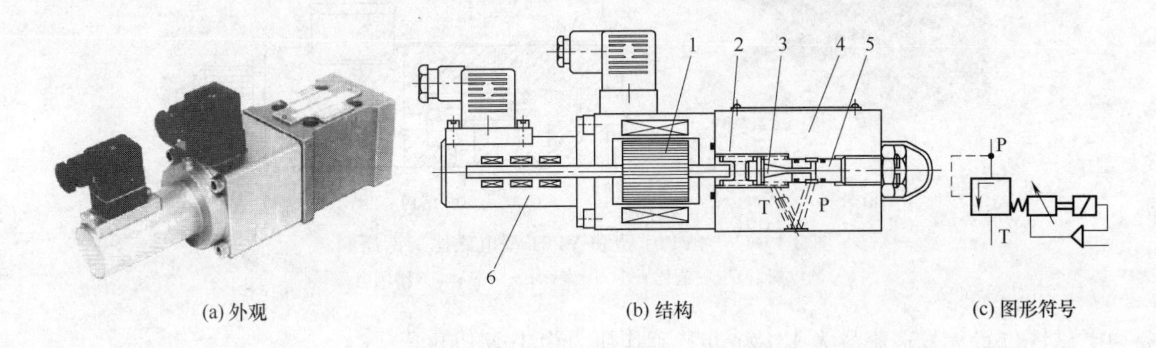

图 3-19-68 R1EP01 型直动式比例溢流阀

1—比例电磁铁；2—弹簧；3—针阀芯；4—阀体；5—阀座；6—位移传感器

[例 3-19-69] RE06M 型直动式比例溢流阀（图 3-19-69）

搭载电子放大器。

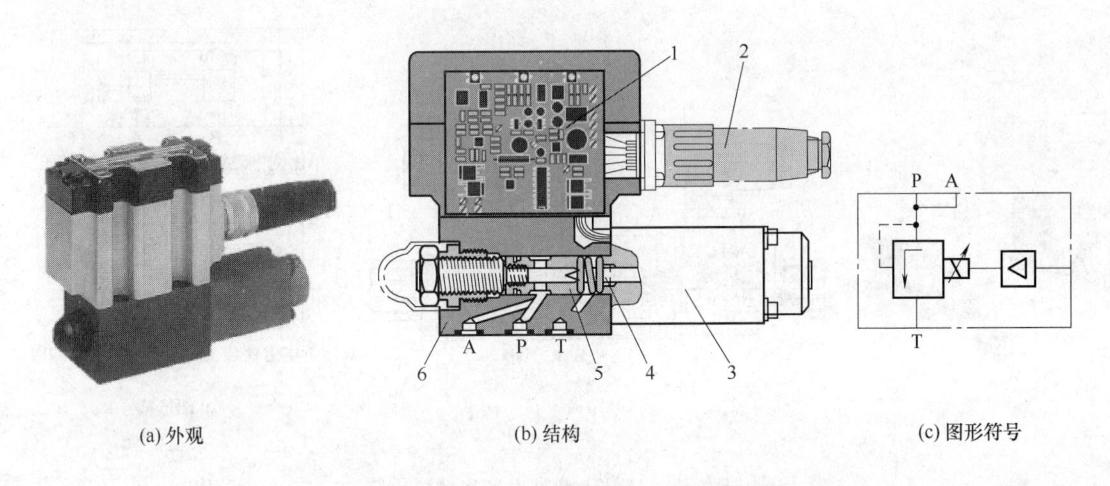

图 3-19-69 RE06M 型直动式比例溢流阀

1—比例放大器；2—接线端子；3—比例电磁铁；4—针阀芯；5—阀座；6—阀体

[例 3-19-70] VB※L-06 型直动式比例溢流阀（图 3-19-70）

※为最大调节压力代号，064 表示 6.4MPa，160 表示 16MPa，350 表示 35MPa；L 表示线性比例电磁铁；06 为通径代号。

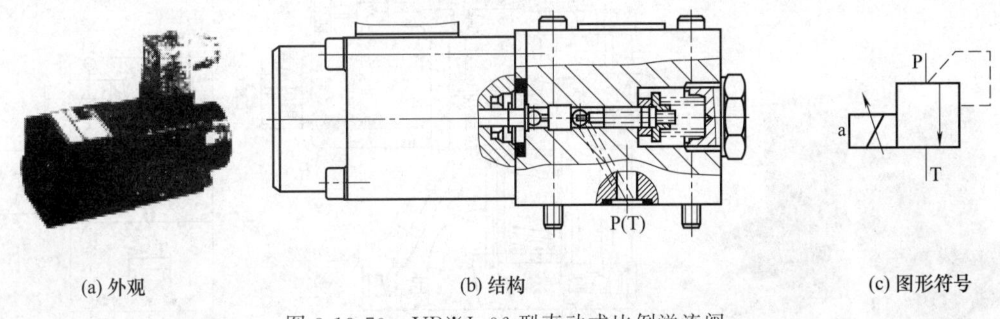

图 3-19-70 VB※L-06 型直动式比例溢流阀

[例 3-19-71] 4VP01 型和 VP01 型电磁比例调压阀（图 3-19-71）

流量为 5L/min；工作压力为 35MPa。

[例 3-19-72] 4RP01 ◆型电磁比例减压阀（图 7-19-72）

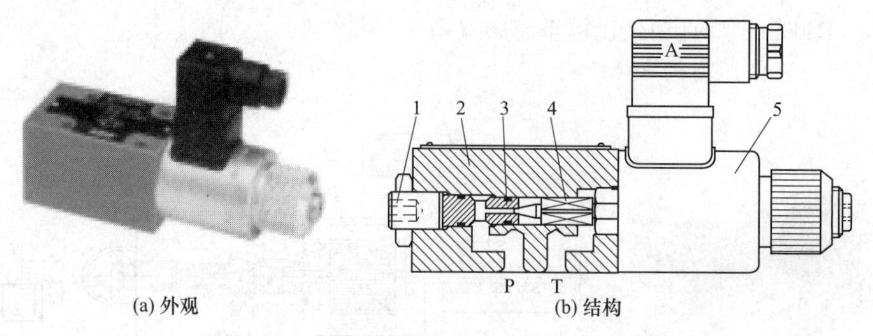

(a) 外观 (b) 结构

图 3-19-71 4VP01 型和 VP01 型电磁比例调压阀

1—调零螺钉；2—阀体；3—阀座；4—阀芯；5—比例电磁铁

◆为电磁铁位置代号；流量为 13L/min；工作压力为 10MPa。

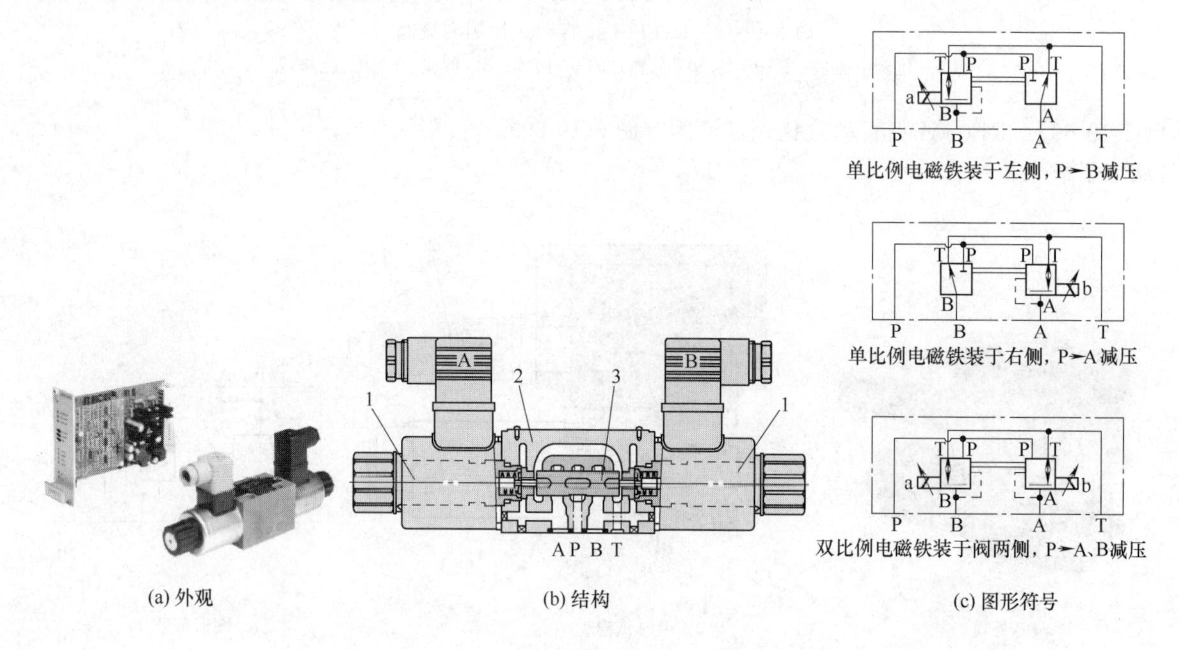

(a) 外观 (b) 结构 (c) 图形符号

图 3-19-72 4RP01 ◆型电磁比例减压阀

1—比例电磁铁；2—阀体；3—阀芯

［例 3-19-73］ R4V…P2 型先导式比例溢流阀（图 3-19-73）

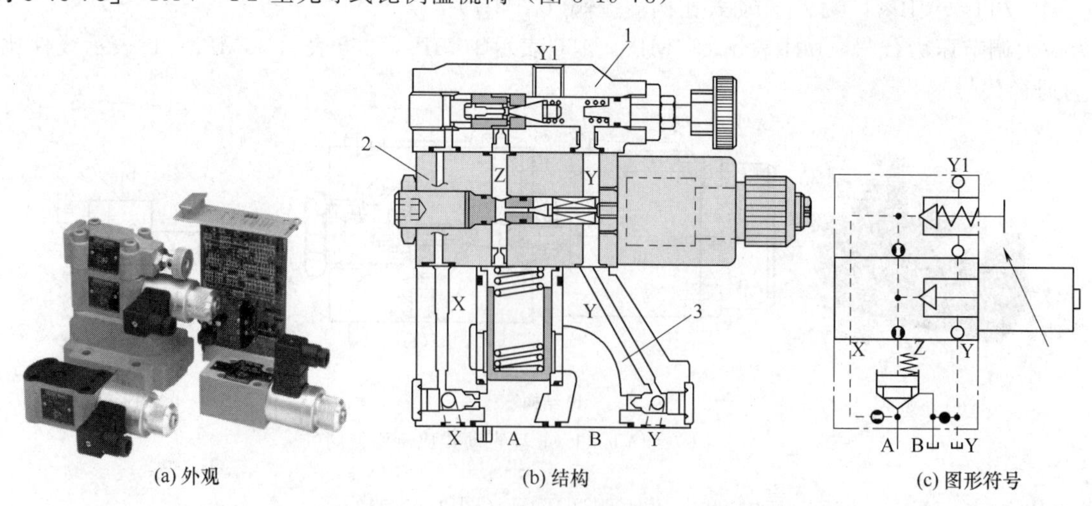

(a) 外观 (b) 结构 (c) 图形符号

图 3-19-73 R4V…P2 型先导式比例溢流阀

1—安全阀（手调）；2—比例调压阀（电调）；3—主阀

［例 3-19-74］ RE*W 型电液比例溢流阀（图 3-19-74）

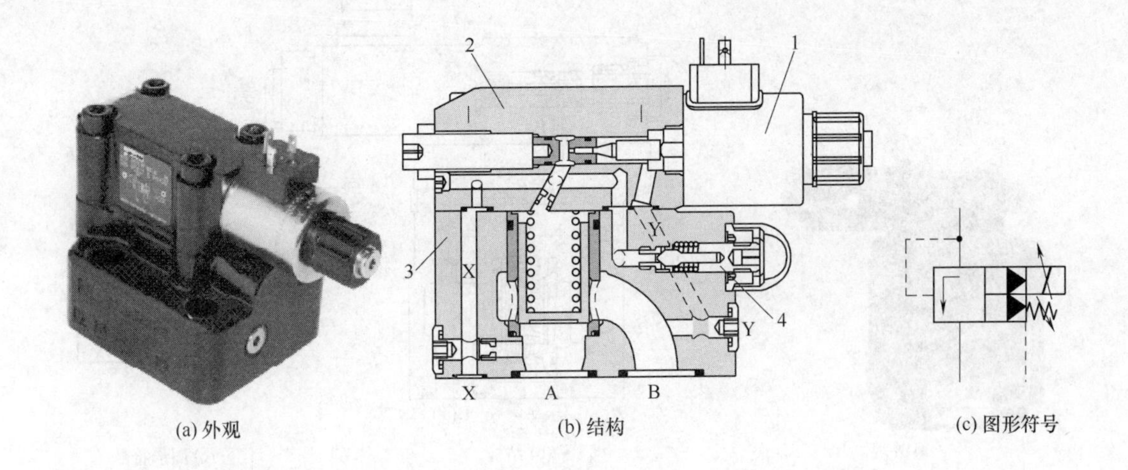

(a) 外观 (b) 结构 (c) 图形符号

图 3-19-74 RE*W 型电液比例溢流阀

1—比例电磁铁；2—先导调压阀；3—主阀；4—安全阀

［例 3-19-75］ RE※-M-★-T-◇型电液比例溢流阀（图 3-19-75）

RE 表示电液比例溢流阀；※为公称通径代号，10 表示 NG10，25 表示 NG25，32 表示 NG32；M 表示板式安装；★为压力级数字代号，10 表示至 10.5MPa，17 表示至 17.5MPa，25 表示至 25MPa，35 表示至 35MPa；T 表示内置电控装置；◇为先导阀连接控制方式数字代号，1 表示进油内控，泄油外泄，4 表示进油内控，泄油内泄。

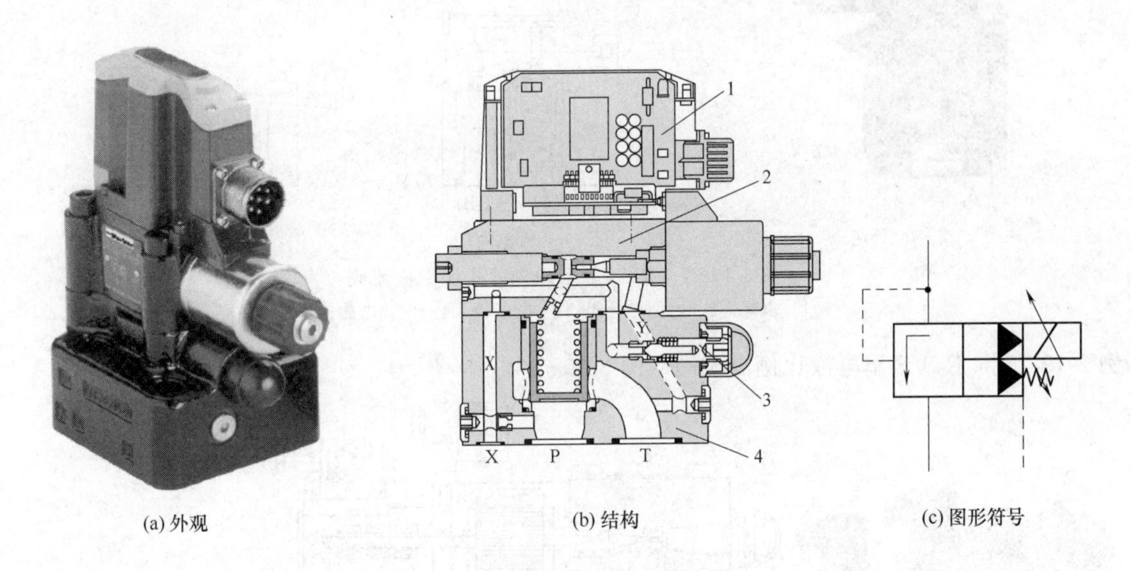

(a) 外观 (b) 结构 (c) 图形符号

图 3-19-75 RE※-M-★-T-◇型电液比例溢流阀

1—比例放大器；2—比例先导调压阀；3—安全阀（手调）；4—主阀

［例 3-19-76］ REW 型先导式比例溢流阀（图 3-19-76）

安装尺寸符合 ISO 6264 标准；主阀芯为插装阀单元，符合 ISO 5781 标准；P、A、X 口工作压力至 35MPa，T、Y 口无压力。

［例 3-19-77］ RE10T 系列先导式比例溢流阀（图 3-19-77）

搭载电子放大器；安装尺寸符合 ISO 6264 标准；主阀芯为插装阀单元，符合 ISO 5781 标准；P、A、X 口工作压力至 35MPa，B、T、Y 口无压力。

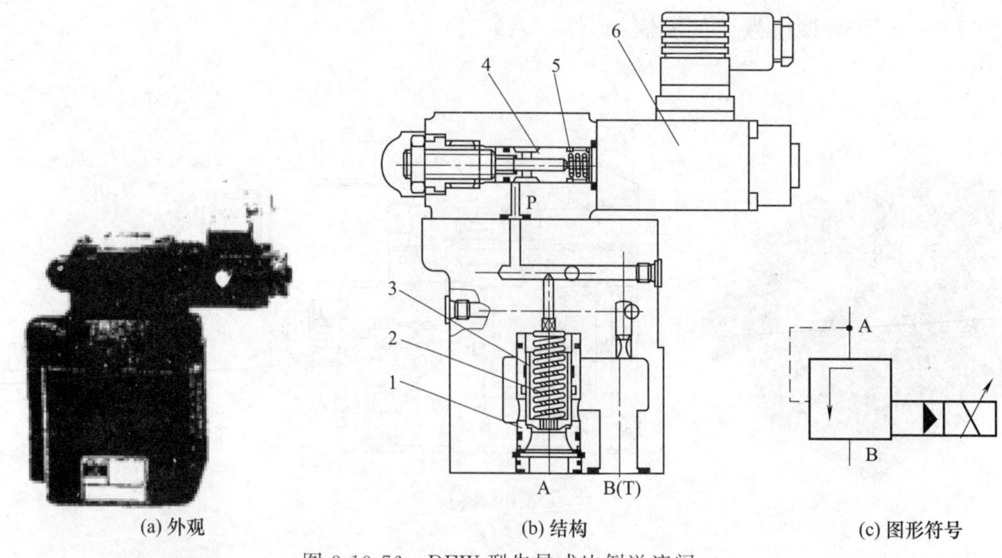

图 3-19-76　REW 型先导式比例溢流阀

1—阀套；2—弹簧；3—主阀阀芯；4—先导阀阀座；5—锥阀；6—比例电磁铁

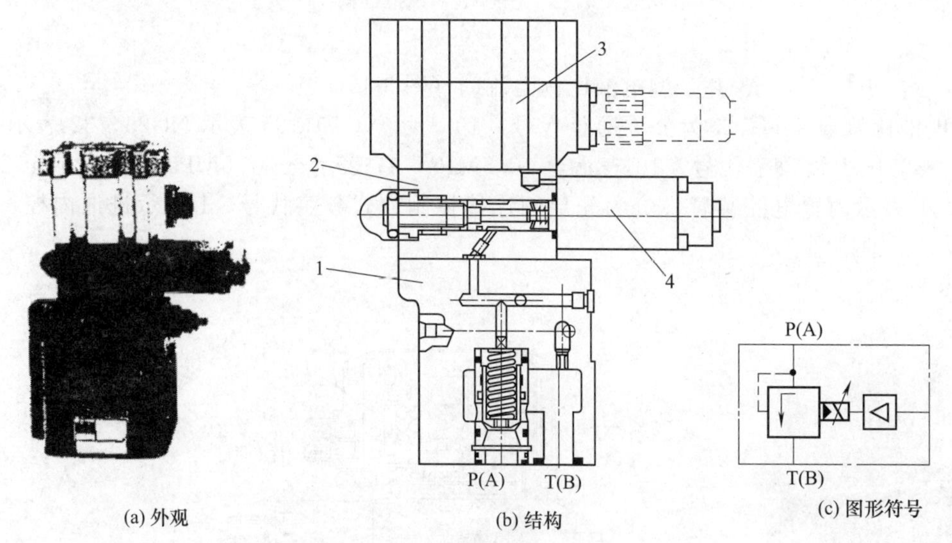

图 3-19-77　RE10T 系列先导式比例溢流阀

1—主阀；2—比例先导阀；3—电子板；4—比例电磁铁

［例 3-19-78］　R4VP 型电液比例溢流阀（图 3-19-78）

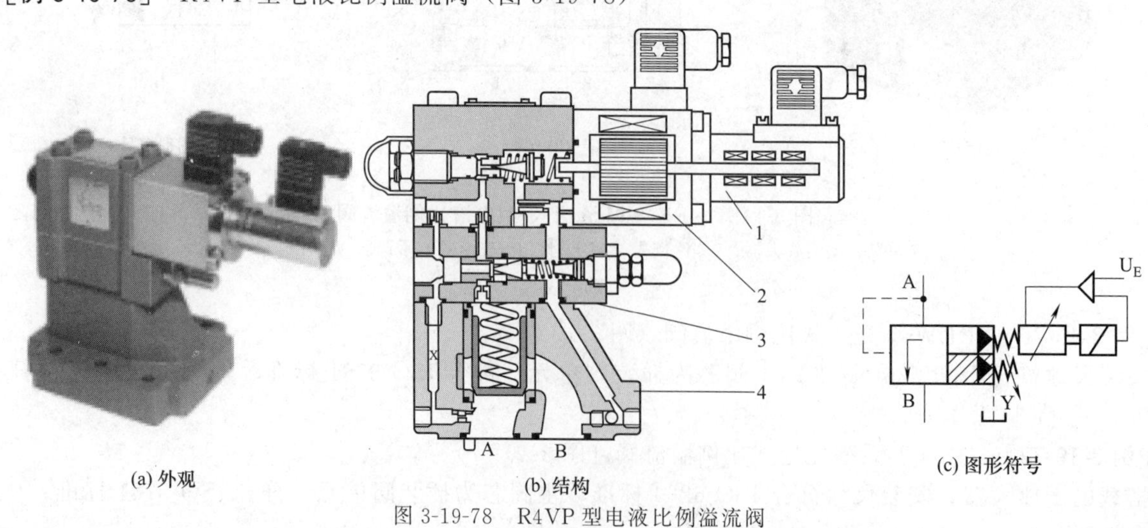

图 3-19-78　R4VP 型电液比例溢流阀

1—位移传感器；2—比例电磁铁；3—安全阀；4—主溢流阀

流量为 90～600L/min；工作压力为 35MPa。

［例 3-19-79］　VMY※型二通（三通）先导式比例减压溢流阀（图 3-19-79）

VMY 表示二通先导式比例减压溢流阀，后接 P 为三通式；※为最高设定压力代号，064 表示至 6.4MPa，100 表示至 100MPa，160 表示至 16MPa，210 表示至 21MPa，315 表示至 31.5MPa；可作减压阀、顺序阀用。

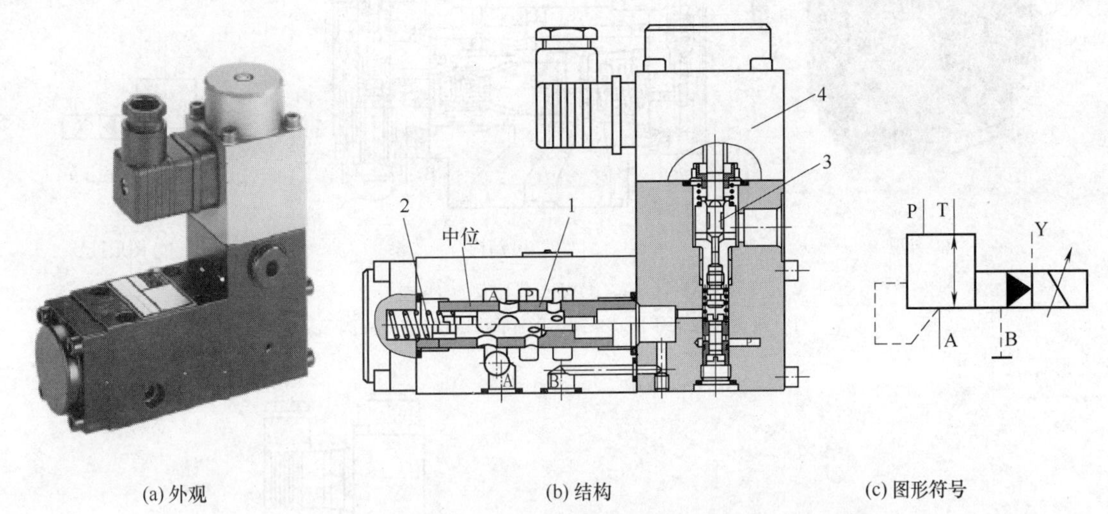

图 3-19-79　VMY※型二通（三通）先导式比例减压溢流阀

1—主阀芯；2—平衡弹簧；3—先导锥阀；4—比例电磁铁

［例 3-19-80］　R4R…P2 型先导式比例减压阀（图 3-19-80）

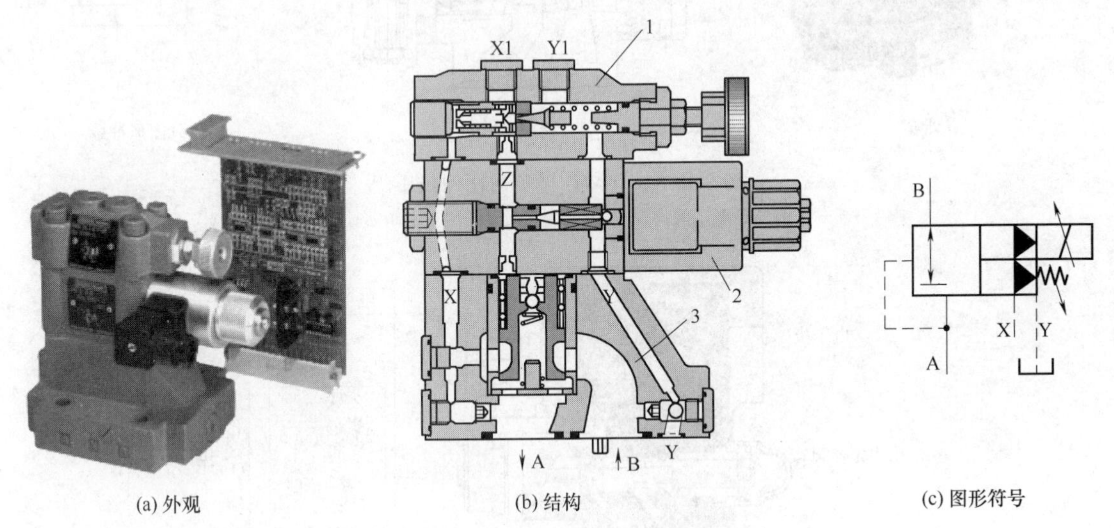

图 3-19-80　R4R…P2 型先导式比例减压阀

1—安全阀；2—比例调压阀（先导阀）；3—主阀

［例 3-19-81］　DWE 型比例减压阀（图 3-19-81）

有 NG10、NG25、NG32 三种通径；额定流量分别为 150L/min、250L/min、350L/min；安装尺寸符合 ISO 5781 和 ISO 6264 标准。

［例 3-19-82］　DWU 型单向比例减压阀（图 3-19-82）

DWU 表示单向减压阀有 NG10、NG25、NG32 三种通径；额定流量分别为 150L/min、250L/min、350L/min；安装尺寸符合 ISO 5781 和 ISO 6264 标准。

［例 3-19-83］　PE-※-△型二通式比例减压阀和 PC-※-△型二通式单向比例减压阀（图 3-19-83）

※为通径代号 10、25、32，分别表示通径 NG10、NG25、NG32；△为压力范围代号，10 表示 10.5MPa，17 表示 17.5MPa，25 表示 25MPa，35 表示 35MPa；安装尺寸符合 ISO 5781 和 ISO 6264 标准。

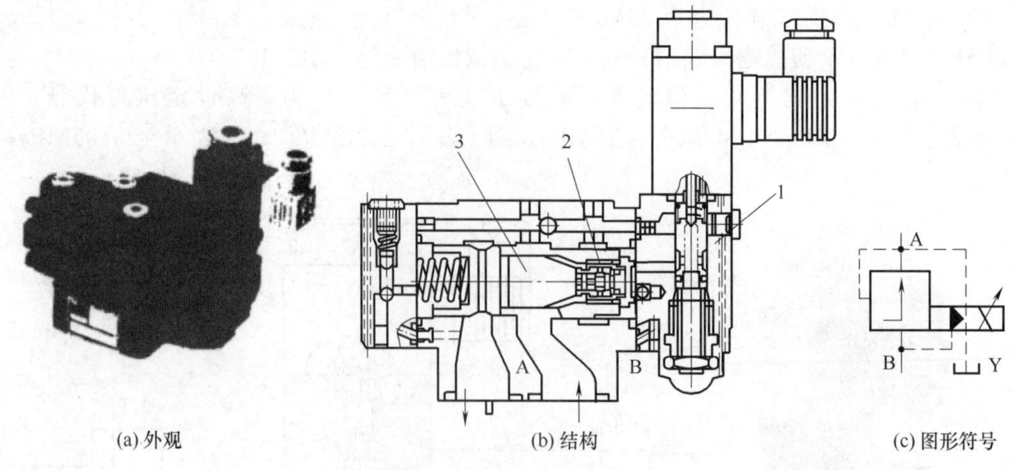

图 3-19-81 DWE 型比例减压阀

1—比例先导调压阀；2—先导流量稳定器；3—主阀芯

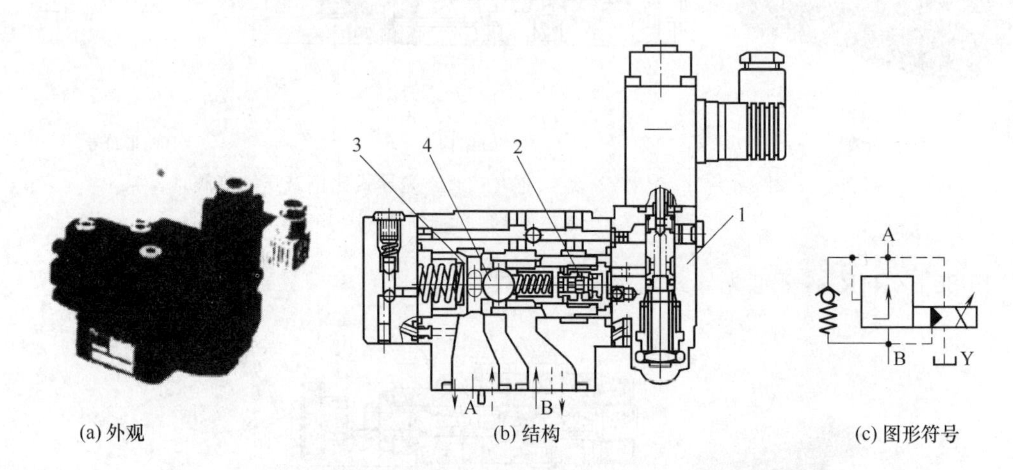

图 3-19-82 DWU 型单向比例减压阀

1—比例先导调压阀；2—先导流量稳定器；3—主阀芯；4—钢球

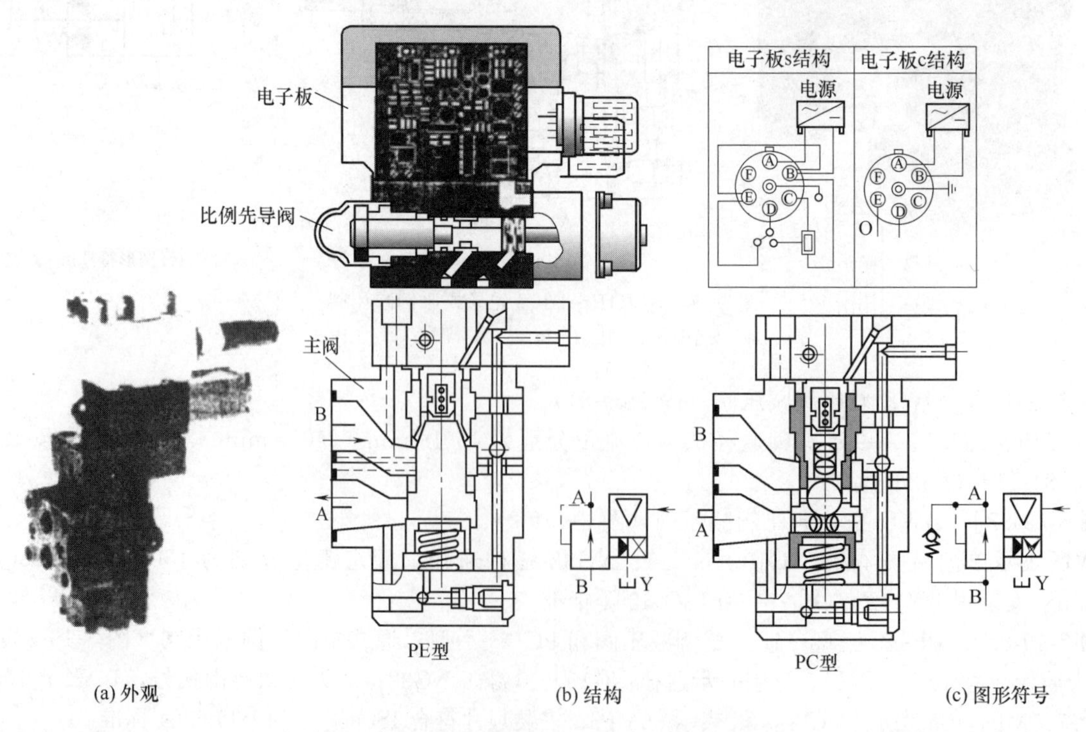

图 3-19-83 PE-※-△型二通式比例减压阀和 PC-※-△型二通式单向比例减压阀

［例 3-19-84］ PE*W 型电液比例减压阀（图 3-19-84）

PE*W 型电液比例减压阀由比例电磁铁操控的先导式调压阀和滑阀型主级插件组成。

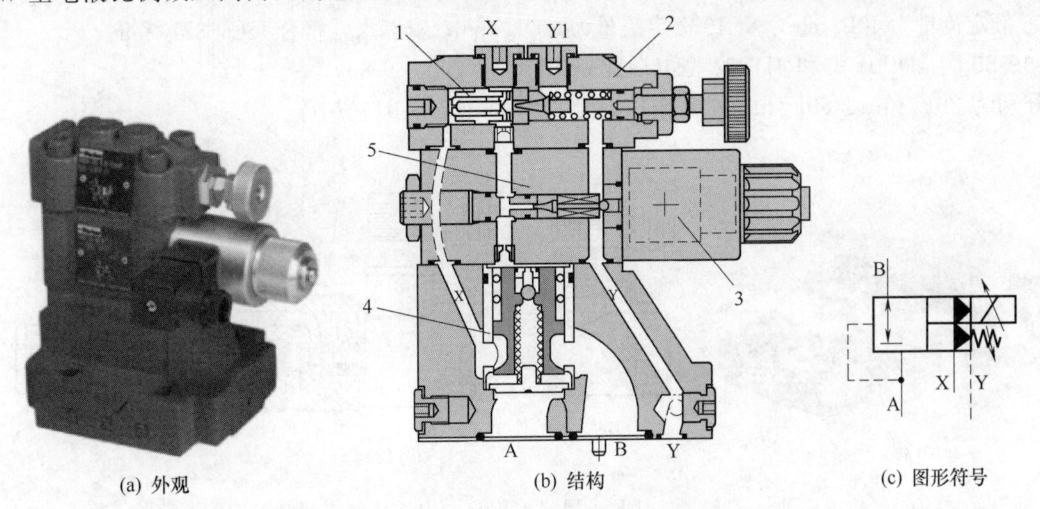

图 3-19-84 PE*W 型电液比例减压阀

1—先导控制油流量稳定器；2—安全阀；3—比例电磁铁；4—滑阀型主级插件；5—比例先导式调压阀

［例 3-19-85］ VBY※K-★型电液比例顺序阀（图 3-19-85）

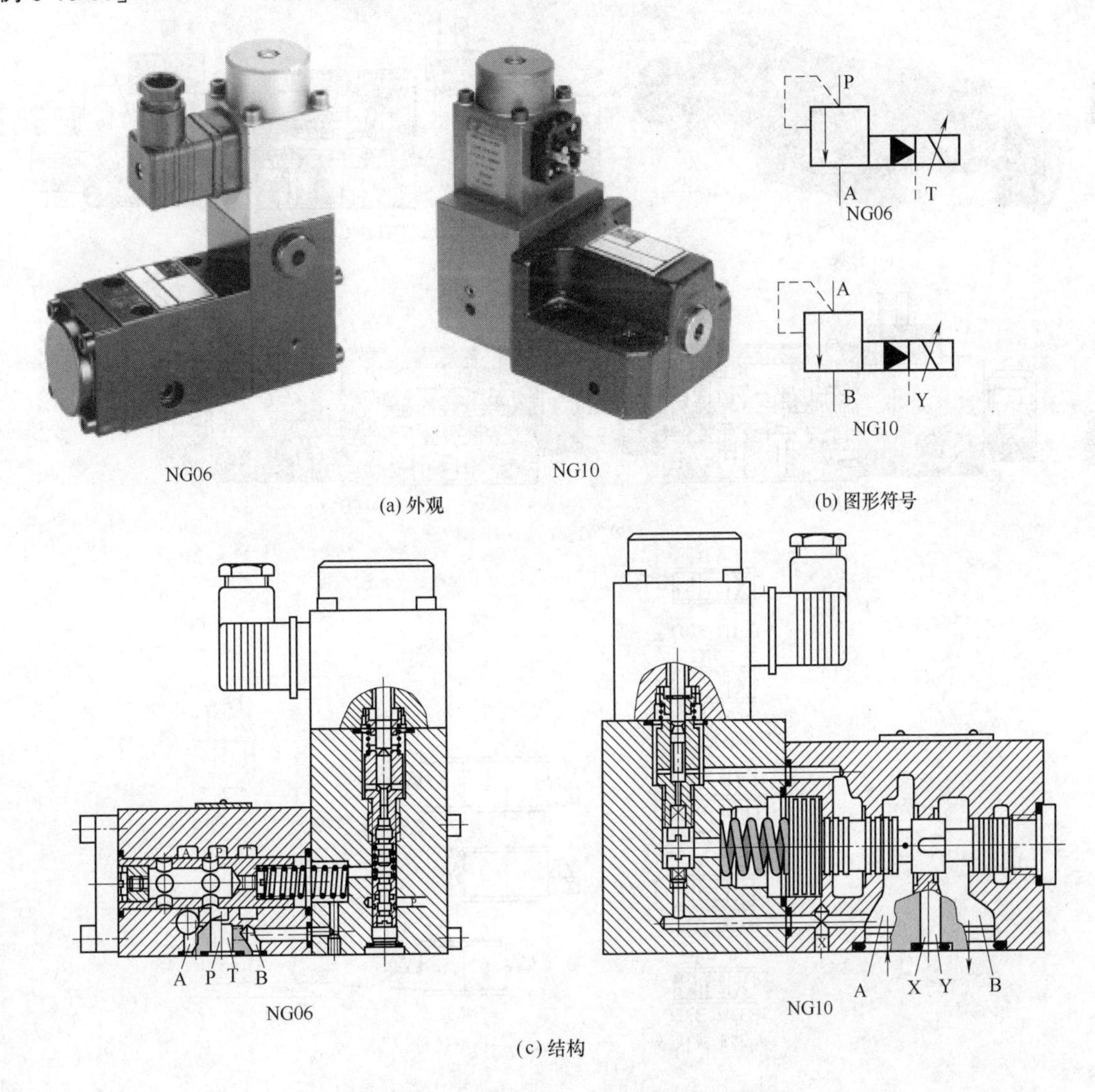

图 3-19-85 VBY※K-★型电液比例顺序阀

VBY表示电液比例顺序阀；※为最高设定压力代号，064表示6.4MPa，100表示10MPa，160表示16MPa，210表示21MPa，315表示31.5MPa；K表示线性电磁铁（12V DC/2-7A）；★为通径代号，06表示NG6，10表示NG10；NG6额定流量为40L/min，NG10额定流量为160L/min；安装尺寸符合ISO 5871标准。

［例3-19-86］ 4DP01型和4DP02型电磁比例方向阀（图3-19-86）

流量分别为30L/min、80L/min、工作压力分别为35MPa、31.5MPa。

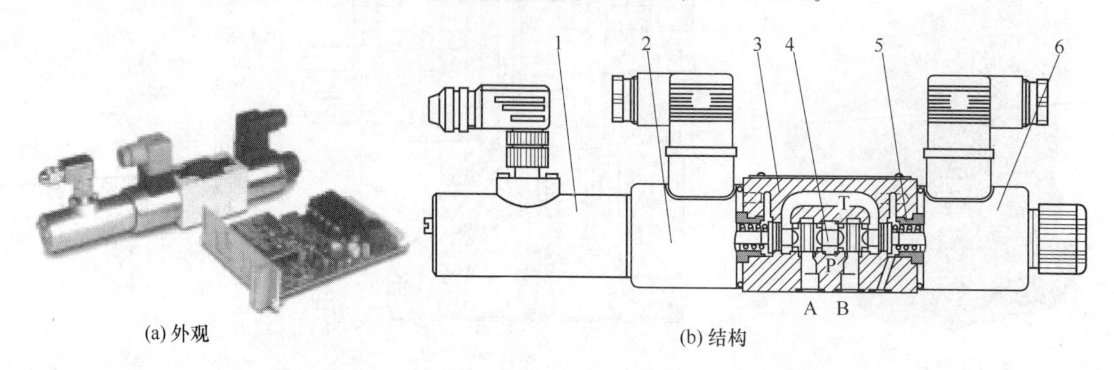

图3-19-86 4DP01型和4DP02型电磁比例方向阀

1—位移传感器；2,6—比例电磁铁；3—阀体；4—阀芯；5—对中弹簧

［例3-19-87］ D1FB-※-□型直动式比例方向阀（图3-19-87）

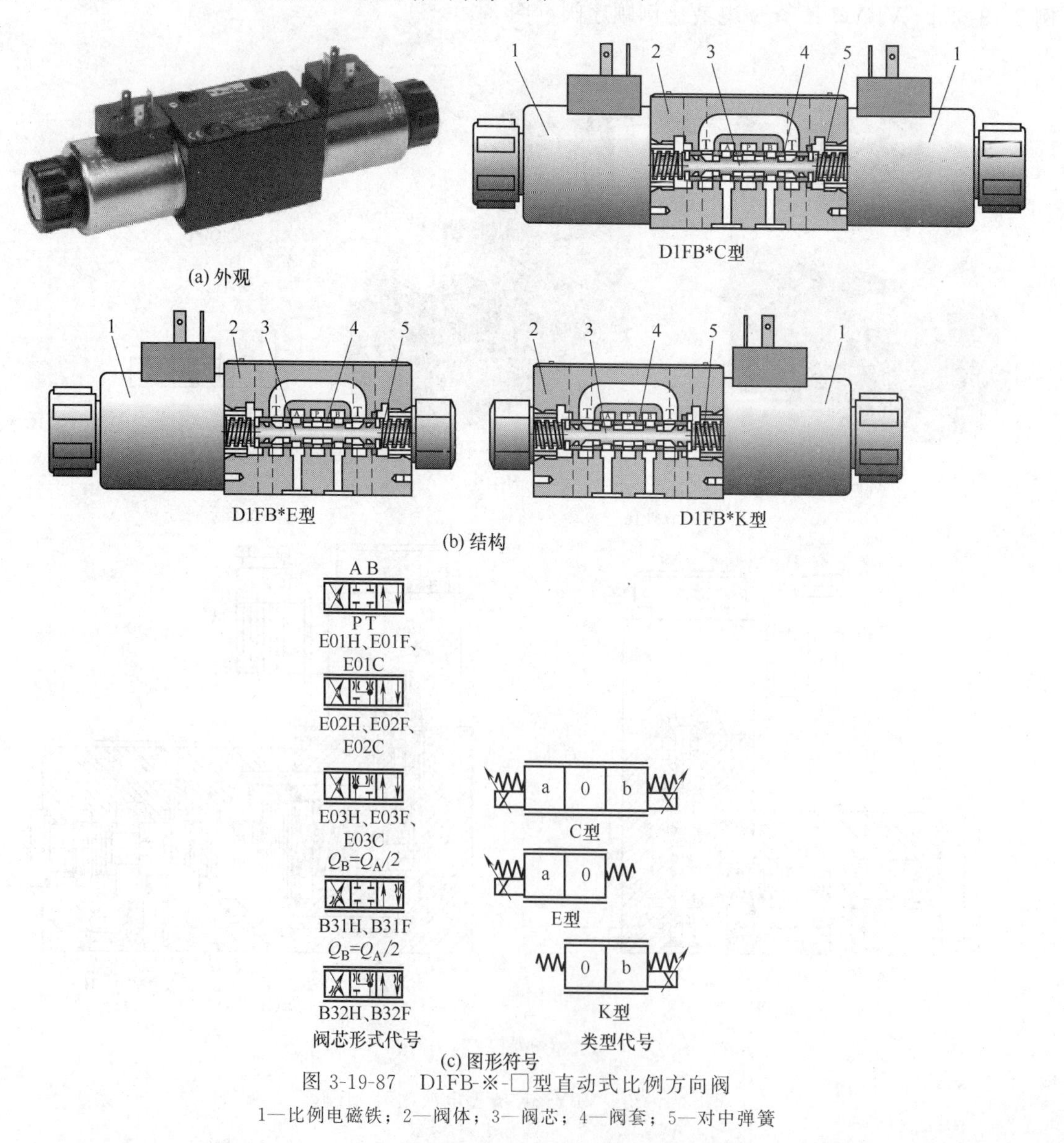

图3-19-87 D1FB-※-□型直动式比例方向阀

1—比例电磁铁；2—阀体；3—阀芯；4—阀套；5—对中弹簧

D表示比例方向控制阀；1为公称规格代号（6mm通径）；F表示流量控制；B表示板式；※为阀芯形式代号；□为类型代号C、E、K等。

［例3-19-88］ D3FB-※-□型直动式比例方向阀（图3-19-88）

D表示比例方向控制阀；3为公称规格代号（10mm通径）；F表示流量控制；B表示板式；※为阀芯形式代号；□为类型代号C、E、K等。

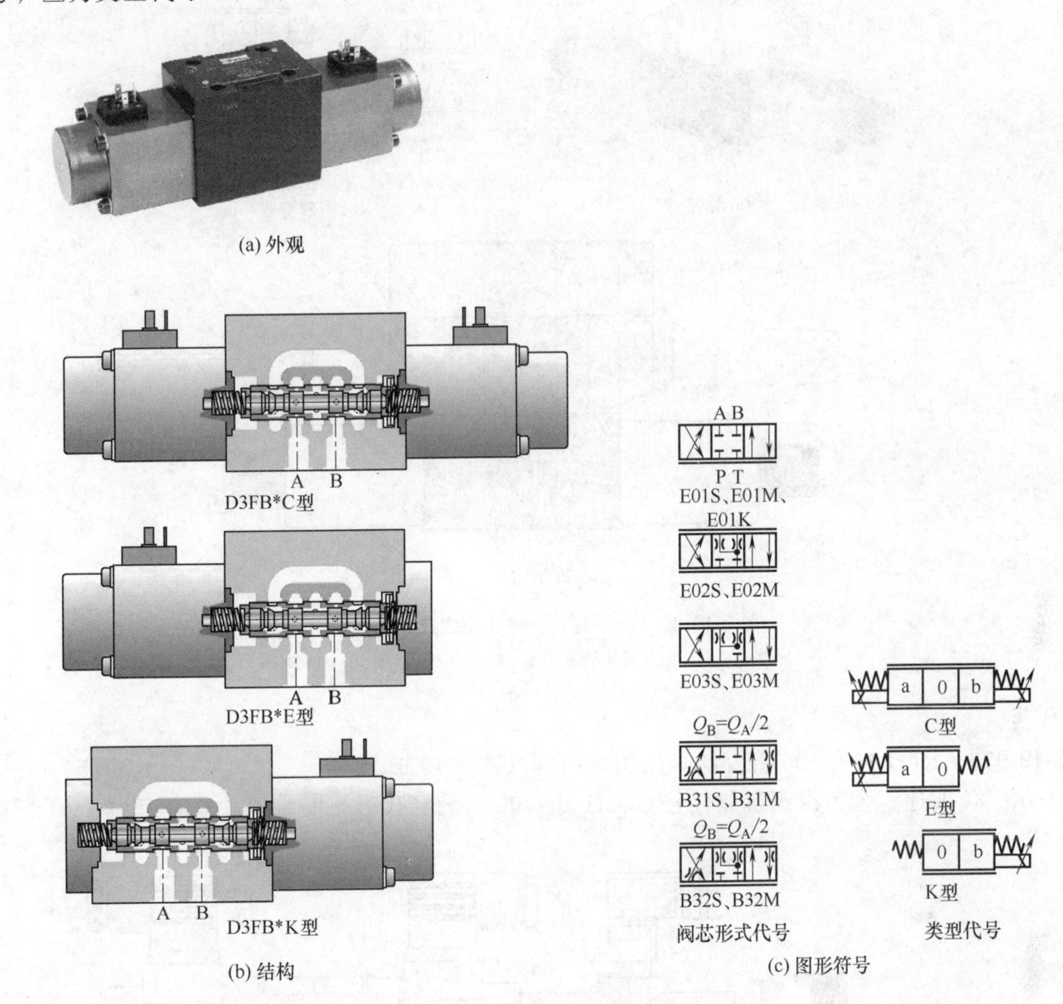

图3-19-88 D3FB-※-□型直动式比例方向阀

［例3-19-89］ D3FC型带阀芯位置反馈的直动式比例方向阀（图3-19-85）

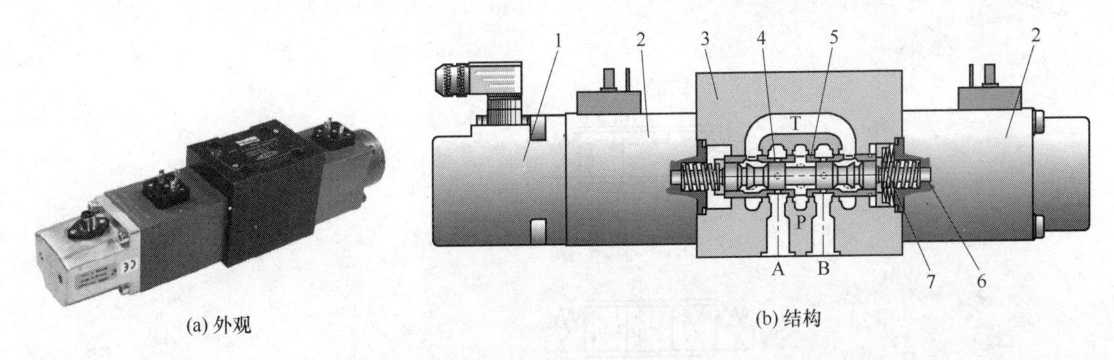

图3-19-89 D3FC型带阀芯位置反馈的直动式比例方向阀

1—位移传感器；2—比例电磁铁；3—阀体；4—阀芯；5—阀套；6—推杆；7—对中弹簧

［例3-19-90］ D1FT※□型直动式比例方向阀（图3-19-90）

D表示比例方向阀；1为通径代号（NG6）；F表示流量控制；T表示内置电控；※为阀芯形式代号；

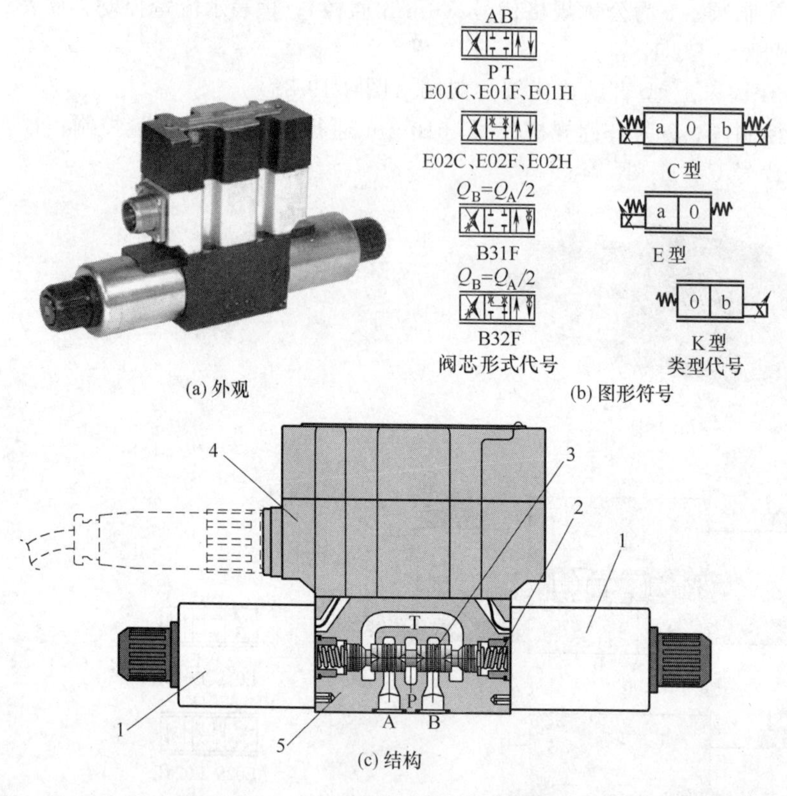

(a) 外观　(b) 图形符号

(c) 结构

图 3-19-90　D1FT※□型直动式比例方向阀

1—比例电磁铁；2—对中弹簧；3—阀芯；4—接线盒；5—阀体

□为类型代号。

［例 3-19-91］　RL-L43-□-06 型直动式比例方向阀（图 3-19-91）

L43 表示三位四通；□为滑阀机能代号 G、H 等；06 为通径代号；安装尺寸符合 ISO 4401 标准。

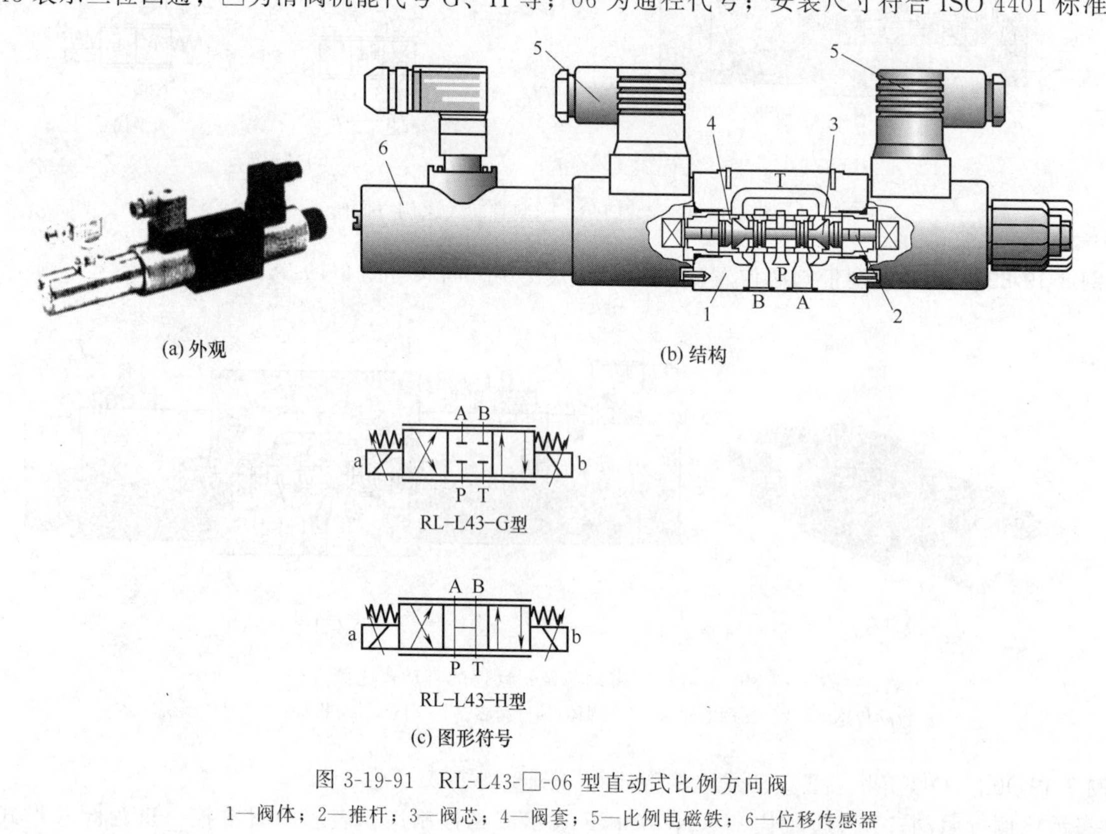

(a) 外观　(b) 结构

(c) 图形符号

图 3-19-91　RL-L43-□-06 型直动式比例方向阀

1—阀体；2—推杆；3—阀芯；4—阀套；5—比例电磁铁；6—位移传感器

[例 3-19-92] D1FC 型带阀芯位置反馈的直动式比例方向阀（图 3-19-92）

D 表示比例方向阀；1 为通径代号（NG6）；F 表示流量控制；C 表示带阀芯位置反馈。

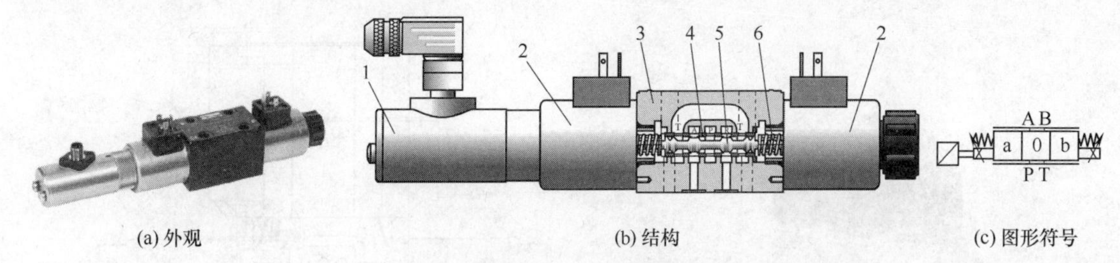

图 3-19-92 D1FC 型带阀芯位置反馈的直动式比例方向阀

1—位移传感器；2—比例电磁铁；3—阀体；4—阀套；5—阀芯；6—弹簧

[例 3-19-93] D1FP-◇-△型带阀芯位置反馈的先导式比例方向阀（图 3-19-93）

◇为阀芯形式；△为断电时阀芯位置。由于接近零开口与采用新型 VCD 驱动机构驱动的结构，D1FP 比例阀达到了真正的伺服阀的频率响应，属高性能比例伺服阀。

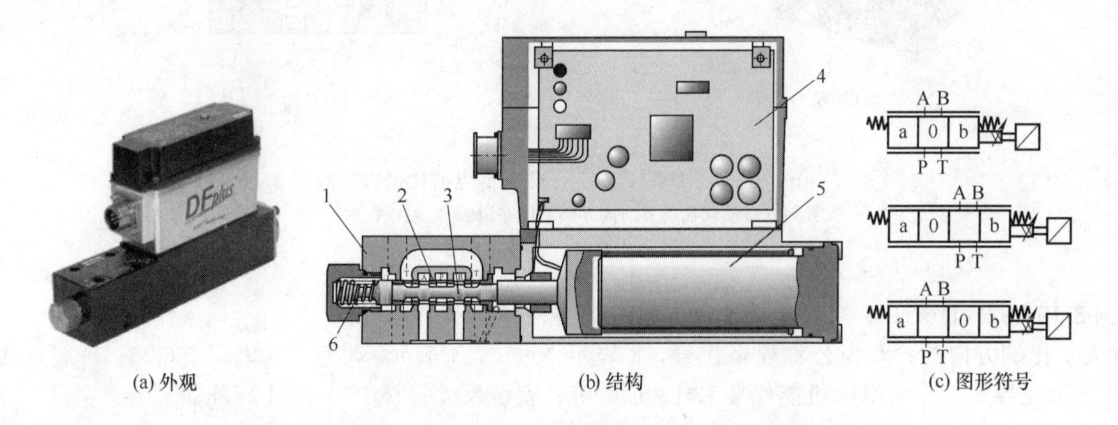

图 3-19-93 D1FP-◇-△型带阀芯位置反馈的先导式比例方向阀

1—阀体；2—阀套；3—阀芯；4—比例放大器；5—比例电磁铁；6—弹簧

[例 3-19-94] WL※-□-06 型直动式比例方向阀（图 3-19-94）

※为结构代号，F42 表示两位四通，F43 表示三位四通；□为滑阀机能代号，G、K 等；06 为通径代号（NG6）；最大工作压力 P、A、B 口为 31.5MPa，T 口为 21MPa；安装尺寸符合 ISO 4401 标准。

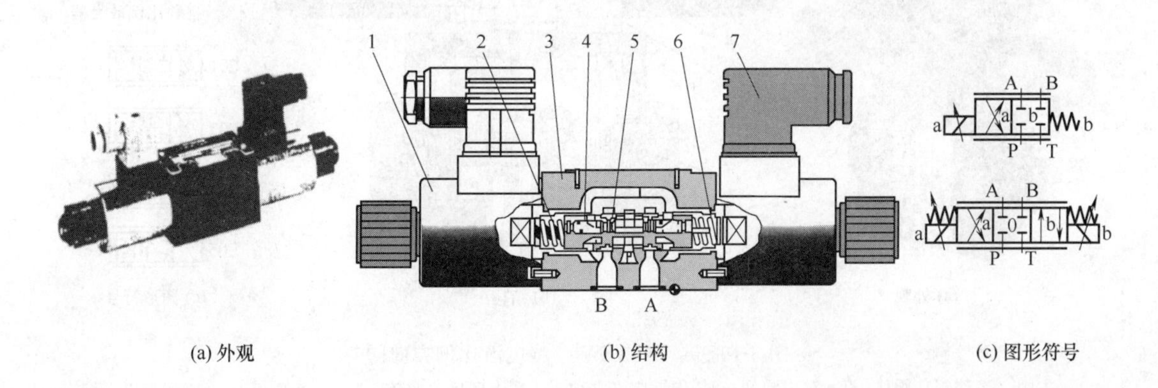

图 3-19-94 WL※-□-06 型直动式比例方向阀

1,7—比例电磁铁；2,6—对中弹簧；3—阀体；4—阀套；5—阀芯

[例 3-19-95] D※1FT-◇-○C-★型电液比例方向阀（图 3-19-95）

※为通径代号 3、4、9，分别表示公称通径 NG10、NG16、NG25；1 为 6 时表示 6 油口阀；F 表示流

量控制；T表示内置电子控制器；◇为阀芯形式代号；○为流量代号，C表示75L/min，F表示200 L/min，H表示400L/min；★为先导连接控制方式代号。

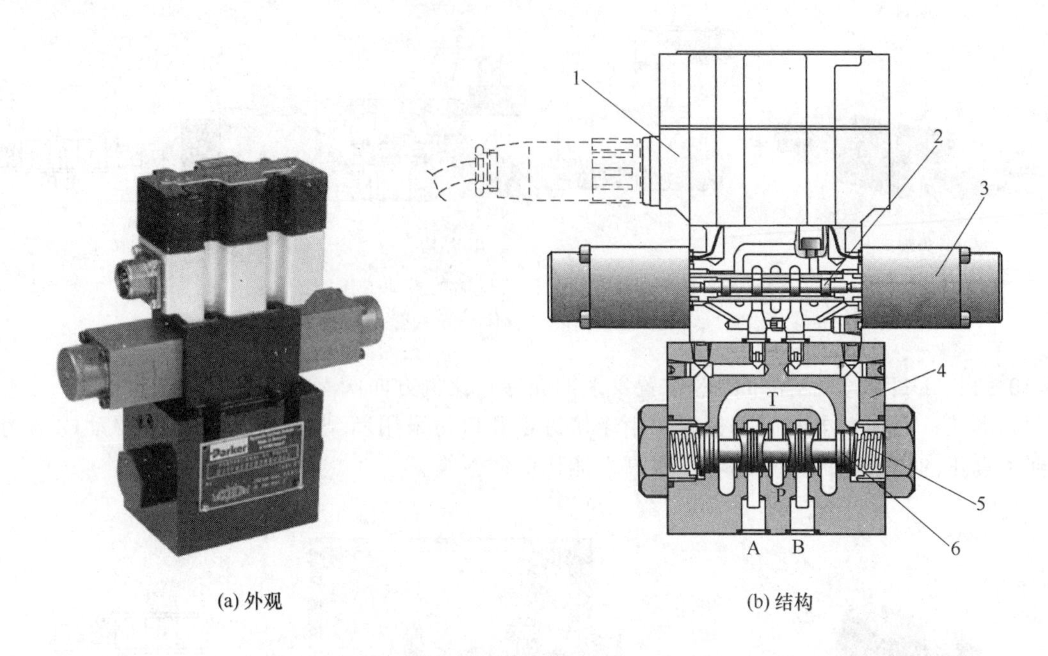

图3-19-95 D※1FT-◇-○C-★型电液比例方向阀

1—接线盒；2—先导阀（直动式比例方向阀）阀芯；3—比例电磁铁；4—主阀（液动阀）阀体；5—对中弹簧；6—主阀阀芯

［例3-19-96］ D※1FW-◇型电液比例方向阀（图3-19-96）

D表示比例方向阀；※为公称规格代号，3表示NG10，4表示NG16，9表示NG25；F表示流量控制；W表示先导式；◇为滑阀机能代号E01、E02等；安装尺寸符合ISO 4401标准。

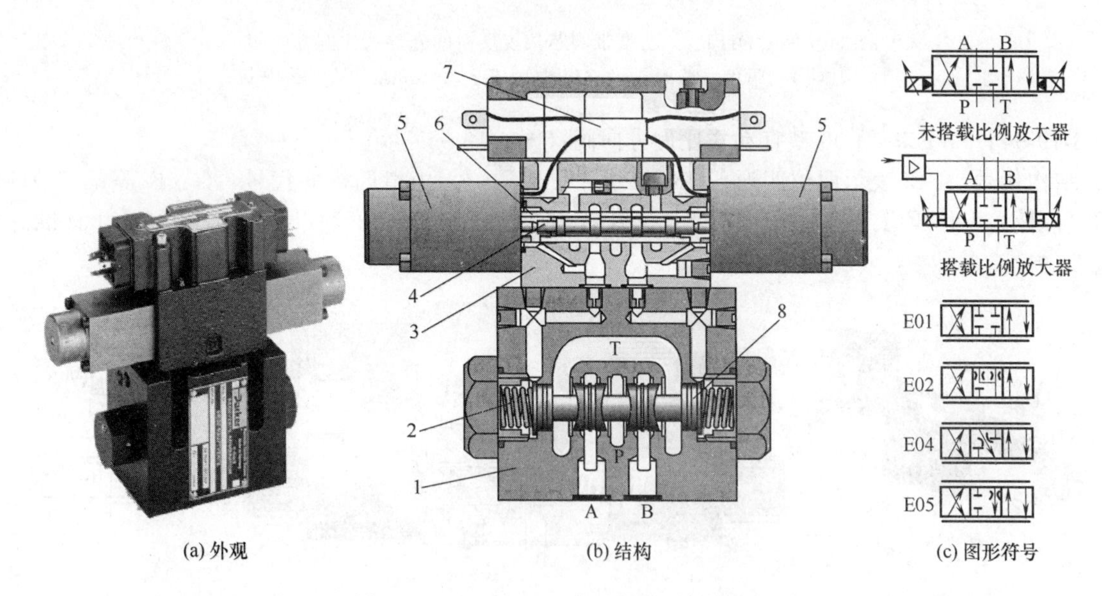

图3-19-96 D※1FW-◇型电液比例方向阀

1—主阀（液动阀）阀体；2—对中弹簧；3—先导阀（直动式比例方向阀）阀体；4—先导阀阀芯；5—比例电磁铁；6—阀套；7—接线盒；8—主阀阀芯

［例3-19-97］ D※1FS-◇型带阀芯位置反馈的先导式电液比例方向阀（图3-19-97）

※为通径代号3、4、8、9、11，分别代表公称通径NG10、NG16、NG20、NG25、NG32；1为6时表示6油口阀；F表示流量控制；S表示带阀芯位置反馈；◇为阀芯形式；○为公称流量。

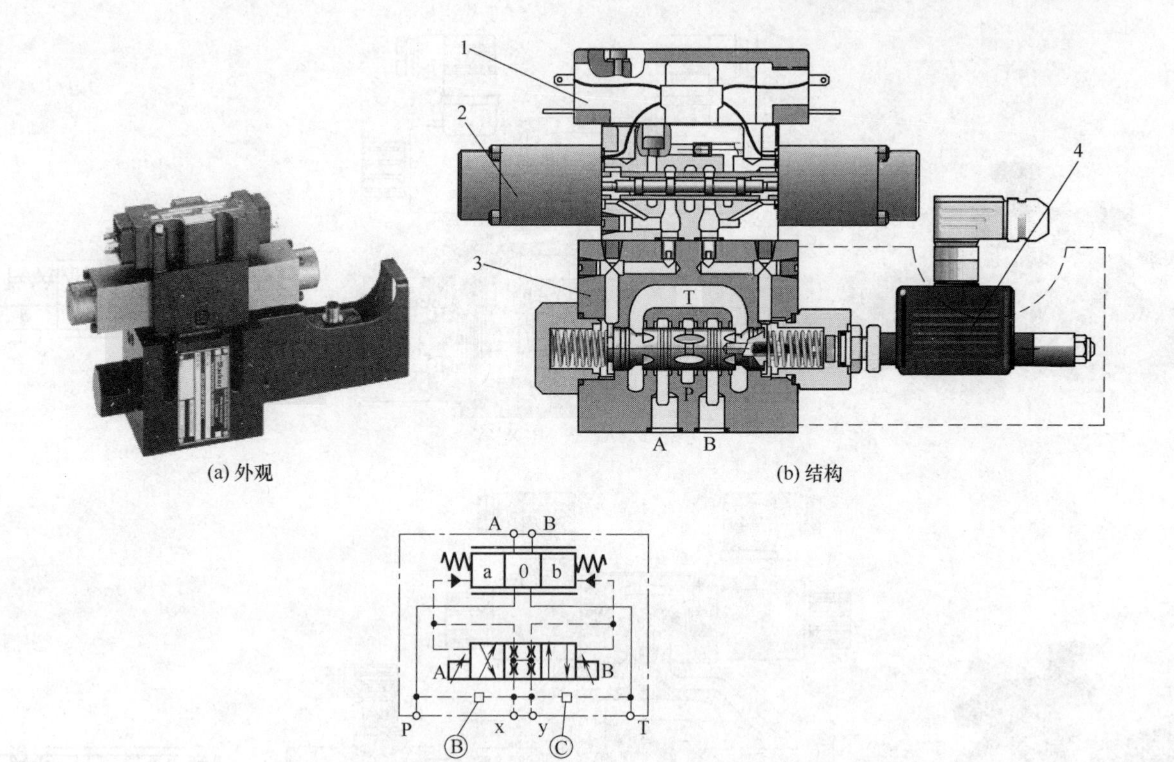

图 3-19-97 D※1FS-◇型带阀芯位置反馈的先导式电液比例方向阀

1—接线盒；2—比例电磁阀；3—主阀；4—位移传感器

［例 3-19-98］ D※1FH◇型带阀芯位置反馈的先导式电液比例方向阀（图 3-19-98）

※为通径代号 3、4、8、9、11，分别代表公称通径尺寸 NG10、NG16、NG20、NG25、NG32；1 为 6 时表示 6 油口阀；F 表示流量控制；H 表示阀为高响应阀；◇为阀芯形式。

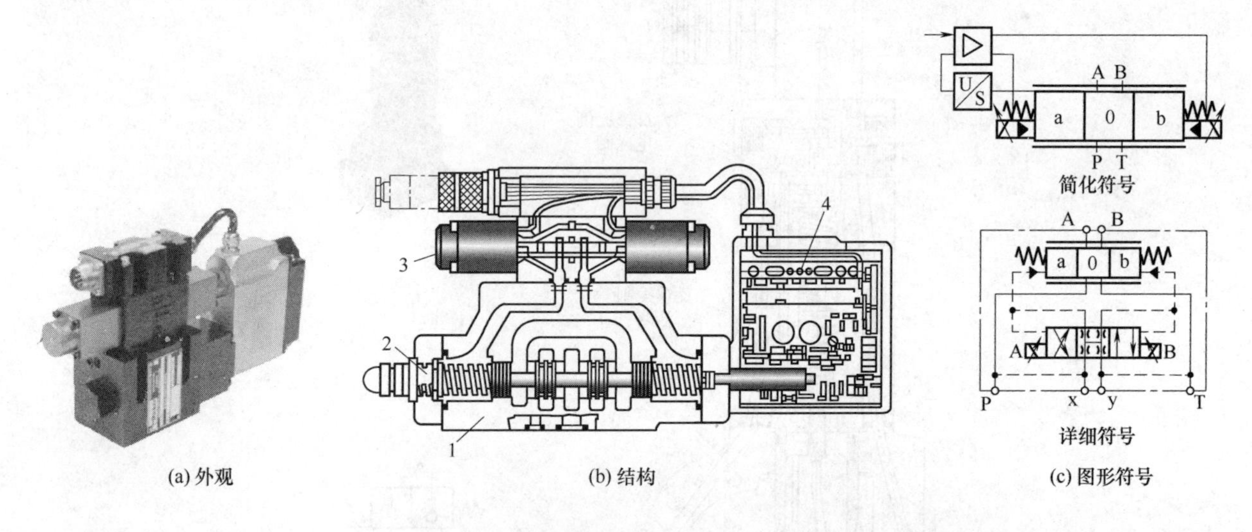

图 3-19-98 D※1FH◇型带阀芯位置反馈的先导式电液比例方向阀

1—主阀（液动阀）；2—行程调节螺钉；3—先导阀（比例电磁阀）；4—比例放大器

［例 3-19-99］ 4DP03-E/H 型比例电液换向阀（图 3-19-99）

［例 3-19-100］ TDA 型三级比例节流阀（图 3-19-100）

工作压力 A、B 口为 35MPa，Y 口最大背压为 10MPa；额定流量在压差 1MPa 时至 500L/min。

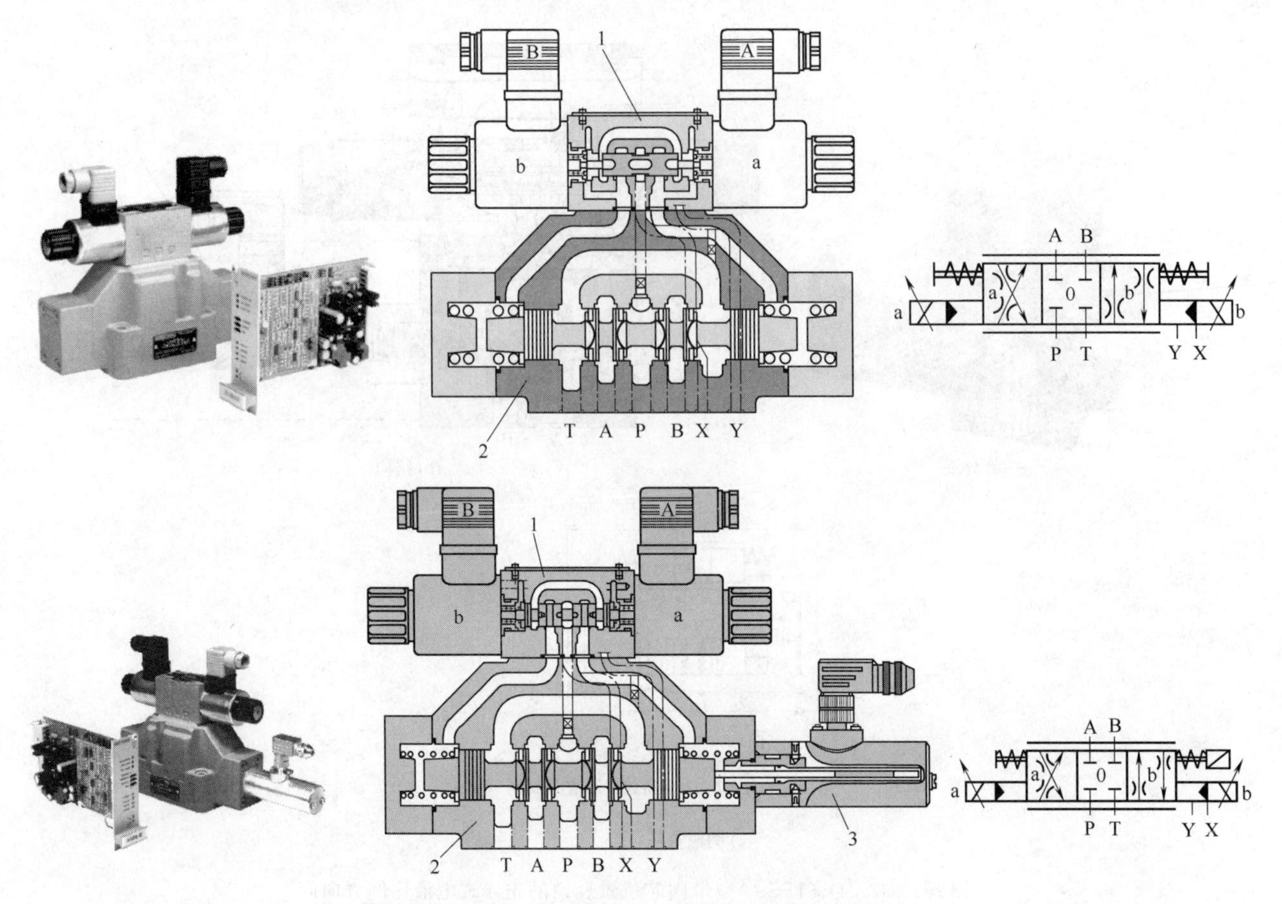

图 3-19-99 4DP03-E/H 型比例电液换向阀

1—先导阀（比例电磁阀）；2—主阀（液动阀）；3—位移传感器

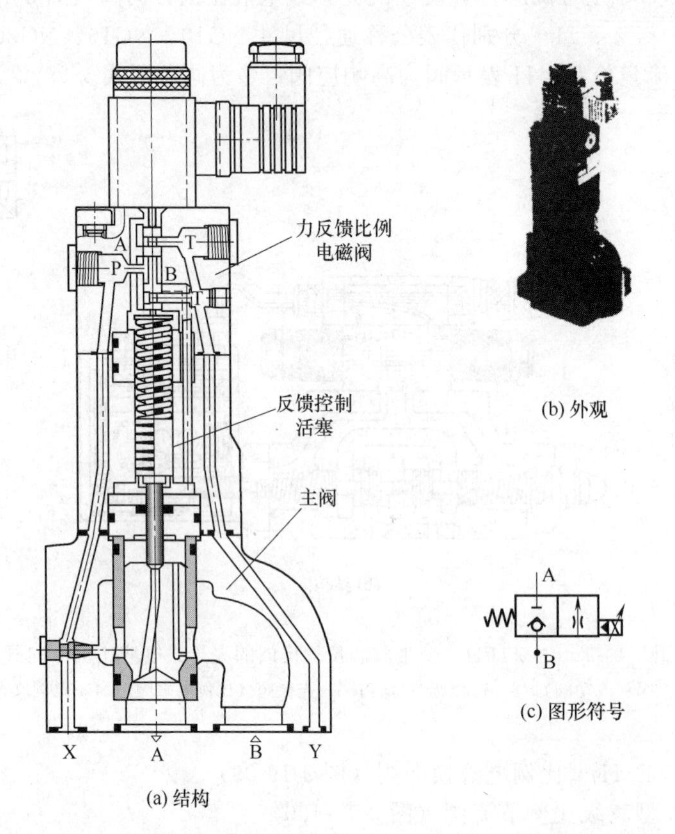

图 3-19-100 TDA 型三级比例节流阀

[例 3-19-101] DURL06 型比例调速阀（图 3-19-101）

工作压力为 21MPa；带反馈时重复精度为 0.5%。

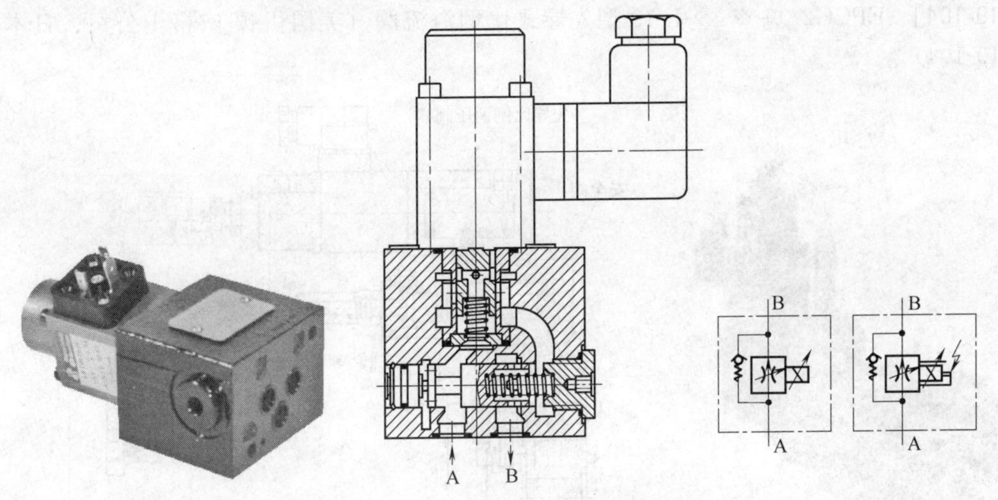

图 3-19-101 DURL06 型比例调速阀

3-19-4 美国伊顿-威格士公司比例阀

[例 3-19-102] PDL 型 6mm 通径直动式比例溢流阀（图 3-19-102）

带位移控制。

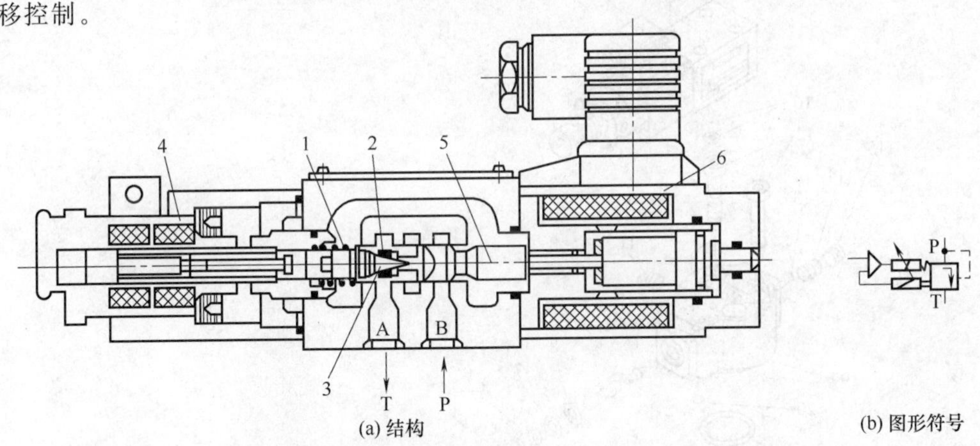

(a) 结构　(b) 图形符号

图 3-19-102 PDL 型 6mm 通径直动式比例溢流阀

1—传力弹簧；2—复位弹簧；3—锥阀芯；4—位移传感器；5—可动阀座；6—比例电磁铁

[例 3-19-103] EPCG2-01-※型直动式比例溢流阀（美国伊顿-威格士公司、日本东京计器公司）（图 3-19-103）

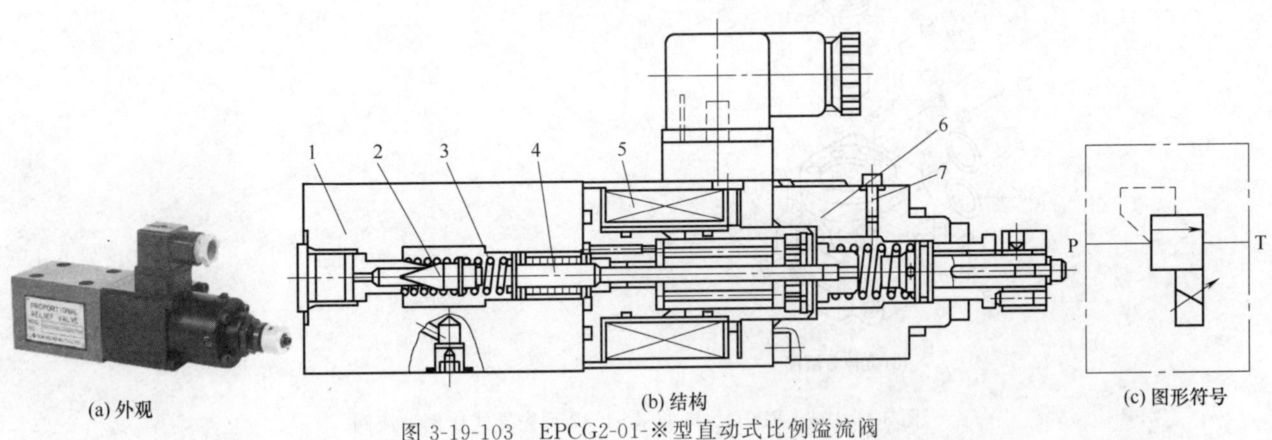

(a) 外观　(b) 结构　(c) 图形符号

图 3-19-103 EPCG2-01-※型直动式比例溢流阀

1—阀体；2—锥阀芯；3—弹簧；4—主阀芯；5—比例电磁铁；6—阀座；7—螺钉

01 为公称通径代号；※为调压范围，35 表示 0.7～3.5MPa，70 表示 1～7MPa，140 表示 1～14MPa，175 表示 1～17.5MPa，210 表示 10～21MPa。

［例 3-19-104］ EPCG2-06-※-◇-L-13 型先导式比例溢流阀（美国伊顿-威格士公司、日本东京计器公司）（图 3-19-104）

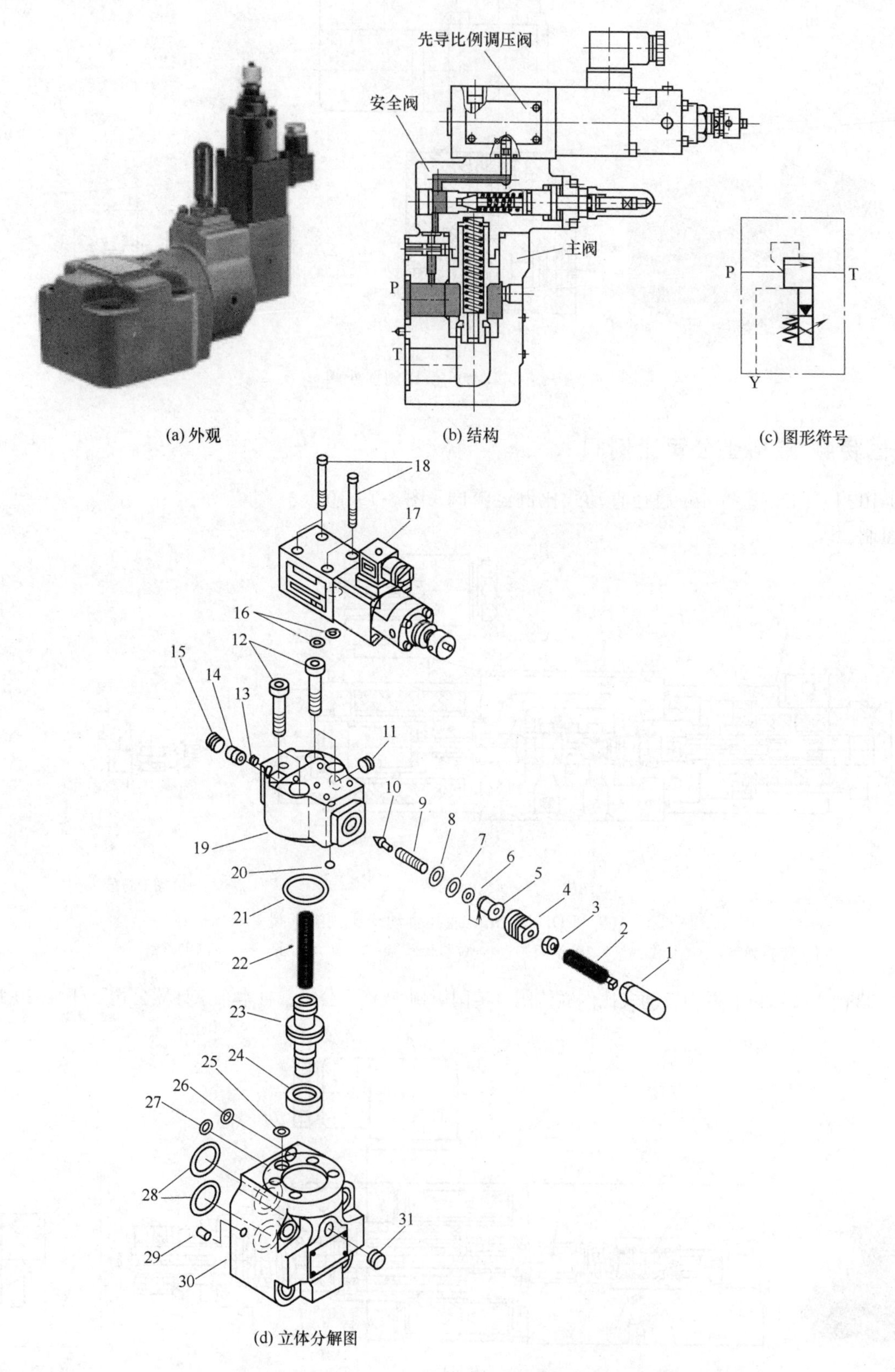

图 3-19-104 EPCG2-06-※-◇-L-13 型先导式比例溢流阀

1～16—安全阀组件；17，18—比例先导调压阀总成；19—安全阀阀体；20～30—主溢流阀组件

06 为通径代号；※为最大工作压力，35 表示 3.5MPa，70 表示 7MPa，140 表示 14MPa，175 表示 17.5MPa，210 表示 21MPa；◇为控制油供排方式，Y 表示内供外泄，XY 表示外供外泄；L 表示手柄调压方向；13 为设计号。

[例 3-19-105] KACG-◇型先导式比例溢流阀（图 3-19-105）

KACG 表示先导式比例溢流阀；◇为 6、8 等；安装尺寸符合 ISO 4401-AR-06-2-A、ISO 4401-AS-08-2-A 标准。

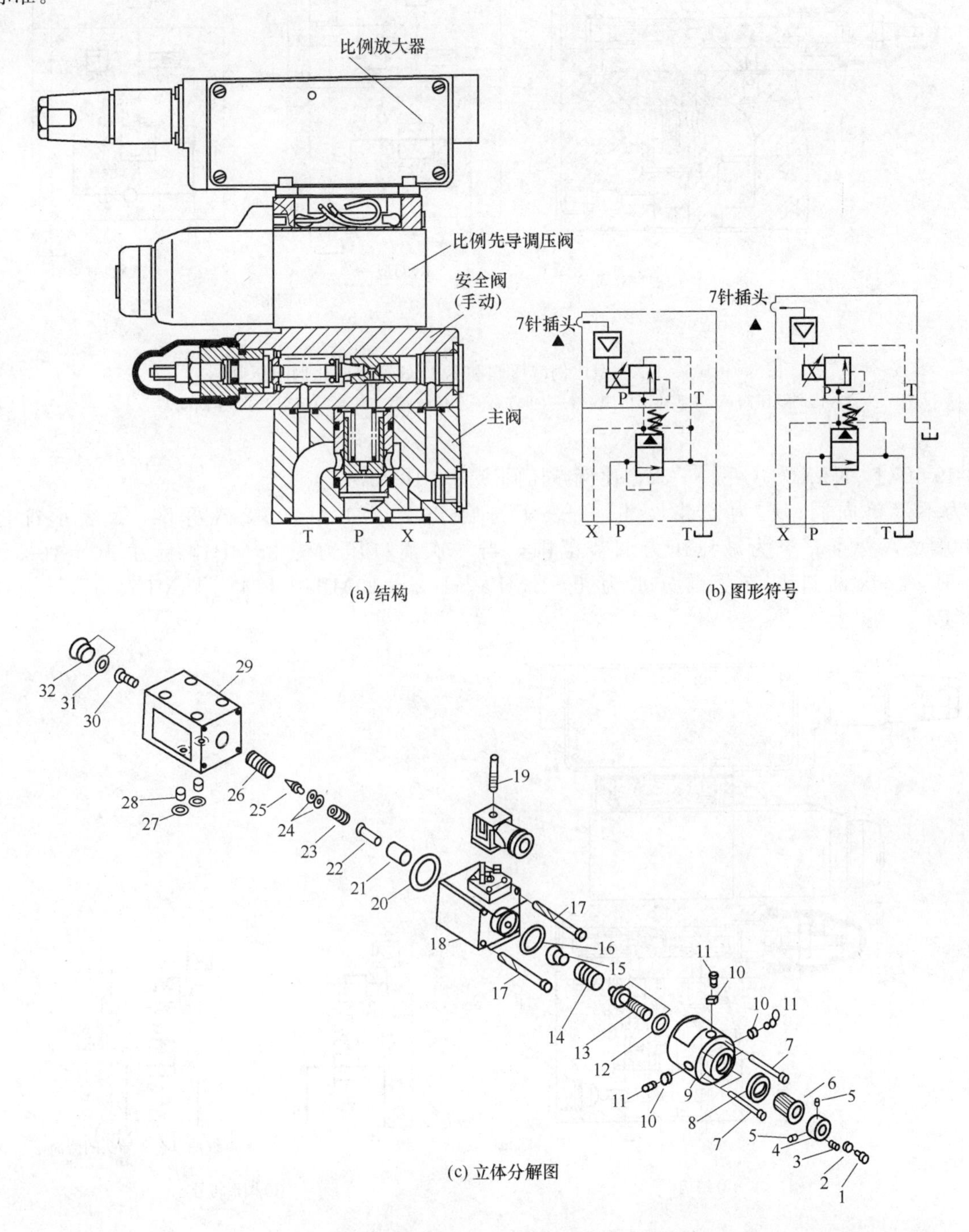

图 3-19-105 KACG-◇型先导式比例溢流阀

1～19—比例电磁铁分解图；20—O 形圈；21～32—调压阀

[例 3-19-106] KXG 型比例减压阀和 KAXG 型单向比例减压阀（图 3-19-106）

主阀芯中的一个小单向阀 4 允许油液跨过先导级旁通，从而防止（在长期保压期间或承受过载的执行器产生倒流时）出口压力过高。也可在 A→B 之间设置单向阀，构成 KAXG 型比例单向减压阀。

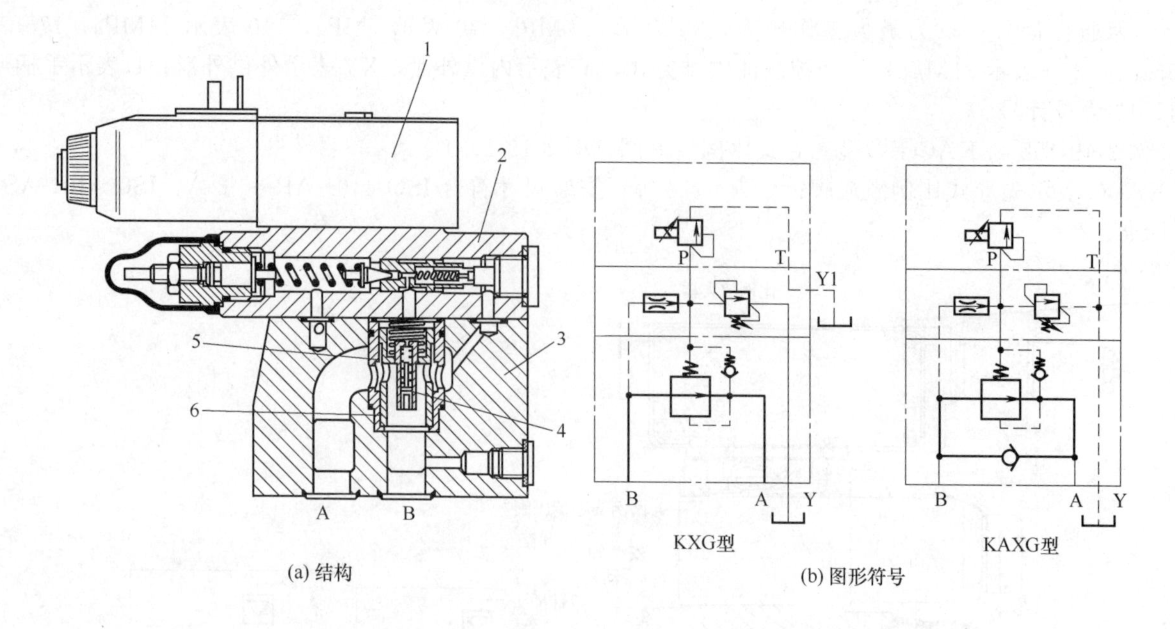

图 3-19-106　KXG 型比例减压阀和 KAXG 型单向比例减压阀
1—比例调压阀；2—手动调压阀；3—主阀；4—小单向阀；5—主阀阀套；6—主阀阀芯

[例 3-19-107]　KAX(C)G-□-····-※型比例减压阀（图 3-19-107）

无 C 为不带单向阀；□为安装尺寸，6 表示符合 ISO 5781-AG-06-2-A 标准，8 表示符合 ISO 5781-AH-08-2-A 标准；※为减压压力调节范围，当一次油口压力为 35MPa，标注 40、100、160、250、330 时，二次油口调节范围分别为 1～4MPa、1.2～10MPa、1.4～16MPa、1.5～25MPa、1.5～33MPa。

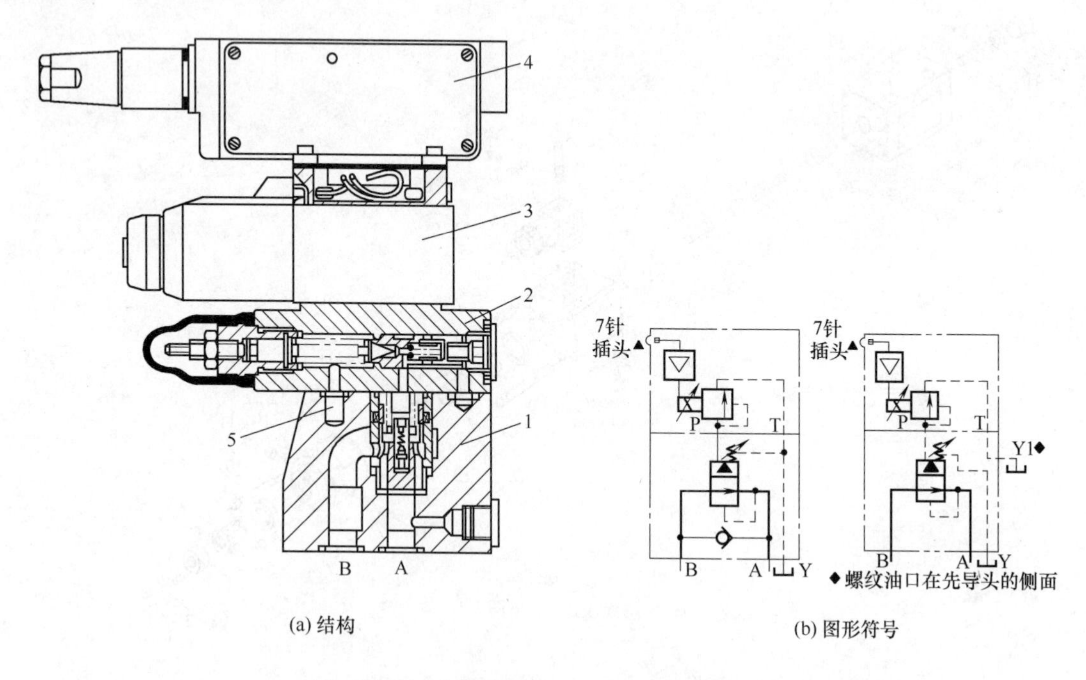

图 3-19-107　KAX(C)G-□-····-※型比例减压阀
1—主阀；2—手动先导调压阀；3—比例先导调压阀；4—电子板；5—先导回油螺纹油口 Y1

[例 3-19-108]　KTG4V 型和 KDG4V 型比例方向流量阀（图 3-19-108）

[例 3-19-109]　KDG4V 型直动式比例方向节流阀（图 3-19-109）

安装尺寸符合 ISO 4401 标准。

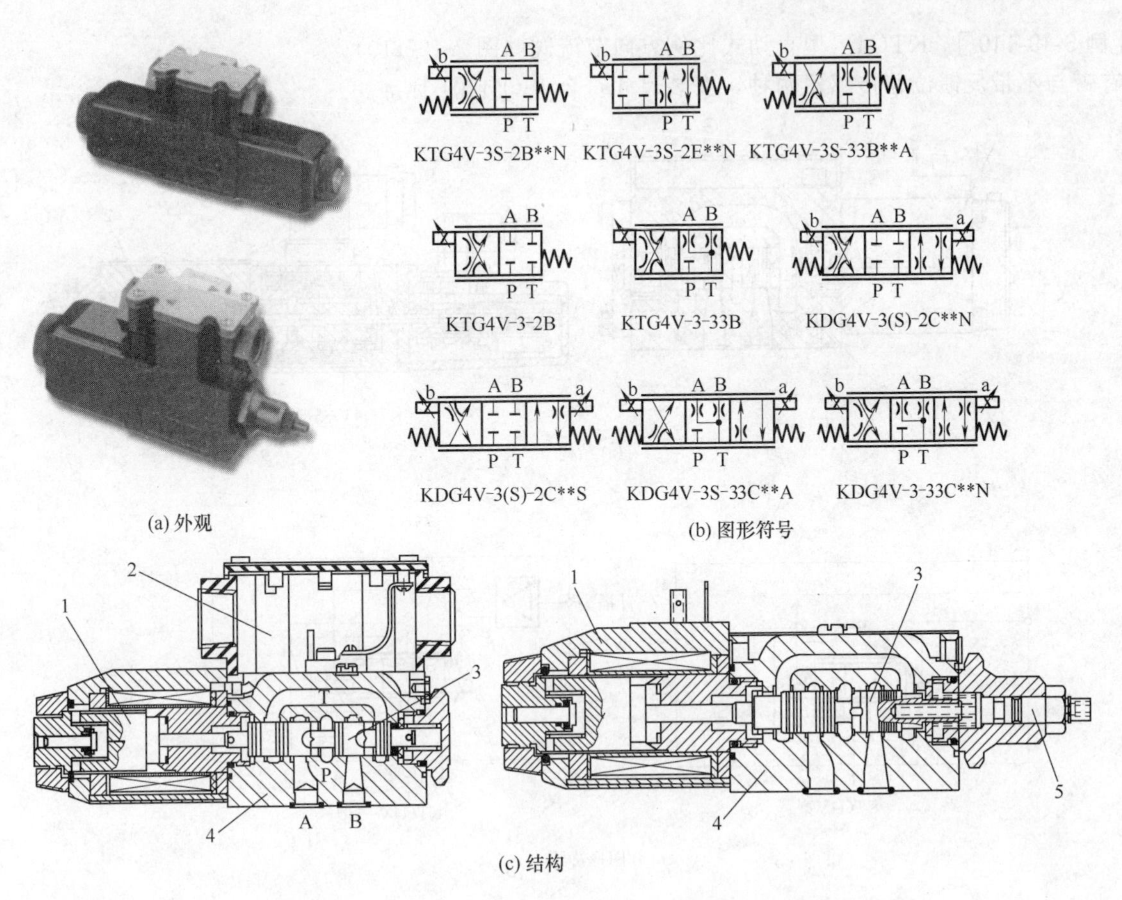

图 3-19-108 KTG4V 型和 KDG4V 型比例方向流量阀

1—比例电磁铁；2—接线端子盒；3—阀芯；4—阀体；5—零位调节螺钉

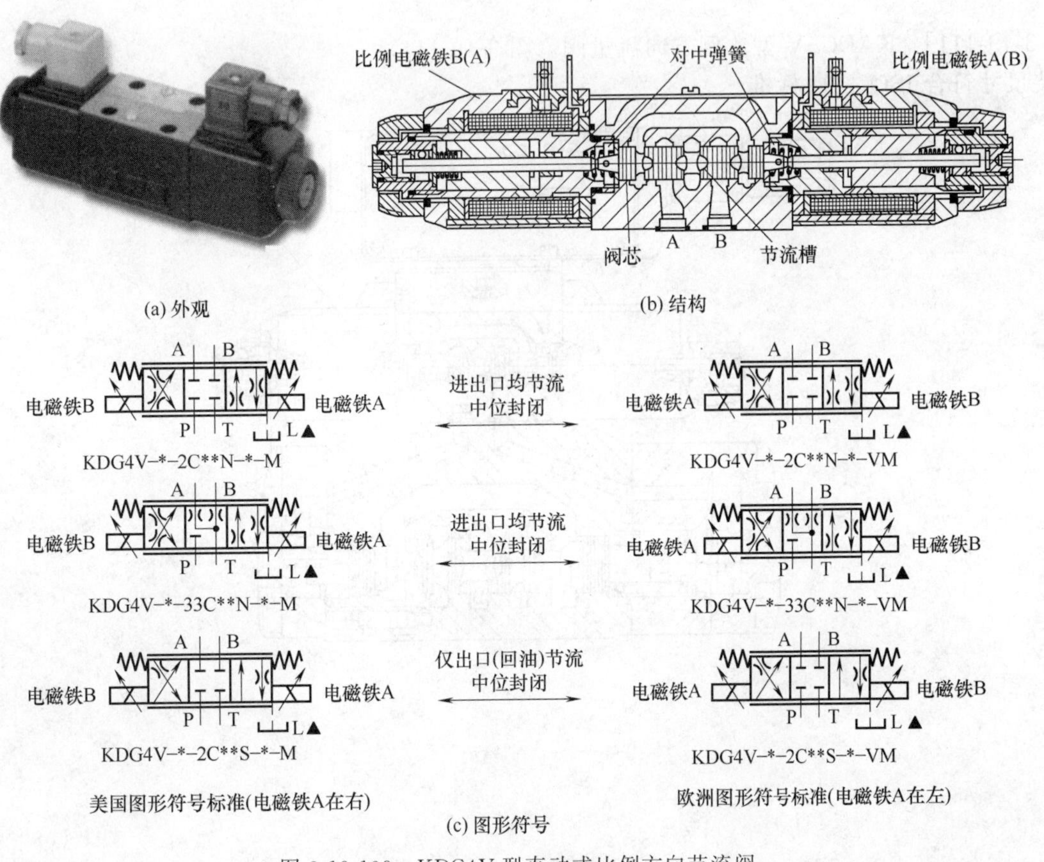

图 3-19-109 KDG4V 型直动式比例方向节流阀

[例 3-19-110] KTG4V 型直动式比例方向节流阀（图 3-19-110）

有带与不带反馈位移传感器两种，安装尺寸符合 ISO 4401 标准。

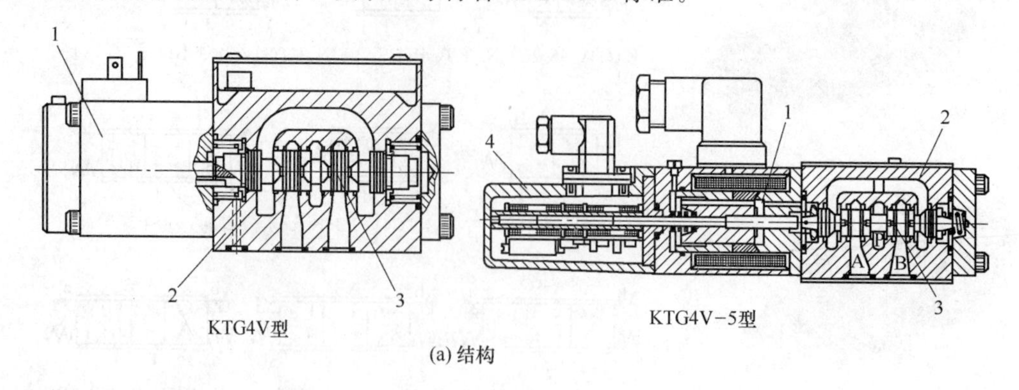

(a) 结构

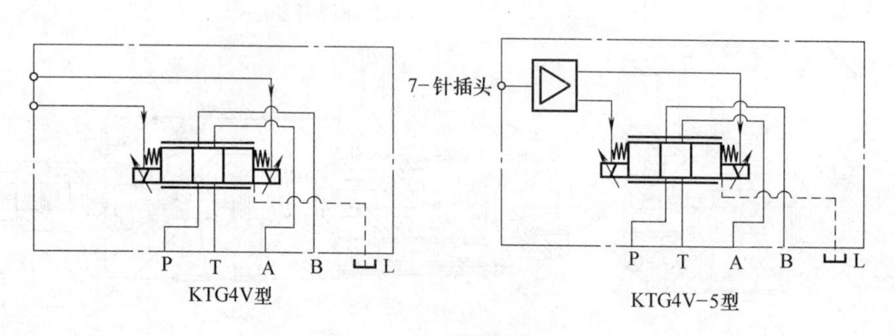

(b) 图形符号

图 3-19-110 KTG4V 型直动式比例方向节流阀

1—比例电磁铁；2—阀体；3—阀芯；4—位移传感器

[例 3-19-111] KADG5V 型比例方向流量阀（图 3-19-111）

安装尺寸符合 ISO 4401 标准。

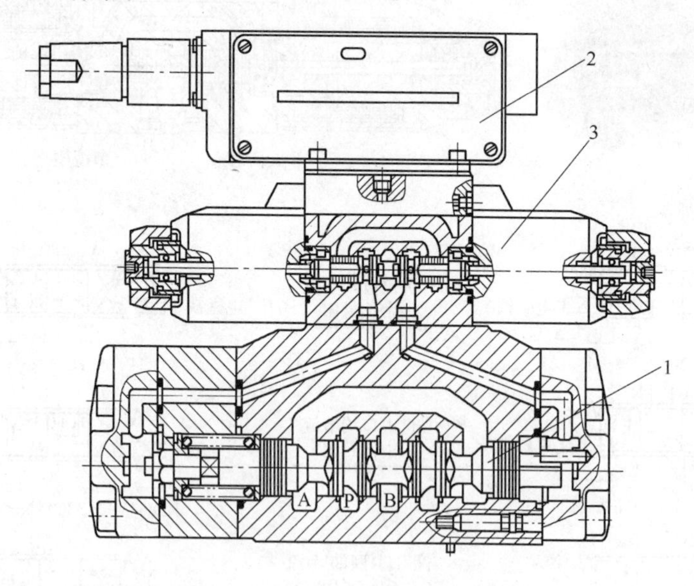

(a) 结构

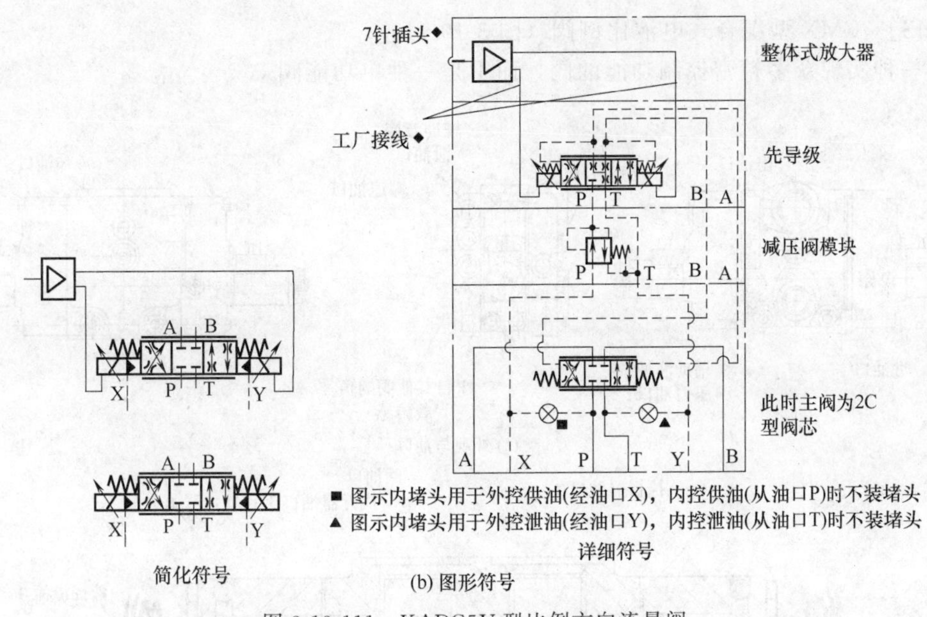

(b) 图形符号

图 3-19-111 KADG5V 型比例方向流量阀

1—主阀（液动换向阀）；2—比例放大器；3—先导阀（直动式比例电磁阀）

［例 3-19-112］ KHDG5V 型双级位移电反馈比例方向节流阀（图 3-19-112）从先导级和主级反馈，安装尺寸符合 ISO 4401 标准。

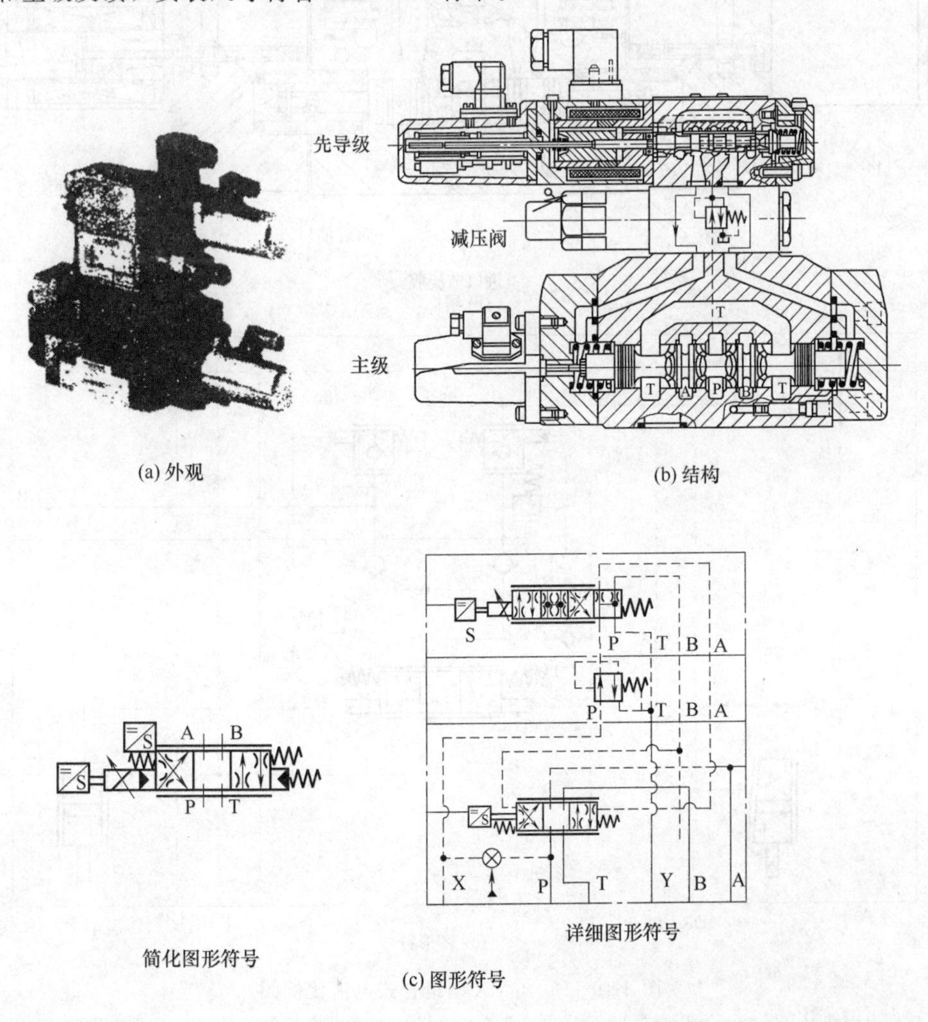

(c) 图形符号

图 3-19-112 KHDG5V 型双级位移电反馈比例方向节流阀

［例 3-19-113］ CMX 型组合式电液比例阀（图 3-19-113）

CMX 阀是一种实现众多精密控制功能的阀，而不是一种单功能阀。

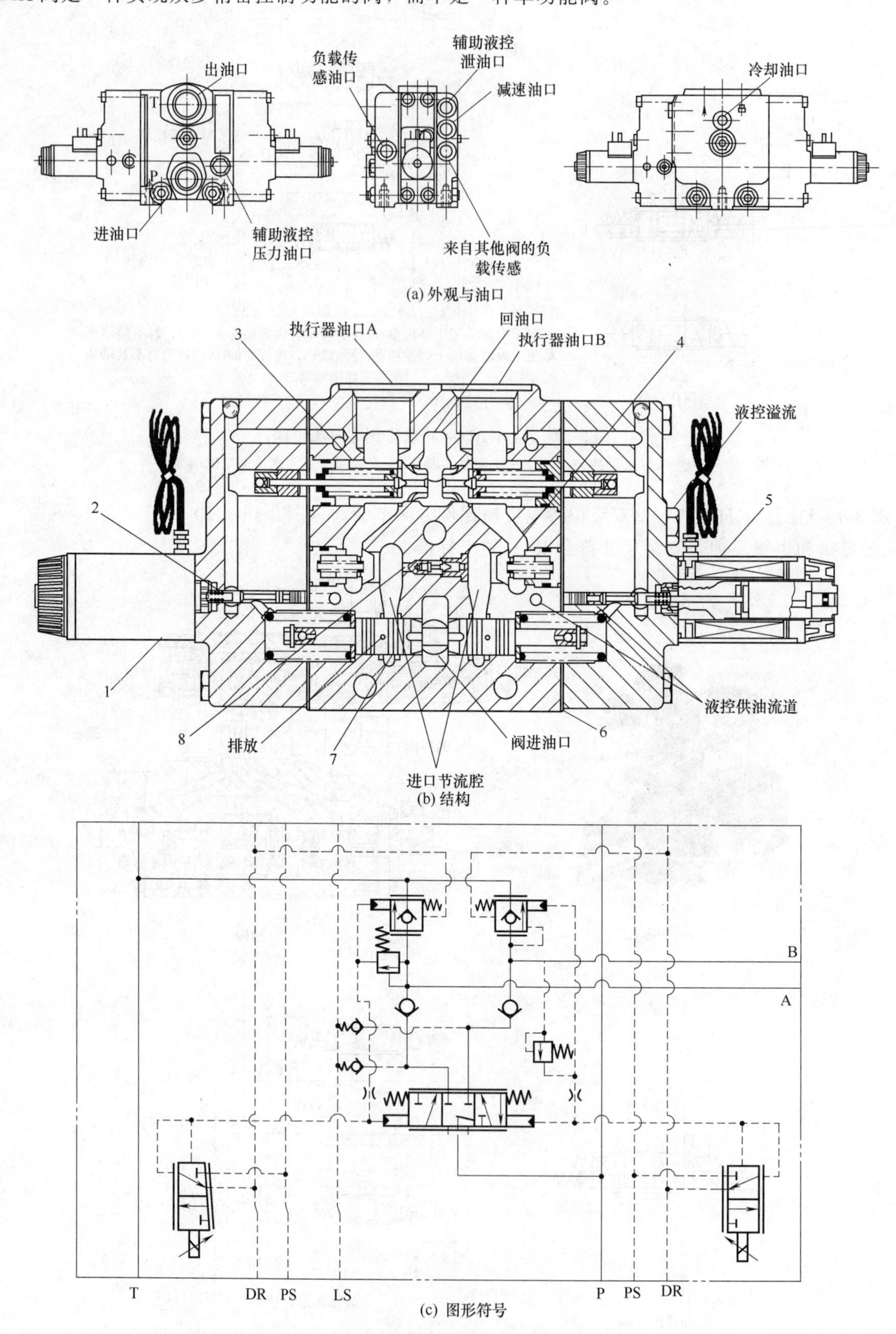

图 3-19-113 CMX 型组合式电液比例阀

1—比例电磁铁 B；2—电液减压阀阀芯；3—出口节流阀阀芯；4—负载跌落单向阀；5—比例电磁铁 A；6—垫；7— 进口节流阀阀芯；8—负载传感单向阀

［例 3-19-114］ EPDG1-3-33C-20 型比例方向流量阀（美国伊顿-威格士公司、日本东京计器公司）（图 3-19-114）

3 表示安装面尺寸符合 ISO 4401-03 标准；33 表示滑阀机能；C 表示弹簧对中；20 表示压差为 0.7MPa 时 P→A 或 B 最大控制流量；额定压力为 21MPa。

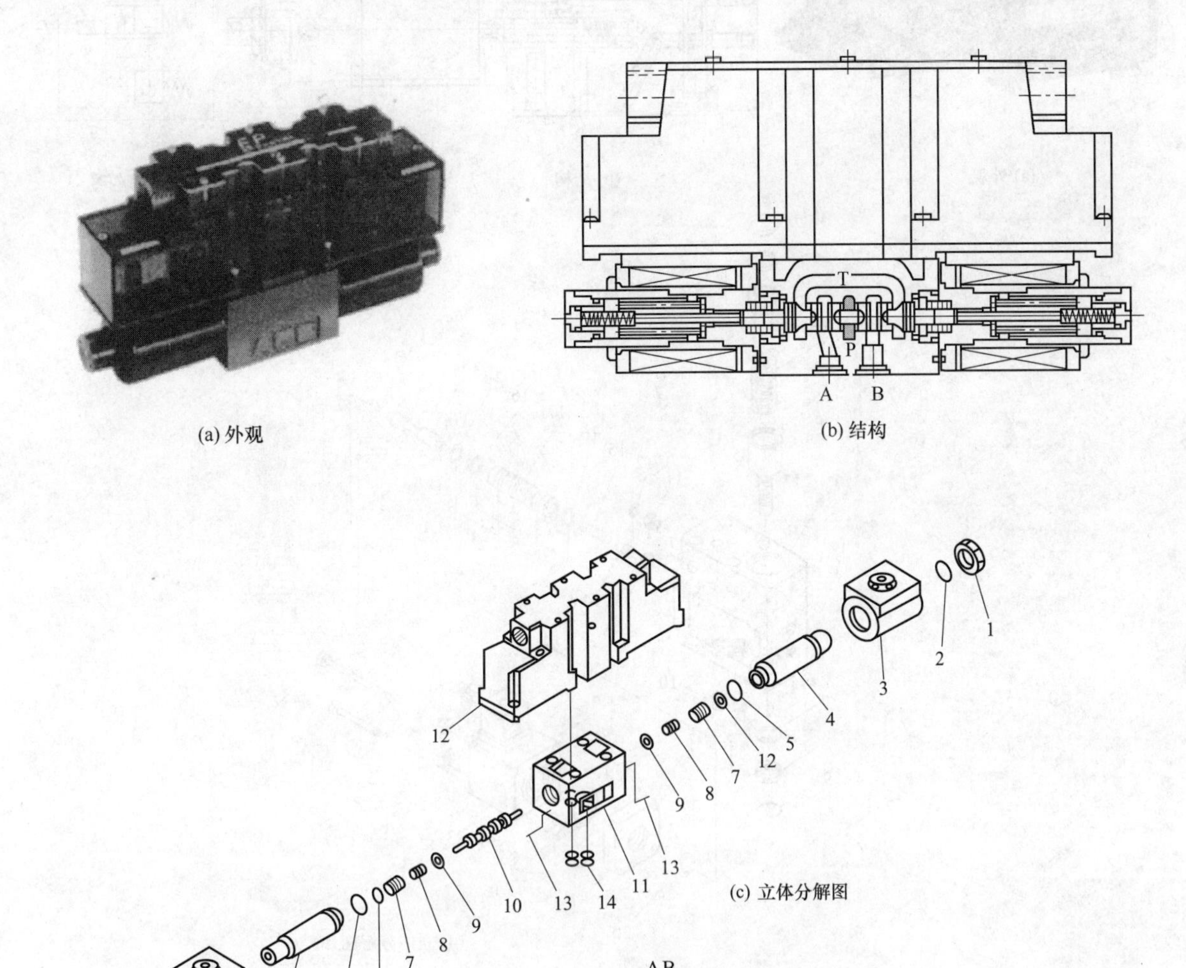

(a) 外观

(b) 结构

(c) 立体分解图

(d) 图形符号

图 3-19-114 EPDG1-3-33C-20 型比例方向流量阀

1—锁母；2,5,14—O 形圈；3—比例电磁铁线圈；4—衔铁；6,9—垫；7,8—弹簧；10—阀芯；11—阀体；12—接线盒；13—闷头

［例 3-19-115］ EPFG-01-5-15-10 型比例流量调节阀（美国伊顿-威格士公司、日本东京计器公司）（图 3-19-115）

01 为通径代号；5-15 表示最小稳定流量为 0.03L/min，最大流量为 15L/min；10 为设计号。

［例 3-19-116］ EPF(R)G-※-◇-(F)-(EX)-10 型比例流量调节阀（美国伊顿-威格士公司、日本东京计器公司）（图 3-19-116）

※为通径代号 03、06、10；◇为最大流量，如 130 表示 130L/min；标注 F 时表示带位移传感器；标注 EX 时表示外控、带减压阀，否则为内控带减压阀；10 为设计号。

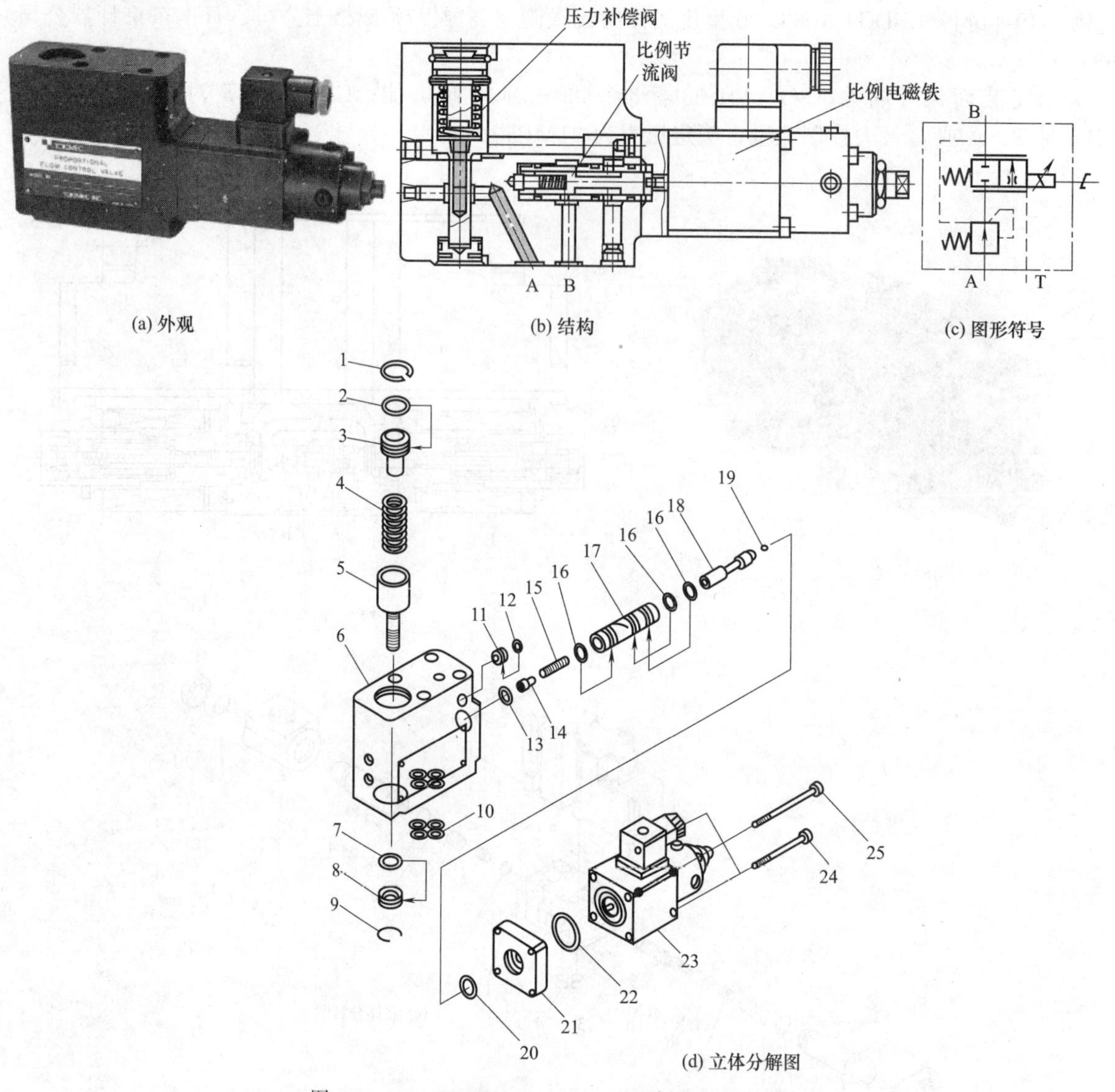

(a) 外观　(b) 结构　(c) 图形符号

(d) 立体分解图

图 3-19-115　EPFG-01-5-15-10 型比例流量调节阀

1～9—压力补偿阀组件；10,20,22—O 形圈；11～19—比例节流阀组件；21—盖板；23～25—比例电磁铁组件

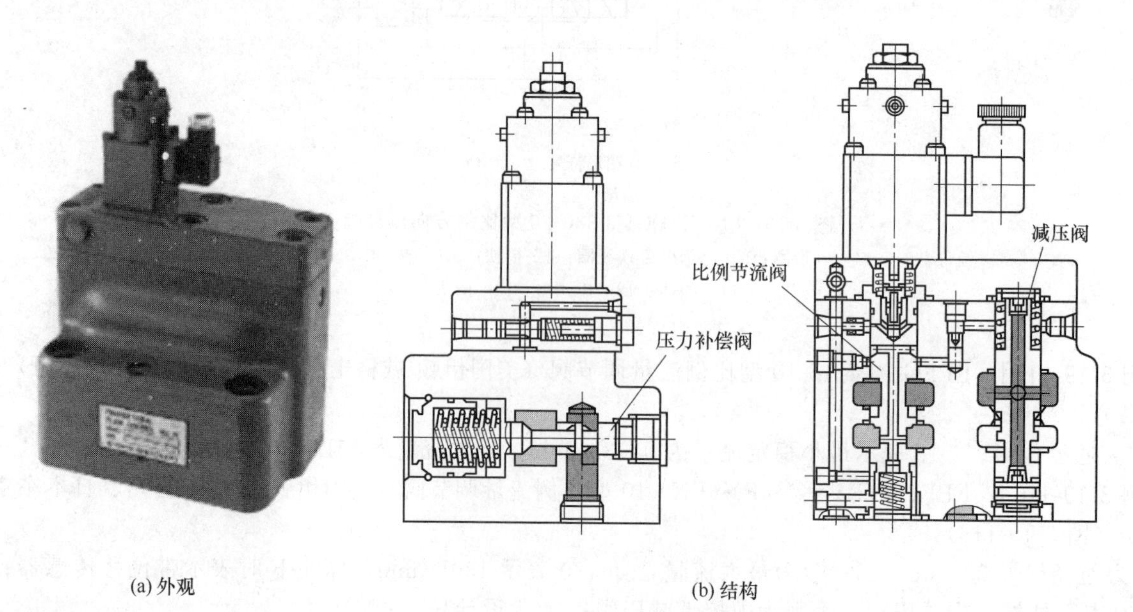

(a) 外观　(b) 结构

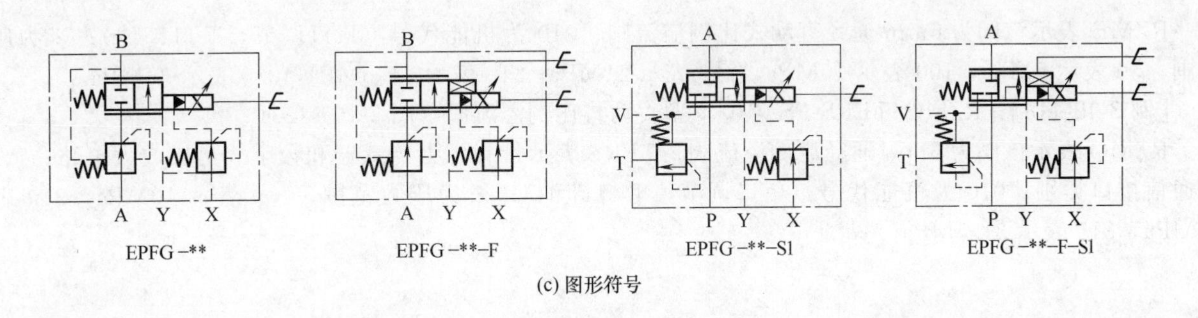

(c) 图形符号

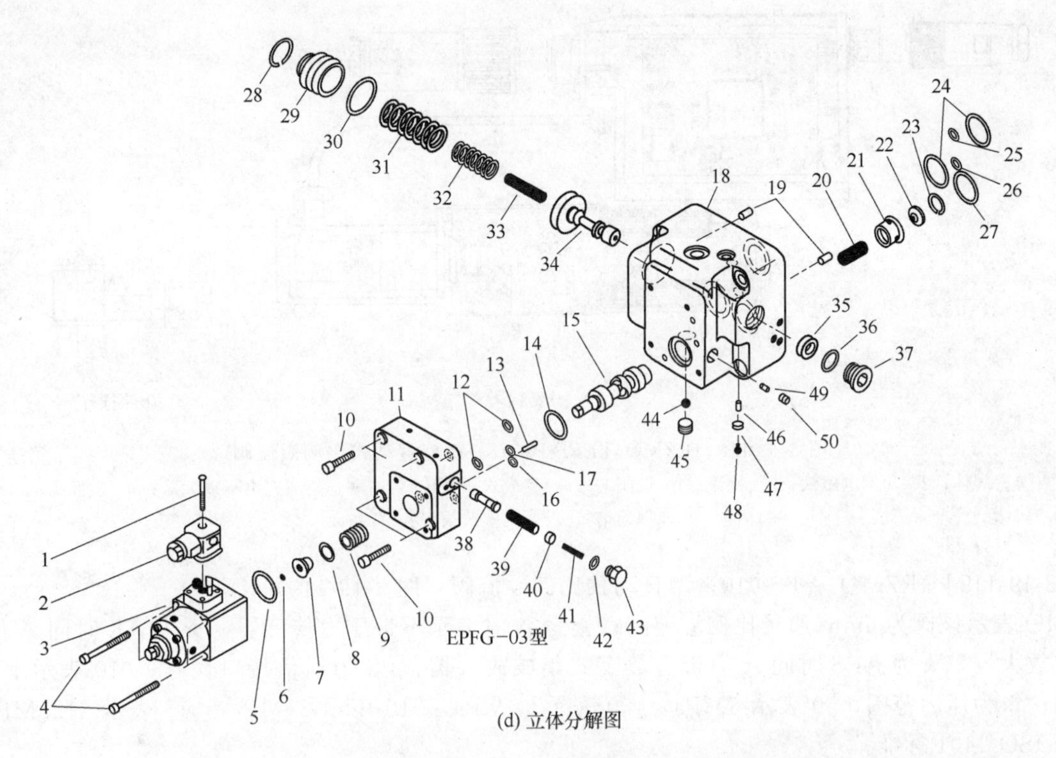

(d) 立体分解图

图 3-19-116 EPF(R)G-※-◇-(F)-(EX)-10 型比例流量调节阀

1,4,10—螺钉；2—接线端子；3—比例电磁铁；5,12,14,16,17,23,24～27,30,36,42—O形圈；6,44,46,49—小塞；7,21,35—套；8,22,40,47—垫；9,20,31,32,39—弹簧；11—阀盖；13—推杆；15—阀芯；18—阀体；19—定位销；28—卡环；29,45,48,50—堵头；33,41—定位杆；34—压力补偿阀阀芯；37,43—螺塞；38—减压阀阀芯

3-19-5 意大利阿托斯公司比例阀

［例 3-19-117］ RZME-A-010/※型直动式比例溢流阀（图 3-19-117）

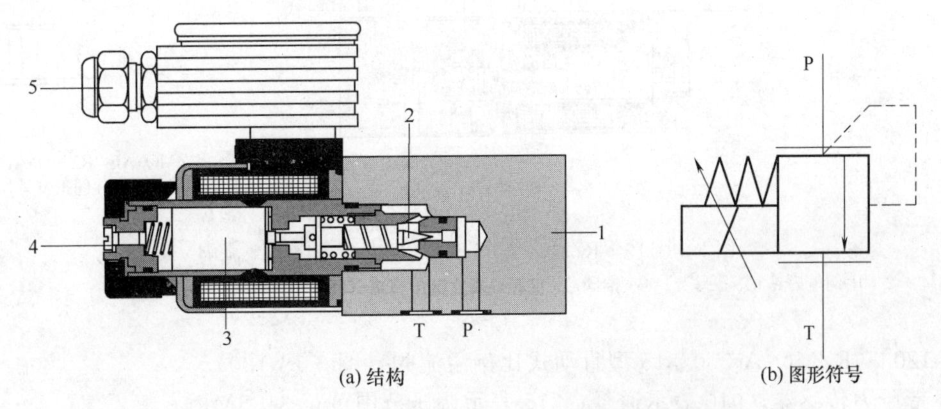

(a) 结构 (b) 图形符号

图 3-19-117 RZME-A-010/※ 型直动式比例溢流阀

1—阀体；2—锥阀芯；3—比例电磁铁；4— 螺纹放气孔；5—通信接头

RZME 表示该阀为 6mm 通径直动式比例溢流阀；010 为机能代号（P 口调节，T 口卸油）；※为压力范围，50 表示 5MPa，100 表示 10MPa，210 表示 21MPa，315 表示 31.5MPa，350 表示 35MPa。

［例 3-19-118］ RZMO-TERS-PS-010/※型直动式比例溢流阀（图 3-19-118）

RZMO 表示该阀为 6mm 通径比例溢流阀；TERS 表示带有压力传感器和数字式集成放大电路；PS 表示通信接口类别；010 为机能代号（P 口调节，T 口卸油）；※为压力范围，100 表示 10MPa，210 表示 21MPa，315 表示 31.5MPa。

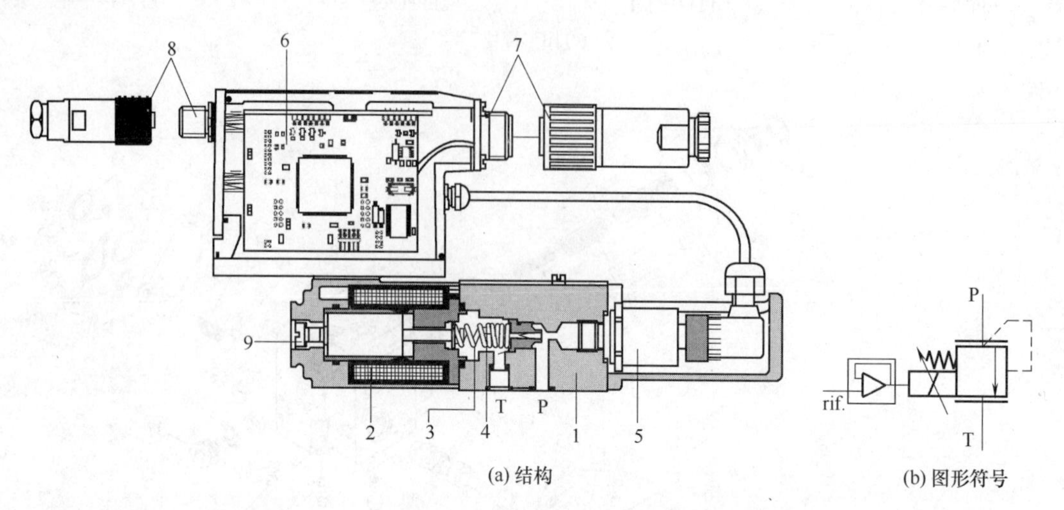

图 3-19-118 RZMO-TERS-PS-010/※型直动式比例溢流阀

1—阀体；2—比例电磁铁；3—弹簧；4—锥阀芯；5—集成式压力传感器；6—集成式电子放大器；7—主插头；8—通信接头；9—螺纹放气孔

［例 3-19-119］ RZMO-★PS-010※型直动式比例溢流阀（图 3-19-119）

RZMO 表示该阀为 6mm 通径比例溢流阀；★为 A 时表示不带压力传感器，★为 AE 时同 A 但带有模拟式集成放大器，★为 AES 时同 A 但带有数字式集成放大器；PS 为通信接口代号；010 表示 P 口调节，T 口卸油；※为压力范围，50 表示 5MPa，100 表示 10MPa，210 表示 21MPa，315 表示 31.5MPa；安装尺寸符合 ISO 4401 标准。

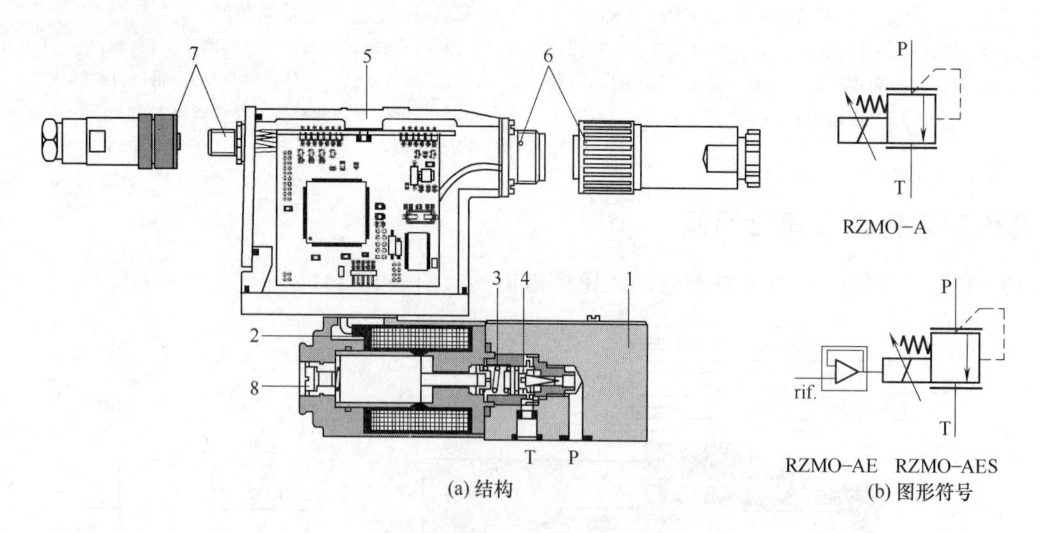

图 3-19-119 RZMO-★PS-010※型直动式比例溢流阀

1—阀体；2—比例电磁铁；3—弹簧；4—锥阀芯；5—集成式电子放大器；6—主插头；7—通信接头；8—螺纹放气口

［例 3-19-120］ RZMO-A-010/315 型直动式比例溢流阀（图 3-19-120）

A 表示不带压力传感器，010 表示通径；315 表示调压范围可至 31.5MPa。

［例 3-19-121］ AGMZO-★-PS-△※型先导式比例溢流阀（图 3-19-121）

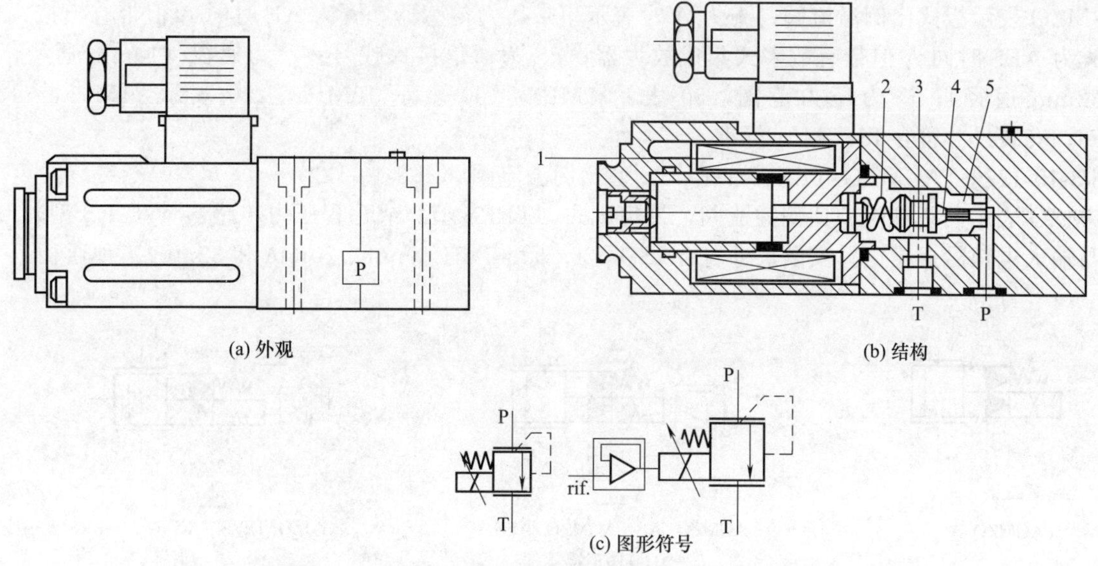

图 3-19-120 RZMO-A-010/315 型直动式比例溢流阀

1—比例电磁铁；2—传力弹簧；3—缓冲弹簧；4—阀芯；5—阀座

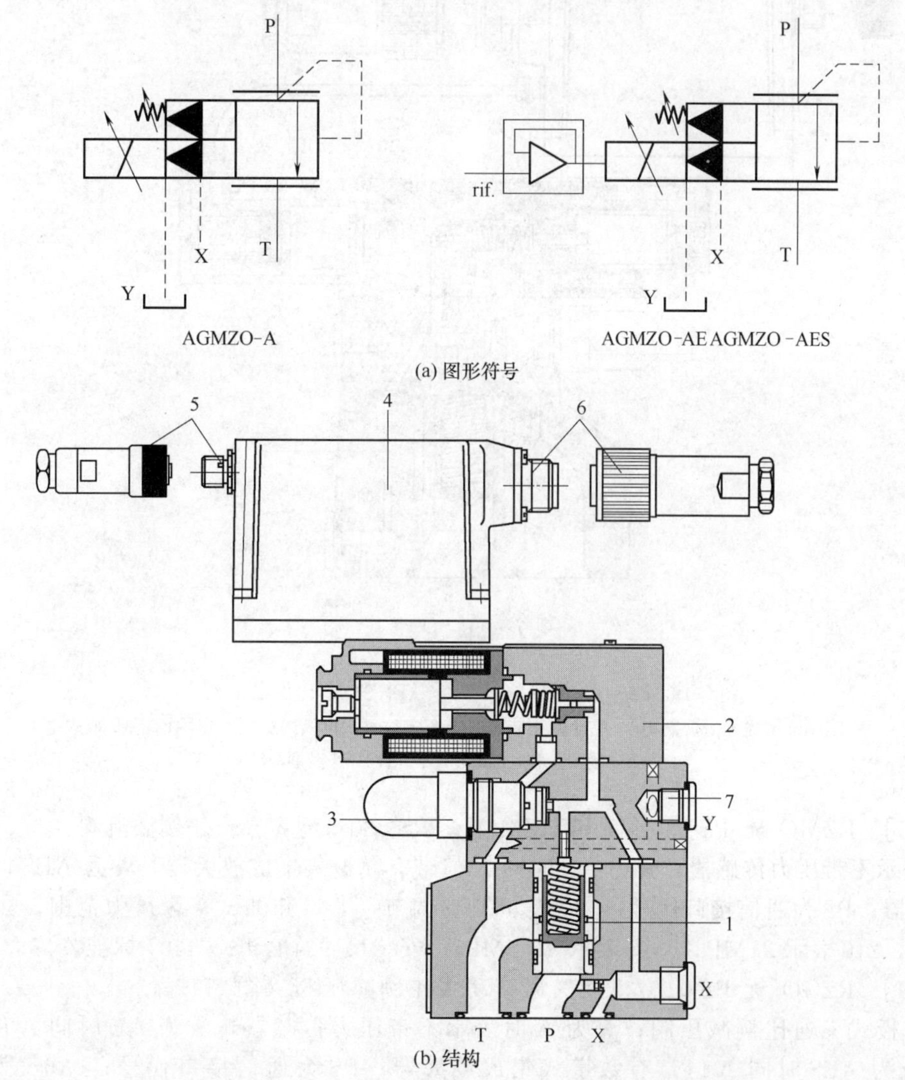

图 3-19-121 AGMZO-★-PS-△※型先导式比例溢流阀

1—锥阀芯；2—比例先导阀；3—手动调压装置（安全阀）；4—集成式电子放大器；5—通信接头；6—主插头；7—G1/4″外泄油口

AGMZO 表示板式比例溢流阀；★为 A 时表示不带压力传感器，★为 AE 时同 A 但带有模拟式集成放大器，★为 AES 时同 A 但带有数字式集成放大器；PS 为通信接口代号；△为通径（10mm 通径、20mm 通径、32mm 通径）；※为压力范围，50 表示 5MPa，100 表示 10MPa，210 表示 21MPa，315 表示 31.5MPa；安装尺寸符合 ISO 4401 标准。

［例 3-19-122］ AGMZO-TERS（AERS）型比例溢流阀（图 3-19-122）

AGMZO 表示两级锥阀型比例溢流阀，带集成式（TERS 型）或远程压力传感器（AERS 型），阀的压力调节与输入电信号成正比。安装尺寸符合 ISO 6264 标准，有 10mm、20mm 和 32mm 三种通径。

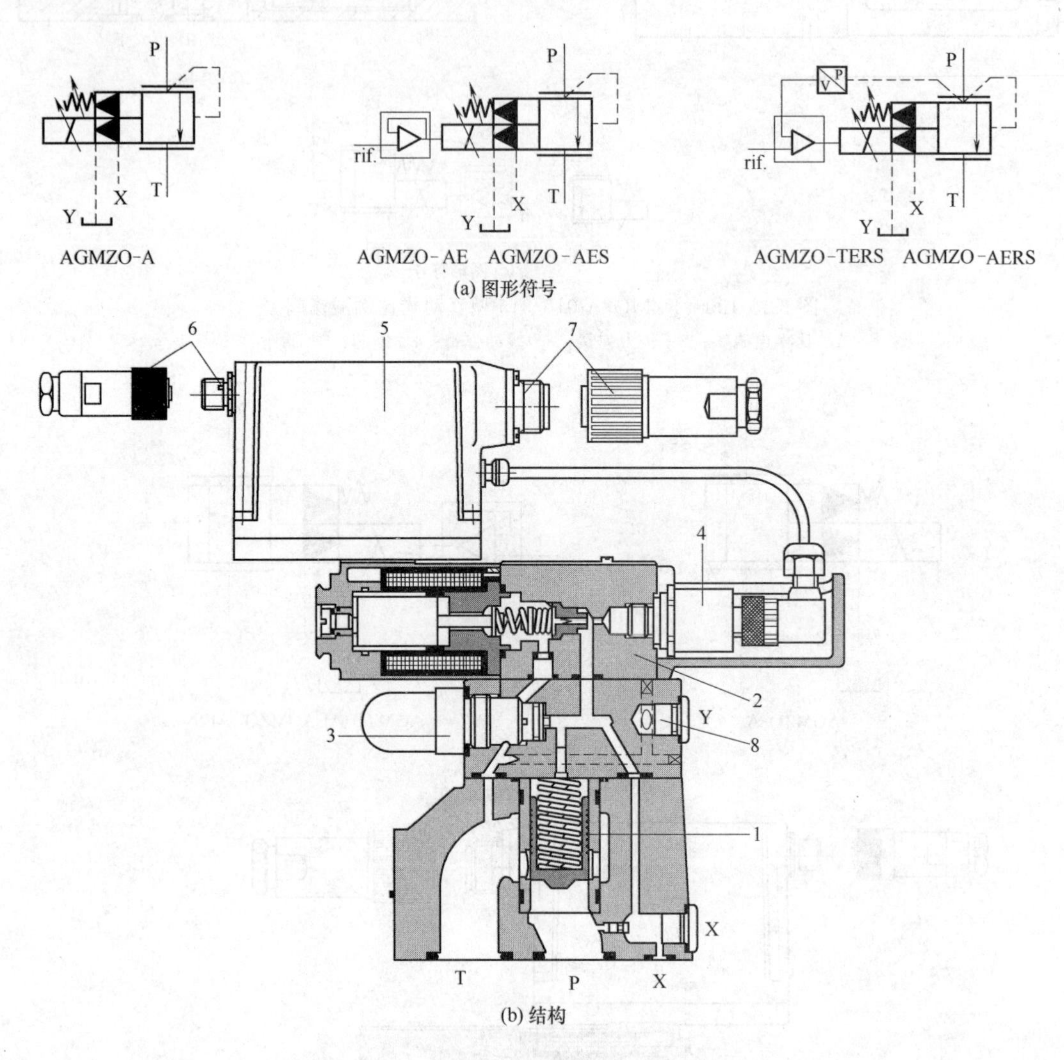

图 3-19-122 AGMZO-TERS（AERS）型比例溢流阀

1—锥阀芯；2—RZMO 型先导溢流阀；3—手动调压装置（安全阀）；4—集成式压力传感器；5—集成式电子放大器；6—通信接头；7—主插头；8—G1/4″外泄油口

［例 3-19-123］ RZMO-★-PS-030※型和 HZMO-★-PS-030※型先导式比例溢流阀（图 3-19-123）

★为 A 时表示不带压力传感器，★为 AE 时同 A 但带有模拟式集成放大器，★为 AES 时同 A 但带有数字式集成放大器；PS 为通信接口代号；030 表示 P 口调节，T 口卸油；※为压力范围，50 表示 5MPa，100 表示 10MPa，210 表示 21MPa，315 表示 31.5MPa；安装尺寸符合 ISO 4401 标准。

［例 3-19-124］ RZGO-★-PS-010/※型三通直动式比例减压阀（图 3-19-124）

RZGO 表示板式三通比例减压阀；★为 A 时表示不带压力传感器，★为 AE 时同 A 但带有模拟式集成放大器，★为 AES 时同 A 但带有数字式集成放大器；PS 为通信接口代号；010 表示 P 口调节，T 口卸油；※为压力范围，32 表示 3.2MPa，100 表示 10MPa，210 表示 21MPa；安装尺寸符合 ISO 4401 标准。

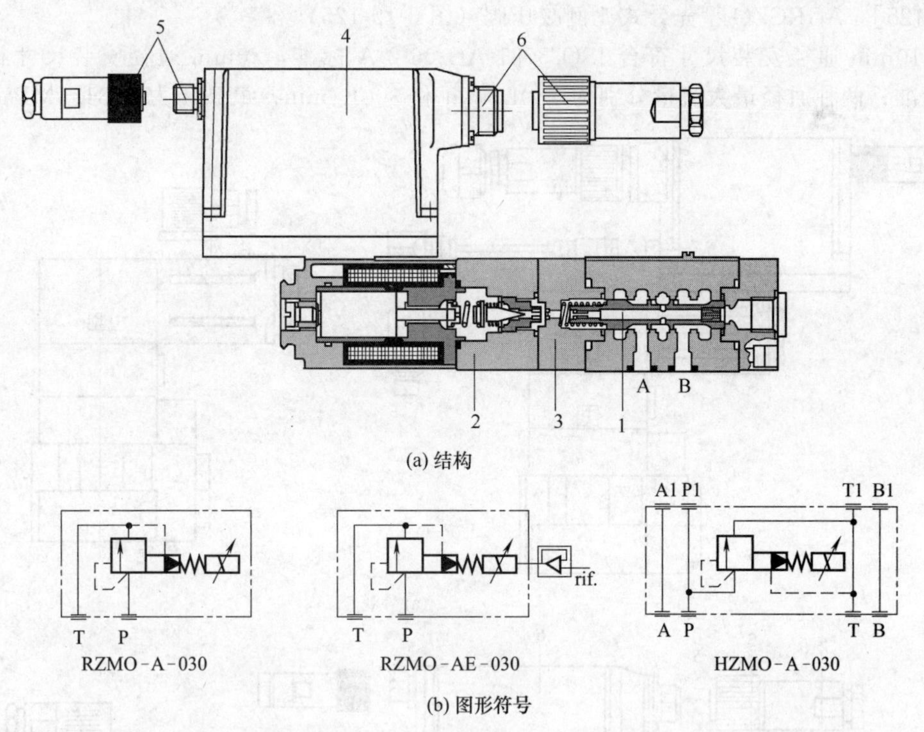

(a) 结构

(b) 图形符号

图 3-19-123 RZMO-★-PS-030※型和 HZMO-★-PS-030※型先导式比例溢流阀

1—主阀芯；2—先导比例溢流阀；3—流量控制插件；4—集成式电子放大器；5—通信插头；6—主插头

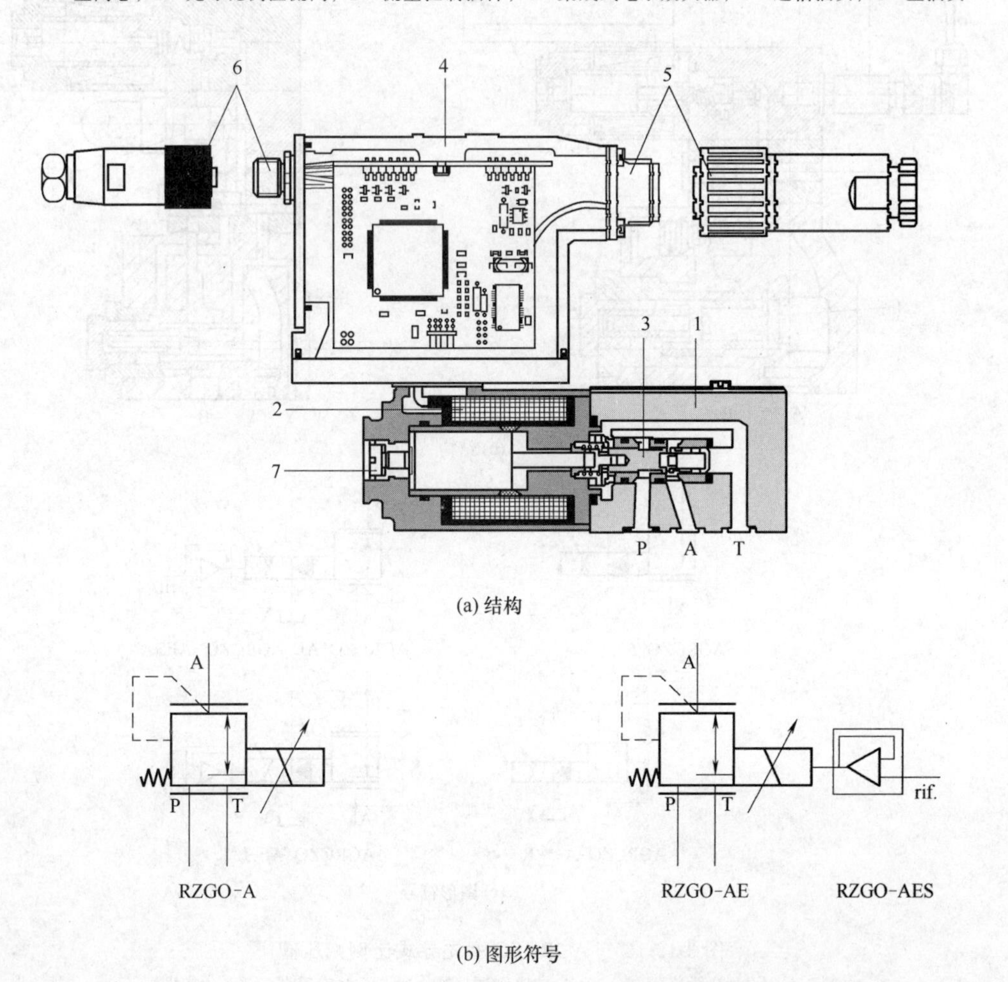

(a) 结构

(b) 图形符号

图 3-19-124 RZGO-★-PS-010/※型三通直动式比例减压阀

1—阀体；2—比例电磁铁；3—阀芯；4—集成式电子放大器；5—主插头；6—通信插头；7—螺纹放气孔

［例 3-19-125］ AGRCZO 型先导式比例减压阀（图 3-19-125）

常闭式，10mm 通径安装尺寸符合 ISO 5781-AG-06-2-A 标准，20mm 通径安装尺寸符合 ISO 5781-AH-08-2-A 标准；两种通径最大流量分别为 160L/min 和 300L/min；最高压力为 31.5MPa；型号中 A 表

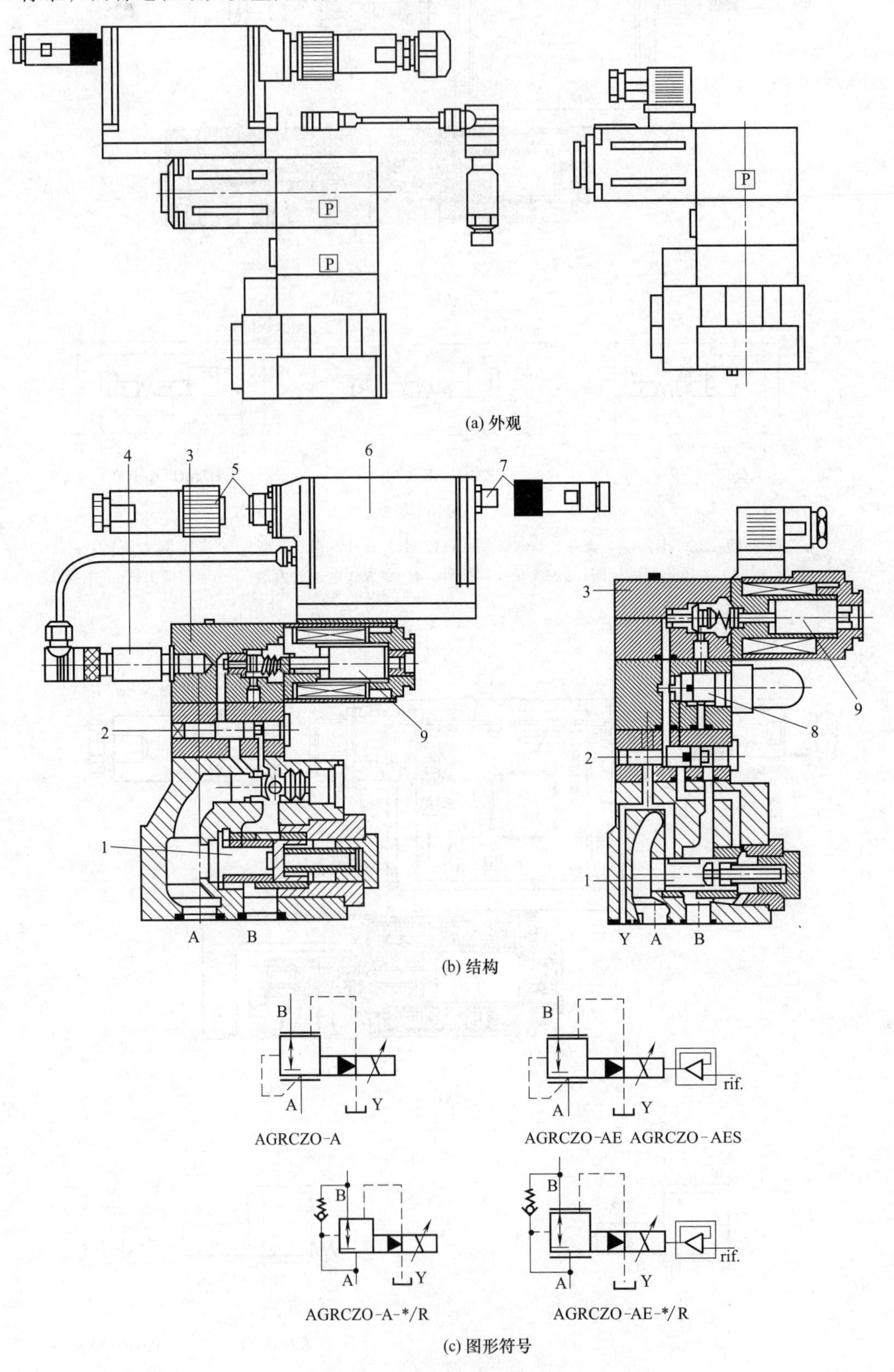

图 3-19-125 AGRCZO 型先导式比例减压阀

1—主阀；2—压力补偿流量阀；3—先导比例调压阀；4—压力传感器；5，7—接线端子；6—电子放大器；8—插装调压阀；9—比例电磁铁

示不带压力传感器，AE同A但带有模拟式集成放大器，AES同A但带有数字式集成放大器，TERS带有压力传感器和数字式集成放大器，AERS同TERS但需配远程压力传感器。

［例 3-19-126］ AGRCZO-TERS型和AGRCZO-AERS型先导式比例减压阀（图 3-19-126）

带集成式或远程压力传感器，ISO 5781标准，有10mm和20mm通径。

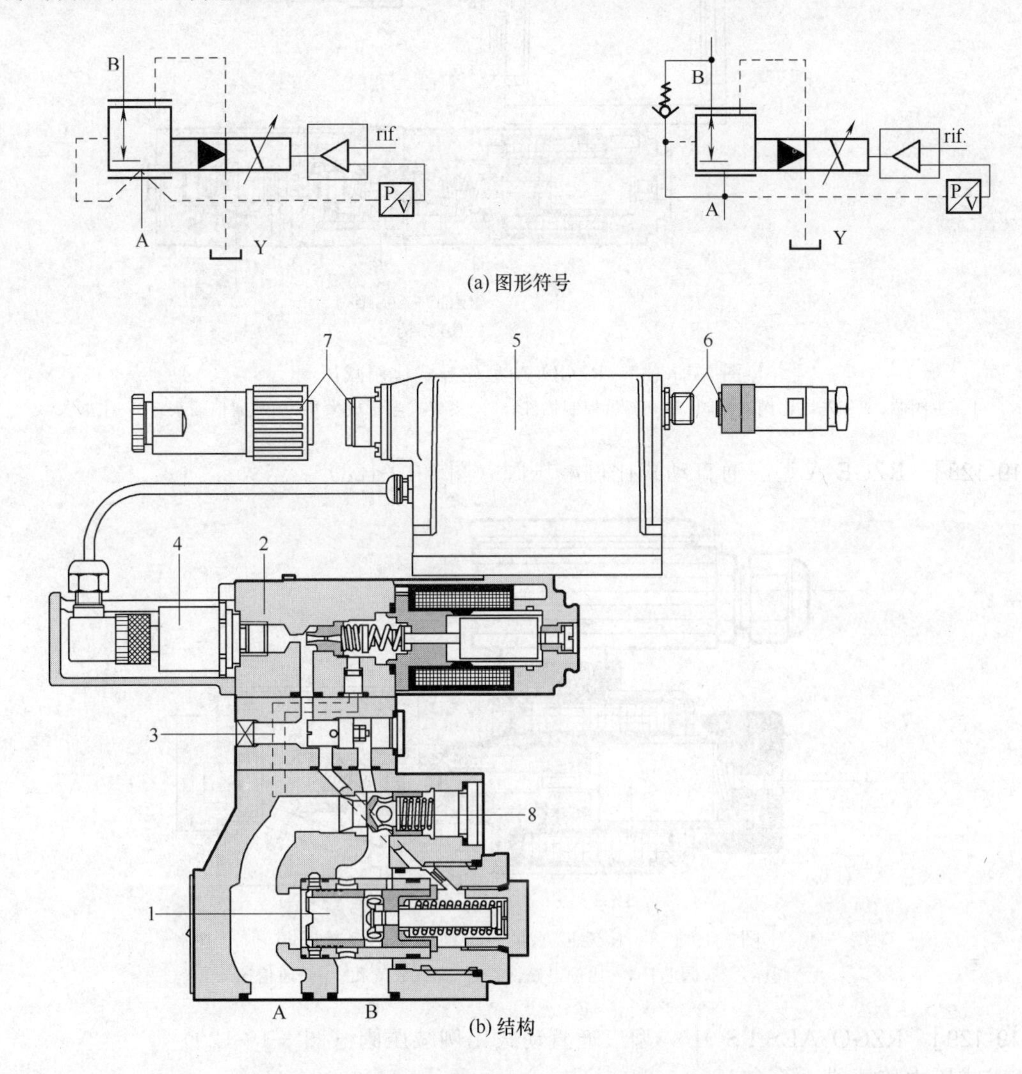

(a) 图形符号

(b) 结构

图 3-19-126 AGRCZO-TERS型和AGRCZO-AERS型先导式比例减压阀

1—锥阀芯；2—RZMO型先导溢流阀；3—流量控制插件；4—集成式压力传感器；5—集成式电子放大器；6—通信接头；7—主插头；8—单向阀

［例 3-19-127］ RZGO-A*型先导式比例减压阀（图 3-19-127）

不带集成式压力传感器，板式安装，符合ISO 4401标准，有6mm通径和10mm通径。

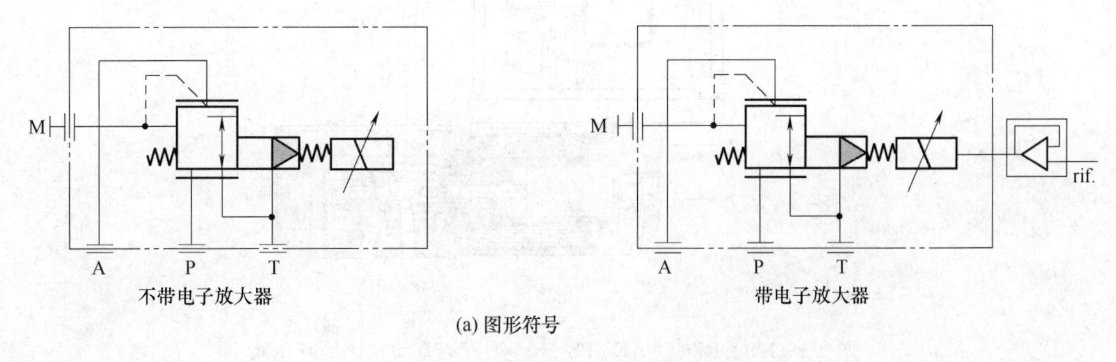

不带电子放大器　　带电子放大器

(a) 图形符号

图 3-19-127

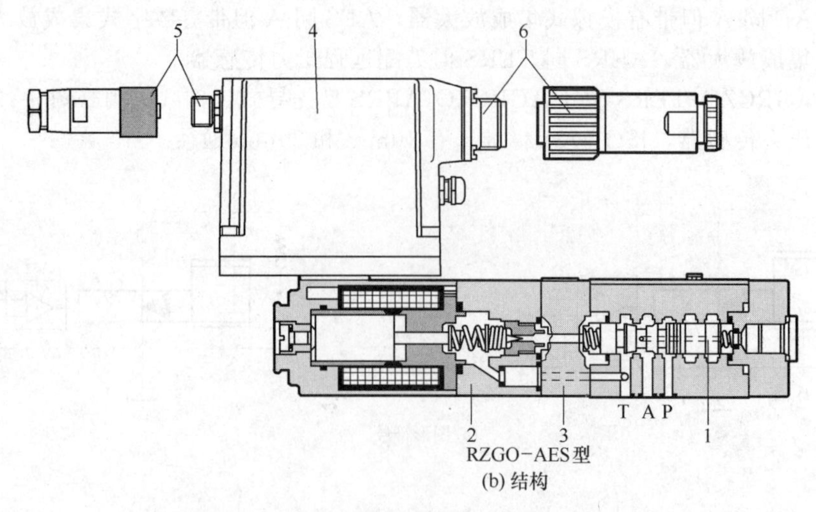

图 3-19-127 RZGO-A*型先导式比例减压阀

1—主阀芯；2—先导比例溢流阀；3—流量控制插件；4—集成式电子放大器；5—通信插头；6—主插头

［例 3-19-128］ RZGE-A 型三通直动式比例减压阀（图 3-19-128）

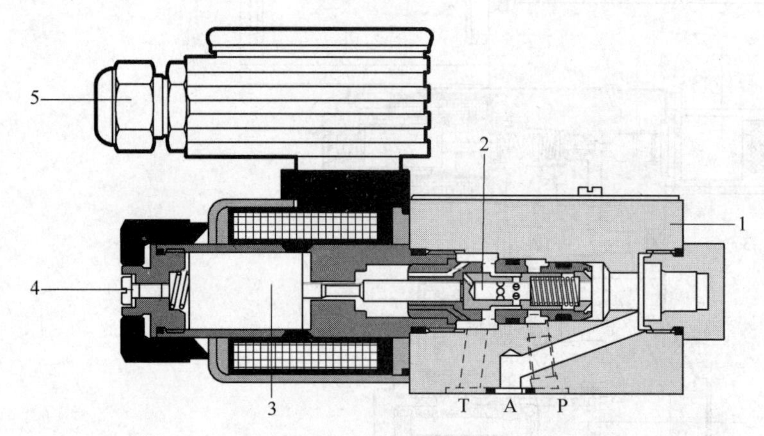

图 3-19-128 RZGE-A 型三通直动式比例减压阀

1—阀体；2—阀芯；3—比例电磁铁；4—螺纹放气孔；5—通信插头

［例 3-19-129］ RZGO-AES-PS-010/*型三通直动式比例减压阀（图 3-19-129）

不带集成式压力传感器，符合 ISO 4401 标准，6mm 通径。

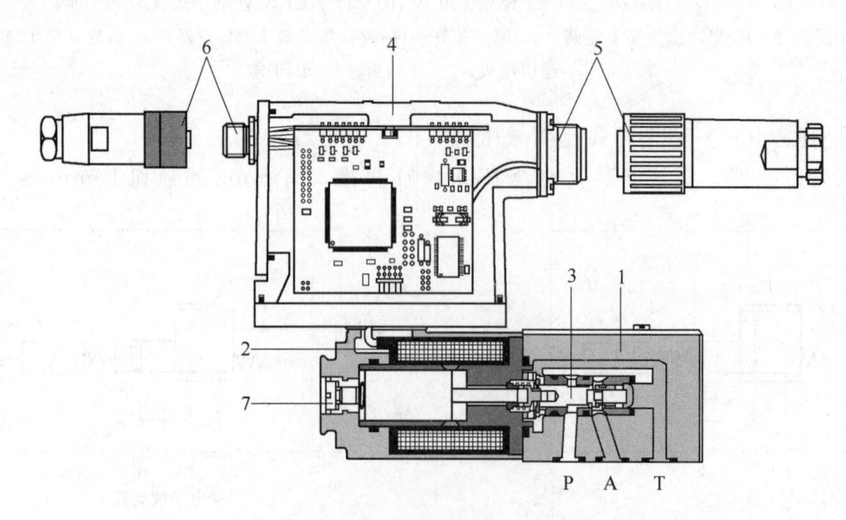

图 3-19-129 RZGO-AES-PS-010/*型三通直动式比例减压阀

1—阀体；2—比例电磁铁；3— 阀芯；4—集成式电子放大器；5—主插头；6—通信插头；7—螺纹放气孔

［例 3-19-130］ RZGO-TERS 型和 RZGO-AERS 型三通直动式比例减压阀（图 3-19-130）

带集成式或远程压力传感器，ISO 4401 标准，6mm 通径。

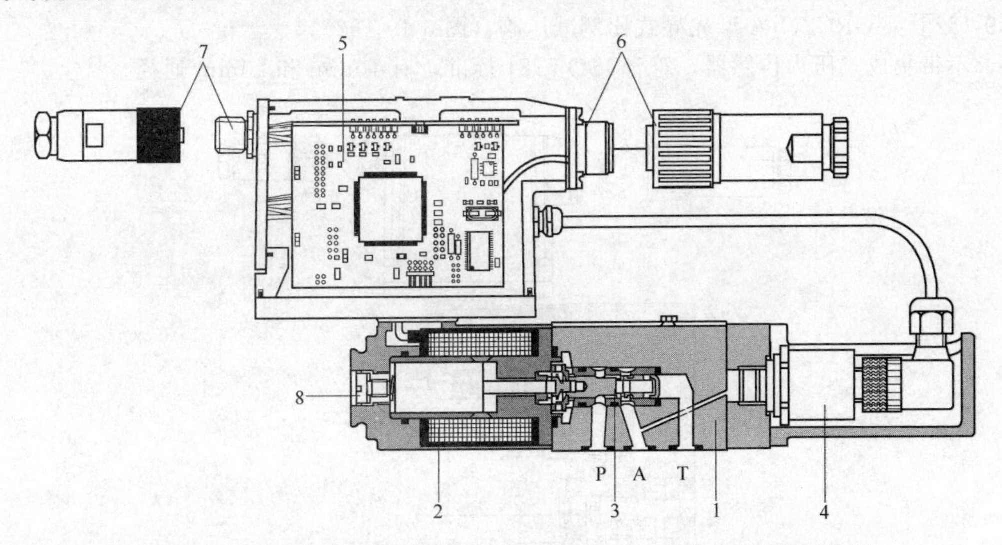

图 3-19-130 RZGO-TERS 型和 RZGO-AERS 型三通直动式比例减压阀

1—阀体；2—比例电磁铁；3—阀芯；4—集成式压力传感器；5—集成式电子放大器；6—主插头；7—通信接头；8—螺纹放气孔

［例 3-19-131］ DHZO-T*型和 DKZOR-T*型直动式比例换向阀（图 3-19-131）

例如 DKZOR-TES-PS-17※型，DKZOR 表示 10mm 通径，无 R 表示 6mm 通径；TES 表示带集成式数字电子放大器；PS 表示通信接口为 RS232 串行接口；1 表示 10mm 通径阀，安装尺寸符合 ISO 4401 标准；7 表示结构形式为三位阀，弹簧对中（7 为 5 时为二位阀）；※为阀芯在中位时的遮盖情况，用数字表示［0 表示零遮盖（在 0.5%阀芯行程内），1 表示 P、A、B、T 口均为正遮盖（20%阀芯行程）；2 表示 P、

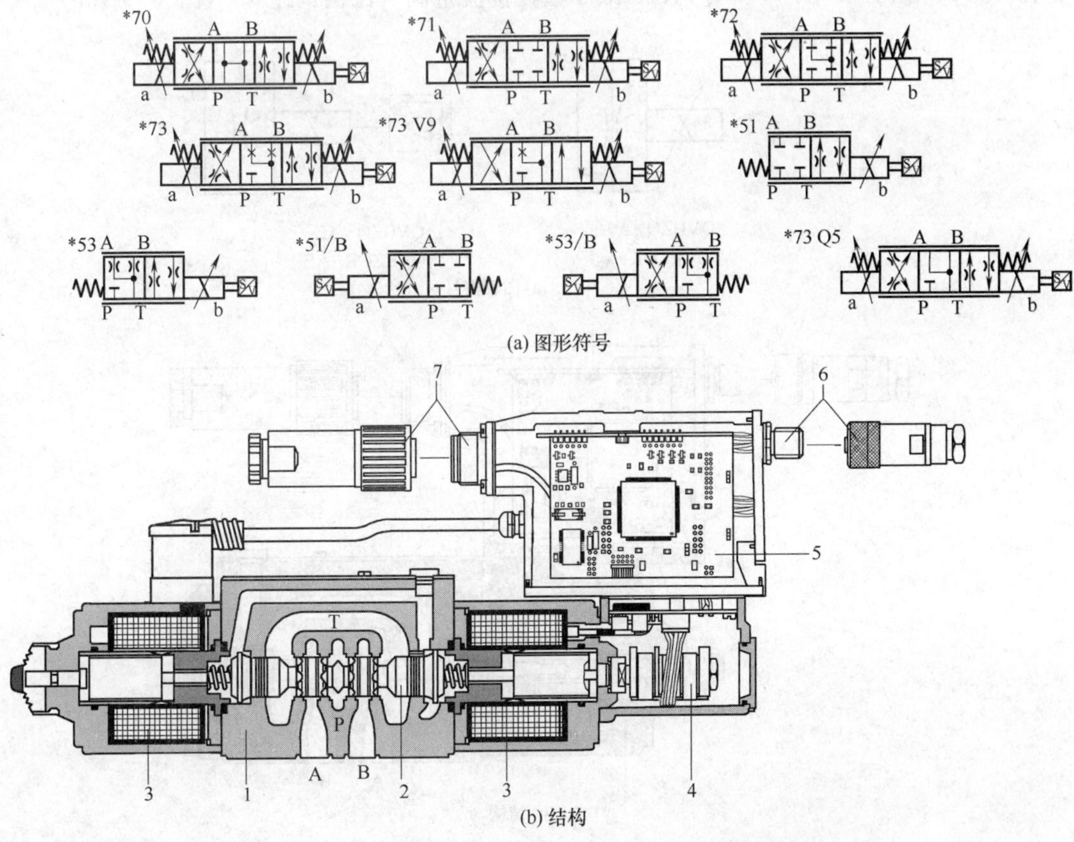

(a) 图形符号

(b) 结构

图 3-19-131 DHZO-T*型和 DKZOR-T*型直动式比例换向阀

1—阀体；2—阀芯；3—比例电磁铁；4—位置传感器；5—集成式电子放大器；6—通信插头；7—主插头

A、B、T 口正遮盖，A、B 口泄油；3 表示 P 口为正遮盖（20%阀芯行程），A、B、T 口为负遮盖]；结构上阀体采用五槽式，阀芯采用四台肩（四边）滑阀，带位置传感器，规格有 06 与 10 两种通径。

[例 3-19-132] AGRCZO-A 型先导式比例减压阀（图 3-19-132）

常闭式，不带集成式压力传感器，符合 ISO 5781 标准，有 10mm 和 20mm 通径。

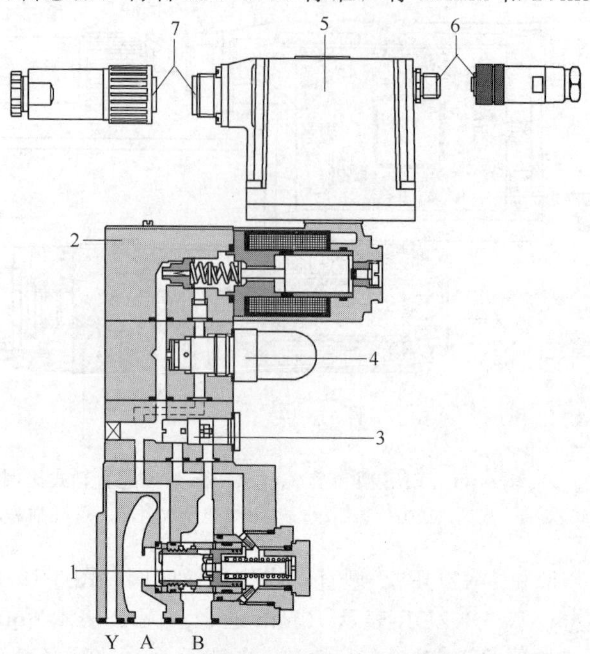

图 3-19-132 AGRCZO-A 型先导式比例减压阀

1—主阀芯；2—RZMO 型溢流阀；3—流量控制插件；4—限压阀；5—集成式电子放大器；6—通信插头；7—主插头

[例 3-19-133] QVHZO-A*型和 QVKZOR-A*型比例流量阀（比例调速阀）（图 3-19-133）

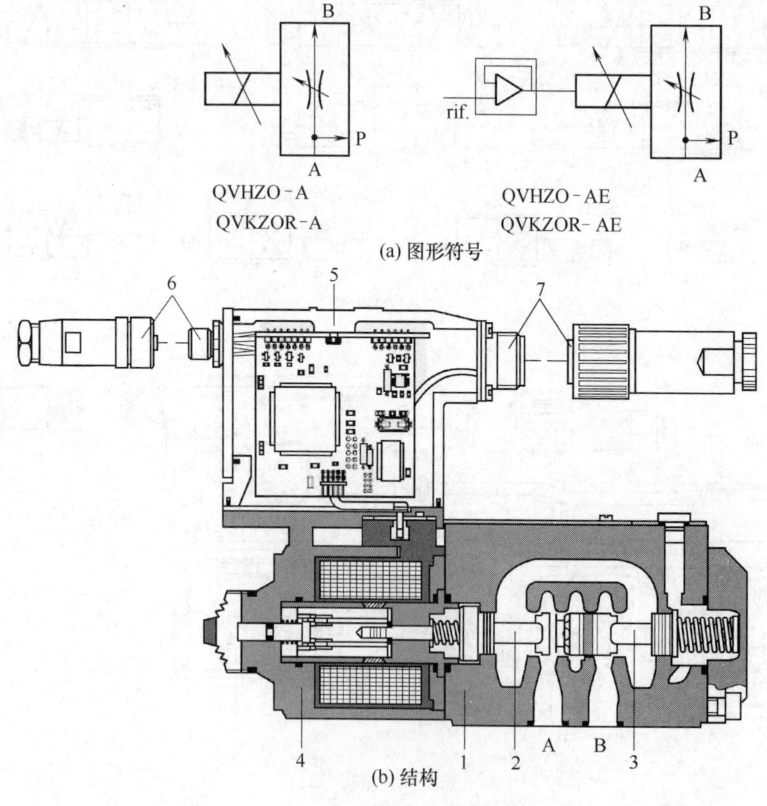

图 3-19-133 QVHZO-A*型和 QVKZOR-A*型比例流量阀（比例调速阀）

1—阀体；2—节流阀芯；3—压力补偿器；4—比例电磁铁；5—集成式电子放大器；6—通信插头；7—主插头

A 表示不带位置传感器，A 为 AE 时表示带位置传感器；压力补偿，直动式，安装尺寸符合 ISO 4401 标准，有 6mm 和 10mm 通径。

[例 3-19-134]　QVHZO-T*型和 QVKZOR-T*型比例流量阀（比例调速阀）(图 3-19-134)

T 表示配有位置传感器；TE 与 TES 表示配有位置传感器并带集成式数字电子放大器；直动式，安装尺寸符合 ISO 4401 标准，有 6mm 和 10mm 通径。

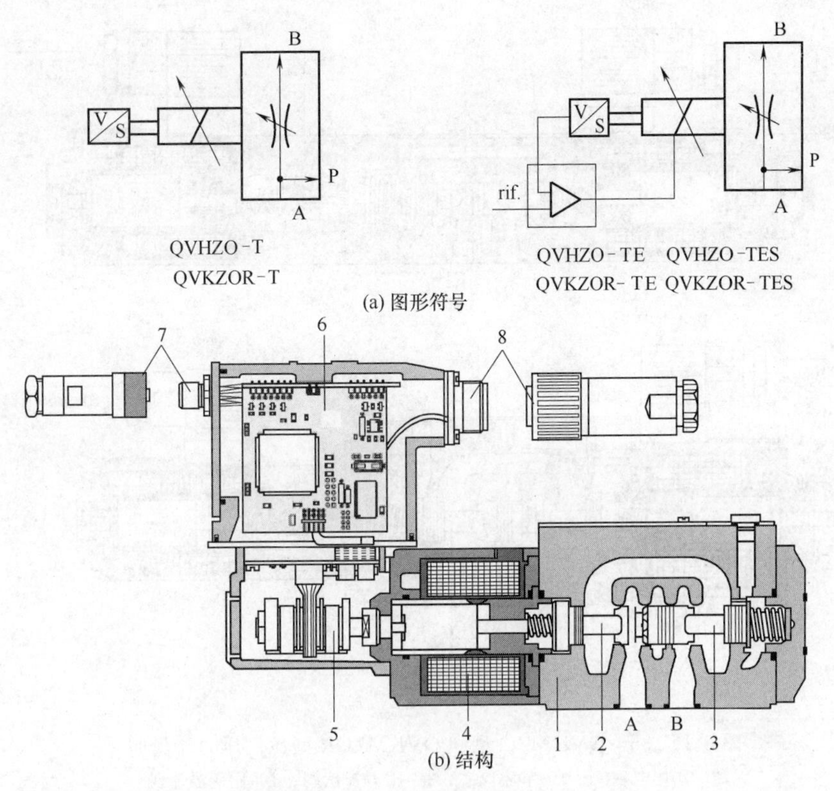

图 3-19-134　QVHZO-T*型和 QVKZOR-T*型比例流量阀（比例调速阀）

1—阀体；2—节流阀芯；3—补偿器；4—比例电磁铁；5—位置传感器；6—集成式电子放大器；7—通信插头；8—主插头

[例 3-19-135]　QVMZO 型比例压力流量阀（图 3-19-135）

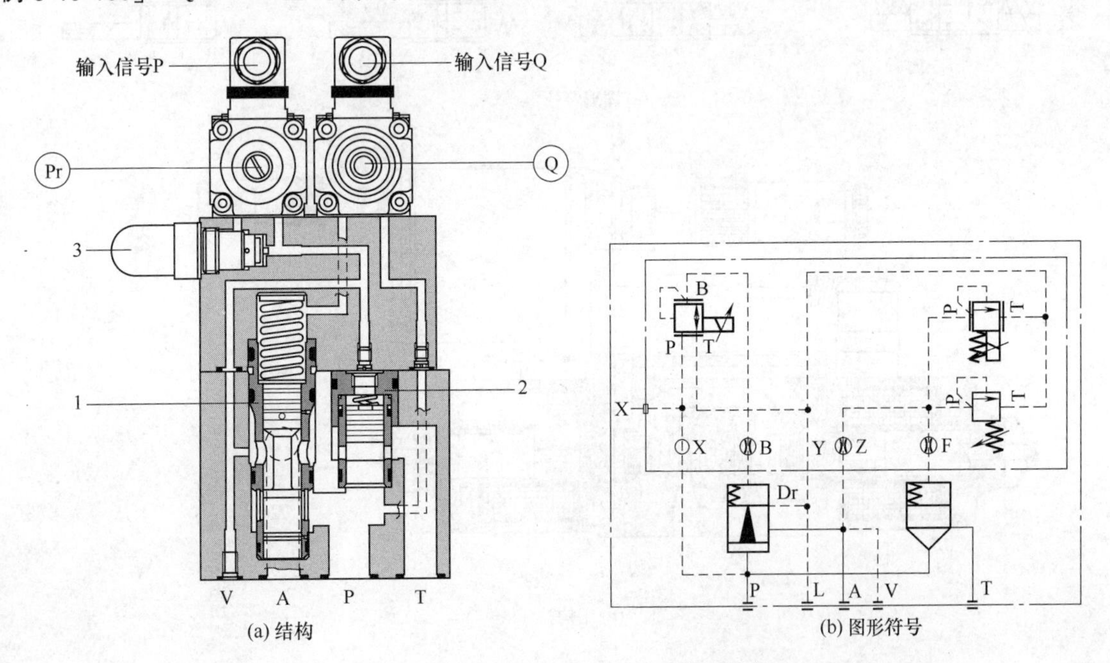

图 3-19-135　QVMZO 型比例压力流量阀

1,2—阀芯；3—安全溢流阀

阀芯 1 根据流量指令信号 Q 独立调节 A 口的流量。阀芯 2 作为 P 口和 A 口的三通式压力补偿器，将多余的流量通过 T 口泄油。压力的调节根据压力指令信号 P 调节。安全溢流阀 3 带有手动设定装置。

［例 3-19-136］ QVHMZO 型和 QVKMZOR 型比例压力流量阀

独立压力调节，复合三通压力补偿型流量调节，符合 ISO 4401 标准，有 6mm 和 10mm 通径。

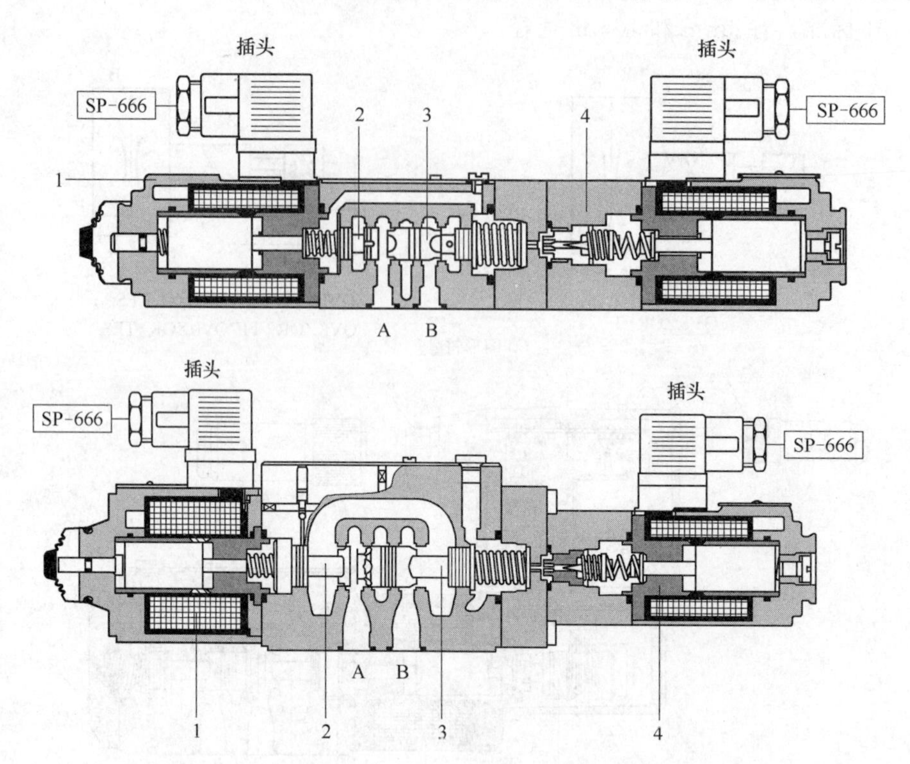

图 3-19-136 QVHMZO 型和 QVKMZOR 型比例压力流量阀

1—比例电磁铁；2—节流阀芯；3—压力补偿阀；4—比例溢流阀

［例 3-19-137］ DHZO-A*型和 DKZOR-A*型比例直动式换向阀（图 3-19-137）

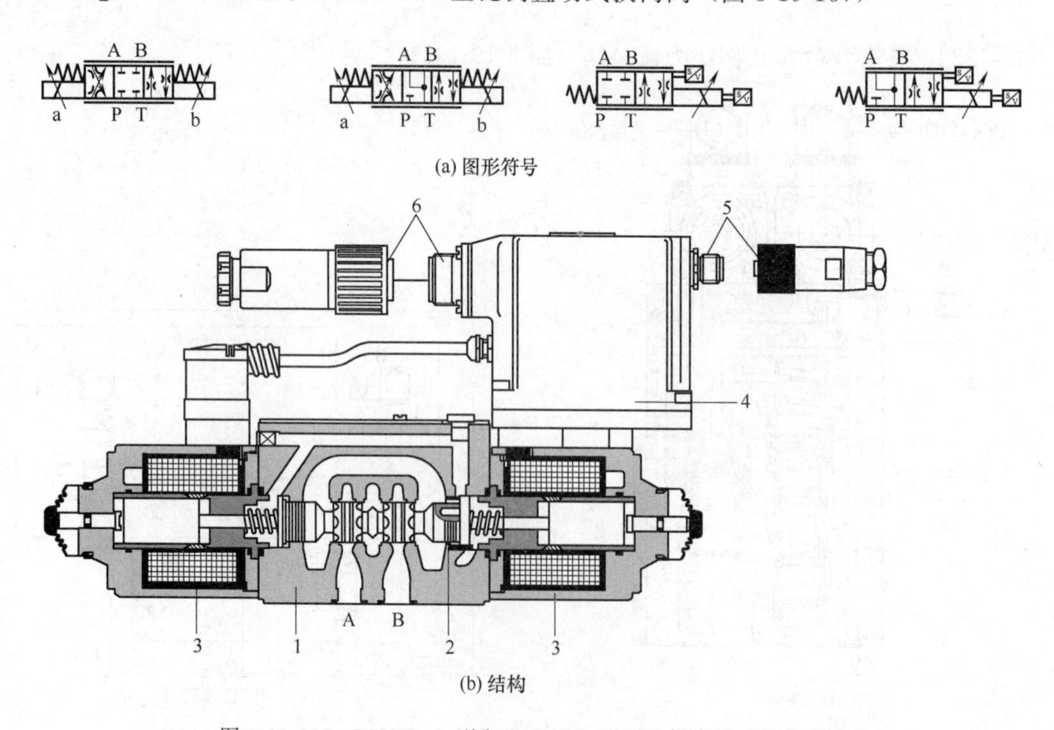

图 3-19-137 DHZO-A*型和 DKZOR-A*型比例直动式换向阀

1—阀体；2—阀芯；3—比例电磁铁；4—集成式电子放大器；5—通信插头；6—主插头

不带位置传感器，符合 ISO 4401 标准，有 06 及 10 两种通径。

［例 3-19-138］ DHZO-T*型和 DKZOR-T*型直动式比例换向阀（图 3-19-138）

DHZO-T*型（6mm 通径）和 DKZOR-T*型（10mm 通径）阀是直动式比例阀，带 LVDT 位置传感器，根据输入电信号的大小提供方向控制及无压力补偿流量控制，符合 ISO 4401 标准。

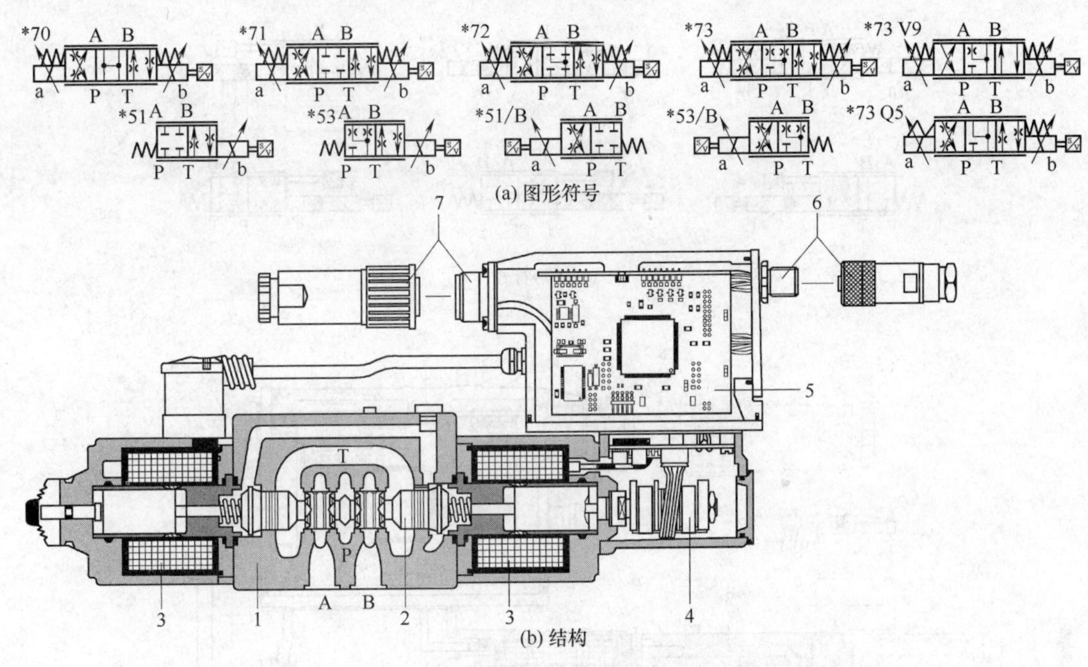

图 3-19-138 DHZO-T*型和 DKZOR-T*型直动式比例换向阀

1—阀体；2—阀芯；3—比例电磁铁；4—位置传感器；5—集成式电子放大器；6—通信插头；7—主插头

［例 3-19-139］ DPZO-A*型电液比例换向阀（图 3-19-139）

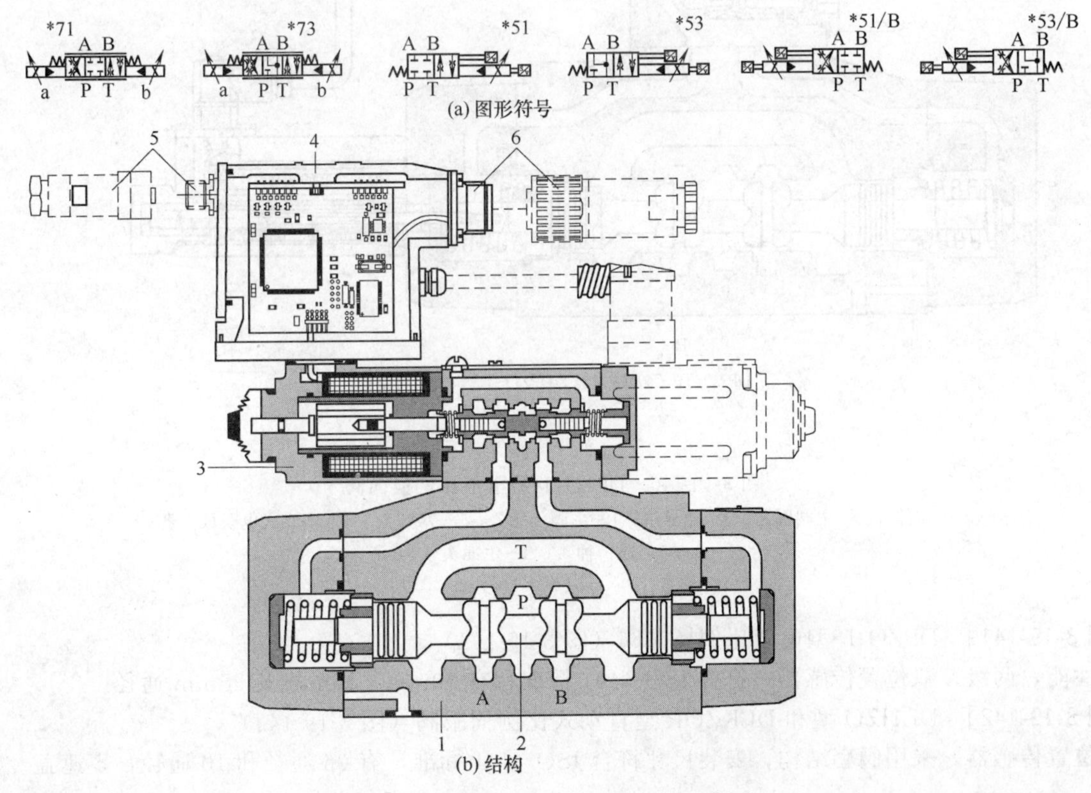

图 3-19-139 DPZO-A*型电液比例换向阀

1—主阀体；2—主阀芯；3—先导比例阀；4—集成电子放大器；5—通信插头；6—主插头

不带位置传感器，有 10mm、16mm、25mm 通径，对应安装尺寸分别符合 ISO 4401-AC-05-4、ISO 4401-AD-07-4、ISO 4401-AE-08-4 标准。

［例 3-19-140］ DPZO-T*型电液比例换向阀（图 3-19-140）

带位置传感器，符合 ISO 4401 标准，有 10mm、16mm、25mm 及 32mm 通径。

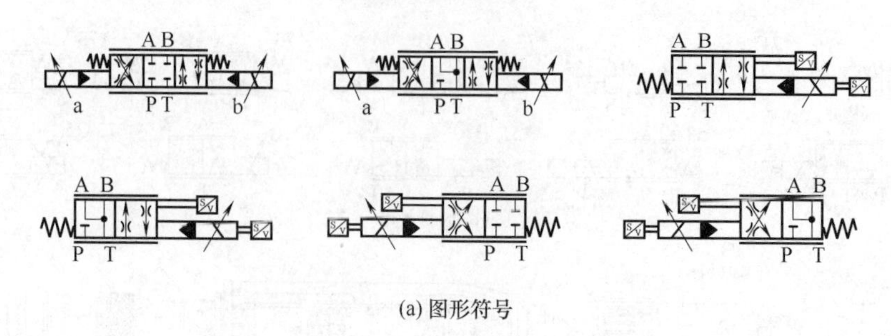

(a) 图形符号

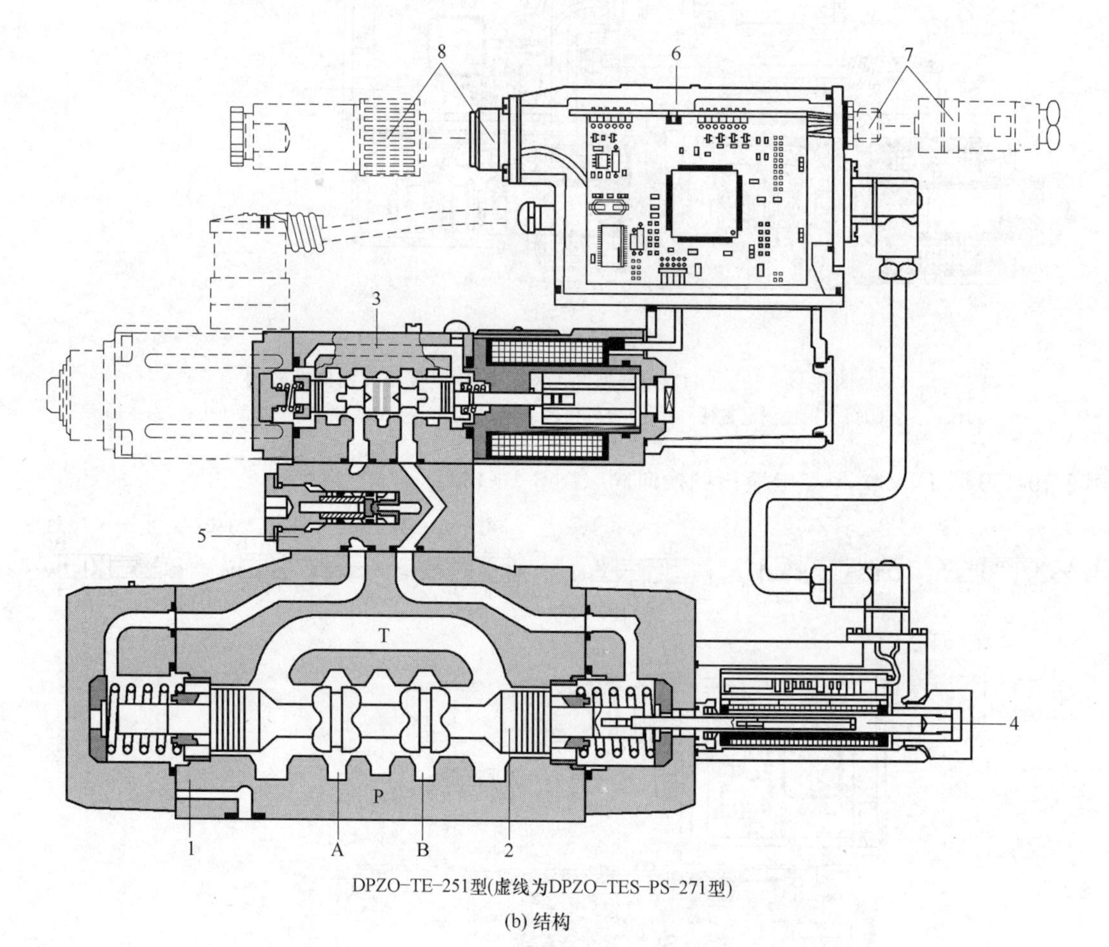

DPZO−TE−251型(虚线为DPZO−TES−PS−271型)

(b) 结构

图 3-19-140 DPZO-T*型电液比例换向阀

1—阀体；2—主阀阀芯；3—先导阀；4—主阀传感器；5—减压阀；6—集成式电子放大器；7—通信插头；8—主插头

［例 3-19-141］ DPZO-L*型电液比例换向阀（图 3-19-141）

高性能，两级，双位置传感器，符合 ISO 4401 标准，有 10mm、16mm 及 25mm 通径。

［例 3-19-142］ DLHZO 型和 DLKZOR 型直动式比例伺服阀（图 3-19-142）

带位置传感器，采用阀套结构，安装尺寸符合 ISO 4401 标准，有 06 通径和 10 通径，零遮盖。

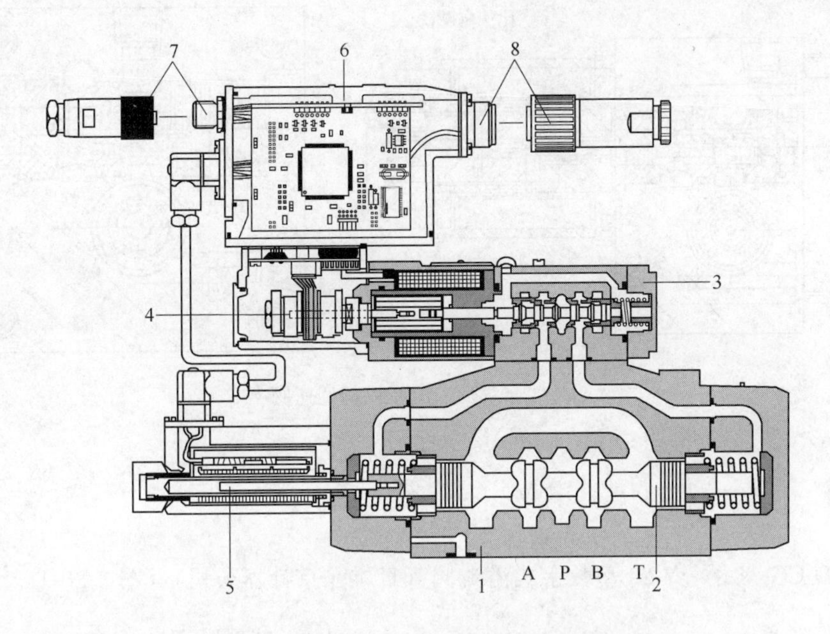

图 3-19-141　DPZO-L*型电液比例换向阀

1—主阀体；2—主阀阀芯；3—先导阀；4—先导阀位置传感器；5—主阀位置传感器；6—集成式电子放大器；7—通信接口；8—插头

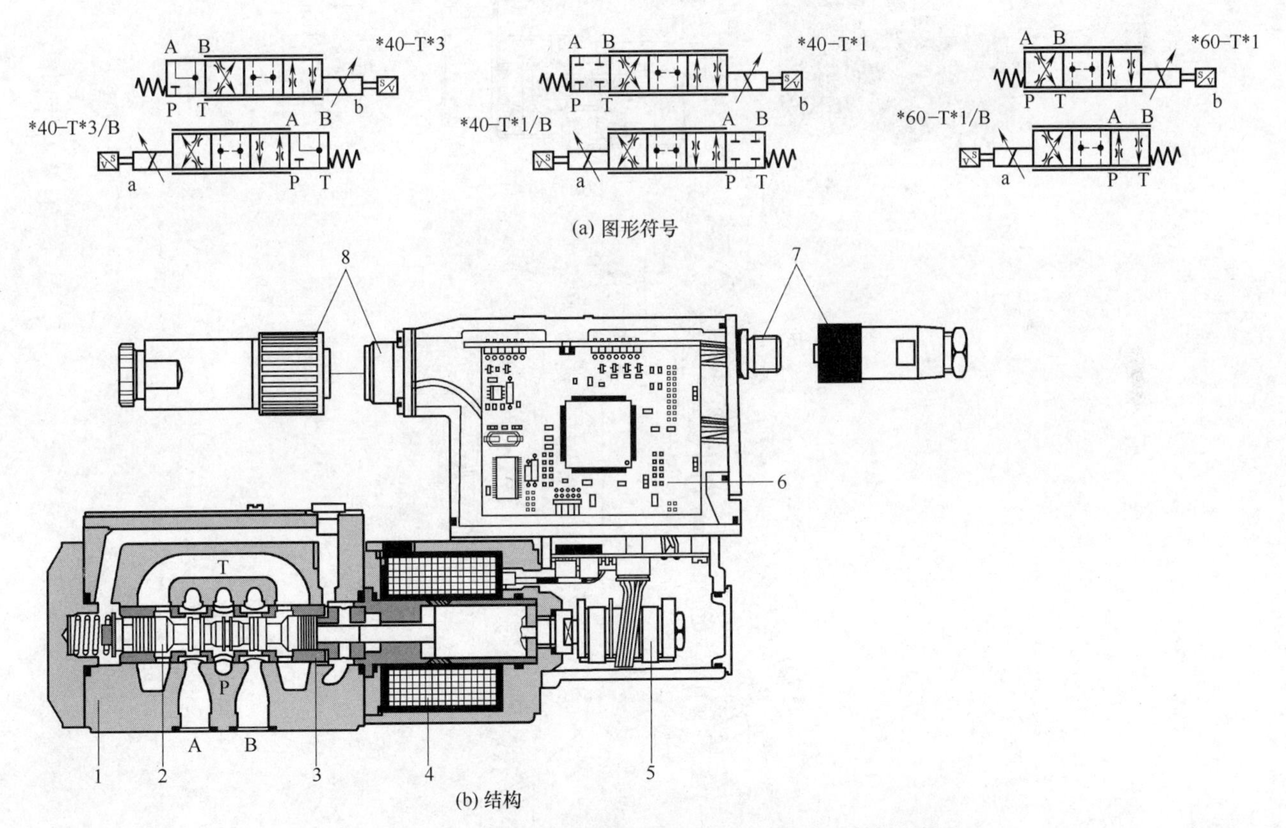

(a) 图形符号

(b) 结构

图 3-19-142　DLHZO 型和 DLKZOR 型直动式比例伺服阀

1—阀体；2—阀芯；3—阀套；4—比例电磁铁；5—位置传感器；6—集成放大器；7—通信插头；8—主插头

3-19-6　国产比例阀

［例 3-19-143］　国产比例调速阀（图 3-19-143）

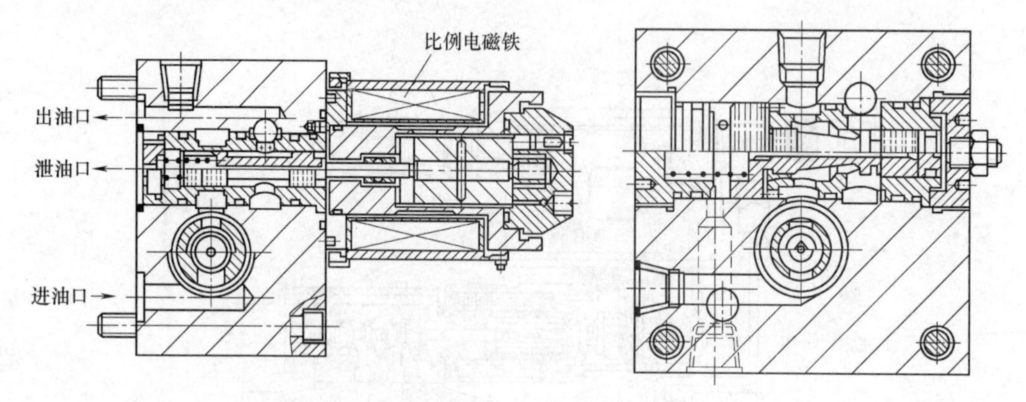

图 3-19-143　国产比例调速阀

3-20　数字阀

［例 3-20-1］ D-CG-※-◇-☆-20 型数字式溢流阀（日本东京计器公司）（图 3-20-1）

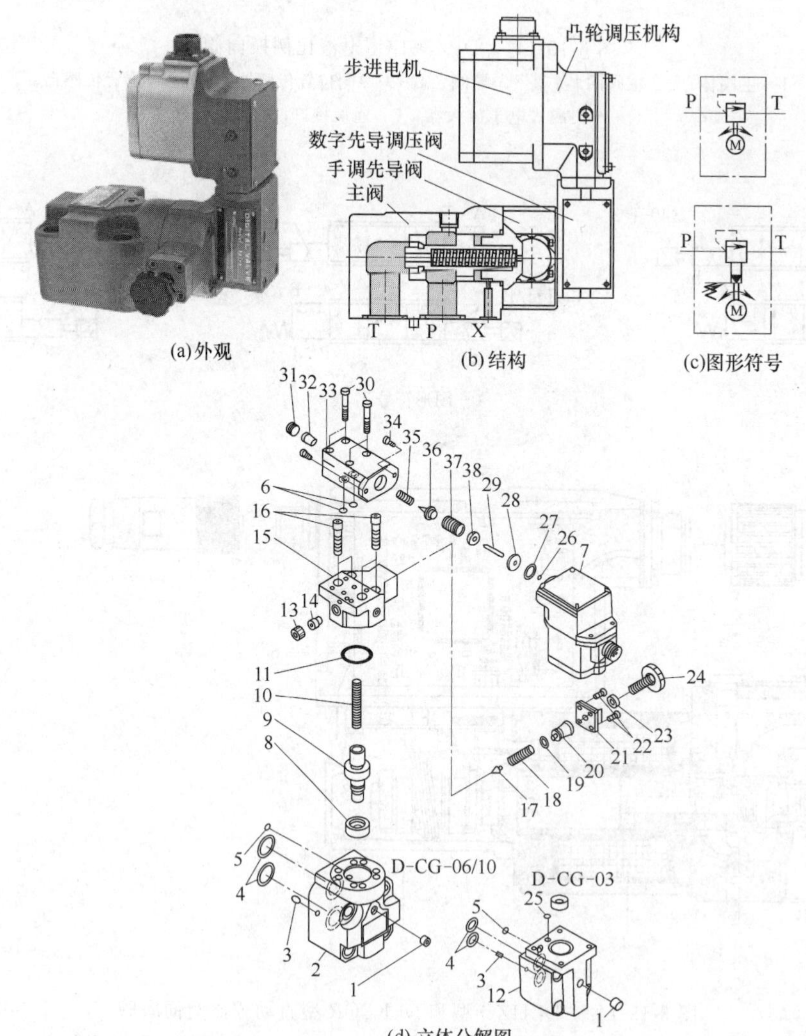

图 3-20-1　D-CG-※-◇-☆-20 型数字式溢流阀

1,13,25,31—螺塞；2,12—阀体；3—定位销；4～6,11,19,26,27—O 形圈；7—凸轮调压机构与步进电机；8—主阀阀座；9—主阀阀芯；10—平衡弹簧；14—安全阀阀座；15—安全阀阀体；16,22,30—螺钉；17—安全阀阀芯；18,35,37—弹簧；20—调节杆；21—安全阀阀盖；23—锁母；24—安全阀调压手柄；28—垫；29—顶杆；34—阻尼；32—先导阀阀座；33—先导阀阀体；36—先导阀阀芯；38—弹簧座

D-CG 表示数字式溢流阀，※为公称尺寸代号 02、03、06、10；对应流量为 10L/min、40L/min、100L/min、200L/min；安装尺寸对应 ISO 4401-AB-03-4-A、ISO 6264-06-A、ISO 6264-08-A，ISO 6264-10-A 标准；◇为压力调节范围，B 表示 0.4～7MPa，C 表示 0.6～14MPa，F 表示 0.8～21MPa；☆为输入脉冲数，100 表示 100～200 个，四相步进电机，250 表示 250 个，五相步进电机；20 为设计号；额定压力为 21MPa。

[例 3-20-2] D-F(R)G-※-EX-□-☆-20 型数字式流量阀（日本东京计器公司）（图 3-20-2）

D-FG 型为节流阀串联压力补偿阀，D-FRG 型为节流阀＋旁通压力补偿阀；※为公称尺寸代号 01、02、03、06、10，对应最大流量和最小稳定流量有多种；EX 表示外控式，内置减压阀，无 EX 时为直动式；□表示额定流量（对应各公称尺寸分别为 100L/min、130L/min、250L/min、500L/min、1000L/min）；☆为输入脉冲数，100 表示 100～200 个，四相步进电机，250 表示 250 个，五相步进电机；20 为设计号；额定压力为 21MPa。

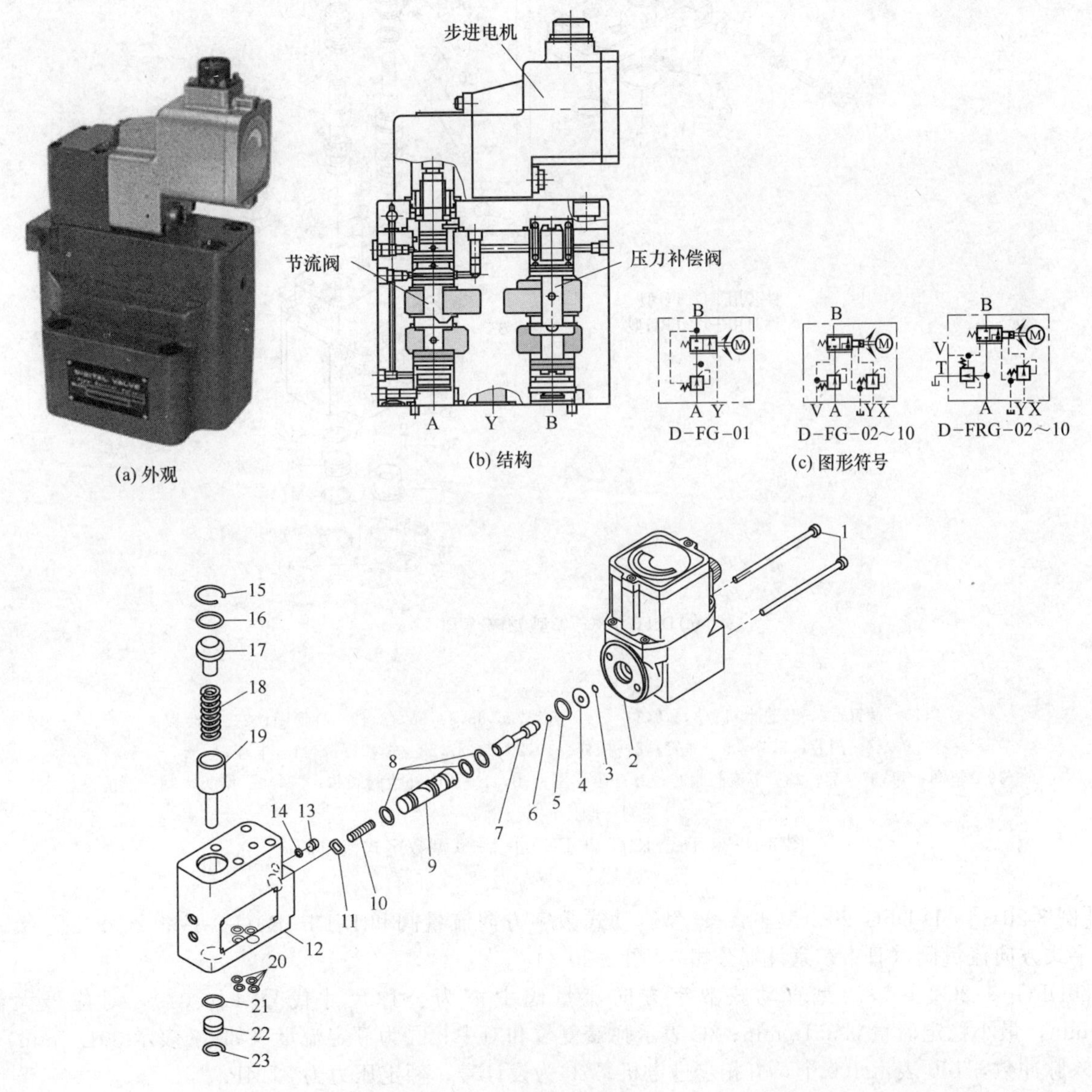

(a) 外观　(b) 结构　(c) 图形符号

(d) D-FG-01型立体分解图

1—螺钉；2—步进电机；3,5,6,8,14,16,20,21—O 形圈；4—垫；7—节流阀阀芯；9—阀套；10,18—弹簧；11—垫圈；12—阀体；13,17,22—堵头；15,23—卡环；19—压力补偿阀阀芯

图 3-20-2

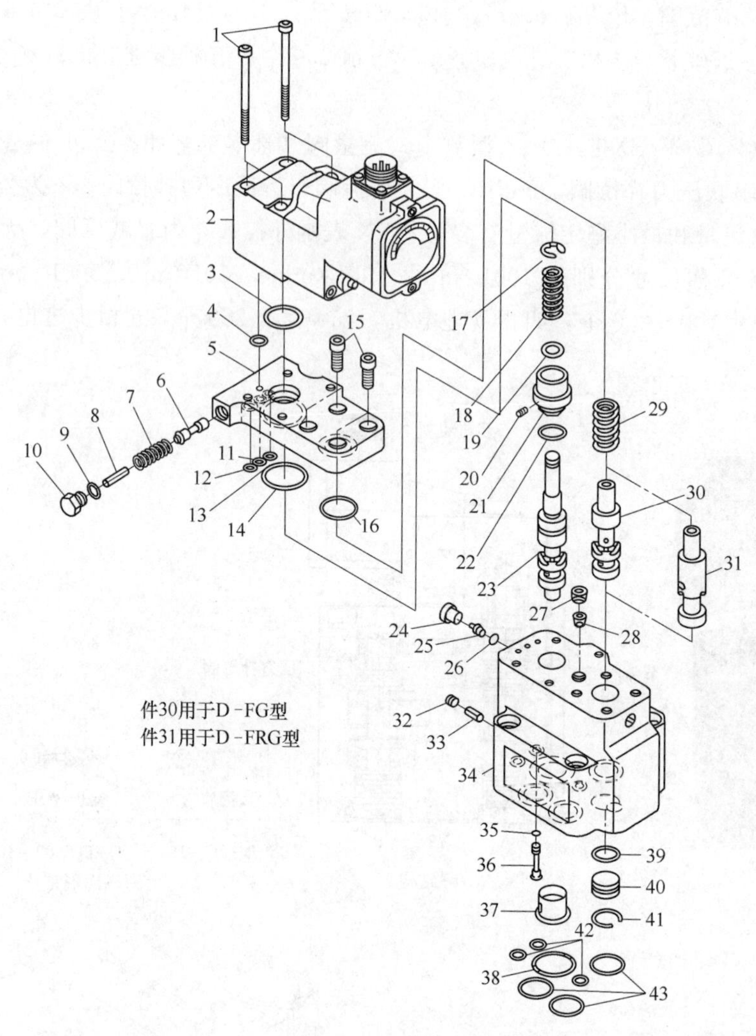

(e) D-FG/FRG-02型立体分解图

1,15—螺钉；2—步进电机；3,4,9,11～14,16,22,26,35,38,39,42,43—O形圈；5—过渡板；
6—阀芯；7,18,29—弹簧；8—推杆；10,20,24,27,28—螺塞；17,41—卡环；
19—垫圈；21,37—套；23—节流阀阀芯；25—阻尼塞；30,31—压力补偿阀阀芯；32,40—堵头；33—顶销；
34—阀体；36—阀芯

图 3-20-2　D-F(R)G-※-EX-□-☆-20 型数字式流量阀

［例 3-20-3］　D-DFG-※-2C-□-☆-20 型直动式数字方向流量阀和 D-DF(R)G-3-1-※-2C-EX-□-☆…21 型数字式方向流量阀（日本东京计器公司）(图 3-20-3)

D-DFG-※-2C-□-☆-20 型直动式数字方向流量阀中※为公称尺寸代号（如 01)，对应最大流量 30L/min，最小稳定流量 0.35L/min；2C 表示弹簧复位和对中；□为额定流量（如 30 表示 30L /min)；☆为输入脉冲数，100 表示 100 个，五相步进电机；20 为设计号；额定压力为 21MPa。

D-DF（R）G-3-1-※-2C-EX-□-☆…21D-DFG 型表示不带压力补偿阀，D-DFRG 型表示带压力补偿阀；3 表示三位；1 表示有一负载传感口；※为公称尺寸代号 01、02、03、06、10，对应最大流量和最小稳定流量有多种；EX 表示外控式，内置减压阀，无 EX 时为直动式；□表示额定流量，对应各公称尺寸分别为 100L/min、130L/min、250L/min、500L/min、1000L/min；☆为输入脉冲数，63 表示±63 个，四相步进电机，157 表示±157 个，五相步进电机；21 为设计号；额定压力为 21MPa。

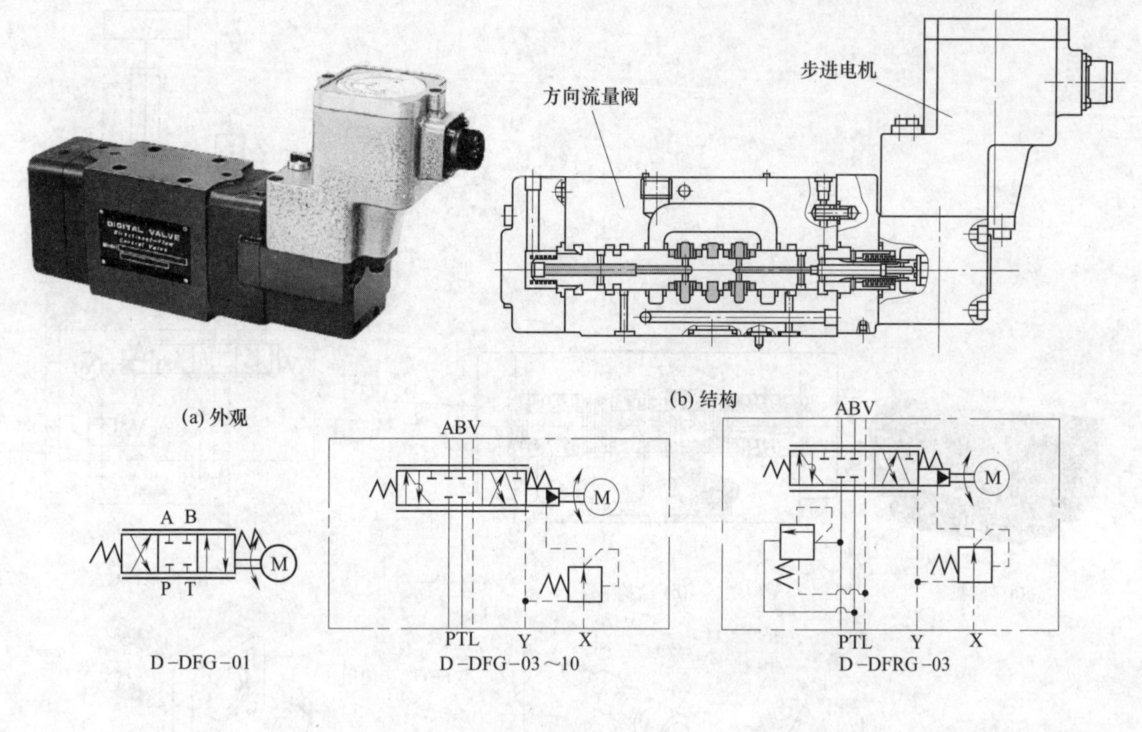

(a) 外观 (b) 结构

(c) 图形符号

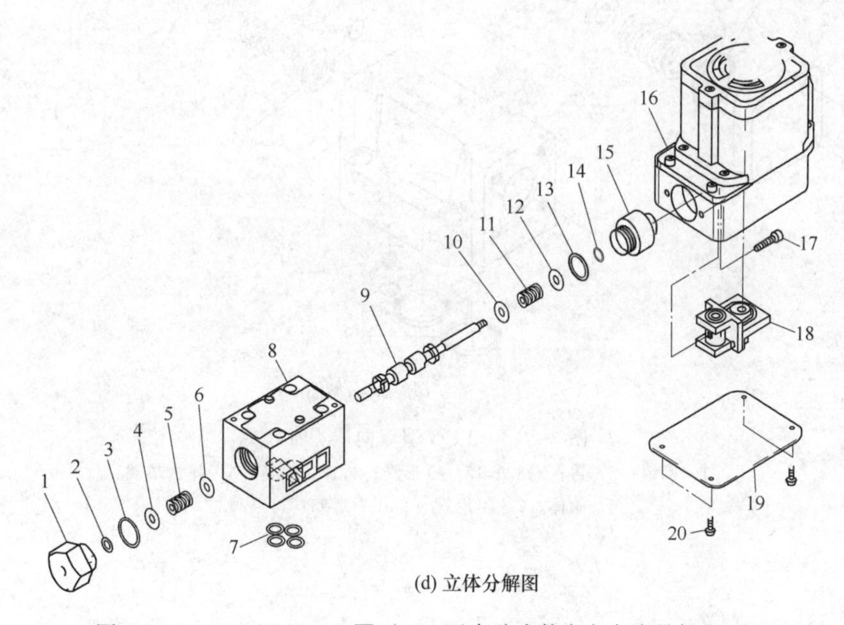

(d) 立体分解图

图 3-20-3 D-DFG-※-2C-□-☆-20 型直动式数字方向流量阀和
D-DF（R）G-3-1-※-2C-EX-□-☆…21 型数字式方向流量阀

1—堵头；2,3,7,13,14—O 形圈；4,6,10,12—弹簧垫；5,11—弹簧；8—阀体；9—阀芯；
15—定位套；16—步进电机；17,20—螺钉；18—步进电机支座；19—垫板

[例 3-20-4] PCG 型双向压力补偿阀（日本东京计器公司）（图 3-20-4）

与数字式方向流量阀配套使用。

[例 3-20-5] TGMHR-3-P-04-10 型叠加式数字压力补偿阀（日本东京计器公司）（图 3-20-5）

3 表示安装尺寸符合 ISO 4401-AB-03-4-A 标准；P 为所控制的油道；04 表示压差为 0.4MPa；10 为设计号。与数字阀配套使用。

[例 3-20-6] TGMSH-3-AB-10 型叠加式数字梭阀（日本东京计器公司）（图 3-20-6）

3 表示安装尺寸符合 ISO 4401-AB-03-4-A 标准；AB 为所控制的油道；10 为设计号。

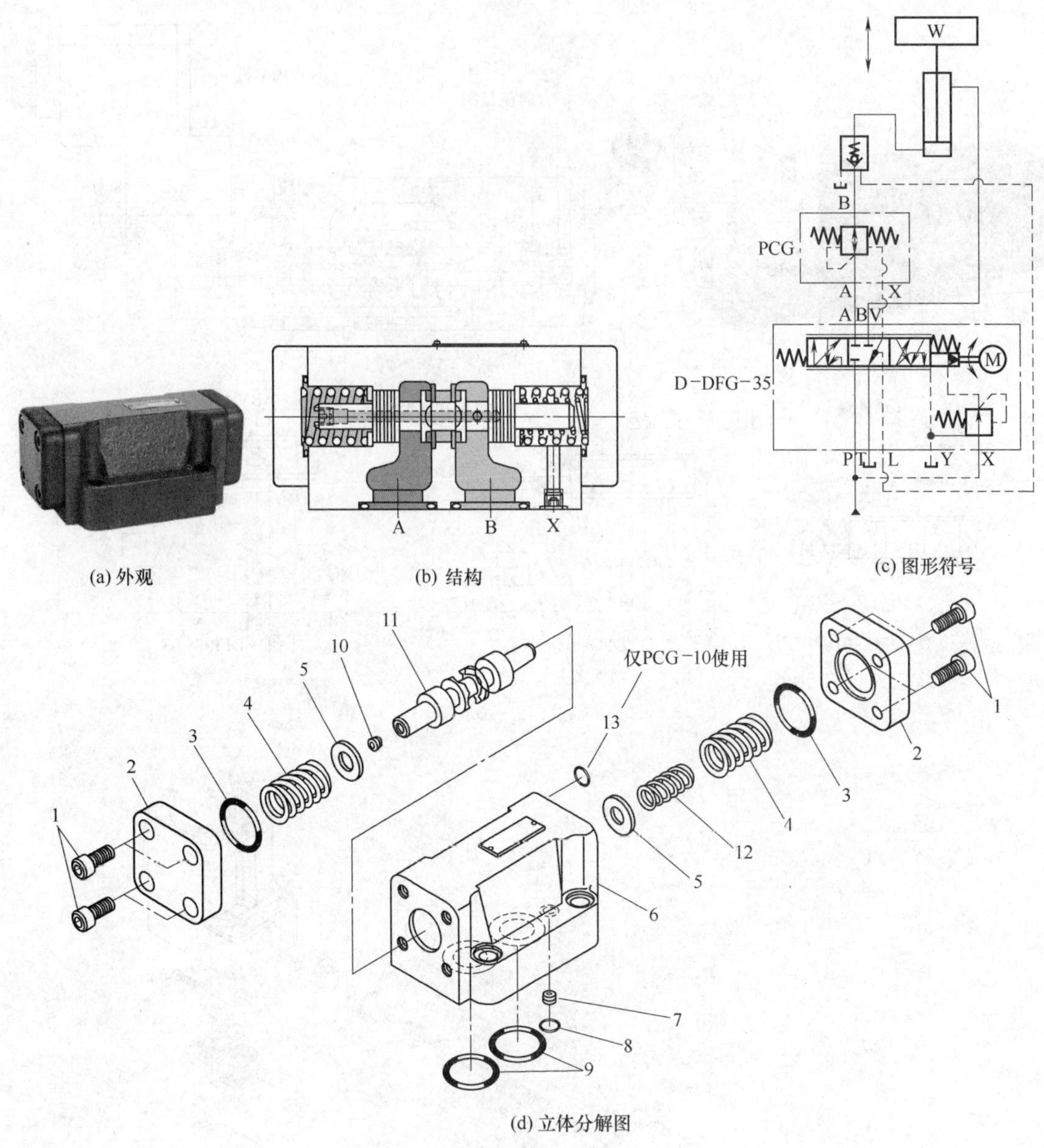

(a) 外观　(b) 结构　(c) 图形符号

(d) 立体分解图

图 3-20-4　PCG 型双向压力补偿阀

1—螺钉；2—盖；3,8,9,13—O 形圈；4,12—弹簧；5—弹簧垫圈；6—阀体；7—阻尼螺钉；10—螺塞；11—阀芯

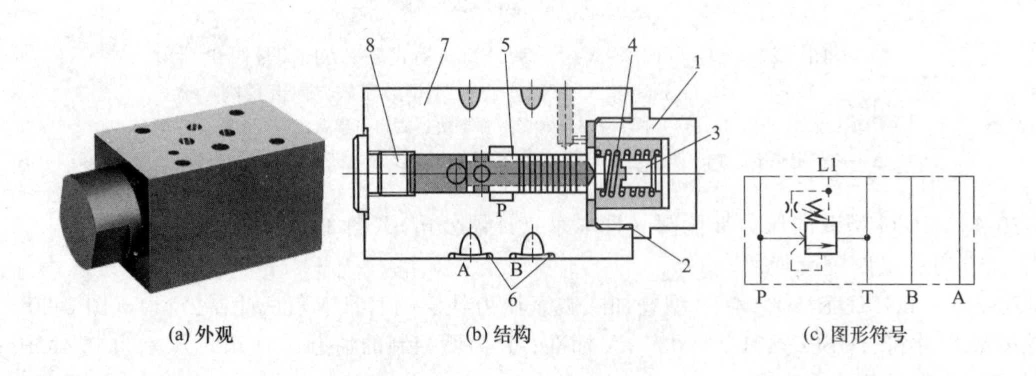

(a) 外观　(b) 结构　(c) 图形符号

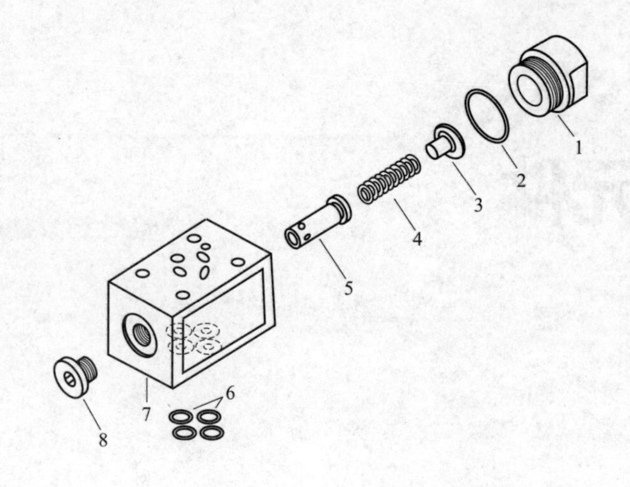

(d) 立体分解图

图 3-20-5 TGMHR-3-P-04-10 型叠加式数字压力补偿阀

1—螺塞；2,6—O 形圈；3—弹簧座；4—弹簧；5—阀芯；7—阀体；8—堵头

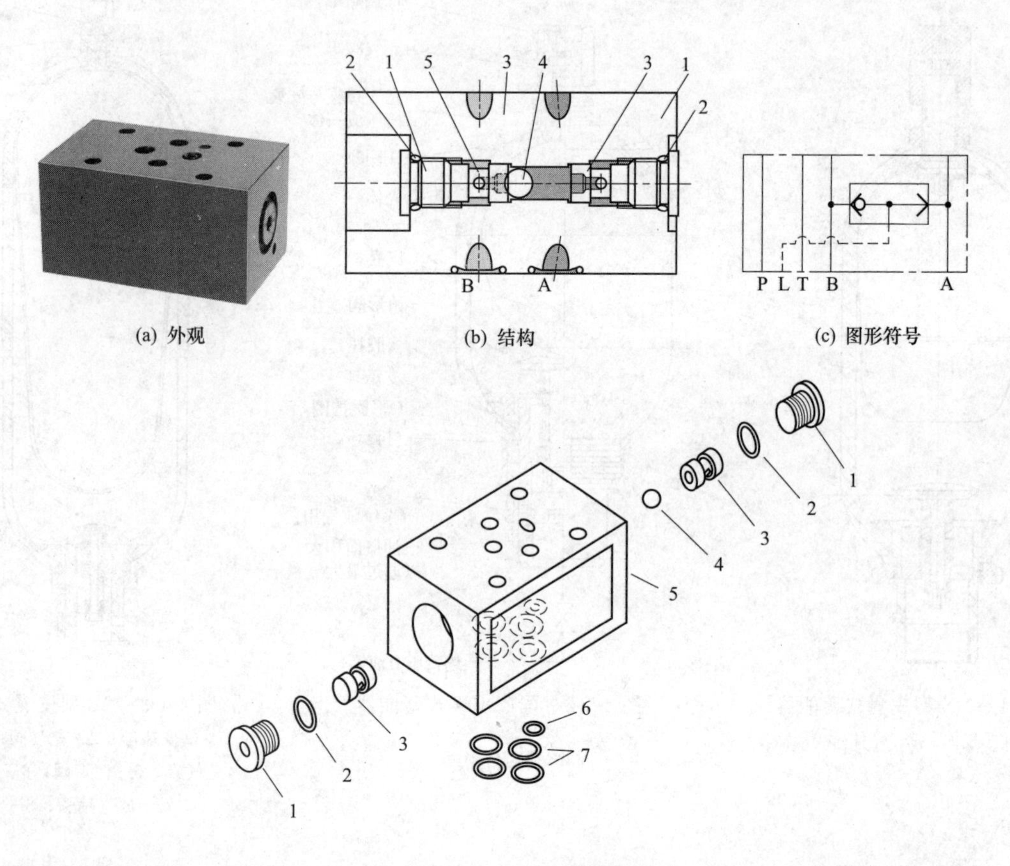

(a) 外观 (b) 结构 (c) 图形符号

(d) 立体分解图

图 3-20-6 TGMSH-3-AB-10 型叠加式数字梭阀

1—螺塞；2,6,7—O 形圈；3—阀座；4—钢球；5—阀体

第4章 液压辅助元件

4-1 蓄能器

4-1-1 皮囊式蓄能器

[例 4-1-1] NX 型皮囊式蓄能器（国产）（图 4-1-1）

[例 4-1-2] 国产皮囊式蓄能器（图 4-1-2）

[例 4-1-3] A2 型皮囊式蓄能器（美国伊顿-威格士公司）（图 4-1-3）

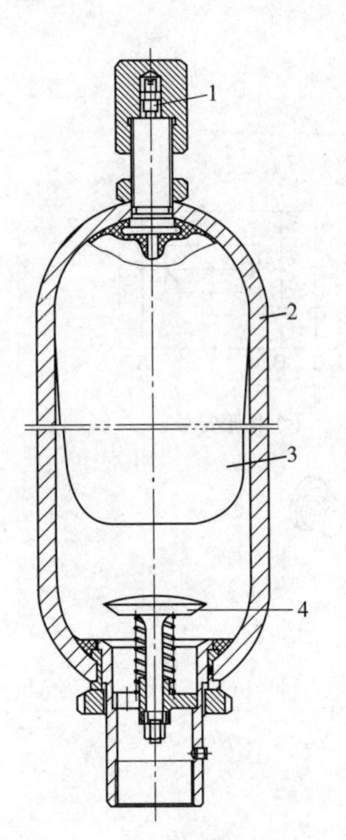

图 4-1-1 NX 型皮囊式蓄能器
1—气门；2—壳体；
3—气囊；4—提升阀

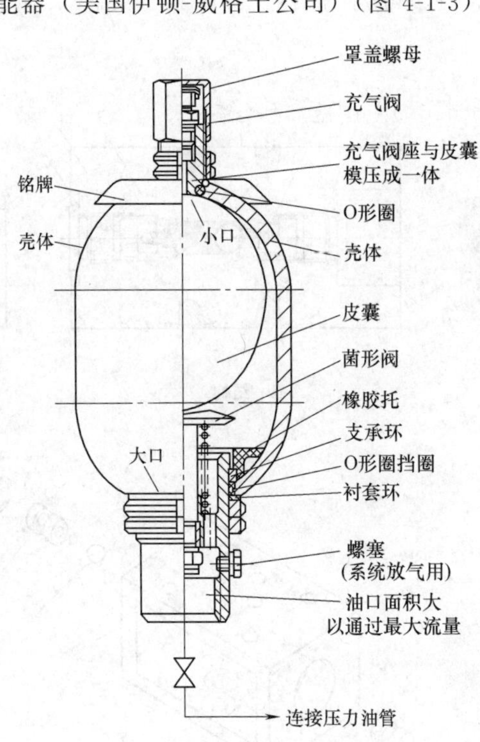

图 4-1-2 国产皮囊式蓄能器

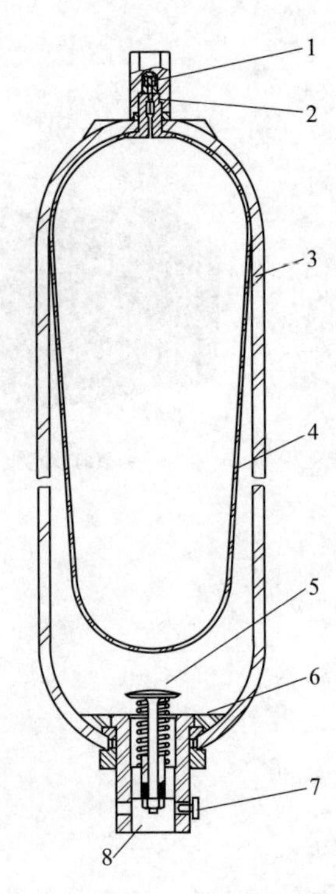

图 4-1-3 A2 型皮囊式蓄能器
1—罩盖螺母；2—充气阀；3—壳体；
4—气囊；5—菌形阀；6— 防挤出圈；
7— 放气堵头；8—油口

4-1-2 隔膜式蓄能器

[例 4-1-4] A9 型隔膜式蓄能器（美国伊顿-威格士公司）（图 4-1-4）

[例 4-1-5] AM 型隔膜式蓄能器（德国西德福公司）（图 4-1-5）

4-1-3 活塞式蓄能器

[例 4-1-6] HXQ 型活塞式蓄能器（国产）（图 4-1-6）

[例 4-1-7] AP 型活塞式蓄能器（德国西德福公司）（图 4-1-7）

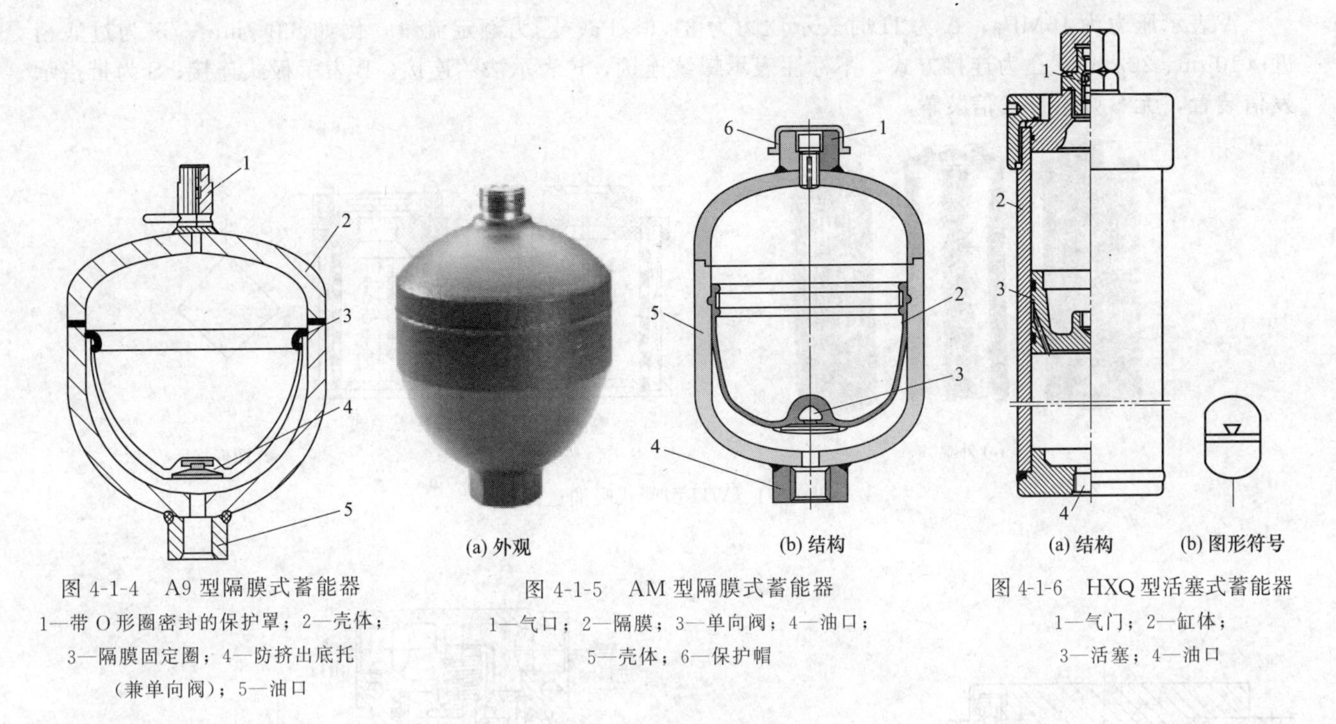

图 4-1-4　A9 型隔膜式蓄能器
1—带 O 形圈密封的保护罩；2—壳体；3—隔膜固定圈；4—防挤出底托（兼单向阀）；5—油口

图 4-1-5　AM 型隔膜式蓄能器
1—气口；2—隔膜；3—单向阀；4—油口；5—壳体；6—保护帽

图 4-1-6　HXQ 型活塞式蓄能器
1—气门；2—缸体；3—活塞；4—油口

［例 4-1-8］　AP3 型活塞式蓄能器（美国伊顿-威格士公司）（图 4-1-8）

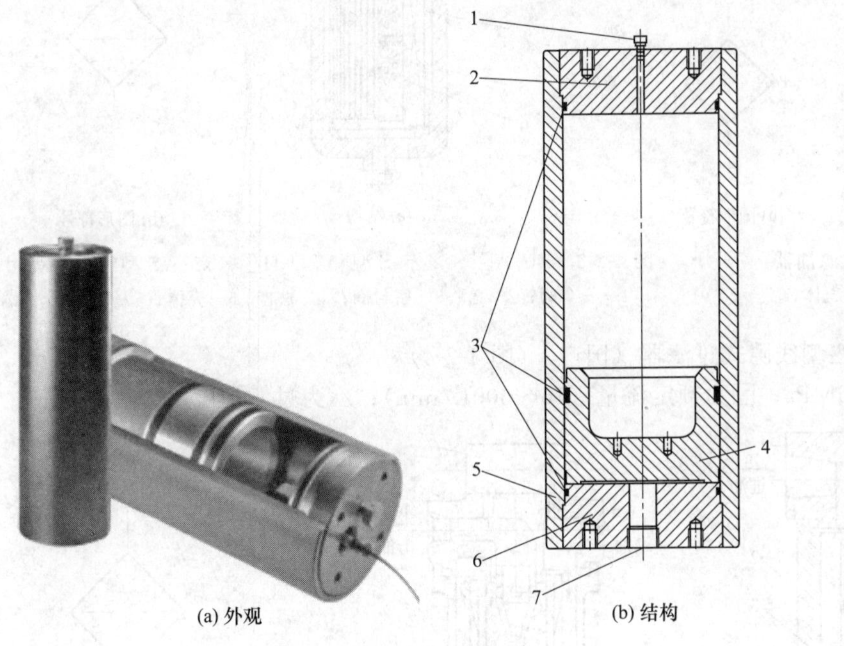

图 4-1-7　AP 型活塞式蓄能器
1—气阀；2—上端盖；3—密封件；4—活塞；5—壳体；6—下端盖；7—油液连接口

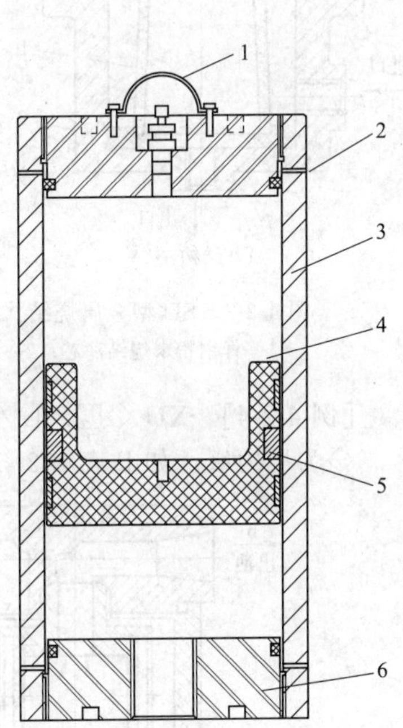

图 4-1-8　AP3 型活塞式蓄能器
1—钢质气阀护罩；2—放气孔；3—珩磨壳体；4—铝质活塞；5—活塞密封件；6—螺纹端盖

4-2　过滤器

［例 4-2-1］　WU 型网式吸油过滤器（国产）（图 4-2-1）

例如 WU-160×180 型：160 为过滤流量，180 为过滤精度（180μm）。

［例 4-2-2］　SU 型金属烧结式滤油器（国产）（图 4-2-2）

［例 4-2-3］　ZU-A□×※△-S 型和 ZU-H□×※△-S 型纸质压力过滤器（国产）（图 4-2-3）

A表示压力为16MPa，A为H时表示压力为31.5MPa；□为额定流量，例如63L/min；※为过滤精度（10μm、20μm）；△为连接方式，不标注表示螺纹连接，F表示法兰连接，B表示板式连接；S为带指示发信装置，无S则不带发信装置。

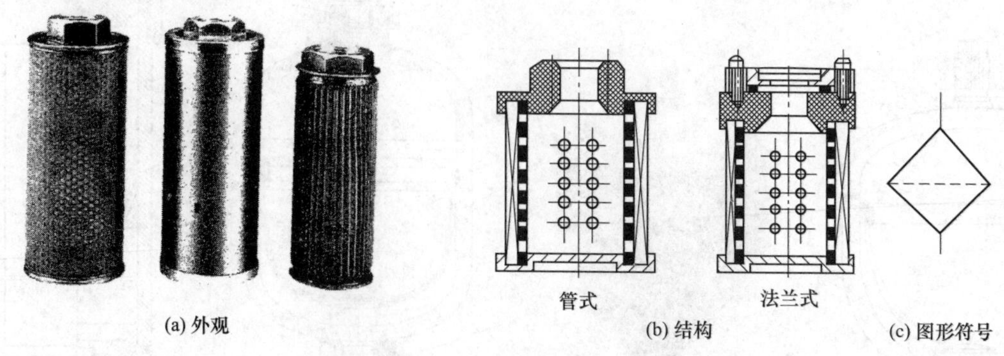

图 4-2-1　WU型网式吸油过滤器

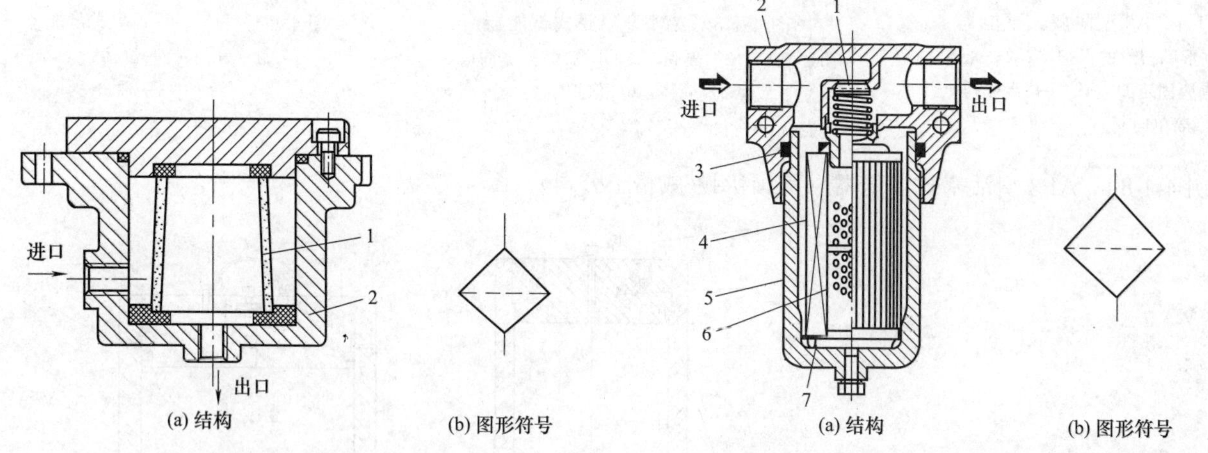

图 4-2-2　SU型金属烧结式滤油器

1—青铜粉末烧结滤芯；2—壳体

图 4-2-3　ZU-A□×※△-S型和ZU-H□×※△-S型纸质压力过滤器

1—安全阀；2—盖；3—密封圈；4—滤芯；5—壳体；6—内筒；7—端板

［例 4-2-4］　XU-◇□×L-△型线隙式过滤器（国产）（图 4-2-4）

◇为压力级，如B表示2.5MPa；□为额定流量（16～600L/min）；△为过滤精度（80～100μm）。

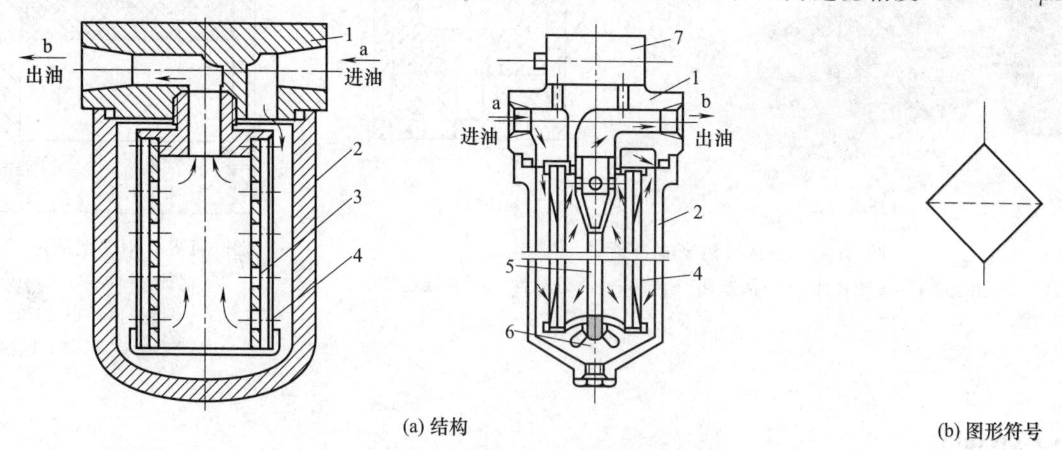

图 4-2-4　XU-◇□×L-△型线隙式过滤器

1—盖；2—壳体；3—骨架；4—滤芯；5—拉杆；6—锁母；7—堵塞指示发信器

［例 4-2-5］　TLH·◇-□×※F△型箱上回油过滤器（国产）（图 4-2-5）

◇为BH时，表示工作介质为水-乙二醇，◇省略表示介质为一般矿物油；□表示公称流量数值（10～1600L/min）；※表示过滤精度（3μm、5μm、10μm、20μm、30μm、40μm）；F表示法兰连接，无F时表示螺纹连接；△为C表示带HC型发信装置，省略则不带发信装置。

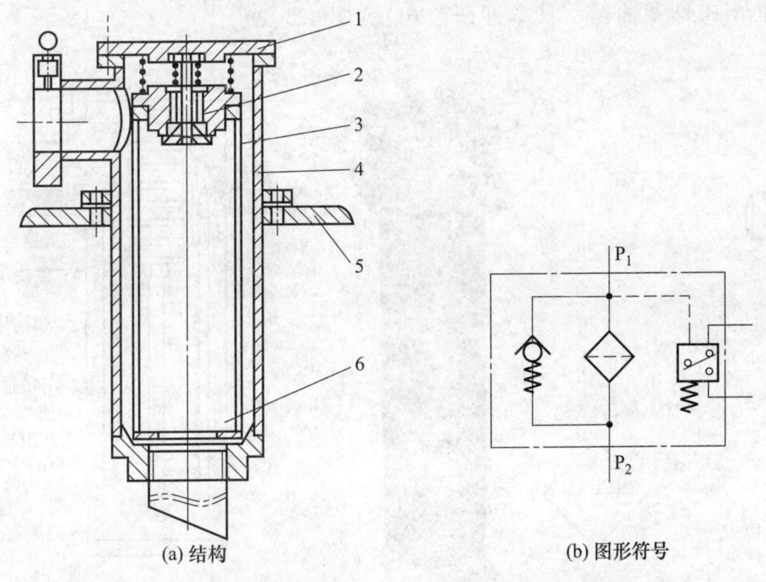

(a) 结构　　(b) 图形符号

图 4-2-5　TLH・◇-□×※F△型箱上回油过滤器

1—上盖；2—旁通阀；3—滤芯；4—外壳；5—油箱盖；6—集污盅

［例 4-2-6］　RFB◇-□×※★△型直回式回油过滤器、油箱侧回油过滤器（国产）（图 4-2-6）

◇为BH时表示工作介质为水-乙二醇，◇省略表示介质为一般矿物油；□表示公称流量数值（10～1600L/min）；※表示过滤精度（1μm、3μm、5μm、10μm、20μm、30μm）；★为Y表示用户所需接管尺寸，★省略则无接管；△为Y表示带CYB-1型发信装置（DC24V），△为C表示带CY型发信装置（220V），△省略表示不带发信装置。

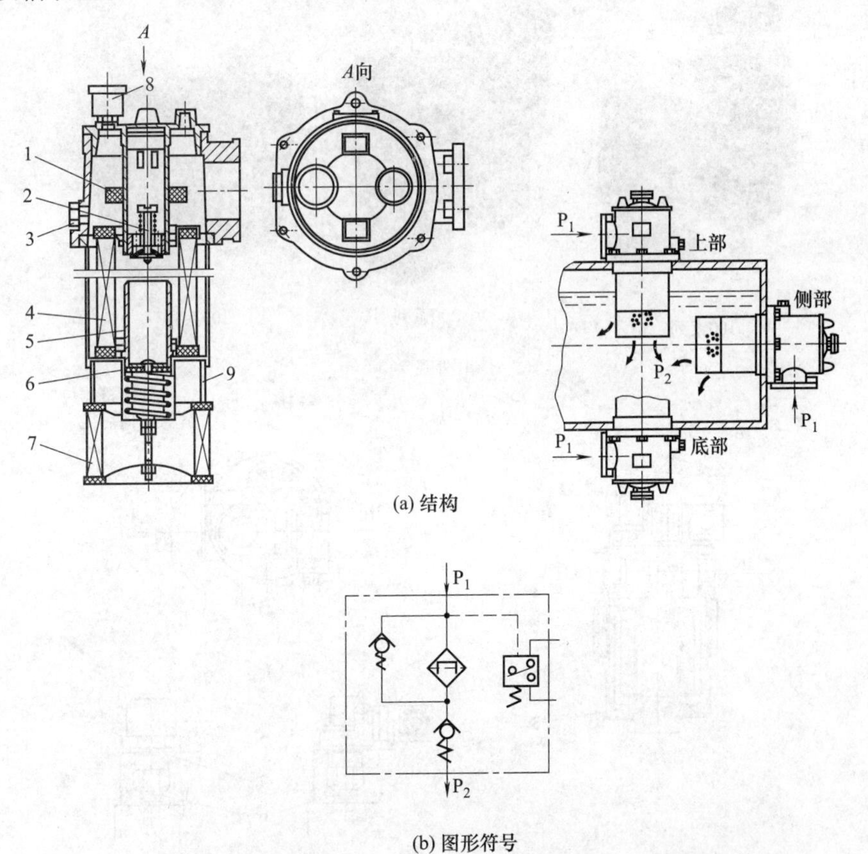

(a) 结构

(b) 图形符号

图 4-2-6　RFB◇-□×※★△型直回式回油过滤器、油箱侧回油过滤器

1—永久磁铁；2—旁通阀；3—回油孔及放油孔；4—滤芯；5—溢流管；6—自封阀；7—扩散器；8—发信器；9—用户接管

［例 4-2-7］ CXL 型磁性吸油过滤器（国产）（图 4-2-7）

［例 4-2-8］ TTF 型磁性滤油器（日本油研公司）（图 4-2-8）

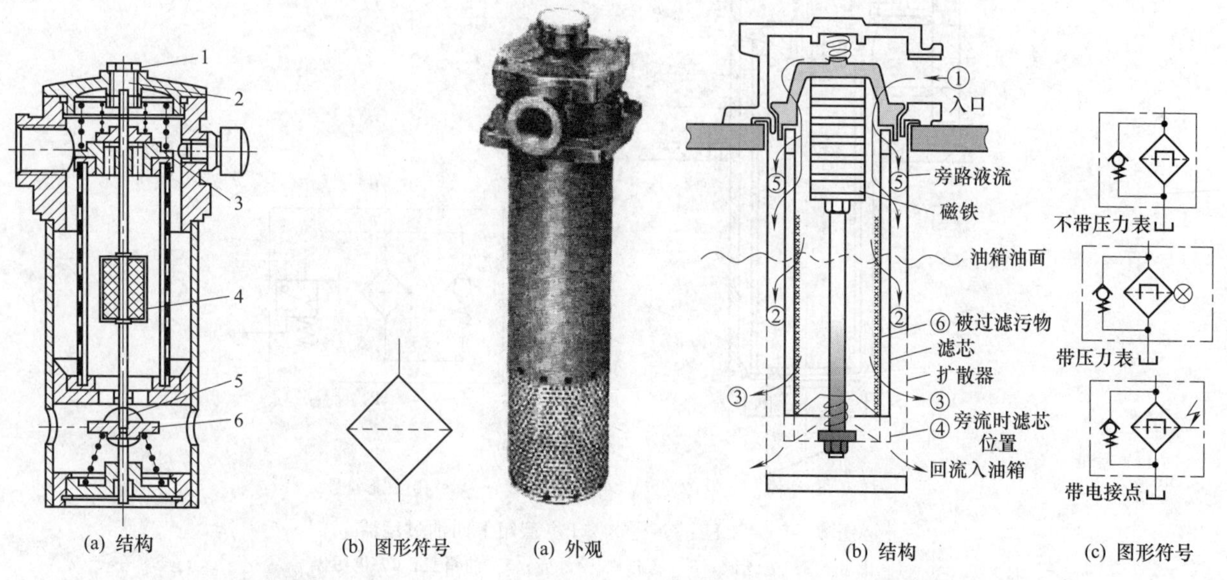

图 4-2-7 CXL 型磁性吸油过滤器

1—中心螺钉；2—发信器；3—旁通阀；
4—永久磁铁；5—顶杆；6—自封阀

图 4-2-8 TTF 型磁性滤油器

［例 4-2-9］ 100、200、300 系列高压管路过滤器（日本油研公司）（图 4-2-9）

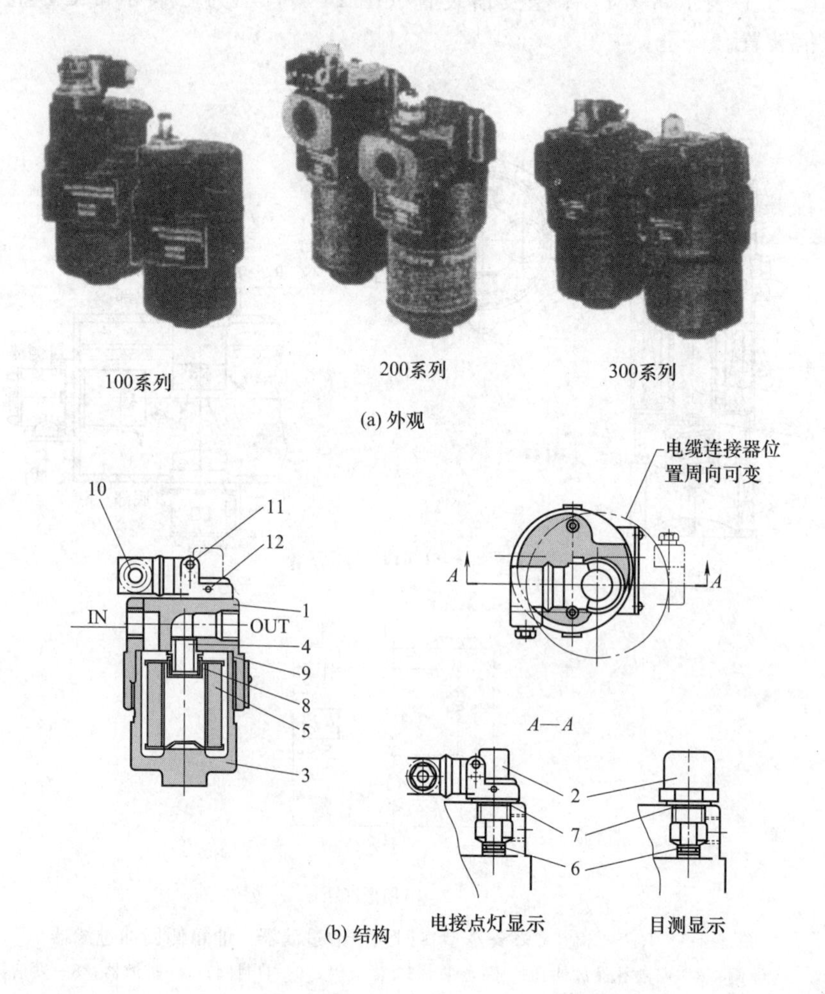

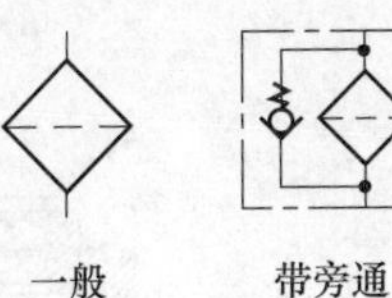
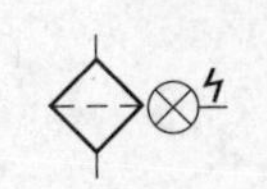
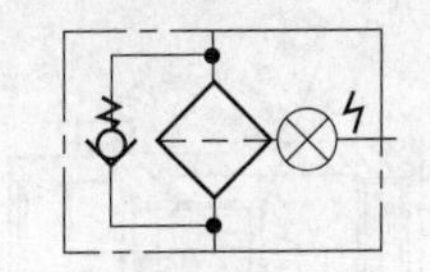

(c) 图形符号

图 4-2-9 100、200、300 系列高压管路过滤器

1—盖；2—显示器；3—壳体；4—滤芯接合套；5—滤芯；6～9—O 形密封圈；10—电线接口；11—双面显示灯；12—目测螺孔（堵）

［例 4-2-10］ CSU2B-F□×◇型磁性金属烧结式过滤器（图 4-2-10）

F 表示额定压力为 20MPa；□为额定流量；◇为过滤精度。

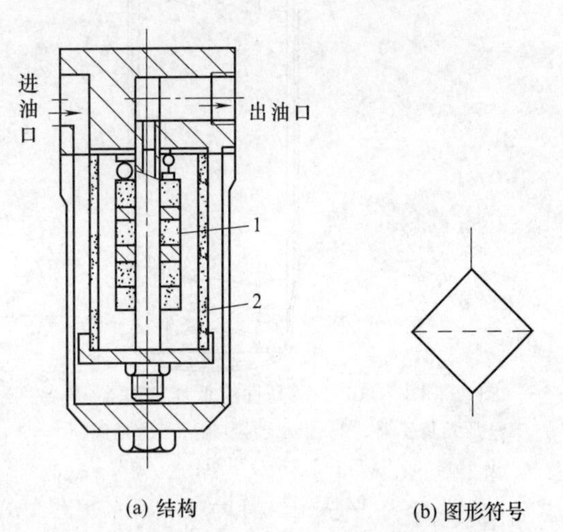

图 4-2-10 CSU2B-F□×◇型磁性金属烧结式过滤器

1—磁环；2—烧结滤芯

［例 4-2-11］ ABZFR 型回油滤油器（德国博世-力士乐公司）（图 4-2-11）

最高工作压力为 2.5MPa；最大流量为 450L/min。

［例 4-2-12］ H061 型高性能低压过滤器（美国伊顿-威格士公司）（图 4-2-12）

通过流量为 189L/min；工作压力为 4.14MPa。

［例 4-2-13］ HL16-1 型低压过滤器（美国伊顿-威格士公司）（图 4-2-13）

工作压力为 1MPa；通过流量为 568L/min。

［例 4-2-14］ H360-4 型中高压过滤器（美国伊顿-威格士公司）（图 4-2-14）

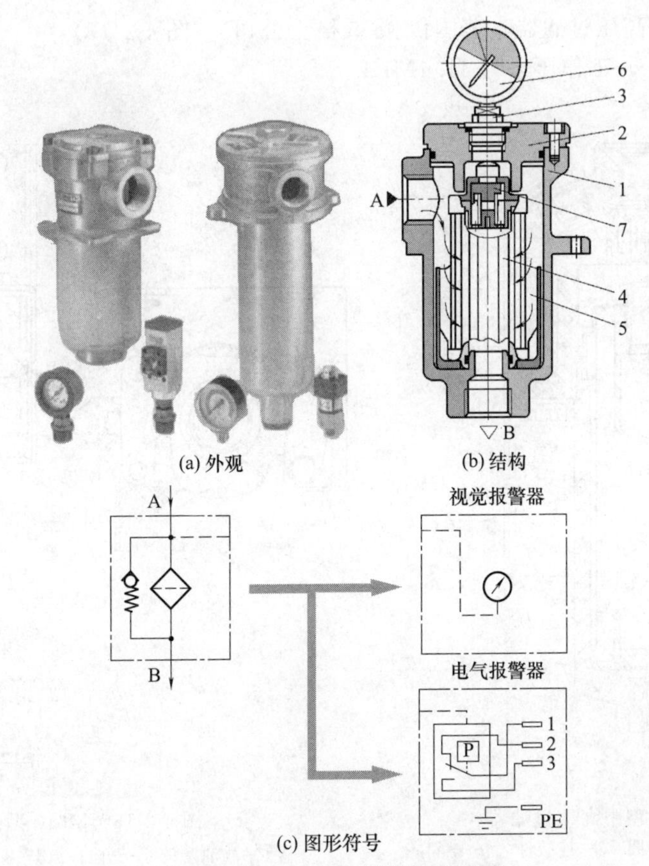

(c) 图形符号

图 4-2-11 ABZFR 型回油滤油器

1—滤壳；2—盖子；3—堵塞报警器接头；4—滤芯；5—污物杯；6—堵塞报警器；7—旁通阀

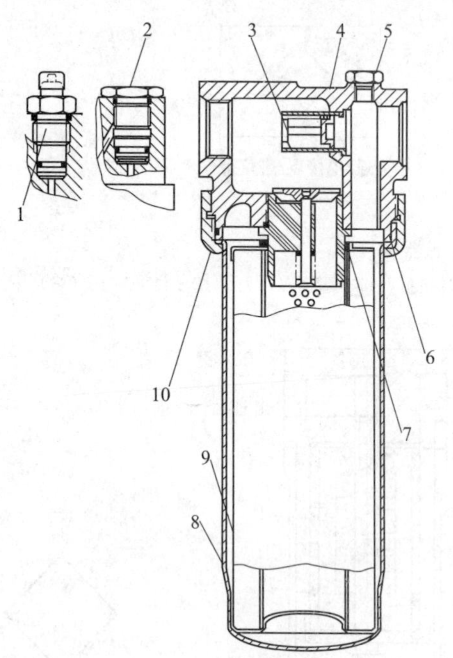

图 4-2-12　H061 型高性能低压过滤器

1—压差传感器；2—指示器接口；3—旁通阀；4—盖；5—接口；6,7—O 形圈；8—罩壳；9—滤芯；10—连接罩

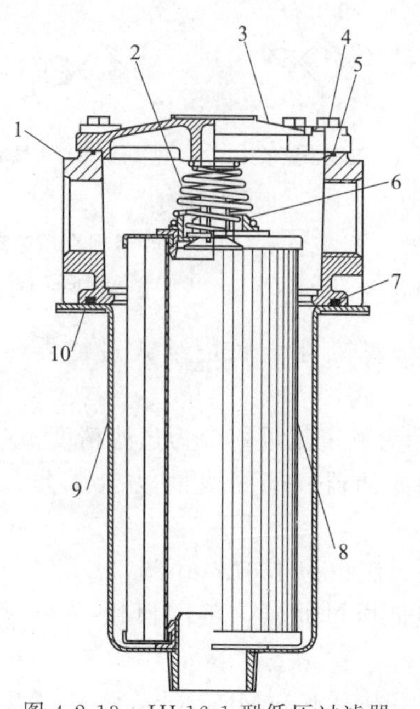

图 4-2-13　HL16-1 型低压过滤器

1—罩头；2—弹簧；3—顶盖；4—螺钉；5,7—O 形圈；6—旁通阀；8—滤芯；9—罩壳；10—面板

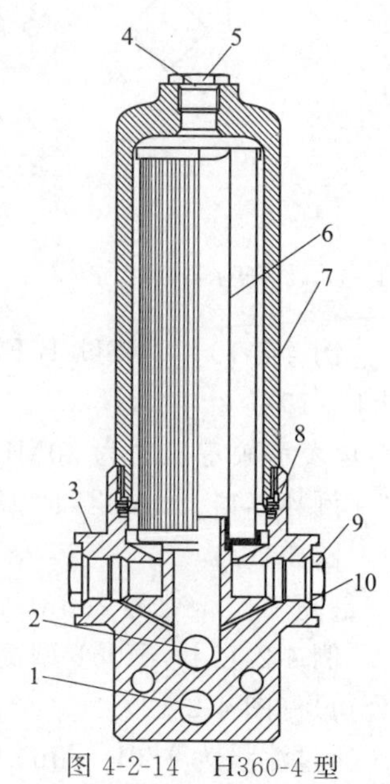

图 4-2-14　H360-4 型中高压过滤器

1—进油口；2—出油口；3—油口集成块；4,8,10—O 形圈；5,9—螺塞；6—滤芯组件；7—壳体

工作压力为 1～21MPa。

[例 4-2-15]　H620-4 型中高压过滤器（美国伊顿-威格士公司）（图 4-2-15）

工作压力为 21MPa。

[例 4-2-16]　M610 型高压过滤器（美国伊顿-威格士公司）（图 4-2-16）

通过流量为 208L/min，工作压力为 41.4MPa。

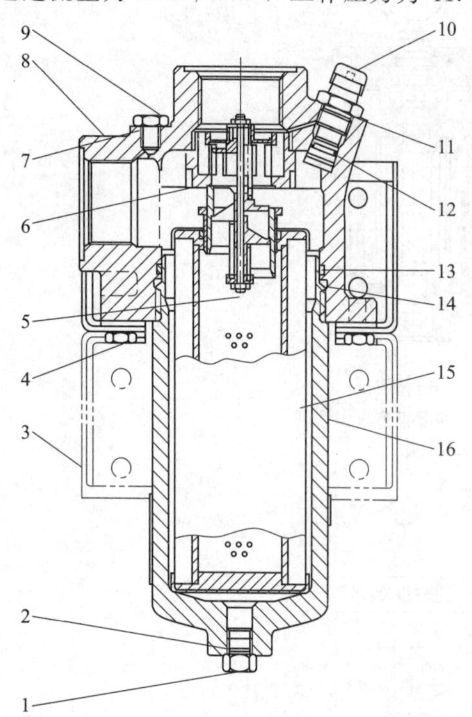

图 4-2-15　H620-4 型中高压过滤器

1—放油塞；2,7,11,12—O 形圈；3—连接件；4—螺钉；5—旁通阀；6—折流盘；8—罩壳；9—螺塞；10—压差指示器；13—U 形圈；14—垫；15—滤芯；16—壳体

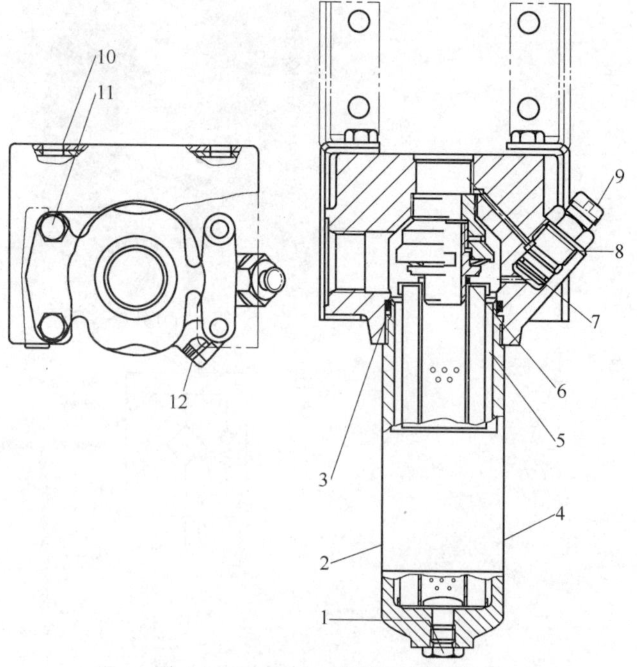

图 4-2-16　M610 型高压过滤器

1—放油塞；2—壳体；3,6～8—O 形圈；4—标牌；5—滤芯；9—压差指示器；10～12—螺钉

［例 4-2-17］　FH100 型回油过滤器（日本 SMC 公司）（图 4-2-17）

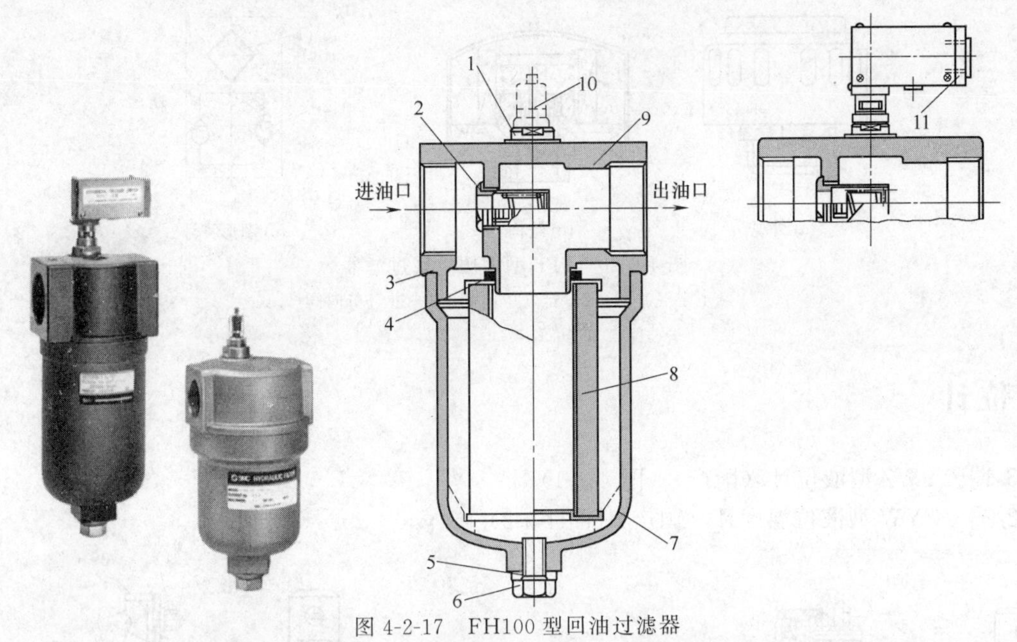

图 4-2-17　FH100 型回油过滤器

1—垫；2—旁通阀；3，4—O 形圈；5—密封垫；6—放泄螺钉；7—壳体；8—滤芯；9—盖；10—压差显示器；11—压差电开关

［例 4-2-18］　QUQ-※□×◇型液压空气过滤器（温州黎明液压机电厂等）（图 4-2-18）

※为型号 1、2 或 3；□为空气过滤精度（10μm、20μm、40μm）；◇为空气流量（0.25～4m^3/min）。

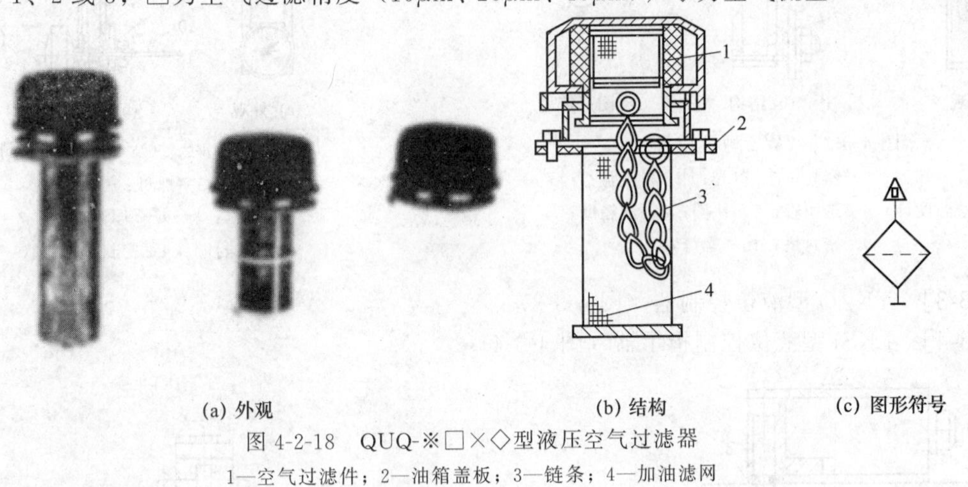

(a) 外观　(b) 结构　(c) 图形符号

图 4-2-18　QUQ-※□×◇型液压空气过滤器

1—空气过滤件；2—油箱盖板；3—链条；4—加油滤网

［例 4-2-19］　EF 型空气过滤器（国产）（图 4-2-19）

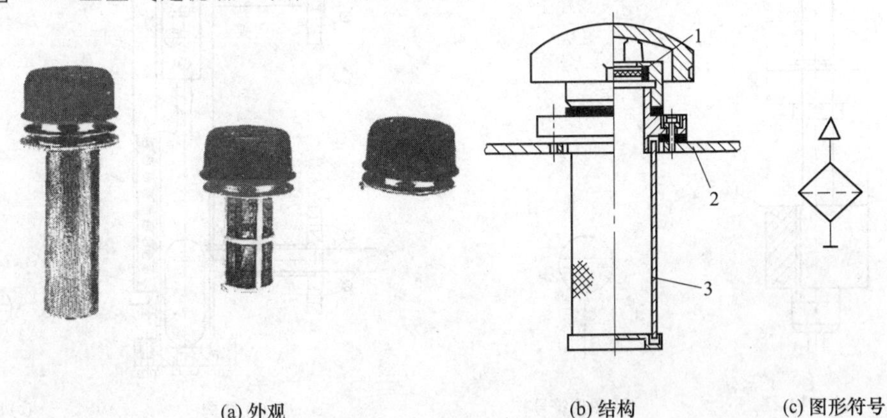

(a) 外观　(b) 结构　(c) 图形符号

图 4-2-19　EF 型空气过滤器

1—空气过滤片；2—油箱盖板；3—加油滤网

［例 4-2-20］ PFB 型增压空气过滤器（国产）（图 4-2-20）

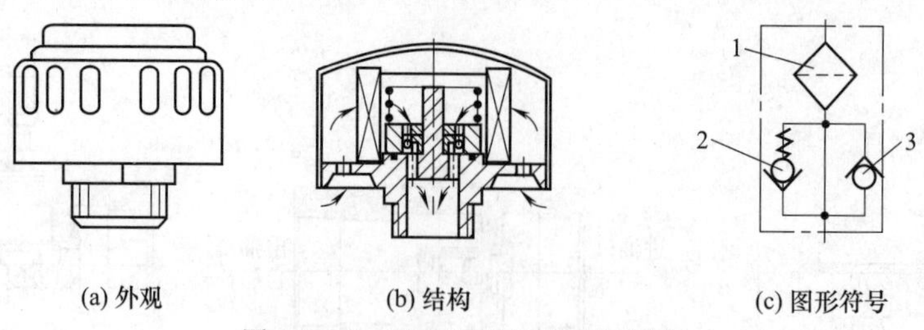

图 4-2-20 PFB 型增压空气过滤器

1—空气滤网；2—排气单向阀；3—进气单向阀

4-3 液位计

［例 4-3-1］ YWZ 型液位计（国产）（图 4-3-1）

［例 4-3-2］ CYW 型液位温度计（国产）（图 4-3-2）

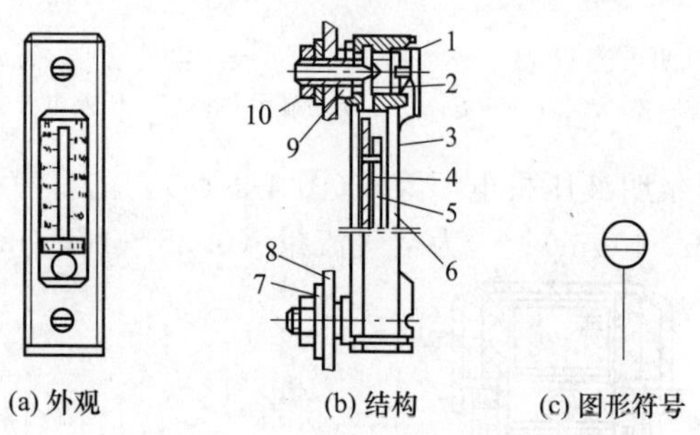

图 4-3-1 YWZ 型液位计

1—端盖；2—密封；3—罩壳；4—刻度盘；5—温度计；6—透明管；7—垫圈；8—油箱壁；9—密封垫；10—螺母

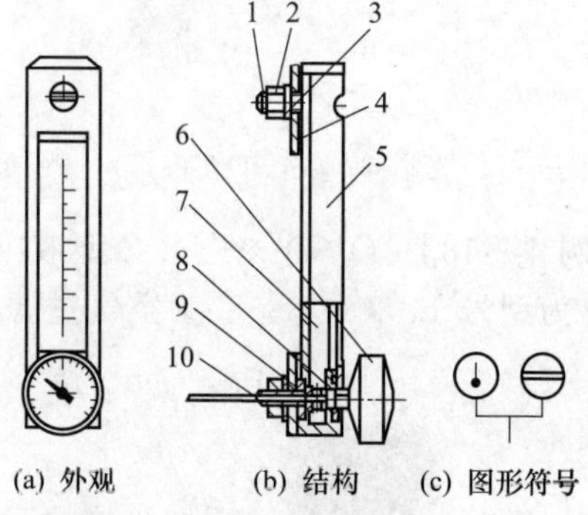

图 4-3-2 CYW 型液位温度计

1—螺钉；2—螺母；3—垫圈；4—油箱壁；5—外罩；6—双金属温度计；7—透明管；8—密封圈；9—密封垫圈；10—传感器

［例 4-3-3］ YKZQ 型液位控制器（图 4-3-3）

［例 4-3-4］ LKSI 型液位控制指示器（图 4-3-4）

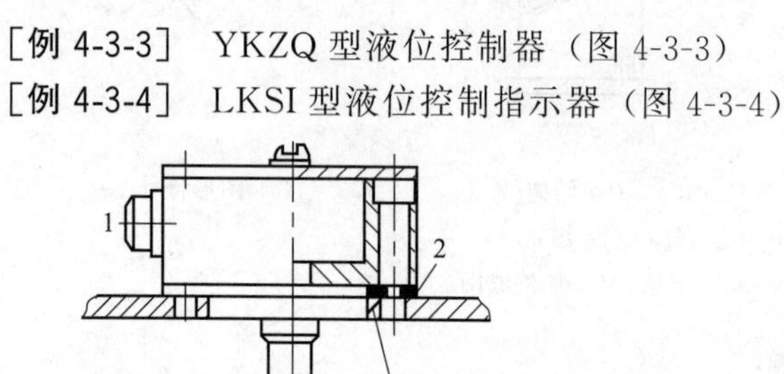

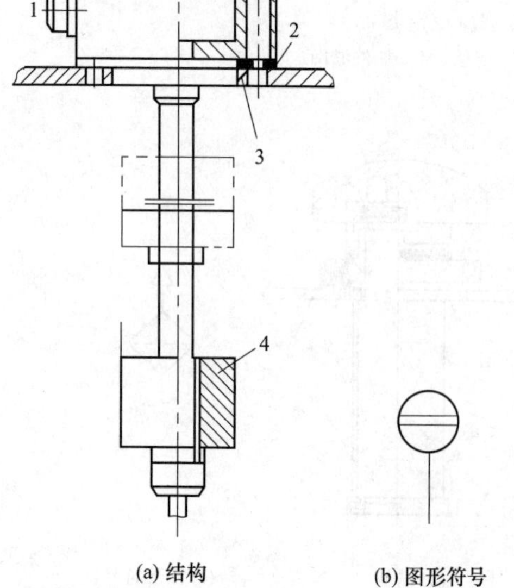

图 4-3-3 YKZQ 型液位控制器

1—电线出口；2—密封垫圈；3—油箱盖板；4—浮子

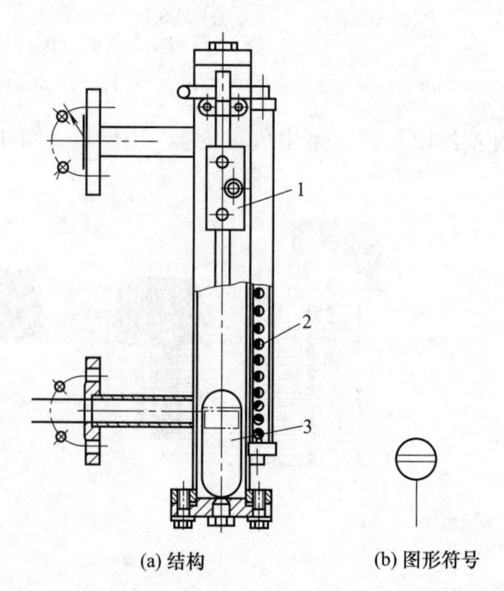

图 4-3-4 LKSI 型液位控制指示器

1—控制继电器；2—磁性滤板；3—磁性浮子

4-4　接头

［例 4-4-1］　PT 型测压、排气接头（图 4-4-1）

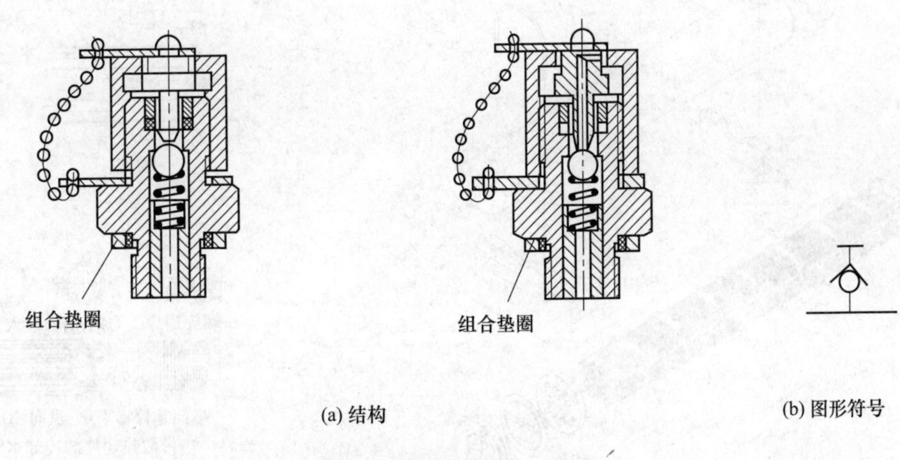

(a) 结构　　(b) 图形符号

图 4-4-1　PT 型测压、排气接头

4-5　油冷却器

［例 4-5-1］　列管式和带翅片的列管式冷却器（图 4-5-1）

［例 4-5-2］　HOWF 型多管圆筒式冷却器（日本 SMC 公司）（图 4-5-2）

(a) 外观

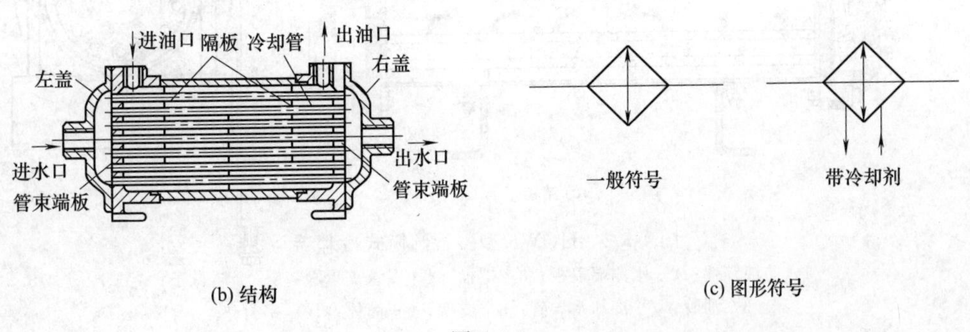

(b) 结构　　(c) 图形符号

图 4-5-1

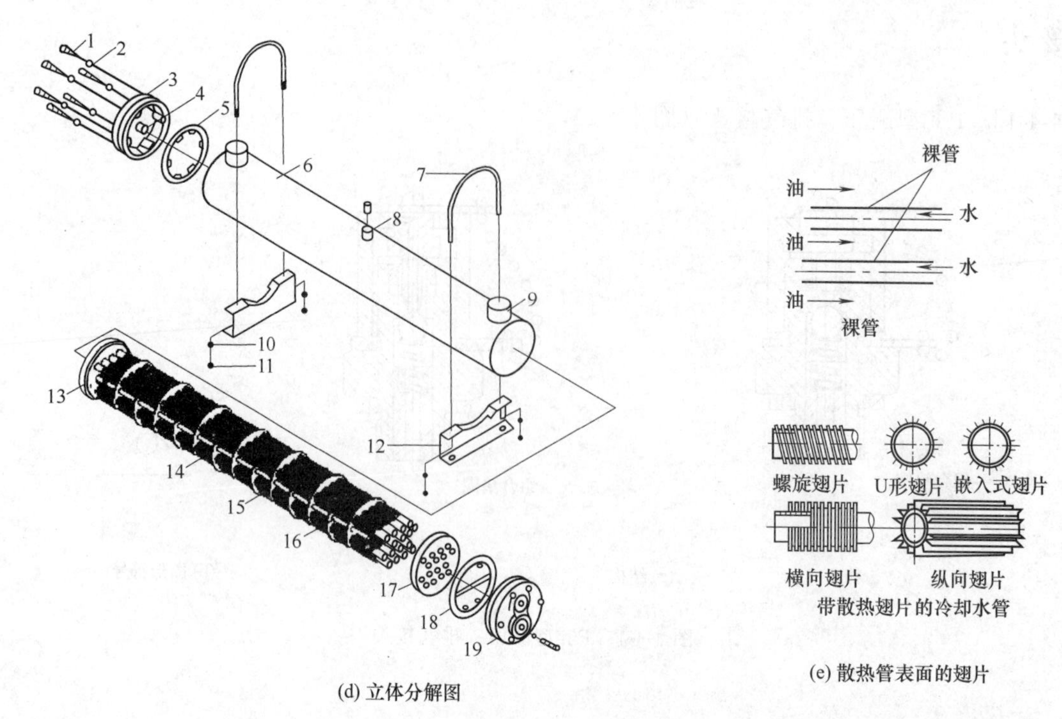

(d) 立体分解图

(e) 散热管表面的翅片

图 4-5-1 列管式和带翅片的列管式冷却器

1—螺栓；2—垫圈；3,19—水侧端盖板；4—防蚀锌棒；5,18—密封垫；6—筒体；7—固定架；8—排气塞；9—油出入口；10—防振垫片；11—螺母；12—固定座；13,17—管束端板；14—冷却水管；15—导流板；16—固定杆

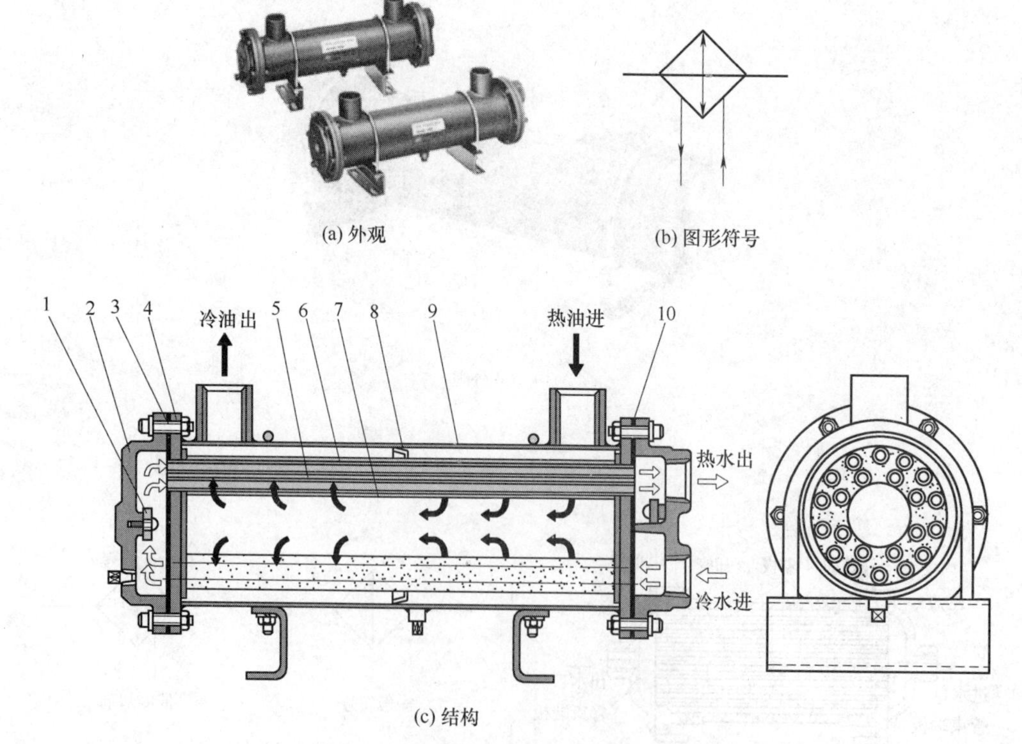

(a) 外观

(b) 图形符号

(c) 结构

图 4-5-2 HOWF 型多管圆筒式冷却器

1—防蚀锌棒；2—水侧端盖板；3—螺栓；4—多管支承板；5—金属粒子；6—油管；7—冷却水导管；8—支架；9—筒体；10—密封垫

第5章 气动元件

5-1 空气压缩机

［例 5-1-1］ 螺杆式空气压缩机（图 5-1-1）

［例 5-1-2］ 两级活塞式压缩机（图 5-1-2）

第一级气缸通常将空气压缩到 0.3MPa，然后进行冷却，再输送到第二级气缸中将空气压缩到 0.7MPa。

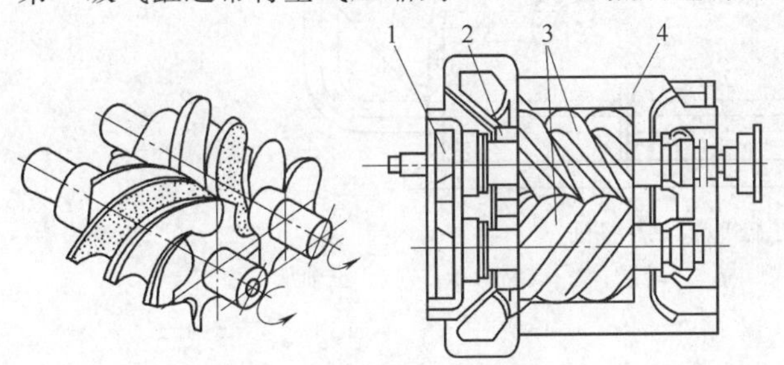

图 5-1-1 螺杆式空气压缩机

1—同步齿轮；2—轴承；3—转子；4—机体

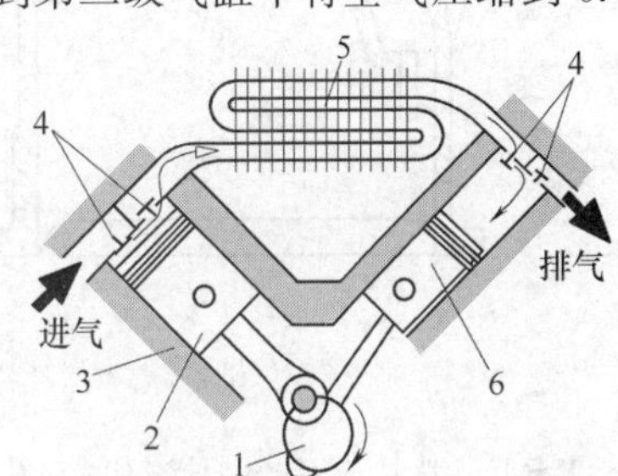

图 5-1-2 两级活塞式压缩机

1—凸轮轴；2—第一级压缩活塞；3—压缩机壳体；4—进、排气气门嘴；5—冷凝器；6—第二级压缩活塞

［例 5-1-3］ 离心式空气压缩机（国产）（图 5-1-3）

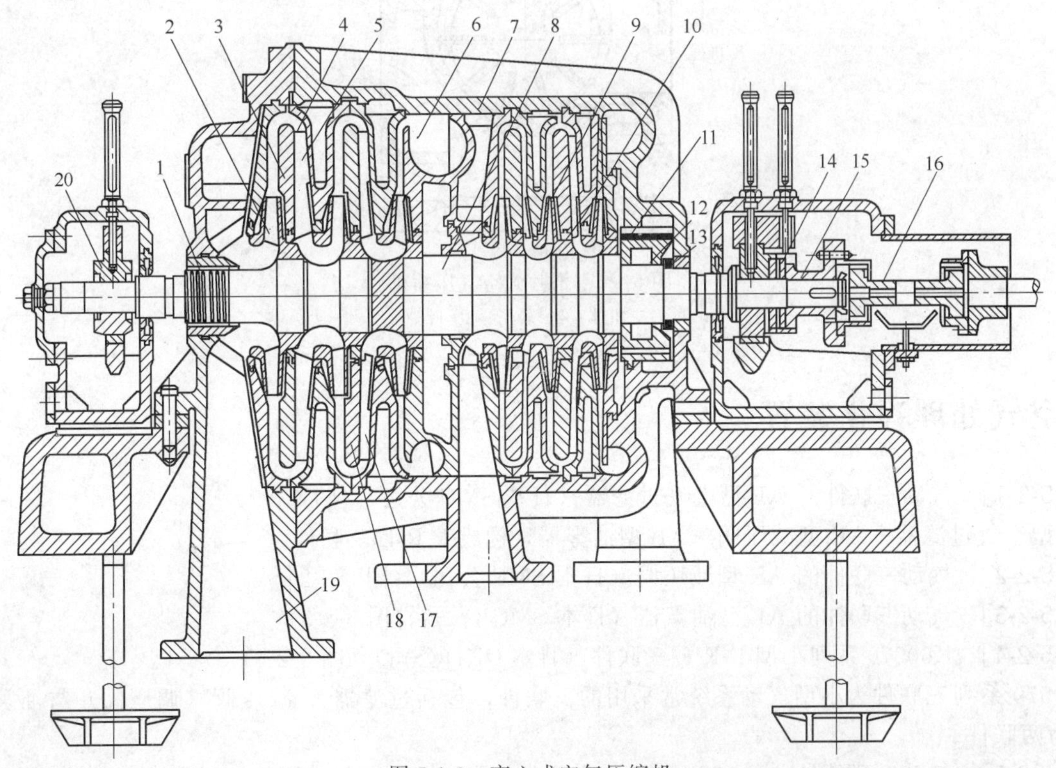

图 5-1-3 离心式空气压缩机

1,11—轴端密封；2—叶轮；3—扩压器；4—弯道；5—回流器；6—蜗室；7—机壳；8—主轴；9—轮盖密封；10—隔板密封；12—平衡盘；13—卡环；14—止推轴承；15—推力盘；16—联轴器；17—回流器导流叶片；18—隔板；19—吸气室；20—支持轴承

［例 5-1-4］ 轴流式空气压缩机（国产）（图 5-1-4）

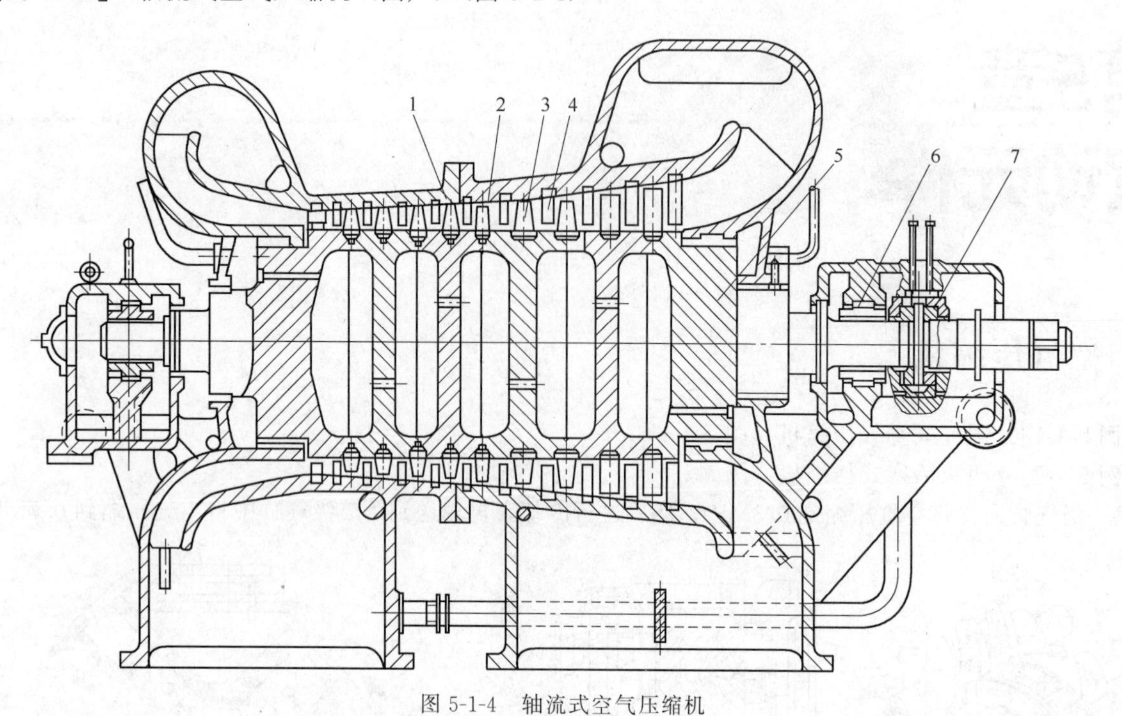

图 5-1-4 轴流式空气压缩机

1—左气缸；2—右气缸；3—动叶；4—静叶；5—转子；6—支持轴承；7—止推轴承

［例 5-1-5］ 滑片式空气压缩机（图 5-1-5）

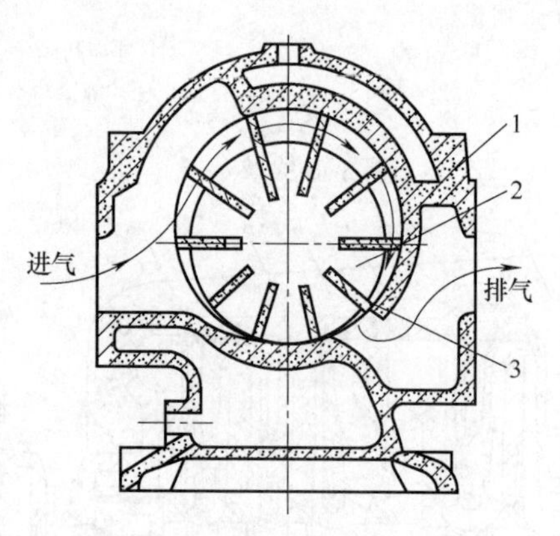

图 5-1-5 滑片式空气压缩机

1—机体；2—转子；3—叶片

5-2 空气处理净化装置

［例 5-2-1］ 气动三联件的 AF 型空气过滤器（日本 SMC 公司）（图 5-2-1）

AF 型空气过滤器＋AR 型减压阀＋AL 型油雾器，构成 F-R-L 三联件。

［例 5-2-2］ 气动三联件的 AR 型减压阀（日本 SMC 公司）（图 5-2-2）

［例 5-2-3］ 气动三联件的 AL 型油雾器（日本 SMC 公司）（图 5-2-3）

［例 5-2-4］ K60570 系列小型 F-R-L 三联件（日本 CKD 公司）（图 5-2-4）

K60570 系列三联件为小型气动系统常采用的三联件，包括过滤器 、减压阀（调压阀）与油雾器。有些系统为两联件。

［例 5-2-5］ 气动三联件的 A1019 型空气过滤器（日本 CKD 公司）（图 5-2-5）

过滤精度为 5μm。

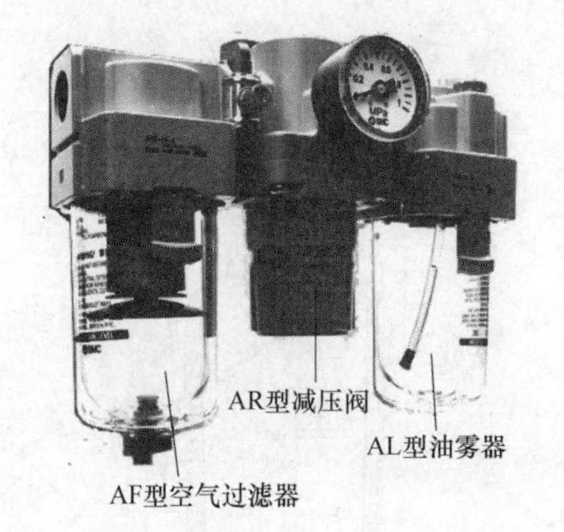

(a) 三联件的外观

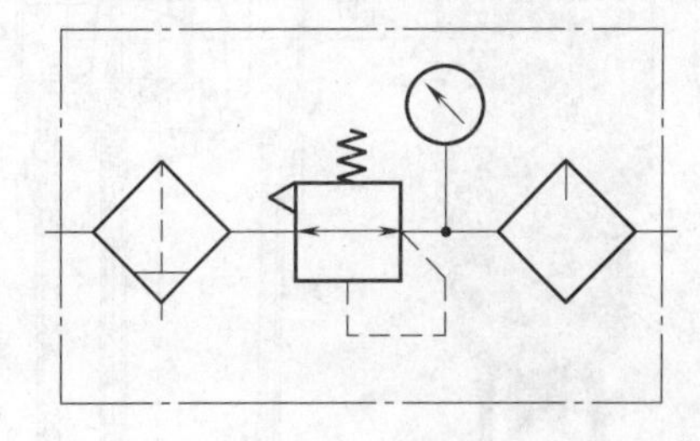

(b) 三联件的图形符号

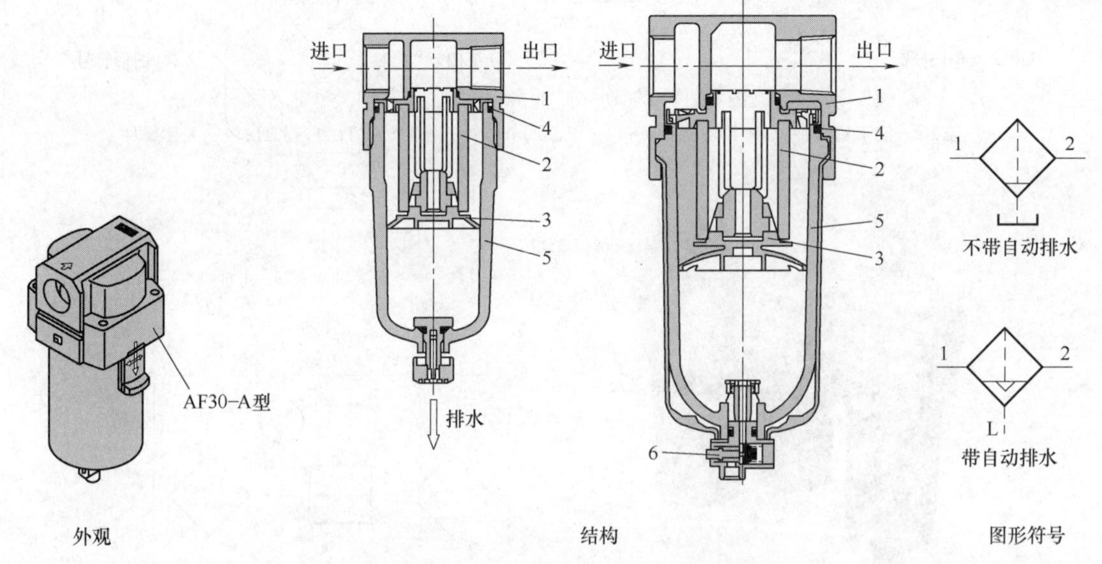

(c) AF型空气过滤器的外观、结构与图形符号

图 5-2-1 气动三联件的 AF 型空气过滤器

1—罩壳；2—滤芯组件；3—壳体；4—罩壳密封；5—壳体组件；6—放水阀

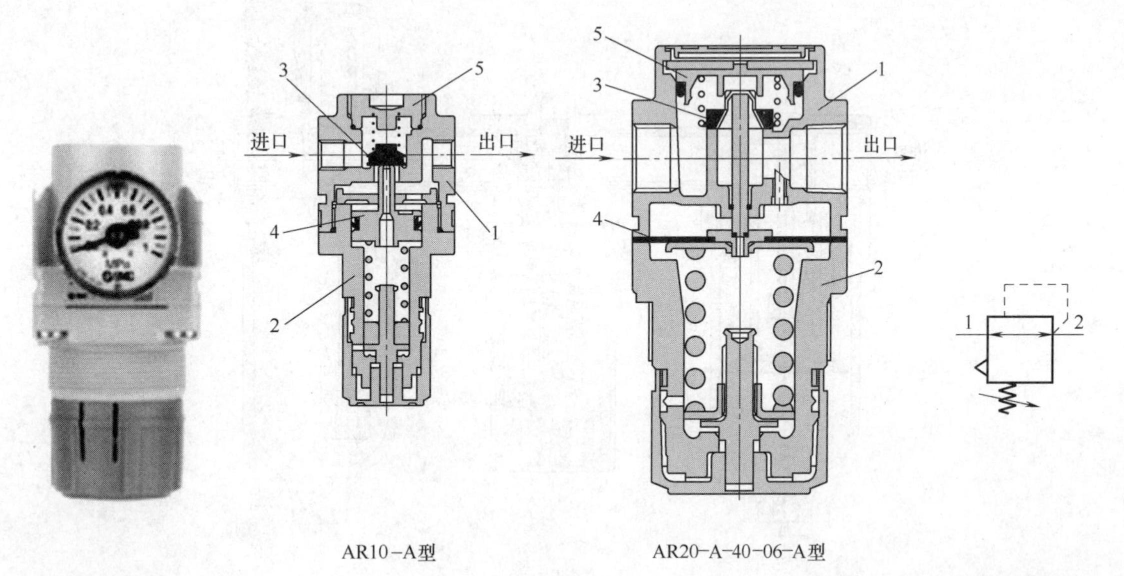

(a) 外观 (b) 结构 (c) 图形符号

图 5-2-2 气动三联件的 AR 型减压阀

1—上阀体；2—罩壳；3—阀组件；4—膜片组件；5—阀导向套

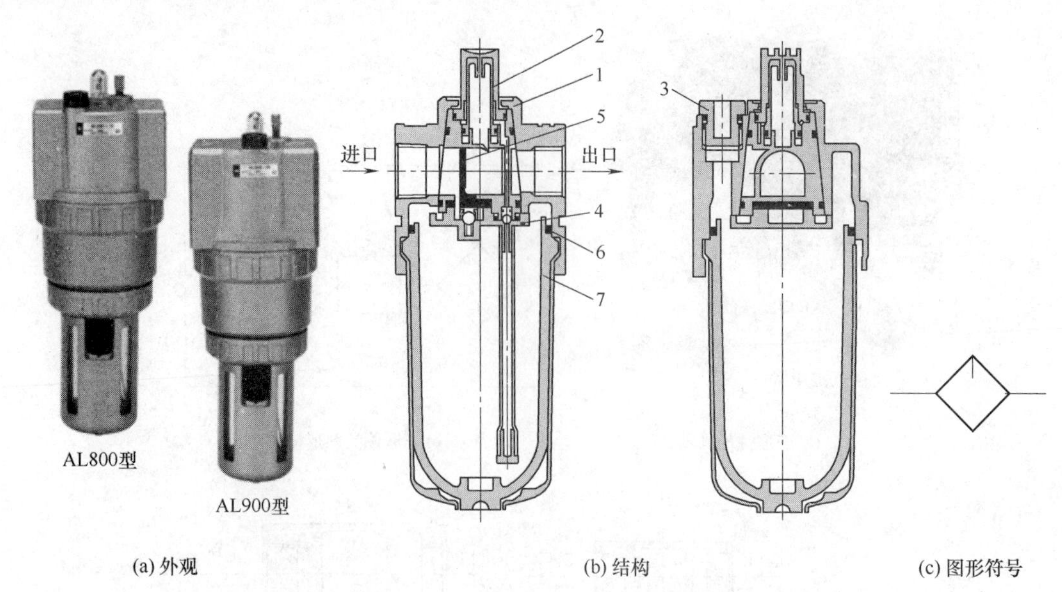

(a) 外观　(b) 结构　(c) 图形符号

图 5-2-3　气动三联件的 AL 型油雾器

1—盖；2—滴下窗组件；3—给油塞组件；4—气流调节器；5—调节风门；6—密封；7—壳体组件

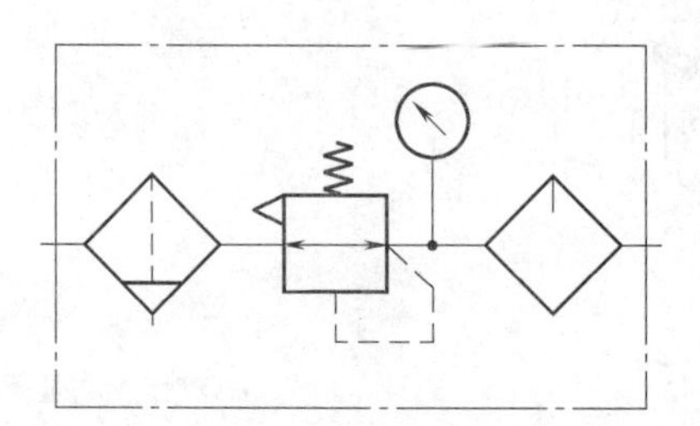

(a) 外观　(b) 图形符号

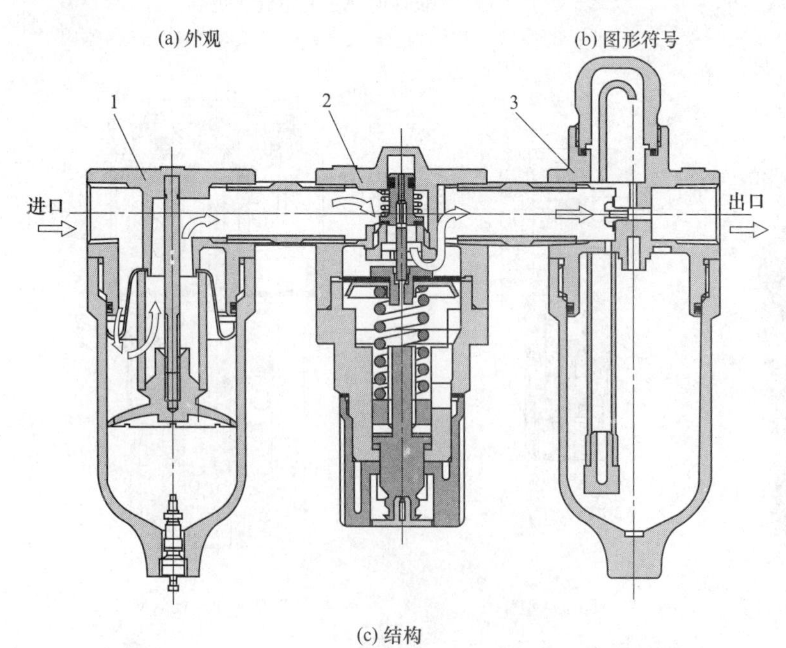

(c) 结构

图 5-2-4　K60570 系列小型 F-R-L 三联件

1—过滤器；2—减压阀；3—油雾器

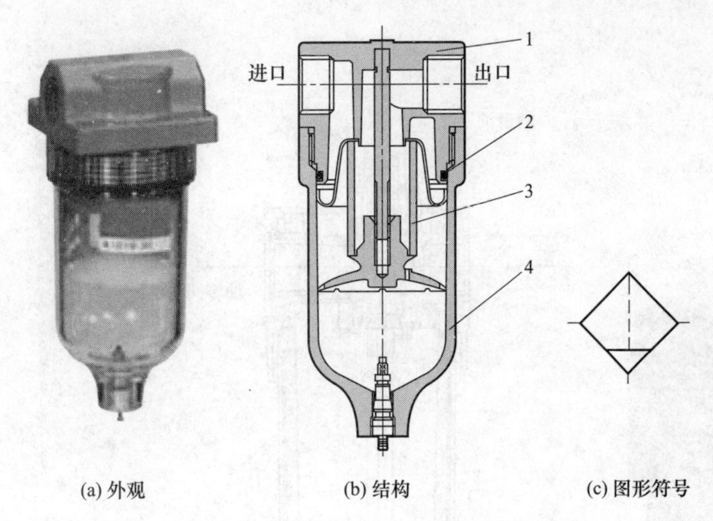

图 5-2-5 气动三联件的 A1019 型空气过滤器

1—盖；2—O 形圈；3—滤芯；4—壳体

[例 5-2-6] 气动三联件的 F3000-W 型～F4000-W 型空气过滤器（日本 CKD 公司）（图 5-2-6）

滤芯的过滤精度有 5μm 与 0.3μm 两种。

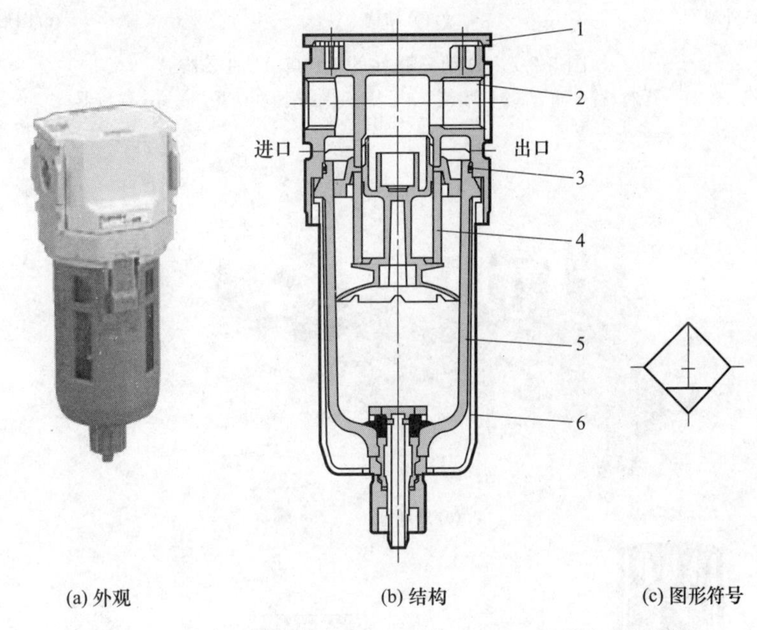

图 5-2-6 气动三联件的 F3000-W 型～F4000-W 型空气过滤器

1—盖板；2—盖体；3—O 形圈；4—滤芯；5—杯；6—杯盖

[例 5-2-7] 气动三联件的 L1000 型油雾器（日本 CKD 公司）（图 5-2-7）

流入的气流通过可变节流产生的压差，通过滤杯内的导油管把油压入滴管内滴下。该油不混入空气中，而是先导入喷嘴中产生油雾后和压缩空气一起输送到气动元件中。大油粒落在滤杯中进行循环利用。

[例 5-2-8] CAU30 型大型空气净化装置（日本 CKD 公司）（图 5-2-8）

[例 5-2-9] F3000 型空气过滤器（日本 CKD 公司）（图 5-2-9）

[例 5-2-10] SFC 型扫菌除菌过滤器（日本 CKD 公司）（图 5-2-10）

此过滤器所有零件均采用抗菌材料，如采用加入抗菌剂的 ABS 树脂盖板，涂了一层抗菌剂的铝合金盖，滤芯采用符合有关卫生法要求的材料等。

[例 5-2-11] AR20-A 型和 AR30-A 型调压器（日本 SMC 公司）（图 5-2-11）

调压范围为 0.05～0.85MPa，压力平衡功能为膜片式，具有快速平衡出气压力及稳压作用。

[例 5-2-12] AL30-A 型油雾器（日本 SMC 公司）（图 5-2-12）

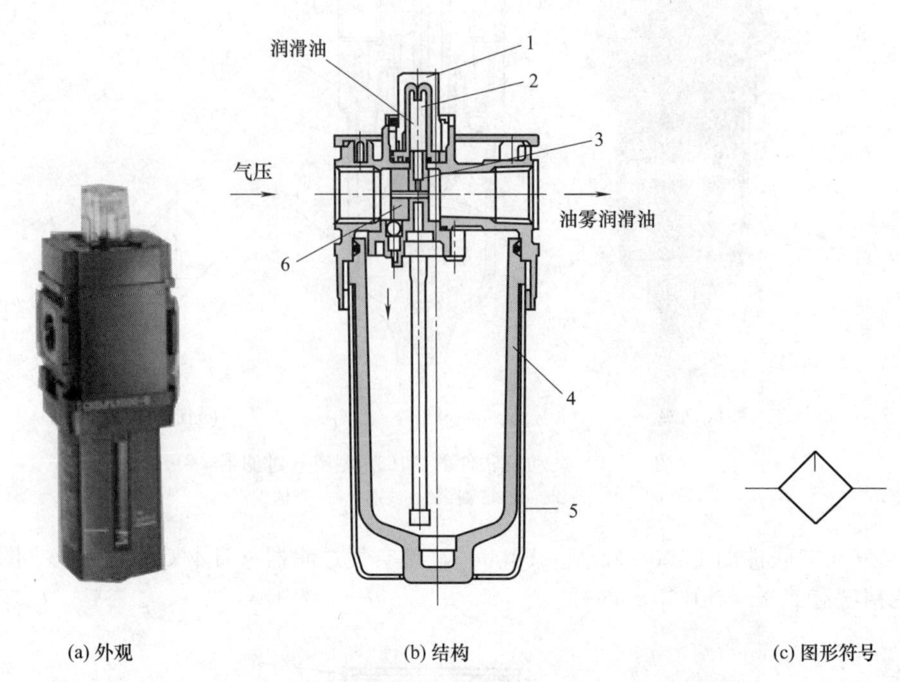

图 5-2-7　气动三联件的 L1000 型油雾器

1—针阀；2—滴管；3—喷嘴；4—滤杯；5—滤杯防护罩；6—导流器

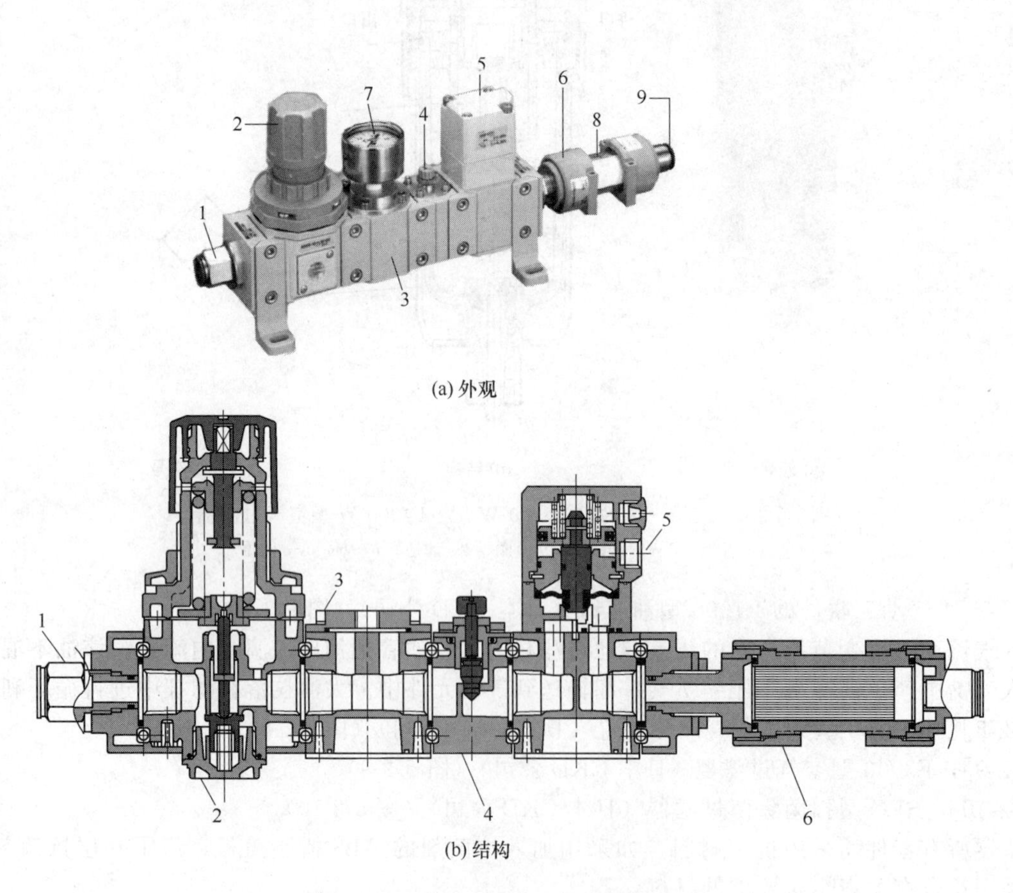

图 5-2-8　CAU30 型大型空气净化装置

1—进气口接头；2—调压阀（减压阀）；3—压力表座；4—针阀（节流阀）；
5—气控操作阀；6—卷曲过滤器；7—压力表；8—观察孔；9—出口

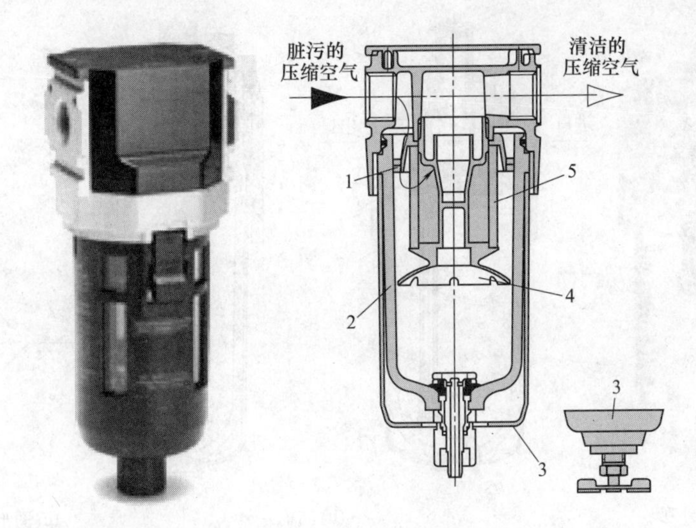

图 5-2-9　F3000 型空气过滤器

1—旋风叶轮；2—滤杯；3—防护罩（有底座旋塞式的）；4—挡板；5—滤芯

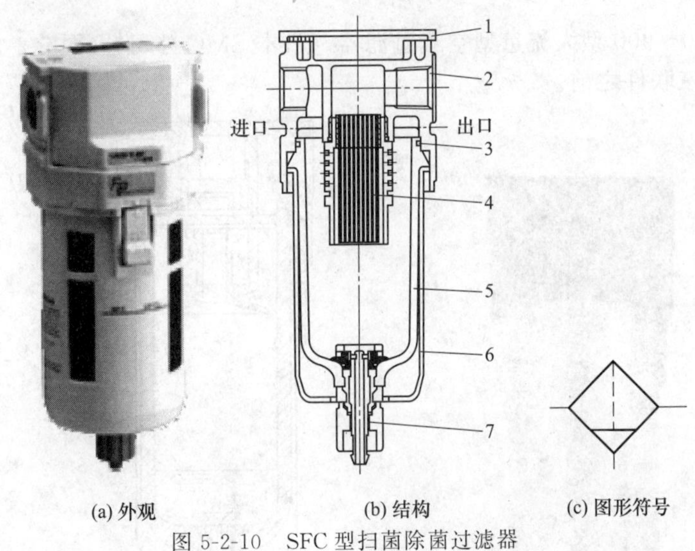

图 5-2-10　SFC 型扫菌除菌过滤器

1—盖板；2—盖；3—O 形圈；4—滤芯；5—杯；6—罩壳；7—排水组合件

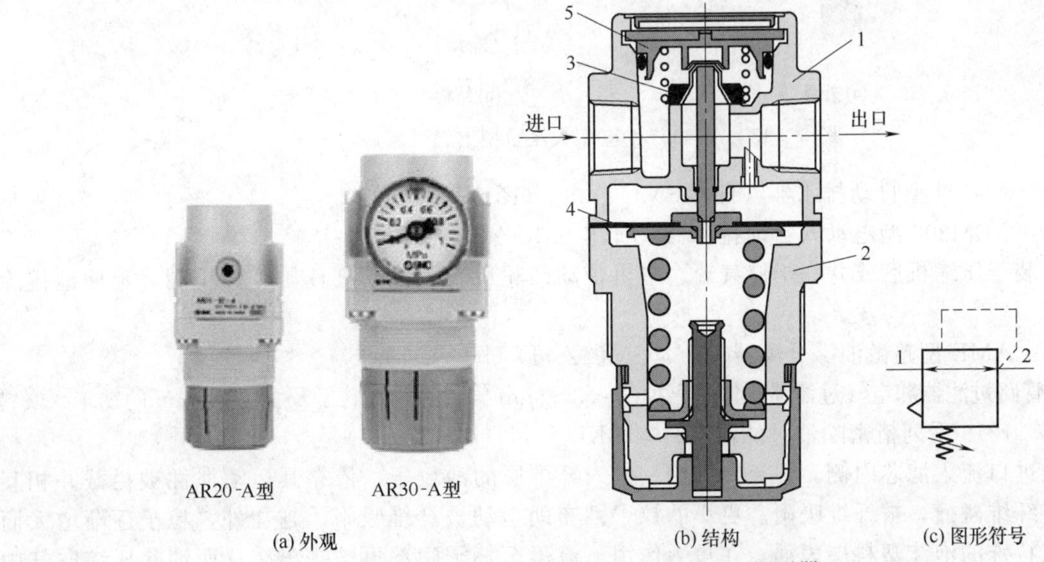

图 5-2-11　AR20-A 型和 AR30-A 型调压器

1—阀体；2—下体；3—阀芯组件；4—膜片；5—阀导向支承

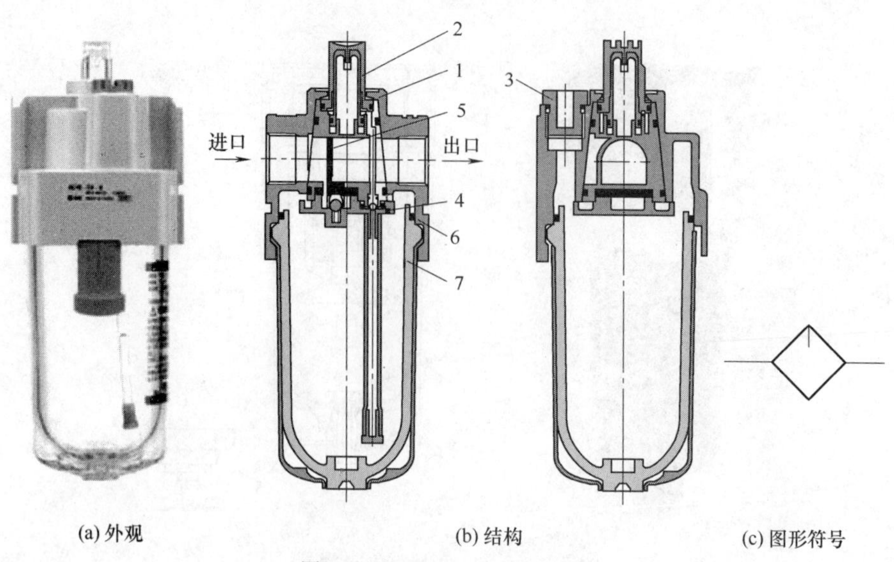

图 5-2-12 AL30-A 型油雾器

1—阀体；2—滴下窗组件；3—注油塞组件；4—阻尼阀压板组件；5—阻尼阀；6—外罩密封；7—外罩

[例 5-2-13] AF800～900 型大流量型空气过滤器（日本 SMC 公司）（图 5-2-13）

装于储气罐之后，三联件之前。

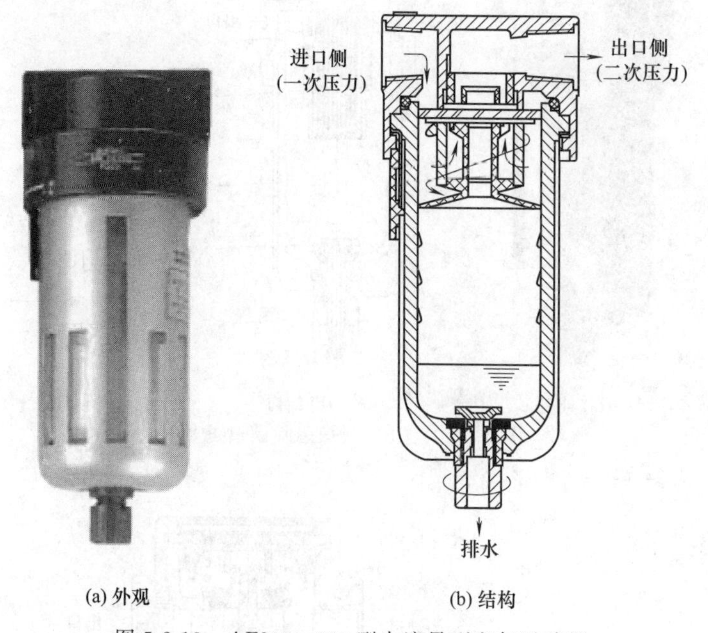

图 5-2-13 AF800～900 型大流量型空气过滤器

[例 5-2-14] AD402 型自动排水器（日本 SMC 公司）（图 5-2-14）

[例 5-2-15] ADM200 型电动式自动排水器（日本 SMC 公司）（图 5-2-15）

自动排水器装于压缩机后或并联于储气罐。电机带动凸轮旋转，拨动杠杆压下截止阀，定期地排除凝结水分。

[例 5-2-16] AME 型超微油雾分离器（日本 SMC 公司）（图 5-2-16）

可分离掉主管路过滤器和空气过滤器难以分离掉的 0.3～5μm 气状溶胶油粒子及大于 0.3μm 的锈末、炭粒。

[例 5-2-17] 1219 系列精密除油过滤器（日本 CKD 公司）（图 5-2-17）

压缩空气从进口流入滤芯内侧，再流向外侧。进入纤维层的油粒子，依靠其运动惯性被拦截并相互碰撞或粒子与多层纤维碰撞，被纤维吸附。更小的粒子因布朗运动被纤维吸附。越往外，粒子逐渐增大而成为液态，凝聚在特殊的泡沫塑料层表面，在重力作用下流落至杯子底部再被排出，从而消除压缩空气中的油分，可过滤 0.01～0.8μm 的粒子。SMC 公司的 AFM 型油雾分离器结构与此相同。

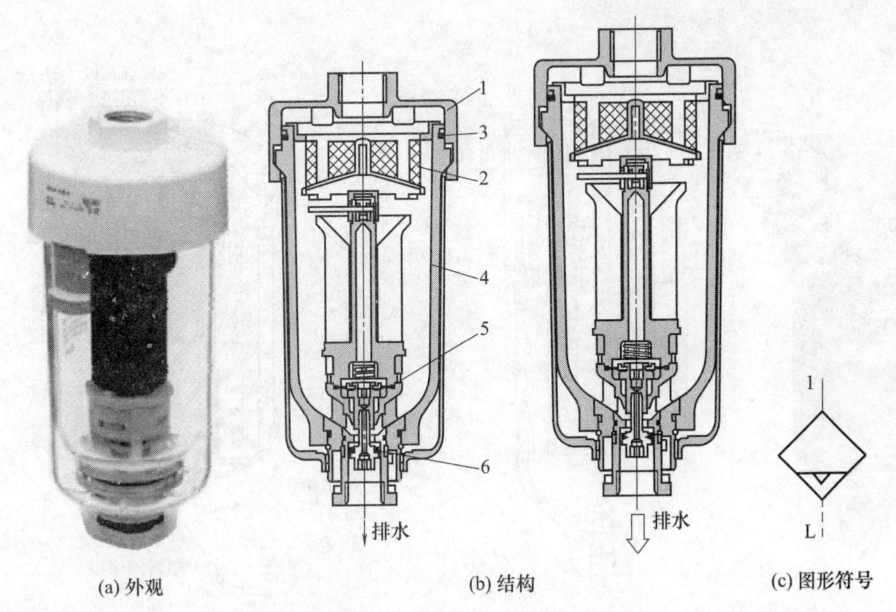

图 5-2-14　AD402 型自动排水器

1—盖；2—滤芯；3—O 形圈；4—杯；5—膜片；6—主阀

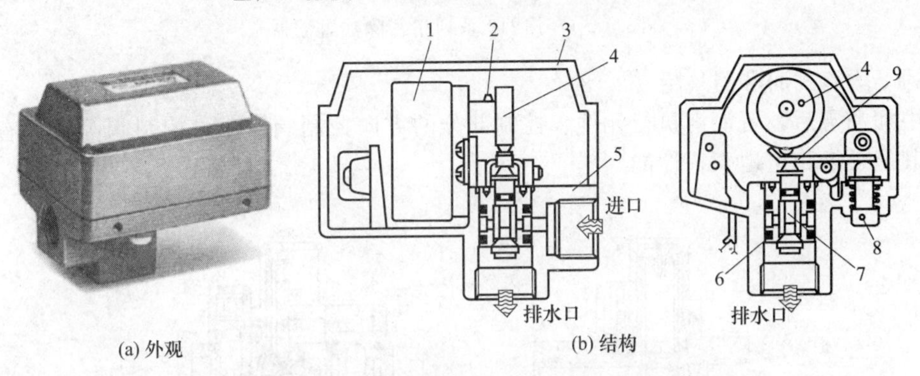

图 5-2-15　ADM200 型电动式自动排水器

1—电机；2—定位螺钉；3—外罩；4—凸轮；5—截止阀组件；6—O 形圈；7—阀芯；8—手动按钮；9—杠杆

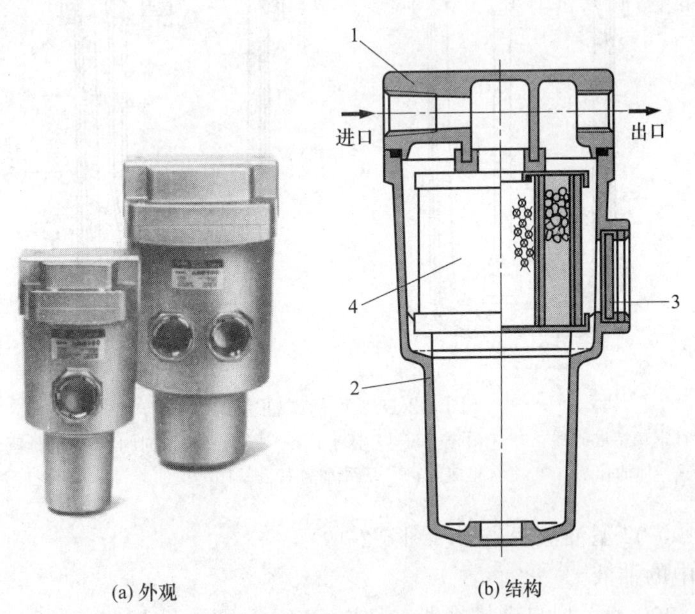

图 5-2-16　AME 型超微油雾分离器

1—盖；2—外壳；3—观察孔；4—滤芯组件

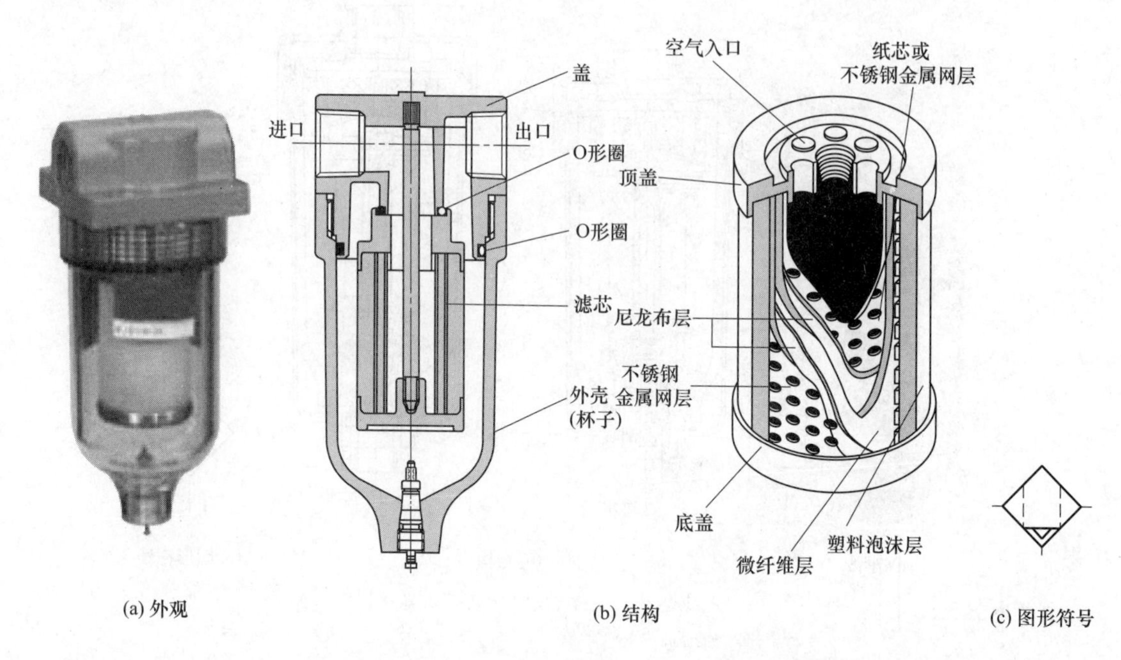

(a) 外观　(b) 结构　(c) 图形符号

图 5-2-17　1219 系列精密除油过滤器

［例 5-2-18］ 均衡式油雾器（图 5-2-18）

压缩空气中加油雾后，可润滑执行元件、控制部分的方向控制阀、流量控制阀等内部有频繁动作的滑动部分，以使其能长期稳定地发挥性能。

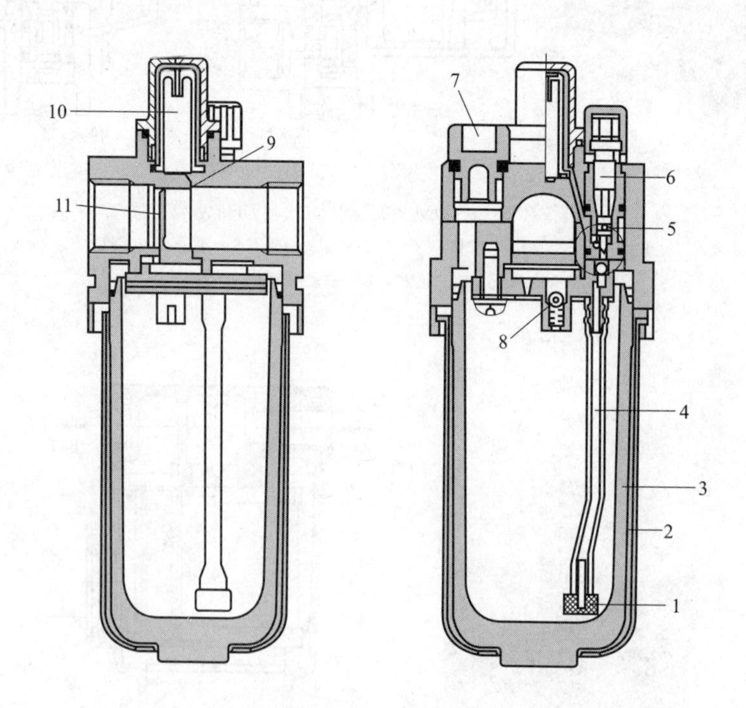

图 5-2-18　均衡式油雾器

1—青铜烧结过滤器；2—杯子护套；3—杯子；4—油管；5—单向阀；6—油量调节阀；7—加油孔塞；8—空气单向阀；9—毛细管连接孔；10—视油器；11—阻尼叶片

［例 5-2-19］ AEP100-02 型油液收集器（图 5-2-19）

用于收集压缩空气中的油液。

［例 5-2-20］ ADH4000 型大型自动排水器（日本 SMC 公司）（图 5-2-20）

可用于空压机与储气罐的自动排水。

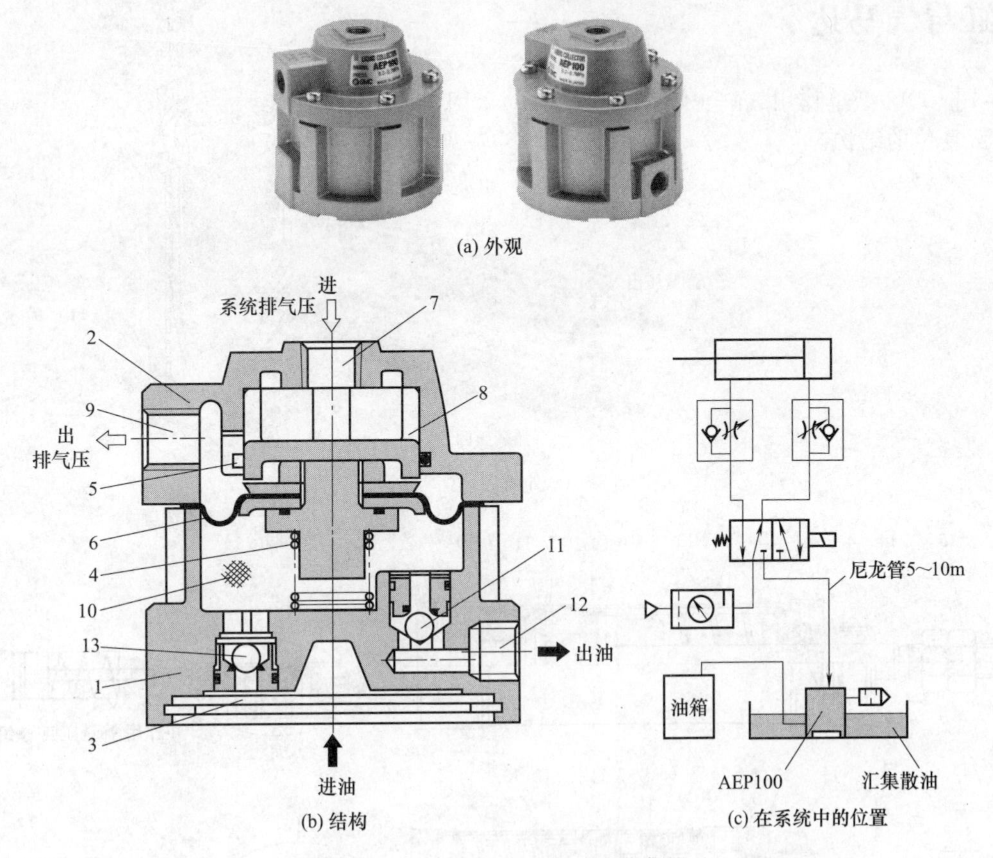

图 5-2-19　AEP100-02 型油液收集器

1—壳体；2—盖；3—金属网（40 目）；4—弹簧；5—O 形圈；6—膜片；7—系统回气口；8—柱塞；9—排气口；10—膜片腔；11,13—单向阀；12—排油口

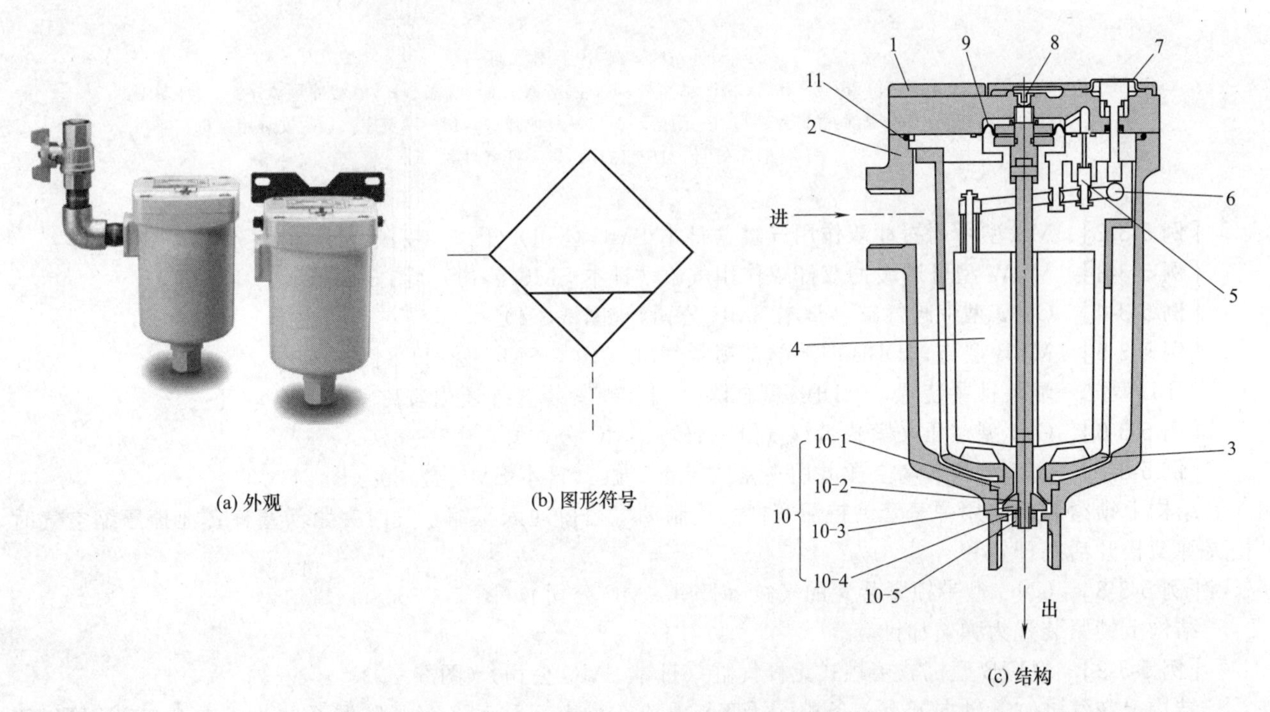

图 5-2-20　ADH4000 型大型自动排水器

1—盖；2—壳体；3—储水套；4—浮子；5—先导阀；6—杠杆；7—按钮；8—阻尼孔；9—膜片；10—排水阀组件；11—O 形圈

5-3 气缸与气马达

［例 5-3-1］ CJ2 型单作用气缸（日本 SMC 公司）（图 5-3-1）

采用弹簧复位的结构。

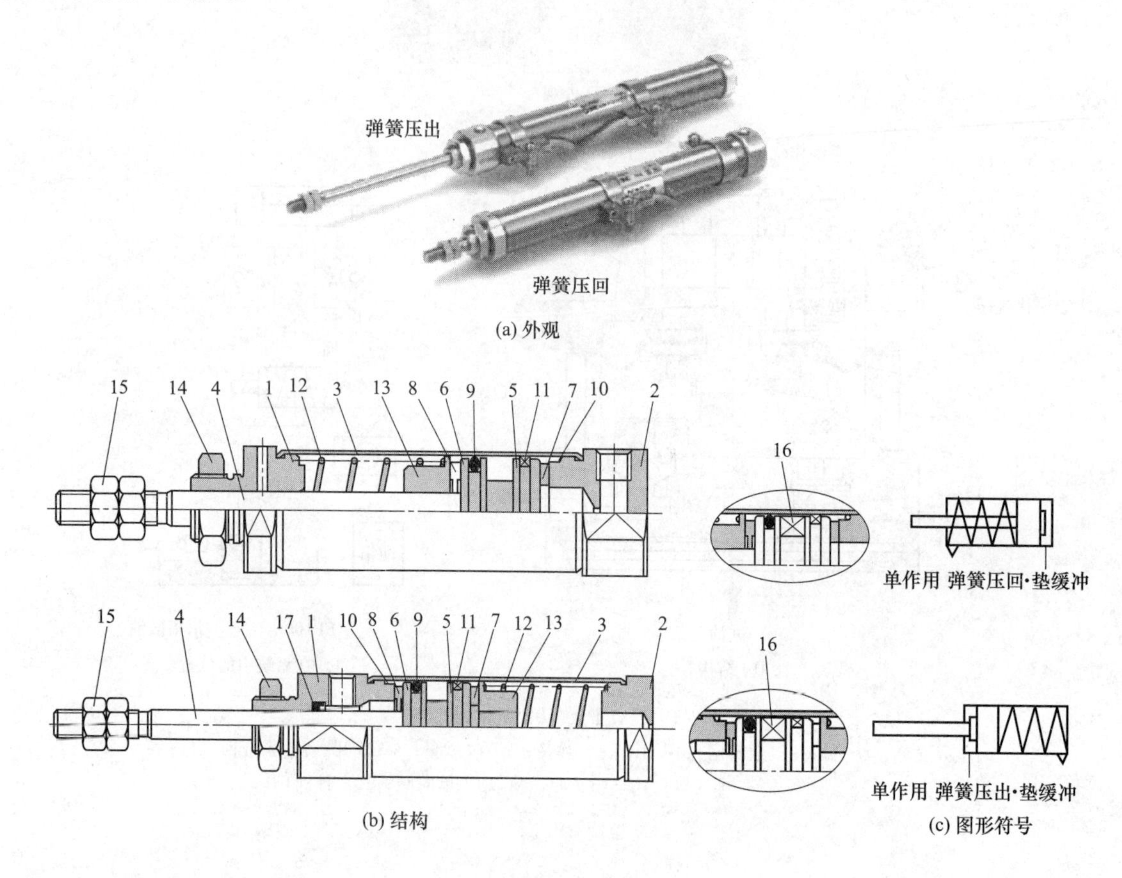

图 5-3-1 CJ2 型单作用气缸

1—有杆侧缸盖；2—无杆侧缸盖；3—缸筒；4— 活塞杆；5—活塞 A；6—活塞 B；7—缓冲垫 A；8—缓冲垫 B；9—活塞密封圈；10—缸筒静密封圈；11—耐磨环；12—复位弹簧；13—弹簧座；14—安装用螺母；15—杆端螺母；16—磁环；17—杆密封圈

［例 5-3-2］ MB 型可调缓冲双作用气缸（日本 SMC 公司）（图 5-3-2）

［例 5-3-3］ MBW 型可调缓冲双杆双作用气缸（日本 SMC 公司）（图 5-3-3）

［例 5-3-4］ CVQ 型带阀气缸（日本 SMC 公司）（图 5-3-4）

［例 5-3-5］ MBB 型与 MDBB 型端部带锁紧气缸（日本 SMC 公司）（图 5-3-5）

MBB 型缸一端装锁紧装置，MDBB 型缸除一端装锁紧装置外还内装磁铁外装自动开关。

［例 5-3-6］ CLJ 型空压夹紧式带锁气缸（日本 SMC 公司）（图 5-3-6）

［例 5-3-7］ CLJ 型弹簧与空压并用夹紧式带锁气缸（日本 SMC 公司）（图 5-3-7）

结构上锁紧装置采用弹簧套夹持活塞杆。从制动气控口通入压缩空气时夹紧活塞杆；泄掉压缩空气时，松夹弹簧松开活塞杆。

［例 5-3-8］ CNG 型带锁紧装置的气缸（日本 SMC 公司）（图 5-3-8）

结构上锁紧装置为弹簧加锥套。

［例 5-3-9］ MYIB 型机械接触式无杆气缸（日本 SMC 公司）（图 5-3-9）

结构上在气缸缸管轴向开有一条槽，活塞与滑块在槽上部移动。为了防漏及防尘，在开口部用聚氨酯密封带和防尘不锈钢带固定在两端缸盖上，活塞架穿过槽，把活塞与滑块连成一体，带动固定在滑块上的执行机构实现往复运动。

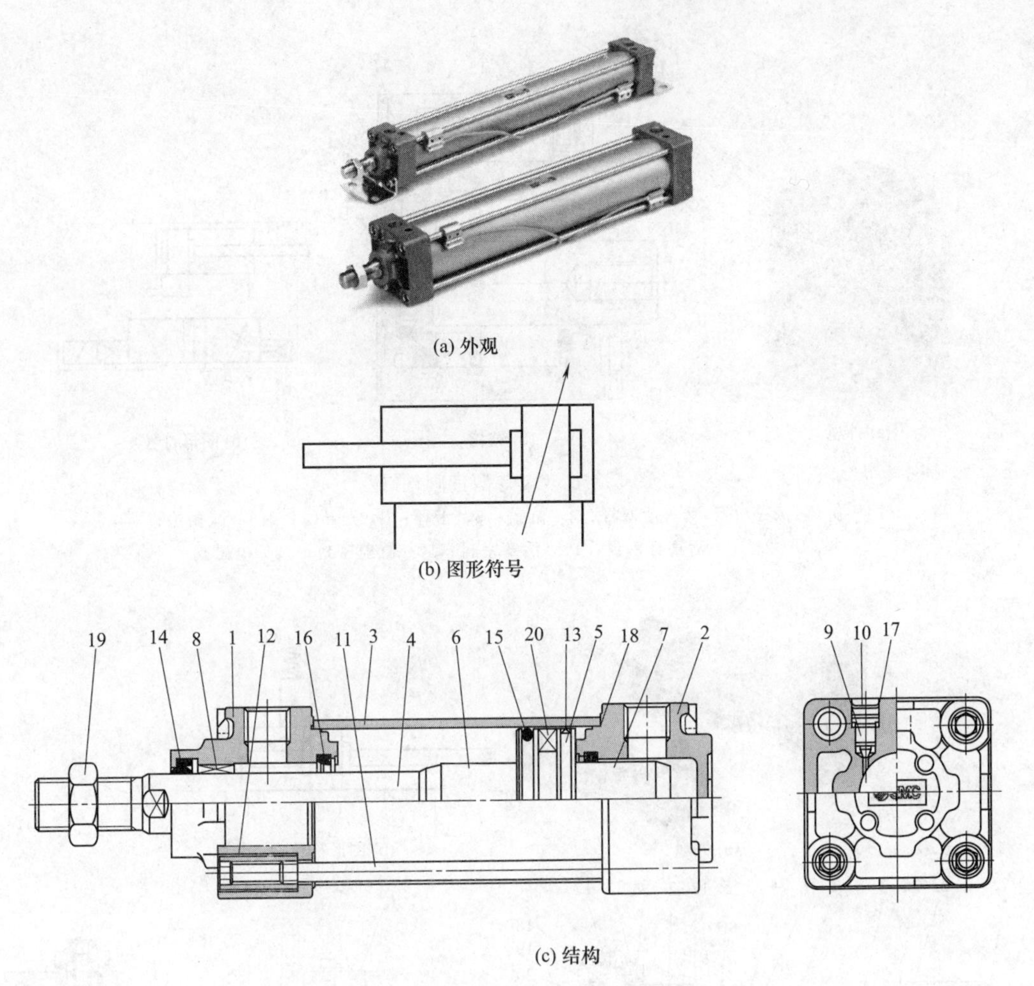

(a) 外观

(b) 图形符号

(c) 结构

图 5-3-2　MB 型可调缓冲双作用气缸

1—有杆侧缸盖；2—无杆侧缸盖；3—缸体；4—活塞杆；5—活塞；6—缓冲柱塞 A；7—缓冲柱塞 B；8—导向套；9—缓冲调节阀；10—卡环；11—拉杆；12—拉杆锁母；13—支承套；14—防尘密封；15—活塞密封；16—缓冲密封；17—缓冲调节阀密封；18—缸体端面密封；19—活塞杆端锁母；20—磁铁

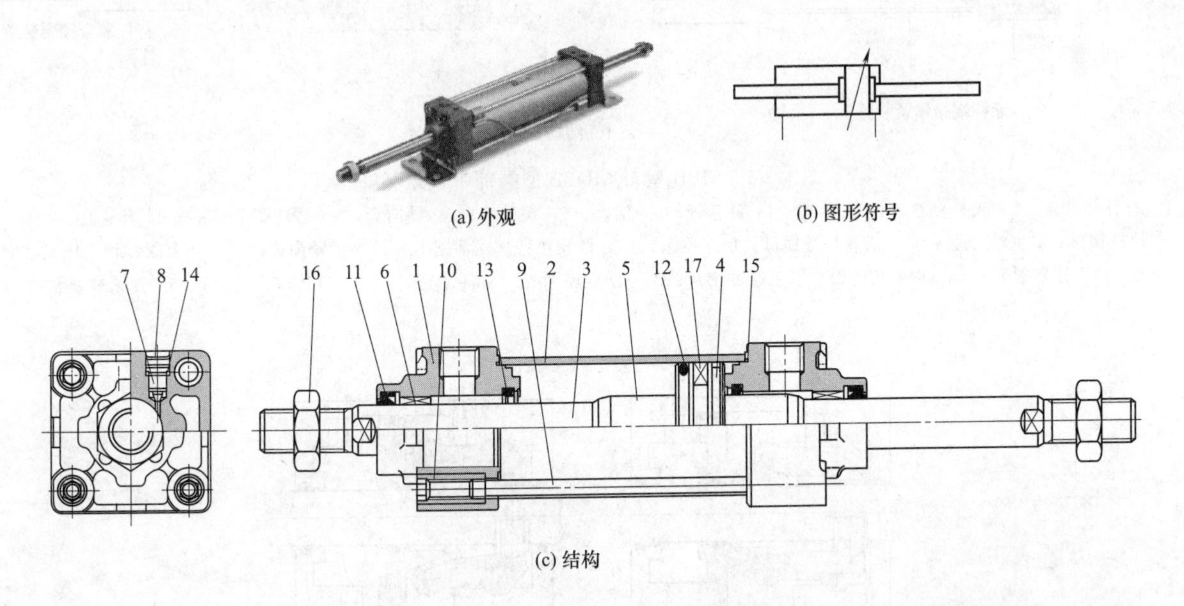

(a) 外观

(b) 图形符号

(c) 结构

图 5-3-3　MBW 型可调缓冲双杆双作用气缸

1—缸盖；2—缸体；3—活塞杆；4—活塞；5—缓冲柱塞；6—导向套；7—缓冲调节阀；8—卡环；9—拉杆；10—拉杆锁母；11—防尘密封；12—活塞密封；13—缓冲密封；14—缓冲调节阀密封；15—缸体端面密封；16—活塞杆端锁母；17—磁铁

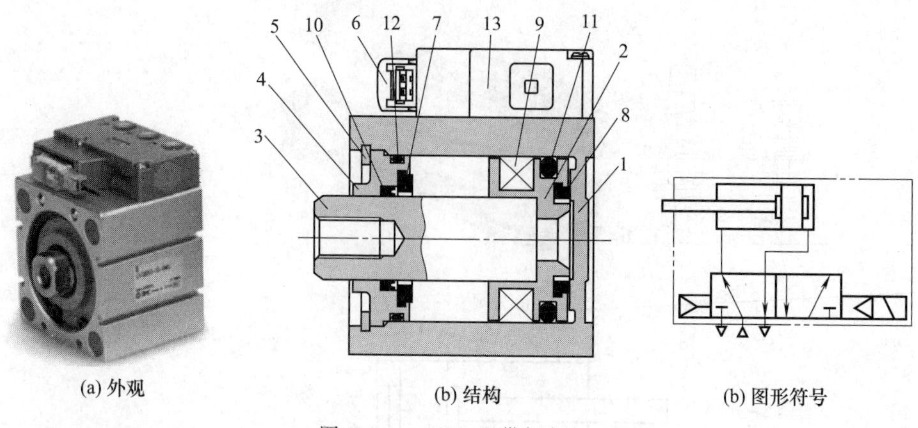

图 5-3-4 CVQ 型带阀气缸

1—缸体；2—活塞；3—活塞杆；4—缸盖；5—卡环；6—先导阀；7，8—减振垫；9—磁铁；10—活塞杆密封；11—活塞密封；12—缸盖密封；13—电磁阀

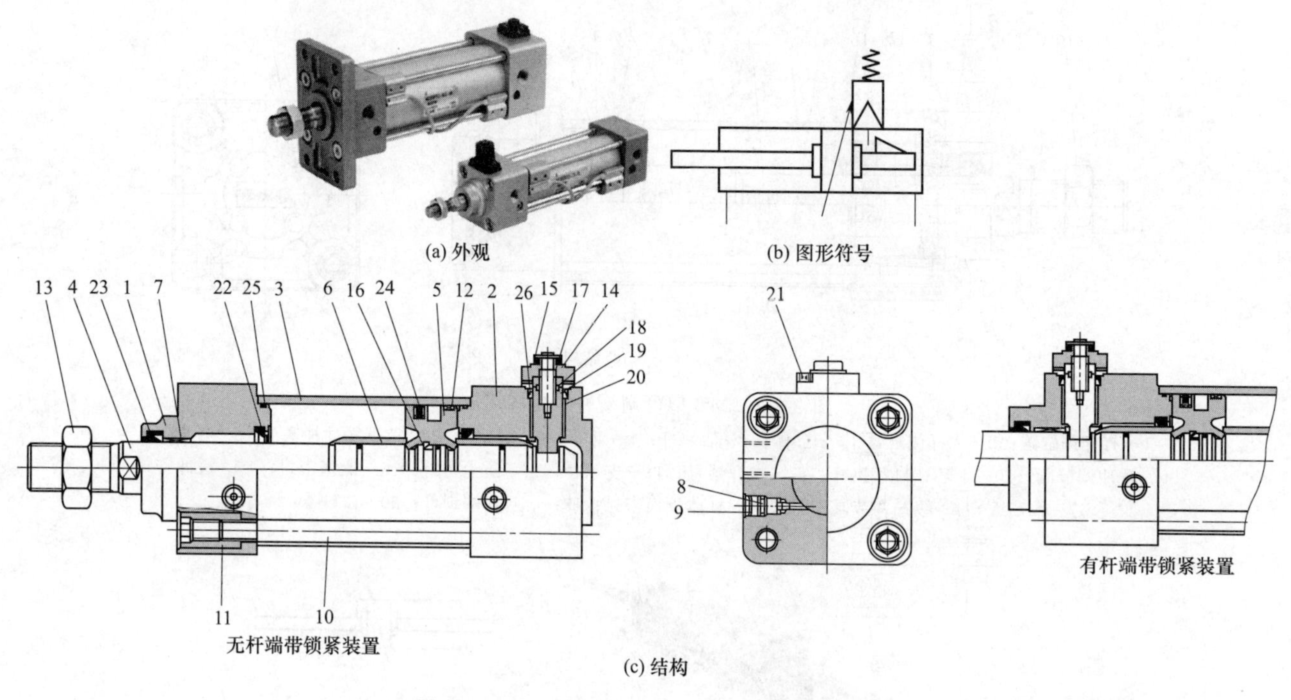

图 5-3-5 MBB 型与 MDBB 型端部带锁紧气缸

1—有杆侧缸盖；2—无杆侧缸盖；3—缸体；4—活塞杆；5—活塞；6—缓冲套；7—导向套；8—缓冲调节阀；9—卡环；10—拉杆；11—拉杆锁母；12—支承套；13—活塞杆端锁母；14—盖帽；15—橡胶垫；16—活塞卡；17—锁紧弹簧；18—调节阀；19—锁紧柱塞；20—锁紧柱塞衬套；21—内六角螺钉；22—缓冲密封；23—防尘密封；24—活塞密封；25—缸体端面密封；26—锁紧柱塞密封

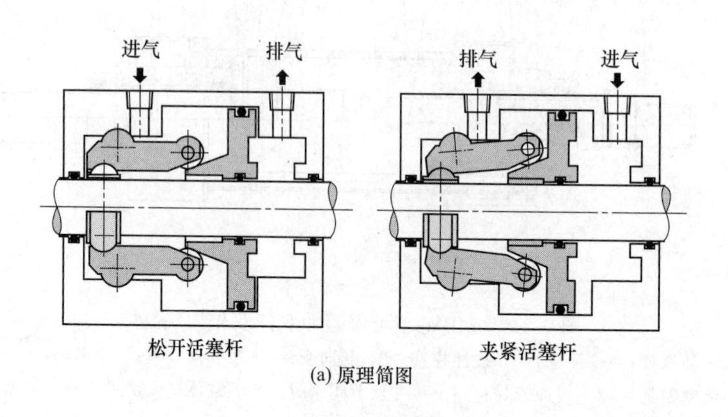

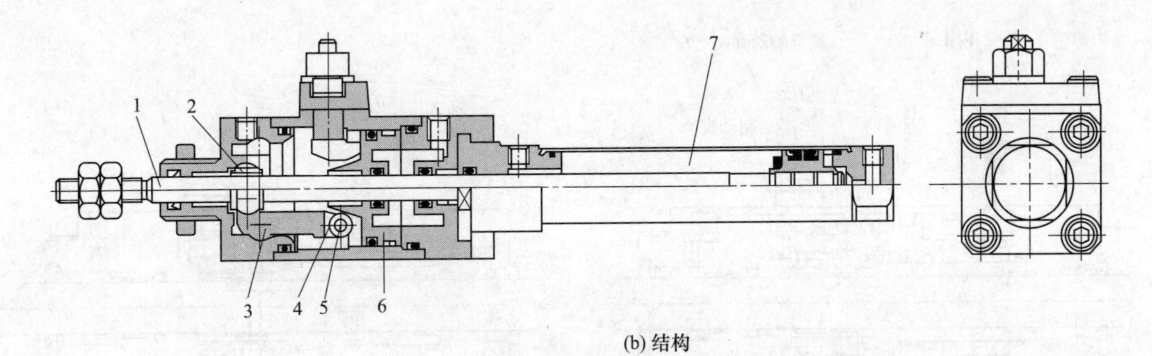

(b) 结构

图 5-3-6　CLJ 型空压夹紧式带锁气缸

1—活塞杆；2—夹紧套（弹簧套）；3—拨杆；4—滚轮；5—滚轮轴；6—控制活塞；7—气缸部分

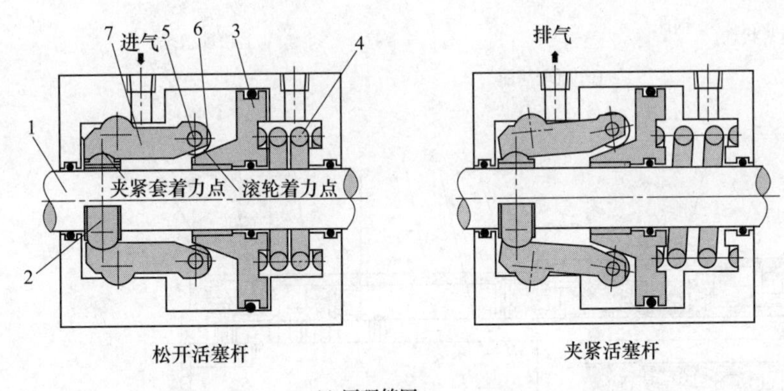

(a) 原理简图

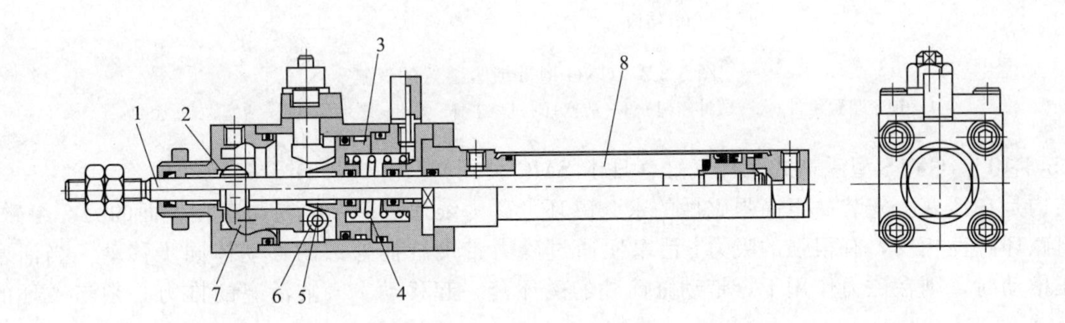

(b) 结构

图 5-3-7　CLJ 型弹簧与空压并用夹紧式带锁气缸

1—活塞杆；2—夹紧套（弹簧套）；3—控制活塞；4—弹簧；5—滚轮轴；6—滚轮；7—拨杆；8—气缸部分

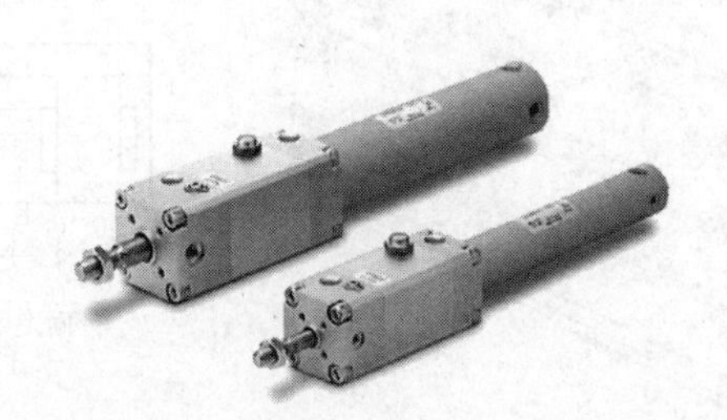

(a) 外观

图 5-3-8

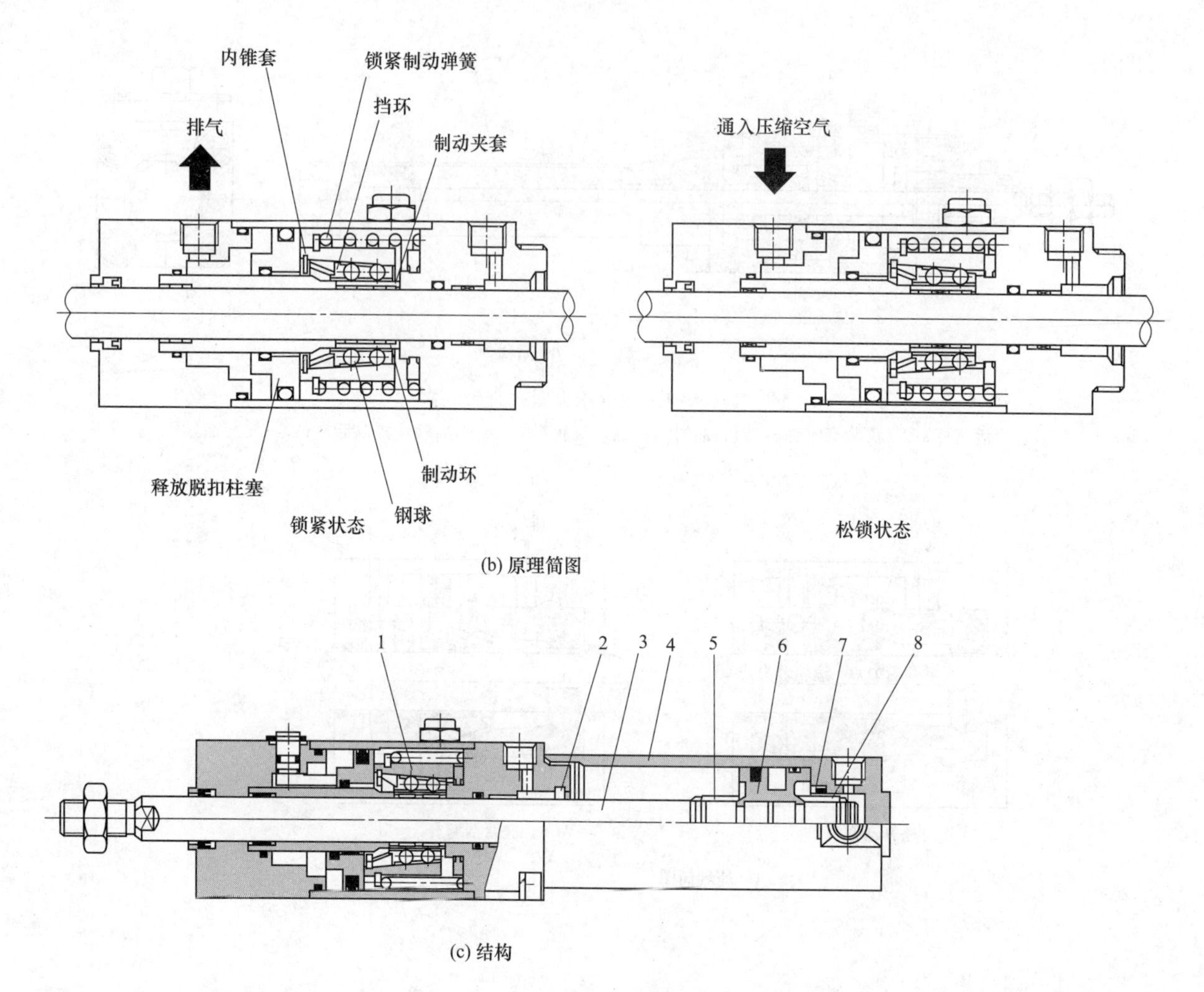

(b) 原理简图

(c) 结构

图 5-3-8 CNG 型带锁紧装置的气缸

1—锁紧装置组件；2—缓冲密封；3—活塞杆；4—缸体；5,8—缓冲套；6—活塞；7—密封

［例 5-3-10］ CY1S 型磁耦式无杆气缸（日本 SMC 公司）（图 5-3-10）

其结构是在活塞上安装一组高强磁性的永久磁环，磁力线通过薄壁缸筒与套在外面的另一组磁环作用，由于两组磁环磁性相反，有很强的吸力，活塞便通过磁力带动缸体外部的移动体同步移动。当活塞在缸筒内被气压推动时，则在磁力作用下，带动缸筒外的磁环套一起移动。气缸活塞的推力必须与磁环的吸力相适应。

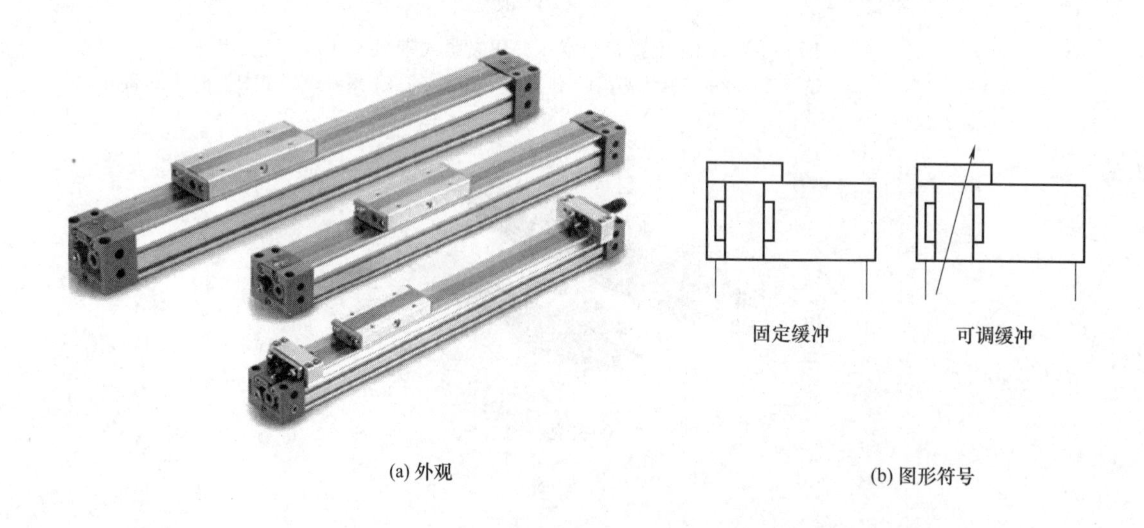

(a) 外观

(b) 图形符号

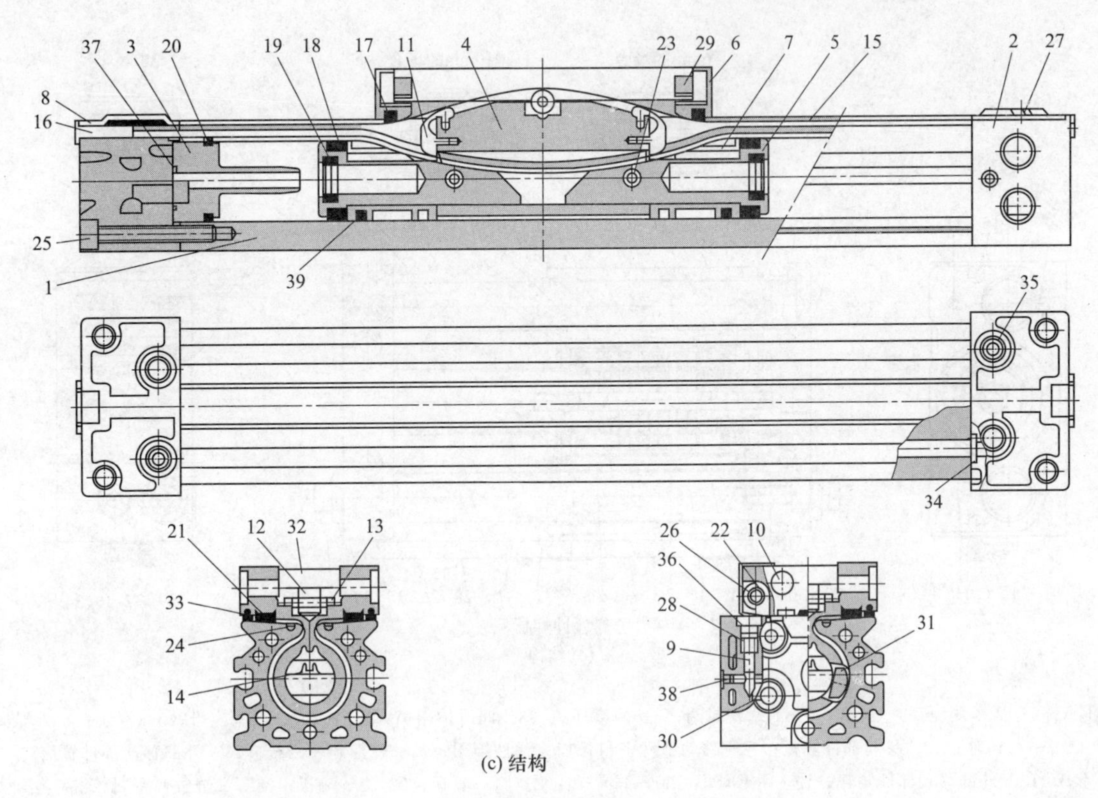

(c) 结构

图 5-3-9　MYIB 型机械接触式无杆气缸

1—缸体；2—右盖；3—缓冲柱塞；4—活塞架；5—活塞；6—滑块；7—支承圈；8—底板；9—缓冲调节节流阀；10—定程挡块；11—带座；12—导向辊；13—平行销；14—不锈钢密封带；15—防尘密封套；16—带锁紧装置；17—刮板；18—活塞密封；19—缓冲密封；20—缓冲柱塞密封；21—轴承；22—衬垫；23—弹簧销；24—密封；25,26—内六角螺钉；27—小螺钉；28,34—O 形圈；29—圆头平键；30,35—六角头锥形塞；31—磁铁；32—顶盖；33—侧面密封；36—弹簧垫圈；37—密封垫；38—钢球；39—环形护圈

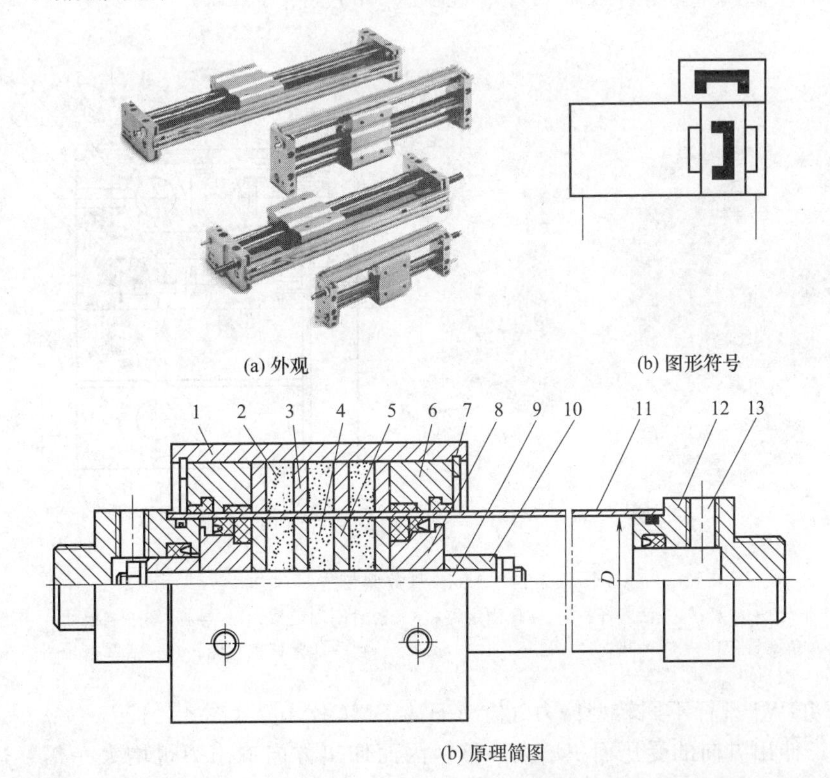

(a) 外观　(b) 图形符号

(b) 原理简图

1—套筒；2—外磁环；3—外磁导板；4—内磁环；5—内磁导板；6—压盖；7—卡环；8—活塞；9—活塞轴；10—缓冲柱塞；11—不锈钢钢套；12—端盖；13—进排气口

图 5-3-10

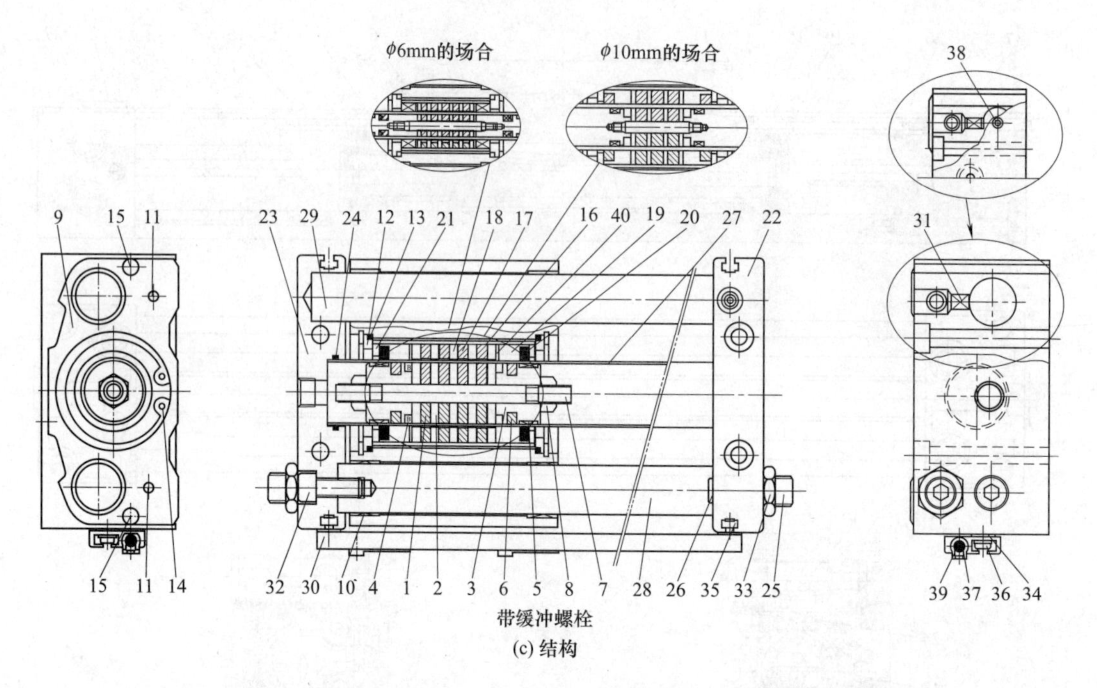

(c) 结构

1—磁环 A；2—活塞侧轭；3—活塞；4—活塞密封圈；5—耐磨环 A；6—润滑护圈 A；7—轴；8—活塞螺母；9—滑块；10—导向套；11—平行销轴；12—移动部件隔板；13—移动部件密封；14—弹性挡圈；15—磁性开关磁石；16—外部移动部件缸筒；17—磁环 B；18—外部移动部件侧轭；19—耐磨环 B；20—润滑护圈 B；21—隔板；22，23—端板；24—气缸缸筒密封；25—缓冲螺栓；26—缓冲器；27—缸筒；28，29—导向轴；30—磁性开关导轨；31，32—内六角螺钉；33—六角螺母；34—垫片；35—四角螺母；36—小螺钉；37—磁性开关隔板；38—通口塞堵；39—磁性开关；40—衬垫

图 5-3-10 CY1S 型磁耦式无杆气缸

［例 5-3-11］ MGJ 型微型带导杆气缸（日本 SMC 公司）（图 5-3-11）

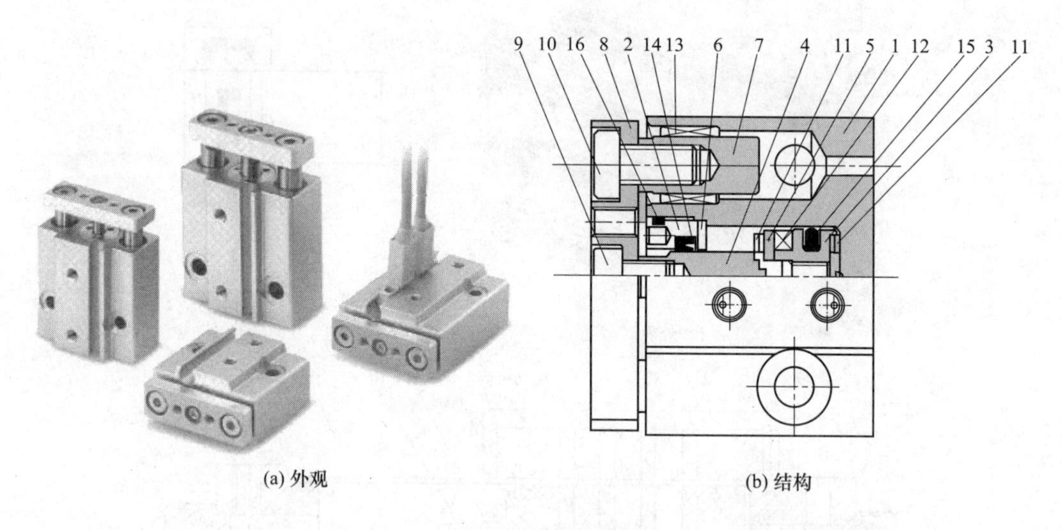

(a) 外观 (b) 结构

图 5-3-11 MGJ 型微型带导杆气缸

1—缸体；2—杆盖；3—活塞；4—活塞杆；5—磁环固定器；6—密封圈固定架；7—导杆；8—端板；9—沉头内六角螺钉；10—扁平内六角螺钉；11— 缓冲垫；12—磁环；13—导向套；14—活塞杆密封圈；15—活塞密封圈；16— O 形圈

［例 5-3-12］ MGWJ 型杆不回转型倍力气缸（日本 SMC 公司）（图 5-3-12）

由于构造独特，伸出方向的受压面积增大一倍，因而伸出方向输出力也增大一倍。适合作为提升和冲压作业的气缸。

［例 5-3-13］ MHC2 型开闭夹持气缸（日本 SMC 公司）（图 5-3-13）

开闭角度为 30°～－10°。

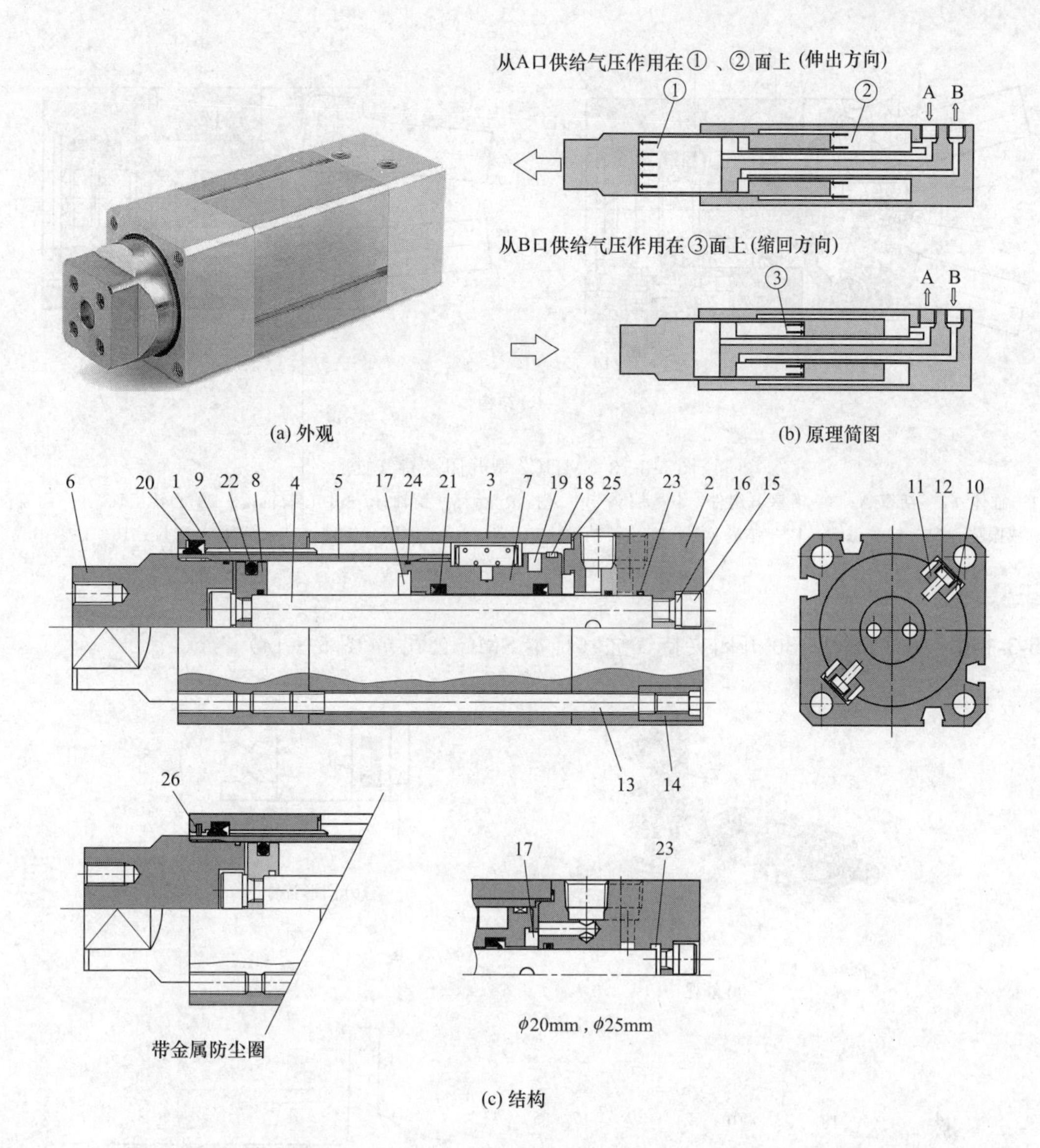

图 5-3-12 MGWJ 型杆不回转型倍力气缸

1—有杆侧缸盖；2—无杆侧缸盖；3— 缸筒；4—活塞杆；5—缸筒杆；6—缸筒杆盖；7—活塞；8—固定活塞；9—导向套；10—滑动板；11—保持座；12—销轴；13—拉杆；14—拉杆螺母；15—内六角螺钉；16—弹簧垫圈；17—缓冲垫；18—耐磨环；19—磁环；20—杆密封圈 A；21—杆；22—密封圈 B；23—活塞密封圈；24—活塞静密封圈；25—缸筒杆静密封圈；26—缸筒静密封圈

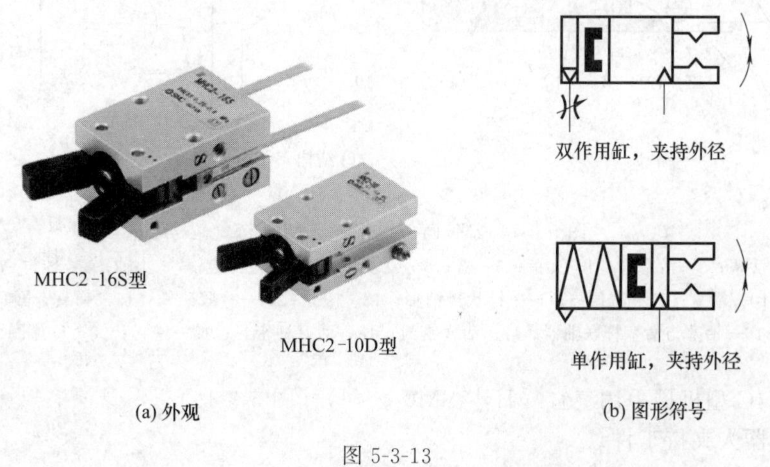

图 5-3-13

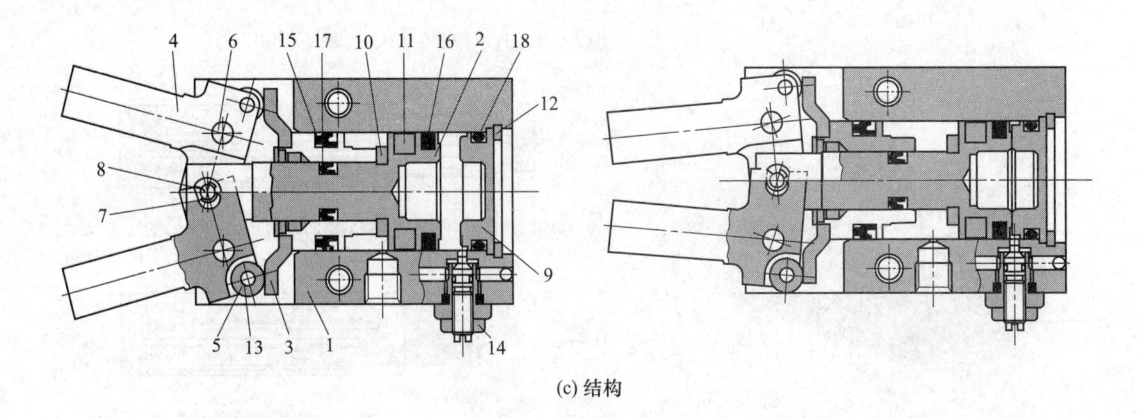

(c) 结构

图 5-3-13　MHC2 型开闭夹持气缸

1—缸体；2—活塞 A；3—活塞 B 组件；4—夹指；5—夹持滚轮；6—销轴；7—中心滚轮；8—中心转销轴；9—闷盖；10—减振垫；11—橡胶磁铁；12—弹簧卡圈；13—转销轴；14—针阀（节流阀）组件；15—活塞 A 密封；16—活塞 B 密封；17—活塞杆密封；18—闷盖密封

［例 5-3-14］　MHY2 型 180°开闭夹持气缸（日本 SMC 公司）（图 5-3-14）

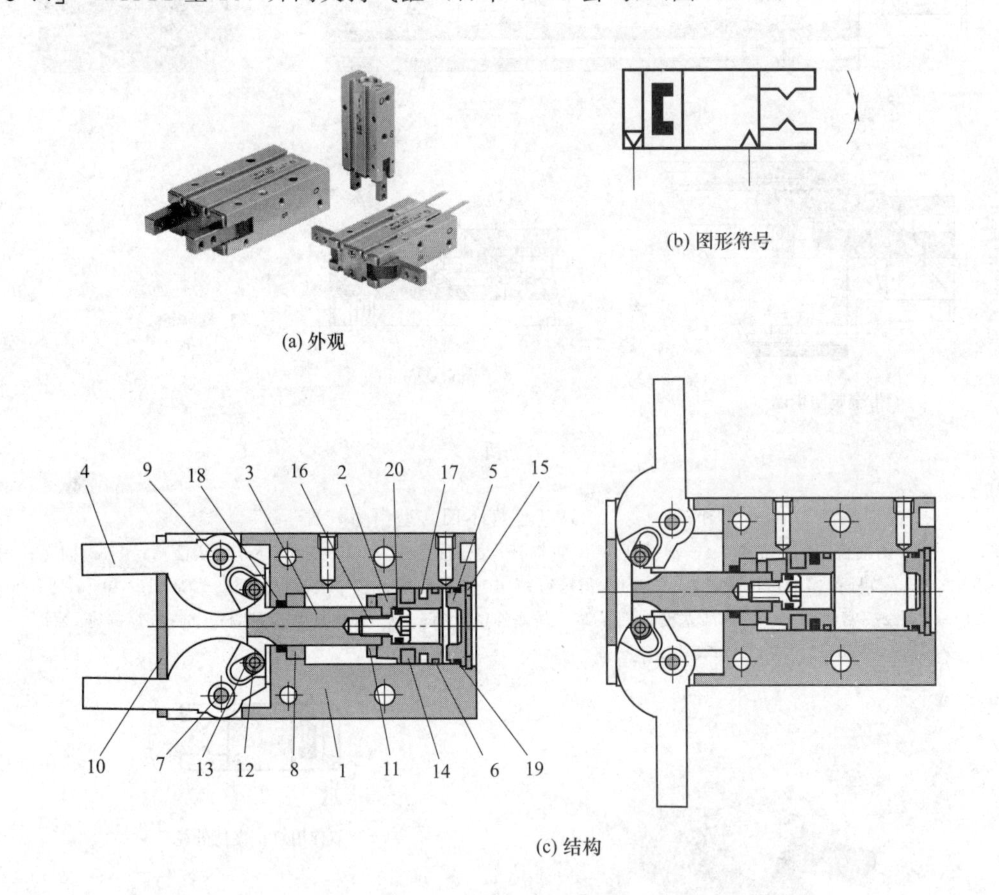

(a) 外观

(b) 图形符号

(c) 结构

图 5-3-14　MHY2 型 180°开闭夹持气缸

1—缸体；2—活塞；3—活塞杆；4—夹指；5—盖；6—支承环（磨损修正圈）；7—小轴；8—轴衬 A；9—轴衬 B；10—端盖；11—减振垫；12—针状转销轴；13—滚轮；14—橡胶磁铁；15—弹簧卡圈；16—活塞与活塞杆联轴器；17—活塞密封；18—活塞杆密封；19—密封；20—O 形圈

［例 5-3-15］　AHC 型机械手用气缸（日本 SMC 公司）（图 5-3-15）

用于机械手或机器人夹持工件。

［例 5-3-16］　CRA1 型和 CDRA1 型齿轮齿条式摆动气马达（日本 SMC 公司）（图 5-3-16）

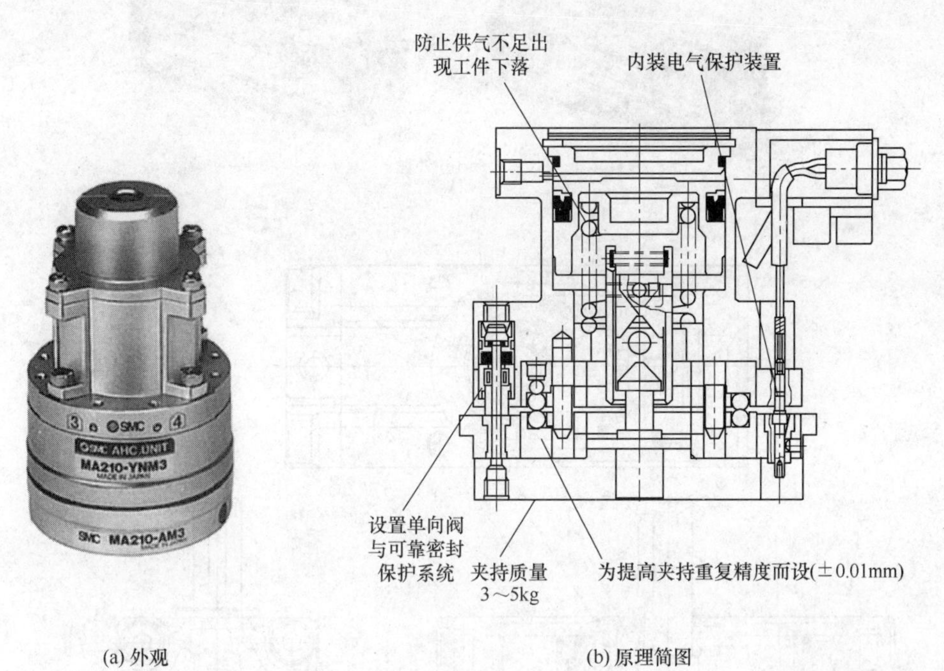

(a) 外观 (b) 原理简图

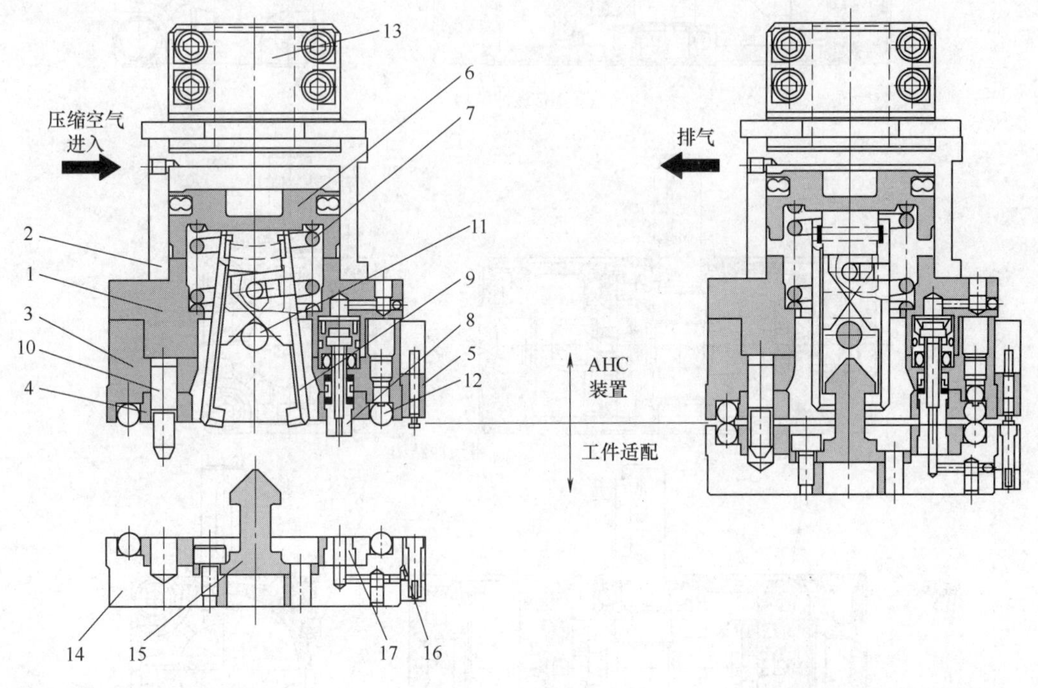

(c) 结构

图 5-3-15 AHC 型机械手用气缸

1—体壳；2—缸体；3—球座；4—球盖；5—连接块组件；6—活塞；7—弹簧；8—单向阀组件；9—夹指；10—定位销；11—平行销；12—钢球；13—转接装置；14—工件夹紧装置；15—工件；16—接触块组件；17—通道密封

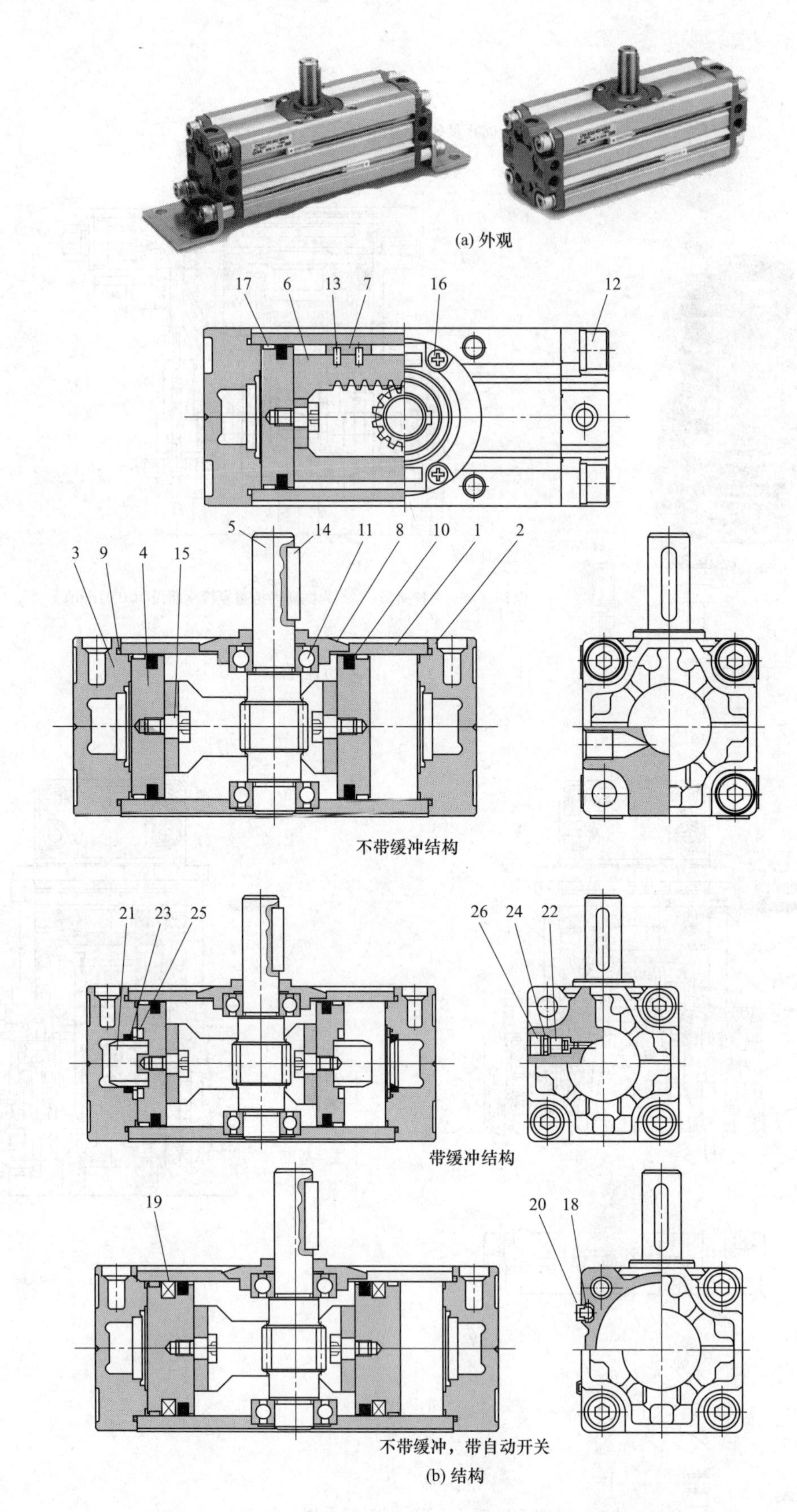

图 5-3-16 CRA1 型和 CDRA1 型齿轮齿条式摆动气马达

1—体壳；2—右盖；3—左盖；4—活塞；5—输出轴；6—齿条；7—滑块；8—轴承压盖；9—密封垫；10—活塞密封；11—轴承；12—内六角螺钉；13—弹簧销；14—平键；15—连接螺钉；16—十字头螺钉；17—支承环；18—自动开关；19—磁铁；20—开关座；21—缓冲套；22—缓冲阀；23—缓冲密封；24—O 形圈；25—密封压板；26—挡圈

[例 5-3-17] MSQ 型齿轮齿条式摆动气马达（日本 SMC 公司）（图 5-3-17）

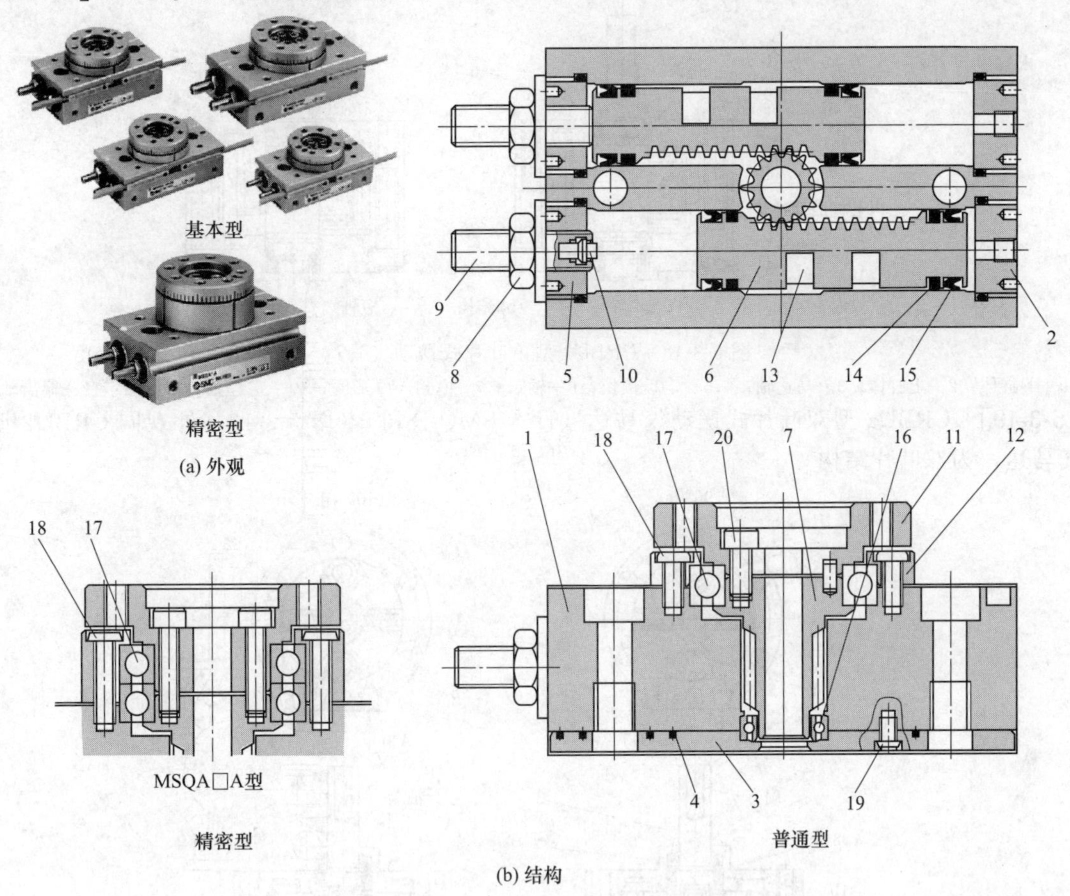

图 5-3-17 MSQ 型齿轮齿条式摆动气马达

1—壳体；2—右盖；3—底板；4—密封；5—左盖；6—齿条柱塞；7—齿轮轴；8—六角螺母；9—行程调节螺钉；10—缓冲件；11，12—轴承压盖；13—磁铁；14—密封挡圈；15—柱塞密封；16—深槽球轴承；17—基本型深槽球轴承（精密型为特殊轴承）；18，19—十字头螺钉；20—螺钉

[例 5-3-18] CRBU2 型单叶片式摆动气马达（日本 SMC 公司）（图 5-3-18）

为单叶片结构，由叶片轴转子（即马达输出轴），上、下缸体和定程挡块等部分组成。在定子上有两条气路，当 A 口进气时，B 口排气，压缩空气推动叶片带动转子顺时针摆动。反之，逆时针摆动。

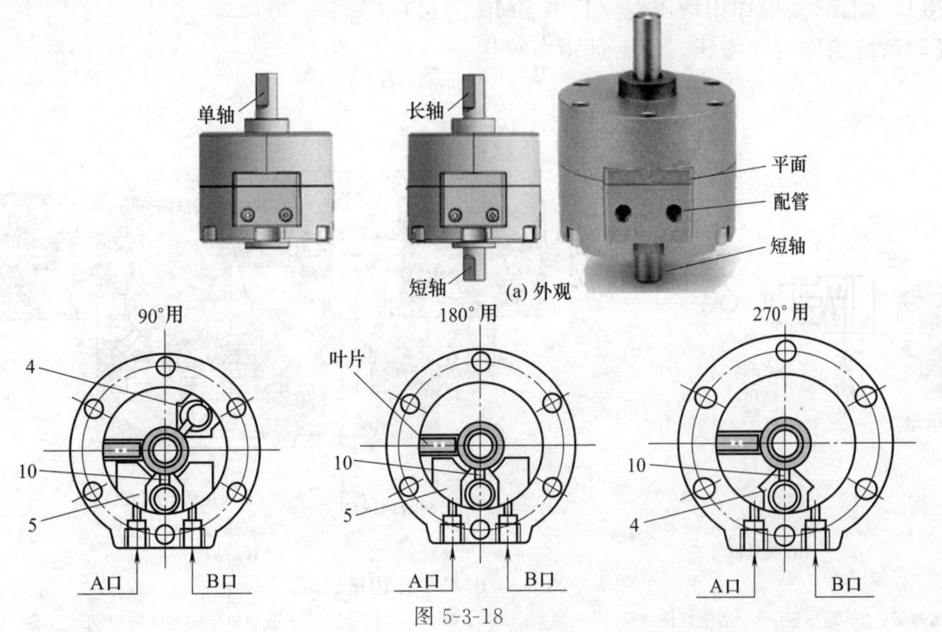

图 5-3-18

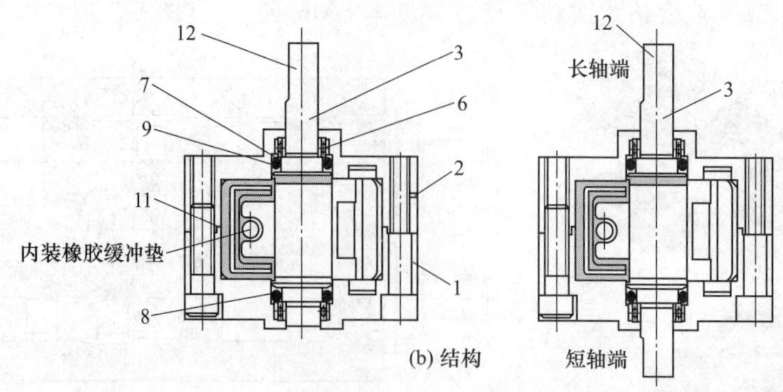

图 5-3-18 CRBU2 型单叶片式摆动气马达

1—下缸体；2—上缸体；3—马达轴；4,5—定程挡块；6—轴承；7～9,11—O 形圈；10—定程挡块密封圈；12—输出轴

[例 5-3-19] CRBU2 型双叶片式摆动气马达（日本 SMC 公司）（图 5-3-19）外观同 CRBU2 型单叶片式摆动气马达，为双叶片结构。

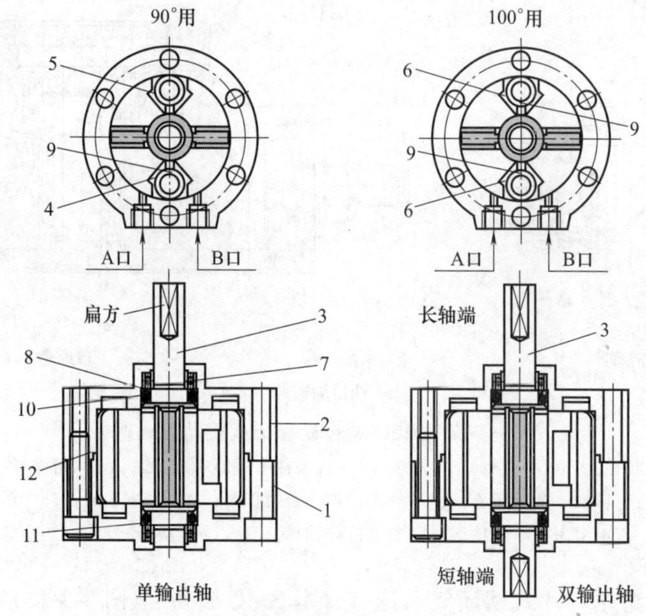

图 5-3-19 CRBU2 型双叶片式摆动气马达

1—下缸体；2—上缸体；3—马达轴；4～6—定程挡块；7—轴承；8—密封垫；9—定程挡块密封圈；10～12—O 形圈

[例 5-3-20] ALIP 型单作用增压缸（日本 SMC 公司）（图 5-3-20）

常用于气动系统给润滑油增压，便于远距离输送。

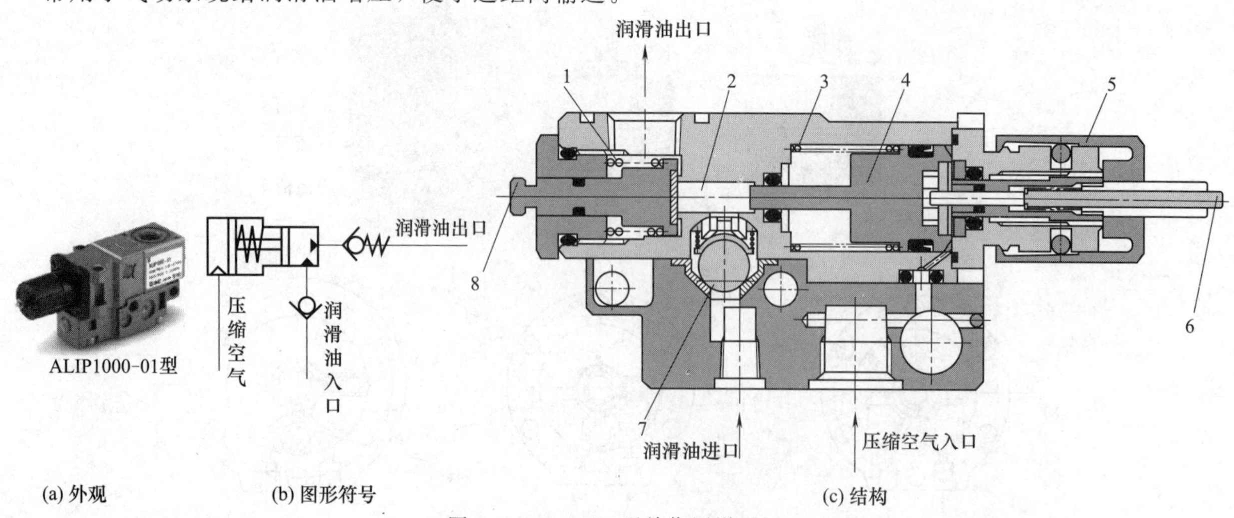

图 5-3-20 ALIP 型单作用增压缸

1—出油口单向阀弹簧；2—增压腔；3—活塞复位弹簧；4—活塞；5—手柄；6—指示器；7—进油口单向阀阀芯（钢球）；8—出油口单向阀阀芯

［例 5-3-21］ VBA 型增压缸（日本 SMC 公司）（图 5-3-21）

增压缸也有称增压阀的。

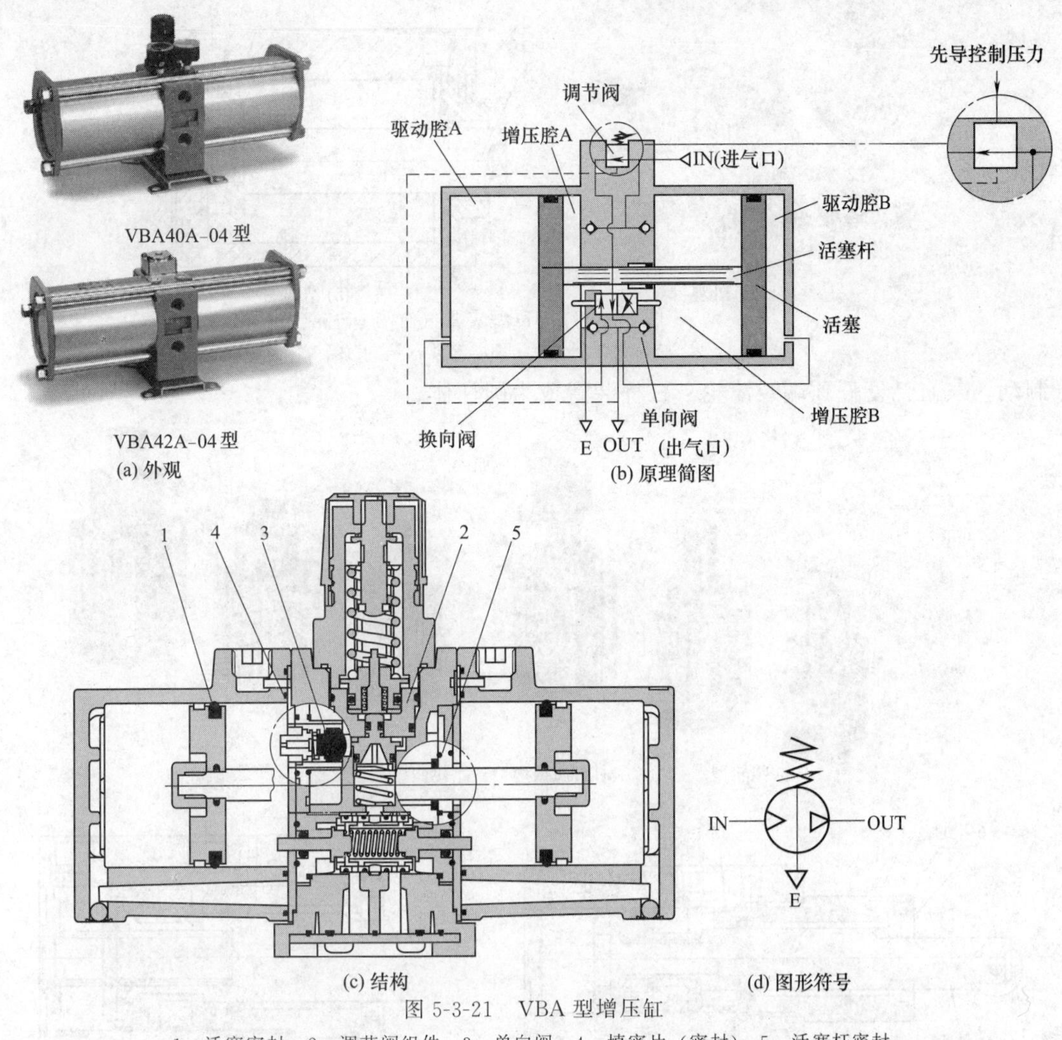

图 5-3-21 VBA 型增压缸

1—活塞密封；2—调节阀组件；3—单向阀；4—填密片（密封）；5—活塞杆密封

［例 5-3-22］ NA（D）型螺牙气缸（日本 SMC 公司）（图 5-3-22）

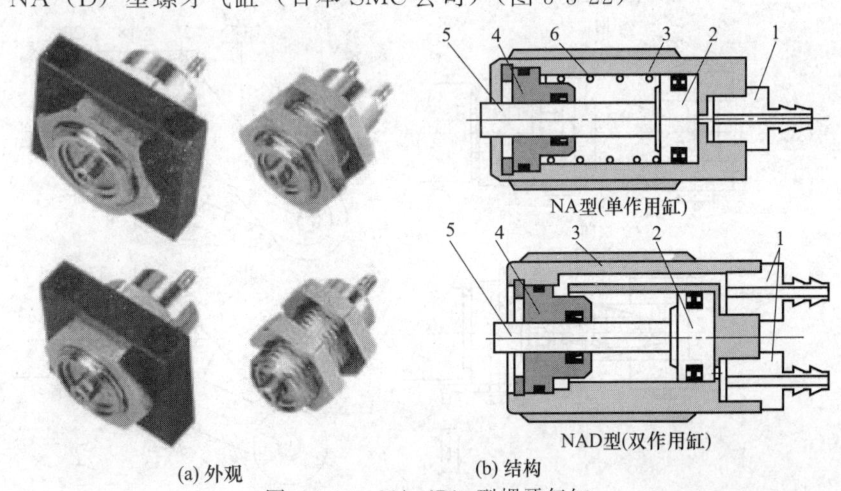

图 5-3-22 NA（D）型螺牙气缸

1—进排气嘴；2—活塞；3—带螺纹缸体；4—导向套；5—活塞杆；6—复位弹簧

［例 5-3-23］ JD 型夹具气缸（日本 SMC 公司）（图 5-3-23）

［例 5-3-24］ RSQ 型阻挡气缸（日本 SMC 公司）（图 5-3-24）

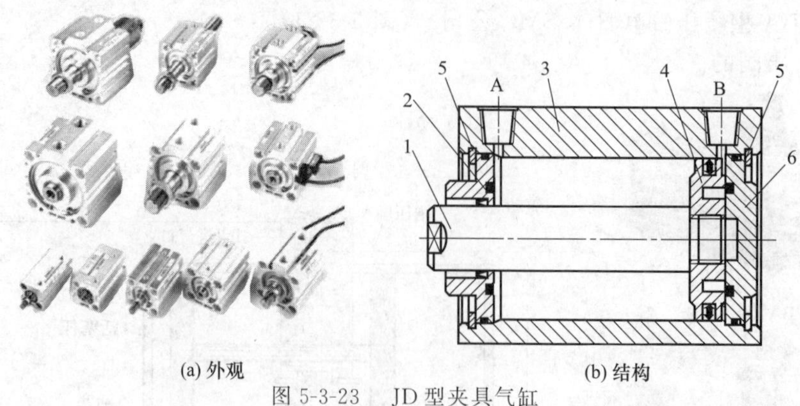

图 5-3-23 JD 型夹具气缸

1—活塞杆；2—导向套；3—缸体；4—活塞；5—卡环；6—端盖

用于制动，气缸活塞杆顶端装滚轮、杠杆装置或为圆柱体。

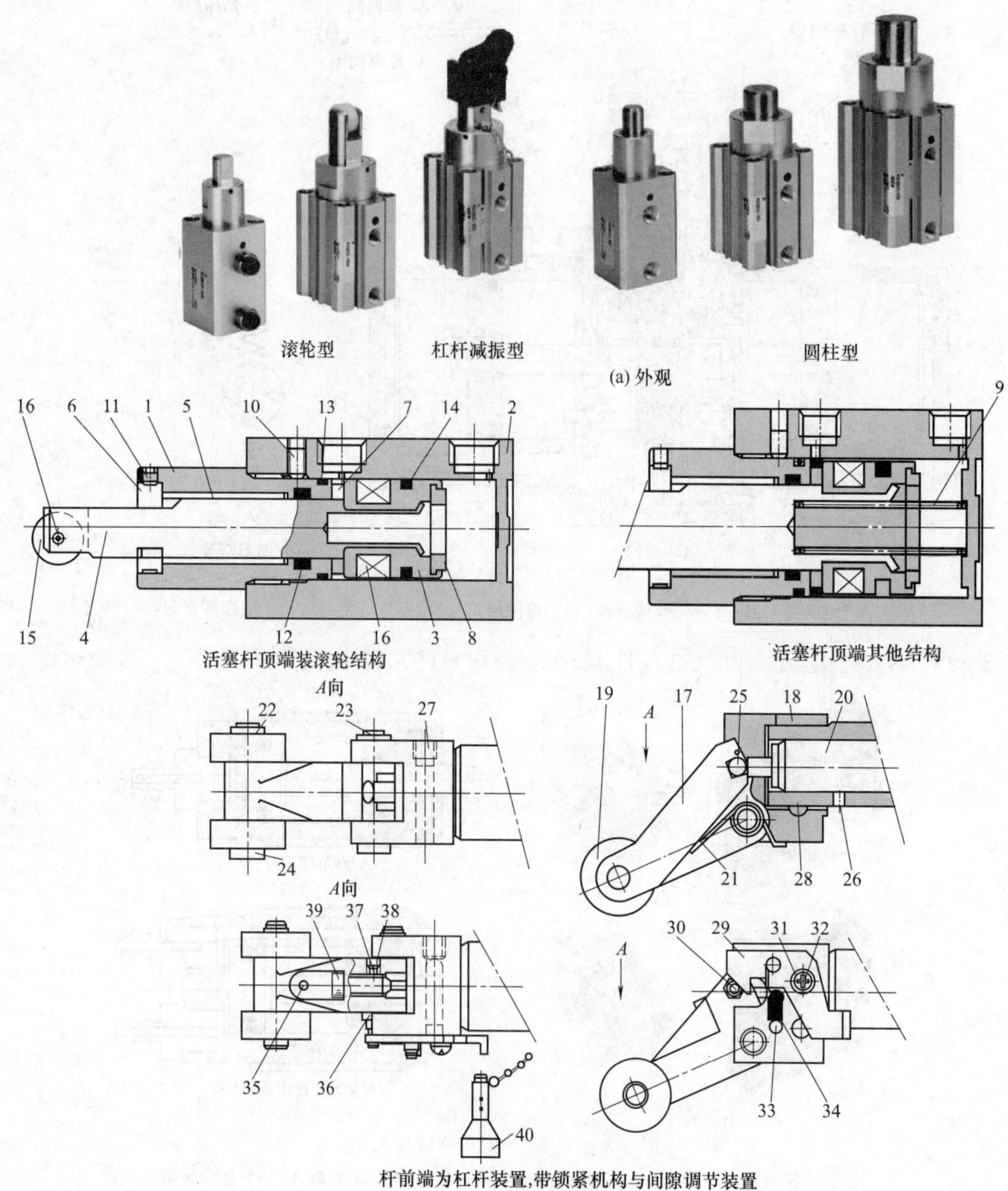

图 5-3-24 RSQ 型阻挡气缸

1—缸盖；2—缸体；3—活塞；4—活塞杆；5—薄壁套；6—活塞杆导向套；7—制动件 A；8—制动件 B；9,34—弹簧；10,11—内六角螺钉；12—活塞杆密封；13—密封垫；14—活塞密封；15,19—滚轮；16—弹簧销；17—杠杆；18—杠杆架；20—减振器；21—杠杆弹簧；22—卡簧；23—杠杆销；24—滚轮销；25—钢球；26,27,35,38—内六方螺钉；28—锥销；29—托架；30—销 B；31—衬垫；32—十字头螺钉；33—销 A；36—弹簧垫圈；37—脲烷球；39—调整螺钉；40—消除间隙装置

［例 5-3-25］　CMK2-S 型单杆单作用气缸（日本 CKD 公司）（图 5-3-25）

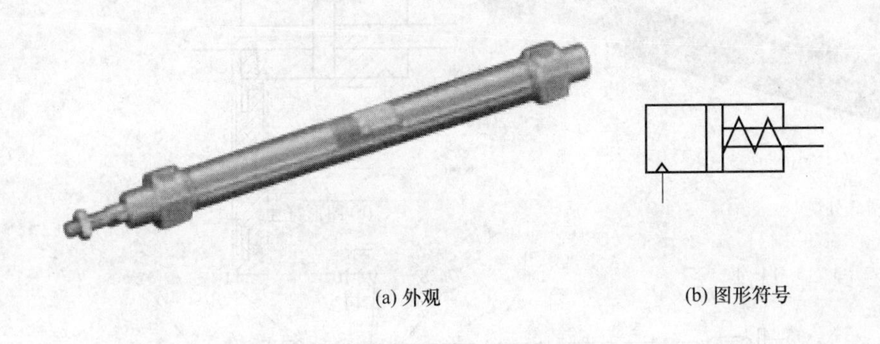

(a) 外观　　(b) 图形符号

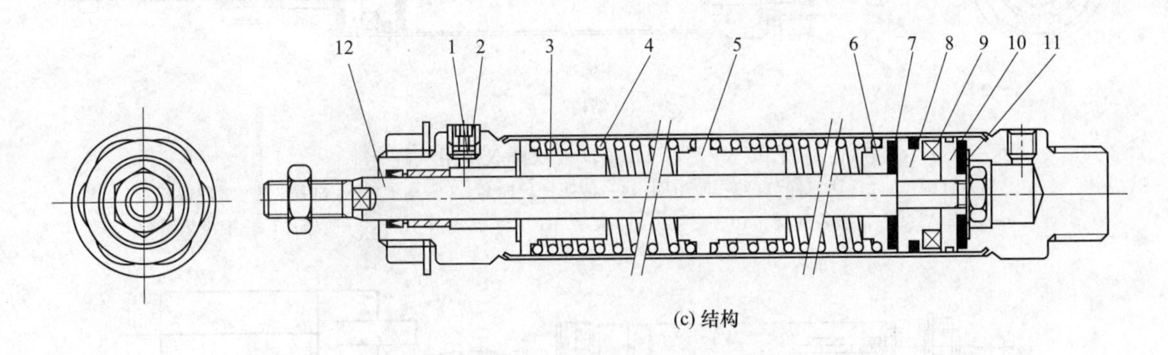

(c) 结构

图 5-3-25　CMK2-S 型单杆单作用气缸

1—不锈钢网；2—螺塞；4—弹簧；3,5,6—弹簧座；7—缓冲橡胶；8—活塞 A；9—磁铁；10—活塞 B；11—缓冲橡胶垫；12—活塞杆

［例 5-3-26］　CMK2-SR 型单杆单作用气缸（日本 CKD 公司）（图 5-3-26）

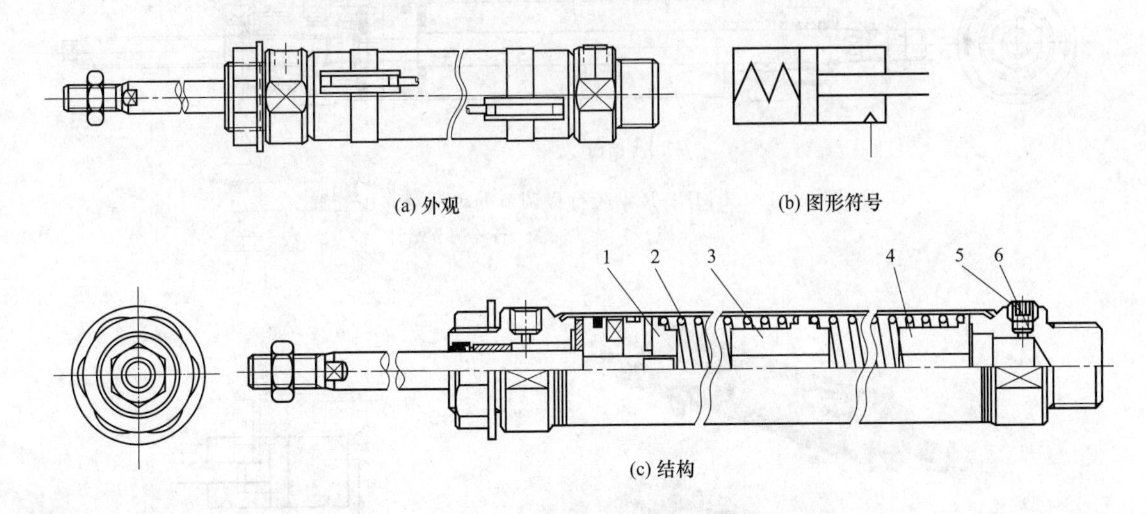

(a) 外观　　(b) 图形符号

(c) 结构

图 5-3-26　CMK2-SR 型单杆单作用气缸

1,3,4—弹簧座；2—弹簧；5—螺塞；6—不锈钢网

［例 5-3-27］　CMK2-D 型双杆双作用气缸（日本 CKD 公司）（图 5-3-27）

［例 5-3-28］　CMK2-R 型带行程调节的单杆双作用气缸（日本 CKD 公司）（图 5-3-28）

［例 5-3-29］　CMK2 型单杆双作用气缸（日本 CKD 公司）（图 5-3-29）

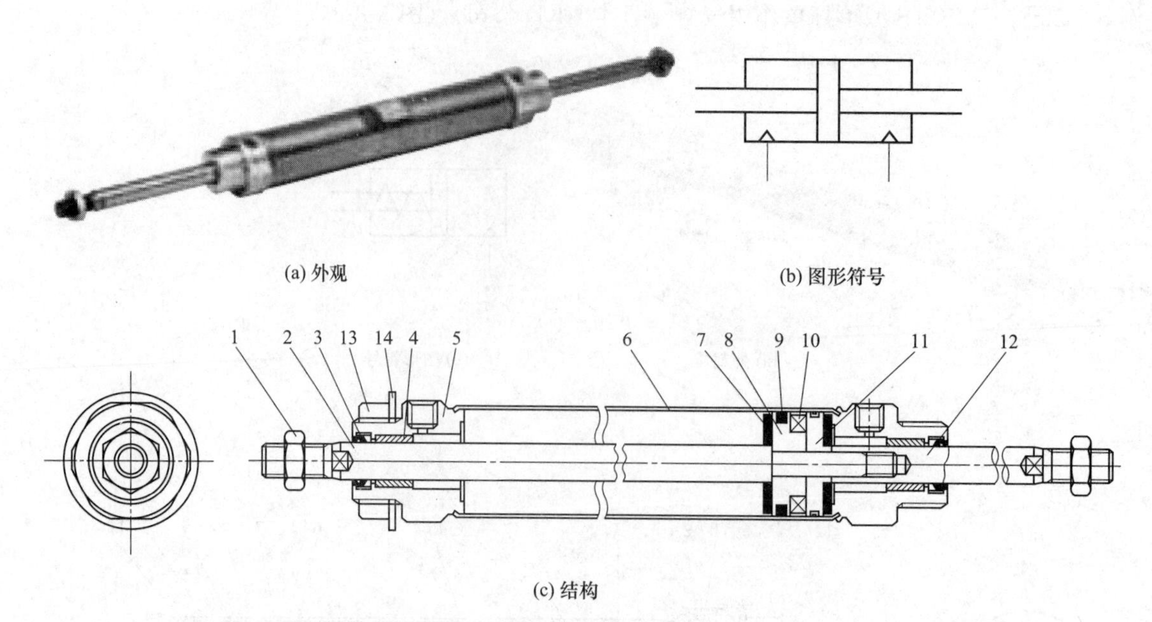

(a) 外观　(b) 图形符号

(c) 结构

图 5-3-27　CMK2-D 型双杆双作用气缸

1—活塞杆螺母；2—活塞杆 A；3—防尘圈；4—活塞杆导向套；5—端盖；6—缸筒；7—缓冲橡胶；8—活塞 A；9—活塞密封圈；10—磁铁；11—活塞 B；12—活塞杆 B；13—锁母；14—带齿垫圈

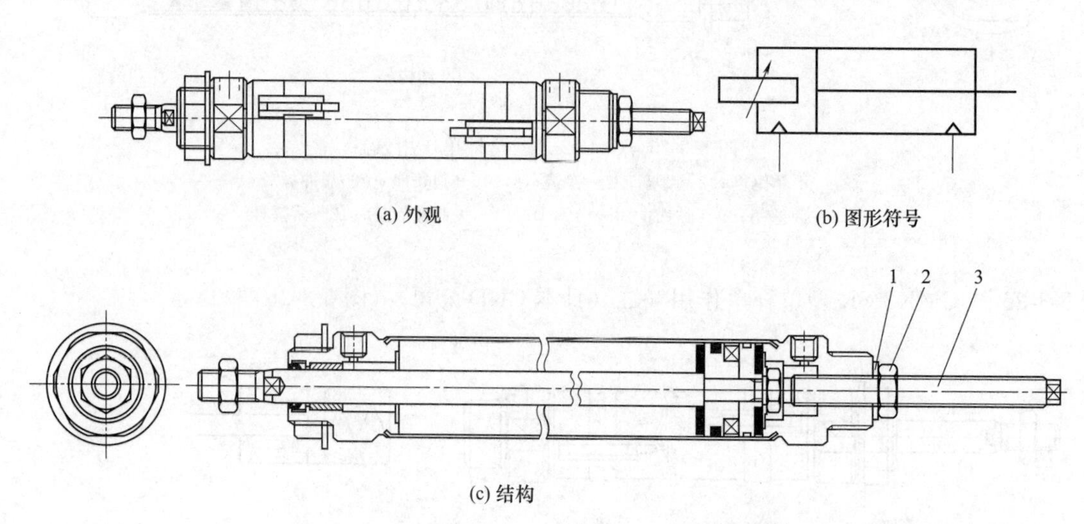

(a) 外观　(b) 图形符号

(c) 结构

图 5-3-28　CMK2-R 型带行程调节的单杆双作用气缸

1—弹簧垫圈；2—锁母；3—行程调节螺钉

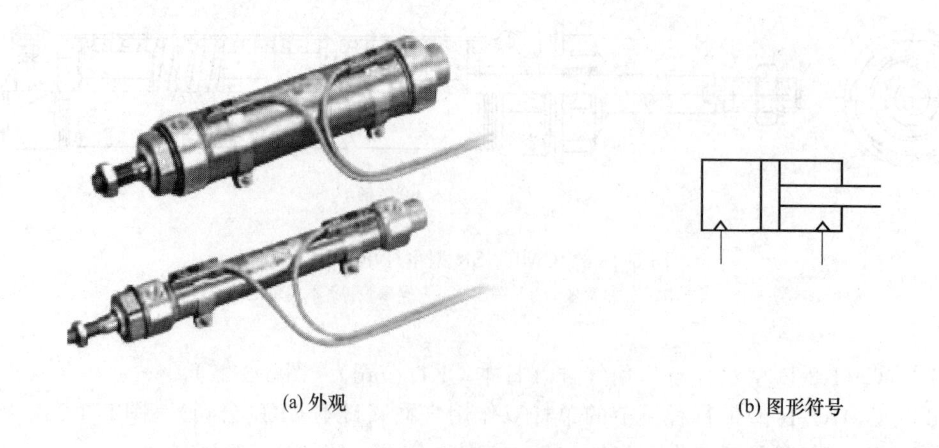

(a) 外观　(b) 图形符号

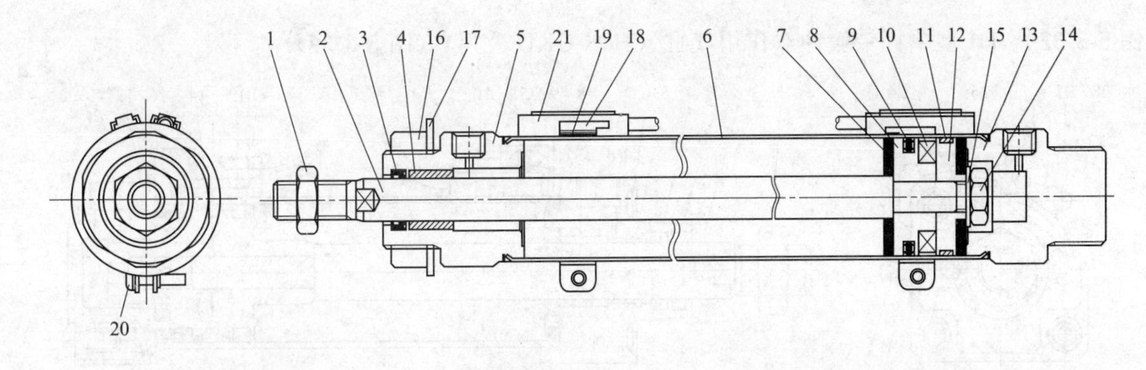

(c) 结构

图 5-3-29 CMK2 型单杆双作用气缸

1—活塞杆螺母；2—活塞杆；3—防尘圈；4—活塞杆导向套；5—有杆侧端盖；6—缸筒；7—缓冲橡胶；8—活塞 A；9—活塞密封圈；10—磁铁；11—支承环；12—活塞 B；13—无杆侧端盖；14—内六角螺钉；15—垫圈；16—锁母；17—带齿垫圈；18—磁性开关；19—外套；20—小螺钉；21—行程开关导轨

[例 5-3-30] CMK2-B 型单杆双作用气缸（日本 CKD 公司）（图 5-3-30）

此气缸是用上面两台 CMK2 系列单杆双作用气缸用联结套背靠背连接而成。

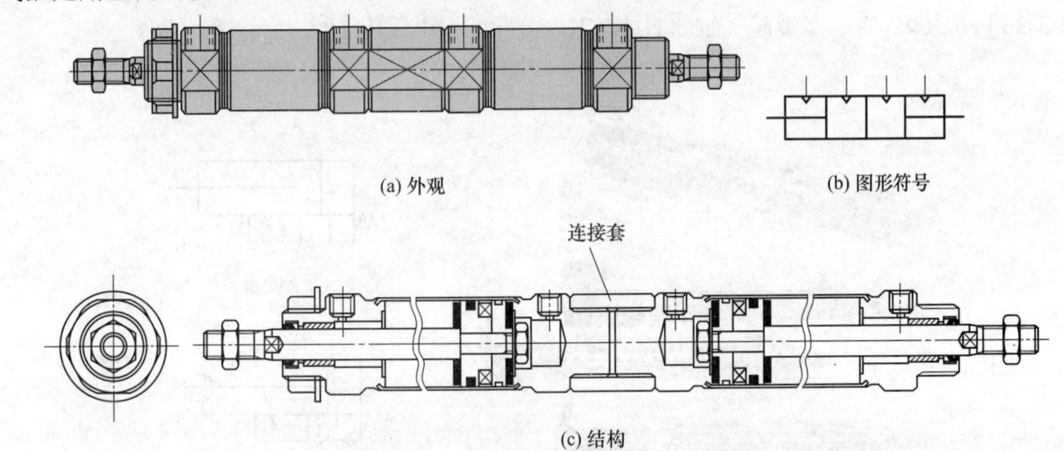

(c) 结构

图 5-3-30 CMK2-B 型单杆双作用气缸

[例 5-3-31] CMK2-G2-G3 型耐切削油型气缸（日本 CKD 公司）（图 5-3-31）

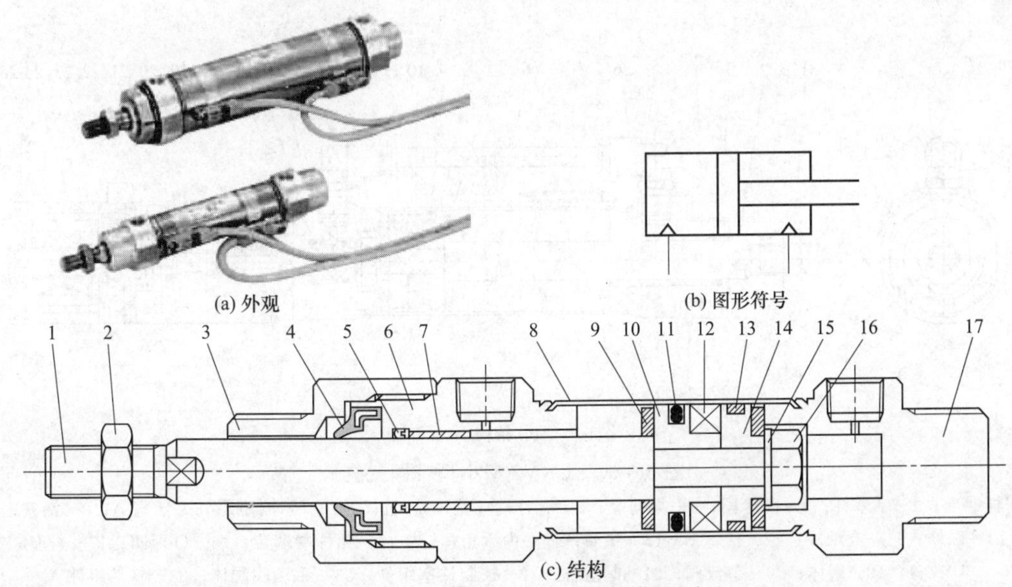

(c) 结构

图 5-3-31 CMK2-G2-G3 型耐切削油型气缸

1—活塞杆；2—活塞杆螺母；3—有杆侧端盖；4—刮油板；5—活塞杆密封圈；6—缸头；7—活塞杆导向套；8—缸筒；9—缓冲橡胶；10—活塞 A；11—活塞密封圈；12—磁铁；13—支承环；14—活塞 B；15—垫圈；16—六角螺母；17—无杆侧端盖

［例 5-3-32］ D1 型单杆带缓冲双作用气缸（日本 CKD 公司）（图 5-3-32）

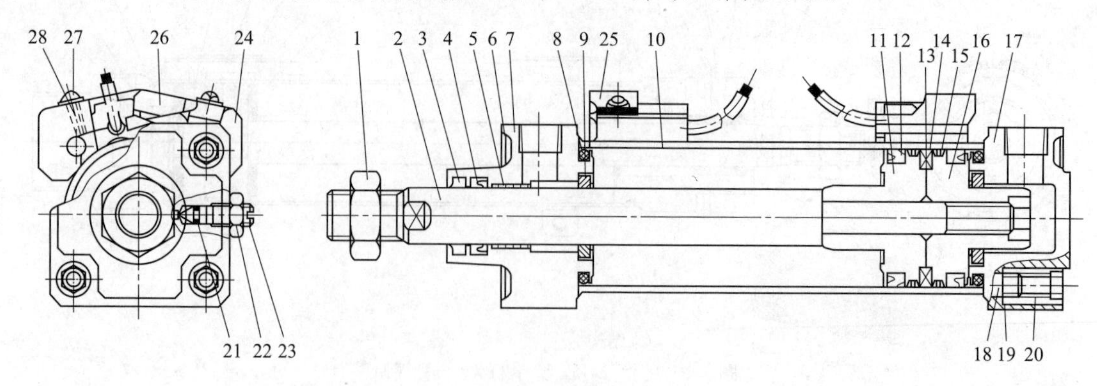

图 5-3-32 D1 型单杆带缓冲双作用气缸

1—活塞杆螺母；2—活塞杆；3—防尘圈；4—活塞杆密封圈；5—轴承；6—遮蔽板；7—前端盖；8—气缸密封圈；9—缓冲密封圈；10—缸筒；11—活塞 R；12,13—活塞密封圈；14—活塞磁环；15—支承环；16—活塞 H；17—后端盖；18—拉杆；19—弹簧垫圈；20—圆形螺母；21—针阀密封圈；22—针阀螺母；23—缓冲调节针阀；24—开关支架；25—磁性开关；26—十字槽盆头；27—小螺钉；28—防松螺钉

［例 5-3-33］ CKV2 型小型带阀气缸（日本 CKD 公司）（图 5-3-33）

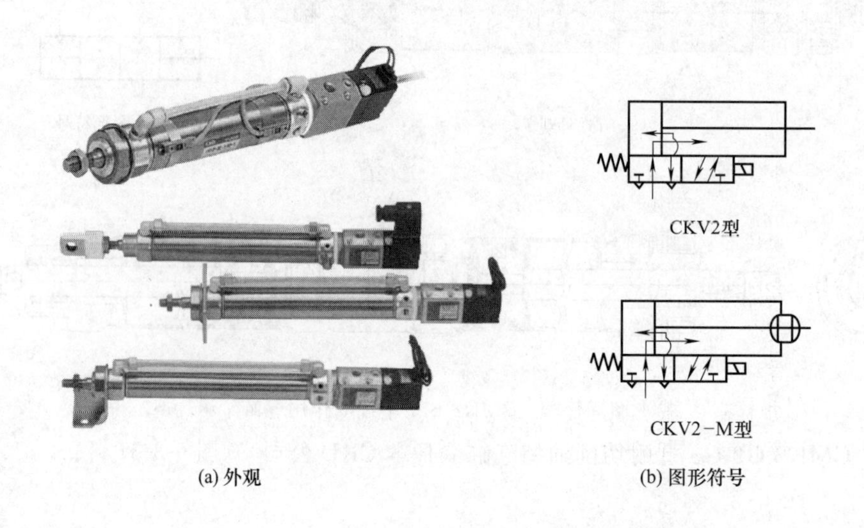

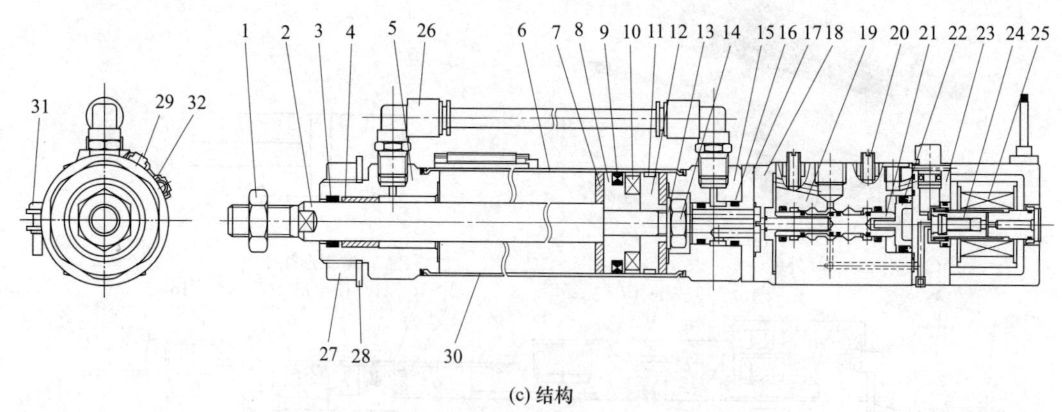

(c) 结构

图 5-3-33 CKV2 型小型带阀气缸

1—活塞杆螺母；2—活塞杆；3—防尘圈；4—导向套；5—有杆端缸盖；6—缸筒；7—缓冲橡胶；8—活塞 A；9—活塞密封圈；10—磁铁；11—支承环；12—活塞 B；13—垫圈；14—内六角螺钉；15—无杆端端盖；16—O 形圈；17—衬套；18—盖；19—阀体；20—节流阀；21—阀组件；22—控制柱塞组件；23—手动阀阀体；24—铁芯组件；25—线圈；26—管接头；27—螺母；28—带齿防松垫圈；29—继电器；30—钢带；31—小螺钉；32—继电器导轨

［例 5-3-34］ SRL3 型槽隙式无活塞杆气缸（日本 CKD 公司）（图 5-3-34）

无活塞杆气缸不同于一般的气缸的活塞杆输出方式，而是通过磁箍或磁铁、链使活塞在两端盖内做功。使用无活塞杆气缸，只需要以往的 1/2 的空间。

缸筒上有槽，活塞通过磁箍直接连接到缸筒外部的工作台上。密封带通过如纽扣一样嵌入于槽部的方式，或以磁铁将铁的密封带拉到缸筒的方式等，形成消除槽部漏气的构造。

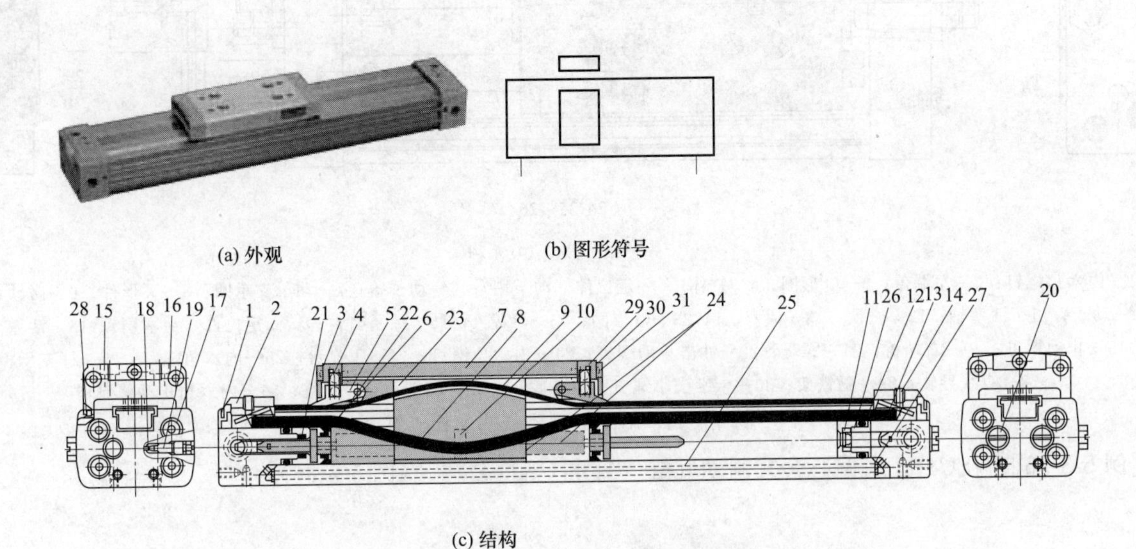

(a) 外观　(b) 图形符号

(c) 结构

图 5-3-34 SRL3 型槽隙式无活塞杆气缸

1—带盖；2—盖 L；3—工作台盖；4—弹簧；5—带压紧滚轮组件；6—压紧滚轮芯轴；7—工作台；8—密封带；9—防尘带；10—磁铁；11—缓冲套；12—盖 R；13—带间隔件；14—内六角止动螺钉；15～17—内六角螺钉；18—缓冲阀密封；19—缓冲阀；20—塞子；21—缓冲密封；22—活塞密封；23—叉形件；24—活塞；25—缸体；26—缸密封；27—O 形圈；28—除尘器；29—双面带；30—金属板；31—十字头小螺钉

［例 5-3-35］ MRG2 型磁铁式无杆气缸（日本 CKD 公司）（图 5-3-35）

活塞和动子上插入数个环状的磁铁，依靠磁铁的吸引力移动。活塞因气压而工作，受到磁铁的吸引力，动子也随之在缸筒外周滑动。

其特征是，活塞和动子在机械上不相连，所以空气的外部泄漏为零。相反，也因为无机械性的结合，在用外部挡块等使负荷停止时，有可能会出现活塞和动子脱离的现象。

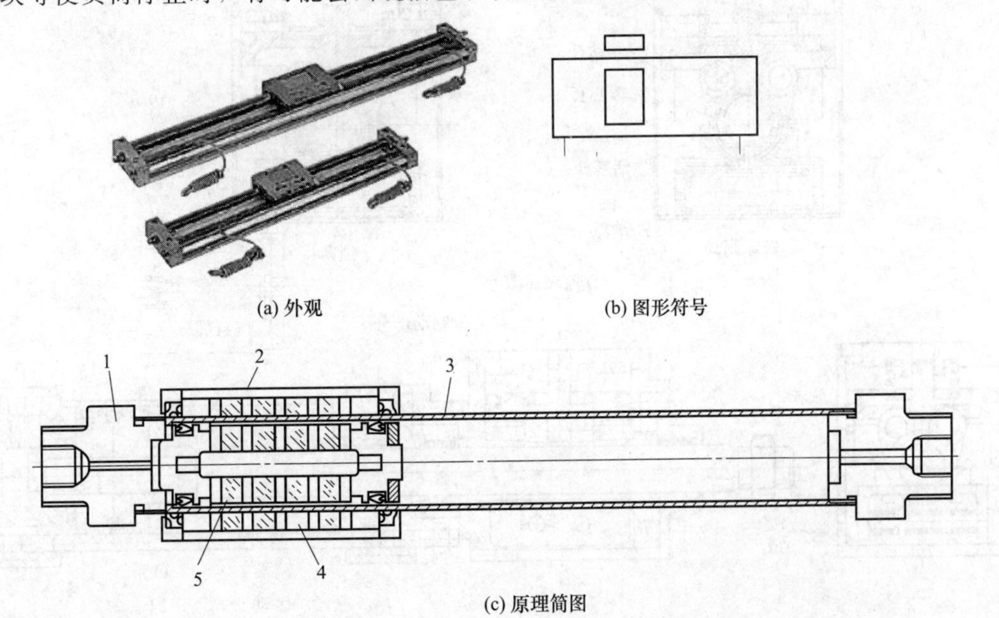

(a) 外观　(b) 图形符号

(c) 原理简图

1—后端盖；2—动子；3—缸筒；4—动子磁铁；5—活塞磁铁

图 5-3-35

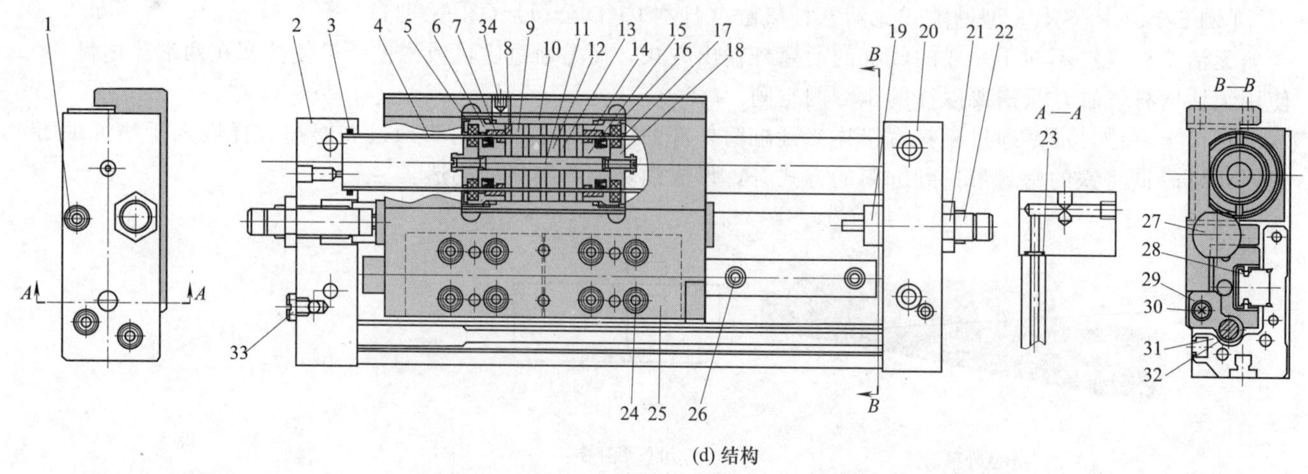

(d) 结构

1—内六角螺钉；2—左端盖；3—O形圈；4—缸体；5—定位件（动子用）；6—动子盖；7—动子支承圈；8—叉形件；9—磁铁；10—动子；11—活塞轴；12—磁铁；13—活塞；14,23—O形圈；15—活塞1；16—活塞密封；17—定位件（活塞用）；18—活塞2；19—止动螺母；20—右端盖；21—螺母；22—冲击止动螺钉；24—内六角螺钉；25—工作台；26—内六角螺钉；27—杆支承；28—直线导轨；29—磁铁架；30—十字头小螺钉；31—底座；32—磁铁；33—螺塞；34—内六角止动螺钉

图 5-3-35 MRG2 型磁铁式无杆气缸

［例 5-3-36］ JSC3-H 型偏心套式制动气缸（日本 CKD 公司）（图 5-3-36）

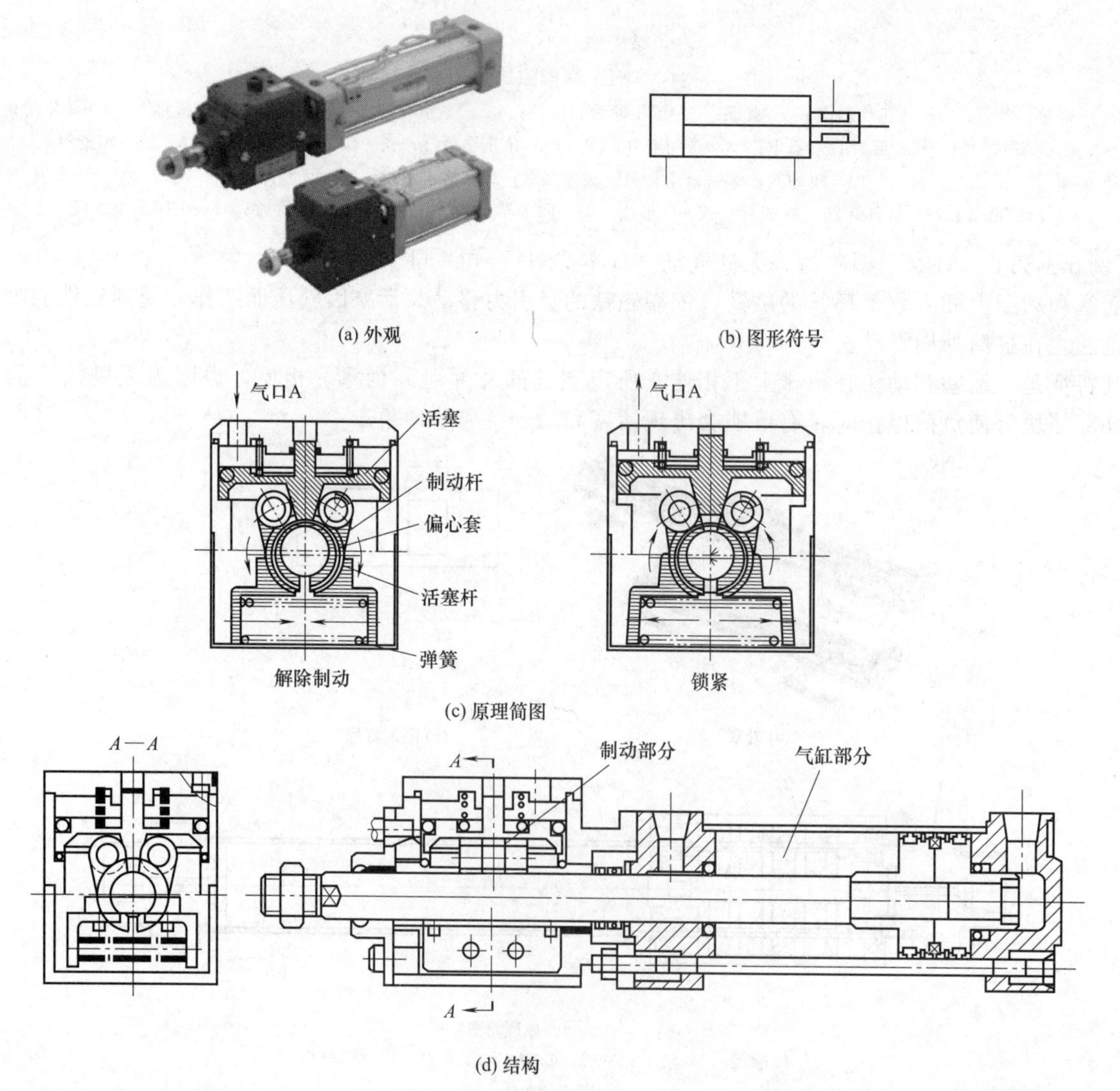

图 5-3-36 JSC3-H 型偏心套式制动气缸

解除制动动作原理：从气口A进气，下部的活塞被压下，制动杆打开，直接与制动杆连接的偏心套旋转，活塞杆解除制动。

锁紧动作原理：从气口A排气，弹簧的力量使偏心套各自旋转，活塞杆上产生偏心负载，从而锁紧活塞杆。

［例 5-3-37］ LCW 型搬运缸（日本 CKD 公司）（图 5-3-37）

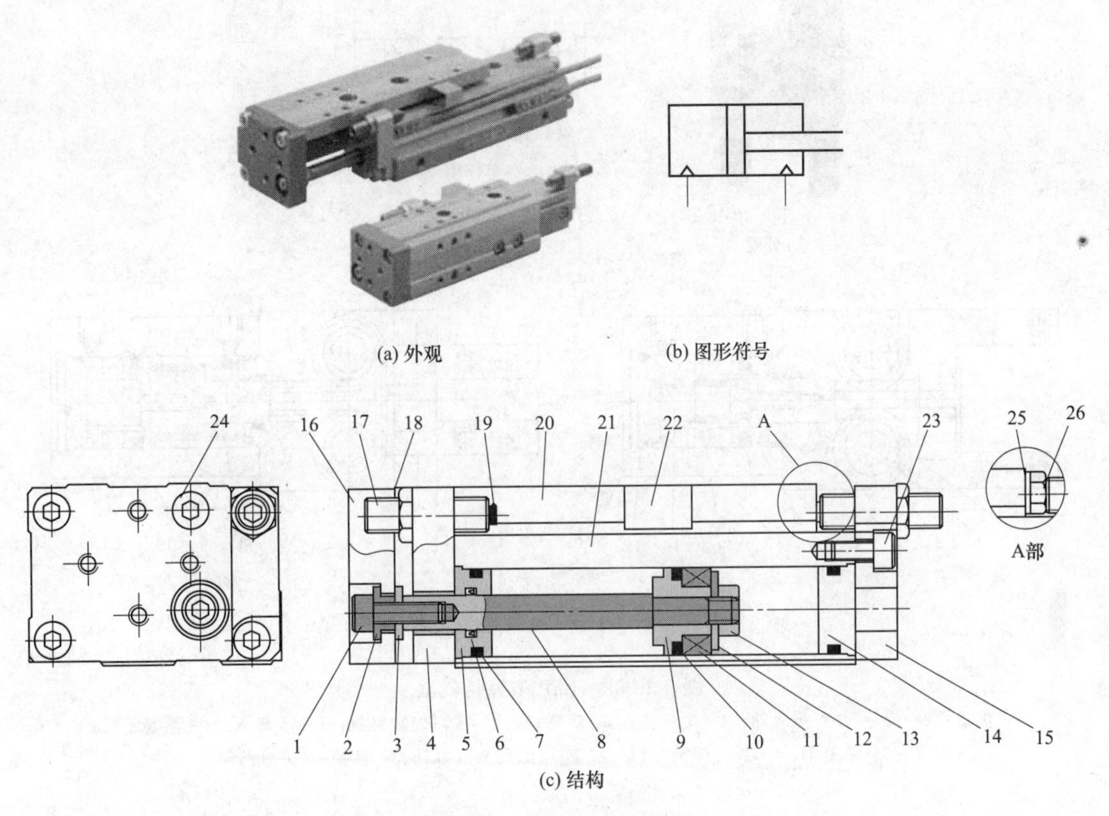

(a) 外观　(b) 图形符号

(c) 结构

图 5-3-37 LCW 型搬运缸

1,23,24—内六角螺钉；2—浮动衬套A；3—浮动衬套B；4,15—压板；5—活塞杆端端盖；6—活塞杆密封；7—O形圈；8—活塞杆；9—活塞；10—活塞密封；11—磁环；12,25—平垫圈；13—螺母；14—无杆端端盖；16—左端盖；17—行程定位螺栓；18—端盖；19—缓冲橡胶垫；20—工作台；21—缸体；22—挡块；26—外六角螺钉

［例 5-3-38］ SSG 型带导向杆的气缸（日本 CKD 公司）（图 5-3-38）

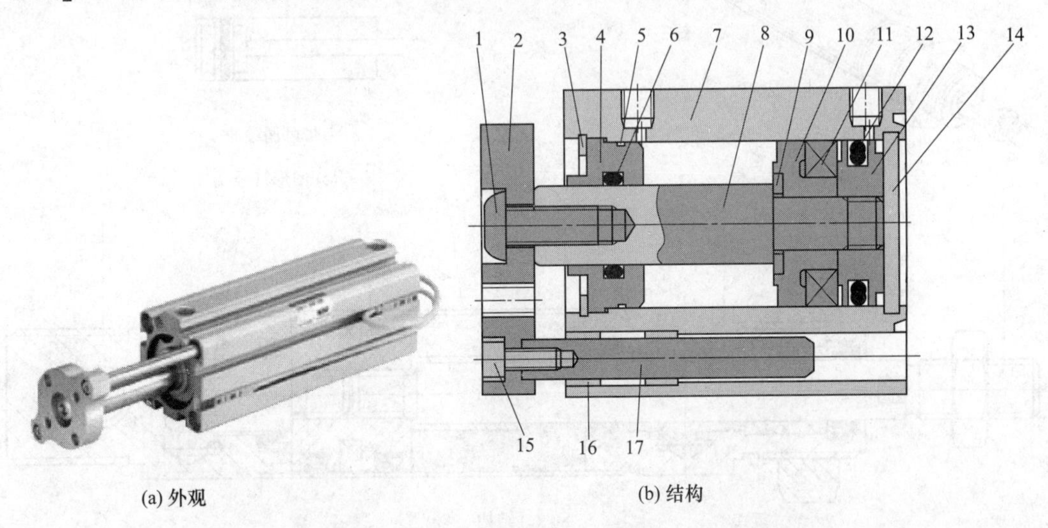

(a) 外观　(b) 结构

图 5-3-38 SSG 型带导向杆的气缸

1,15—内六角螺钉；2—连接板；3—卡环；4—杆侧盖；5—O形圈；6—活塞杆密封；7—缸体；8—活塞杆；9—垫圈；10—前活塞；11—磁环；12—活塞密封；13—活塞；14—端盖；16—套；17—导向杆

［例 5-3-39］ HAP 型夹持气缸（日本 CKD 公司）（图 5-3-39）

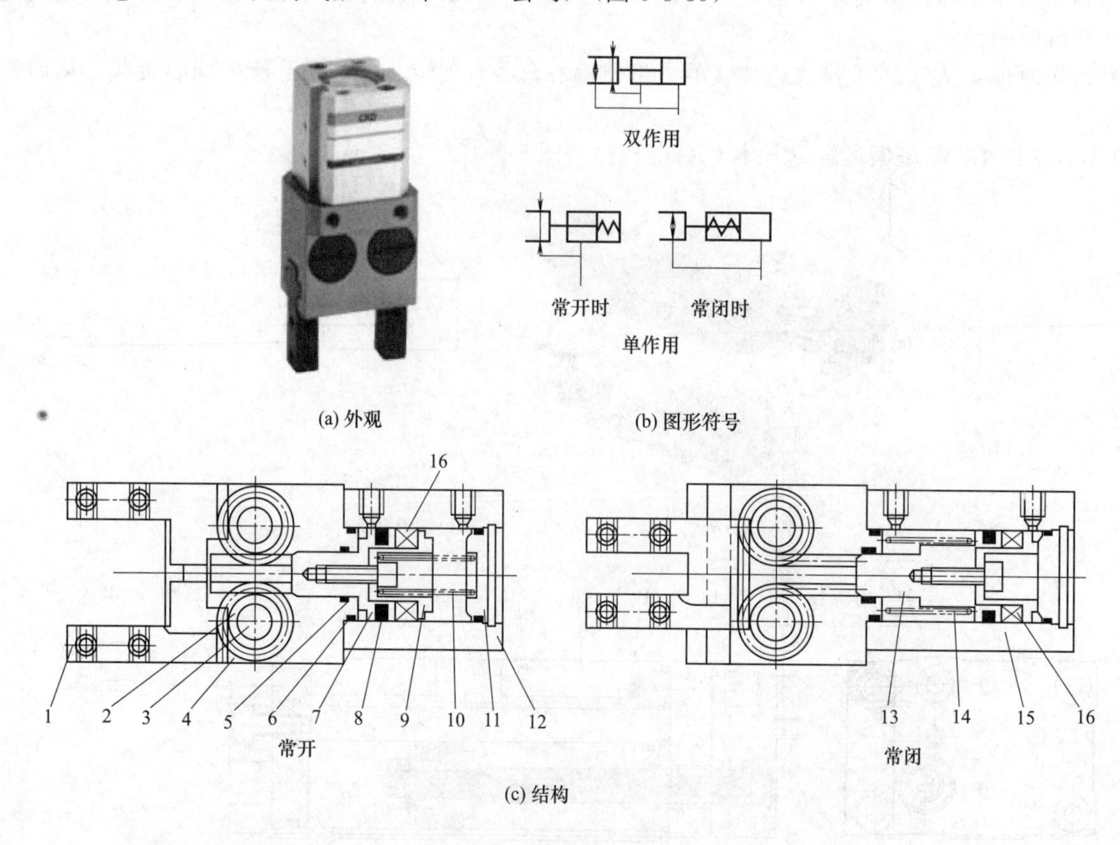

图 5-3-39 HAP 型夹持气缸

1—夹爪；2—齿轮；3—齿轮轴；4 夹爪体；5—活塞杆密封；6—气缸密封；7—活塞 A；8—活塞密封；9—活塞 B；10，14—弹簧；11—缸盖；12，15—气缸；13—活塞；16—磁环

［例 5-3-40］ DSNU 型标准气缸（德国 FESTO 公司）（图 5-3-40）

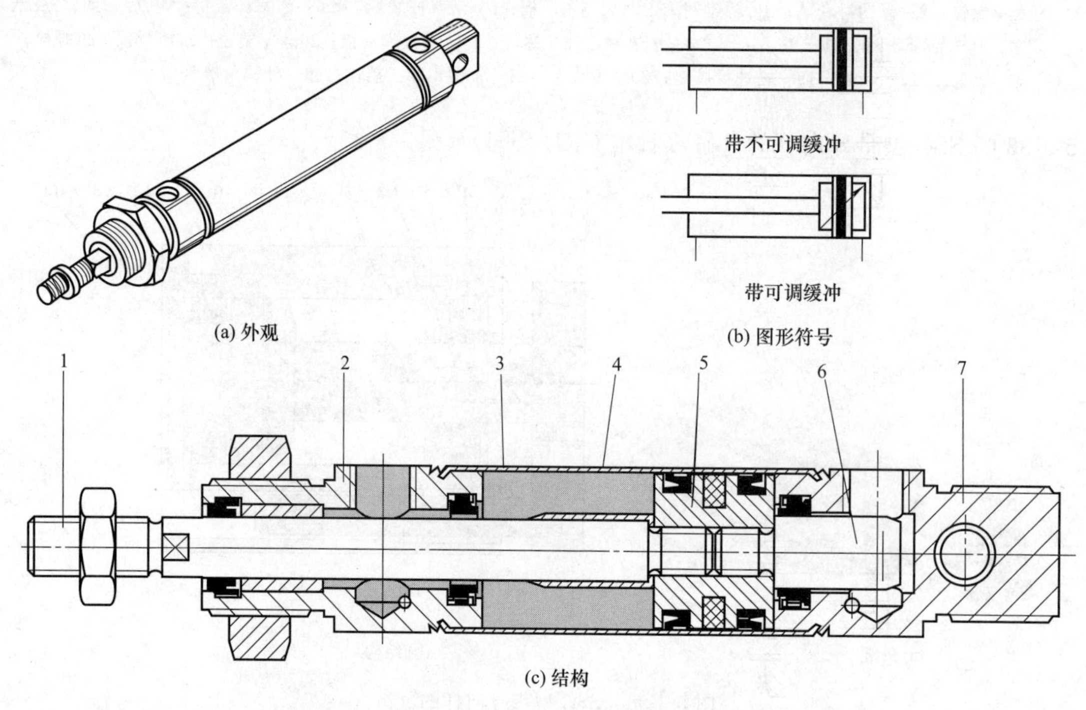

图 5-3-40 DSNU 型标准气缸

1—活塞杆；2—轴承端盖；3—缸筒；4—缓冲套；5—活塞组件；6—缓冲柱塞；7—端盖

［例 5-3-41］　DSNU-…-KP 型带夹紧装置标准气缸（德国 FESTO 公司）（图 5-3-41）

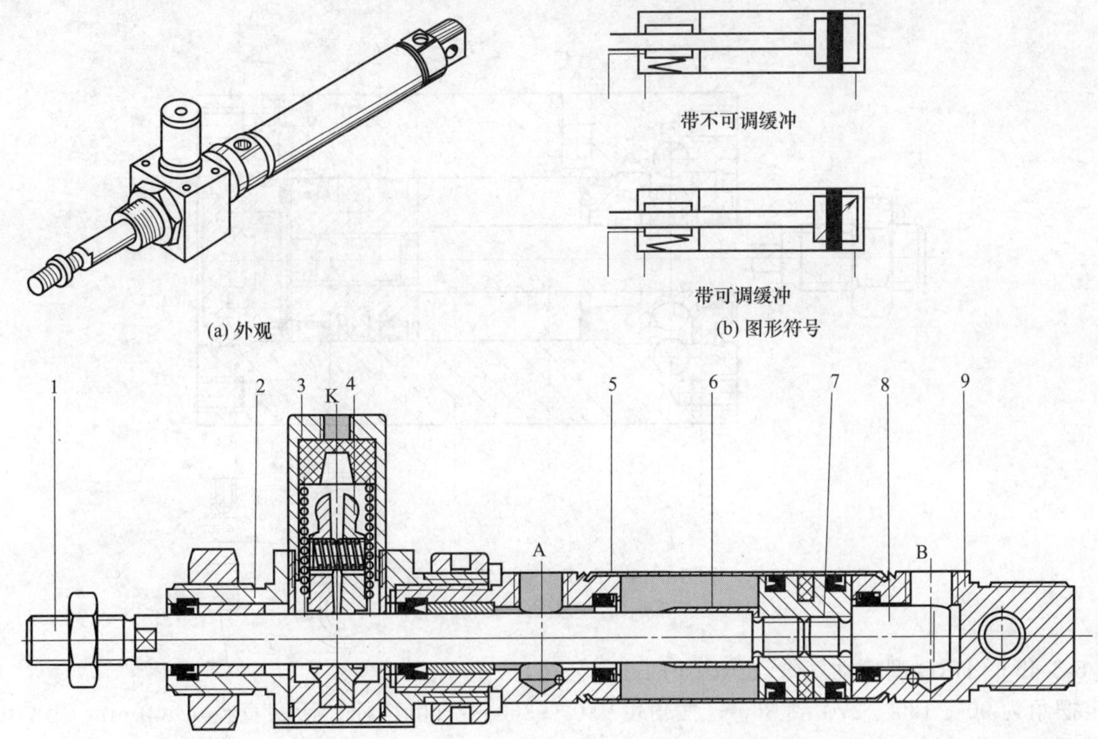

图 5-3-41　DSNU-…-KP 型带夹紧装置标准气缸

1—活塞杆；2—轴承端盖；3—夹紧单元壳体；4—夹头；5—缸筒；6—缓冲套；7— 活塞组件；8—缓冲柱塞；9—端盖

［例 5-3-42］　ESNU 型标准气缸（德国 FESTO 公司）（图 5-3-42）

符合 ISO 6432 标准。

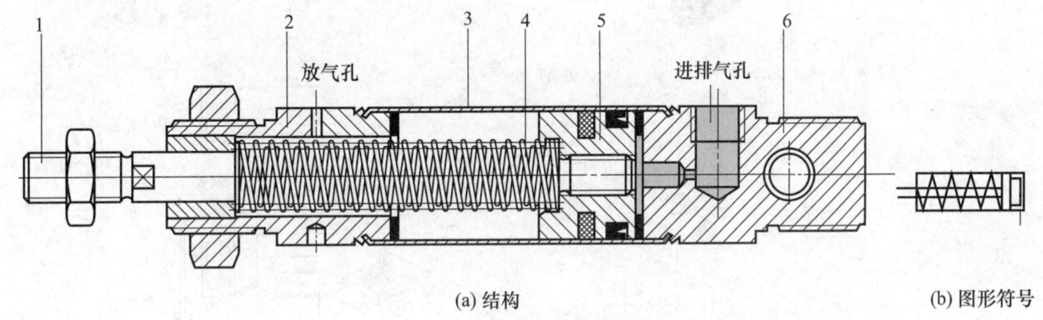

图 5-3-42　ESNU 型标准气缸

1—活塞杆；2—轴承端盖；3—缸筒；4—回程复位弹簧；5—活塞组件；6—端盖

［例 5-3-43］　DSN 型带缓冲标准气缸（德国 FESTO 公司）（图 5-3-43）

符合 ISO 6432 标准。

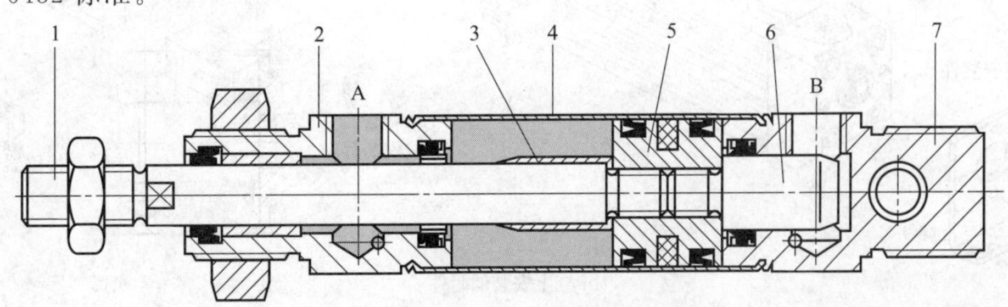

图 5-3-43　DSN 型带缓冲标准气缸

1—活塞杆；2—前盖；3—缓冲套；4—缸体；5—活塞；6—缓冲柱塞；7—后盖

［例 5-3-44］ DMM 型紧凑型气缸（德国 FESTO 公司）（图 5-3-44）

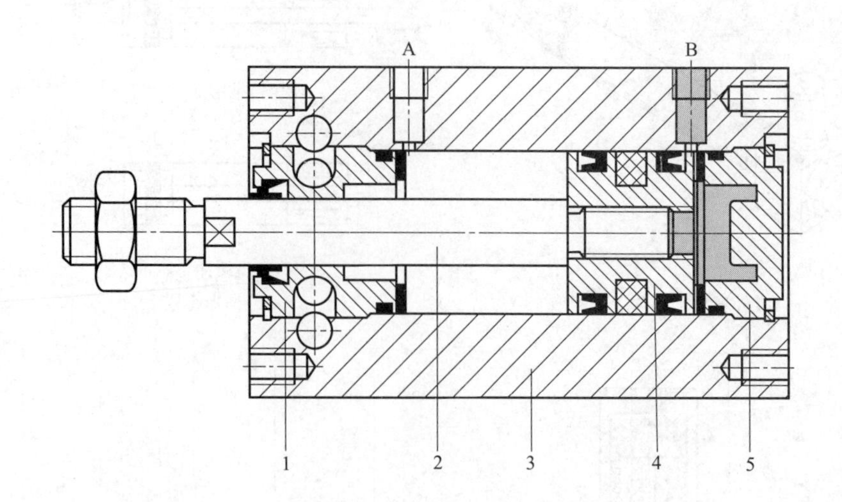

图 5-3-44 DMM 型紧凑型气缸

1—导向盖；2—活塞杆；3—缸筒；4—活塞组件；5—端盖

［例 5-3-45］ DRQ 型摆动气缸（德国 FESTO 公司）（图 5-3-45）

额定摆角为 90°、180°、270°或 360°，摆角可从 0°～360°中自由选择。活塞直径从 ϕ40mm 到 ϕ100mm，两端带可调终端位置缓冲和终端位置调节。

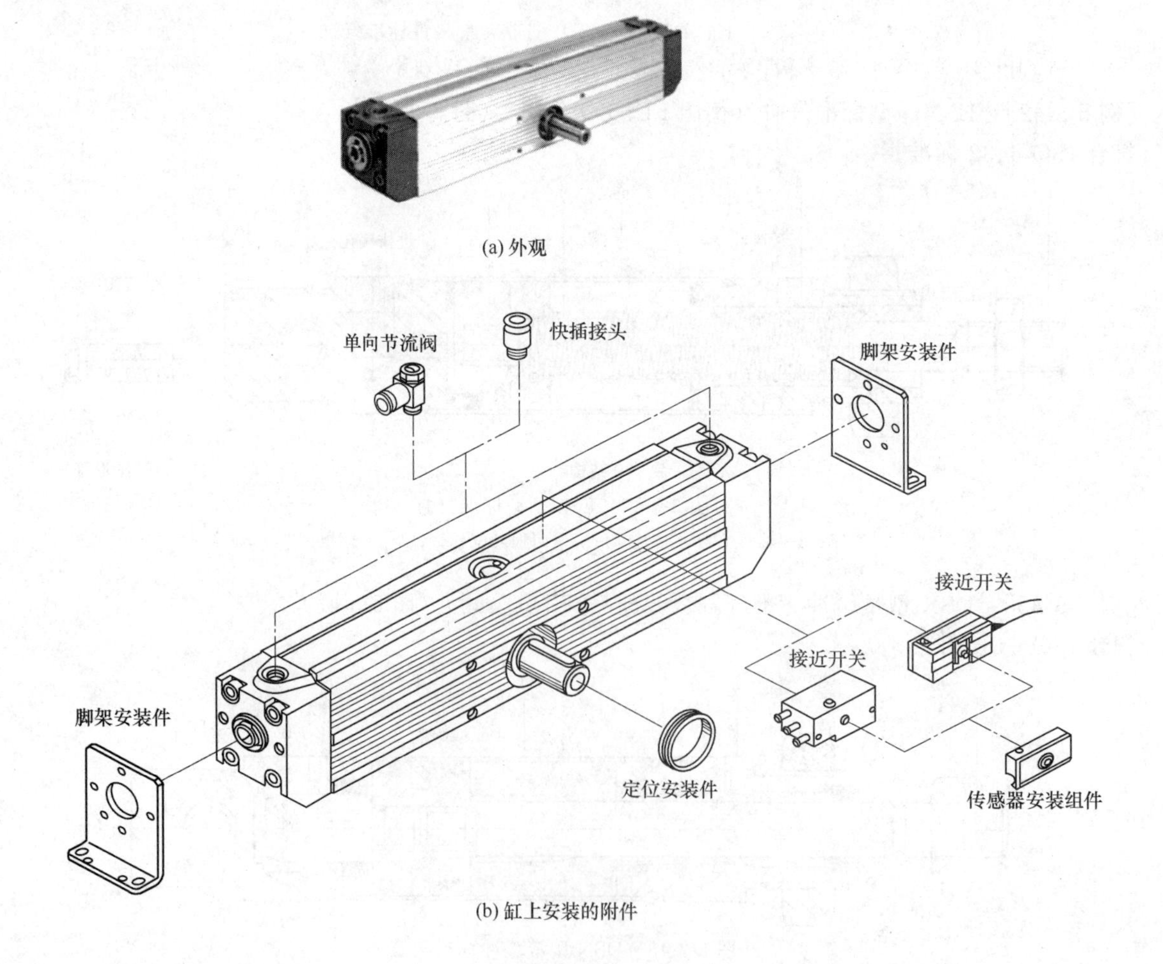

(b) 缸上安装的附件

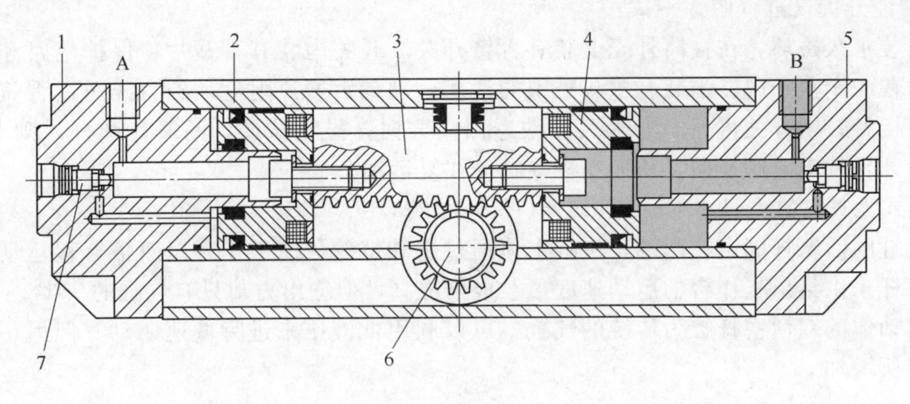

(c) 结构

图 5-3-45　DRQ 型摆动气缸

1—缸盖；2—缸体；3—齿条；4—柱塞；5—缸盖；6—齿轮输出轴；7—缓冲调节阀

［例 5-3-46］　直动式气液增压缸（国产）（图 5-3-46）

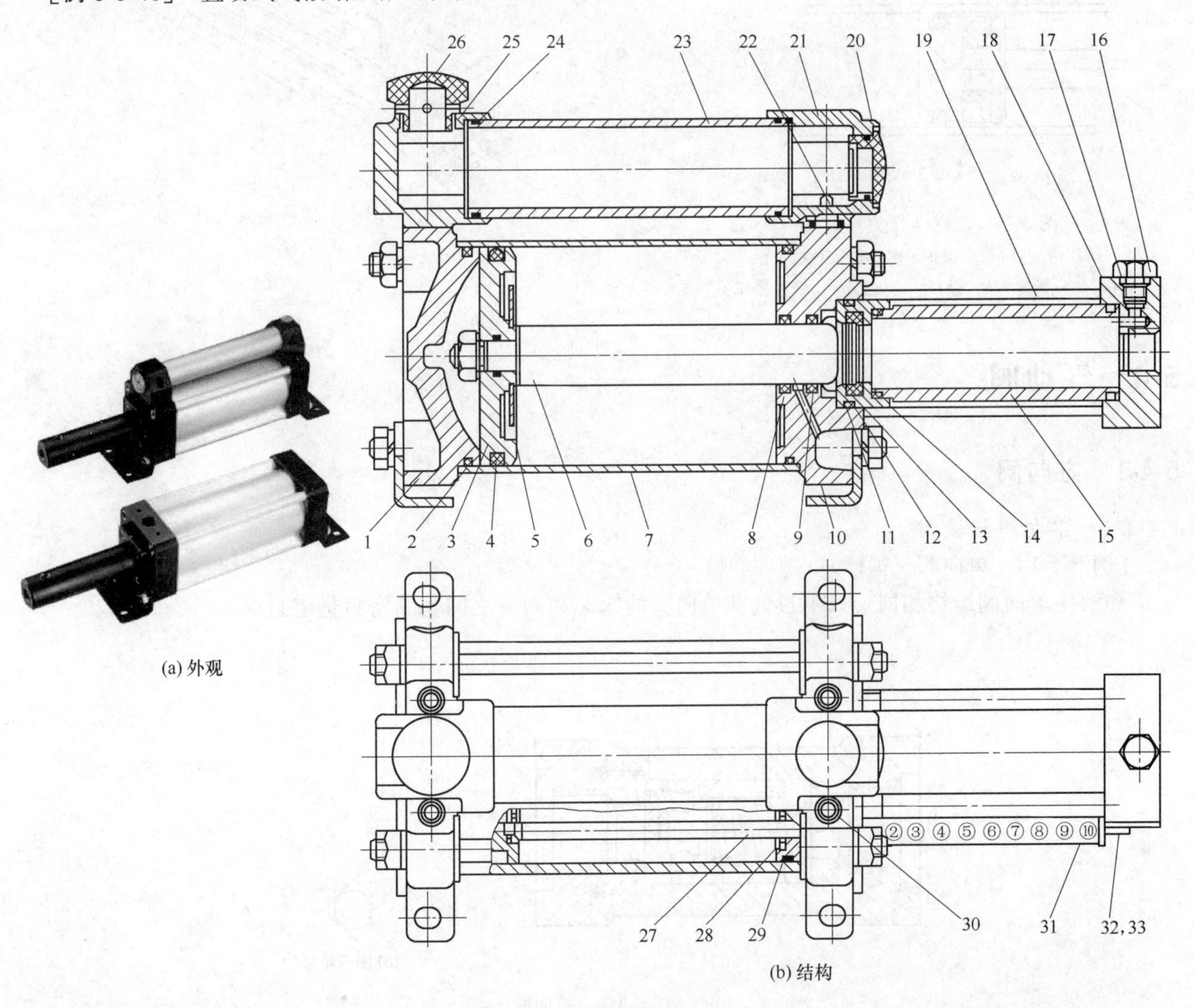

(a) 外观

(b) 结构

图 5-3-46　直动式气液增压缸

1—气缸体后盖；2,4,8,12,14,17,22,24,28—O 形密封圈；3—活塞；5—显示杆支承板；6—活塞杆；7—气缸体；9—防尘密封圈；10—气缸体前盖；11—油缸端套；13—Y 形密封圈；15—油缸体；16—螺塞；18—油缸端盖；19—套筒；20—圆形油标；21—油缸前座；23—油筒；25—油筒后座；26—加油口盖；27—行程显示杆；29—压板；30—内六角螺钉；31—行程显示管；32—显示管支架；33—沉头螺钉

［例 5-3-47］ 磁性开关气缸（图 5-3-47）

在气缸活塞上安装永久磁环，在缸筒外壳上装有舌簧开关。开关内装有舌簧片、保护电路和动作指示灯等，均用树脂塑封在一个盒子内。当装有永久磁铁的活塞运动到舌簧片附近，磁力线通过舌簧片使其磁化，两个簧片被吸引接触，则开关接通。当永久磁铁返回离开时，磁场减弱，两簧片弹开，则开关断开。由于开关的接通或断开，使电磁阀换向，从而实现气缸的往复运动。

［例 5-3-48］ 链式无杆气缸（日本 CKD 公司）（图 5-3-48）

将双活塞杆型气缸的活塞杆固定在两端，气缸主体通过链和链轮，使工作台以双倍行程运动。气缸中的空气通过中空活塞杆来供给。工作台的运动速度虽会成倍提高，但输出力却只有气缸的一半。

特征是，作为驱动体的双活塞杆缸为传统的气缸，可以利用低液压来进行低速驱动。但另一方面，与输出相比外形尺寸有所增加。

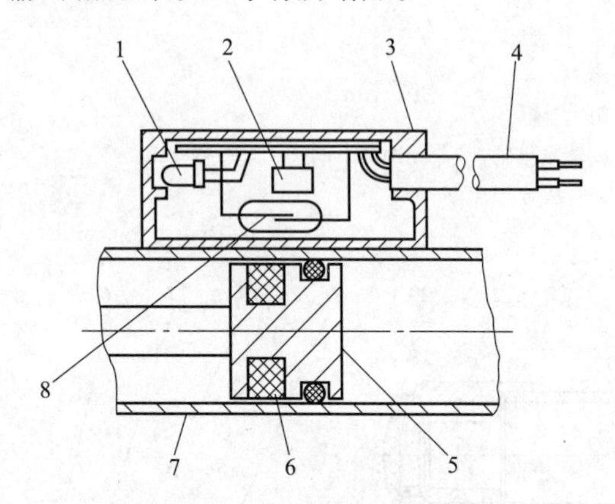

图 5-3-47 磁性开关气缸

1—动作指示灯；2—保护电路；3—开关外壳；4—导线；5—活塞；6—磁环；7—缸筒；8 -舌簧开关

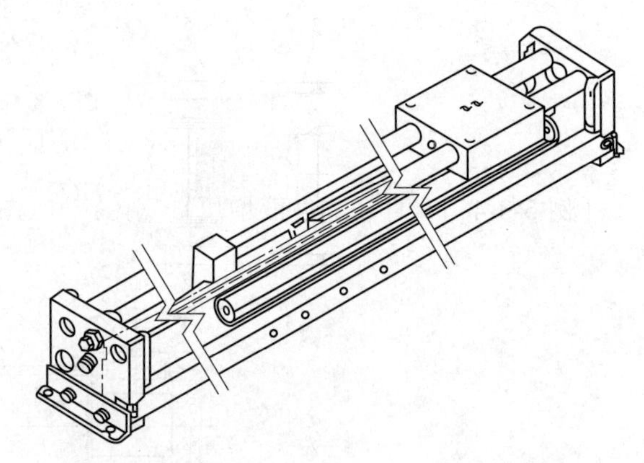

图 5-3-48 链式无杆气缸

5-4 气动阀

5-4-1 方向阀

5-4-1-1 单向阀与梭阀

［例 5-4-1］ 单向阀（国产）（图 5-4-1）

和液压单向阀结构相同，只不过气动单向阀的阀芯和阀座之间是靠密封垫密封的。

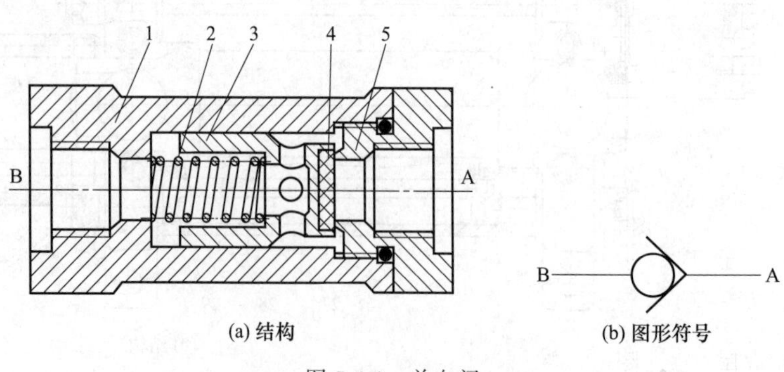

图 5-4-1 单向阀

1—阀体；2—弹簧；3—阀芯；4—密封垫；5—阀座

［例 5-4-2］ CHV2-6、8-J 型与 CHV2-8～40 型单向阀（日本 CDK 公司）（图 5-4-2）

［例 5-4-3］ CHL-M54 型与 CHL-H44、H66 型单向阀（日本 CDK 公司）（图 5-4-3）

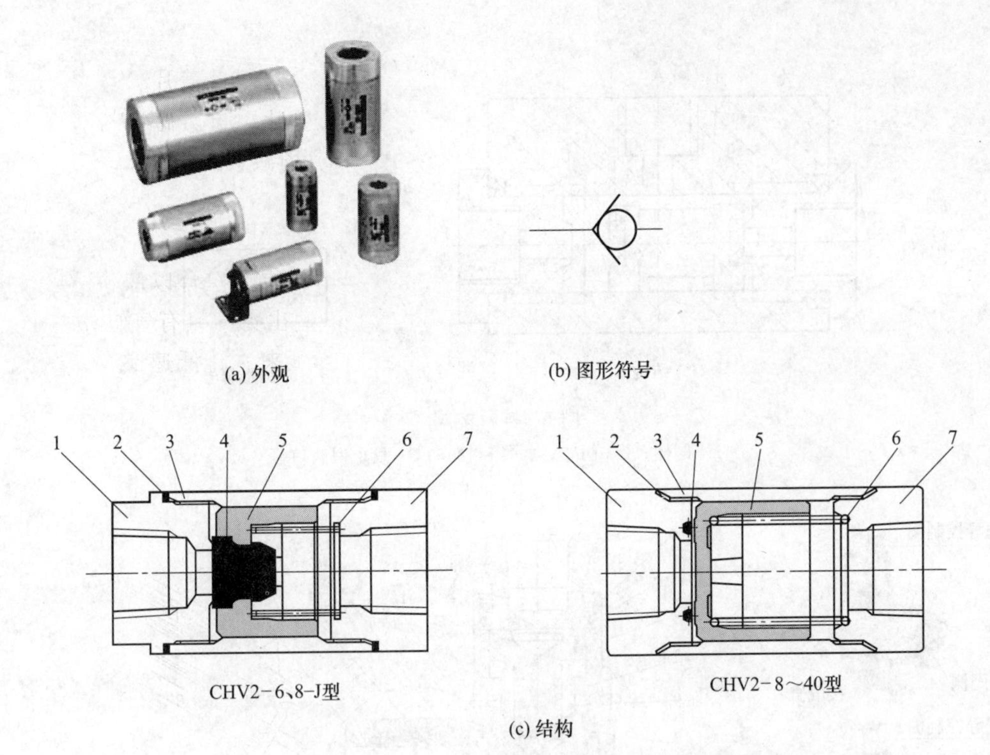

图 5-4-2 CHV2-6、8-J 型与 CHV2-8～40 型单向阀

1—左盖（兼阀座）；2—O 形圈；3—阀体；4—密封；5—阀芯；6—弹簧；7—右盖

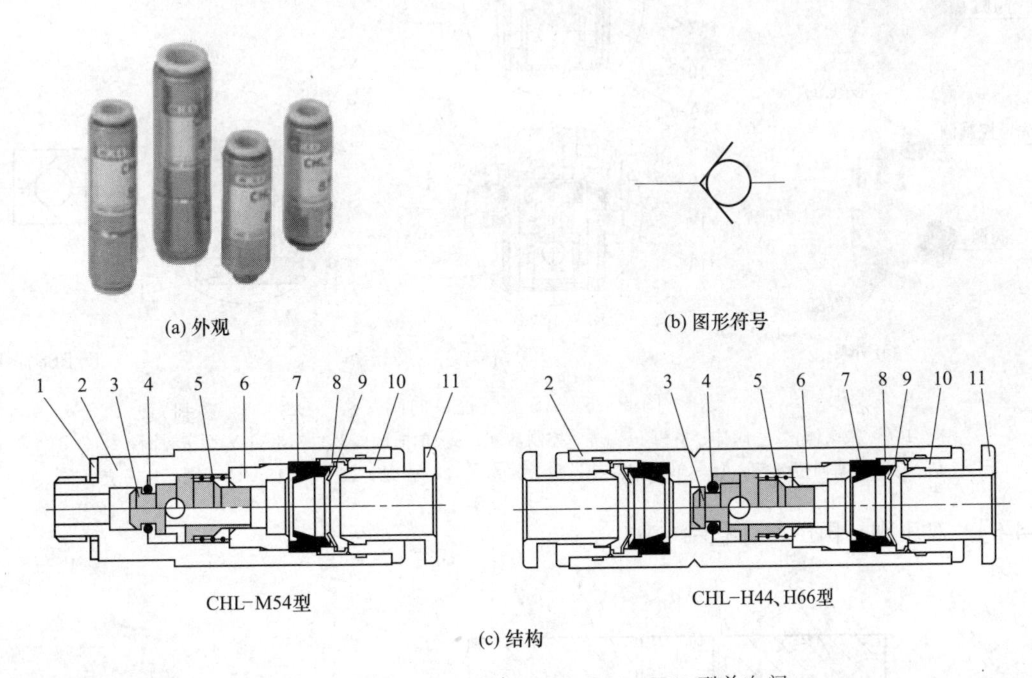

图 5-4-3 CHL-M54 型与 CHL-H44、H66 型单向阀

1—垫圈；2—阀体；3—阀芯；4—O 形圈；5—弹簧；6—阀座；7—密封圈；8—压紧环；9—垫；10—锁套；11—连接件

[例 5-4-4] 梭阀（国产）（图 5-4-4）

其工作特点是无论 P_1 口和 P_2 口哪条通路单独通气，都能导通其与 A 口的通路；当 P_1 口和 P_2 口同时通气时，哪端压力高，A 口就和哪端相通，另一端关闭，其逻辑关系为“或”。

5-4-1-2 气控单向阀、双压阀与快速排气阀

[例 5-4-5] AS 型气控单向阀（日本 SMC 公司）（图 5-4-5）

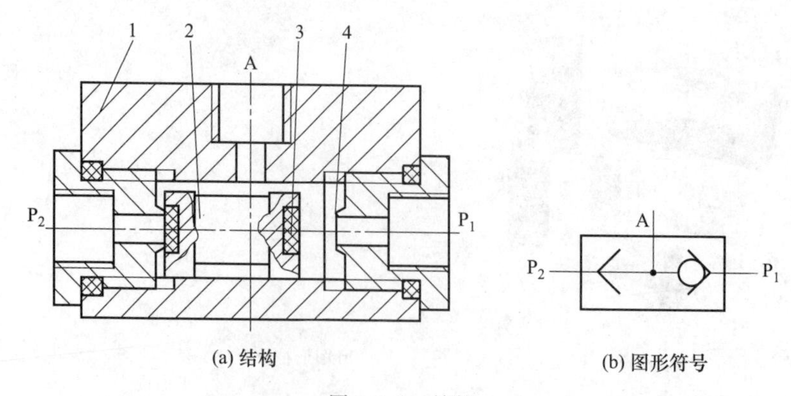

(a) 结构 (b) 图形符号

图 5-4-4 梭阀

1—阀体；2—阀芯；3—密封垫；4—截止型阀口

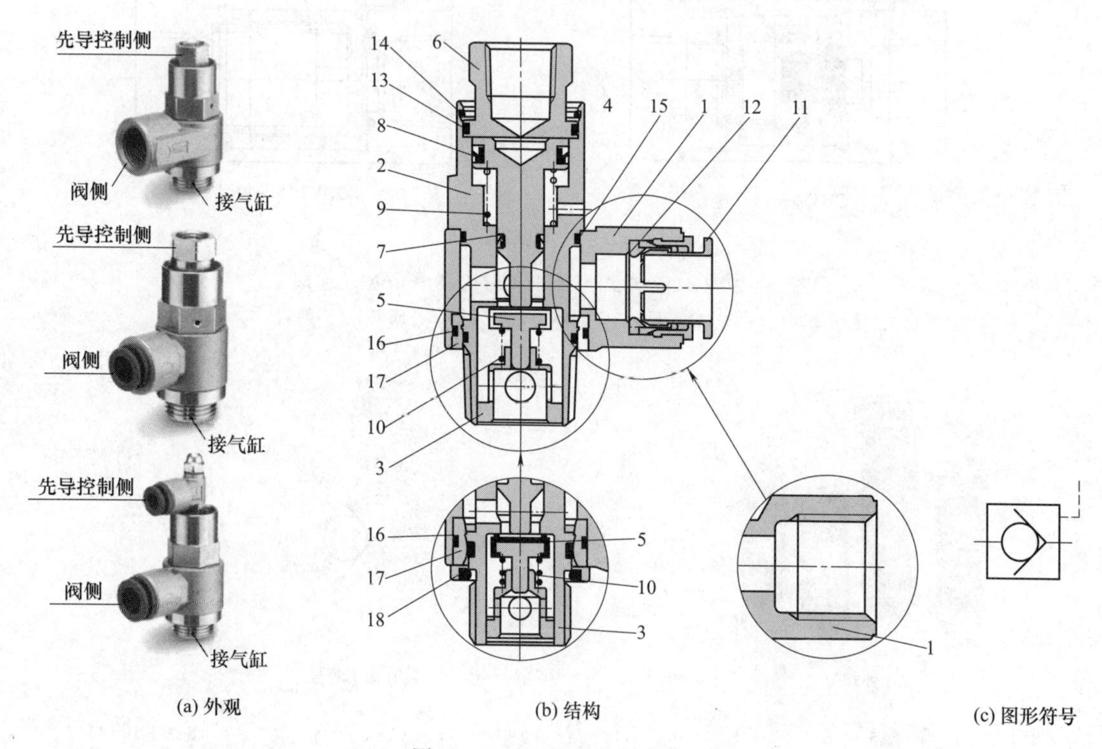

(a) 外观 (b) 结构 (c) 图形符号

图 5-4-5 AS 型气控单向阀

1,6—接头体；2—阀体；3—阀套；4—控制活塞；5—单向阀阀芯；7,8—DY 型密封圈；9—控制活塞回位弹簧；10—单向阀弹簧；11—接头；12—密封；13～16,18—O 形圈；17—套

[例 5-4-6] 双压阀（国产）（图 5-4-6）

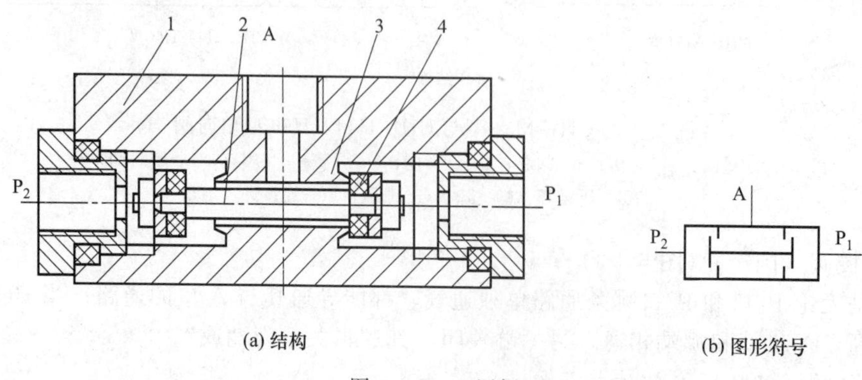

(a) 结构 (b) 图形符号

图 5-4-6 双压阀

1—阀体；2—阀芯；3—截止型阀口；4—密封

与门型梭阀又称双压阀，其工作特点是只有 P_1 口和 P_2 口同时供气，A 口才有输出；当 P_1 口或 P_2 口单独通气时，阀芯就被推至相对端，封闭截止型阀口；当 P_1 口和 P_2 口同时通气时，哪端压力低，A 口就和哪端相通，另一端关闭，其逻辑关系为“与”。

[例 5-4-7] 快速排气阀（国产）（图 5-4-7）

当气体从 P 口通入时，气体的压力使唇型密封圈右移封闭快速排气口 5，并压缩密封圈的唇边，导通 P 口和 A 口，当 P 口没有压缩空气时，密封圈的唇边张开，封闭 A 口和 P 口通道，A 口气体的压力使唇型密封圈左移，A 口、T 口通过排气通道连通而快速排气（一般排到大气中）。

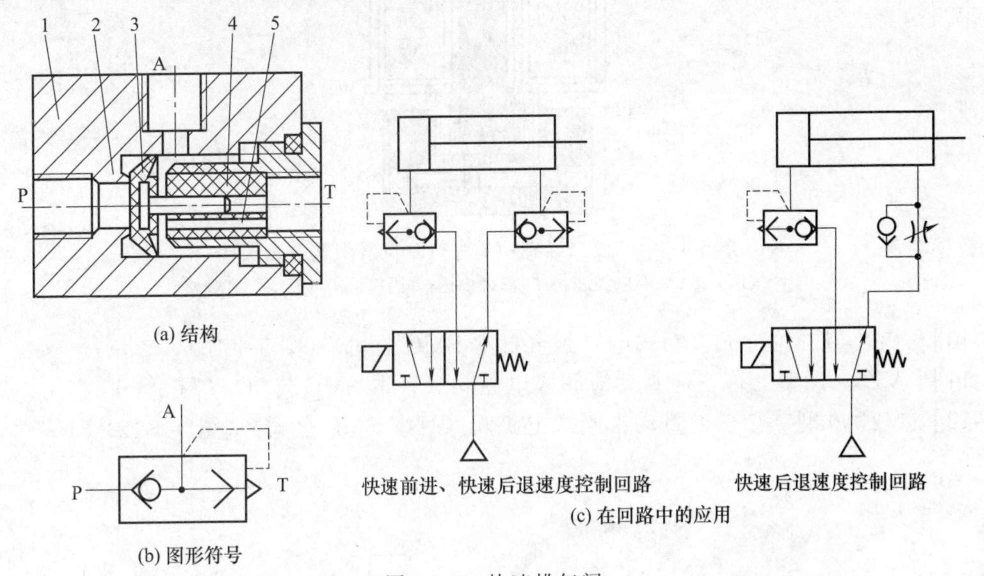

图 5-4-7 快速排气阀

1—阀体；2—截止型阀口；3—唇型密封圈；4—阀套；5— 快速排气通道

[例 5-4-8] QEV2 型快速排气阀（日本 CKD 公司）（图 5-4-8）

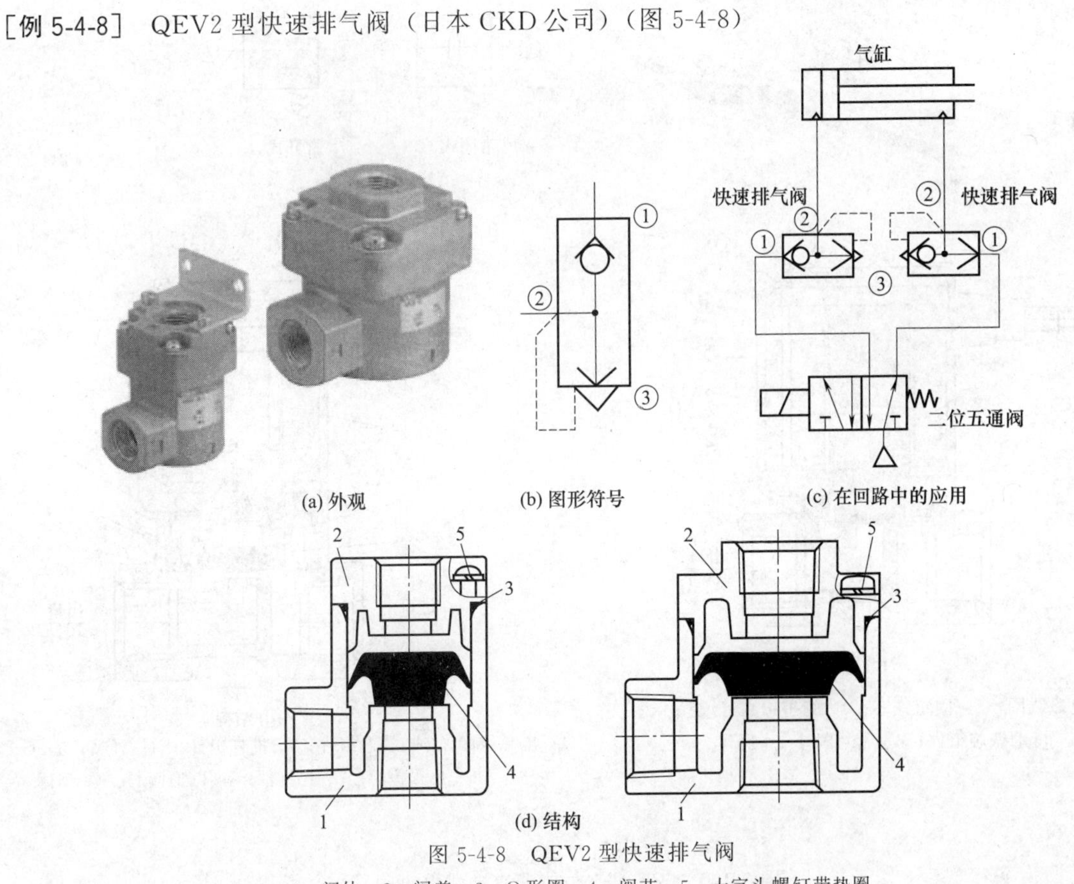

图 5-4-8 QEV2 型快速排气阀

1—阀体；2—阀盖；3—O 形圈；4—阀芯；5—十字头螺钉带垫圈

5-4-1-3 直动式电磁阀

［例 5-4-9］ 二位二通直动式弹簧复位滑阀式电磁阀（日本 SMC 公司）（图 5-4-9）

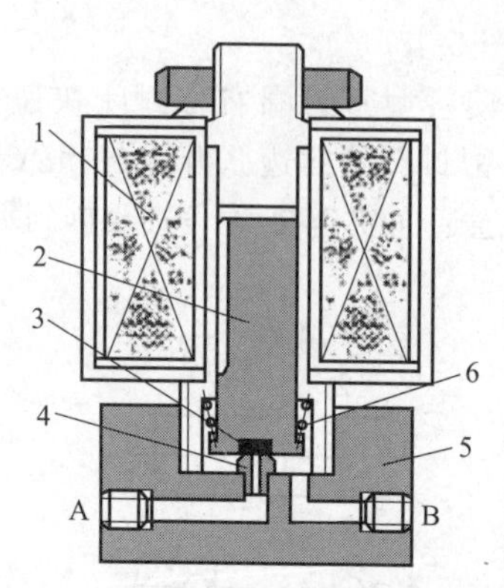

图 5-4-9 二位二通直动式弹簧复位滑阀式电磁阀

1—线圈；2—铁芯兼阀芯；3—密封垫；4—阀座；5—阀体；6—弹簧

［例 5-4-10］ VX 型二位二通直动式电磁阀（日本 SMC 公司）（图 5-4-10）

［例 5-4-11］ VZ300R 型二位三通直动滑阀式电磁阀（日本 SMC 公司）（图 5-4-11）

［例 5-4-12］ VZ300 型二位三通直动锥阀式电磁阀（日本 SMC 公司）（图 5-4-12）

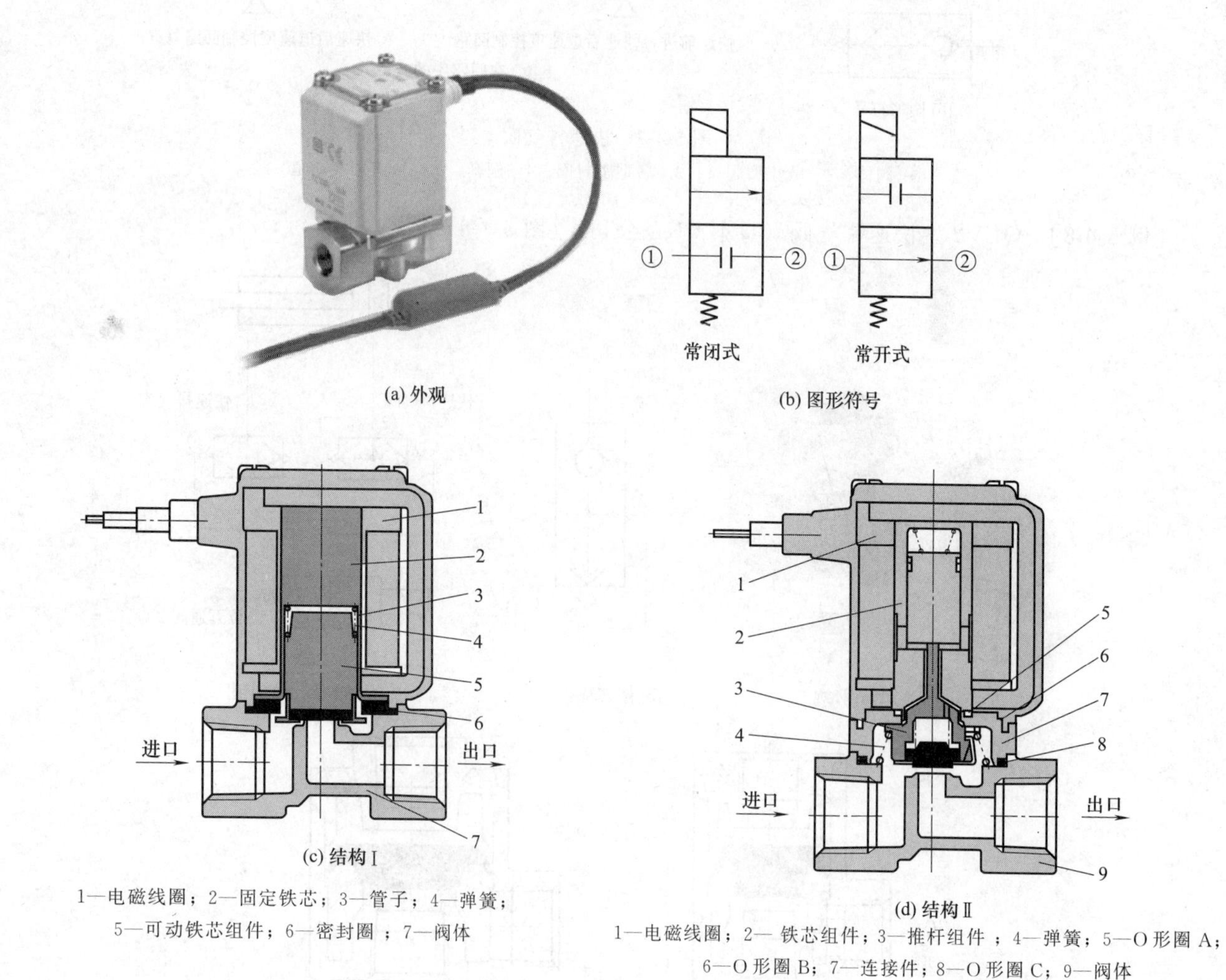

图 5-4-10 VX 型二位二通直动式电磁阀

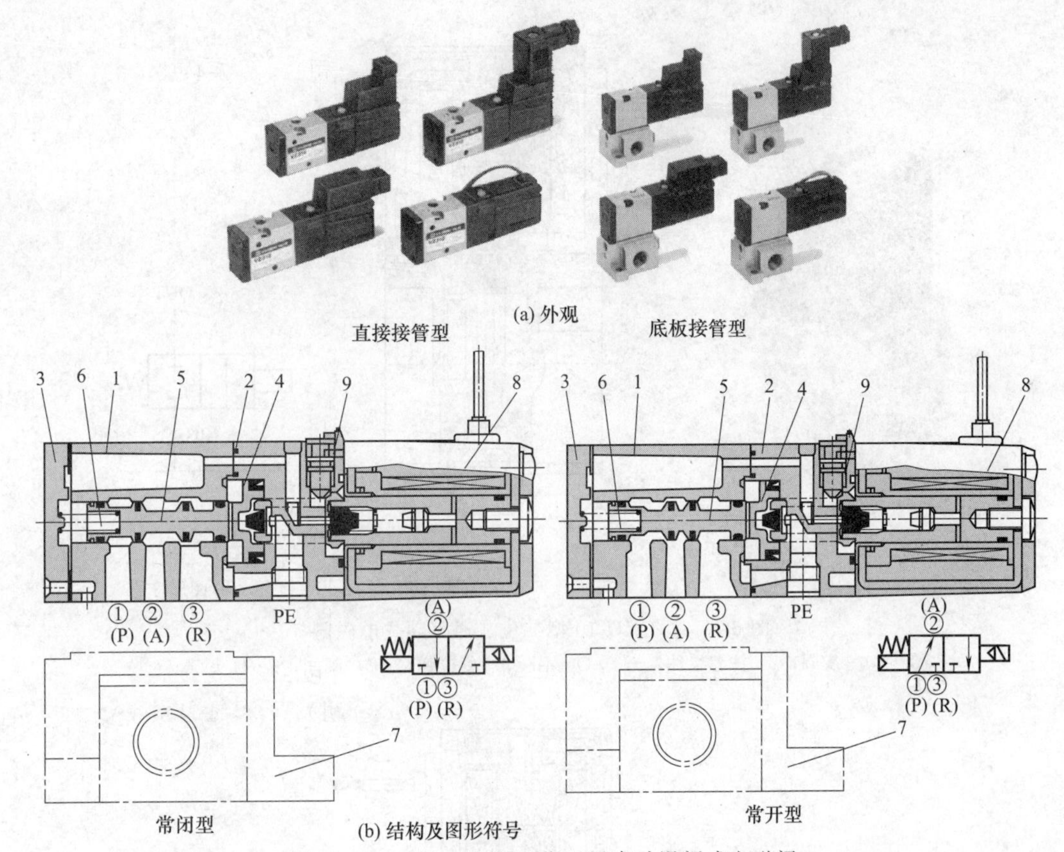

(a) 外观

(b) 结构及图形符号

图 5-4-11 VZ300R 型二位三通直动滑阀式电磁阀

1—阀体；2—控制柱塞板；3—阀盖；4—控制柱塞；5—阀芯；6—复位弹簧；7—底板；8—电磁铁组件；9—手动装置

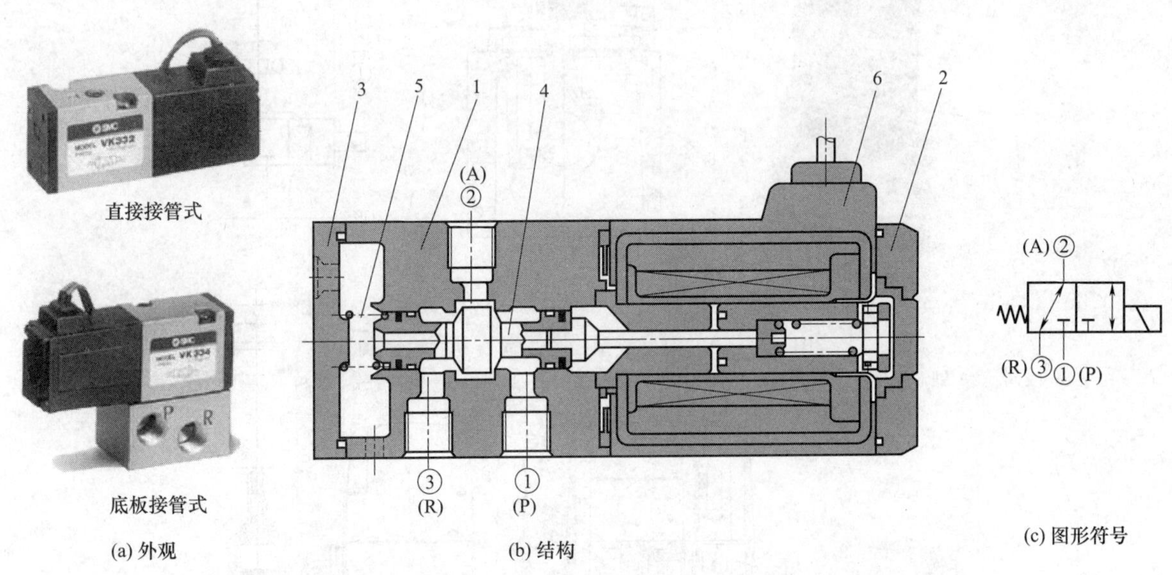

(a) 外观 (b) 结构 (c) 图形符号

图 5-4-12 VZ300 型二位三通直动锥阀式电磁阀

1—阀体；2—右盖；3—左盖；4—阀芯；5—复位弹簧；6—电磁铁组件

［例 5-4-13］ CXU-10 型二位二通直动式电磁阀（日本 CKD 公司）（图 5-4-13）可模块化安装。

［例 5-4-14］ CXU-30 型二位二通直动式电磁阀（日本 CKD 公司）（图 5-4-14）

［例 5-4-15］ MXB1 型和 MXB1F 型直动式二通电磁球阀（日本 CKD 公司）（图 5-4-15）

［例 5-4-16］ HNG1 型小型直动式三通电磁阀（日本 CKD 公司）（图 5-4-16）

［例 5-3-17］ 3PA（B）110 型与 3PA（B）210 型二位三通直动式电磁阀（日本 CKD 公司）（图 5-4-17）

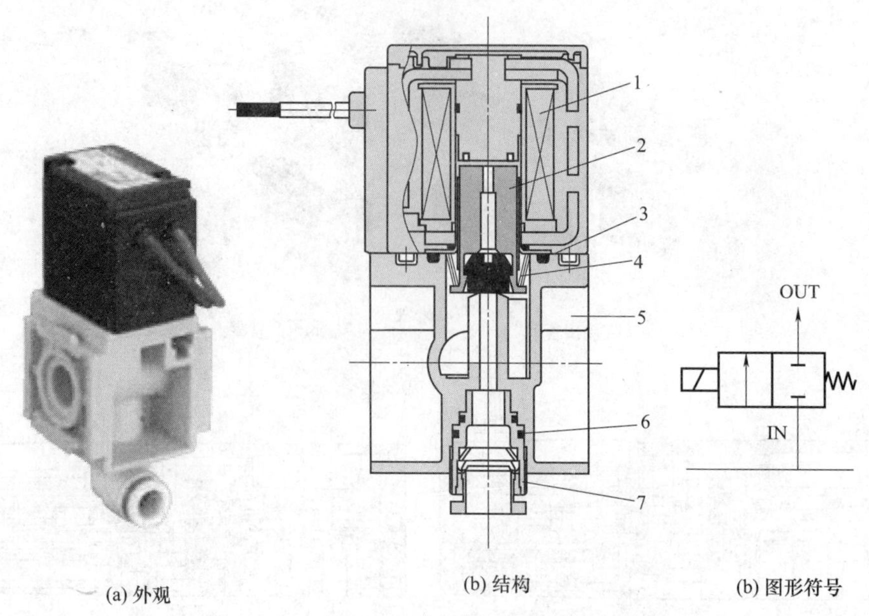

图 5-4-13 CXU-10 型二位二通直动式电磁阀

1—线圈；2—铁芯组件；3,6—O 形圈；4—复位弹簧；5—阀体；7—接头

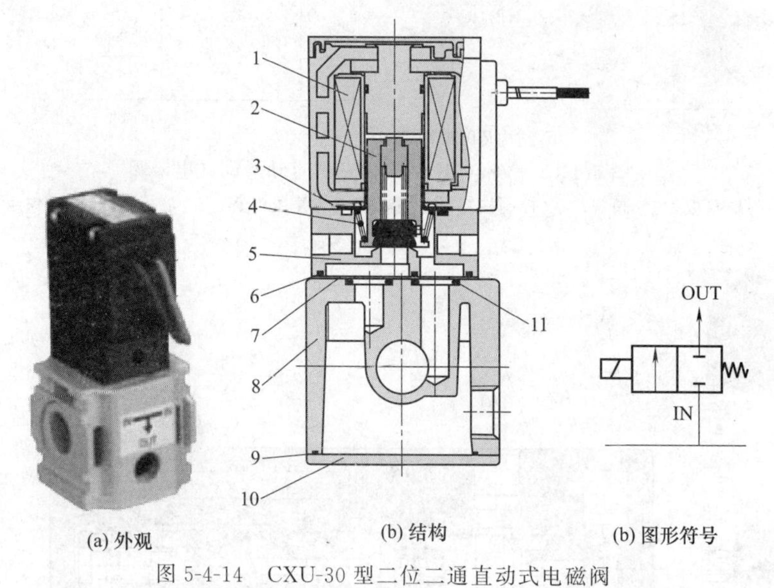

图 5-4-14 CXU-30 型二位二通直动式电磁阀

1—线圈；2—铁芯组件；3,9,11—O 形圈；4—复位弹簧；5—中体；6—密封；7—垫板；8—阀体；10—底板

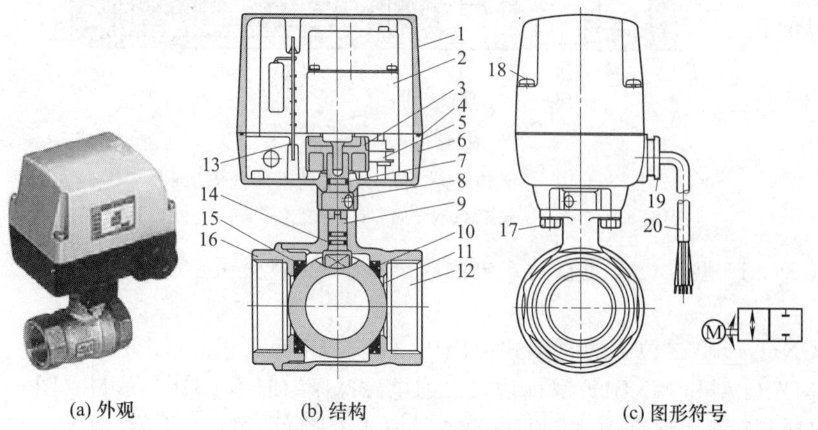

图 5-4-15 MXB1 型和 MXB1F 型直动式二通电磁球阀

1—顶罩；2—齿轮传动马达；3—凸轮；4—密封垫；5—微动电开关；6—下罩；7,14,15—O 形圈；8—中推杆；9—轴；10—球阀座；11—球阀芯；12—阀体；13—P 板组件；16—管接头；17—六角螺钉；18—十字头螺钉；19—绝缘套管；20—绝缘线

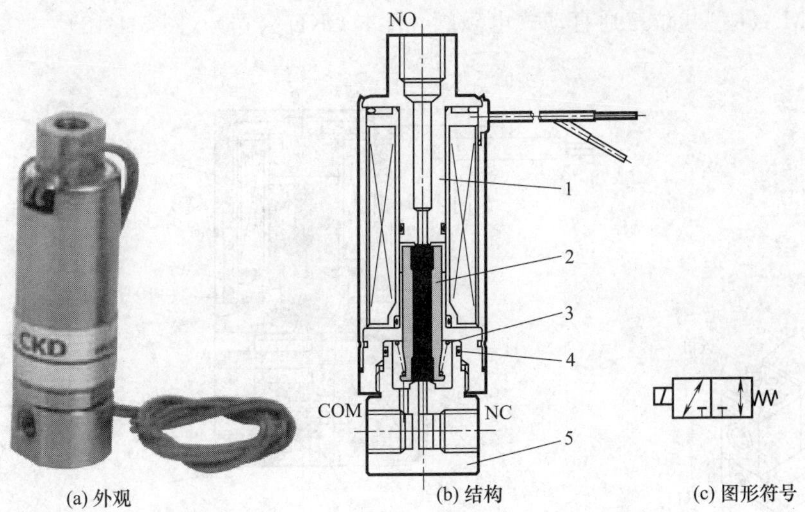

(a) 外观　(b) 结构　(c) 图形符号

图 5-4-16　HNG1 型小型直动式三通电磁阀

1—线圈组件；2—铁芯组件；3—弹簧；4—O 形圈；5—阀体

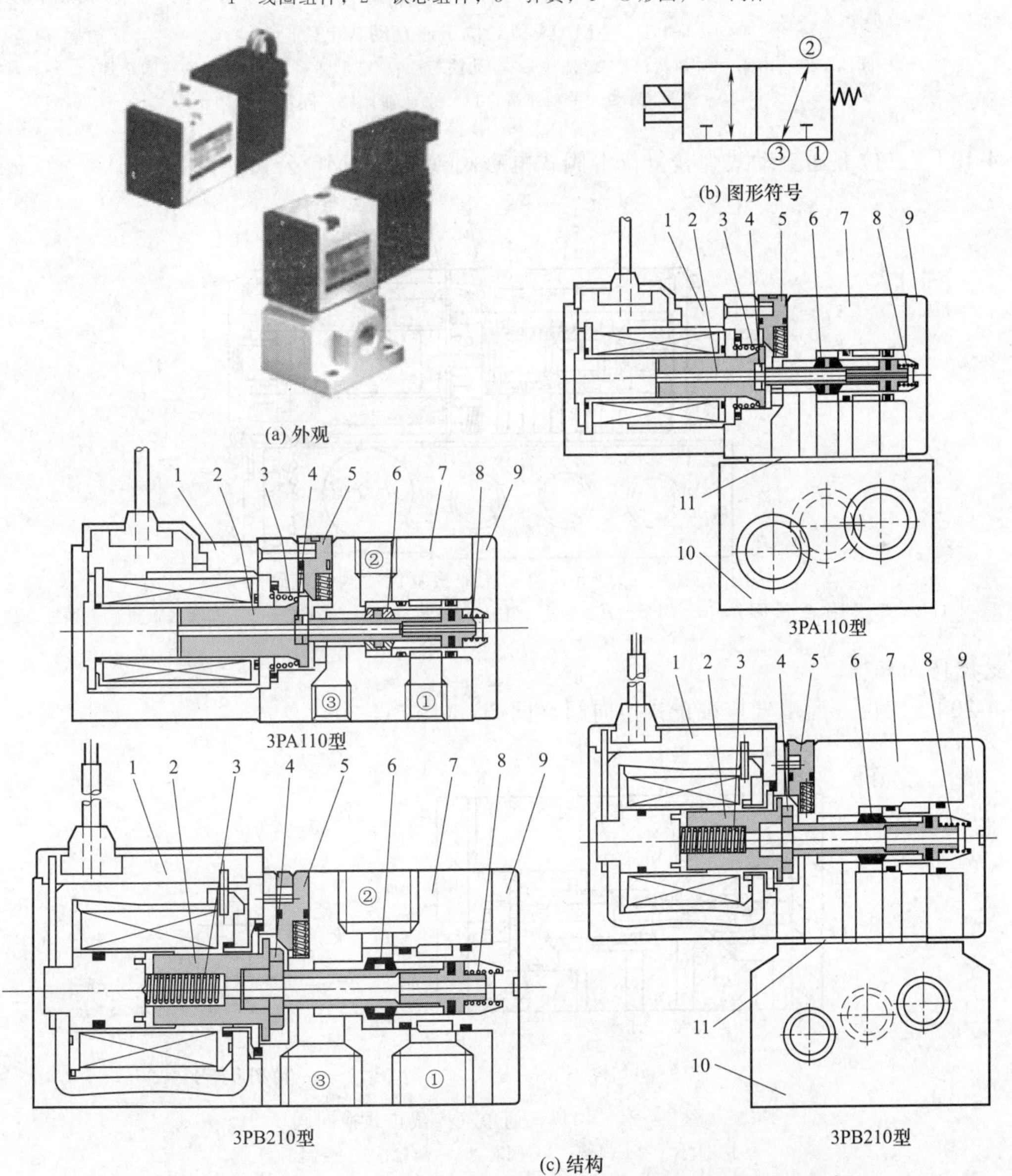

(a) 外观　(b) 图形符号

(c) 结构

图 5-4-17　3PA（B）110 型与 3PA（B）210 型二位三通直动式电磁阀

1—电磁铁；2—衔铁；3—弹簧；4—树脂顶圈；5—手动按钮；6—阀芯组件；7—阀体；8—弹簧；9—阀盖；10—底部通气块；11—密封垫

［例 5-4-18］ 3MAO 型二位三通直动式电磁阀（日本 CKD 公司）（图 5-4-18）

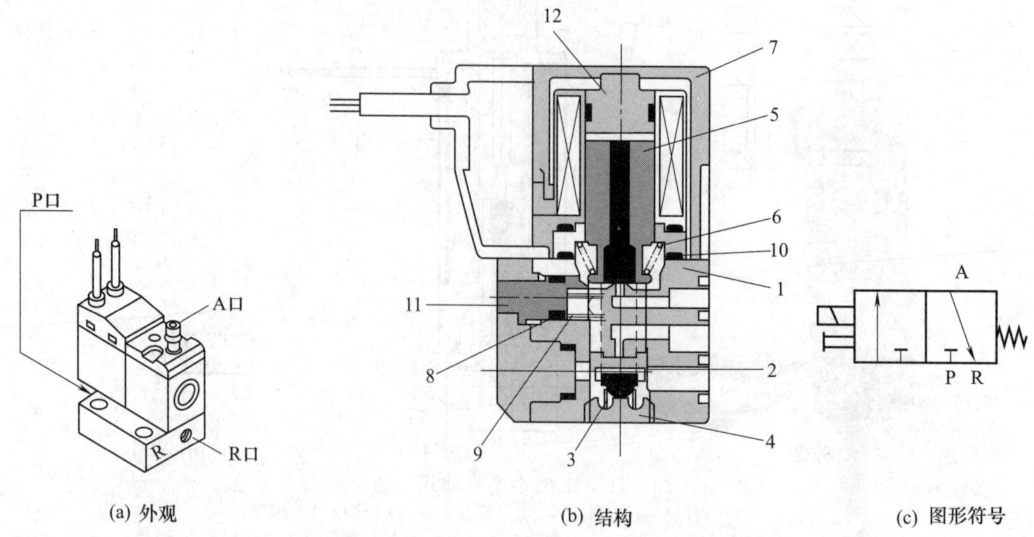

图 5-4-18 3MAO 型二位三通直动式电磁阀

1—阀体；2—阀座；3—弹簧；4—螺塞；5—可动铁芯；6—锥形弹簧；7—电磁铁线圈组件；8，10—O 形圈；9—手动弹簧；11—手动轴；12—固定铁芯

［例 5-4-19］ 二位五通直动式弹簧复位滑阀式电磁阀（日本 SMC 公司）（图 5-4-19）

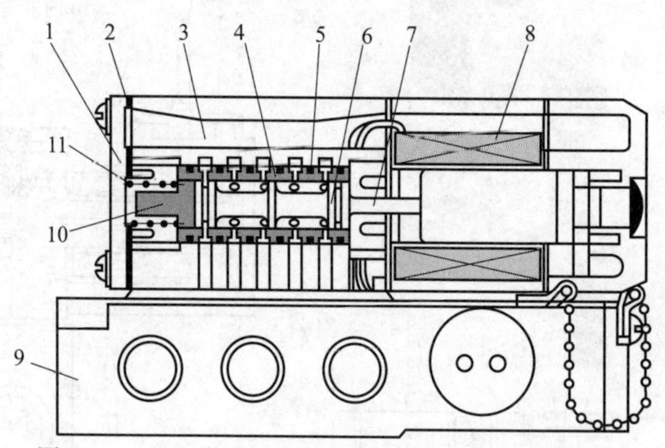

图 5-4-19 二位五通直动式弹簧复位滑阀式电磁阀

1—阀盖；2—密封垫；3—阀体；4—阀套；5—阀套上密封；6—阀芯；7—推杆；8—电磁铁；9—安装底板；10—顶柱；11—复位弹簧

5-4-1-4 气控换向阀

［例 5-4-20］ 二位三通单气控截止式换向阀（国产）（图 5-4-20）

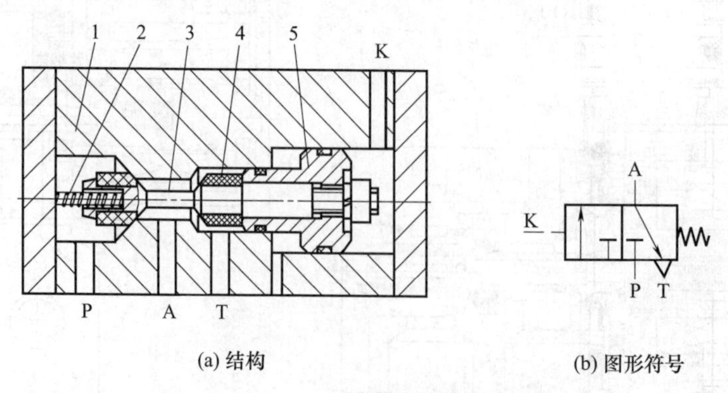

图 5-4-20 二位三通单气控截止式换向阀

1—阀体；2—弹簧；3—阀芯；4—密封；5—控制活塞

［例 5-4-21］ 气动延时换向阀（国产）（图 5-4-21）

［例 5-4-22］ RTD-3A 型气动延时换向阀（日本 CKD 公司）（图 5-4-22）

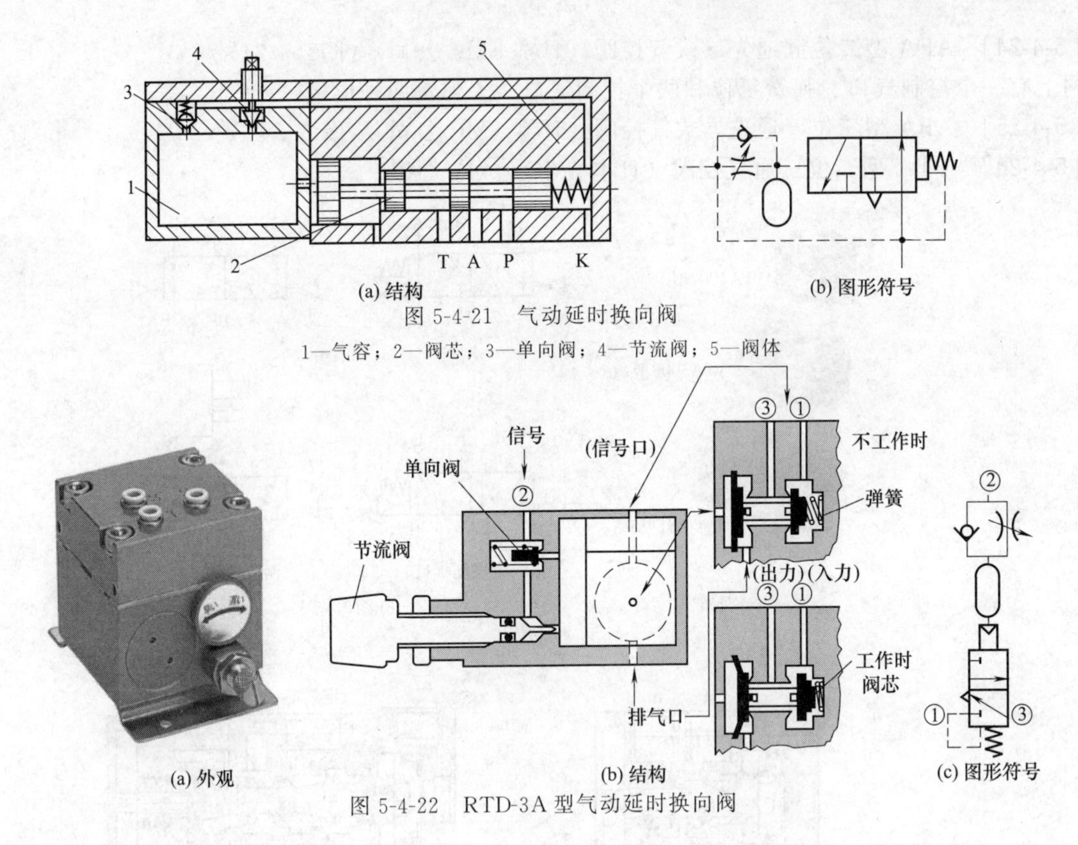

图 5-4-21 气动延时换向阀

1—气容；2—阀芯；3—单向阀；4—节流阀；5—阀体

图 5-4-22 RTD-3A 型气动延时换向阀

［例 5-4-23］ VEX3 型三位三通气控式气动换向阀（日本 SMC 公司）（图 5-4-23）

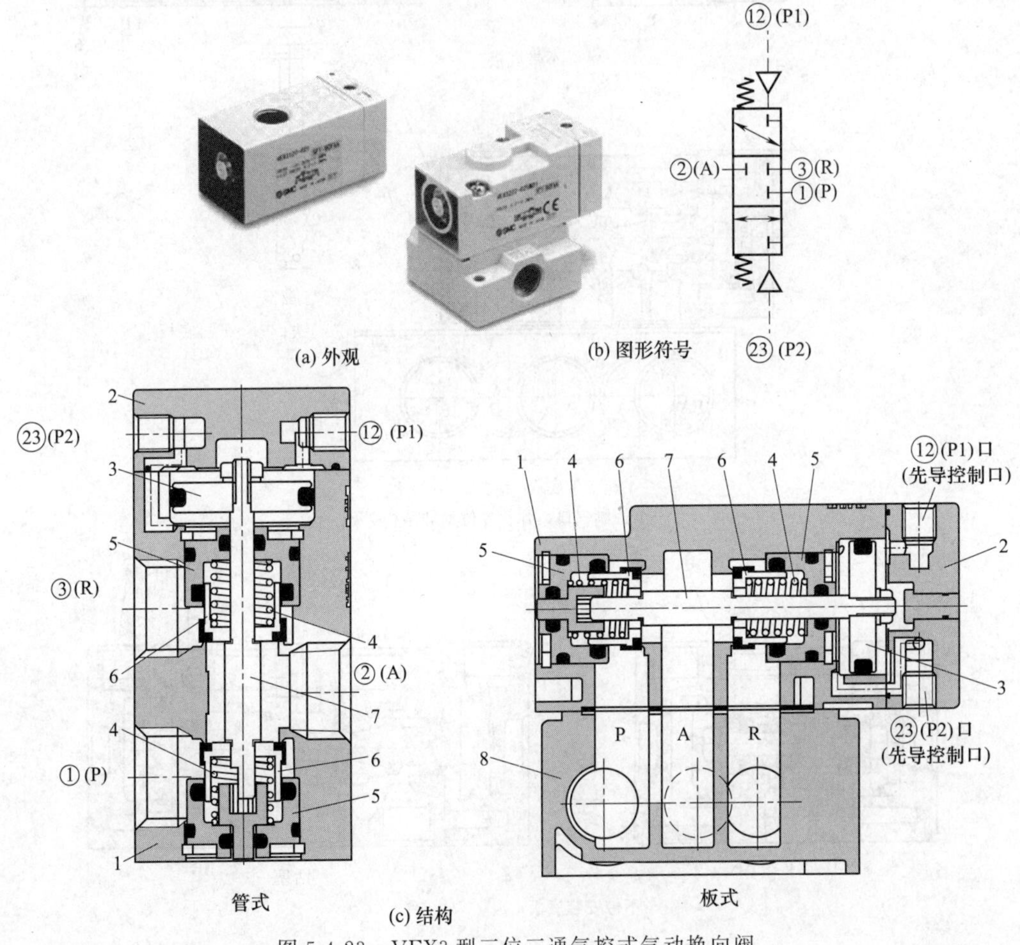

图 5-4-23 VEX3 型三位三通气控式气动换向阀

1—阀体；2—阀盖；3—控制活塞；4—对中弹簧；5—闷头；6—阀芯；7—阀芯推杆；8— 安装底板

［例 5-4-24］ AFA 型二位五通先导式气控阀（日本 SMC 公司）（图 5-4-24）

结构上有一个控制气口、弹簧复位和两个控制气口、无弹簧两种形式。

［例 5-4-25］ AFA 型三位五通先导式气控阀（日本 SMC 公司）（图 5-4-25）

［例 5-4-26］ VTA 型二位三通气控阀（日本 SMC 公司）（图 5-4-26）

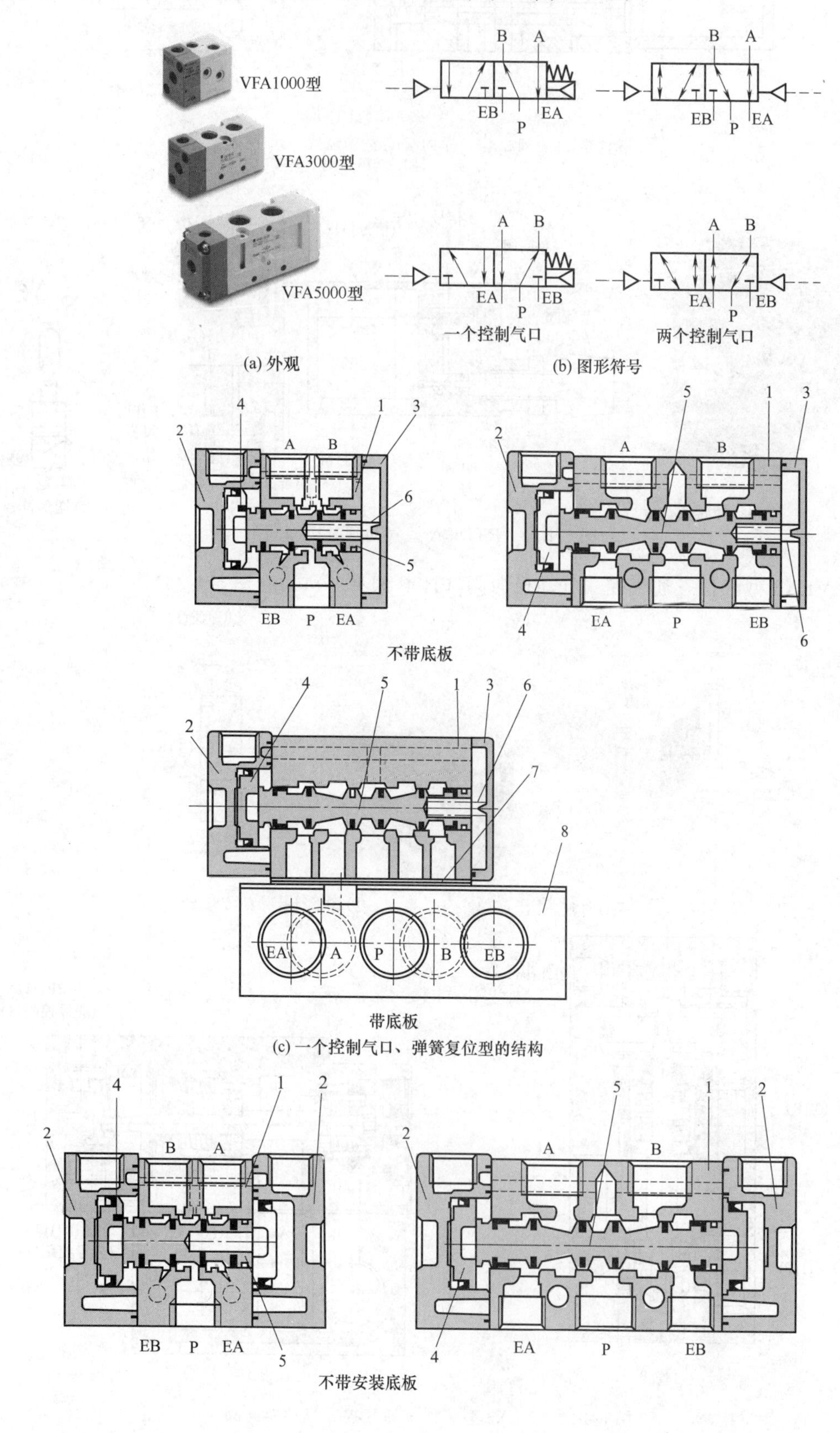

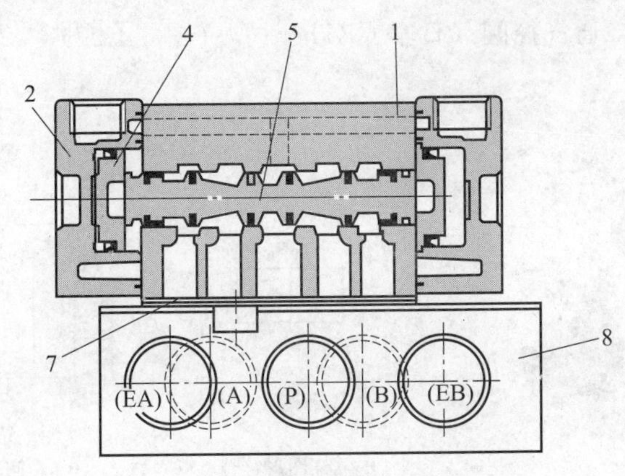

带安装底板

(d) 两个控制气口、无弹簧复位型的结构

图 5-4-24 AFA 型二位五通先导式气控阀

1—阀体；2—先导控制端盖；3—端盖；4—控制活塞；5—阀芯；6—复位弹簧；7—密封板；8—安装底板

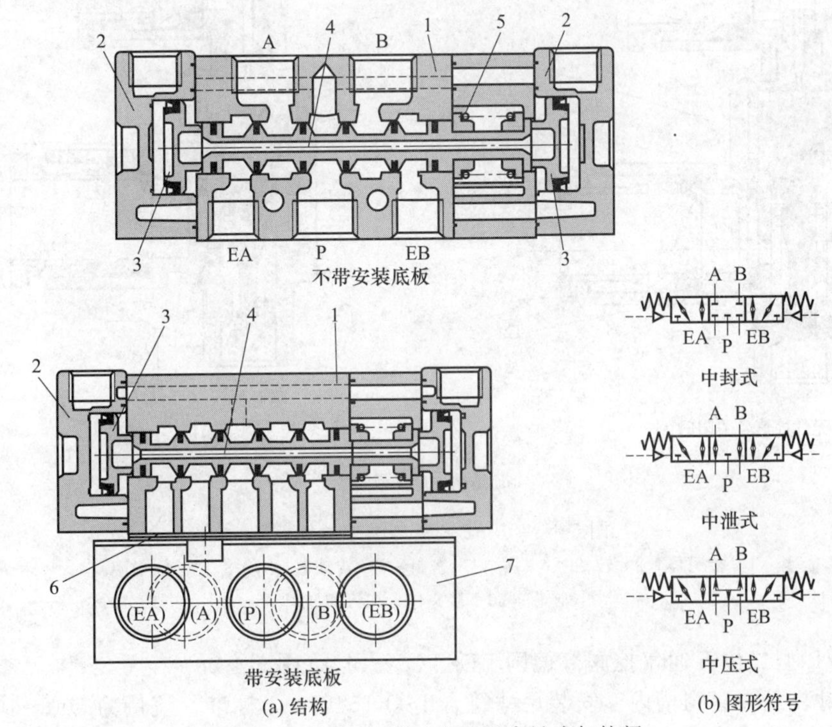

(a) 结构 (b) 图形符号

图 5-4-25 AFA 型三位五通先导式气控阀

1—阀体；2—先导控制端盖；3—控制活塞；4—阀芯；5—对中弹簧；6—密封板；7—安装底板

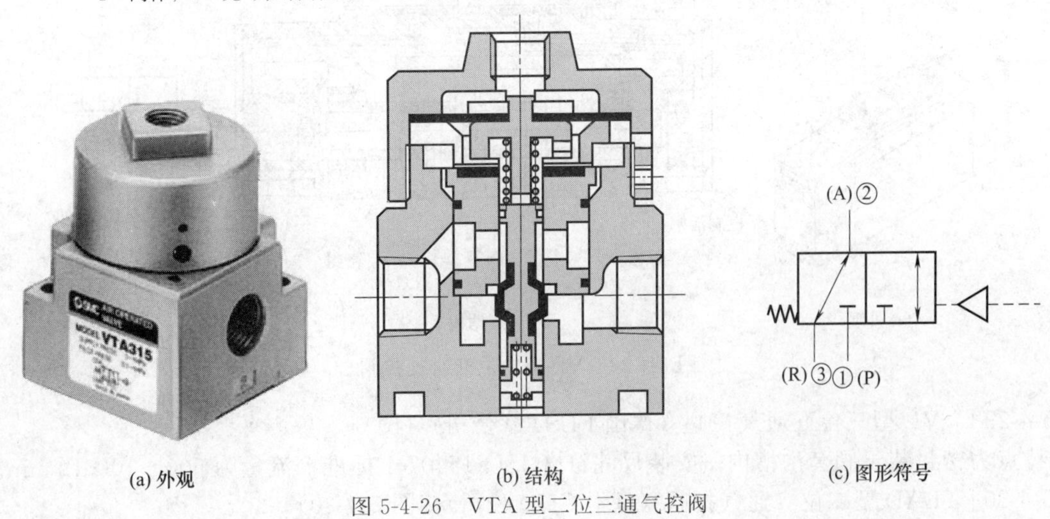

(a) 外观 (b) 结构 (c) 图形符号

图 5-4-26 VTA 型二位三通气控阀

［例 5-4-27］ FPV 型二位二通气控阀（日本 CKD 公司）（图 5-4-27）

又称锁紧阀。

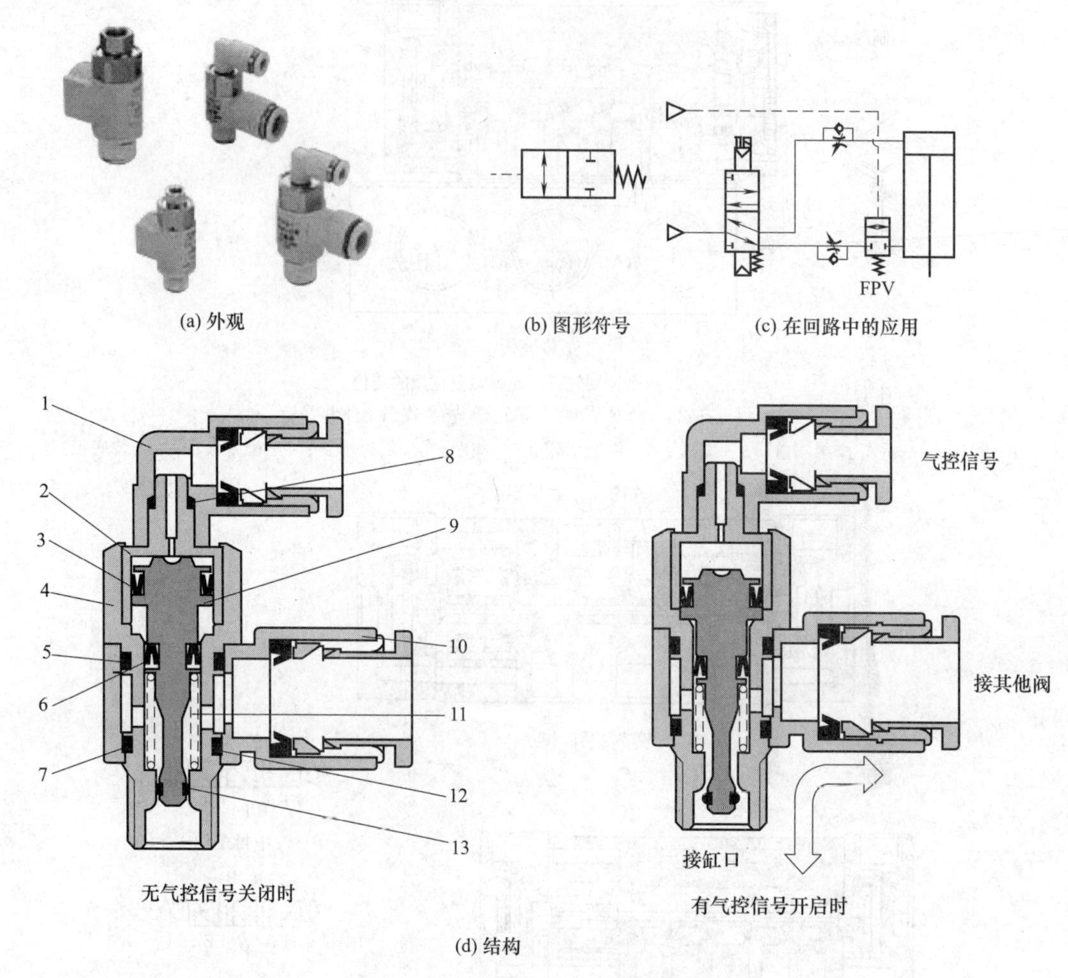

图 5-4-27 FPV 型二位二通气控阀

1—接头体；2—转轴 A；3,6,13—密封；4—转轴 B；5,7,8,12—O 形圈；9—阀芯；10—接头体；11—复位弹簧

［例 5-4-28］ VL 型二位五通气控阀（德国 FESTO 公司）（图 5-4-28）

结构特点为密封装于阀套沟槽内。安装尺寸符合 ISO 15407—1 标准；流量为 500～1000L/min。

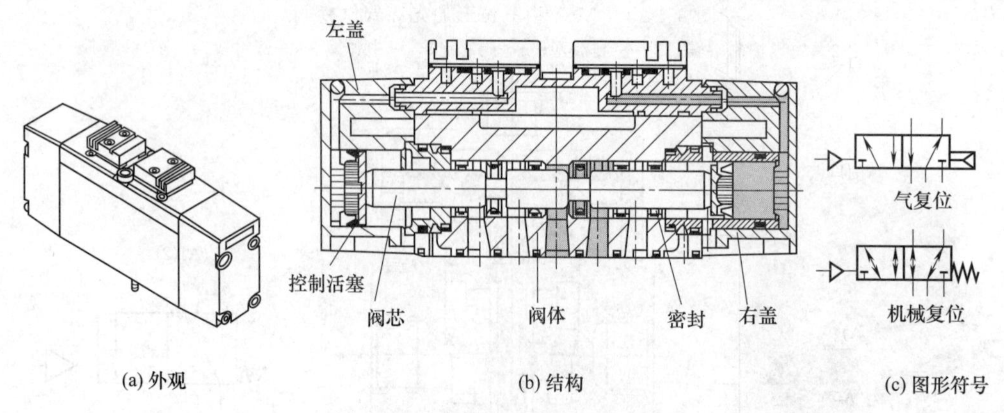

图 5-4-28 VL 型二位五通气控阀

［例 5-4-29］ VL 型三位五通气控阀（德国 FESTO 公司）（图 5-4-29）

结构特点为密封装于阀套沟槽内。安装尺寸符合 ISO 15407-1 标准；流量为 500～1000L/min。

［例 5-4-30］ LAD 型二位二通气控阀（日本 CKD 公司）（图 5-4-30）

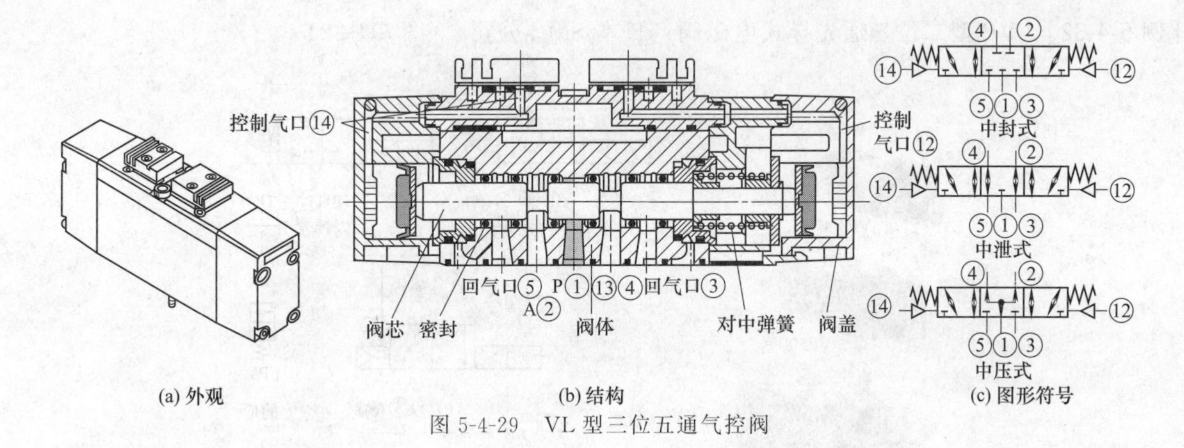

图 5-4-29　VL 型三位五通气控阀

单控时，X 孔或 Y 孔堵住。

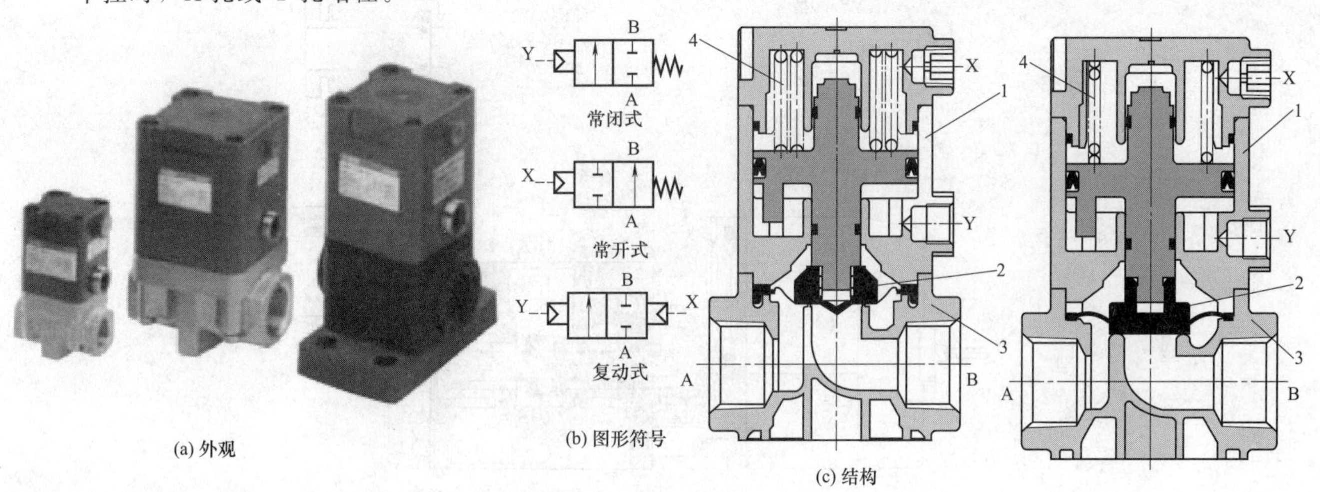

图 5-4-30　LAD 型二位二通气控阀

1—阀开闭控制缸；2—膜片；3—阀体；4—缸活塞复位弹簧

5-4-1-5　先导式电磁阀

［例 5-4-31］　SYJ300R 型二位三通单电磁铁先导式电磁阀（日本 SMC 公司）（图 5-4-31）

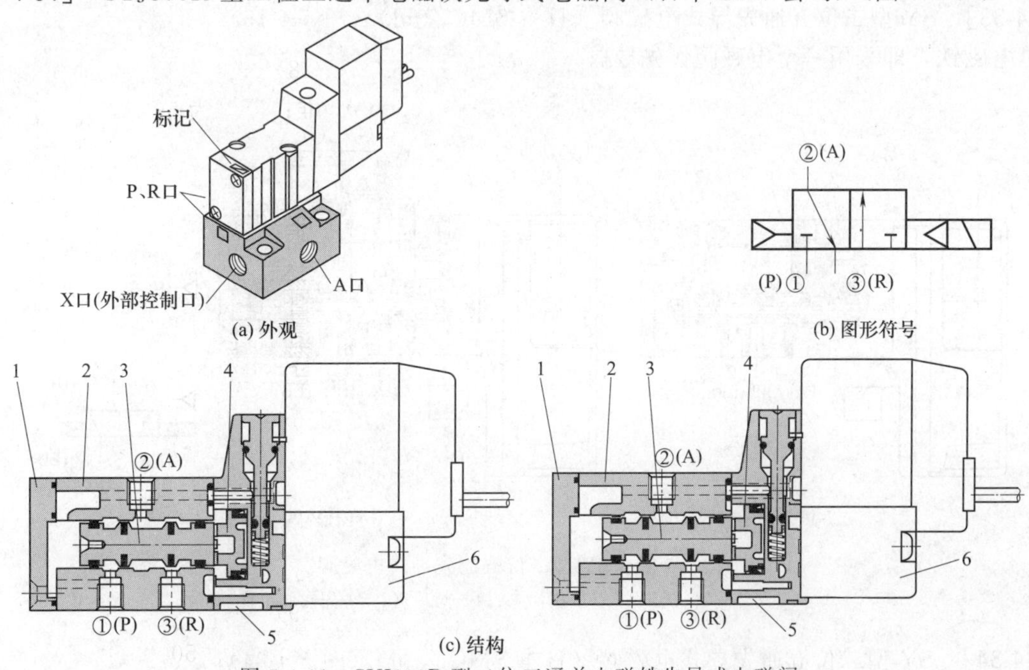

图 5-4-31　SYJ300R 型二位三通单电磁铁先导式电磁阀

1—阀盖；2—阀体；3—阀芯；4—柱塞；5—柱塞板；6—先导阀

［例 5-4-32］ VP 型二位三通先导式电磁阀（日本 SMC 公司）（图 5-4-32）

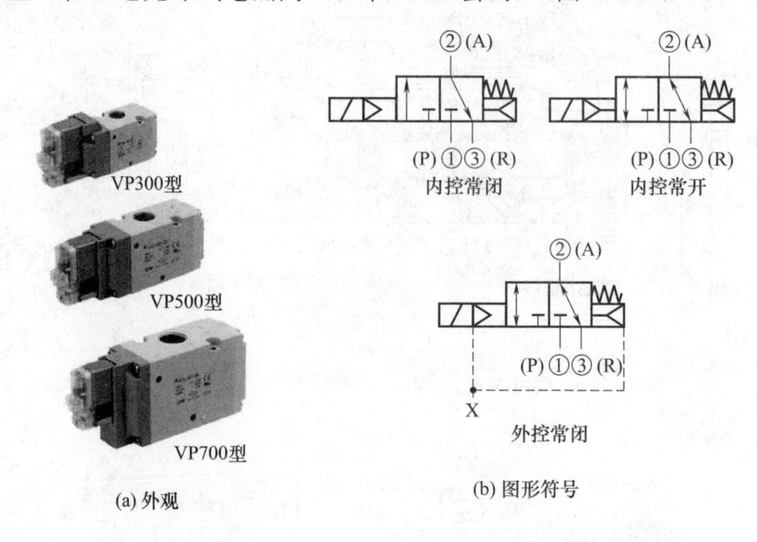

(a) 外观　　(b) 图形符号

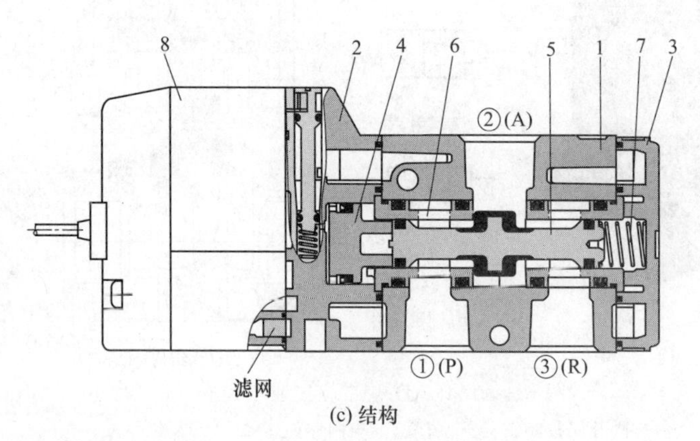

(c) 结构

图 5-4-32　VP 型二位三通先导式电磁阀

1—主阀体；2—手动装置；3—端盖；4—控制活塞；5—阀芯；6—阀套；7—复位弹簧；8—先导阀组件

［例 5-4-33］ SY 型二位五通先导式电磁阀（日本 SMC 公司）（图 5-4-13）

采用单电磁铁，即采用一个电磁阀作先导阀。

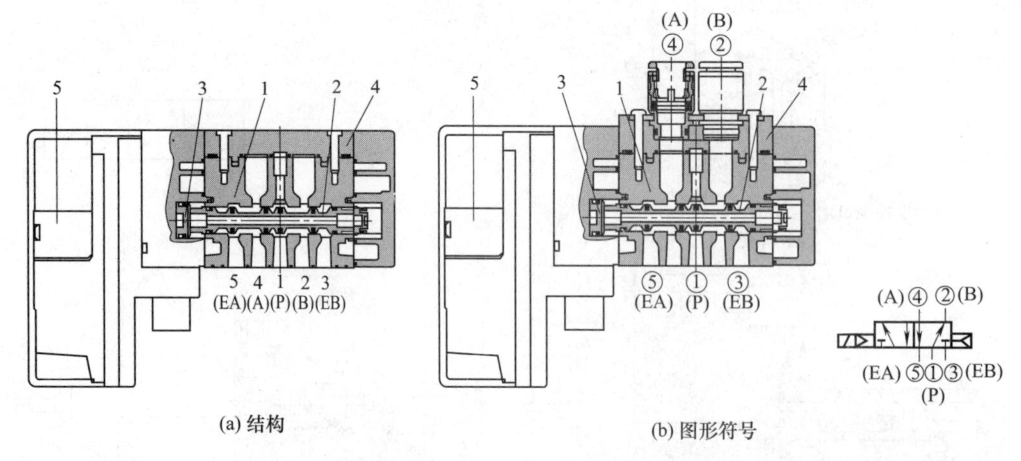

(a) 结构　　(b) 图形符号

图 5-4-33　SY 型二位五通先导式电磁阀

1—阀体；2—阀芯；3—控制活塞；4—阀顶盖；5—先导阀组件

［例 5-4-34］ SY 型二位五通先导式电磁阀（日本 SMC 公司）（图 5-4-34）

采用双电磁铁，即采用两个电磁阀作先导阀。

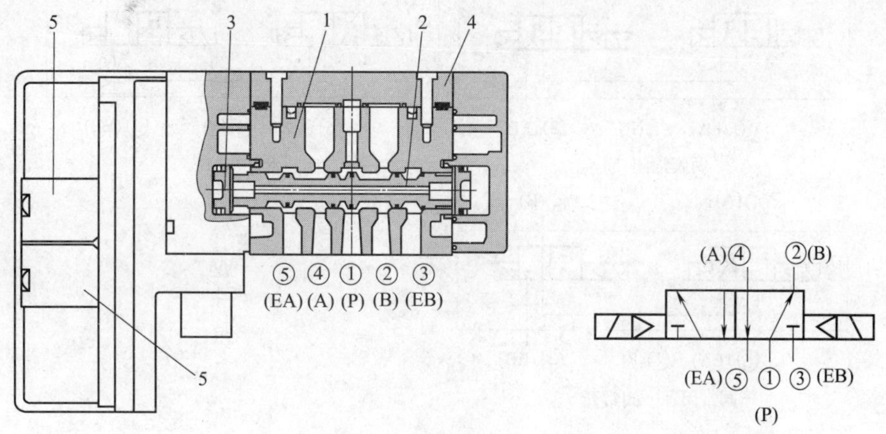

(a) 不带防背压阀的双电磁铁先导式二位五通电磁阀结构与图形符号

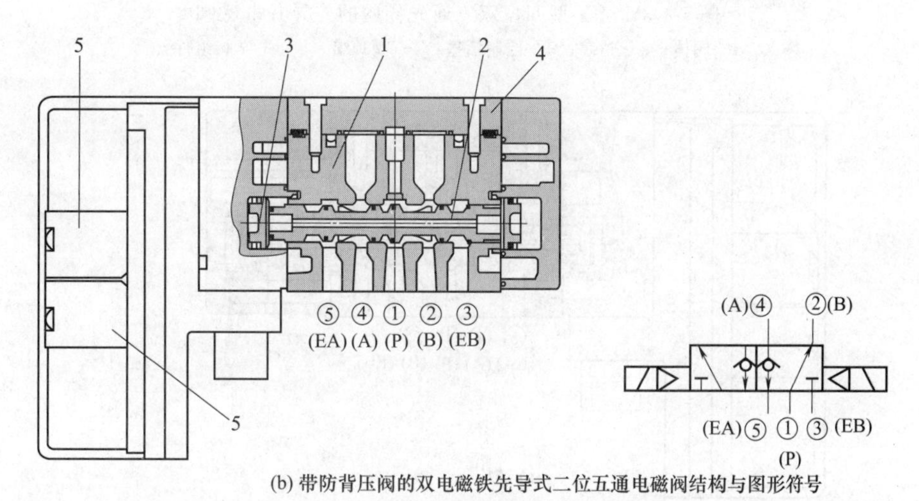

(b) 带防背压阀的双电磁铁先导式二位五通电磁阀结构与图形符号

图 5-4-34 SY 型二位五通先导式电磁阀

1—阀体；2—阀芯；3—控制活塞；4—阀顶盖；5—先导阀组件

［例 5-4-35］ SY 型四位双三通先导阀的先导式电磁阀（日本 SMC 公司）（图 5-4-35）

［例 5-4-36］ SY 型三位五通先导式电磁阀（日本 SMC 公司）（图 5-4-36）

［例 5-4-37］ SY3000～SY9000 型二位五通先导式电磁阀（日本 SMC 公司）（图 5-4-37）

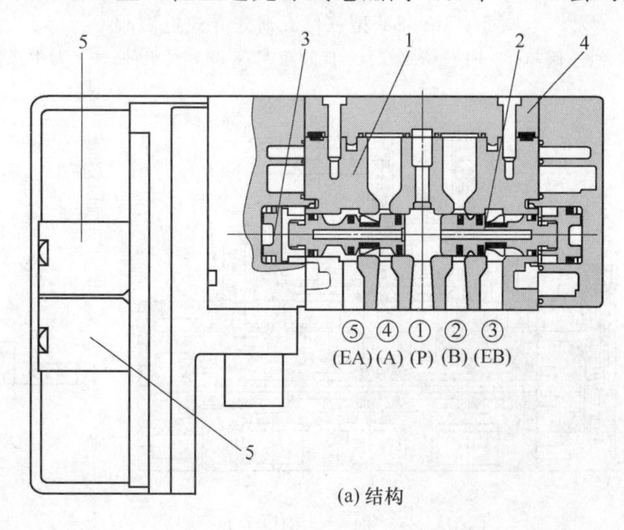

(a) 结构

图 5-4-35

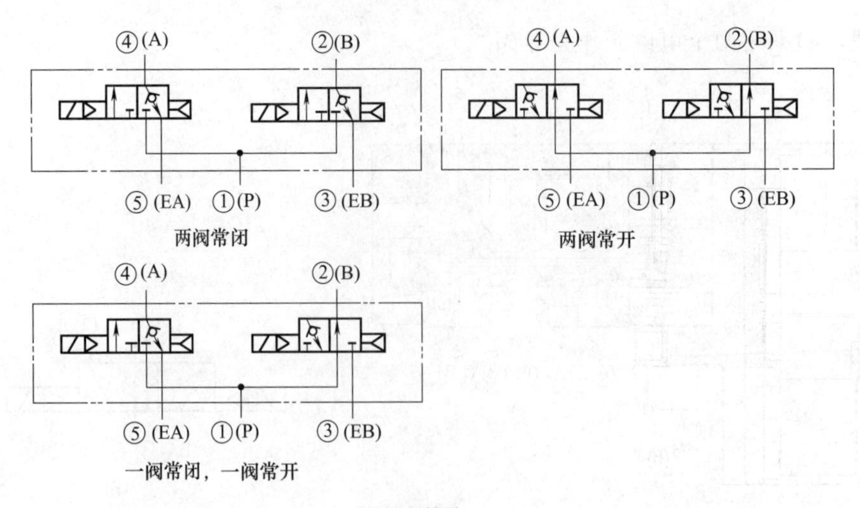

(b) 图形符号

图 5-4-35　SY 型四位双三通先导阀的先导式电磁阀

1—阀体；2—阀芯；3—控制活塞；4—阀顶盖；5—先导阀组件

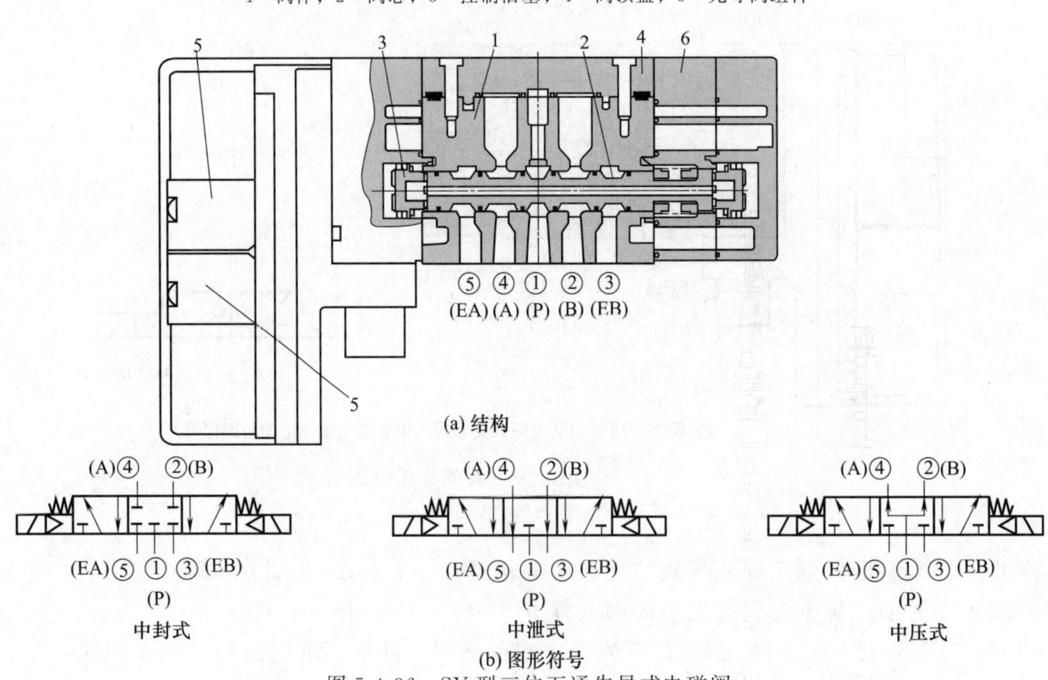

(a) 结构

(b) 图形符号

图 5-4-36　SY 型三位五通先导式电磁阀

1—阀体；2—阀芯；3—控制活塞；4—阀顶盖；5—先导阀组件；6—对中弹簧组件

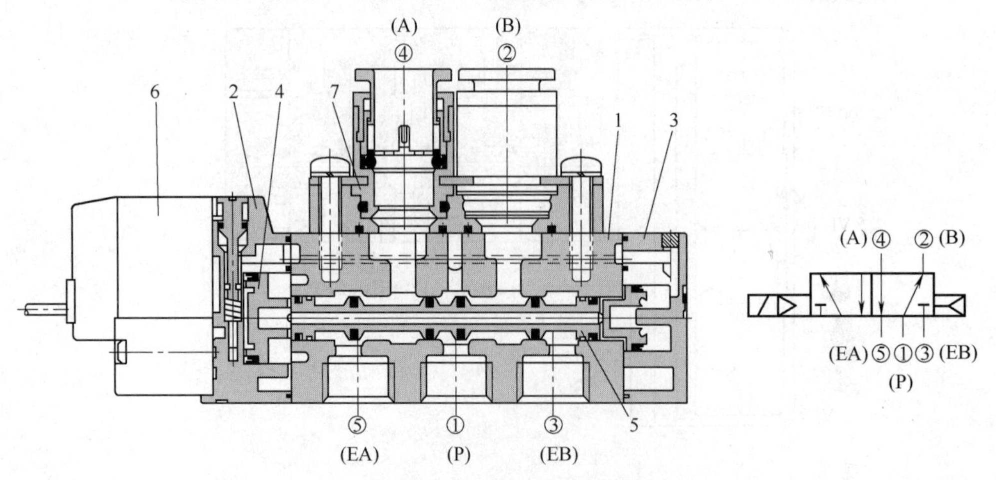

(a) 单电磁铁二位五通先导式电磁阀结构与图形符号

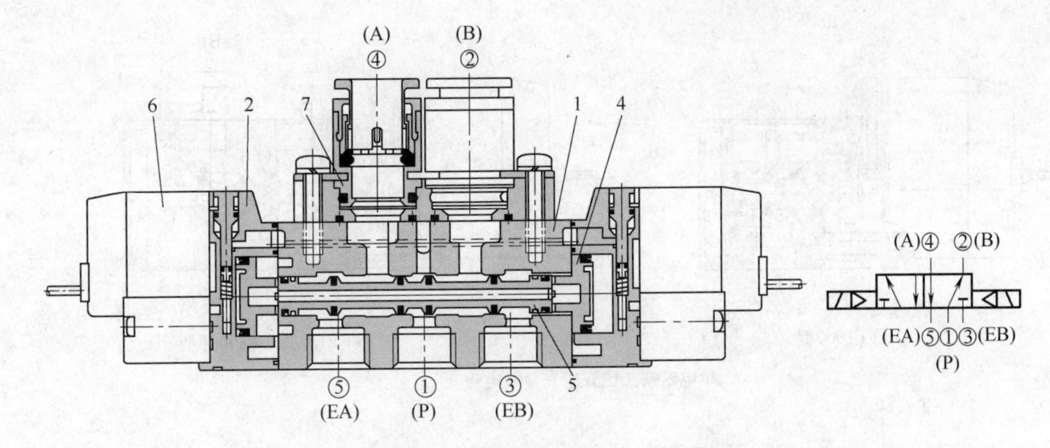

(b) 双电磁铁二位五通先导式电磁阀结构与图形符号

图 5-4-37　SY3000～SY9000 型二位五通先导式电磁阀

1—阀体；2—手动与控制活塞块；3—端盖；4—控制活塞；5—主阀芯；6—先导阀（直动式电磁阀）组件；7—阀口连接组件

［例 5-4-38］　SY3000～SY9000 型三位五通先导式电磁阀（日本 SMC 公司）（图 5-4-38）

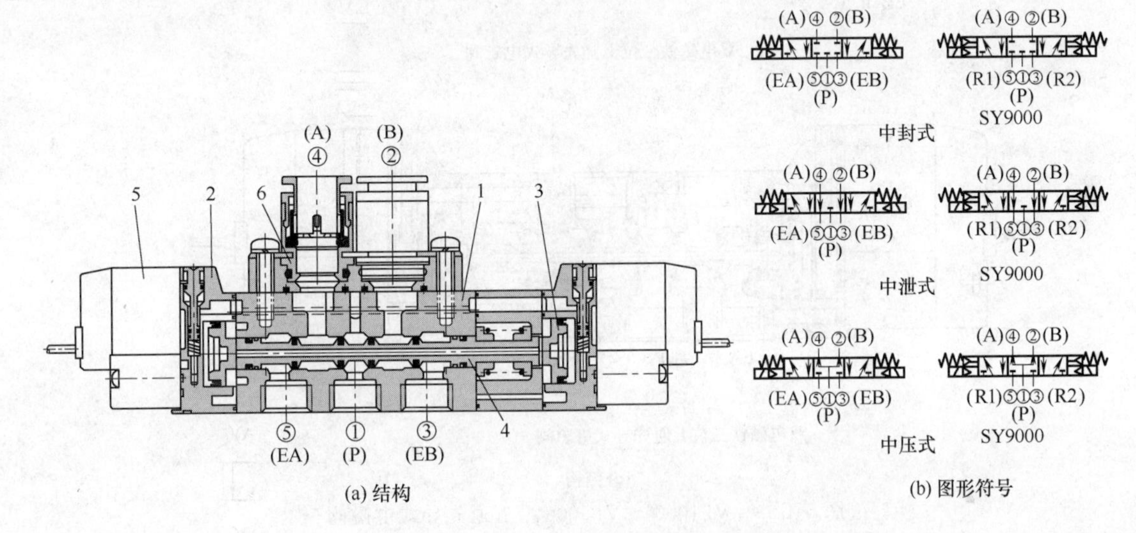

(a) 结构　　(b) 图形符号

图 5-4-38　SY3000～SY9000 型三位五通先导式电磁阀

1—阀体；2—手动与控制活塞块；3—控制活塞；4—主阀芯；5—先导阀（直动式电磁阀）组件；6—阀口连接组件

［例 5-4-39］　VF1000～VF5000 型五通先导式电磁阀（日本 SMC 公司）（图 5-4-39）

直接配管型，单体式。

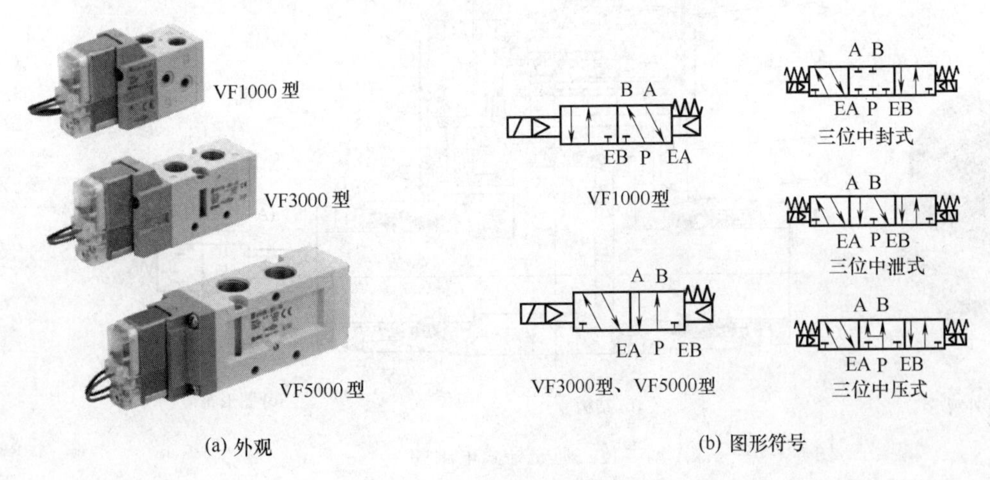

(a) 外观　　(b) 图形符号

图 5-4-39

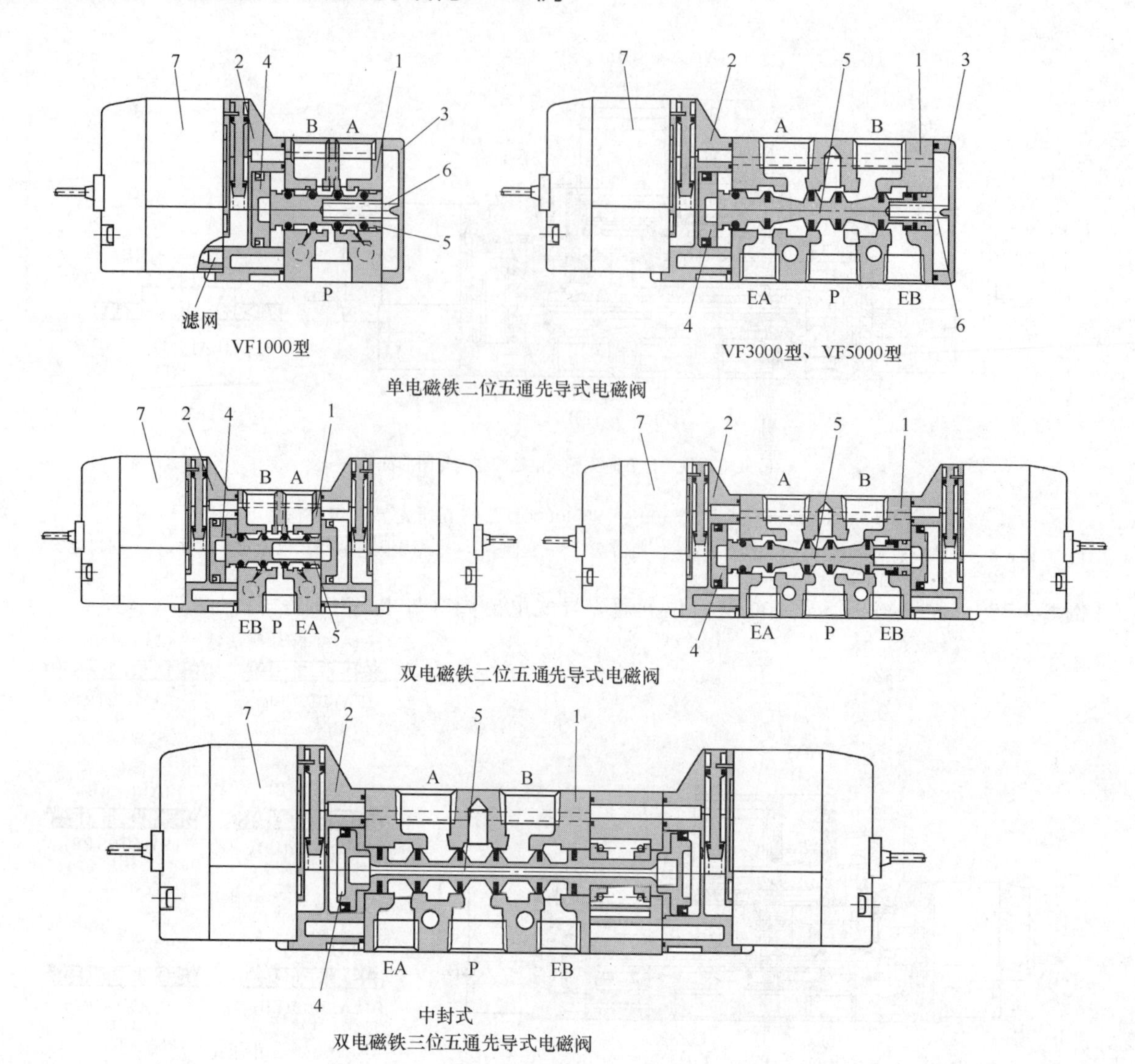

(c) 结构

图 5-4-39 VF1000～VF5000 型五通先导式电磁阀

1—阀体；2—连接板；3—端板；4—控制活塞；5—滑阀芯；6—复位弹簧；7—先导阀组件

[例 5-4-40] EXA 型二位二通先导式电磁阀（日本 CKD 公司）（图 5-4-40）

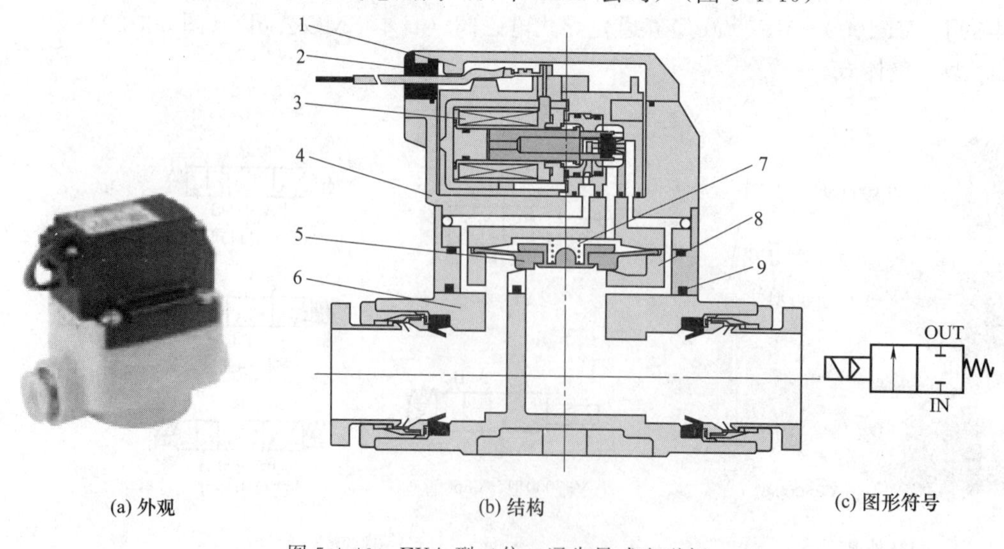

(a) 外观　(b) 结构　(c) 图形符号

图 5-4-40 EXA 型二位二通先导式电磁阀

1—盖；2—绝缘套；3—线圈组件；4—先导阀组件；5—膜片组件；6—主阀体；7—弹簧；8—膜片阀阀体；9—密封

[例 5-4-41] 4GA410 型二位五通单电磁铁先导式换向阀（日本 CKD 公司）（图 5-4-41）

结构特点为密封装于阀芯沟槽内。安装尺寸符合 ISO 15407-1 标准；流量为 500～1000L/min。

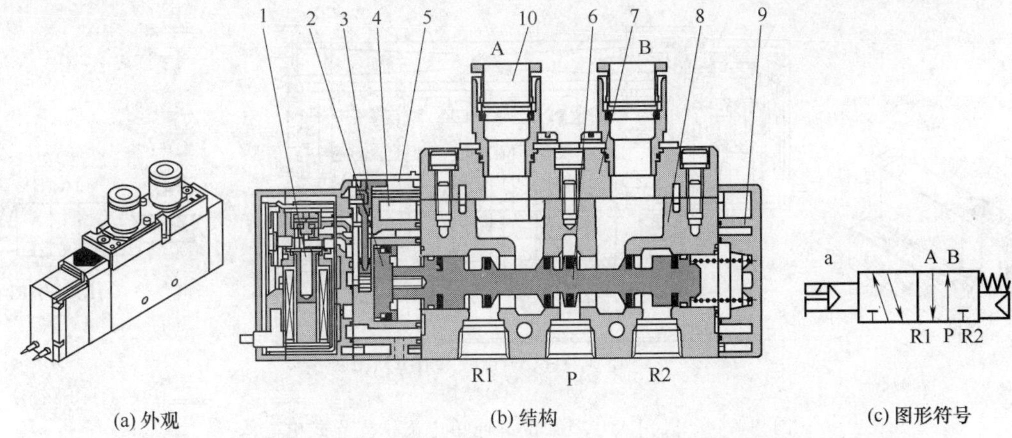

图 5-4-41 4GA410 型二位五通单电磁铁先导式换向阀

1—线圈组件；2—先导阀（电磁阀）组件；3—手动装置；4—电磁阀阀腔；5—手动保护盖；6—主阀（气控阀）阀芯组件；7—管路连接器；8—主阀体；9—阀盖；10—接头

[例 5-4-42] 4GA420 型二位五通双电磁铁先导式换向阀（日本 CKD 公司）（图 5-4-42）

基本情况同 4GA410 型二位五通单电磁铁先导式换向阀。

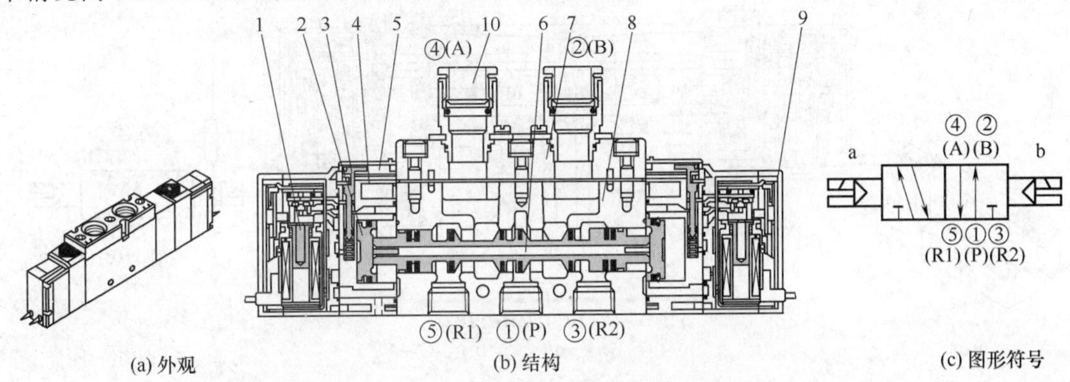

图 5-4-42 4GA420 型二位五通双电磁铁先导式换向阀

1—线圈组件；2—先导阀（电磁阀组件）；3—手动装置；4—电磁阀阀腔；5—手动保护盖；6—主阀（气控阀）阀芯组件；7—管路连接器；8—主阀体；9—阀盖；10—接头

[例 5-4-43] 4GA430、4GA440、4GA450 型三位五通双电磁铁先导式换向阀（日本 CKD 公司）（图 5-4-43）

基本情况同 4GA410 型二位五通单电磁铁先导式换向阀。

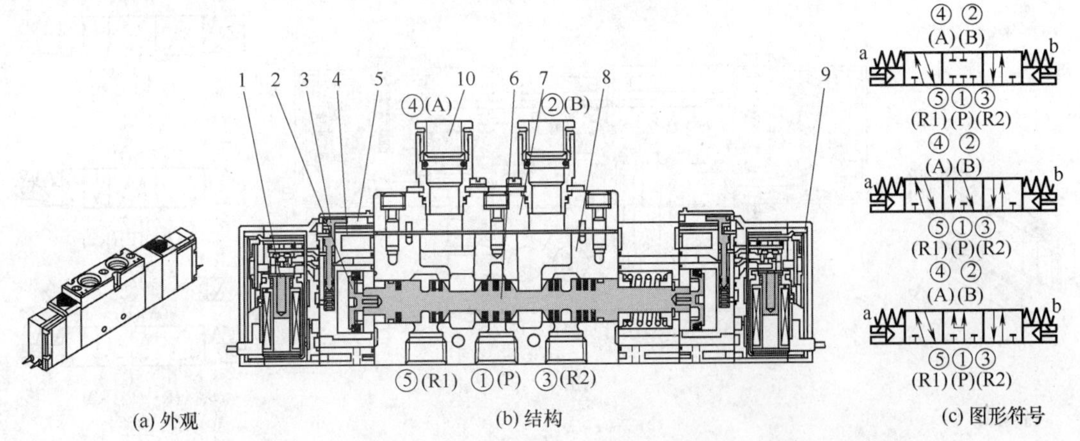

图 5-4-43 4GA430 、4GA440、4GA450 型三位五通双电磁铁先导式换向阀

1—线圈组件；2—先导阀（电磁阀组件）；3—手动装置；4—电磁阀阀腔；5—手动保护盖；6—主阀（气控阀）阀芯组件；7—管路连接器；8—主阀体；9—阀盖；10—接头

［例 5-4-44］ 4GB410 型二位五通单电磁铁先导式电磁阀（日本 CKD 公司）（图 5-4-44）

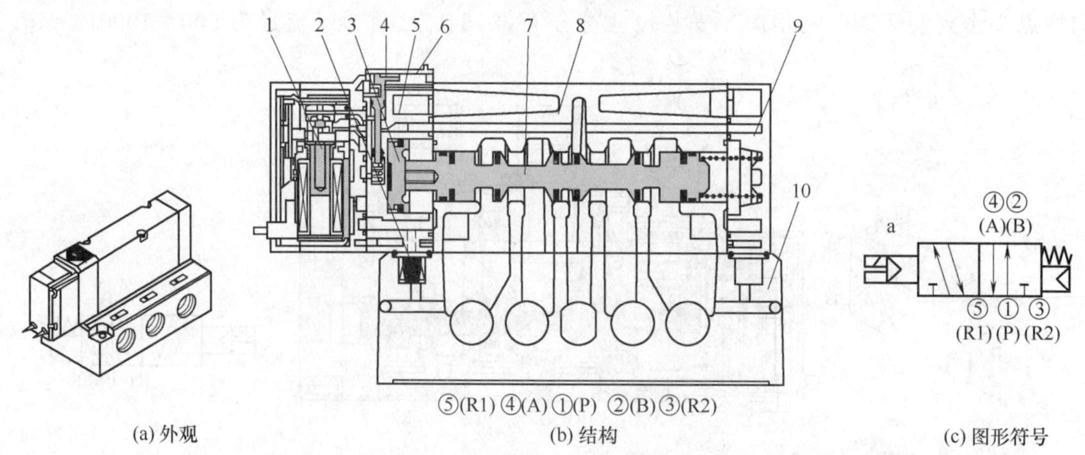

图 5-4-44 4GB410 型二位五通单电磁铁先导式电磁阀

1—线圈组件；2—手动装置；3—先导阀（电磁阀）组件；4—手动保护盖；5—电磁阀阀腔；6—管路连接器；7—主阀（气控阀）阀芯组件；8—主阀体；9—阀盖；10—底板

［例 5-4-45］ 4GB420 型二位五通双电磁铁先导式电磁阀（日本 CKD 公司）（图 5-4-45）

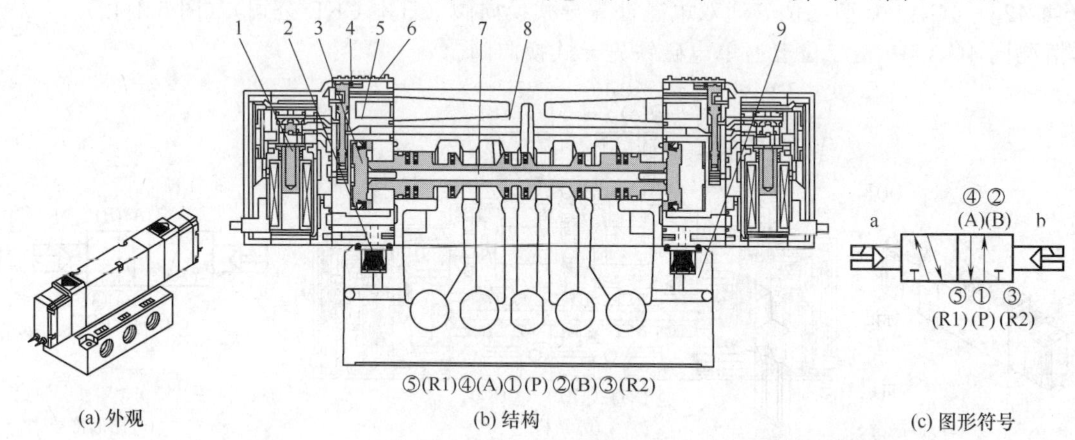

图 5-4-45 4GB420 型二位五通双电磁铁先导式电磁阀

1—线圈组件；2—先导阀（电磁阀）组件；3—手动装置；4—电磁阀阀腔；5—手动保护盖；6—主阀（气控阀）阀芯组件；7—管路连接器；8—主阀体；9—底板

［例 5-4-46］ 4GB430、4GB440、4GB450 型三位五通双电磁铁先导式电磁阀（日本 CKD 公司）（图 5-4-46）

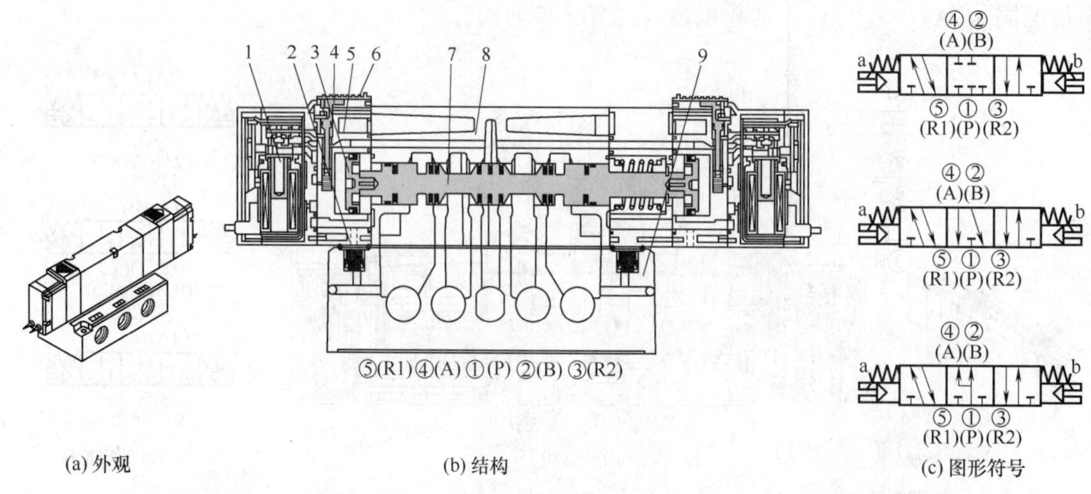

图 5-4-46 4GB430、4GB440、4GB450 型三位五通双电磁铁先导式电磁阀

1—线圈组件；2—先导阀（电磁阀）组件；3—手动装置；4—电磁阀阀腔；5—手动保护盖；6—主阀（气控阀）阀芯组件；7—管路连接器；8—主阀体；9—底板

［例 5-4-47］ MN2H 型二位五通单电磁铁先导式电磁阀（德国 FESTO 公司）（图 5-4-47）

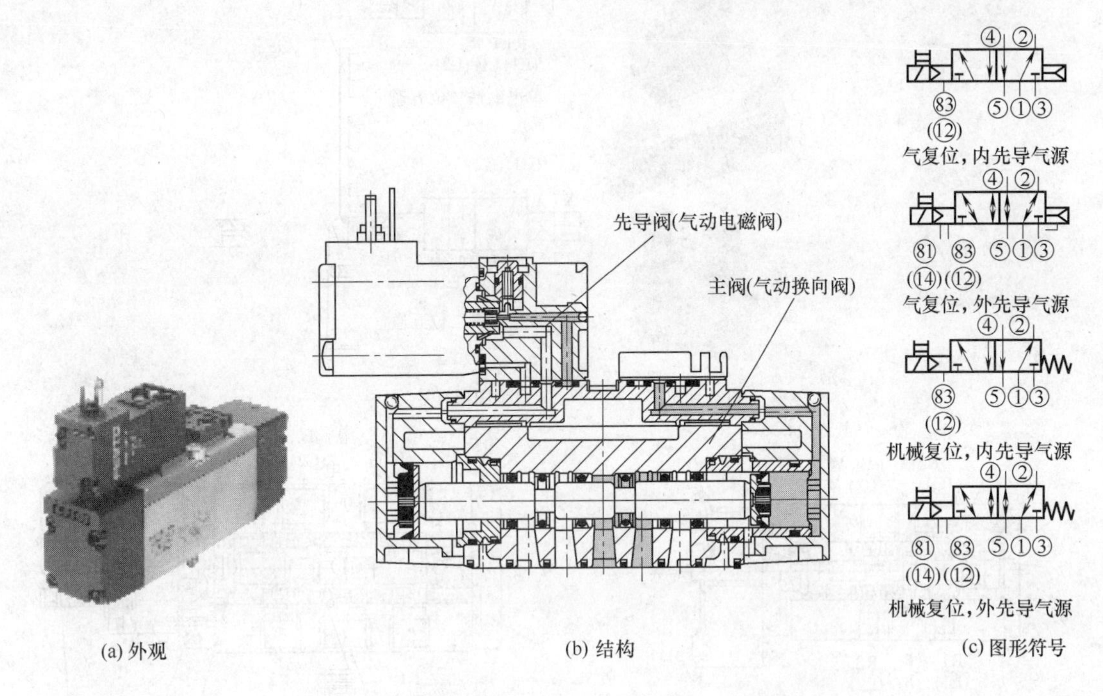

图 5-4-47　MN2H 型二位五通单电磁铁先导式电磁阀

［例 5-4-48］ SYJ300R 型二位三通单电磁铁先导式电磁阀（日本 SMC 公司）（图 5-4-48）

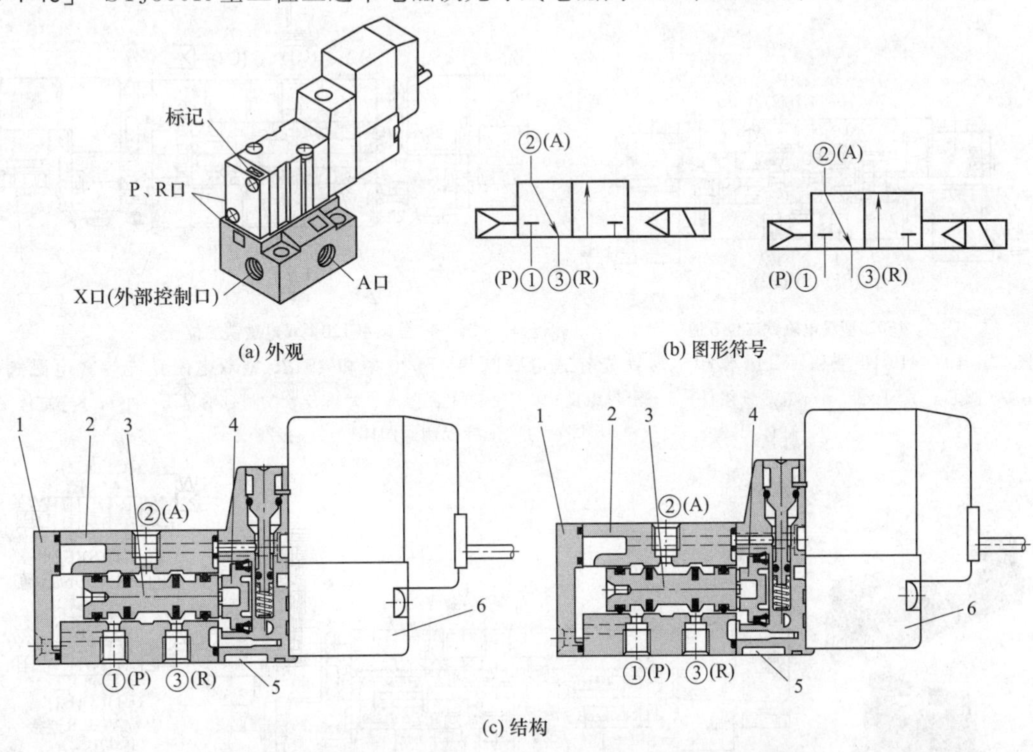

图 5-4-48　SYJ300R 型二位三通单电磁铁先导式电磁阀

1—阀盖；2—阀体；3—阀芯；4—柱塞；5—柱塞板；6—先导阀

［例 5-4-49］ 4F010 型和 4F110 型单电磁铁先导式电磁阀与 4F020 型和 4F120 型双电磁先导式电磁阀（日本 CKD 公司）（图 5-4-49）

［例 5-4-50］ 4F130 型三位五通双电磁铁先导式电磁阀（日本 CKD 公司）（图 5-4-50）

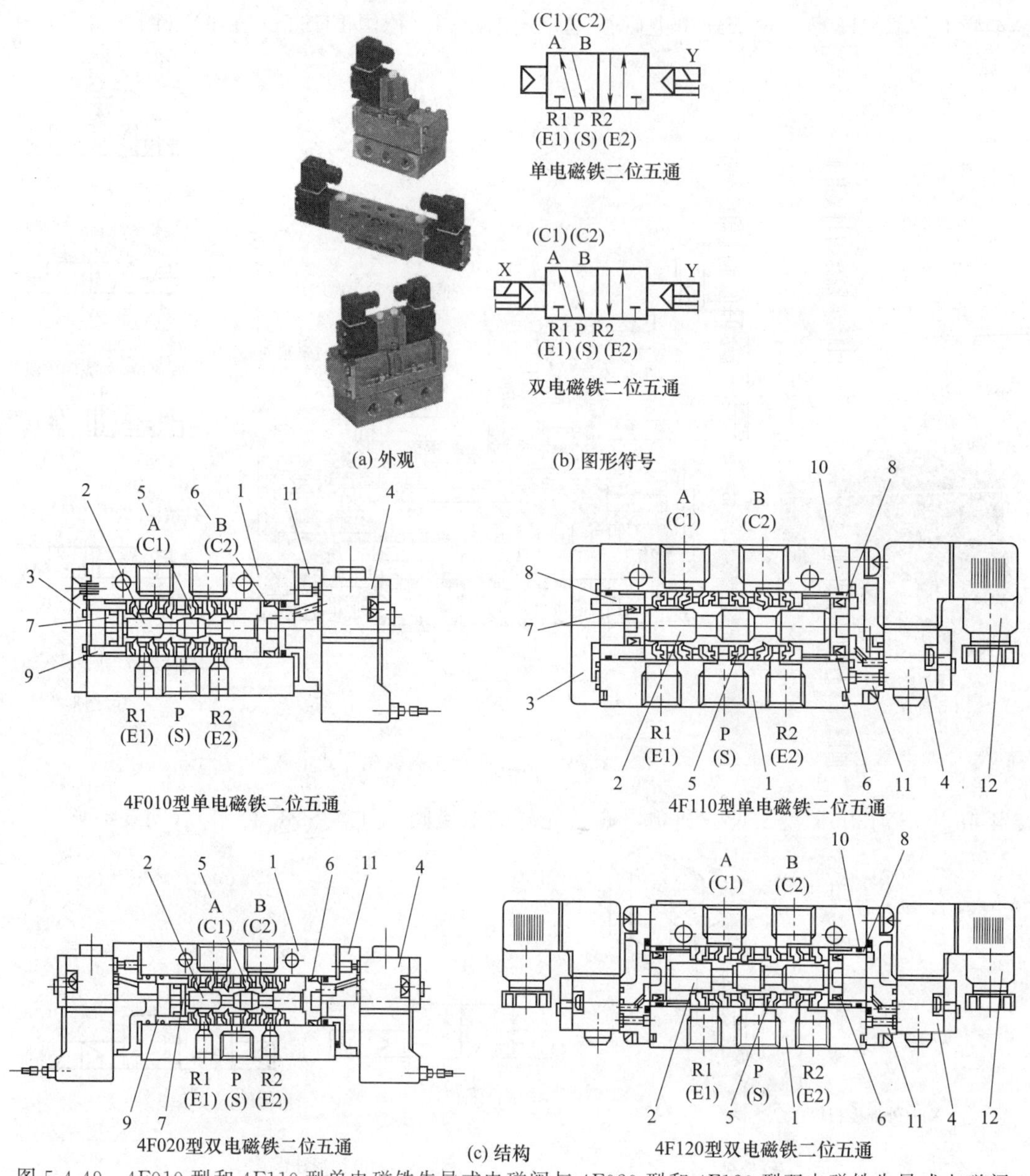

图 5-4-49 4F010 型和 4F110 型单电磁铁先导式电磁阀与 4F020 型和 4F120 型双电磁铁先导式电磁阀

1—阀体；2—阀芯；3—阀盖；4—电磁铁组件；5—密封组件；6—控制缸活塞 A（大）；7—控制缸活塞 B（小）；8—缸体 A（大）；9—缸体 B（小）；10—O 形圈；11—先导控制阀阀体；12—接线端子

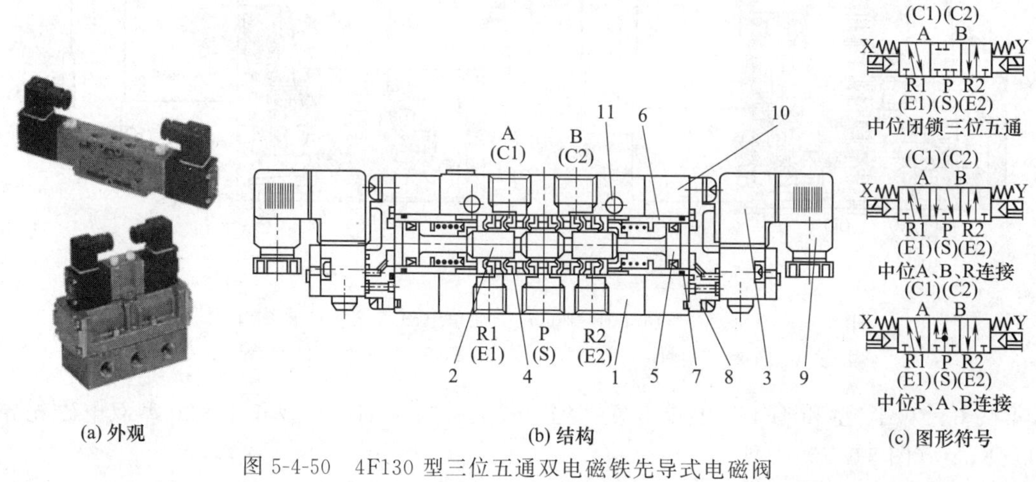

图 5-4-50 4F130 型三位五通双电磁铁先导式电磁阀

1—阀体；2—阀芯；3—电磁铁组件；4—密封组件；5—控制缸活塞 A；6—缸体 A；7—O 形圈；8—先导控制阀阀体；9—接线端子；10—体块；11—弹簧座

［例 5-4-51］ 4TB119 型单电磁铁与 4TB129 型双电磁铁二位五通先导式电磁阀（日本 CKD 公司）（图 5-4-51）

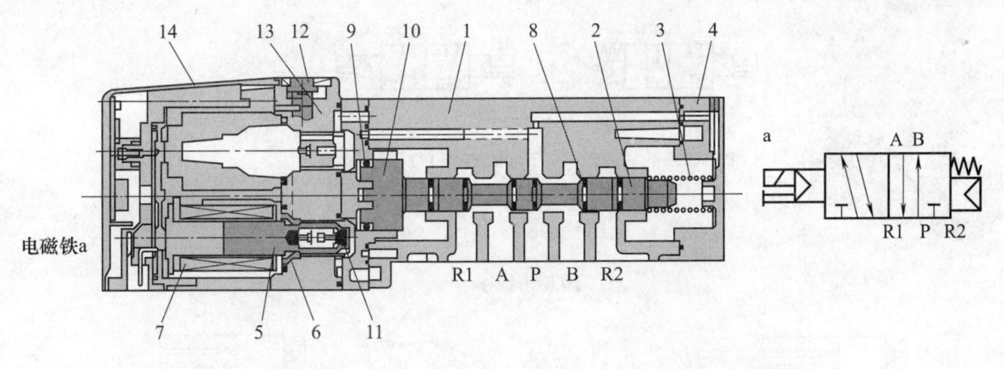

(a) 4TB119型二位五通单电磁铁先导式电磁阀结构与图形符号

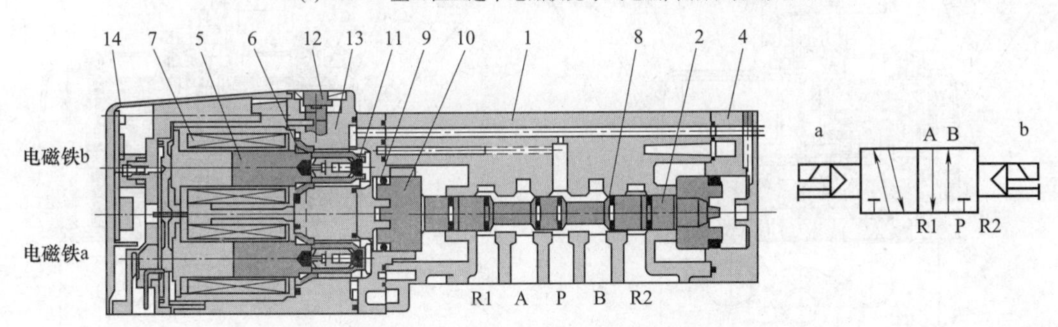

(b) 4TB129型二位五通双电磁铁先导式电磁阀结构与图形符号

图 5-4-51　4TB119 型单电磁铁与 4TB129 型双电磁铁二位五通先导式电磁阀

1—主阀体；2—主阀芯；3—复位弹簧；4—阀盖；5—铁芯；6—铁芯复位弹簧；7—线圈；8—主阀芯密封；9—Y 形密封；10—控制活塞；11—先导阀阀座；12—手动按钮；13—先导阀（直动式电磁阀）；14—左盖

［例 5-4-52］ 4TB139、4TB149 与 4TB159 型三位五通先导式电磁阀（日本 CKD 公司）（图 5-4-52）4TB139 为中封式，4TB149 为中泄式，4TB159 型为卸载式。

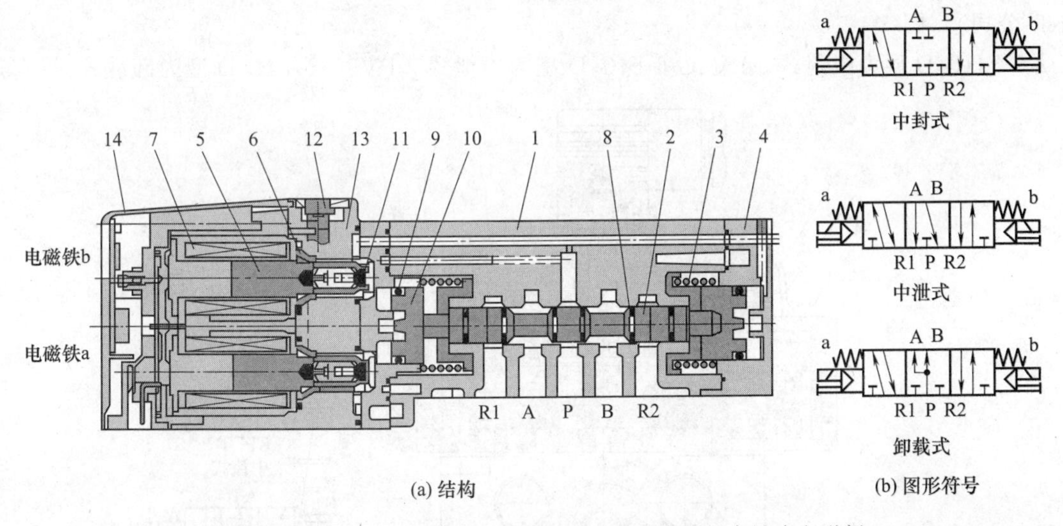

(a) 结构　(b) 图形符号

图 5-4-52　4TB139、4TB149 与 4TB159 型三位五通先导式电磁阀

1—主阀体；2—主阀芯；3—对中弹簧；4—阀盖；5—铁芯；6—铁芯复位弹簧；7—线圈；8—主阀芯密封；9—Y 形密封；10—控制活塞；11—先导阀阀座；12—手动按钮；13—先导阀（直动式电磁阀）；14—左盖

［例 5-4-53］ PV5G-6-FG-S 型单电磁铁与 PV5G-6-FG-D 型双电磁铁二位五通先导式电磁阀（日本 CKD 公司）（图 5-4-53）

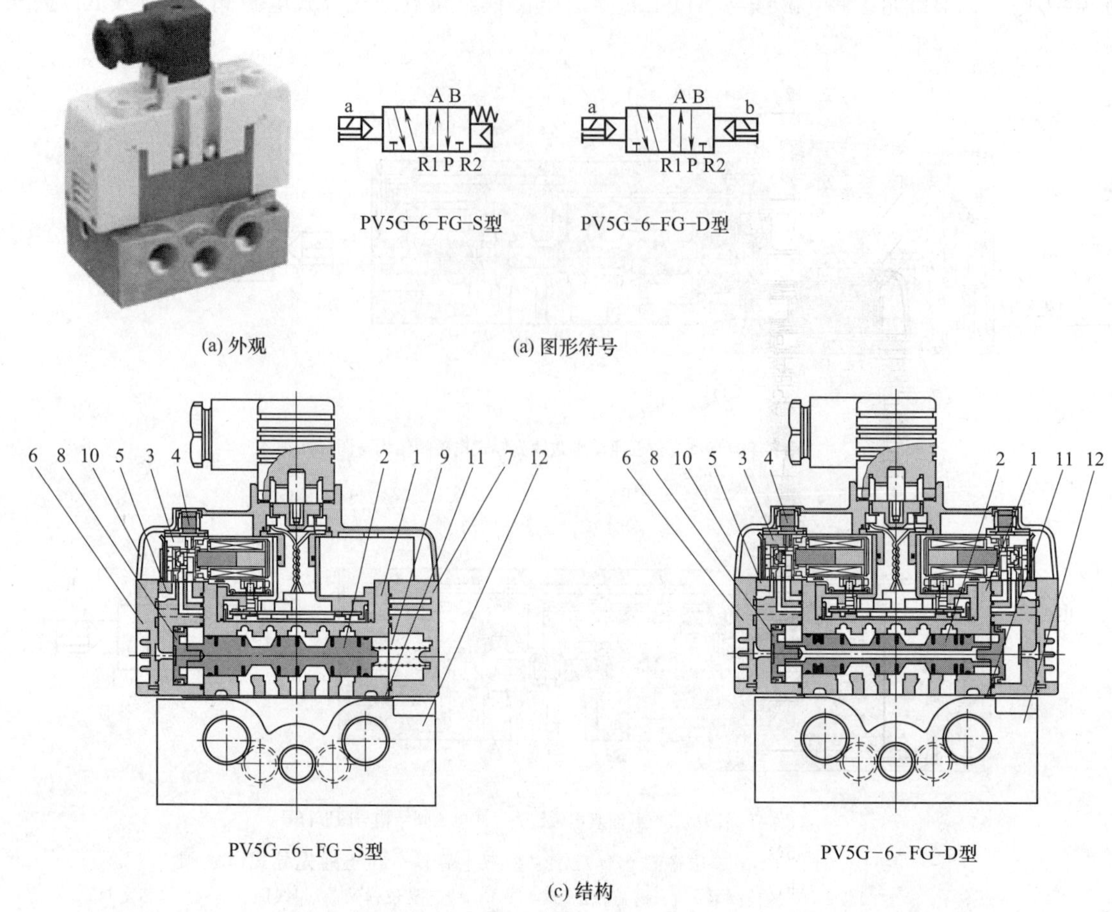

(a) 外观　(a) 图形符号

(c) 结构

图 5-4-53　PV5G-6-FG-S 型单电磁铁与 PV5G-6-FG-D 型双电磁铁二位五通先导式电磁阀

1—主阀体；2—主阀芯组件；3—先导阀（直动式电磁阀）；4—手动按钮；5—先导阀组件（双电磁铁用）；6—底板 D；7—底板 S；8—主阀 D 组件；9—复位弹簧 S；10—电磁铁盖板；11—密封垫；12—底板

［例 5-4-54］　PV5G-6-FHG-D、PV5G-6-FJG-D 与 PV5G-6-FIG-D 型双电磁铁三位五通先导式电磁阀（日本 CKD 公司）（图 5-4-54）

PV5G-6-FHG-D 型为中封式，PV5G-6-FJG-D 型为中泄式，PV5G-6-FIG-D 型为卸载式。

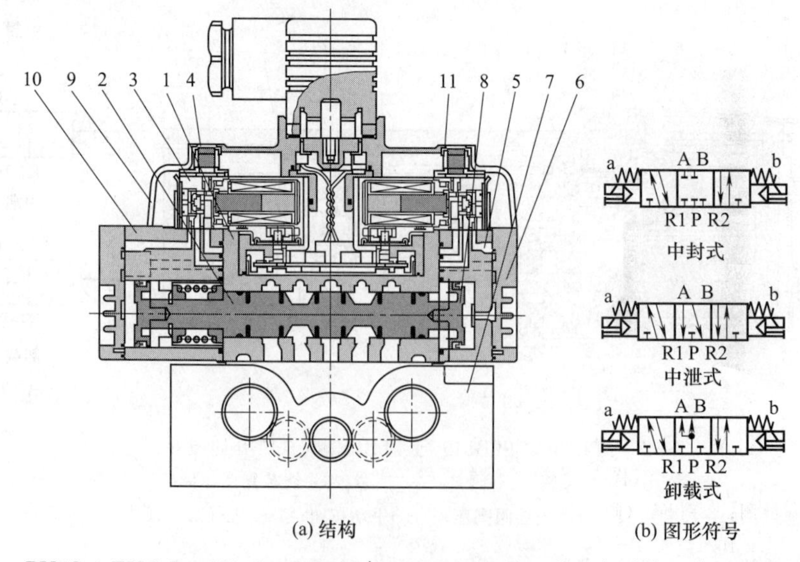

(a) 结构　(b) 图形符号

图 5-4-54　PV5G-6-FHG-D、PV5G-6-FJG-D 与 PV5G-6-FIG-D 型双电磁铁三位五通先导式电磁阀

1—主阀体；2—主阀芯组件；3—先导阀（直动式电磁阀）；4—手动按钮；5—先导阀组件（双电磁铁用）；6—底板 D；7—底板；8—主阀 D 组件；9—电磁铁盖板；10—三位先导阀用件；11—密封垫

［例 5-4-55］ PV5G-6-FPG-D 型三位五通双电磁铁带双单向阀块先导式电磁阀（日本 CKD 公司）（图 5-4-55）

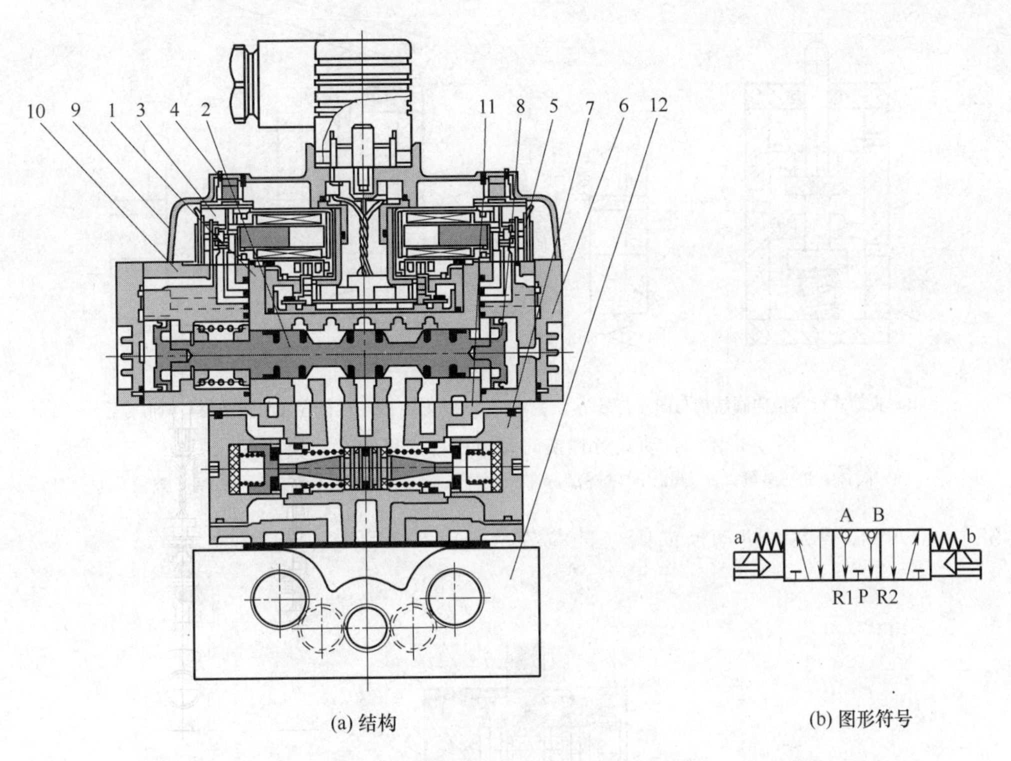

(a) 结构 (b) 图形符号

图 5-4-55 PV5G-6-FPG-D 型三位五通双电磁铁带双单向阀块先导式电磁阀

1—主阀体；2—主阀芯组件；3—先导阀（直动式电磁阀）；4—手动按钮；5—先导阀组件（双电磁铁用）；6—底板 D；7—接线端子；8—主阀 D 组件；9—电磁铁盖板；10—三位先导阀用件；11—密封垫；12—底板

5-4-1-6 手动换向阀

［例 5-4-56］ HMV 型和 HSV 型四通手动换向阀（日本 CKD 公司）（图 5-4-56）

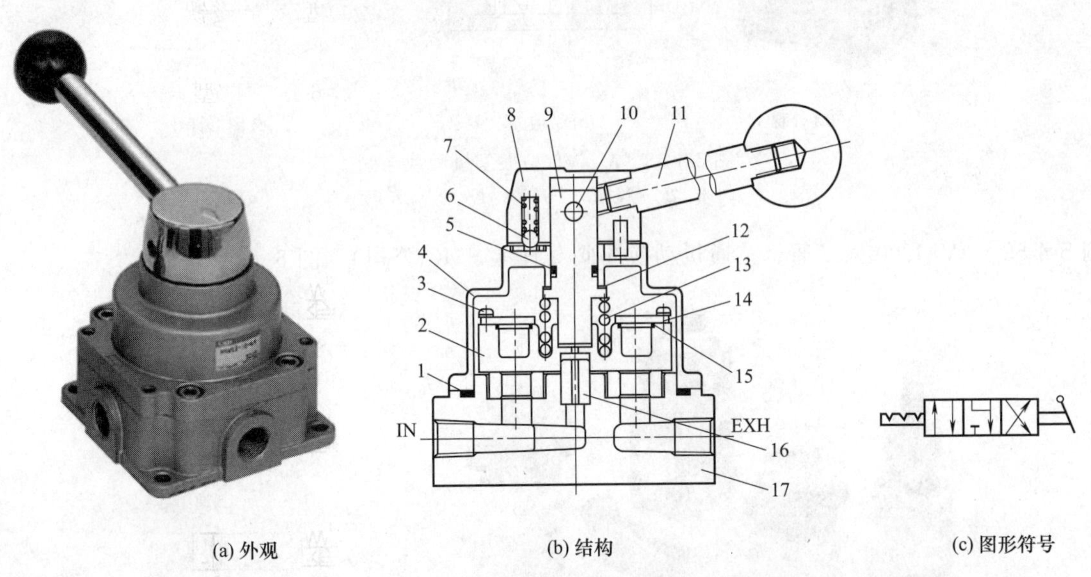

(a) 外观 (b) 结构 (c) 图形符号

图 5-4-56 HMV 型和 HSV 型四通手动换向阀

1,5—O 形圈；2—滑环（阀芯）；3—十字头螺钉；4—阀盖；6—定位钢球；7—定位弹簧；8—手柄座；9—柱塞；10—销；11—手柄；12—垫圈；13—弹簧；14—板；15—密封垫；16—滑柱；17—阀体

5-4-1-7 行程换向阀与机动换向阀

［例 5-4-57］ 直动式行程换向阀与杠杆滚轮式行程换向阀（国产）（图 5-4-57）

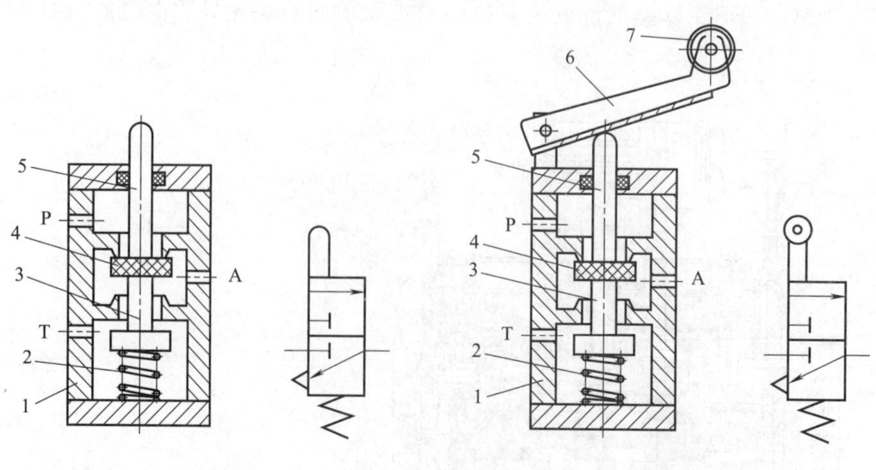

(a) 直动式行程换向阀结构与图形符号　　(b) 杠杆滚轮式行程换向阀结构与图形符号

图 5-4-57　直动式行程换向阀与杠杆滚轮式行程换向阀

1—阀体；2—弹簧；3—阀芯；4—密封；5—顶杆；6—可通过式杠杆滚轮架；7—滚轮

［例 5-4-58］　MAVL 型大型机动换向阀（日本 SMC 公司）（图 5-4-58）

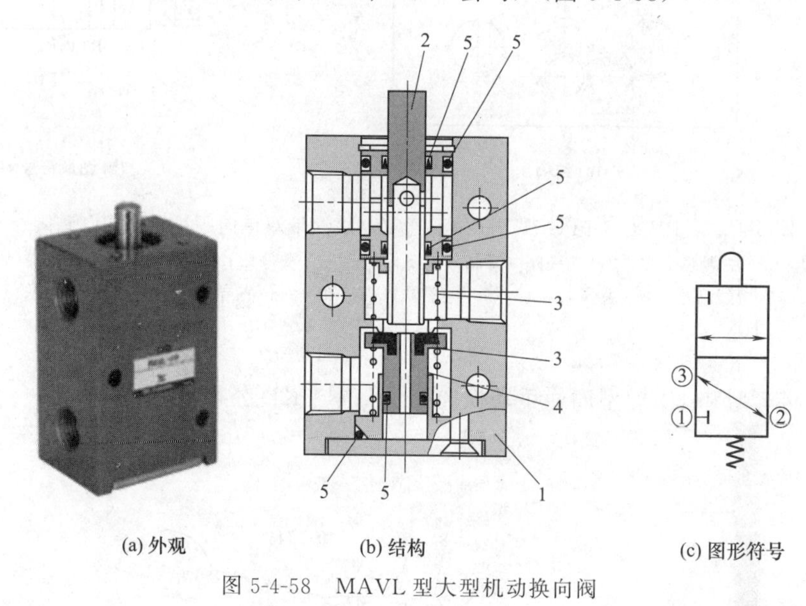

(a) 外观　　(b) 结构　　(c) 图形符号

图 5-4-58　MAVL 型大型机动换向阀

1—阀体；2—滑柱；3—弹簧；4—阀芯；5—密封

［例 5-4-59］　VM200 型二通、三通机动换向阀（日本 SMC 公司）（图 5-4-59）

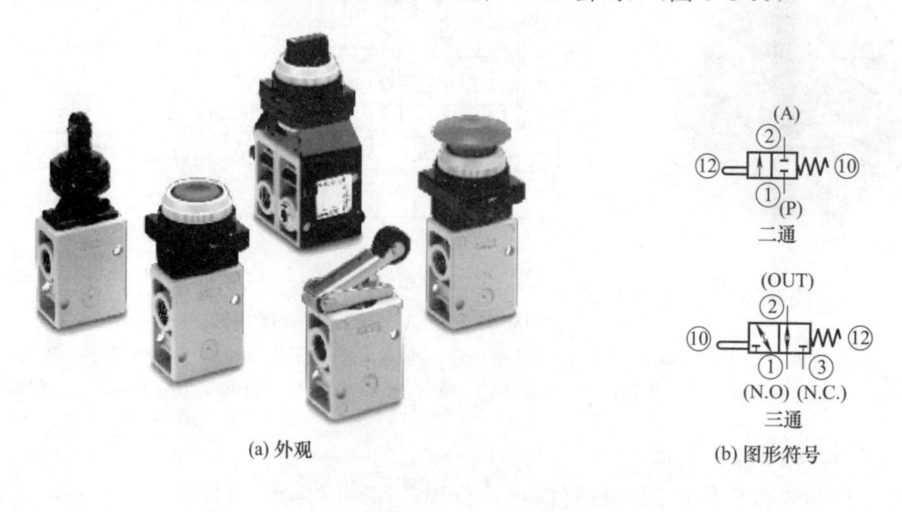

(a) 外观　　(b) 图形符号

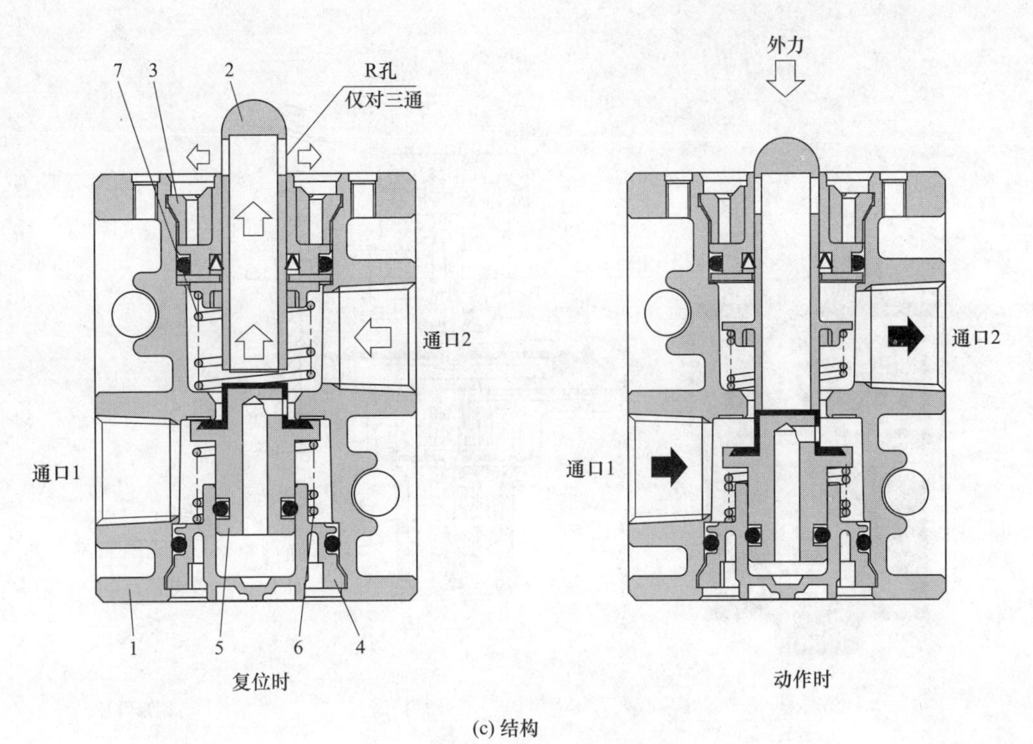

(c) 结构

图 5-4-59 VM200 型二通、三通机动换向阀

1—阀体；2—推杆；3—上盖；4—下盖；5—阀芯；6,7—弹簧

5-4-2 压力阀

5-4-2-1 减压阀（调压阀）

［例 5-4-60］ ARJ210-M5BG 型减压阀（日本 SMC 公司）（图 5-4-60）

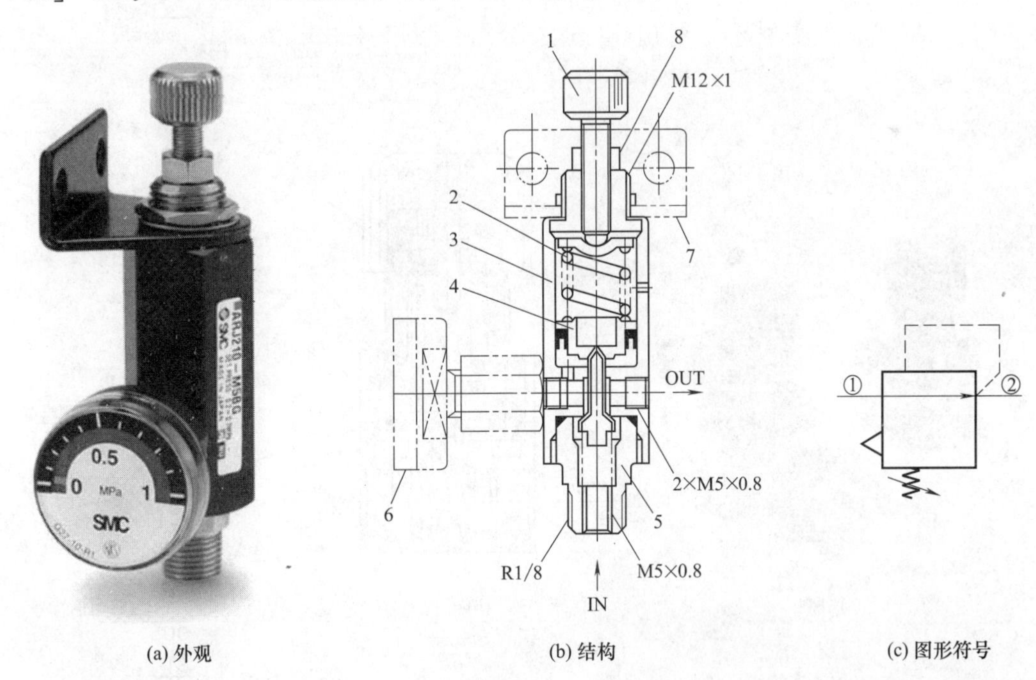

(a) 外观 (b) 结构 (c) 图形符号

图 5-4-60 ARJ210-M5BG 型减压阀

1—调压螺钉；2—调压弹簧；3—阀体；4—活塞；5—阀安装连接组件；6—压力表；7—安装支架；8—螺母

［例 5-4-61］ AR425～935 型先导式减压阀（日本 SMC 公司）（图 5-4-61）

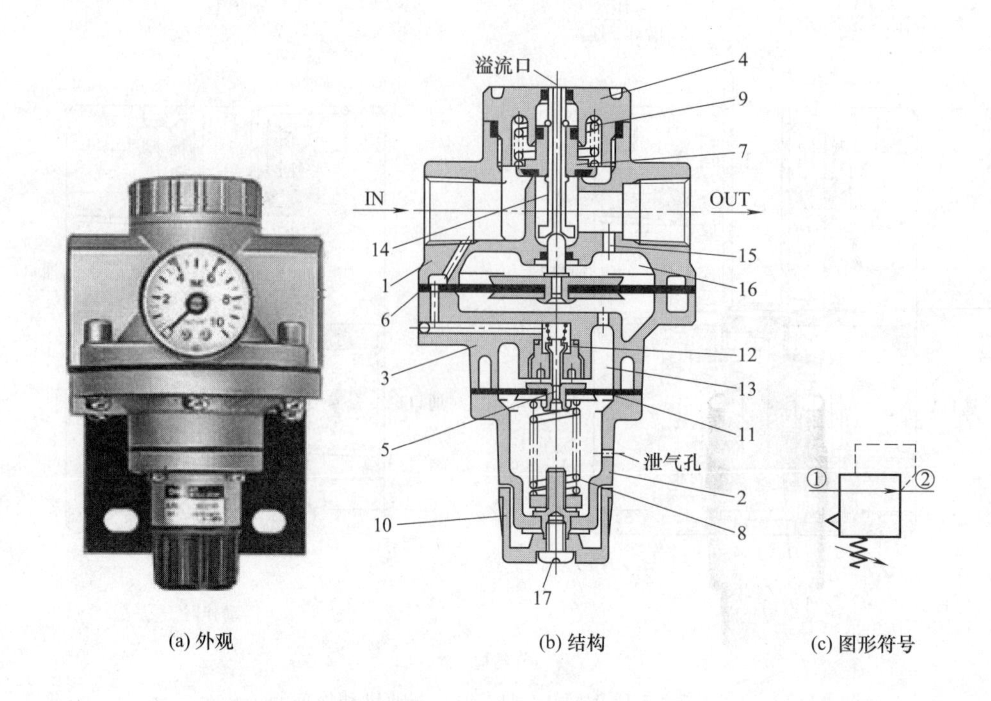

(a) 外观　　(b) 结构　　(c) 图形符号

图 5-4-61　AR425～935 型先导式减压阀

1—阀体；2—调压弹簧腔罩壳；3—阀中体；4—阀导向件；5—排气阀组件；6—主阀侧膜片组件；7—阀组件；8—调压弹簧；9—阀弹簧；10—调压手柄；11—膜片；12—先导阀；13—先导阀阀腔；14—杆；15—反馈孔；16—隔膜腔；17—手柄锁紧小螺钉

［例 5-4-62］ ARX20 型小型减压阀（日本 SMC 公司）（图 5-4-62）

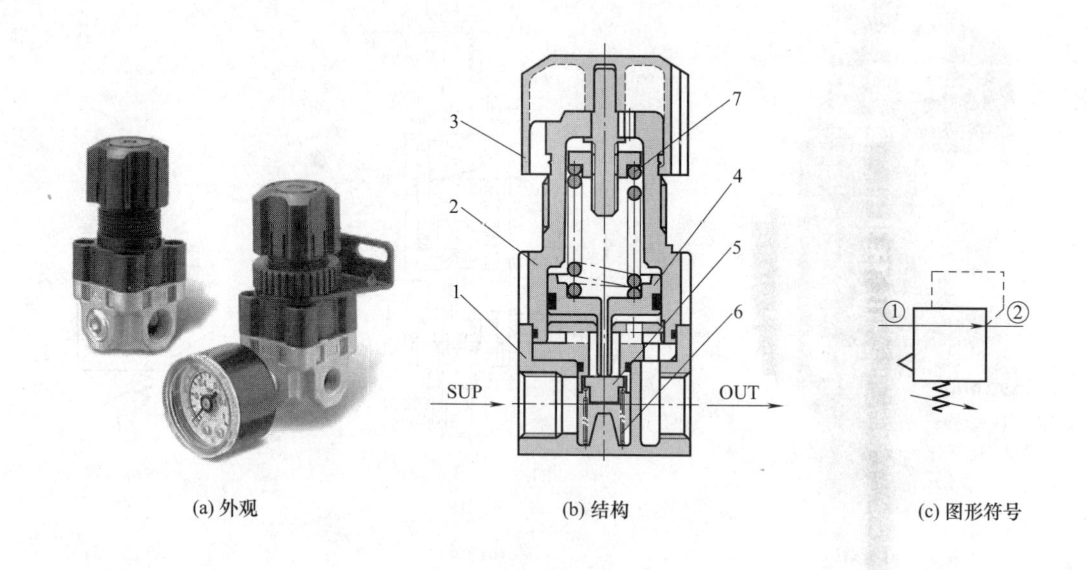

(a) 外观　　(b) 结构　　(c) 图形符号

图 5-4-62　ARX20 型小型减压阀

1—阀体；2—壳体；3—手柄；4—柱塞组件；5—阀；6—阀弹簧；7—调压弹簧

［例 5-4-63］ AMR3000～6000 型带油雾分离装置减压阀（日本 SMC 公司）（图 5-4-63）

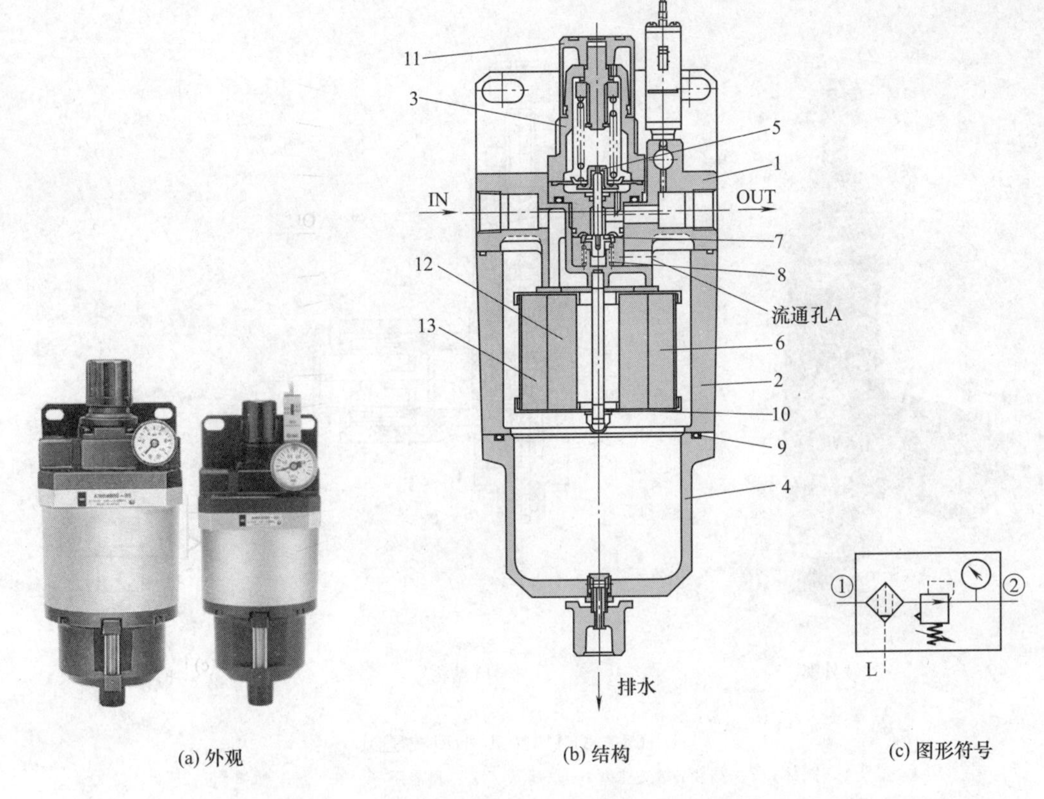

(a) 外观　　(b) 结构　　(c) 图形符号

图 5-4-63　AMR3000～6000 型带油雾分离装置减压阀

1—阀体；2—中罩壳；3—阀导引件；4—下体壳组件；5—隔膜组件；6—滤芯；7—阀组件；8—阀弹簧；9—O 形圈；10—密封垫；11—手柄；12—MC 滤芯；13—分选滤芯

［例 5-4-64］　AR40（K)-B 型减压阀（日本 SMC 公司）（图 5-4-64）

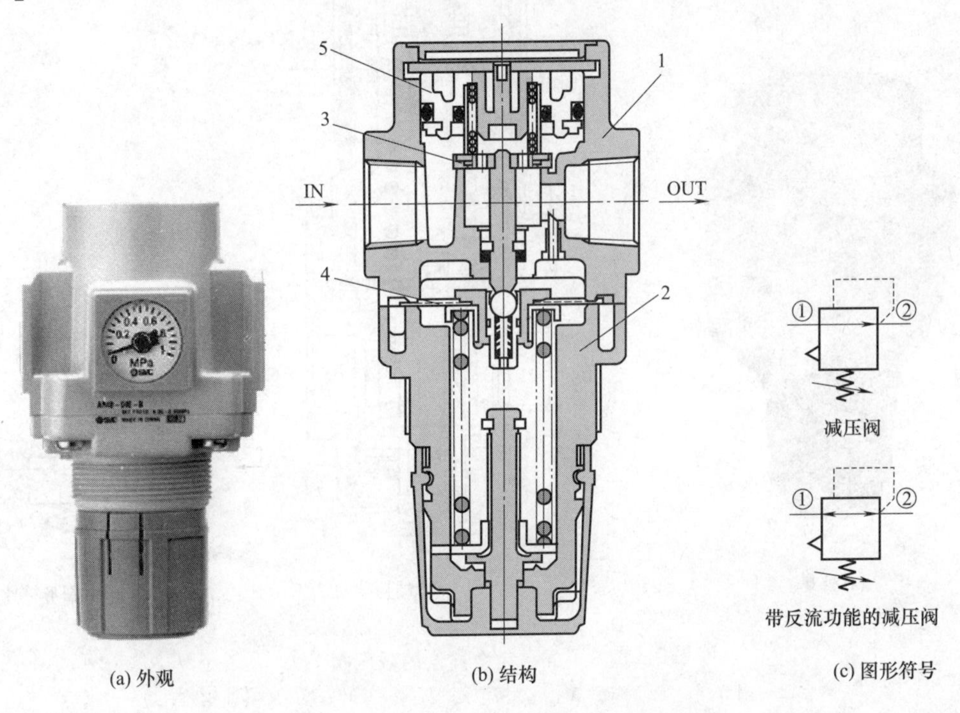

(a) 外观　　(b) 结构　　(c) 图形符号

图 5-4-64　AR40（K)-B 型减压阀

1—阀体；2—下体；3—阀；4—柱塞组件；5—阀导引组件

[例 5-4-65] ARJ1020 型小型减压阀（日本 SMC 公司）（图 5-4-65）

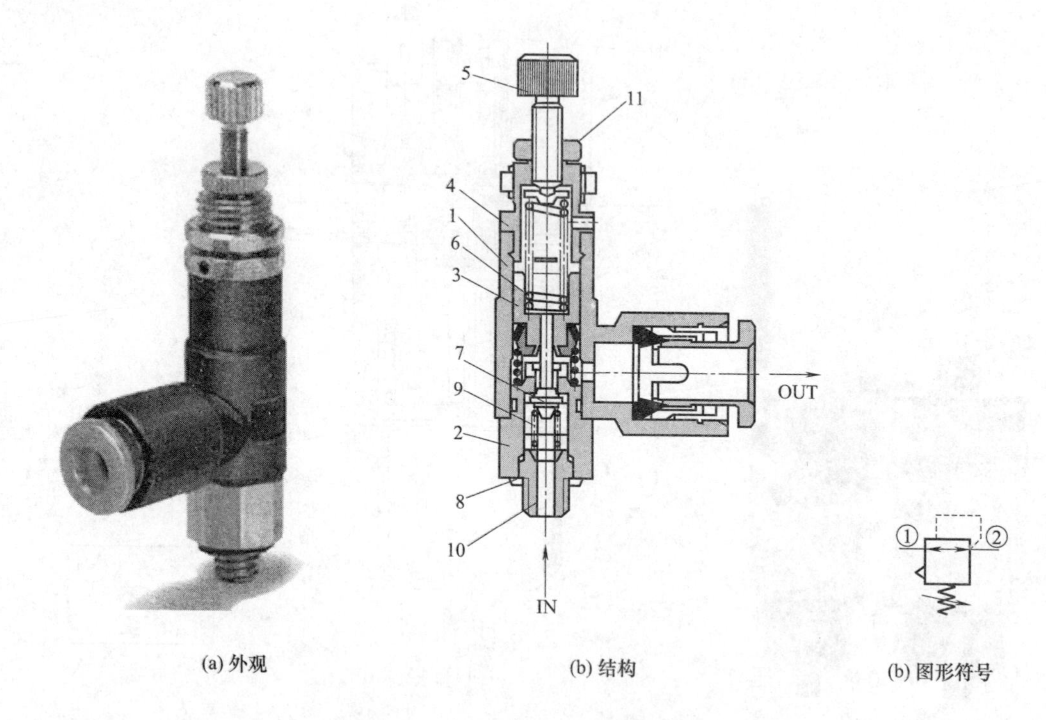

图 5-4-65 ARJ1020 型小型减压阀

1—阀体；2—阀套；3—柱塞；4—螺套；5—调节手柄；6—调压弹簧；7—阀芯；8—垫圈；9—弹簧；10—管接头；11—锁母

[例 5-4-66] 完全补偿的减压阀（日本 SMC 公司）（图 5-4-66）

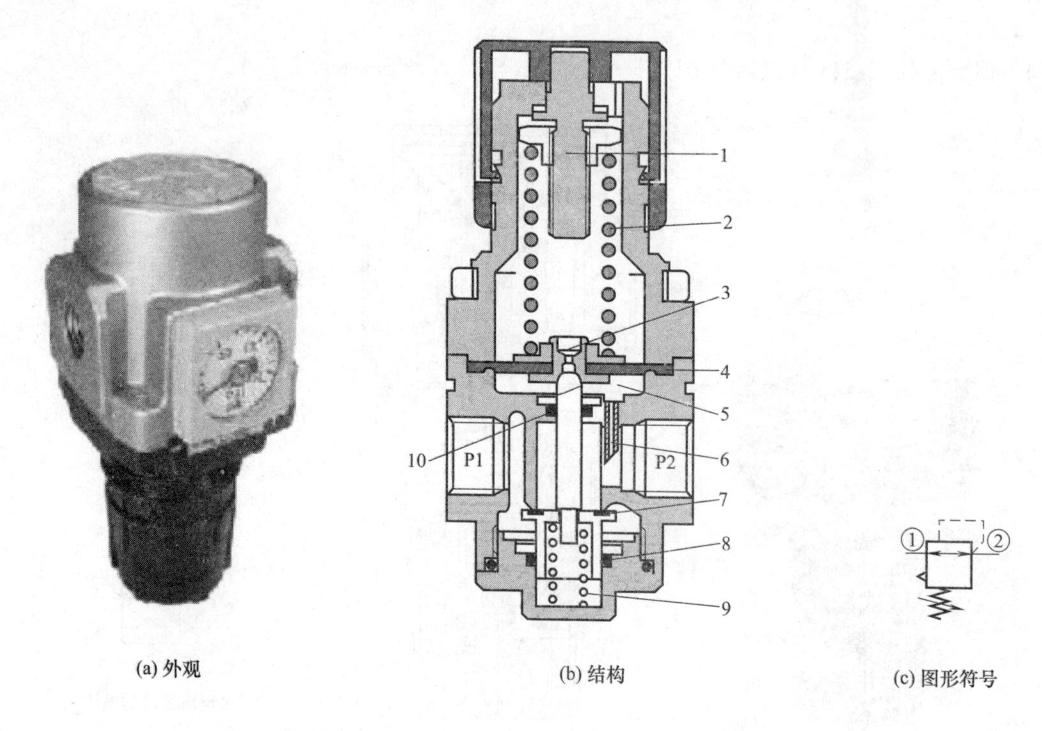

图 5-4-66 完全补偿的减压阀

1—调节杆；2—调压弹簧；3—溢流阀座；4—膜片；5—流量补偿腔；6—流量补偿连接管；7—压力补偿阀；8，10—O 形圈；9—弹簧

[例 5-4-67] ARX20 型小型减压阀（日本 SMC 公司）（图 5-4-67）

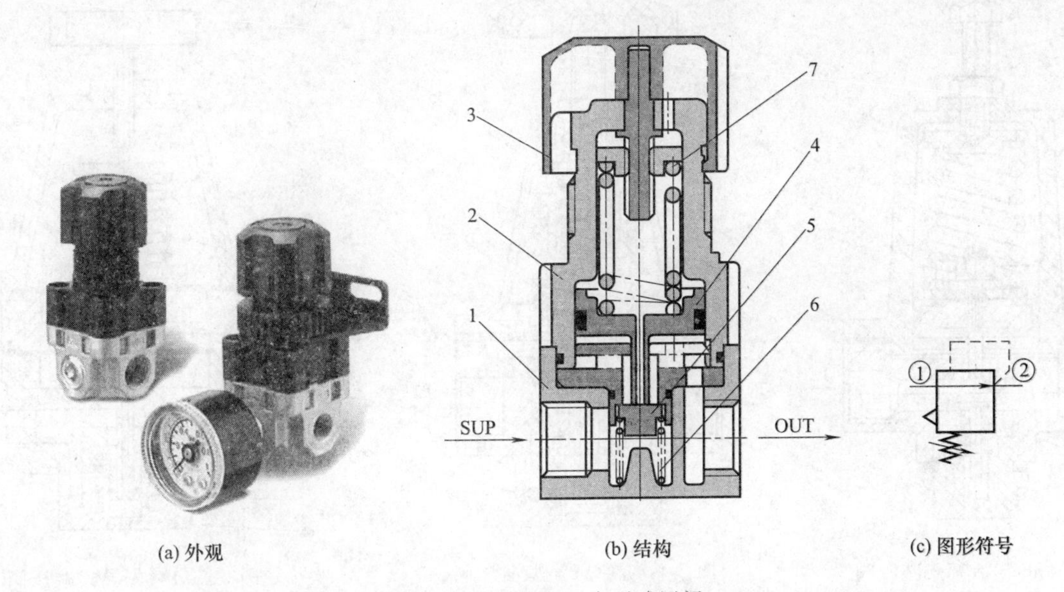

图 5-4-67　ARX20 型小型减压阀

1—阀体；2—上盖；3—调压手柄；4—柱塞组件；5—阀芯；6—阀芯复位弹簧；7—调压弹簧

［例 5-4-68］　IR3200-A 型减压阀（日本 SMC 公司）（图 5-4-68）

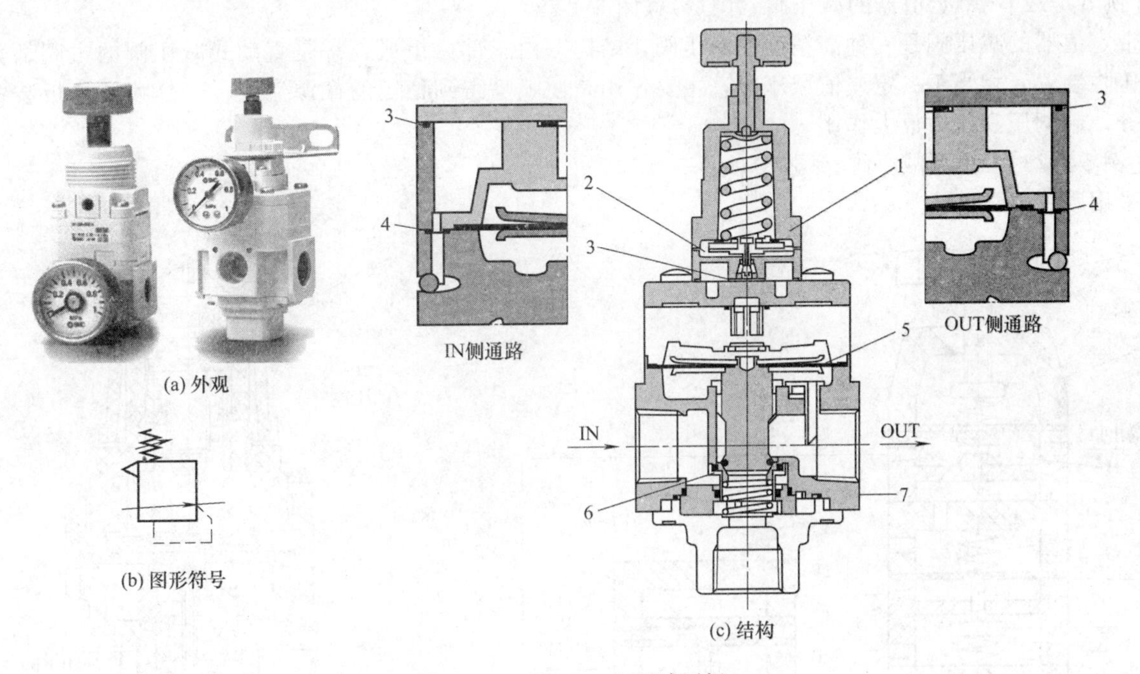

图 5-4-68　IR3200-A 型减压阀

1—壳体；2—喷嘴膜片组件；3,4—密封；5—排气膜片组件；6—阀芯组件；7—阀体

［例 5-4-69］　活塞式减压阀（国产）（图 5-4-69）

［例 5-4-70］　QTY 型减压阀（国产）（图 5-4-70）

采用膜片式结构，并采用双调压弹簧 2 与 3，可增加出口压力的稳定性。

［例 5-4-71］　先导式减压阀（国产）（图 5-4-71）

结构上与直动式减压阀相比，该阀增加了由喷嘴 10、挡板 11、固定节流口 5 及气室所组成的喷嘴挡板放大环节。当喷嘴与挡板之间的距离发生微小变化时，就会使气室中的压力发生很明显的变化，从而引起膜片 6 有较大的位移，去控制阀芯 4 的上下移动，使进气阀口 3 开大或关小，提高了对阀芯控制的灵敏度，也就提高了阀的稳压精度。

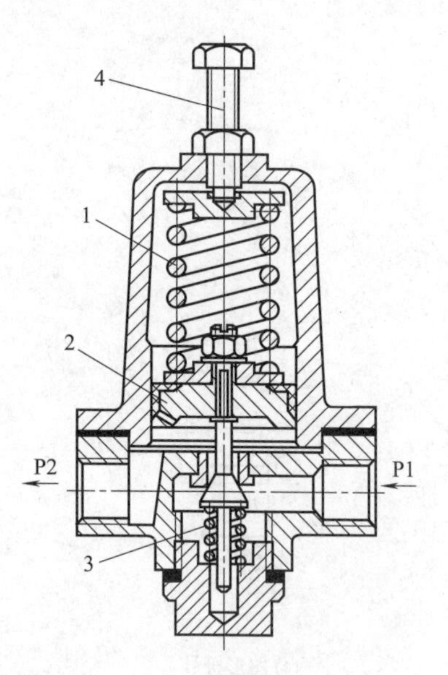

图 5-4-69 活塞式减压阀

1—调压弹簧；2—活塞；3—复位弹簧；4—调压螺钉

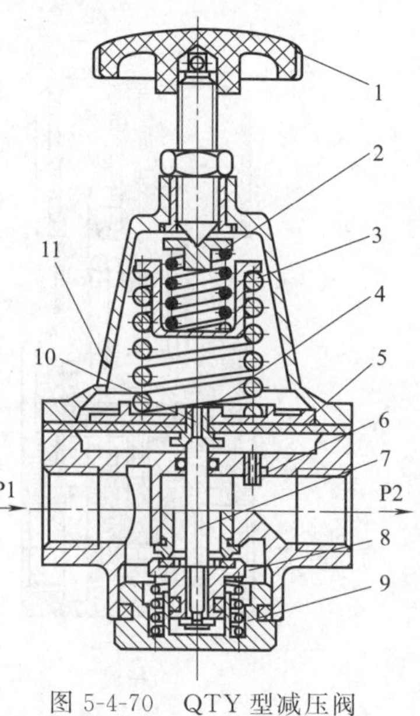

图 5-4-70 QTY 型减压阀

1—调压手柄；2,3—调压弹簧；4—溢流阀座；5—膜片；6—节流孔；7—顶杆；8—阀芯；9—复位弹簧；10—溢流孔；11—排气孔

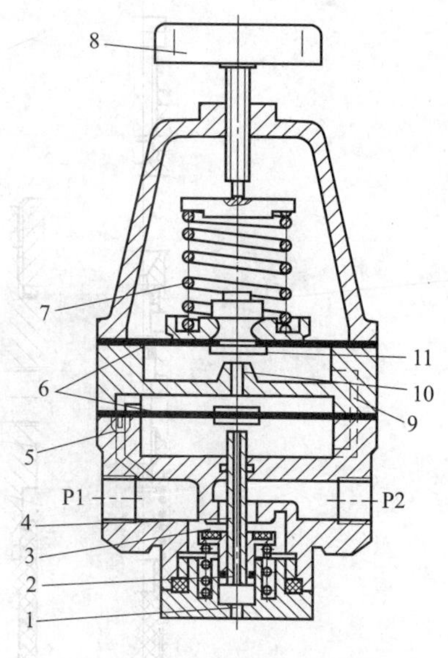

图 5-4-71 先导式减压阀

1—排气口；2—复位弹簧；3—阀口；4—阀芯；5—固定节流口；6—膜片；7—调压弹簧；8—调压手轮；9—孔道；10—喷嘴；11—挡板

［例 5-4-72］ 带定值器的减压阀（国产）（图 5-4-72）

带定值器的减压阀是一种高精度的减压阀，结构上由三部分组成：一是直动式减压阀的主阀部分；二是恒压降装置，相当于一定差值减压阀，主要作用是使喷嘴得到稳定的气源流量；三是喷嘴挡板装置和调压部分，起调压和压力放大作用。

［例 5-4-73］ 小型减压阀（国产）（图 5-4-73）

采用膜片式结构。

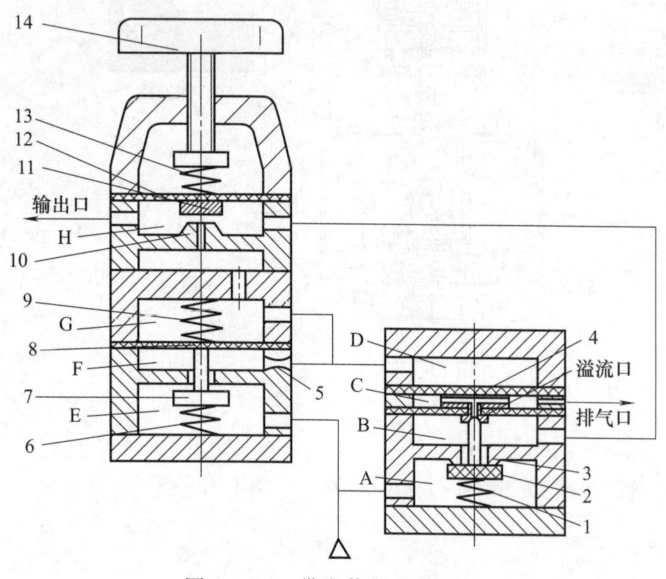

图 5-4-72 带定值器的减压阀

1,6,9—弹簧；2—阀芯；3—截止阀口；4—膜片组；5—节流口；7—活门；8,12—膜片；10—喷嘴；11—挡板；13—调压弹簧；14—调压手轮

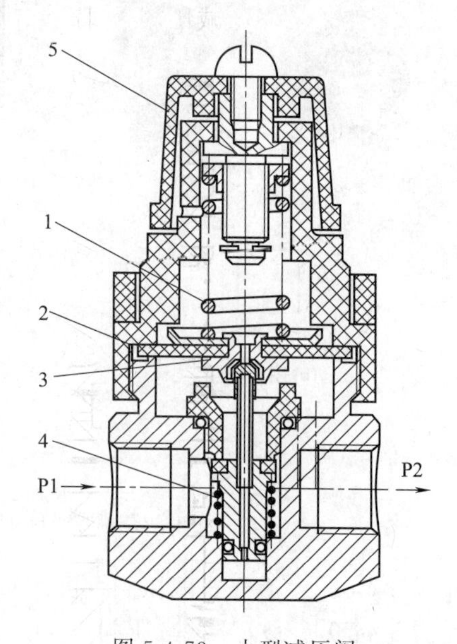

图 5-4-73 小型减压阀

1—调压弹簧；2—膜片；3—溢流孔；4—阀芯；5—调压手柄

［例 5-4-74］ 带空气过滤器的减压阀（国产）（图 5-4-74）

可进行压力控制和压缩空气的净化。

［例 5-4-75］ QFH 型过滤减压阀（国产）（图 5-4-75）

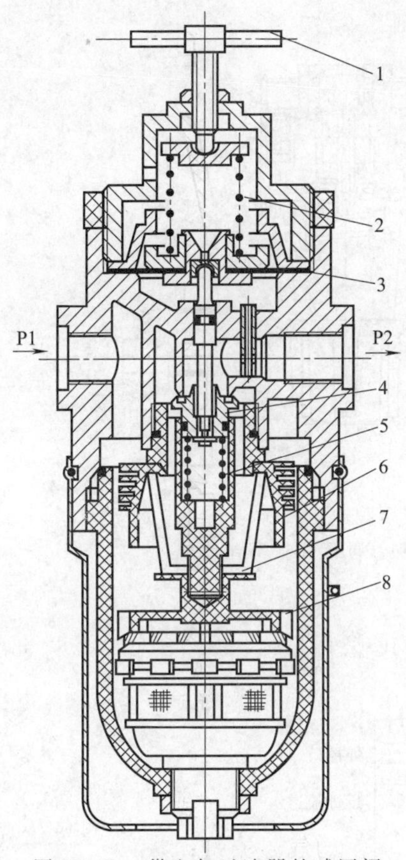

图 5-4-74　带空气过滤器的减压阀

1—调压手柄；2—调压弹簧；3—膜片；4—阀芯；5—复位弹簧；6—旋风叶片；7—滤芯；8—挡水板

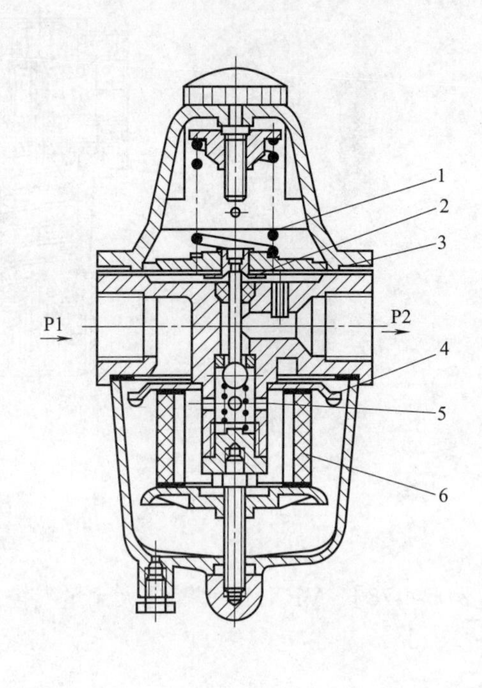

图 5-4-75　QFH 型过滤减压阀

1—调压弹簧；2—膜片组件；3—阀芯；4—旋风叶片；5—复位弹簧；6—滤芯

［例 5-4-76］　精密减压阀（国产）（图 5-4-76）

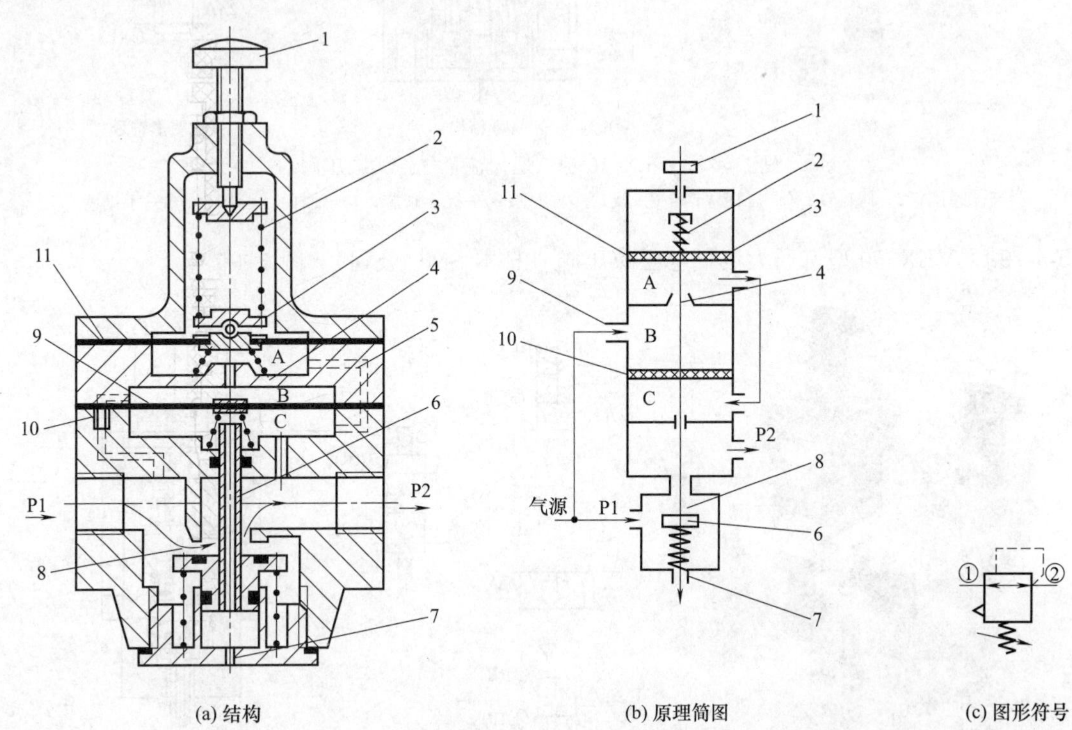

图 5-4-76　精密减压阀

1—手柄；2—调压弹簧；3—挡板；4—喷嘴；5—孔道；6—阀芯；7—排气口；8—进气阀口；9—固定节流孔；10,11—膜片；A—上气室；B—中气室；C—下气室

［例 5-4-77］ R8100-G4 型单向减压阀（日本 CKD 公司）（图 5-4-77）

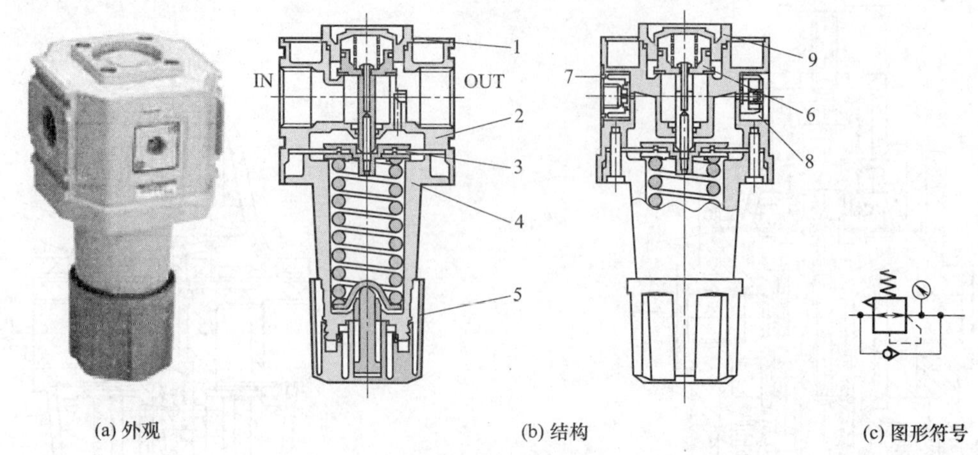

(a) 外观　(b) 结构　(c) 图形符号

图 5-4-77 R8100-G4 型单向减压阀

1—盖板；2—阀体；3—膜片组件；4—壳体；5—旋钮（调压）；6—阀组件；7—测量接管；8—单向阀组件；9—塞子

［例 5-4-78］ VEX110 型三通大流量气控式减压阀（日本 SMC 公司）（图 5-4-78）

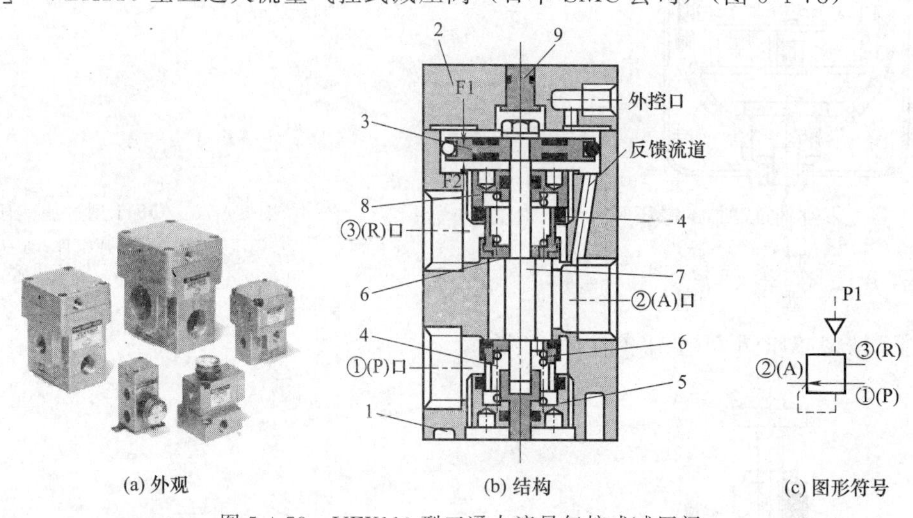

(a) 外观　(b) 结构　(c) 图形符号

图 5-4-78 VEX110 型三通大流量气控式减压阀

1—阀体；2—阀盖；3—调压柱塞；4—弹簧；5—阀座；6—提动阀芯；7—轴杆；8—阀套；9—手动塞

［例 5-4-79］ VEX350 型三通大流量电磁减压阀（日本 SMC 公司）（图 5-4-79）

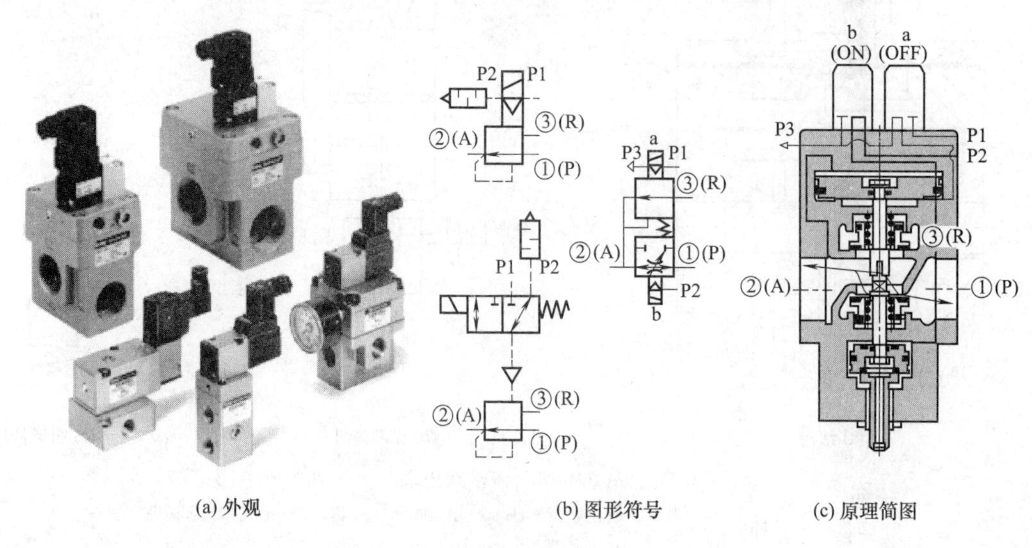

(a) 外观　(b) 图形符号　(c) 原理简图

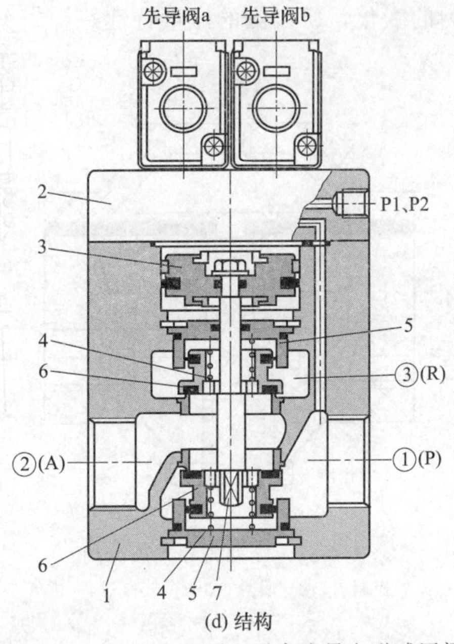

(d) 结构

图 5-4-79 VEX350 型三通大流量电磁减压阀

1—阀体；2—阀盖；3—调压柱塞；4—弹簧；5—阀座；6—提动阀芯；7—轴杆

5-4-2-2 溢流阀

溢流阀是在回路内的空气压力超过设定值时，向排气侧释放流体，从而保持设定值压力恒定的控制阀。溢流阀有直动式和先导式。直动式是通过调整弹簧来设定溢流压力。空气压力作用于膜片，通过调整与弹簧相平衡的溢流压力打开阀座，空气向外部排出。先导式是通过外部的先导压力设定溢流压力，用于管子尺寸大或者远距离操作的场合。

[例 5-4-80] B6061 型直动式溢流阀（日本 CKD 公司）（图 5-4-80）

又称压力释放阀。

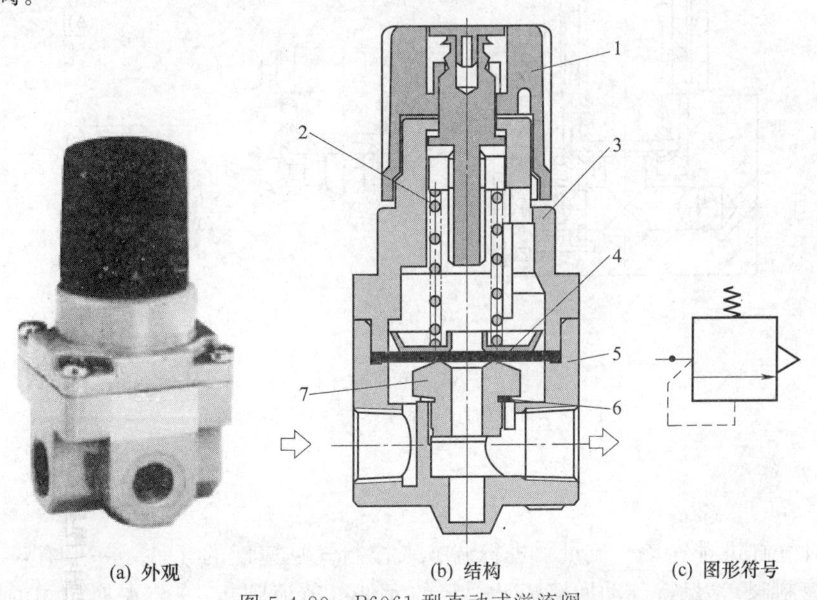

(a) 外观 (b) 结构 (c) 图形符号

图 5-4-80 B6061 型直动式溢流阀

1—调压手柄；2—调压弹簧；3—阀盖；4—膜片；5—阀体；6—密封垫；7—阀座

[例 5-4-81] 气动先导式溢流阀（图 5-4-81）

这是一种外控先导式溢流阀，先导阀一般为减压阀（图中未给出），由减压阀减压后的空气从上部先导控制口 K 进入，此压力称为先导控制压力，作用于膜片上方，所形成的力与进气口进入的空气压力作用于膜片下方所形成的力相平衡。这种结构形式的阀能在阀门开启和关闭过程中，使控制压力保持不变，即阀不会产生因阀的开度引起的设定压力的变化，所以阀的流量特性好。

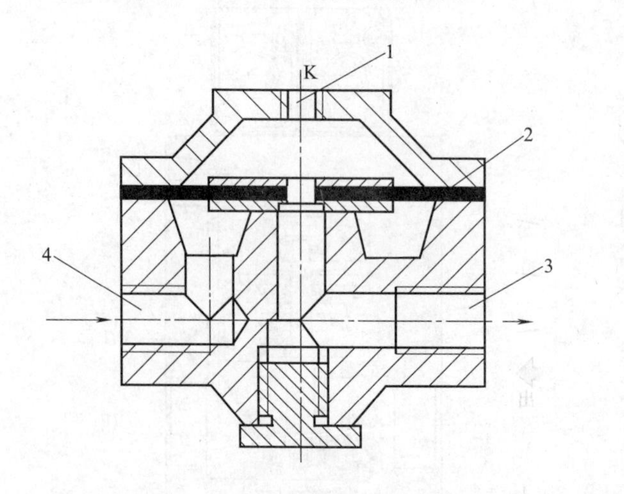

图 5-4-81　气动先导式溢流阀

1—先导控制口；2—膜片；3—排气口；4—进气口

5-4-2-3　顺序阀

［例 5-4-82］　单向顺序阀（国产）（图 5-4-82）

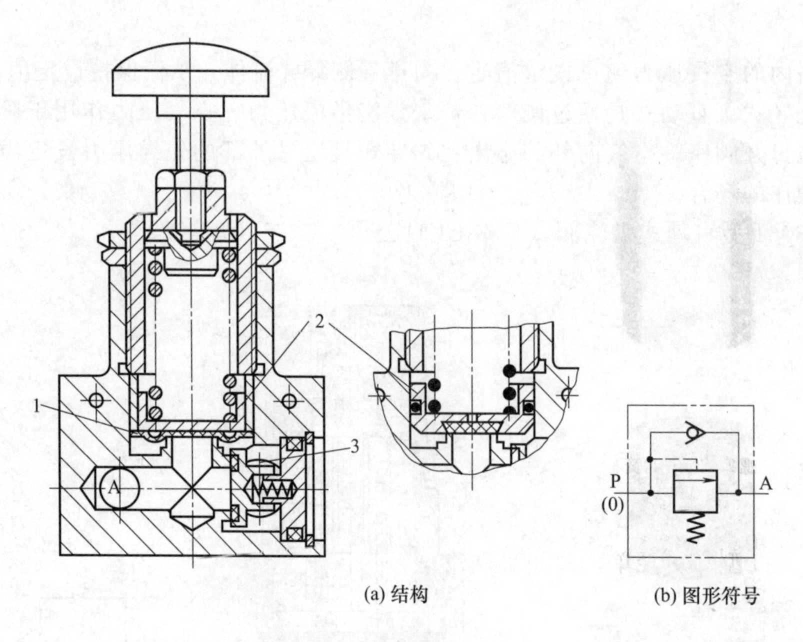

图 5-4-82　单向顺序阀

1—薄膜开闭件；2—活塞；3—油口 P 或 O

5-4-3　流量阀

流量阀是通过对气缸进排气量（流量）进行调节来控制气缸速度的元件，一般有设置在换向阀与气缸之间的元件（速度控制阀），保持气动回路流量一定的元件（节流阀），安装在换向阀的排气口来控制气缸速度的元件（排气节流阀），快速排出气缸内的压缩空气，从而提高气缸速度的元件（快速排气阀）等。

［例 5-4-83］　节流阀（图 5-4-83）

阀芯在阀座上上下移动，通过阀芯和阀座间的开口大小变化来控制流量。

［例 5-4-84］　单向节流阀（图 5-4-84）

单向节流阀是将节流阀和单向阀并联组合，在气动回路中控制气缸等的速度的阀。在控制流动时，单向阀关闭，气流通过节流阀而使流量得到调整。在自由流动时，单向阀打开，空气从节流阀和单向阀开始流动。

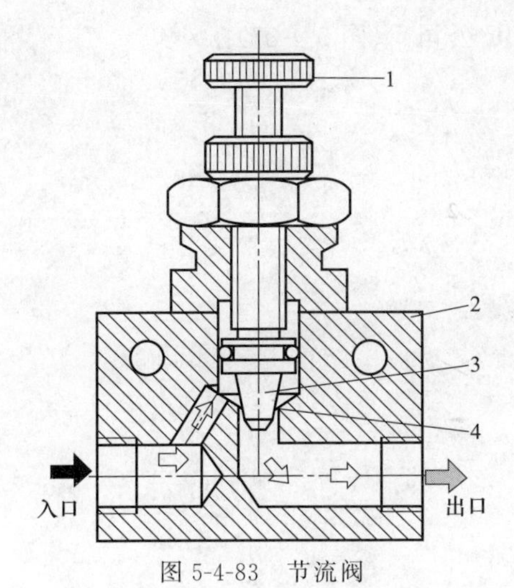

图 5-4-83　节流阀

1—流量调节手柄；2—阀体；3—节流阀阀芯；4—阀座

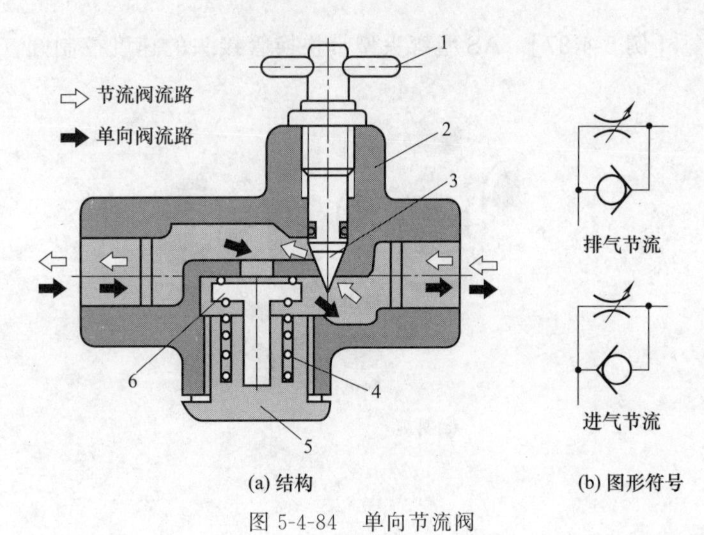

(a) 结构　(b) 图形符号

图 5-4-84　单向节流阀

1—流量调节手柄；2—阀体；3—节流阀芯部；4—弹簧；5—螺塞；6—单向阀

［例 5-4-85］　SC 型大口径单向节流阀（日本 CKD 公司）（图 5-4-85）

口径：RC3/4～RC2。

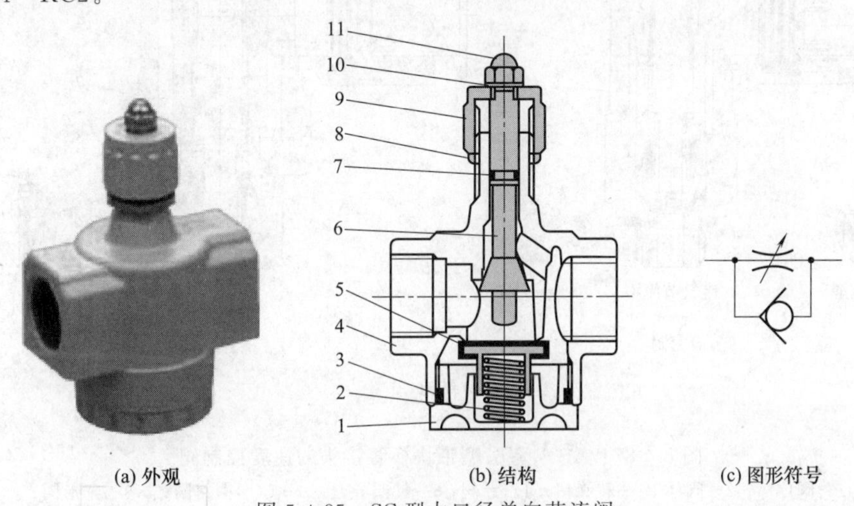

(a) 外观　(b) 结构　(c) 图形符号

图 5-4-85　SC 型大口径单向节流阀

1—螺塞；2—弹簧；3,7—O 形圈；4—阀体；5—单向阀阀芯组件；6—流量阀调节杆；8—锁母；9—螺套；10—带齿垫圈；11—螺盖

［例 5-4-86］　SC3U 型大口径单向节流阀（日本 CKD 公司）（图 5-4-86）

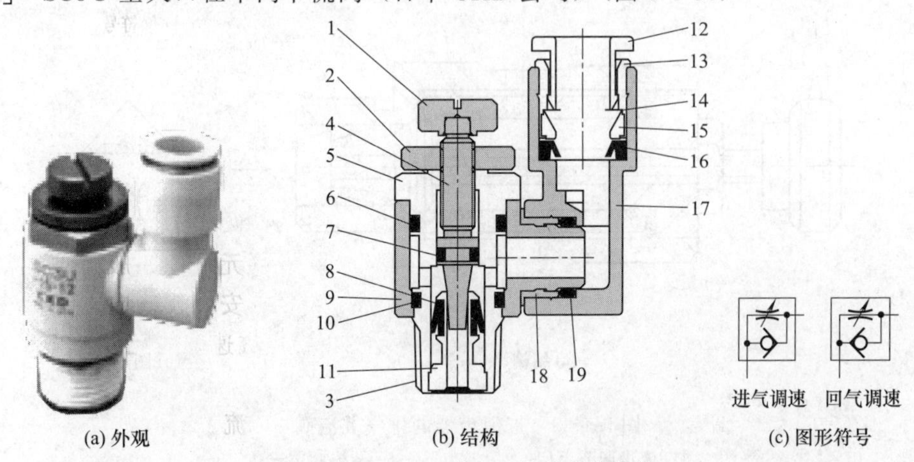

(a) 外观　(b) 结构　(c) 图形符号

图 5-4-86　SC3U 型大口径单向节流阀

1—旋钮；2—锁母；3—密封胶；4—节流阀芯；5—回转轴；6,7,10,19—O 形圈；8—V 形密封圈；9—回转阀体；11—单向阀；12—管套；13—外圈；14—卡套；15—卡套夹；16—密封；17—接头体；18—挡坏

［例 5-4-87］ AS 型弯头型带快换管接头的速度控制阀（日本 SMC 公司）（图 5-4-87）

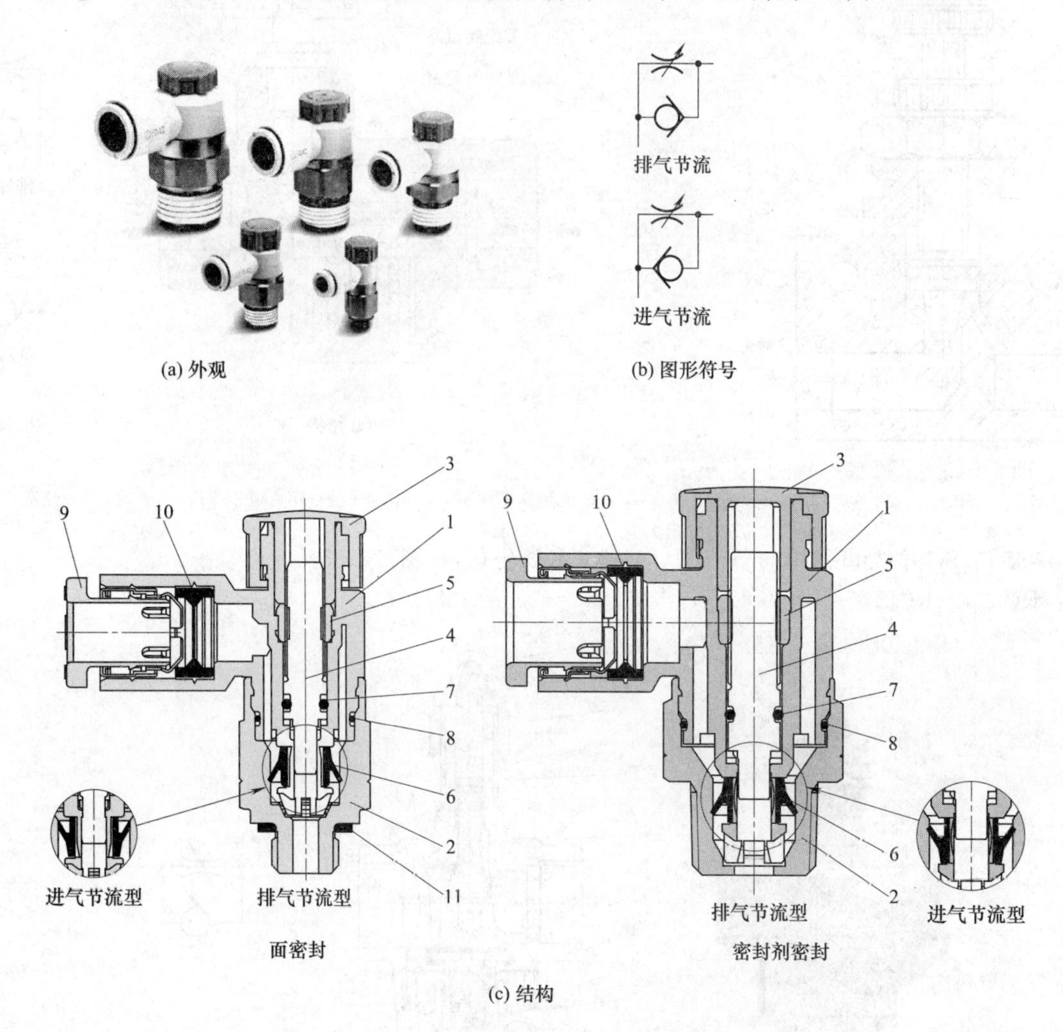

图 5-4-87 AS 型弯头型带快换管接头的速度控制阀

1—阀体 A；2—阀体 B；3—旋钮；4—针阀；5—针阀导套；6—U 形密封圈；7，8—O 形圈；9—释放套；10—密封圈；11—垫片

［例 5-4-88］ 带消声器的排气节流阀（图 5-4-88）

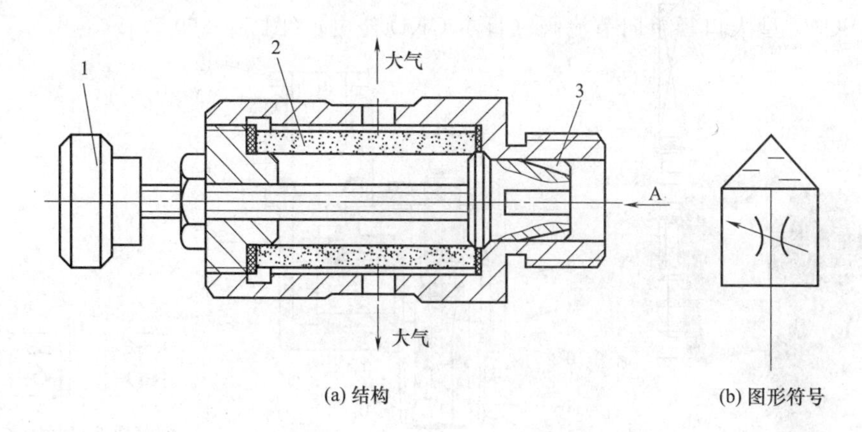

图 5-4-88 带消声器的排气节流阀

1—流量调节手柄；2—消声器；3—节流阀节流口

［例 5-4-89］ 单向行程节流阀（国产）（图 5-4-89）

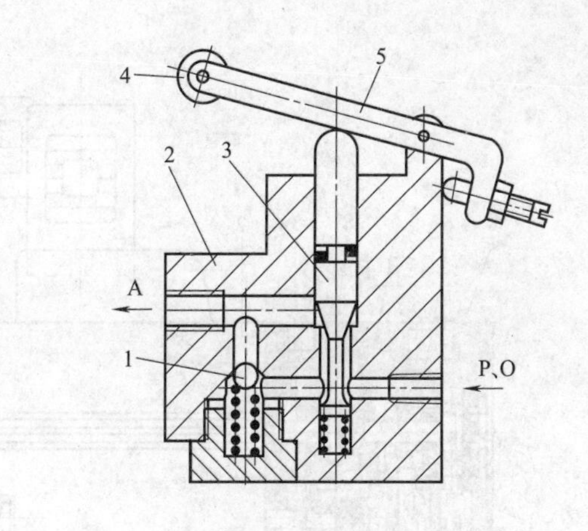

图 5-4-89　单向行程节流阀

1—单向阀；2—阀体；3—节流阀；4—滚轮；5—杠杆

5-4-4　比例阀

［例 5-4-90］　PVQ30 型二位二通比例方向阀（日本 SMC 公司）（图 5-4-90）

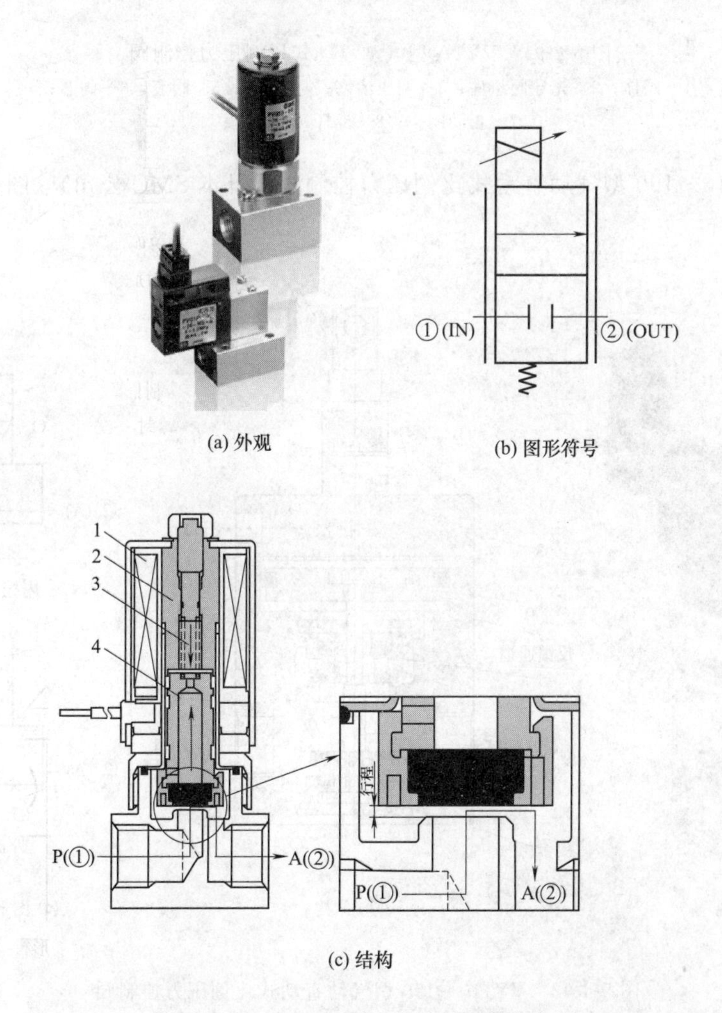

图 5-4-90　PVQ30 型二位二通比例方向阀

1—比例电磁铁线圈；2—固定铁芯；3—弹簧；4—可动铁芯

［例 5-4-91］　VY1A 型气动直动式比例压力控制阀（日本 SMC 公司）（图 5-4-91）

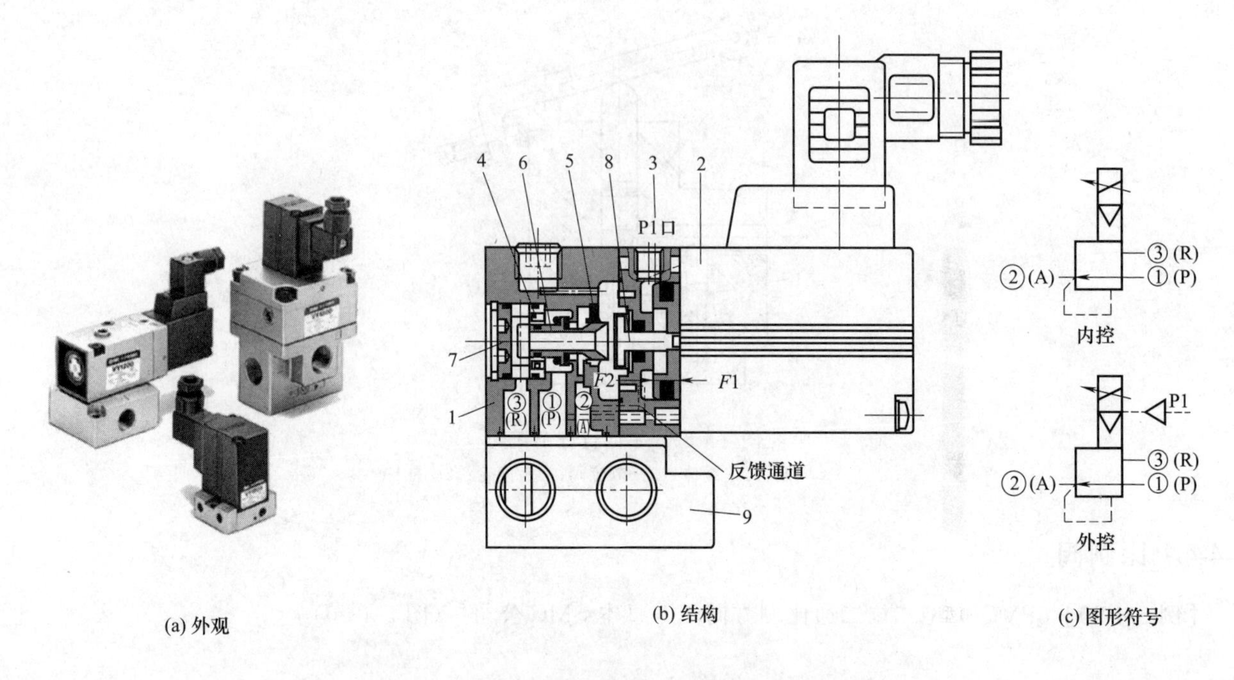

(a) 外观　　(b) 结构　　(c) 图形符号

图 5-4-91　VY1A 型气动直动式比例压力控制阀

1—阀体；2—先导阀组件；3—调压活塞；4—弹簧；5—阀套；6—阀芯；7—止动闷头；8—推杆；9—底板

[例 5-4-92]　VY110～190 型气动直动式比例压力控制阀（日本 SMC 公司）（图 5-4-92）

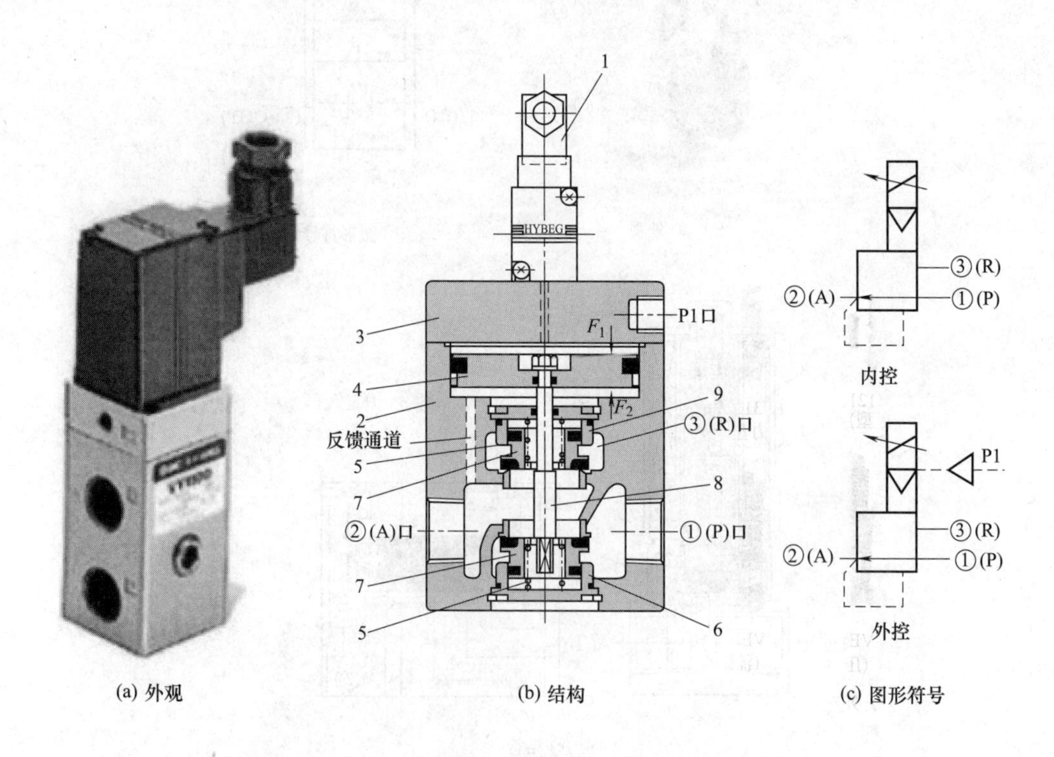

(a) 外观　　(b) 结构　　(c) 图形符号

图 5-4-92　VY110～190 型气动直动式比例压力控制阀

1—先导阀组件；2—阀体；3—阀盖；4—调压活塞；5—弹簧；6—阀套；7—提升阀；8—阀杆；9—阀套

[例 5-4-93]　ITV1000～3000 型比例减压阀（日本 SMC 公司）（图 5-4-93）

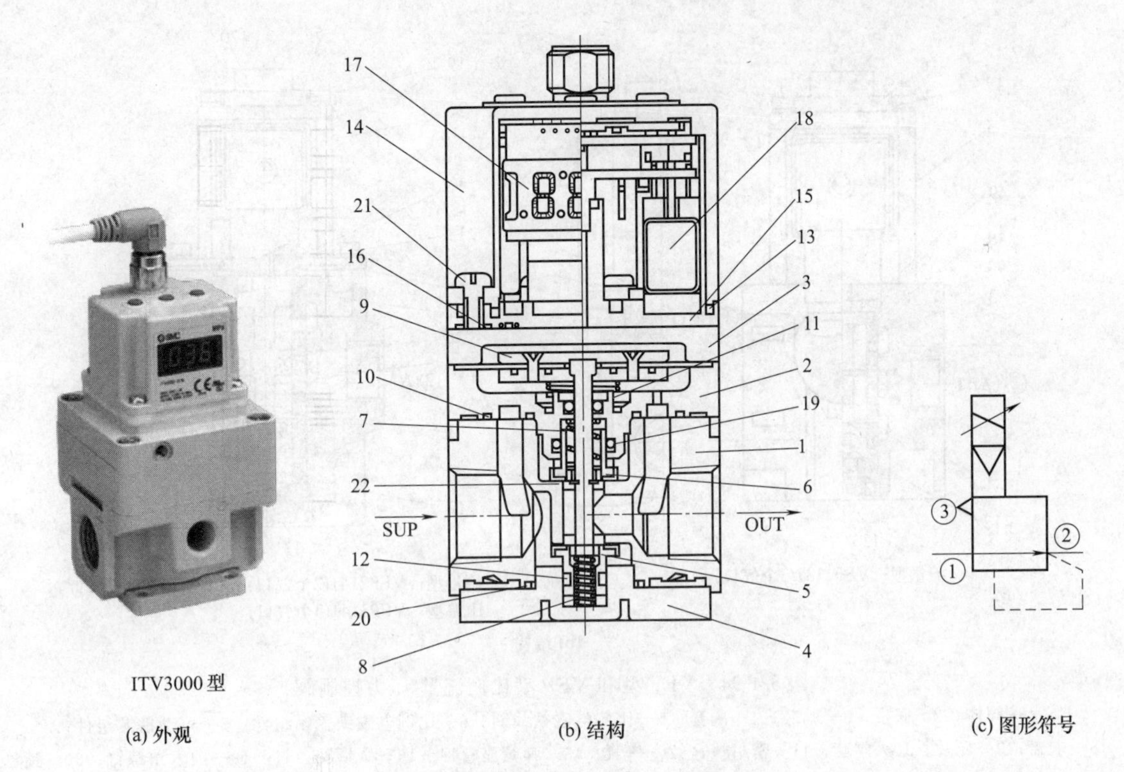

图 5-4-93　ITV1000～3000 型比例减压阀

1—壳体；2—中体；3—盖；4—阀座；5—进气阀；6—排气阀；7,8—阀弹簧；9—膜片组件；10,13,16—密封；11—弹簧；12,19,20—O 形圈；14—外罩组件；15—子板；17—控制电路组件；18—电磁阀；21—十字头小螺钉；22—杆

［例 5-4-94］　VEF 型和 VEP 型比例流量-压力控制阀（日本 SMC 公司）（图 5-4-94）

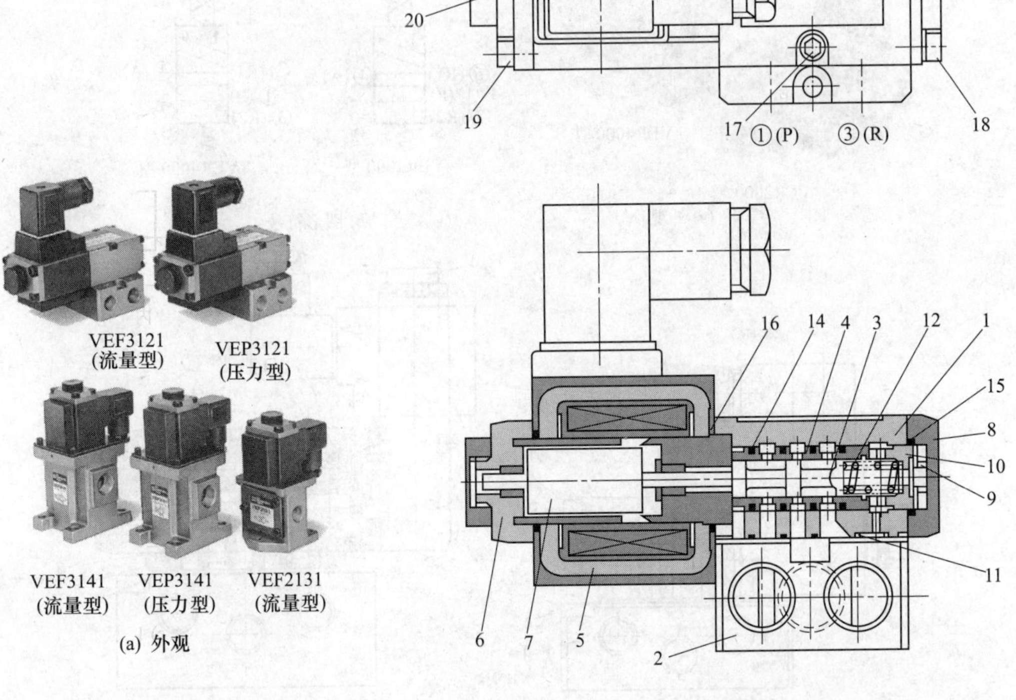

图 5-4-94

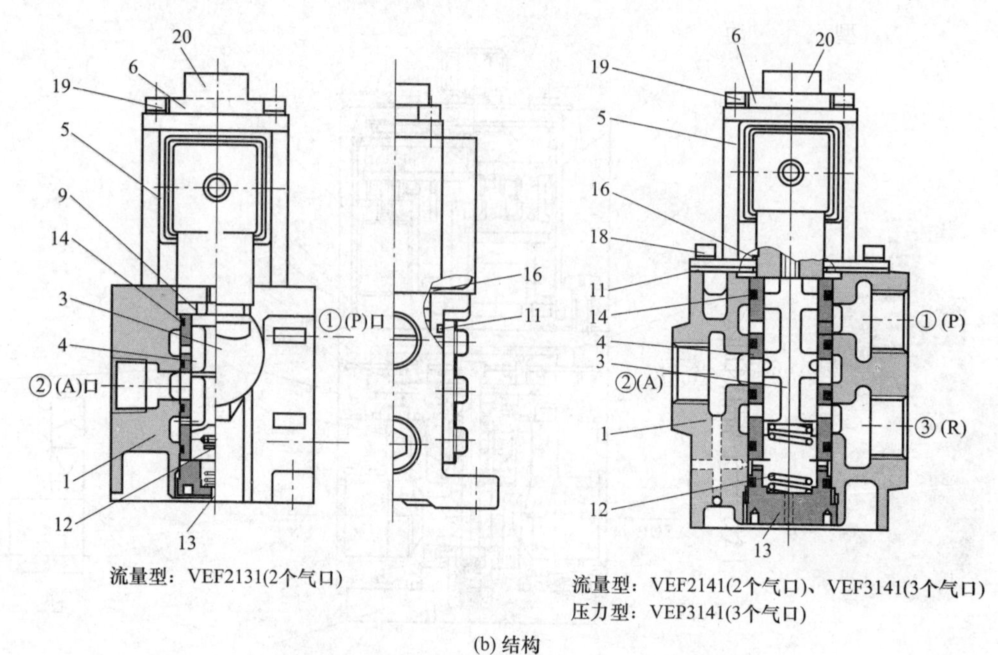

(b) 结构

图 5-4-94 VEF 型和 VEP 型比例流量-压力控制阀

1—阀体；2—底板；3—阀芯；4—阀套；5—比例电磁线圈；6—比例电磁铁盖帽组件；7—可动铁芯组件；8—端盖；9—压片；10—阀套；11—密封垫；12—弹簧；13—弹簧座；14～16—O 形圈；17～19—内六角螺钉；20—锁母

［例 5-4-95］ VER2000～4000 型二位五通比例方向阀（日本 SMC 公司）（图 5-4-95）

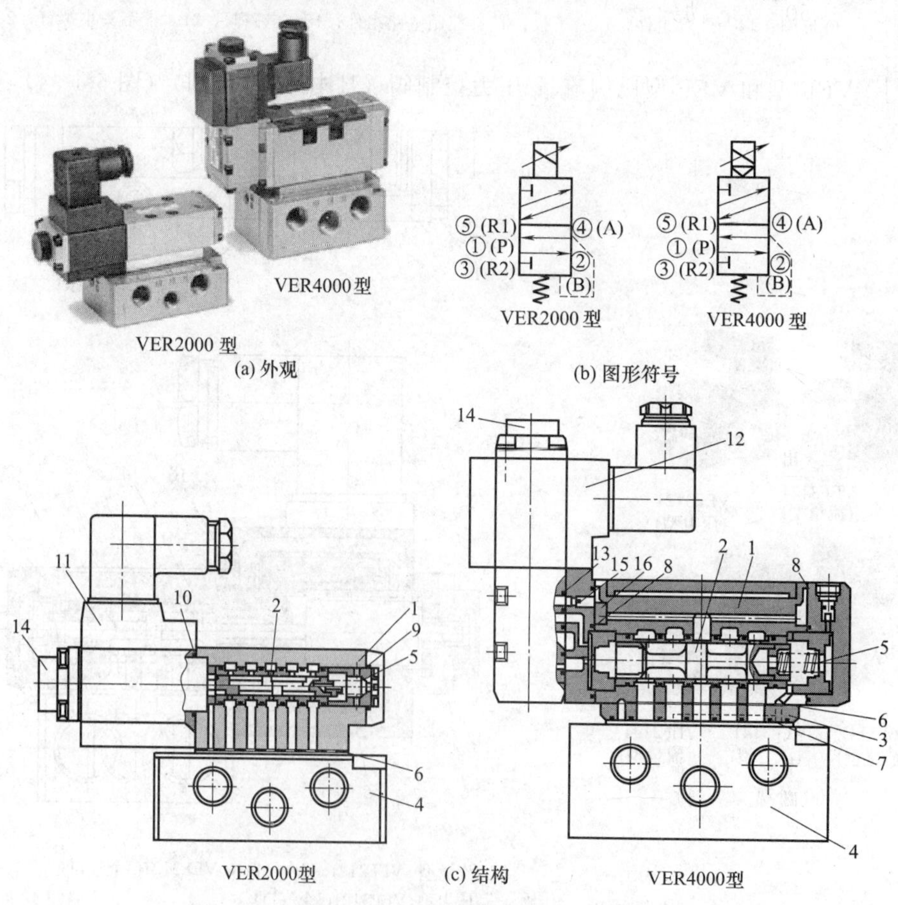

(c) 结构

图 5-4-95 VER2000～4000 型二位五通比例方向阀

1—阀体；2—阀芯；3—反馈板；4—底板；5—弹簧；6～8,13—密封垫；9,10—O 形圈；11—比例电磁铁；12—先导阀组件；14—锁母；15—过滤器；16—块密封

［例 5-4-96］　3AP 型气动直动式比例压力控制阀（图 5-4-96）

(a) 结构　　(b) 图形符号

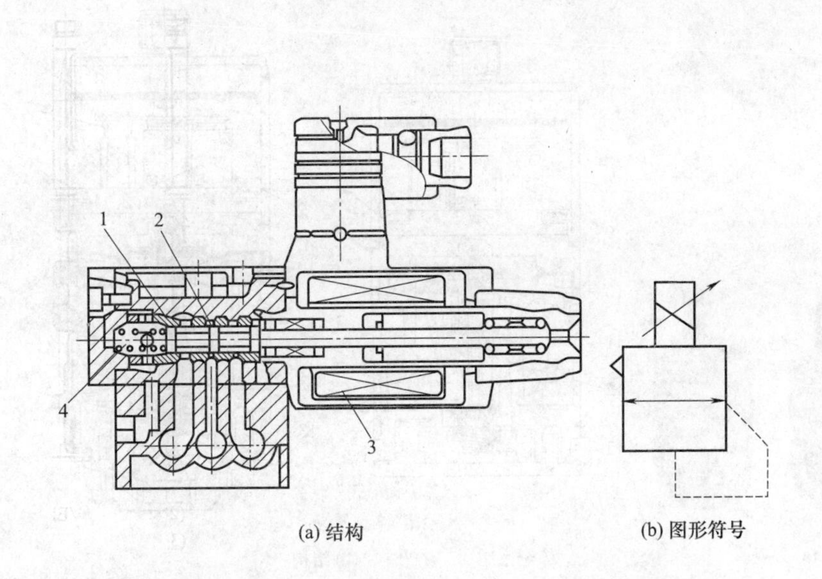

图 5-4-96　3AP 型气动直动式比例压力控制阀

1—阀套；2—阀芯；3—比例电磁铁；4—弹簧

［例 5-4-97］　ER100 型气动先导式比例压力控制阀（日本 CKD 公司）（图 5-4-97）

［例 5-4-98］　EV2500 型气动先导反馈压力比例控制阀（日本 CKD 公司）（图 5-4-98）

(a) 结构　　(b) 图形符号

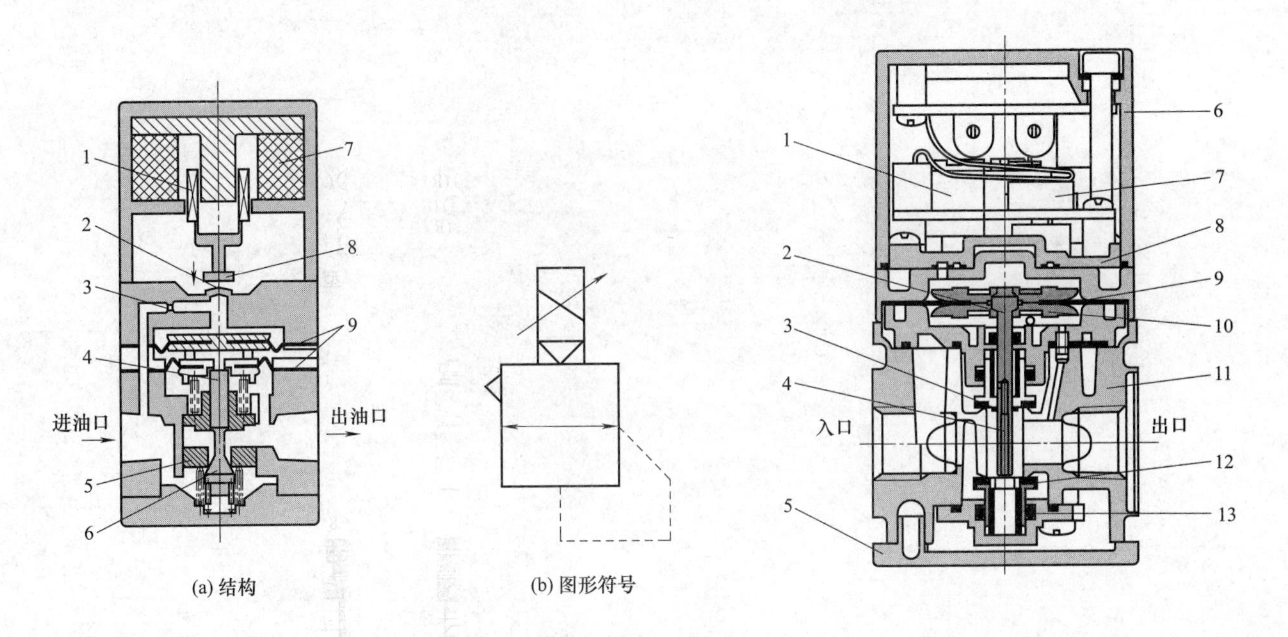

图 5-4-97　ER100 型气动先导式比例压力控制阀

1—线圈；2—喷嘴；3—节流孔；4—溢流阀；5—主阀；6—阀杆；7—永久磁铁；8—阀瓣；9—隔膜

图 5-4-98　EV2500 型气动先导反馈压力比例控制阀

1—三通阀；2—阀杆；3—顶阀；4—挡圈；5—盖板；6—外壳；7—压力传感器；8—阀座；9—隔膜；10—阀盘；11—阀体；12—底阀；13—O 形圈

［例 5-4-99］ EVR 型高精度比例减压阀（日本 CKD 公司）（图 5-4-99）

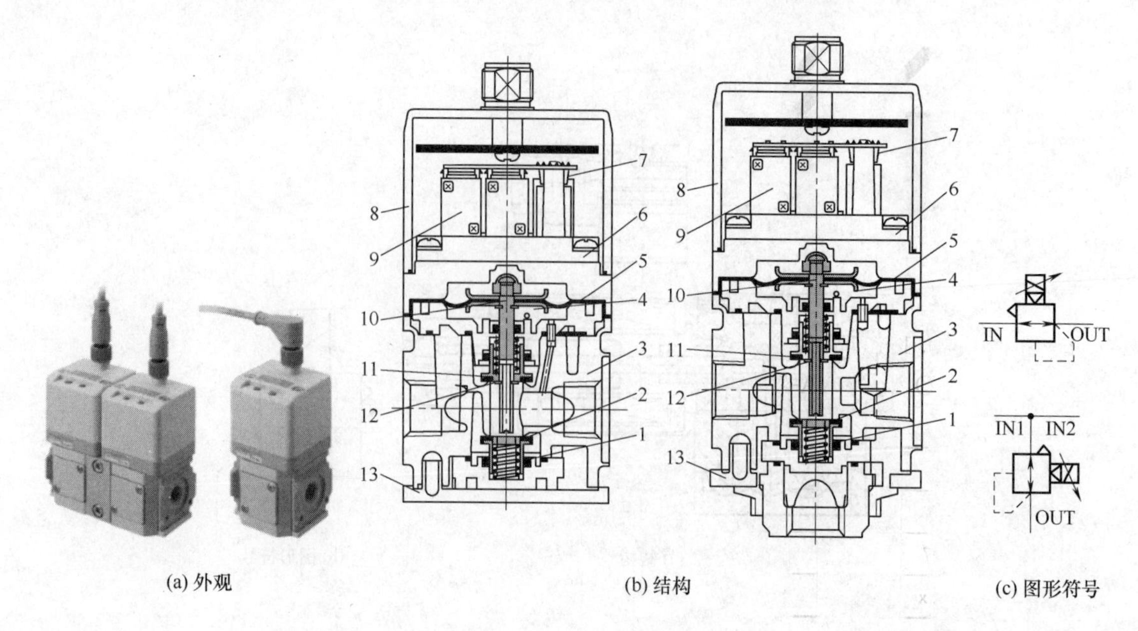

(a) 外观 (b) 结构 (c) 图形符号

图 5-4-99 EVR 型高精度比例减压阀

1—O 形圈；2—底阀；3—阀体；4—圆盘；5—膜片；6—阀座；7—压力传感器；
8—罩壳；9—双向阀；10—杆；11—顶部阀；12—挡圈；13—阀底盖

附录

1. ISO 4401 标准

标有 * 的尺寸为±0.1mm 的公差，所有其他尺寸为±0.2mm 的公差。

（1）4mm 通径：ISO 4401-AA-02-4-A（GB 2514-AA-02-4-A）

mm

	P	A	T	B	F_1	F_2	F_3	F_4
X	18.3	12.9	7.5	27.8	0	25.8	25.8	0
Y	10.7	20.6	10.7	10.7	0	0	21.4	21.4
ϕ	4max	4max	4max	4max	M5	M5	M5	M5

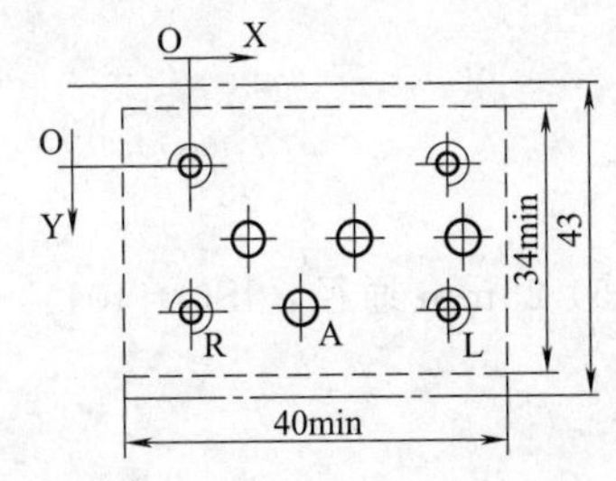

（2）6mm 通径：ISO 4401-AB-03-4-A　10 通径：ISO 4401-AC-05-4-A

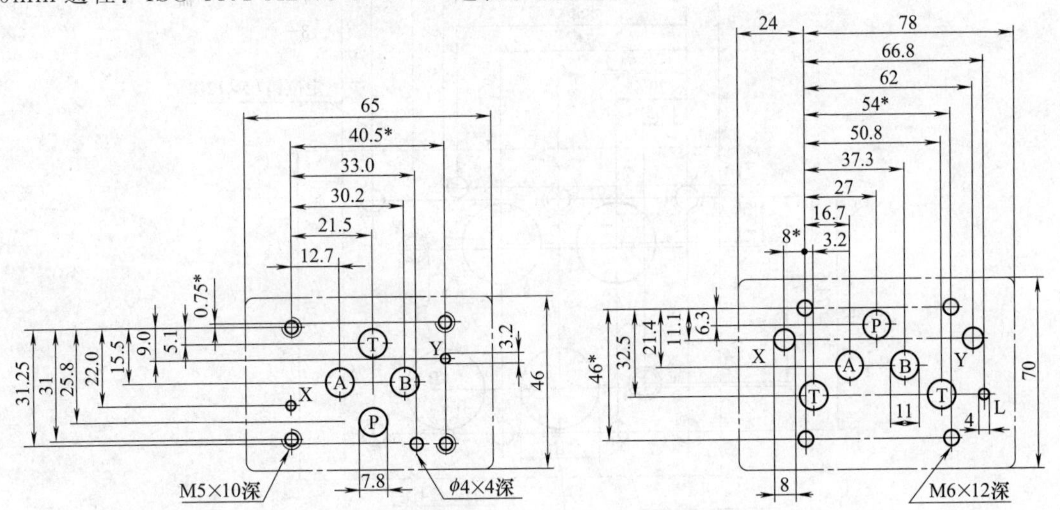

（3）16mm 通径：ISO 4401-AD-07-A（GB 2514-AD-07-4-A）

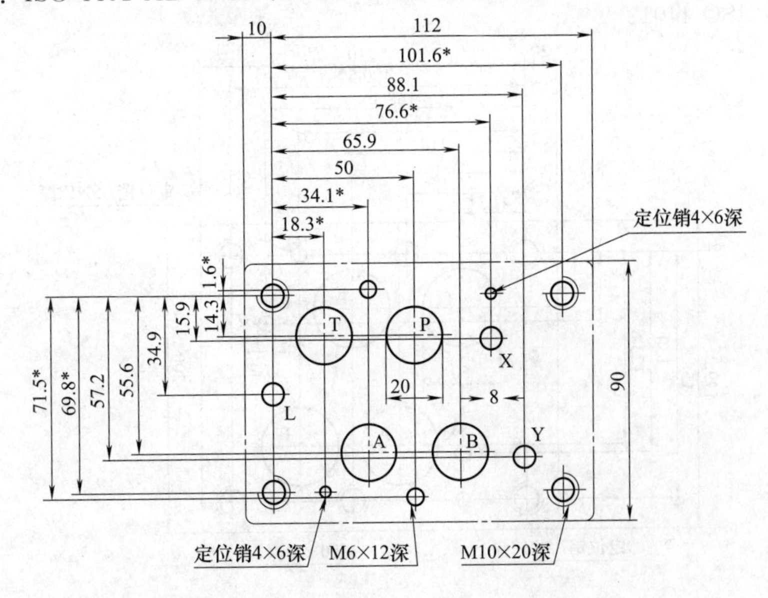

(4) 20mm 通径：ISO 4401-AE-08-A (GB 2514-AE-08-4-A)

mm

	P	A	B	T	X	Y	G_1	G_2	F_1	F_2	F_3	F_4	F_5	F_6
X	77	54.4	100.4	29.4	17.5	112.7	94.5	29.4	0	130.2	130.2	0	53.2	77
Y	17.5	74.4	74.4	17.5	73	19	−4.8	92.1	0	0	92.1	92.1	0	92.1
ϕ	23.4 max	24.4 max	23.4 max	0.2 max	0.2 max	0.2 max	7.5	7.5	M12	M12	M12	M12	m12	m12

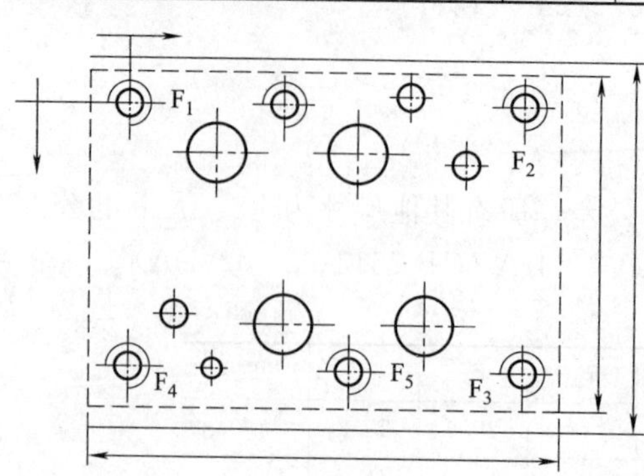

(5) 25mm 通径：ISO 4401

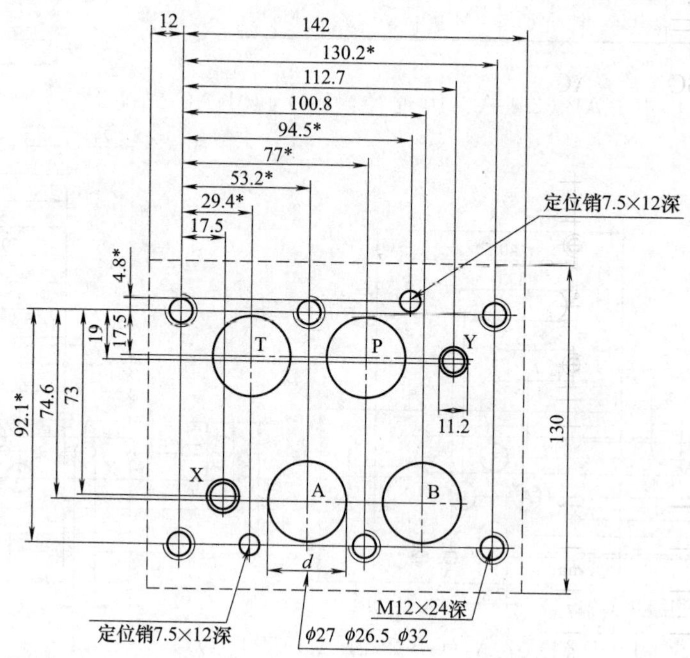

(6) 32mm 通径：ISO 4401

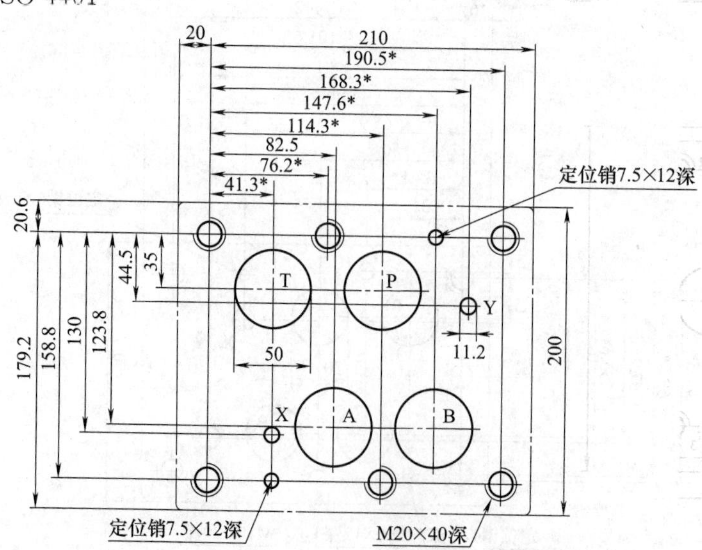

2. ISO 5781 标准

（1）6mm 通径：ISO 5781-AB-03-4-B

① 四主油口（A、B、P、T）（对应国标 GB 8100-AB-03-4-B）

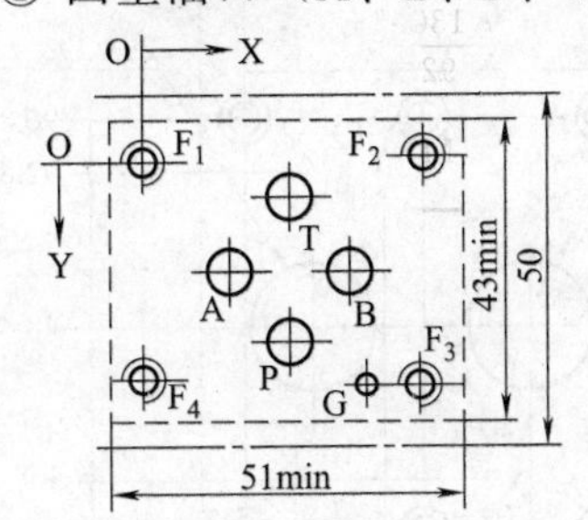

mm

	P	A	T	B	G	F_1	F_2	F_3	F_4
ϕ	6.3max	6.3max	6.3max	6.3max	3.4	M5	M5	M5	M5
X	21.5	12.7	21.5	30.2	33	0	40.5	40.5	0
Y	25.9	15.5	5.1	15.5	31.75	0	−0.75	31.75	31

注：6mm 通径的减压阀、顺序阀、卸荷阀、背压阀、变背压阀、节流阀和单向阀的安装面尺寸主油口最大直径为 6.3mm。

② 二主油口

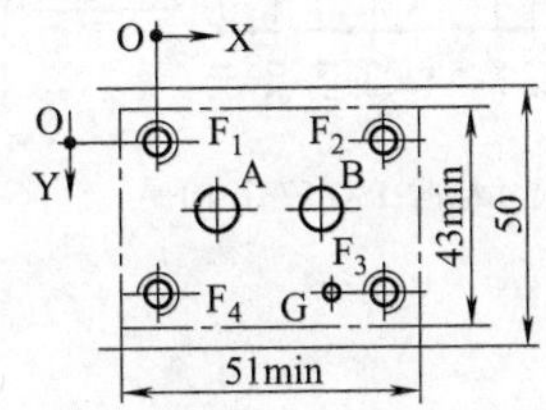

mm

	A	B	G	F_1	F_2	F_3	F_4
ϕ	6.3max	6.3max	3.4	M5	M5	M5	M5
X	12.7	30.2	33	0	(40.5)	40.5	(0)
Y	15.5	15.5	31.75	0	(−0.75)	31.75	(31)

（2）10mm 通径：ISO 5781-AG-06-2-A（对应国标 GB 8100-AG-06-2-A）

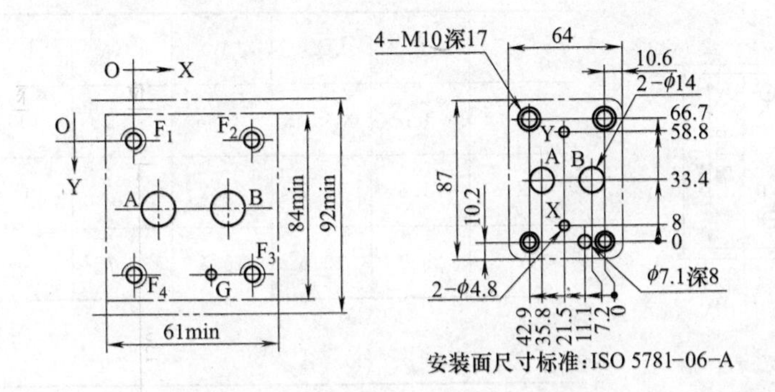

mm

	A	B	G	F_1	F_2	F_3	F_4
ϕ	14.7max	14.7max	7.5	M10	M10	M10	M10
X	7.1	35.7	31.8	0	42.9	42.9	0
Y	33.3	33.3	66.7	0	0	66.7	66.7

（3）20mm 通径

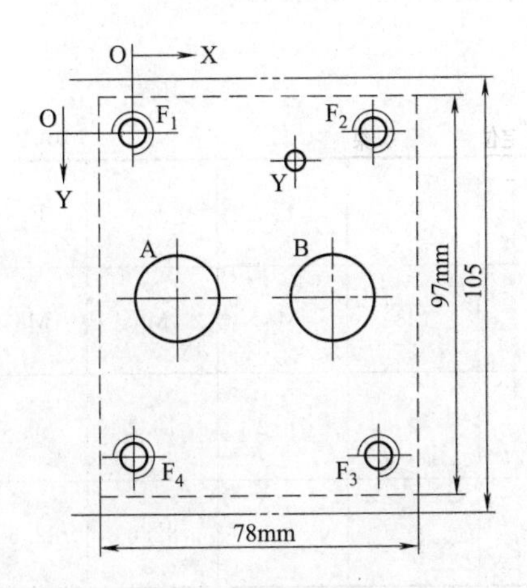

mm

	A	B	Y	F_1	F_2	F_3	F_4
ϕ	23.4max	23.4max	6.3max	M10	M10	M10	M10
X	11.1	49.2	39.7	0	60.3	60.3	0
Y	39.7	39.7	6.4	0	0	79.4	79.4

（4）25mm 通径

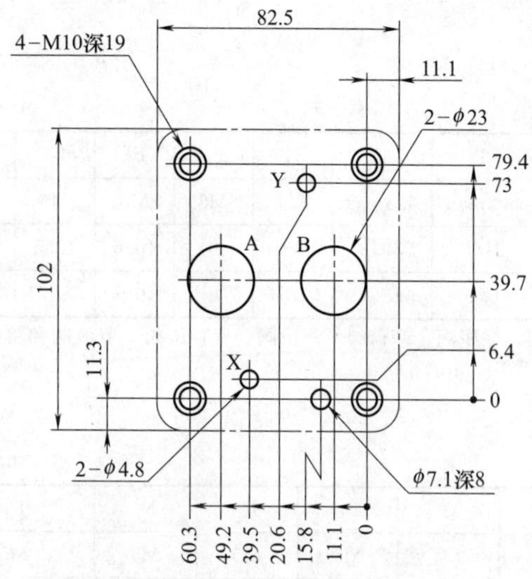

（5）32mm 通径：

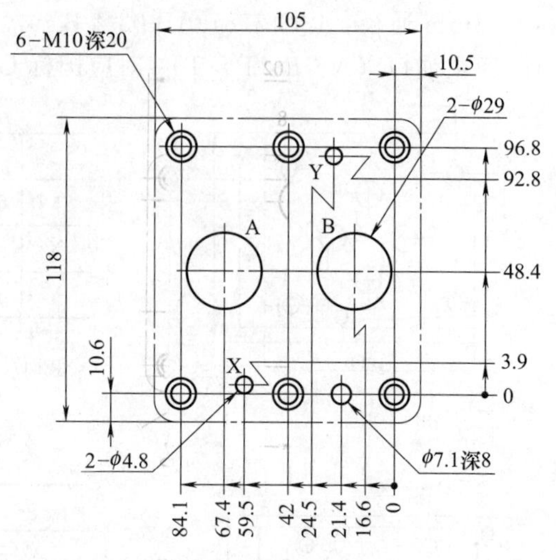

3. ISO 6263 标准

（1）6mm 通径：ISO 6263-AB-03-4-B（对应国标 GB 8901-AB-03-4-B）

① 三油口

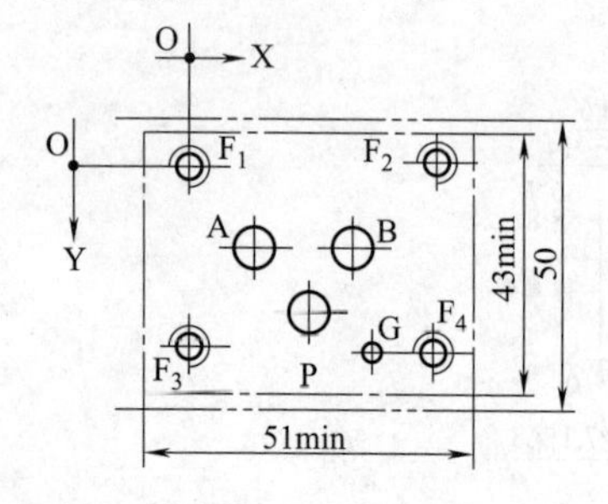

mm

	P	A	B	G	F_1	F_2	F_3	F_4
ϕ	6.3max	6.3max	6.3max	3.4	M5	M5	M5	M5
X	21.5	12.7	30.2	33	0	40.5	40.5	(0)
Y	25.9	15.5	15.5	31.75	0	(−0.75)	31.75	(31)

② 四油口

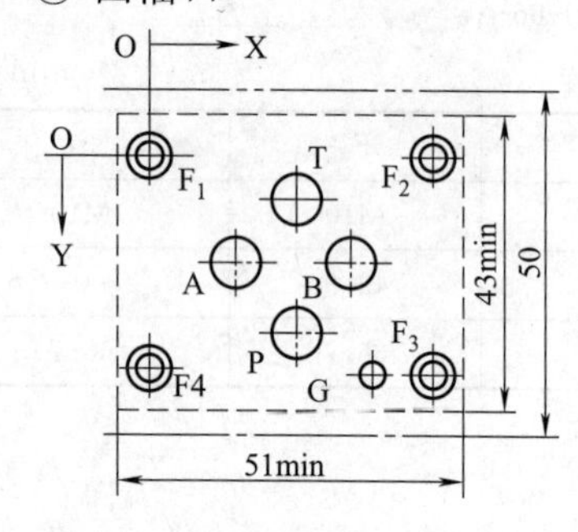

mm

	P	A	T	B	G	F_1	F_2	F_3	F_4
ϕ	6.3max	6.3max	6.3max	6.3max	3.4	M5	M5	M5	M5
X	21.5	12.7	21.5	30.2	33	0	40.5	40.5	0
Y	25.9	15.5	5.1	15.5	31.75	0	−0.75	31.75	31

注：6mm 通径调速阀安装面尺寸主油口最大直径为 6.3mm。

（2）10mm 通径

① ISO 6263-AK-06-2-A（GB 8901-AK-06-2-A）

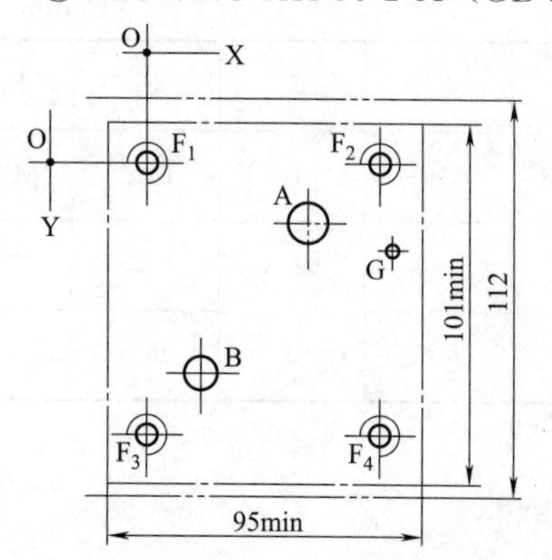

mm

	A	B	G	F_1	F_2	F_3	F_4
ϕ	14.7max	14.7max	7.5	M8	M8	M8	M8
X	54	9.5	79.4	0	76.2	76.2	0
Y	11.1	52.4	23.8	0	0	82.6	82.6

② ISO 6263-AK-06-2-A

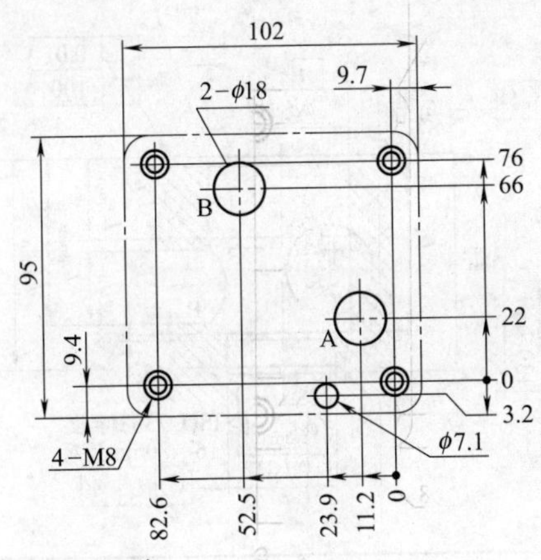

(3) ISO 6263-AL-06-3-A（三通阀用，A口、P口、T口尺寸为ϕ14mm，L口不用）

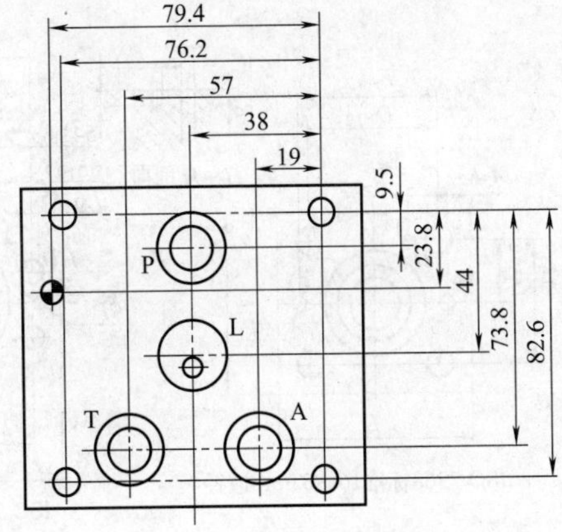

4. ISO 6264标准

(1) 6mm通径：ISO 6264-AB-03-4-C

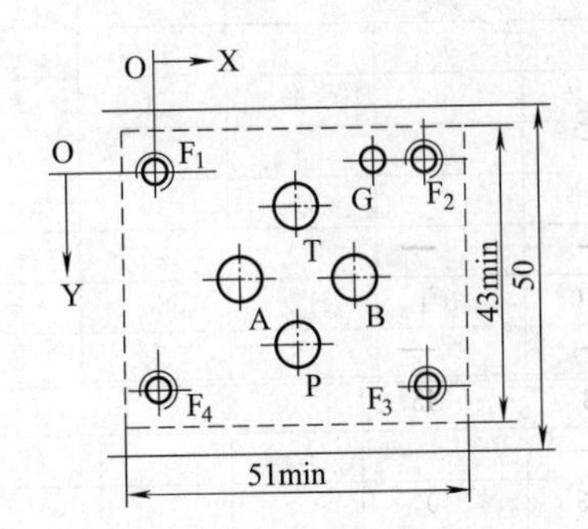

mm

	P	A	T	B	G	F_1	F_2	F_3	F_4
ϕ	6.3max	6.3max	6.3max	6.3max	3.4	M5	M5	M5	M5
X	21.5	12.7	21.5	30.2	33	0	40.5	40.5	0
Y	25.9	15.5	5.1	15.5	−0.75	0	−0.75	31.75	31

注：6mm通径的溢流阀安装面尺寸主油口最大直径为6.3mm。

(2) 10mm通径：ISO 6264-AR-06-2-A

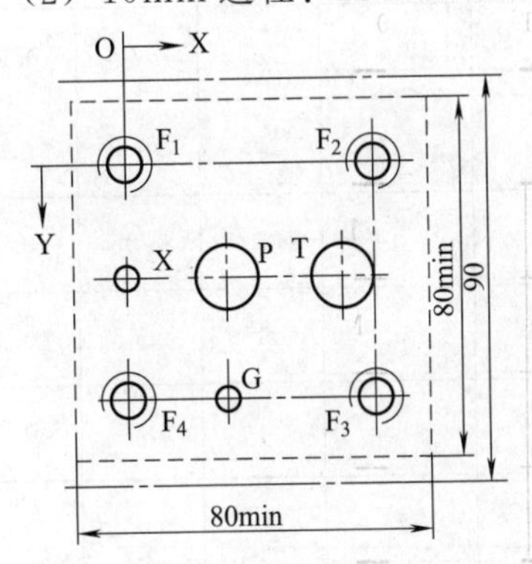

mm

	P	T	X	G	F_1	F_2	F_3	F_4
ϕ	14.7max	14.7max	4.8	7.5	M12	M12	M12	M12
X	22.1	47.5	0	22.1	0	53.8	53.8	0
Y	26.9	26.9	26.9	53.8	0	0	53.8	53.8

注：10mm通径溢流阀安装面尺寸主油口最大直径为14.7mm。

(3) 25mm通径：ISO 6264-08-A

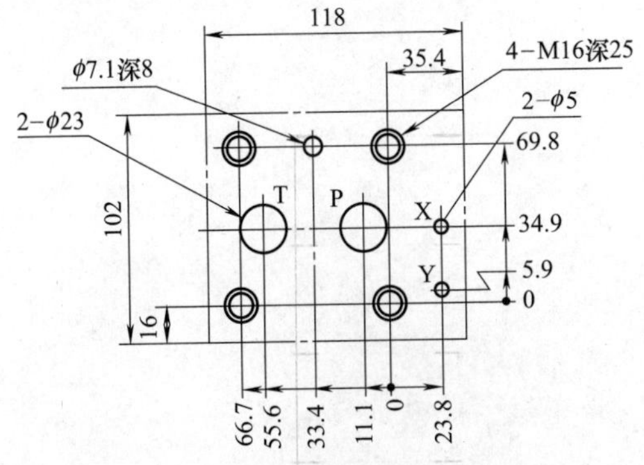

安装面尺寸标准:ISO 6264-08-A

(4) 32mm通径：ISO 6264-10-A

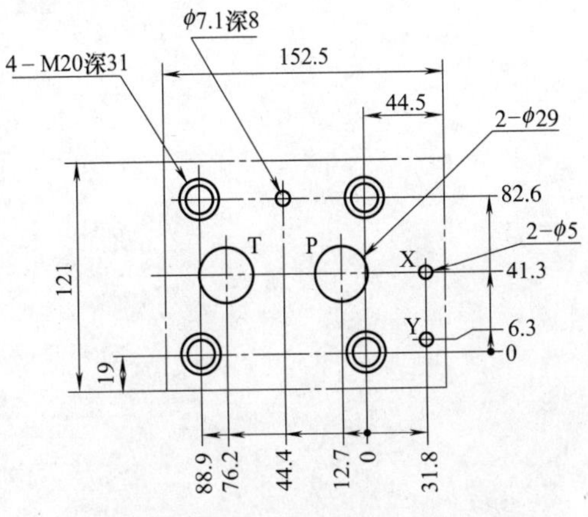

安装面尺寸标准: ISO 6264-10-A

5. ISO 7368 标准

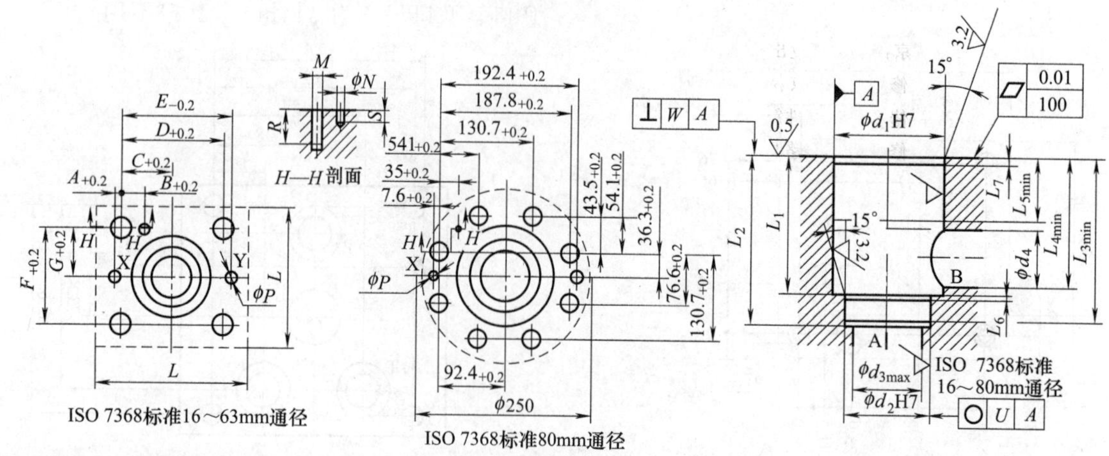

尺寸	盖板安装面												
	A	B	C	D	E	F	G	L	M	N	P_{max} (*)	R	S_{min}
16	2	12.5	23	46	48	46	23	65	M8	4	4	20	6
25	4	13	29	58	62	58	29	85	M12	6	6	30	8
32	6	18	33	70	76	70	35	102	M16	6	8	38	8
40	7.5	19.5	42.5	85	92.5	85	42.5	125	M20	6	10	46	8
50	8	20	50	100	108	100	50	140	M20	8	10	46	8
63	12.5	24.5	62.5	125	137.5	125	62.5	180	M30	8	12	66	8
60	参见上图								M24	10	16	54	8

插装孔												
d_1	d_2	d_3	d_4	L_1	L_2	L_3	L_4	L_5	L_6	L_7	U	W
32	25	16	16	$43^{+0.1}_{0}$	$56^{+0.1}_{0}$	54	42.5	20	2	2	0.03	0.05
45	34	25	25	$58^{+0.1}_{0}$	$72^{+0.1}_{0}$	70	57	30	2.5	2.5	0.03	0.05
60	45	32	32	$70^{+0.1}_{0}$	$85^{+0.1}_{0}$	85	66.5	30	2.5	2.5	0.03	0.1
75	55	40	40	$87^{+0.1}_{0}$	$105^{+0.1}_{0}$	102	84.5	30	3	3	0.05	0.1
90	68	50	50	$100^{+0.1}_{0}$	$122^{+0.1}_{0}$	117	97.5	35	3	4	0.05	0.1
120	90	63	63	$130^{+0.1}_{0}$	$155^{+0.1}_{0}$	150	127	40	4	4	0.05	0.2
145	110	80	80	$175^{+0.1}_{0}$	$205^{+0.1}_{0}$	200	170.5	40	5	5	0.052	0.2

参考文献

[1] 成大先. 机械设计手册. 北京：化学工业出版社，2009.

[2] 陆望龙. 液压系统使用与维修手册. 北京：化学工业出版社，2008.

[3] 陆望龙. 液压系统使用与维修手册—元件篇. 北京：化学工业出版社，2017.

[4] 陆望龙. 液压系统使用与维修手册—回路与系统篇. 北京：化学工业出版社，2017.